Gesamtverzeichnis des deutschsprachigen Schrifttums (GV) 1700 – 1910

Bearbeitet unter der Leitung von
Hilmar Schmuck und Willi Gorzny
Bibliographische und redaktionelle Beratung:
Hans Popst und Rainer Schöller

124

Schag - Schel

K · G · Saur München · New York · London · Paris 1984

CIP-Kurztitelaufnahme der Deutschen Bibliothek

Gesamtverzeichnis des deutschsprachigen Schrifttums :
(GV). – München, New York, London, Paris : Saur.
Bd. 1 – 6 bearb. unter d. Leitung von Peter Geils
u. Willi Gorzny.
ISBN 3-598-30000-X

1700 – 1910 / bearb. unter d. Leitung von Hilmar
Schmuck u. Willi Gorzny. Bibliograph. u. red.
Beratung: Hans Popst u. Rainer Schöller

NE: Schmuck, Hilmar [Bearb.]

124. Schag - Schel. - 1984.

Techn. Realisierung und Druck: Norbert Gärtner, Mainz-Kastel
Binden: Karl Schaumann, Darmstadt
Printed in the Federal Republic of Germany
ISBN 3-598-30000-X (Gesamtwerk)

Schagen, T. [aus Rheindahlen, Gerichts-Ref. in Düsseldorf]: Unter welchen Voraussetzungen steht die condictio indebiti einem andern zu, als demjenigen, der die Zahlung aus seinem Vermögen geleistet hat? ... Düsseldorf, gedr. bei L. Voss & C., Kgl. Hofbuchdr., 1897; 39 S. 8.
Erlangen, Jur. Fak., Inaug.-Diss. v. 1897

Schäggi, J. Der Strafvollzug in unseren Bezirksgefängnissen, insbesondere der im Bezirksgef. Horgen. 8°. 24 S. Horgen. 1878.

(**Schaguna**, Andreas:) Anhang zu der Promemoria über das historische Recht der nationalen Kirchen-Autonomie der Romanen morgenländischer Kirche in den k. k. Kronländern der österreichischen Monarchie .... Hermannstadt: Diözesan-Verl. 1850.

Schaguna, Andreas Freiherr v.: Anthorismus oder berichtigende Erörterung über die Broschüre „Die Wünsche des rechtgläubigen Klerus in der Bukowina". Hermannstadt: Diözesan-Verl. 1863.

Schaguna, Andreas Freiherr v. — Diözesanbischof der gr.-orient. Kirche. Nützliche Kenntnisse in Sachen der Ehe, zum Gebrauche der Seelsorger und der erzpriesterlichen Richterstühle, verfaßt von — —. Hermannstadt. 1855. Verlag der Diözesan-Druckerei. (32 S. 8.) geh.

Schaguna, Andr. Frhr. v., Compendium des kanonischen Rechtes der einen, heiligen, allgemeinen u. apostolischen Kirche. Aus d. Roman. übers. von Alois Sentz. Hermannstadt 868. (Filtsch.) gr. 8. (XLV, 449 S.) n. 2 ₰

Schaguna, Andreas Freiherr von — — Predigten zur jährlichen Gedächtnißfeier des heiligen Großmärtyrers G.org, des heiligen Konstantin, der Maria Verkündigung und der Christi Himmelfahrt, verfaßt von — —. Hermannstadt, 1856. Druck der Diözesan-Druckerei. (48 S. 8.)

Schaguna, Andreas: Promemoria über das historische Recht der nationalen Kirchen-Autonomie der Romanen morgenländischer Kirche in den k. k. Kronländern der österreichischen Monarchie. Wien 1849.

Schahbasian, Artasches: Aus d. Dermatol. Klinik d. Kgl. Charité. Dir.: Lesser. Zur Behandlung des Favus. [Berlin] (1910): [Blanke]. 33 S. 8°
Berlin, Med. Diss. v. 22. März 1910, Ref. Hildebrand
[Geb. 19. Jan. 80 Täbris; Wohnort: Täbris; Staatsangeh.: Persien; Vorbildung: Georgian. Akad. Etschmiadzin Reife 98; Studium: Phil. Berlin 3, Heidelberg 1, Med. Berlin 6, München 3, Berlin 4 S.; Rig. 22. Febr. 10.] [U 10. 88

Schahl, A., Plan von Berlin. (1. Ausg. 1853. und neue Ausg.) Lithogr. und ill. Fol. Mit: Verzeichniss der Strassen, Plätze, Thore, Eisenbahnen und der merkwürdigsten Gebäude von Berlin. 16. (15 S.) Berlin 854, Nicolaische Buchh.

Schahl's, A., Schul-Atlas der neueren Erdbeschreibung in 21 (lithogr. und ill.) Karten. Revidirt von W. Liebenow. 4. Berlin 866, Nicolai'sche Verlagsh. * —

Schahl's, A., Schul-Atlas der neueren Erdbeschreibung in 21 (lith. u. color.) Karten. Revidirt von W. Liebenow. Berlin 868. Nicolai'sche Verlagsh. 4. n. 22½ ngr.

Schahl, A., kleiner Schulatlas in 20 (lith.) Karten (in Farbendr.). Berlin 855. Nicolai'sche Verlhdlg. 4. 18 ngr

—— kleiner Schul-Atlas in 20 Karten. Lithogr. und ill. 4. Berlin 862, Nicolai'sche Verlagsh. *

Schahl J. N.: Ueber *Hericium stalactitium*. 1890. [Rostr. Saml.].

Schähle, Frz. Gebh., Beiträge zur Methodik der Volksschule. gr. 8. (IV, 146 S.) München 874. Kellerer in Comm. n. 1. 50

— die 1. Dekade. Rechentabellen f. die ersten 8 Schulmonate. 8. (15 S.) Ebend. 874. n. — 10

— die 2. Dekade. Rechentabellen f. siebenjähr. Schüler. 8. (9 S) Ebend. 874. n. — 10

Schaehle, F. G., Materialien f. den Unterricht in Gendarmerie-Schulen u. zum Selbstunterrichte f. Sicherheitsmannschaften. 2., verb. Aufl. 8. (335 S.) München 889. (L. Finsterlin.) n.n. 2. 50

Schaehle, Frz. Gebh., der erste Rechenunterricht. Praktische Darstellung des Rechenunterrichtes im Zahlenkreis von 1—100 für Schule und Haus. gr. 8. (VI, 76 S.) Wien 876, Pichler's Wwe. und Sohn. *

Schahnamiana ... edidit ... Ioannes Augustus Vullers. Bonnae 1833.

Schahovskoy-Gléboff-Strechneff, s. a. Slavsky, N.

Drei russische Frauengestalten. Von Fürstin Schahovskoy-Gleboff-Strechneff [Šachovskaja-Glěbova-Strěšneva]. Übers. von Frida Arnold. Mit Vorw. von Kuno Fischer. *Heidelberg: C. Winter 1902.* (VII, 127 S.) 8° [F.] [04. 15534

Schahovskoy-Gléboff-Strechneff, la princesse, s. Czarine divorcée, une.

Schuhr, Ernst, Olof. Ein Gedicht in 6 Gesängen. (130 S.) 8. Berlin (904). G. Schuhr. n. 1. 50; geb. n. 2. 50

Schahrastâni's Religionspartheien und Philosophen-Schulen, s. Abu-'l-Fath' Muh'ammad asch-Schahrastâni.

Schaible, Alexander [wirkl. Name]
s. a. Voß, Kamill Alexander [Pseud.] [illegible]

Schaible, Alexander

Schaible, Standes- u. Berufspflichten d. deutschen Offiziers. Für angeh. u. jüngere Offiziere d. steh. Heeres u. d. Beurlaubtenstandes bearb. 1. u. 2. Aufl. gr. 8. (174 S.) Berlin 891. 892. R. Eisenschmidt. n. 2. 50; kart. n. 2. 70

[F.] Standes- und Berufspflichten des deutschen Offiziers. F. angehende u. jüngere Offiziere d. steh. Heeres u. d. Beurlaubtenstandes bearb. v. [Kamill] Schaible, Kgl. Preuss. Obersta. D. 3. verb. Aufl. ... *Berlin: R. Eisenschmidt 1896.* (183 S.) 1 Bd 8. [97. 5439

Standes- und Berufspflichten des deutschen Offiziers. Für angehende u. jüngere Offiziere d. stehenden Heeres u. d. Beurlaubtenstandes bearb. von C[amill] Schaible, Oberst a. D. 4. verb. Aufl. *Berlin: R. Eisenschmidt 1898.* (189 S.) 8° [F.] [00. 9046

Schaible, C., Standes- u. Berufspflichten des deutschen Offiziers. Für angeh. u. jüngere Offiziere des steh. Heeres u. des Beurlaubtenstandes bearb. 5. Aufl. gr. 8. (197 S.) Berlin 901. R. Eisenschmidt. Geb. in Leinw. n. 3. —

C[amill] **Schaible**, Oberst a. D. Standes- und Berufspflichten des deutschen Offiziers. Für angehende u. jüngere Offiziere d. stehenden Heeres u. d. Beurlaubtenstandes. 6. Aufl. Durchges. u. verb. von [Klemens] Spohn, Oberst. Berlin: R. Eisenschmidt 1908. (VIII, 189 S.) 8° [F.] [08. 18070

Schaible, C[amille]. Geistige Waffen. Ein Aphorismen-Lexikon. Zusammengestellt von C. Schaible, Oberst a. D. XXII + 633 S. 8. Freiburg i. B. und Leipzig, Paul Waetzel, (1901). [geb. M. 7. 50]
Darin Citate aus [Johann Caspar] Bluntschli, Jer[emias] Gotthelf, [Carl] Hilty, [Johann Caspar] Lavater, Joh[annes] v. Müller, [Johann Heinrich] Pestalozzi, J[ean] J[acques] Rousseau, Frau [Anne Louise Germaine] v. Staël, [Heinrich] Zschokke *u. a. Schweizer* Autoren.

— bleibende Werte. Eine Citaten-Sammlg., den Gebildeten, insonderheit den deutschen Offizieren gewidmet. 8. (XII, 281 S.) Ebd. 898. Geb. in Leinw. n. 5. —

Schaible, C., s. Schaible, Alexander

Schaible. Eduard

— Lese- und Diktierbücher. Heft C—E. 8. Ebd. nn 1. —
C. Telegramme, Handschreiben, Trinksprüche. Kurze Diktierstoffe polit. Inhalts, besonders geeignet zum Gebrauch in Redeschriftkursen. (26 S.) (907.) nn — 30
D. Ansprachen, Handschreiben, Telegramme. Kurze Diktierstoffe allgemeiner Art (m. Silbenzählg.). Zum Gebrauch in Schulen, Vereinsübgn. u. Redeschriftkursen. (32 S.) (907.) nn — 30
E. Geschäftsbriefe. Diktierstoffe f. kaufmänn. Schulen. (Aus den beiden ersten Jahrgängen der „Praxis" gesammelt.) (32 S.) (907.) nn — 40

Schaible E. die Redeschrift des Gabelsbergerschen Systems. (43 S) Stuttgart 1903

Schaible, Eduard, der Berliner Stenographentag u. die Systemrevision. Bericht des Vorsitzenden des schwäb. Lehrerverbandes, Karl Voretzsch in Tübingen, an der Hand des aktenmäss. Materials kritisch beleuchtet. (46 S.) gr. 8. Wolfenbüttel 902. (Heckner.) n.n. — 25

— leichte Uebungsstücke, zum Gebrauch in Anfänger- u. Wiederholungskursen, sowie für Vereinsübungen, gesammelt u. in Stenographie übertr. Heft A: Lesestoff. (24 S.) 8. Ebd. (904.) n.n. — 30

— dasselbe, f. Anfänger zu Haus- u. Vereinsübungen. Nach Silben abgezählte Uebertraggn. des Lesestoffes in Heft A. Heft B: Diktierstoff. (32 S.) 8. Ebd. (904). n.n. — 30

— K Deines und N Hahnlein, die Verkehrsschrift des Gabelsbergerschen Systems. 7. Auflage. (47 S) Stuttgart 1904

Schaible, Eduard, welche Ansprüche sind an e. zeitgemässes Stenographiesystem zu stellen? (134 S.) 8. Wolfenbüttel 907. Heckner. — 60
Sonderabdruck aus: „Deutsche Stenographen-Ztg."

Schaible, Friedrich, aus Gaugenwald: **Physiologische Experimente** über das Wachstum und die Keimung einiger Pflanzen unter vermindertem Luftdruck. *Stuttgart (1899): A. Bonz' Erben.* (64 S.) 8°
Heidelberg, Naturw.-math. Diss. v. 1899

Schaible, G. C. T., macht die fortgeschrittene Kultur uns. Tage das Christentum überflüssig? Ein Wort an intelligente Ungläubige. 2. Aufl. (30 S.) 8. Geisweid (907). Verlagshaus deutsche Zelt-Mission. — 25

Schaible, Kamill, s. Schaible, Alexander

Schaible, Karl Heinr. Deutschland vor 100 Jahren. Die Einnahme von Mainz im J. 1792 und die Mainzer Jakobiner. Eine chronolog. Skizze, entworfen nach Chr. Girtanners gleichzeit. „Histor. Nachrichten üb. d. französ. Revolution". gr. 8. (VII, 87 S.) Karlsr. 892. Braun. * 1 50

Schaible, Karl Heinrich: Die Frau im Altertum. Ein kulturgeschichtliches Bild. Zwei populäre Vorträge, geh. im Deutschen Verein f. Kunst u. Wissenschaft in London. — Karlsruhe: Braun 1898. 95 S. 8°

Schaible, Karl Heinrich: Die höhere Frauenbildung in Grossbritannien v. d. ältesten Zeiten bis z. Gegenwart. — London [usw.]; Karlsruhe: Braun 1894. XIII, 205 S. 8°

Schaible, Karl Heinr., Geschichte der Deutschen in England von den ersten germanischen Ansiedelungen in Britannien bis zum Ende d. 18. Jahrh. gr. 8. (XVIII, 483 S.) Strassburg 885. Trübner. n. 9. —

Schaible, Karl Heinr., Gesundheitsdienst im Krieg u. Frieden. Ein Vademecum für Offiziere. Wien 868. Braumüller. 8. (XI, 201 S.) n. 1 ⅔

Schaible, K. H., die Juden in England vom 8. Jahrh. bis zur Gegenwart. Ein kulturgeschichtl. Bild. 8. (XI, 133 S.) Karlsruhe 890. Braun. n. 2. —

Salzbund: Der Salzbund. Ein Zweig des Freimaurer-Ordens in den thüringischen Landen, im 18. Jahrhundert. Hrsg. von Karl Heinr. **Schaible.** London: Siegle 1882. III, 29 S. 8°
in: Bode, H. E.: Nr 6 [1788] S. 3—96.
Recens: SL. 2 (1882) S. 203—204 (W. Kaufmann); Al. 9 (1883) S. 94—95.
cf. FZ. 37 (1883) S. 4—6; WvV. 2 (1883) S. 78 bis 80, 87—88 (H. E.).
Tt. 1410. Der Salzbund soll niemals bestanden haben. Nebst Skizze des Hrsg. üb. Definition, Zweck u. Ziel der Frmrei.

— Scherz u. Ernst. Beiträge in Poesie u. Prosa zu den Kompositionsabenden d. deutschen Athenäums in London, verf. u. f. seine Vereinsgenossen hrsg. v. K. H. Sch. 8. (XVI, 329 S.) Stuttgart 888. (Bonz & Co.) geb. 5. 60

— Shakespeare der Autor seiner Dramen. 8. (VII, 92 S.) Heidelberg 889. C. Winter. n. 1. 20

Schaible, Karl Heinr., deutsche Stich- und Hieb-Worte. Ein Vortrag, gehalten im „deutschen Verein für Kunst und Wissenschaft" in London. gr. 8. (V, 91 S.) Strassburg 879, Trübner. *

— deutsche Stich- u. Hieb-Worte. Eine Abhandlg. üb. deutsche Schelt-, Spott- u. Schimpfwörter, altdeutsche Verfluchgn. u. Flüche. 2. unveränd. Ausg. gr. 8. (IX, 91 S.) Ebend. 885. n. 2. —

— über die Todes- u. Freiheitsstrafe, mit besonderer Rücksicht auf England. Berlin 869. Springer's Verl. gr. 8. (85 S.) n. 12½ ngr.

Schaiblin, Christian Benjamin (Dresden) A. S. 1368/9

Singularia reformationis philosophicae Wolffiana de definitione philosophiae.
Präs. Gottfried Christoph Claudius.
Wittenberg (Scheffler) 30. III. 1737. 16 S.

29949

Schaibmaier, J., De sententiis quas dicunt Caecilii Balbi. Diss. 1879. 85 S.

Schalch, Julius, approb. Arzt aus Freiburg i. B.: **Ueber die Diagnose der Nierensteine.** *Freiburg i. B. 1902: Ch. Lehmanns Nachf.* (63 S.) 8°
Freiburg i. B., Med. Diss. v. 1902

Schaich, Roman, Armut. Schauspiel in 3 Aufzügen. gr. 8. (82 S.) Leipzig 899. O. Weber. n. 1. 50; geb. n. 2. 25

v. Schaick, C., Niederländische Dorfgeschichten, s.: **Bibliothek, Niederländische.** 8—11. Bd.

Schaidhauf, Alois: Untersuchungen über Natriumamid nebst einem Anhang über quantitative Bestimmung der Salpetersäure. [1911.] 68 S. 8°
München, Dr.-Ing.-Diss. v. 24. 11. 1910

Ortsgeschichte von Trauchgau bei Füssen verf. von Urban **Schaidhauf**, Pfarrer. (Füssen 1892: B. Holdenried.) (144 S.) 8° [5.] [07. 1811]

Schaidler, Ant., die Blindenfrage im Königreich Bayern. Mit zwei vergleich. Anhangtabellen üb. die Blinden im Deutschen Reiche. Bearb. im Austr. des kgl. Staatsministeriums des Innern f. Kirchen- u. Schulangelegenheiten auf Grund der bei der Volkszählg. vom 1. XII. 1900 gemachten allgem. u. der in den J. 1901 u. 1903 vorgenommenen besond. Erhebgn. üb. die Blinden. Mit 1 in den Text gedr. farb. Diagramm u. 1 farb. Karte. (IV, 144 S.) Lex.-8. München 905. (R. Oldenbourg.) n. 4. —

Schaie, Samuel (geb. Inowrazlaw 21. 5. 1853): Ueber die während der Geburt auftretenden Blutungen und Verletzungen des Scheidenvorhofs. Berlin (1875). (35 S.) 8°
Berlin, Med. Diss. v. 3. Mai 1875

Schalk, W. C. L. van, Wellenlehre u. Schall. Autoris. deutsche Ausg. Bearb. v. Hugo Fenkner. gr. 8. (XI, 358 S. m. 176 Abbildgn.) Braunschweig 902. F. Vieweg & Sohn. n. 8.—; geb. in Leinw. n. 9. —

Schaikewitsch, N. M.

— — Die **Chalisa**, ain interesner [so!] Roman. [**Auch** russischer Titel.] **Wilna 1883.**

Schaikewitsch, N. M.: Die aiserne Frau oder dos verkaafte Kind, ain wunder-scheiner Roman. Wilna 1882.

— — Der **Katorsznik**, ain hechst interesanter Roman. **Hösaä schönijä** im **hösdfet** [Auch russischer Titel.] Wilna 1881.

Schains: Ungarns Weinbau in dem ganzen Umfange. 2 Bde. Pest. 1832 33.

Schairer, Gg. A., der Zahlenraum von 1—20. Sammlg. v. Aufgaben in stufenmäß. Anordng. zur Behandlg. u. Einübg. des Zahlenraums von 1—20. 8. (32 S.) Cannstatt (900). G. Hopf. n.n. — 25

Schairer, Gottlieb, approb. Arzt aus Eberstadt: Ein **Fall** von Schleimgerüstkrebs der Glandula submaxillaris. *Tübingen 1903: G. Schnürlen.* (19 S.) 8°
Tübingen, Med. Diss. v. 1904

Schairer, O., botanisches Taschenbuch v. Stuttgart u. der mittleren Neckargegend. Ein Hilfsmittel zum Bestimmen der Blütenpflanzen f. Pflanzenfreunde, Schüler etc. Mit 4 Fig.-Taf. 12. (VIII, 161 S.) Stuttgart 899. E. Ulmer. Geb. in Leinw. n. 1. 80

Schairer, Otto: Ueber die Gewinnung von 2-Oxy-morpholchinon ⟨2, 3, 4-Trioxy-phenanthrenchinon⟩ aus 4-Nitrophenanthrenchinon. 1910. 63 S. 8°
Stuttgart, Dr.-Ing.-Diss. v. 11. 5. 1910

Schaitberger, Jos., **Christenpflicht** od. 40 nützl. Lebensregeln zur Erbauung wahrer Gottseligkeit, nebst e. Gespräch vom wahren u. falschen Christentum. Ster.-Ausg. (16 S.) 8. Reutlingen (905). Enßlin & Laiblin. — 10

Schaitberger, Jos., biblischer Glaubensgrund. Ein christl. Gespräch. Bearb. u. dargeboten v. Adph. Fauth. 4. Aufl. 12. (32 S.) Barmen (899). Wupperthaler Traktat-Gesellschaft. n.n. — 10

Schaitberger, Joseph: Der noch lebende Joseph Schaitberger, oder: Eine von diesem theuren vor 47 Jahren ausgegangenen Salzburgischen Bekenner kurz ertheilte zuverlässige Nachricht. Hrsg. von Samuel Urlsperger. – Augsburg 1732.

— die goldene **Nährkunst der Kinder Gottes** aus dem Lustgarten **des göttlichen Wortes. Zusammengetragen u. beschrieben v. dem um des evangel. Glaubens willen im J. 1686 aus Salzburg vertriebenen Bergmann Sch. Ster.-Ausg. (32 S.) 8. Ebd. (905).** — 15

Schaitberger, Jos., s. **Reinlein, F. F.**

— **evangelischer Sendbrief, in welchem 24 nützliche Büchlein enthalten sind. Geschrieben an die Landsleute in Salzburg u. andere gute Freunde, um dieselben zur christl. Beständigkeit in der evangel. Glaubenslehre augsburg. Konfession aufzumuntern u. ihr Gewissen zu beruhigen. Aus der hl. Schrift zusammengetragen v. e. Bekenner der Wahrheit, dem um des evangel. Glaubens willen vertrieb. Bergmann Sch. Nebst e. kurzen Lebenslauf des Verf. Neu durchgeseh. v. e. evangel. Geistlichen. Jubiläums-Ausg. (600 S. m. Titelbild.) 8. Ebd. (904).** Geb. in Halbfrz. 1. 80

Schaitberger, Jos., neu-vermehrter evangelischer Send-Brief, in welchem 24 nützliche Büchlein enthalten sind. Geschrieben an die Landsleute in Salzburg u. andere gute Freunde, um dieselben zur christlichen Beständigkeit in der evangelischen Glaubenslehre, Augsburgischer Confession, aufzumuntern, u. ihr Gewissen zu beruhigen. Nebst einem kurzen Lebenslauf des Verf. Neu durchgesehen von einem evangelischen Geistlichen. Stereot.-Ausg. Reutlingen 864. Rupp & Baur. 8. (XVI, 512 S. u. lith. Portr.) n. 12 ngr.

Schaitberger, Jos., neu vermehrter evangelischer Send-Brief, in welchem 24 nützliche Büchlein enthalten sind. Geschrieben an die Landsleute in Salzburg. Aus heil. göttl. Schrift zusammengetragen. Nebst einem kurzen Lebenslauf des Verfassers. Neu durchgesehen von einem evangelischen Geistlichen. Neue Ster.-Ausg. Reutlingen 867. Baur. 8. (XVI, 535 S. mit lith. Portr.) 12 ngr.

Schaitberger, Jos., neu vermehrter evangelischer Send-Brief, in welchem vierundzwanzig nützl. Büchlein enthalten sind. Geschrieben an die Landsleute in Salzburg und andere gute Freunde, um dieselben zur christl. Beständigkeit in der evangel. Glaubenslehre Augsburgischer Confession aufzumuntern und ihr Gewissen zu beruhigen. Aus heil. göttl. Schrift zusammengetragen und auf Begehren guter Freunde sammt einem Anh. in Druck gegeben von einem Bekenner der Wahrheit. Neu durchgesehen von einem evangel. Geistlichen. Ster.-Ausg. gr. 8. (XVI, 535 S. mit 1 Stnt.) Reutlingen 873, Baur. *

Schaitberger, J., neuvermehrter evangelischer Send-Brief, in welchem 24 nützl. Büchlein enthalten sind. Geschrieben an die Landsleute in Salzburg u. andere gute Freunde, um dieselben zur christl. Beständigkeit in der evangel. Glaubenslehre, Augsburg. Confession aufzumuntern u. ihr Gewissen zu beruhigen. Nebst Lebenslauf d. Verf. Neu durchgesehen v. e. evangel. Geistlichen. Jubiläums-Ausg. 8. (608 S. m. Bild d. Verf.) Reutlingen 889. Baur. geb. 2. 20

— ausgewählte Sendbriefe, s.: **Auswanderung**, die Salzburger.

Schaitberger, Jos., evangel. Sendschr. an d. Salzburger. 8. Frkf. (Endter in Nürnb.) 752.

— **Sterbeschule der Kinder Gottes**, oder Seelenarznei **wider die Furcht des Todes**, allen frommen Christen zum **beständigen Trost aus Gottes Wort ganz kurz**, einfältig **u. deutlich zusammengestellt v. dem um des evangelischen Glaubens willen im J. 1686 aus Salzburg vertriebenen Bergmann Sch. Ster.-Ausg. (48 S.) 8. Reutlingen (905). Enßlin & Laiblin.** — 20

Schaitberger, Jos., biblische Trostsprüche v. den göttlichen Wohltaten od. der ewige Gnadenbund Gottes m. uns sterblichen Menschen. Aus Gottes Wort zusammengetragen. Ster.-Ausg. (16 S.) 8. Reutlingen (905.) Enßlin & Laiblin. — 10

Schakal, der schoene Geist, Fragment einer Biographie aus dem vierzehnten Jahrhundert, von dem Araber Albezor. . . . Dintenstadt [Leipz.] 1799. V: *Helfrecht (Helfrich), Johann Theodor Benjamin.* (Fiker) (MGT) (Wr) »Neue . . . Aufl. Dintenstadt (Hof) 1801« (Fiker)

Schäkel, J., deutsches Schulliederbuch, s.: Märtens, W.

Schaker, Erich, Fachzeichnen f. Tischler, s.: Lehrhefte f. das Fachzeichnen an gewerbl. Schulen. (Freter, Jul.)

Schäkerei, humoristische, für Jung u. Alt zur scherzhaften Unterhaltung innerhalb u. außerhalb der gesellschaftl. Kreise. (Auszug II. aus dem „gemüthlichen Festleiter.") gr. 16. Crefeld 844, Klein. 9 ngl

Schakereiterpferd. Ein neues ABC-Buch f. Kinder. 6e A. Mit ill. Kpf. gr. 8. Halle, (Leipz., E. Klein). 6 gl

v. Schaki, Frhrr. Andr., († d. 19. März 1793.) Abhandl. von d. Einflusse der Polizei auf die allgem. Glückseligkeit e. Staates; nebst J. Dorners Abhandl. v. der allgem. Hornviehseuche; u. Leop. Hartmanns Vorschlag von d. Mästung d. Hornviehes. 4. Burghaus. 773. (Lentner in Münch.) 4 gl

Schal, Fr. Frz., zuverläss. Nachrr. von dem zu Mainz aufbewahrten Reichsarchiv. 8. Mainz 784.

Schael, Christian Ludwig (Hanau) A. S. 582/15

Dissertatio inauguralis medico-legalis de funiculi umbilicalis deligatione non absolute necessaria. Göttingen (Luzac) 1. XI. 1755. 38 S. 29928

Schala, Emil *Robert* [pr. Arzt aus Schlesien]: Zur Diagnose und Therapie der Pankreascysten ... Greifswald, Druck v. J. Abel, 1892; 30 S. 8.
Greifswald, Med. Fak., Inaug.-Diss. v. 15. Dez. 1892

Bericht über die Feier des 100. Geburtstages von Ludwig Erk in Berlin in Berlin am 6. und 7. Januar 1907, veranst. von d. Erkschen Männer-Gesangverein ... Erstattet von Hermann **Schalaster**. Als Ms. gedr. Essen: G. D. Baedeker 1907. (58 S.) 8° [F.] 08. 47.3

Schalbacher, Ph. Jos., Untersuchung d. Frage: Ist der Nachdruck eines in einem fremden Staate gedruckten Werkes nach Recht u. Moral zulässl. od. nicht? u. im letzten Falle: Ist er unbedingt unzulässlich, od. nur unter gewissen Beschränkungen. gr. 8. Wien 815. Schalbacher. 10 gl

Schalch, F[erdinand]. Die Amphibolite von Blatt Peterstal-Reichenbach der geologischen Specialkarte von Baden im Masstab 1 : 25000. Mit Tafel VII. SA. 4. (Heidelberg 1895.)

Schalch, F[erdinand]. Über einen neuen Aufschluss in den Untersten Schichten des Lias bei Beggingen, Kanton Schaffhausen. SA. 4. (Heidelberg 1895.)

Schalch. Siehe: „Beiträge zur geolog. Karte der Schweiz".

Schalch, Ferd., Beiträge zur Kenntniss der Trias am südöstlichen Schwarzwalde. Inaugural-Dissertation. Nebst e. Atlas, enth. 30 Profils auf 12 Taf. u. 5 Tabellen (in gr. 4.) gr. 8. (109 S.) Schaffhausen 873. Brodtmann. n. 3. 60

Schalch, F[erdinand]. Bemerkungen über die Molasse der badischen Halbinsel und des Überlinger Seegebietes. Mit einer Karte und Profilen [2 Textfiguren und 1 Tafel]. Sonderabdruck aus den Mitteilungen der Großh. Badischen Geologischen Landesanstalt. Bd. 4. Heft 3. 1901. S. 253—338. gr.-8. Heidelberg, Carl Winter, [1902].

Schalch, geologische Beschreibung der Kantone St. Gallen, Thurgau u. Schaffhausen, s.: Gutzwiller, A.

——— (Ferdinand), Die Gliederung des oberen Buntsandsteins, Muschelkalkes und unteren Keupers nach den Aufnahmen auf Sektion Mosbach und Rappenau. (Sep.-Abdr. a. d. Mittblg. d. Grossh. Bad. Geolog. Landesanst. 2. Band.) Heidelberg (ohne Druckjahr). 8.

Schalch, Ferdinand. Die Gliederung des oberen Buntsandsteins, Muschelkalkes und unteren Keupers nach den Aufnahmen auf Sektion Mosbach und Rappenau. Mit Tafel XVIII–XXI. SA. 4. (Heidelberg [1892].)

Schalch, F[erdinand]. Die Gliederung der Liasformation des Donau-Rheinzugs. Mit einer Tafel. SA. 8. Stuttgart, Schaffhausen 1880.

Schalch (F.), Ueber einige Tertiärbildungen der Umgebung von Schaffhausen. (Sep.-Abdr. a. d. N. Jahrb. f. Mineralogie etc. Jahrg. 1881, Band 2.) 8.

Schalch, F[erdinand]. Ueber einige Tertiärbildungen der Umgebung von Schaffhausen. Mit einer Tafel. SA. 8. Stuttgart 1881.

Schalch (Ferdinand). Die geologischen Verhältnisse der Bahnstrecke Weizen-Immendingen mit besonderer Berücksichtigung der zwischen Füetzen und Zollhaus entstandenen Braunjura-Aufschlusse. (Sep.-Abdr. a. d. Mittheil. d. Grossh. Badischen Geolog. Landesanstalt. 2. Band.) Heidelberg (ohne Druckjahr.) 8.

Schalch, Ferdinand. Die geologischen Verhältnisse der Bahnstrecke Weizen-Immendingen, mit besonderer Berücksichtigung der zwischen Fuetzen und Zollhaus entstandenen Braunjura-Aufschlusse. Mit 23 Figuren und 3 Tafeln. SA. 4. (Heidelberg [1891].)

Schalch, F[erdinand]. Ueber ein neues Vorkommen von Meeres- und Brackwassermolasse (Kirchberger Schichten) bei Anselfingen unweit Engen im Hegau. Mit Tafel VI. SA. 4. (Heidelberg 1895.)

Schalch, Joh. Jak., prakt. Auslegung d. Apostelgeschichte in Predigten. N. d. Tode d. Verf. von einigen Freunden hrsg. gr. 8. (37¾ B.) Schaffhausen 839, Hurter'sche Buchh.

Schalch, J. J. [illegible] Schaffhausen 1840.

Schalch, Jh. Jak., ſᴀ Erinnerungen aus der Geschichte der Stadt Schaffhausen.

[Schalch, Johann Jacob.] Erinnerungen aus der Geschichte der Stadt Schaffhausen, zunächst für derselben (*Bändchen 2:* reifere) Jugend. 2 Bändchen. 8. Schaffhausen 1834–1836.
Bändchen 1. bis zur Reformation. [Mit 1 Tafel.]
Bändchen 2. 2 Lieferungen.

[Schalch, Johann Jacob.] Erinnerungen aus der Geschichte der Stadt Schaffhausen .... Bändchen 1 .... [Neuausg.] 8. Schaffhausen 1855.

— **Schaffhauserſche Kindergeschichten.** 16. 837. Zürich, Hanke. 3 ngl

Schalch, Joh. Jak., des Christen Lebenslauf in Bildern dargestellt auf einem Confirmations-Blättlein. 8. (1 B. u. 1 Stnt.) Schaffhausen 843. (Zürich, Hanke.)

Schalch, J(oh.) J(ak.), des Christen Lebenslauf in Bildern dargestellt auf einem Confirmations-Blättlein. 3. Ausg. gr. 8. (16 S. und 1 Holzschn.) Schaffhausen 850, Schalch. ill.

Schalch, Kaspar (Schaffhausen) A. S. 1152/16

Exercitatio medica inauguralis, de causa proxima mortis animalis.
Utrecht (vande Water) 10. VII. 1714. 13 S.

29953

Schälchli, J. H. Kurzgefasste Beschreibung des Kantons Zürich. Zum Gebrauch beim ersten geographischen Unterricht in Züreherischen Volksschulen. 8. Zürich 1842.

Schälchli, J. Jacob s. (Bleuler, [Hans Conrad].) Mittheilungen über Entstehung ... der Kirchgemeinde Neumünster .... Zürich 1875.

Schälchlin, J. J., Jugendkalender für 1874. Mit Bildern. 11. Jahrg. Zürich, Genossenschaftsbuchdr. 1873. --. 40

Schalck. Oesterreichs Finanzverwaltung 1412—1436. 8°. Wien 1881.

Schalck, Edmund: Nicht parasitäre Milzcysten. Strassburg 1909: Müh. 34 S. 8°
Straßburg, Med. Diss. 20. Jan. 1909, Ref. Fehling
[Geb. 12. Nov. 83 Rosheim; Wohnort: Hagenau; Staatsangeh.: Elsaß-Lothringen; Vorbildung: Gymn. Hagenau Reife Sommer 02; Studium: Straßburg 5, München 1, Bonn 1, Straßburg 3 S.; Coll. 11. Dez. 08; Approb. 10. Juni 08.] [U 09. 3818

Schalck, Ernst, a. Fegersheim: Die Ätiologie der Mastitis und ihre Beziehung zur Bakterienflora des kindlichen Mundes und der mütterlichen Scheide. Strassburg i. E. 1910: Müh. 27 S. 8°
Straßburg, Med. Diss. v. 18. April 1910, Ref. Fehling
[Geb. 7. Jan. 84 Fachau, Els.; Wohnort: Kolmar i. E.; Staatsangeh.: Elsaß-Lothringen; Vorbildung: Gymn. b. St. Stephan Straßburg Reife O. 04; Studium: Straßburg 10 S.; Coll. 17. Febr. 10; Approb. 28. Mai 09.] [U 10. 4058

Schalck, E., Erlebnisse eines Rockes. Humoreske. gr. 8. (80 S. mit lithogr. Titel.) Frankfurt a. M. 859. [Hamm, Grote'sche Buchh.] *

vgl. Schalk

Schalck, E., Erlebnisse eines Rockes. Humoreske. Frankfurt a. M. 859. Meidinger & Co. gr. 8. (80 S.) n. 25 ngr.

Schalck, Ernst, Leiden und Schicksale eines Frosches. 16. (32 S. und 4 Stnt.) Frankfurt a. M. 851, Lizius.

Schalck, Ernst, über Luxation des Schlüsselbeins. gr. 8. (23 S.) Würzburg 882, Stahel'sche Universitäts-Buchh. *

—— Hans Trappfuß. Ein Bilderbuch für Kinder. 4. (9 ill. Stnt. mit 8 Bl. Text.) Frankfurt a. M. 851, (Meidinger Sohn und Comp.) *

Schalck, J. F., de morbis conjunctivae chronicis. 4. Götting. 809. Brose. 4 gr.

Schalck, Karl, Männer u. Frauen. Ein Lustspiel in 3 Aufzügen. (87 S.) kl. 8. Leipzig 907. Verlag f. Literatur, Kunst u. Musik. 2.50; geb. n 3.50

Schalck-de la Faverie, Félicie, jeune fille et jeune femme. Nouvelle. 8. (III und 120 S.) Frankfurt a. M. 859, (M. L. St. Goar.) * * —

[F.] [A.] Schalck de La Faverie. Gerettet! Autoris. Übs. a. d. Französ. v. R. Speyer. *Berlin: H. Steinitz (1897).* (122 S.) 1 Bd 8.
= Bibliothek, Naturalistische. Bd 13. [97. 5430

Schalckhausen, Virginius Liebtrew v.
s. Liebtreu v. Schalckhausen.

Schalda, Leop. Karl, Gedanken e. armen Teufels. (52 S.) 8. Strassburg 908. J. Singer. 1. —

Schaldemose, Frederik

Schaldemose, Fr., Rasmusine oder die belohnte Tugend. Ein Heldengedicht in sechs Gesängen nebst einem Anhang. gr. 12. (45 S.) Kiel 851, Schröder und Comp. *

Schaldemose, Fr. (ps.). Rasmusine oder die belohnte Tugend. Ein Heldengediecht in 6 Gesängen. Kiel, Karl Schröder & Comp., 1852. 8°. (4 Mk., unaufgeschn. Expl., Lipsius & Tischer, Kiel, 1904.)
45 SS. „Des höchst indecenten (in Wirklichkeit zieml. zahmen) Inhalts wegen — bemerkt der Verleger auf dem Umschlage — wird diese Schrift nur verklebt versendet." Auf die bekannte dänische Maitresse bezügliche derbe Satyre.

Schalbert, Eberh., Karl Bleibtreu, s.: Litteratur, moderne realistische, im Lichte der Ethik u. Aesthetik.

Schäle, Jos. Alb., Stanzenlied. 3 Tle. gr. 16. (275, 312 u. 303 S.) Paderborn 894. Bonifacius-Druckerei. n. 7. 20

Schalek, Alice (Paul Michaely), das Fräulein. Novellen. (V, 178 S.) kl. 8. Wien 905. [Wiener Verlag.] C. Konegen. n. 2. —; geb. n.n. 3. —

Schalek, Alice, Schmerzen der Jugend. Roman. (321 S.) 8. Berlin (909). Concordia. 4. —

— auf dem Touristendampfer. Novellen. (V, 195 S.) 8. Wien 905. C. Konegen. n. 2. 60; geb. n. 3. 50

Schalek, Josef

Schalek's, J., Prager Auskunftsbote, Fremden-Führer u. Eisenbahn-Courier. Für Einheimische u. Fremde. 4., vielfach verm., nach den neuesten Daten bericht. Aufl. Prag 866. Schalek. 32. (117 S.) n. 4 ngr.

Katalog, Antiquarischer — von Josef Schalek's (früher Wohl und Schalek) Buch-, Kunst- und Musikalien-Handlung in Prag. 25.000 Bände. (S. 161—188.) 8. Prag. Buchdruckerei des M. J. Landau. 1855.

Musikalien-Verzeichniß in Josef Schalek's Buch-, Kunst- und Musikalien-Handlung. Prag, 1856. Druck von Friedrich Rohlicek. (56 S. 8.)

Nachtrag, Erster — zum Kataloge dramatischer Werke der Leihbibliothek von Josef Schalek. Prag, 1855. Druck von Friedrich Rohlicek. (32 S. 8.)

Nachtrag zum Hauptkatalog der Leihbibliothek von Josef Schalek. Prag. 1854. 8. (20 S.) Prag. Buchdruckerei von J. M. Landau. 1854.

Schalem Alechem 1903 [Pseud.]
s. Rabinovič, Šalôm. [09. 4359

Schalenkamp, einfache u. erfolgreiche Hauskur für Lungenkranke. Mit e. Anh.: Wie soll der Lungenkranke leben? (21 S.) gr. 8. München (903). Seitz & Schauer. n. — 75

(B) **Schalenkamp,** Hauskur f. Lungenkranke. 903. Jetzt: München, Verlag der ärztl. Rundschau.

Schalenkamp, F., Mütter! Leichtverständl. u. prakt. Angaben zur Flaschenernährg. des Säuglings, nebst e. Verdünnungstafel im Anh. 8. (24 S.) München 893. Seitz & Schauer. n. — 60

Schalenkamp, Ferdinand [aus Siegburg]: Aus d. K. chirurg. Universitätsklinik zu Bonn. Ueber Pfählung mit besonderer Berücksichtigung der Pfählungsverletzungen des Unterleibes. . . . Siegburg, Buchdr. v. W. Reckinger, 1891; 31 S. 8°
Bonn, Med. Fak., Inaug.-Diss. v. [1. Aug.] 1891

Schäler, E., Plan der Stadt Graudenz. 1 : 6000. Lithogr. qu. Fol. Graudenz 888, Gaebel's Buchh. **

Schäler, Joseph, a. Fürth i. B.: Begriff und Rechtsverhältnisse des Werkmeisters nach Reichsrecht. Fürth 1907: L. Lion. (VIII, 67 S.) 8°
Erlangen, Jur. Fak., Ref. Rieker, Diss. v. 22. Okt. 1907
[Geb. 31. Okt. 85 Fürth; Wohnort: Fürth; Staatsangeh.: Bayern; Vorbildung: Gymn. Fürth Reife M. 03; Studium: München 4, Erlangen 4 S.; Rig. 27. Juli 07.]

SCHALFEJEW, Peter: Die volksthümliche Dichtung A. Kol'covs und die russische Volkslyrik. — 1909. 153 Bl. Diss. Graz, Univ.

Schalfejew (Peter), d. volkstümliche Dichtung A. Kol'covs u. die russische Volkslyrik. Eine literar.-histor. Untersuchg. Mit 2 Beilagen: 1. Ausgaben der Werke Kol'covs. 2. Übersetzungen der volkstüml. Lieder Kol'covs. (160 S.) 8. Berlin-Schöneberg 910. Weimar, A. Duncker Verl. 4. —

Schalhass, Nachbarrecht nach gemeinem Recht. Würzburg 863.

Schalhorn, R., das Gewerbegericht Berlin, s.: Schulz, M. v.

Schalhorn, Rhold., s.: Rundschau, kommunale.

Schalhorn, Richard, a. Berlin: Abhängigkeit der Tonhöhe einer musikalischen Bogenlampe von Kapazität, Selbstinduktion u. Polspannung. Rostock 1906: Eichemeyer & Fett. (30 S.) 8°
Rostock, Phil. Fak., Ref. Martens, Diss. v. 7. März 1906
[Geb. 27. Okt. 80 Berlin; Wohnort: Berlin; Staatsangeh.: Preußen; Vorbildung: Sophien-Realgymn. Berlin Prima-Reife M. 99; Studium: Charlottenburg T.H. 10, Rostock 3 S.; Rig. 3. März 06.]

Schalhorn, Theodor, aus Berlin: Über einige N-Chlorphosphine der aliphatischen secundären Amine. *Rostock 1899: C. Hinstorff.* (45 S.) 8°
Rostock, Phil. Diss. v. [31. Juli] 1899

Schalin, Zacharias, christliche Kindererziehung. Eine Volksschrift f. alle Stände. gr. 8. (IV, 80 S.) Leipzig 891 Verlag der Academ. Buchhandlg. (W. Faber). n. — 80

Schaeling, Marie, biblische Geschichten aus dem alten und neuen Testamente. Für Kinder von 7—10 Jahren erzählt. Dresden 863. Ehlermann. gr. 8. (VI, 140 S.) n. 6 ngr.

Schäling, M., biblische Geschichten aus dem Alten und Neuen Testamente. Für Kinder von 7 bis 10 Jahren erzählt. 2. verm. Aufl. 8. (IV, 147 S.) Dresden 879, Ehlermann. *

Schaling, M., die Geschichten des Herodot für die Jugend zusammengestellt. gr. 8. (198 S.) Iserlohn 871, Bädeker.

—— Leitfaden zur alten Geschichte für den ersten Geschichtsunterricht. gr. 8. (IV und 48 S.) Dresden 862, Ehlermann. cart. *

—— Leitfaden für die Geschichte des Mittelalters. Fortsetzung des Leitfadens für alte Geschichte und im Anschluß an denselben. 8. (IV, 64 S.) Ebendas. 879. *

— sechzig Musterbriefe zu stylistischen Uebungen für den Unterricht der weiblichen Jugend. Leipzig 861. Engelmann. gr. 8. (X, 65 S.) n. 10 ngr.

Schaeling, Marie, Sagen und Märchen aus preuß. Landen. Für die Jugend erzählt. gr. 8. (VIII, 286 S.) Leipzig 872, E. Fleischer. cart.

Schäling, Marie: Worte an die Mutterherzen über die Erziehung ihrer Töchter. Mit e. Vorw. von M. I. Schleiden. H. 1. 2. — Leipzig: Engelmann 1861–62. 119 S. 8°

Schalit-Meisels, Agathe, aus dem Osten. Novellen u. Skizzen. 8. (III, 450 S.) Wien 891. L. Weiß. n. 3. —

Christian Schalitz

Die von Aberglauben Vanitaeten und Teuscherey gereinigte Chiromantia und Physiognomia Christian Schalitzens [Schalitz]. Leipzig: Stock 1703. 61 S. 8°

Angeb. an: Praetorius, Johann [1630 - 1680]: Collegium curiosum privatissimum physiognom-chiromant- metoposcop- anthropologicum. Franckfurt & Leipzig 1704.

*Schalitz, C., die vom Aberglauben, Vanitäten und Tauschereyen gereinigte Chiromantia und Physiognomia. Mit Kpfrn. Leipz. 716. 8. Frkf. u. Leipz. 729. 8.

Schalitz, Ch., v. Aberglauben, Vanitäten, Chiromantie, Physiognomik rc. 8. Frkf. Stock. 729.

—, Parthenologia. Lps. 4°. 1729

Schalk. Illustrirte Wochenschrift. 1. Jahrg. 1858. 13 Nrn. (à 1 Bgn. m. Holzschn. im Text.) Berlin, Behrend. br. gr. 8. 20 ngr.

Schalk. Blätter für deutschen Humor. Hrsg. von Jul. Lohmeyer. 1. u. 2. Jahrg. Oktbr. 1878 — Septbr. 1880. à 52 Nrn. (B. m. eingedr. Illustr.) gr. 4. Leipzig, Thiel. à Jahrg. n. 14. —

Schalk. Blätter für deutschen Humor. Hrsg. von Ernst Eckstein. 3.—5. Jahrg. Octbr. 1880—Septbr. 1883. à Jahrg. 52 Nrn. (à Nr. 1—2 Bog. mit eingedr. Holzschn.) gr. 4. Leipzig, Thiel. à Jahrg. *

Schalk. Blätter für deutschen Humor. Hrsg. von M. Reymond. 6. und 7. Jahrg. Octbr. 1883—Septbr. 1885. à Jahrg. 52 Nrn. (à Nr. 1—2 Bog. mit Illustr.) gr. 4. Leipzig, Thiel. à Jahrg. *

Schalk. Blätter für deutschen Humor. 8. Jahrg. Oktbr. 1885—Septbr. 1886. 52 Nrn. (à Nr. 1—2 Bog. mit Illustr.) gr. 4. Berlin, Thiel. *

——— dass. — Redact.: Fr. Thiel. 9. Jahrg. Oktbr. 1886—Septbr. 1887. 52 Nrn. (à Nr. 1½ Bog. mit Illustr.) gr. 4. Leipzig, E. Hermann sen. *
Fortsetzung s. Schalk und Kauz.

Schalk. Blätter f. deutschen Humor. 19.—21. Jahrg. 1896—1898. à 52 Nrn. (à ca. 12 S. m. Abb.) gr. 4. Leipzig, A. Bergmann. à Jahrg. 4. 80; einz. Nrn. — 10
Kann auch vierteljährlich bezogen werden.
Bisher u. d. Titel: Schalk und Kauz

Schalk. Red.: G. Domschke. 22.—25. Jahrg. 1899—1902. à 52 Nrn. gr. 4. (à ca. 12 S. m. Abbildgn.) Leipzig, A. Bergmann. à Jahrg. n. 4. 80

Schalk. Blätter f. deutschen Humor. Red.: G. Domschke. 26.—29. Jahrg. 1903—1906. à 52 Nrn. (à Jahrg. 832 S. m. Abbildgn.) gr. 4. Leipzig, A. Bergmann. à Jhrg. 5. 20; geb. 7. 50

Schalk. Verantwortlich: H. Köhler. 30.—33. Jahrg. 1907—1910. à 52 Nrn. (à ca. 16 S. m. Abbildgn.) Lex. 8. Leipzig, A. Bergmann. à Nr. — 10

Der Schalk: 1879–1896
Humorous weekly. Large quarto, each issue 8 pages. Circulation: 1895, 5000. Edited & published by H. Hermanns, 1891–96.
St. Louis, MO

Schalk Amor, oder die geschiedene Frau; Lstspl., L. J. G. Dyck, Theater.

Schalk Amor; od. die geschied. Frau. Lstsp. 8. Lpz. Dyk. 784.

„Schalk" und die frommen Denuncianten der „Kölnischen Volkszeitung". Ein Gedenkblatt zur Charakteristik der ultramontanen Presse. 8. (45 S.) Leipzig 881, Thiel.

Schalk und Kauz. Blätter für deutschen Humor. Redact.: C. Crome-Schwiening. 10. und 11. Jahrg. Oktbr. 1887—Septbr. 1889. à Jahrg. 52 Nrn. (à Nr. $1\frac{1}{2}$ Bog. mit Illustr.) gr. 4. Leipzig, C. Hermann sen. à Jahrg. *
Vorh. u. d. T.: Schalk

— u. Kauz. Blätter f. deutschen Humor. Red.: C. Crome-Schwiening. 10.—12. Jahrg. Oktbr. 1887—Septbr. 1890. à 52 Nrn. ($1\frac{1}{2}$ B. m. Illustr.) gr. 4. Ebd. à Jahrg. n. 2. 80

Schalk u. Kauz. Blätter f. deutschen Humor. Red.: C. Crome-Schwiening. 13.—16. Jahrg. 1891—1894. à 52 Nrn. ($1\frac{1}{2}$ Bog. m. Illustr.) gr. 4. Leipzig, A. Bergmann. à Jahrg. n. 11. 20

— u. Kauz. Blätter f. deutschen Humor. Red.: C. Crome-Schwiening. 18. Jahrg. 1895. 52 Nrn. (à ca. 14 S. m. Abb.) gr. 4. Ebd. n. 11. 20

Fortgesetzt u. d. T.: Schalk.

— der kleine. Humoristischer Kalender für 1880. Hrsg. von Jos. Steinbach. gr. 16. (126 S. m. eingedr. Holzschn.) Neuwied 879. Heuser's Verl. n. — 75

Schalk, Münchener. Redact.: F. X. Welthmann. 3. Jahrg. 1863. 52 Nrn. (à $\frac{1}{2}$ Bog. mit eingedr. Holzschn.) gr. 8. München, (J. A. Finsterlin.) *

— dass. — Humoristisch-satyr. Wochenblatt. Redact.: Max Weinmann. 4. Jahrg. 1864. Januar bis März. 13 Nrn. ($\frac{1}{2}$ Bog. mit eingedr. Holzschn.) gr. 8. (Ebendas.) *
Fortsetzung dazu s. Raketen.

Schalks Bücherey. Nr. 1 und 2. 8. Leipzig, Thiel. à Nr. *
Inhalt:
Nr. 1. Thiel Eulenspiegel. (172 S.) 882.
„ 2. Der Pfaffe Amis. Ein Schelmenlied. Aus dem Mittelhochdeutschen übertr. von Ant. Ohorn. (VIII, 89 S. mit eingedr. Illustr.) 883.

Schalk's Führer v. Wien, s.a. Durch u. um Wien.

Schalk's Führer durch und um Wien. Wegweiser durch die 19 Bezirke für Einheimische und Fremde. Mit Uebersichts-Plan des Hauptverkehrs-Centrums. 3. vermehrte und umgearbeitete Aufl. 24. (179 S.) Cart. —.20
Wien: Schalk 1897.

SCHALK, A. E., Bilder aus Frankfurt. 12 Blatt Karikaturen bekannter Frankfurter Persönlichkeiten. Vorzügliche Lithographieen von E. G. May. ca. 1848. 38:58 cm. Vollständige Folgen sind selten!

Schalk, Alois, sechs Fastenreden üb. d. Hindernisse d. wahren Bekehrung zu Gott, nebst e. Charfreitags-Predigt, geh. im J. 1839. 2., verb. Aufl. 8. ($8\frac{1}{4}$ B.) Würzburg 840, Etlinger'sche Verlh.

Schalk, Alois, sieben Fastenreden über die sieben Hauptsünden. Vorgetragen im Jahre 1841. gr. 8. Prag 841, Haase Söhne. 1/2 ß

— die Lebensquelle. Sieben Fastenreden üb. d. Grundwahrheiten uns. heil. Religion, geh. im J. 1840. gr. 8. (12 B.) Prag, (Haase Söhne.)

— das siebenfache Opfer d. kathol. Christen. Ein Gebet- u. Erbauungs-Buch f. gebild. Katholiken. gr. 12. (13 B., 1 Stahlst. u. gest. Ttl.) Prag 841, Haase Söhne. 20 Gr., m. 4 Stahlst. $1\frac{1}{3}$ Thlr., f. Vlnp. $1\frac{2}{3}$ Thlr., stark Vlnp.

Schalk, Alois, Predigt-Cyclus auf alle Sonn- u. Festtage des Herrn. 1. Bd. Vom Advent bis zum Sonntag Quinquagesima. 12. ($10\frac{3}{4}$ B.) Wien 846, Mayer u. Comp.

Schalk, Alois, Predigt-Cyclus auf die Sonn- und Festtage des Herrn, vom Advent bis zum Sonntag Quinquagesima. 2. Ausg. Wien 860. Mayer & Co. 12. (256 S.) 18 ngr.

Schalk, Andr., die Liebesflamme. Laffet uns beten. Vater unser rc. Ein christkathol. Gebetbüchlein. 2. verb. Aufl. Landshut 856. Thomann. 32. (VIII, 360 S. u. 1 Stahlst.) 9 ngr.

— Perlen der heiligen Andacht und der wahren Frömmigkeit. Eine Sammlung der vorzüglichsten Gebete und Erbauungen für kathol. Christen. 8. (X und 438 S. mit 2 Stahlst.) Würzburg 853, Etlinger'sche Vrlgsh. —
fein Papier mit 4 Stahlst.

Schalk, Andr., der Marianische Rosengarten oder Psalter des heil. Rosenkranzes. In welchem die fruchtbringenden Quellen der so angenehmen u. nützlichen Rosen des heil. engl. Grußes u. Rosenkranzes dargestellt sind. Nebst einem Anhang v. Morgen-, Abend-, Meß-, Beicht- u. Kommunion-Andachten, u. noch verschiedenen erbaul. Betrachtungen, Litaneien u. Gebete. Mit 1 Stahlst. 12. (VIII u. 208 S.) Straubing 847, Schorner. 1/4 ß

Schalk, Anna Bernhard-, s. Bernhard - Schalk.

Schalk, Berthold [aus Neisse in Schlesien]: Zur Kenntnis einiger Derivate des Amidonaphtols 1·2 und Amidonaphtols 2·1. Basel 1900. 38 S. 8°.
Basel. Phil. Diss. 1899/1900.

Schalk, Bonifaz. s.a. Schalk, Karl Bonifaz Sigmund

Schalk, Bonif., (Karl Siegm. Ldw.,) († ...) Abhandl. von den Farben, nebst den Hauptsätzen aus d. Physik. 4. Fulda 777.

Schalk, Bonif. C. Sigmund, s. Schalk, Karl Bonifaz Sigmund

Schalk, D. J., ein Billet v. Jenny Lind. Komische Scene mit Gesang. gr. 8. (1 B.) Berlin 846, L. W. Krause'sche Vrlgsh. **

SCHALK, E. (ps.?), Erlebnisse eines Rockes. Nebst Kupfertitel. Frankfurt a. M. 1859. 8°. 80 S. (2 Mk. Taussig, Prag 1906.)
vgl. Schalck, Ernst

Schalk, E., s.: Phosphorismen.

Schalk, Emil, der Wettkampf der Völker, m. besonderer Bezugnahme auf Deutschland u. die Vereinigten Staaten von Nordamerika, s. a. Natur u. Staat. 7. Tl.

Der Wettkampf der Völker, mit besond. Bezugnahme auf Deutschland u. d. Verein. Staaten von Nordamerika. Von Emil **Schalk** in New York. Jena: G. Fischer 1905. (x, 218 S.) 8° [J.]
= **Natur** u. Staat. T. 7. 05.4526

Schalk, F., Studien üb. die Festungsfrage f. Laien u. Fachmänner. gr. 8. (84 S.) Zürich 872. Schultheß. 1. 40

Schalk, Franz [Dr. med., Arzt aus Maudach (Rhein-Pfalz)]: Ist die Hypertrophie des Herzens eine wahre Hypertrophie oder eine Hyperplasie? ... Würzburg, Druck d. Bonitas-Bauer'schen k. b. Hofbuchdr., 1892; 26 S., 1 Taf. 8.
Würzburg, Med. Fak., Inaug.-Diss. v. 1892

Schalk, Gust., Paul Beneke, e. harter deutscher Seevogel, s. a. Lohmeyer's, Jul., vaterländische Jugendbücherei. 18. Bd.

Schalk, Gust., Paul Beneke. Ein harter deutscher Seevogel. Jungdeutschland gewidmet. Mit zahlreichen Abb. v. C. Arriens. gr. 8. (VII, 328 S.) Berlin 902. E. S. Mittler & Sohn. Geb. in Leinw. n. 4. 50

Schalk, Gust., Doktor Biedermann u. sein Zögling. Roman in 4 Büchern. gr. 8. (410 S.) Leipzig 886. Dürselen. n. 6. —; geb. n. 7. —

— Dr. Biedermann u. s. Zögling. Roman in 4 Büchern. 2. Aufl. 8. (407 S.) Stolp 895. W. Delmanzo. n. 5. —

— Dr. Biedermann u. sein Zögling. Roman in 4 Büchern. 3. Aufl. (407 S.) 8. Braunschweig (906). A. Graff. n. 2. 60; geb. n. 3. 60

— Robinson Crusoe, nach Joach. Heinr. Campe bearb. Mit 4 farb. Vollbildern u. zahlr. Textillustr. v. Max Vollmberg. (V, 210 S.) 8. Berlin (908). Neufeld & Henius. Geb. 2. 50

— dasselbe, nach J. H. Campe u. Daniel Defoe bearb. Große Prachtausg. Mit 8 farb. Vollbildern u. zahlr. Textillustr. v. Max Vollmberg. (VI, 359 S.) 8. Ebd. (908). Geb. in Leinw. 4. 50

Schalk, Gust., die Eroberung der Luft, s.: Martin, Rud.

Schalk, Gust., nordisch-germanische Götter- und Heldensagen. Für jung und alt. 8. (198 S.) Oldenburg 881, Stalling's Verlag. *

— nordisch-germanische Götter- u. Heldensagen. Für die deutsche Jugend u. das deutsche Volk. 3. Aufl. Mit 6 Orig.-Illustr. im Text. gr. 8. (XI, 281 S.) Oldenburg 898. G. Stalling's Verlag. n. 2. 30; geb. in Leinw. n. 2. 80

— Beowulfs Heldenfahrt, s. a. Schulbibliothek Stolze-Schrey.

Beowulfs Heldenfahrt. Von Gustav **Schalk**. Berlin: F. Schulze 1905. (24 S.) 8° [Text stenogr.]
— Stolze-Schrey, Schulbibliothek. Bd 5.

— Heldenfahrten, s. a. Jugendbibliothek, deutsche.

— Heldenfahrten, s. a. Schmidt's, F., Jugendbibliothek.

Heldenfahrten. Erzählungen aus Deutschlands Vorzeit. Von Gustav **Schalk**. Mit 1 Titelbild. 4. Aufl. *Berlin: Neufeld & Henius [1902].* (168 S.) 8° [F.]
— [Jugendbibliothek, Deutsche. Bd 72.]

SCHALK, GUSTAV. *Deutsche Heldensage* für Jugend und Volk. Illustriert [24 Taf. u. zahlr. Textabb.] von HERMANN VOGEL. Bonn, Strauß, [c. 1893]. 8°. Orlwd. ★ 1. Ausg. 9.—

Schalk, Gust., deutsche Heldensage. Für Jugend u. Volk erzählt. Illustr. v. Herm. Vogel. 3. Aufl. 11. bis 16. Taus. gr. 8. (IX, 482 S.) Bonn 897. E. Strauß, Großantiqu. Geb. in Leinw. n. 8. —; ermäß. Pr. n. 5. —

Deutsche Heldensage für Jugend und Volk. Erzählt von Gustav **Schalk**. Ill. von Herm. Vogel. [4. Aufl.] *Bonn: E. Strauss [1900].* (VIII, 482 S.) 8° [F.]

— deutsche Heldensage. Für Jugend u. Volk erzählt. Illustr. v. Herm. Vogel. 6. Aufl. gr. 8. (VIII, 483 S.) Bonn 902. Stuttgart, E. Strauß. Geb. in Leinw. 5. —

— deutsche Heldensage. Für Jugend u. Volk erzählt. Illustriert v. Herm. Vogel. 8. Aufl. (VIII, 483 S.) gr. 8. Bonn 908. Leipzig, A. Kröner. Geb. in Leinw. 5. —

— Deutsche Heldensage. Für Jugend u. Volk erzählt. Illustr. v. Herm. Vogel. 10. Aufl. (VIII, 471 S. m. Abbildgn. u. 24 Vollbildern.) gr. 8. Berlin (910). Neufeld & Henius. Geb. in Leinw. 5. —

Schalk, Gust., deutsche Heldensagen f. Jugend u. Volk. Illustr. v. Herm. Vogel. gr. 8. (VIII, 483 S.) Düsseldorf 891. [F. Bagel.] Bonn, E. Strauß Verl. Geb. in Leinw. n. 8.

Die großen Heldensagen des deutschen Volkes, s. a. Lohmeyer's, Jul., vaterländische Jugendbücherei. 7. Bd.

— römische Heldensagen, f. die Jugend bearb. Mit (2) Farbendr.-Bildern nach Aquarellen v. Alex. Zick, 16 Vollbildern u. vielen Textbildern nach alten Kupfern. Neue Rechtschreibg. (VIII, 392 S.) 8. Berlin (904). Neufeld & Henius. Geb. in Leinw. 6. —

Römische Heldensagen, f. die Jugend bearb. Mit (2) Farbendr.-Bildern nach Aquarellen von Alex. Zick, 16 Vollbildern u. vielen Textbildern nach alten Kupfern. Neue Rechtschreibg. 2. Aufl. (VIII, 392 S.) 8. Berlin (909). Neufeld & Henius. Geb. in Leinw. 4. 50

— Unter der Kriegsflagge der deutschen Hansa. Paul Beneke, s.: Lohmeyer's, Jul., vaterländische Jugendbücherei. 18. Bd.

— die Bunte Kuh v. Flandern im Kampf gegen den Seeräuberhauptmann Klaus Störtebecker u. die Vitalienbrüder. Erzählung aus der Zeit der Hansa f. die Jugend. Mit 10 Vollbildern (teils in Farbendr.) v. Hans Bohrdt, F. Lindner, C. Gehrts, Joh. Gehrts u. a. Neue Rechtschreibg. (IV, 313 S.) gr. 8. Ebd. (905). Geb. in Leinw. 3. —

—— die schönsten Märchen, Sagen und Schwänke. gr. 8. (304 S. mit vielen Abbild.) Kreuznach 886, Voigtländer's Verlag. geb. *

—— dass. — Ausg. A. 2. Aufl. gr. 8. (304 S. mit vielen Abbild.) Ebendas. 887. geb. *

—— dass. — Ausg. B. gr. 8. (160 S. mit vielen Abbild.) Ebendas. 887. geb. *

— die schönsten Märchen, Sagen u. Schwänke. Ausg. A. 3. Aufl. gr. 8. (304 S. m. Farbendr. u. Text-Abbildgn.) Leipzig 890. Geibel & Brockhaus. cart. n. 2. 50

— dasselbe. Ausg. B. 2. Aufl. gr. 8. (160 S. m. Farbendrucken u. Text-Abbildgn.) Ebd. 890. cart. n. 1. 50

— die schönsten Märchen. Mit 4 Farbendr.-Bildern u. vielen Textillustr. von F. Lipps, L. Bode, Joh. Gehrts u. a. Neue Rechtschreibg. 7. Aufl. (304 S.) gr. 8. Ebd. (904). Geb. 3. —

Schalk, Gust., die schönsten Märchen aus 1001 Nacht. Mit 4 farb. Vollbildern u. zahlr. Textillustrat. v. C. Arriens. (VII, 285 S.) 8. Berlin (908). Neufeld & Henius. Geb. 2. 50

— dasselbe. Große Prachtausg. Mit 8 farb. Vollbildern u. zahlr. Textillustr. v. C. Arriens. (VII, 558 S.) 8. Ebd. (908). Geb. in Leinw. 4. 50

— das Märchenbuch. Eine Sammlg. der schönsten Märchen. Mit 9 Farbendr.-Bildern u. zahlreichen Textillustr. v. B. P. Mohn, F. Flinzer, Joh. Gehrts, F. Schmidt u. a. Neue Rechtschreibg. (319 u. 308 S.) gr. 8. Ebd. (904). Geb. in Leinw. 7. 50

— Das Märchenbuch. Eine Sammlung der schönsten Märchen. Mit 7 Farbendr.-Bildern v. Otto Marcus u. zahlr. Textillustrat. v. B. P. Mohn, F. Flinzer, Joh. Gehrts, F. Schmidt u. a. Neue Rechtschreibg. (308 S.) 8. Ebd. (909). Geb. in Leinw. 4.50

—— im Märchenlande. Eine Sammlung der schönsten Märchen. gr. 8. (319 S. mit 5 Farbendr. und vielen Textbildern nach Zeichnungen von F. Flinzer, B. P. Mohn, F. Schmidt u. a. m.) Kreuznach und Leipzig 888, Voigtländer's Verlag. geb. *

— im Märchenlande. Eine Sammlg. der schönsten Märchen. Mit 5 Farbendr. u. vielen Textbildern nach Zeichngn. v. F. Flinzer, B. P. Mohn, F. Schmidt u. a. m. 2. Aufl. gr. 8. (319 S.) Ebd. 890. cart. n. 3. —

— im Märchenlande. Eine Sammlg. der schönsten Märchen. Mit 5 Farbendr.-Bildern u. vielen Textillustr. v. B. P. Mohn, F. Flinzer, F. Schmidt u. a. Neue Rechtschreibg. 5. Aufl. (319 S.) gr. 8. Ebd. (904). Geb. 3. —

— Meisterbuch deutscher Götter- u. Heldensagen. Mit zahlr. Abbild. nach Schnorr v. Carolsfeld, L. Fröhlich, F. W. Engelhard usw. u. a. Initialen v. Jos. Sattler. (XI, 433 S.) gr. 8. Berlin 911. Ullstein & Co. Geb. in Leinw. 3. —

—— Die Nibelungen. Heldensage f. Jugend u. Volk. Illustr. v. Herm. Vogel. gr. 8. (96 S.) [Düsseld. 891, F. Bagel.] Bonn, Strauß. geb. 2 50

— Stacheldrahtzäune. Roman. (521 S.) 8. Stuttgart (910). M. Kielmann. 4.50; geb. in Leinw. 5.50

— Unda-Marina. Roman. 8. (275 S.) Ebd. 895. n. 4. —; geb. in Damast n. 5.

— Von Ikarus bis Zeppelin, s.: Martin, Rud.

Walhalla. Germanische Götter- und Heldensage für Schule u. Haus. Von Gustav Schalk. Berlin: Neufeld & Henius [1900]. (XI, 410 S.) 8° [F.] [08. 11307

Walhalla. Germanische Götter- u. Heldensage für Schule u. Haus. Von Gustav Schalk. Mit zahlr. Textill. u. 24 Vollbild. von Prof. Max Koch. Berlin: Neufeld & Henius [1907]. (XV, 426 S.) 8° [F.] [08. 11308

— Walhalla. Germanische Götter- u. Heldensage f. Schule u. Haus. Mit zahlr. Textillustr. u. 24 Vollbildern v. Max Koch. 2. Aufl. (XV, 426 S.) gr. 8. Berlin (910). Neufeld & Henius. Geb. in Leinw. 5. —

Schalk, H., Münz-Sammlung des Vereins für nassauische Alterthumskunde u. Geschichtsforschung. Die mittelalterlichen u. neueren Münzen. Wiesbaden 865. (Roth.) gr. 8. (VII, 174 S.) n. 24 ngr.

Soziale Momente in der Verfassungsgeschichte der Republik Siena von Karl **Schalk**. Modling: Perchtoldsdorfer Buchdr. 1910. 14 S. 8° [10. 9131 2

Der Versuch. Eine Handlung in 16 Bild. (zu Vorspiel, Zwischenspiel u. 5 Akte zusammenzufassen) aus d. Halbvergangenheit. Von Karl **Schalk**. Wien: R. Kamus & Co. 1906. (133 S.) 8° [F.] [06. 14506

Schalk, Karl Bonifaz Sigmund

— Abhandl. üb. die Regierungsform d. kathol. Kirche. 8. Weißenburg 789. 2e Aufl. 8. Worms 790.

s. Beantwort. d. Frage: Ist e. Religionsvereinigung rc.

— s. **Exegesis** crit. Psalmi XLIV.

— s. Fundamentalgesetze.

(SCHALK, Bonif. C. Sig.): Grundsätze v. d. Regierungsform d. kathol. Kirche. *Worms*. 790. 8.

Schalk, Karl Bonifaz Sigmund, Ueber die Lage unserer deutsch-catholischen Kirche im Verhältnisse zum römischen Stuhle. Giessen 1791. 8°.
Giessen. Antrittsrede v. (1791).

— üb. die Lage unserer deutsch-kathol. Kirche im Verhältnisse zum röm. Stuhl. 4. Gießen 792. Heyer. 3 gr

s.a. Magazin, neues, d. Kirchenrechts.

(SCHALK, Bonif. C. Sig.): Neues Magazin d. neuesten Kirchenrechts u. d. Kirchengesch. katholischer Staaten. I, 1. 789. 8.

— Materien f. d. Kirchenrecht u. die Kirchengesch. kathol. Staaten. 1r Bd. 8. Worms 792.

— s. Schulzeitung, süddeutsche.

s. Vortheile, welche d. Aufhebung d. Jesuitenordens rc.

Schalk, Kuno, Christian De Wet. Ein Bauerndrama in 4 Aufzügen. (100 S.) 8. Leipzig 908. Modernes Verlagsbureau. 2. —

— Die Sintflut in Griechenland. Eine dramat. Warnung. (215 S.) kl. 8. Leipzig 907. Verlag f. Literatur, Kunst u. Musik. 2.50; geb. n 3.50

— Richard Wagner in Tibet. Eine dramat. Gärtnersage. (108 S. m. 1 Taf.) 8. Leipzig 908. Modernes Verlagsbureau. 2. —

Schalk-Hopfen, Lili, Frauenberufe u. Männererziehg. (40 S.) 8. Wien 911. H. Heller & Co. — 50

Schalkau [Schlagwort]

Schalkau, s.: Thüringen.

SCHALK-BIBLIOTHEK. 7 Hefte. Mit zahlreichen Illustrationen. (Hrsg. von Ernst Eckstein?) Leipzig(,) Druck u. Verlag des „Schalk" (c. 1880). Kl. 8°. (à Heft Mk. 1.–, gebd. 1,50; alle 7 in 1 Bde. Mk. 6.–.)
1—2: Geographische Kalauer. 3: Heitere Geschichten. 4: Neue Beiträge zur deutschen Kulturgeschichte. 5: Der Handschuh in 13 Sprachen. 6: Papua und Kulturmensch. 7: Ein Don Juan-Examen.

Schalk-Bibliothek. 1.—9. Heft. 8. Leipzig, Thiel. à Heft (*M 1.) geb. à Heft (*M 1,50.) 1.—9. Heft zusammenbezogen

Inhalt:

Heft 1. 2. Geographische Kalauer zur Beräucherung érdkundl. Könntnüsse. Ein Patience-Spiel für Jung und Alt. 2 Hefte. (78; 88 S. mit eingedr. Illustr.) 880.
» 3. Oberbreyer, Max, heitere Geschichten. Mit 12 (eingedr.) Orig.-Illustr. von Const. v. Grimm. (63 S.) 880.
» 4. Neue Beiträge zur deutschen Literaturgeschichte. Aus dem Nachlasse von Chrys. Eman. Sammelrind, phil. cand. (69 S. mit 21 authent. Bildnissen.) 881.
» 5. Der Handschuh von Friedr. von Schiller. Eine polyglotte Zusammenstellung von Fr. Thiel. Mit 24 (eingedr.) Orig.-Illustr. von W. Wellner. (111 S.) 881.
» 6. Papua und Cultur-Mensch. (I. Nassauer Badefreuden. [Kalt Wasser und seine Verwerthung.] — II. Stavenow, der Degen als Ehestifter. Humoreske. Mit 3 Illustr. von Bärwinkel. — III. Die Kinder der Südsee. — IV. Ein Lied vom Dampf.) (63 S.) 881.

7. Koppel-Ellfeld, Frz., ein Don Juan-Examen. Humoreske. Mit (eingedr.) Illustr. von G. Nestel. (75 S.) 881.
„ 8. Alper, J. J., Fritzchen Stümperleins, des Gymnasiasten, Buch der Lieder, oder Liebesfrühling und junge Leiden. Nebst desselben Verf. episch-didaktisch-dramat. Allerlei. Für weitere heitere Kreise hrsg. (77 S. mit eingedr. Illustr.) 882.
„ 9. Mikado, C. v., Schnadahüpfeln der alten Sachsen, ausgegraben bei Dresden. (62 S. mit eingedr. Illustr.) 882.

Schalk-Blätter, fliegende. Unparteiische humorist. Wochenschrift. Red.: C. Crome-Schwiening. 1.—5. Jahrg. 1889—1893. à 52 Nrn. (Bog. m. Abbildgn.) gr. 4. Leipzig, A. Bergmann. à Jahrg. n. 4. -

Schalk-Blätter, fliegende. Unparteiische humorist. Wochenschrift. Red.: C. Crome-Schwiening. 7. Jahrg. 1895. 52 Nrn. (Bog. m. Abb.) gr. 4. Leipzig, A. Bergmann. n. 4. —

Schalken, F., Erlebnisse e. österreichischen Schulmannes. Hrsg. v. d. Zeitschrift „Der Naturfreund" in Wien. gr. 8. (70 S.) Leipzig 896. H. Dege. n. — 75

Schalken, F., Wien, die billigste Stadt. (Wahres aus Beamtenkreisen.) 8. (24 S.) Wien 893. (Gebr. Rubinstein.) — 20

SCHALKHÄUSER, Friedrich (München): Ein Fall von Aneurysma der Carotis interna dextra im Canalis caroticus ex traumate.- Cassel: Fischer 1878. 29 S.
27.10.1877 - Urk (Titel: De aneurysmate carotidis internae dextrae in canali carotico ex traumate.); Chr 1877/78,10
Diss. Ingolst.-Landsh.-München.

Schalkhäuser, A., Beiträge zur Erklärung des 6. Buches der Aneide Vergils. Pr. 1873. 24 S. 4°. —

Schalkhausser, Georg: Aeneas von Gaza als Philosoph. *Erlangen 1898: F. Junge.* (VI, 108 S.) 8°
Erlangen, Phil. Diss. v. 28. Febr. 1898

Schalkhausser, Geo., zu den Schriften des Makarios v. Magnesia, s.: Texte u. Untersuchungen z. Geschichte der altchristl. Literatur. III. 1. IV.

Schalkheiten, die acht. Xylograph. Product aus der Mitte des XV. Jahrh. Photograph. Facs. nach dem einzig bekannten Exemplare. Hrsg. von A. F. Butsch. 8 Photogr. Fol. Augsburg 873, Butsch Sohn. In Carton *

Schalk-Kalender für 1881—1885. Hrsg. von Ernst Eckstein. 1.—5. Jahrg. 8. (XVIII, 93; XXII, 90; XX, 92; XXII, 90; XXII, 89 S. mit eingedr. Illustr.) Leipzig, Thiel. à Jahrg. *

Schalk-Kalender für 1886—1888. 6.—8. Jahrg. 8. (à Jahrg. 110 S. mit Illustr.) Berlin, Thiel. à Jahrg. *

—— dass. — 1889. 9. Jahrg. 8. (112 S. mit Illustr.) Leipzig, E. Herrmann sen. *

Schalk-Kalender 1890—1893. 10.—13. Jahrg. 8. (à Jahrg. ca. 120 S. m. Abbildgn.) Ebd. à Jahrg. * 1 —

Schalk-Kalender 1895. 15. Jahrg. 8. (110 S. m. Abbildgn.) Leipzig, A. Bergmann. — 75

Schalk-Kalender. 1899. 8. (128 S. m. Abb.) Ebd. — 75

Schalk-Kalender. 1901. 8. (128 S. m. Abbildgn.) Leipzig, A. Bergmann. — 75

Schalk-Kalender. 27. Jahrg. 1908. (128 S. m. Abbild.) 8. Leipzig, A. Bergmann. — 75

Schalk-Nummern, 7, m. Kalender f. 1895. gr. 4. (68 S. m. Abbildgn.) Leipzig, A. Bergmann. — 50

Schalk-Nummern, 7, m. Kalender f. 1896. gr. 4. (64 S. m. Abb.) Ebd. — 60

Schalks Bücherey. Nr. 1. Thiel Eulenspiegel. 8. (172 S.) Leipzig 882. Thiel. n. 1. 50

Schalks-Narr. Red.: F. X. Weithmann. 1. u. 2. Jahrg. 1861 u. 62. à 52 Nrn. (à ½ Bgn. m. Holzschn.) München, (J. A. Finsterlin.) gr. 8. Jeder Jahrg. n. 1 ₰ 10 *ngr.*
Fortsetzung s.: Schalk, Münchener.

— Humoristisch-satyrisches Wochenblatt. Red.: Max Weinmann. 4. Jahrg. 1864. Janr.—März. 13 Nrn. (à ½ Bgn. m. Holzschn.) Ebend. gr. 8. n. 10 *ngr.*
Fortsetzung hiervon s.: Raketen.

Schall, Emanuel. Ein histor. Roman. Schön zu lesen f. Jedermann; — denn in dem Buche kann man ersehen, was in den letzten vierzig Jahren ist geschehen. Ausgeschmückt mit schönen Gravüren, die man hat thun in Holzschnitt ausführen. Die Verse, die Bilder u. das Register sind von Faustinus Lux, der Weltweisheit Magister. gr. 8. (VIII u. 302 S.) Hannover 849, Rümpler. n. 1 ₰

Schall und Rauch. Serenissimus-Zwischenspiele (Serenissimus und Kindermann), humoristische, geistige, satirische, aktuelle Zwiegespräche mit Tritagonisten. 1896. V: *Ramser-Kadelburg, Robert.* (Börsenblatt, Jg. 86, Nr. 15, vom 24. III. 1919; Urheberrechtseintragsrolle 583) (Hdschr. Mitth. von Friedrich Müller, München)

Schall u. Rauch. 1. Bd. v. **Max Reinhardt.** Mit Buchschmuck v. Alb. Fiebiger. 1.—10. Taus. gr. 16. (235 S.) Berlin 901. Schuster & Loeffler. n. 1. —

Schall, s.: Kalender f. Beamte der königl. württembergischen Staats-Eisenbahnen.

Schall, Adolf, aus Ulm a. D.: Über die Einwirkung von Phosphoroxybromid auf secundäre aliphatische Amine. *Ulm 1898: J. Ebner.* (22 S.) 8°
Rostock, Phil. Diss. v. [22. Juni] 1898

Schall, C., s.a. S c h a l l , Karl

SCHALL, C. Einwirkung von Tetrachlorkohlenstoff auf die drei isomeren Kresole, und Oxydation der daraus entstehenden Oxytoluylsäuren zu Oxyphtalsäuren. Kiel, 1881.

Schall, C. F. W., s. S c h a l l , Karl Friedrich Wilhelm

Schall, C. W., der ungarische Deserteur, oder d. Kopf von Bronze. Schspl. in 3 Aufz. 8. Erfurt 814. Müller. (Leipz., Wengand). 14 ℊ

Schall, Carl, s. S c h a l l , Karl

Schall, Ch. G., s. Anleit. zum Kopfzeichnen.

Schall, Chr. Hnr., s. 1) die Ränke. 2) das Vorurtheil.

Schall, Eduard

Schall, Ed., die Arbeiter u. die besitzenden Klassen. Die Notwendigkeit evangelisch-sozialer Arbeitervereine. 2 Reden, geh. in Hamburg am 28. Febr. u. 1. März 1894. 8. (X, 72 S.) Heilbronn 894. E. Salzer. n. — 60

— Christenthum u. Sklavenfrage, s.: Lieber.

Schall, Ed., die babylonische Gefangenschaft d. protestant. Kirche in Deutschland. gr. 8. (III, 128 S.) Leipzig 896. Hannov. Münden, R. Werther. n. 2. —

[F.] Schwere Not im Nähr-, Lehr- und Wehrstand beleuchtet v. Eduard Schall, Pastor in Bahrdorf. *Leipzig: R. Werther 1896.* (1 Bl., VIII, 109 S., 1 Bl.) 1 Bd 8. [96. 5033

Schall, E., das moderne Papsttum in den Kirchen der Reformation, s.a. Vehmgerichte, moderne. 3.

Das moderne Papsttum in der Kirche der Reformation von E[duard] Schall, Pastor in Bahrdorf. 1. 2. *Braunschweig & Berlin: C. A. Schwetschke & Sohn 1898.* 2 Bde 8° [F.]
[1] oder: Das ev. Pfarramt u. d. Kirchenregiment in ihrem Verhältnis zu einander nach Bekenntnis u. Kirchenrecht.
2. Meine Dienstentlassung in der ersten Instanz vor d. Disziplinarkammer in Braunschweig. Ein Beitrag aus d. Amtsleben z. Entwickelung d. protest. Kirchenrechts in Deutschland.
= Vehmgerichte, Moderne. H. [1.] 3. [98. 3972

— Predigt beim Gottesdienst f. die Mitglieder d. Bundes der Landwirthe, am Sonntag Reminiscere den 18. Febr. 1894 zu Berlin im Stöcker-Saal geh. gr. 8 (8 S.) Berlin 894. G. Schuhr. — 10

— Rede, geh. in Magdeburg im dortigen sozialdemokratischen Arbeiter-Bildungs-Verein am 2. Novbr. 1893 üb.: Die christl. Religion u. die Sozialdemokratie. 8. (32 S.) Oebisfelde 893. Heilbronn, E. Salzer. n. — 25

— die Sozialdemokratie auf dem Lande, ihre Abwehr u. sicherste Ausbreitg. Eine Rede, geh. in Bahrdorf am 29. Juni 1893 zum Zweck der Gründg. e. evangelisch-sozialen Arbeiter- u. Jünglings-Vereins, nebst Vorrede, Einleitg. u. Nachrede. Vertheidigungsschrift wegen e. Anklage über sozialdemokrat. Agitation. gr 8. (39 S.) Oebisfelde 893. A. Radwitz. n. — 30

— dasselbe. 2. u. 3. Tausd. gr. 8. (55 S.) Heilbronn 893. E. Salzer. n. — 50

— die Sozialdemokratie in ihren Wahrheiten u. Irrthümern u. die Stellung der protestantischen Kirche zur socialen Frage. gr. 8. (XI, 372 S.) Berlin 893. E. Staude n. 3.—; geb. in Halbfrz n. 5. —

Schall, Ed., Social-Revolution od. Reformation. Ein Wort an das deutsche Volk. gr. 8. (23 S.) Braunschweig 890. Wollermann. n. — 50

Schall, Ed., d. Staatsverfassung d. Juden auf Grund d. alten Testamentes u. namentl. d. fünf Bücher Moses m. fortlauf. Beziehg. auf d. Gegenwart. 1. Tl. Mosaisches Recht. Staat, Kirche u. Eigentum in Israel. 2. [Titel-] Aufl. gr. 8. (IV, 382 S.) Leipzig 896. (Hannov. Münden, R. Werther.) n. 6. —

— der Fall „v. Wächter" od. darf u. kann e. Christ u. besonders e. Pfarrer eingeschriebenes Mitglied der socialdemokrat. Partei sein? gr. 8. (37 S.) Oebisfelde 893. [A. Radwitz] Heilbronn, E. Salzer. n. — 50

— das Wesen der Sozialdemokratie u. die christl. Religion, s.a. Kirche u. Sozialismus.

Das Wesen der Sozialdemokratie und die christliche Religion. Ein Vortrag von E[duard] Schall, Pastor in Bahrdorf. *Erfurt: H. Güther 1894.* (47 S.) 8° [F.]
— Kirche u. Sozialismus. 2. [94. 4165

Schall, F. C., oberösterreichische Bauerngeschichten. 1. u. 2. Bdchn. Wels 858. Haas. 8. (121 S.) Jedes Bdchn. n. 4 ngr.

Schall, F. C., s. Bellona.

— der schwarze Bund, oder: Die Bauernunruhen in Oberösterreich in den Jahren 1595—1632. Historische Erzählung. 2 Thle. Ebend. 859, 60. 8. (199 S.) 15 ngr.

—— des Faustrechts Fall in Oberösterreich. Historische Erzählung. 1. Thl. (3. Thl. des „Der schwarze Bund.") 8. (151 S.) Wels 860, Haas.
Ist nicht weiter erschienen.

Schall, F. C., populäre Götterlehre. Leichtfaßl. Darstellung der Mythologie der Aegypter, Griechen und Römer, für Lehrer und zum Selbstunterricht dem Künstler, dem Gewerbsmanne, dem Volke. 8. (184 S. und 11 Kpfr.) Wien 848, Haas'sche Buchh.

Schall, F. C. — Lucia von Hohenfeld, oder: Verlobung und Tod. Historische Erzählung aus der Vorzeit des Landes Oesterreich ob der Enns von — —. Wels, 1857. Druck und Verlag von Johann Haas. (52 S. 8.)

—— Kaiser Maximi[li]an der Erste in Wels und die Polheimer. Historischer Roman [..] Thle. 8. (148 S. mit 1 Stnt.) Wels 858, Haas.

—— Oesterreich's glorreichste Tage, der 13. 14. 15. März 1848. Eine Denkschrift an die Ereignisse dieser, ein Blättchen in die Geschichte aller Tage. 4., verm. Aufl. 8. (48 S.) Wien 848, Haas'sche Buchh.

—— des letzten Ritters letzte Tage, oder: Kaiser Maximilians I. Tod in Wels. (Ergänzungsband zu „Die Polheimer.") 8. (51 S.) Wels 860, Haas.

Schall, Ferdinand Friedrich Fhr. von A. S. 574/1

Dissertatio iuridica de regalibus Palatinis sive de praecipuis serenissimae domus Palatinae iuribus praerogativis ac praeeminentibus.
Präs. Johann Friedrich Hertling.
Heidelberg (Müller) IX. 1734. 78 S. 29956

Schall, Fr. W., das Gesetz über die Verpflichtung zum Kriegsdienste im Königr. Württemberg vom 22. Mai 1843, und die Vollziehungsinstruction vom 30. Decbr. 1843 mit den darauf Bezug habenden neueren Gesetzen, sowie mit Erläuterungen, Normalien, Bescheiden und Entscheidungen des Ober-Recrutirungsraths und Geheimen-Raths, ferner mit einer Belehrung der Gemeindebehörden über die ihnen obliegenden Recrutirungsgeschäfte, mit Verfügungen des Kriegsministeriums, Formularien zu Einstandsverträgen und einem alphabet. Sachregister. 1. und 2. Aufl. gr. 8. (VI und 349 S.) Stuttgart 863, Nitzschke. *

Schall, Friedrich Franz (Mainz) A. S. 569/6

Dissertatio inauguralis historico-iuridica de iure circa sacra regum Germanorum et imperatorum Romanorum e gente Saxonica.
Erfurt (Nonne) 6. X. 1772. 30 S.

Gew.: Karl Theodor Anton Maria Fhr. von Dalberg.

29957

Schall, G. G., erbauend. u. vergnüg. Lust b. d. Last d. Welt, oder Forts. d. Christianen. 4. Lpz. 756.

Schall, H., die kgl. Gärten Oberbayerns, s.: Zimmermann, W.

Schall, Heinrich: Beiträge zur Entwickelungsgeschichte der Oper mit besonderer Berücksichtigung der deutschen in neuerer Zeit. *Bonn 1898; J. Bach Wwe.* **(48 S.) 8° ¶ (Enthält nur einen Theil der eingereichten Arbeit.)**
Bonn, Phil. Diss. v. 26. Jan. 1898

Schall, Hermann, Medizinalpraktikant a. Stuttgart: Ueber den Knochenabscess. Leipzig 1907: B. Georgi. (35 S.) 8°
Leipzig, Med. Fak., Ref. Trendelenburg, Diss. v. 13. April 1907
[Geb. 7. Aug. 81 Stuttgart; Wohnort: Leipzig; Staatsangeh.: Württemberg; Vorbildung: Karls-Gymn. Stuttgart Reife Sommer 01; Studium: Tübingen 3, Berlin 4, Leipzig 5 S.; Coll. 26. Apr. 07; Approb. Sommer 06.]

Schall, Herm., u. Aug. **Heisler,** Nahrungsmitteltabelle zur Aufstellg. u. Berechng. v. Diätverordnungen f. Krankenhaus u. Praxis. 2., bedeutend vermehrte Aufl. (56 S.) Lex. 8. Würzburg 910. C. Kabitzsch.
1. Aufl. (42 S.) 909. 1.90. 2.50

— — Die Praxis der Ernährungstherapie der Zuckerkrankheit, s.: Abhandlungen, Würzburger, aus dem Gesamtgebiet der prakt. Medizin. X, 5. 6.

— — Schemata zum Einzeichnen v. Kurven bei Stoffwechselkrankheiten. (10 Bl.) 41,5×33 cm. Würzburg 909. C. Kabitzsch. 2. —

Schall, J., s. Schall, Joseph

Schall, J. C. Sechszehen specielle Bau- und Feuer-polizeiliche Vorschriften für die gewöhnlich vorkommenden Bauwesen. Tettnagen. Kapfi 1844. 4°

Schall, J. E. F., s. Schall, Johann Eberhard Fr.

Schall, J. F., s. Schall, Joseph

Schall, J. Fr., ausführliche Anleitung zur Restauration vergelbter, fleckiger und beschädigter Kupferstiche u. s. w. nebst einer kurzen Beschreibung der verschied. Arten des Kupferstichs, sowie des Holzschnittes und der Lithographie und einem Verzeichniss vorzügl. Kupferstecher und Lithographen, ihrer bedeutendsten Werke und der Maler oder Zeichner, nach welchen jene gearbeitet haben. gr. 8. (93 S.) Leipzig 863, R. Weigel. *

SCHALL, JOHANN: Cantate auf die feierliche Installation Sr. Hochfürstl. Gnaden des ... Herrn Alexander Rudnay von Rudna und Divék-Ujfalu. In Musik gesetzt von Joseph Seller. Ofen 1820. Gedr. mit kön. ung. Universitäts-Schriften. 4 f. - 4°

Schall, Joh. Adam, Geschichte d. chines. Mission 2c., s. Geschichte 2c.

Schall, Johann Eberhard Fr.

Schall, Jh. Eberh. Fr., († d. 10. Mai 1790.) kleine Beitrr. zur pädagog. Literatur. 8. Bresl. 779. (Gosohorsky). 8 gr.

— deutsch-russische Grammatik. gr. 8. St. Petersb. 789.

— s. Handbuch f. Leute, d. keine Aerzte sind, u. setze hinzu: (v. J. E. F. Schall).

Schall, J. E. F.: Ueber die Justiz auf deutsche Art und zum deutschen Gebrauch. Nebst e. Anh. üb. Hofr. Schlossers Vorschlag u. Versuch e. Verbesserung d. deutschen bürgerl. Rechts. Berlin u. Leipzig 1780.

— über die Justiz auf deutsche Art zum deutschen Gebrauch. gr. 8. Berl. 780. Rottmann. 12 gr.

— 3 Predigten in d. Wüsten. 8. Leipz. Crusius (F. C. W. Vogel) 780.

— s. Silhouetten, drei.

— s. Vangerow, Wechselrecht. Zusätze.

Schall, J. E. F.: Von Verbrechen und Strafen. E. Nachlese u. Berichtigung zu dem Buche des Markese Beccaria eben dieses Inhalts. Nebst e. Anh. über einige neuere deutsche Schriften von dieser Materie, insofern sie sich auf das Buch des Markese beziehen: bes. über Barkhausens Bestreitung der Todesstrafen. Leipzig 1779.

— v. Verbrechen u. Strafen, Nachles. u. Bericht. z. Beccarias Buche. 8. Lpz. Hilscher (Comt. f. Litt.) 779.

SCHALL, J. Eb. F.: Zusätze zu ***Vangerow's*** **Entw. d. Preuss. Wechselrechts.** ***Halle. 775.*** **8.**

Schall, Johannes [aus Neu-Globsow (Kr. Ruppin, Prov. Brandenb.)]: Über Schussfracturen des Oberschenkels (nach Präparaten d. kriegschirurg. Sammlg d. Kgl. med.-chir. Friedrich-Wilhelms-Institutes zu Berlin.) ... Berlin, Buchdr. v. G. Schade, *1893;* 36 S., 1 Bl. 8.
Berlin, Med. Fak., Inaug.-Diss. v. 13. Okt. 1893

Schall, Jos., vollständiger Leitfaden zum ersten allgemeinen Elementar-Unterricht im freien Handzeichnen, nebst einer Anleitung zum Aufnehmen von Landschaften mit einem höchst einfachen Instrumente. gr. 8. (149 S. mit 18 in Kpfr. gest. Vorlegeblättern und 6 lithogr. Hülfstaf. in 4.) Breslau 858, (E. Trewendt.) * *

Schall, J. F., u. P. Mücke; Studien f. Blumenzeichner. qu. Fol. Bresl. 816. Max u. C. 16 gr.

— Studien f. Landschaftszeichner, zum systemat. Unterricht entworfen. qu. Fol. Bresl. 817. Max u. C. 16 gr.

— Vorlegeblätter zum ersten allgem. Elementarunterr. im freien Handzeichnen. 8. Bresl. 817. 2e A. 827. Max u. C. 16 gr.

Schall, J.: Vorlegeblätter zum Unterricht im Situation-Zeichnen nach Lehmanns Theorie. Breslau 1820. 12 Tf. 8°

— 12 Vorlegeblätter z. Unterr. im Situation-Zeichnen nach Lehmanns Theorie. kl. 4. Bresl. 817. Max u. C. In Etui. 18 gr.

SCHALL, Josephus Calas: De miraculorum Christi veritate philosophica. — (1845) 54 S. 8° (Handschr.) Diss. 133
Diss. Wien, Univ.

Schall, Jul., durchs Feuer der Trübsal bewährt, s. a. Schriften f. das deutsche Volk. 89. Hft.

Durchs Feuer der Trübsal bewährt! Eine Leidensgesch. aus d. ev. Kirche Frankreichs. Von Julius **Schall**, Dekan in Blaufelden. *Halle a. S.: Ver. f. Reformationsgesch. 1902.* (62 S.) 8° [F.]
= Schriften f. d. deutsche Volk hrsg. v. Ver. f. Reformationsgesch. 39.
fo3. 76gu 3

Schall, Jul., Elia, d. Thisbiter. E. Schausp. in 3 Akten. 12. (68 S.) Stuttgart 896. Greiner & Pfeiffer. n. — 80

Schall, Jul. Blanche Gamond, s. Für die Feste u. Freunde d. Gustav-Adolf-Vereins.

[F.] Geschichte des Königl. Württ. Hüttenwerkes Wasseralfingen v. Julius Schall, Pfarrer. M. 5 Pl. u. Ansichten. *Stuttgart: W. Kohlhammer 1896.* (4 Bl., 125 S., 2 Taf., 2 Pl.) 1 Bd 8. [96. [illegible]

— Ulrich v. Hutten, s.: Schriften f. das deutsche Volk, hrsg. vom Verein f. Reformationsgeschichte.

— Johannes Kepler, s. a. Neujahrsblätter, württembergische.

[F.] Johannes Kepler. E. Lebensbild v. Julius Schall. *Stuttgart: D. Gundert 1892.* (48 S.) 1 Bd 8.
= Neujahrsblätter, Württembergische. Bl. 9. [96. 226

— Doktor Jakob Reihing, einst Jesuit, dann (Konvertit) evang. Christ, s. a. Schriften f. d. deutsche Volk.

[F.] Doktor Jacob Reihing, einst Jesuit, dann '(Konvertit)' evangelischer Christ, 1579–1628. Von Julius Schall, Pfarrer. *Halle a. S.: Ver. f. Reformationsgesch.; (Commr. v. M. Niemeyer) 1894.* (28 S.) 1 Bd 8.
= Schriften f. d. deutsche Volk hrsg. v. Ver. f. Reformationsgesch. [No] 24. [96. 9358

— Die Stellung der Frau in der römischen Kirche, s. Schriften f. das evangelische Deutschland.

Schall, K. L.: Erzbischof Adelbert I. von Mainz. Mainz 1867. 26 S. 4°
Schul-/Univ.-Schrift

Schall, K. L., Erzbischof Adelbert I. von Mainz 1111–1137. Mainz 868. Faber. gr. 4. (26 S.) n. 10 ngr.

Schall, Karl, († d. 18. Aug. 1833.)

s. Blätter, deutsche.

s. Denkwürdigkk. e. Frau v. Stande über Ludwig XVIII.

Karl Schall. Die Erben. Ein Zweiakter. Berlin-Leipzig: C. Wigand 1908. (40 S.) 8° [illegible]

Schall, Karl, die Erben. Ein Zweiakter. (46 S.) 8. Leipzig 908. Modernes Verlagsbureau. 1. --

[Carl] **Schall.** Ergo mauramus. Tafel-Lied. o. O. u. J. 1 Bl. 4°. [Kopftit.]
„Hier sind wir versammelt zu nährendem Thun" . . .

— das Heiligthum. Vorspl. in 1 Aufz. 8. Bresl. 818. Holäufer. 6 gr.

[Karl] Schall: Kantate zum Stiftungsfeste der Loge Horus. Musik v. [Gottl. Bened.] **Bierey.** Breslau o. J.: Grass, Barth & Co. 2 Bl. 8°.
„Brüderlich fanden sich . . ."

— der Kuß u. d. Ohrfeige. Spiel in 1 A. 8. Ebd. 818. 8 gr.

Schall, Karl, Lustspiele. 1e Samml. (Enth.: Mehr Glück als Verstand. — Der Kuß u. d. Ohrfeige. — Trau, schau, wem. — Der Strohmann, oder d. unterbrochene Whistparthie. — Theatersucht). 8. Bresl. 817. N. A. 823. Max u. Comp. (a. Graß, B. u. C.) 1 ₰ 8 gr.

Schall, K., s. Nacht, tausend u. eine.

Blücher, Fürst von Wahlstadt, Gebhard Leberecht von: Das neue Passwort. Dem Blücherfeste des Jahres 1823 geweiht vom Br. Schall. In Musik gesetzt vom Br. **Bierey.** o. O. [1823]. 2 Bl. 8°. [Umschlagtit.]
Ohne Noten: „Nächst manchem Passwort, das wir lehren" . . .

s. Poesien d. dichtend. Mitglieder 2c.

Schall's, Carl, nachgelassene Reime u. Räthsel, nebst des Dichters Lebenslauf. Hrsg. von Aug. Kahlert. gr. 12. (XII u. 269 S.) Breslau 849, Graß, Barth & Co. Verlag. n. 1 ₰

Tafel-Lied [der Loge „Horus" in Breslau]. [Unterz.:] **Karl Schall.** [Breslau] o. J. 1 Bl. 8°. [Kopftit.]
Ohne Noten: „St. Johannes der hohe Meister . . ."

— Theatersucht; Lstspl. in 3 A. 8. Bresl. 818. Holäufer. 18 gr.

C[arl] Schall: Tischlied. Componiert von G[ottlieb] B[enedikt] **Bierey.** [Breslau] o. J. 2 Bl. 8°. [Lith.]
„Wenn man in der profanen Welt" . . .

Schall, C., Trau, schau, wem! s. a. Universal-Bibliothek.

— Trau, schau, wem! Lstspl. in 1 A. 8. Ebd. 818. 10 gr.

— die unterbrochene Whistparthie, oder d. Strohmann. 8. Ebd. 818. 14 gr.

Schall, Karl Friedrich Wilhelm

Schall C. F. W.: Anleitung z. Kenntniss d. besten Bücher in der Mineralogie u. physikal. Erdbeschreibung . . . Nebst e. Vorr. v. J. C. W. Voigt. 2. verm. Ausg. Weimar 1789. (27) 286 S.

Schall, Karl Fr. Wlh., oryktolog. Bibliothek, nach geograph. Ordnung. Mit e. Vorrede v. J. K. W. Voigt. 8. Weimar 787. 2e Aufl. unt. d. T.: Anleit. zur Kenntniß der besten Bücher in d. Mineralogie. 8. Ebd. 789. Hoffmann. 20 gr.

Schall, M., urkundliche Nachrichten zur Geschichte der Garnison u. Garnisongemeinde Spandau. Aus gedr. u. ungedr. Quellen gesammelt u. mitgeteilt. 2 Bde. gr. 8. (224 u. 153 S.) Frankfurt a/O. 888. Waldow's Verl. n. 4. —

Schall, Mart., das Arbeiter-Quartier in Mülhausen im Elsass. Ein Gang durch dessen Entstehg., Einrichtg. u. Geschichte unter Berücksicht. der vorzüglichsten damit verbundenen Anstalten zum Wohle der Arbeiterklasse. Ein Beitrag zur Lösg. der socialen Frage. gr. 8. (IV, 48 S.) Berlin 876. Kortkampf. n. 1. 60

Schall, Mart., das Arbeiter-Quartier in Mülhausen im Elsass. Ein Gang durch dessen Entstehung, Einrichtung u. Geschichte, unter Berücksicht. der vorzüglichsten damit verbundenen Anstalten zum Wohle der Arbeiterklasse. Ein Beitrag zur Lösung der socialen Frage. 2., durchgesch. u. erweit. Aufl. Mit mehreren (lith.) Plänen. gr. 8. (VIII, 64 S.) Berlin 877. Kortkampf. n. 1. 60

Schall, Max, aus Berlin: **Ueber cyklische Harnstoffe und Guanidinderivate des Diacetonamins.** *Berlin 1899: A. W. Schade.* (33 S.) 8°
Erlangen, Phil. Diss. v. 17. Mai 1899

Schall, Max, Herstellung u. Verwendung der verdichteten u. verflüssigten Gase, s. a. **Bibliothek** der ges. Technik.

Herstellung und Verwendung der verdichteten und verflüssigten Gase. Von Dr. Max **Schall.** Mit 50 Abb. Hannover: Jänecke [1910]. 171 S. 8°
(Bibliothek d. gesamten Technik. Bd 140.) [11. 11730 7

Schall, Max, die wichtigeren Mineral-Rohstoffe, ihre Gewinnung u. Verwertung. Leitfaden f. den Unterricht in Handels- u. Fachschulen sowie zum Selbstunterricht. gr. 8. (X, 149 S.) Berlin 902. C. Heymann. n. 1. 50; geb. in Leinw. n. 2. —

?O. **Schall:** Welcher Loge soll ich angehören? Freimaurer, Odd-Fellows, Druiden, Settegastianer, Unabhängige Freimaurer, Bnai Brith. Berlin: Goldstein. [1900]. 20 S. 8° [Umschlagtit.]
Recens: L. 28 (1900) S. 112.
Wegweiser, alle Gründungen u. deren Lehrarten zu prüfen.

Schall, P., Kurzgefaßte Lebensbilder einiger d. bedeutendsten Männer u. Helden aus d. Zeit d. dtschn. Freiheitskriege 1813—1815, Gotha 1891, 8 S., 8°.

Schall, Philipp (Pfiffligheim)
Ueber den Erstickungstod der Neugeborenen in gerichtlich -medicinischer Beziehung.
Giessen: Merck 1860. 16 S. + 2 Bl. Thesen.
Diss. med. 11.2.1860. vorh. 7. 11.Δ.

Schall, Rich., der Parteiwille im Rechtsgeschäft. gr. 8. (IV, 58 S.) Stuttgart 877. Enke. n. 1. 60

Schall, Rich. Die Prozesse d. Professors Dr. A. Mitscherlich in Freiburg i. Br. gegen die Käufer seines Celluloseverfahrens, übersichtlich dargestellt. gr. 4. (92 S.) Stuttg. 892, Liesching u. Comp. ** 10 —

Schall, Richard: Über synthetische Versuche mit Amidodiphensäuren und Studien in der Karbazolreihe. 1906. 50 S. 8°
Stuttgart, Dr.-Ing.-Diss. v. 20. 6. 1906

Schall, W., die militärischen Strafgesetze für die Königlich Württembergischen Truppen, s. Strafgesetze.

Schall, W. Die militärischen Strafgesetze für die k. württemberg. Truppen vom 20. Juli 1818. Stuttgart 1860. 167 S.

Schall, W., und **E. Boger,** Vorschule der gerichtlichen Beredsamkeit für Rechts-Anwälte. 1. Abth.: Theorie. Schw. Hall 855. (Stuttgart,) Nitzschke. gr. 8. (268 S.) 1 Rthl. 12 ngr.

Schall, Wilhelm, Referendar in Stuttgart: **Das Privatrecht der Arbeitstarifverträge.** Jena: G. Fischer 1907. (VIII, 206 S.) 8° [F.]
Tübingen, Jur. Fak., Ref. Heck, Diss. v. 10. Juli 1907
[Geb. 11. Apr. 82 Reutlingen; Wohnort: Stuttgart; Staatsangeh.: Württemberg; Vorbildung: Gymn. Reutlingen Reife M. 00; Studium: Tübingen 3, Berlin 2, Tübingen 4 S.]
(Nicht für den Austausch)

Schall, Wilh., das Privatrecht der Arbeitstarifverträge. (VIII, 206 S.) gr. 8. Jena 907. G. Fischer. 4. —
Sonderabdr. aus: „Iherings Jahrbb. f. d. Dogmatik".

Schallansky, Joh. Oesterreichs Finanzkraft. Eine Idee die k. k. österreichischen Staatsschulden baar zu bezahlen und aus dieser Schulden-Rückzahlung einen National-Steuerfond zu gründen, um die k. k. Steuern seiner Zeit verringern zu können, nebst einer Andeutung, die vorhandenen Staatspapiere bis zu ihrer Tilgung als pari zu stellen u. s. w. für Jedermann interessant, besonders für Besitzer von Staatspapieren und Realitäten. gr. 8°. Prag (Kober u. Markgraf) 1860. (22 S.)

Schallaschek, A., Schon- u. Schusszeit des Wildes. Hrsg. vom krainisch-küstenländ. Forstvereine. Color. Tabelle. Fol. Wien 881. (Frick.) n. — 80

Schallberg, J., Unsterblichkeit oder die persönliche Fortdauer der Seele nach dem Tode. Zum ersten Male aus den Erfahrungen der Geschichte u. der Heilkunde, sowie aus den Folgerungen der Moral gründlich erwiesen u. allen Denkenden gewidmet. 3. Aufl. Naumburg 869. Regel. 8. (84 S.) n. 10 ngr.

Schallberg, J., Unsterblichkeit oder die persönliche Fortdauer der Seele nach dem Tode. Zum ersten Male aus den Erfahrungen der Geschichte und der Heilkunde, sowie aus den Folgerungen der Moral gründlich erwiesen. 4. unveränd. (Titel-)Aufl. 8. (84 S.) [Naumburg 881, Regel.] Leipzig, Ruhl.

Schallberg, J., der Wegweiser zum Glück u. Reichthum. Zeitgemäße Belehrgn. f. Alle, welche sich e. angenehme u. sorgenlose Zukunft sichern wollen. 16. (60 S.) Naumburg 872. Regel. n. — 75

Schallbrouck, A. (Hrsg.), s. Festkalender, Münchens, zur Jubelfeyer des Oktoberfestes i. J. 1835.

Schalle, Albert, appr. Arzt a. Stetten (Württemberg): **Die therapeutische Bedeutung der heissen Bäder.** Freiburg i. B. 1906: H. Wuhrmann. (71 S.) 8°
Freiburg i. B., Med. Fak., Ref. Bäumler, Diss. v. 1906
[Geb. 25. Mai 77 Stetten (Württemberg); Wohnort: Stetten; Staatsangeh.: Württemberg; Vorbildung: Gymn. Mergentheim, Ellwangen Reife 99; Studium: Tübingen 2, München 2, Berlin 1, Freiburg i. B. 6 S.; Coll. 28. Juli 05; Approb. Mai 05.]

Schalle, E., allgemeine oder natürliche Erdkunde für gebildete Laien und als Material für Lehrer und Lernende nach eigenen, zugleich auf die bewährtesten Quellen begründeten Vorträgen. Mit lithogr. Illustr. 1. Heft. A. u. d. T.: Die Schöpfung und die Umwälzungen der Erdrinde. Mit einer Tabelle: Schöpfungstafel. gr. 8. (59 S. mit 2 Stnt. in gr. 8. und qu. Fol.) Dresden 852, Türk. Subscr.-Pr. *

—— dass. — 2. Heft. A. u. d. T.: Festland und Wasser und der elementarische Haushalt. gr. 8. (68 S. mit 2 Stnt. in qu. gr. 4. und qu. Fol.) Ebds. 852. *

—— dass. — 3. Heft. A. u. d. T.: Die Charactere der Vegetation, der Thiere und der Menschenracen, ihre Verbreitung und Culturen. gr. 8. (98 S. mit 2 Stnt. in qu. Fol.) Ebds. 852. *

Schalle, E., allgemeine oder natürliche Erdkunde für gebildete Laien und als Material für Lehrer und Lernende nach eigenen, zugleich auf die bewährtesten Quellen begründeten Vorträgen. Mit 8 (lith.) Illustrationen u. Karten. Dresden 853. Türk. 8. Jedes Heft Subscr.-Pr. n. 7½ ngr.; 1—5.: 1 ℛ. 15 ngr.
4. Heft: Die Landschaften der Erde. 1. Die Landschaft des Meeres. 2. Die Ebenen. 3. Die Berglandschaften. Mit 1 lith. Taf. (in Fol.) (50 S.)
5. Heft: Die Landschaften der Erde. Die Insellandschaften. Die Binnenwasserlandschaften. Die Küstenlandschaften. Mit 1 lith. Doppel-Taf. (in Fol.) (48 S.)

— Kräuterölkur oder sichere Heilung der nervös-rheumatischen u. schmerzhaften gichtischen Beschwerden, der schlimmsten Hämorrhoidalstockungen, der Syphilis u. aller hartnäckigen Hautkrankheiten durch innere u. äußere Anwendung frisch bereiteter Wurzel- u. Kräuter-Oele, -Aether u. -Brühen. Für gebildete Laien. br. 8. (45 S.) Dresden 850, Meinhold & Söhne. ¼ ℛ.

Schälle. D'Schälle. Erscheint zum «Sechseläuten». Den 21. April 1902. [Illustriert.] [4 S.] fol. Zürich III, Buchdr. «Zürcher Volksblatt». fr. —.40

Schallehn, C. Artur, s. Schallehn, Karl Artur

Schallehn, Georg: Die Zuverlässigkeit der Credé'schen Einträufelung ... (Aus: Arch. f. Gynäkol., Bd. 54 Heft 1.) Berlin, gedr. bei L. Schumacher, 1897; 19 S. 8.
Göttingen, Med. Fak., Inaug.-Diss. v. [6. März] 1897

Schallehn, Geo., d. Zuverlässigkeit d. Credé'schen Einträufelung. Diss. gr. 8. (19 S.) Berlin 897. (Göttingen, Vandenhoeck & Ruprecht.) n. — 80

Schallehn, Gust., 1. Jahres-Bericht üb. Aufnahme u. Erfolge d. Buchführungs-Lehrwerkes Mein u. Dein in unseren Schulen. 12. (24 S.) Magdeburg 891. G. Schallehn. n.n. — 25

Schallehn, Gust., Mein u. Dein. Lehrbuch der einfachen u. bürgerl. Buchführg. durch die Schule u. zum Selbst-Unterricht f. alle Stände u. Berufe. 14 Thle. Lex.-8. Magdeburg 890. Gust. Schallehn. n. 10. 80
(cplt. bezogen in Hülse: n. 10. —)
1. Begründung d. Bedürfnisses u. Nachweis der leichten Ausführbarkeit der Erlernung e. einfachen bürgerl. Buchführung durch unsere Schulen, sowie durch Selbstunterricht f. alle Stände u. Berufe, nebst Vorwort u. Einführg. in die bürgerl. Buchführg. Vortrag. (17 S.) n. 1.
2. Lehrbuch. (63 S.) cart. n. 2. —
3. Vorlagebuch. A. Das Haushalt-Tagebuch. (16 S.) n. 1. —
4. — dasselbe. B. Das Geschäfts-Tagebuch. (26 S.) n. 1. —
5. — dasselbe. C. Das Waren-Ein- u. Verkaufs-Buch. (30 S.) n. 1. —
6. — dasselbe. D. Das Kassa-Buch. (26 S.) n. 1. —
7. — dasselbe. E. Das Haupt-Buch. (52 S.) n. 1. —
8. — dasselbe. F. Das Vermögens-Aufstellungsbuch. (18 S.) n. 1. —
9—14. Schreibhefte zu A—F. qu. Lex.-8. (à 32 S.) à n. — 30

— das kleine Mein u. Dein. Einfache u. doppelte Buchführg. in Haushalt, Gewerbe u. Handel f. den Schul-, Privat- u. Selbst-Unterricht, sowie zum sofort. ständ. Gebrauch f. Jedermann. 2., verb. Aufl. Hft. A—F. qu. Lex.-8. (à 40 S.) Ebd. 891. In Mappe. n.n. 8. —
A. Haushalt-Tagebuch. — B. Geschäfts-Tagebuch. — C. Waren-Buch. — D. Kasse-Buch. — E. Haupt-Buch. — F. Vermögens-Aufstell-Buch.

—— Privat-Buchführung f. alle Stände u. Berufe zum sofortigen ständigen Gebrauch. 3 Geschäftsbücher in Fol. u. 2 Wirtschaftsbücher in 4. Ebd. 891. In Deckelmappe u. Umkistchen ** 15 —
Daraus einzeln: Hauptbuch. (VI, 60 S.) * 3 50. — Kassebuch. (V, 121 S.) * 3 50. — Merkbuch. (V, 121 S.) * 3 50. — Wirtschaftsbuch A u. B. (Formulare) à 1 50. — Deckelmappe ** 2 50.

— Schlüssel zur einfachen sowol als doppelten [italien. u. amerikan.] Buchführg. Kurzgefaßter, klarer u. leichtverständlicher Lehrgang, veranschaulicht durch zahlreiche Muster-Vorlagen u. Aufstellgn. nach dem großen u. kleinen Mein u. Dein, f. Schulen, sowie zum Privat- u. Selbst-Unterricht bearb. u. hrsg. qu. Lex.-8. (80 S.) Ebd. 891. Kart. n.n. 2. —

Schallehn, Karl Artur

Magdeburgs Bismarck-Turm. Ein Beitrag zu dieser Frage. (Verf.: C[arl] Artur Schallehn.) Magdeburg-Wien: Schallehn & Wollbrück 1903. (14 S.) 8° [S.] [05. 4847

Schallehn, C. Art., Jahr- u. Adressbuch f. Zuckerfabriken Europa's, s.: Zabel.

Karte der spanischen Zuckerfabriken. Bearb. von C. Artur Schallehn. Maßst. in 1:2,000,000. *(Magdeburg, Wien: Schallehn & Wollbrück 1903); Weimar: Geogr. Inst.* (1 Kartenbl. 63×51 cm, 2 Bl.) 8° [kol.] [03. 13094

– (Hrsg.), s. Zentralblatt für Pharmazie und Chemie.

Schallehn, Otto

Ludwig Schallehn und seine Abkömmlinge. Nachrichten u. Erinnerungen aus ihrem Leben nebst Stammtaf. u. Nachrichten über ihre Vorfahren. (Von Otto Schallehn, Amtsger.R. a. D.) *Stettin 1901: L. Pasenow.* (43 S.) 4° [01 4045 B

Schallenbach, Mar. Wilhelm

Schallenbach, M. W., epistola ad fratres septem romano adhuc coetui addictos. 4. Halberstadt. 747.

Schallenbach, Mar. Wlh., Erörterung d. Frage: Ob es zur ewigen Seligkeit nöthig sey, eine einzige Religion zu bekennen? 8. Frankf. a. M. 755. Garbe. 8 gl.

— Frühlingsgedanken, od. Aufmunterung zur Betracht. d. Werke Gottes. 8. Cöln 770.

— Herbst- u. Wintergedanken. 8. ... 771.

— Sendschreiben an Baumgarten. 8. Frankf. 756. Garbe. 3 gl.

— das Vater Unser, d. i. vernunft- u. schriftmäß. Anweis. zum wahren Verstande u. Gebrauch des gött. Gebets V. U. 8. Cöln 769.

Christoph v. Schallenberg. Ein österreichischer Lyriker d. 16. Jahrhunderts. Hrsg. von Hans Hurch. Tübingen: Lit. Verein in Stuttgart 1910. XXXIX, 230 S. 8°
(Bibliothek d. Litterarischen Vereins in Stuttgart 253.) [10. 16675

Schallenberg, J. Heinrich, Referendar: Der Annahmeverzug des Käufers nach H.G.B. § 373. Köln 1908: Hahn. VIII, 57 S. 8°
Leipzig, Jur. Diss. v. 22. Aug. 1908
[Geb. 17. Dez. 82 Cöln; Wohnort: Gummersbach; Staatsangeh.: Preußen; Vorbildung: Kaiser-Wilhelms-Gymn. Cöln Reife O. 02; Studium: München 3, Paris 1, Bonn 3 S.; Rig. 5. Juli 06.] [U 09. 2602

Katalog der bedeutenden und umfangreichen Münzen- und Medaillen-Sammlung des Herrn Peter Joseph Schallenberg zu Köln, † am 5. Dez. 1897. Versteigerung 1900 durch J. M. Heberle ⟨H. Lempertz' Söhne⟩. *Köln 1900: Ph. Gehly.* (96, 62 S.) 8° [00. 11204 5

Katalog der Ausgezeichneten ... Sammlungen von Kupferstichen ... etc. aus d. Nachl. d. verstorb. Herrn Pet. Jos. Schallenberg, Koeln u. a. Versteig. zu Köln 1901 durch J. M. Heberle ⟨H. Lempertz' Söhne⟩. *Köln 1901: P. Gehly.* (58 S.) 8° [01. 9377 5

Schallenfeld, Agnes, praktische Anweisung zur Ertheilung des Handarbeitsunterrichts nach der Schallenfeld'schen Methode. 1. u. 2. Stufe. Frankfurt a. M. 869. Hermann. gr. 8. Jede Stufe n. 8 ngr.
1. Stufe: Das Stricken. (VII, 35 S. mit eingedr. Holzschn.)
2. Stufe: Das Häkeln. (30 S. mit eingedr. Holzschn.)

Schallenfeld, Agnes, praktische Anweisung zur Ertheilung d. Handarbeits-Unterrichts nach der Schallenfeld'schen Stufe. 1. 3. u. 4. Stufe. gr. 8. Frankfurt a/M. 871. 73. Diesterweg. n. 2. 5
1. Das Stricken. 2. verb. Aufl. (86 S.) n. — 80
3. u. 4. Das Nähen. [Einschließlich das Zeichnen, Sticken, Zuschneiden, Stopfen u. Ausbessern der Wäsche.] (71 S. m. 5 Steintaf. in gr. qu. Fol.) n. 1. 25

Schallenfeld, Agnes, praktische Anweisung zur Ertheilung des Handarbeitsunterrichts nach der Schallenfeld'schen Methode. 4 Stufen. 3. und 4. von Albertine Hall revid. Aufl. gr. 8. Frankfurt a. M. 875,77, Diesterweg. *

Inhalt:

Stufe 1. Das Stricken. (VII, 31 S. mit eingedr. Holzschn.) * 80 Pf.
" 2. Das Häkeln. (30 S. mit 3 Stnt. in qu. 4.) * 80 Pf.
" 3. 4. Das Nähen. [Einschließlich das Zeichnen, Sticken, Zuschneiden, Stopfen und Ausbessern der Wäsche.] (71 S. mit 5 Stnt. in gr. und qu. Fol.) *M. 1,60.

Schallenfeld, Agnes, praktische Anweisung zur Ertheilung des Handarbeitsunterrichts nach der Schallenfeld'schen Methode. Revid. von Albertine Hall. 4 Stufen. gr. 8. Frankfurt a. M., Diesterweg. *

Inhalt:

Stufe 1. Das Stricken. [Nebst Anhang: Lehrplan für den Unterricht in den weibl. Handarbeiten. Mit in den Text gedr. Holzschn. 5. verb. Aufl. (IV, 33 S.) 880; 6. verb. Aufl. (V, 34 S.) 884. * 80 Pf.
" 2. Das Häkeln. 5. verb. Aufl. (30 S. mit 3 Stnt.) 882. * 80 Pf.
" 3. 4. Das Nähen. [Einschließlich das Zeichnen, Sticken, Zuschneiden, Stopfen und Ausbessern der Wäsche.] 5. verb. Aufl. (70 S. mit 6 lithogr. Taf.) 881. *M 1,60.

Schallenfeld, Agnes, praktische Anweisung zur Erteilung d. Handarbeitsunterrichts nach der Schallenfeld'schen Methode. 1—4. Stufe. 6. Aufl., rev. v. Albertine Hall. Mit Holzschn. gr. 8. Frankfurt a/M. 884. 85. Diesterweg. n. 3. 20

1. Das Stricken. [Nebst Anh.: Lehrplan f. den Unterricht in den weibl. Handarbeiten.] (V, 34 S.) n. — 80
2. Das Häkeln. Mit 3 lith. Taf. (30 S.) n. — 80
3. 4. Das Nähen. [Einschließlich das Zeichnen, Sticken, Zuschneiden, Stopfen u. Ausbessern der Wäsche.] Mit 6 lith. Taf. (70 S.) n. 1. 60

Schallenfeld, Agnes, praktische Anweisung zur Erteilung d. Handarbeitsunterrichts nach der Schallenfeld'schen Methode. 1., 3. u. 4. Stufe. gr. 8. Frankfurt a/M. 888. 889. Diesterweg. n. 2. 40

1. Das Stricken. [Nebst Anh.: Lehrplan f. den Unterricht in den weibl. Handarbeiten.] 7., verb. Aufl., rev. v. Albertine Hall. Mit in den Text gedr. Holzschn. (40 S.) n. — 80
3. 4. Das Nähen. [Einschließlich das Zeichnen, Sticken, Zuschneiden, Stopfen u. Ausbessern der Wäsche.] 7., verb. Aufl., rev. v. Albertine Hall. (69 S. m. 6 Taf.) n. 1. 60

Schallenfeld, Agnes, praktische Anweisg. zur Erteilg. d. Handarbeitsunterrichts nach der Schallenfeldschen Methode. 1. u. 2. Stufe. Rev. v. Albertine Hall. gr. 8. Frankfurt a/M., M. Diesterweg. à n. — 80

1. Das Stricken. (Nebst Anh.: Lehrplan f. den Unterricht in den weibl. Handarbeiten.) 8. Aufl. (40 S. m. Holzschn.) 893.
2. Das Häkeln. 7., verb. Aufl. (32 S. m. 3 Taf.) 890.

Schallenfeld, Agnes, prakt. Anweisg. zur Erteilg. d. Handarbeitsunterrichts nach d. Schallenfeldschen Methode. 2.—4. Stufe. gr. 8. Frankfurt a/M., M. Diesterweg. n. 2. 40

2. Das Häkeln. 8., verb. Aufl. Durchgesehen v. Margarete Simon. (32 S. m. 3 Taf.) 895. n. — 80
3. 4. D. Nähen. (Einschließl. d. Zeichnen, Sticken, Zuschneiden, Stopfen u. Ausbessern d. Wäsche.) 8., verb. Aufl. Durchgesehen v. Margarete Simon. (71 S. m. Abb. u. 6 lith. Taf.) 894. n. 1. 60

Schallenfeld, Agnes, praktische Anweisung zur Erteilung des Handarbeits-Unterrichts nach der Schallenfeldschen Methode. 1.—4. Stufe. 8. Frankfurt a/M. M. Diesterweg. n. 3. 20

1. Das Stricken. (Nebst Anh.: Lehrplan f. den Unterricht in den weibl. Handarbeiten.) 10. Aufl. Durchgesehen v. Marg. Simon. Mit in den Text gedr. Holzschn. (VI, 31 S.) 904. n. — 80
2. Das Häkeln. 9. Aufl. Durchgesehen v. Margarete Simon. (32 S. m. 3 lith. Taf.) 905. n. — 80
3. 4. Das Nähen. (Einschließlich das Zeichnen, Sticken, Zuschneiden, Stopfen u. Ausbessern der Wäsche.) 9. Aufl. Durchgesehen v. Marg. Simon. (70 S. m. 7 lith. Taf.) 903. n. 1. 60

Schallenfeld, Agnes, prakt. Anweisung zur Erteilung des Handarbeits-Unterrichts nach der Schallenfeldschen Methode. 3. u. 4. Stufe: Das Nähen. (Einschließlich das Zeichnen, Sticken, Zuschneiden, Stopfen u. Ausbessern der Wäsche.) 10. Aufl. Durchgesehen v. Margr. Simon. (70 S. m. 7 lith. Taf.) gr. 8. Frankfurt a/M. 907. M. Diesterweg. 1.60; kart. 1. 80

— der Handarbeits-Unterricht in Schulen, Werth, Inhalt, Lehrgang u. Methodik desselben. Mit e. Vorwort v. Karl Bormann. 3. verm. u. verb. Aufl. v. Agnes Schallenfeld. gr. 8. (VIII, 62 S.) Ebend. 873. n. 1.—

Schallenfeld, Ros., et Ag. **Schallenfeld,** enseignement des travaux à l'aiguille dans les écoles primaires à l'usage des directrices des écoles normales, des institutrices et des aspirants au brevet de capacité. Traduit d'après la 6e éd. par Fr. Jos. Orth. gr. 8. (71 S.) Frankfurt a/M. 879. Diesterweg. n. 1. 20

Schallenfeld, Rosalie, der Handarbeits-Unterricht in Schulen. Werth, Inhalt, Lehrgang u. Methodik desselben. Mit einem Vorwort von Karl Bormann. Frankfurt a. M. 861. Hermann'sche Buchhdlg. gr. 8. (VII, 59 S.) n. 10 ngr.

Schallenfeld, Rosalie und Agnes, der Handarbeits-Unterricht in Schulen, Werth, Inhalt, Lehrgang und Methodik desselben. Mit einem Vorwort von Karl Bormann. 2. und 3. verm. und verb. Aufl. von Agnes Schallenfeld. gr. 8. (VIII, 62 S.) Frankfurt a. M. 868,73, Diesterweg. *

—— dass. — 4. verm. und verb. Aufl., revid. von Albertine Hall. 8. Ebendas. 875. *

Schallenfeld, Rosalie, und Agnes Schallenfeld, der Handarbeits-Unterricht in Schulen. Werth, Inhalt, Lehrgang und Methodik desselben. Mit einem Vorwort von Karl Bormann. 5. und 6. verm. und verb. Aufl., revid. von Albertine Hall. gr. 8. (IX, 71 S.) Frankfurt a. M. 875,78, Diesterweg. *

Schallenfeld, Rosalie, und Agnes Schallenfeld, der Handarbeits-Unterricht in Schulen. Wert, Inhalt, Lehrgang und Methodik desselben. Mit einem Vorwort von Karl Bormann. 7. verm. und verb. Aufl. Revid. von Albertine Hall. gr. 8. (80 S.) Frankfurt a. M. 885, Diesterweg. *

Schallenfeld, Rosalie, u. Agnes Schallenfeld, d. Handarbeits-Unterricht in Schulen. Wert, Inhalt, Lehrgang u. Methodik desselben. M. e. Vorwort v. Karl Bormann. 9., verb. Aufl. Durchges. v. Margarete Simon. gr. 8. (80 S.) Ebd. 896. n. 1. —

Schallenfeld, Rosalie, u. Agnes Schallenfeld, der Handarbeits-Unterricht in Schulen. Wert, Inhalt, Lehrgang u. Methodik desselben. Mit e. Vorwort von Karl Bormann. 10. Aufl. Durchgesehen von Margarete Simon. (79 S.) gr. 8. Frankfurt a. M. 903. M. Diesterweg. n. 1. —; kart. n. 1. 20

Schallenfeld, Rosalie, u. Agnes Schallenfeld, der Handarbeits-Unterricht in Schulen. Wert, Inhalt, Lehrgang u. Methodik desselben. Mit e. Vorwort v. Karl Bormann. 12. Aufl. Durchgeseh. v. Margar. Simon. (74 S.) 8. Frankfurt a/M. 910. M. Diesterweg. 1.—; geb. 1.20

Schaller, s. Anton.

Schaller, Anton, aus Erlau vom Verfasser des Brockenmädchen und des Grafen Zerner. Leipzig 1802. V: *Moebius, Chn. Gottlieb.* (BGE VII³, 123)

Schaller, Anton, a. Erlau, v. Verf. d. Brockenmädchens u. Graf Zerners. 2 Bdchn. m. K. 8. Lpz. Martini. 802.

Schaller: Die Bedeutung des ager publicus in der römischen Geschichte vor der Zeit d. Gracchen. 36 S. 8° – Marburg, Progr. 1865

Schaller: Ueber den Geschmack in der kleinen Tektonik. 15 S.–Linz OR., Progr. 1866

Schaller: Ueber das alte Mursa. 14 S.–Essek, Progr. 1859

Schaller, A., Grundriß der räumlichen Formenlehre. gr. 8. (Mit 2 lith. Taf.) Magdeburg 846, Fabricius u. Sch. n. 1/6 ₰

—— homiletisches Repertorium über die evangel. Perikopen, aus den gedruckten Predigten der namhaftesten Kanzelredner zusammengestellt. gr. 8. (23 1/4 B.) Magdeburg 845, [Fabricius.] *

Schaller, A., homiletisches Repertorium über die epistolischen Perikopen, aus den gedruckten Predigten d. namhaftesten Kanzelredner zusammengestellt. gr. 8. (VI u. 386 S.) Magdeburg 847, Fabricius & Schaefer. n. 1 2/3 ₰

Schaller, Alfred

— aus der Stille f. die Stille. Gedichte. 8. (68 S.) Straßburg i/E. 890. J. H. Ed. Heitz. n. — 80

Schaller, Alfr.: Des Lohnkutschers erste Fahrt. s. Volksschriften, elsässische.

Schaller, A., Gertrud, d. Dorfwaise, s.: Hausbibliothek.

— allerlei Gewebe. Erzählg. 12. (III, 196 S.) Basel 896. Kober. n. 1. —; geb. in Leinw. n. 1. 60

Schaller, A., Elisabeth's Kleine, s.: Volksschriften, elsässische.

Schaller, Alfr., zwei Konfirmandinnen, s.: Schriften d. protestantischen liberalen Vereins in Elsaß-Lothringen.

— nur treu! s.: Hausbibliothek.

— Osterprimel, s.: Volksschriften, elsässische.

— unterm Weihnachtsstern, s.: Schriften, kleine.

Schaller, A., unterm Weihnachtsstern, s.: Volksschriften, elsässische. 60. Hft.

Schaller, Alfr., wer hat Recht? Eine Erzählg. 12. (14 S.) Straßburg 886. Heitz. — 15

Schaller, Augustus Oskar, s. Schaller, Oskar

Schaller, C., s.a. Schaller, Kurt

Schaller, C.

Die elektrischen Anlagen des Hafens Bremerhaven, des Rothe-Sand-Leuchtturmes, des Kaiser Wilhelm-Kanals. Zum 9. Internat. Schiffahrts-Kongr. 1902 hrsg. von Helios, Elektricitäts-A.G., Köln. (Verf.: C. Schaller.) *(Köln 1902: G. Latif.)* (32 S.) quer-8° [03. 3331

Schaller, C., Übersichtsplan des Schlachthofes der Residenzstadt Gotha. Gotha 91. M. 4.—

Schaller, C. A., s. Schaller, Karl August

Schaller, C. W., de actione exercitoria. 4. Helmst. 793. Fleckeisen. 4 gr

Schaller, Carl Julius, s. Schaller, Julius

Schaller, Christian

Schaller, Chr., flüchtige Bemerkk. auf e. Reise von Nürnberg über Würzburg, Frankfurt, Mainz u. Koblenz in d. Bäder am Taunus im J. 1825. 8. Nürnb. 826. Riegel u. W. 1 ₰ 8 gr

Schaller, Christian. Fragmente aus dem Feldzuge gegen Oesterreich im Jahre 1809. 8. Augsburg 1810.

— Fragmente aus d. Feldzuge Oestreichs im J. 1809. 8. Münch. 810. Fleischmann. 12 gr 150 S.

— Gedichte. 8. Fürth 803. Korn. 8 gr

— literar. Quodlibet, oder die Erzeugnisse meiner geschäftlosen Stunden. 8. Fürth 807.

Schaller, Curt, s.a. Schaller, Kurt

Schaller, E. Joh.

Schaller, E. J., s.a. Kompositionen, figürliche u. allegorische.

Schaller, E. Joh. Figürliche u. allegorische Kompositionen für Plafond- u. Wand-Decoration. Zwickelfelder. Glasmalerei etc. (Zugleich Studienblätter der Decorationsmalerei. 3. Aufl.) Berlin [1884-87]. Fol.

Schaller, E. Joh., Studien-Blätter für Decorationsmalerei. Ornamentale, figürl. und allegor. Darstellungen, Skizzen und ausgeführte Entwürfe, vorwiegend von neuen Meistern. Photogr. Orig.-Aufnahmen nach der Natur und Lichtdr. von Herm. Rückwardt. (In 12 Lfgn.) 1.—6. Lfg. gr. Fol. (à Lfg. 10 Bl.) Berlin 885,86, Rückwardt. In Mappe à Lfg. M 12.—. * Einzeln à Lfg.

Schaller, E. J., Studien-Blätter f. Decorationsmalerei. Ornamentale, figürl. u. allegor. Darstellgn., Skizzen u. ausgeführte Entwürfe, vorwiegend v. neuen Meistern, ausgewählt v. E. J. Sch. 1.—3. Serie. à 30 (Lichtdr.-) Taf. 2. Aufl. Fol. Berlin 888. Claesen & Co. à n. 36. —

Schaller, Edm., Karte des Ostseebades Zinnowitz. Neu bearb. und gezeichnet. 1 : 10,000. Lithogr. und color. qu. Fol. Wolgast 887, Reinecke.

Karte des Ostseebades Zinnowitz. Neu ergänzt u. gez. v. Edm. Schaller, Zinnowitz. Maasst. 1 : 10000. *Zinnowitz: E. Schaller; [Wolgast: F. Cleppien 1891].* 1 Ktnbl. quer-2. ([illegible]) (98. 1668 Gr

Schaller, Ferdinand

Schaller, Ferd., litaniae lauretanae vocibus puerilibus comitante organo vel harmonio accommodatae. Op. 18. Nr. 2. Partitur. gr. 4. (16 S.) Regensburg 875. Pustet. n. 1. 60; Stimmen (16 S.) n. — 40

— Missa „de beata" mit Offertorium. Landmesse für Sopran, Alt, Tenor ad libitum und Bass mit Begleitung von zwei Violinen, Cello, Contra-Bass und zwei Hörnern, nebst Orgel ad libitum oder mit alleiniger Begleitung der Orgel. Op. 29. Partitur und Stimmen. gr. 4. (71 S.) Augsburg 878, Kranzfelder'sche Verlagsh. *

— missa „ad dulcissimum Cor Jesu" super cantum planum in festis solemnibus III vocum parium comitante organo. Op. 8. Partitur. gr. 4. (35 S.) Ebend. 875. n. 1. 60; Stimmen (22 S.) n. — 50

Schaller, F., missa „hodie Christus natus est", cant. duabus vocibus paribus [Basso ad libit.] organo comitante. München 869. Lentner. qu. 4. (10 S. u. Stimmen 9 S.) n. 16 ngr

— Missa „Hodie Christus natus est". Op. I. Edit. II. Partitur. gr. 4. (32 S.) Regensburg 877, Pustet. * Stimmen *

— missa „Jesu corona virginum" in honorem b. Margaritae Mariae Alacoque 3 vocum parium comitante organo vel harmonio. Op. 19. Partitur. gr. 4. (15 S.) Ebend. 875. n. 2. 40

— missa solemnis in tono V. transposito. IV vocibus imparibus concinenda. Op. XII. Partitura. hoch 4. (17 S.) Regensburg 877. Pustet. n. 1. 20; Stimmen n. — 50

Schaller, Ferd., Musik zu drei Lust- u. Singspielen, s.: Becker, M.

—— Requiem und Libera für vier Singstimmen [gemischter oder Männer-Chor] mit nicht obligater Orgelbegleitung. Op. 10. Partitur. gr. 4. (31 S.) Augsburg 878, Kranzfelder'sche Verlagsh. *
Stimmen (36 S.) *

— Te deum für gemischten oder Männerchor m. Begleitung von 4- oder 5-stimm. Blechmusik oder der Orgel. Op. 17. Nr. 2. hoch 4. (48 S.) Ebend. 878. n. 2.80

Schaller, Franz: Die Haftpflichtversicherungsanstalten nach § 23 des Gesetzes betr. die Abänderung der Unfallversicherungsgesetze vom 30. Juni 1900. Erlangen 1909: Junge. VI, 75 S. 8°
Erlangen, Jur. Diss. v. 11. Juni 1909, Ref. Sehling
[Geb. 28. Sept. 76 Fürth i. B.; Wohnort: Nordhausen; Staatsangeh.: Bayern; Vorbildung: Gymn. Schweinfurt Reife Juli 95; Studium: Würzburg 4, Berlin 1, Erlangen 3 S.; Rig. 15. Nov. 06.] [U 10. 753

Schaller, Frz., Primzahlen-Tafel von 1 bis 10,000 oder Zerlegung aller Zahlen von 1 bis 10,000 in ihre Factoren. Dargestellt zur Erleichterung für alle Die, welche mit verwickelten Rechnungen zu thun haben, insbesondere für Mathematiker von Fach. Weimar 855. Jansen u. Co. Fol. (2 Bl., 20 S.) 22½ ngr.

Schaller, Frz., Primzahlen-Tafel von 1 bis 10,000 oder Zerlegung aller Zahlen von 1 bis 10,000 in ihre Factoren. Dargestellt zur Erleichterung für alle die, welche mit verwickelten Rechnungen zu thun haben, insbesondere Mathematiker von Fach. 2. (Titel-)Ausg. Berlin (1855) 870. Mode's Verlag. Fol. (21 S.) 18 ngr

Schaller, Frz. Xav., die Erziehung des Kindes im vorschulpflichtigen Alter. Vortrag. (63 S.) 8. Augsburg 908. Literar. Institut v. Dr. M. Huttler. 1. —

— Das sprachkranke Kind in Haus u. Schule. Ein Ratgeber f. Eltern, Lehrer u. Erzieher. (46 S.) kl. 8. Ebd. 907. — 50

Schaller, G., s.a. Schaller, Gottfried Jakob (Johann)

(Schaller, G. . Charles-Théodore Kuhn. 1784–[1874]). [Notice nécrologique.] (E.) 8. (Porrentruy) *s. d.* [1874].

Schaller, G., Tebaldo Solanto, der Einsiedler von Montserrat, s. Novellen-Sammlung.

Schaller, Georg. Allgemeine u. Militär-Geographie. s.: Militär-Bibliothek.

Schaller, Gottfried Jakob (Johann)

Schaller, Gf. Jak., Aufruf an Frankreichs Amphiktyonen zum Frieden. Mit kurzen histor. Anmerkk. 8. Straßb. 800.

Schaller, G. J., s. Dionysius von Halikarnaß Werke.

— Elegia ad heroa Bonaparte, primum civitatis Gallicae Consulem. 8mai. Strassb. 800.

— Friedensgesänge. 8. Straßb. 801.

Schaller, Gf. Joh., vermischte Gedichte. 1ster Theil. 8. Kehl. (W. Fleischer in Lpz.) 789.

– s.a. K. Alb. Moustier, Mythologie f. Frauenzimmer.

— Mythologie f. Frauenzimmer. 1r Thl. 8. Strasburg, Akadem. Handl. 791.

— Rede bei d. Friedensfeier d. 18. Brumaire 10. 8. Straßb. 801.

– s.a. Stuziade, Die.

STUZIADE, Die, oder der Perükenkrieg (sol). (Vf.: *G. Schaller.*) 3 Thle. Strassburg 1802. 8°. (2 Mk. 40 Pfg. Th. Ackermann, 1883; jetzt theurer!)

— Hoche's Todtenfeier, ein Bardengesang. gr. 8. Straßb. 797.

Schaller, Gottlieb. Lieder u Gedichte. Ed: A. Schaller. StL, 1891.

Schaller, Gust., geometrische Formenlehre und Linearperspektive des Freihandzeichners (vorzugsweise für die untersten Klassen österreich. Realschulen). gr. 8. (XV und 279 S. mit eingedr. Holzschn.) Linz 863. Wien, Seidel und Sohn. *

Schaller Gust.: Die höhere bildende u. die Kleinkunst, ihr Wesen und ihr Wert. 18. Linz R. 82.
Progr.

—— ein detaillierter Leitfaden für den Unterricht in der geometrischen Formenlehre und in der Linearperspektive des Freihandzeichners (vorzugsweise für die untersten Klassen österreich. Realschulen). gr. 8. (XV und 355 S. mit eingedr. Holzschn.) Wien 863, Seidel und Sohn. *

Schaller, Gustav: Zur Pädagogik ausser der Schule. Von –. Hermannstadt. 1885. 4°

Schaller, Gust. Repertorium zu den Entscheidungen d. bayerischen obersten Gerichtshofes u. obersten Landesgerichtes im Gebiete d. gemeinen bürgerlichen Rechtes, dann der Reichsgesetze u. f. das rechtsrhein. Bayern gelt. Landesgesetze civilrechtl. Inhaltes, unter beständ. Berücksicht. d. bayr. Landrechts zusammengestellt. 8. (XII, S. 1—282.) Ansbach 890, Brügel u. Sohn. 4 50

Schaller, Gust., Repertorium zu den Entscheidgn. d. bayer. obersten Gerichtshofes u. obersten Landesgerichtes in Gegenständen d. Civilrechtes u. Civilprozesses. Anh., umfassend die im Repertorium nicht behandelten Materien. 8. (XII u. S. 283—494.) Ansbach 891. Brügel & Sohn. n. 1. 20 (Hauptwerk m. Anh.: n. 5. 70)

(Schaller, G[ustav].) Replik der Gotthardbahn-Gesellschaft in Luzern, vertreten durch die Direktion, gegen die Schweizerische Eidgenossenschaft, vertr' durch den hohen Bundesrat in Bern, betr. Rückkaufsentschädigung. An das hohe Bundesgericht in Lausanne. (1909 Februar 17.) [Mit graphischen Darstellungen.] 345 S. 4. [Luzern, J. Burkhardt.]

(Schaller, G[ustav].) Triplik der Gotthardbahngesellschaft in Liquidation, vertreten durch die Liquidationskommission, in Luzern, gegen die Schweizerische Eidgenossenschaft, vertr' durch den hohen Bundesrat in Bern, betr. Rückkaufsentschädigung. An das hohe Bundesgericht in Lausanne. (1909 Dezember 2.) 268 S. 4. ([Luzern, J. Burkhardt,] 1909.)

Jahresbericht der k. k. Ober-Realschule in Linz für das Schuljahr 1854/55. Linz. 1855. Aus der Feichtinger'schen Buchdruckerei. (30 S. 4.)
Inhalt: Ueber den Zweck und über die frühere und jetzige Art des Unterrichtes im Freihandzeichnen an den österr. Real- und Vorbereitungsschulen für höhere technische und Kunstschulen. Von Gustav Schaller. — Ansichten: Perspektivische Ansicht des Real-Schulgebäudes. — Plan des Real-Schulgebäudes. Ebenerdiges Geschoß. — Plan des Real-Schulgebäudes. Erster Stock. — Plan des Real-Schulgebäudes. Zweiter Stock. Lith. und gedruckt bei Jos. Hafner in Linz.

Schaller, Hans Otto (Stuttgart): Figurenbild und Landschaft. Beiträge zur Vorgeschichte der Landschaftsmalerei. Calw 1910. XII + 139 S. 8°. [22. VII. 08.]
Bern. Phil. Diss. 1909/10.

Schaller, Hans Otto. Figurenbild und Landschaft. Beiträge zur Vorgeschichte der Landschaftsmalerei. Diss. Phil. Bern. IV + VIII + 139 S. 8. (Calw, A. Oelschläger, 1910.)

Schaller, Hans Otto, Figurenbild u. Landschaft. Beiträge zur Vorgeschichte der Landschaftsmalerei. (VII, 138 S.) 8. Stuttgart 910. L. Schaller. Geb. 4.—

Schaller, Henri de

Schaller, H. Annuaire de l'instruction publique pour le canton de Fribourg. 1884. In-8°, 29 p. Fribourg, Impr. cathol. suisse. 1884. — 50

(Schaller. [Henri de].) Bericht der ständeräthlichen Kommission über die Petition Haffter und Genossen betreffend das Wappen der schweizerischen Eidgenossenschaft. ⟨Vom 18. Juni 1890.⟩ [SA.] 8. [Bern 1890.]

Schaller, H., Conseiller d'Etat. Le développement du droit pénal et du régime pénitentiaire dans le canton de Fribourg. In-8°. 40 p. Aarau, H. R. Sauerländer. 1888.
*** Sep.-Abdr. aus den Verhandlungen des schweizer. Vereins für Straf- und Gefängnisswesen.

Schaller. Henri de. Généalogie de la maison des comtes Spaur de Flavon & Valör au Tyrol méridional. [Avec 2 planches.] 8. Fribourg 1898

Schaller. Henri de. Histoire de la Garde suisse pontificale. dédiée à la Société helvétique de St-Maurice. [E.] 8. Fribourg ⟨Suisse⟩ 1897.

(Schaller. [Henri de].) Rapport de la commission du Conseil des états sur la pétition Haffter et consorts concernant les armoiries de la Confédération suisse. ⟨Du 18 juin 1890.⟩ [E.] 8. [Berne 1890.]

Schaller, H. de. Souvenirs d'un officier fribourgeois 1798—1848. 2e éd. Avec portr. Gr. in-8°. 227 p. Fribourg, J. Labastrou. 1890. 3 —

Schaller, Hermann

Beiträge zu einer Lebensbeschreibung des Freiherrn Samuel von Brukenthal v. Hermann Schaller. Hermannstadt. 1886. 4°.

Schaller, J., kurze Bibelkunde. gr. 8. (VI, 280 S.) St. Louis, Mo. (900). (Zwickau, Schriftenverein.) Geb. in Halbldr. n. 5. —

Schaller, Jaroslaus: Kurzgefaßte Beschreibung der königl. Haupt- und Residenzstadt Prag. Neue verm. Aufl. — Prag: Widtmann o. J. 232 S.

— kurzgefaßte Beschreib. von Prag. 8. Prag 794. Widtmann. 16 ℊ Schrbp. mit 7 Kpf. 1 ʄ N. Aufl. 8. Ebd. 817 1 ʄ

— Beschreib. von Prag. 4 Thle. Mit Kpf. gr. 8. Prag 794—796. Autor. 6 ʄ

Schaller, Jarosl., († d. 6. Jan. 1869.) neu verfert. Catastrum des Königr. Böhmen. gr. 4. Prag 803. Widtmann. 1 ʄ 8 ℊ

— Gedanken üb. die Ordensverfassung d. Piaristen u. ihrer Lehrart. 8. Prag 805.

— Gesch. der Büchercensur in Böhmen. gr. 8. Prag 796. Widtmann. 2 ℊ

— kurze Lebensbeschreibb. jener verstorb. Männer aus d. Orden d. frommen Schulen, die sich durch ihr Talent u. besond. Verdienste um die Litt. u. Wissensch. ꝛc. ausgezeichnet haben. 8. Prag 790.

Schaller, Jaroslaus: Topographie des Königreichs Böhmen darin alle Städte, Flecken, Herrschaften, Schlösser, Landgüter, Edelsitze, Klöster, Dörfer, wie auch verfallene Schlösser und Städte unter den ehemaligen und jetzigen Benennungen samt ihren Merkwürdigkeiten beschrieben werden. T. 1—16 [nebst] Reg. [u. d. T.:] Topographisches Lexicon des Königreichs Böhmen . . ., welches zugleich das vollständige Universalregister der ganzen Topographie ausmacht. — Prag 1785—1791: Piskarczek (1790 ff.: Prag u. Wien: Schönfeld).

— Universalregister z. d. vorherg. a. u. d. T. Topographisches Lexicon d. Königr. Böhmen. gr. 8. Ebend. 791.

Schaller, Jean-François-Joseph-Pierre-Damien de s. Schaller. H[enri] de. Souvenirs d'un officier fribourgeois ... Fribourg 1890.

SCHALLER, Johann (Kronach): De variolis deque vaccinatione et revaccinatione. (Titel nach der Urkunde)
3.8.1880 - Urk; Chr 1880/81,14
Diss.Ingolst.-Landsh.-Mchn.

Schaller, Jh., neu vermehrtes Vocabularium Hebraicum, oder vollkommener Bericht und Information, wie und auf welche Art das hebr. Schreiben, Lesen u. Reden am besten u. kürzesten zu begreifen und zu erlernen ist. Nach der jüdischen Prononciaton herausg. Auf's neue verb. u. verm. 7. Aufl. kl. 8. Nürnberg 846, Endter'sche Buchh. 2 ngl

Schaller, Joh. v. (aus Freiburg in der Schweiz), die Wuthkrankheit, ihre Natur, ihre Heilbarkeit und ihre Behandlung. Inaugural-Dissertation. 56 Stn. 8°. Freiburg, Druck d. Wagner'schen Buchdr. 1872.

Schaller, Jh. Bapt., Beschreib. des mineral. Gesundbads zu Neumark in d. obern Pfalz. 8. Amberg 778.

Schaller, Johann Konrad

Schaller, Joh. Conr., inbrünst. Christenschall, oder Gebetbuch. 12. Hof. 723.

— d. Kind Gottes ꝛc. 4. Ebend.

— Vater unser e. weltmüden Christen. 8. Nrnb. Monath. 733.

Schaller, Johanna, Sentimental. Gedichte. (VIII, 149 S.) kl. 8. Dresden 906. E. Pierson. n. 1. 50; geb. n. 2. 50

Schaller, Joseph: Das α-Amidochinolin und seine Derivate. *Freiburg i. B. 1898: H. M. Poppen & Sohn.* (47 S.) 8°
Freiburg i. B., Phil. Diss. v. 1898

Schaller, Jos., prakt. Anweisung zur Verfertig. d. neuerfund. u. verbess. engl. u. franz. Ueberschuhe, welche sehr zweckmäßig u. äußerst wasserdicht sind. A. d. Engl. u. Franz. M. 1 Taf. Abbild. 8. (½ B.) Quedlinburg 833, Basse.

Schaller Jos.: Blasius Hueber u. seine Familie. 32. Innsbruck R. 79. Progr.

Schaller, Jul. (H.), Briefe über Alex. v. Humboldt's Kosmos, s. a. Briefe.

Schaller, J.: Briefe über Alexander v. Humboldt's Kosmos, s. a. Cotta, Bernhard

Schaller, J. Briefe über A. v. Humboldts Kosmos. Leipzig, 1850.

Schaller, Jul., der histor. Christus u. d. Philosophie. Kritik d. Grundidee d. Werks „das Leben Jesu v. D. F. Strauß." gr. 8. (9 B.) Leipzig 838, Otto Wigand.

Schaller, Jul., Darstellung u. Kritik der Philosophie Lud. Feuerbachs. gr. 8. (IV u. 168 S.) Leipzig 847, Hinrichs. 1 ʄ

Schaller, Jul. (I.), die preußische gerichtliche Deposital-Verwaltung nach den Bestimmungen der Deposital-Ordnung vom 15. Septbr. 1783, und den in Bezug auf dieselbe bis in die neueste Zeit ergangenen, noch geltenden gesetzl. und ministeriellen Verordnungen, insbesondere nach der Verordnung vom 18. Juli 1849. Nebst Formularen und Tabellen über die Berechnung der Zinssätze. Ein Hülfs- und Handbuch zur Vorbereitung und zum prakt. Gebrauch für preuß. Justiz-Beamte. gr. 8. (VIII und 152 S.) Glogau 851(52,) Flemming's Verlag.

Schaller, Jul. (I.), die preuß. gerichtl. Deposital-Verwaltung nach den Bestimmungen der Deposital-Ordnung vom 15. Septbr. 1783, und den dieselbe erläuternden, ergänzenden und abändernden Bestimmungen, insbesondere nach der Verordnung vom 18. Juli 1849. Mit Formularen, Zinsen- und Quittungsstempel-Tabellen, nebst Uebersicht der inländ. Staats- und anderen öffentl. **Papiere. Ein Hülfs-** und Handbuch zur Vorbereitung und **zum prakt. Gebrauch** für preuß. Justiz-Beamte bearb. 2., verm. und verb. Aufl. gr. 8. (VIII und 156 S.) Glogau 855, Flemming's Verlag.

—— **Geschäfts-Handbuch** für die preuß. **Gerichts- und Staatsanwalts-Büreaus. Eine Zusammenstellung** der nach dem Erscheinen des Sportelgesetzes vom 10. Mai 1851 geltenden Vorschriften über die Portoangelegenheiten und das Insinuationswesen, sowie über das Verfahren bei Requisitionen rc. der preuß. Gerichtsbehörden und Staatsanwaltschaften. Nebst einem alphabet. Verzeichnisse sämmtl. Städte der preuß. Monarchie und derjenigen Ortschaften, in denen Gerichtssitze sind rc., mit Angabe der Schwurgerichte. Zum dienstlichen Gebrauch hrsg. br. 8. (IV und 132 S.) Glogau 855, Flemming's Verlag.

—— Geschichte d. Naturphilosophie, v. Baco v. Verulam bis auf uns. Zeit. 1. Thl. gr. 8. (35¾ B.) Leipzig 841, Otto Wigand.

Schaller, Jul., Geschichte der Naturphilosophie von Baco von Verulam bis auf unsere Zeit. 2. Thl. A. u. d. Ttl.: Darstellung u. Kritik der Kantischen Naturphilosophie. gr. 8. (19½ B.) Halle 846, Schwetschke u. Sohn. *
1. Thl. Leipzig 1841, Otto Wigand. 2 Thlr. 26¼ Ngr.

Schaller, Jul.: Handbuch des gerichtlichen Preußischen Stempelwesens. E. system. Darstellung der . . . noch zur Anwendung kommenden Vorschriften des Stempelsteuergesetzes vom 7. 3. 1822. Breslau 1863.

Schaller, C[arolus] J[ulius]: • De Leibnitii philosophiae historia dissertatio. 15 Bl. 4°
Halle-Wittenberg, Phil. Diss. v. 3. April 1833
Geb. [Magdeburg 13. 7. 1810]
Ersch. erweitert als Hab.-Schr. v. 18. Dez. 1833: De Leibnitii philosophia, vgl. Nr. 4568.

—— **Leib und Seele. Zur Aufklärung über „Köhlerglauben und Wissenschaft."** 1. Aufl. 1855. und 2., unveränd. Aufl. gr. 8. (X und 232 S.) Weimar 856, Böhlau. *

Schaller, Jul., Leib und Seele. Zur Aufklärung über „Köhlerglauben und Wissenschaft." 3., verm. Ausg. gr. 8. (VIII und 250 S.) Weimar 858, Böhlau. *

Schaller, I. Denkwürdige Momente aus dem thatenreichen Leben Sr. Königlichen Hoheit des Hochseligen Prinzen August von Preussen (10¼ B.) 16. Berlin 1843. 2,00.

—— **denkwürdige Momente aus dem thatenreichen Leben Sr. königl. Hoheit des hochsel. Prinzen August v. Preußen. Erinnerungsschrift dem preuß. Heere u. allen Vaterlandsfreunden gewidmet. 16. (10¼ B. u. 1 Stahlst.) Berlin 846, (Enslin'sche Buchh.)** *

Schaller, Julius: De Leibnitii philosophia. Halae (1833): Gebauer. 74 S. 8°
Halle-Wittenberg, Phil. Hab.-Schr. v. [18. Dez.] 1833.
Erweit. Bearb. von des Verf. phil. Diss. v. 3. April 1833, vgl. Nr. 2707.

—— **die Philosophie uns. Zeit. Zur Apologie u. Erläuter. d. hegelschen Systems. gr. 8. (23 B.) Leipzig 837, Hinrichs'sche Buchh.**

—— **die Phrenologie in ihren Grundzügen und nach ihrem wissenschaftl. und prakt. Werthe. Mit Abbildungen. gr. 8. (III und 87 S. mit 1 Stnt.) Leipzig 851, Geibel.**

Schaller, Jul., Psychologie. 1. Thl. A. u. d. T.: Das Seelenleben des Menschen. Weimar 860. Böhlau. gr. 8. (XVI, 476 S.) n. 2 ℛ

—— Psychologie. 1. Thl. A. u. d. T.: Das Seelenleben des Menschen. gr. 8. (XVI und 476 S.) Weimar 861, Böhlau. *

—— **das Spiel und die Spiele. Ein Beitrag zur Psychologie und Pädagogik wie zum Verständniß des geselligen Lebens. 8. (IV und 340 S.) Weimar 861, Böhlau.** *

Schaller, Julius, aus Strassburg i. E.: Chemische und mikroskopische Untersuchung von dolomitischen Gesteinen des lothringischen Muschelkalks. Mit 1 Profilzeichnung im Text. *Strassburg i. E. 1900: Strassb. Druckerei u. Verlagsanst.* (59 S.) 4°(8°)
Strassburg, Math.-naturw. Diss. v. 1900

—— Vorlesungen über Schleiermacher. gr. 8. Halle 844, Lippert u. Schmidt. n. 1⅔ ℛ

Schaller, K. L., Handbuch d. deutschen Dicht- u. Redekunst, a. Beyspielen entwickelt. 2 Thle. gr. 8. Wien, Ant. Doll. 806.

Schaller, K. L., Handbuch der deutschen Dicht- u. Redekunst aus Beyspielen entwickelt. 2 Thle. 2te Aufl. gr. 8. Wien, Ant. Doll. (Leipzig, Liebeskind.) 817.

Schaller, K. L., (Jh. Schwaldopler,) Handbuch der deutschen Dicht- u. Redekunst, aus Beispielen entwickelt. 2 Thle. gr. 8. Wien 806. Ant. Doll. 1 ℛ 16 gl. 2e Aufl. Ebd. 817. 2 ℛ

Schaller, Karl Aug., († d. 16. März 1819.) Encyklopädie u. Methodologie d. Wissenschaften. gr. 8. Magdeb. 812. Heinrichshofen. 1 ℛ 12 gl.

K. A. **Schaller**'s Handb. d. Gesch. philosoph. Wahrheiten durch Darstell. d. Meinungen der ersten Denker ält. u. neuerer Zeit üb. dieselben, mit Winken zu ihrer Prüf. (d. Mag. f. Verstandesübb. 2r Th.) *Halle*, Hemmerde u. Schwetschke. 809. 8° 1 ℛ 8 gl

— Handbuch d. klass. Literatur d. Deutschen, von Lessing bis auf gegenwärt. Zeiten. 1r Thl. (poet. Literatur). gr. 8. Halle 811. Schwetschke u. S. 1 ℛ 20 gl. 2r Thl. 1e Abtheil. (philosoph. Literatur). Ebd. 816. 1 ℛ 8 gl.

— Lehrbuch üb. die Gesetze u. die Verfassung des Königr. Westphalen, zunächst f. Schulen, zugleich zum Gebr. f. Nichtjuristen. 8. Magdeb. 812. Creutz. 12 gl.

— Magazin f. Verstandesübungen, als Vorbereitung zu eigentl. wissenschaftl. Studien. 2 Thle. 8. Halle 806 u. 10. Schwetschke u. S. 2 ℛ 4 gl. (2r Thl. A. u. d. T.: Handb. d. Gesch. philosoph. Wahrheiten rc. 1 ℛ 8 gl.)

— üb. die Moralität des gewöhnl. Spiels u. insbesond. über die Zulässigkeit desselben f. den Predigerstand. 8. Magdeb. 810. Creutz. 8 gl.

Schaller, Karl Julius, s. S c h a l l e r , Julius

Schaller, Kurt

Schaller, Curt, Referendar: Die Befugnis des Testamentsvollstreckers zur Führung von Prozessen um die Wirksamkeit des Testaments. Nach gemeinem Recht u. Bürgerlichem Gesetzbuche. *Sorau N.-L. 1901: Rauert & Pittius.* (36 S.) 8°
Göttingen, Jur. Diss. v. [21. März] 1901

Schaller, Curt, die Befugnis des Testamentsvollstreckers zur Führung v. Prozessen um die Wirksamkeit des Testaments. Nach gemeinem Recht u. bürgerl. Gesetzbuche. Diss. gr. 8. (36 S.) Sorau 901. (Göttingen, Vandenhoeck & Ruprecht.) n. — 80

Schaller, L. W., das Leiden d. Gerechten. Zwei Vorträge üb. das Buch Hiob. 8. (40 S.) Basel 890. Geering. n. — 50

Schaller, Ludw., die Belastung der Baukonstruktionen durch Schnee. Versuche u. Studien üb. das spezif. Gewicht v. Schnee u. üb. Schneelasten. (III, 56 S.) Lex. 8. Berlin 909. W. Ernst & Sohn. 2. 40

Schaller, Ludwig: Einflußlinien für durchlaufende Träger auf drei und mehr Stützen. [1907.] 53 S. 8°
Braunschweig, Dr.-Ing.-Diss. v. 29. 6. 1907

Schaller, Ludwig [aus Stuttgart]: (Aus d. Univ.-Frauenklinik zu Berlin.) Die Endergebnisse der unter Schröder ausgeführten 89 Totalexstirpationen per vaginam wegen Carcinoma uteri. . . . Berlin, Buchdr. v. G. Schade, *1891*; 41 S. 8°
Berlin, Med. Fak., Inaug.-Diss. v. 12. Aug. 1891

Schaller, Ludwig E(ugen), appr. Arzt: Aus d. Universitätsklinik für Gemüts- u. Nervenkrankh. in Tübingen. Einige Zahlen über Unfallneurose, Rente und Kapitalabfindung. Tübingen 1910: Laupp. 33 S. 8°
Tübingen, Med. Diss. v. 21. Dez. 1910, Ref. Gaupp
[Geb. 24. Nov. 84 Stuttgart; Wohnort: Kiel; Staatsangeh.: Württemberg; Vorbildung: Realgymn. Stuttgart Reife M. 03; Studium: Tübingen 3, Freiburg i. B. 2, Tübingen 1, Kiel 1, München 1, Tübingen 1 S.; Coll. 15. Dez. 10; Approb. 15. Juli 10.] [U 11. 4375

Schaller, Ludw. E., einige Zahlen üb. Unfallneurose, Rente u. Kapitalabfindung. (Aus der Universitätsklinik f. Gemüts- u. Nervenkrankheiten in Tübingen. [Professor Dr. R. Gaupp.]) (32 S.) 8. Stuttgart 910. L. Schaller. 1.50

Schaller, M. L., goldener Blumenkranz, gewunden im Felde d. Wissenswürdigsten u. Nützlichsten f. d. Jugend u. Geschäftsbildung. 16 Bdchn. 16. Augsb. 831. Schlosser. 3 ℛ (A. u. d. T.: über d. Umgang mit Menschen im Allgemeinen ꝛc.)

Schaller, Michael: Marco Polo und die Texte seiner „Reisen". Burghausen, Druck d. L. Russy'schen Buchdr. (1890); 57 S. 8°
Burghausen, k. StA, P 1890 •

Schaller, (Augustus) Osc. (geb. Schweinitz 22. 9. 1822): De oophoritide. Berolini (1846). (32 S.) 8°
Berlin, Med. Diss. v. 18. Aug. 1846

Schaller, P: Die Ziegelfabrikation. Mit Atlas. 7. Aufl. von F. Neumann. Weimar 1874. Atl. Fol.

Schaller, P: Die Ziegelfabrikation. Mit Atlas. 8. Aufl. von O. Bock. Weimar 1894. Atl. Fol.

Schaller, P: Die Ziegelfabrikation. 9. Aufl. von O. Bock. Leipzig 1901

Schaller, P., der praktische Ziegler, s. Schauplatz, neuer, der Künste und Handwerke. 34. Bd.

Schaller, P: Der praktische Ziegler oder Handbuch bei Anlage und Betrieb der Ziegeleien zur Herstellung aller Arten von Mauer- und Dachziegeln. Mit Atlas. 5. Aufl. von F. Neumann. Weimar 1862. Atl. Fol.

Schaller, P., der wohlunterrichtete Ziegler, s. Schauplatz, neuer, der Künste ꝛc., 34. Bd.

Schaller, P., der wohlunterrichtete Z i e g l e r . 2. Aufl. von Matthaey. Weimar 1841. 8°

Schaller, Paul, Assistenzarzt an d. nichtklinischen Abt. d. Bürgerspitals in Straßburg: **Erfahrungen über subkutane Darmrupturen.** *Straßburg 1903: C. Müh & Co.* (42 S.) 8°
Straßburg, Med. Diss. v. 1902

Schaller, Paul *Friedrich Karl* [aus Halle a. S.]: Ueber einen Fall von Zange bei Gesichtslage mit nach hinten gerichtetem Kinn . . . Halle a. S., Druck v. E. Karras, 1893; 28 S., 1 Bl. 8.
Halle, Med. Fak., Inaug.-Diss. v. 16. Juni 1893

Preußischer Geist. 1812/13. Nationales Schauspiel in 4 Aufz. von Paul **Schaller.** [Wolfshagen]: Selbstverl. [1895]. (48 S.) 8° [F. u. Ant.] (07. 4650

Schaller, Robert [aus St. Louis Mo. U. S. A.]: Seltener Fall von Kehlkopf- und Trachealpapillomen. (Aus d. Kgl. Univ.-Kinder-Klinik d. *Prof.* Dr. H. Ranke in München.) . . . München, Buchdr. v. M. Ernst, 1889; 33 + 1 S. 8°
München, Med. Fak., Inaug.-Diss. v. 1889

Schaller, Robert: **Messung der elektrischen Leitfähigkeit an verdünnten Lösungen bis 100°. M. 3 Fig. im Text.** *Leipzig: W. Engelmann 1898.* (30 S.) 8° ¶ (Aus: Zeitschrift für physikalische Chemie, Bd 25 H. 3.)
Leipzig, Phil. Diss. v. [7. Apr.] 1898

Schaller, Rud. (geb. Berlin 2. 7. 1825): De coxarthrocace. Berolini (1847). (40 S.) 8°
Berlin, Med. Diss. v. 16. Apr. 1847

SCHALLER, Simon (Wending): De morbo scrophuloso.- Monachii: Auer 1851. 32 S.
26.8.1851 - Urk: F 60
Diss. Ingolst.-Landsh.-Mchn.

Schaller, Walter

Schaller, Gualterus, Glauchaviensis: De fabula Apuleiana quae est de Psyche et Cupidine. *Lipsiae 1901: Hallberg & Buechting.* (71 S.) 8°
Leipzig, Phil. Diss. v. [6. Mai] 1901

Schaller, Wilhelm [aus Meerholz (Hessen-Nassau)]: Weitere Beiträge zur Kenntniss der Eiweissverdauung durch den Magensaft . . . Würzburg, A. Boegler'sche Buchdr., 1895; 16 S. 8.
Würzburg, Med. Fak., Inaug.-Diss. v. 1895

Schaller-Fischer, L. Daheim. s. Volksschriften, elsässische.

— Am fremden Herd, s. Volksschriften, elsässische.

Schaller-Fischer, L., aus Großmütterchen's Kinderjahren, s.: Volksschriften, elsässische.

Schaller-Fischer, L., aus den Papieren einer alten Jungfer, s. Volksschriften, elsässische.

— Tröpflein im Meer, s. Volksschriften, elsässische.

– V e r w a i s t aber nicht verlassen, s.a. V o l k s s c h r i f t e n , Elsässische.

Schaller-Fischer, L., verwaist aber nicht verlassen. 8. (72 S.) Straßburg 887. Heitz. n. — 80

— Waldblümchen. Gedichte. 8. (55 S.) Straßburg 889. Heitz. n. 1. —

Schaller-Fischer, L., zweierlei Wege, s.: Volksschriften, elsässische.

de Schallern, Ad. Jo., Diss. qua chelidonii majoris virtus medica novis obs. firmatur. 31 pp. Erl. 4°.
1790

Schallern, Gottlieb von, s. Schallern, Gottlieb Adam Johann

Schallern, Gottlieb Adam Johann von

Schallern G. v.: Deutliche Anweisung die Viehpest, Löserdürre zu erkennen, u. solche nach einer erprobten Kurart sicher zu heilen. Bayreuth 1791. 120 S.

Schallern, Gottlieb v.: Deutliche Anweisung die Viehpest, Löserdürre zu erkennen, und solche nach einer erprobten Kurart zu heilen. Bayreuth 1797. 120 S.

— Anweis., die Viehpest (Löserdürre) zu erkennen u. zu heilen. 8. Bayr. 798. (Grau in Hof). 10 gr

— Anweis. d. Viehpest, Löserdürre, zu erkennen u. z. heilen. 8. Bayreuth, Lübeck. 798.

Schallern G. v.: Anweisung der Hundswuth auf eine durch lange Erfahrung erprobte Weise sicher vorzubauen u. sie zu heilen. Baireuth 1824. 231 S.

v. Schallern, Reichsritter Gli. Adm. Jh., Anweis., der Hundswuth auf eine, durch lange Erfahrung erprobte Weise, sicher vorzubauen u. sie zu heilen. Mit 1 Steindr. 8. Bayr. 825. (Nürnb., Riegel u. W.) 1 ℛ 16 gr

Schallern, G. A. J. Edler v., Etwas zur Verminderung d. Ruhrepidemie. 8. Bayr. Lübeck. 805.

Schallern, Gottlieb v.: Versuche über die reizend-stärkende Kurmethode als die durch Erfahrung bestätigte einzige Heilart gegen die Viehpest. Jena 1797. 16 S.

— Versuch üb. d. reizend stärkende Curmethode, als die durch Erfahrung bestätigte einzige Heilart gegen die Viehpest. 8. Jena, Akadem. Buchhdl. 797.

— Versuch üb. die reizendstärkende Kurmethode, als die durch Erfahr. bestätigte einzige Heilart gegen die Viehpest. 8. Jena 797. (Hennings in Neisse). 1 gr

Schalles, Ernst August, aus Wahlershausen-Cassel: Heines Verhältnis zu Shakespeare. (Mit einem Anhang über Byron.) *Berlin: Mayer & Müller 1904.)* (66 S.) 8°
Berlin, Phil. Diss. v. 13. Febr. 1904

Schalles, Ernst Aug., Heines Verhältnis zu Shakespeare. (Mit e. Anh. üb. Byron.) Diss. (68 S.) gr. 8. Berlin 904. (Mayer & Müller.) n. 1. 50

Schallgruber, (Jos.,) Abhandl. im Fache der Gerichtsarzneikunde, mit 3 Steindr. 8. Grätz 823, Miller.

Schallgruber, J., Aufsätze ꝛc. 8. Grätz, Ferstl. 817.

Schallgruber, Jos., Aufsätze u. Beobachtt. im Gebiete d. Heilkunde, sammt Darstell. der Bäder zu Neuhaus u. Tüffer. 8. Leipz. 816. Wienbrack. 10 gr

Schallgruber, Joseph: Entwurf einer Physiologie des Menschen. 218 S., gbd.

Grätz: Kienreich 1811

JB 972

— s. Florus, röm. Begebenheiten.

Schallgruber, Joseph: Grundbegriffe vom Körperbaue des Menschen. Th.1-2, 3-5, gbd.

Wien: Doll 1808

JB 633

— Leitfaden zur Physiologie des Menschen. 2 Thle. 8. Grätz 824 Miller. 1 ℛ

Schallhammer, Ant., Biographie des tiroler Heldenpriesters Joach. Haspinger. gr. 8. (VIII und 175 S. mit 1 Portr. in Holzschn.) Salzburg 856, (Mayr'sche Buchh.) *

Schallhammer, A. Rtt. v. Kriegerische Ereignisse im Herzogtum Salzburg i. d. J. 1800, 1805 u. 1809. Mit Krt. ꝛc. Salzburg 1853. 593 S.

—— kriegerische Ereignisse im Herzogth. Salzburg in den Jahren 1800, 1805 und 1809. Mit einem Schlachtplane, einer Karte des Herzogth. Salzburg, einer Specialkarte der Loferpässe und 2 Stahlst. 5 Hefte. Lex.-8. (1. und 2. Heft. VII S. und S. 1—128 mit 1 Stahlst., 2 Karten in Kpfrst. und 1 Tab. in Fol.) Salzburg 853, (Mayr'sche Buchh.) *

Schallhammer, Anton. Kriegerische Ereignisse im Herzogthum Salzburg in den Jahren 1800, 1805 und 1809. Bearbeitet von —. I. Heft. Die Stadt Salzburg und das Land im Allgemeinen. Mit einem Schlachtplane. II. Heft. Der Paß Lueg, das Pongau und Lungau nebst dem Defilée von St. Gilgen, mit einer Karte des Herzogthums Salzburg und einem Stahlstich des Passes Lueg. III. Heft. Die Lofer Pässe, das Pinzgau, Brixen und Zillerthal. Mit einer Spezialkarte und der Abbildung des Passes Strubb. IV. Hft. Biographische Skizzen. (324 S.) gr. 8. Salzburg, in Kommission der Mayer'schen Buchhandlung Zaunrith'sche Buchdruckerei in Salzburg 1853.

Schallhammer, Anton Ritter von — Kriegerische Ereignisse im Herzogthume Salzburg in den Jahren 1800, 1805 und 1809. Bearbeitet von — —. 5. Heft. Urkunden. (S. 325—592 und 1 Blatt. Schluß.) 8. Salzburg. 1854. Zaunrith'sche Buchdruckerei. (3115/1853.)

Schallhammer, Ant. Ritter v., Geschichte des k. k. Hauptschießstandes zu Salzburg und des Schützenwesens im Herzogth. Salzburg vom Mittelalter bis auf unsere Tage. gr. 8. (IV und 124 S.) Salzburg 859, Mayr'sche Buchh. *

Schallhammer, Beda von, s.a. Beda, Abt von Wessobrunn

Schalthammer, P. Beda, O. S. B. S. S. Theologiae dogmaticae et moralis Professor. in Nideraltaich, aliquid ex theologia contra grande nihilum seu dissertatio de magia nigra critico-historico-scripturistico-theologica, auctore —. Straubingae 769. 4.

Schallhammer, Beda Ant., (+ d. 23. Jan. 1791.) aliquid ex theologia contra grande Nihilum, seu dissertatio de magia nigri critico-historico-scriptur.-theologica una cum adsertis ex tract. sacramentis. 4. 769. (30 Bog.)

v. Schallhammer, C., Gedichte. 16. Salzb. 829. Mayr. 16 gr Velinp. 1 ℛ
vgl. Schallhammern.

v. Schallhammer, F. L., Süddeutschlands pragmat. Annalen d. Litteratur, s. Annalen.

Schallhammer, F. L. v., Süddeutschlands pragm. Annal. d. Literat. u. Cultur. 1r Jahrg. 1803. gr. 4. Salzb. (Krüll in Landshut)

Franz Ludwig von Schallhammer

De Morbis fibrae muscularis ex materiei animalis mixtura mutata cognoscendis. Halae 1799: Bathe. 34 S. 4°

Halle, Med. Diss. v. 6. Dez. 1798

SCHALLHAMMER, Friedrich (Neuburg): De nonnullis corporis infantium violationibus, quae tam partu, quam infantis interimendi gratia, perpetrari possunt, praesertim ad medicinam forensem spectans.- Neoburgi: Griessmayer 1832. 48 S.
20.12.1831 - Urk; F 60
Diss.Ingolst.-Landsh.-Mchn.

Schallhammern, C. v., Gedichte. 16. (10 B.) Salzburg 829, Mayr.

vgl. Schallhammer.

(Schallibaum, Johann Heinrich Sch', 1809-1875.) [Necrolog. A. Progr.] 4. [Chur 1876.]

Schällibaum, G[ustav]. Hilfsbüchlein für den Gesangunterricht. 18 S. 8. [Zürich, Christliche Vereinsbuchh., Abteilung Druckerei. 1907.] [fr. –.40]

Schällibaum, Johann Heinrich

[Schällibaum, J. H.], Geschichte der bündnerischen evang. Kantonsschule. I. Teil bis 1830; II. Teil bis 1850. Chur 1858 und 1861.
Progr.

Schällibaum, J. H., Ueber Leben und Sitte zur Zeit Homers. Chur 1870.
Progr.

Schallits, A., u. G. Heine, Rechenbuch f. Vorschulen. Vorstufe zu Westrick u. Heine, Rechenbuch f. höh. Knabenschulen. Ausg. in 3 Heften. 8. Münster 910. Aschendorff. Geb. 2.70
I. Für das 1. Schulj. (IV, 64 S. m. Fig.) Geb. –.80
II. Für das 2. Schulj. (IV, 64 S. m. Fig.) Geb. –.80
III. Für das 3. Schulj. (IV, 100 S.) Geb. 1.10

Schallmayer, Otto [Assistenzarzt am städt. Krankenhause l. d. I. in München]: Ein Fall von Vergiftung mit Kali chloricum. . . . München, Buchdr. v. M. Ernst, 1889; 30 S. 8°
Würzburg, Med. Fak., Inaug.-Diss. v. 1889

Beiträge zu einer Nationalbiologie. Nebst e. Kritik d. methodolog. Einwände u. e. Anh. über wissenschaftl. Kritikerwesen. Von Dr. W[ilhelm] Schallmayer. Jena: H. Costenoble 1905. (XII, 255 S.) 8° [05. 10843

Schallmayer, W. Ueber die drohende körperliche Entartung der Culturmenschheit u. die Verstaatlichung d. ärztlichen Standes. gr. 8. (III, 49 S.) Neuwied 891, Heuser's Verlag. * 1 —

Schallmayer, W., d. droh. physische Entartung d. Culturvölker. 2. (Titel-) Aufl. gr. 8. (III, 49 S.) Neuwied (891) 895. Leipzig, M. Spohr. n. 1.

Schallmayer, Wilhelm [approb. Arzt aus Mindelheim]: Die Nahrungsverweigerung und die übrigen Störungen der Nahrungsaufnahme bei Geisteskranken . . . . München, Druck v. M. Ernst, 1886; 114 S. 8°.
München, Med. Fak., Inaug. Diss. v. 11. Jan. 1886.

Schallmayer, Wilhelm, die Nahrungsverweigerung und die übrigen Störungen der Nahrungsaufnahme bei Geisteskranken. Diss. München 1886, A. Buchholz. 8°. 114 S.

Schallmayer, Wilh., die Nahrungsverweigerung und die übrigen Störungen der Nahrungsaufnahme bei Geisteskranken. Inaugural-Dissertation. gr. 8. (114 S.) Münden 886, (Ernst.) *

Schallmayer, Wilh., Vererbung u. Auslese in ihrer soziolog. u. polit. Bedeutg. Preisgekrönte Studie üb. Volksentartg. u. Volkseugenik. 2., durchwegs umgearb. u. verm. Aufl. (XVIII, 404 S.) gr. 8. Jena 910. G. Fischer. 9.—; geb. 10.—

– Vererbung u. Auslese als Faktoren zu Tüchtigkeit u. Entartung der Völker, s. a. Flugschriften des deutschen Monistenbds. 5. Heft.

Vererbung und Auslese als Faktoren zu Tüchtigkeit und Entartung der Völker. Von Dr. W. Schallmayer, München. Brackwede: Breitenbach in Komm. 1907. (39 S.) 8° [F.]
= Flugschriften d. Deutschen Monistenbundes. H. 5. [08. 3256 B

— Vererbung u. Auslese im Lebenslauf der Völker, s. a. Natur u. Staat.

Vererbung und Auslese im Lebenslauf der Völker. Eine staatswiss. Studie auf Grund d. neueren Biologie von Dr. Wilhelm Schallmayer in München. *Jena: G. Fischer 1903.* (X, 386 S.) 8° [F.]
— Natur u. Staat, Beiträge z. naturwiss. Gesellschaftslehre. T. 3. [03. 13495

Schallmeyer, Wilhelm, s. Schallmayer, Wilhelm

Schallnheimb, Franz Anton von (Wien) A. S. 287/40

Dissertatio juris gent. publici de dominio seu imperio orbis, ad 1. 9. ff. de leg. Rhod.
Präs. Heinrich Coccejus.
Frankfurt/O. (Schwartz) 4. XI. 1711. 67 S.

29974

Schallock, Paul: Ein Fall von spontan geheilter Lungengangrän mit metastatischem Gehirnabscess. *Greifswald 1898: J. Abel.* (31 S.) 8°
Greifswald, Med. Diss. v. 5. März 1898

Schallop, Emil

Schallop, E., der 1. u. 2. Kongress d. deutschen Schachbundes. Leipzig 1879 — Berlin 1881. Mit dem (Lichtdr.-)Bildniss v. H. Zwanzig. gr. 8. (VIII, 228 S.) Leipzig 883. Veit & Co. n. 5. —

— dasselbe, der 3. Kongress. Nürnberg 1883. (Mit dem (Lichtdr.-)Bildnis v. A. Roegner. gr. 8. (VIII, 303 S. m. eingedr. Diagrammen.) Ebend. 884. n. 6. —

Schallopp, E., der internationale Schachkongress zu Paris im J. 1878. Nach den Veröffentlichungen in deutschen, französ. und engl. Schachorganen bearb. gr. 8. (VII, 175 S. mit eingedr. Diagrammen.) Ebendas. 879. *

Schallopp, E., der Schachkongress zu Leipzig im Juli 1877, veranstaltet zu Ehren des Altmeisters der Schachspielkunst, A. Andersson, von den Schachfreunden Deutschlands. Mit einer Biographie und dem (lithogr.) Bildniss Anderssens und einem Rückblick auf die bisherigen deutschen Schachkongresse. gr. 8. (VI, 218 S. mit eingedr. Diagrammen.) Leipzig 878, Veit und Comp. *

Schallopp, E., d. internat. Schachturnier zu Hastings im August—September 1895. Sammlg. sämtl. Partieen m. ausführl. Anmerkgn. M. d. Bildn. d. Sieger. gr. 8. (VIII, 340 S. m. Diagrammen.) Leipzig 896. Veit & Co. n. 7.50

Schallopp, Emil, der Schachwettkampf zwischen Wilh. Steinitz und J. H. Zukertort, Anfang 1886. Mit Erläuterungen hrsg. gr. 8. (48 S. mit eingedr. Diagrammen.) Leipzig 886, Veit und Comp. *

Schallwitz, Emil, Rückblick auf die Gründung des Mulden-Zschopautaler Turngaues, 7 S., 8°.

Schally, Otto

— Zur Charakteristik des Raumbegriffes. 14. ibd. 01. Aussig
Progr.

Schally Otto: Die elektrische Doppelbrechung. 22. Aussig 00.
Progr.

Schally Otto: Einiges zur methodischen Behandlung der Operationen der beiden ersten Stufen sowie der durch diese nothwendig gemachten Erweiteruugen des natürlichen Zahlengebietes. 4. Aussig 00.
Progr.

Schally, Otto: Die N a t u r des Urteils. Eine historisch-kritische Darstellung ihrer Lehre.
Prag, Phil. Diss. 1897/98.

Schally Otto: Die Natur des Urtheils. Eine hist.-kritische Darstellung ihrer Lehre. 26. 6. Aussig 99. 01.
Progr.

Schalmayer, J., de jejunii in ecclesia christ. origine et relaxatione. Colon. (s. a.) 4

Schalmei, Ed. Schweizer Heimatklänge. Volksgedichte. In-8⁰, 136 S. Bern, E. W. Krebs. 2 —
1882.

Schalow, Herman: Ueber die Fortschritte auf dem Gebiete der Ornithologie in den letzten fünf Jahren in faunistischer Beziehung. Vortrag, gehalten auf der Jahresversammlung in Berlin im September 1882. (Journal für Ornithologie. Jahrg. 31. No. 163. Juli 1883. S. 225—255.) (Cassel 1883.) 31 S. 8⁰.

Schalow, Herman: Ueber unsere Kenntniss des Atlas-Gebietes. Vortrag, gehalten in der Jahresversammlung der Allgemeinen Deutschen Ornithologischen Gesellschaft am 11. Mai 1890. ([S.-A.] Cabanis' Journal für Ornithologie. Jahrg. 1891. Januarheft.) Berlin 1891. 10 S. 8⁰.

Die Vögel der Arktis von Herman Schalow in Berlin. (Jena: G. Fischer 1905.) (S. 81—288.) 2⁰(4⁰)
— Fauna Arctica. Bd 4, Lfg 1, [2.] 05. 7760

Schalow, Herman: Die Vögel der Sammlung Plate. Mit 2 Tafeln. (Zoologische Jahrbücher. Supplement IV. Heft 3. 1898. S. 641—749.) Jena 1898. 109 S., 2 Tf. 8⁰.

Schalow, Herman: Ueber die Vogelfauna des Südpolargebietes. Vortrag, gehalten am 29. Mai 1897 zu Dresden. (Im Auszuge mitgeteilt.) ([S.-A.] Journal für Ornithologie. Oktober-Heft 1897. S. 524—533.) Cassel 1897. 10 S. 8⁰

Schalpe, Georg von, Gedichte. Eigenes und Fremdes. 12⁰. (44 S.) Pressburg. Heckenast. fl. —.60. 1886.

Schalicha, v., Erklärung, s.: Verhandlungen der Kommission behufs Erörterg. v. Maßregeln zur Hebg. u. Befestigg. d. Silberwerthes.

Schalscha, Victor [Arzt aus Kattowitz]: Über gleichzeitiges Vorkommen verschiedener Geschwülste, insbes. d. Carcinoms u. Sarcoms ... München, *Druck v. Gebr. Böhm, Kattowitz*, 1890; 41 S. 8.
München, Med. Fak., Inaug.-Diss. v. 1892

Schalscha-Ehrenfeld, Amalie v., die Arbeiterinnenfrage. Vortrag. (16 S.) gr. 8. Berlin (C 25, Kaiserstr. 37) 910. Verband der kathol. Vereine erwerbstät. Frauen u. Mädchen. — 15
Sonderabdr. aus: „Arbeiterpräses".

— Im Arbeiterinnen-Sekretariat, s. a. Theater-Bibliothek.

Im Arbeiterinnen-Sekretariat. Schauspiel in 1 Akt von Amalie v. Schalscha-Ehrenfeld. Trier: Paulinus-Dr. 1908. 32 S. 8°
(Theater-Bibliothek. Bdch. 45.) 09. 5848

Schalscha-Ehrenfeld, Amalie v., die Dilettantenbühne. Eine Sammlg. v. Festspielen f. Klöster u. weltl. Pensionate. 1. Bd. (68 S.) 8. Breslau (905). (Leipzig, G. v. Schalscha-Ehrenfeld.) n. 1. —

Schalscheleth, Sam. Psik, s. Beschreib. von Wittenberg.

Schaltanlagen Brown, Boveri & Cie., Aktiengesellschaft Baden (Schweiz) usw. (111 S. m. 127 Abbildgn.) Lex. 8. Zürich (910). (Rascher & Co.) 4. —

Siemens-Schuckert-Werke. Schaltanlagen. (Berlin 1908: O. Elsner.) (65 S.) 4°(8°) 08. 17703

Schaltegger, F[riedrich]. Das Rebwerk im Thurgau. Kulturgeschichtliche Studie nach Erinnerungen von J[ohann] H[einrich] Thalmann, eigenen Beobachtungen und auf Grund handschriftlicher Quellen und amtlichen Berichte dargestellt. [Mit 1 Tabelle.] Sonderabdruck aus Heft 48 der Thurg. Beit(r)äge. 77 S. 8. Frauenfeld, F. Müller, 1908.

(Schaltegger, F[riedrich].) Thurgauische Weinbaustatistik fürs Jahr 1908. (Sonderabdruck aus dem Ostschweizerischen Landwirt, Jahrg. 1909. [Nº 25—29].) 24 S. 8. Frauenfeld, Huber & Co., [1909].

Jahrg. 1901—1907 s. in: Schaltegger, F. Das Rebwerk im Thurgau.... Frauenfeld ... 1908.

Schaltenberg, W., die im Reg.-Bez. Arnsberg bestehenden Polizei-Verordngn. u. die damit im Zusammenhange stehenden gesetzl. Vorschriften. Im amtl. Auftrage zusammengestellt. 3., verm. Aufl. gr. 8. (VIII, 518 S.) Arnsberg 888. Becker. n. 4. 50; geb. n. 5. 25

Schaltenberg, W., die im Reg.-Bez. Arnsberg bestehenden Polizei-Verordnungen u. d. damit im Zusammenhange steh. gesetzl. Vorschriften. Im amtl. Auftrage zusammengest. 4. Aufl. gr. 8. (VIII, 579 S.) Arnsberg 895. F. W. Becker. n. 5. —; geb. n. 5. 75

Schaltenberg, W., die im Reg.-Bez. Arnsberg bestehenden Polizei-Verordnungen u. die damit im Zusammenhange stehenden gesetzlichen Vorschriften. Im amtlichen Auftrage zusammengestellt. 5. Aufl., im amtl. Auftrage hrsg. von G. Müller. (VIII, 796 S.) gr. 8. Arnsberg 902. F. W. Becker. Geb. in Leinw. n. 7. —

Schaltenberg, W., Rechentafeln nach Mark und Reichspfennigen, welche das Multipliciren und Dividiren ersparen. Zum prakt. Gebrauch für alle Geschäftsleute, Rechnungs-, Kassen-, Forst- und Bau-Beamte. gr. 8. (27 S.) [Arnsberg 875, Grote.] Werl, Stein'sche Buchh. *

Schaltenbrand, Carl. s. Schaltenbrand, Karl

Schaltenbrand, Jakob Friedrich (Biel) F, zd:25

Cogitationes nonnullae circa efficaciam medicamentorum physicam vitalem et medicam cum propositionibus quibusdam chemicis. Dissertatio inauguralis medica. Präs. Heinrich Friedrich Delius.
Erlangen (Kunstmann) (20.)X. 1784. 35 S.
29975

Schaltenbrand, Jakob Friedrich: Cogitationes nonnullae circa efficaciam medicamentorum physicam vitalem et medicam cum propositionibus quibusdam chemicis. 35 S., gbd.

Erlangae: (Walther) 1784
(Adversaria argumenti physico-medici, Fasc. 4,18)

JB 1.808

Schaltenbrand, Karl

Schaltenbrand, Carl, die Locomotiven. Eine Sammlg. ausgeführter Zeichngn. m. beschreib. Text zur Benutzg. im Constructions-Saal u. in techn. Lehranstalten nach zuverläss. Quellen bearb. gr. 8. (XXIX, 562 S. m. eingedr. Holzschn. u. Atlas v. 2 Tab. in qu. gr. Fol. u. 40 Steintaf. in qu. Fol.) Berlin 875. 76. Gärtner. n. 45. —

Schaltenbrand, Carl, der Pulsometer oder die Dampf-Vacuum-Pumpe. Erfindung — Beschreibung verschiedener Construktionen — Erklärung der Wirkung, Theorie, Leistung u. Nutzeffect, begründet durch Versuchs-Resultate. Mit 2 lith. Taf. u. Holzschn. im Texte. In allgemein verständl. Art bearb. gr. 8. (56 S.) Berlin 877. Polytechn. Buchh. n. 3. —

Schaltenbrandt, H. J., s. Büffon's sämmtl. Werke.

Schaltenbrandt, Karl, s. Schaltenbrand

Schalthammer, P. Beda, s. Schallhammer, Beda von

§ * SCHALTJAHR, Das; welches ist der teusch Kalender mit den Figuren, u. hat 366 Tag. Hrsg. v. J. Scheible. 5 Bde. Mit einer grossen Anzahl komischer, satyrischer, magischer u. anderer Abbildgn. nach Holzschn. v. Dürer, Jost Amman, Hans Scheufelein etc. Stuttgart 1846—47. Verlag des Herausgebers. Leipzig: Theodor Thomas. Kl. 8⁰. (18⅓ Rthl.) (25 Mk. Baer & Co., 1886: Sehr hübsches Expl. der alten Ausgabe, welche der neueren [1876] sowohl in Bezug auf die Qualität des Papiers als der Kupfer vorzuziehen ist; 25 Mk. Frz. Teubner, Düsseldorf, 1898; steigt im Preise!) (Auch in Breslau, Kgl. u. Univ.-Bibl.: Lit. Teut. I 8⁰ 124c.)
655, 731, 741, 719, 724 S. (incl. Reg.), nebst je 1 S. Verz. der Lithographien (Vollbilder).

— — Dasselbe. 5 Bde. Ebd. 1876. Kl. 8⁰.

Schaltungsbuch der Accumulatoren-Fabrik Aktiengesellschaft Hagen i. W. gr. 4. (58 S. m. Fig.) Hagen i. W. 891, Risel u. Comp. geb. * 10 —

Schaltungsbuch der Accumulatoren-Fabrik Aktiengesellschaft Hagen i. Westf. Hagen i. W. 1893 ...

Schaltungsbuch für elektrische Anlagen mit Akkumulatoren. Hrsg. von der Akkumulatoren-Fabrik, Akt.-Ges. Hagen i. W. und Berlin (1902)

Schälung, die, aller Arten Rinden in jeder Jahreszeit vermittelst Dampf für Lederfabrikanten, Waldbesitzer, Holz- u. Lohehändler 2c. System Jos. Mattre. Patentirt durch die kaiserlich französische Regierung. Uebersetzt von Ch. Schoren. Hrsg. von F. A. Günther. Berlin 869. (Gerstmann.) gr. 8. (31 S.) 1 ℳ

Scham, Ehrlose! Moderner Sittenroman. Berlin 1895. V: *Braun, Maximilian.* (Berl 1907, S. 143) (BGE VII³, 124)

Scham, ehrlose! Moderner Sittenroman v. ***. 8. (261 S.) Berlin 895. **Bibliograph. Bureau.** n. 3. —

Scham, ehrlose. 2. Aufl., s. a. Braun, Max.

Scham, falsche,. Schsp. v. Kotzebue. 8. Lpz. Kummer. 798.

Scham, Heinr., s. a.: Pudor, Heinr.

Scham, Heinrich

— Geschlechtsliebe. Paradiesesstimmen. 8. (38 S.) Leipzig 895. H. Pudor. n. — 80

— Jungbrunnen. Offenbargn. der Natur. Mit 3 Fed. zeichngn. v. Fidus. gr. 8. (17 S.) Leipzig 894. H. Pudor. n. .. —

— Kirtara. Fröhlichkeiten u. Sehnsuchten. gr. 8. (15 S.) Ebd. 894. n. — 60

— nackende Menschen. Jauchzen der Zukunft. 1. u. 2. Tausf. gr. 8. (46 S.) Dresden-Loschwitz 893. Leipzig, H. Pudor. n. 1. —

SCHAM, Heinrich. Nackende Menschen. Jauchzen der Zukunft. Dresden, Verlag der Dresdener Wochenblätter, 1893. 8⁰.
Verb. d. Ldg. Dresden A. IV 107/93.

— **Mutter-Milch.** Offenbargn. der Natur. gr. 8. (64 S. m. Vignetten.) Ebd. 893. n. 1. —

SCHAM, Heinrich. Mutter-Milch. Offenbarungen der Natur. London, Heinrich Scham, 1893. 8⁰.
Verb. d. Ldg. I Dresden A. IV 108/93.

— naked people. A triumph-shout of the future. Translated from the German by Kenneth Romanes. gr. 8. (46 S.) Leipzig 893. H. Pudor n. 1. —

Scham, J., Der Optativgebrauch bei Klemens von Alexandrien in s. Sprache und stilgeschichtl. Bedeutung. Diss. 1933. VIII, 84 S. 3.—

Schamal, Johann. Andeutungen zur Zucht der Obstbäume u. Sträucher. gr. 8. (14 S.) Jungbunzlau, Uhl. 1862. 28 kr.

Schamal, Joh., Andeutungen zur Zucht der Obstbäume und Sträucher aus der Baumschule des Verf. Nach 30jähriger Erfahrung. 2. Aufl. Jungbunzlau 862. (Uhl.) gr. 8. (14 S.) n. 6 *ngr.*

Schamal, Johann, *Baumschulbesitzer etc.* Etwas über die Rosenzucht. *Jungbunzlau. J. Zwickl.* 14 S. 8⁰.

— — Die Spargelzucht zu Jungbunzlau, nach 22-jähriger Erfahrung zusammengestellt. Zweite vielseitig und wesentlich verbesserte Auflage 1854. Auf Kosten des Verfassers. Druck von *J. Zwickl* in *Jungbunzlau.* 48 S. 8⁰.

— — Welche Vermehrungs- und Erziehungsart der gemeinen Hauszwetschke wäre für die allgemeine Landeskultur räthlich? *Jungbunzlau, J. Zwickl.* 4 S. 4⁰.

Schaman

Schamann, der sibirische. Lstspl. (v. Katharina II.) Aus d. Russischen. 8. Riga 786. Leipz., Hartknoch. 12 gr. s. auch Lustspiele, drei.

Schaman, Der sibirische. Ein Lustspiel in fünf Aufz. Berlin 1788. V: *Catharina II., Kaiserin von Russland.* (EE) »St. Petersburg 1787« (MGT) »Riga 1786« (Ky)

Schamann, der sibirische,. Lustsp. 8. Berlin, Nicolai. 788.

Schamanek, Joseph: Conversations Françaises. . . . s. Génin, Lucien.

Schamanek, Jos., conversations françaises sur les tableaux d'Ed. Hoelzel, s.: Génin, Lucien.

Schamanek, Jos., Description des tableaux d'enseignement d'Éd. Hoelzel, s.: Génin, Lucien.

Schamanek, Jos., — Paris, } s.: Génin, Lucien.

Schamann, der sibirische, s. Schaman

E. F(ranz) **Schamann.** Passion. In 4 Akten. (Leipzig: J. Werner 1903.) (262 S.) 8⁰ [F.] [07. 6313

E. F(ranz) **Schamann.** Ueberwinder! Leipzig: J. Werner 1903. (98 S.) 8⁰ [F.] [07. 6314

Schamann, Frz., Aïda. Ein Novellenband. (264 S.) 8. Wien 909. M. Braunschweig. 3.50

Schamann, Frz., mährische Geschichten. 8. (227 S.) Linz (902). Wien, Oesterreich. Verlagsanstalt. n. 2. 50

— Liebe. Volksstück in 4 Acten. 8. (133 S.) Wien 901. Wiener Verlag. n. 2.—

— Die Nachwehen. Ein Roman aus Österreich. (521 S. m. Bildnis.) 8. München 910. G. Müller. 6.—; geb. n 7. 50

Schamarin, Alex., chemische Untersuchung d. Brandschiefers v. Kuckers. [Aus „Archiv f. Naturk. Liv. Ehst. u. Kurlands."] gr. 8. (46 S. m. 2 Tab. in qu. Fol.) Dorpat 870. Schnakenburg. n. — 80

Schambach, C., s.a. Schambach, Karl

Schambach, C., das Staatsrecht d. Fürstenth. Schwarzburg-Sondershausen, s.a. Handbuch d. öffentlichen Rechts der Gegenwart.

Das Staatsrecht des Fürstenthums Schwarzburg-Sondershausen. Bearb. v. **C. Schambach.** Freiburg i. B. und Tübingen. 1884. Siehe in: Handbuch des Oeffentlichen Rechts. Hrgg. v. H. Marquardsen. Bd. 3, Halbbd. 2. Abth. 2. 8°m.

Schambach, Geo., und Wilh. Müller, niedersächsische Sagen und Märchen. Aus dem Munde des Volkes gesammelt und mit Anmerkungen und Abhandlungen hrsg. gr. 8. (XXIV und 426 S.) Göttingen 855, Vandenhoeck und Ruprecht's Vrlgsh. *

Schambach, Geo., niederdeutsche Sprichwörter der Fürstenth. Göttingen und Grubenhagen, gesammelt und erklärt. 2. Sammlung. gr. 8. (VIII und 191 S.) Göttingen 863, Vandenhoeck und Ruprecht's Verlag. *
(1. Sammlung.) Ebendas. 1851. 12⅓ Ngr.

Schambach, Geo., die plattdeutschen Sprichwörter der Fürstenthümer Göttingen u. Grubenhagen, gesammelt u. erklärt. gr. 8. (92 S.) Göttingen 851, Vandenhoeck & Ruprecht. 5/12 ℛ

Schambach, Geo., Wörterbuch der niederdeutschen Mundart der Fürstenthümer Göttingen und Grubenhagen oder Göttingisch-Grubenhagen'sches Idiotikon gesammelt und bearb. gr. 8. (XVI und 323 S.) Hannover 858, C. Rümpler. *

Verdries, Johann Melchior [Präs.] u. Georg Ludw. Schambach (Butzbach) [Resp.]
Theses inaugurales ex pyretologia depromtae.
Giessae [29.] April 1734: E. H. Lammers. 16 S. 4°
pro licentia impetrandi summos in medicina honores

Schambach, [Karl], Prof. Dr.: Rede zur Feier des Geburtstages Sr. Majestät des Kaisers und Königs. *Nordhausen 1903: F. Eberhardt.* (S. 1--12.) 4°
Nordhausen, k. G, OP 1903 (280)

Schambach, C., Sophocles qua ratione vocabulorum significationes mutet atque variet. Gott. 56 p. 1867
Schul-/Univ.-Schrift

Schambach, Karl. Sophocles qua ratione vocabulorum significationes mutet atque variet. Altera pars. 29 S. [1: Diss. in. gotting. 1867.] **Progr.** G. *Nordhausen* 1878

Schambach, Karl, Prof. Dr.: Vergil ein Faust des Mittelalters. T. 1. Nordhausen 1904: Fr. Eberhardt. (32 S.) 4°
Nordhausen, k. G OP 1904 (290)

Schambach, Karl, Prof. Dr.: Vergil ein Faust des Mittelalters. T. 2. Nordhausen 1905: Fr. Eberhardt. (43 S.) 4° ¶ [Forts. d. P-Beil. 1904.]
Nordhausen, k. G OP 1905 (291)

Schambach, Karl, Prof. Dr.: Vergil ein Faust des Mittelalters. T. 3. Nordhausen 1906: F. Eberhardt. (46 S.) 4° ¶ (Forts. d. P-Beil. 1904, 05.)
Nordhausen, k. G OP 1906 (302)

Schambach, Karl): Verzeichniss der für die historische Lesegesellschaft in Nordhausen von 1830 bis Ostern 1898 angeschafften Bücher. ([Umschlagt.:] Katalog eines Teiles der geschichtlichen Bibliothek des Gymnasiums.) *(Nordhausen 1898: F. Eberhardt.)* (43 S.) 8°
Nordhausen, k. G, OP 1898 (251)

Schambach, Otfried

Schambach, O. Einige Bemerkungen über die Geschützverwendung bei den Römern besonders zur Zeit Caesars. 19 S. G. *Altenburg* 1883.
Progr.

Schambach, Otfr. Zu Caesar de bello gallico. 10 S.
Progr. G. *Mühlhausen i/Th.* 1877

Schambach. Üb. die Geschützverwendung bei den Römern. bes. zur Zeit Caesars. Pr. 1883. 19 S. 4°.

Schambach, O., Liederhalle f. Deutschlands Jugend. 12. (VIII, 152 S.) Altenburg 883. Bonde's Verl. geb. n 1. —

Die Reiterei bei Caesar. 36 S. **Progr.** G. *Mühlhausen i/Th.* 1881

Schambach, Otfr., Repetitorium der griechischen Geschichte. Zum Gebrauche in I. u. II. der Gymnasien. 4. (18 S.) Mühlhausen 873. Heinrichshofen. n. — 40

Schambach, O. Der italische Sklavenaufstand 74 - 71 v. Chr. (21) 4. Halberstadt, Berlin 1872. 1,00.

— Untersuchungen üb. Xenophon's Hellenica. Inaugural-Dissertation. gr. 8. (51 S.) Berlin 872. (Calvary & Co.) n. 1. 20

Schambacher, Alfred, approb. Arzt aus Straßburg i. E.: (Aus d. pathol. Institut d. Universität zu Straßburg.) Über die Persistenz von Drüsenkanälen in der Thymus und ihre Beziehung zur Entstehung der Hassallschen Körperchen. *Berlin 1903: G. Reimer.* (28 S.) 8° ¶ (Aus: Virchow's Archiv, Bd 172.)
Straßburg, Med. Diss. v. 1903

Schambacher, Karl

Schambacher, Carl, pract. Arzt aus Strassburg i. E.: Über die Aetiologie der varikösen Venenerkrankung. *Leipzig 1899: J. D. Hirschfeld.* (28 S.) 8°
Strassburg, Med. Diss. v. 1899

***Schamberg.** J. Fr., de ju... digitorum. Lips. 713. 4.

Schamberg, Kaspar Friedrich (Leipzig) A. S. 206/22

Dissertatio juridica de restricta testatoris potestate.
Präs. Johann Christoph Schacher.
Leipzig (Zeidler) 7. IV. 1713. 28 S.

Gew.: Quirin Hartmann Schacher (Grossonkel).

29977

Schamberg, Loew Herz (Heckholzhausen)
Thesen aus der gesammten Heilkunde, welche zur Erlangung der Doctorwürde in der Medicin, Chirurgie und Entbindungskunst der öffentlichen Prüfung vorlegt: Loew Herz Schamberg aus Heckholzhausen.
Giesen: Schröder 1812. 8 S.
Dr. med., chir. & obst. 18.3.1812. vorh. 26.

Schamberger, Geo., die Geschichte d. Bauernstandes vom Anbeginn geschichtl. Forschgn. bis auf unsere Zeit. gr. 8. (IV, 174 S.) Linz 891. (Wien, Kubasta & Voigt.) n. 2. 40

Schamberger, Geo., Die Geschichte des Bauernstandes vom Anbeginn geschichtlicher Forschungen bis auf unsere Zeit. gr. 8⁰. Linz (Wien, Kubasta u. Voigt) 1893.

Schamberger, Georg, Die Geschichte des Bauernstandes vom Anbeginne geschichtlicher Forschungen bis auf unsere Zeit. 8. (172 S.) * 1.20 mit 20%
Wien: Amonesta 1893.

Schamberger, Georg, Die Geschichte des Bauernstandes von Anbeginn geschichtlicher Forschungen bis auf unsere Zeit. Gr.-8. (172 S.) In Comm. 1.20
Wien: Huber & Cie 1894.

SCHAMBERGER, J. W.
(F) Die keramische Praxis. Populäre Anleitung zur Erzeugung keramischer Producte aller Art, unter Berücksichtigung der einschlägigen Maschinen und sonstiger Hilfsapparate zur Bereitung von Massen und Glasuren, nebst den erforderlichen Brennöfen. Von J. W. Schamberger. Mit 39 Abbildungen. [Chemisch-technische Bibliothek, Bd. 251.] Wien. Pest. Leipzig. 1901. Hartleben. 8⁰. VII, 211 S. K 4.40

Schamberger, Max., de P. Papinio Statio verborum novatore. s. a Dissertationes philologicae Halenses. XVII, 3.

Schamberger, Maximilianus, Coburgensis: De P. Papinio Statio verborum novatore. Halis Sax. 1907: E. Karras. (34 S.) 8°
Halle, Phil. Fak., Ref. Wissowa, Diss. v. 14. März 1907
[Geb. 25. Sept. 82 Sülzfeld (S.-Coburg-Gotha); Wohnort: Halle a. S.; Staatsangeh.: S.-Coburg-Gotha); Vorbildung: Gymn. Coburg Reife O. 01; Studium: Tübingen 1, Halle 8 S.; Rig. 20. Dez. 06.]

Schamberger, Wilh., Herold des Glaubens, s. Herold.

—— kathol. Literatur-Wochenblatt, s. Literatur-Wochenblatt.

—— Philothea, I. Jahrg., s. Philothea.

Schambogen, I. C., compendium in institutiones Iust. 4. Prag. 708.

— praelect. in Iustiniani Institut. 4. ibid. 732.

Schamel, Johann Martin

Schamelius, J. M., vom Aberglauben in der Christnacht. Leipz. 1717. 4.

— Anhang zur Historie d. Benedictiner-Klosters Bosau. 4. Eisenach, Wittekind. 731.

— histor. Beschreib. d. alten Benedictiner-Klosters Gosegk. 4. Eisenach, Wittekind. 731.

— historische Beschr. v. versch. ehemals berühmten Klöstern in Thüringen. 6 Thle. u. Suppl. 4. Naumb. (Sommer in Lpz.) 728-30.

Schamel, Joh. Mart., Beschreibung des Benedictiner-Klosters St. Georgien v. Naumburg. 8. Naumb. (Sommer in Lpz.) Rthlr.

— wahrer Christ. 8. Lpz. Junius. 712.

Schamelius, J. M., Christianus, od. von den mancherlei Namen der Christen. Leipz. 1720. 8.

— formulae caute et citra scandalum loquendi. 8. Lips. Junius. 722.

Schamelius, oder Schammel, Joh. Mart., Formular-Büchlein oder Register verschiedener Worte und Redensarten. Naumburg 1717. 8.

— glossirtes Gesangbuch. 12. Ebend. 742.

— evangel. Lieder-Commentar. 8. Ebend. 737.

— Naumburgum literatum. II Part. 4. Lips. Junius (Cnobloch) 726-36.

— Pflicht gegen d. Todten in Leichensermonen. 4. Leipz. Junius. 721.

— Predigten üb. d. Evangelia. 4. Jena. 727.

SCHAMELIUS, Lateinische Sprichwörter u. Maximen, welche zum Deckel der Sünde vorgeschützet werden. 5 Stücke (cplt.). Leipzig 1716. 8⁰. (3 Mk. 50 Pfg. W. Koebner, vor 1885.)

Schamelius, Joh. Mart.: Die anerkannte Sünde, welche die verlobten Personen begehen, wenn sie sich vor der öffentlichen Copulation heimlich zusammen finden. Leipzig (1718).

— vindiciae cantionum. 8. Lips. Junius. 719.

— vindiciae catechet. Lutheri, deutsch nebst Supplem. 8. Ebend. 726. 27.

Schames, Léon, a. Paris: Über die Abhängigkeit der Hysteresiswärme und der Permeabilität des Eisens von der Frequenz des Wechselfeldes. Würzburg 1906: H. Stürtz. (41 S.) 8°
Würzburg, Phil. Fak., Ref. Wien, Diss. v. 4. Jan. 1907
[Geb. 6. Okt. 83 Paris; Wohnort: Frankfurt a. M.; Staatsangeh.: Preußen; Vorbildung: Klinger-Oberrealsch. Frankfurt a. M. Reife M. 01; Studium: T.H. Darmstadt 3, Univ. Marburg 1, München 1, Würzburg 5 S.; Rig. 1. Mai 06.]

Schamm, Jos., Liturgik, s. Liturgik.

(Schammler, M .) Plastische Karte von Landeck, Tirol, ins Ortlergebiet: Finstermünzpass, Reschen-Scheidegg, Meran, Sulden-Trafoi, Malser Seen, Ofenpass, Unter- und Ober-Engadin, Oetztaler Alpen, Silvretta- und Bernina-Gruppe etc. (gez. von M. Sch' 04, Innsbruck-Mühlau. 1. Aufl. 1904.) 450/450 mm. 1 Bl. fol., *zus.-gefaltet mit Titel* 8. (Josef Müller, Posthotel, Landeck, Herausgeber und Verleger; Druck C Lampe, Innsbruck.)
2seitig: a. Titel und illustrierter Text, b. Karte mit Ansichten.

Schamokin Canalboot: Sept 7, 1827 Apr 6, 1833 Sunbury, PA
Weekly. Edited & published by J. G. Jungman & Co. See Shamoker.

Schamoni, Wilh., Familien-Stammbuch. Stammbaum d. Familie ..., anfangend m. d. J ... zu ... (1 Ahnentaf. u. 1 Bildertaf.) 34,5×24,5 cm. Hamm i/W. (908). Reimann & Co. — 60

Schams, Anton Bemerkungen zur spanischen Metrik. 8 (S. 3—62).
Progr. Deutsche Staatsrsch. *Karolinenthal* 1895.
I. Bibliographie. II. Der Kampf zwischen Accent und Quantität. III. Nach Versfüssen accentuierende Verse. Die „Nueva métrica" des D. Eduardo Benot. IV. Der Romanzenvers. Das Poema del Cid. V. Die Diphthonge.
Nicht im Tauschverkehr.

SCHAMS, Anton: José Echegaray als Dramatiker. — 1887. 47 S.
Diss. Graz, Univ.

Schams, Anton: Festspruch zur silbernen Gründungsfeier der Anstalt. 8 (S. 3).
Progr.

Schams Dr. Anton: Festspruch zur silbernen Gründungsfeier der Anstalt. Karolinenthal R. 00.
Progr.

Schams, Ant., Opfer. 2 Geschichten. (Zwei Hergelaufene. Die leere Truhe.) (211 S.) 8. Dresden 908. E. Pierson. 2.50; geb. n 3.50

Schams, Franz: Topographische Beschreibung von Peterwardein und seinen Umgebungen. Ein Beytrag zur Landeskunde Syrmiens. 177 S., gbd., Abb.

Pesth: Hartleben 1820

JB 5.639

SCHAMS, FRANZ: Vollständige Beschreibung der königlichen freyen Stadt Ofen in Ungarn. Kirchen, Klöster und sehenswürdige Gebäude, S. 80-85, 89-92. Katholiken, S. 123-136. Kirchen-Geschichte, mit einem Rückblick in ältere Zeiten, S. 269-274. Ofen 1822. Gedr. mit Kön. Universitäts Buchdruckeres-Schriften. 66, 672, 6 S. - 180 mm

— vollständ. Beschreib. der königl. Freistadt Pesth in Ungarn. Mit Kpf. 12. Pesth 820. Hartleben. 2 fl

Schams, Frz., Betrachtungen üb. Ungarns Weinbau, od.: auf Erfahrung gegründ. Belehrungen zur mögl. Verbess. dies. wicht. Landwirthschafts-Zweiges. Als theilweise Beantwort. e. Preisfrage. gr. 8. (5½ B.) Pesth 830, Hartleben.

Schams, Franz: Kritikai vizsgálódások a' magyarországi szölötermesztés gáncsai és fogyatkozásai körül; .... Kritische Betrachtungen über die Mängel und Gebrechen des Weinbaues in Ungarn, und Ideen, wie dieser für Ungarn so wichtige Landwirthschaftszweig auf eine höhere Stufe der Vollkommenheit gebracht, und der wankende Credit des ungarischen Weines im Auslande allmählig wieder hergestellt werden könnte: - eine beachtenswerthe Darstellung für alle Grundherrschaften und Weinbergsbesitzer, welche aus diesem Industrie-Zweige einen Theil ihrer Revenüen beziehen, oder denselben als Lieblingssache betreiben. [Deutsch-ungarisch.] Pesth: Landerer 1834. 23 S. -- UB Brünn*

Schams, F.: Der Weinbau des österreichischen Kaiserstaates in seinem ganzen Umfange, oder vollständige Beschreibung sämtlicher berühmten Weingebirge der österreichischen Monarchie. 8°. 3 Bde. G. Kilian. Pest. 1835.

--- Ders.: Ungarns Weinbau in seinem ganzen Umfange, oder vollständige Beschreibung sämmtlicher berühmten Weingebirge des ungarischen Reichs in statistisch-topographisch-naturhistorischer und ökonomischer Hinsicht (3: Vollständige Beschreibung sämmtlicher berühmten Weingebirge in Oesterreich, Mähren und Böhmen in statistisch-topographisch-naturhistorischer und ökonomischer Hinsicht) Bd 1-3. Pesth: Wigand (3: Kilian) 1832-35. [Nebentitel:] Schams: Der Weinbau des Oesterreichischen Kaiser-Staates in seinem ganzen Umfange, oder vollständige Beschreibung sämmtlicher berühmten Weingebirge der österreichischen Monarchie. Bd 1-3. -- 21*.UB Brünn*

—— Ungarns Weinbau in sein. ganzen Umfange, od. vollständ. Beschreib. sämmtl. berühmt. Weingebirge d. ungar. Reichs in statist.-topograph.-naturhistor. u. ökonom. Hinsicht. 2 Bde. Mit Abbildn. gr. 8. ... Pesth 832, 33, [Heckenast.]

Schams, F., Ungarns Weinbau in seinem ganzen Umfange od. vollständ. Beschreib. sämmtl. berühmten Weinberge d. ungar. Reichs in statist.-topograph. u. ökonom. Hinsicht. 2 Bde. gr. 8. (.. B. u. Abbildn.) Pesth 835, Heckenast.

— s. a. Zeitschrift f. Weinbau.

—— Zeitschrift f. Weinbau u. Weinbereitung in Ungarn f. Weinbergsbesitzer, Winzer u. Landwirthe. 3 Hfte. gr. 8. (..B.) Pesth 836—38, Heckenast. à ⅓ Thlr.

Schams, Jos., d. Buchführg. d. Webers, s.: Rottor, Thdr.

Schams, J., die Fabrikation der Manufacturwaaren. Bedeutend erweit. Buchausg. der in dem Fachblatte „Der Manufacturist" unter gleichem Titel erschienenen Aufsätze. Gemeinfasslich dargestellt. gr. 8. (VI, 74 S. m. 44 Abbildgn.) Hannover 891. Verlag d. Manufacturist, S. Hein & Co. 1.50; geb. in Leinw. 2.—

Schams, J., Grundzüge der Theorie der Schaftweberei. Mit zahlr. Materialproben, Webemustern u. 130 in den Text gedr. Abbildgn. gr. 4. (III, 41 S.) Dresden 888. Verlag der Gewerbeschau, Minden & Wolters. geb. n. 6.—

Schams, J., ausführliches Handbuch der Weberei. Ein Lehr- u. Hilfsbuch f. Fabrikanten, Weber u. Webschüler. 3. bedeutend verm. Aufl. Mit e. Atlas v. 62 Taf. (m. 648 Abbildgn.) Lex.-8. (XI, 268 S.) Leipzig 900. B. F. Voigt. 18.—; geb. 24.—

— Ausführl. Handbuch der Weberei. Ein Lehr- u. Hilfsbuch f. Fabrikanten, Weber u. Webschüler. Hrsg. unter Mitwirkg. v. Otto Both u. Bernh. Lepperhoff. 4. bedeutend verm. u. verb. Aufl. Mit e. Atlas, enth. 1724 Abb. (auf 143 Taf.). (XIII, 514 u. Text zum Atlas 8 S.) Lex. 8. Ebd. 909. 30.—; geb. 36.—

Schams, J., Handbuch der Schlichterei. Ausführl. Darstellung sämtl. Schlichtmethoden, Schlichtmittel u. Schlichtmaschinen, nebst e. Anh., enth. die erprobtesten Schlichtrezepte. Ein Lehr- u. Hilfsbuch f. Webereibesitzer u. Schlichtmeister. (VI, 127 S. m. 130 Abbild.) Lex. 8. Leipzig 908. B. F. Voigt. 7.50; geb. 9.50

—— Handbuch der gesamten Weberei, s. a. Schauplatz der Künste u. Handwerke. Bd. 284.

— Handbuch der gesamten Weberei. Vollständiges Lehr- u. Hilfsbuch f. Fabrikanten u. Weber jeder Branche. Als systematisch geordneter Lehrgang, von den Anfangsgründen der Weberei bis zum heut. Standpunkte derselben; zum Gebrauche an Webeschulen, sowie zum Selbstunterricht f. den prakt. Weber hrsg. Mit e. Atlas, enth. 719 Abbildgn. auf 59 Foliotaf. gr. 8. (XVI, 363 S.) Weimar 890. B. F. Voigt. 18.—

— Handbuch der gesamten Weberei. Ein Lehr- u. Hilfsbuch f. Fabrikanten u. Weber jeder Brakche. Als systematisch geordneter Lehrgang, von den Anfangsgründen der Weberei bis zum heut. Standpunkt derselben; zum Gebrauche an Webeschulen, sowie zum Selbstunterricht f. den prakt. Weber hrsg. 2., verm. u. verb. Aufl. Mit e. Atlas, enth. 62 Foliotaf. m. 691 Abbildgn. gr. 8. (XVI, 323 S.) Weimar 892. B. F. Voigt. 18.—; geb. n. 24.—

Schams, J., die Calculation der Webwaren. 2. verb. u. verm. Aufl. (XVI, 176 S. m. Abbildgn. u. Stoffmustern.) gr. 8. München (904). (Hof, R. Lion.) Kart. n. 3.—
1. Aufl. (48 S. m. 8 Abb.) 903. n. 4.—.

— Die Kalkulation der Webwaren. 4. Aufl. (130 S. m. Abb. u. Stoffmustern.) gr. 8. Nürnberg (907). C. Koch. Kart. 3.—

— Webmaterialienkunde. Hülfsbuch f. Webschulen u. f. d. Selbstunterr. M. zahlr. Abb. im Texte, 2 Karten u. 12 Taf. m. Garnproben. gr. 8. (VI, 72 S. m. 12 Bl. Erklärgn.) Berlin 898. W. & S. Loewenthal. n. 8.—

Schamskius, A., s. Schamsky, Alexander

Alexander Schamsky

Promptuarium parvum medico-practicum; ex diversis tum antiquis tum recentioribus scriptoribus priùs in usum privatum concinnatum, nunc verò usui publico...consecratum ab Alexandro Schamsky. [Nürnberg:] Lehmann 1714. 808 S. 8°

Schamskius, A., Promptuarium parvum medico-praticum. 4. Vien. 714.

SCHAMVOGEL, G[OTTLIEB] C[HR.], De catalepsia diss. inaug. Kiliæ. 1835. 4. P.

J. L. F. Schamweber, Das Donaumoos, zur Torfgräberei benutzt, wieder bewässert und regelmäßig kultiviert. o. O. 1808
Manuskript im Kreisarchiv für Schwaben und Neuburg.

Schana: Allgemeine Auflösung der Literalgleichungen des ersten Grades mit mehreren Unbekannten. 11 S.–Olmütz OR., Progr. 1857

Schan 'hai guan [Schlagwort]

Schan 'hai guan, s.: Tschili.

Schan hai kwan [Schlagwort]

Schan hai kwan, s.: Kriegsschauplatzkarten.

Schan hsiën [Schlagwort]

Schan hsiën, s.: Tschili.

Schanar, die, in Tinnevelí, s.a. Missions=Traktate, kleine.

Schanars, die, in Tinneweli. 1. Aufl. (28 S.) 1868; 2. Aufl. 16. (22 S.) Basel 878. Missionsbuchh. *

Schanckebanck, Johann (Bistrita) A. S. 1199/21

Dissertatio inauguralis medica generalia monita circa prognosin rite instituendam tradens.
Präs. Johann Juncker.
Halle (Grunert) IV. 1733. 42 S.

Gew.: Johann Juncker.
W. v.: Präs., Samuel Gerlach, Michael Schanckebanck (Bruder). 29981

Schandau, seine Bäder und reizenden Umgebungen. gr. 12. Pirna, Friese. 805.

Schandau, das königl. kathol. Schullehrer=Seminar zu Braunsberg. Zur Erinnerg. an den 2. Juli 1886, den Tag d. 75jähr. Bestehens der Anstalt dargestellt. gr. 8. (95 S. m. Bildern.) Braunsberg 888. Huye. n.n. 1. 80

Schandau, Robertus *(geb. Liegnitz 19. 3. 1843)*: De Isocratis doctrina rhetorica et ethica. Vratislaviae (1869). (47 S.) 8°
Breslau, Phil. Diss. v. 6. Aug. 1869

Schande, Die von dem Advocato Causae derer Neustadt-Hildesheimischen Tumultuanten aufgedeckte eigene. [Hildesheim] 1730. V: *Moser, Joh. Jac.* (ML)

Schande, Aufgedeckte, der unsinnigen Schwedischen Proceduren . . . Kopenh. 1715. V: *Amthor, Chph Hnr.* (Bruun, Bibl. Danica III, 297.) (Collin, Anonymer. Kiobenh. 1869.)

Aufgedeckte **Schande** der unsinnigen schwedischen Proceduren, so wie sie grösstentheils aus ihren eigenen Zeugnüssen und gefundenen Original-Documenten sich ergibt: Beydes ihrer im vorigen Jahr zu Stralsund gedruckten Unrechtfertigkeit des an Seiten des K. Dänischen Hofes gebrauchten Verfahrens . . . Kopenhagen. 1715. 8°

Schande, die, der deutschen Journalistik. Hrsg. v. H. Bozzaris. gr. 12. (2¼ B.) Leipzig 838, Nauck.

Schandein, Karl

Schandein, Carl, Pisa als klimatischer Curort. Für Aerzte u. Heilbedürftige. gr. 8. (V, 138 S.) Wien 872. Braumüller. n. 2. 40

Schandein, Ludw., die Auswanderer. Gedicht in westricher Mundart. 8. (14 S.) Kaiserslautern 851, Mahla. n. 2 ngl

...andein, Ludw., Gedichte in westricher Mundart. Stutt... Cott... 16. (VI, 259 S.) 1 ...

...ndein, Ludw., Gedichte in westricher Mundart. 2. u. ..., durchgeseh. Aufl. 8. (VIII, 253 S.) Stuttgart 891. ...892. J. G. Cotta Nachf. n. 3. —; geb. n. 4. —

Schandein, Ludw., Westrich und Weinpfalz, s. Westrich.

Schander, Gustav: Das lat. Verbum venire und seine Wortsippe im Französischen. Ein Beitr. z. franz. Wortgeschichte. Kiel 1909: Fiencke. 101 S. 8°
Kiel, Phil. Diss. v. 16. Dez. 1909, Ref. Körting
[Geb. 28. Juni 85 Minden; Wohnort: Minden; Staatsangeh.: Preußen; Vorbildung: Gymn. Minden Reife O. 05; Studium: Marburg 3, Berlin 1, Kiel 4 S.; Rig. 19. Juni 09.] [U 10. 2528

Schander, K., mein erstes Lesebuch, s.: Markert, Karl.

Schander, Otto Alfred [aus Lorankwitz, Kr. Breslau]: Ueber die Einwirkung von salpetriger Säure auf Thiosemicarbazid und über das Thiourazol . . . Berlin, A. W. Schade's Buchdr., 1896; 44 S., 2 Bl. 8.
Berlin, Phil. Fak., Inaug.-Diss. v. 8. Aug. 1896

Schander, Richard

Schander, R., der amerikan. Mehltau des Stachelbeerstrauches u. seine Bekämpfung, s.: Flugblatt, 4., der Abteilung f. Pflanzenkrankheiten des Kaiser=Wilhelm=Instituts f. Landwirtschaft in Bromberg.

Schander, R., die Organisation zur Bekämpfung d. Pflanzenkrankheiten in den Provv. Posen u. Westpreußen, s.: Flugblatt, 1., des Kaiser Wilhelm=Instituts f. Landwirtschaft in Bromberg.

SCHANDER, Richard (Hrsg.): Vorträge über Pflanzenschutz der Abteilung für Pflanzenkrankheiten des Kaiser-Wilhelm-Instituts für Landwirtschaft in Bromberg. - Berlin 1910 u. 1911. 2 H. - H. 1: 80 S. - H. 2: Forstschutz. 94 S.

Schander, Richard, a. Reichenbach O.-L., Prov. Schlesien: Über die physiologische Wirkung der Kupfervitriolkalkbrühe. Merseburg 1904: F. Stollberg. (68 S.) 8°
Jena, Phil. Fak., Ref. Stahl, Diss. v. 27. Aug. 1904
[Geb. 2. Okt. 73 Reichenbach; Wohnort: Reichenbach; Staatsangeh.: Preußen; Vorbildung: Wilhelmsch. Liegnitz Reife O. 92; Studium: Halle 5, Jena 6 S.; Rig. 24. Juli 03.]

Schander, Rich., über die physiologische Wirkung der Kupfervitriolkalkbrühe. (III, 68 S.) Lex.-8. Berlin 904. P. Parey. n. 2. —
Sonderabdruck aus: „Landw. Jahrbb."

Schanderl, Jos., Erdreich. Gedichte. (55 S.) gr. 8. München 905. G. Müller. n. 1. 50

Wurzeln. Eine Jugend in Gedichten von Josef **Schanderl.** *Berlin & Leipzig: Schuster & Loeffler 1900.* (139 S.) 8° [F.] [01. 1546

Schändlichkeit, über die, der Angeberei, (v. J. F. Reichard). 8. Berl. 795. Unger. 5 gl

Schandorph, Sophus, Brigitte, s.a. Bibliothek d. Gesamtlitteratur d. In= u. Auslandes.

[F.] Brigitte. Roman v. Sophus **Schandorph.** Autoris. Übs. u. Bearb. v. J. D. Ziegeler-Glücksburg. *Halle a. d. S.: O. Hendel [1896].* (IV, 146 S.) 1 Bd 8.
= Bibliothek d. Gesamtlitteratur d. In- u. Auslandes. No 923. 924.

Schandorph, S., ohne innern Halt. [Uden Midtpunkt.] Erzählung. Aus dem Dän. von J. D. Ziegeler. 2. (Titel-)Aufl. 8. (392 S.) [Bremen 881.] Norden, Fischer Nachf. *

Schandorph, S., ohne innern Halt. [Uden Midtpunkt.] Erzählung. Aus dem Dän. v. J. D. Ziegler. 3. Aufl. 8. (392 S.) Norden 885. Fischer Nachf. n. 5. —

Schandorph, Sophus, erste Liebe, s.: Bibliothek Langen, kl.

Schandorph, Sophus, ausgewählte Novellen u. Skizzen. Einzig autoris. Uebersetzung aus dem Dän. v. Clara Bener. (III, 280 S.) gr. 8. Bern 905. G. Grunau. n. 2. 80; geb. n. 3. 20

— s.: Novellen, dänische.

— ein Witwenstand, s.: Universal-Bibliothek.

Schandri, Marie, Regensburger Kochbuch. 850 Orig.-Kochrecepte auf Grund 40jähr. Erfahrung zunächst für die bürgerl. Küche hrsg. 4 Lfgn. gr. 8. (XIV und 368 S.) Regensburg 867, Coppenrath. à Lfg. 6 Ngr

—— dass. — 1000 Orig.-Kochrecepte auf Grund 40jähr. Erfahrung, zunächst für die bürgerliche Küche hrsg. 2., sehr verm. und verb. Aufl. gr. 8. (471 S.) Ebendas. 868. cart. 27½ Ngr.; geb.

Schandri, Marie, Regensburger Kochbuch. 1000 Orig.-Kochrecepte auf Grund vierzigjähriger Erfahrung, zunächst für die bürgerl. Küche hrsg. 3., sehr verm. und verb. Aufl. gr. 8. (580 S.) Regensburg 869, Coppenrath.

—— dass. — 1050 Orig.-Kochrecepte ꝛc. 4. und 5. sehr verm. und verb. Aufl. mit Anh.: Die vollständige Fastenküche. 2. und 3. verb. Aufl. gr. 8. (479 S. und Anh. 112 S.) Ebendas. 871. Ohne Anhang

—— dass. — 6. verm. und verb. Aufl. Nebst Anhang: Die vollständ. Fastenküche oder prakt. Anleitung zur Bereitung von Fastenspeisen, von Anna Huber. 4. verm. und verb. Aufl. gr. 8. (XVI, 484 und Anh. 122 S.) Ebendas. 875. Ohne Anhang

Schandri, Marie, Regensburger Kochbuch. 1050 Orig.-Kochrecepte auf Grund 40jähr. Erfahrg., zunächst f. die bürgerl. Küche. 7. Aufl. Mit Anh.: Die vollständ. Fastenküche v. Anna Huber. 4. Aufl. gr. 8. (XVI, 484 u. Anh. 122 S.) Regensburg 875. Coppenrath. 3. —; ohne Anh. 2. 25

Schandri, Marie, Regensburger Kochbuch. 1050 Orig.-Kochrecepte auf Grund 40jähr. Erfahrung, zunächst für die bürgerl. Küche. 8.—10. Aufl. Mit einem Anhang: Die vollständige Fastenküche oder prakt. Anleitung zur Bereitung von Fastenspeisen. Von Anna Huber. gr. 8. (XVI, 484 und 122 S.) Regensburg 877,78, Coppenrath.

Schandri, Marie, Regensburger Kochbuch. 1050 Original-Kochrecepte auf Grund 40jähriger Erfahrung, zunächst für die bürgerl. Küche. 11. Aufl. Mit einem Anh.: Die vollständ. Fastenküche oder prakt. Anleitung zur Bereitung von Fastenspeisen. Von Anna Huber. 7. Aufl. gr. 8. (XVI, 484 u. 122 S.) Regensburg 879. Coppenrath. 3. —

—— dass. — 11. Aufl. Mit einem Anhang: Die vollständige Fastenküche oder prakt. Anleitung zur Zubereitung von 320 Fastenspeisen. gr. 8. (XVI, 484 und 122 S.) Ebendas. 879.

Schandri, Marie, Regensburger Kochbuch. 1085 Orig.-Kochrecepte, auf Grund 40jähr. Erfahrung zunächst für die bürgerl. Küche hrsg. 12. und 13. verm. Aufl. Mit Anhang: Die vollständ. Fastenküche. 10. und 11. Aufl. gr. 8. (XVI, 503 S.; Anhang 122 S.) Regensburg 881,82, Coppenrath. Ohne Anhang
Anhang allein

—— dass. — 1110 Orig.-Kochrecepte, auf Grund 40jähr. Erfahrung zunächst für die bürgerl. Küche hrsg. 14.—16. verm. und verb. Aufl. Wohlf. Ausg. Mit einem Anhang: Die vollständ. Fastenküche von Anna Huber. 12.—14. Aufl. gr. 8. (XVI, 498 S.; Anhang VIII, 132 S.) Ebendas. 883,84.

Schandri, Marie, Regensburger Kochbuch. 1110 Orig.-Kochrecepte auf Grund 40jähr. Erfahrung, zunächst für die bürgerl. Küche hrsg. 17.—20. Aufl. Wohlf. Ausg. Mit einem Anhang: Die vollständige Fastenküche von Anna Huber. 15.—18. Aufl. 8. (XVI, 498; VIII, 132 S.) Regensburg 885—88, Coppenrath's Verlag.
geb. in Halbleinw. ** M 2.50.; in Leinw. **

—— dass. — 21. Aufl. Wohlf. Ausg. Mit einem Anhang: Die vollständige Fastenküche von Anna Huber. 19. Aufl. 8. (XXV, 508; VIII, 132 S.) Ebendas. 888.
geb. in Halbleinw. ** M 2.50.; in Leinw. **

Schandri, Marie, Regensburger Kochbuch. 1142 Orig.-Kochrecepte auf Grund 40jähr. Erfahrg., zunächst f. die bürgerl. Küche hrsg. 25. Aufl. Wohlf. Ausg. Mit e. Anh.: Die vollständ. Fastenküche v. Anna Huber. 23. Aufl. 8. (LI, 508 u. VIII, 148 S. m. Abbildgn.) Regensburg 890. Coppenrath's Verl. 2. —; geb. in Halbleinw. n.n. 2. 50; in Leinw. n.n. 2. 80; feine Ausg. 3. 30; geb. n. 4. 30

Schandri, Marie. Regensburger Kochbuch. 28. Aufl. Wohlf. Ausg. Mit e. Anh.: Die vollständ. Fastenküche v. Anna Huber. 26. Aufl. 8. (XLI, 524; IV, 148 S. m. Abbildgn.) Regensb. 892, Coppenrath's Verlag. 2 —; geb. ** 2 60

Schandri, Marie, Regensburger Kochbuch. 1142 Orig.-Kochrecepte auf Grund 40jähr. Erfahrg., zunächst f. die bürgerl. Küche hrsg. 31., einzig rechtmäß., illustr. Aufl. Wohlf. Ausg. Mit e. Anh.: Die vollständ. Fastenküche v. Anna Huber. 29. Aufl. 8. (XLIV, 524 u. IV, 148 S.) Regensburg 894. A. Coppenrath's Verl. 2. —; geb. in Leinw. n. 2. 80

Schandri's, Marie, berühmtes Regensburger Kochbuch. 1932 Orig.-Kochrezepte auf Grund 40jähr. Erfahrg. zun. f. d. bürgerl. Küche, gänzl. umgearb. u. hrsg. v. Auguste Eser, geb. Coppenrath. M. Anh.: I. Die vollständ. Fastenküche od. prakt. Anleitg. zur Zubereitg. v. Fastenspeisen. (Von Anna Huber.) II. D. Einmachkunst. (Von Anna Huber.) 37., einzig rechtmäß. illustr. Aufl. Wohlfeile Ausg. 8. (VII, 878 S.) Regensburg 898. A. Coppenrath's Verl. 2. 20; geb. in Halbleinw. n. 2. 70; in Leinw. n. 3. —; feine Ausg. 3. 30; geb. in Leinw. n. 4. 30

Schandri's, Marie, berühmtes Regensburger Kochbuch. 1932 Orig.-Kochrezepte auf Grund 40jähr. Erfahrung zunächst f. die bürgerl. Küche, gänzlich umgearb. u. hrsg. v. Auguste Eser, geb. Coppenrath. Mit e. Anh.: I. Die vollständ. Fastenküche od. prakt. Anleitg. zur Zubereitg. v. Fastenspeisen. (Von Anna Huber.) II. Die Einmachkunst. (Von Anna Huber.) 38., einzig rechtmäß., illustr. Aufl. Wohlfeile Ausg. 8. (VII, 878 S.) Regensburg 899. A. Coppenrath's Verl. 2. 20;
geb. in Halbleinw. n. 2. 70; in Leinw. n. 3. —

Schandri's, Marie, berühmtes Regensburger Kochbuch. 1953 Orig.-Kochrezepte auf Grund 40jähr. Erfahrg. zunächst f. die bürgerl. Küche, gänzlich umgearb. u. hrsg. v. Auguste Eser, geb. Coppenrath. Mit Anh.: I. Die vollständ. Fastenküche od. prakt. Anleitg. zur Zubereitg. v. Fastenspeisen. (Von Anna Huber.) II. Die Einmachkunst. (Von Anna Huber.) 46., einzig rechtmäß., illustr. Aufl. Wohlfeile Ausg. (VII, 884 S.) 8. Regensburg 906. A. Coppenrath's Verl. 2.20; geb. in Halbleinw. 2.70; in Leinw. 3.—

Schandri's, Marie, berühmtes Regensburger Kochbuch. 1981 Orig.-Kochrezepte, auf Grund 40jähr. Erfahrg. zunächst f. die bürgerl. Küche gänzlich umgearb. u. hrsg. v. Auguste Eser, geb. Coppenrath. Mit Anh.: I. Die vollständ. Fastenküche od. prakt. Anleitg. zur Zubereitg. v. Fastenspeisen. (Von Anna Huber.) II. Die Einmachkunst. (Von Anna Huber.) 50., einzig rechtmäß., illustr. Aufl. Wohlfeile Ausg. (VII, 884 S.) 8. Regensburg 908. A. Coppenrath's Verl. 2.20; geb. in Halbleinw. 2.70; in Leinw. 3. —

Schandri, Marie, 255 erprobte Rezepte zur Bereitg. von Weihnachtsbäckereien, Kaffee- u. Theegebäck. 3. Aufl. gr. 8. (VI, 136 S.) Regensburg 899. A. Coppenrath's Verl. n. 1. —; geb. in Leinw. n. 1. 50

— 260 erprobte Rezepte zur Bereitung v. Weihnachtsbäckereien, Kaffee- u. Theegebäck. 4. Aufl. (VI, 138 S.) 8. Ebd. 905. n. 1. —

— 260 erprobte Rezepte zur Bereitung v. Weihnachtsbäckereien, Kaffee- u. Teegebäck. Neu hrsg. v. Auguste Eser. Hrsg. des in 51. Aufl. erschienenen berühmten Regensburger Kochbuches. (VIII, 132 S.) 8. Ebd. 909. — 50; geb. in Leinw. 1. —

Schandthaten frommer Schwestern im Kloster Notre Dame de Charité in Tours. Ein authent. u. beschäm. Beitrag zur Kulturgeschichte des XX. Jahrh. Bearb. nach den Ergebnissen der Untersuchgn. v. Carles Vallier, Redakteur der Aurore. gr. 8. (64 S.) Leipzig 902. Leipziger Verlags-Comptoir. n. — 50

Schandwirtschaft (Die) im Reich. Sep.-Abdr. aus dem „Sozialdemokrat". Flugblatt, unterzeichnet: „Deutschland im Nov. 1880." 8⁰. Hottingen - Zürich, Schweiz. Vereinsbuchdr., s. a.

Schanen, Ernst, Kaiser Leu. Eine Fabel. (12 S.) gr. 8. Budapest (Rákóczi-út 8b) (907). Selbstverlag. — 45

Schaner, Heinrich Die Schlacht bei Marathon. 8 (S. 3—19). **Progr.** K. k. Staatsg. *Mähr. Weißkirchen* 1893.

Schange, J. M. A., Anleitung zur Geradestellung der Zähne, od. Darlegung der rationellen Mittel, durch welche den fehlerhaften Stellungen der Zähne vorgebeugt u. abgeholfen werden kann; nebst Betrachtungen über die Gaumen-Obturatoren. Aus dem Franz. gr. 8. (6½ B. u. 8 Stnt.) Weimar 842, Landes-Industrie-Comptoir. —

Schankgefälle, Staatliche. XXXV. Gesetzartikel vom Jahre 1888 u. XXXVI. Gesetzartikel vom Jahre 1888. Ueber die in Folge des Schankgefälles zu gewährenden Entschädigungen. Heft 2. 8. (S. 49—71.) Budapest 1889. Erstes und zweites Heft — .60

Budapest: Ráth 1889.

Schankgefälle, Das staatliche, und die Entschädigung des Schankregales mit Erklärung, Erläuterungen und alphabetischem Register für Grundbesitzer, Pächter, Gemeindevorstände, Comitats- und Finanzbeamte, Richter und Advocaten. 16. (139 S.) —.60

Budapest: Lampel 1889.

Schank-Gesellschaften, die schwedischen u. norwegischen. Bericht der Reise-Commission d. Deutschen Vereins gegen den Mißbrauch geistiger Getränke. gr. 8. (50 S.) Bremen 883. (Bonn, Strauß.) n. 1. —

Schankilius, Jckos. Hilar., (Eph. Siegm. Grüner). der Patriotenkrieg; e. Gedicht in Knittelversen. ... 787.

Schankregulativ f. die Stadt Leipzig. Gültig v. 1. I. 1902. 12. (14 S.) Leipzig (902). S. Schnurpfeil. — 30

Schankweiler, Herm., Reise nach Java, den übrigen Sunda-Inseln u. Aufenthalt daselbst in den Jahren 1829—1838. 8. (13½ B.) Barmen 846, Langewiesche.

Führt auch d. Umschlags-Ttl.: Fahrten u. Abenteuer, vornehmlich auf den ostindischen Inseln Java, Borneo rc.; auch Wallfarth nach dem Grabe Napoleons auf St. Helena.

Schankwirt, Staat u. Grundeigentümer in Hamburg. (16 S.) 8. Hamburg (908). Deutschlands Großloge II. nn — 10

Schannat, Cl., **Conciliorum Germaniae XI Vol.** vide **Conciliorum.**

Schannat, Johann Friedrich Ignaz

Schannat, Jean Frédéric Ignace: Corpus traditionum Fuldensium, ordine chronologico digestum complectens omnes et singulas imperatorum, regum, principum, comitum, aliorumque fidelium pias donationes in ecclesiam Fuldensem collatas, ab anno fundationis suae MDXLIV. ad finem usque saeculi XIII. Accedit patrimonium S. Bonifacii sive Buchonia vetus ex iisdem traditionibus eruta, aliisque monumentis Fuldensibus aucta et illustrata, cum praefixa mappa-geographica. Omnia ad fidem autographorum, rotulorum veterum, chartariorum, aliorumque optimae notae M. S. S. Codicum. Cum figuris aeneis. Lipsiae 1724. 4 Bl., 440 S. 2⁰

— corpus traditionum fuldensium ordine chronologico digest. c. fig. fol. Lips. Weidmann. 724.

Schannat, Jean Frédéric Ignace: Dioecesis Fuldensis, cum annexa sua Hierarchia, qua continentur, praeter Parochiales Ecclesias LX. cum filiabus XCIV, nec non Oratoriis quam plurimis, Collegiatae Ecclesiae VI., Monasteria Virorum XVI., Ecclesiae Fuldensi tum olim, tum etiam nunc immediate ac pleno juro subjectae. Accedunt varii religiosorum Ordinum coetus in eandem Dioecesis libertatem admissorum. –
Francofurti ad Moenum 1727. 2⁰

— Dioecesis et Hierarchia. fol. Frcf. **Andreae. 727.**

Schannat-Bersch, Eiflia illustrata, s.a. Schorn, Carl, Eiflia sacra.

Schannat, Jean Frédéric Ignace: Eiflia illustrata, oder geographische und historische Beschreibung der Eifel von Johann Friedrich Schannat. Aus dem lateinischen Manuskripte übersetzt, mit Anmerkungen und Zusätzen bereichert, nebst vielen Abbildungen von Alterthümern, Sigillen und Wappen, herausgegeben von Georg Baersch, königl. preuss. Landrathe, etc.
Köln am Rhein 1824–1855. 8 Bde. 8⁰

Schannat, (J. Fr.,) Eiflia illustrata, od. geogr. u. histor. Beschreibung der Eifel. Aus d. Lateln. Manuscr. übersetzt; mit Anmerkk. u. Zusätzen bereichert, nebst vielen Abbildd. v. Alterthümern, Sigillen u. Wappen, herausgeg. v. G. Bärsch Ir Bd. 1e u. 2e Abtheil. gr. 8. Köln 825 u. 26, (Aachen, Mayer.) à 2 Rthl. 12 gr. Rthlr.

Schannat, Joh. Friedr., Eiflia illustrata, od. geograph. u. histor. Beschreib. der Eifel. A. d. lateln. Manuscr. übers.; mit Anmerkn. u. Zusätzen bereichert, hrsg. v. G. Bärsch. 2. Bd. 1. Abthl. gr. 8. (16½ B.) Aachen 829, Mayer. Thlr.

Schannat, Joh. Friedr., Eiflia illustrata oder geograph. u. histor. Beschreibung der Eifel. Aus dem latein. Mspte. übersetzt; mit Anmerkgn. u. Zusätzen bereichert von Geo. Bärsch. 2. Bd. 2. Abthl. gr. 8. (36½ B.) Trier 844, Lintz'sche Bh. *

Schannat, Joh. Friedr., Eiflia illustrata, oder geographische und historische Beschreibung der Eifel. Aus dem latein. Mscr. übers. und mit Anmerkungen und Zusätzen bereichert von Geo, Bärsch. 3. Bd. 2. Abthl. à 2 Abschn. A. u. d. T.: Die Städte und Ortschaften der Eifel und deren Umgegend, topogaphisch und historisch beschrieben von Geo. Bärsch. 1. und 2. Bd. à 2 Abthl. gr. 8. Aachen, Mayer. [3. 1. Abthl. 1. Abschn. (VIII und 623 S.) 2. (VI und 596 S.) 852. à Abschn. Subscrp. à * 1 Thlr. 20 Ngr., Ladenpr. à 2 Thlr. 15 Ngr., 3. 2. Abthl. 1. Abschn. (VI und 572 S.) 854. Subscrpr. * 1 Thlr. 10 Ngr., Ladenpr. * 2 Thlr., 2. Abthl. 2. Abschn. (XV und 417 S.) 855. Subscrpr. * 1 Thlr. 5 Ngr., Ladenpr. 1 Thlr. 20 Ngr.] Subscrpr. Thlr. * Ladenpr. *

Schannat, Jean Frédéric Ignace: H i s t o i r e abrégée de la Maison-Palatine par M. l'abbé Schannat, où on a joint une dissertation préliminaire sur les Comtes Palatins au moyen-âge. Par M. le D. C. et l'éloge historique de l'auteur par M. de la Barre de Beaumarchais etc. Francfort 1740. 32, 47 S. 8°

— hist. abrégé de la Maison Palatine. 8. Frcf. Varrentrapp et W. 740.

— Historia episcop. Wormensis Pontific. R. bullis Regum Imperat. diplomat. etc. asserta. II Tom. fol. Frcf. Varrentrapp et W. 734.

Schannat, Jean Frédéric Ignace: H i s t o r i a Episcopatus Wormatiensis, Pontificum Romanorum Bullis, Regum, Imperatorum Diplomatibus, Episcoporum ac Principum Chartis, aliisque pluribus Documentis authenticis asserta ac illustrata. Cum figuris aere incisis. Francofurti ad Moenum 1734.
2 Bde. 8, 442, 8 S.; 16, 447, 1 S. 2°

Schannat, Jean Frédéric Ignace: H i s t o r i a Fuldensis in tres partes divisa. Francofurti ad Moenum 1729. 2°

Schannat, Jean Frédéric Ignace: Fuldischer L e h n - H o f sive de Clientela Fuldensi benificiaria nobili et equestri, tractatus historico-juridicus. Francofurti 1727. 2°

— Fuldischer Lehnhof sive de Clientela Fuldensi. fol. Frcf. Andreae. 726.

Schannat, Jean Frédéric Ignace: S a m m l u n g aller Historischen Schriften und Documenten, wobei das alte Land-Recht, wie selbiges vor Zeiten in Teutschland gebräuchlich gewesen.
Erster Teil. Fulda 1725. 4°

– Dass. Frankfurt a. M. 1727. 4°

— Samml. alter histor. Schriften u. Documente. 4. Frkf. Andreä. 727.

Schannat, Jean Frédéric Ignace: V i n d e m i a e litterariae hoc est veterum monumentorum ad Germaniam sacram praecipue spectantium collectio prima qua continentur. I. Necrologium Ecclesiae Metropolitanae Moguntiae. II. Anonymi series Abbatum Monasterii Weissenburgensis. III. Vetus Dypticon Fuldense. IV. Anonymi Chronicon Coenobii Schutterani. V. Necrologium Laureshamense. VI. Antiquitates Coenobii S. Michaelis Bambergae. VII. Traditiones veteres Coenobii S. Stephani Herbipoli. VIII. Anonymi Chronicon Erfordiense. IX. Chartarium Reinhartsbornense. X. Excerpta Necrologii Veteris Abbatiae Mollenbecanae. XI. Notitiae Monasterii Omnium Sanctorum. XII. Rudera Abbatiarum Albae-Dominorum et Albae-Dominarum. XIII. Anonymus de Origine et Abbatibus Coenobii S. Joannis in Rhingrava. XIV. Dotationes Coenobii S. Petri Nigrasilva. XV. Necrologium Abbatiae Lucidae-Vallis. XVI. Diplomata et Epistolae variae. Accedit conspectus trium vetustissimorum codicum, ex illis quos in ipso martyrii campo, ubi S. Bonifacius archiepiscopus cum sociis gloriose occubuit, manus fidelium recollegerunt, ac in sacrarium Fuldense deportarunt. Cum fig. aeneis. Fuldae et Lipsiae 1713. 7 Bl., 229 S., 4 Bl. 2°

– Dass. Collectio secunda qua continentur. I. Traditiones veteres Coenobii S. Petri Erfordiae. II. Excerpta ex Necrologio ejusdem Coenobii. III. Anonymi Chronicon Wirtembergense. IV. Anonymus de Origine et Abbatibus Coenobii Combergensis. V. Necrologium Monasterii S. Michaelis Bambergae. VI. Burchardi de Hallis Chronicon Ecclesiae Collegiatae S. Petri Winpinensis. VII. Diethen de Helmestat Continuatio ejusdem chronici. VIII. Chronologium Ecclesiae Collegiatae Wimpinensis. IX. Anonymi Vita B. Lamberti Can. regg. Novi-Operis juxta Halas saxonicas primi Praepositi. X. Translatio reliquiarum S. Alexandri Martyris, ad idem Novi-Operis Monasterium. XI. Joannis Tylich Monasterii S. Mauritii extra muros Nuremburgenses Praepositi, Chronicon Misnense. XII. Anonymi series chronologica Episcoporum Virdunensium. XIII. Diplomata et Epistolae variae. Cum figuris aeneis. Fuldae et Lipsiae 1724. 7 Bl., 155 S., 3 Bl. 2°

— Vindemiae litterariae h. e. veter. monumentor. ad Germaniam sacram praecip. spectant. coll. I. II. c. fig. fol. Lips. Weidmann. 723. 24.

Schannat, Jean Frédéric Ignace: V i n d i c i a e quorundam Archivi Fuldensis diplomatum a nobiliss. ac. clarissimo viro Jo. Georgio ab. Eckhart, reverendiss. et celsissimi Principis et Episcopi Wirceburgensis, Franciaeque or. dulcis, conciliario intimo perperam impugnatorum cujus insuper in dioecesim et hierarchiam Fuldensem criticae animadversiones expunguntur, ulteriores vero etiam in universam Fuldensem historiam conatus, praevie eluduntur. Tum simul nova ad rem Germaniae diplomaticam subsidia, additis veterum scripturarum speciminibus, nec non sigillorum ac typis in aes incisis, subministrantur. Francofurti ad Moenum anno 1728. 8, 112, 6 S. 2°

Schannat, Ioh. Fr., vindiciae Archivi fuldensis. fol. Frcf. Andreae. 729.

SCHANNAT, [Johann Georg]
DAS GUT BEFUNDENE MITTEL | VOR DAS RINTH-VIEHE ZU BEWAHREN UND ZU HEYLEN VOR | der austossender Viehe-Kranckheit so sich in unterschiedlichen Oerter deß Teutschlands | spüren lasset. | VOr zu bewahren Ochsen und Kuhe von dieser verdrüßlicher Viehe Kranckheit, ist vonnöthen | daß man in gutem Essig einweichen thue zerknirschter Knobloch ... [Gibt damalige Hausmittel für die Maul -und Klauenseuche; unten finden wir dann:] | Gegenwärtiges Pulver findet man gantz verfertiget bey Herrn SHANNAT | in der Stadt Lützemburg. | Gedruckt zu Lützemburg bey AMDRE' CHEVALIER, Churfürstlicher Hoff-Buchdrucker. [1714] |
Einblattdruck, 4° (330 × 210 mm).

Schannat, Jean George: T r a i t é de la peste contenant une vraie et facile instruction de ce qu'il faut éviter et observer pour s'en préserver et guérir soi-même avec une spécification des remèdes convenables à cette maladie, et à tous les accidents fâcheux qu'elle entraine communément avec soi. Luxemburg: André Chevalier 1722. 7, 73 S. 12°
Erschien auch in deutscher Sprache.

[SCHANNAT, Johann Georg]
Tractaetlein wider die Pestilentzische Seucht, worinnen nicht allein Alles, was zur nöthigen Anstalt gehörig, was schädlich und verbotten, sondern auch kräfftige Mittlen und Präservativen derselben vorzukommen, sich selbst von gemeldtem Uebel und aller dessen gefährlichen bösen Zufällen zu curiren, sich befinden. Luxemburg: André Chevalier 1722.
Kl-8° (12°).

Schanoj, Adf., Anleitg. zur Wartg. v. Dampfkesseln u. Dampfmaschinen. 8. (VIII, 112 S. m. 59 Abbildgn.) Wien 895. A. Hartleben. Geb. in Leinw. n. 1. 80

Schanté, A., das Alter der Erstkommunikanten. Ein psycholog. Versuch. (188.) gr. 8. Strassburg (909) F. X. Le Roux & Co. — 40

Schanté, A., d. geistl. Uebgn. vor d. ersten hl. Kommunion, s.: Handbibliothek, katechetische, 18. Bdchn.

Schantung [Schlagwort]

Schantung, s.: China, Hassenstein, Richthofen. — Kiautschau.

Schantung, s.: China. Krauss.

Schantung, s.: **Seekarten.**

Schantung s.: Tschili.

Schantung-Eisenbahn-Gesellschaft. Baugeschichte der Schantung-Eisenbahn. Berlin 1904.

Das Ideal der Maurerei. Eine Rede gehalten in der St.·. Joh.·.□ Zur Aufrichtigkeit, im Or. von Ziegenhain vom Br.·. **Schantz.** Cassel 1820: Hampe. 11 S. 8⁰ [Umschlagtit.]
Kl. 1223. Selten.

Schantz, Carl, s. Schantz, Karl

Schantz, Constantin, s. Schantz, Konstantin

Schantz, Eugen [aus Witten]: Aus d. Universitätsklinik f. Hautkrankheiten u. Syphilis zu Bonn. Ueber gonorrhoische Exantheme ... Bonn, Buchdr. J. Bach Wwe, 1895; 25 S., 1 Bl. 8.
Bonn, Med. Fak., Inaug.-Diss. v. [8. März] 1895

Schantz, Ferd. Abriſs der Kirchengeschichte, ein Leitfaden für den Unterricht in den oberen Klassen. 2 Teile. 23. 22 SS.
Progr. Rg. Cassel 1879. 1880.

Schantz, Hermann [app. Arzt aus Witten a. d. Ruhr]: Aus d. patholog. Institut zu Kiel. Vier Fälle von accessorischen Ovarien. . . Kiel, Druck v. L. Handorff, 1890; 31 S. 8⁰
Kiel, Med. Fak., Inaug.-Diss. v. 21. Dez. 1890

Schantz, Herm., vier Fälle v. accessorischen Ovarien. gr. 8. (28 S.) Kiel 890. (Lipsius & Tischer.) n. 1. —

Schantz, J. G., was bedeutet d. deutsche Bürgergarde? Eine Rede bei d. Fahnenweihe d. Ziegenhainer am 30. Mai 1834 auf d. Paradeplatz zu Ziegenhain gesprochen. 8. (2 B.) Kassel, Luckhardt.

Schantz, Jac., die **Handelscorrespondenz** in deutscher und französischer Sprache, s. **Taschenbuch** der Handelscorrespondenz.

Schantz, Jac., ausführliches Lehrbuch der Handels-Correspondenz in 4 Büchern, besonders zum Privatgebrauch und für Lehrer bearb. gr. 8. (VIII und 324 S.) Allendorf 851. (Cassel, Hotop.)

— **Lehrbuch** der Conto corrente, enth. alle Arten laufender Rechnungen in 26 verschiedenen Beispielen, sämmtl. ihre Anfertigung betreffende Regeln, eine große Anzahl hierauf bezügl. Aufgaben nebst beigefügtem Resultate, sowie eine gründl. Darstellung der Zinsrechnung für Handels- und Realschulen, namentlich auch für Lehrer, Rentbeamte und zum Privatgebrauch, zum ersten Male selbstständig bearb. 4. (IV und 73 S.) Eschwege 852. (Cassel, Bertram.) *

Schantz, Jac., Lehrbuch der Conto corrente, enthaltend alle Arten laufender Rechnungen in 26 verschied. Beispielen, sämmtl. ihre Anfertigung betr. Regeln, eine große Anzahl hierauf bezügl. Aufgaben nebst beigefügtem Resultate, sowie einer gründlichen Darstellung der Zinsrechnung, f. Handels- u. Realschulen, namentlich auch f. Lehrer, Rentbeamten u. zum Privatgebrauch, zum ersten Male selbstständig bearb. 4. (IV u. 73 S.) Eschwege 852. Cassel, J. Luckhardt'sche Sort.-Buchhandlung in Comm. n. 2/3 ₰

— vollständiges **Lehrbuch** der Cours-, Wechsel-, Staatspapier- und Actien-Rechnung, sowie als Einleitung enth.: die Lehre der Dezimalen und der Maaß-, Münz- und Gewichts-Reductionen für Handels-, Real- und höhere Gewerbschulen. gr. 8. (III und 104 S.) Cassel 854, (Bertram.) *

— **Mercur**, s. a. **Mercur.**

— **Mercur.** Abhandlungen über Handel, Industrie und Gewerbe in deutscher, französ. und engl. Sprache. Unterrichts- und Lesebuch für Handels- und Realschulen, sowie für alle Handelsbeflissene. 5. und 6. Heft. (Schluß.) gr. 8. (160 S.) Leipzig 856(57,) E. Schäfer. à Heft. * 8 Ngr. *
1–4. Heft. Ebendas. 1855–56. à Heft *8 Ngr.

Schantz, J., s.: Taschenbuch der Handelskorrespondenz.

Schantz, J., u. **Kaltbrunner,** Taschenbuch der Handelskorrespondenz in deutscher u. französischer Sprache, s. Taschenbuch der Handelskorrespondenz.

Schantz, Karl

Schantz, Car. (geb. Plettenberg 16. 10. 1828): De chloroformii inhalationibus. Berolini (1853). (26 S.) 8°
Berlin, Med. Diss. v. 4. Mai 1853

Schantz, Konstantin

Schantz, Constantin, appr. Arzt: Beitrag zur Kenntnis der Stauungsleber insbesondere der Ungleichmässigkeit ihres Baues. Berlin 1907: G. Reimer. (42 S.) 8° ¶[Aus: Virchows Archiv Bd 188.]
Rostock, Med. Fak., Ref. Thierfelder, Diss. v. 30. April 1907
[Geb. 17. Nov. 80 Cassel; Wohnort: Magdeburg; Staatsangeh.: Preußen; Vorbildung: Kgl. Gymn. Hersfeld Reife M. 00; Studium: Marburg 4, Leipzig 2, München 1, Rostock 2 S.; Coll. 16. Aug. 05; Approb. 9. Jan. 07.]

Schantz, Otto, Chronika v. der hilligen Stadt Köln. Lex.-8. (48 S. m. Abbildgn. auf fleckigem Pergamentpapier.) Elberfeld 891. S. Lucas. Kart. 5. —

Schantz, Otto [Coloniensis]: De incerti poetae consolatione ad Liviam deque carminum consolatoriorum apud Graecos et Romanos historia. . . . Marburgi Cattorum, typ. Friederici typogr. acad., 1880; 2 Bl. + 70 S. + 1 Bl. 8°
Marburg, Phil. Fak., Inaug.-Diss. v. [10. Jan.] 1880

Schantz, O., lateinische Lieder. (In der Ausstattung e. mittelalterl. Handschrift auf dünnem Pergamentpapier.) hoch 4. (39 Bl.) Düsseldorf 889. F. Bagel. n. 2. —

Schantz, Theobald (Marburg) A. S. 594/48

Dissertatio iuridica sollemnis de patre dividente inter liberos et officia unius eorum singularia valide remunerante, bonis licet maternis, e reservato suo adsignatis.
Marburg (Müller) (25.)X. 1764. 50 S. 29983

Schaentzlen, Ludw., Sammlung deutsch. Schreibmuster f. Schulen u. Privatunterr. qu. 4. (32 lith. Bl.) Strasburg 840, Levrault.

Schanus, Joseph Antoine, Philippe Auguste Prel u. Auguste Tornaco: Avis aux Luxembourgeois. – Nachricht an die Luxemburger. Daté de Hollerich, le 21 décembre 1831. Luxemburg: J. Lamort [1831]. 1 S. 4⁰

Schanz, Alfred

Schanz, A., üb. d. Bedeutg. v. Massage u. Heilgymnastik in der Skoliosentherapie, s. a. Sammlung klin. Vorträge.

Über die Bedeutung von Massage und Heilgymnastik in der Skoliosentherapie. Von A[lfred] **Schanz**, (Dresden). *Leipzig: Breitkopf & Härtel 1901.* (16 S.) 4°(8°)
= Sammlung Klinischer Vorträge. 313. [01. 9372

Die statischen Belastungsdeformitäten der Wirbelsäule. Mit bes. Berücks. d. kindl. Skoliose bearb. von Dr. A[lfred] **Schanz**, Spezialarzt in Dresden. Mit 118 Abb. *Stuttgart: F. Enke 1904.* (VIII, 210 S.) 8° [04. 3508

— Fuss u. Schuh. Eine Abhandlg. f. Aerzte, f. Schuhmacher u. Fussleidende. (51 S. m. 24 Abbildgn.) Lex.-8. Ebd. 905. n. 1. 20

Handbuch der orthopädischen Technik für Ärzte und Bandagisten. Bearb. von San.R. Dr. A[lfred] Schanz, Dresden. Mit 1398 Abb. Jena: G. Fischer 1908. (X, 637 S.) 8° [o8. 1378

Schanz, Alfred [aus Oelsnitz i. V.]: Zur Casuistik der apoplectiformen Bulbärparalyse mit Demenz ... Jena, G. Neuenhahn Univ.-Buchdr., 1892; 30 S., 1 Bl. 8.
Jena, Med. Fak., Inaug.-Diss. v. [4. Aug.] 1892

Über Krüppelnot und Krüppelhilfe, mit besond. Berücks. d. Verhältnisse im Königr. Sachsen von San.R. Dr. A[lfred] Schanz. Dresden: Zahn & Jaensch 1908. (51 S.) 8° [F.] [o8. 6368

Schanz, Carl, s. Schanz, Karl

Schanz, Frz. Das Erbfolgeprincip des Sachsenspiegels und des Magdeburger Rechts. Eine rechtsgeschichtliche Studie. Tübingen 1883. 8. . . . .

Schanz, Frz., das Erbfolgeprinzip d. Sachsenspiegels u. d. Magdeburger Rechts. Eine rechtsgeschichtl. Studie. gr. 8. (V, 124 S.) Tübingen 884. Fues. n. 2. 40

Schanz, Frida

— s. a.: Soyaux, Frida.

Schanz, Frida, Ährenlese. Neue Sprüche. 1. u. 2. Aufl. 8. (96 S.) Bielefeld 895. Velhagen & Klasing. n. 1. 20

[F.] Ährenlese. Neue Sprüche v. Frida Schanz. 3. Aufl. *Bielefeld & Leipzig: Velhagen & Klasing 1896.* (2 Bl., 96 S.) 1 Bd 8. [95 4760

Schanz, Frida (Frida Soyaux), Aehrenlese. Neue Sprüche. 4. Aufl. 8. (96 S.) Bielefeld 898. Velhagen & Klasing. n. 1. 20

Schanz, Frida (Frau Frida Soyaux), Aehrenlese. Neue Sprüche. 5. veränd. Aufl. (96 S.) 8. Bielefeld 905. Velhagen & Klasing. n. 1, 20

Schanz, Frida (Frau Frida Soyaux), die Alte, s. a. Eckstein's Miniaturbibliothek.

— die Alte, s. a. Hesse's, Max, Volksbücherei.

— dasselbe, s. a. Marnet-Bibliothek. 57. Bd.

Schanz, Frida (Frau Frida Soyaux), die Alte, s. a. Reuter's Bibliothek f. Gabelsbergersche Stenographen.

Die Alte. Erzählg v. Frida Schanz. Ill. v. Willy Werner. 1.—3. Taus. *Berlin: R. Eckstein Nachf. [1896].* (128 S.) 1 Bd 8. [97 4337

— die Alte. Erzählg. Illustr. v. Willy Werner. 1.—3. Taus. 12. (112 S.) Berlin 896. Leipzig, O. Müller-Mann. n. 1. —

— April, April! u. andere Erzählungen, s.: Hesse's, Max, Volksbücherei.

— Der Armenarzt u. andere Erzählungen, s.: Hesse's, Max, Volksbücherei.

— o du selige Backfischzeit, s.: Reinicke, René.

— Balladen. (173 S.) 8. Bielefeld 910. Velhagen & Klasing. Geb. in Leinw. 5. —

— s: Bilder vom Rhein.

— Blätter aus dem Buche des Lebens, s.: Schweninger, C.

Schanz, Frida, Blumen u. Früchte. Erzählungen f. Mädchen von 6—9 Jahren. Mit 4 Farbdr.-Bildern nach Aquarellen v. P. Wagner. gr. 8. (136 S.) Stuttgart 886. G. Weise. geb. 4. 50

Schanz, Frida, Blumen u. Früchte. Erzählungen f. Mädchen von 6—9 Jahren. Mit 4 Farbdr.-Bildern v. P. Wagner. 2. Aufl. gr. 8. (V, 136 S.) Stuttgart 890. G. Weise. cart. n. 4. 50

— junges Blut. Drei Mädchengeschichten. 8. (VII, 269 S.) Leipzig 894. O. Spamer. n. 3. —; geb. in Leinw. n. 4. —

— junges Blut. 3 Mädchengeschichten. 3. [Titel-] Aufl. 12. (VII, 269 S.) Leipzig (894) 899. O. Spamer. n. 3. —; geb. in Leinw. n. 4. —

— junges Blut. 3 Mädchengeschichten. 4. [Titel-]Aufl. 12. (VII, 269 S.) Leipzig [894.] 901. O. Spamer. n. 3. —; geb. in Leinw. n. 4. —

Zweite Ehe. Ein Buch vom Tode u. d. Liebe. Von Frida Schanz [d. i. Soyaux]. Berlin: Trowitzsch 1900. 142 S. 8° [10 2109

Ekenhof und Anderes. Novellen von Frida Schanz. Leipzig, Berlin, Paris: Grethlein [1908]. 207 S. 8° [08 4211

— unter dem Eschenbaum. Neue Dichtgn. 12. (126 S. m. Vignetten.) Bielefeld 900. Velhagen & Klasing. Geb. in Leinw. n. 3. —

— 101 neue Fabeln. Mit Orig.-Beiträgen von F. v. Bodenstedt, V. Blüthgen, F. Hirsch etc. Mit 82 Feder- u. Tuschzeichngn. u. Tonbildern v. F. Flinzer. 1. u. 2. Aufl. Lex.-8. (IV, 124 S.) Leipzig 888. 889. Abel & Müller. geb. n. 4. —

— dasselbe. Prachtausg. m. 6 Aquarellbildern. Imp.-4. (IV, 120 S.) Ebd. 888. geb. m. Goldschn. n. 10. —

— 101 neue Fabeln. Illustriert v. Fed. Flinzer. Mit Orig.-Beiträgen v. Frdr. v. Bodenstedt, Vict. Blüthgen, Frz. Hirsch u. A. M. 82 Feder- u. Tuschzeichngn. u. Tonbild. v. Fed. Flinzer. 4. Aufl. Lex.-8. (IV, 124 S.) Leipzig 898. Abel & Müller. Geb. in Leinw. n. 4. —

— 101 neue Fabeln. Illustriert von Fed. Flinzer. Mit Orig.-Beiträgen von Frdr. v. Bodenstedt, Vict. Blüthgen, Frz. Hirsch u. a. Mit 82 Feder- u. Tuschzeichngn. u. (8) Tonbildern v. Fed. Flinzer. 6. Aufl. (IV, 124 S.) Lex.-8. Berlin (906). Globus Verlag. Geb. in Leinw. n. 2. —

—— in der Feierstunde. Erzählungen für Mädchen von 8—12 Jahren. gr. 8. (144 S. mit 4 Farbdr.-Bildern nach Aquarellen von P. Wagner.) Stuttgart 886, G. Weise. geb.

— in der Feierstunde. Erzählungen f. kleine Mädchen. Mit 4 Farbdr.-Bildern nach Aquarellen v. P. Wagner. 2. Aufl. gr. 8. (144 S.) Stuttgart 890. G. Weise. cart. n. 3. —

— Feldmohn, s. a. Meyer's, Ulr., Bücherei. Nr. 23.

Feldmohn. Ernstes u. Heiteres von Frida Schanz. Berlin: U. Meyer [1907]. (76 S.) 8° [F.]
= Bücherei, Ulrich Meyer's. No 23. [o8. 2199

— Feuerlilie. Eine Erzählg. f. Mädchen. Mit 4 Tonbildern v. R. Zick. 8. (VII, 152 S.) Stuttgart (901). Loewe. Geb. in Leinw. 2, 50

— Feuerlilie. Eine Erzählg. f. Mädchen. Mit 4 Tonbildern v. A. Zick. 2. Aufl. (V, 152 S.) kl. 8. Stuttgart (909). Loewe. Geb. in Leinw. 2. 50

— Filigran. Novellen in Versen. 12. (III, 174 S.) Bielefeld 892. Velhagen & Klasing. Geb. in Leinw. m. Goldschn. n. 4. —

— Filigran. Novellen in Versen. 2. Aufl. 8. (V, 182 S.) Bielefeld 898. Velhagen & Klasing. Geb. in Leinw. m. Goldschn. n. 4. —

— s.: Fridolin's, Prince, courtship.

— Gedichte. 8. (VI, 214 S. m. 1 Photogravüre.) Leipzig 889. J. J. Weber. geb. n. 7. —

— Gedichte. 2. Aufl. 12. (IV, 214 S. m. Bildnis.) Leipzig 895. J. J. Weber. Geb. in Leinw. m. Goldschn. n. 6. —

Schanz, Frida (Frau Frida Soyaux), Gedichte. Gesamtausg. (VI, 228 S.) 8. Bielefeld (906). Velhagen & Klasing. Geb. in Leinw. n. 4. —; in Ldr. n. 6. —

— neue Gedichte. 12. (IV, 173 S. m. Bildnis.) Ebd. 895. Geb. in Leinw. m. Goldschn. n. 6. —

— Hand in Hand. 4 Erzählgn. f. junge Mädchen. M. 6 Tonbild. v. W. Zehme. 8. (III, 259 S.) Ebd. 899. Geb. in Leinw. n. 5. 50

— s.: Harz, der, in Bildern.

Schanz, Frida (Frau Frida Soyaux), s.: Harztagebuch.

— unser Hausglück, s.: Lohmeyer, J.

— Heidefriedel. Eine Geschichte f. Kinder. Mit 4 Buntbildern. (154 S.) gr. 8. Stuttgart (903). Loewe. Geb. in Leinw. 3. —

— Heidefriedel. Eine Geschichte f. Kinder. Mit 4 Buntbildern. 2. Aufl. (154 S.) 8. Ebd. (908). Geb. in Leinw. 3. —

— am trauten Herd. Märchen u. Geschichten. Illustr. v. Margarete Pfeifer. gr. 8. (131 S. m. 5 Farbendr.) Berlin 893. F. Fontane & Co. Kart. n. 3. —

— Herdfunken. Neue Sprüche u. Sinngedichte. 8. (104 S.) Bielefeld 901. Velhagen & Klasing. n. 1. 20

— Herdfunken. Neue Sprüche u. Sinngedichte. 2. Aufl. (104 S.) 8. Bielefeld 905. Velhagen & Klasing. n. 1. 20

— Hirtenhannel u. andere Geschichten. 16 Erzählgn. f. die Jugend. Mit 4 farb. Vollbildern u. zahlr. Textillustr. (IV, 268 S.) 8. Stuttgart (906). Levy & Müller. Geb. in Leinw. n. 4. —

— Hochwald. Roman. (232 S.) 8. Berlin 908. Trowitzsch & Sohn. 2.50; geb. in Leinw. 3. 50

— mit sechzehn Jahren. Lustige Mädchengeschichten. 12. (VII, 233 S.) Leipzig 891. Spamer. n. 3. —; geb. n. 4. —

— mit sechzehn Jahren. Lustige Mädchengeschichten. 2. Aufl. 12. (VII, 233 S.) Leipzig 893. O. Spamer. n. 3. —; geb. in Leinw. n. 4. —

— mit 16 Jahren. Lust. Mädchengeschichten. 3. Aufl. 12. (VII, 233 S.) Leipzig 896. O. Spamer. n. 3. ; geb. in Leinw. n. 4. —

— Mit sechzehn Jahren. Lustige Mädchengeschichten. 4. Aufl. (VII, 233 S.) kl. 8. Leipzig 905. O. Spamer. n. 3.—; geb. in Leinw. n. 4. —

— Mit sechzehn Jahren. Lustige Mädchengeschichten. 5. [Titel-]Aufl. (233 S.) Leipzig [905] (909). O. Spamer. 3.—; geb. in Leinw. 4. —

— s.: Im Wandel der Zeiten.

— Intermezzo. Gedichte. Mit Buchschmuck v. M. Stüler-Walde. gr. 8. (V, 78 S.) Goslar (901). F. A. Lattmann. n. 3. —; geb. n. 4. —

— aus d. Jugendland. Sport. D. Pensionär. Zwei Erzählgn. f. junge Mädchen. M. 6 Tonbildern v. W. Zehme. 8. (268 S.) Bielefeld 898. Velhagen & Klasing. Geb. in Leinw. n. 5. 50

— s. Jung-Japan beim Spiel.

— Kinderballaden. (Titelzeichng. v. P. Horst-Schulze.) (83 S.) 8. Leipzig 909. F. Eckardt. 2.50; geb. 3. 50

— 12 Kindergeschichten. gr. 4. (III, 68 S. m. 6 Farbdr.-Bildern nach Aquarellen v. Offterdinger.) Stuttgart 889. Loewe. geb. 3. —

— s.: Kinder-Glückwünsche.

— fürs Kinderherz, s.: Kocher, Jul.

— Kinderlieder. Für Eltern u. Kinder, f. Schule u. Haus. (X, 196 S.) 8. Leipzig (908). O. Spamer. 1.80; geb. in Leinw. 2. 50

— s.: Kinderlust.

— Kinder-Paradies, s.: Vogel, Herm.

— komm mit, s.: Mauderer, E.

— das Komteßchen u. andere Erzählungen f. die Jugend. Mit 4 Farbdr.-Bildern nach Aquarellen v. O. Herrfurth. gr. 8. (III, 120 S.) Stuttgart 891. G. Weise. Kart. 3. —

— das Komteßchen u. andere Erzählgn. f. die Jugend. Mit 4 Farbendr.-Bildern nach Aquarellen v. O. Herrfurth. 3. Aufl. (III, 120 S.) gr. 8. Stuttgart (903). G. Weise. Geb. in Leinw. n. 2. —

— u. Luise Koppen, wachsende Kräfte. Erzählungen. (V, 257 S.) kl. 8. Leipzig (906). O. Spamer. n. 3. —; geb. in Leinw. n. 4. —

— um Leben u. Liebe. Novellen u. Bilder. 8. (258 S.) Leipzig 890. Elischer Nachf. n. 4. —; geb. n. 5. —

— kleine Leute v. sonst u. heute. Mit Bildern v. C. Colin. gr. 4. (68 S. m. eingedr. Chromolith.) Stuttgart 888. [Gebr. Kröner.] Union. cart. 3. —

— Licht. Ein Märchengedicht. 8. (49 S. m. Titelbild in Lichtdr.) Gießen 888. Roth. n. 1. 80; geb. n.n. 2. 50

— Lichtstrahlen. Gedichte. 4. (20 S. m. farb. Illustr.) Leipzig 889. Moissner & Buch. geb. n. 3. —

— unsere Lieblinge. Ein Strauß deutscher Dichtg. 12. (123 S.) Zürich 894. Th. Schröter. Geb. in Leinw. m. Goldschn. n. 2. —

— Lieder d. Lebens. Ausgewählte Gedichte u. Sprüche deutscher Dichter. Mit Illustr. v. Wilh. Claudius, sowie zahlreichen Holzschn. hervorrag. Künstler. 7., verm. Aufl. 11. Taus. gr. 4. (189 S.) Leipzig 892. F. Cavael. Geb. in Leinw. m. Goldschn. n. 10. —

— dasselbe. Mit Illustr. v. Wilh. Claudius, sowie zahlreichen Holzschn. hervorrag. Künstler. 7., verm. Aufl. 12. Taus. gr. 4. (189 S.) Ebd. 894. Geb. in Celluloid u. Leinw. m. Goldschn. n. 12. —

— s.: Mädchen, junge.

— s.: Mädchenbuch, deutsches.

— Maiwuchs. Vier Mädchengeschichten. 12. (V, 223 S.) Leipzig (899). O. Spamer. n. 3. —; geb. in Leinw. n. 4. —

— Maiwuchs. 4 Mädchengeschichten. 2. Aufl. (V, 223 S.) 12. Leipzig (903). O. Spamer. n. 3. —; geb. in Leinw. n. 4. —

— eine Millionenheirath u. Anderes. Novellen u. Skizzen. 12. (III, 274 S.) Dresden 898. C. Reißner. n. 3. —; geb. n. 4. —

— Morgenrot. Vier Mädchengeschichten. 12. (V, 276 S.) Ebd. 902. n. 3. —; geb. in Leinw. n. 4. —

— Morgenrot. 4 Mädchengeschichten. 2. [Titel-]Aufl. (V, 276 S.) kl. 8. Ebd. [902] 906. n. 3. —; geb. in Leinw. n. 4. —

Mütterchen erzählt. Geschichten f. Kinder. M. 6 Farbdr.-Bild. v. W. Zweigle. 3. Aufl. d. „Zwölf Kindergeschichten". 8. (III, 104 S.) Stuttgart 897. F. Loewe. Geb. in Leinw. n. 2. —

— Mütterchen erzählt. Geschichten f. Kinder. Mit 6 Farbdr.-Bildern v. W. Zweigle. 4. Aufl. der „Zwölf Kindergeschichten". 8. (III, 104 S.) Stuttgart (900). Loewe. Geb. in Leinw. n. 2. —

— Mütterchen erzählt. Geschichten f. Kinder. 5. Aufl. (III, 104 S. m. 6 Farbdr.) 8. Stuttgart (904). Loewe. Geb. in Leinw. n. 2. —

— Mütterchen erzählt. Geschichten f. Kinder. Mit 6 Farbdr.-Bildern. 6. Aufl. (III, 104 S.) 8. Stuttgart (908). Loewe. Geb. in Leinw. 2. —

— in der heiligen Nacht. Lieder, Märchen u. Geschichten. Mit Orig.-Zeichngn. v. A. H. Plinke u. M. Michael. 8. (V, 103 S.) Leipzig 890. Elischer Nachf. n. 4. —; geb. n. 5. 50

— Italienische Pastelle. (26 S.) Lex. 8. Leipzig 910. F. Eckardt. 1. 20

— s.: Poesieblätter.

— s.: Prinzenreise, eine.

— Puppenspiel, s.: Holm, A.

—— mit Ränzel und Stab. Eine Pensions- und Reise-Geschichte. 1. und 2. Aufl. 4. (124 S. mit 12 großen Buntbildern.) Leipzig 887,88, [Abel.] Abel und Müller. geb. *

—— Mit Ränzel u. Stab. Eine Pensions- u. Reise-Geschichte. 3. Aufl. 4. (124 S. m. 12 Buntbildern.) Lpz. 889, Abel. geb. * 5 —

— die Reise m. dem Weihnachtsmanne. Eine Christgeschichte m. Orig.-Zeichngn. v. A. H. Plinke. gr. 8. (16 S.) Dresden 889. Schwager. n. 1. —

— Rottraut u. Ilse. Erzählung f. junge Mädchen. Mit 6 Tonbildern v. Eug. Klimsch. 8. (III, 249 S.) Bielefeld 892. Velhagen & Klasing. Geb. in Leinw. n. 5. 50

— Rottraut u. Ilse. Erzählung f. junge Mädchen. Mit 6 Tonbildern v. Eug. Klimsch. 2. Aufl. 8. (V, 249 S.) Bielefeld 900. Velhagen & Klasing. Geb. in Leinw. n. 5. 50

— bunter Sang. E. Sammlg. Kinderlieder. Illustr. v. W. Claudius, Fed. Flinzer, A. Holm u. A. gr. 4. (96 S. m. z. Tl. farb. Bild.) Nürnberg 895. Th. Stroefer. Kart. 4. 50

— Schulkindergeschichten. 20 Erzählgn. f. Knaben u. Mädchen. Mit 4 Farbdr.-Bildern nach Aquarellen von Fritz Bergen. 2. Aufl. gr. 8. (323 S.) Stuttgart (902). Levy & Müller. Geb. in Leinw. n. 4. —

— Huberta Sollacher. Eine Waldgeschichte f. Jung u. Alt. Mit 1 Titelbild u. 41 Illustr. v. W. Gause. 1.—6. Taus. (358 S.) 8. Berlin (903. 904). Trowitzsch & Sohn. Geb. in Leinw. n. 5. 50

— Huberta Sollacher. Eine Waldgeschichte f. Jung u. Alt. Mit 1 Titelbild u. 41 Illustr. v. W. Gause. 7. Taus. (358 S.) 8. Berlin (908). Trowitzsch & Sohn. Geb. in Leinw. 5. 50

— im Sonnengold! Lebensglück u. Liebesglück im Liede. Ein lyr. Hausschatz, gesammelt v. F. S. 12. (158 S. m. z. Tl. farb. Abbildgn.) Nürnberg 893. Th. Stroefer. Geb. in Leinw. m. Goldschn. n. 3. 50

Schanz, Frida. Am Strande — Jennys Geburtstag. Den Kindern dargereicht vom Verein für Verbreitung guter Schriften, Basel. 38 S. 8. (Basel, Emil Birkhäuser, Dezember 1903.) [fr. —. 05]

Verein für Verbreitung guter Schriften, Basel. B [Weihnachtsgabe]. 13.

— bunter Strauß. Märchen u. Erzählgn. Mit 4 Vollbildern in 15 Farben nach Aquarellen v. Hans Looschen. 4. (III, 148 S. Leipzig 893. A. Fischer. Kart. n. 3. —

— bunter Strauß. Märchen u. Erzählgn. Mit 4 Vollbildern in Farbendr. nach Aquarellen v. Hans Looschen. Neue Rechtschreibg. 2. Aufl. (160 S.) Lex.-8. Berlin (904). Neufeld & Henius. Geb. 4. —

— unter der Tanne. 16 Erzählgn. u. Märchen f. Kinder. Mit 12 farb. u. schwarzen Vollbildern v. Fritz Bergen. 2. Aufl. (261 S.) 8. Stuttgart (904). Levy & Müller. Geb. in Leinw. n. 4. —

— Vierblätter. 200 Spruchstrophen. 1.—3. Aufl. 8. (100 S.) Bielefeld 893 - 895. Velhagen & Klasing. n. 1. 20

[F.] Vierblätter. Zweihundert Spruchstrophen v. Frida Schanz. 4. Aufl. *Bielefeld & Leipzig: Velhagen & Klasing 1896.* (104 S.) 1 Bd 8.

— Vierblätter. 200 Spruchstrophen. 6. Aufl. 8. (104 S.) Bielefeld 899. Velhagen & Klasing. n. 1. 20

— Vierblätter. 200 Spruchstrophen. 7. Aufl. 8. (104 S.) Bielefeld 901. Velhagen & Klasing. n. 1. 20

Schanz, Frida (Frau Frida Soyaux), Vierblätter. 200 Spruchstrophen. 8. Aufl. (104 S.) 8. Bielefeld 907. Velhagen & Klasing. 1. 20

— Vogel-Lieder. Eine poet. Anthologie. Mit 12 farb. Vogelbildern nach Aquarellen v. Jeanne Marie. Fol. (III, 84 S.) Wandsbeck 890. Kunstanstalt (vorm. G. W. Seitz) A.-G. geb. m. Goldschn. 25. —

— u. Luise **Koppen**, Waldkind u. Weltkind. Eine Mädchenerzählg. in Briefen. Mit 6 Tonbildern v. A. Mandlick. 8. (272 S.) Ebd. 901. Geb. in Leinw. n. 4. 50

— wie stellt man lebende Bilder, s.: Schott, Clara.

— Wintersaaten. Ein Buch Verse. (VI, 100 S.) 8. Ebd. 909. 1. 20

— Wolken. s.: Universal-Bibliothek.

Schanz, Friedrich Christian (Kassel) A. S. 162/6

Vindiciae regalis juris venandi, oppositae vindiciis juris venandi nobilitatis Germanicae.
Präs. Johann Ulrich Cramer.
Marburg (Müller) 25. VI. 1740. 76 S. 29984

Schanz, Fritz, Augenkrankheiten im Kindesalter. Vortrag, geh. bei Gelegenheit d. Ausstellg. v. Erzeugnissen f. Kinderpflege, Ernährg. u. Erziehg. in Dresden Sommer 1895. [Aus: „Für Haus u. Schule".] gr. 8. (13 S. m. 4 Abb.) Dresden 895. A. Köhler. — 50

Schanz, Fritz, die Baktorien des Auges, s. a. Unterrichstafeln, augenärztliche. XVII.

Die Bakterien des Auges. Von Dr. Fritz Schanz, in Dresden. (9 Taf. mit Text.) *Breslau: J. U. Kern 1899.* (21 S.) 8°
— Unterrichtstafeln, Augenärztliche. H. 17.

Schanz, Fritz, die Krankenfürsorge der Gemeinden. (8 S.) Leipzig 905. G. Thieme. n. — 80
Sonderabdruck aus: „Deut. med. Wochenschr."

Schanz, Fritz [cand. med.]: Das Schicksal des Blastoporus bei den Amphibien .... Jena, Gustav Fischer, 1887; 1 Bl. + 12 S. u. 1 Taf. 8°
Jena, Med. Fak., Inaug.-Diss. v. [Nov.] 1887

Schanz, F., u. Karl **Stockhausen,** Schutz der Augen gegen die schädigenden Wirkungen der kurzwelligen Lichtstrahlen. (21 S. m. 3 Taf.) Lex. 8. Berlin 910. S. Karger. 1, 60
Sonderabdruck aus: „Ztschr. f. Augenheilkde."

— wie sollen sich Kinder zu Hause beim Schreiben u. Lesen setzen. Vortrag, geh. bei Gelegenheit d. Ausstellg. v. Erzeugnissen f. Kinderpflege, Ernährg. u. Erziehg. in Dresden Sommer 1895. [Aus: „Für Haus u. Schule".] gr. 8. (17 S. m. 7 Abb.) Ebd. 895. — 50

Schanz, Geo., dritter Beitrag zur Frage der Arbeitslosen-Versicherg. u. Bekämpfg. der Arbeitslosigkeit. gr. 8. (XII, 399 S.) Berlin 901. C. Heymann. n. 7. —; (1—3 n. 17. 50)

Neue Beiträge zur Frage der Arbeitslosen-Versicherung. Von Dr. Georg Schanz, Prof. ... in Würzburg. *Berlin: C. Heymanns 1897.* (VIII, 210 S.) 1 Bd 8. [97. 4938

— das Erbe d. Wittwen u. Waisen d. Universitätsprofessoren. Ein Beitrag zur Lösg. d. Kollegiengeldfrage in Bayern. gr. 8. (VII, 80 S.) Bamberg 897. C. C. Buchner, Verl. n. 1. 50

Schanz, Geo., s.: Erbschaftsabgabe, die, u. die Reichsfinanzreform.

— s.: Finanz-Archiv.

— zur Frage d. Arbeitslosen-Versicherung. Untersuchgn. gr. 8. (XI, 384 S.) Bamberg 895. C. C. Buchner, Verl. n. 6. 50

SCHANZ, Georg (Nordhein): Zur Geschichte der deutschen Gesellen-Verbände im Mittelalter.- Leipzig: Duncker & Humblot 1876. 1 Bl.,31 S.
21.6.1876 - Urk (Titel: Symbolae ad historiam collegiorum sociorum opificium Germanicorum per medium quod dicitur aevum.); Chr 1876/76,15
Diss. Ingolst.-Landsh.-Mchn.

Schanz, Geo., zur Geschichte der deutschen Gesellen-Verbände. Mit 55 bisher unveröffentlichten Documenten aus der Zeit d. 14—17. Jahrh. gr. 8. (XII, 295 S.) Leipzig 876. Duncker & Humblot. n. 6. —

Zur Geschichte der deutschen Gesellen-Verbände. Mit 55 bisher unveröffentl. Documenten aus der Zeit des 14.—17. Jahrhunderts. Von Georg **Schanz.** Leipzig: Duncker & Humblot 1877. XII, 295 S. 8°
Behandelt S. 67—69: Die Gesellen des Bauhandwerks u. erwähnt kurz die Steinmetzen.

Schanz, Geo., zur Geschichte der Colonisation und Industrie in Franken, s. a. Wirtschafts- und Verwaltungsstudien, bayerische.

Schanz. Gesch. d. Colonisation u. Industrie in Franken. Erlangen 883.

Schanz G. z. Geschichte d. Kolonisation u. Industrie i. Franken. Erlangen 1884

Schanz, Geo. Im Königr. Bayern zu Recht bestehende Gesetze u. Verordnungen, vornehmlich zum Gebrauche bei Vorlesgn. zusammengestellt. I. Landwirthschaft; Forstwirthschaft, Jagd, Fischerei. gr. 8. (VIII, 499 S.) [Würzb. 891.] Dresd., Herb. * 6 50; geb. ** 8 25

— englische Handelspolitik gegen Ende des Mittelalters mit besond. Berücksicht. des Zeitalters der beiden ersten Tudors Heinrich VII. und Heinrich VIII. Gekrönte Preisschrift. 2 Bde. gr. 8. (XIX, 684; XIII, 672 S.) Leipzig 881, Duncker und Humblot. +

Schanz, G. Die Novelle zum sächsischen Einkommensteuergesetz vom 2. Juli 1878. Vom 10. Mai 1894. Finanz-Archiv, 12. Jahrg., 1895.

— der künstliche Seeweg u. seine wirtschaftliche Bedeutung. (96 S.) gr. 8. Grunewald-Berlin 904. Gr.-Lichterfelde, A. Troschel. n. 2. —

Schanz, Geo., die Steuern der Schweiz in ihrer Entwicklung seit Beginn d. 19. Jahrh. 5 Bde. gr. 8. (VI, 384; III, 487; III, 383; III, 389 u. VIII, 483 S.) Stuttgart 890. Cotta Nachf. n. 40. —

Schanz, Geo., Studien üb. die bayerischen Wasserstrassen. (I—III.) gr. 8. Bamberg, C. C. Buchner, Verl. n. 13. 50
(I.) Die Kettenschleppschiffahrt auf dem Main. (V, 101 S.) 893. n. 2.
(II.) Der Donau-Main-Kanal u. seine Schicksale. (V, 190 S. m. 1 Karte.) n. 4. 50
(III.) Die Mainschiffahrt im XIX. Jahrh. u. ihre künftige Entwicklung. (IX, 420 S.) n. 7. —

— s.: Wirtschafts- u. Verwaltungsstudien, bayerische.

Schanz, Gthold., s.: Wegweiser, biblischer.

Schanz, Heinrich, aus Würzburg: Die Baugenehmigung in Bayern. *Nördlingen 1900: C. H. Beck.* (IV, 107 S.) 8° [F.]
¶ [Erschien vollst. 1900 bei C. H. Beck in München.]
Würzburg, Jur. Diss. v. 1900

Schanz, Heinr., die Baugenehmigung in Bayern. gr. 8. (XI, 136 S.) München 900. C. H. Beck. n. 2.40

Schanz, Heinr., Rechtsfälle aus dem Grundbuchrechte. (VII, 55 S.) 8. München 909. C. H. Beck. 1.60

Die vorläufige Vormundschaft nach Reichsrecht und den Landesgesetzen. Von Dr. Heinrich Schanz. *München: C. H. Beck 1901.* (IV, 80 S.) 8° [F.]

-- Die Zwangshypothek. Forschungen zu ihrer Geschichte u. Theorie. 1. Heft. Die gerichtl. Hypothek des französ. Rechtes in ihrer geschichtl. Entwicklg. u. Verbreitg. (XI, 228 S.) gr. 8. München 910. J. Schweitzer Verl. 6.50

Schanz, Hugo, kleine Sammlung v. Vorträgen, die äußere Mission betr., samt Anhang. gr. 8. (VIII, 140 S.) Gotha 885. Schloeßmann. n. 2.40

Schanz, J., s. Schantz, Jakob: Taschenbuch der Handels-Korrespondenz.

Schanz, J. J., s. Schanz, Johann Fidelis

Schanz, Joh. Fidelis, Gedanken v. Vorurth. d. Papstthums 4. Marburg, Keßler. 754.

Schanz, Jh. Fid., (✝ ...) Gedanken v. Beurtheilen des Papstthums. 4. Marb. 754. Krieger. 9 gr.

—Hippokrates u. Ailhaud in einem Gesichtspunkte. gr. 8. (Ulm) 778. Stettin. 1 ß

Schanz, Johannes: Der Aufbau des komplexen Zahlengebiets auf der natürlichen Zahlenreihe. Berlin: Weidmann 1909. 31 S. 4°
Berlin, Margareten-S OP 1909 [24]** [S 09. 505

Schanz, Johs. A., der Aufbau des komplexen Zahlengebiets auf der natürlichen Zahlenreihe. Progr. (31 S.) Lex. 8. Berlin 909. Weidmann. 1.—

Schanz, Johannes: Das Freiheitsproblem bei Kant und bei Schopenhauer. Eine kritische Untersuchung .... Loessnitz, Druck v. C. W. Sulze, 1887; 52 S. 1 Bl. 8°
Leipzig, Phil. Fak., Inaug.-Diss v. 24. Aug. 1887

Schanz, Johannes, das Freiheitsproblem bei Kant und bei Schopenhauer. Eine kritische Untersuchung. Diss. Leipzig 1887, Gustav Fock. 8⁰. 52 S.

— Grundzüge der Experimentalphysik, s.: Zwick, Herm.

— Lehrbuch der Mathematik, zum Gebrauch in höheren Mädchenschulen, Lyceen u. Studienanstalten, bearb. im Anschluß an den Ministerialerlaß vom 18. VIII. 1908. 2 Tle. 8. Berlin, L. Oehmigke's Verl. Geb. nn 8.10
1. Für die Klassen IV—I der höheren Mädchenschulen u. Klasse VI u. V der Studienanstalten. (IV, 176 S. m. 241 Fig.) 909. Geb. 2.80
II. 1. Für die Klassen IV—I der Studienanstalten u. f. Lyceen. 1. Heft. Arithmetik u. Algebra. (152 S. m. Fig.) (910.) Geb. nn 2.50
1. 2. Für die Klassen IV—I der Studienanstalten u. f. Lyceen. 2. Heft. Geometrie. (192 S. m. Fig.) (910.) Geb. nn 2.80

Schanz, Johs. Neu-Deutschland. Ein Kolonial-Handbüchlein. Mit 1 Karte. 12. (112 S.) [Kreuznach u.] Lpz. 889, Voigtländer's Verlag. cart. * 1 —

— s.: Übungsbuch f. Rechnen u. Mathematik.

Schanz, Jul., ein Dichter der Monarchie. [Vittorio Imbriani.] gr. 8. (16 S.) Leipzig 880, (Friedrich.) *
Aus: Die Heimat, besonders abgedruckt.

Schanz, Jul., ein Gedenkblatt zum 10. November 1872. 4. (8 S.) Dresden 872, am Ende's Buchh. [Kaufmann.] *

Schanz, Jul., das Heckerlied u. die deutsche Marseillaise. 8. (4 S.) Leipzig 848, Weller. 1 ngl.

Schanz, Jul., Italien, Deutschland, Oesterreich im Spiegel moderner Dichtung. gr. 8. (40 S.) Rom 879. (Leipzig, Friedrich.) *

—— Kornblumen und Immergrün. Eine Dichtergabe aus Italien. 1. und 2. Sammlung. gr. 8. (à VIII, 104 S.) Rom 878,79. (Ebendas.) à Sammlung * M 2. *

—— Kornblumen und Immergrün. Eine Dichtergabe aus Italien. 3. Sammlung. gr. 8. (VIII, 104 S.) Rom 880. (Leipzig, Friedrich.) *
1. und 2. Sammlung. (Ebendas.) 1878,79. à * M 2.

Schanz, Jul., Liande. Eine Märchen-Dichtung. 16. (138 S.) Zwickau 854(55,) Richter'sche Buchh. *

—— funfzig Lieder für Componisten und Freunde des Gesanges. Nebst einem Vorwort: Ueber die Anforderungen an einen Liedertext. 16. (XXII und 72 S.) Leipzig 856(57,) Matthes. * –

Schanz, Jul., Lieder aus Italien. Düsseldorf 870. Budich. 16. (VIII, 111 S.) n. 15 ngr.

—— und C. Parucker, deutsches Liederbuch, s. Liederbuch.

—— der Montcenis-Tunnel, seine Erbauung und seine Umgebungen. Nach den besten italien. Quellen unter Zugrundelegung von A. Covino's „guida al traforo del Cenisio" bearb. und mit zahlreichen Anmerkungen versehen. 8. (XII, 306 S. mit 2 lithogr. Karten in qu. Fol. und 25 in den Text gedr. Holzschn.) Wien 872, Hartleben's Verlag.

Schanz, Jul., Narrhalla-Lieder, s. Narrhalla-Lieder.

-- Narrhalla-Lieder. Eigenes u. Fremdes. 3 Hefte. Dresden 860. Geh. 8. (48 S.) Jedes Heft 1½ ngr.

— der Rautenkranz. Gedicht. Dresden 855. Breyer. gr. 8. (7 S.) 1 ngr.

—— und Ed. Kauffer, die schönsten deutschen Sagen, Volksmärchen und Legenden in Poesie und Prosa. Unter Mitwirkung bekannter Schriftsteller neu bearb. und hrsg. Mit Bildern. 1 — 4. Lfg. 4. (S. 1 — 96 mit 3 Stnt.) Dresden 855, Breyer. à Lfg. 4 Ngr. *
ill. à Lfg. * 5 Ngr. *

Schanz, Jul., ein Buch Sonette. 8. (23 S.) Leipzig 864, Matthes. *

—— Terzinen an Se. Maj. den König Johann von Sachsen. gr. 8. (4 S.) Dresden 855, Breyer.

Schanz, Jul., die belgische Zellenhaft und deren Erfolge. Ein Votum aus Italien für Deutschland übertragen und mitgetheilt. gr. 8. (71 S.) Leipzig 880, (Friedrich.) *
Vergriffen.

Schanz, Karl

Schanz, Carl, Elsaßer Bauern-Krieg. Dramatische Skizzen in 6 Akten. 8. (IV, 84 S.) Zabern 885. Mallinckrodt. n. 1.—

Schanz, Martin von

Schanz, M., Die Apollodoreer u. die Theodoreer. S.-A. 1890. 19 S.

Schanz, Mart., Beiträge zur vorsokratischen Philosophie aus Plato. 1. Heft. Die Sophisten. Aus einer gekrönten Preisschrift. Göttingen 867. Rente's Verlag. gr. 8. (VII, 160 S.) n. 25 ngr.

Schanz, Mart., s.: Beiträge zur histor. Syntax der griech. Sprache.

— Bericht üb. die 1877—1879 üb. Platon erschienenen Arbeiten. S.-A. 1879. 58 S.

Schanz, Mart., novae commentationes Platonicae. gr. 8. (X, 168 S.) Würzburg 870, Stahel'sche Buchh. *

Schanz, Mart., novae commentationes Platonicae. gr. 8. (X, 168 S.) Würzburg 871. Stahel. n. 4. —

— Zu den sogenannten διαλέξεις. S.-A. 1884. 13 S.

— Zur Entwickelung d. platonischen Stils. S.-A. 1886. 21 S.

— Geschichte der römischen Litteratur bis zum Gesetzgebungswerke des Kaisers Justinian, s.a. Handbuch der klassischen Altertumswissenschaft. VIII.

Schanz, Mart. [v.], Geschichte der römischen Litteratur bis zum Gesetzgebungswerk des Kaisers Justinian. M. alphabet. Reg. 2. Aufl. Tl 1–3. München 1898—1905. 8°. *[1. Aufl. 1890.]*
1. D. röm. Litteratur in d. Zeit d. Republik. 1898.
2. D. röm. Litteratur in d. Zeit d. Monarchie bis auf Hadrian. Hälfte 1. 2. 1899. 1900.
1. D. augusteische Zeit. 1899.
2. Vom Tode d. Augustus bis z. Regier. Hadrians. 1901.
3. D. Zeit von Hadrian 117 bis auf Constantin 324. 1905.
(Handbuch d. klass. Altertums-Wissenschaft. Bd. 8.)

Geschichte der römischen Litteratur bis zum Gesetzgebungswerk des Kaisers Justinian. Von Martin **Schanz**, Prof., Würzburg. 3. ganz umgearb. u. stark verm. Aufl. T. 1. München: C. H. Beck 1907. 8°
= **Handbuch** d. klass. Altertums-Wissensch. Bd 8, Abt. 1, Hälfte 1. [07. 1384

— Ueb. d. krit. Grundlage d. platon. Republik. S.-A. 1877. 9 S.

— Mitteil. üb. platon. Handschriften. S.-A. 1876. 14 S.

Schanz, Mart., über den Platocodex der Markusbibliothek in Venedig, Append. Class. 4. Nr. 1, den Archetypus der zweiten Handschriftenfamilie. Mit einer vollständigen Collation seiner Scholien. gr. 8. (IV, 108 S.) Leipzig 877, B. Tauchnitz. *

Schanz, M. Ueber die Schriften des Cornelius Celsus. S.-A. 1881. 18 S.

— Specimen criticum ad Platonem et Censorinum pertinens. Ebend. 867. gr. 8. (V, 49 S.) n. 12 ngr.

—— Studien zur Geschichte des Platonischen Textes. gr. 8. (IV, 88 S.) Ebendas. 874. *

Schanz, Martin von, Dr., o. ö. Prof. d. klass. Philol., z. Z. Rektor d. Univ.: Die neue Universität und die neue Mittelschule. (Enthält ausserdem: Chronik.) ***Würzburg 1902: H. Stürtz.*** **(64 S.) 8°**
Würzburg, Festrede zur Feier d. 320j. Bestehens d. Univ. 1902

— die neue Universität u. die neue Mittelschule. Festrede zur Feier des 320jähr. Bestehens der kgl. Julius-Maximilians-Universität Würzburg, geh. am 12. V. 1902. Lex.-8. (52 S.) Würzburg 902. A. Stuber's Verlag. n. 1. —

Schanz, Moritz

Schanz, Mor., Aegypten u. der ägyptische Sudan, s.a. Geographie, angewandte.

Agypten und der Agyptische Sudan. Von Moritz Schanz. Halle a. S.: Gebauer-Schwetschke 1904. (159 S.) 8°
= Geographie, Angewandte. Ser. 2. H. 3. [05. 3658

— Algerien, Tunesien, Tripolitanien, s.a. Geographie, angewandte.

Algerien, Tunesien, Tripolitanien. Von Moritz Schanz. Halle a. S.: Gebauer-Schwetschke 1905. (248 S.) 8°
= **Geographie**, Angewandte. Ser. 2. H. 8. [05. 11036

Schanz, Mor., Australien u. die Südsee an der Jahrhundertwende. Kolonialstudien. gr. 8. (IV, 325 S. m. Abb.) Berlin 901. W. Süsserott. n. 8.—; geb. n. 10.—

Schanz, Mor., Baumwollbau in deutschen Kolonien, s.a. Abhandlungen, koloniale.

Baumwollbau in deutschen Kolonien. Von Moritz Schanz. Berlin: Süsserott [1909]. 28 S. 8°
(Koloniale Abhandlungen H. 30.) [10. 4640

Die Baumwolle in den Vereinigten Staaten von Nordamerika. Von Moritz Schanz. (Berlin: Tropenpflanzer 1908.) (62 S.) 8°
= **Tropenpflanzer**, Der. Beihefte. Bd 9, No 1. [08. 5179

Schanz, Mor., das heutige Brasilien. Land, Leute u. wirthschaftl. Verhältnisse. 8. (VII, 364 S.) Hamburg 893. W. Mauke Söhne. n. 5. —

Die deutsche Kolonialschule in Witzenhausen. Von Moritz **Schanz**. Mit 21 Abb. (Berlin: Tropenpflanzer 1910.) S. 397–468. 8°
(Der Tropenpflanzer. Beihefte. Bd 11, Nr 6.) [10. 13535

— Nordafrika. (3 Tle. in 1 Bd.) (VI, 192, 246 u. 159 S.) gr. 8. Halle 905. Gebauer-Schwetschke. Geb. in Leinw. n. 12.—

— Nordafrika—Marokko, s.a. Geographie, angewandte.

Nordafrika. Marokko. Von Moritz Schanz. Halle a. S.: Gebauer-Schwetschke 1905. (190 S.) 8°
= **Geographie**, Angewandte. Ser. 2. H. 6. [05. 11035

Ost- und Süd-Afrika von Moritz Schanz. *Berlin: W. Süsserott 1902.* (458 S.) 4°(8°) [F.] [02. 188

— s.: Quartalschrift, theologische.

Schanz, Mor. Quer durch Süd-America. Reise-Skizzen aus d. J. 1890: Rio Grande do Sul. Montevideo. Argentinien. Paraguay. Anden-Uebergang. Chile. 8. (III, 154 S.) Hamb. 891, Mauke Söhne. * 2 50

Schanz, M., brasilianische Reiseskizzen aus dem J. 1887. 8. (IV, 121 S.) Leipzig 889. Roßberg. n. 1. 50

— Streifzüge durch Ost- u. Süd-Afrika, s.a. Aus dem Lande der Suaheli. III.

Streifzüge durch Ost- und Süd-Afrika. Bilder aus Britisch-, Deutsch- u. Portugies.-Ostafrika, Zanzibar, den Komoren, Madagaskar, Réunion, Mauritius, Natal, Transvaal, Oranjefreistaat, Rhodesia u. Kapkolonie. Von Moritz Schanz. *Berlin: Deutscher Kolonial-Verl. 1900.* (219 S.) 8° [F.]
= Lande, Aus dem, der Suaheli. 3. [00. 6112

— über neue Versuche der Apologetik gegenüber dem Naturalismus u. Spiritualismus. gr. 8. (VIII, 407 S.) Regensburg 897. Verlagsanstalt vorm. G. J. Manz. n. 6. —

— West-Afrika. gr. 8. (V, 415 S.) Berlin 903. W. Süsserott. n. 6. —; geb. in Leinw. n. 7. 50

Ernste Worte. Den Mitgliedern der Cantoreigesellschaft gewidmet und gesamm. von Mor. **Schanz** im Jahre 1877. [Chemnitz 1877: Geidel.] 2 Bl. 8° [Kopftit.]
Tt. 2181. Üb. den Tod u. die Unsterblichkeit.

— Zielpunkte der Export-Praxis. (216 S.) 8. Berlin 908. Puttkammer & Mühlbrecht. 3.60; geb. in Leinw. 4.50

[F.] Ein Zug nach Osten. Reisebilder ... v. Moritz Schanz. (Bd 1. 2.) *Hamburg: W. Mauke 1897.* 2 Bde 8.
1. Reisebilder aus Indien, Birma, Ceylon, Straits Settlements, Java, Siam. (VIII, 423 S.)
2. ... aus China, Korea, Ostsibirien, Japan, Alaska u. Canada. (VI, 424 S., 1 Bl.) (97. 183)

Schanz, Paul (Hrsg.), s. A b e r l e, Moritz von: Einleitung in das Neue Testament.

Schanz, Paul, d. Alter des Menschengeschlechts nach d. hl. Schrift, d. Profangeschichte u. d. Vorgeschichte, s. a. Studien, biblische.

Das Alter des Menschengeschlechts nach d. heil. Schrift, d. Profangeschichte u. d. Vorgeschichte v. Prof. Dr. P[aul] Schanz ... *Freiburg i. B.: Herder 1896.* (XI, 100 S.) 8.
= Studien, Biblische. Bd 1. H. 2. (96. 911)

Schanz, die astronomischen Anschauungen des Nicolaus v. Cusa und seiner Zeit. 4. (31 S.) Rottweil 873. (Tübingen, Fues'sche Sortimentsb.) *

Schanz, Paul v., die moderne Apologetik, s. a. Broschüren, Frankfurter zeitgemäße. XXII. 8.

Die moderne Apologetik. Von Dr. Paul Schanz. Univ.-Prof. *Hamm i. W.: Breer & Thiemann 1903.* (32 S.) 8° [F.]
= Broschüren, Frankfurter Zeitgemässe. Bd 22, H. 8. (03. 1606)

Schanz, Paul, Apologie d. Christenthums. 3 Thle. gr. 8. Freiburg i/Br., Herder. n. 14. —
1. Gott u. die Natur. (VII, 354 S.) 887. n. 4. —
2. Gott u. die Offenbarung. (VII, 485 S.) 888. n. 5. —
3. Christus u. die Kirche. (VII, 450 S.) 888. n. 5. —

— Apologie des Christenthums. 3 Tle. 2., verm. u. verb. Aufl. gr. 8. Freiburg i/B., Herder. n. 21. —; geb. in Halbfrz. n. 26. 60
1. Gott u. d. Natur. (VIII, 668 S.) 895. n. 7. —; geb. in Halbfrz. n. 8. 80
2. Gott u. d. Offenbarg. (X, 703 S.) 897. n. 8. —; geb. in Halbfrz. n. 10. —
3. Christus u. d. Kirche. (VIII, 681 S.) 898. n. 6. —; geb. in Halbfrz. n. 7. 80

— Apologie des Christentums. 3 Tle. 3., verm. u. verb. Aufl. gr. 8. Freiburg i/B., Herder. n. 23. 80; geb. in Halbfrz. n. 30. —
1. Gott u. die Natur. (VIII, 792 S.) 903. n. 8. —; geb. n. 10. —
2. Gott u. d. Offenbarung. (X, 868 S.) 905. n. 8. 80; geb. n. 11. —
3. Christus u. die Kirche. (VIII, 698 S.) 906. n. 7. —; geb. n. 9. —

Schanz, Paul, Apologie des Christentums. (In 3 Tln.) 1. Tl.: Gott u. die Natur. 4., verm. u. verb. Aufl., hrsg. v. Wilh. Koch. (IX, 848 S.) gr. 8. Freiburg i/B. 910. Herder. 10. —; geb. in Halbfrz. 12. —

— die Entwicklungslehre, s.: Vorträge, populär-wissenschaftliche. I.

—— Galileo Galilei u. sein Prozeß. Würzburg, Woerl, 1878, 8°, 68 S. (Kathol. Studien Jahrg. 4 Heft 6.)

Eine ansehnliche Leistung, obwohl geringen Umfangs. Für weitere Kreise berechnet besitzt sie ihre Bedeutung in der übersichtl. histor. Gesamtdarstellung des Themas. Während die apolog.-theol. Seite darin zu wenig Berücksichtigung gefunden hat, zeichnet sich die naturwissenschaftliche durch Selbständigkeit der Behandlung aus. (Grisar.)

— **Gedächtnisrede auf den am 8. Mai 1887 im Herrn entschlafenen hochwürd. Herrn Johs. Evangelist v. Kuhn, Theologiae et Philosophiae Doctor, Kommenthur des Kronordens u. Kommenthur I. Kl. d. Friedrichsordens, lebenslängl. Mitglied der Kammer der Standesherren, geh. bei dessen Beerdigg. am 10. Mai 1887.** gr. 8. (9 S.) Rottenburg 887. Bader. n. — 20

— ist die Theologie e. Wissenschaft? Rede, geh. zur Feier des Geburtsfestes Sr. Maj. des Königs an der Universität zu Tübingen, den 25. II. 1900. gr. 8. (36 S.) Stuttgart (900). München, J. Roth. n. — 60

S: — Ist die Theologie e. Wissenschaft? 900. — Universität u. techn. Hochschule. (KBL 32.) Jetzt: Mergentheim, C. Ohlinger.

Schanz, Paul, Commentar üb. das Evangelium d. heil. Johannes. gr. 8. (IV, 599 S.) Tübingen 885. Fues. n. 8. —

Schanz, Paul, Kommentar über das Evangelium des hl. Lukas. Tübingen, Fues, 1883, gr. 8°. X u. 571 S., 7,60 Mk.

Jetzt Verlag von Herder, Freiburg. Recens. von Kraus, Litt. Rundsch. 1883, Nro 10; von B. Schäfer, (Innsbr.) Ztschr. für kathol. Theol., Jahrg. VII, S. 744 f.; von Hundhausen, Litt. Handw. 1883, S. 165—167

—— Commentar über das Evangelium des heiligen Marcus. gr. 8. (XI, 435 S.) Freiburg i. Br. 881, Herder'sche Verlagsh. *

Schanz, Paul, Commentar über das Evangelium des heiligen Matthäus. gr. 8. (VII, 560 S.) Freiburg i. Br. 879, Herder'sche Verlagsh. *

Schanz, Paul, Die Komposition des Matthäus-Evangelium. Tübingen, (Fues,) 1877, gr. 4°, 91 S., 3,40 Mk.

Akadem. Festschrift. Recens. v. B. Schäfer, Litt. Rundsch. 1877, S. 281—282.

Schanz, Paul, die Lehre v. den hl. Sacramenten der katholischen Kirche. gr. 8. (VIII, 757 S.) Freiburg i/B. 893. Herder. n. 10. —

—— der Cardinal Nicolaus v. Cusa als Mathematiker. gr. 4. (32 S. mit 1 lithogr. Taf.) Ebendas. 872. *

Schanz, Paul v., s.: Quartalschrift, theologische.

Schanz, siehe: Sammlung bibl. Sprüche.

Universität und Technische Hochschule. Rede, geh. an d. Univ. zu Tubingen 1899 von d. derzeit. Rektor Prof. Dr. P[aul] Schanz. *Stuttgart & Wien: J. Roth (1899).* (36 S.) 8° (01. 976 II

SCHANZ, Dr. P.
Universität und Technische Hochschule. Rede, gehalten bei der akademischen Preisvertheilung an der Universität Tübingen den 6. November 1899 von dem derzeitigen Rector Professor Dr. P. Schanz. Stuttgart und Wien. [1900.] Roth. Gr.-8°. 36 S. K —.70

— neue Untersuchungen der Lehrgegensätze zwischen den Katholiken u. Protestanten, s.: Möhler, J. A.

Schanz, Paul, die christliche Weltanschauung u. die modernen Naturwissenschaften. [Aus: „Theolog. Quartalschr.“] 8. (35 S.) Tübingen 876. Laupp. — 60

Schanz, Pauline, pour mes petits coeurs. Historiettes. Traduites de l'allemand par J. V. Avec 4 gravures coloriées. br. 8. (V und 131 S.) Dresden 867, Meinhold und Söhne. cart.

—— in der Dämmerstunde. Märchen. gr. 8. (IV und 123 S. mit 4 ill. Stnt.) Dresden 863, Meinhold und Söhne. cart.

—— s. Dämmerstunden. — Ferientage.

Schanz, Pauline, Drolly od. wenn man etwas gelernt hat, u. andere Erzählungen f. artige Kinder. Mit 5 Farbendr.-Bildern nach Aquarellen v. R. Leinweber. 4. (128 S.) Stuttgart 892. G. Weise. Kart. 3. —

Schanz, P., das Engelchen, s. Meinhold's Volks- und Jugend-Bibliothek.

Schanz, Pauline, das Engelchen u. andere Erzählungen f. Kinder v. 10—12 Jahren. gr. 8. (118 S. m. 4 Farbendr.) Stuttgart 889. G. Weise. geb. 3. —

— das Engelchen u. andere Erzählungen f. Kinder von 10—12 Jahren. Mit 4 Farbdr.-Bildern nach Aquarellen v. P. Wagner. 2. Aufl. gr. 8. (V, 118 S.) Ebd. 894. Geb. in Leinw. 3.—

— Erzählungen, s.: Köhler's illustrierte Jugendbibliothek.

SCHANZ, P. *Erzählungen für die Jugend* von Pauline Schanz. Mit 10 Bildern [= Lithographien] nach Originalzeichnungen von LOUIS TRAUB. Zofingen und Leipzig, C. Schauenburg-Ott, 1875. IV, 231 SS. 8°. Ill. Or.-Karton. 15.—

★ Erstausgabe. 10 Geschichten u. 1 Ballade: Die Schmuggler. — Wenige Fleckchen. Leinbandrucken m. Lwd. ergänzt.

Schanz, Pauline, Erzählungen für die Jugend. gr. 8. Zofingen 875. Zürich, Trüb'sche Buchh. cart. *

Schanz, Pauline, Erzählungen für die reifere weibliche Jugend. 1. und 2. Bdchn. 8. (III, 134; III, 156 S. mit je 3 chromolithogr. Bildern.) Glogau 887, Flemming. geb. à Bdchn.

—— Erzählungen für das Volk. 2. und 3. Bdchn. 8. Ebendas. 868,71. à Bdchn.

—— zwei Erzählungen für das Volk. 8. Zwickau 867, Döhner.

Schanz, Pauline, Felice. Verloren u. Gewonnen, s. a. Kürschner's, Jos., Bücherschatz.

Felice. Verloren u. Gewonnen. 2 Novellen von Pauline Schanz. Mit Ill. von Arthur Lewin. *Berlin, Eisenach, Leipzig: H. Hillger [1903].* (112 S.) 8° [J.]
= Bücherschatz, Kürschner's. No 350. [04. 975]

—— Ferientage. Erzählungen. 4. (44 S. mit 8 chromolithogr. Illustr. von S. Sonderland.) Dresden 866, Meinhold und Söhne. cart.

Schanz, Pauline, Gedichte. 8. (V, 197 S.) Leipzig 885. Friedrich. n. 3.—

Schanz, Pauline, Geschichten f. Mädchen. 6 Erzählgn. M. 6 feinen Farbdr.-Bild. nach Aquarellen v. E. Voigt. (7. u. 8. Taus.) 8. (117 S.) Wesel 898. W. Düms. Geb. in Halbleinw. 1.—

Schanz, Pauline, Geschichten f. Mädchen. 6 Erzählgn. Mit 6 feinen Farbendr.-Bildern n. Aquarellen von E. Voigt. 9.—12½. Taus. 12. (117 S.) Wesel 899. W. Düms. Geb. 1.—

— Geschichten f. Mädchen. 6 Erzählgn. Mit (2) Farbendr.-Bildern v. Elisab. Voigt. 33.—43. Taus. Neue Ausg. (117 S.) gr. 8. Wesel (904). W. Düms. Geb. —75

Schanz, Pauline, Geschichten f. Mädchen. 6 Erzählgn. Mit (2) Farbendr.-Bildern v. Elisab. Voigt. 55.—57. Taus. Neue Ausg. (117 S.) gr. 8. Wesel (910). W. Düms. Geb. —80 u. 1.—

— u. H. Waldemar, 20 Geschichten f. Mädchen. Hübsche kurze Erzählgn. Mit 12 feinen Farbdr.-Bildern. (111 S.) 8. Stuttgart (907). Loewe. Geb. in Leinw. 3.—

— Hans im Glück, s. a. Märchen, deutsche.

—— Hans im Glück. Märchen nach Grimm frei bearb. 4. (8 S. mit 6 bunten Bildern in Chromolithogr. nach Orig.-Aquarellen von Th. Hosemann.) Dresden 873, Meinhold und Söhne. *

— s.: Heimat-Lieder.

—— für Herz und Haus. Erzählungen. 4. (59 S. mit 8 Orig.-Illustr. von Herb. König in Holzschn. und ill.) Dresden 865, Meinhold und Söhne. cart.

— für Herz u. Haus. Eine Sammlg. unserer schönsten Lyrik. Mit zahlreichen Illustr. 3., verm. u. verb. Aufl. 8. (264 S.) Leipzig 894. F. Cavael. Geb. in Celluloid u. Leinw. m. Goldschn. 6.—

Schanz, Pauline, Für junge Herzen. Erzählungen. Mit 4 bunten (lith.) Bildern. Dresden 863. Meinhold & Söhne. gr. 8. (IV, 128 S.) 15 ngr.

— Treue Herzen. Erzählungen f. die Mädchenwelt. Mit 3 Einschaltbildern. (227 S.) 8. Berlin (907). Verlag Jugendhort. Geb. in Leinw. 5.—; Prachtausg. m. 4 Einschaltbildern 6.—

Schanz, Pauline, der Jugend liebste Stunden. Erzählgn. f. Knaben u. Mädchen. Mit 4 feinen Farbendr.-Bildern nach Aquarellen v. W. Schäfer. gr. 8. (120 S.) Wesel (900.) W. Düms. Geb. 2.50

— Kinder u. Tiere. 22 Erzählgn. f. Knaben u. Mädchen. Mit vielen Federzeichnungen u. Farbdr.-Bildern nach Aquarellen von W. Planck. (186 S.) gr. 8. Stuttgart (903). Levy & Müller. Geb. in Leinw. n. 3.—

Im Lebenslenz. Erzählungen f. Mädchen von Pauline Schanz. Mit 4 Bild. von Elis. Voigt. *Wesel: W. Düms [1900].* (120 S.) 8° [J.] [00. 11492]

— für brave Mädchen. 12 Erzählungen f. Mädchen von 7—10 Jahren. Mit 6 Farbendr.-Bildern v. C. Offterdinger. 4. (III, 76 S.) Stuttgart 888. F. Loewe. geb. n. 2.—

— für brave Mädchen. Erzählungen f. Kinder. Mit 5 Farbdr.-Bildern nach Aquarellen v. C. Löffler. 2., verm. Aufl. gr. 8. (110 S.) Stuttgart 894. F. Loewe. Geb. n. 2.—

— f. brave Mädchen. Erzählungen f. Kinder. Mit 5 Farbdr.-Bild. nach Aquarellen v. C. Löffler. 4. Aufl. 8. (112 S.) Stuttgart 896. F. Loewe. Geb. n. 2.

— für brave Mädchen. Erzählungen f. Kinder. Mit 5 Farbdr.-Bildern nach Aquarellen v. C. Löffler. 5. u. 6. Aufl. 8. (à 112 S.) Stuttgart (900, 902.) Loewe. Geb. in Leinw. n. 2.—

Schanz, Pauline, f. brave Mädchen. Erzählgn. f. Kinder. Mit 5 Farbdr.-Bildern nach Auquarellen v. C. Löffler. 7. Aufl. (112 S.) 8. Stuttgart (905). Loewe. Geb. 2.—

— Für brave Mädchen. Erzählungen f. Kinder. Mit 5 Farbdr.-Bildern nach Aquarellen v. C. Löffler. 10. Aufl. (112 S.) 8. Stuttgart (910). Loewe. Geb. in Leinw. 2.—

— Mädchen-Schicksale. 5 Erzählgn. f. die Jugend. Mit 5 feinen Farbendr.-Bildern nach Aquarellen v. J. B. Schmelzer. 12. (128 S.) Wesel 892. W. Düms. Kart. —75

— Mädchen-Schicksale. 5 Erzählgn. f. die Jugend. Mit 5 feinen Farbendr.-Bild. nach Aquarellen von E. Voigt. (11.—17. Taus.) 12. (128 S.) Wesel 896. W. Düms. Geb. —75

— Mädchen-Schicksale. 5 Erzählgn. f. die Jugend. Mit 5 feinen Farbendr.-Bildern nach Aquarellen von E. Voigt. 18.–20. Taus. 12. (128 S.) Wesel 899. W. Düms. Geb. —75

— Mädchentage. Erzählgn. f. d. weibl. Jugend. Mit 8 Vollbild. v. Rich. Gutschmidt. 2. [Titel-]Aufl. gr. 8. (VI, 260 S.) Leipzig (896) 899. O. Spamer. n. 3.50; geb. in Leinw. n. 4.50

— Mädchentage. Erzählungen f. die weibl. Jugend. Mit 8 Vollbildern v. Rich. Gutschmidt 3. [Titel-]Aufl. gr. 8. (VI, 260 S.) Leipzig [896] 903. O. Spamer. n. 3. 50; geb. in Leinw. n. 4. 50

— Madeira. Episches Gedicht in 4 Gesängen. Leipzig 868. Matthes. 16. (70 S.) 7½ ngr.; in engl. Einb. mit Goldschn. 15 ngr.

Schanz, Pauline, s. Märchen, deutsche.

Schanz, Pauline, Adam Gottlob Oehlenschläger. Zu dessen 100jähr. Geburtstag. [Aus: „Mag. für d. Lit. d. Ausl."] 8. (30 S.) Leipzig 879. Friedrich. n. — 50

—— Zwei Patienten, s. Meinhold's Volks- und Jugend-Bibliothek.

—— Paul und Virginie. Nach Bernardin de Saint-Pierre frei bearb. 1872. ℳ 4,50., und Neue Ausg. br. 8. (112 S. mit 8 Illustr. in Farbendr., nach Aquarellen von Th. Hosemann.) Dresden 873, Meinhold und Söhne. geb.

[F.] In der Pension und anderes. Erzählgn f. junge Mädchen v. Pauline Schanz. M. 5 . . . Farbendruckb. nach Aquar. v. Wilhelm Claudius. (Wesel: W. Düms [1896].) (191 S., 4 Taf.) 1 Bd 8. 96. 0509

— in d. Pension u. anderes. Erzählgn. f. junge Mädchen. M. 5 feinen Farbendr.-Bild. nach Aquarellen v. Wilh. Claudius. 4.—6. Tauf. gr. 8. (à 192 S.) Wesel 898. W. Düms. Geb. 2. 50

— in der Pension u. anderes. Erzählungen f. junge Mädchen. Mit 5 feinen Farbendr.-Bildern nach Aquarellen v. Wilh. Claudius. 8.—10¹/₂. Tauf. gr. 8. (192 S.) Wesel (902). W. Düms. Geb. 2. 50

In der Pension u. anderes. Erzählungen f. junge Mädchen. Mit (4) feinen Farbdr.-Bildern nach Aquarellen v. Wilh. Claudius. (192 S.) 8. Wesel (910). W. Düms. Geb. in Leinw. 2. 25

— s.: Poesieblätter.

— die sieben Raben, s.a. Märchen, deutsche.

—— die sieben Raben. Märchen nach Grimm frei bearb. hoch 4. (8 S. mit 6 bunten chromolithogr. Bildern nach Orig.-Aquarellen von Th. Hosemann.) Ebendas. 874. *

Schanz, Pauline, das Rosenmärchen. Herausg. von Jul. Schanz. Berlin 854. Mittler u. Sohn. 16. (79 S.) 15 ngr.

— Schloß Rotensee u. andere Erzählungen f. Knaben. Mit 4 Farbendr.-Bildern nach Aquarellen v. P. Wagner. gr. 8. (III, 129 S.) Stuttgart 890. G. Weise. cart. n. 3. —

— deutsche Sagen. Der deutschen Jugend erzählt. Mit Illustrationen v. Carl Ehrenberg. gr. 8. (180 S. m. eingedr. Holzschn.) Ebend. 874. 3. —

u. Frida Schanz, Szenen u. Gedichte f. Familienfeiern, s.: Jugend- u. Volksbühne.

—— ein Tag aus dem Kinderleben. Lex.-8. (51 S. mit 12 Bildern in lithogr. Farbendr.) Dresden 866, Meinhold und Söhne. cart.

— Tischchen deck' dich, s.a. Märchen, deutsche.

Schanz, Pauline, Tischchen deck' dich. Märchen nach Grimm frei bearb. hoch 4. (8 S. mit 6 bunten chromolithogr. Bildern nach Orig.-Aquarellen von Th. Hosemann.) Dresden 874, Meinhold und Söhne. *

—— à la tombée de la nuit. Contes. Traduits de l'allemand par J. V. Orné de 4 gravures coloriées. br. 8. (V und 115 S.) Dresden 867, Meinhold und Söhne. cart.

– u. Frida Schanz,

— Weihnachtsdichtungen, s.: Jugend- u. Volksbühne.

— in die weite Welt u. andere Erzählungen für junge Mädchen. gr. 8. (III, 280 S.) Berlin 888. Norddeutsches Verlags-Institut, Jolowicz. geb. n. 4. —

— Wunderblumen. Märchen f. große u. kleine Kinder. gr. 8. (IV, 110 S.) Gera 873. Issleib & Rietzschel. n. 1. 50

Schanz, Uli, Sängers Erdenwallen. Lehr- u. Wanderjahre. Zwei Bücher deutscher Dichtg., gesammelt u. hrsg. v. Rud. Kortenbach. 2. Aufl. 1. Lfg. gr. 8. (48 S.) Leipzig 885. (Theile.) n. — 50

Schanz, Ritter Uli, Heil dir, mein Oesterreich! Deutsche Lieder aus der Gegenwart, gedichtet bei Gelegenheit der Wiener Preisausschreibung. 2. Aufl. Lex.-8. (25 S. mit einer Notenbeilage.) [Leipzig 882.] Reudnitz, (Rühle.) *
1. Aufl. erschien im Selbstverlage des Verfassers.

— fideles Jena! Der Jenaer Burschenschaft Teutonia zur Feier ihres 50jähr. Stiftungs-Festes gewidmet. gr. 8. (15 S.) Leipzig 895. Berlin, J. Gnadenfeld & Co. n.n. — 30

— Kanonen! Patriotische Dichtgn. aus Italien zur Feier d. Vermählg. Sr. k. Hoh. d. Kronprinzen Victor Emanuel III. m. I. k. H. der Prinzessin Helene von Montenegro. Festgabe. gr. 8. (15 S.) Leipzig 896 A. Becken. — 60

Schanz, Uli Cavaliere, s.: Ist der Morgen nicht nah?

Schanz, Uli, von Karlsbad bis Friedrichsruh. Otto v. Bismarck's d. ersten deutschen Reichskanzlers Glück u. Ende. Festgabe zur 450jähr. Jubelfeier der Erfindg. der Buchdruckerkunst durch Joh. Gutenberg in Mainz, 24. Juni 1890. 1. Buch. Mit e. Vorwort: „Ein deutscher Poet in Karlsbad". Von Florian Norbert Trotz, Stenograph in Karlsbad. gr. 8. (64 S.) Leipzig 890. (M. Busch.) n. 1. —

— aus ernster Zeit! Festgabe zur Vermählg. Sr. k. H. des Erbgroßherzogs Friedrich August v. Oldenburg m. I. k. Hoh. d. Prinzessin Elisabeth, Herzogin v. Mecklenburg-Schwerin. gr. 8. (19 S.) Ebd. 896. — 60 Prachtausg. 1. —

Schanza, Fr. Ser., die Stunde Deutschlands oder zwei Blicke in die Zeit. Ein Gedenkblatt an die Kaiserfahrt nach Frankfurt. gr. 8. (7 S.) Wien 863, (Fromme.) *

Schanza, Fr. Ser., die Stunde Deutschlands oder zwei Blicke in die Zeit. Ein Gedenkblatt an die Kaiserfahrt nach Frankfurt. Wien 863. Tendler & Co. in Comm. gr. 8. (7 S.) n. 5 ngr.

Schanza, Fr. Ser., Thalblumen. Gedichte. 2 Bdchn. gr. 12. (14⅓ B.) Wien 842, (Gerold, Verl.) *

Schanza, Wz.

— animadv. in Theologiam moralem. 8. maj. Augsburg Doll. 785.

Schanza, Wz., Moralis christiana in syst. redact. S. S tradit. et decret. a suprema potest. latis illustr. IV Tom gr. 8. Vien. Wappler. 786.

— Theologia moralis posit. In usum suorum auditorum II Tom. gr. 8. ibid. (Hasslinger, Linz) 784.

— de theologia morali positiones, in usum suorum auditorum. II Tmi. 8maj. Wien 784. Wappler. 1 ₰ 16 ℊ

Frida Schanz-Calender f. das J. 1896. 8. (26 S. m farb. Abb.) Berlin, W. Schultz-Engelhardt.
Mit Goldschn. n. 3. —

(Schanze,) Sammlung biblischer Sprüche und Liederverse in 3 Cursen. I. Curs.: Die Heils-Geschichte. 8. (24 S.) Berlin 847, Walter. Thlr.

—— dass. — 2. Curs.: Das Gesetz und die Heilslehre, nach Luthers kleinem Katechismus geordnet. 8. (24 S.) Ebds. 847.

—— dass. — 3. Curs.: Nach dem Kirchenjahre und den Sonn- und Festtags-Episteln und Evangelien geordnet. 8. (20 S.) Ebds. 847.

Schanze, C. G., Standrede etc. Nebst einer geneal. Nachricht und Wappenzeichen der Familie von Zehmen. Meissen 1822.

Schanze, G., die Hausaufgaben. gr. 8. (16 S.) Leipzig 902. A. Hahn. n. — 40

Schanze, J., Apel u. Stellmacher, prakt. Aufgaben f. d. Rechnen f. Schlosser, f.: Gewerbetreibende, der rechnende. 5. Heft.

— — dasselbe f. das Rechnen f. Schmiede, Gießer u. Former, f.: Gewerbetreibende, der rechnende. Heft 5a.

Schanze, J., Belehrungen zu den praktischen Rechenaufgaben im Anschluß an die Gewerbekunde f. gewerbliche Unterrichtsanstalten, f.: Gewerbetreibende, der rechnende. Heft 18. 19.

[F.] Die Einrichtung und der ausführliche Lehrplan der kaufmännischen Fortbildungsschule '(Handelsschule)' in Eschwege. (Von J. Schanze, Rektor ... in Eschwege.) Bericht üb. d. Entstehg u. Entwickelg d. Anstalt. Gleichzeitig Festschr. z. F. d. 10jähr. Bestehens d. Schule am 14. April 1897. Hrsg. im Auftr. d. Aufsichtsrates d. Handelsschule v. Leiter der letzteren. *Wittenberg: R. Herrosé 1897.* (37 S.) 1 Bd 8. [97. 5255

Schanze, J., praktische Geometrie m. 185 geometrischen Rechenaufgaben f. Handwerker-Fortbildungsschulen u. die Oberklassen mehrklassiger Volksschulen. gr. 8. (32 S. m. Fig.) Eschwege 886. (Roßbach.) n. — 30

—— dass. — 2. Aufl., s. Uebungsbücher für Handwerkerschulen.

Schanze J, praktische Geometrie. 3. Auflage. (Übungsbücher für Handwerker- und Fortbildungsschulen 2) Wittenberg 1889

[F.] Praktische Geometrie in drei Kursen m. 240 geometr. Rechen-, 86 Konstruktionsaufg. u. Kostenanschlägen f. d. Bauhandwerker ... Von J. Schanze, Rektor ... in Eschwege. 5. verb. u. verm. Aufl. ... [Nebst] Ausführl. Lösungen d. geometr. Rechenaufgaben. *Wittenberg: R. Herrosé 1891.* 2 Bde 8.
Geometrie. (71 S.) Losgn. (1 Bl., 48 S.)
= Übungsbücher f. Handwerker- u. Fortbildgsschulen. H. II. [97. 3354

Praktische Geometrie in drei Kursen. Mit 240 geometr. Rechen-, 113 Konstruktionsaufgaben u. Kostenanschlägen f. d. Bauhandwerker, f. Handwerker- u. gewerbl. Fortbildungsschulen, sowie f. d. Oberklassen mehrklass. Volks- u. Bürgerschulen. Von J. Schanze, Rektor in Eschwege. 7. verb. u. verm. Aufl. *Wittenberg: R. Herrosé 1902.* (79 S.) 8° [F.]
= Übungsbücher f. Handwerker- u. Fortbildungsschulen. H. 2. [02. 3130

— das Kind in Haus, Schule u. Welt, s.: Göbelbecker, L. F.

— Lehrplan f. d. gewerbl. Fortbildungsschulen in Preußen nach d. Vorschriften d. Hrn. Ministers f. Handel u. Gewerbe v. 5. VII. 1897. (Gleichzeit. e. Wegweiser zum Gebrauche des Lesebuches v. J. u. W. Schanze u. den Uebungsbüchern v. Schanze u. Jaeger.) gr. 8. (61 S. m. Fig.) Wittenberg 897. R. Herrosé. n. — 75

—— u. W. Schanze. Lesebuch f. städtische u. gewerbliche Fortbildungsschulen [sowie zum Gebrauche in kaufmänn. Fortbildungsschulen] in drei aufsteigenden Kursen. 1. Aufl. (XII, 403 S.); 2. verb. u. verm. Aufl. gr. 8. (XI, 432 S.) Ebd. 892. * 1 60

— u. W. Schanze, Lesebuch f. städtische u. gewerbliche Fortbildungsschulen (sowie zum Gebrauche in Handelsschulen u. kaufmänn. Fortbildungsschulen) in 3 aufsteigenden Kreisen. 3., verb. u. verm. Aufl. gr. 8. (XII, 447 S. m. Abbildgn.) Wittenberg 893. R. Herrosé. n. 1. 60; geb. n.n. 1. 90

— — dasselbe. Ausg. f. das Königr. Sachsen. gr. 8. (XI, 432 u. 16 S. m. Abbildgn.) Ebd. 893. n. 1. 60; geb. n.n. 1. 90

[F.] Lesebuch für städtische u. gewerbliche Fortbildungsschulen '(sowie z. Gebr. in Handelsschulen u. kaufmänn. Fortbildgsschulen)' in drei aufsteig. Kreisen v. J. Schanze, Rektor ... in Eschwege, [&] W. Schanze, Rektor ... in Cassel. 5. verb. u. verm. Aufl. *Wittenberg: R. Herrosé 1896.* (V, 464 S.) 1 Bd 8. [96. 9339

— — dasselbe. 6., verb. u. verm. Aufl. gr. 8. Ebd. 898. n. 2. —; geb. n.n. 2. 65; in 1 Bd. geh. n. 1. 75; geb. n.n. 2. 05; Prämien-Ausg. n. 2. 90

1. (VI, 122 S.)	n. — 60; geb. n.n. — 80
2. (IV, 138 S.)	n. — 60; geb. n.n. — 80
3. (IV, 228 S.)	n. — 80; geb. n.n. 1. 05

Lesebuch für städtische und gewerbliche Fortbildungsschulen ... Nach d. minist. Vorschriften v. 5. Juli 1897 in drei aufsteigenden Kursen bearb. von J. Schanze u. W. Schanze. 8. verb. Aufl. *Wittenberg: R. Herrosé 1901.* (XV, 491 S.) 8° [F.] [01. 9111 3

Lesebuch für städtische und gewerbliche Fortbildungsschulen (sowie z. Gebr. in Handelsschulen u. kaufm. Fortbildungsschulen). Nach d. minist. Vorschriften v. 5. Juli 1897 in 3 aufsteig. Kursen bearb. von J. Schanze, Rektor in Eschwege, u. W. Schanze, Rektor in Cassel. 9. verb. Aufl. *Wittenberg: R. Herrosé 1903.* (XII, 560 S.) 8° [F.] [03. 11961 3

— u. W. Schanze, Lesebuch f. städtische u. gewerbl. Fortbildungsschulen (sowie zum Gebrauche in Handelsschulen u. kaufmänn. Fortbildungsschulen). Nach den ministeriellen Vorschriften vom 5. VII. 1897 in 3 aufsteig. Kursen bearb. 10. Aufl. (XII, 560 S. m. Abbildgn.) gr. 8. Wittenberg 905. R. Herrosé. Geb. n.n. 2. 05

— u. W. Schanze, Lesebuch f. städtische u. gewerbliche Fortbildungsschulen (sowie zum Gebrauche in Handelsschulen u. kaufmänn. Fortbildungsschulen). Nach d. ministeriellen Vorschriften v. 5. VII. 1897 in 3 aufsteig. Kursen bearb. 12. Aufl. (XII, 560 S. m. Abb.) 8. Wittenberg 910. R. Herrosé. Geb. nn 2. 05

— Ausführliche Lösungen zu den geometrischen Rechenaufgaben in der praktischen Geometrie. 8. u. folg. Auflagen. (48 S.) 8. Wittenberg 907. R. Herrosé. — 60

— u. Th. Jaeger, Rechenheft f. ländliche Fortbildungsschulen. Ausg. B. Resultate. gr. 8. (11 S.) Wittenberg 891. R. Herrosé. n. — 30

—— und Th. Jäger, Rechenheft für Handwerker-Fortbildungsschulen. gr. 8. (51 S.) Eschwege 886, (Roßbach.) *

—— —— dass. — s. Übungsbücher für Handwerker- und Fortbildungsschulen.

— u. Th Jaeger, Rechenhefte f. Handwerker-Fortbildungsschulen. Lösungen zu den Aufgaben. Heft I u. II. (11. Aufl. u. folgende.) gr. 8. (34 S.) Ebd. 899. n. — 50

— — dasselbe. Für die Fortbildungsschulen im Königr. Sachsen eingerichtet von A. Schuster. Lösungen zu den Aufgaben. gr. 8. (14 S.) Ebd. 899. n. — 25

— u. Th. Jaeger,

— — Rechnen, s. a. Übungsbücher f. Handwerker- u. Fortbildungsschulen.

— u. Th. Jaeger. Rechnen. Ausg. B. f. ländl. Fortbildungsschulen. gr. 8. (48 S.) Wittenb. 891, Herrosé Verlag. * — 35
Resultate. (11 S.) * — 30

— das Rechnen in der gewerbl. Fortbildungsschule im Anschluß an die Gewerbekunde. Bearb. nach den Vorschriften vom 5. VII. 1897. Stufe IV, III u. II u. I, 1.—3. Tl. 8. Wittenberg, R. Herrosé. n.n. 3. 75
IV. III. 2. durchgeseh. Aufl. (IV, 88 S. m. Fig.) 906. n.n. — 65
II. (116 S. m. Fig.) 905. n. — 75
I. 1. Für Bauhandwerker u. verwandte Berufe. (IV, 109 S. m. Abbildgn.) 906. n. — 85
2. Metallarbeiter u. Schriftsetzer. (IV, 94 S. m. Abbildgn.) 906 n. — 75
3. Bekleidungs- u. Nahrungsmittelgewerbe u. verwandte Berufe. (IV, 83 S. m. Abbildgn.) 906. — 75

— dasselbe. Lösungen, ausgeführt bezw. vollzogen durch Karl Albrecht. 1. u. 2. Heft u. 3. Heft. I.—III. Tl. 8. Ebd. 906. n. 3. 15
1. Stufe IV u. III. (30 S.) 906. n. — 50. — 2. Stufe II. (34 S.) — 50. — 3, I. Stufe I, 1. Tl. (57 S.) — 80. — 3, II. Dasselbe. 2. Tl. (40 S.) — 60. — 3, III. Dasselbe. 3. Tl. (46 S.) — 75.

— Das Rechnen in der gewerblichen Fortbildungsschule im Anschluß an die Gewerbekunde. Bearb. nach d. Vorschriften v. 5. VII. 1897. Stufe II. 3. Aufl. (IV, 121 S. m. Fig.) 8. Ebd. 908. — 75

— dasselbe. Stufe IV u. III. 5. verb. Aufl. (IV, 90 S. m. Fig.) 8. Ebd. 911. nn — 65

— u. Th. Jaeger, Rechnen f. Handwerker u. Fortbildungsschulen. Lösgn. durch Almeroth. Heft I u. II. (16. Aufl. u. folgende.) (37 S.) gr. 8. Wittenberg 907. R. Herrosé. - 50

– u. Th. Jaeger

— — Rechnen (m. dem Wichtigsten aus der Wechsellehre), s. a. Übungsbücher f. Handwerker- u. Fortbildungsschulen.

— — Rechnen (m. dem Wichtigsten aus der Wechsellehre). Ausg. A f. Handwerker u. Fortbildungsschulen. 7., verm. u. verb. Aufl. gr. 8. (74 S.) Ebd. 894. n. — 40

[F.] Rechnen '(m. d. Wichtigsten aus d. Wechsellehre)'. Ausg. A. f. Handwerker- u. Fortbildgsschulen v. J. Schanze, Rektor, ... [&] Th. Jaeger, Lehrer in Eschwege. 8. verm. u. verb. Aufl. ... *Wittenberg: R. Herrosé 1896.* (75 S.) 1 Bd 8.
= Übungsbücher f. Handwerker- u. Fortbildgsschulen. H. 1. (98. 3667

[F.] Rechnen '(mit dem Wichtigsten aus der Wechsellehre)' f. Handwerker- u. Fortbildgsschulen v. J. Schanze ... u. Th. Jaeger ... Ausg. f. d. Kgr. Sachsen. Bearb. v. A. Schuster ... *Wittenberg: R. Herrosé 1898.* (62 S.) 1 Bd 8. (98 11422 H.

Rechnen ⟨mit d. Wichtigsten aus d. Wechsellehre⟩ für Handwerker- u. Fortbildungsschulen bearb. nach d. Vorschr. d. H. Min. v. 5. Juli 1897 von J. Schanze, Rektor, Th. Jaeger, Lehrer in Eschwege. 12. Aufl. H. 1. *Wittenberg: R. Herrosé 1901.* 8° [F.]
= Übungsbücher f. Handwerker- u. Fortbildungsschulen. H. 1ᵃ. (02. 3119

Rechnen ⟨mit dem Wichtigsten aus der Wechsellehre⟩ für Handwerker- und Fortbildungsschulen, bearb. nach d. Vorschriften d. Minist. v. 5. Juli 1897 von J. Schanze, Rektor [&] Th. Jaeger, Lehrer in Eschwege. 14. verb. Aufl. H. 1. Wittenberg: R. Herrosé 1904. 8° [F.]
= Übungsbücher f. Handwerker- u. Fortbildungsschulen. H. 1a. (05. 1544

– u. W. Schanze

— — Sammlg. poetischer Stücke z. Gebrauche bei Andachten, festl. Gelegenheiten, Abendunterhaltungen, Spaziergängen etc. b. Fortbildungsschulen. Anh. z. Lesebuch f. Fortbildungsschulen. gr. 8. (VIII, 39 S.) Ebd. 895. n. — 25

— Uebungsbücher f. Handwerker- u. Fortbildungsschulen. 1. Hft. Rechnen (m. d. Wichtigsten aus d. Wechsellehre). Ausg. A. f. Handwerker- u. Fortbildungsschulen. 8., verm. u. verb. Aufl. gr. 8. (75 S.) Ebd. 896. n. — 40

— u. A. Schmeitzer, Warenkunde m. dem Notwendigsten aus der mechanischen u. chemischen Technologie im Anschluß an die Handelsgeographie. Für die Hand der Schüler in kaufmänn. u. gewerbl. Fortbildungsschulen bearb. (VIII, 180 S. m. Abbildgn.) gr. 8. Ebd. 903. n. 1. 40; geb. n.n. 1. 65

— u. A. Schmeitzer, Warenkunde m. dem Notwendigsten aus der mechanischen u. chemischen Technologie in Beziehung m. der Handelsgeographie. Für die Hand der Schüler in kaufmänn. u. gewerbl. Fortbildungsschulen bearb. 2., umgeänd., verb. u. verm. Aufl. (VI, 176 S. m. Abb.) gr. 8. Ebd. 908. 1.80; geb. n 2. 05

— kurzer praktischer Wegweiser f. den Unterricht in gewerblichen Fortbildungsschulen. Bearb. nach Maßgabe der Vorschriften des Hrn. Ministers vom 5. VII. 1897 u. unter steter Berücksicht. des Berufslebens d. Schüler. gr. 8. (VII, 215 S.) Wittenberg 902. R. Herrosé. n. 2. 75; geb. n. 3. —

Schanze, Johs., Erklärung des hessischen Landeskatechismus. Im Anschlusse an die Katechismus-Erklärung von Leimbach in Goslar zum Gebrauche in den Oberklassen der Volks-, in den Mittelklassen der höheren Schulen und im Konfirmanden-Unterrichte bearb. und hrsg. 8. (IV, 185 S.) Schmalkalden 881, Wilisch. *

Der Anspruch auf Löschung des Gebrauchsmusters. Von Prof. Dr. Oscar Schanze. Leipzig: H. Buschmann 1905. (57 S.) 8°
= Sammlung industrierechtl. Abhandlungen. Bd 1, H. 1. (05. 1840

Schanze, Osc., Beiträge zur Lehre v. der Patentfähigkeit. Eine krit. Materialiensammlg. gr. 8. (III, 94 S.) Berlin 902. G. Siemens. n. 2. —
Erweit. Sonderabdruck aus: „Glaser's Annalen f. Gewerbe u. Bauwesen."

Schanze, Osc., Beiträge zur Lehre v. der Patentfähigkeit. Eine krit. Materialiensammlg. 2. Heft. (III u. S. 93—277.) 8. Berlin 904. G. Simons. n. 3. —; (Vollst. n. 5. —)
Erweit. Sonderabdruck aus: „Glaser's Annalen f. Gewerbe".

Schanze, die patentrechtlichen Bestimmungen des deutsch-österreichischen Uebereinkommens üb. den gegenseitigen Patent-, Muster- u. Markenschutz vom 6. Dezbr. 1891. [Aus: „Annalen des Deutschen Reichs".] gr. 8. (III, 47 S.) München 894. G. Hirth. — 75

Schanze, d. privatrechtl. Bestimmungen des deutsch-österr. Uebereinkommens über d. gegenseit Patent-, Muster- u. Markenschutz v. 6. Dezbr. 1891. gr. 8. (III, 47 S.) München 894. [Hirth.] J. Schweitzer Sort. n. — 75

Die Erfinderehre und ihr rechtlicher Schutz. Von Prof. Dr. Oscar Schanze. Berlin & Leipzig: W. Rothschild 1906. (124 S.) 8°
= Schanze: Sammlung industrierechtl. Abhandlungen. Bd 2, H. 3. (06. 17303

Erfindungsbruchstück und Erfindungszusatz. Von Prof. Dr. Oscar Schanze. Berlin & Leipzig: W. Rothschild 1906. (95 S.) 8°
= Schanze: Sammlung industrierechtl. Abhandlungen. Bd 2, H. 2. (06. 17302

Die Kollision der Patente. Von Prof. Dr. Oscar Schanze. Berlin & Leipzig: W. Rothschild 1906. (60 S.) 8°
= Schanze: Sammlung industrierechtl. Abhandlungen. Bd 2, H. 4. (06. 17304

Schanze, Osc., das Kombinationspatent. (IV, 228 S.) gr. 8. Berlin 910. C. Heymann. 6. —

Das Schlick'sche Patent und seine Beurteilungen (durch d. Patentamt, d. Reichsgericht, die Prof. Riedler, Lüders etc.). Von Prof. Dr. Oscar Schanze. Leipzig: H. Buschmann 1905. (128 S.) 8°
= Schanze: Sammlung industrierechtl. Abhandlungen. Bd 1, H. 3. (08. 17299

Schanze, die Patentertheilung. Vortrag, geh. in der jurist. Gesellschaft zu Wien am 27. I. 1897. [Aus „Sächs. Archiv f. bürgerl. Recht u. Prozeß".] gr. 8 (19 S.) Leipzig 897. Roßberg. n. — 60

— das belgische Patentrecht. (III, 96 S.) gr. 8. Leipzig 904. [H. Buschmann.] Berlin, Dr. W. Rothschild. n. 4. —; geb. in Halbfrz. n. 5. —

Das französische Patentrecht. Von Oscar Schanze. *Leipzig: H. Buschmann 1903.* (73 S.) 8° [04. 1553

Schanze, Oscar. Das schweizerische Patentrecht und die zwischen dem Deutschen Reiche und der Schweiz geltenden patentrechtlichen Sonderbestimmungen. IV + 91 S. 8. Leipzig, Harry Buschmann, 1903. [M. 4. —]

Schanze, Oscar. Patentrechte des Auslandes (**Umschlag:* Ausländische P'): Belgien – Frankreich – Schweiz. 2. wohlfeile Ausgabe. (3 Bände.) II + IV + 95 + IV + 73 + IV + 91 S. 8. Berlin und Leipzig, Dr. Walther Rothschild, 1907. (*cpl.* M. 8.—, geb. 9.—)

(Band 3: Das schweizerische Patentrecht und die zwischen dem Deutschen Reiche und der Schweiz geltenden patentrechtlichen Sonderbestimmungen.) IV + 91 S. = *Neue (Titel-)Ausg. des* Leipzig 1903 *ersch. Werkes (s. Bulletin 1903, S. 585)*: N 2235

Bibliograph. Bulletin 1907.

— das Recht der Erfindungen u. der Muster. Untersuchungen. gr. 8. (VI, 518 S.) Leipzig 899. Rossberg'sche Verlagsb. n. 13. —; geb. n. 15. —

Die Register- und Rollen-Einschreibungen auf dem Gebiete des Industrierechts. Von Prof. Dr. Oscar Schanze. Leipzig: H. Buschmann 1905. (86 S.) 8°
= Schanze: Sammlung industrierechtl. Abhandlungen. Bd 1, H. 2. [05. 17294

— Sammlung industrierechtlicher Abhandlungen. 2 Bde. à 4 Hefte. Ebd. n. 28. —; geb. in Leinw. n. 30. —

I. 1. Der Anspruch auf Löschg. des Gebrauchsmusters. (57 S.) 905. n. 3. —
2. Die Register- u. Rollen-Einschreibungen auf dem Gebiete des Industrierechts. (86 S.) 905. n. 4. —
3. Das Schlick'sche Patent (D. R. P. Nr. 80974) u. seine Beurteilungen (durch das Patentamt, das Reichsgericht, die Professoren Riedler, Lüders etc.). (128 S.) 905. n. 5. —
4. Erfindung u. Erfindungsgegenstand. (81 S.) 906. n. 3. —
II. 1. Ueber die Tragweite des Patentschutzes. (83 S.) 906. n. 4. —
2. Erfindungsbruchstück u. Erfindungszusatz. (95 S.) 906. n. 4. —
3. Die Erfinderehre u. ihr rechtl. Schutz. (124 S.) 906. n. 5. —
4. Die Kollision der Patente. (60 S.) 907. n. 3. —

Über die Tragweite des Patentschutzes. Von Prof. Dr. Oscar Schanze. Berlin & Leipzig: W. Rothschild 1906. (83 S.) 8°
= Schanze: Sammlung industrierechtl. Abhandlungen. Bd 2, H. 1. [06. 17301

— patentrechtliche Untersuchungen. gr. 8. (VII, 460 S.) Jena 901. G. Fischer. n. 10. —

Schanze, Wilhelm

Kurze Darstellung der Geschichte und Tätigkeit des Handels- und Gewerbevereins zu Cassel. Zur Jubelfeier s. 50jähr. Bestehens ... abgefaßt von Rektor W. Schanze. Hrsg. im Juli 1905 v. Vereinsvorstand. Cassel: Selbstverl. d. Vorst. (1905). (173 S.) 8°
[Umschlagt.:] Festschrift d. Handels- u. Gewerbevereins zu Cassel 1855. 1905. [05. 13117 4

Die Jubiläums-Gewerbeausstellung in Cassel vom 1. Juli bis 4. Sept. 1905. Im Auftr. d. geschäftsführ. Ausschusses ... bearb. von Rektor W[ilhelm] Schanze. Hrsg. im März 1906 v. geschäftsführ. Ausschusse. Cassel: Handels- u. Gewerbever. 1906. (XII, 367 S.) 4°(8°) [07. 9147 4

Schänzel, Ign., das Buch von der Kehlsucht u. Rotzkrankheit der Pferde für d. Einwohner auf d. Lande. gr. 8. Linz ... Akadem. B. 5 gr.

Schanzen, Düppeler. (Plan.) qu. Fol. Lith. Cassel 849, Vollmann. 1/12 ℳ

Schanzenbach, Alois, und J. N. Stützle, das große illustrirte Leben und Leiden unseres Erlösers Jesu Christi und der jungfräulichen Gottesmutter Maria. Zur Erbauung der Frommen, zum Troste der Leidenden und zur Abwehr der Ungläubigen, nach den 12 Glaubensartikeln neu bearb. Mit 40 Holzschn. nach Overbeck, Reni, Rubens ꝛc. 1—13. Heft. gr. 4. (S. 1—1040 mit 30 Holzschnit. und Titel in Holzschn.) Ulm 859—62, Ebner'sche Buchh. à Heft 7½ Ngr. Thlr.

Schanzenbach, A., und J. N. Stützle, das große illustrirte Leben und Leiden unseres Erlösers Jesu Christi und der jungfräulichen Gottesmutter Maria. Zur Erbauung der Frommen, zum Troste der Leidenden und zur Abwehr der Ungläubigen, nach den 12 Glaubensartikeln bearb. 14.—18. (Schluß-)Heft. gr. 4. (VIII und S. 1361—1434 mit 2 Holzschntaf.) Ulm 863—65, Ebner. à Lfg. 7½ Ngr.

—— dass. — 3. Aufl. (In 18 Heften.) 1. Heft. gr. 4. (X und 80 S. mit eingedr. Holzschn. und 4 Holzschntaf.) Ebendas. 867.

Schanzenbach, Carl, s. Schanzenbach, Karl

Schanzenbach, Carl Otto, s. Schanzenbach, Otto

Schanzenbach, Karl

Schanzenbach, Carl, Gerichtsref. aus Bonn am Rhein: Gibt es oder in wie weit gibt es in gegenseitigen Verträgen eine Pflicht zur Annahme der Gegenleistung? *Bonn 1898: J. Trapp.* (37 S.) 8°
Erlangen, Jur. Diss. v. 11. März 1898

Schanzenbach, Karl Otto, s. Schanzenbach, Otto

[Umschlagt.:] [F.] Alt-Ludwigsburg. Vorträge u. Abhdlgn v. Otto Schanzenbach. *Ludwigsburg: J. Aigner* (Sondert. 1. 3.: *Dr. v. Greiner & Ungeheuer;* 4: *Dr. v. K. G. Dittmar;* 5: *Buchdr. Ungeheuer & Ulmer) (1889—97).* 1 Bd 8.
[Sondert.: 1.] Ludwigsburg unter König Friedrich. Zwei Vortr ... v. ... Schanzenbach. 1892. (65 S.)
[2.] Königin Mathilde v. Württemberg u. die Ludwigsburger. Von ... Schanzenbach. 1897. (47 S.)
[3.] Ludwigsburgs Gewerbsleben im vor. Jh. Von ... Schanzenbach. 1889. (48 S.)
[4.] [F. u. Aut.] Ludwigsburg gegen Ende d. vor. Jhs. E. Vortr. v. ... Schanzenbach. (1890.) (43 S.)
[5.] Jakob Friedrich Kammerer v. Ludwigsburg und die Phosphorstreichhölzer. E. Beitr. z. Gesch. d. Ludwigsburger Gewerbes ... v. ... Schanzenbach. 1896. (39 S.) [07. 5255

Schanzenbach, Otto Französische Einflüsse bei Schiller. 52 S.
Progr. EbL. G. *Stuttgart* 1885

Schanzenbach, *Carl* Otto [Marine-Unterarzt aus Cannstatt '(Württemb.)']: Über einen Fall von Ekzema tuberculosum ... Berlin, Buchdr. v. G. Schade, *1895*; 30 S., 1 Bl. 8.
Berlin, Med. Fak., Inaug.-Diss. v. 9. Juli 1895

Schanzenbach, O.: Festschrift zum Jubiläum der Schützengilde. Zur Geschichte der Stuttgarter Schützengilde. Stuttgart, 1901. 2661

Schanzenbach, O., aus der Geschichte d. Eberhard-Ludwigs-Gymnasiums in Stuttgart, s.a. Festschrift zur Jubelfeier desselben.

Schanzenbach, Otto Aus der Geschichte des Eberhard-Ludwigs-Gymnasiums. 4 (104 S.).
In: Festschrift zur Jubelfeier des Eberhard-Ludwigs-G.
Progr. *Stuttgart* 1886 (541).
Nachträge im Progr. 1887 (551) S. 3—5.

Schanzenbach, Otto, grammaire française, s.: Borel, Eug.

Schanzenbah, Otto s. Ludwigsburg-Marbach-Maulbronn. Zürich ([18]93) – Stuttgart-Cannstatt-Esslingen. Zürich ([18]92).

Ludwigsburg-Marbach-Maulbronn. (Von O[tto] Schanzenbach, A Kautter [und] Paul Lang.) Mit 12 Bildern (*°Umschlag:* Illustrationen) und einer Karte. (Europäische Wanderbilder. № 216. 217.) 8. Zürich ([18]93).
Durch Schwaben. Bändchen 2.

— Königin Mathilde v. Württemberg u. die Ludwigsburger. 8. (47 S.) Ludwigsburg 897. J. Aigner. n. — 60

[Umschlagt.:] Schanzenbach, *Otto* [Prof. Dr.]: Nachträge zur Geschichte des Eberhard-Ludwigs-Gymnasiums. Folge 2 '(vgl. Progr. v. 1887)'. [Nachtr. 2 zu: Aus d. Geschichte d. Eberh.-Ludw.-Gymn. = Festschr. 1886.] Stuttgart, k. Hofbuchdr. C. Liebich, 1893; 75—76 S. 4.
Stuttgart, Eberhard-Ludwigs-G, P 1893 (590)

Schanzenbach, Otto, Prof. Dr.: Nachträge zur **Geschichte** des Eberhard-Ludwigs-Gymnasiums. (Folge 3.) *Stuttgart 1899: C. Liebich.* (S. 101–104.) 4° ¶ (Forts. d. Festschr. 1886 u. d. Progr. 1887 u. 1893.)
Stuttgart, Eberhard-Ludwigs-G, P 1899 (628)

Schanzenbach, Otto [Prof. Dr.]: Ein Rousseaujünger im Hause Württemberg. Stuttgart, k. Hofbuchdr. C. Liebich, 1889; 1 Bl., 81 S. 4°
Stuttgart, Eberhard-Ludwigs-G, P 1889 (561)

— e. Rousseaujünger im Hause Württemberg. 4. (81 S.) Tübingen 889. (Fues' Verl.) n. 2. 40

Schanzenbach, O., Mömpelgards schöne Tage. gr. 8. (40 S.) Stuttgart 887. Kohlhammer. n. — 60

Schanzenbach, Otto, thèmes de la grammaire de Mr. Eugène Borel, s.: Löffler, J.

Schanzenbach, Wilhelm [app. Arzt aus München]: Über die Teleangiektasien am Augenlide. . . . München, Druck v. R. Oldenbourg, 1891; 19 S. 8°
München, Med. Fak., Inaug.-Diss. v. 1891

Schanzenbah, Otto, s. Schanzenbach

Schanzenprocess. Der Baslerische Schanzenprozess. 8. Basel 1861.
Mutmasslicher Verfasser: Carl Wieland.

SCHANZER, Johann (München): (Titel nicht festgestellt)
15.6.1872 - F 73; Chr 1871/72,20
Diss. Ingolst.-Landsh.-Mchn.

Schanzer, Paul G., Gewalt geht vor Recht, s. a. Vorwärts.

[F.] Gewalt geht vor Recht oder Der Fahne treu. Lebensbild in 1 Akt. Nach e. Idee v. F. S. f. d. Bühne bearb. v. Paul G. Schanzer . . . *Berlin: A. Hoffmann 1895.* (12 S., 1 Bl.) 1 Bd 8.
= Vorwärts. Ser. III. No 3. [96. 1236

Schanzer, Paul G., Gewalt geht vor Recht od.: Der Fahne treu. Lebensbild in 1 Akt. Nach e. Idee v. F. S. f. die Bühne bearb. 3. Aufl. gr. 8. (13 S.) Berlin (901). A. Hoffmann. — 30

Schanzer, R., Lehrbuch der Mineralogie und Geologie für die oberen Klassen der Gymnasien. 6. Aufl. Gr.-8°. (ill. 122 S.) K 1.50, geb. K 2.
Wien: Temsky 1908.

Cabaret und Variété. Ein Brettl-Allerlei. Von Rudolph **Schanzer.** Mit e. Bildn. d. Verf. *Berlin: Th. Mayhofer Nachf. [1902].* (102 S.) 8° [F.] [03. 5857

— drei Pantomimen, s. a. Theater-Bibliothek, bunte. 4.

Drei Pantomimen von Rudolph **Schanzer.** Pierrots Tücke, Traum u. Tod. Der verliebte Haubenstock. Das Muttermal. Berlin: Th. Mayhofer Nachf. [1901]. (32 S.) 8° [F.]
= **Theater-Bibliothek,** Bunte. H. 4. [06. 1985 II

Drei Pantomimen von Rudolph **Schanzer.** Pierrots Tücke, Traum u. Tod. Der verliebte Haubenstock. Das Muttermal. 3. Aufl. *Berlin: Th. Mayhofer Nachf. [1901].* (32 S.) 8° [F.]
= **Theater-Bibliothek,** Bunte. H. 4. [03. 5017

Schanzer, Stanisl., Gendarmen-Lied. **Wien 853. (Greß.)** Imp.-4. (1 lith. Bl. in Farbendruck.) n. 8 ngr.

Schanzer, S. Gendarmen- und Ulanen-Lied. 2 Musikst. für Singstimme mit Begleitung. Wien 1853.

Schänzli, F., Schweizer Deklamationen u. Vorträge f. gesellige Kreise. Gesammelt u. hrsg. Neue Ster.-Ausg. 8. (96 S.) Reutlingen (901). Enßlin & Laiblin. — 60

Schanzlin, Friedr., über die Vortheils-Gerechtigkeit im Großherzogthum Baden u. deren Anwendung bei Erbtheilungen u. Vermögens-Uebergaben. gr. 8. (3 B.) Karlsruhe [u. Freiburg,] Herder'sche Vrlgsb.

Schanzlin, Fr., über die Vortheils-Gerechtigkeit im Großherzogthum Baden und deren Anwendung bei Erbtheilungen u. Vermögens-Uebergaben. gr. 8. Karlsruhe u. Freiburg 843, Herder'sche Buchh. 1/4 ₰

Schaper: De tertio hexametri latini ordine cap. I., 25 S.
–Insterburg, Progr. 1862

Rede, gehalten am Johannisfest 1872 in der Loge zum Tempel der Eintracht in Posen. [Von Schaper. Posen 1872]: Neumeyer. 13 S. 8° [Umschlagtit.]
Die Säulen der Weisheit, Stärke, Schönheit, gedeutet durch Weisheit, Tapferkeit, Gerechtigkeit u. Selbstbeherrschung.

Schaper's Taschenbuch der tierärztlichen Hochschulen d. Deutschen Reiches. 10. Jahrg. 1910—1911. (165 S. m. 2 Bildn.) kl. 8. Hannover, M. & H. Schaper. — 70
Erschien früher u. d. T.:

Schaper's Taschenbuch f. Studirende der thierärztlichen Hochschule zu Hannover. 1. Jahrg. Studienj. 1901—1902. 12. (67 S. m. 1 Bildnis u. 1 farb. Plan.) Hannover, M. & H. Schaper. n. — 70

— Taschenbuch f. landwirtschaftl. Tierzucht. III. Jahrg. 1910. (146 S. m. 1 Bildnis.) kl. 8. Ebd. 1. 40

Schaper's veterinär-medizinisches Taschenbuch. Für Studierende der tierärztl. Hochschule zu Hannover u. f. prakt. Tierärzte. VI. Jahrg. 1906—1907. (92 S. m. 1 Bildnis.) kl. 8. Hannover, M. & H. Schaper. — 70

— Veterinär-medizin. Taschenbuch. Für Studierende d. tierärztl. Hochschule zu Hannover u. f. prakt. Tierärzte. VIII. Jahrg. 1908—1909. (93 S. m. 1 Bildnis.) kl. 8. Ebd. — 70

Die Harnleiden, ihre Gefahren, Verhütung u. Beseitigung. Gemeinverständl. dargest. f. Gebildete aller Stände von Dr. med. [Adolf] Schaper, (Spez.-Arzt f. Haut- u. Harnleiden), Berlin. *Berlin: M. Richter [1903].* (61 S.) 8° [03. 2797

Schaper, die Harnleiden, ihre Gefahren, Verhütung u. Beseitigung. (2. Aufl. 5. Taus.) (62 S.) gr. 8. Berlin (903). Frankfurt a/O., M. Richter. 1. —

Schaper, *Albert* [pr. Arzt in Schulenburg]: **Ueber Darmresection bei Invagination des Darmes, hervorgerufen durch maligne Geschwülste . . . Göttingen, Druck d. Dieterichschen Univ.-Buchdr., 1892; 25 S. 8.**
Göttingen, Med. Fak., Inaug.-Diss. v. [7. Mai] 1892

Schaper, A., üb. Darmresection bei Invagination d. Darmes, hervorgerufen durch maligne Geschwülste. Diss. gr. 8. (25 S.) Göttingen 892. (Vandenhoeck & Ruprecht.) n. — 60

Schaper, Dr. med. Alfred, Privatdocent und Assistent am Anatomischen Institut der Universität Zürich: Die morphologische und histologische Entwicklung des Kleinhirns der Teleostier. Mit 1 Abbildung im Text. S.A. (Morphologisches Jahrbuch. XXI. Bd. 4. Heft [S. 625—708]). [Die Tafeln XVIII–XXI nebst Erklärung sind nicht beigegeben]. Leipz. W. Engelmann 1894. 83 S. 8°.
Zürich, Med. Fac., Habilitationsschrift.

Schaper, Alfred [app. Arzt aus Braunschweig]: Aus d. Patholog. Institut d. Univ. München. Die Leberegel-Krankheit der Haussäugethiere. Eine ätiologische und pathologisch-anatomische Untersuchung. . . . (Aus: Deutsch. Zeitschr. f. Thiermed. Bd. XVI.) Leipzig, Druck v. J. B. Hirschfeld, 1880; 2 Bl. + 95 + 1 S. u. 5 Taf. 8°
München, Med. Fak., Inaug.-Diss. v. 1880

Schaper, Alfr., über die Zelle. Nachgelassene Schrift. Nach dem Tode des Verf. hrsg. v. Wilh. Roux. (III, 45 S. m. 8 Fig.) gr. 8. Leipzig 906. W. Engelmann. n. — 60

Schaper, August, approb. Arzt aus Esens (Ostfriesl.): **Beitrag zur Aetiologie und Therapie der spontanen Uterusruptur während der Geburt.** *Würzburg 1901: Becker.* (36 S.) 8°
Würzburg, Med. Diss. v. 1901

Schaper, C., s.a. Schaper, Karl

Schaper, C., Beitrag zur Geschichte d. Lycker Provinzialschule. Lyck. 4. 8 S.
Schul-/Univ.-Schrift 1865

Schaper, C. W. L., Beiträge zu der Lehre von der Arsenik-Vergiftung, gesammelt am Krankenbett u. in dem Gerichtshofe. gr. 8. (17½ B.) Berlin 846, G. Reimer.

Schaper, Carl, s. Schaper, Karl

Schaper, Carl Wilhelm Ludwig,
s. Schaper, Karl Wilhelm Ludwig

Schaper, Christoph (Braunschweig) A. S. 574/10

Dissertatio iuridica inauguralis de regula iuris quod in casu dubio omnia bona mariti esse praesumenda sint caute adhibenda.
Präs. Johann Friedrich Eisenhart.
Helmstedt (Schnorr) 7. VIII. 1771. 51 S.

W. v.: Franz Dominicus Haeberlin, Präs., Alb. Phil. Frick. 29987

Schaper, Cph. de: Vie militaire, s. Schaper, Karl von

Schaper, Aemil. Anton. Amum. (geb. Elbing 10. 9. 1840). De aqua putulenta. Berolini (1864). (32 S.) 8°
Berlin, Med. Diss. v. 6. Aug. 1864

Schaper, Erich, a. Lübeck: Untersuchung eines kleinen erdmagnetischen Störungsgebietes. (Ottilienberg bei Themar an der Werra.) Meiningen 1906: Keyssner. (29 S.) 8°
Kiel, Phil. Fak., Ref. Weber, Diss. v. 4. Mai 1906
[Geb. 31. Juli 82 Lübeck; Wohnort: Meiningen; Staatsangeh.: Preußen; Vorbildung: Realgymn. Meiningen Reife O. 01; Studium: Marburg 1, Göttingen 3, Kiel 4 S.; Rig. 10. Febr. 06.]

Anleitung zum Erkennen und Ausrichten der Sprünge und Wechsel im Steinkohlengebirge. Ernst **Schaper.** *Gelsenkirchen: C. Bertenburg 1900.* (II, 55 S.) 8° [01. 3453 G

Siehe da, deine Mutter! 8 Marienpredigten ... geh. zu Luxemburg von P. Fr. Ant. **Schäper,** aus d. Congr. d. allerheil. Erlösers. 2. Aufl. *Dülmen: A. Laumann 1901.* (IV, 83 S.) 8° [F.] [01. 4807

Schaper, Friedrich

Schaper, F. Hauptregeln der lateinischen Syntax nebst Musterbeispielen dazu zum wörtlichen Auswendiglernen. Im Anschluss an die Grammatik von Ellendt-Seyffert. 61 S. 8 *Cöslin* 1878.
Vgl. des Verf. unter demselben Titel erschienenes Büchlein. 2. Aufl. (47 S.) 8. Berlin 1884, Bornträger. 40 Pf.
Progr.

Schaper, F., Hauptregeln der lateinischen Syntax, nebst Musterbeispielen dazu zum wörtlichen Auswendiglernen. Im Anschluß an die Grammatik v. Ellendt-Seyffert ausgearb. 8. (47 S.) Berlin 881. Bornträger. n. — 40

Schaper, F., Hauptregeln der lateinischen Syntax, nebst Musterbeispielen dazu zum Auswendiglernen. Im Anschluß an die Grammatik v. Ellendt-Seyffert ausgearb. 2. Aufl. gr. 8. (47 S.) Berlin 884. Bornträger. n. — 40

Schaper, Friedrich [Dir. Dr.]: Schellings Philosophie der Mythologie. Nauen, Druck d. C. E. Freyhoff'schen Buchdr., 1893; 29 S. 4.
Nauen, R[PG, OP] 1893 (108)

Schaper, Frdr., Schellings Philosophie der Mythologie. Progr. gr. 4. (29 S.) Nauen 893. (Leipzig, G. Fock.) n. — 75

Schaper, Friedrich [Dir. Dr.]: Schellings Philosophie der Offenbarung. Nauen, Druck d. C. E. Freyhoffschen Buchdr., 1894; 40 S. 4.
Nauen, RPG, OP 1894 (108)

Schaper, F. Zwei Schulreden. 4 (S. 3—9) Rprg. *Nauen* 1889 (114)
I. Sustine et abstine (Trag und entsag). II. Wünschen, wollen, sollen
Progr.

Schaper, F. [Rekt. Dr.]: I. Sustine et abstine (Trag und entsag). II. Wünschen, wollen, sollen. (Umschl.-Tit.: Zwei Schulreden.) Nauen, Druck d. C. E. Freyhoff'schen Buchdr., 1889; S. 3—9; 4°
Nauen, RPG, OP 1889 (114)

Schaper, Geo. Christ., der Herr weicht u. wankt nicht. 10 Predigten aus dem Jahre 1845. gr. 8. (6 B.) Magdeburg 846, (Falckenberg u. Comp.)

Schaper, Gerhard: Antike Münzen als Anschauungsmittel im altsprachlichen und geschichtlichen Unterricht auf den Gymnasien. Magdeburg, Druck v. E. Baensch jun., 1896; 1 Bl., 16 S., 1 Taf. 4.
Magdeburg, '(st.)' König Wilhelms-G, OP 1896 (244)

Eiserne Brücken. Ein Lehr- u. Nachschlagebuch f. Studierende u. Konstrukteure von G[ottwald] **Schaper.** Mit 1244 Textabb. Berlin: W. Ernst & Sohn 1908. (430 S.) 8° [08. 9995

Schaper, Gust., **Magdeburger Liederbuch. Eine Auswahl v. Liedern u. Gesängen m. besond. Berücksicht. der Volks- u. Vaterlandslieder, in stufenmäß. Folge f. den Schulgebrauch hrsg.** 2 Tle. gr. 8. Magdeburg (903). (Heinrichshofen's Sort.) n. — 95
1. Unter- u. Mittelstufe. Liedergruppe 1—4. (IV, 63 u. 5 S.) — 35
2. Oberstufe. Liedergruppe 5 u. 6. (III u. S. 64—180.) — 60

Schaper, Gust., Magdeburger Liederbuch. Eine Auswahl v. Liedern u. Gesängen m. besond. Berücksicht. d. Volks- u. Vaterlandslieder, in stufenmäß. Folge f. den Schulgebrauch hrsg. (Neue Aufl.) 2 Tle. 8. Magdeburg (907). Heinrichshofen's Verl. — 90; kart. 1. 25
1. Unter- u. Mittelstufe. Liedergruppe 1—4. (IV, 100 S.) — 30; kart. — 45
2. Oberstufe. Liedergruppe 5—7. (190 S.) — 60; kart. — 80

Schaper, Gustav, Turnerlied, Preisgedicht v. Eduard Wagner, f. Männerchöre komp., op. 29, Magdeburg, 5 S., 8°.

Schaper, H., u. P. **Eichholz,** decorative Malereien in gothischem Stile nach Ausführgn. u. Entwürfen v. Sch. gezeichnet v. E. gr. Fol. (40 farb. Taf. m. 6 Bl. Text.) Stuttgart 896—898. Union. In Mappe: 100. —
Erschien auch in 10 Hftn. à 10. —.

Schaper, (H.), u. P. **Eichholz,** decorative Malereien in goth. Stile, nach Ausführgn. u. Entwürfen v. Sch. gezeichnet v. E. (kleine Ausg.) (Neue [Titel-]Ausg.) (40 farb. Taf. m. 8 S. Text.) 42×32 cm. Leipzig [898] (907). G. Schlemminger. In Mappe 40. —

Schaper, Hans von, aus Potsdam: **Ueber die Theorie der Hadamard'schen Funktionen und ihre Anwendung auf das Problem der Primzahlen.** *Göttingen 1898: W. F. Kaestner.* (IX, 68 S.) 8°
Göttingen, Phil. Diss. v. [2. Dez.] 1898

Schaper. Hans v., über die Theorie der Hadamardschen Funktionen u. ihre Anwendung auf das Problem der Primzahlen. Diss. gr. 8. (IX, 68 S.) Göttingen 898. (Vandenhoeck & Ruprecht.) n. 2.—

Schaper, Heinrich [app. Arzt aus Hildesheim]: **Blutuntersuchungen mittelst** Blutkörperchenzählung und Haemoglobinometrie. . . . **Göttingen, Druck** d. Dieterich'schen Univ.-Buchdr., 1891; 47 S. 8°
Göttingen, Med. Fak., Inaug.-Diss. v. [21. Apr.] 1891

Schaper, Heinr., Blutuntersuchungen mittelst Blutkörperchenzählung u. Haemoglobinometrie. Diss. gr. 8. (47 S.) Göttingen 891. (Vandenhoeck & Ruprecht.) n. 1. —

Schaper, Henry: Der dreissigjährige Krieg im Drama und im Roman Englands. Ein Beitr. z. Gesch. d. literar. Beziehungen zwischen Deutschland u. England. Bromberg 1908: Krahl. 40 S. 4°
Schönlanke, k. R i. E. OP 1908 (232) [S 08. 403

Schaper, Hermann

Schaper, H., s.: Charité-Annalen.

Schaper, H., s.: Hülfsbuch bei dem geograph., geschichtl., naturgeschichtl., physikal. u. deutschen Unterrichte in Volksschulen.

Schaper, über Kinderpflege. gr. 8. Hannover 877. Erfurt, Bartholomäus.

Schaper, über Kinderpflege. Vorträge, gehalten zum Besten des vaterländ. Frauen-Vereins in der Aula des Lyceums zu Hannover. gr. 8. (79 S. mit 1 Stnt.) Hannover 877, Rümpler. *

Schaper. H., die Krankenpflege im Kriege, s.: Vorträge über ärztliche Kriegswissenschaft.

— s.: Lungentuberculose, die, in ihren Anfangsstadien.

Schaper, Herm., Vorlagen für Holzmalerei. Motive zur Bemalung von Holzgegenständen, als Lampenteller, Näh- und Schmuckkästchen, Visitenkartentäschchen, Lineale, Briefstreicher, Tischplatten, Musikmappen u. dergl. Fol. (5 Bl. in Farbendr.) Berlin 887, Claesen und Comp. *
Einzeln à Bl. *

Schaper, Herm. (I.), neue Vorlagen für Holzmalerei. 1. Heft. Fol. (5 Chromolithogr.) [Leipzig 881.] Halle, Selbstverlag.
Einzelne Bl. à
Nicht weiter erschienen.

Schaper, Herm., neue Vorlagen für Holzmalerei. 1. Hft. Fol. (5 Chromolith.) Leipzig 881. Titze. 6. —;
einzelne Blätter à 1. 50

— s.: Vorträge üb. Arbeiterversicherung.

Schaper, Herm. (II.), sechs Vorträge über Gesundheitspflege. Gehalten im Frauenbildungsverein zu Hannover. 8. (136 S. mit 1 chromolithogr. Titelbilde und 6 Abbild. im Texte.) Hannover 884, Klindworth. geb. *

— s. Vorträge üb. Syphilis, Genorrhoe etc.

Schaper, J. L. J.

Auferstehung, die, des deutschen Reiches. [Dichtg. v. J. L. J. Schaper.] gr. 8. (267 S.) Bresl. 889, Druck v. W. G. Korn.
Nicht im Handel.

Schaper, J. L. J. Die Auferstehung d. Deutschen Reiches, dargestellt. (Gedicht in Nibelungenstrophen.) gr. 8. (III, 269 S.) Lpz. 891, Hinrichs' Verlag. * 3 —; geb. ** 4 50
Abdruck v. 1889, s. Auferstehung, die, d. Deutschen Reichs.

Schaper, Johann Ernst

Schaperus, J, E., Diss. de cardialgia. Rost. 4°. 1720

—, Diss. de cura cardialgiae externa quid tenendum sit, quae frictionibus perficitur. Rost. 4°.
1720

Schaper, Johann Ernst [Praes.], s. Schaper, Johann Ludwig: Dissertatio circularis medica sistens medicinae curiosae specimen, duobus quaestionibus enodatum (I.) An veritate nitatur? Dass ein Schwindsüchtiger ... (II.) Quid tenendum sit de proverbio in vita civili usitatissimo? Hände und Füsse wachsen nicht wieder, wie die Krebs=Scheeren.

Schaper. Johann Ernst [Praes.], s. Siricius, Gustav Adolph: De emeticis antimonialibus.

Schaper, Jo. Ern., Diss. Medicinae curiosae specimen: 1. de odio etc. 2. de potu sanguinis calentis e corpore hominis contra epilepsiam. Rost. 4°.
1703

Schaper, Johann Ernst:

Joh[annes] Ernestus Schaperus [Schaper] Medicinae curiosae Specimen, 2 quaestionibus. 1.Quid de pilorum canis rabidi impositione vulneri per ejus morsum inducto facta tenendum? 2.An abrasio pilorum operari possit, ut rei facilius à tormentis victi veritatem confiteri teneantur? [Resp:] Joh[annes] Gothofred[us] Germann. Rostochii 1705:Wepplingius. 16 Bl. 8°

Rostock, Med.Disp.v.15.Juli 1705

Schaper, Johann Ludwig (Lausitz) A.S. 1147/17

Dissertatio circularis medica sistens medicinae curiosae specimen, duobus quaestionibus enodatum (I.) An veritate nitatur ? Dass ein Schwindsüchtiger ... (II.) Quid tenendum sit de proverbio in vita civili usitatissimo ? Hände und Füsse wachsen nicht wieder, wie die Krebs=Scheeren. Präs. Johann Ernst Schaper. Rostock (Schwiegerow) 4. VI. 1712. 39 Bl. 29991

Schaper, Johann Ernst:

Joh[annis] Ernest[i] Schaperi [Schaper] Medicinae curiosae Specimen, 2 quaestionibus enodatum: 1. An veritate nitatur? Daß ein Schwindsüchtiger Leber und Lunge aushusten könne und daß man die Lunge könne wieder wachsend machen. 2. Quid tenendum sit proverbio in vita civili usitatissimo? Hände und Füsse wachsen nicht wieder, wie die Krebs-Scheeren. Ed. nova. Rostochii & Lipsiae 1753. 92 S. 8°

[Erschien zuerst als Med. Disp. Rostock 1712.]

Schapper, I. E., medicinae curiosae specimem. 4. Rostock Bödner. 753.

Schaper, Karl

Schaper. C.: De eclogis Vergili interpretandis et emendandis. 43 S.– Posen Fr. W. G., Progr. 1872.

Schaper, Karl: Zwei Fälle von progressiver Muskelatrophie Göttingen, Druck d. Dieterich'schen Univ.-Buchdr., 1892; 16 S. 8.
Göttingen, Med. Fak., Inaug.-Diss. v. [17. Febr.] 1892

Schaper, K., zwei Fälle v. progressiver Muskelatrophie. Diss. gr. 8. (16 S.) Göttingen 892. (Vandenhoeck & Ruprecht.) n. — 60

— De Georgicis a Vergilio emendatis. Pr. 1873. 72 S. 4°.

Schaper, C., de Georgicis a Vergilio emendatis. gr. 4. (72 S.) Berlin 873. Calvary & Co. n. 2. —

An der Grenze. Erzählung von Karl Schaper. *Erfurt: F. Bartholomäus [1904].* (103 S.) 8° [ℌ.]
(Kollektion Buffalo-Bill. No 8.) [04. 13666 3

— Jahresbericht üb. die röm. Bukoliker: Vergil. S.-A. 1882. 46 S.

Schaper, Carl: Über das Oxydationspotential der Oxalate des Eisens und des Oxalations. 1910. 55 S. 8⁰ ¶ Vgl. Zeitschrift f. physik. Chemie. Bd 72.
Braunschweig, Dr.-Ing.-Diss. v. 21. 7. 1910

Schaper, Caroli, Quaestionum Vergilianarum liber I. De eclogis. gr. 8. (36 S.) Berlin 880, (Calvary und Comp.) *
Aus: Symbolae Joachimicae, besonders abgedruckt.

Schaper, Karl, s. Herm. Scholz. Reden gehalten am Sarge des Prof Dr. A. Seebeck † am 11. Januar 1885. S. 1–8. Joach. Berlin 1885.
Progr.

Die Söhne des Adlers. Erzählung aus d. Rocky Mountains von Karl Schaper. *Erfurt: F. Bartholomäus [1904].* (118 S.) 8° [ℌ.]
(Kollektion Buffalo-Bill. No 9.) [04. 13667 3

de Schaper, Cph., († d. 29. Jan. 1799.) s. a. Vie militaire.

(v. Schaper, Carl.) Vie militaire du maréchal prussien Prince Ferdinand de Brunsvic, pendant la guerre de 7 ans en Westphalie. 2 v. 8. Magdebourg et Nuremberg 1796–98. 11,00.

Schaper, Carl, Referendar in Esens: Wesen und Wirkung der Wandlungseinrede. [Jena: G. Fischer 1907.] 8° ¶ (Aus: Jherings Jahrbücher f. d. Dogmatik d. bürgerl. Rechts Bd 52 = 2. Folge Bd 16.)
(Nicht für den Austausch, lag nicht vor.)
Rostock, Jur. Fak., Ref. Matthiaß, Diss. v. 10. Dez. 1907
[Geb. 27. Sept. 80 Esens (Ostfriesland); Wohnort: Esens; Staatsangeh.: Preußen; Vorbildung: Gymn. Norden bis O. 95; Studium: Würzburg 1, Berlin 1, München 1, Göttingen 3 S.; Rig. 27. Juli 07.]

Schaper, Karl Wilhelm Ludwig

Schaper. [illegible]
[illegible]
Berlin, Med. Diss. v. 12. Nov. 18[illegible]

Schaper, L. zur Kenntniss des Cumols. Göttingen. 34 p. 1867
Schul-/Univ.-Schrift

Schaper, Ludw., die 17. Division im Feldzug 1870—71. gr. 8. (88 S.) Guben 884, (Berger's Buchh.) *

— Geschichte der socialen Frage. gr. 8. (63 S.) Braunschweig 885. Sommermeyer. n. — 80

Zur Geschichte der französischen Rheinarmee. Von Ludwig Schaper. *Worms: (Selbstverl.) 1901.* (125 S.) 8° [ℌ.] [01. 6054

— Militaria. Ein Buch vom deutschen Heere f. Alt u. Jung. [1. Das Heer im Frieden. — 2. Das Heer im Kriege.] 8. (VIII, 216 S. m. 6 Kartenskizzen.) Ebend. 885. n. 3. 50; geb. n. 4. 50

Mit Gott für König und Vaterland! Ein Ruf gegen die Sozialdemokratie v. Ludwig Schaper. Görlitz. 1892. 8°.

— die Theater-Reform und das deutsche Provinzial-Theater. gr. 8. (42 S.) Berlin 881, Entrich.

Schaper, Ludw., e. Vormittag in Kamerun, s.: Theater-Bibliothek f. Vereine.

Schaper, Max [aus Ostpreussen]: Die Sachsenhäuser Appellation von 1324.... Berlin, Buchdr. v. C. Rehm, 1888; 2 Bl. + 94 S. + 1 Bl. 8°
Greifswald, Phil. Fak., Inaug.-Diss. v. 27. März 1888

Schaper, Max die Sachsenhäuser Appellation von 1324. Diss. Greifswald 1888, Jul. Bindewald. 8⁰. 94 S.

Schaper, P., Quae genera compositorum apud Homerum distinguenda sit. Pr. 1873. 22 S. 4⁰. 1,20

Schaper, W: Katalog über zahnärztliche und zahntechnische Bedarfsgegenstände. Dresden (1897)

Schaper, *Wilhelm*: Die Ankerhemmung der (Umschlagtitel: unserer) Taschenuhren. 4 (25 S.) **Progr.** Herz. Rg. *Meiningen* 1900

Schaper, [Wilhelm], Dir. Dr.: Die Ankerhemmung der Taschenuhren. *Meiningen 1900: Keyssner.* (S. 1—25.) 4°
Meiningen, herz. RG, OP 1900 (760)

Schaper, W, Dr., Magnetische Aufnahme des Küstengebietes zwischen Elbe und Oder, ausgeführt von der erdmagnetischen Station zu Lübeck in den Jahren 1885, 86, 87. (Aus dem Archiv der Deutschen Seewarte 1889, No 2.)
Hamburg 1889.

[Schaper, Wilhelm:] Bericht der Geographischen Gesellschaft zu Lübeck nebst Beobachtungen auf der Erdmagnetischen Station über die magnetische Störung am 18. Mai 1892. Lübeck 1892. 4 S., 2 Bl. 4°.

Schaper, W., Beschreibung der erdmagnetischen Station zu Lübeck, s.: Mittheilungen der geographischen Gesellschaft zu Lübeck.

Schaper, W., Grundriß der Experimentalphysik f. höhere Lehranstalten, s.: Scherling, Chr.

Schaper, W.: Klimatisches über Lübeck. Hierzu elf Tafeln. (Festschrift zur Versammlung der deutschen Naturforscher und Aerzte in Lübeck. 1895. S. 249–281.) (Lübeck 1895.) 33 S. 8°.

Schaper, Wilhelm *Christian Hermann* [aus Berel in Braunschw.]: Zur Laut- und Flexionslehre des Speculum ecclesiae. . . . Halle a. S., Hofbuchdr. v. C. A. Kaemmerer & Co., 1891; 59 S. 8°
Halle, Phil. Fak., Inaug.-Diss. v. [5. Febr.] 1891

Schaper, W.: Meteorologisches über Lübeck. Hierzu eine Tafel. (Festschrift zur Versammlung deutscher Naturforscher und Aerzte in Lübeck. 1895. S. 285—292.) (Lübeck 1895.) 8 S. 8°.

Schaper, W., s. a. Station, erdmagnetische, zu Lübeck.

Schaper, W., Erdmagnetische Station zu Lübeck. Heft 1 u. 2. Lübeck 1885/86. 8°.

Schaper, Wilh., Untersuchungen über die aequipotentiale Vertheilung der magnetischen Fluida cylindrischer Stahlstäbe. Inaugural-Dissertation. gr. 8. (36 S. mit 1 Stnt.) Leipzig 880. (Göttingen, Vandenhoeck und Ruprecht's Verlag.) *

Schäper, Franz Anton

Schäper, Fr. Ant., Siehe da, deine Mutter. Acht Marienpredigten zu Ehren Unserer Lieben Frau, der Trösterin der Betrübten, gehalten in der Cathedrale zu Luxemburg. 8. (IV, 109 S.) Dülmen 880, Laumann'sche Verlagsb. *

Schäper, Fr. Ant., C. Ss. R., siehe da, deine Mutter! 8 Marienpredigten zu Ehren Unserer Lieben Frau, der Trösterin d. Betrübten, geh. in d. Cathedrale zu Luxemburg. 2. Aufl. 8. (IV, 84 S.) Dülmen 901. A. Laumann. — 75

Schäperclaus, Eduard [ord. Lehrer d. Gewerbeschule zu Hagen i. W.]: Ueber den Einfluss der Torsion auf Saitenschwingungen. . . . Marburg, Univ.-Buchdr. v. Joh. Aug. Koch, 1889; 50 S. u. 4 Taf. 8°
Marburg, Phil. Fak., Inaug.-Diss. v. [28. Febr.] 1889

Schapir, H., Reminiscenzen aus Dorpat oder der Elephant auf dem Katheder. Kowno 865. Miller. 8. (IV, 108 S.) n. 15 ngr.

Schapira, A., erkenntnistheoretische Strömungen der Gegenwart. Schuppe, Wundt u. Sigwart als Erkenntnistheoretiker, s.a. Studien, Berner, zur Philosophie u. ihrer Geschichte. 39. Bd.

Schapira, A(braham) [aus Russland]: Erkenntnistheoretische Strömungen der Gegenwart. Schuppe, Wundt und Sigwart als Erkenntnistheoretiker. Bern 1904. 83 + 1 S. 8°. [12. VI. 03.]
Bern. Phil. Diss. 1903/1904.

Erkenntnistheoretische Strömungen der Gegenwart. Schuppe, Wundt u. Sigwart als Erkenntnistheoretiker. Von Dr. A. Schapira. *Bern: Scheitlin, Spring & Cie 1904.* (83 S.) 8°
= Studien, Berner, z. Philosophie u. ihrer Geschichte. Bd 39.

Schapira, B., Universal-Briefsteller, s.: **Bermann, M.**

Schapira, Carl, s. Schapira, Karl

Schapira, Dav., der Hypnotismus in seiner psychologischen Beziehung u. forensischen Bedeutung. 8. (20 S.) Berlin 893. H. Steinitz' Verl. n. — 80

Schapira, Hermann

Schapira H. Darstellung der Wurzeln einer allgemeinen Gleichung n-ten Grades mit Hilfe von Cofunctionen aus Potenzreihen. 1883. 8.

Schapira, Herm., Erweiterung der Begriffe der arithmetischen Grundoperationen u. der allgemeinen Confunctionen. 2 Vorträge, geh. in der mathemat. Sektion der 55. Versammlg. deutscher Naturforscher u. Aerzte zu Eisenach am 19. Septbr. 1882. gr. 4. (20 S.) Eisenach 882. (Leipzig, Teubner.) n. 1. —

—— Grundlage zu einer Theorie allgemeiner Cofunctionen. Vortrag, gehalten in der mathemat. Section der 54. Versammlung deutscher Naturforscher und Aerzte zu Salzburg am 19. Septbr. 1881. gr. 4. (20 S.) Wien 881. (Leipzig, Teubner.)
Vorstehende zwei Schriften sind aus: Tageblatt der Versammlung deutscher Naturforscher und Aerzte, besonders abgedruckt.

Schapira, Herm., über ein allgemeines Princip algebraischer Iterationen. Vortrag, gehalten im naturhistorisch-medicin. Verein an der Universität zu Heidelberg am 4. Febr. 1887 [Fortsetzung eines daselbst am 2. Juli 1886 gehaltenen Vortrages „Ueber ein einheitl. Princip zur Classification von Grössen und Functionen"]. gr. 8. (24 S.) Heidelberg 887, (C. Winter's Universitäts-Buchh.) *
Aus: Verhandlungen des naturhistorisch-medicinischen Vereins, besonders abgedruckt.

Schapira. Herm., Theorie allgemeiner Cofunctionen u. einige ihrer Anwendungen. (In 3 Bdn.) 1. Bd. 2. Thl. 1. Hft. gr. 8. (VIII, 224 S.) Leipzig 892. B. G. Teubner. n. 6. —
Der 1. Thl d. 1 Bds. erscheint später.

Theorie allgemeiner Cofunctionen und einige ihrer Anwendungen. Von Dr. Hermann Schapira, Prof, Heidelberg. Bd 1, Th. 2, Heft 1. [Mehr nicht erschienen.] *Leipzig: B.G. Teubner 1892.* (VIII, 224 S.) 8°

Schapira, Karl

Schapira, Carl: Ueber den Wirkungsgrad der Hochfrequenz-Lampe mit unterteiltem Lichtbogen. [1907.] 34 S. 8°
¶ Gekürzte Bearbeitung in: Jahrbuch d. drahtlosen Telegraphie u. Telephonie. Bd 2. 1909.
Berlin, Dr.-Ing.-Diss. v. 13. 12. 1907

Schapira, M., der Ueberfall. Ein wahrheitsgetreues Culturbild aus Rußland. 8. (99 S.) Prag 889. Brandeis. n. 1. 70

— dasselbe. 2. Aufl. 8. (99 S.) Ebd. 889. n. 1. —

Schapire, Anna. Singende Bilder von Anna Schapire [in Bern]. II + 73 S. 8. Dresden, E. Pierson, 1903. [M. 1. 50, geb. M. 2. 50]

Schapire, Bernhard, aus Czernowitz ⟨Bukowina⟩: **Beitrag zur Kenntnis des elektrischen Leitvermögens von Natrium- und Kaliumchlorid in Wasser-Aethylalkoholgemischen.** *(Berlin 1904: A. W. Schade.)* (46 S.) 8°
Berlin, Phil. Diss. v. 30. Apr. 1904

Aus Briefen Theodor Storms an Hans Speckter v. Rosa Schapire. (Leipzig. 1910.) 4° Ausschnitt aus: Zeitschrift für Bücherfreunde. N. F. Jg. 2, H. 2.

Schapire, Rosa, a. Brody ⟨Galizien⟩: Johann Ludwig Ernst Morgenstern. Straßburg 1904: J. H. E. Heitz. (48 S.) 8°
¶ (Ersch. in erweitertem Umfang als Heft 57 der Studien zur Deutschen Kunstgeschichte.)
Heidelberg, Phil. Fak., Ref. Thode, Diss. v. 18. Nov. 1904
[Geb. 9. Sept. 74 Brody (Galizien); Wohnort: Hamburg; Studium: Bern 3, Heidelberg 4 S.; Rig. 23. Febr. 04.]

Schapire, Rosa, Johann Ludw. Ernst Morgenstern, s.a. Studien zur deutschen Kunstgeschichte. 57. Hft.

Johann Ludwig Ernst Morgenstern. Ein Beitrag zu Frankfurts Kunstgesch. im 18. Jh. von Dr. Rosa Schapire. Mit 2 Lichtdrucktaf. Straßburg: J. H. E. Heitz 1904. (73 S.) 8°
= Studien z. deutschen Kunstgeschichte. H. 57.

Schapire, Rosa, s.: Speckter's, Hans, Briefe aus Italien.

Schapire-Neurath, s.a. Neurath.

Schapire-Neurath, Anna. Abriss d. Geschichte d. Frauenbewegung, s.a. Kultur u. Fortschritt.

Schapire-Neurath A. Abriss einer Geschichte der Frauenbewegung. I. II. (Kultur und Fortschritt 254/56 276/78) Gautzsch 1909

— Die Frau u. die Sozialpolitik, s.a. Kultur u. Fortschritt.

Schapire-Neurath, Anna: Die Frau und die Sozialpolitik. — Gautzsch b. Leipzig: Dietrich 1908. 14 S. 8° (Kultur u. Fortschritt. 159.)

— Die Geschichte d. Frauenbewegung im Abriss, s.a. Kultur u. Fortschritt.

— Die Geschichte der Frauenbewegung im Abriss. 1. Die Vorgeschichte der modernen Frauenbewegung im 18. Jahrhundert. 8°. Gautzsch b. Leipzig, Fel. Dietrich, 1909. 2. Die Frauenfrage im Zeitalter der französischen Revolution. 8°. Ebd. 1909. (Kultur u. Fortschritt, 254—255; 276—278.)

— Friedrich Hebbel, s.a. Aus Natur und Geisteswelt.

Friedrich Hebbel. Von Dr. Anna Schapire-Neurath. Mit e. Bildnis Hebbels. Leipzig: Teubner 1909. 135 S. 8°
(Aus Natur u. Geisteswelt. Bdch. 238.)

— s.: Herzen, Alex., u. Natalie Zacharin, ausgew. Briefe.

— Lesebuch der Volkswirtschaftslehre, s.: **Neurath, Otto.**

— Leo Tolstoi, s.a. Kultur u. Fortschritt.

Schapire-Neurath A, Leo Tolstoi. (16 S) (Kultur und Fortschritt 235) Gautzsch 1909

Schapiro, Benjamin, cand. chem.: **Beiträge zur Kenntnis des Acetoxims.** *Königsberg i. Pr. 1900: H. Jaeger.* (43 S.) 8°
Königsberg, Phil. Diss. v. 6. Jun. 1900

Schapiro, J[acob]. Ihr sollt nicht gleich sein. Eine biologische Betrachtung über zwei bedeutsame Zeitströmungen. (Öffentliche Antrittsvorlesung gehalten im Dezember 1903 an der Universität Bern.) 24 S. 8. Zürich, Caesar Schmidt, (1904). [fr. —. 60]

Schapiro, J., ihr sollt nicht gleich sein. Eine biolog. Betrachtg. üb. zwei bedeutsame Zeitströmgn. (24 S.) 8. Zürich (905). Schweizer Druck- u. Verlagshaus. n. — 60

Schapiro, Jacob. Ueber Ursache und Zweck des Hermaphroditismus, seine Beziehungen zur Lebensdauer und Variation, mit besonderer Berücksichtigung einiger Nacktschneckenarten. Diss. Phil. Bern. [Mit Figuren. — Separatabdruck aus: Biologisches Centralblatt. Band 22, Heft 4 u. 5.] IV + 26 S. 8. Leipzig, Georg Thieme, 1902.

Schapiro, Israel, a. Seiny (Rußland): **Die haggadischen Elemente im erzählenden Teil des Korans. T. 1. Berlin 1907: H. Itzkowski.** (57 S.) 8° ¶ [Erscheint vollst. in den „Schriften, hrsg. v. d. Gesellschaft z. Förderung d. Wissenschaft d. Judentums" b. G. Fock, Leipzig.]
Straßburg, Phil. Fak., Ref. Nöldeke-Landauer, Diss. v. 24. Febr. 1906
[Geb. 5. Dez. 81 Seiny, Gouv. Suwalki, Rußland; Wohnort: Seiny; Staatsangeh.: Rußland; Vorbildung: Privatim; Studium: Berlin 6, Straßburg 5 S.; Rig. 10. Febr. 06.]

Schapiro, Israel, die haggadischen Elemente im erzählenden Teil des Korans, s. a. Schriften, hrsg. v. der Gesellschaft zur Förderung der Wissenschaft des Judentums.

Die haggadischen Elemente im erzählenden Teil des Korans. Von Dr. Israel Schapiro. H. 1. Leipzig: G. Fock 1907. 8°
= Schriften, hrsg. von d. Gesellschaft z. Förderung d. Wissensch. d. Judentums. [6.] [07. 13796]

— s.: Maimuni's Mischnah-Kommentar z. Traktat Arachin.

Schapiro, Israil (Leopold). Ueber das Baktericide Verhalten der Pyocianase und ihre Wirkung auf Versuchstiere. Aus dem Hygienischen Institut der Universität Berlin. Diss. Phil. Bern. 20 S. 8. Bern, J. Fischer-Lehmann, 1909.

Schapiro. Marie. Über die Volhard'sche Methode der Pepsinbestimmung. Diss. Med. Bern. 28 S. 8. Bern, H. v. Kamp-Berger. 1909.

Schapiroff, Boris [pract. Arzt aus St. Petersburg]: **Die Behandlung von Neuralgien mit Injectionen von Osmiumsäure . . . .** Jena, Druck v. B. Engau, 1886; 24 S. 8°.
Jena, Med. Fak., Inaug. Diss. v. Jun. 1886.

Schapiroff, Boris, die Behandlung von Neuralgien mit Injectionen von Osmiumsäure. Diss. Jena 1886, G. Neuenhahn. 8°. 24 S.

Schapler, Jul., Chamissostudien. (118 S.) 8. Arnsberg (909). J. Stahl. 1. 50

[J.] **Schapler,** Julius [Dr.]: Der Humor bei Chamisso. Dt. Krone, Druck v. F. Garms, *1897;* 65 S. 8.
Dt. Krone, k. G, OP 1897 (25)

[J.] **Schapler,** Julius [Königl. [!] Oberl.]: **Chamissos Peter Schlemihl . . . [= Progr. v. Deutsch-Krone 1893.] Deutsch-Krone, 1892;** 45 S. 8.
Leipzig, Phil. Fak., Inaug.-Diss. v. [27. Febr.] 1893

[J.] **Schapler,** Julius: Chamissos Peter Schlemihl. [= Inaug.-Diss. v. Leipzig 1893.] Deutsch-Krone, Druck v. F. Garms, *1893;* 45 S. 8.
Deutsch-Krone, k. G, OP 1893 (20)

Schapler, J., Vorlagen z. Uebersetzen ins Latein. in fortlauf. Anschluß an Vergils Äneis. 1. Hft. (Vergili lib. I u. II.) 8. (32 S.) Paderborn 898. F. Schöningh. n. — 30

Schaepman, A. C. M., tractatus de matrimonio, s.: Burgt, F. P. van de.

Schaepman, H. J. A. M., s. Schaepmann

Schaepman, J. E. T., **Dissertatio medica inauguralis de ophthalmia periodica. 8maj. (5½ B.) Groningae 843. (Emden, Rakebrand.)** *

Schaepmann, H. J. A. M., aus dem Gefängniß d. Vatikans. 2. Aufl. gr. 8. (15 S.) Aachen 873. Tepe. — 20

Schaepmann, H. J. A. M., Leo XIII. Ein Charakter- u. Zeitbild. Mit Genehmigg. des Verf. aus dem Holl. ins Deutsche übertr. von L. v. Heemstede Eingeführt v. Frz. Hülskamp. gr. 8. (IV, 50 S.) Münster i/W. 893. Theissing. 1. —

Schaepmann, die christliche Liebe. Rede. Aus dem Holl. übers. v. J. Tiesmeyer. gr. 8. (7 S.) Lingen 898. R. van Acken. n. — 10

Schaepmann, aus der ewigen Stadt. Reiseskizzen. Aus dem Holl. v. J. Tiesmeyer. (50 S.) 8. Lingen 903. R. van Acken. n. — 40

Schaepmann, H. J. A. M., über Vergangenheit und Zukunft der Kirche. 2. Aufl. gr. 8. Aachen 874, Creutzer. (40 Pf.) *

Schaepman, H. J. A. M., die Zeit und ihr König. Aus Anlass des 50jährigen Bischofs-Jubiläums Sr. Heil. Papst Pius IX. aus dem Holländ. übers. von L. v. Heemstede. gr. 8. (VIII, 72 S.) Dortmund 877, Gebr. Lensing.

Schapp, Adelbert: Der Vorvertrag zu Konsensualverträgen. Heidelberg 1909: Rössler & Herbert. 36 S. 8°
Heidelberg, Jur. Diss. v. 9. März 1909, Ref. Wenger
[Geb. 7. Juli 86 Timmel; Wohnort: Melle; Staatsangeh.: Preußen; Vorbildung: Gymn. Wilhelmshaven Reife O. 05; Studium: Tübingen 3, München 1, Berlin 2 S.; Rig. 19. Dez. 08.] [U 09. 1892

Schapp, Wilhelm: Beiträge zur Phänomenologie der Wahrnehmung. Göttingen 1910: Kaestner. IV, 157 S. 8°
Göttingen, Phil. Diss. v. 20. Juli 1910, Ref. Husserl
[Geb. 15. Okt. 84 Timmel; Wohnort: Timmel; Staatsangeh.: Preußen; Vorbildung: Gymn. Wilhelmshaven Reife O. 02; Studium: Freiburg i. B. 3, Berlin 3, Göttingen 5, München 1½ S.; Rig. 16. Juni 09.] [U 10. 1461

Schapp, Wilh., Beiträge zur Phänomenologie d. Wahrnehmg. (V, 157 S.) gr. 8. Halle 910. M. Niemeyer. 4.—

Moderne Kommunalfinanzen im Landkreis Recklinghausen. Ein Beitrag z. Finanzgeschichte d. westfäl. Industriegebiets. Von Dr. Alfred Schappacher. Leipzig: Hirschfeld 1910. 230 S. 8°
(Abhandlungen aus d. Staatswiss. Seminar zu Münster i. W. H. 11.) [11. 1951

[**Schappeler,** Christoph], Verantwortung u. Auflösung etlicher vermeinter Argumente, s. a. Flugschriften aus d. ersten Jahren d. Reformation. II. 4.

(Christoph Schappeler.) Verantwortung und Auflösung etlicher vermeinter Argument. Hrsg. von Alfred Götze. Johann Lachmann. Drei christl. Ermahnungen an d. Bauernschaft. Hrsg. von G[ustav] Bossert. Leipzig: R. Haupt 1908. (117 S.) 8° [J.]
= Flugschriften aus d. ersten Jahren d. Reformation. Bd 2, H. 4. [08. 7491

Schapper (Resp.): De hysterergia medica, s. Alberti, M. (Praes.)

Schapper, C. A., s. Schapper, Karl August

Schapper, I. E., s. Schaper, Johann Ernst

Schapper, Karl, die christologischen Sätze der Synode von Chalcedon, ihre dogmatische Bedeutung und historischen Folgen. Inaugural-Dissertation. gr. 8. (39 S.) Jena 878, (Deistung's Buchh.) *

Schapper, Karl August

Schapper, Carl Aug., Eins ist noth. Eine Predigtgabe. gr. 8. (VII und 97 S.) Wiesbaden 864, Riedner. *

Schapper, C. A., wer den Sohn Gottes hat, der hat das Leben. [1. Joh. 5, 12.] Eine Gastpredigt, gehalten den 9. Nov. 1851 zu Frankfurt a. M. gr. 8. (15 S.) Frankfurt a. M. 852, Zimmer'sche Sort.-Buchh. (Th. Völcker.) 3 ngl

Das 25-Pfennigstück. Eine notwendige Ergänzung d. Reichsmünzgesetzes. Von Th[eodor] **Schapper**. Breslau: A. Langewort [1907]. (22 S.) 8° [5.] (08. 408)

Schapper, Th., das 25-Pfennigstück. Eine notwendige Ergänzg. d. Reichsmünzgesetzes. (22 S.) 8. Breslau (908). A. Langewort. — 25

Schäppi, siehe: *Helvetia.*

Schäppi, E[mmanuel]. Was wir wollen. Vortrag, gehalten in der Jungfreisinnigen Vereinigung Basel am 12. November 1909. Separatabdruck aus der National-Zeitung vom 18. und 19. Nov' 1909. [Hrg. durch die] Jungfreisinnige Vereinigung Basel. 21 S. 8. [Basel, Druckerei der National-Zeitung.]

Schäppi, H[einrich] von Thalweil bei Zürich: Beiträge zur Bildung und Constitution des [illegible]. Zür. Zürcher u. Furrer Dr. 1881. 55 S. 8.
Zür. Ph. Diss. [v. 29. Juli 1881]

Schäppi, J., s. Schäppi, Johann Jakob

Schäppi, J[ohann Jakob]: Arbeit, Verdienst, Besserstellung der unverheiratet bleibenden Frauen. Betrachtungen üb. d. stetige Zunehmen d. familienlosen Frauen u. Ratschläge f. Erweiterung d. Erwerbsgebiete. — Zürich: Schröter & Meyer 1888. 104 S. 8° (Bibliothek d. Familien-Wochenblatt. 17.)

Schäppi, J., Bausteine zur Schule der Zukunft. gr. 8. (68 S.) Zürich 899. F. Schultheß. n. 1. —

— e. Beitrag zur richtigen Lösung der schweizerischen Hochschulfrage, zugleich eine Beleuchtg. des gesammten schweizer. Unterrichtswesens, seiner Fehler u. Mängel, u. Mittel zur Abhülfe. gr. 8. (X, 72 S.) Zürich 889. Verlags-Magazin. n. — 80

Schäppi, J. Beiträge zur Geschichte des Zürcherischen Lehrerseminars. Uster 1865.

Schäppi, J., gegen den Beutezug. Weckruf an alle denk. Eidgenossen. gr. 8. (33 S.) Zürich 894. E. Speidel. n. — 50

Schäppi, J., üb. Einführung d. Patent- u. Musterschutzes, s.a Sammlung populär-wissenschaftlicher Vorträge u. Abhandlungen.

Schäppi, J., Ueber Einführung des Patent- und Musterschutzes. 8°. Theilweil, A. Brennwald, 1885.

-- dasselbe, s.a Zeit- u. Streitfragen.

— „Frei-Land". Die wahren Ursachen der sozialen Not vom Standpunkte der Bodenbesitzreform. Vortrag, geh. in der Versammlung der Statistisch-volkswirthschaftl. Gesellschaft des Kantons Bern am 23. Nov. 1892 und Diskussion. (Aus: „Zeitschr. f. schweizer. Statistik".) gr. 8°. Basel, C. Sallmann in Komm., 1893.

Schäppi, J. Grundriss einer Wirthschaftslehre für Mädchenfachschulen und Frauenarbeitsschulen. In-8°. 68 S. Zürich-Oberstrass, E Speidel. 1893 cart. 1 --

— der Handfertigkeitsunterricht u. die Volksschule. Vortrag, geh. im Schulkapitel Zürich. 8. (30 S.) Außersihl 884. (Zürich, Meyer & Zeller.) n. — 40

—— Handwerk, Kleingewerbe und Landwirthschaft in ihrer gegenwärtigen Bedrängniß und Mittel zur Abhülfe. gr. 8. (93 S.) Zürich 882, Höhr. *

Schäppi, J. J., die schweizer. Industrie und der Entwurf eines Gewerbegesetzes f. d. Ctn. Zürich. Vortrag. 28 Stn. 8. Winterthur, Bleuler-Hausheer & Co., Verlag. 1874. —. 45

Schäppi, J., Leitfaden für den geographischen Unterricht an Sekundar- und Mittelschulen. 2. Aufl. 3 Kurse. 8. Horgen 864. Zürich, Kraut und Boßhart. *

Inhalt:

Curs 1. Allgemeine Geographie. (VIII und S. 1—56.) * 4 Ngr.
" 2. Die Schweiz und Europa. (S. 59—144.) * 5 Ngr.
" 3. Asien, Afrika, Amerika, Australien, Grundzüge aus der mathematischen Geographie. (S. 147—190.) * 3 Ngr.

— Organisation u. Leistungen bestehender Lehrwerkstätten u. Fachschulen, s.: Zeitfragen, gewerbliche.

Schäppi, J., d. Organisation des hauswirtschaftlichen u. beruf. Unterrichtes in uns. Mädchenschulen. Ein Beitrag zur Begründg. e. ration. Volksernährg. gr. 8. (73 S.) Zürich 895. E. Speidel. n. 1. --

-- das Recht auf Arbeit u. der Kampf gegen die Arbeitslosigkeit. Eine eingeh. Beleuchtg. des Initiativbegehrens. 2. Aufl. gr. 8. (39 S.) Ebd. 894. n. — 50

—— Reform und Ausbau der Volksschule und deren Verhältniß zu den gewerblichen Bildungsanstalten. 8. (79 S.) Zürich 886, Orell, Füßli und Comp., Verlag. *

Schäppi, J., Zonengemälde, s. Zonengemälde.

Schäppi, Richard

Schaeppi, die Herbstübgn. d. I. Armeekorps, s.a Militärzeitung, allgem. schweizerische. 1908. 1. Beilage.

Schaeppi, [Richard]. Die Herbstübungen des I. Armeekorps. II + 43 S. 8. Basel, Benno Schwabe, 1908. [fr. 1. —]
Beilage zur Allgemeinen Schweizerischen Militärzeitung 1908 ... Heft 1.

Schaeppi, lassen die Lehren aus dem Burenkriege e. Aenderung unseres Infant.-Exerzierreglementes wünschenswert erscheinen?, s.a. Militärzeitung, allgem. schweiz. 1901. 1. Beil.-Hft.

Schæppi, [Richard]. Lassen die Lehren aus dem Burenkrieg eine Änderung unseres Infanterie-Exerzierreglements wünschenswert erscheinen? II + 48 S. 8. Basel, Benno Schwabe, 1904. [fr. 1. 50]
Beilage zur Allgemeinen Schweizerischen Militärzeitung 1904 ... Heft 1.

Schaeppi, Sophie, der Tante Sophie ABC. 25 Lichtdr.-Bilder nach Orig.-Zeichngn. gr. 4. Frauenfeld 893. J. Huber's Verl. Geb. in Leinw. n. 6. —; französ. Ausg. n. 6. 50

Schaeppi, Sophie, der Tante Sophie Bilderbuch, m. Versen v. L. Z., gezeichnet v. S. Sch. gr. 4. (22 Bl.) Winterthur 885. Kieschke. cart. n. 3. 60

Schaeppi, Sophie, der Tante Sophie Bilderbuch, mit [schweizerdeutschen] Versen v. L. Z., gezeichnet von S. Sch. 2. Aufl. gr. 4. (22 Bl.) Winterthur 888. Kieschke. cart. n. 3. 60

Schaeppi, Theodor [aus Winterthur]: Aus d. zoolog. Institut in Jena. Das Chloragogen von Ophelia radiata. E. morpholog.-physiolog. Studie ... M. 4 lithogr. Taf. Jena, G. Fischer, 1893: 48 S., 1 Bl. [ohne d. Taf.] 8.
Jena, Phil. Fak., Inaug.-Diss. v. 1893

Schapringer, Alois, üb. die Bildung d. Medullarrohrs bei den Knochenfischen. [Aus dem physiolog. Institute der Wiener Universität.] [Aus: „Sitzungsber. d. k. Akad. d. Wiss."] Lex.-8. (4 S.) Wien 872. (Gerold's Sohn.) — 15

— über die Contraction d. Trommelfellspanners. [Aus „Sitzungsber. d. k. Akad. d. Wiss."] Lex.-8. (4 S.) Ebend. 870. — 15

Schaps, Geo., zur Geschichte d. Wechselindossaments. gr. 8. (VIII, 187 S.) Stuttgart 892. F. Enke. n. 5. —

Schaps, Geo., das deutsche Seerecht. Kommentar zum 4. Buche d. Handelsgesetzbuches v. 10. V. 1897 u. den seerechtl. Nebengesetzen. Zugl. als Ergänzg. v. Staubs Kommentar z. Handelsgesetzbuch auf Grund d. neuesten Standes d. Gesetzgebg. neu bearb. 1.—3. Lfg. gr. 8. Berlin 897. J. J. Heine. n. 3. 70
1. (80 S.) n. 1. 50. — 2. (S. 81—144.) n. 1. 20. 3. (S. 145—192.) n. 1. —.

Schaps, Geo., d. deutsche Seerecht. Kommentar zum 4. Buche des Handelsgesetzbuches vom 10. V. 1897 u. den seerechtl. Nebengesetzen. Zugleich als Ergänzg. v. Staubs Kommentar zum Handelsgesetzbuch auf Grund d. neuesten Standes der Gesetzgebg. neu bearb. 4. u. 5. Lfg. gr. 8. (S. 193—384.) Berlin 901. 902. [J. J. Heine.] J. Guttentag. n. 4. —

Schaps, Geo., das deutsche Seerecht. Kommentar zum 4. Buche des Handelsgesetzbuchs (unter Ausschluß des Seeversicherungsrechts), nebst Erläutergn. zu den seerechtl. Nebengesetzen. Zugleich als Ergänzg. zu Staubs Kommentar zum Handelsgesetzbuch bearb. 6.—9. (Schluß-) Lfg. (XXIV u. S. 385—932.) gr. 8. Berlin 903—906. J. Guttentag. n. 10. 30
(Vollst. n. 18. —; geb. in Halbfrz. n.n. 20. —)

Schaps, Georg [Referendar aus Breslau]: Das Selbsteintrittsrecht des Kommissionärs nach H. G. B. Art. 376 und 377 .... Berlin, Buchdr. v. Gustav Schade (Otto Francke) (1887); 66 S. + 1 Bl. 8°
Berlin, Jur. Fak., Inaug.-Diss. v. 11. Dez. 1887

Schaps, Leo, approb. Arzt aus Kempen: Aus d. Kgl. Universitäts-Kinderklinik zu Breslau. Beiträge zur Lehre von der cyklischen Albuminurie. *Stuttgart 1902: Union.* (39 S.) 8°
¶ Aus: Archiv f. Kinderheilkunde, Bd 35.
Breslau, Med. Diss. v. [16. Okt.] 1902

Schapuzet, Johann Karl

Hohenloici — Serenissimis Principibus ac Dominis de Hohenloh, Dynastis in Langenburg, nec non Celsissimis Comitatibus ac Dominis ab Hohenloh et Gleichen, Dynastis in Langenb. et Cranchfeld etc. Dominis meis Clementissimis, Comitatus — Tabulam hanc geographicam humillime dicat, dedicat Auctor devotissimus Joh. Carolus Schapuzet. Excudentibus Homannianis Heredibus A. 1743. 1: 170,000. 1 Bl.

Schar, Wilhelms tapfere. Nach Körner. [Braunschweig ? ca. 1813.] V: *Schönijahn, Herm. Carl.* (Mitth. Dr. H. Bäsecke.)

Schaer, Alfred. Die dramatischen Bearbeitungen der Pyramus-Thisbe-Sage in Deutschland im 16. und 17. Jahrhundert. Habilitationsschr. Phil. I. Univ. Zürich. VI + 120 S. 8. Schkeuditz bei Leipzig, W. Schäfer, 1909.

Schaer, Alfred. Aus alten Briefen. [Mit 2 Porträts.] (Separat-Abdruck aus dem «Zürcher Taschenbuch» [auf das Jahr] 1910.) II S. + S. 166—180. 8. [Zürich, Beer & Co., 1910.]

Schär, Alfred. Einiges aus Gottfried Keller's Briefwechsel. (Sonder-Abdruck aus dem Zürcher Taschenbuch auf das Jahr 1903.) II S. + S. 207—222. 8. [Zürich, Füsi & Beer, 1903.]

Schaer, Alfred, aus Zürich: Die altdeutschen Fechter und Spielleute. Ein Beitrag zur deutschen Culturgeschichte. *Strassburg: K. J. Trübner 1901.* (207 S.) 8°
Strassburg, Phil. Diss. v. 1900

Die altdeutschen Fechter und Spielleute. Ein Beitrag z. deutschen Culturgesch. Von Alfred Schaer, Dr. phil. *Strassburg: K. J. Trübner 1901.* (207 S.) 8° Jul. 1887

— Deutsch-schweizerische Lyrik der neueren Zeit. Hrsg. v. Sch. (III, 230 S.) 12. 8. Zürich 907. Schultheß & Co. Geb. in Leinw. 4. —

Schaer, Carl, s. Schaer, Karl

Schaer, D. Wilhelm

Schaer, D. W., aus meinen Mußestunden. Märchen. 8. (89 S.) Bremen 889. (Hollmann.) n.n. 1. 50

Schaer, D. Wilh., junge Saat. Erzählungen u. Skizzen. 8. (VII, 209 S.) Bremen 894. W. B. Hollmann. n. 2. 50; geb. n.n. 3. 50

Schaer, Eduard

Anleitung zu analytisch-chemischen Übungsarbeiten auf pharmaceutischem und toxikologischem Gebiete. Zugl. als II. Aufl. v. ... Arthur Meyers 'Handbuch d. qualitat. chem. Analyse'. Bearb. z. Gebr. in pharmaceutisch-chem. Laboratorien v. Dr. Eduard Schaer, Prof. ... an d. Univ. Strassburg, u. Dr. Paul Zenetti, Assist. am pharmaceut. Inst. daselbst. M. in d. Text eingedr. Holzschn. *Berlin: R. Gaertner 1897.* (VIII, 178 S.) 1 Bd 8. 96. 178

Schär, E., die Arznei- u. Genussmittel in ihrer commerciellen u. ethnographischen Bedeutung, s. a. Vorträge, öffentliche, geh. in der Schweiz.

Schär, E., die Arznei- und Genussmittel in ihrer kommerziellen und ethnographischen Bedeutung. (Vorträge, Öffentliche IX, 12) Basel 1888

Schär, Ed. Beiträge zur Chemie des Blutes und der Fermente. 1870.

Schär, Ed., üb. Einwirkungen d. Cyanwasserstoffs, d. Chloralhydrats u. d. Chloralcyanhydrins auf Enzyme, auf Pflanzensamen u. auf niedere Pilze. [Aus: „Festschr. zur Feier d. 50jähr. Doctor-Jubiläums der Herren v. Nägeli u. v. Kölliker".] Imp.-4. (25 S.) Zürich 891. A. Müller's Verl. n. 2. —

Schär, Ed., aus der Geschichte der Gifte, s.a. Vorträge, öffentliche, gehalten in der Schweiz.

SCHAER, EDUARD.
Aus der Geschichte der Gifte. Vortrag. Basel, 1883. 8vo.
Oeffentliche Vorträge gehalten in der Schweiz. VII, 7.

Schaer, Ed., die ältesten Heilmittel aus dem Orient. Oeffentlicher Vortrag [gehalten in Zürich am 2. Novbr. 1876]. gr. 8. (24 S.) Schaffhausen 877, Brodtmann'sche Buchh. *

Schär, E[illegible] [illegible] Notizen [illegible] der Versammlung des schweiz. Apotheker-Vereins [illegible] Erläuternde Bemerkungen zu einer Auswahl von [illegible] Drogen aus der [illegible] Sammlung des eidg. Polytechnikums. – Zürich 1878.

Schär, Ed. [illegible] pflanzliche Oxydationsfermente, insbesondere in Phytolacca decandra L. Zürich 1896.

Schaer, Ed., Christian Friedrich Schönbein, s.: Kahlbaum, Geo. W. A.

Schär, E[illegible] Zur [illegible] und Kritik der Desinfectionsmittel. [illegible]

Schär, Ed. Ueber die Verbreitung chemischer Verbindungen in der Pflanzenwelt. Zürich 1888.

Schär,, E. Siehe: Vorträge, öffentliche.

— das Zuckerrohr, seine Heimat, Kultur u. Geschichte, s.a. Neujahrsblatt, hrsg. von der naturforschenden Gesellschaft in Zürich.

SCHAER, EDUARD.
Das Zuckerrohr, seine Heimat, Kultur und Geschichte. Zürich, 1889 4to.

Schär,, E., siehe: *Zürich.*

SCHAER, Ferdinand: Beiträge zur Anatomie des Genus Myzostoma. — 1891. 34 Bl. Diss. Graz, Univ.

Schaer,, F.

Schaer, Fr., climatologische Skizze über Pau, Hauptstadt im Département des Basses-Pyrénées. gr. 8. (IV und 32 S. mit 1 Stnt. in qu. Fol.) Bremen 864, Hampe. *

Schaer, F., balneologische Skizzen und Studien. II. Ueber Tuberculose. gr. 8. (42 S.) Bremen 860, (Hampe.) *

Schär, J.W.: Stellung des Verbands schweizerischer Konsumvereine zum neuen Zolltarif. Basel: Verband schweiz. Konsumvereine 1891.

Schär, J.W.: Thesen über die Bedeutung, Organisation und Gründung von Konsumvereinen und Koncalstatuten. Basel: Verband schweiz. Konsumvereine 1894.

Schär, J[ohann] F[riedrich]. Die soziale und wirtschaftliche Aufgabe der Konsumgenossenschaften. II + 23 S. 8. Basel, Verband schweiz. Konsumvereine (V. S. K.), 1910. [fr. —.10]
(Genossenschaftliche Volksbibliothek. Hrg. vom Verband schweiz. Konsumvereine, V. S. K. Heft 8.)

Schär,, J. Fr., methodisch geordnete Aufgaben f. d. Selbststudium u. d. Unterricht in d. Buchhaltung, s.: Maier-Rothschild-Bibliothek. 8.

Sammlung **Schär**-Langenscheidt. Ausbau d. Systems Schär-Langenscheidt 'Kaufmännische Unterrichtsstunden' durch Einzelwerke berufener Fachmänner über sämtl. Sondergebiete d. Handels u. Gewerbes, d. Industrie u. d. Bankwesens. Hrsg. von Dr. Johann Friedrich Schär. Bd 1. Gr.-Lichterfelde: P. Langenscheidt [1905]. 8° [F.] [08. 3252]

Schär, Joh. Frdr., die Bank im Dienste des Kaufmanns, s.a. Handelshochschul-Bibliothek. 2. Bd.

Schär, Joh(ann) Friedrich. **Die Bank im Dienste des Kaufmanns, mit besonderer Berücksichtigung der Normen und Usancen im Kontokorrentverkehr auf Grund einer Enquête. Ein Wegweiser für Geschäftsleute, Kapitalisten, Bankbeamte und Studierende der Handelswissenschaften.** XII + 196 S. 8. Leipzig, G. A. Gloeckner, 1909. [geb. M. 4. 50]
Handelshochschul-Bibliothek. Hrg. von Professor Dr. Max Apt in Berlin. Band 2.

— Einfache u. doppelte Buchhaltung, s.a. Maier-Rothschild-Bibliothek.

Schär, J[ohann] Fr[iedrich]. Einfache und doppelte Buchhaltung von J. Fr. Schär, Lehrer .. zu Basel. (2. Aufl.) VI + 320 S. 8. Berlin, S. Simon, (1902).
Maier-Rothschild-Bibliothek. (Serie I:) Band 6/7. — Einzelband M. 2. —, geb. M. 3. —; Doppelband M. 4. —, geb. M. 5. —)

Schär, J[ohann] Fr[iedrich]. Einfache und doppelte Buchhaltung. 3. verbesserte Aufl. VI + 320 S. gr.-8. Berlin, S. Simon, 1907. (M. 4. —, geb. 5. —)
Maier-Rothschild-Bibliothek. Band 6/7.

Schär, J[ohann] Fr[iedrich]. Einfache und doppelte Buchhaltung. 4. neubearbeitete Aufl. VI + 320 S. gr.-8. Berlin, S. Simon, 1909 (* *Umschlag:* 1908). (M. 4. —, geb. 5. —)
Maier-Rothschild-Bibliothek. Band 6/7.

— Denkschrift üb. die Gründung e. Staatsbank f. Basel-Stadt. gr. 8. (69 S.) Basel 893. (C. Sallmann.) n. — 80

— „Frei-Land". Die wahren Ursachen der sozialen Not vom Standpunkte der Bodenbesitzreform. Vortrag, geh. an der Versammlg. der statistisch-volkswirtschaftl. Gesellschaft d. Kantons Bern, am 23. Novbr 1892, u. Diskussion. [Aus: „Zeitschr. f. schweizer. Statistik".] gr. 8. (93 S. m. 2 Tab.) Bern 893. n. — 80

— Handbuch der Kontorpraxis, s.a. Huber, L. F.

Schär, J[ohann] Fr[iedrich], und Huber, L[udwig] F(r[iedrich]). H'-Sch', Handbuch der Kontorpraxis. Bearb. von Prof. Dr. J. Fr. Sch' ... Berlin und [†] L. F. H', Lehrer der Handelswissenschaften. 4. neu bearbeitete Aufl. IV + 360 S. 8. Berlin, S. Simon, [1906]. [geb. M. 6. —]
(Separatausgabe des VI. und VII. Abschnittes [*d. i.* der Abteilungen VI und VII des 2. Bandes] von Maier-Rothschild, Handbuch der gesamten Handelswissenschaften, *mit* gänzliche[r] Neubearbeitung des I. Abschnittes «Buchhaltung» *durch* Prof. Sch'.)

Schär, J. Fr., Handelskorrespondenz u. Formalien, s.: Maier-Rothschild-Bibliothek.

— Handelskorrespondenz u. Handelsbetriebslehre in Verbindung m. Wechsel- u. Scheckllehre, s.a. Maier-Rothschild-Bibliothek.

Schär, J[ohann] Fr[iedrich]. Handelskorrespondenz und Handelsbetriebslehre in Verbindung mit der Wechsel- und Schecklehre. Bearb. von Dr. J. Fr. Sch', Professor .... 4., neu bearbeitete Aufl. (2 Teile.) [Mit Figuren.] IV + 136 + 156 S. gr.-8. Berlin, S. Simon, 1909. (*zus.* M. 4. —, geb. 5. —)
Maier-Rothschild-Bibliothek. Band 11 und 13.

Schär, Joh. Frdr., Handelskorrespondenz u. Wechsellehre in Verbindg. m. der kaufmännischen Betriebslehre, s.a. Maier-Rothschild-Bibliothek.

Schär, J[ohann] Fr[iedrich]. Handelskorrespondenz und Wechsellehre in Verbindung mit der kaufmännischen Betriebslehre. Bearb. von J. Fr. Schär (Basel). 2., vollständig neu bearbeitete Aufl. (2 Teile.) IV + 128 *u.* 148 S. 8. Berlin, ⟨S. Simon⟩, 1903.

Maier-Rothschild-Bibliothek. (Serie I:) Band 11 und 13. — (pro Band M. 2. —, geb. M. 3. —; Doppelband M. 4. —, geb. M. 5. —)

Schär, J[ohann] Fr[iedrich]. Handelskorrespondenz und Wechsellehre in Verbindung mit der kaufmännischen Betriebslehre. Bearb. von Dr. hon. c. J. Fr. Sch', o. Professor ... [in] Zürich. 3., vollständig neu bearbeitete Aufl. (2 Teile.) [Mit Figuren.] IV + 136 + 148 S. gr.-8. Berlin, ⟨S. Simon⟩, 1906. (*zus.* M. 4. —, geb. 5. —)

Maier-Rothschild-Bibliothek. Band 11 und 13.

Schär, J. F., das Kontokorront mit Zinsen. Vollständige Behandlung des Bankkontokorrents nach den verschiedenen Methoden und Usancen. Mit einer Anleitung zur Vereinfachung desselben. gr. 8. (96 S.) [Stuttgart 888, Maier.] Berlin, Verlag für Sprach- und Handelswissenschaften.

Aus: Lehrbuch der Buchhaltung, besonders abgedruckt.

Schär, J. F., Lehrbuch der Buchhaltung. Methodischer Aufbau der doppelten Buchhaltg. aus ihren Elementen u. Anwendg. d. Systems auf die amerikan., italien., deutsche u. französ. Buchhaltungsform u. das Kontokorrent. gr. 8. (XVIII, 599 S.) Stuttgart 887. [Maier.] Berlin, Verlag f. Sprach- u. Handelswissenschaft. (Dr. Langenscheidt.) n. 8. —; geb. n.n. 9. —

— **Musterbuchhaltung f. das Kleingewerbe**, s. a. Sammlung Schär-Langenscheidt. I.

Schär, Johann Friedrich. Musterbuchhaltung für das Kleingewerbe. Darstellung des Rechnungswesens und Betriebs für alle Zweige des Kleingewerbes. Ein Wegweiser zum Wohlstand von Dr. J' F' Schär. ord. Professor ... [in] Zürich. [Mit 1 Tabelle.] 88 S. gr.-8. Gross-Lichterfelde-Ost, Dr. P. Langenscheidt, (1905). [M. 2. —]

Sammlung Schär-Langenscheidt. Ausbau des Systems Schär-L' «Kaufmännische Unterrichtsstunden» .... Hrg. von Dr. J' F' Schär.... Band 1....

— **die Pflege der Handelswissenschaften an der Universität Zürich.** Antrittsrede, geh. am 7. XI. 1903 in der Aula des Universitätsgebäudes. (29. S.) gr. 8. Zürich 904. Art. Institut Orell Füssli. n. 1. —

Schär, J. F. Das Problem der Zahlungsbilanz im Lichte der Handelswissenschaft. Volkswirtschaftliche Blätter», Berlin 1907, Nr. 4 und 5.

— **Kaufmännisches Rechnen nebst Münz-, Maß- u. Gewichtskunde**, s. a. Maier-Rothschild-Bibliothek.

Schär JF, kaufmännisches Rechnen nebst Münz-, Mass- und Gewichtskunde. 2 Tle in 1 Bd (Maier-Rothschild-Bibliothek 10. 12) Berlin 1898

Schär, J[ohann] Fr[iedrich]. Kaufmännisches Rechnen, nebst Münz-, Mass- und Gewichtskunde. Systematische Darstellung der Elemente und Methoden des Rechnens und ihrer stufenmässigen Anwendung auf alle Gebiete des Warenhandels, Verkehrs, Bankwesens und der Industrie von Dr. hon. c. J. Fr. Sch', ... Professor ... [in] Zürich. 3. vollständig neu bearbeitete Aufl. (2 Teile.) [Mit Figuren.] IV + 156 + 180 S. gr.-8. Berlin, ⟨S. Simon⟩, 1906. (*zus.* M. 4. —, geb. 5. —)

Maier-Rothschild-Bibliothek. Band 10 und 12.

Schär, J[ohann] Fr[iedrich]. Kaufmännisches Rechnen, nebst Münz-, Mass- und Gewichtskunde. Systematische Darstellung der Elemente und Methoden des Rechnens und ihrer stufenmässigen Anwendung .... Anhang: Lösungen der Rechnungsaufgaben. II + XVI S. 8. Berlin, S. Simon, [1908]. M. 1. —

Maier-Rothschild-Bibliothek: Anhang zu Band 10 und 12.

Schär, J[ohann] Fr[iedrich]. Kaufmännisches Rechnen, nebst Münz-, Mass- und Gewichtskunde. Systematische Darstellung der Elemente und Methoden des Rechnens und ihrer stufenmässigen Anwendung auf alle Gebiete des Warenhandels, Verkehrs, Bankwesens und der Industrie. 4. vollständig neu bearbeitete Aufl. (2 Teile.) [Mit Figuren.] IV + 156 + 180 S. gr.-8. Berlin, S. Simon, 1909. (*zus.* M. 4. —, geb. 5. —)

Maier-Rothschild-Bibliothek. Band 10 und 12

Schär, J. Fr., Technik d. Bankgeschäftes, s. a. Maier-Rothschild-Bibliothek.

Schär JF, Technik des Bankgeschäftes, Bankbuchhaltung, Kontokorrent u Zinsen, sowie Wechselrechnung usw. (230 S) (Maier-Rothschild-Bibl. 16. 17) Berlin 1898

Schär, J[ohann] Fr[iedrich]. Technik des Bankgeschäftes. Darstellung der Bankbuchhaltung, des Kontokorrents mit Zinsen, sowie der Wechselrechnung, Wechselarbitrage und Effektenrechnung (von) J. Fr. Schär (... Professor an der Universität Zürich). 2. (vollständig) neu bearbeitete Aufl. [Mit 1 Tabelle.] 232 S. gr.-8. Berlin, ⟨S. Simon⟩, 1903.

(Maier-Rothschild-Bibliothek. Serie II: Band 16 und 17. — pro Band M. 2. —, geb. M. 3. —; Doppelband M. 4. —, geb. M. 5. —)

— **der Ueberseehandel**, s.: Biedermann, Heinr.

— u. P. **Langenscheidt**, kaufmännische Unterrichtsstunden Vollständiger Lehrgang der prakt. Handelswissenschaften f. den Selbstunterricht. 5. Aufl. Gänzlich neu bearb. v. J. F. S. unter Mitwirkg. v. P. L. (In 2 Kursen à 16 Lektionen.) 1. Kurs. 16 Lekt. gr. 8. Berlin 893. 894. Verlag f. Sprach- u. Handelswissenschaft. à 1. —
(1. Kurs. kplt. in Mappe: 15 —)

Buchhaltung im Warenhandel, Fabrikbetrieb u. Bankgeschäft nach den besten angewandten Methoden. Darstellung der einfachen, italien., amerikan., deutschen u. französ. Form, nebst Kontokorrent. (588 S.)

— u. P. **Langenscheidt**, kaufmännische Unterrichtsstunden. Vollst. Lehrgang der prakt. Handelswissenschaften f. d. Selbstunterr. Gänzl. neu bearb. v. S. u. L. 2. Kurs. 1.—18. Lekt. gr. 8. Berlin 895—897. Verlag f. Sprach- u. Handelswissenschaft. à 1. —

Kontorpraxis, umfassend die deutsche Handelskorrespondenz nebst Formenlehre u. Geschäftsaufsätzen unt. Berücksicht. d. Handels- u. Wechselrechts, der Handels- u. Betriebslehre, kaufmänn. Rechnen, nebst Münz-, Maß- u. Gewichtskunde aller Länder, das Kontokorrent m. Zinsen u. kaufmänn. Terminologie. 1.—18. Lekt. (S. 1—636.)

— u. P. **Langenscheidt**, kaufmännische Unterrichtsstunden. Vollständiger Lehrgang der praktischen Handelswissenschaften für den Selbstunterricht. Gänzlich neu bearb von S. u L. 2. Kurs. 19—21. (Schluß-)Lekt. gr. 8. Berlin (898). [Verlag f. Sprach- u. Handelswissenschaft.] Dr. P. Langenscheidt. à 1. —

Kontorpraxis, umfassend die deutsche Handelskorrespondenz nebst Formenlehre u. Geschäftsaufsätzen unter Berücksicht. d. Handels- u. Wechselrechts, der Handels- u. Betriebslehre, kaufmänn. Rechnen, nebst Münz-, Maß- u. Gewichtskunde aller Länder, das Kontokorrent m. Zinsen u. kaufmänn. Terminologie. 19.—21. Lekt. (S. 637—773.)

Schär, J[ohann] Fr[iedrich], und Langenscheidt, P(aul). Kaufmännische Unterrichtsstunden. Vollständiger Lehrgang der (gesamten) praktischen Handelswissenschaften für den Selbstunterricht (nach dem) System Schär-Langenscheidt. Gänzlich neu bearb. von Prof. J. Fr. Schär ... zu Basel ... und Dr. phil. P. Langenscheidt. [Mit Figuren.] *2 Teile, mit Formularen.* gr.-8. Berlin, Dr. P. Langenscheidt, [1901]. (mit Formularen, in 3 Mappen und Gesamtkarton M. 48. —; ohne Formulare, in 2 Mappen M. 35. —)

Kursus I: Buchhaltung. Darstellung der einfachen, sowie italienischen, amerikanischen, deutschen und französischen Buchhaltungsform. Nebst Theorie und Praxis der Buchhaltung im Warenhandel, der Bank-, Fabrik- und Gesellschaftsbuchhaltung.... (21 Lektionen *und* Anhang.) VIII + 840 S. (M. 20. —, Lektion à M. 1. —)

Kursus II: Kontorpraxis, umfassend die deutsche Handelskorrespondenz..., kaufmännisches Rechnen nebst Münz-, Mass- und Gewichtskunde aller Länder, das Kontokorrent mit Zinsen, und kaufmännische Terminologie. ([Mit 1 Tabelle.] — 21 Lektionen *und* Anhang.) VIII + 816 S. (M. 20. —, Lektion à M. 1. —)

Formulare: (zu) Kursus I, 5 Abteilungen *und* (zu) Kursus II, 1 Abteilung. (ca. 1100 Seiten *liniierten Papieres, in 6 Umschlägen.*) (*zus.* M. 14. —; I: M. 11. —, jede Abtlg. à M. 2. 50, II: M. 3. —)

1896 zuerst erschienen, seitdem mit Korrekturen neu ausgegeben; Kursus I, Lektion 17—21 u. Anhang, Herbst 1901 erschienen.

— u. Paul **Langenscheidt**, kaufmännische Unterrichtsstunden. Vollst. Lehrgang der prakt. Handelswissenschaften f. den Selbstunterricht. Ganz neu bearb. (System Schär-Langenscheidt). Kurs. I. Buchhaltung. Darstellung der einfachen, sowie italien., amerikan., deutschen u. französ. Buchhaltungsform. Nebst Theorie u. Praxis der Buchhaltg. im Warenhandel, der Bank-, Fabrik- u. Gesellschaftsbuchhaltg. m. Anleitg zur Gründg., Umwandlg. u. Liquidation der verschied. Gesellschaftsformen. 21 Lektionen u. Anh. (840 S.) gr. 8. Gr.-Lichterfelde-Ost 903. 904. [Dr. P. Langenscheidt.] Berlin, Verlag f. Sprach- u. Handelswissenschaft. à n. 1. —

— **dasselbe. Kurs. II. Kontorpraxis, umfassend die deutsche Handelskorrespondenz nebst Formenlehre u. Geschäftsaufsätzen, unter Berücksicht. des Handels- u. Wechselrechts, der Handels- u. Betriebslehre, kaufmänn. Rechnen nebst Münz-, Maß- u. Gewichtskunde aller Länder, das Kontokorrent m. Zinsen u. kaufmänn. Terminologie. 21 Lektionen. (774 S.) gr. 8. Ebd. 904. 905. à n. 1. —**

System Schär-Langenscheidt. Kaufmännische Unterrichtsstunden. Vollst. Lehrgang d. prakt. Handelswissensch. f. d. Selbstunterr. Gänzl. neu bearb. von Dr. jur. hon. c. [Johann] Fr[iedrich] **Schär** u. Dr. phil. P[aul] Langenscheidt. 25.–28. Taus. Kursus 1. 2. (In je 22 Lfgen.) Berlin: S. Simon ([19]07/8). 2 Bde 8° [F.]
1. Buchhaltung. 12. vollst. neu bearb. Aufl. 2. Kontorpraxis (08. 3453

— Versuch e. wissenschaftl. Behandlg. d. Buchhaltg. 4. (40 S.) Basel 890. (Schwabe.) n. 1. 60

— Wechselkunde u. Wechselrecht. Erläut. durch Beispiele aus d. Korrespondenz unt. Berücksicht. d. deutschen, österreich. u. schweizer. Wechselordng. [Aus: „Sch. u. L., kaufmänn. Unterrichtsstunden."] gr. 8. (77 S.) Ebd. 897. n. 1. —

Schär, (Johann Friedrich), [und] Langenscheidt, [Paul]. Wechselkunde und Wechselrecht. Erläutert durch Beispiele aus der Korrespondenz, unter Berücksichtigung der deutschen, österreichischen und schweizerischen Wechselordnung. Separatabdruck aus System Schär-L', «Kaufmännische Unterrichtsstunden». 3., mit der 2. übereinstimmende Stereotyp-Aufl. 76 S. gr.-8. Gross-Lichterfelde-Ost, Dr. P. Langenscheidt, [1905]. [M. 2. —]

— Zahlungsbilanz u. Diskont, s. a. Handel, Industrie u. Verkehr.

Schär, Johann Friedrich. Zahlungsbilanz und Diskont. Ihre Beziehungen zum internationalen Geld- und Kreditverkehr, unter besonderer Berücksichtigung Deutschlands. [Mit Figuren.] 144 S. 8. Berlin, ⟨S. Simon⟩, (1908). (M. 2. —
Handel, Industrie und Verkehr in Einzeldarstellungen. Band 15/16...

Schaer, Karl

Schaer, Carl, Conrad Botes niedersächsische Bilderchronik, ihre Quellen und ihr historischer Wert. gr. 8. (100 S.) Hannover 880, Hahn'sche Buchh. *

Schaer [Dr.]: Lüneburger Chroniken der Reformationszeit, ihre Quellen und ihre Verwertung für die Geschichte Lüneburgs. Hannover, Hofbuchdr. d. Gebr. Jänecke (1889); 22 S. 4°
Hannover, k. Kaiser Wilhelms G, OP 1889 (292)

Schär, O[scar]. Die Verstaatlichung der schweizer. Wasserkräfte. Separat-Abdruck aus den «Schweizerischen Blättern für Wirtschafts- und Sozialpolitik», Heft 13 ... [bis] 16, Jahrg. 12, 1904.... [Mit 1 Tabelle.] II + 67 S. 8. Bern, Scheitlin Spring & Cie., 1904.

Schär, Oscar. Die Verstaatlichung der schweizerischen Wasserkräfte. [Von] D' Oskar Sch'. 2. umgearb. und bedeutend erweiterte Aufl. Nebst einem Beitrag von Dr. Fritz Münger über die Tätigkeit des schweizerischen hydrometrischen Bureaus. [Mit 1 Tabelle.] VI + 272 S. 8. Basel, Komm. Helbing & Lichtenhahn, 1905. [fr. 3.—]

Schär, O[tto]. Das Asthma u. seine moderne Behandlung. Was bedeutet das A' u. wie kann man es heilen? (Illustriert. Separatabzug aus «Mehr Licht — Neues Leben» Nr. 11 u. 12 1909.) IV + 24 S. gr.-8. Biel, Verlag «Sanitas». (fr. —. 65)

Schär, Otto. Die Behandlung der krebsartigen Erkrankungen mit Röntgenstrahlen. Eine Studie über die bisherigen Erfahrungen von über 500 Fällen. [Mit Vignette.] 72 S. 8. Bern, Buchdr. H. v. Kamp-Berger (Komm. A. Francke), 1904. [fr. 1. 25]

Schär, Otto: Beiträge zur Hirnchirurgie mit spezieller Berücksichtigung der Ätiologie und operativen Behandlung der Epilepsie. Berlin 1899. 121 S. 8°.
Bern. Med. Diss. 1898/99.

Schär, O[tto]. Herzstörungen. Ihre Behandlung und Heilung auf Grundlage der biologischen Heilkunde. [Illustriert.] (Separatabzug aus «Neues Leben — Mehr Licht,» Heft 10, 1909.) II + 24 S. 8. Biel, Verlag «Mehr Licht». [fr. —. 50]

Schär, O[tto]. Strahlende Körper — Brunnengeister. Mit 24 Textabbildungen und 3 Tabellen [im Text]. IV + 68 S. 8. Bern, Verlag «Mehr Licht», Buch- und Kunstdr. R. Suter.
Ausg. A: [Beilage zu: Mehr Licht. Monatszeitschrift für Heilkunde... Jahrg. 1, Heft 3—12. November 1906 – August 1907.]
Ausg. B, sep. [fr. 2. 50]

Schär, O[tto]. Krebskrankheiten: Wege — Hoffnungen. [Mit 1 Figur.] 1907. IV + 32 S. 8. Bern, Verlag «Mehr Licht», Buch- und Kunstdr. R. Suter.
Ausg. A: [Beilage zu: Mehr Licht. Monatszeitschrift für Heilkunde... Jahrg. 1, Heft 7—12. März – August 1907.]
Ausg. B, sep. [fr. 1. 35]

Schär, O., s. a. Licht, mehr.

Schär, O[tto]. «Mehr Licht». Fragen der Volksgesundheit. Mit 10 Textillustrationen und 9 Tafeln [sowie illustriertem Umschlag]. (Beilage zu «Mehr Licht» Nr. 7 und 8 1907.) II + 24 + 4 S. + *Anzeigen*. gr.-8. Bern, Verlag von «Mehr Licht». 1907. (fr. 1. 20)

Schär, O[tto]. Die Sonnenbehandlung und ihre wissenschaftlichen Grundlagen. [Illustriert.] Separatabdruck aus Heft 3 der Annalen der Schweizerischen Balneologischen Gesellschaft. S. 31—63. 8. Aarau, H. R. Sauerländer & Co., 1907.

Schär, O[tto]. Sonnenkraft und Lebenskraft. Das Licht in der Heilkunde. Mit 74 Textabbildungen, 5 [*d. i.* 6] Tafeln und 7 Kurven [im Text]. 1907. IV + 107 S. 8. Bern, Verlag «Mehr Licht», Buch- und Kunstdr. R. Suter.
Ausg. A: [Beilage zu: Mehr Licht. Monatszeitschrift für Heilkunde... Jahrg. 1, Heft 3—12. November 1906 — August 1907.]
Ausg. B, sep. [fr. 3. 50]

Schär, Otto, Volkserholungsstätten, Volksheilanstalten, Volkssanatorien. Eine Studie im Auftrage d. schweiz. Verbandes f. Jugenderziehg. u. Volkswohlfahrt. (34 S. m. Abb.) 8. Konstanz (909). Hygien. Verlag. — 60

Schär, Otto. Volkserholungsstätten, Volksheilanstalten, Volkssanatorien. Eine Studie im Auftrage des Schweiz. Verbandes für Jugenderziehung und Volkswohlfahrt. [Illustriert.] IV + 36 S. 8. Kreuzlingen und Konstanz, C. Wortmann, (1909). fr. —. 70 = M. —. 60

Schär, O[tto]. Was tue ich mit meinem Magenleiden, um nichts zu versäumen? Eine Warnung. [Mit Figuren.] IV + 20 S. 8. Biel, Verlag «Sanitas». 1911. [fr. —. 65]

Schär, Otto. Über neue Wege (* *S. 1:* Mehr Licht. Über n' W' in der Heilkunde). ... Separatabzug von Nr. 1 der Monatszeitschrift (* *S. 1:* Sep' aus No. 1 des 1. Jahrganges der M' für Heilkunde auf moderner naturwissenschaftlicher Erkenntnis aus dem Gebiete der Strahlungen. hrg. von Dr. med. O. Schär, Bern. [Illustriert.] 8. (Bern, Buchdr. R. Suter, Juni 1906.) (fr. 1. 75)
(... Einleitung für eine neue Zeitschrift: Mehr Licht. Monatszeitschrift für Heilkunde auf mod' nat' Erk' aus dem G' der St' ... Hrg. von Dr. med. O. Schär in Bern ... Programmnummer.)
Ausg. A: IV + 89 S.
Ausg. B: IV + 94 S.

Schär, Sam[uel]. Kleine Verfassungskunde für Berner Rekruten. Leichtverständlich dargestellt von Sam. Sch', Oberlehrer. II + 16 S. 8. Huttwyl, Joh. Schürch, [1906]. [fr. —. 15]

Schär, Sam[uel]. Kleine Verfassungskunde für Berner Rekruten. Leichtverständlich dargestellt von Sam. Sch' .... 2. Aufl. II + 16 S. 8. Huttwil, Joh. Schürch Söhne, [1910]. [fr. —. 20]

Schaer, Wilh., Drei-Heiden. Roman in 2 Büchern. (488 S.) 8. Goslar (907). F. A. Lattmann. 5.—; geb. 6.—

Drei-Heiden. Roman in 2 Büchern von Wilhelm Schaer. 3.-6. Taus. Berlin, Goslar, Leipzig: F. A. Lattmann [1908]. (464 S.) 8° [F.] 7

Schaer, Wilh., das Erbe der Stubenrauch. Roman in 2 Büchern. (447 S.) 8. Goslar (905). F. A. Lattmann. n. 4.—

Scharf, Wilhelm: Zur Heimatkunde von Lahr. 1 (20 S.) Progr. Großh. G. Lahr 1896

Heimatliebe. Geschichten von Wilhelm Schaer. Goslar & Leipzig: F. A. Lattmann [1900]. (208 S.) 8° [F.] 7

Heimatliebe. Geschichten. 1. u. 2. Aufl. 8. (à V, 208 S.) Ebd. 900. 901. n. 2.50; geb. n. 3.

Schaer, Wilh., am Herdfeuer. Geschichten. 8. (V, 185 S.) Goslar (902). F. A. Lattmann. Geb. in Leinw. n. 3.—

Am Herdfeuer. Geschichten von Wilhelm Schaer. Goslar-Berlin-Leipzig: F. A. Lattmann [um 1904]. (185 S.) 8° [F.] 7

— Kerstorf. Roman in 2 Büchern. 1.–3. Aufl. (343 S.) 8. Bremen 909. G. Winter, Verl. 4.—; geb. in Leinw. 5.—

Sachsentreue. Geschichten von Wilhelm Schaer. Berlin, Goslar, Leipzig: F. A. Lattmann [1901]. (168 S.) 8° [F.] 7

Der Schatz im Moor. Eine Erzählung von Wilhelm Schaer. Berlin, Goslar, Leipzig: F. A. Lattmann [1904]. (185 S.) 8° [F.] 7

Schaer, Wilhelm Friedrich, med. pract. von Basel: Die sekundäre Periostitis des Warzenfortsatzes. Basel: Schw. Verlags-Druck. Dr. 1893. 76 S. 8.

Zürich, Med. Diss. [v. 25. Aug. 1893].

Scharahl, Thdr., Luther. Schauspiel in 4 Abtlgn. (170 S.) 8. Strassburg 910. J. Singer. 3.50

Scharandaeus, I. I., modus et ratio visendi aegros. 8 Erfurt, Weber. 749.

— — id. libr. 8. Gothae, Ettinger.

Scharanz, Karl Freiherr von

Scharanz, Carl Frhr. v., die Belebrten. Ein Lebensgemälde. Mit einem Vorwort von Friedr. W. Ebeling. 2 Bde. 8. (VIII, 279; 262 S.) Leipzig 885, Böhme Nachf. * geb. *

Scharapoff, Serg., zwei Bemerkungen üb. d. russischen Finanzen. (In russ. Sprache.) 12. (95 S.) Berlin 901. (F. Gottheiner.) n. 1.50

— Selbstherrschaft u. Selbstverwaltung. (In russ. Sprache.) gr. 16. (62 S.) Ebd. 899. n. 1.—

Scharbach, Edm., Cantate ad laudem Domini, s.: Hebler, K.

Scharbach, Edm., u. Aug. Wiltberger, psallite Domino! Sammlg. leichter kirchl. Gesänge f. vierstimm. Männerchor. 4. Aufl. gr. 8. (119 S.) Coblenz 895. J. Schuth. n. 3.—; Einbd. in Halbldr. n.n. — 60

— u. Aug. Wiltberger, Psallite Domino! Sammlung leichter kirchl. Gesänge für vierstimm. Männerchor. 5. Aufl. schmal Lex.-8. (119 S.) Coblenz 902. J. Schuth. n. 3.—; geb. n.n. 3.50

® — u. A. Wiltberger, Psallite domino. 902. (KBL 32.) Jetzt: Düsseldorf, L. Schwann.

Scharbach, Edm., der freudenreiche Rosenkranz, s.: Theater, kleines.

Der freudenreiche Rosenkranz. Lebende Bilder mit Gesang (gemischter Chor u. Solo) u. Klavier oder Harmonium, mit Berücks. einfacher Verhältnisse eingerichtet von Edmund Scharbach. Paderborn: B. Kleine [1901]. (23 S.) 8° [F.]
= Theater, Kleines. H. 300.

— Deutsches Schul-Gesangbuch. Ausg. A f. Volksschulen. (VII, 91 S.) 8. Düsseldorf (907). L. Schwann. Kart. nn — 40

— dasselbe. Ausg. B f. zweistimm. Kinderchor m. hinzugesetzter Tenor- u. Baßstimme zum Gebrauche an Lehrer-Seminaren u. Präparandien. (VI, 66 S.) 8. Ebd. (907). Kart. — 75

— 107 Volkslieder, welche v. den kgl. Regierungen zu Cöln, Düsseldorf, Koblenz u. Trier zur Einübung in der Volksschule vorgeschrieben sind. In die pass. Tonhöhe gesetzt, nach Griff- u. Strichschwierigkeit f. die Violine geordnet, zum Gebrauche f. Präparanden u. Seminaristen zusammengestellt. 3., unveränd. Aufl. (52 S.) 16,5 - 27,5 cm. Neuwied (907). L. Heuser Wwe. & Co. 1.60

Scharbach, E., 90 Volkslieder, welche v. den königl. Regiergn. zu Koblenz, Köln u. Düsseldorf zur Einübung in der Volksschule vorgeschrieben sind. In d. pass. Tonhöhe gesetzt, nach Griff- u. Strichschwierigkeit f. die Violine geordnet, zum Gebrauche f. Präparanden u. Seminaristen zusammengestellt. qu. gr. 4. (36 S.) Neuwied 888. Heuser's Verl. n. 1.60

Scharbach, G., praktischer Ratgeber f. Ohrenkranke u. Schwerhörige. Nach Aufzeichngn. u. 30jähr. Selbsterfahrgn. bearb. (24 S.) 8. Dresden 907. (Leipzig, Frommannstr. 14, A. C. Schroeder.) — 50

Scharbau, H., de Caipha ejusque vaticinio. Lubec. 1715. 4.

Scharbau, H., Observationes sacrae. III Partes. 4 Rostock, Donatius. 726-37.

— de parallelismo c. haereticis instituto. 4. ibid. 714.

Scharbau, I. G., ad Carpzovium epistola gratulatoria. 4. Lübeck, Donatius. 752. Rthlr.

— iudaismus detectus. Lübeck, Böckmann. 722.

— parerga philologico-theologica. V Partes, 8. Lübeck. Donatius. 721-26.

Scharbe, G. A. Zufällige Bemerkungen über unser lateinisch-gramm. Zeitalter. 19 S. (Kritik der heutigen Lehrmethode und Lehrbücher, hauptsächlich der Latein. Grammatik.) . . . .
Sorau, Progr. 1827

Scharbe, G. A. Historischer Hinblick auf Tacitus Schriften; sein Zeitalter; pädagog. Bemerkungen über die Schädlichkeit jener für die Jugend. (Latein. Abhandl.) 16 S. . . . .
Sorau, Progr. 1830

Scharbe, G. A. De Thesauro Latino, quem Germanis constitutum quinque partib. reclusit J. J. G. Schelletus, non sine ratione aliquid id genus condendi ingeniis hujus aetatis aptius gratiusque. 22 S. . . . . . .
Sorau, Progr. 1833

Scharbe, Raim., de geniis, manibus et laribus dissertatio. Casani 854. (Leipzig, C. F. Fleischer.) gr. 8. (127 S.) nn. 25 *ngr.*

Beobachtungen veränderlicher Sterne. Von S[ergej Bakonović] Scharbe. Jurjeff 1908: Mattiesen. 22 S. 4°
(Schriften, hrsg. von d. Naturforscher-Gesellschaft bei d. Univ. Jurjeff (Dorpat). 18.)
log. 949 9

Scharberg, Jos. Bedeus v., Atlas v. Ungarn, s. Bedeus.

—— die Verfassung des Grossfürstenthums Siebenbürgen aus dem Gesichtspunkte der Geschichte, der Landesgesetze u. des bestehenden öffentl. Rechtes. gr. 8. (7 1/8 B.) Wien 844, Gerold, Verl.

Der edle Scharbocks- oder Fieber- Klee [Scharbock-Klee], das ist: Kurtze Beschreibung des herrlichen Nutzens und Gebrauchs dieses Krauts, ...von N. K.P.S. [d.i. mutmaßl. Nepomuk Kaspar Pieter Sausanus]. Leipzig u. Görlitz: Laurentius 1724. 68 S. 8°

Scharbusch, Frz., lustige Geschichten, plattdütsch in Versen un Rimels vertellt. 8. (XVI, 207 S.) Leipzig 878. Fernau in Comm. n. 2. 50

Scharbusch, Frz. [Fritz Vorstell], lustige Geschichten, plattdütsch in Versen un Rimels vertellt. Neue Ausg. 8. (XVI, 207 S.) Aschersleben 884. Huch. cart. n. 2. —; geb. 3. —

Scharbusch, Frz., die Legende v. der sogenannten Liebesgabe, beleuchtet v. Sch. gr. 8. (37 S.) Aschersleben 894. K. Kinzenbach. n. — 60

Scharden, Nikolaus Ludwig von (Halle) A. S. 832/11

De iuribus et iudice competente legatorum, dissertatio iuribus gentium et publici universalis.
Präs. Johann Lorenz Fleischer.
Halle (Grunert) 3. XI. 1724. 98 S.

W. v.: Präs., O. E. von Grumbkow, Johann Philipp Hein. 29993

Scharden, Nikolaus Ludwig von (Halle) A. S. 175/7

De iuribus et iudice competente legatorum, vom Recht und eigentlichem Richter der Abgesandten, dissertatio iuris gentium et publici universalis.
Präs. Johann Lorenz Fleischer. 2. ed. emend.
Halle (Grunert) 1745. 69 S.

Diss. 3. XI. 1724.
W. v.: Präs. 29994

Scharded, Karl, Luther. Ein Festspiel f. Schulen u. Vereine. (80 S.) 8. Duisburg (903). Dietrich & Hermann. n. 1. —

Schärding [Sachliches OW]

Schärding am Inn und Umgebung. 2. Aufl. *Linz a. d. Donau: E. Mareis 1896.* (VI, 96 S., 1 Taf., 1 Pl.) 1 Bd 8.
= Städtebilder u. Landschaften aus aller Welt. No 154. 155.

Schärding [Schlagwort]

Schärding. Degn, F., Panorama u. Umgebungskarte v Schärding. 29,5×34 cm. Farbdr. Mit Text auf der Rückseite. Schärding (899) J. Heindl. n. n. — 50

Schardinger, Franz

Entwicklungskreis einer *Amoeba lobosa (Gymnamoeba) Amoeba Gruberi* [illegible]
21 [illegible] S 106 [illegible]
Separatabdruck

SCHARDINGER, Franz

Entwicklungskreis einer Amoeba lobosa (Gymnamoeba): Amoeba Gruberi von Dr Franz Schardinger. (Mit 2 Tafeln.) (Aus den Sitzungsberichten der kaiserl. Akademie der Wissenschaften in Wien. Mathem.-naturw. Classe; Bd. CVIII. Abth. I. November 1899.) Wien. 1899. In Comm. Gerold's Sohn. (Gr.-8°. 22 S. fl. —.35

Schardinger, Franz [illegible] Laboratorium d. Universität [illegible] 24. [illegible] S 72 [illegible]
Separatabdruck

[illegible]
Separatabdruck

Schardinger, Frz., üb. Nitroderivate d. Anthraflavons. [Aus: „Sitzungsber. d. k. Akad. d. Wiss."] Lex.-8. (9 S.) Wien 875. (Gerold's Sohn.) n. — 20

Schardinger, Jos., s. a. Sammlung v. Entscheidungen der k. u. k. Gerichts- u. Verwaltungsbehörden in Bergbauangelegenheiten.

Schardinger, J., Sammlung v. Entscheidungen der k. k. Gerichts- u. Verwaltungsbehörden in Bergbau-Angelegenheiten. gr. 8 (VIII, 397 S.) Wien 892. Manz. n. 6. —

Schardinger, J. Übersichts-Karte d. Braunkohlen-Bergreviere v. Elbogen-Karlsbad. 1 : 11,520. 6 Blatt. Farbendr. 54,5×67,5 cm. Wien 891, Manz. * 24 —

Schardius, Marie, geb. Drechsler, Damen-Stenographie. Versuch, die Frauenwelt mit den Grundregeln der Gabelsberger'schen Stenographie bekannt zu machen. 16. (26 S.) Hamburg 864, J. F. Richter. cart. *

— Sammlung der beliebtesten Deklamationen und Couplets zum Vortrag in geselligen Kreisen. Hamburg 864. Schardius. 16. (140 S.) 6 *ngr.*

Schardius, Marie, geb. Drechsler, Sammlung der beliebtesten Deklamationen u. Couplets, zum Vortrag in geselligen Kreisen. 2. Aufl. Hamburg 865. Schardius. 16. (140 S.) 6 *ngr.*

Schardii S[illegible] epist. VII ex Cod. Ms. Rehdigerano nunc primum editae (a Jo. Th. Schirmer) [illegible] 1864.
Schul-/Univ.-Schrift

Schardius, W., heitere und ernste Erinnerungen aus den Dienstjahren eines ehemaligen Stabs-Offiziers des Hamburger Bürger-Militairs. Gesammelt und hrsg. 1. und 2. Aufl. gr. 8. (V, 128 S.) Hamburg 881, (J. F. Richter.) geb. *

—— Gelegenheits-Gedichte für Kinder. Eine Auswahl von Geburtstags-Wünschen, Gedichten und Aufführungen bei Polterabenden und Hochzeiten, Weihnachtsliedern, Weihnachts- und Neujahrs-Wünschen und Stammbuch-Versen. 2. verb. Aufl. 16. (IV, 116 S.) Ebendas. 881. *

Schardt, H[ans]. Die modernen Anschauungen über den Bau und die Entstehung des Alpengebirges. Vortrag, gehalten an der 89. Jahresversammlung der Schweizerischen Naturforschenden Gesellschaft in St. Gallen, den 1. Aug. 1906. Mit 2 Tafeln. Separat-Abdruck aus den Verhandlungen der Schweizer. Naturf Ges' in St. G' 1906. II + 39 S. 8. St. Gallen, Zollikofer & Cie., 1907.

Schardt, Hans: Description géologique des Préalpes du Canton de Vaud et du Chablais jusqu'à la Dranse et de la chaine des Dents du Midi formant la partie nord-ouest de la feuille 17, s. Favre, Ernest

Schardt, H., étude paléontologique et stratigraphique des couches à Mytilus des Alpes Vaudoises, s.: Loriol, P. de.

Schardt, H., s.: Favre, E.

Schardt, H., siehe: *Karte. Geolog. d. Schweiz.*

Schardt, H., voir: *Matériaux.*

Schardt, H[ans]. Mélanges géologiques sur le Jura Neuchâtelois et les régions limitrophes. 7e et 8e fascicule .... 8. Neuchâtel, Wolfrath & Sperlé, 1908—1911.

7e fascicule. ⟨Avec quatorze clichés et une planche.⟩.... Extrait du Tome 34 — Années 1905-1907 [du] Bulletin de la Société neuchâteloise des sciences naturelles II p. + p. 186—280. 1908.

8e fasc'. ⟨Avec vingt-un clichés et cinq planches.⟩.... Extr' du «Bulletin» de la Soc' n' des sc' nat', t[ome] 37. III p. + p. 310—429. 1911.

Schardt, H[ans]. Die Pierre des Marmettes und die grosse Blockmoräne bei Monthey ⟨Kanton Wallis⟩. Mit 7 Tafeln. Separatabdruck aus den Verhandlungen der schweiz. naturforschenden Gesellschaft. 91. Jahresversammlung, Glarus 1908. Band I. II + 23 S. 8. [Aarau, H. R. Sauerländer & Co., 1909.]

Schardt, Hans: Revue géologique suisse pour l'année ...., s. Faure, Ernest

Schardt, H[ans]. 1. Geologische Übersicht. Mit geologischer Karte und Profilen ⟨2 Tafeln⟩; 2. Quellenkunde. Separatabdruck aus: «Bäder und Kurorte der Schweiz» [1. Aufl.]. II + 11 S. 8. Aarau, H. R. Sauerländer & Co., [1910].

Schardt, Osk., der Kampf um Rache. (VII, 88 S.) kl. 8. Dresden (908). E. Pierson. 1.50; geb. n 2.50

Schare, Frdr., Eifersucht ist e. Leidenschaft od. Anton, das Genie. Lustspiel m. Schlußgesang nach bekannter Melodie. (31 S.) kl. 8. Paderborn 910. Bonifacius-Druckerei. — 40

— er soll heiraten, } f.: Heidelmann's, A., Theaterbibliothek.

— Friede auf Erden! Dramatisches Zeitbild in 1 Aufzuge. (31 S.) kl. 8. Paderborn 910. Bonifacius-Druckerei. — 40

— Das 8. Gebot od. Der letzte Graf v. Tschenkow, f.: Heidelmann's, A., Theaterbibliothek.

— Das 5. Gebot, f.: Heidelmann's, A., Theaterbibliothek.

Schare, Frdr., das 4. Gebot od. der Untergang von St. Pierre. Preisgekrönte Tragödie in 1 Aufzuge. (31 S.) 12. Paderborn (903). Bonifacius-Druckerei. — 45

Das vierte Gebot oder der Untergang von St. Pierre. Preisgekr. Tragödie in 1 Aufz. von Friedrich **Schare**. 2. Aufl. Paderborn: Bonifacius-Dr. 1907. (32 S.) 8° [F.] [08. 5589

— Das 4. Gebot od. Der Untergang von St. Pierre. Preisgekrönte Tragödie in 1 Aufzuge. 3. Aufl. (31 S.) kl. 8. Ebd. 909. — 45

Am fünfzigsten Geburtstag. Lustspiel mit Gesang in 1 Aufz. von Friedrich **Schare**. Paderborn: Bonifacius-Dr. [1904]. (36 S.) 8° [F.] [05. 2153

— Gerettet, f. a. Heidelmann's, A., Theaterbibliothek.

Gerettet. Preisgekr. Tragödie aus d. Herero-Feldzuge in 1 Aufz. von Friedrich **Schare**. Bonn: A. Heidelmann [1905]. (19 S.) 8° [F.]
= **Theaterbibliothek**, A. Heidelmann's. H. 156. [06. 2700

— vom Herzensfreund zum Todfeind, } f. a. Heidelmann's, A., Theaterbibliothek.

Vom Herzensfreund zum Todfeind. Hist. Schauspiel aus d. Zeit d. mexikan. Wirren in 5 Aufz. von Friedrich **Schare**. Bonn: A. Heidelmann [1905]. (61 S.) 8° [F.]
= **Theaterbibliothek**, A. Heidelmann's. H. 158. [06. 2700

[F.] Kanonier Kümpel oder die Kammerrevision. Lustspiel m. Gesang in 1 Aufz. Bearb. v. Friedrich Scharo. *Paderborn: Bonifacius-Dr. 1898.* (32 S.) 1 Bd 8. [99. 2038

— ein dienstfreier Nachmittag. Militärisches Lustspiel m. Gesang in 1 Aufzuge. (32 S.) kl. 8. Paderborn 905. Bonifacius-Druckerei. — 30

Der heilige Potitus oder Getreu bis in den Tod. Ein Schauspiel ⟨aus d. Zeit d. Christenverfolgung unter d. röm. Kaiser Antoninus Pius im J. 154 n. Chr.⟩ in 5 Aufz. Frei nach d. Legende von Friedrich **Schare** Paderborn: Bonifacius-Dr. (1905). (66 S.) 8° [F.] [06 10712

Schareck, Karl Heinrich, Referendar: Das vertragsmässige Rücktrittsrecht nach gemeinem Recht und dem Recht des BGB. Greifswald 1907: J. Abel. (63 S.) 8°

Greifswald, Jur. Fak., Ref. Weismann, Diss. v. 24. Mai 1907

[Geb. 23. Mai 77 Ratibor; Wohnort: Breslau; Staatsangeh.: Preußen; Vorbildung: Gymn. Ratibor Reife O. 95; Studium: Breslau 2, Marburg 1, Berlin 1, Greifswald 4 S.; Rig. 26. Febr. 03.]

Schären, J[acob]. Die Heilquelle im Seeholzwald zu Faulensee, Gemeinde Spiez, Ct. Bern. Vorgelesen in der Versammlung der medizinisch-chirurgischen Gesellschaft des Cantons Bern, am 4. Juni 1863. zu Spiez. 8. Thun 1864.

Scharenberg, Mecklenburg-Strelitzische Gesetze, Verordnungen u. Verfügungen in Kirchen- u. Schulsachen. Fortsetzung d. 1 Tls. der Gesetzsammlg. f. die Mecklenburg-Strelitzischen Lande [m. Ausnahme d. Fürstent. Ratzeburg]. gr. 8. (VI, 273 S.) Neustrelitz 885. (Barnewitz.) n.n. 5. —

Scharenberg, Gesetze, Verordnungen u. Verfügungen, welche in Kirchen- u. Schulsachen f. das Fürstent. Ratzeburg erlassen sind. Fortsetzung der Gesetzsammlg. v. Masch, soweit die letztere Kirchen- u. Schulsachen betrifft. gr. 8. (VI, 210 S.) Neustrelitz 893. (R. Jacoby.) n n. 4. —

Scharenberg, E., über angeborene Luxationen des Radius. Inaugural-Dissertation. gr. 8. (23 S.) Göttingen 875. (Vandenhoeck & Ruprecht.) n. — 60

Die Anwendung beliebig vieler Coordinaten in der analytischen Geometrie. Von Johann Heinrich **Scharenberg**. Altona. 1859. 4°
Altona. Gymn.-Progr.

Scharenberg, J. H.: Die Temperaturverhältnisse von Altona. 26 S. u. Taf. – Altona, Progr. 1872.

Scharenberg, J. H., Die Temperatur-Verhältnisse von Altona. (In dem Jahresbericht über das Königl. Christianeum 1871—72.) Altona 1872.

Ueber den Unterschied zwischen Thieren und Pflanzen und die sogenannten Mittelformen zwischen den beiden organischen Reichen (v.) [Johann Heinrich] **Scharenberg**. Kiel. 1850. 4°

Scharenberg, Johannes Christoph Wilhelm. s. Scharenberg, Wilhelm

Scharenberg, (Johannes Christoph) Wilhelm *(geb. Berlin 7. 12. 1815)*: Ueber Graptolithen mit besonderer Berücksichtigung der bei Christiania vorkommenden Arten. Breslau 1851. (20 S., 2 Taf.) 4° *[Buchausg. 1851 bei Trewendt & Granier in Breslau.]*
Breslau, Phil. Diss. v. 23. Dez 1851

Scharenberg, W., über Graptolithen mit besond. Berücksicht. der bei Christiania vorkommenden Arten. 4. (20 S. und 2 Stnt.) Breslau 851, Trewendt und Granier.

Scharenberg, W., Handbuch f. Sudeten-Reisende mit besond. Berücksichtigung f. Freunde der Naturwissenschaften u. der Besucher schlesischer Heilquellen. Mit e. geognost. color. Karte der Sudeten, 8 Kärtchen der Umgebungen besuchter Bäder u. einem Vegetationsprofile, den Fahrplänen u. Tarifs schles. Eisenbahnen u. den mit diesen in Verbindung stehenden Postcoursen. 8. (19 B. u. 1 Tab.) Breslau 846, Trewendt.

—— Handbuch für Sudeten-Reisende mit besonderer Berücksichtigung für Freunde der Naturwissenschaften und die Besucher schlesischer Heilquellen. 2. Aufl. 8. (VIII und 298 S. mit 1 lithogr. geognostisch ill. Karte der Sudeten in gr. Fol., 8 Kärtchen der Umgegend schlesischer Badeorte, 1 lithogr. und ill. Vegetationsprofile in Fol. und gestoch. Titel.) Breslau 850, Trewendt und Granier.
Ohne die 8 Bäderkärtchen

— Handbuch für Sudeten-Reisende mit besonderer Berücksichtigung für Freunde der Naturwissenschaften u. die Besucher schlesischer Heilquellen. 2. Aufl. Mit 1 (lith.) geognostisch col. Karte der Sudeten (in gr. Fol.), 8 Kärtchen der Umgegend schlesischer Badeorte u. einem (lith. u. color.) Vegetationsprofile (in Fol.) 8. (VIII u. 298 S. m. gestoch. Titel.) Ebd. 851. In Engl. Einb. 1½ ß; ohne die 8 Bäderkärtchen 1¼ ß

Scharenberg, W., Handbuch für Sudeten-Reisende mit besond. Berücksicht. für Freunde der Naturwissenschaften und die Besucher schles. Heilquellen. 3. Aufl. Neu bearb. durch Friedr. Wimmer. 8. (VIII und 299 S. mit 6 Kärtchen in lithogr. Farbendr.) Breslau 862, Trewendt. geb.

— Karte von den Sudeten (auf Stein) gestoch. von H. Mahlmann. gr. Fol. Ebd. 850. ⅓ ß

Schärer, Past., Paul Geyser, s.: Geyser, Paul.

Schärer, A., s. Schärer, Johann Rudolf

Schärer, B. S. Friedrich, s. Schärer, Friedrich

Schärer, Bernhard Samuel Friedrich s. Schärer, Friedrich.

Schärer, C., s. Schärer, Karl

Schärer, Emm., Beiträge zur Erkenntniß des Wesens der Philosophie. gr. 8. (5½ B.) Zürich 846, Meyer u. Zeller. *

Schärer, Eman., John Locke. Seine Verstandestheorie und seine Lehren über Religion, Staat und Erziehung. Psychologisch-historisch dargestellt. Leipzig 860. Weber. gr. 8. (XII, 300 S.) n. 1 ß 20 ngr.

—— über den Standpunkt u. die Aufgabe der Philosophie in unserer Zeit. Habilitationsrede gehalt. am 1. Mai 1846. gr. 8. (2 B.) Zürich, Meyer u. Zeller.

Schärer, Ernst (Dr.) Statistik d. Todesfälle in Bern in der 5jährigen Periode 1871-75. Im Auftrage der städtischen Sanitäts-Commission. In-4⁰, 41 S. und 22 Tfln. Bern, K. J. Wyss. 1884.

Schaerer, F. Pharmakologische u. klinische Untersuchungen über das Antispasmin Merck (Narceinnatrium-Natrium salicylicum). In-8⁰. 39 S. Bern. These. 1897.

[Schärer, Friedrich.] Urkundliche Beleuchtung der Frage: In welchem Lichte erscheint Bern, durch seine Reclamationen an das Aargau und die Waadt...? 8. *o. O.* 1814.

Schärer, B. S. Friedr., Geschichte d. öffentl. Unterr.-Anstalten d. deutschen Theils d. ehemal. Kantons Bern; mit e. summar. Uebersicht d. wissenschaftl. Zustandes überh. Vom Anfang d. Stadt Bern im J. 1191 bis zur Revolution v. 1798. gr. 8. (18½ B.) Bern 829, Haller. (?)

[Schärer, Friedrich.] Replik auf die [von Albrecht Rengger verfasste] Antwort gegen die Schrift: Urkundliche Beleuchtung der Bernischen Reclamationen. Vom Verfasser der letztern Schrift selbst. 8. *o. O.* November 1814.

Schärer, [Heinrich]. Eaux minérales ⟨sulfureuses-sodiques⟩ de Heustrichbad. ⟨Canton de Berne. Suisse.⟩ (Traduit de l'allemand.) 8. Berne 1858.

Schärer, Heinrich. Die Mineralquellen im Heustrich am Niesen. Inaugural-Abhandlung. 8. Bern 1857.

Schärer, Johann s. Dumermuth, Gottfried. und Schärer, Johann

Schärer, Johann Rudolf

Schärer, R., religiöses Erbauungsbuch für Gefangene. 2 Abthl. 2te Aufl. gr. 8. Bern, Jenny. (Erlangen, Palm u. Enke in Comm.) 820.

Schärer, Joh. Rud., religiös. Erbauungsbuch f. Gefangene. 2 Abthln. Neue, wohlf. Orig.-Ausg. gr. 8. (25½ B.) Bern 833, [Jenni, Sohn.]

— s. Hiob, das Buch.

Schärer, A., Lebens- und Verschlimmerungsgeschichten zu schwerer Strafe oder zum Tode verurtheilter großer Verbrecher. 1s Heft. Bern, Jenny. (Erlangen, Palm u. Enke in Comm.) 818. —

— — — 2s u. 3s Heft. 8. Ebend. 819 u. 20.
3s Heft auch unter dem Titel:
Lebensgeschichte von A. U. Hauser v. Eynach ꝛc.

— der Prediger bei Missethätern, oder Anweis. zu e. zweckmäß u. religiös. Behandl. großer Verbrecher u. ihrer Vorbereitung zum Tode. 2 Bde in 3 Abtheill. gr. 8. Bern 815, 17. 2e Aufl. 820. Jenny. 2 ß 16 Sgr. 2r Thl. A. u. d. T.: religiös. Erbauungsbuch f. Gefangene. Mit e. Vorrede von D. Müslin 2 Abtheill. gr. 8. Ebd. 817. 2e Aufl. 820.

—— s. a. Psalmen, die.

Schärer, J. R., die Psalmen aus d. Grundterte metrisch übersetzt, mit kurzen Anmerk. 8 Bern, Walthard. (Basel, Flick. auch Sauerländer in Aarau in Comm.) 812. — 21

Schärer, Jh. Rud., Unterhaltungen über die Himmelskörper. Mit Kpf. 8. Bern. 786. Haller. 12 Sgr.

Schärer, Johanna, Arbeitschulbüchlein, s.: Strickler, Seline.

— der weibl. Handarbeits-Unterricht, s.: Strickler, S.

Schärer, Karl, stenographisches Bulletin der Schwurgerichtsverhandlungen betr. den Tod des Speditors Caspar Trümpy. Mit sämmtl. Gutachten und Expertenberichten. 6 Lfgn. gr. 8. (757 S.) Bern 864, Jent und Reinert. *

Schärer, Karl, Sammlung der Strafgesetze des Kantons Bern. Bern 867. Jenni. gr. 8. (513 S.) n. 1 ß 20 ngr.

Schärer, Karl, vollständige Sammlung von Musteraufsätzen für alle im bürgerlichen Leben vorkommenden Rechtsgeschäfte, z. B.: Käufe, Bürgschaften, Mieth u. Pachtverträge, Schuldschriften, Willensverordnungen, Gesuche an Behörden, Betreibungsvorkehren ꝛc., als nothwend. Ergänzung der Sammlung der Civil- u. Civilprozeßgesetze des Kantons Bern von R. Niggeler u. Emil Vogt hrsg. 3., verb. u. verm. Aufl. gr. 8. (73 S.) Bern 881. Jenni. n. 2. –

Schärer, Karl, vollständige Sammlung von Musteraufsätzen für alle im bürgerlichen Leben vorkommenden Rechtsgeschäfte, zum Beispiel: Käufe, Bürgschaften, Mieth- und Pachtverträge, Schuldschriften, letzte Willensverordnungen, Gesuche an Behörden, Betreibungsvorkehren ꝛc., als notwendige Ergänzung der Sammlung der Civil- und Civilprozeßgesetze des Kantons Bern von R. Niggeler und Emil Vogt, hrsg. 3. verb. und verm. Aufl. (73 S.) 1881; 4. nach dem schweizer. Obligationenrecht umgearb. Aufl. gr. 8. (87 S.) Bern 884, Jenni's Buchh. *

Schaerer, L. E., s. *Scheerer*.

Schaerer, Ludov. Eman., Enumeratio critica Lichenum europaeorum, quos ex nova methodo digerit. Accedunt tabulae X, quibus cuncta Lichenum europaeorum genera et subgenera in lapidem delineata et per partes colorata illustrantur. 8maj. (XXXVI und 328 S. mit lithogr. Portr.) Bernae 850. (Lipsiae, Fr. Fleischer) *

Schaerer, (L. E.,) Lichenum Helveticorum spicilegium Sect. I — 4. Lichenum exsiccatorum Fasc. I — VI. illustr. 4maj. Bernae 823 et 26, Jenni; Lips. Hartmann.

Schaerer, Ludov. Eman., Lichenum Helveticor. spicileg. Sect. III — V., Lichenum exsicat. Fasc. VII — IX. 4maj. (21½ B.) Bernae 828 — 33, Burgdorfer.
Sect. I et II. Ebendas. 1824, 26. 1 Thlr. 16 Gr.

Schaerer, Ludov. Eman., Lichenum Helveticorum spicilegium. Sect. VI — X. Lichenum exsiccat. Fasc. X — XIV. 4maj. (31¼ B.) Bernae 836 — 40, (Burgdorfer.) *
Sect. I — V. Ibid. 1824 — 33. * 5 Thlr.

—— Lichenes Helvetici exsiccati. Fasc. VII—X. No. 153—250. 4maj. (¾ B. Text.) Ibid. 828 — 33.
Fasc. I—VI. No. 1—152. Ebendas. 1824, 26. 11 Thlr. 6 Gr.

—— Lichenes Helvetici exsiccati. Fasc. XI — XVI. No. 251 — 400. 4maj. (.. B. Text.) Bernae 835 — 40, (Burgdorfer.) à *
Fasc. I — X. No. 1 — 250. Ibid. 1824 — 33. * 18 Thlr. 18 Gr. — Fasc. I — XII. (od. 6 Bde.) zusamm. genommen nur * 22 Thlr. 12 Gr.

—— Lichenes helvetici exsiccati. Additis speciebus exteris. Fasc. XXIII. et XXIV. Nr. 501 — 600. 4. (Mit 2 S. Text.) Bernae 849. Lipsiae, (Fr. Fleischer.) **
Die früheren Fascc. können zu gleichem Preise ebendas. bezogen werden.

Schaerer, Ludov. Eman., lichenes helvetici exsiccati. Accedunt species nonnullae exterae. Fasc. 25 et 26. No. 601—650. Bernae 852. (Leipzig, F. Fleischer.) 4. nn. 3 ℛ. 22½ ngr.

Schaerer, M., A.-G: Ill. Katalog über technische Hilfsmittel und Einrichtungen für die gesamte Medizin und Chirurgie. Bern . . . (1906?)

M. Schaerer, Messerschmied, ... Bern. Fabrik-Lager (der Artikel in) Kayserzinn. (Preis-Verzeichnis [und illustrierter] Katalog.) 1902. II [+ 8] + 30 S. 8.
Preis-Verz. [8 S.]: Bern, Harald Jensen.

Schaerer, Otto: Zur Kenntnis der Methylengruppe des Malonsäuredihydrazids und seiner Derivate. Säckingen 1909: Mehr. 51 S. 8°
Tübingen, Naturwiss. Diss. v. 17. Febr. 1909, Ref. Wislicenus
[Geb. 8. Nov. 84 Murg; Wohnort: Tübingen; Staatsangeh.: Schweiz; Vorbildung: Kantonsch. Aarau Reife M. 06; Studium: Tübingen 11 S.; Coll. 17. Febr. 09.] [U 10. 4353

Schaerer, P., siehe: *Handels- und Börsenkalender*.

Schärer, R., s. a. Schärer, Johann Rudolf

Schärer. Anleitung zum Ringen und Schwingen. 3. Aufl. Bern, A. Ross. 1895. 3 —

Schärer, R., Anleitung zum Schwingen und Ringen. 16. (XI und 76 S. mit 24 Stnt.) Bern 864, (Jent und Reinert.) *

Schärer, R., Anleitung zum Schwingen und Ringen. 2. Aufl. Anhang: Das Massen-Schwingen. Leitfaden zu prakt. Gebrauch für Vorturner, bearb. von Edm. Amstein. 12. (VIII, 101 S. mit 24 lithogr. Abbild.) Bern 883, Jent und Reinert. *

S[charer]. R[udolf]. Predigt, gehalten in Unterseen, den 10ten August 1826. bey der ehelichen Einsegnung des Herrn Gerhard Fleischer ... mit Jungfer Margaretha Fuchs .... Zum freundschaftlichen Andenken dem ... Ehepaare gewidmet von dem Verfasser R. S. 8. Zürich 1826.

Scharf, Die blühende Hoffnung des hochgräfl. Zierotin'schen Hauses. Striegau 1819.

Scharf, ..., Versuch einer Ausführung, wie der Kaffeehandel getrieben werden könnte, wenn aus ihm ein landesherrl. Monopol gemacht würde. 8. Braunschw. 781. Schul-Buchhandl. 2 gr.

Scharf, A., der unpartheiische Beurtheiler, s. Beurtheiler.

Hueber, Joan Bapt.: Das Bild des Todes aufgestellt in einer Rede, welche in der g. g. und v. St. Joan. L. zu den VII Weisen im O. v. Linz in Oesterr. ob der Ens, als selbe in einer Trauerversammlung das Andenken ihres verstorbenen B. Joan. Bapt. H[ueber] am 27ten Tag des XIten Monats im Jahre des L. 5786. feyerte, gehalten worden. Vom [Br.] A[nton] v. S[charf]. Linz 1786: Edl. v. Trattner. 18 S. 8° [Umschlagtit.]
Selten.

Vermuthungen über den Zustand des Gerechten nach dem Tode, gewagt in einer Rede, welche in der g. g. u. v. St. Joan. L. zu den VII. Weisen im Or. zu Linz in Oesterreich ob der Ems, als selbe in einer Trauerversammlung das Andenken ihrer verstorbenen B.B.S.** W*** B*** S*** und M** am 30. Dez. 1789 feyerte, gehalten worden von A[nton] v. S[charf?]. Linz: Rohrmoser & Bergmeister [1789]. 13 S. 4° [Umschlagtit.]
Sehr selten.

Beschreibung und Geschichte der Insel und des Fleckens Arnis v. Christian Scharf. Schleswig. 1838. 8°.

Scharf, Christoph Barthold (Wölpe) A. S. 574/53

Disquisitio iuris naturalis quaestionem sistens an et quatenus mare sit in dominio.
Jena (Ritter) X. 1747. 16 S.

Gew.: Adolph Friedrich von Brock. 29996

Scharf, Cph. Barth., († d. 4. Dec. 1803.) Beschreibung des in Bremen belegenen alten Landes. gr. 8. Hannover 790. Hahn. 4 gr.

— Kirchenstaat des Kurfürstenth. Braunschweig-Lüneburg u. der dazu gehör. Herzogthümer ꝛc. gr. 4. Hannov. 776. Helwing. 16 gr.

SCHARF, C. B. Dissertatio juridica de mulctis stuprorum vulgo Sau- oder Huren-Bruchen. Göttinger Dissertation 1748. 4°. 54 S.

Scharf, Christoph Bartold (Wölpe) A. S. 317/39

Dissertatio iuridica de mulctis stuprorum vulgo Send- oder Huren-Bruchen, praesertim secundum ius Brunsvico-Luneburgicum. Präs. Georg Ludwig Boehmer.
Göttingen (Schulz) V. 1749. 53 S.

Gew.: Rudolph Johann Fhr. von Wriesberg, Heinrich Grote, Gerlach Adolph Fhr. von Münchhausen, Ernst von Steinberg, Philipp Adolph Fhr. von Münchhausen, Karl Diede von Fürstenstein, Otto Christian von Lenthe. 29997

— Samml. z. genauen Kenntn. aller d. Churf. Brschw. Lüneb. ausmach. Provinzen. gr. 8. Götting. Dieterich. 792.

— der polit. Staat des Kurfürstenth. Braunschweig-Lüneburg u. der dazu gehör. Herzogthümer ꝛc. gr. 4. Lauenb. 777. (Brem., Förster). 1 ℛ 8 gℊ 2e Aufl. ohne des Verf. Namen unter d. T.: Samml. statist.-topograph., zur genauern Kenntniß aller d. Kurfürstenth. Braunschw.-Lüneburg ausmachenden Provinzen. gr. 8. Götting. 791. Dieterich. 1 ℛ 12 gℊ

— politischer Staat d. Churf. Brschw. Lüneb. gr. 4. Bremen, Förster. 780.

— Unterr. für e. Rechtsbeflissenen, wie derselbe auf Akademien seine Studien zu bewerkstelligen hat. 8. Frankf. u. Leipz. 822.

Scharf, D., de notariorum ecclesiast. salariis. Brem. 1718. 4.

Scharf, David Jonathan

Scharf, D. I., consult. juris ex jure publico privato et communi, oder rechtl. Belehrungen. 4. Schwerin, Kiesewetter. 717.

Scharf, Ed. Heino, s. Scharf, Edmund

Scharf, Edmund

Scharf, Ed. Heino, das Buch der Bleiche. Löbau 866. (Dümmler.) 8. (196 S. mit 1 Steintaf. in Imp.-Fol.) n. 1 ℛ 10 ngr.

Scharf, Edmund, der Hagel. Erkennung, Beschreibg., Beurteilg. u. Schätzg. v. Hagelschäden. Mit 13 Zeichngn. u. 27 photograph. Taf. (VI, 196 S.) 8. Halle a/S. (Blücherstr. 5) 906. Domänen-Direktor a. D. Scharf. Geb. in Leinw. n.n. 6. —

Scharf E. Kritik über das neuere französische Bleichverfahren dem älteren englischen Bleichverfahren gegenüber. Reichenberg 1871

Scharf, Frdr., Osiris Tod. Dramat. Sage in 4 Aufzügen. (100 S.) 8. Strassburg 906. J. Singer. n. 1. 50

Scharf, Friedrich Wilhelm, s. Scharf, Wilhelm

Scharf, Fritz, aus Eckartsberga: Über einige **Derivate des Adonits** nebst einem Beitrag zur Bildung cyklischer Anhydride aus mehrwertigen Alkoholen. *Leipzig 1903: Gebr. Junghanß.* (42 S.) 8°
Leipzig, Phil. Diss. v. 1903

Scharf, G. B., verkehrte Bibel d. Gottlosen. 2 Thle. 4. Bautzen, Drachstedt. 718.

— entheil. Gotteshaus in 14 Reden vorgestellt. 8. Wittenb. 725.

— suppl. Historiae sitisq. Arndianae. 8. ibid. 727.

— frommer Seelen Ruhestunden b. Kreuze d. Erlösers. 8. Bautzen, Drachstedt. 716.

— gottsel. Wittwen-Bibliothek, od. Gebet- u. Gesangbuch. 8. Wittenb. Knoch. 744.

Scharf, Georg, bacc. iur. a. Oberkaufungen: Der Handlungslehrling. Leipzig: O. Wigand 1907. (94 S.) 8°
Leipzig, Jur. Fak., Diss. v. 27. Juni 1907
[Geb. 6. Apr. 84 Oberkaufungen; Wohnort: Oetzsch b. Leipzig; Staatsangeh.: Sachsen; Vorbildung: Thomassch. Leipzig Reife O. 03; Studium: Heidelberg 3, Leipzig 3 S.; Rig. 19. Juni 06.]

Scharf, Geo., die geometrisch konstruierbaren regelmässigen Polygone. (32 S. m. 1 Taf.) gr. 8. Wien 906. C. Fromme. 1. —

Scharf, Gertrud: Die Tätigkeit und Entwicklung der Handwerkskammern. Stuttgart: Enke 1910. X, 221 S. 8° ¶(Auch als: Tübinger staatswiss. Abhandlungen. H. 8.)
Tübingen, Staatswiss. Diss. v. 25. Sept. 1910, Ref. Fuchs
(Nur in beschränkter Anzahl für den Austausch)
[Geb. 19. März 79 Leipzig; Wohnort: Magdeburg; Staatsangeh.: Preußen; Vorbildung: Lehrerinnenprüfung; Studium: Leipzig 5, Tübingen 1 S.; Rig. 5. März 10.] [U 11. 4435

Scharf, Gertr., die Tätigkeit u. Entwicklung der Handwerkskammer, s. a. Abhandlungen, Tübinger staatswissenschaftliche. 8. Heft.

Die Tätigkeit und Entwicklung der Handwerkskammern. Von Gertrud Scharf, Dr. d. Staatsw. Stuttgart: Enke 1910. X, 221 S. 8°
(Tübinger Staatswissenschaftl. Abhandlungen. H. 8.) [10. 1438

Scharf, H. W., Lünische Rechnung, Pflichten d. Predigers u. Zuhörers. 12. Wolffenbüttel, Meißner. 717.

Scharf, I., manuale a Stübelio auctum. 12. Frcf. 701.

Scharf, Johann Friedrich [Praes.]. s. Wulfer, Gottfried: De testamento solenni.

Scharf, Johann Friedrich (Wittenberg)
4°Thl. I, 209/41

Disputationes theologicae ... pars posterior. Disputatio XXII. de fato flagelli Turcici fatique luce.
Präs. Johann Konrad Dannhauer.
Leipzig (Reinhold) 1707. S. 1163-1213.

Diss. Strassburg 20. VII. 1664. 30005

Scharf, Johann Friedrich (Schwerin) A. S. 773/4

Dissertatio inauguralis de his quae juribus ac privilegiis fisci perperam accensentur.
Giessen (Vulpius) XII. 1711. 100 S.

Gew.: Joachim Martin von Unverfährt, Johann von Klein.
W. v.: Simon Nikolaus Orth, Johann Christoph Bielefeld, Bernhard Ludwig Mollenbek, Melchior Dethmar Grolman, Georg Theodor Barthold. 30006

Scharf, Jh. Hnr., s. Scharff, Johann Heinrich

Geschichte der Loge St. Johannes zum schwarzen Adler. Landsberg a. W. 1810—1910. Festschrift zur Feier des 100jährigen Bestehens am 23. October 1910 von [Johannes] Scharf. [Landsberg 1910: Dermietzel & Schmidt.] 43 S. 4 Bl. Abbild. 8°.

Scharf, Karl, etymologische Streifzüge. (44 S.) gr. 8. Schwäb. Gmünd (909). B. Kraus. 1. 30

Scharf, L., von Wien nach Amerika. Betrachtungen über englische u. amerikanische Zustände. [Aus der Chicago-Sonntags-Zeitung.] Chicago 870. (Leipzig, Matthes.) 16. (71 S.) n. 10 ngr.

Scharf, Lewis

Scharf, L. Chips from English Literature. (Pope & Byron.) Diss. Leipzig 1881. 101 S.

Scharf, Lowis, literary impressions. gr. 8. (101 S.) Braunschweig 881. Schlegel. n. 1. 50

Scharf, L.: John Milton und Jean Jacques Rousseau. Eine vergleichende Studie. 39 S. 8° – Freudenthal, RG., Progr. 1873.

Scharf, Ludw., s.: Casti, Giambattista, Sr. Heiligkeit Papst Alexanders VI. Bulle: „In rebus amoris".

Scharf, Ludw., Lieder e. Menschen. 8. (112 S. m. Bildnis.) München 892. Dr. E. Albert & Co., Sep.-Cto. n. 3. —; geb. n. 4. —

Scharf, Ludw., Lieder e. Menschen. 2. Aufl. 8. (112 S. m. Bildn.) München (894). Berlin, Schuster & Loeffler. 2. —; geb. n. 3. —

Scharf, Ludwig: Lieder eines Menschen ... 2. Aufl. München: E. Albert & C.: (a. d. Umschl.: Berlin: Schuster & Loeffler) . [1897]. (2 Bl., 111 S., 1 Portr.) 1 Bd 8°

Scharf, Ludw., Studien und Skizzen. gr. 8. (IV, 108 S.) [Braunschweig 882, Schlegel's Verlag.] Aschersleben, Siever. *

Scharf, Ludw., **Tschandala-Lieder.** Umschlagsporträt nach e. Kreidezeichng. v. G. Ichenhäuser. (128 S.) 8. Stuttgart 906. A. Juncker. Kart. n. 3. —

Scharf, Mor., neues Liederbuch. 18 dreistimm. Lieder für deutsche Schulen zu Gedichten aus „Herzensklänge" v. Chrn. Grüß. Op. 50. 12. (32 S.) Berlin 895. Leipzig, Gebr. Reinecke. n. — 20

Scharf, Oskar, approb. Arzt aus Hirschfeld b. Borsdorf: **Aus d. Leipz. chir. Klinik d. Herrn Geh.-R. Prof. Dr. Trendelenburg. Ein Fall von Struma accessoria lateralis inferior carcinomatosa.** *Leipzig 1904: B. Georgi.* (30 S.) 8°
Leipzig, Med. Diss. v. (17. Mai) 1904

Scharf, Otto

Scharf, O., u. Fr. **Schroeder,** das Keulenschwingen. Eine zu e. Lehrgange geordnete Sammlg. v. Uebungsbeispielen f. den Betrieb in Schulen, Turnvereinen u. Frauenabteilgn. 12. (VIII, 95 S. m. 19 Abbildgn.) Berlin 894. R. Gaertner. Kart. n. 1. 20

Vorturnerstunden in Turnvereinen, sowie Vorturnerhandbuch für das Riegenturnen. ⟨Auch f. d. Oberklassen höherer Lehranstalten.⟩ 272 Ortsgruppen an Geräten f. alle Fähigkeitsstufen mit Berücks. d. Übungsstoffes f. Altersriegen von Otto Scharf, Hauptturnl. Berlin: Weidmann 1905. (VI, 237 S.) 8° [F.] [05. 7648

Scharf, Richard, aus Ruhla: **Ueber einige Fragen des Wertpapierrechts.** *Jena 1903: G. Neuenhahn.* (101 S.) 8° [F.]
Jena, Jur. Diss. v. (23. Mai) 1903

Scharf, Rob., Quaestiones Propertianae. Dissertatio inauguralis philologica. gr. 8. (73 S.) Halis Sax. 881. (Göttingen, Vandenhoeck und Ruprecht's Verlag.) *

Scharf, Rud., Deutsch, s.: **Unterrichtswerke** (Methode Hittenkofer) Lehrfach Nr. 51.

— Rechnen, s.: **Unterrichtswerke** (Methode Hittenkofer) Nr. 52.

Scharf, Thdr., der Bau des menschlichen Körpers u. die Verrichtung seiner Organe. Zum Gebrauch in Schulen u. zum Selbstunterricht. 2., verm. u. verb. Aufl. Eßlingen 865. (Karlsruhe, Groos.) gr. 8. (XXVIII, 104 S. mit 8 Steintaff. in gr. 4.) 1 *ℛ* 15 *ngr.*

Scharf, Thdr., **Bau, Leben u. Pflege d. menschlichen Körpers.** Zum Gebrauche in Schulen u. zum Selbstunterricht. 2. verm. u. verb. Aufl. Mit Atlas (8 Steintaf. in 4.) gr. 8. (XXIV, 104 S.) Metz 874. Deutsche Buchhdlg. n. 5. —

— u. A. **Haese,** die einfache Buchführung des Gewerbetreibenden. 8. (96 S.) Magdeburg 902. Creutz. n. 1. —; geb. in Leinw. n.n. 1. 30

Theodor Scharf. **Die Flora Ettlingens, für den Schulgebrauch und zum Selbstunterricht bearbeitet. 32 S.** Ettlingen, P 1868

Scharf, Th., die gewerbliche Fortbildungsschule u. d. Lesebuch in ihrem Dienste. Zugleich e. Begleitwort u. e. Anleitg. zu des Verf. Lesebuch f. gewerbl. Unterrichtsanstalten. gr. 8. (36 S.) Wittenberg 900. R. Herrosé. n. — 25

Scharf, Th., die gewerbliche **Fortbildungsschule** u. das Lesebuch in ihrem Dienste. Ein Begleitwort u. e. Anleitg. zu des Verf. Lesebuch f. gewerbl. Unterrichtsanstalten, nebst e. Lehrplan f. e. 3 klass. Schule m. gemischten Berufen. 2. Aufl. (39 S.) 8. Wittenberg 905. R. Herrosé. n. — 50

— **die gewerbliche Fortbildungsschule zu Magdeburg.** (IV, 183 S. m. 1 Taf.) gr. 8. Magdeburg 904. Creutz. n. 1. 50

Scharf, Th., die obligatorische Fortbildungsschule f. Knaben in Leipzig. gr. 8. (33 S.) Wittenberg 893. R. Herrosé. n. — 30

— **Geographie f. die Volksschulen v. Elsaß-Lothringen.** 8. (87 S.) Metz 876. Wwe. Alcan & Co. n. — 64

Scharf, Th., Geographie für die Volksschulen von Elsaß-Lothringen. 2., verb. u. verm. Aufl. 8. (120 S.) Metz 879. Even. cart. n. — 72

Scharf, Th., Geographie für die Volksschulen von Elsaß-Lothringen. 4., verb. Aufl. 8. (130 S.) Metz 885. Even. cart. n. — 72

— dasselbe, für die Volksschulen von Elsaß-Lothringen mit französ. Unterrichtssprache. N. Anh., enth. e. deutsch-französ. Verzeichnis der in d. Geographie gebräuchl. Ausdrücke. 2. Aufl. 8. (90 S.) Ebd. 888. n. — 50

— **Geographie f. die Volksschulen v. Elsaß-Lothringen.** 6., verb. Aufl. 8. (130 S.) Metz 891. P. Even Kart. n. — 60

— u. A. **Haese, Geschäfts-Formulare,** f. den Unterricht in Arbeiterklassen gewerblicher Fortbildungsschulen zusammengestellt. (76 S.) Lex. 8. Magdeburg 910. Creutz. — 80

— — **Geschäfts-Formulare** für den Unterricht in gewerblichen Fortbildungsschulen. gr. 4. (80 S.) Ebd. 901. n. — 80

— u. A. **Haese, Geschäfts-Formulare** f. den Unterricht in gewerblichen Fortbildungsschulen. 3. Aufl. (100 S.) Lex.-8. Magdeburg 906. Creutz. n. — 80

— — dasselbe f. Meisterkurse. 3. Aufl. (100 S.) Lex.-8. Ebd. 906. n. 1. —

— — dasselbe f. den Unterricht in gewerblichen Fortbildungsschulen. 5. Aufl. (100 S.) Lex. 8. Ebd. 909. — 80

— — u. H. **Otto, Geschäfts-Formulare,** f. den Unterricht an ländlichen Fortbildungsschulen zusammengestellt. (64 S.) Lex. 8. Magdeburg 907. Creutz. — 65

— **Geschäftsgänge** f. den Buchführungs-Unterricht in kaufmännischen Lehranstalten. 1. Heft: Kolonialwaren-Grosshandlung, (f. die Oberstufe) bearb. v. M. Wendt. (36 S.) 8. Ebd. 905. n. — 30

Scharf, Th., Geschäftsgänge f. den Buchführungs-Unterricht in kaufmännischen Lehranstalten. 1. Heft: Kolonialwaren-Grosshandlung (f. die Oberstufe), bearb. v. M. Wendt. 2. Aufl. (36 S.) kl. 8. Magdeburg 909. Creutz. — 30

– u. A. Haese.

— — Geschäftsgänge f. den Unterricht in der gewerblichen Buchführg. 1. u. 2. Hft. 12. Ebd. à n. — 15
1. (15 S.) 902. — 2. Bäcker. (16 S.) 903.

— — Geschäftsgänge f. den Unterricht in der gewerblichen Buchführung. 1. u. 3.—18. Heft. kl. 8. Ebd. n. 3. 10
1. Metallarbeiter. 2. Aufl. (16 S.) 904. — 15. — 3. Fleischer. (20 S.) 903. — 20. — 4. Gastgewerbe. (20 S.) 903. — 20. — 5. Tischler. (20 S.) 903. — 20. — 6. Buchgewerbe. (20 S.) 903. — 20. — 7. Schneider, bearb. v. O. Fuhlrott. (16 S.) 903. — 15. — 8. Konditor, bearb. v. H. Förster u. F. Pilling. (20 S.) 903. — 20. — 9. Barbier u. Friseur, bearb. v. O. Gross. (20 S.) 903. — 20. — 10. Sattler, Tapezierer u. Dekorateure, bearb. v. F. Eisenblatt. (16 S.) 903. — 15. — 11. Schuhmacher, bearb. v. E. Ehrenheim. (20 S.) 903. — 20. — 12. Goldarbeiter, bearb. v. R. Trinte. (16 S.) 901. — 15. — 13. Maler. (20 S.) 904. — 20. — 14. Maurer. (24 S.) 905. — 20. — 15. Klempner. (16 S.) 906. — 15. — 16. Zimmerer. (24 S.) 905. — 20. — 17. Bildhauer u. Stukkateur, bearb. v. Gille. (20 S.) 906. — 20. — 18. Bauschlosser. (16 S.) 906. — 15.

— — Geschäftsgänge f. den Unterricht in der gewerblichen Buchführung. 14. u. 19.—23. Heft. kl. 8. Ebd. 1. 10
14. Maurer. 2. Aufl. (24 S.) 908. — 20
19. Glaser. Bearb. v. R. Mietz. (16 S.) 907. — 15
20. Schmiede u. Wagenbauer. Bearb. v. H. Schmidt. (16 S.) 907. — 15
21. Töpfer (Ofensetzer). Bearb. v. P. Opitz. (20 S.) 908. — 20
22. Buchbinderei u. Kartonagenfabrik. Bearb. v. Hugo Paas. (20 S.) 908. — 20
23. Lithographisches Atelier m. Steindruckerei. Bearb. v. Fritz Eggert. (24 S.) 909. — 20

Handel und Wandel. Ein Lesebuch f. junge Kaufleute. Hrsg. von Th[eodor] Scharf, Dir., u. Arth. Haese, Stellvertr. d. Dir. d. kaufm. Fortbildungsschule zu Magdeburg. *Wittenberg: R. Herrosé 1902.* (VII, 555 S.) 8° [G.] [illegible]

— — Handel u. Wandel. Ein Lesebuch f. junge Kaufleute. 2. Aufl. gr. 8. (VII, 574 S.) Wittenberg 902. R. Herrosé. Geb. in Leinw. n. 3. —; Prämienausg. n. 4. —

Scharf, Th., u. A. Haese, Handel u. Wandel. Ein Lesebuch f. junge Kaufleute. 5. Aufl. (VII, 560 S.) gr. 8. Wittenberg 906. R. Herrosé. Geb. in Leinw. n. 3. —; Prämienausg. n. 4. —

— — Handel u. Wandel. Ein Lesebuch f. junge Kaufleute. 7. Aufl. (VII, 560 S.) gr. 8. Wittenberg 908. R. Herrosé. Geb. in Leinw. 3.—; Prämienausg. 4. —

Lesebuch für gewerbliche Unterrichtsanstalten. Nach d. ministeriellen Vorschriften v. 5. Juli 1897 hrsg. von Th[eodor] Scharf. *Wittenberg: R. Herrosé 1900.* (VIII, 448 S.) 8° [G.] [illegible] 3

Lesebuch für gewerbliche Unterrichtsanstalten. Nach d. minist. Vorschriften vom 5. Juli 1897 hrsg. von Th[eodor] Scharf, Dir. in Magdeburg. 2. Aufl. *Wittenberg: R. Herrosé 1902.* (VIII, 456 S.) 8° [G.] [illegible] 3

Lesebuch für gewerbliche Unterrichtsanstalten. Nach d. minist. Vorschriften v. 5. Juli 1897 hrsg. von Th[eodor] Scharf, Dir. in Magdeburg. 3. Aufl. *Wittenberg: R. Herrosé 1904.* (VIII, 472 S.) 8° [G.] [illegible] 3

Lesebuch für gewerbliche Unterrichtsanstalten. Nach d. minist. Vorschriften v. 5. Juli 1897 hrsg. von Th[eodor] Scharf, Dir. in Magdeburg. 4. Aufl. Wittenberg: R. Herrosé 1905. (VIII, 472 S.) 8° [G.] [illegible]

Lesebuch für gewerbliche Unterrichtsanstalten. Nach d. ministeriellen Vorschriften v. 5. Juli 1897 hrsg. von Th[eodor] Scharf, Dir. in Magdeburg. 5. Aufl. Wittenberg: R. Herrosé 1906. (VIII, 476 S.) 8° [G.] [illegible] 3

— Lesebuch f. gewerbliche Unterrichtsanstalten. Nach den ministeriellen Vorschriften vom 5. VII. 1897 hrsg. 9. Aufl. (81.—90. Taus.) (VIII, 476 S. m. Abbildgn.) 8. Wittenberg 910. R. Herrosé. Geb. in Leinw. 1. 75

Scharf, Th., Lesebuch f. gewerbliche Unterrichtsanstalten, Fortbildungsschulen etc. im Königr. Sachsen. gr. 8. (VIII, 451 S. m. Abbildgn.) Wittenberg 900. R. Herrosé. n. 1. 35; geb. n.n. 1. 65; Prämienausg. n. 2. 50

— **Rechenbuch f. kaufmänn. Fortbildungsschulen u. verwandte Unterrichtsanstalten. Unter Mitwirkung mehrerer Fachlehrer hrsg. 1. u. 2. Heft. (112 S. u. 110 S. m. 1 Taf.) 8. Leipzig 906. F. Hirt & Sohn.** à n. — 80

— dasselbe. I. Heft. Ergebnisse. (31 S.) 8. Ebd. 907. n.n. — 65

— Rechenbuch f. Handels- u. kaufmännische Fortbildungsschulen. Unter Mitwirkg. v. Fachlehrern hrsg. Ausg. A in 3 Heften. 8. Leipzig, F. Hirt & Sohn. Kart. nn 2. 90
I. 3. Aufl. (112 S.) 909. — 80
II. 3. Aufl. (110 S. m. 1 Münztaf.) 909. Kart. — 80; Ergebnisse (24 S.) 907. nn — 65
III. 2. Aufl. (182 S. m. Abb.) 909. Kart. nn 1. 30; Ergebnisse. (17 S.) 908. nn — 80

— dasselbe. Ausg. B. in 2 Heften 8. Ebd. 909. nn 1. 90; Ergebnisse 1. 30
I. (110 S. m. 1 Taf.) — 80; Ergebnisse. (24 S.) nn 65
II. (144 S. m. Abb.) nn 1. 10; Ergebnisse. (32 S.) nn — 65

— — **gewerbliches Rechnen. 2. Tl.: Eisen- u. Metallgewerbe. (IV, 88 S. m. Abbildgn.) gr. 8. Magdeburg 903. Creutz.** Kart. n. — 80
Der 1. Tl. ist noch nicht erschienen.

Theodor Scharf. Über Versteinerungen. S. 19—28 des Jahresberichts. Ettlingen, P 1867

Scharf, *Friedrich* Wilhelm [aus Pforzheim]: **Beiträge zur Anatomie der Hypoxideen und einiger verwandter Pflanzen ... Nebst e. Taf.** (Aus: Bot. Centralbl., Bd. LII.) **Cassel, Druck v. Gebr. Gotthelft,** 1893; 44 S., 1 Bl., 1 Taf. 8.
Heidelberg, Naturw.-math. Fak., Inaug.-Diss. v. [5. Nov.] 1890

Scharf, Wilhelm [Lehramtspraktikant Dr.]: Zur Heimatkunde von Lahr. Lahr, Druck v. J. H. Geiger, 1896; 20 S. 4.
Lahr, grossh. G, MP 1896 (621)

Scharf, Wilhelm, aus Lachen (Rheinpfalz): **Ueber Oxydationsprodukte der Aloebestandteile mit Caro'scher Säure. Isomerieerscheinungen beim Phenanthrenchinonsemicarbazon und seinen Kernsubstitutionsprodukten. Stuttgart 1909. 63 S. 8°. [17. IX. 09.]**
Zürich. Univ. Phil. Diss. II. 8 1909/10.

Scharf, Wilhelm. [1.] Über Oxydationsprodukte der Aloebestandteile mit Caro'scher Säure; [2.] Isomerieerscheinungen beim Phenanthrenchinonsemicarbazon und seinen Kernsubstitutionsprodukten. Diss. Phil. [II.] Univ. Zürich. 63 S. 8. Stuttgart, Carl Grüninger, 1909.

Schärf, Diss. de phrenitide. Altd. 4°. 1746

Schärf, A., e. Besuch im Buschland. Korjalfahrt nach d. oberen Suriname, nacherzählt v. W. Wolter, s.: Traktate, kleine, aus der Brüdermission.

Schärf, D. B., Perikopen-Erklärung, s.: Krause, G.

Schärf, D. B., die wichtigsten Sätze aus der christlichen Glaubens- u. Sittenlehre. Ein Leitfaden für Lehrer an Kirche u. Schulen. Aus den hinterlassenen Papieren desselben gesammelt u. mit einem Vorworte hrsg. von S. F. G. Schneider. 2. unveränd. Abdr. 8. (56 S.) Breslau 850, Max & Co. in Comm. n. 1/6 ß

Schärf, Herm., Heinrich Heine u. sein Vaterland. 8. (16 S.) Czernowitz 879. Pardini. n. — 40

Schärf, Herm., Heinrich Heine und sein Vaterland. 2. umgearb. Aufl. gr. 8. (18 S.) Czernowitz 888, Pardini. *

Schärf, H., Professor Conrad Beyer's Lehre vom deutschen Versbau u. Heinrich Heine's Stellung innerhalb derselben. gr. 8. (24 S.) Czernowitz 889. Pardini. n. — 60

Schärf, Herm., e. jüdisches Operntheater u. seine Primadonna. gr. 8. (12 S.) Czernowitz 893. H. Pardini. n. — 40

Schärf, Thdr., das gottesdienstliche Jahr der Juden, s.a. Schriften des Institutum Judaicum in Berlin. 30.

Das gottesdienstliche Jahr der Juden von Theodor Schärf, Pastor in Gnadenfrei. *Leipzig: J. C. Hinrichs 1902.* (144 S.) 8° [F.]
Aus: Nathanael 1901/1902
= Schriften d. Institutum Judaicum zu Berlin. No 30. [04. 2,63

Schärf, Thdr., aramäisch-neuhebräisches Wörterbuch, s.: Dalman, Gust. H.

Schärf, W., Leitfaden zu der Schärfschen Schema-Buchführung f. Hôtel. 4. (23 S.) Leipzig 899. P. Schimmelwitz n. 1. 50

— dasselbe f. Landwirtschaft. 4. (16 S.) Ebd. 899. n.n. 1.25

Scharfblicke in d. Gebiet d. Magie, s.a. Possenreich, J. H.

Scharfblicke in das Gebiet der natürl. Magie, oder Boscos aufgeschlossenes Zauberkabinet. Nebst einigen damit verbundenen Original-Anekdoten etc. Von Judunkus Hilarius Possenreich. 12. Leipzig 830. (L. Schreck.) 5/12 ℛ

Scharfe, Ch. Friedr. Aug., Gebete f. d. Frühbetstunden d. Bergleute. 16. (3 B.) Sangerhausen 839. [Eisleben, Reichardt.] *

Scharfe, Ch. Fr. Aug., Gebete für die Frühbetstunden der Bergleute. 16. Sangerhausen 839. Rohland. n. 1/8 ℛ

Scharfe, Ch. Friedr. Aug., der Regierungsbezirk Merseburg. Ein Beitr. z. Vaterlandskunde, mit eingestreuten geschichtl., besond. biograph. Nachrichten. 8. (13 B.) Sangerhausen 841. [Eisleben, Reichardt.] Thlr.

Scharfe, (in Lengefeld,) Fr., der Regierungsbezirk Merseburg. Ein Beitrag zur Vaterlandskunde, mit eingestreuten geschichtlichen, besonders biographischen Nachrichten. 8. Sangerhausen 841, Rohland. 1/2 ℛ

Scharfe, die Rückschritte, welche wir in dieser Zeit als Zeichen unserer Buße thun müssen. Eine Predigt, am Bußtage 1849 zu Sangerhausen gehalten. gr. 8. (14 S.) Sondershausen 849, Eupel. 1/12 ℛ

Scharfe, (Chr.) Friedr. (Aug.), die beiden Unglücklichen, die im Laufe dieser Woche öffentlich hingerichtet werden, was lehren sie uns? Eine Predigt am Sonntage Invocavit vor der öffentl. am 27. Febr. 1844 in Sangerhausen geschehenen Hinrichtung der Gebrüder Chr. u. Aug. Dreßler gehalten. 8. (1 B.) Eisleben, Reichardt. Thlr.

Scharfe, Emil, appr. Arzt: Über einen Fall von malignem Leiomyom. Halle a. S. 1910: Karras. 35 S. 8°
Halle, Med. Diss. v. 7. Juli 1910, Ref. Veit
[Geb. 8. Jan. 74 Niedersachswerfen; Wohnort: Schönwald b. Hof; Staatsangeb.: Preußen; Vorbildung: Gymn. Hersfeld Reife M. 96; Studium: Göttingen 10 S.; Coll. 9. Juni 10; Approb. 5. Febr. 03.] [U 10. 1699

Scharfe, Ernst, Kaiser Friedrich Barbarossa u. Heinrich der Löwe Deutsches Festspiel. 8. (16 S.) Dresden 893. (O. Hackebeil.) n. — 40

Scharfe, Ernst, die petrinische Strömung der neutestamentlichen Literatur. Untersuchungen üb. die schriftsteller. Eigentümlichkeit des 1. Petrusbriefs, des Marcusevangeliums u. der petrin. Reden der Apostelgeschichte. gr. 8. (VIII, 187 S.) Berlin 893. Reuther & Reichard. n. 4. —

— die christliche Zeitrechnung u. der deutsch-evangelische Kalender, s.: Zeitfragen des christlichen Volkslebens.

Scharfe, Fr., s. Scharfe, Chr. Friedrich August

Scharfe, Friedrich Eduard Helmut, s. Scharfe, Helmut

Scharfe, Gustav. Die Entwickelung der Stimme von den Elementen bis zur künstlerischen Vollendung. I. Theil. VII. Auflage. Dresden. [quer 4°.]

Scharfe, *Friedrich Eduard* Helmut [aus Halle a. S.]: Über die Durchlässigkeit der Darmwandungen für Bakterien ... Halle a. S., Druck v. Wischan & Wettengel, 1896; 37 S., 1 Bl. 8.
Halle, Med. Fak., Inaug.-Diss. v. 27. Juni 1896

Scharfe, Jos. De Evagorae Salaminiorum reguli vita rebus gestis. (VIII. 51) 8. Münster 1856. — 8. ib 1861. 1,20

Scharfe, Jos., de Evagorae Salaminiorum reguli vita ac rebus gestis. Dissertatio historica. gr. 8. (VIII und 51 S.) Münster 866, Brunn's Verlag. *

Scharfe, Johs., Fussball ohne Aufnehmen des Balls (Assoziation-Fussball), s.a. Miniatur-Bibliothek f. Sport u. Spiel. 18. Bd.

Scharfe, Johannes, Fußball ohne Aufnehmen des Balles (Association-Fußball), m. Abb. u. e. Anh.: Die offiziellen Spielregeln d. Dtsch. Fußballbundes, Leipzig, 91 S., 8°. 1909.

Scharfe, Mart., Bilder aus den Alpen, s.: Festschriften f. Gustav-Adolf-Vereine. 55. Heft.

— Gustav Adolf als Pate, s.: Gustav-Adolf-Geschichten f. Kinder. 3. Heft.

Schaerfe, W[illy]. Ueber Diphenylkalium und einen daraus erhaltenen neuen Kohlenwasserstoff, p-Diphenylendiphenyl. Diss. Phil. Basel. 45 S. 8. Zürich, J. Leemann, 1902.

Scharfenberg, s.a. Albrecht v. Scharfenberg.

Scharfenberg, Ant., die Wiederauffindung der Gebeine der heil. Elisabeth. Mainz 855. Kirchheim. gr. 8. (24 S.) 4 ngr.

BURGGEIST, Der, auf Schnellerts und Rodenstein ..... (von *August Scharfenberg*). Würzburg 1829.
Anon.-Lex. I. p. 290 (nach Goedeke u. Scriba).

Scharfenberg, Aug., die Feuerwerkkunst in ihrem ganzen Umfange. Lehrbuch der Lustfeuerwerkerei für Künstler vom Fach und Dilettanten. Nach den Fortschritten dieser Kunst in der neuesten Zeit im Vereine mit prakt. Künstlern bearb. 2 Bde. Mit vielen Illustr. in Holzschn. gr. 12. Ulm, Fr. Ebner. [1. (VIII und 447 S.) 848. 1 Thlr. 8 Ngr., 2. (760 S.) 851. 2 Thlr.]

Scharfenberg, Aug., die Feuerwerkkunst in ihrem ganzen Umfange, oder Lehrbuch der Lustfeuerwerkerei. 2 Bde. Mit vielen Abbildgn. in eingedr. Holzschn. 2. (Titel-)Ausg. gr. 12. Ulm, F. Ebner. [1. (VIII und 447 S.) 854. 1 Thlr. 8 Ngr., 2. (670 S.) 855. 2 Thlr.]

Scharfenberg, A., die Feuerwerkkunst in ihrem ganzen Umfange. Lehrbuch der Lustfeuerwerkerei für Künstler vom Fach und Dilettanten. Nach den Fortschritten dieser Kunst in der neuesten Zeit im Vereine mit prakt. Künstlern bearb. 2 Thle. in 1 Bde. 3. Ausg. gr. 8. (XVIII, 682 S. mit eingedr. Holzschn.) Ulm 865, Ebner'sche Buchh. geb.

Scharfenberg, Aug., Grundsätze d. Einrichtung u. Behandl. kleiner Registraturen bei Untergerichten; e. pract. Anleit. zum Selbstunterr. in dies. Zweige d. Actuariats-Geschäfte. gr. 8. (7 1/4 B.) Darmstadt 830, Leske.

Scharfenberg, Aug., der auf vieljährige praktische Erfahrungen gegründete u. verbesserte Kartoffelbau oder vollständige Anweisung wie die Kartoffeln am vortheilhaftesten etc. angebaut, aufbewahrt, benutzt etc. werden können, nebst den zuverlässigsten Mitteln die Kartoffelkrankheiten ganz zu verhüten. gr. 8. (IV u. 235 S.) Ulm 847, F. Ebner. 1/2 ℛ

Scharfenberg, Aug., der glückliche Lotterie- u. Lottospieler, oder die enthüllten Geheimnisse des Lotterie- u. Lottospiels u. des Roulettes. 8. (10½ B. u. 1 Stnt.) Weimar 842, Voigt. –

— der glückliche Lotterie-, Lotto-, Roulett- u. Pharospieler oder die enthüllten Geheimnisse der Hazardspiele. Eine faßliche Anleitung, wie man nach Grundsätzen der Wahrscheinlichkeitsberechnung vorsichtig u. mit entschiedenem Vortheile spielen etc., sogar die Bank sprengen kann. 2. von J. B. Montag verm. u. sehr verb. Aufl. Mit 2 lith. Taf. (in 4.) gr. 8. (XII u. 148 S.) Weimar 852, Voigt. ¾ ℔

—— die Wunder der chemischen Feldbüngung, oder neue, sehr wohlfeile u. einfache Düngmethode. gr. 8. (5½ B.) Ulm 844, Friedr. Ebner. –

—— die Wunder der chemischen Feldbüngung oder neue sehr wohlfeile und einfache Düngmethode. 2., verb. und verm. Aufl. gr. 8. (VIII und 119 S.) Ulm 847, Fr. Ebner.

—— das größte u. bisher unbegreiflichste Wunder der Welt, od. das Perpetuum mobile mundi durch die Entdeckung d. Solar- u. Planetar-Elektricität erklärt. 8. (4¼ B.) Ulm 846, Friedr. Ebner.

Scharfenberg, Bruno: Über spontane Rupturen von Ovariencysten mit besonderer Berücksichtigung eines in der Greifswalder Universitäts-Frauenklinik beobachteten und operierten Falles. *Greifswald 1897: J. Abel.* **(32 S.) 8°**
Greifswald, Med. Diss. v. 27. Nov. 1897

Scharfenberg, C. L., s. Scharfenberg, Karl Ludwig

Scharfenberg, F. W., Einleit. z. Klugheit vernünftig zu leben. 8. Chemnitz, Stößel. 739.

Kriegstagebuch eines Truppenarztes der Grossherzoglich-Hessischen (25.) Division im Deutsch-französischen Kriege 1870/71. (Von San.R. Dr. [Georg Karl] Scharfenberg.) *Michelstadt i. O.: F. Ramann 1900.* (89 S.) 8° [5.] (00. 65..

Scharfenberg, Geo. Edw., († d. 3. Dec. 1810.) Naturgesch. der schädl. Forstinsekten, s. J. M. Bechstein.

Scharfenberg, Heinr., Historien aus Oberhessen. Dem deutschen Volke erzählt. Frankfurt a. M. 869. Heyder & Zimmer. 8. (VII, 190 S.) n. 15 ngr

Scharfenberg, J. H. A., Geschichte des Herzogthums Modena und des Herzogthums Ferrara. Bis zum Jahre 1815. Mainz 859. Kirchheim. 8. (VIII, 294 S.) n. 26 ngr.

Scharfenberg, Johann Gottfried

— animadversiones, quibus fragmenta versionum graecarum V. T. a Montefalconio collecta illustrantur et emendantur. II Spec. 8maj. Leipz. 776, 781. (List in Berl.) 1 ℔ 4 gl

— animadversiones quibus fragmenta versionum graecarum V. T. ad Montefalconis collect. emendantur. II Spec. gr. 8. Lips. Sommer. 776.

— s. L. Capelli, critica sacra.

— prolusio de Josephi et versionis Alexandrinae consensu. 4. Leipz. 780.

Scharfenberg, Jh. Gf., († d. 18. März 1786.) Specimen animadversionum, quibus loci nonnulli Danielis et interpretum ejus veterum praesertim graecorum illustrantur. 8. Leipz. 774. Jacobäer. 5 gl

Scharfenberg, Karl Edw., Wetteranzeiger, oder: ein, nichts als geringe Aufmerksamkeit kostendes, Mittel, nähere u. entferntere künftige Witterung zum höchsten Verlaß erforschen zu können. gr. 8. Wien 819. Wallishausser. 10 gl

Scharfenberg, Oswald [aus Düsseldorf]: **Beiträge zur Kenntniss der β-Anilidobrenzweinsäure, Itaconsäure, Citraconsäure und Mesaconsäure.** . . . Bonn, Univ.-Buchdr. v. C. Georgi, 1891; 45 S., 1 Bl. 8°
Bonn, Phil. Fak., Inaug.-Diss. v. 14. März 1891

Scharfenberg, R[udolf] (*geb. Ciciklitz in Schles. 13. 10. 1852*): Mittheilungen über eine in Primkenau und Umgegend beobachtete Epidemie von Diphtherie. Breslau [1878]. (39 S.) 8°
[*Rigorosum war am 28. 11. 1872. — Im Buchhandel 1878 bei Koebner in Breslau.*]
Breslau, Med. Diss. v. 16. März [1878]

Scharfenberg, R., Mittheilungen über eine in Primkenau und Umgegend beobachtete Epidemie von Diphtherie. Inaugural-Dissertation. gr. 8. (39 S.) Breslau 878, (Koebner.) *

Scharfenberg, Ulrich von: Studien und Experimente über die Eibildung und den Generationszyklus von Daphnia magna. Leipzig 1910: Klinkhardt. 42 S., 2 Taf. 8° ¶(Aus: Internat. Revue d. gesamten Hydrobiol. u. Hydrogr. Biol. Bd 3, Suppl. 2.)
Leipzig, Phil. Diss. v. 24. Sept. 1910, Ref. Chun, Pfeffer
[Geb. 2. Okt. 83 Kalkhof b. Wanfried; Wohnort: Kalkhof; Staatsangeh.: Preußen; Vorbildung: Wilhelms-Gymn. Kassel Reife O. 02; Studium: München 1, Berlin 3, Bonn 3, Leipzig 5 S.; Rig. 14. Mai 09.] [U. 11. 3302

Scharfenberg, U. v., Studien u. Experimente üb. die Eibildg. u. den Generationszyklus v. Daphnia magna. (42 S. m. 8 Abb. u. 2 farb. Taf.) Lex. 8. Leipzig 911. Dr. W. Klinkhardt. 2. —
Sonderabdruck aus: „Internat. Revue d. ges. Hydrobiol. u. Hydrogr."

Scharfenberg, Wilhelm, a. Gotha: [1.] Beitrag zur quantitativen Bestimmung des Wismuts und seiner Trennung von anderen Metallen. [2.] Zur Kenntnis der Phosphorsulfide. (Berlin 1906: A. W. Schade.) (43 S.) 8°
Berlin, Phil. Fak., Ref. Fischer, Diss. v. 22. Dez. 1906
[Geb. 4. Aug. 82 Gotha; Wohnort: Berlin; Staatsangeh.: Sachsen-Koburg-Gotha; Vorbildung: Gymn. Gotha Reife O. 01; Studium: Marburg 1, Leipzig 2, Berlin 7 S.; Rig. 29. Nov. 06.]

Scharfenort, H. Ein Mädchen v. heute, s. Eckstein's Reisebibliothek.

225 Deutsche Aufgaben für die Dolmetscherprüfung in Fremdsprachen. Zsgest. von [Louis] v. **Scharfenort**, Bibliothekar d. Kriegsakad. Berlin: A. Bath 1906. (IV, 162 S.) 8° [5.] (07. 11731

Scharfenort, v., Bilder aus der Geschichte d. Kadetten-Korps f. Alt u. Jung. Mit e. Ansicht d. Haupt-Kadettenanstalt. gr. 8. (VII, 136 S.) Berlin 889. Mittler & Sohn. n. 2. —; geb n. 2. 50

Petit Dictionnaire des Difficultés grammaticales. Zum Gebr. bei franz. Arbeiten zsgest. von [Louis] v. **Scharfenort**, Hauptm. a. D. Berlin: A. Bath 1905. (173 S.) 8°
= (Scharfenort): Französisch behufs Vorbereitung f. militär. Prüfungen. 5. (05. 8100

Petite Encyclopédie militaire. Sammlung militär. Aufsätze unter steter Bezugnahme auf des Verf. Vocabulaire militaire. Zsgest. von [Louis] v. **Scharfenort**, Hauptm. a. D. *Berlin: A. Bath 1898.* (155 S.) 8°
= Scharfenort: Französisch behufs Vorbereitung f. militär. Prüfungen. 2. (99. 8...

Scharfenort, v. Der Feldmarschallsaal der Hauptkadettenanstalt zu Groß-Lichterfelde. Eine Ruhmeshalle der deutschen Armee. 12. (64 S.) Berl. 892, Mittler u. Sohn. * — 60

Französisch behufs Vorbereitung f. militärische Prüfungen. (Zsgest. von [Louis] v. **Scharfenort**, Hauptm. a. D.) [1.] 2. *Berlin: A. Bath 1897–98.* 2 Bde 8°
[1. u. d. T.:] Scharfenort: Vocabulaire militaire. 1897.
2 = Scharfenort: Petite Encyclopédie militaire. 1898. (99. 88..

Französisch behufs Vorbereitung f. militärische Prüfungen (zsgest. von [Louis] v. **Scharfenort**, Hauptm. a. D. 2. Aufl.) 1. *Berlin: A. Bath 1901.* 8° (01. 677

— Französisch behufs Vorbereitung f. militärische Prüfungen. V. u. VI. 2 Tle. 8. Ebd. 905. n. 5. 45
V. Petit dictionnaire des difficultés grammaticales. Zum Gebrauch bei französ. Arbeiten zusammengestellt. (VIII, 173 S.) n. 3. 20; geb. n. 3. 60
VI. Uebungsstücke kriegsgeschichtlichen Inhalts zum Uebersetzen aus dem Deutschen ins Französische zum Selbstunterricht m. Anmerkungen u. Lösungen behufs Vorbereitung f. die Aufnahmeprüfung zur Kriegsakademie. 2 Tle. Text m. Anmerkgn. u. Lösgn. Unter steter Bezugnahme auf des Verf. Dictionnaire des difficultés grammaticales. (64 u. 83 S.) 905. n. 2. 25

— Friedrich der Große u. die Erziehung der militärischen Jugend. Vortrag, geh. am 26. Novbr. 1890 in der militär. Gesellschaft zu Berlin. [Aus: „Militär-Wochenbl."] gr. 8. (35 S.) Ebd. 891. n. — 60

Scharfenort, v., l'interprète militaire. Sammlung v. Übungsstücken m. Lösgn. u. grammat. Anmerkgn., unt. besond. Berücksicht. der Anfordergn. f. die Dolmetscherprüfg. Zum Selbstunterricht zusammengest. 12. (XII, 141 u. 66 S.) Berlin 900. A. Bath. Kart u. geh. n. 2. 80

L'interprète militaire. Zum Gebr. in Feindesland, sowie behufs Vorbereitung f. d. Dolmetscherprüfung mit d. Lösungen d. schwierigeren Texte aus '225 deutsche Aufgaben, usw.' Zum Selbstunterr. zsgest. von [Louis] v. **Scharfenort**, Bibliothekar d. Kriegsakad. 2. völlig umgearb. Aufl. Berlin: A. Bath 1906. (XI, 159 S.) 8° [07. 11732

Scharfenort, von. Das Königlich Preussische Kadettenkorps 1859—1892 unter den Kaisern und Königen Wilhelm I., Friedrich III., Wilhelm II. bearbeitet von v. Scharfenort. Berlin. E. S. Mittler 1892
VII + 138 S. 3 Taf. 4°

Scharfenort, v., die königl. preußische Kriegsakademie 1810—15. X. 1910. Im dienstl. Auftrag aus amtl. Quellen dargestellt. (VI, 397 S.) gr. 8. Berlin 910. E. S. Mittler & Sohn. 6.—; geb. n 7. 50

Materialien für französische kriegswissenschaftliche Vorträge zur Vorbereitung für die mündliche Dolmetscherprüfung. Von [Louis] v. **Scharfenort**, Bibliothekar d. Kriegsakad. 2. völlig umgearb. Aufl. d. Encyclopédie militaire. Berlin: A. Bath 1906. (VIII, 149 S.) 8° [07. 11733

— General-Feldmarschall Helmuth Carl Bernhard Graf v. Moltke. Ein Lebensbild, den deutschen Soldaten gewidmet. [Aus: „Soldatenfreund".] gr. 8. (31 S. m. e. Bildniß.) Ebd. 890. n.n. — 25

Scharfenort, v. Die Pagen am Brandenburg-Preussischen Hofe 1415—1895. Beiträge zur Kulturgeschichte des Hofes. Berlin. E. S. Mittler & Sohn 1895
VIII + 166 S. 2 Taf. 8°

— Paris. Encyclopédie et vocabulaire de la vie pratique. 2., umgearb. u. verm. Aufl. v. La vie pratique. (XIV, 311 S.) kl. 8. Berlin 908. A. Bath. Geb. in Leinw. 4. —

— dasselbe. Verdeutschungswörterbuch in sachl. Ordng. (105 S.) kl. 8. Ebd. 908. 1. —

— Quellenkunde der Kriegswissenschaften f. den Zeitraum 1740—1910 nebst e. Verfasser- u. Schlagwortverzeichnis. Im dienstl. Auftrage aus Anlass des 100jähr. Bestehens der königl. Kriegsakademie hrsg. (XIII S., 1463 Sp.) Lex. 8. Berlin 910. E. S. Mittler & Sohn. 35. —

— Uebungsstücke kriegsgeschichtlichen Inhalts zum Uebersetzen aus dem Deutschen ins Französische zum Selbstunterricht m. Anmerkungen u. Lösungen behufs Vorbereitung f. die Aufnahmeprüfung zur Kriegsakademie. 2 Tle. (64 u. 83 S.) 8. Ebd. 905. n. 2. 25

Uebungsstücke kriegsgeschichtlichen Inhalts zum Uebersetzen aus dem Deutschen ins Französische, z. Selbstunterr. mit Anm. u. Lösungen, behufs Vorbereitung f. d. Aufnahmeprüfung z. Kriegsakad. Zsgest. von [Louis] v. **Scharfenort**, Bibliothekar d. Kriegsakad. T. 1. 2. Berlin: A. Bath 1905. 2 Bde 8° [F.]
1. Text.
2. Anm. u. Lösungen. Unter Bezugnahme auf des Verf. Dictionnaire des difficultés grammat.
— **Scharfenort**: Französisch behufs Vorbereitung f. militär. Prüfungen. 6. [07. 11734

La Vie Pratique. Sammlg französ. Aufsätze aus d. Bereiche d. tägl. Lebens f. Reise u. Selbstunterr. Zsgest. v. [Louis] v. **Scharfenort**, ... Bibliothekar d. Haupt-Kadettenanst. ... *Berlin: A. Bath 1898.* (3 Bl., 209 S.) 1 Bd 8. [98. 10239

Vocabulaire militaire. Sammlung militär. Ausdrücke in systemat. u. alph. Ordnung zsgest. von [Louis] v. Scharfenort, Hauptm. a. D. *Berlin: A. Bath 1897.* (110 S.) 8° [Ant. u. F.]
— Scharfenort: Französisch behufs Vorbereitung f. militär. Prüfungen. [1.] [99. 8809

Vocabulaire militaire. Sammlung milit. Ausdrücke in systemat. u. alphab. Ordnung zsgest. von [Louis] v. **Scharfenort**, Hauptm. a. D. 2., verm. Aufl. *Berlin: A. Bath 1901.* (190 S.) 8° [Ant. u. F.]
— **Scharfenort**: Französisch behufs Vorbereitung f. milit. Prüf. 1. [01. 678

Scharfenorth, Alb., Elemente e. Theorie u. Technik des Kunstgesanges. Für seine Schüler, f. Lehrkräfte, sowie zum Selbstunterricht verf. (82 u. 20 S.) Lex.-8. Berlin (903). (O. Jonasson-Eckermann & Co.) n. 3. —

Scharfenstein, J. F.

Scharfenstein. Diarium von der Kaiserl. Armee in Ungarn. 4. Nürnberg 1737

Scharfenstein, J. F., Tod d. Edsars. 8. Nrnb. Felsecker. 737.

Scharfetter, Rudolf: Beiträge zur Geschichte der Pflanzendecke Kärntens seit der Eiszeit. S. III–XXVIII. 8. **Progr.** K. k. Staats-Gymn. *Villach* 1906.

Scharff, Dr., s. Atlas der alten Welt.

Scharff's Schreibschule. Methodisch geordnete Hefte zur sicheren u. schnellen Erlernung der senkrechten Schreibschrift; entworfen m. Rücksichtnahme auf die Fordergn. der Gesundheitslehre u. unter Zugrundelegg. d. goldenen Schnitts. Deutsche Schrift. 6 Hfte. gr. 8. (à 24 S.) Flensburg 890. Huwald. à n. — 15

Scharff's Schreibschule. Methodisch geordnete Hefte zur sicheren u. schnellen Erlerng. der senkrechten Schreibschrift; entworfen m. Rücksichtnahme auf die Fordergn. der Gesundheitslehre u. unter Zugrundelegg. d. goldenen Schnitts. Lateinische Schrift. 6 Hfte. gr. 8. (à 24 S.) Flensburg 891. Huwald. à n.n. — 15

Scharff's Schule der Steilschrift für österreichische allgemeine Volksschulen eingerichtet von A. Hackel, Volksschuldirector. Heft 1—6. Gr.-8. (Je 24 S.) à —.10
Prag: Tempsky 1892.

Scharff, Alexander [aus Trier]: Ein Beitrag zur Casuistik der Symphyseotomie ... Würzburg, P. Scheiner's Buchdr., 1897; 37 S., 1 Bl. 8.
Würzburg, Med. Fak., Inaug.-Diss. v. 1807

Scharff, Benj., Gedanken von Magnetischen Curen. Sondersh. 700. 8.
vgl. Scharffe, L. H.

Scharff, Bernard. Geschichte der Reformation der ehemaligen Reichsstadt Isny, grösstentheils aus archivalischen Quellen gesammelt und verfasst von Caplan B' Sch'.... 8. Waldsee 1871.

Scharff, Bernard Jean Nicolas George: Nekrolog des hochwürdigen Herrn Dechanten Gaspar Burg, Mitglied des christlichen Kunstvereins, gestorben zu Luxemburg, am 1. September 1867. Luxemburg: Pet. Brück [1868]. 6 S. 8°

Scharff, Bernard Jean Nicolas George: Rundschreiben vom 16. April 1864 an die hochwürdige Geistlichkeit und die Gläubigen der Stadt Luxemburg über das Wiedereintreffen in der Stadt am 21. April 1864 des am 29. Februar desselben Jahres nach Rom abgereisten hochw. Herrn Apostolischen Provikars Nikolaus Adames. Luxemburg: Lithogr. J. N. Clemen [1864]. 4 S. 4°

Scharff, C., De natura et usu elephantorum africanorum apud veteres. Pr. 1855. 18 S. 4°. 1.20

Scharff, Carl, s. Scharf, Karl

Scharff, Caes., der Hamburger Friedhof u. sein plastischer Grabschmuck. Ein Wort an das kunstlieb. Hamburger Publikum. gr. Lex.-8. (18 S. m. 11 Lichtdr.-Taf.) Hamburg (900). (Boysen & Maasch.) n. 1. —

Scharff, Ernst, a. Vieselbach: Aus d. med. Klinik in Jena. Ein Fall von Blasenlähmung nach willkürlicher Urinretention bei Diabetes insipidus. Jena 1908: Neuenhahn. 18 S. 8°
Jena, Med. Diss. v. 30. Juni 1909, Ref. Stintzing
[Geb. 19. Okt. 84 Buttstädt; Wohnort: Jena; Staatsangeh.: Sachsen-Weimar; Vorbildung: Gymn. Weimar Reife O. 03; Studium: Jena 10 S.; Coll. 22. Aug. 08; Approb. 30. Juni 09.] [U 09. 2147

Scharff, Ernst, a. Lüttich in Belgien: Über das Leuchten des Phosphors und einiger seiner Verbindungen. Marburg 1907: (E. Karras, Halle a. S.). (66 S.) 8°
Marburg, Phil. Fak., Ref. Zincke, Diss. v. 1. März 1907
[Geb. 18. Febr. 71 Diekirch (Luxemburg); Wohnort: Lüttich; Staatsangeh.: Belgien; Vorbildung: Gymn. Luxemburg Reife M. 90; Studium: Lüttich 12, Paris 1, Königsberg 10, Marburg 9 S.; Rig. 25. Juli 06.]

Scharff, Friedr., die Ansprüche u. Rechte d. fürstl. Thurn u. Taxischen Post gegenüber d. Eisenbahn-Unternehmungen, mit besond. Berücksichtigung d. Taunus-Eisenbahn. gr. 8. (3½ B.) Frankfurt a. M. 840, [Sauerländer's Verl.]

– Ueber die Ausheilung verstümmelter oder im Wachsen behindert gewesener Krystalle, mit vorzugsweiser Berücksichtigung des Quarzes. (Aus Poggendorff's Ann.) Leipzig. 1860. 8°

Scharff, Friedr., über die Bauweise des Feldspaths. [Aus: Abhandlungen der Senckenberg. naturforsch. Gesellschaft.] Frankfurt a. M. 866. Winter. gr. 4. (46 S. mit 4 Steintaff.) n. 1 ₰

– — II. Der schiefspaltende Feldspath. Albit u. Periclin. Mit 2 (lith.) Taff. [Aus den Abhandlungen der Senckenberg. naturforsch. Gesellschaft.] Ebend. 869. gr. 4. (39 S.) n. 24 ngr.

Scharff, Friedr., über die Bauweise des Feldspaths. II. Der schiefspaltende Feldspath. Albit und Periclin. gr. 4. (39 S. mit 2 lithogr. Taf.) Frankfurt a. M. 872, Winter. *
I. Ebendas. 1866. *ℳ 3.

– Ueber die Bauweise der würfelförmigen Krystalle. (Aus Leonh. u. Bronn's Jahrb.) Stuttgart. 1861. 8°

– Ueber die Bildungsweise des Aragonits. Auch unter dem Titel: Der kohlensaure Kalk. II. (Aus Leonh. u. Bronn's Jahrb.) Stuttgart. 1861. 8°

Scharff, Friedr., die Furt am unteren Neckar. Nach dem Tode des Verf. hrsg. und anstatt eines Neujahrsblattes für 1883 seinen Mitgliedern dargebracht vom Verein für Geschichte und Alterthumskunde zu Frankfurt am Main. gr. 4. (IV, 9 S. mit 2 Karten.) Frankfurt a. M. 886, Völcker's Verlag. *

Scharff, Friedrich, appr. Arzt a. Bamberg: Ueber Gewicht und Länge der Säuglinge im ersten Lebensjahre in München in Relation zu ihrer Ernährung. München 1904: Kastner & Callwey. (55 S.) 8°
München, Med. Fak., Ref. v. Bauer, Diss. v. 17. Jan. 1905
[Geb. 17. Dez. 79 Bamberg; Wohnort: Bamberg; Staatsangeh.: Bayern; Vorbildung: Ludwigsgymn. München Reife Juli 99; Studium: München 9 S.; Coll. 11. Nov. 04; Approb. 4. Juli 04.]

Scharff, Friedr., üb. den Gypsspath. Mit 3 (lith.) Taf. [Aus: „Abhandlgn. d. Senckenberg'schen Ges."] gr. 4. (10 S.) Frankfurt a. M. 871. Winter. n. 3. —

Scharff, Friedr., der Krystall und die Pflanze. gr. 8. (XI und 205 S. nebst 1 Abbild. in Congrevedr.) Frankfurt a. M. 857, [J. Baer.]

Scharff, Friedr., der Krystall und die Pflanze. Nebst 1 Abbildg. (in Congrevedr.) Frankfurt a. M. 857. Meidinger. gr. 8. (XI, 205 S.) n. 1 ₰. 20 ngr.

Scharff, Frdr., der Krystall und die Pflanze. Beobachtungen über die Bauweise der Krystalle. 2. Ausg. mit einem Nachtrage, 1 Abbildg. in Naturselbstdruck u. 1 lith. Taf. Frankfurt a. M. 862. J. Baer. gr. 8. (XI, 225 S.) n. 1 ₰

– Aus der Naturgeschichte der Krystalle. (Aus den Schriften der Senkenberg'schen Gesellsch.) Frankfurt. 1857. 4°

— über den Quarz. Mit 2 (lith.) Taf. (Aus den Abhdlgn. der Senckenbergischen Naturforschenden Gesellschaft zu Frankfurt a. M.) Frankfurt a. M. 859. Bronner. (Ch. Winter.) gr. 4. (46 S.) n. 1 ₰

— über den Quarz. II. Die Uebergangsflächen. Mit 3 lith.) Taf. [Aus: „Abhandlgn. der Senckenberg. naturf Gesellsch."] gr. 4. (42 S.) Ebend. 874. (à) n. 3. —

— das Recht in der Dreieich mit besonderer Berücksichtigung der Verhältnisse des Frankfurter Stadtwaldes u. der umliegenden Dorfschaften. Frankfurt a. M. (J. Baer.) gr. 8. (VIII, 407 S.) 1868. n. 2 ₰

– die deutsche Schrift im Mittelalter, s. a. Neujahrsblatt.

Scharff, Frdr., Die deutsche Schrift im Mittelalter, ihre Entwickelung, ihr Verfall, mit bes. Rücksicht auf Frankfurt u. seine Umgegend. Mit Tafeln. Frankfurt a. M. 1866. 4 ... Neujahrsblatt d. Mitgl. d. Ver. f. Gesch. u. Alt. zu Frankfurt a. M. ...

Scharff, Friedr., Treppen- und Skelettbildung einiger regulären Krystalle. gr. 4. (36 S. mit 3 lithogr. Taf.) Frankfurt a. M. 878, Winter. *

Ueber die milchige Trübung auf der Endfläche des säuligen Kalkspathes. (Aus Leonhard's und Bronn's Jahrb.) Stuttgart. 1860. 8°

Scharff, F., über den inneren Zusammenhang der verschiedenen Krystallgestalten des Kalkspaths. gr. 4. Frankfurt a. M. 876. Basel, Schwabe. *

-- über den inneren Zusammenhang der verschiedenen Krystallgestalten d. Kalkspaths. Mit 5 (lith.) Taf.) [Aus: „Abhandlgn. d. Senckenb. naturf. Gesellsch. X. Bd."] gr. 4. (61 S.) Ebend. 876. n. 4. —

Scharff, Georg: Dehnungsgangrän des Coecums bei tiefsitzendem Dickdarmkarzinom. Erlangen 1909: Junge. 22 S. 8°
Erlangen, Med. Diss. v. 5. März 1909, Ref. Graser
[Geb. 28. Okt. 83 Fürth i. B.; Wohnort: Zirndorf; Staatsangeh.: Bayern; Vorbildung: Gymn. Fürth Reife 01; Studium: Erlangen 8, München 2 S.; Coll. 25. Nov. 08; Approb. 10. Apr. 08.] [U 09. 784

Scharff, Gerhard [Referendar]: Die Lehre vom Gewährerlass (pactum de non praestanda evictione) nach römischem Recht . . . . Greifswald, Druck v. F. W. Kunike, 1888; 2 Bl. + III + 80 S. 8°
Greifswald, Jur. Fak., Inaug.-Diss. v. 14. Mai 1888

Scharff, G., die Lehre vom Gewährerlass [pactum de non praestanda evictione] nach römischem Recht. gr. 8. (III, 78 S.) Greifswald 888. Scharff. 1.50

Scharff, Gfr., die Ordnung des Weltbaues in Kürze beleuchtet, mit der Beweisführung, daß die Sonne sich im Mittelpunkt aller Planetenbahnen befinde, und daß die Planeten im Kreise und auch zugleich in einer elliptischen Bahn sich um die Sonne bewegen. Durch eine Reihe astronom. Apparate anschaulich dargestellt. Mit 2 Steindrucktaf. Berlin 855. D. Reimer in Comm. gr. 4. (8 S.) n. 10 ngr.

Scharff, Gfried., die Sonne im Mittelpunkt der Planetenbahnen. Hervorgehend aus gegenseit. Verbindung der Lehren von Kopernicus, Keppler und Newton. Für Freunde der Wahrheit. 2., verm. Aufl. gr. 4. (16 S. mit 1 Tab. und 3 Stndrt.) Berlin 857, (Beck.) *

— die Sonne im Mittelpunkt der Planetenbahnen. Hervorgehend aus gegenseitiger Verbindung der Lehren von Kopernicus, Keppler und Newton. Für Freunde der Wahrheit. 2. verm. Aufl., mit 1 Tab. u. 3 Steindrtaf. Berlin 857. Evangelische Buchhdlg. in Comm. gr. 4. (16 S.) n. 16 ngr.

Scharff, Gottfried Balthasar

Scharffius, Gottfr. Balth. Gewissens-Unterricht von Abschaffung der Bettler. 8. *Wittenberg, Knoch.* 1724

(Scharff, Gottfr. Balth., u. Casp. Gli. Lindner), Gelehrte Neuigkeiten Schlesiens, in welchen sowohl, was von Hohen und andern Schulen, von Bibliotheqven und Cabineten, von versprochenen und herausgegebenen Schrifften und Gedichten; als auch von gelehrten Anmerckungen und Erfindungen, ingleichen Lebens- und Todes-Fällen der Gelehrten darinne Merckwürdiges im Jahr 1734 bis 42 zu erforschen gewesen, zum Vergnügen allerhand Liebhaber mitgetheilet wird. 8 Tle. Schweidnitz, J. G. Böhm, u. Liegnitz, D. Siegert. 8⁰. (25 Mk., schönes Expl. in 4 Prgtbdn., Wilh. Jacobsohn & Co., Breslau, 1910: Enthält unter Anderem zahlreiche Rezensionen über *J. G. Günther's* Schriften.) Sehr selten!

Scharff, Heinrich [aus Rothenburg o. T.]: Ueber den aetiologischen Zusammenhang von Traumen mit der Entstehung (1[!] von Knochen- und Unterhautzellgewebseiterungen, 2) von tuberk. Knochen- und Gelenkeiterungen, 3) von Neubildungen ... Würzburg, Druck v. F. Fromme, 1895; 41 S., Bl. 8.
Erlangen, Med. Fak., Inaug.-Diss. v. [26.] Juli 1894

Scharff, Joh. Fr., s. Scharf, Johann Friedrich

Scharff, Johann Heinrich:

Johann Heinrich Scharff, Recepte [Rezepte] über verschiedene Gattungen von Farben. St. 1. Göttingen: Vandenhoeck & Ruprecht 1788. 8⁰

St. 1: Welches die Färbart des Scharlachs und einiger anderer Cochenille- Farben enth. 1788.

Scharff, Karl

Scharff, Carl [app. Arzt aus Persohkenstein]: Beitrag zur Pseudarthrosenbildung und deren Behandlung. . . . München, Buchdr. v. M. Ernst, 1880; 35 S. 8⁰
München, Med. Fak., Inaug.-Diss. v. 1880

Scharff, Carl, approb. Arzt: Seltnere Lokalisationen des Anämischen Lymphoms. *Jena 1903: A. Kämpfe.* (29 S.) 8⁰
Jena, Med. Diss. v. (7. März) 1903

Scharff, Max [aus Freiberg i./S.]: Ueber die Konstitution des Hexamethylentetramins ... Jena, Druck v. A. Kämpfe, 1895; 64 S., 1 Bl. 8.
Jena, Phil. Fak., Inaug.-Diss. v. [21. Juni] 1895

Scharff, Paul [cand. med.]: Ein Beitrag zur Stielbildung der Dermoidcysten des Ovariums . . . . Greifswald, Druck v. F. W. Kunike (1888); 20 S. 8⁰
Greifswald, Med. Fak., Inaug.-Diss. v. 14. Apr. 1888

Scharff, Pius, approb. Arzt aus Nürnberg: Beiträge zur Frage der Ernährung des Neugebornen in den ersten Lebenstagen. *Erlangen 1901: E. Th. Jacob.* (31 S.) 8⁰
Erlangen, Med. Diss. v. 11. Juli 1901

Scharff, Rich., die Eselshaut. Ein Märchen. Nach dem Französ., als Commentar zu der gleichnam., im J. 1882 in dem Theater der Central-Halle zu Hamburg unter der Direction Ernst Drucker aufgeführten, großartigen Ausstattungs-Feerie, frei bearb. 8. (XII, 68 S.) Hamburg 882, (J. F. Richter.) *

Scharff's (R.,) Gedächtnißkunst. Dargestellt nach seinen öffentl. Vorträgen in Budissin von einem Zuhörer derselben und Freunde der Mnemonik. 8. (30 S.) Bautzen 853, Weller. *

Scharff, Th. C.: Diss. de alysso clavo, s. Camerarius, Rud. Jac. [Praes.]

Der Moselkanal eine wirtschaftliche und politische Notwendigkeit. Von Viktor **Scharff.** Trier: F. Lintz in Komm. 1904. (32 S.) 8⁰ [F.] 05. 9999

Scharff, Wilh., Charakteristik der wichtigsten homöopathischen Mittel, welche gegen die Folgen geschlechtlicher Verirrung (Geschlechtsschwäche) wie übermäßigen Geschlechtsgenusses überhaupt bei beiden Geschlechtern in Frage kommen können, nebst summar. Uebersicht derselben bei den hauptsächlichsten krankhaften Folgezuständen. Eine Handreichg. f. Laien u. Aerzte, auf Grund der bekanntesten homöopath. Arzneimittellehren u. Lehrbücher bearb. u. hrsg. gr. 8. (VII, 86 S.) Leipzig 901. A. Strauch. Kart. n. 2. —

Scharff, Wilh., die Funktionsheilmittel Dr. Schüßlers, s.: Robert, Th.

Scharff, Wilh., die Haar-Therapeutik f. die epidemische Volkskrankheit Haarausfall u. Kahlköpfigkeit. (15 u. 4 S.) 8. Leipzig (903). Ficker's Verl. 1. —

— alphabetisches Repertorium zu Dr. Schüßler's „Abgekürzte Therapie". Ein unentbehrlicher Handleiter zur schnelleren Auffindung der in Dr. Schüßler's Therapie enthaltenen Krankheiten u. biochem. Heilmittel, zugleich e. Einführg. in die biochem. Heilmethode. 2. verm. u. verb. Aufl. gr. 8. (IV, 61 S.) Oldenburg (902). Schulze. n. — 80

— alphabetisches Repertorium zu Schüßler's „Abgekürzte Therapie". Ein unentbehrl. Handleiter zur schnelleren Auffindg. der in Schüßler's Therapie enthaltenen Krankheiten u. biochem. Heilmittel, zugleich e. Einführg. in die biochem. Heilmethode u. ausführl. Fremdwort-Erklärg. 3. verm. u. verb. Aufl. (67 S.) 8. Oldenburg (905.) Schulze. — 80

(Scharff-Scharffenstein, Herm. v.:) Ein Blick in das gefährliche Treiben der Judensippschaft. Von einem Deutschen. . . . . Augsburg, 1851. Druck u. Verlag von Ant. Herzog (Leonh. Doll). 8⁰. Ppb.
23 S. Sehr selten! — Dass S. Verf. ist, geht hervor aus dessen „Entlarvtes Judenthum d. Neuzeit". I. Zürich 1871. 8⁰ S. 9. (Cfr. Nr. 2300 d. Cat.)

(Scharff-Scharffenstein, Herm. v.) Ein Blick in das *gefährliche Treiben der Judensippschaft.* Von einem Deutschen. . . . . 2. verm. Aufl. Augsburg 1852. Druck u. Verlag von Ant. Herzog (Leonh. Doll). 8⁰. Cart.

Scharff-Scharffenstein, Herm. v., Denkwürdigkeiten eines Royalisten. 2 Bde. Berlin 859. Herbig. 8. (524 S.) n. 3 rf

Scharff v. Scharffenstein, Herrm., Gedichte. 1. Aufl. (VIII und 158 S.) Mainz 1847. * 1 Thlr. 5 Ngr. und 2. Aufl. gr. 8. (III und 136 S.) Schaffhausen 850, Hurter'sche Buchh. *

Scharff-Scharffenstein, Herm. v., Gedichte eines Royalisten. Frankfurt a. M. 858. Boselli. 8. (2 Bl., 92 S.) n. 17½ ngr.

Scharff-Scharffenstein, Herm. v., die ursprünglich Pfalz-Neuburgische Düsseldorfer Gemälde-Gallerie in München. Zur Erledigung der zwischen den Kronen Bayern u. Preußen schwebenden Rechtsfrage. Mit einem Vor- u. Nachworte. [Aus: Allgemeine Zeitung.] Würzburg 867. Julien. gr. 8. (15 S.) n. 6 ngr.

—— Heinrich V. (Herzog von Bordeaux.) Skizze. gr. 8. (39 S.) Schaffhausen 849, Hurter'sche Buchh. *

Scharff-Scharffenstein, Herm. v. (vormal. Unterlieut. à la suite d. Königs Maximilian II. von Bayern u. Reichsarchivs-Praktikant. † 187*), das entlarvte Judenthum der Neuzeit. I–II. (soviel erschienen.) Zürich, Verlags-Magaz., 1871. 8⁰. Eleg. roth. Hfrzb. (1 vol.)
I. Die Juden in Frankfurt a. M. 62 S., 1 Bl. Verl.-Anz.
II. Die Juden in Bayern. 112 S., 1 S. Err.

Scharff von Scharffenstein, Herrm., das letzte Opfer Robespierre's. Trauerspiel in 3 Aufzügen. Mit freier Benutzung eines Dramas von Jul. Dallière. 8. Frankfurt a/M. 845. (Keßler.) n. ⅔ rf

Scharff von Scharffenstein, Herrm., Das letzte Opfer Robespierre's. Trauersp. in 3 Aufz. Mit freier Benutzung eines Dramas v. Jul. Dallière. 8. (4 1/8 B.) Frankfurt a. M. 845, (Varrentrapp's Sorth.) *

Scharff-Scharffenstein, Herm. v., Preußen und der Prinz-Regent. 1. u. 2. Aufl. Frankfurt a. M. 858. Boselli. gr. 8. (14 S.) n. 4 ngr.

—— Soldatenlieder, s.a. Soldatenlieder.

— Soldatenlieder. 3. Aufl. Magdeburg 858. Baensch. (Leipzig, Gräbner.) 24. (VIII, 120 S.) 12 ngr.

Scharff von Scharffenstein, H., bayerische Soldatenlieder, s.a. Soldatenlieder.

Scharff-Scharffenstein, H. v. Bayerische Soldatenlieder. Augsburg 1852. 112 S.

— — Preußische Soldatenlieder. Frankfurt a. M. 1857. 120 S.

-- das geheime Treiben, der Einfluß u. die Macht d. Judenthums in Frankreich seit hundert Jahren [1771—1871]. 2. Aufl. 8. (IV, 160 S.) Wiesbaden 872. Killinger & Co. n. 1. 60

Scharffe, Johann Christian Philipp

Constitutio epidemica rheumatico-catarrhalis Ienae anno praeterito observata. Helmstadii (1795:) Fleckeisen. 52 S. 8°

Helmstedt, Med. Diss. v. 6. Febr. 1795

2. Ex.: Mx 345 (8)

Scharffe, L. H., Unvorgleichliche Gedanken von denen bisher heimlich und unerforschlich gehaltenen magnetischen Curen, nach gründlicher Anleitung der Natur wohlmeinend erwogen und dem curiösen Liebhaber der natürlichen Dinge samt andere so wohl hierbey als sonst bei der Medicin vorgehenden Fehlern, sonderlich von der Inspection des Urins und Besuchung der Kranken unmaßgeblich vorgetragen. 196 S. Sondersh. 12°. 1700.

vgl. Scharff, Benjamin

Scharffenberg, Adolph., gastrotomiae propter oesophagi stenosin institutae historia brevis et specimen novum. Dissertatio inauguralis medica. Kiel 867. (Schröder & Co.) 4. (16 S.) 3 ngr.

Scharffenberg, Sigism., Launen und Spiele des Schicksals. Eine Erzählung nach wahren Begebenheiten. 8. (VI und 339 S.) Leipzig 851, Brockhaus. *

Scharffenberg, Sigism., Launen und Spiele des Schicksals. Ein Roman. 2. Thl. 8. (II und 440 S.) Leipzig 853, Brockhaus. *

(1. Thl.) Ebendas. 1851. * 1 Thlr. 18 Ngr.

Schaerffenberg, M.: Erläuterungen zu Adam's Descriptio insularum Aquilonis. 18 S. – Rastenburg, Progr. 1872.

Schaerffenberg, Paul [aus Schleusingen]: **Die Saxonia des Albert Krantz** Meiningen, Druck d. Keyssner'schen Hofbuchdr., 1893; 38 S., 1 Bl. 8.

Kiel, Phil. Fak., Inaug.-Diss. v. [3. Nov.] 1893

Scharffenorth, Ernst: Ueber die Auflösung der rothen Blutkörperchen im freien und circulirenden Blute, insbesondere durch die Einwirkung electrischer Schläge. Halle a. S. 1884: Plötz. 37 S. 8°

Halle-Wittenberg, Med. Diss. v. 26. April 1884

Geb. Warschau 6. 5. 1860. V.

Scharffenstein, Freiin v., s.: Wechmar, Charlotte Freifr. v.

Scharffetter, Frdr., aus des Reiches Ostmark, s.: Kattenstidt, G. L.

Scharffetter, Frdr., d. heutige Zeit od. D. Auferstandene. Epos. gr. 8. (67 S.) Leipzig 898. (J. Werner.) — 60

Scharfius, Ad. Diss. inaug. de potioribus legitimae gravaminibus vulgo licitis . . . Lipsiae 1805. H: *Hennicke, K. A.* (MGT)

Schärfl, Jos., Andenken an meine Vereidigung. (41 S. m. Titelbild.) 16. Augsburg (907). (Kranzfelder.) nn — 15

Schärfl, Jos., d. sociale Bedeutg. d. Krieger-Vereine. Festrede, geh. bei d. Weihe d. Fahne f. d. ehemal. Angehörigen d. kgl. bayer. 8. Infanterie-Regts. in Augsburg am 5. VIII. 1894 in der hohen Domkirche. 16. (19 S.) Augsburg (894). (Kranzfelder.) n. — 10

— s.: Esto vir!

— der Fahneneid. Ansprache an d. Rekruten d. Jahrgangs 1892, geh. am Tage ihrer Vereidigg. in d. Garnisons-Kirche St. Ulrich zu Augsburg. 16. (21 S.) Augsburg (892). (Kranzfelder.) n. — 10

Schärfl, Jos., in die Kaserne. Ratschläge f. junge Soldaten. Für Gott, König u. Vaterland! (IV, 61 S.) 16. Augsburg 904. (Kranzfelder.) n.n. — 15

— e. frisches Reis auf Eure Helme! Militär-Predigt zur 25. Jubelfeier des Friedensschlusses 1870/71, geh. am 10. V. 1896 in d. kathol. Garnisonskirche St. Ulrich zu Augsburg. 2. Aufl. 16. (23 S.) Augsburg (896). (Kranzfelder.) n. — 10

Schärfl, Jos., s.: Soldatenfreund, der.

— s.: Soldatenfreund, der neue.

-- das Taschenbüchlein des Soldaten u. des Veteranen. (248 S.) 16. Augsburg 904. (Kranzfelder.) Geb. n.n. — 40

— St. Ulrich, Augsburgs Kriegsheld im Bischofsgewande. Militär-Predigt, geh. bei Gelegenheit d. 900jähr. St. Ulrich-Jubiläums 9. VII. 1893. [Aus: „Jubiläums-Tagebuch".] 6. Aufl. 16. (31 S. m 1 Abb.) Ebd. (893). n. — 10

— was sollen Kriegerdenkmale? Festrede, geh. bei d. feierl. Enthüllg. des Kriegerdenkmales zu Schongau am 18. VIII. 1895. 16. (21 S.) Schongau (895). Ebd. n. — 10

— Weihe-Gruß d. Königs-Chevaulegers. Fest-Predigt, geh. bei d. 150jähr. Jubelfeier d. kgl. bayer. IV. Chevaulegers-Regts König am 16. VI. 1895 in der kathol. Garnisonskirche St. Ulrich zu Augsburg. 16 (20 S.) Ebd. (895). n. — 10

Scharfreiter [Schlagwort]

Scharfreiter, s.: Bayern. Karte.

Scharfrichter, die elf. Münchener Künstlerbrettl. 1. Bd.: Dramatisches. Buchschmuck v. Alo. Fiebiger. gr. 16. (200 S.) Berlin 901. Schuster & Loeffler. n. 1. —

— dasselbe. (Ein Musenalmanach.) gr. 16. (41 S. m. farb. Abbildgn.) München (902). Scharfrichter-Verlag. n. — 50

Scharfrichter, Der Hamburg-Altonaer. Altona 1848. V: *Christern, Johann Wilhelm.* (A) (schr)

Scharfrichter, der, v. Paris. 88 Hfte. gr. 8. (2112 S. m. 88 Bild.) Berlin (892). Verlagshaus f. Volkslitteratur u. Kunst. à Hft. — 10

Demokratische Scharfschuetze: 1845 Shrewsbury, PA

Demokratischer Scharfschuetze: 1845 Strassburg, PA
Weekly. Edited & published by Ludwig Kurtz.

Scharlen, Fritz, lustige Rimels. Bunte Geschichten in plattdütsch' Gedichten. 8. (VII, 183 S.) Hamburg 894. B. S. Berendsohn. Geb. in Leinw. n. 3. —

Scharinger, Ant. Über Farben dünner Plättchen und ihre Anwendung auf die Newtonschen Farbenringe. 20 S.
Progr. *Oberhollabrunn* 1878.

Scharizer, Rud., kurzgefaßte Geschichte des Bukowiner Linien-Infanterie-Regiments Erzherzog Eugen Nr. 41, aus Anlaß des 200jähr. Jubiläums zusammengestellt. Mit 1 Bildnis des Regiments-Inhabers Sr. k. u. k. Hoh. Herrn Erzherzog Eugen. gr. 8. (47 S.) Czernowitz 901. H. Pardini. n. — 40

Scharizer, Dr. Rudolf, Lehrbuch der Mineralogie und Geologie für die oberen Classen der österreichischen Gymnasien. Mit 118 Abbildungen. 2. verbesserte Auflage Prag, Wien, 1894. F. Tempsky. (Min.-Erl. v. 7. Januar 1894, Z. 28764 ex 1893.) Geh. —.60, geb. —.85

Scharizer, Dr. Rudolf, Lehrbuch der Mineralogie und Geologie für die oberen Classen der österreichischen Gymnasien. Mit 120 Abbildungen. 3. verbesserte Auflage. Wien und Prag 1898. F. Tempsky. Geheftet .60, gebunden .85

Scharizer, Rud., Lehrbuch der Mineralogie u. Geologie f. die oberen Classen der Gymnasien. 4. Aufl. Unveränd. Abdr. der 3. Aufl. gr. 8. (VI, 118 S. m. 120 Abbildgn.) Wien 901. F. Tempsky. Geb. n. 1.90

Scharizer, Rud., Lehrbuch der Mineralogie u. Geologie f. die oberen Klassen der Gymnasien. 5. durchgesch. Aufl. (VI, 116 S. m. 120 Abbildgn.) 8. Wien 904. F. Tempsky. Geb. n. 1. 90

Scharizer, Rud., Lehrbuch der Mineralogie u. Geologie f. die oberen Klassen der Gymnasien. 6., durchgesch. Aufl. (122 S. m. 120 Abb.) gr. 8. Wien, F. Tempsky. Geb. 2. —

Scharizer, Dr. Rudolf, Lehrbuch der Mineralogie und Geologie für die oberen Classen der Realschulen. Mit 201 Abbildungen und einer geologischen Uebersichtskarte von Central-Europa. Prag, Wien 1897. F. Tempsky. (Min. Erl. v. 17. April 1897, Z. 8063.) Geh. 1. —, geb. 1.25

— dasselbe f. die oberen Klassen der Realschulen. Mit 200 Abbildgn. u. 1 geolog. Übersichtskarte v. Zentral-Europa. 2, verb. Aufl. gr. 8. (VI, 182 S.) Leipzig 902. G. Freytag. Geb. in Leinw. n. 2. 50

— dasselbe f. die oberen Klassen der Realschulen. Mit 207 Abbildgn., 2 farb. Taf. u. 1 geolog. Übersichtskarte v. Zentral-Europa. 3, verb. Aufl. (180 S.) gr. 8. Ebd. 909. Geb. 3. —

Prof. Dr. Albrecht Schrauf. E. biograph. Skizze v. Dr. Rudolf **Scharizer**, o. ö. Universitätsprof. in Czernowitz. *Czernowitz: Buchdr. E. Kanarski 1898.* (22 S.) 1 Bd 8. 98 7411

Scharke, Karl Otto, die Buch- u. Rechnungsführung in öffentl. Sparkassen, kaufm. Bilanz, nebst Geschäftsanweisung f. Verwaltungsrat u. Kassenbeamte, aus der Praxis für die Praxis zusammengestellt. (VII, 128 S.) gr. 8. Landeshut 904. (Schweidnitz, G. Brieger.) n. 2. —

Die Buch- und Rechnungsführung in öffentlichen Sparkassen, kaufmännische Bilanz nebst Geschäfts-Anweisung f. Verwaltungsrat u. Kassenbeamte ... zsgest. von Karl Otto **Scharke**. Landeshut in Schl.: Selbstverl 1904. (128 S.) 8° [F.] 105. 1517 2

Scharl, P., ein Mönchsleben aus der zweiten Hälfte des 18. Jahrhunderts, s. Sattler, M.

Scharl, ..., prakt. Abhandl. von dem einfachen, summar. u. ordentl. Weisungsproceß in Baiern. 8. Münch. 783. Lentner. 6 gl.

Scharl, Benno

Scharl, B., Beschreibung d. Braunbier-Brauerei im Königreiche Baiern, mit 4 lithograph. Tafeln. 8. München, Lindauer. 814.

Scharl, Benno (gräfl.-seinsheim. Verwalter zu Grunbach). Beschreibung der Braunbier-Brauerei im Königreiche Bayern. 2. . . . . vermehrte Ausgabe. Mit 4 lithogr. Taf. München, Jos. Lindauer, 1826. 8⁰. VI—120 S. Saub. Ppb.

Scharl, Benno, Beschreibung der Braunbier-Brauerei in Bayern u. damit verbundener Branntweinbrennerei u. Essigsiederei, nebst Nachricht über die jüngst errichtete erste Dampfbrauerei in München. 3., verm. u. verb. Aufl., besorgt v. C. Wilh. Dempp. gr. 8. (12¼ B. u. 3 Stnt.) München 843, Lindauer'sche Bh. —

Scharl, Rob., schaut nur hinein —. Satiren, Spiegelbilder, Spitzfindiges, Sportliches. (98 S.) 8. München 908. A. Reusch. 1. 50

Schärl Heinrich: Quaestiones criticae in Varronis rerum rusticarum libros tres.
H. 1891 PN 650 Diss. Wien Univ. 1498

Schärl, Placid., von Versteinerung des Holzes. Münch., (G. Franz). 4 gl.

SCHÄRL, Xaver (Pöttmes): De chlorosi.- Monachii: Weiss 1843. 15 S.
24.8.1841 - Urk; F 65
Diss. Ingolst.-Landsh.-München

Scharla, Konrad: Rudolf von Rüdesheim. Sein Leben und Wirken bis zur Anknüpfung der ersten Beziehungen zu Breslau ‹1402—1444›. (Kattowitz 1910: Siwinna.) 34 S. 8°
Breslau, Phil. Diss. v. 8. Okt. 1910, Ref. Kampers
[Geb. 23. Febr. 84 Rosnochau; Wohnort: Kattowitz; Staatsangeb.: Preußen; Vorbildung: Gymn. Neustadt O.-S. Reife O. 04; Studium: Jena 1, Rostock 1, Breslau 8 S.; Rig. 27. Juli 10.] [U 11. 742

Scharlach u. Diphtherie. Deren Erkennung, Verlauf u. Behandlung, populär dargestellt von einem Volksfreunde. 8. (24 S.) Saarbrücken 879. Möllinger's Sort. 30

Scharlach, hitzige Hirnhöhlenwassersucht und häutige Bräune . . . Leipzig 1828. V: *Urban, Joseph.* (Call) (Ky)

Scharlach, hitzige Hirnhöhlenwassersucht u. häutige Bräune; die gefahrvollst. Krankheiten d. kindl. Alters. Nichtärzten höh. Bildung überh., insbesond. aber Eltern u. Erziehern zur Belehr. u. Beherzig. empfohlen v. U*** (Jos. Urban). 8. (6 B.) Leipzig 828, [Künzel.]

Scharlach, hitzige Hirnhöhlenwassersucht u. häutige Bräune; die gefahrvollsten Krankheiten des kindl. Alters. Von D. U*** (Jos. Urban). 8. Leipz. 828. Schumann. 9 g?

Scharlach, zur Vertheidigung v. Dr. Carl Peters. Rede vor d. Disciplinarhofe zu Berlin. gr. 8. (99 S.) Berlin 898. H. Walther. n. 1. –

Scharlach, C. M. F., Beschreibung eines neuen Hilfs-Instrumentes für das Ecrasement des Mastdarm-Carcinoms. Jena 866. Doebereiner. gr. 8. (15 S.) 3 ngr

—— die Pflege und Ernährung des Kindes in den ersten Lebensjahren. gr. 8. (31 S.) Jena 866, Doebereiner. *

Scharlach, Carl, s. Scharlach, Karl

Scharlach, F. E. Die Kerlinger Sage in ihrer allmählichen Entwicklung. Diss. Jena 1869.

Scharlach, Friedrich, s. Scharlach, J. C. Friedrich

Scharlach, Geo. Fr.

Scharlach, G. F., Observat. practicae de Dotis privilegio. 8. Hannov. Hahn. 798.

Schreibp.

Scharlach, J. C. Friedrich

Scharlach, J. C. F., Aufgaben zu Uebungen im schriftlichen Rechnen für Bürger- und Volksschulen. 1–5. Heft. 8. Halle, Schroedel und Simon. à Heft * 3 Ngr. *

Inhalt:

Heft 1. Das Zusammenzählen und Abziehen unbenannter und gleichbenannter Zahlen. 1. Aufl. 1858. und 2. Aufl. (56 S.) 861.
„ 2. Das Multipliciren und Dividiren unbenannter und gleichbenannter Zahlen. (48 S.) 858.
„ 3. Die vier Species in ungleichbenannten Zahlen. (64 S.) 858.
„ 4. Die Bruchrechnung. (48 S.) 858.
„ 5. Regel detri-, Gesellschafts-, Zins-, Rabatt- &c. Rechnung, vermischte und algebraische Aufgaben. (88 S.) 859.

—— Auflösungen dazu. 1. Heft. 1. Aufl. 1858 und 2. Aufl. und 2–5. Heft. 8. (26, 40, 30, 40, 55 S.) Halle 858–61, Schroedel und Simon. à Heft * 4 Ngr. *

Scharlach, J. C. F., Aufgaben zu Uebungen im schriftlichen Rechnen für Bürger- und Volksschulen. 1. Heft 4. Aufl., 4. Heft 2. Aufl. und 5. Heft 2. Aufl. (56 S., 48 S. und 88 S.) 8. Halle 867, Schrödel und Simon. à Heft * 3 Ngr. *

Scharlach, J. C. F., Aufgaben zu Uebungen im schriftlichen Rechnen für Bürger- und Volksschulen. Nach der neuen Maß- und Gewichts-Ordnung bearb. 5 Hefte. 8. Halle 870, Schroedel und Simon. [1. Heft. 5. Aufl. (56 S.) * 30 Pf.; 2. und 3. Heft. 4. Aufl. (48; 63 S.) à Heft * 30 Pf.; 4. Heft. 3. und 4. Aufl. (50 S.) * 30 Pf.; 5. Heft. 3. Aufl. (87 S.) * 40 Pf.]

—— Aufgaben zu Uebungen im schriftlichen Rechnen für Bürger- und Volksschulen. 5 Hefte. 8. Ebendas. 874,75. *

Inhalt:

Heft 1. Das Zusammenzählen und Abziehen unbenannter und gleichbenannter Zahlen. 6. Aufl., und 7., mit Rücksicht auf die neue deutsche Reichsmünze bearb. Aufl. (56 S.) * 30 Pf.
„ 2. Das Multipliciren und Dividiren unbenannter und gleichbenannter Zahlen. 5. Aufl. (46 S.) * 30 Pf.
„ 3. Die vier Species in ungleichbenannten Zahlen. 5. Aufl. (54 S.) * 30 Pf.
„ 4. Bruchrechnung. (Gemeine- und Dezimalbrüche.) 5. Aufl. (48 S.) * 30 Pf.
„ 5. Regeldetri-, Gesellschafts-, Zins-, Rabatt-, Disconto-, Wechsel-, Termin-, Mischungs-Rechnung, vermischte und algebr. Aufgaben. 4. mit Rücksicht auf die neue deutsche Reichsmünze bearb. Aufl. (79 S.) * 40 Pf.

—— dass. — Auflösungen. 1.–5. Heft. 8. (27; 40; 24; 54; 61 S.) Ebendas. 874.
1.–4. Heft à * 40 Pf.; 5. Heft * 50 Pf. *

Scharlach, J. C. F., Aufgaben zu Uebungen im schriftlichen Rechnen für Bürger- und Volksschulen. 5 Hefte. 8. Halle, Schrödel und Simon. cart. *

Inhalt:

Heft 1. Das Zusammenzählen und Abziehen unbenannter und gleichbenannter Zahlen. 8. Aufl. (56 S.) 878. cart. * 30 Pf.
„ 2. Das Multipliciren und Dividiren unbenannter und gleichbenannter Zahlen. 6. Aufl. (46 S.) 877. cart. * 30 Pf.
„ 3. Die vier Species in ungleichbenannten Zahlen. 6. Aufl. (53 S.) 876. cart. * 30 Pf.
„ 4. Bruchrechnung. (Gemeine- und Dezimalbrüche.) 6. Aufl. (48 S.) 877. cart. * 30 Pf.
„ 5. Regeldetri-, Gesellschafts-, Zins-, Rabatt-, Disconto-, Wechsel-, Termin-, Mischungs-Rechnung, vermischte und algebr. Aufgaben. 5. Aufl. (79 S.) 878. cart. * 40 Pf.

—— dass. — Auflösungen. 5. Heft. 5. Aufl. 8. (61 S.) Ebendas. 878. *
1.–4. Heft. Ebendas. 1870–74. à * 40 Pf.

Scharlach, J. C. F., Aufgaben zu Uebungen im schriftlichen Rechnen für Bürger- und Volksschulen. 5 Hefte. 8. Halle, Schrödel und Simon. cart. *

Inhalt:

Heft 1. Das Zusammenzählen und Abziehen unbenannter und gleichbenannter Zahlen. 9. und 10. Aufl. (56 S.) 882,85. cart. * 30 Pf.
„ 2. Das Multipliciren und Dividiren unbenannter und gleichbenannter Zahlen. 7. Aufl. (46 S.) 884. cart. * 30 Pf.
„ 3. Die vier Species in ungleichbenannten Zahlen. 7. und 8. Aufl. (51 S.) 882,84. cart. * 30 Pf.
„ 4. Bruchrechnung. (Gemeine und Dezimalbrüche.) 7. Aufl. (48 S.) 883. cart. * 30 Pf.
„ 5. Regeldetri-, Gesellschafts-, Zins-, Rabatt-, Disconto-, Wechsel-, Termin-, Mischungs-Rechnung, vermischte und algebr. Aufgaben. 6. Aufl. (78 S.) 883. cart. * 40 Pf.

—— dass. — Auflösungen. 5 Hefte. 8. Ebendas. 880–84. [1.–4. Heft. (27; 40; 29; 53 S.) à * 40 Pf.; 5. Heft. (60 S.) * 50 Pf.] * 2 10

Scharlach, J. C. F., Auflösungen zu den Aufgaben zu Uebungen im schriftlichen Rechnen. 5 Hefte. 8. Halle 870, Schrödel und Simon. [1. Heft. 3. Aufl. (27 S.) * 40 Pf.; 2.–4. Heft. 2. Aufl. (40; 31; 56 S.) à Heft * 40 Pf.; 5. Heft. 2. Aufl. (63 S.) * 50 Pf.]

—— Auflösungen zu den Aufgaben im schriftlichen Rechnen. Vorstufe. 1. und 2. Heft. 8. (12, 24; 23 S.) Ebendas. 887. à Heft * 40 Pf. *

Scharlach, J. C. F., Aufgaben zu Übungen im schriftlichen Rechnen für Bürger- und Volksschulen. Vorstufe: Das Rechnen mit Grundzahlen. 8. (23 S.) Halle 887, [Schroedel und Simon, Verlag.] Schroedel. *

—— dass. — 1. und 2. Heft. Ausg. B. gr. 8. (56; 48 S.) Ebendas. 887. à Heft * 30 Pf. *

Scharlach, F. Aufgaben u. Übungen im schriftl. Rechnen f. Bürger- u. Volksschulen. Hrsg. v. A. Steger u. Wohlrabe. 5 Hefte. 8.–10. Aufl. gr. 8. Halle 890, H. Schroedel. [1. Heft. (56 S.) * — 30; 2. Heft. (46 S.) * — 30; 3. Heft. (54 S.) * — 30; 4. Heft. (48 S.) * — 30; 5. Heft. (79 S.) * — 40.] * 1 60

—— dass. — Auflösungen. 5 Hefte. gr. 8. Ebd. 890. [1. Heft. (24 S.) * — 40; 2. Heft. (40 S.) * — 40; 3. Heft. (29 S.) * — 40; 4. Heft. (54 S.) * — 40; 5. Heft. (61 S.) * — 50.] * 2 10

Scharlach, J. C. F., Aufgaben zu Übungen im schriftlichen Rechnen f. Bürger- u. Volksschulen. 4. Hft. 9. Aufl. gr. 8. (60 S.) Halle 898. H. Schroedel. n. — 40

— dasselbe. 1. Hft. Ausg. B. 2. Aufl. gr. 8. (56 S.) Ebd. 894. n. — 30

Scharlach, F., Fibel, s.: Steger.

—— und L. Haupt, Fibel für den vereinigten Anschauungs-, Zeichen-, Schreib- und Leseunterricht im ersten Schuljahre. 1. Aufl. 1863. und 2. Aufl. gr. 8. (IV und 92 S.) Halle 866, Schrödel und Simon. *

—— und L. Haupt, Fibel für den vereinigten Anschauungs-, Zeichen-, Schreib- und Leseunterricht im ersten Schuljahre. 3.–7. Aufl. 8. (IV, 96 S.) Ebendas. 869–75.

—— und L. Haupt, Fibel für den vereinigten Anschauungs-, Zeichen-, Schreib- und Leseunterricht im ersten Schuljahre. 8.—13. Aufl. gr. 8. (IV, 96 S.) Halle 877—79, Schrödel und Simon. *

—— und L. Haupt, Fibel für den vereinigten Anschauungs-, Zeichen-, Schreib- und Leseunterricht. 14.—26. Aufl. gr. 8. (IV, 96 S.) Ebendas. 880—84. *

—— und L. Haupt, Fibel für den vereinigten Anschauungs-, Zeichen-, Schreib- und Leseunterricht. 27.—39. Aufl. gr. 8. (IV, 96 S. mit Bildern.) Ebendas. 885—87. *
geb. **

—— —— dass. — 40.—43. nach der durch Ministerial-Erlaß vom 21. Jan. 1880 vorgeschriebenen Orthographie bericht. Aufl. gr. 8. (IV, 96 S. mit Bildern.) Ebendas. 888. *
geb. **

— — dasselbe. Anleitung z. Gebrauch, s.: Löffler, F. K.

Scharlach, J. C. F., u. L. Haupt, Fibel f. den vereinigten Anschauungs-, Zeichen-, Schreib- u. Leseunterricht. 54. Aufl. gr. 8. (IV, 96 S. m. eingedr. Abbildgn.) Halle 890. Herm. Schroedel. n. — 40; geb. n.n. — 50

—— u. L. Haupt. Fibel. 67. Aufl. 8. (IV, 96 S. m. Bildern.) Ebd. 892. * — 40; geb. ** — 50

— u. L. Haupt, Fibel f. den vereinigten Anschauungs-, Zeichen-, Schreib- u. Leseunterricht. 76. Aufl. gr. 8. (IV, 76 S. m. Bildern.) Ebd. 893. Geb. n.n. — 50

— — dasselbe f. den vereinigten Anschauungs-, Schreib- u. Leseunterricht. Neue Bearbeitg. v. Steger u. Wohlrabe. B. gr. 8. (IV, 96 S. m. Bildern.) Ebd. 894. n. — 40; geb. n.n. — 50

— — dasselbe. C. Ausg. in 2 Tln. gr. 8. (II, 64 S. m. Bildern u. 64 S.) Ebd. 894. à n. — 30; geb. à n.n. — 42

Scharlach, F., u. L. Haupt, Fibel f. d. verein. Anschauungs-, Schreib- u. Leseunterricht. Neue Bearbeitung v. Steger u. Wohlrabe. 5. Aufl. gr. 8. (IV, 100 S.) Halle 895. H. Schroedel. n. — 40; geb. n.n. — 50

— — dasselbe. Ausg. B. 8. Aufl. gr. 8. (IV, 100 S. m. Bildern.) Ebd. 897. n. — 40; geb. n.n. — 50

— — dasselbe. Ausg. C. in 2 Tln. 3. Aufl. gr. 8. (II, 64 u. 64 S. m. Bild.) Ebd. 897. à n. — 30; geb. à n.n. — 42

— — dasselbe (C). Ausg. in 2 Tln. gr. 8. Ebd. 898. à n. — 30; geb. à n.n. — 42
1. 5. Aufl. (II, 64 S. m. Bildrn.) — 2. 4. Aufl. (64 S. m. Bildrn.)

Fibel für den vereinigten Anschauungs-, Schreib- und Leseunterricht. Von F[riedrich] Scharlach u. L[udwig] Haupt. Neue Bearb. von [August] Steger u. [Wilhelm] Wohlrabe. [Ausg.] B. 15. nach d. neuen Rechtschreib. bearb. Aufl. *Halle a. S.: H. Schroedel [1902].* (100 S.) 8° [F.] [03. 2814 3

— u. L. Haupt, Fibel (CI) f. den vereinigten Anschauungs-, Schreib- u. Leseunterricht. Neue Bearbeitg. von Steger u. Wohlrabe. Ausg. in 2 Tln. 1. Heft. 11., nach der neuen Rechtschreibg. bearb. Aufl. (II, 64 S. m. Abbildgn.) gr. 8. Halle (903). H. Schroedel. Geb. n.n. — 42

— Lehrplan für die Bürgerschule in Halle, zusammengestellt nach Berathungen in bezügl. Lehrerconferenzen. Lex. 8. (IV, 138 S.) Halle 878. Hendel. 3. —

— u. Ludwig Haupt,

—— —— Lesebuch für Bürger- und Volks-Schulen. Unterstufe. gr. 8. (XVI und 253 S.) Halle 864, Schrödel und Simon. *

—— —— dass. — Mittelstufe. 8. (VIII und 280 S.) Ebendas. 867. *

— — Lesebuch für Bürger- u. Volks-Schulen. Unterstufe. 2. Aufl. Ebend. 869. gr. 8. (XVI, 253 S.) n. 8 ngr.

— — — Mittelstufe. Ebend. 867. 8. (VIII, 280 S.) n. 9 ngr.

— — Lesebuch für Bürger- u. Volks-Schulen. 3 Thle. gr. 8. Ebend. 875. n. 2. 70
1. Unterstufe. 4. Aufl. (XVI, 253 S.) n. — 80
2. Mittelstufe. 2. Aufl. (VIII, 280 S.) n. — 90
3. Oberstufe. 3. Aufl. (VIII, 320 S.) n. 1. —

Scharlach, J. C. F., und L. Haupt, Lesebuch für Bürger- und Volks-Schulen. 3 Thle. gr. 8. Ebendas. *
Inhalt:
Thl. 1. Unterstufe. 5. Aufl. (XVI, 253 S.) 877. * 80 Pf.
„ 2. Mittelstufe. 3. und 4. Aufl. (VIII, 280 S.) 876,77. * 90 Pf.
„ 3. Oberstufe. 3. und 4. Aufl. (VIII, 320 S.) 877,78. * ℳ 1.

— — Lesebuch für Bürger- u. Volks-Schulen. Oberstufe. 6., verm. Aufl. Orthographie nach dem Ministerial-Erlaß vom 21. Jan. 1880. gr. 8. (VIII, 350 S.) Ebend. 882. n. 1. 10

— — dasselbe. Mittelstufe. 5., nach der durch Ministerial-Erlaß vom 21. Jan. 1880 vorgeschriebenen Orthographie bericht. Aufl. Mit Anh. gr. 8. (VIII, 280 u. Anh. VIII S.) Ebend. 880. n. — 90

— — dasselbe. Unterstufe. 8. Aufl. Orthogr. nach dem Ministerial Erlaß vom 21. Jan. 1880. gr. 8. (XII, 263 S.) Ebend. 882. n. — 80

— — Lesebuch f. Bürger- u. Volksschulen. Ober-, Mittel- u. Unterstufe. gr. 8. Ebend. 886. n. 2. 80; Einbd. à n.n. — 20
Oberstufe. 7. Aufl. (VIII, 350 S.) n. 1. 10. — Mittelstufe. 8. Aufl. m. Anh. (VIII, 280 S.) n. — 90. — Unterstufe. 12. Aufl. (XII, 260 S.) n. — 80

— — Lesebuch f. Bürger- u. Volksschulen. Unterstufe. 16. Aufl. gr. 8. (XII, 260 S.) Ebd. 890. n. — 80; geb. n.n. 1. 5

— — dasselbe. Mittelstufe. 11. Aufl. m. Anh. gr. 8. (VIII, 280 S.) Ebd. 890. n. 1. —; geb. n.n. 1. 25

— — dasselbe. Oberstufe. 9. Aufl. gr. 8. (VIII, 350 S.) Ebd. 889. n. 1. 10; geb. n.n. 1. 35

Scharlach, F. C. F., u. L. Haupt, Lesebuch f. Bürger- u. Volksschulen Unterstufe. 20. Aufl. gr. 8. (XII, 260 S.) Halle 893. H. Schroedel. n. — 80; geb. n.n. 1.

dasselbe. Unterstufe. Neue Bearbeitg. v. Steger u. Wohlrabe. gr. 8. (XVI, 224 u. 24 S.) Ebd. 894. n. — 80

— — dasselbe. Mittel- u. Oberstufe. gr. 8. Ebd. Geb. n. 2. 60
Mittelstufe. 10. Aufl. Mit Anh. (VIII, 284 S.) 892. n. 1. 25
Oberstufe. 11. Aufl. (VIII, 352 S.) 893. n. 1. 35

— — Lesebuch f. Bürger- u. Volks-Schulen. Neue Bearbeitg. v. Steger u. Wohlrabe. 3 Stufen. gr. 8. Ebd. n. 3. 30; Einbde. n.n. — 80
1. Unterstufe. 3., unveränd. Aufl. (XVI, 224 u. 24 S.) 896. n. — 80; Einbd. n.n. — 25
2. Mittelstufe. 2. Aufl. (XII, 296 S.) 895. n. 1. —; Einbd. n.n. — 25
3. Oberstufe. 2. Aufl. (XII, 452 S.) 896. n. 1. 50; Einbd. n.n. — 30

— — dasselbe. Begleitwort u. Gesamt-Verzeichnis zur Neubearbeitg. gr. 8. (37 S.) Ebd. 894. n. — 50

— — Lesebuch f. Bürger- u. Volks-Schulen. Neue Bearbeitg. v. Steger u. Wohlrabe. Unter-, Mittel- u. Oberstufe. gr. 8. Ebd. n. 3. 30; geb. n.n. 4. 10
Unterstufe. 6., unveränd. Aufl. (XVI, 224 u. 24 S.) 899. n. — 80; geb. n.n. 1. 05
Mittelstufe. 6. Aufl. (XII, 296 S.) 899. n. 1. —; geb. n.n. 1. 25
Oberstufe. 7. Aufl. (XII, 452 S.) 902. n. 1. 50; geb. n.n. 1. 80

— — dasselbe erweit. Ausg., s.: Steger u. Wohlrabe, Lesebuch f. Mittelschulen.

— — Lesebuch f. Bürger- u. Volksschulen. Unterstufe.

Neue Bearbeitg. v. Steger u. Wohlrabe. 11., nach der neuen Rechtschreibg. durchgeseh. Aufl. (XVI, 224 u. 24 S.) gr. 8. Halle (904). H. Schroedel. n. — 80; geb. in Halbldr. n.n. 1. 05

Scharlach, F., u. L. Haupt, Lesebuch, Neubearbeitg., erweit. Ausg., s.: Steger u. Wohlrabe, Lesebuch f. Mittelschulen.

— — Lesebuch f. die deutsche Volksschule. gr. 8. (XII, 424 S.) Ebend. 873. n. 1. —

—— —— Lesebuch für die deutsche Volksschule. gr. 8. (XII, 424 S.) Ebendas. 873. *

Scharlach, J. C. F., Nachrichten von den Stadtschulen zu Halle. Im Auftrage der städtischen Behörden mitgetheilt. 4. (7⅛ B.) Halle 843, (Schmidt's Verl.) *

— u. Ludwig Haupt,

—— —— Schätze deutscher Literatur. Ein Lesebuch für die oberen Klassen gehobener Knaben- und Mädchen-Schulen und für das Haus. gr. 8. (VIII, 502 S.) Ebendas. 879. *

— u. Ludwig Haupt,

—— —— Volksschullesebuch mit besond. Rücksicht auf die Prov. Sachsen. 1.—5. Aufl. gr. 8. (XII, 424 S.) Ebendas. 872—75. *

—— —— Volksschullesebuch mit besond. Rücksicht auf die Prov. Sachsen. 6.—8. Aufl. gr. 8. (XII, 424 S.) Ebendas. 876,77. *
—— —— dass. — Ausg. in 2 Abthlgn. 1. und 2. Aufl. gr. 8. Ebendas. 876,77. *
Inhalt:
Abthl. 1. Mittelstufe. (VIII, 160 S.) * 45 Pf.
" 2. Oberstufe. (VIII, 336 S.) * ℳ 1.

—— —— Volksschullesebuch mit besond. Rücksicht auf die Prov. Sachsen. 9. und 10. Aufl. mit Anhängen. (XII, 434 S.) 1879,80; 11.—13. Aufl. gr. 8. (XII, 428 S.) Ebendas. 881,82. *
—— —— dass. — 14.—16. Aufl. gr. 8. (XII, 428 S.) Ebendas. 883,84. *
—— —— dass. — Ausg. in 2 Abthlgn. 3. und 4. verm. Aufl. gr. 8. Ebendas. 881,82. *
Inhalt:
Abthl. 1. Mittelstufe. (VIII, 192 S.) * 50 Pf.
" 2. Oberstufe. (VIII, 344 S.) * ℳ 1.

—— —— Volksschullesebuch mit besond. Rücksicht auf die Prov. Sachsen. 17.—21. Aufl. gr. 8. (XII, 428 S.) Ebendas. 885—88. * 90 Pf.; geb. **

—— —— dass. — Ausg. in 2 Abtlgn. gr. 8. Ebendas. * geb. **
Inhalt:
Abtl. 1. Mittelstufe. 6.—8. Aufl. (VIII, 192 S.) 885—88. * 50 Pf.; geb. ** 70 Pf.
" 2. Oberstufe. 5. und 6. Aufl. (VIII, 344 S.) 885,88. * ℳ 1.—; geb. ** ℳ 1.25.

— — dasselbe. Ausgabe in 2 Abteilgn. gr. 8. Ebd. 890. n. 1. 55; geb. n. 2. —
1. Mittelstufe. 12. Aufl. (VIII, 192 S.) n. — 55; geb. n.n. — 70
2. Oberstufe. 7. Aufl. (VIII, 344 S.) n. 1. —; geb. n.n. 1. 30

— — Volksschullesebuch, m. besond. Rücksicht auf d. Prov. Sachsen hrsg. 25. Aufl. gr. 8. (XII, 428 S.) Ebd. 890. n. 1. 10; geb. n.n. 1. 40

— — dasselbe. Ausg. in 2 Abtlgn. gr. 8. Ebd. Geb. n. 2. 10
1. Mittelstufe. 12. Aufl. (VIII, 192 S.) 891. n. — 50
2. Oberstufe. 9. Aufl. (VIII, 344 S.) 893. n. 1. 30

—— —— Volksschullesebuch, m. besond. Rücksicht auf die Prov. Sachsen. 2 Abtlgn. gr. 8. Ebd. 891. * 1 55; geb. * 2 10
1. Mittelstufe. 13. Aufl. (VIII, 192 S.) * — 55; geb. * — 80. — 2. Oberstufe. 11. Aufl. (VIII, 344 S.) * 1 —; geb. * 1 30.
—— —— dass. — Ausg. in 1 Bde. 27. Aufl. gr. 8. (XII, 428 S.) Ebd. 891. * 1 10; geb. ** 1 40

— — Volksschullesebuch m. besond. Rücksicht auf die Prov. Sachsen. 28. Aufl. gr. 8. (XII, 428 S.) Ebd. 893. Geb n. 1. 40

— — Volksschul-Lesebuch. Neue Bearbeitg. v. Steger u. Wohlrabe. Ausg. in 1 Bde. 5., unveränd. Aufl. gr. 8. (XVI, 464 S.) Ebd. 898. n. 1. 25; geb. in Halbldr. n.n. 1. 60

— — dasselbe. Ausg. in 2 Abtlgn. 1. Abtlg. (3. u. 4. Schulj.) 7. Aufl. (Rechtschreibung nach der minist. Verfügg. v. 1902.) (XI, 184 u. 40 S.) gr. 8. Ebd. (903). Geb. in Halbldr. n.n. — 80

— — Volksschul-Lesebuch. Neue Bearbeitg. v. Steger u. Wohlrabe. Ausg. in 1 Bde. 9. unveränd. Aufl. Mit neuer Rechtschreibg. (XVI, 464 S.) gr. 8. Halle 904. H. Schroedel. n.n. 1. 25; geb. in Halbldr. n.n. 1. 60

—— —— Liederbuch dazu, s. Fürste, E.

Scharlach, Josef: Idealmappa der Gegend bei Kroszna in der Bukowina (Ohne Angabe des Maßstabes) (o. J., 1787). (Handzeichnung)

Koloniale und politische Aufsätze und Reden von Dr. [Julius] Scharlach. Hrsg. von Heinrich v. Poschinger. *Berlin: E. S. Mittler & Sohn 1903.* (V, 118 S.) 8° [F.] [03. 17:6]

Scharlach, Karl

Scharlach, Carl, Allerlei u. noch Etwas, s.: Altmann, Wilh.

Scharlachmantel, der,. Lstsp. v. Muchler. 8. Berl. Hartmann. (a. Steinacker in Lpz.) 797.

Scharlachrose, die, s.: Spiele, dramatische, f. Töchterschulen, Pensionate u. Mädchenvereine. 6. Bdchn.

Scharlam, Christoph Henryk [Assistenzarzt d. K. chirurg. Univ.-Klinik zu Breslau]: Aus d. K. chirurg. Univ.-Klinik zu Breslau. Zur Casuistik der urethrotomia externa. . . . Breslau, Druck d. Bresl. Gen.-Buchdr., E. G., 1888; 3 Bl. + 63 + 1 S. + 1 Bl. 8°
Breslau, Med. Fak., Inaug.-Diss. v. 10. Dez. 1888

Scharlam, Chr. H., zur Casuistik der urethrotomia externa. Inaug.-Diss. gr. 8. (63 S.) Breslau 888. (Köhler.) n. 1. —

Scharlau, G. W. Die Finanznoth Preussens. 8°. Stettin 1848.

Scharlapaur, Georg (Colmar) A. S. 808/26

Dissertatio juridica exhibens quaestiones aliquot illustres de societate.
Präs. Johann Heinrich Feltz.
Strassburg (Maag) 24. VI. 1711. 22 S.

Gew.: Johann Benedikt Schneider, Johann Nikolaus Arnold.
W. v.: Johann Heinrich Böcler, Johann Rudolph Graff.
30012

Scharlatan . . . , s.a. Charlatan . . .

Scharlataneries d. neuen Forstwirthschaftskunde herausg. v. K. Slevogt. 1r Hft. 8. Erlangen, Palm. 802.

— u. Menschenopfer, Beyträge z. Gesch. d. Todtschläge in d. medicin. Annalen, s. J. Ge. Fritz.

Scharlau, B., das Australier-Becken, s.: Abhandlungen u. Berichte des königl. zoolog. usw. Museums zu Dresden. Nr. 3.

Scharlau, Barnimus Ludov. (geb. Stettin 22. 8. 1840): De cholelithiasi. Berolini (1864). (31 S.) 8°
Berlin, Med. Diss. v. 14. März 1864

Scharlau, Gustav, a. Rostock: Über Erfahrungen mit Tuberkulin an der medizinischen Universitätsklinik in Rostock. Rostock 1907: Adlers Erben. (37 S.) 8°
Rostock, Med. Fak., Ref. Martius, Diss. v. 19. Dez. 1907
[Geb. 11. Sept. 82 Rostock; Wohnort: Rostock; Staatsangeh.: Mecklenburg-Schwerin; Vorbildung: Gymn. Rostock Reife M. 00; Studium: Marburg 4, Würzburg 1, Rostock 6 S.; Coll. 2. Aug. 06; Approb. 31. Juli 07.]

Scharlau. Gust. Bogisl. (geb. Stettin 21. 4. 1829): De natura et therapia syphilidis. Berolini (1862). (32 S.) 8°
Berlin, Med. Diss. v. 17. Jan. 1862

Scharlau, Gust. Wilh., theoretisch-praktische Abhandlungen über den Typhus, die Cholera, die Chlorosis und die Harnröhren-Verengerungen. Mit 3 (lith.) Taf. Abbildgn. Stettin 853. Nagel. gr. 8. (IV, 2 Bl., 191 S.) 1 $\mathcal{R}$. 7½ ngr.

Scharlau, Gustavus Guilielmus: De causis secretiones efficientibus. Lipsiae (1836): Niese. 31 S. 8°
Halle-Wittenberg. Med. Diss. v. [17.] Sept. 1836
Geb. Pasewalk (Pomm.) [29. 9.] 1809. V.

Scharlau, Gust. Wilh., die rationelle Heilung d. Lungenknoten u. ihrer Ausgänge, e. patholog.-therapeut. Versuch. gr. 8. (20½ B. u. 3 ill. Taf.) Berlin 839, Th. Enslin.

—— Lehrbuch d. Pharmazie u. ihrer Hülfswissenschaften. z. Gebr. f. Aerzte, Apotheker u. Studirende d. Medizin. 2 Bde., enth.: Allgem. Pharmazie, Botanik, Zoologie, Oryktognosie, Physik, Chemie u. Stöchiometrie. gr. 8. (59 B., 21 Stnt. u. 1 Tab.) Leipzig 837, Barth.

— s. Lucas-Championnière, Untersuchung über rc. d. Syphilis.

Scharlau, G. W., klinische Mittheilungen aus dem Gebiete der Wasser-Heilkunde. gr. 8. (VII und 147 S.) Berlin 857, A. Hirschwald. *

—— die Nahrungsmittel, s. Bücher der Natur.

— die Nahrungsmittel und die Ernährung, s. Bücher der Natur.

—— die körperliche Pflege und Erziehung der Kinder vom ersten Lebensalter an. 8. (VI und 156 S.) Stettin 853, Nagel. —

—— Dr. Schönlein u. sein Anhang. Letzte Abfertigung. gr. 8. (4⅝ B.) Berlin 843, Theod. Enslin. —

— Dr. Schönlein, als Arzt u. klinischer Lehrer, s. Lehre, Dr.

—— die Scrofelkrankheit in allen Beziehungen z. menschlichen Organismus. Ein pathologisch-therapeut. Versuch. gr. 8. (29½ B.) Berlin 842, Theod. Enslin.

—— über die körperlichen Verhältnisse, welche bei sonst scheinbar Vernünftigen, die Zurechnungsfähigkeit für begangene Verbrechen ausschliessen. Für Aerzte, Medizinal-Beamtete und Juristen. gr. 8. (IV und 76 S.) Stettin 854, Nagel. •

—— üb. d. Zeitgemässe e. durchgreif. Reform d. Apothekerwesens in d. k. preuss. Staaten. gr. 8. (2½ B.) Berlin 841, (Th. Enslin.) •

—— die Zucker-Harnruhr (Diabetes mellitus). Nach eigenen Untersuchungen. gr. 8. (6½ B.) Berlin 846, Theod. Enslin.

Gesa Plitt. Roman von M. Scharlau. Köln: J. P. Bachem [1907]. (447 S.) 8° [F.] [08. 12350
vgl. Scharlau, Willy

Scharlau, Willy, Hauptmann Althaus. Roman e. Offiziers. 1.—3. Tausend. (360 S.) 8. Hamburg 908. Berlin, Gutenberg-Verlag Dr. E. Schultze. 4.—; geb. 5. —

— Martin Augustin. Ein Roman. (V, 360 S.) 8. Freiburg i/B. (910). Herder. 3.20; geb. in Leinw. 4. —

Die Brücke. Roman von Willy Scharlau. *Berlin: R. Taendler 1904.* (306 S.) 8° [F.] [04. 16214

Scharlau, Willy, Ebbe u. Flut. Zwei Schicksale. 8. (211 S.) Dresden 901. E. Pierson. n. 3. —; geb. n. 4. —

— der Nothafen, s. a. Vobach's illustrierte Roman-Bibliothek.

Der Nothafen. Roman (in 2 Bden) von Willy Scharlau. Ill. von Th. Volz. Bd 1. 2. Berlin, Leipzig, Wien: Vobach (1906). 8°
(Vobachs Illustrierte Roman-Bibliothek. Ser. 4, Bd 1. 2.) [10. 13513

— Gesa Plitt. Roman. (447 S.) 8. Köln (907). J. P. Bachem. 5.—; geb. 6. —
vgl. Scharlau, M.

Scharler, Fr. S.

Scharler, F. S., Register zum Archiv f. oesterreichische Geschichte, s. a. Archiv.

Register zum „Archiv für Kunde österr. Geschichtsquellen" zu den Bänden I–XXXIII des Archivs und zu den Bänden I–IX (Jahrg. 1851–1859) des eine Beilage des Archivs bildenden „Notizenblattes". Von Fr. S. Scharler. gr. 8. (IV u. 120 S.) Wien, Gerold in Comm. 1866. 70 kr.

— Register zu den Sitzungsberichten der kais. Akad. d. Wiss., s.: Sitzungsberichte.

Scharling, C. Henrik, s. Scharling, Karl Henrik

Scharling, Carl Emil, s. Scharling, Karl Emil

Scharling, Eduard August

Scharling, E. A., Forstatte Forsög for at Bestemme den Moengde Kulsyre, et menneske udaander I. 24 Timer. gr. 4. (Mit 1 Taf. Abbild.) Kjobenhavn 845. (Gyldendal.) n. 5/12 $\mathcal{R}$

Scharling, Ed. Aug., de chemicis calculor. vesicaror. rationibus. 4maj. (7 B. u. 6 ill. Stnt.) Hauniae 839, (Reitzel.) •

Scharling, Hans Will.,
— Vide: Hasbach, W.: Die engl. Landarbeiter.

Scharling, Henrik, s. Scharling, Karl Henrik

Scharling, Karl Emil

De dissertationibus pro stipendio Mediceo conscribendis. Specimen, quod defendere conabitur Carl Emil Scharling. Havniae. 1828. 8°.

Scharling, Car. Aemil., Epistolam Pauli ad Corinthios posteriorem annotationibus in us. juvenum theolog. studiosor. illustravit. 8maj. (8 B.) Hauniae 840, Reitzel.

— s. a. Jacobi et Judae epistolas etc.

—— Jacobi et Judae epistolas cathol. commentariis illust. 8maj. (8½ B.) Hauniae 811, Reitzel.

Scharling, Carl Emil, Michael de Molinos. Ein Bild aus der Kirchengeschichte des 17. Jahrhunderts. Aus dem Dän. übersetzt. gr. 8. (III und 245 S.) Gotha 854(55,) F. A. Perthes. *

Scharling, Carl Emil, Michael de Molinos. Ein Bild aus der Kirchengeschichte des 17. Jahrhunderts. Aus dem Dän. übers. Gotha 855. F. A. Perthes. gr. 8. (2 Bl., 245 S.) n. 1 ℛ. 10 ngr.

—— de Paulo Apostolo ejusque adversariis comment. 8maj. (11¾ B.) Hauniae 836, (libr. Deichmann.) *

Scharling, Karl Emil, de Paulo Apostolo ejusqne adversariis comment. 8 maj. Havniae 836 (Gyldendal.) n. 1 ℛ

Scharling, Carl Emil, die neuesten Untersuchungen über die sogenannten Pastoralbriefe des Neuen Testaments, dargestellt in ihrer Bedeutung u. in ihrem Verhältnisse zur Bibelkritik u. zum Kanon. Aus d. Dän. gr. 8. (7 B.) Jena 846, Hochhausen.

Scharling, Karl Henrik

Scharling, Henrik, s. a.: Nicolai.

—— Uffe Hjaelm's und Palle Löve's Erlebnisse. Deutsch von W. Reinhardt. 3 Bde. 8. (346; 388; 363 S.) Bremen 874, Kühtmann und Comp. *

— Uffe Hjaelm's u. Palle Löve's Erlebnisse. Deutsch v. W. Reinhardt. 3 Bde. 3. Ausg. 8. (VII, 436; III, 388 u. III, 388 S.) Ebend. 884. n. 13. 50

Scharling, Henrik, meine Frau und ich. Erzählung. Vom Verf. autoris. Uebersetzung von E. Duncker. 1. und 2. Aufl. 8. (384 S.) Bremen 876,78, [Kühtmann und Comp.] Fischer. * geb. mit Goldschn. *

Scharling, Henrik, meine Frau und ich. Erzählung. Vom Verf. autoris. Uebersetzung von E. Duncker. 3. Aufl. 8. (337 S.) Norden 883, Fischer Nachf. * ℳ 5.; geb. *

Scharling, H., meine Frau und ich. Erzählung. Vom Verf. autoris. Uebersetzg. v. E. Duncker. 4. Aufl. 8. (337 S.) Norden 887. Fischer Nachf. n. 5. —; geb. n. 6. —

Scharling, C. Henrik [Ps. Nicolai]. Hauran. Reisebilder aus Palästina. Mit Genehmigg. d. Verf. aus dem Dän. übers. v. P. J. Willatzen. 8. (87 S. m. 1 Abbild.) Bremen 890, Heinsius Nachf. * 1 20

Scharling, Henrik (Nicolai), junge Helden. Uffe Hjälms u. Palle Löwes Thaten. Erzählg. Autor. freie Uebersetzg. aus d. Dän. v. P. J. Willatzen. 8. (IV, 559 S.) Bremen 896. Leipzig, M. Heinsius Nachf. n. 5. —; geb. n. 6. —

Scharling, C. Henrik, Humanität u. Christenthum in ihrer geschichtlichen Entwicklung od. Philosophie der Geschichte aus christl. Gesichtspunkte. Aus dem Dän. v. Al. Michelsen. 1. u. 2. Thl. gr. 8. (432 u. IX, 545 S.) Gütersloh 874. 75. Bertelsmann. n. 14. —

Scharling, Henrik, Johannes Hus. Histor. Drama in 5 Akten. Deutsch von P. J. Willatzen. Autoris. Übersetzung. 1. und 2. Aufl. 8. (V, 157 S.) Bremen 886, Heinsius Nachf. * geb. *

— zur Neujahrszeit im Pfarrhof zu Nöddebo, s. a. Bibliothek der Gesamtlitteratur.

Zur Neujahrszeit im Pfarrhof von Nöddebo [Ved Nytaarstid i Nøddebo Præstegaard]. Erzählung von Henrik Scharling. Ins Deutsche übertr. von Ilse u. Klara Mautner. Mit e. Vorbemerkung u. d. Bilde d. Verf. *Halle a. d. S.: O. Hendel [1904]*. (VIII, 213 S.) 8° [F.]
(Bibliothek d. Gesamtlitteratur d. In- u. Auslandes. No 1755–1757.) [04. 1263]

Zur Neujahrszeit [Ved Nytaarstid i Nøddebo Præstegaard]. Erzählung von Nicolai (Henrik Scharling). Vom Verf. autor. Übers. aus d. Dän. von P[eter] J[ohann] Willatzen. Ill. von Arthur Graz. (Vorr.: K[arl] E[rnst] K[natz].) Berlin-Leipzig: Buchverl. fürs Deutsche Haus 1908. (303 S.) 8° [F.]
= Bücher, Die, d. Deutschen Hauses. Reihe 1. Bd 11. 08. 5773

Scharling, C. Henrik, Offenbarung u. hl. Schrift. Dogmat. Erörtergn. Berechtigte Übersetzg. v. Geo. Johanns. (IV, 231 S.) gr. 8. Leipzig 907. A. Deichert Nachf. 4. —

— Reisebilder aus Palästina. Mit Genehmigung des Verf. aus dem Dän. übers. v. P. J. Willatzen. 8. (87 S. m. 1 Abbildg.) Bremen 890. Heinsius Nachf. n. 1. 20

[F.] Christliche Sittenlehre nach evangelisch-lutherischer Auffassung dargest. v. C[arl] Henrik Scharling, D. theol., Prof. an d. Univ. Kopenhagen. Aus d. Dän. v. O. Gleiss, P. Autoris. deutsche Ausg. *Bremen: M. Heinsius Nachf. 1892.* (VII, 680 S.) 1 Bd 8. 95. 1051

— Sverre der Priester. Eine norweg. Königsgeschichte aus alter Zeit. Deutsch v. P. J. Willatzen. Einzig vom Verf. autoris. Ausg. 8. (541 S.) Ebd. 889. n. 6. 50; geb. n.n. 7. 50

— das Verronnene u. das Gewonnene. Eine prakt. Abrechng. zwischen Humanismus u. Christentum. Berechtigte Uebersetzg. (nach der 2. verm. u. teilweise veränd. Aufl.) v. Geo. Johanns. (VII, 98 S.) 8. Basel 905. Kober. n. — 80; geb. in Leinw. n. 1. 60

Scharling, William, Bankpolitik. gr. 8. (XII, 371 S.) Jena 900. G. Fischer. n. 8. —

Scharling, Will., s.: Gutachten, wissenschaftliche, üb. die Währungsfrage.

Scharlott, Paul, die „Elektrische". Taschenbuch f. das Betriebspersonal elektr. Strassenbahnen sowie f. den Schulgebrauch. (206 S. m. 206 Abbildgn. u. 4 Taf.) kl. 8. Leipzig (909). C. Scholtze. Geb. 1. 75

Scharm, Vincentius *(geb. Jungbuchau bei Trautenau in Böhm. 31. 7. 1832)*: De nova humeri luxationis specie. Vratislaviae (1858). (34 S.) 8°
Breslau, Med. Diss. v. 3. Nov. 1858

Scharmann, Johann Leonhard (Nürnberg) A. S. 778/1

Conspectus seu dispositio Pandectarum synoptica, ex praelectionibus celeberrimi quondam Joachimi Hopperi. Präs. Felix Spitz. Altdorf (Kohles) 1713.

7 Resp. 30015

Scharmann, Johann Leonhard (Nürnberg) A. S. 92/93

De intempestivo civium discessu cohibendi. Präs. Heinrich Hildebrand. Altdorf (Meyer) 7. IV. 1716. 40 S.

Gew.: Stadt Nürnberg.
W. v.: Präs., G. H. Linck, J. T. Linck (Opp.), Friedrich Pund (Opp.), Johann Paul Paumgartner (Opp.) Andreas Bartholomaeus Schmidt. 30016

Schärmauser - Gemeinde, Die; eine Volksschrift im Interesse des Thierschutzes. Zürich 1863. V: *Wolff, Philipp Heinrich.* (Cat. d. Stadtbibl. Zürich. Zürich 1864—97.)

SCHARMER, Christian Carl: In der Erfahrung gegründete Gedanken über die Conservation der alten und Anlegung neuer Holtzungen in einer Unterredung verfasset. - Plön 1739. 90 S. - 2. Aufl. ebd. 1741. - 3. Aufl. Frankfurt, Leipzig 1745. - 4. Aufl. ebd. 1748. 111 S. - 5. Aufl. ebd. 1758

Scharmer, J. J., Sammlung nothwendiger Hilfs-Tabellen zur Berechnung der vermahlenen Kornerzeugnisse für Müller und Mahlgäste. Innsbruck 863. (Wagner.) 4. (47 S.) n. 12 *ngr.*

Scharmitzel, Theodor, a. Cöln a. Rh.: Die Handwerkerpolitik Herzog Christofs von Württemberg (1550—1568). Cöln a. Rh. [1908]: Th. Quos. (135 S.) 8°
Tübingen, Staatsw. Fak., Ref. v. Schönberg, Diss. v. 21. Okt. 1904
(Nur in beschränkter Anzahl für den Austausch)
[Geb. 8. Okt. 78 Cöln a. Rh.; Wohnort: Cöln; Staatsangeh.: Preußen; Vorbildung: Kaiser-Wilhelms-Gymn. Cöln Reife; Studium: Bonn 3, Münster 3, Tübingen 8 S.; Rig. 21. Okt. 04.]

SCHARMUT (ps.), Immerwährender 77facher General-Kalender. Vom Grillenfänger —. O. O. u. J. (c. 1720?). 8°.
War in einem älteren Scheible'schen Cat. (vor 1870).

Scharmützelsee [Schlagwort]

Scharmützelsee, s.: Mark. — Wanderkarten.

Scharn, Ant., Εύρηχα. Die Verwandlung des Kreises. gr. 8. (43 S. mit 1 Stnt. in Imp.-Fol.) Breslau 864, (Gosohorsky's Buchh.) *

Scharn, A., d. Verwandlung d. Kreises. Bresl. 43 *p. u. Tfl.*
Schul-/Univ.-Schrift 1864.

Schaernack, Augustus [illegible] Berolini (1854) [illegible]
Berlin, Med. Diss. v. [illegible] Apr. 1854

Scharnaggl, Simon, die Forstwirthschaft im oesterreichischen Küstenlande m. vorzügl. Rücksicht auf die Karst-Bewaldg. 4. (89 S.) Wien 873. (Faesy & Frick.) n. 2. —

Scharnagl, Anton, Dr. theol.: Der Begriff der Investitur in den Quellen und der Literatur des Investiturstreites. Stuttgart: Enke 1908. XIV, 141 S. 8° ¶ (Kirchenrechtl. Abhandlungen. H. 56.)
München, Theol. Hab.-Schr. v. 1908 [U 10. 3716
(Nicht für den Austausch)

Scharnagl, Ant., der Begriff der Investitur in den Quellen u. der Literatur des Investiturstreites. s. a. Abhandlungen, kirchenrechtliche. 56. Heft.

Der Begriff der Investitur in den Quellen und der Literatur des Investiturstreites. Von Dr. theol. Anton **Scharnagl**, Privatd. Stuttgart: F. Enke 1908. (XIV, 141 S.) 8°
= **Abhandlungen,** Kirchenrechtl. H. 56. [08. 11084

Scharnagl, Anton, Dr. [Dombenefiziat]: Das feierliche Gelübde als Ehehindernis in seiner geschichtlichen Entwicklung. Freiburg i. B.: Herder 1907. (67 S.) 8° ¶ (Erschien vollst. als: Straßburger theol. Studien Bd 9 H. 2/3.)
München, Theol. Fak., Ref. Gietl, Diss. v. 23. Juni 1906
(Nur in beschränkter Anzahl für den Austausch)
[Geb. 15. Nov. 77 München; Wohnort: München; Staatsangeh.: Bayern; Vorbildung: Wilhelms-Gymn. München Reife Juli 96; Studium: München Phil. 2, Theol. 6, Theol. u. Jura 4 S.; Rig. 23. Juni 06.]

— Das feierliche Gelübde als Ehehindernis, s. a. Studien, Strassburger theologische. IX, 2. 3.

Das feierliche Gelübde als Ehehindernis. In s. geschichtl. Entwicklung dargest. von Dr. Anton **Scharnagl.** Freiburg i. Br.: Herder 1908. (VIII, 221 S.) 8°
= **Studien,** Strassburger theologische. Bd 9, H. 2 u. 3. [08. 3237

Scharnagl Johann: De Arnobii Cirtensis Latinitate.
1891 PN 688 **Diss.** Wien. Univ **1502**

Arnobius. Scharnagl, Johann De Arnobii maioris latinitate. (Umschlagtitel: . . . part. I.) 8 (S. 3—45, 1 S. unp.). (part. II.) 8 (S. 3—40). **Progr.** K. k. Staatsg. *Görz* 1894 1895.

Scharnagl, Johannes: Sancti Cyrilli XVII. homiliae sive epistulae paschalis interpretatio quae vulgo Arnobii iunioris dicitur latina. Recensuit, commentario critico instruxit, tabulam photographicam adiunxit J. Sch. 33 S. 8.
Progr. K. k. Staatsgymn. im III. Bezirk *Wien* 1909.

*Scharnagl, Theobald: Der Philosoph Empedokles in seiner Eigenschaft als Dichter. S. 3—16. 8. II. S. 3—19. 8.
Progr. Kommunal-Ober-Gymn. *Komotau* 1908. 1909.

Scharnagl Theobald: Der physico-teleologische Gottesbeweis in D. Humes „dialogues concerning natural religion." 18. 23. Pilsen 01. 02.
Progr.

Scharnagl Theobald: Die Schillerfeier. 6. Pilsen 05.
Progr.

Scharnberg, Ernst: Ueber Bleischrumpfniere. *München 1899: Kastner & Lossen.* (34 S.) 8°
München, Med. Diss. v. 1899

Scharnberger, H. „Einige Bemerkungen über Ableitung englischer Wörter". pg. 3—11. 4°. Th. Burger.
Bayreuth. Progr. 1855/56

Scharnberger, H., Lehrbuch der englischen Sprache nach dem Robertson'schen Systeme für den öffentlichen und Privat-Unterricht. gr. 8. (XII und 228 S.) Bayreuth 853, Grau'sche Buchh. *

Scharndorffer, Leopold: Anleitung für junge Aerzte. Th.I, Abth.1 - 2, 371 S., gbd.

Wien: typ.v.Trattnern 1793

JB 5.532

Scharndorffer, L., Anleitung f. junge Aerzte. 2 Thle. gr. 8. Wien, Trattner (Tendler) 794.

Scharndorffer, Leopold: Unpartheiische Beurteilung der Brownischen Heilkunde. 115 S., gbd.

Wien: typ.von Trattnern 1800

JB 6.580

— Skizze eines neuen Systems zur möglichsten Einfachheit d. Heilkunde. gr. 8. Wien, Gerold. 806.

— Untersuchung der Grundsätze der Erregungstheorie rc. 2 Hefte. 8. Wien, A. Doll. (a. Gerold.) 804.

— Untersuchung der Grundsätze d. Erregungstheorie. 2 Thle. 8. Wien 809: Gerold. 1 *rf*

Scharnhorst, der General v., s.: Kluckhohn, A.

Scharnhorst, Leben des Generals v., s. Klippel, Geo. H.

— Leben, s.: Lehmann, M.

— Lebensbeschreibung, s. Leben.

Scharnhorst, G. D. v., s. Scharnhorst, Gebhard von

Scharnhorst, G. H. D. von, s. Scharnhorst, Gebhard von

Scharnhorst, G. J. D. von, s. Scharnhorst, Gebhard von

Scharnhorst, Gebhard von

Scharnhorst, G. D. v., s.: Aus dem Reiche f. das Reich.

(Scharnhorst, G. J. D. v.) Auszug aus den Verordnungen über die Verfassung der preuß. Armee, welche seit dem Tilsiter Frieden ergangen sind. Berlin 1810. 8°.

(Scharnhorst.) Beschreibung der Vestungswerke der Stadt Maynz u. Belagerung ders. 1689. 8. M. Pl. Hannover 1793. 0,40.

— NB. Die Beschreib. e. Reise von Arcot ist nicht von ihm u. sein Name dort zu streichen.

– s. Bibliothek f. Offiziere.

Scharnhorst, Gebh. v., militair. Denkwürdigkeiten. s. Denkwürdigkeiten.

Militairische Denkwürdigkeiten unserer Zeiten, insbesondere des französischen Revolutionskrieges im Jahre 1792 u. s. f. (Von G. v. Scharnhorst.) Bd 1—6. Mit Pl. Hannover 1797—1805.

– s.a. Geschichte d. Belagerung v. Gibraltar.

(v. Scharnhorst, G.) Geschichte der Belagerung von Gibraltar, 1779—1782. Von G. v. S. (143.) 8. M. Pl. Hannover 1790. — (136.) 8. M. Pl. ib. 1834. 0,90.

v. Scharnhorst, Gebh., († d. 28. Juni 1813.) Handbuch für Officiere in d. anwendbaren Theilen d. Kriegskunst. 3 Thle. gr. 8. Hannov. 787—90. Helwing. 4 ℔ 14 gl. 2e umgearb. Aufl. unt. d. T.: Handb. f. Officiere in d. angewandten Theilen der Kriegswissenschaft. 3 Thle. A. u. d. T.: Handb. der Artillerie. 3 Bde. Mit 37 Kpf. gr. 8. Hannov. 804—814. Helwing. 12 ℔ 12 gl. N. (3e) Aufl. umgearb. von J. G. v. Hoyer. 4 Thle. ... 4e Aufl. Mit 25 Kpf. gr. 8. Ebd. 815—829. 10 ℔

Scharnhorst, (Gebh. Dav.) v., Handbuch f. Offiziere, in d. Theilen d. Kriegs-Wissenschaften. 4. Thl. Festungskrieg u. Strategie. Nach d. Grundlinien d. verstorb. Verf. v. J. G. v. Hoyer. M. 7 Kpfrt. 8. (35 B.) Hannover 829, Helwing. 1—3. Thl. Ebendas. 1815—20. 7 Thlr.

— militairisches Journal, s. Journal.

– s. Militärbibliothek.

(Scharnhorst, G. v.) An die Herren Offiziere des hiesigen militärischen Lehr-Instituts 1804. (Berlin) 1804. 8°.

Scharnhorst, militärische Schriften, s.: Klassiker, militärische, d. In- u. Auslandes.

v. Scharnhorst, Gebh., militär. Taschenbuch zum Gebr. im Felde. Mit Kpf. gr. 8. Hannov. 793. 3e Aufl. 8. Ebd. 794. N. Aufl. 816. Helwing. 3 ℔

Scharnhorst, G. v. Militärisches Taschenbuch zum Gebrauch im Felde. 3. Aufl. Mit Kpf. Hannover 1815. 517 S.

– s.a. Unterricht des Königs v. Preußen.

Scharnhorst, G. Unterricht des Königs von Preußen an die Generale seiner Armeen. Mit Pl. Hannover 1794. 390 S.

Scharnhorst, G. v. Die Verteidigung der Stadt Menin und die Selbstbefreiung der Garnison unter dem Grlmjr v. Hammerstein. (1794). Hannover 1803. 154 S.

— die Vertheidigung d. Stadt Menin u. die Selbstbefreiung der Garnison. 8. Hannov. 803. Helwing. 12 gl.

Scharnhorst, G. v., die Vertheidigung der Stadt Menin und die Selbstbefreiung der Garnison unter dem Generalmajor v. Hammerstein. Neuer unveränd. Abdr. gr. 8. (64 S. mit 1 lithogr. Plane in Fol.) Hannover 856, Helwing'sche Hofbuchh.

– s. v. Warneru, sammtl. Schriften.

Scharnhorst, G. H. D. v. über die Wirkung des Feuergewehres. Mit Pl. Berlin 1813. 112 S.

— üb. die Wirkung des Feuergewehrs. Für die k. Preuß. Kriegsschule. Mit 2 Kpf. gr. 8. Berl. (u. Leipz.) 813. Nauck. 20 gl.

— üb. die Wirkung des Feuergewehrs. Für die königl. preussischen Kriegsschule, mit Kupf. gr. 8. Berlin, Nauck, 814.

(Scharnhorst, Baronin Sophie.) Hofdamen-Briefe. (Elvine Gräfin **Sickingen-Hohenberg**. ....., Baronin Crescenz **Speth** und Erzherzogin **Sophie** von Österreich.) Sammlung von Briefen an und von Wiener Hofdamen a. d. 19. Jahrhundert. Von **B v S** 8. Zürich 1903.

Scharnn, Antonius Augustus (Carolus) *(geb. Klopschen bei Glogau 3. 1 1805)*: Nonnulla de exanthematibus pustulosis. Vratislaviae (1833). (39 S.) 8°

Breslau, Med. Diss. v. 26. Jan. 1833

Scharnock, Steph., Discours v. d. Erkenntniß Gottes, a. d. Engl. 8. Berlin, Rüdiger. 718.

— v. Ueberzeugung d. Sünde. 8. Ebend. 721.

— Unterricht v. d. göttl. Fürsehung. 8. Ebend. 716.

Scharnweber, Frdr., der letzte Wille und der Erbvertrag, eine civilistische, theoretisch-practische Abhandlung mit besonderer Berücksichtigung der unerlaubten Bedingung der Ehelosigkeit, deren Begriff, Bedeutung u. Wirkung auf die verschiedenartigen Rechtsgeschäfte von Todeswegen. Potsdam 861. Riegel. gr. 8. (IV, 120 S.) n. 15 ngr.

Scharnweber, Jh. Ldw. Fr., Beurtheil. d. Fragen: Ob es für einen ackerbautreib. Staat besser sey, Kornpreise einzuführen etc.? gr. 8. Götting. 771. Dieterich. 3 gl.

(Scharnweber J. L. F.): Beurtheilung d. wichtigen Fragen: Ob es für einem Ackerbau treibenden Staat gerathener sey, einen gesezlichen Korn-Preiss auf ein od. mehrere Jahre einzuführen? Götting. 1771. 40 S. P.

Scharnweber, J. L. F.: Beurtheilung der wichtigen Fragen: ob es gerathener, einen gesetzlichen Kornpreiss einzuführen, oder ob es nicht minder bedenklich, den Korn-Handel frey zu geben? Frankfurt u. Leipzig 1772.

— fortgesetzte Untersuchung d. Frage: Ob es besser sey, ganze Länder mit Magazinen zu versorgen etc. 4. Götting. 773. Dieterich. 8 gl.

— freie Urtheile u. Betracht. über K. Gedanken, die Anlage beträchtl. Kornmagazine betreff. 8. Götting. 773. Dieterich. 5 gl.

Scharnweber, L., die elektrische Haustelegraphie. Handbuch für Techniker, Mechaniker und Bauschlosser. gr. 8. (VIII, 127 S. mit 97 in den Text gedr. Holzschn.) Berlin 880, Springer. *

Scharnweber, L., die elektrische Haustelegraphie u. die Telephonie. Handbuch f. Techniker, Mechaniker u. Bauschlosser. 2., umgearb. Aufl. v. O. Goldschmidt. Mit 111 in den Text gedr. Holzschn. gr. 8. (VII, 142 S.) Berlin 887. Springer. n. 3. —

Schlesische Balladen und Romanzen. Von P[aul] Scharnweber. *Schweidnitz: G. Brieger 1898.* (226 S.) 8°

Silesian Ballads und Romances. Schlesische Balladen u. Romanzen, in engl. Sprache gedichtet v. P[aul] Scharnweber, kgl. Gymn.-Prof. *Breslau: M. Woywod [1897].* (XVI, 212 S., 2 Bl.) 1 Bd 8. 97. 4233

Scharnweber, P. L'homme dans les pensées de Pascal. 15 S. **Progr.** Fr. G. *Breslau* 1877

Immortellen. Z. 22. März 1897 gedichtet v. P[aul] Scharnweber, Kgl. Gymn.-Prof. ... *(Breslau: M. Woywod 1897.)* (176 S.) 1 Bd 8.

-- Wratislaviae laudes. Cum effigie beati Caroli Fickerti. 12. (163 S.) Breslau 896. München, L. Köhler. n. 3. —

Scharogorodsky, Moyssei: Zur Würdigung der Nierendystopie in anatomischer u. klinischer Beziehung. Berlin (1905): E. Streisand. (38 S.) 8°
Berlin, Med. Fak., Ref. Orth, Diss. v. 6. März 1905
[Geb. 27. Dez. 81 Kertsch; Heimatsort: Kertsch; Staatsangeb.: Rußland; Vorbildung: Gymn. Kertsch Reife Juni 00; Studium: Berlin 9 S.; Rig. 28. Febr. 05.]

Scharold, C. G., s. Scharold, Karl Gottfried

Scharold, Jh. Bapt., Erinnerungen aus der Geschichte der Kurbrunnen u. Kuranstalten zu Kissingen, von der ältesten bis zur neuesten Zeit. Mit 1 lithogr. Ansicht. 8. Kitzingen 838. Köpplinger. 7/12 ℛ

Scharold, Joh. Bapt., Erinnerungen aus d. Geschichte d. Kurbrunnen u. Kuranstalten zu Kissingen, von d. ältesten bis z. neuesten Zeit. 8. (8¾ B. u. 1 Ansicht.) Kitzingen 838. [Nürnberg, Lotzbeck.]

Jo. Bapt. Scharold Geschichte des gesammten Medicinalwesens im ehemaligen Furstenthum Würzburg. I. Abtheil. das Mittelalter u. 16. Jahrhundert darstellend. Würzburg 1824. 8. — *Nov. tit.* Würzburg 1825. 8.

Scharold, J. B., Geschichte des gesammten Medicinalwesens im ehemal. Fürstenth. Würzburg. 1e Abtheil. gr. 8. Würzb. 825. Stahel. 16 gl.

Scharold, Karl Gf., Beitrr. zur ältern u. neuern Chronik von Würzburg. 1r Bd. 1s u. 2s Hft. Mit Kpf. 8. Bamb. 818 u. 819. (Frkf. a. M., Wesche). (à 9 gl.) 18 gl.

s.a. Briefe aus Würzburg.

Scharold, Karl Gottfried:

Briefe aus Würzburg über die dortigen wichtigen Ereignisse im Monate Junius 1821. (4:) Neue Briefe über die merkwürdigen Begebenheiten zu Würzburg und Bamberg im Juni u. Juli dieses Jahres. [Verf.: Karl Gottfried Scharold.] Lfg 1. 4. o.O. 1821. 1 Bd 8°

Scharold, Carl Gtfr., Geschichte der kön. schwedischen u. herzogl. sachsen-weimarischen Zwischenregierung im eroberten Fürstbisthume Würzburg im J. 1631—1634. Mit Urkunden. 1—5. Heft. gr. 8. (37 B. u. 1 Ans.) Würzburg 1842—45. [Leipzig, Rein'sche Buchh.] à * 15 Ngr. *

Scharold, Karl Gottfr., Geschichte der königl. schwedischen u. herzogl. sachsen-weimarischen Zwischenregierung im eroberten Fürstbisthume Würzburg im Jahre 1631—1634. Mit Urkunden. 1.—5. Heft. (Mit 1 Ansicht.) gr. 8. Würzburg 842—45, Voigt u. Mocker. à n. ½ ℛ

-- s. W. A. Höllriegel, Unterr. im Seidenbau.

—— eilfter Jahresbericht, s. Archiv des histor. Vereins von Unterfranken.

Scharold, Karl Gtfr., Jahresbericht d. histor. Vereines v. Unterfranken u. Aschaffenburg, s. Archiv.
Füge a. a. O. hinzu: (Nebst Jahresbericht v. 1837/38 u. 1839/40. erstattet v. K. G. Scharold.) Ferner: 1 — 5. Bd. Ebendas. 1832 — 38. * 10 Thlr.

Scharold, (C. G.,) Lebensgeschichte Alexander, Fürst v. Hohenlohe u. Waldenburg Schillings-Fürst bis ins Jahr 822. Mit Bildnissen u. 5 Beilagen. 8. Würzburg 824, (Stahel.)

-- s. Postbote, der, aus Franken.

Scharold, K. G., Angebliche Vision wegen eines Mordanschlags auf das Leben Friedrichs II. Königs von Preussen. Nach Orig.-Pap. a. d. 7jährigen Kriege *in* Arch. des histor. Vereins für Unterfranken. 1845.

Scharold, Karl Gottfr., Würzburg und seine Umgebungen. Ein Wegweiser und Erinnerungsbuch. Mit 6 Ansichten (incl. des Verfassers Bildniß) in Stahlstich u. 1 Grundrisse. 8. Würzburg 836. Etlingersche Verlagsbuchh. n. 1⅔ ℛ

—— Würzburg u. s. Umgebungen. Ein Wegweiser u. Erinnerungsbuch. 8. (26 B., 5 Stahlst., S's. Bildn. u. 1 Grundr.) Würzburg 836. [Regensburg, Manz.] *

Scharowsky, C., s. Scharowsky, Karl

Scharowsky, Karl

Scharowsky, C., Gewichtstabellen f. Flusseisen. Hauptsächlich verwendbar im Eisenhoch-, Brücken- u. Schiffbau, ferner im Maschinen- u. Hüttenfach. (IV, 125 S.) Lex.-8. Leipzig 906. O. Spamer. Geb. in Leinw. n. 8. —

Scharowsky, C., Hilfsanlagen für den Materialtransport und die Errichtung von Hochbauten, s. Handbuch der Ingenieurwissenschaften.

Scharowsky, C., Musterbuch f. Eisen-Constructionen. Hrsg. vom Verein deutscher Eisen- u. Stahlindustrieller. 1. Tl. (In 4 Lfgn.) 1. Lfg. Fol. (40 S. m. Illustr.) Leipzig 887. Spamer. n. 1. 50

Scharowsky, C., Musterbuch f. Eisen-Constructionen. Hrsg. v. Verein deutscher Eisen- u. Stahlindustrieller. 1. Thl. 2.—4. (Schluss-)Lfg. Fol. (VIII u. S. 41—160 m. Illustr. u. 1 Taf.) Leipzig 888. Spamer. à Lfg. n. 1. 50

Scharowsky, C., Musterbuch f. Eisen-Constructionen. Hrsg. im Auftrage d. Vereins deutscher Eisen- u. Stahlindustrieller. 1. Thl. 2. Aufl. Fol. (VIII, 163 S. m. Illustr.) Leipzig 892. O. Spamer. n. 8. —; geb. in Leinw. n n. 10. —

Scharowsky, C., Musterbuch f. Eisen-Constructionen. Hrsg. im Auftr. d. Vereins deutscher Eisen- u. Stahlindustrieller. 3. Aufl. Fol. (VI, 163 S. m. Abb.) Leipzig 895. O. Spamer. n. 8. —; geb. in Leinw. n. 10. —

Scharowsky, C., Musterbuch f. Eisenkonstruktionen. Hrsg. im Auftrage des Vereins deutscher Eisen- u. Stahlindustrieller. 4. Aufl. Unter Benutzg. v. Vorarbeiten v. C. Scharowsky neubearb. v. Rich. Kohnke. (VII, 204 S. m. Abb. u. 42 Taf.) 34,5×22 cm. Leipzig 908. O. Spamer. 12.—; geb. in Leinw. 14. —

— Säulen u. Träger. Tabellen üb. die Tragfähigkeit eiserner Säulen u. Träger. [Aus: „Musterbuch f. Eisenconstructionen".] 12. (46 S. m. Abbildgn.) Ebd. 890. n. — 60

— Säulen u. Träger. Tabellen üb. d. Tragfähigkeit eis. Säulen u. Träger. Auszug aus d. im Auftr. des Vereins deutscher Eisen- u. Stahl-Industrieller v. C. Scharowsky hrsg. „Musterbuch f. Eisenconstructionen". 2. [Titel-] Aufl. 12. (43 S. m. Fig.) Ebd. (890) 898. n. — 60

Scharowsky, C., und L. Seifert, Tabellen zur Gewichtsberechnung von Walzeisen und Eisenconstructionen. Hauptsächlich verwendbar im Brückenbau, Schiffbau und Hüttenfache. 1. und 2. Aufl. gr. 8. (47 S.) Hagen 873, Hammerschmidt. geb. *

— u. L. Seifert, Tabellen zur Gewichtsberechnung v. Walzeisen u. Eisenconstructionen. Hauptsächlich verwendbar im Brückenbau, Schiffbau u. Hüttenfache. 3., verm. Aufl. gr. 8. (VII, 54 S.) Hagen 888. Hammerschmidt. cart. n. 3. —

— u. L. Seifert, Tabellen zur Gewichtsberechng. v. Walzeisen u. Eisenconstructionen. Hauptsächl. verwendbar im Brückenbau, Schiffbau u. Hüttenfache. 4., verm. Aufl. gr. 8. (VII, 56 S. m. Fig.) Hagen 898. O. Hammerschmidt. Kart. n. 3.

— L. Seifert, Tabellen zur Gleichgewichtsberechnung v. Walzeisen u. Eisenkonstruktionen. Hauptsächlich verwendbar im Brückenbau, Schiffbau u. Hüttenfache. 5. Aufl. (VII, 56 S. m. Fig.) gr. 8. Hagen 904. O. Hammerschmidt. Kart. n. 3. —

— Widerstands-Momente u. Gewichte genieteter Träger. Berechnung von 32,000 genieteten Trägern, enth. als Gurtwinkel die Normalprofile f. Winkeleisen v. 50—130 mm Schenkelbreite, als Gurtplatten, Flacheisen in 6 verschiedenen Breiten u. den Gesammtdicken v. 5—39 mm. gr. Fol. (VIII, 83 S.) Ebd. 890. n. 8. —; geb. n. 10. —

— Widerstands-Momente u. Gewichte genieteter Träger. Berechng. v. 32000 geniet. Trägern, enthalt. als Gurtwinkel d. Normalprofile f. Winkeleisen v. 50—130 Mm Schenkelbreite, als Gurtplatten-Flacheisen in 6 verschied. Breiten u. den Gesammtdicken von 5—39 Mm. 2. [Titel-] Aufl. Fol. (VIII, 83 S. m. Fig.) Ebd. (890) 898. n. 8. —; geb. in Leinw. n. n. 10. —

Scharp, Samuel

s. a. Sharp, Samuel

Scharp, S., kritische Untersuchung d. gegenw. Zustandes der Wundarzney, a. d. Engl. 8. Rostock, Koppe. 756.

Scharpe, E. Projekt einer Pferdebahn vom Bahnhof durch die Stadt Zürich an den See. Zürich 1863

Scharpenack, Julius, Dr. phil., aus Elberfeld: **Über pseudocarcinomatöse Infiltration des Rectums bei Adnexerkrankungen.** *Leipzig 1903: A. Th. Engelhardt.* (24 S.) 8°
Leipzig, Med. Diss. v. (31. Juli) 1903

Scharpenack, Julius: Ueber Oxydations-Produkte des Carvons und des Bihydro-Carvons ... Göttingen, Druck d. Dieterich'schen Univ.-Buchdr., 1895: 64 S., 1 Bl. 8.
Göttingen, Phil. Fak., Inaug.-Diss. v. [1. Okt.] 1895

Scharpf, (C. W.), Aufgaben über die vier Rechnungsarten mit ganzen Zahlen für lateinische und Realschulen, Volks-, Fortbildungs- und Gewerbeschulen. 3 Bdchn. Ulm 860, 61. Wohler. gr. 8. 1 Thlr. 6 ngr.
Inhalt: 1. Aufgaben mit reinen u. gleichbenannten Zahlen. (IV, 78 S.) 9 ngr. — 2. Aufgaben mit ungleichbenannten Zahlen. (VI, 124 S.) 15 ngr. — 3. Aufgaben für Fortbildungs- u. Gewerbeschulen. (IV, 92 S.) 12 ngr.

Scharpf, C. W., die geometr. Formenlehre in Verbindung mit dem geometr. Zeichnen, zum Gebrauch an Gymnasien, Realschulen u. gehobenen Volksschulen, sowie zum Selbstunterricht bearb. Mit einem Anh. kurze Sätze zur Wiederholung enth., nebst 21 (lith.) Taf. gr. 8. (XIV u. 154 S.) Ulm 848, Wohler. 1 Thlr. — 2. verb. Aufl. gr. 8. (XVI u. 120 S. m. 18 lith. Taf.) Ebd. 850. n. 2/3 Thlr. — 3. verb. Aufl. gr. 8. (XVI u. 120 S. m. 18 lith. Taf.) Ebd. 852. n. 2/3 Thlr.

Scharpf, C. W., Sammlung von Aufgaben f. die Schluß-Rechnung. Bearb. f. Realanstalten u. gehobene Volksschulen. 1. u. 2. Bdchn. 12. (8½ B.) Ulm 843, 44, Ferd. Ebner à

—— Resultate dazu. 12. (1⅙ B.) Ebds. 844.

— Sammlung von Aufgaben f. die Schluß-Rechnung. Bearb. f. Realanstalten u. gehobene Volksschulen. 1. Bdchn. 2. verb. Aufl. gr. 12. (103 S.) Ulm 849, Fr. Ebner. 6 ngr.

Scharpf, C. W., Sammlung von Aufgaben für die Schluß-Rechnung. Bearbeitet für Realanstalten u. gehobene Volksschulen. 1. Bdchn. 3. verb. Aufl. — 2. Bdchn. 2. verb. Aufl. Ulm 856. Fr. Ebner. 12. (111; 100 S.) Jedes Bdchn. 6 ngr.

— Resultate der Aufgaben-Sammlung ꝛc. 2. verb. Aufl. Ebend. 856. 12. (41 S.) 8 ngr.

— Sammlung von Aufgaben für die Schluß-Rechnung. Bearb. für Gymnasien, Realanstalten u. gehobene Volksschulen. 2 Bdchn. 4. verb. u. verm. Aufl. Ulm 863. Ebner. 8. (115; 115 S.) Jedes Bdchn. n. 6 ngr.; Resultate dazu (47 S.) n. 8 ngr.

Scharpf, 12 Wandtafeln zum Schreibunterricht. (Manuskript.) Auf Pappe. Ulm

Scharpf, Was ist das Ziel des Handwerkers u. wie wird dasselbe erreicht? Vortrag, gehalten den 27. März 1869 in der Bürgergesellschaft u. dem Gewerbeverein zu Ulm. Ulm 869. Ebner. gr. 8. (17 S.) 3 ngr.

Scharpf, J., Napoleons Rückkehr von St. Helena, s. Saphir.

Joseph Scharpf. Die Apologie des Socrates. 45 S. Rastatt, P 1841

Derselbe. Kurze Lebensskizze von Aloys Schreiber, der vom Jahr 1784 bis 1788 Lehrer des Gymnasiums in Baden gewesen war. S. 3 ff. des Programms. Rastatt, P 1842

Joseph Scharpf. Eine Rede: Zweck und Umfang und die Eröffnung der höheren Bürgerschule betreffend. Offenburg, P 1838

Joseph Scharpf. Griechische Rede bei der Feier des Stipendium Loreyanum. S. VII. bis XII. des Progr. Rastatt, P 1847

Derselbe. Einige Sätze über die Schule im Allgemeinen. 40 S. vor dem Lektionsverzeichnis. Offenburg, P 1834

Joseph Scharpf. Wie haben wir den Bau des griechischen Zeitwortes auf sprachbildungsgemässe oder sprachgenetische Weise zu erklären? 11 S. vor den Schulnachr. Offenburg, P 1832

Scharpff, zur Kenntnis der Lysol- u. Kreolin-Vergiftungen, s.: Mitteilungen aus den hamburg. Staatskrankenanstalten. IX, 5.

Scharpff, Adolf, Assistenzarzt am allg. Krankenh. Nürnberg: Aus d. pathol. Inst. d. allg. Krankenh. Nürnberg. **Über das Verhalten der Gefässe bei akuten Infektionskrankheiten.** Würzburg 1908: Stürtz. 22 S. 8° ¶ (Aus: Frankfurter Zeitschr. f. Pathol. 2. 1909.)
Erlangen, Med. Diss. v. 25. Jan. 1909, Ref. Hauser
[Geb. 5. Okt. 83 Affoltern; Wohnort: Nürnberg; Staatsangeh.: Bayern; Vorbildung: Gymn. Mannheim Reife 01; Studium: Heidelberg 2, Berlin 1, Erlangen 7 S.; Coll. 9. Juli 08; Approb. 28. Dez. 06.] [U 09. 785

Scharpff, Chr., Gedichte. kl. 8. Zweibr. ... Ritter. 9 Gr.

Scharpff, Franz Anton (Ansbach)
Der Kardinal Nicolaus von Cusa. I.
Mainz 1843.
[Zur Promotion eingereicht.]
Dr. theol. Giessen 1844. 26 Kriegsverlust.

Scharpff, Frz. Ant., der Cardinal u. Bischof Nicolaus von Cusa. I. Thl. Das kirchl. Wirken. Ein Beitrag zur Geschichte der Reformation innerhalb der kathol. Kirche im 15. Jahrh. gr. 8. (26 B. u. N. v. C's. Portr.) Mainz 843, Kupferberg.

Scharpff, Frz. Ant., der Cardinal u. Bischof Nicolaus v. Cusa als Reformator in Kirche Reich u. Philosophie d. 15. Jahrh. gr. 8. (VIII, 508 S.) Tübingen 871. Laupp. n. 6. 40

Scharpff, Frz. Ant., Denkmal der Freundschaft und Liebe, dem am 14. Oktbr. 1852 hingeschiedenen Joh. Adam Braun, Dekan rc. zu Riedlingen, errichtet. Sigmaringen 853. Beck u. Fränkel. (Stuttgart, Oetinger.) gr. 8. (32 S.) n. 6 ngr.

Scharpff, Frz. Ant., die Entstehung des Kirchenstaates. Geschichtlich-pragmatisch dargestellt. Freiburg im Br. 860. Herder. gr. 8. (2 Bl., 108 S.) 12 ngr.

— katholisches Gebet- u. Betrachtungsbuch. 16. (XIV, 268 S. m. 1 Stahlst.) Freiburg i/Br. 876. Herder. 1. 50

— der katholische Glaube, nebst den Grundzügen einer Geschichte und Theorie der Offenbarung, wissenschaftlich dargestellt. 2. (Titel-)Aufl. Gießen (847.) 853. Ferber. gr. 8. (XIV, 331 S.) 18 ngr.

Scharpff, Frz. Ant., Handbuch der christl. Religion. 2 Abthlgn. gr. 8. (1. Abthl.: XII und 204 S.) Gießen 847, Ferber'sche Universitäts-Buchh.

— der Katholicismus u. die Denkgläubigen. Mit Rücksicht auf die zwei Schriften des großh. heff. Hofgerichtsraths Dr. Kraft: Der Staat u. die Ultramontanen u. Eine andere Betrachtung der neuesten kirchl. Ereignisse rc. gr. 8. (6 B.) Tübingen 845, Laupp'sche Buchh. —

— Predigt, bei der Feier des 1100jährigen Jubiläums der Stiftskirche zu Ellwangen am Feste Mariä Geburt 1864 gehalten. Schw.-Gmünd 864. Schmid. 8. (22 S.) 2 ngr.

— Predigt auf den 17. Sonntag nach Pfingsten, nach der Besiegung der päpstlichen Armee. gr. 8. (14 S.) Freiburg im Br. 860, Herder'sche Verlagsh.

— Vorlesungen üb. die neueste Kirchengeschichte. 2 Hfte. gr. 8. (1: VIII u. 135 S. 2: VIII u. 294 S.) Freiburg i. Br. 850. 52, Herder. (1: ½ ₰ 2: 27 ngr) 1 ₰ 12 ngr.

Scharpff, Rud., Handbuch des Armenrechts. Eine m. Erläutergn. versehene Zusammenstellg. der reichs- u. württemberg. landesgesetzl. Bestimmgn. üb. das Armenwesen. 1. Lfg. gr. 8. (54 S.) Stuttgart 894. W. Kohlhammer. n. — 60

Scharpff, Rud., Handbuch d. Armenrechts. E. m. Erläutergn. verseh. Zusammenstellg. d. reichs- u. württemberg. landesgesetzlichen Bestimmgn. üb. d. Armenwesen. 2.—5. (Schluß-) Lfg. gr. 8. (XXII u. S. 55—695.) Stuttgart 894—896. W. Kohlhammer. n. 7. 90 (kplt.: n. 8. 50; geb. n. 9. 70)

Handbuch des Armenrechts. Eine mit Erl. versehene Zusammenstellung d. reichs- u. württemb. landesgesetzl. Bestimmungen über d. Armenwesen. Hrsg. von Rudolf Scharpff, Reg R. In 2. Aufl. bearb. von Dr. Friedrich Haller, Oberverw.Ger.R. Stuttgart: Kohlhammer 1900. XXVIII, 1052 S. 8° [10. 1232

Scharpff, Rud., Handbuch des Armenrechts. Eine m. Erläutergn. verseh. Zusammenstellg. der reichs- u. württemberg. landesgesetzl. Bestimmgn. üb. das Armenwesen. In 2. Aufl. bearb. v. Frdr. Haller. 2 Lfgn. (XXVIII, 1052 S.) 8. Stuttgart 910. W. Kohlhammer. 14.—; geb. 15. 50

Scharpff, Theophil, approb. Arzt aus Gemünden: **Aus d. pathol. Institute zu Kiel. Über einen Fall von Salmiakgeist-vergiftung.** *Ludwigsburg 1903: C. Schnabel.* **(24 S.) 8° Kiel, Med. Diss. v. [3. Aug.] 1903**

Scharplatz, Domenic [prakt. Arzt, Poschiavo (Graubünden)]: Der Einfluss des Typhus abdominalis auf die Epilepsie. Chur 1899. 31 S. 2 Bl. 8°. Zürich. Med. Diss. 1899/1900.

Scharr, Aug., s.: Eisenbahn-Kalender, deutscher.

Scharr, Jul., der erste geometrische Anschauungs-, Zeichen- u. Rechenunterricht. Zum Gebrauche in e. Vorkursus d. Geometrie-Unterrichts. Mit 107 Fig. im Texte u. 4 Bildertaf. im Anh. gr. 8. (IV, 64 S.) Leipzig 899. J. Klinkhardt. n. — 60

Scharr, Jul., die Behandlung Stotternder. Eine Anleitg. f. Lehrer u. Leiter v. Stotterer-kursen. gr. 8. (IV, 32 S.) Hannover 893. Norddeutsche Verlagsanstalt. n. — 75

Scharr, Jul., die Behandlung Stotternder. Eine prakt. Anleitg. f. Lehrer u. Leiter v. Sprachheilkursen. 2., umgearb. Aufl. (56 S. m. 8 Abb.) 8. Hannover 907. Norddeutsche Verlagsanstalt O. Goedel. 1. 50

Die Pflege der Muttersprache in Haus und Schule. Ein Beitrag z. Phonetik mit bes. Berücks. d. Sprachstörungen. Mit 52 Abb. Von Julius Scharr. Magdeburg: Friese & Fuhrmann 1907. (X, 154 S.) 8° [ℌ.] [08. 4307 3

Scharr, Jul., der Sprechorganismus, die wichtigsten Sprechfehler (Stottern u. Stammeln) u. deren Heilung durch d. Schule. Ein Hilfsbuch in d. Anthropologie u. Lautlehre f. Lehrer u. Seminaristen. gr. 8. (VII, 100 S. m. 26 Abb.) Wien 897. A. Pichler's Wwe. & Sohn. n. 1. 50

— praktisches Übungsbuch f. Stotternde. Zum Gebrauche der Teilnehmer an Stottererkursen, sowie zum Selbstunterricht. gr. 8. (VII, 128 S.) Ebd. 894. Geb. n. 1. 40

— Prakt. Übungsbuch f. Stotternde. Zum Gebrauche der Teilnehmer an Sprachheilkursen sowie der m. Sprachstörgn. behafteten Kinder in Hilfsschulen. 2., umgearb. u. erweit. Aufl. Mit 11 Zeichngn. im Texte u. 8 Abb. im Anh. (VIII, 152 S.) 8. Hannover 907. Norddeutsche Verlagsanstalt O. Goedel. Geb. 2. —

Scharr, R., Kaisergeburtstagsfeier in den Kolonien, s. a. Festspiele zu Kaisers Geburtstag Nr. 4.

Kaisergeburtstagsfeier in den Kolonien. Militär. Festspiel von R. Scharr. *Mühlhausen i. Th.: G. Danner [1900].* (19 S.) 8° [ℌ.]
= Festspiele zu Kaisers Geburtstag. No 4. [01. 6104 3

— der Musen Walten, s. a. Festspiele Nr. 2.

Der Musen Walten. Festspiel mit Gesang, Tanz u. e. lebenden Bilde in 1 Aufz. von R. Scharr. *Mühlhausen i. Th.: G. Danner [1900].* (12 S.) 8° [ℌ.]
= Festspiele. No 2. [00

Scharr, Reinhold

Scharr, Brückenzerstörungen im Rückzugsgefecht einst u. jetzt. gr. 8. (40 S. m. 13 Abbildgn.) Berlin 902. E. S. Mittler & Sohn. n. — 80
Sonderabdruck aus: „Kriegstechn. Zeitschrift".

Brückenzerstörungen im Rückzugsgefecht einst und jetzt. Für Offiziere aller Waffen kriegsgeschichtlich, taktisch u. technisch bearb. u. applikatorisch an e. Kriegslage behandelt von [Reinhold] Scharr, Major. 2., erw. Aufl. Mit 25 Abb. u. 1 Karte. Berlin: E. S. Mittler & Sohn 1905. (VI, 101 S.) 8° [05. 11649

Der Festungskrieg und die Pioniertruppe. Von R[einhold] Scharr, Major. Mit 9 Bild. Berlin: E. S. Mittler & Sohn 1904. (IV, 41 S. 8° [05. 2434

— der **Festungskrieg** u. die Pioniertruppe. Eine kriegsgeschichtlich-taktisch-techn. Studie. Für Offiziere aller Waffen nach den neuesten Dienstvorschriften bearb. 2., erweit. Aufl. (3. u. 4. Taus.) Mit 15 Bildern im Text u. 2 Karten in Steindr. (VI, 88 S.) gr. 8. Ebd. 905. n. 2. 50
1. Aufl. (IV, 41 S. m. 9 Abbildgn.) 904. n. 1. 20.

— die **Technik** im Dienste der operativen Tätigkeit e. Kavalleriedivision. Eine applikator. Studie unter Berücksicht des nordamerikan. Sezessionskrieges in Virginien, m. e. Uebersichtsskizze u. e. Plan, sowie 35 Abbildgn. im Text. (71 S.) Lex.-8. Berlin 904. A. Bath. n. 1. 60

Scharr, Wilh., Tabellen üb. den Kubikinhalt beschlagener u. gesägter Bauhölzer m. 55 der häufigst vorkommenden Holzstärken von Zentimeter zu Zentimeter Länge aufsteigend bis zur Länge v. 10 Meter u. v. Dezimeter zu Dezimeter Länge aufsteigend bis zur Länge v. 100 Meter. Vollständig genau u. ohne Rechng. abzulesen. Ein prakt. Hilfsmittel f. Architekten, Baumeister, Bau-Werkmeister usw. (112 S.) 8. Stuttgart 906. E. Ulmer. Kart. n. 2. 60

Scharrath, W.

Scharrath, Gesunder Aufenthalt in geschlossenen Räumen oder reine Lebensluft ohne Zug und Verhütung des Ansetzens der Miasmen in Krankensälen durch Anwendung der Poren-Ventilation mit einem Nachtrage im Interesse der Verbesserungen der betreffenden Gebäude. (Nebst Anhang und literarischen Anzeigen.) Bielefeld.

Scharrath, W., Bekanntmachung der Vorzüge einer neuen Erfindung zur Erhöhung der Gesundheits- und Krankenpflege durch Anwendung der Poren-Ventilation. Zur Beachtung der hohen Regierungen sowie der Mediciner, Marine-, Casernen- und Lazareth-Verwaltungen etc. gr. 8. (31 S. mit 2 lithogr. Abbild. in 4.) Halle [Leipzig] 869, Knapp's Verlag. *

— Beschreibungen zu den Constructionen für die practische Ausführung der Poren-Ventilation in geschlossenen Räumen, erfunden von —. Bielefeld.

— Einleitung der Beschreibungen zu den Konstruktionen der Poren-Ventilation in geschlossenen Räumen. Bielefeld

Scharrath. Entwicklung d. gesundheitlich. Baukunst durch d. zugfreie Poren-Ventilation. Poren-Heizung. Poren-Kühlung. Luft-Filtration event. Ozon-Sättigung bis z. Frühj. 1874. Berlin 1874. (322,25) Fol.

— u. H. **Schroeder**, Entwurf e. Mehl-, Stampf-, Oel- u. Säge-Mühle m. Wasserrad u. Dampfmaschine u. Fruchtspeicher. Mit 8 (lith.) Taf. gr. Fol. Leipzig 871. Knapp. n. 3. —

Scharrath, W., 25jährige Erfahrungen im Gebiete der Maschinenkunde, des Baugewerks, der Baukunst und Bauspeculation. Auf Wunsch einiger Reichstags-Abgeordneten niedergeschrieben, insbesond. für die Verhandlungen über Gewerbefreiheit auf dem norddeutschen Reichstage 1868. gr. 8. (16 S.) Halle [Leipzig] 868. Knapp's Verlag.

Scharrath, W., Motive zum Entwurfe e. Patentgesetzes. Nebst Beantwortg. d. Fragebogens f. den internationalen Kongress auf der Weltausstellg. in Wien. gr. 8. (36 S.) Berlin 873. Kortkampf. n. 1. —

Scharrel [Schlagwort]

Scharrel, s.: Preussen. Messtischblätter.

Scharrelmann, Heinr., der Geburtstag. Ein Geschichtenbuch m. Bildern, gedichtet u. gemalt v. der V. Mädchenklasse der Schule an der Birkenstraße in Bremen. Hrsg. v. Sch. (IV S. u. 10 farb. Bl. m. Text auf der Rückseite.) 22,5×27 cm. Mit Begleitwort. (11 S.) 8. Hamburg 907. A. Janssen. 1. 50

— Goldene Heimat. Für den Anschauungsunterricht u. die Heimatkunde. Mit vielen Beispielen aus d. Unterricht. 6.—10. Taus. (172 S.) 8. Ebd. 908. Geb. in Leinw. 2. —

Scharrelmann, H., aus Heimat u. Kindheit u. glücklicher Zeit. Geschichten aus der Stadt Bremen. 1. Bd. Mit Bildern vom Verf. 1.—4. Taus. (91 S.) gr. 8. Hamburg 903. 905. A. Janssen. Geb. in Leinw. n. 1. 50

Scharrelmann, Heinr., aus Heimat u. Kindheit u. glücklicher Zeit. Geschichten aus der Stadt Bremen. Mit Bildern v. Thdr. Herrmann. 8.—10. Taus. (98 S.) 8. Hamburg 907. A. Janssen. Geb. in Leinw. 1. 50

— Heute u. vor Zeiten. Bilder u. Geschichten. (130 S.) 8. Ebd. 905. Geb. in Leinw. n. 1. 50

— Heute u. vor Zeiten. Bilder u. Geschichten. 3.—5. Taus. (130 S.) 8. Ebd. 906. Geb. in Leinw. 1. 50

— Ein kleiner Junge. Was er sah u. hörte, als er noch nicht zur Schule ging. Mit Bildern v. Thdr. Herrmann. 4.—6. Taus. (111 S.) 8. Ebd. 909. Geb. in Leinw. 1. 50

— fröhliche Kinder. Ratschläge f. die geist. Gesundheit unserer Kinder. 1. u. 2. u. 3.—5. Taus. (Je 173 S. m. Abbildgn.) 8. Ebd. 906. Geb. in Leinw. n. 3. —

— im Rahmen des Alltags. 800 Aufsätze u. Aufsatzthemen f. das 1. bis 5. Schulj. 1.—10. Taus. (Je 122 S.) 8. Ebd. 905. 906. Geb. in Leinw. n. 1. 50

— Im Rahmen des Alltags. 800 Aufsätze u. Aufsatzthemen f. das 1. bis 5. Schulj. 21.—25. Taus. (122 S.) 8. Ebd. 909. Geb. in Leinw. 1. 50

Scharrelmann, H., herzhafter Unterricht. Gedanken u. Proben aus e. unmodernen Pädagogik. (Mit Buchschmuck vom Verf.) gr. 8. (155 S.) Hamburg 902. A. Janssen. Geb. in Leinw. n. 3. —

— herzhafter Unterricht. Gedanken u. Proben aus e. unmodernen Pädagogik. Mit Buchschmuck vom Verf. 3. bis 5. Taus. (159 S.) 8. Hamburg 904—906. A. Janssen. Geb. in Leinw. n. 3. —

— Herzhafter Unterricht. Gedanken u. Proben aus e. unmodernen Pädagogik. Mit Buchschmuck v. Verf. 11.—13. Taus. (159 S.) 8. Ebd. 910. Geb. in Leinw. 3. —

Scharrelmann, H., Weg zur Kraft. Des herzhaften Unterrichts 2. Tl. Buchschmuck vom Verf. 1.—3. Taus. (283 S.) 8. Hamburg 904. 905. A. Janssen. Geb. in Leinw. n. 4. 50

— Weg zur Kraft. Des herzhaften Unterrichts 2. Tl. Buchschmuck v. Verf. 5. u. 6. Taus. (283 S.) 8. Ebd. 907. Geb. in Leinw. 4. 50

— Aus meiner Werkstatt. Präparationen f. Anschauungsunterricht u. Heimatkunde. (171 S. m. Abb.) 8. Ebd. 909. Geb. 2. —

Scharrelmann, N., die Bedeutg. u. Zukunft d. Jugendlogen des Guttemplerordens. Vortrag, geh. anlässlich des deutschen Abstinententages in Altona. (13 S.) gr. 8. Dresden 904. O. V. Böhmert. n. — 20
Sonderabdruck aus: „Die Alkoholfrage".

Scharrelmann, Wilh., Anna Maria. Prosadichtungen. 8. (VI, 178 S.) Berlin 900. [F. Fontane & Co.] E. Fleischel & Co. n. 3. —; geb. n. 4. —

Scharrelmann, Wilh., Blätter aus unseres Herrgotts Tagebuch. Für stille Leute gesammelt v. e. Menschensohn. 2. [Titel-]Aufl. (202 S.) 8. Dresden-Loschwitz [904] 908. M. Menzel. 3.—; geb. 4.—

— Michael Dorn. (405 S.) 8. Hamburg 909. A. Janssen. Geb. in Leinw. 5.—

— Die Fahrt ins Leben. Bilder u. Geschichten. (V, 236 S.) 8. Berlin 907. E. Fleischel & Co. 2.—; geb. 3.—

— Stimmen der Stille. Aufzeichnungen e. Vagabunden. (109 S.) kl. 8. Hamburg 908. A. Janssen. Kart. 1.20; geb. in Leinw. 2.—

Scharrelmann, W., s. a. Wiederkunft, die, Christi.

Die Wiederkunft Christi. Ein Schauspiel. [Verf.: Wilhelm Scharrelmann.] Berlin: A. Kohler 1905. (118 S.) 8° [F.] [07. 7752 11

Scharrenbroich, C., Pallanza am Lago maggiore als klimatischer Kurort. Beitrag zur Klimatologie der oberitalien. Seen. 8. (VIII, 120 S.) Wien 877, Braumüller. *

Scharrenbroich, Carl, s. Scharrenbroich, Karl

Scharrenbroich, Franciscus, Rhenanus: Plotini de pulchro doctrina. *Halae Sax. 1898: C. Georgi Bonnensis.* (44 S.) 8°
Halle, Phil. Diss. v. 1898

Scharrenbroich, Franz, Erlaubtheit des Selbstmordes! Dargestellt nach d. Lehren des Philosophen Seneka. gr. 8. (29 S.) Rheinbach 897. Rudolstadt, A. Bock. n. —40

Erlaubtheit des Selbstmordes! dargest. nach d. Lehren d. Philosophen Seneka v. Franz Scharrenbroich. *Rheinbach b. Bonn: Lit. Bureau 1897.* (29 S.) 1 Bd 8. [97. 4354

Scharrenbroich, Frz., Erlaubtheit d. Selbstmordes! Dargest. nach d. Lehren d. Philosophen Seneka. gr. 8. (29 S.) Rheinbach 897. Göttingen, F. Wunder. n. —40

Scharrenbroich, Karl

Scharrenbroich, Carl (geb. am 21 Mai 1844 in Birk Siegkr.): Das Chinin als Antiphlogisticum ... Bonn, Druck v. C. Georgi (1867). 2 Bl., 53 S., 1 Bl., 1 Taf. 8.
Bonn, Med. Fak., Diss. v. 31 Dez. 1867

Scharrer, Johs., zum Andenken an ihn, s.: Hagen, R.

Scharrer, Frz. Seraph., Chronik d. Stadt Vilshofen v. 791—1848. gr. 8. (VIII, 474 S.) Vilshofen 897. L. Rückert. n. 4.—; geb. in Leinw. n. 5.—

Scharrer, Johannes und Kuppler, C. G. „Abbildung und Beschreibung einer Metallhobelmaschine (Planing machine, machine a rabotter)". pg. 29—31. 4°. Mit einer Tafel. Campe'sche Officin.
Nürnberg, Progr. 1836/37

Scharrer, Johannes und Kuppler, C. G. „Abbildung und Beschreibung einer neuen Vorrichtung zum Schneiden einer Führungsschraube für eine Linientheilungsmaschine". pg. 22—23. 4°. Mit einer Tafel. Campe'sche Off.
Nürnberg, Progr. 1837/38

Scharrer, J., Bemerkungen üb. d. deutschen Zollverein, u. üb. d. Wirkung hoher Zölle in nationalökonom. Hinsicht. gr. 8. (3½ B.) Nürnberg 828, Riegel u. Wießner.

Scharrer, Johannes „Ein Blick in Nürnbergs Gewerbsgeschichte". pg. 3—11. 4°. Campe'sche Officin.
Nürnberg, Progr. 1835/36

Scharrer, Johs., ein Blick in Nürnbergs Gewerbsgeschichte. Progr. — Jahresbericht üb. d. techn. Lehranstalten in Nürnberg, bekannt gemacht am Schlusse d. Schuljahres 1835/36. gr. 4. (8 B.) Nürnberg 836, (Riegel u. Wießner.) *

Scharrer, Johannes. Die Blüthezeit Nürnberg's in den Jahren 1480—1530. Nürnberg 1828. 4°.

—— Darstellung d. Einrichtung, Geschäftsführ. u. d. Fortgangs d. Sparkasse zu Nürnberg, umfass. 6 Rechnungsjahre, 1821—27, mit d. Formularien d. Hauptbuchs u. d. Kassenbuchs. Fol. (11½ B. u. 3 lith. B. Tab.) Nürnberg 829, Riegel u. Wießner. 2 Thlr., hrbas. Pr.

—— Deutschlands erste Eisenbahn mit Dampfkraft, od. Verhandlungen d. Ludwigs-Eisenbahn-Gesellschaft in Nürnberg von ihrer Entsteh. bis z. Vollend. d. Bahn, mit Darlegung d. Erfolgs ihres Betriebes in d. ersten drei Monaten der Bahn u. ihrer Bestandtheile. gr. 4. (15¼ B. u. 3 Stnt.) Nürnberg 836, Riegel u. Wießner. *

—— dass. — 1—6. Fortsetz., den 6—11. Bericht d. Directoriums (üb. d. 1—6. Verwaltungsjahr) enth. gr. 4. Ebds. 837—42. [1. (4 B.) ⅓ Thlr., 2. (2¼ B.) ¼ Thlr., 3—5. (à 2¼ B.) à ⅙ Thlr., 6. (2 B. u. 1 Tab.) ¼ Thlr.]

Scharrer, Johs., Deutschlands erste Eisenbahn mit Dampfkraft oder Verhandlungen der Ludwigs-Eisenbahn-Gesellschaft in Nürnberg rc. 7—11. Fortsetzung, den 12—16. Bericht des Directoriums (über das 7—11. Verwaltungsjahr) enthaltend. gr. 4. Nürnberg, Riegel u. Wießner. [7. (2½ B.) 843., 8. (3½ B.) 44., 9. u. 10. (8½ B.) 46., 11. (3½ B.) 47., à 5 Ngr.]

Scharrer, Johs., Deutschlands erste Eisenbahn mit Dampfkraft oder Verhandlungen der Ludwigs-Eisenbahn-Gesellschaft in Nürnberg. Fortgesetzt von Carl Mainberger. 12—16. Fortsetzung, den Bericht des Directoriums (über das 12—16. Verwaltungsjahr) enthaltend. gr. 4. Nürnberg 848—52, Riegel und Wießner. à 6 Ngr.

(Scharrer,) Deutschlands erste Eisenbahn mit Dampfkraft oder Verhandlungen der Ludwigs-Eisenbahn-Gesellschaft in Nürnberg von ihrer Entstehung bis zur Vollendung der Bahn, mit Darlegung des Erfolgs ihres Betriebs, angefangen von Johs. Scharrer, fortgesetzt durch Carl Mainberger. 17—20. Fortf., den 22—25. Bericht des Directoriums (über das 17—20. Verwaltungsjahr) enthaltend. Nürnberg 853—56. Riegel u. Wießner. gr. 4. Jedes Heft (à 20—25 S.) 5 ngr.

Scharrer, Johannes „Dr. Joh. Fried. Phil. Engelhart, Professor der Chemie an der polytechnischen und an der Kreis-Landwirthschafts- und Gewerbsschule in Nürnberg". Eine biographische Skizze. pg. 3—8. 4°. Campescher Druck.
Nürnberg, Progr. 1836/37

Scharrer, Johannes [aus Nürnberg]: Zur Kenntnis des Para-Phenylendiamins ... Würzburg, Druck d. Stahel'schen k. Hof-Buchdr., 1892; 34 S. 8.
Erlangen, Phil. Fak., Inaug.-Diss. v. 1892

— s. Mainberger, Carl, Eine Woche in Nürnberg.

Süsse Speisen und Eisbomben von Karl Scharrer. Mit 12 Farbendrucktaf. Nordhausen: H. Killinger 1907. (14 S.) 4°
Aus: Krackhart's Conditoreibuch. Ausg. A. 8. Aufl. [07. 4651

Scharrer, Ldw., bunte Blüthen. Gedichte. 8. Augsburg 846, v. Jenisch u. Stage'sche Buchh. 21 ngl

Scharrer, W.

— s. Karl Ritter, Entwurf e. Karte rc.

Scharrer, (W.,) der kaufmännische Schreibmeister in deutsch., französ., engl., ital. u. holländ. Schrift. 3 Hefte. gr. Fol. Freyburg, Herder.

— kalligraph. Vorschriften. 3 Hfte. qu. Fol. Freiburg, Herder. 3 ⁄ Hbg. Nr. 1 ⁄ 18 ⁄

Scharrer-Schauenberg, G. L., 20 Jahre auf bayer. Königsthron. Otto I. König v. Bayern 1886—1906. (19 S.) Lex.-8. München (906). Seitz & Schauer. n. 1.—; Volksausg. n. —50

— Unbekanntes u. wenig Bekanntes aus den ersten drei Regierungsjahren König Ludwig II. v. Bayern 1864 - 1866. Der Abgott seines Volkes. Der König u. die Frauen. Goldene Tage in Nürnberg. (III, 80 S.) Lex.-8. Ebd. (906.) n. 1. —; Volksausg. n. — 50

Schärrer. J. Kurze Kritik, die Haushaltung-feuereinrichtungen betreffend. Schaffhausen 1862.

Schärrer, Joh(ann) Heinrich [aus Neunkirch, Schaffhausen]: Das Pfandrecht nach den Rechtsquellen des Kantons Schaffhausen. Schaffhausen 1903. 114+2 S. 8°.
Bern, Jur. Diss. 1902 1903.

Schärrer, Theod., Revolution u. Restauration der Staatswissenschaft. Histor. u. kritisch dargestellt. gr. 8. (6¾ B.) Luzern 1842. Augsburg, Kollmann'sche Buchh. *

—— dass. 2. Lfg.: Restaurazion. gr. 8. (5½ B.) Ebds. 843. *

le Scharron, der Parvenu in Paris. Lstspl. in 1 A. 8. Leipz. 801. (Klein). 5 Gr.

Scharschmid, s. a. Schaarschmid.

SCHARSCHMID, Edler v. ADLERTREU, Frz.: Von der Alimentation der geschiedenen Ehegattinnen. *Wien*, v. Mösle (u. Braumüller.) 826. gr. 8. (6 Gr.)

Scharschmidt, Rentsch, nun seine Kameräde, s.: Geschichten, drei, in Dessauer Mundart.

Rede, an des Königes Geburts-Tage, in der Grossen Loge zu den dreien Weltkugeln gehalten von A. S[**charschmidt**]. Berlin 1755: Winter. 8 S. 4° [Umschlagtit.]
Recens: °Voss. Ztg. (Berlin) 1755 St. 14 (G. E. Lessing), abgedr. in: L. 3 (1880) S. 66 u. Lglsl. 8 (1880–1881) No 21.
Kl. 833.

Rede an des Königs Geburtstage, gehalten in der Loge zu den drey Weltkugeln von A. S[**charschmidt**]. Berlin 1756.
Kl. 833.
[Almanach od. Taschen-Buch f. Frmr. 2 (1777) Bl. 44.]

Rede an des Königs Geburtstage, gehalten in der L. zu den drei Weltkugeln von A. S[**charschmidt**]. Berlin 1776. 8°
Kl.

Scharschmidt, C. [pract. Arzt aus Strassburg]: **Tertiärer Amylalcohol als Schlafmittel** .... Strassburg, Univ.-Buchdr. v. J. H. Ed. Heitz (Heitz u. Mündel), 1887; 26 S. 8°
Strassburg, Med. Fak., Inaug.-Diss. v. 1887

Scharschmidt, Emil [Oberl. Dr.]: **Estienne Pasquiers Thätigkeit auf dem Gebiete der französischen Sprachgeschichte und Grammatik.** Bautzen, Druck v. E. M. Monse, *1892*; 1 Bl., 34 S. 4.
Bautzen, G, OP 1892 (529)

Scharschmidt, Oskar Emil [Oberl.]: **Estienne Pasquiers Thätigkeit auf dem Gebiete der französischen Sprachgeschichte und Grammatik** ... [= Progr. d. Gymn. zu Bautzen 1892.] Bautzen, Druck v. E. M. Monse, 1892; 2 Bl., 34 S., 1 Bl. 4.
Leipzig, Phil. Fak., Inaug.-Diss. v. [14. März] 1892

Scharschmidt, Emil. Estienne Pasquiers Thätigkeit auf dem Gebiete der französischen Sprachgeschichte und Grammatik. Progr. gr. 4. (34 S.) Bautzen 892. (Lpz., Fock.) * 1 —

Scharschmidt, Oskar Emil, s. Scharschmidt, Emil

Schartau's, Heinr., Leben u. Lehre. Ein Lebensbild aus der schwed. Kirche. 12. (4⅓ B.) Leipzig 843, Michelsen. *

—— 10 Predigten, nebst e. kurzen Nachricht von seinem Leben. Nach dem Schwed. v. Carl Heintz. gr. 8. (10½ B.) Potsdam 846, Riegel's Vrlgsh. *

Schartau, Karl [pr. Arzt aus Stendal]: **Ein Beitrag zur Kenntnis der Aktinomykose.** ... Kiel, Druck v. A. F. Jensen, 1890; 48 S. + 2 Bl. 8°
Kiel, Med. Fak., Inaug.-Diss. v. 31. Mai 1890

Schartau, K., e. Beitrag zur Kenntniss der Aktinomykose. Inaug.-Diss. gr. 8. (43 S.) Kiel 890. (Gnevkow & v. Gellhorn.) n. 1. 20

Schärtel, Georg, gepr. Lehramtskand.: Über einige Kondensationsprodukte aus Salicyliden- und Hydrocyansalicylidenanilin. 1908. 54 S. 8° ¶ Vgl. Berichte d. Deutschen Chem. Gesellschaft. Jg. 43. 1910.
München, Dr.-Ing.-Diss. v. 14. 12. 1908

Scharten, C. von, s. Scharten, Karl von

Scharten, Gottlieb

Scharten, Theophil (Oelß)
Dissertatio inauguralis medica de morbis autumnalibus.
Giessae 1790: Joh. Jac. u. Joh. Wilh. Braun. 26 S. 4°
pro obtinenda dignitate doctoris medicinae et chirurgicae.

Scharten, Gottlieb (Oels)
Theses.
Giessae 4. Juni 1790: Braun. 8 S. 4°
z. Erl. d. höchsten Würde in der Arzneigelehrtheit.
(Sch. wurde am 1. 6. 1790 immatrikuliert.)

Scharten, Karl von

—— Oesterreichs Banner in Pommern, od. Barbarensinn u. Heldenmuth. Eine Erzähl. a. d. 2. Drittel d. 30jähr. Krieges. 2 Thle. 8. (27 B.) Berlin 828, Lüderitz.

v. Scharten, C., Edmund u. Elwine, od. Ritter Horst der Vatermörder. 8. Berl. 825. (Curths). 1 Rthlr.

— der Eremit, od. Familienhaß u. Rache. Rittergeschichte aus den Zeiten des Faustrechts u. der heil. Vehme. Mit 1 Kpf. 8. Berl. 827. (Curths). 1 Rthlr. 12 Gr.

v. Scharten, (C.,) der Eremit, oder Familienhaß u. Rache. Rittergeschichte aus den Zeiten d. Faustrechts u. d. heil. Vehme. Mit 1 Kpf. 8. Berlin 827, Schmidt.

Scharten, Carl v., Friedrich der Einzige in Rheinsberg. Idyllisch-dramat. Gedicht. 16. (8 B.) Berlin 846, (47,) Schartmann. —

v. Scharten, Karl, der Fürstensohn, oder der Zögling der Geheimnißvollen. Romantische Erzählung. 2 Thle. 8. Berlin 833. Lüderitz. 2 Rthlr.

Scharten, Carl v., der Fürstensohn, od. der Zögling der Geheimnißvollen. Romant. Erzähl. 2 Thle. 8. (30 B.) Berlin 833, (Schreiber.)

—— Gott sei Deine Zuversicht! Ein Fest-Geschenk, kindl. Herzen gewid. M. 12 ill. bibl. Kpfr. u. Titvign. 8. (4¼ B.) Berlin 830, (Jonas's Vrlsh.)

—— die Mordnacht v. Solothurn. Histor.-romant. Erzähl. 8. (15 B.) Berlin 830, Lüderitz.

v. Scharten, Carl, meine Reise ins Blaue. Idyll in 4 Gesängen. Mit 5 Stahlst. gr. 16. (60 S.) Berlin 851, Schartmann. 18 ngr.

—— die Schlacht bei Fehrbellin. Histor.-romant. Erzähl. 8. (15 B.) Berlin 834, Schroeder.

— der Unbekannte, od. blutige Rache f. blutige That; e. Bruchstück aus d. Chronik des Satans. 8. Berl. 827. Lüderitz. 1 ℛ

Schartenmaier H., Elias, die Mordthat und Hinrichtung des Stephan Werner v. Bleichstetten in zierliche Reime gebracht. 2., verb. Aufl. 8. (8 S.) Tübingen 858, Riecker.

Schartenmayer redivivus, s. a. Krieg, der südafrikanische.

Schartenmayer redivivus. Der südafrikanische Krieg. Ein Heldengedicht (*Umschlag: Heldengedichte) von Schartenmayer redivivus. Teil 1: Von London bis Bloemfontein; Teil 2: Durch's Burenland. VI + 54 S. 8. Zürich, Caesar Schmidt, 1902. ([fr. 1.20.] M. 1.—)

Schartenmayer, Philipp Ulrich

Schartenmayer, Ph. U., s. a. Krieg, der deutsche, 1870—71.

Der deutsche Krieg 1870—71 ein Heldengedicht aus dem Nachlass des seligen Philipp Ulrich Schartenmeyer [d. i.: Friedrich Theodor von Vischer] hrgg. v. einem Freunde des Verstorbenen. 3. Abdr. Nordlingen. Gedruckt in diesem Jahr (1873.) 8°.

Schartenmayer, Phpp. Ulrich, der deutsche Krieg von 1870—1871, ein Heldengedicht aus dem Nachlaß des sel. Verf. hrsg. von einem Freunde des Verewigten. 1.—3. unveränd. Abdr. 8. (87 S. mit 1 eingedr. Holzschn.) Nördlingen 874, Beck'sche Buchh.
—— dass. — 4. mit jüngst aufgefundenen Versen verm. Aufl. Auch mit neuen schönen Bildern (33) geziert von Herrn Zeichnungslehrer F. B. J. Spitzwörgele. Gedruckt in diesem Jahr. 8. (105 S.) Ebendas. 874. *M. 2,80.; cart.

Schartenmayer, Philipp Ulr., der deutsche Krieg 1870—71. Ein Heldengedicht aus dem Nachlaß, hrsg. v. e. Freunde des Verewigten. (Von Frdr. Thdr. Vischer.) 6. Aufl. (92 S.) kl. 8. München (904). C. H. Beck. Kart. n. 1.40

Schärtl, August, von Kriegshaber, K. Baiern: Einige Beobachtungen über den Bau der Dünndarmschleimhaut. Zür. E. Kiesling Dr. 1862. 30 S., 1 Bl. 8°
Zürich, Med. Diss. v. 13. Aug. 1862.

Schartler, Ferd. Carl, neueste Diagnos u. Therapie d. Cholera morbus. gr. 8. (3¼ B.) Brünn 838, Gastl.

Schärtler, C. F., Enträthselung der Cholera. gr. 8. (IV u. 161 S.) Olmüz 849, Hölzel 1 ℛ

Schärtlich, J. C., der liturg. Chor nach seiner äußern u. innern Einrichtung, nebst e. Samml. liturg. Gesänge. Ein Beitr. z. Förderung eines d. Zwecken d. Kirche entspreché. liturg. Chorgesanges. gr. 8. (1⅛ B. u. 2½ B. Musikbeil.) Berlin 840, Stuhr'sche Buchh. *

—— und R. Lange, evangelisches Choralbuch mit Vor- und Zwischenspielen, zum Gebrauch bei dem öffentl. Gottesdienste und bei häusl. Andachten nebst einer Anleitung aus den gegebenen Vor- und Zwischenspielen neue zu gestalten und eine Anweisung die am häufigsten vorkommenden Modulationen zu vollziehen. (4 Lfgn.) qu. gr. 4. (VIII und 112 S.) Potsdam 850, Riegel'sche Buchh. (à Lfg. * 12½ Ngr.) *

Schärtlich, J. C., und R. Lange, evangelisches Choralbuch mit Vor- und Zwischenspielen, zum Gebrauch bei dem öffentlichen Gottesdienste und bei häuslichen Andachten. Nebst einer Anleitung, aus den gegebenen Vor- u. Zwischenspielen neue zu gestalten &c. 2. sehr verm. Aufl. Potsdam 855. Riegel'sche Buchhdlg. gr. 4. (156 S.) n. 1 ℛ. 15 ngr.

— — Anhang zur 1. Aufl. Ebend. 855. gr. 4. (38 S.) n. 10 ngr.

Schärtlich, J. C., und R. **Lange**, evangelisches Choralbuch mit Vor- u. Zwischenspielen, zum Gebrauch bei dem öffentlichen Gottesdienste u. bei häuslichen Andachten nebst einer Anleitung, aus den gegebenen Vor- u. Zwischenspielen neue zu gestalten u. einer Anweisung, die am häufigsten vorkommenden Modulationen zu vollziehen. 3. sehr verm. Aufl. Potsdam 862. Riegel'sche Buchhdlg. qu. 4. (168 S.) n. 1 ℛ 15 ngr.

Schärtlich, J. C., u. R. **Lange**, evangelisches Choralbuch mit Vor- u. Zwischenspielen, 180 Melodien, wovon 18 in älterer (rhythmischer) Form, umfassend, zum Gebrauch bei dem öffentlichen Gottesdienste u. bei häuslichen Andachten, nebst einer Anleitung aus den gegebenen Vor- u. Zwischenspielen neue zu gestalten u. einer Anweisung, die am häufigsten vorkommenden Modulationen zu vollziehen. 4. Aufl. Potsdam 868. Riegel'sche Buchh. qu. 4. (VIII, 194 S.) n. 1 ℛ 20 ngr.

Schärtlich, J. C., und R. Lange, evangelisches Choralbuch mit Vor- und Zwischenspielen, für die Orgel oder das Pianoforte, zum Gebrauch bei dem öffentl. Gottesdienst oder bei häusl. Andachten. Nebst einer Anleitung, die am häufigsten vorkommenden Modulationen zu vollziehen. Neu bearb. von R. Lange. 5. Aufl. qu. gr. 4. (VI, 184 S.) Potsdam 877, Stein's Verlagsh. *

Schärtlich, J. C., u. R. **Lange**, evangelisches Choralbuch mit Vor- u. Zwischenspielen, für die Orgel oder das Pianoforte, zum Gebrauch bei dem öffentlichen Gottesdienst oder bei häuslichen Andachten. Nebst einer Anleitung, die am häufigsten vorkommenden Modulationen zu vollziehen. Neu bearb. von R. Lange. 6. Aufl. qu. gr. 4. (VI, 192 S.) Potsdam 881. Stein. n. 6. –

Schärtlich, J. C., und R. Lange, evangelisches Choralbuch mit Vor- und Zwischenspielen, für die Orgel oder das Pianoforte zum Gebrauch bei dem öffentl. Gottesdienst oder bei häusl. Andachten, neu bearb. von R. Lange. 7. verm. und verb. Aufl. qu. 4. (XII, 224 S.) Potsdam 885, Stein's Verlag. *

Schärtlich, J. C., u. Rud. Lange. Evangelisches Choralbuch mit Vor- u. Zwischenspielen f. die Orgel oder das Pianoforte, zum Gebrauch bei dem öffentl. Gottesdienst oder bei häusl. Arbeiten. Neu bearb. v. Rud. Lange. 8. verm. u. verb. Aufl. qu. 4. (XII, 231 S.) Potsd. 890, Stein. [* 9 —] * 6 —; geb. * 6 80

Schärtlich, J. C., u. Rud. **Lange**, evangelisches Choralbuch m. Vor- u. Zwischenspielen f. die Orgel od. das Pianoforte zum Gebrauch bei dem öffentlichen Gottesdienst od. bei häusl. Andachten. Ausg. B., 179 Choralmelodieen in Übereinstimmg. m. dem Melodieenbuch zu dem evangel. Gesangbuch f. die Prov. Brandenburg enth. u. m. Vor- u. Strophen-Zwischenspielen bearb. v. Rud. Lange. qu. gr. 4. (IV, 150 S.) Potsdam 893. A. Stein. n. 4.50; geb. n. 5.30

Schärtlich, J. C., u. Rud. Lange, evangel. Choralbuch m. Vor- u. Zwischenspielen f. die Orgel od. das Pianoforte zum Gebrauch bei dem öffentl. Gottesdienst od. bei häusl. Andachten. 145 Choral- u. geistl. Volkslieder-Melodien, in Uebereinstimmg. m. dem Melodienbuch zu dem evangel. Gesangbuch f. die Prov. Brandenburg bearb. v. O. Seidel. 9. Aufl. (V, 200 S.) qu. gr. 8. Potsdam (905). A. Stein. n. 4.50; geb. n. 5.30

Schärtlich, J. C., neues Choral-Buch f. Bürger- u. Landschulen. Eine Samml. v. 76 der gewöhnl. Kirchen-Melodieen u. der Liturgie f. 2 Singstimmen, nebst einigen Vorübungen in Dur u. Moll. 2., verm. u. verb. Aufl. 8. (4 B.) Potsdam 829, Riegel.

—— neues Choral-Buch f. Bürger- u. Landschulen. Eine Samml. v. 131 d. gewöhnl. Kirchen-Melodieen u. d. Liturgie f. 2 Singstimmen, nebst einigen Vorübungen in Dur u. Moll. 2 Thle. 3., verm. u. verb. Aufl. 8. (6½ B.) Potsdam 835, [Riegel's Verlh.]

—— dass. — 2. Thl. (Nr. 77—131) f. d. Besitzer d. 1. Aufl. besond. abgedruckt. 8. (2½ B.) Ebds. 835.

—— umfass. Gesang-Schule f. den Schul- u. Privat-Unterr. gr. 8. (11¼ B.) Potsdam 832, Riegel.

— umfass. Gesangschule für d. Schul- u. Privat-Unterricht. 1r Thl. Verm. Aufl. gr. 8. Ebd. 835. 1 5/12 ngr — 2r Thl. Enthaltend: Canons, Uebungen, Choräle, Lieder u. a. Gesänge für 2- u. 3stimmigen Schulgesang u. Männerchor. gr. 8. Ebd. 835. 1 7/12 ngr — 2r Thl. Erste Stimme. gr. 8. Ebd. 839. Horvath. (Witte.) n. ¼ ngr (Ungetrennt kosten beide Thle. nur n. 2 ngr)

Schärtlich, J. C., umfass. Gesangschule f. d. Schul- u. Privat-Unterricht. 2 Thle. Lex.-8. (15 u. 7½ B.) Potsdam 835, [Riegel's Verlh.] à 1 5/12 Thlr., zusamm. genomm. nur Thlr. *

Schärtlich, J. C., umfassende Gesang-Schule f. den Schul- u. Privat-Unterricht. (2 Thle. compl. in 1 Bde.) 2., verb. u. verm. Aufl. Lex.-8. (7¼ B. u. 7¼ B. Noten.) Potsdam 846, Riegel's Vrlgsh. *

Schärtlich, J. C., umfassende Gesangschule. 2. Thl. 1. u. 2. Stimme. (2. Ausg.) gr. 8. (74 u. 68 S.) Potsdam 848, Janke. n. ½ ngr

—— Handbuch d. Harmonie-Lehre f. Seminarien, höh. Lehranstalten u. z. Selbstunterr. 1. Bd. 2 Abthln. gr. 8. (12 u. 13 B.) Potsdam 837, 38, [Riegel's Verlh.]

—— Handbuch der Harmonie-Lehre f. Seminarien, höhere Lehranstalten u. z. Selbstunterricht. 2. (u. letzter) Bd. gr. 8. (19 B.) Potsdam 846, Riegel's Vrlgsh. * 1
1. Bd. Ebendas. 1838. * 2 Thlr.

—— Leitfaden bei d. ersten Unterr. im Gesange. gr. 8. (3 B.) Potsdam 830, Riegel.

— Sammlung liturgischer Chöre, bestehend aus fünf vollständ. Liturgieen f. gemischten Chor u. zwei dergleichen f. vierstimmigen Männergesang. Erster Nachtrag zu d. Werke: Der liturg. Chor nach seiner äußern u. inneren Einrichtung. gr. 8. (IV u. 43 S.) Potsdam 850, Riegel'sche Buchh. n. ¼ ngr

Schärtlich, J. C., Sammlung v. 500 Uebungs-Stücken beim Gesang-Unterr. gr. 8. (6 B.) Potsdam 832, Riegel. Thlr.
Aus dess. „Gesangschule" abgedruckt.

—— Sammlung v. 500 Uebungs-Stücken beim Gesang-Unterricht. 3., verb. u. verm. Aufl. Lex.-8. (4 B.) Potsdam 846, Riegel's Vrlgsh.

—— Sammlung v. 542 Uebungs-Stücken beim Gesang-Unterr. 2 Hfte. 1. Aufl. (8¾ B.) 835., u. 2., verb. Aufl. gr. 8. (10¼ B.) Potsdam 837, [Riegel's Verlh.] à 6 Gr.
Aus: Dess., umfass. Gesangschule rc. 1. Thl., besond. abgedruckt.

Schaertlich, Jo. Jac., De usu opii in febribus intermittentibus. 24 pp. Gott. 4°. *Frank*, Del. opusc. med. 1785, I, 203—4. 1790, I, p. 207—249.

1783

Schärtlich, Jh. Jak., de usu opii in febribus intermittentibus Diss. inaug. med. 4. Götting. 783. Dieterich. 2 gr

Schaertlin, G., s. Schaertlin, Georg Gottfried

Schaertlin, Georg Gottfried

Schaertlin, G., die Absterbeordnung der schweizerischen Bevölkerung f. die J. 1876/77—1880/81. [Aus: „Zeitschr. f. schweizer. Statistik".] gr. 4. (27 S.) Bern 888. (Schmid, Francke & Co.) n. — 80

— die Altersversorgung der eidgenössischen Beamten u. Angestellten. [Aus: „Zeitschr. f. schweizer. Statistik".] gr. 4. (39 S.) Ebd. 889. n. — 80; in französ. Sprache. (39 S.) n. — 80
50*

Schaertlin, G., Fürsorge für Arbeitslose, besonders die Frage e. Versicherung gegen Arbeitslosigkeit, s. a. Fortschritt, sozialer.

Schaertlin, G[eorg Gottfried]. Fürsorge für Arbeitslose, besonders die Frage einer Versicherung gegen Arbeitslosigkeit. Von Dr. G. Sch', Direktor der Schweizer. Lebensversicherungsanstalt [Zürich]. ([Sep.-Ausg. aus:] »Schweizer. Zeitschrift für Gemeinnützigkeit« [Jahrg. 42, 1903] mit Ergänzungen.) 3. Tausend. IV + 16 S. 8. Leipzig, Felix Dietrich, 1904. M. —. 15
Sozialer Fortschritt. Hefte und Flugschriften für Volkswirtschaft und Sozialpolitik. Eingeleitet von Professor Dr. W(erner) Sombart.... No. 9.

— Les mesures de prévoyance en faveur des fonctionnaires et employés fédéraux. In-4°. 39 p. Ibd. 1890. 1 —

Schaertlin, G[eorg Gottfried]. Zur mathematischen Theorie der Invaliditätsversicherung. II + 43 S. kl.-4. Bern, Stämpfli & Cie., 1907.
(Der Schweizerischen Lebensversicherungs- und Rentenanstalt zum 50-jährigen Jubiläum gewidmet 1907.)

Schärtlin von Burtenbach, Sebastian

Schärtlin v. Burtenbach. — Lebensbeschreibung des berühmten Ritters Sebastian .... Aus dessen eigenen und Geschlechts-Nachrichten vollständig herausgegeben und mit Anmerkungen und Beylagen versehen. 8. Frankfurt 1777.

Schärtlin v. Burtenbach, Seb. Lebensbeschreibung. Hrsg. mit Anmerk. u. Beil. von Chf. Sigm. v. Holzschuher und Bernh. Fr. Hummel. 2 Bde. Nürnberg: Weigel-Schneider 1777, 82.

Schartmann, C., s. Schartmann, Karl

Schartmann, Karl

Schartmann, Carl, Blätter aus Großvaters Mappe, od. Gemälde aus d. deutschen Geschichte f. d. Jugend. M. 6 (ill.) Kpfr. 16. (12 B.) Berlin 833, Lüderitz.

Schartmann, Carl, biblische Distichen. Worte der Wahrheit und der Erhebung in allen Verhältnissen des Lebens. gr. 16. Berlin 843, Athenäum, jetzt: Leipzig, E. Schäfer. ½ ngr

Schartmann, Carl, biblische Distichen. Worte der Wahrheit u. der Erhebung in allen Verhältnissen des Lebens. gr. 16. (13 B.) Berlin 843, [Leipzig, Ernst Schäfer.]

Schartmann, Carl, Erzählungen aus deutscher Vorzeit. 8. (12 B.) Berlin 836, [Schroeder's Verl.]

Schartmann, C., Gabel-Frühstück, s. a. Gabel-Frühstück.

Schartmann, Carl, Gabel-Frühstück f. Erheiterungs-Bedürftige in 2 Gängen. 1. Liebes-Intriguen, Posse in 3 Akten. 2. Scenen aus dem Alltagsleben. 32. (133 S.) Berlin 849, Schartmann. 6 ngr; cart. m. Goldschn. u. in Etui 1/3 Rthlr

—— Gemälde aus d. deutsch. Geschichte f. d. Jugend. 8. (12 B.) Berlin 836, [Schroeder's Verl.]

— Herzensgrüße. Gedichte und Stanzen fürs ernste und heitere Leben. 32. Berlin 845. (Schartmann.) n. 4 ngr

—— die Kreuzzüge. Eine histor. Bildergallerie f. d. Jugend. Mit erläut. Darstellung. 4. (16 Bl., halb lith. u. ill., halb bedr.) Berlin 833. (Landsberg, Wilmsen.)

—— Liebes-Brevier. Gefühlvollen Seelen gewidmet. 32. (96 S.) Berlin 845, (Schartmann.) *

— die Rhein-Ufer. Malerische Landschafts-Skizze. Mit 17 Stahlst. 32. (Ebend.) 845. geb. mit Goldschn. u. in Etui. n. 1/3 Rthlr

—— die sächsische Schweiz. Ein Gemälde nach dem Leben. 32. (68 S. u. 17 Stahlst.) Berlin 845, (Schartmann.) Geb. mit Goldschn. u. in Etui. *

— Wald-Röschen. Eine Sammlung moralischer Erzählungen und Fabeln im poetischen Gewande, für die Jugend. Mit 6 color. Kpfrn. 16. Berlin 833. C. G. Lüderitz. 3/4 Rthlr — dass. ohne Kpfr. unt. d. T.: Moralische Erzählungen und Fabeln im poetischen Gewande. gr. 12. Ebd. 1/2 Rthlr (12 B.)

— zehn Winter-Abende, od. Erzählungen eines Großonkels aus der Natur-, Länder- und Völkerkunde. Ein Bilderbuch. Den lieben Kindern gewidmet. Mit 11 illum. Kpfrn. u. illum. Titelvign. 8. Berlin 833. (Landsberg, Ende.) n. 5/6 Rthlr

—— zehn Winter-Abende, od. Erzählungen e. Großonkels aus d. Natur-, Länder- u. Völkerkunde. Ein Bilderb. Den lieben Kindern gewid. M. 11 ill. Kpfr. u. ill. Titvign. 8. (4½ B.) Berlin 833. (Landsberg, Wilmsen.)

Schartoff, A., Dankrede zur Feier d. Andenkens an die Völkerschlacht bei Leipzig d. 18. Oct. 1813. 8. Prenzlau 814. Ragoczy. 2 gr

vgl. Schartow

— Worte am Sarge des verstorb. Hrn. Karl Fr. Reichhelm am 18. März 1825. gr. 8. Prenzlau 825. Ragoczy. 2 gr

Schartow, A., Dankrede zur Feyer des Andenkens an die Völkerschlacht bey Leipzig d. 18. Oct. 1813. 8. Prenzlau, Ragoczy. 814.

vgl. Schartoff

Schartow, Chr. Karl Fr.

— die Nothwendigkeit d. anerschaffenen Weisheit u. Heiligkeit d. Menschen aus d. Entzweck d. Schöpfung. 4. Hamb. 768.

Schartow, Chr. Karl Fr., († ...) commentatio de linguae requisitis, variisque linguae Chaldaicae nominibus. 4. Hamb. 765.

Schartow, Ioh. Bend., centuriae differentiarum juris civilis et marchici. 4. Berl. Gensch. 713. •

— medulla juris feudalis et justinianei. 8. Magdeb. Süstemann. 715. •

SCHARTOW, J. Bndct.: Medulla juris Justineanei s. brocardica et regulae juridicae sec. seriem Institutionum congestae. *Magd.* et *Lps.* 715. 8.

Schartow, Johann Gotthelff (Linum/Brand.)
Altd. Thl. 15/8

De una Christi unctione in una domo Simonis leprosi et Marthae coniectura pro illustranda Evangelistarum harmonia. Präs. Johann Wilhelm Baier.
Altdorf (Meyer) 5. IX. 1722. 20 S.

W. v.: Präs. 30025

Schartwaller, F., Johann Georg Hamann als Pädagog. 2. Aufl. gr. 8. (32 S.) Königsberg 888. Hartung. n. — 50

Ph(ilipp) **Scharwenka**. Trio in G dur für Pianoforte, Violine und Violoncell. Op. 112. *Leipzig: Breitkopf & Härtel (1902).* (47, 11, 11 S.) 4° [Umschlagt.]
(Breitkopf & Härtel's Kammermusik-Bibliothek. 1732/1734.) [04. 1534

Scharwenka, Xav., s.: Handbücher der Musiklehre.

Mataswintha. Oper in 3 Aufz. Text nach Felix Dahn's 'Ein Kampf um Rom' von Ernst Koppel. Mus. von Xaver Scharwenka. *Leipzig: Breitkopf & Härtel [1893].* (35 S.) 8° [F.]
= Textbibliothek. Breitkopf & Härtel's. No 102. [09. 9777

Mataswintha. Opera in 3 acts. Libretto after Felix Dahn's 'A Battle for Rome' by Dr. Ernst Koppel. English version by Helen D. Tretbar Mus. by Xaver Scharwenka. *Leipzig: Breitkopf & Härtel [1893].* (35 S.) 8° [Ant. u. F.]
= [Textbibliothek. Breitkopf & Härtel's. No 333.] [09. 11430

— u. Aug. **Spanuth,** Methodik des Klavierspiels, s. Handbücher der Musiklehre. III.

Methodik des Klavierspiels. Systemat. Darstellung d. techn. u. ästhet. Erfordernisse f. e. rationellen Lehrgang unter Mitw. von August Spanuth verf. von Xaver **Scharwenka**. Leipzig: Breitkopf & Härtel 1907. (VI, 140 S.) 8°
= **Handbücher** d. Musiklehre. 3. [07. 16743

SCHARWENTZEL von einem Hochzeit-Gedichte auf alle Fälle, mit einem darzu gehörigen, und auch nicht gehörigen Kindtaufs-Quodlibet, zu gebrauchen, wie man will. gedruckt in diesem Jahr zu allen Zeiten. O. O. (Frankf. a. M., Hechtel). 1749. 8°. (In Stuttgart.)
39 S. (incl. Anhang humoristischer Anmerkgn., S. 25 ff., zum Theil in Prosa). -- W. v. Maltzahn p. 440. no. 943.

Scharwin, Wassili: Beiträge zur Isomerie von Ketoximen. *Heidelberg 1898: J. Hörning.* (29 S.) 8°
Heidelberg, Naturw.-math. Diss. v. [31. März] 1898

Schary, Ed., Beiträge zur Kenntniss des Stoffwechsels im Organismus der Vögel. Inaugural-Dissertation. gr. 8. (33 S.) Königsberg 878, (Beyer's Verlag.) *

Schary, J. M. Die Bierausfuhr aus Oesterreich und die Verzehrungssteuer-Rückvergütung. 8°. Prag 1863.

Scharz, P. O., norma legalis sive liber decratalium Gregor. IX. Papae. 4. maj. Salzb. Mayr. 740.

Scharz, Peter, a. Rehringhausen: Myome des Dünndarms. Würzburg 1906: C. J. Becker. (26 S.) 8°
Würzburg, Med. Fak., Ref. Burkhardt, Diss. v. 30. Jan. 1907
[Geb. 18. Apr. 75 Rehringhausen; Wohnort: Spandau; Staatsangeh.: Preußen; Vorbildung: Gymn. Recklinghausen Reife O. 99; Studium: München 2, Breslau 2, Greifswald 1, Berlin 5 S.; Coll. 22. Jan. 07; Approb. 23. Dez. 04.]

Schärz, S., Frei Land. Die Bodenbesitzreform oder wie wird die Hauptquelle der Armuth verstopft und das Volk von Steuern und Hypothekarschulden befreit? 8°. Bern, Schmid, Francke u. Co., 1889.

Schärz, S., frei Land. Die Bodenbesitzreform od. wie wird die Hauptquelle der Armut verstopft u. das Volk von Steuern u. Hypothekarschulden befreit? 8. (43 S.) Bern 890. Schmid, Francke & Co. n. — 50

Schaf, Ph., das Verhältniß des Jakobus, Bruder des Herrn, zu Jakobus Alphäi, auf's Neue exegetisch und historisch untersucht. gr. 8. Berlin 842, Wohlgemuth. n. 1/2 ₰

Schasching, M., die oberösterreichische Landes-Irrenanstalt zu Niedernhart bei Linz. gr. 8. (172 S.) Linz 873. (Fink.) n. 2. 80

Schaschl, Josef

Schaschl, J., die Galvanostegie, s. a. Bibliothek, elektrotechnische.

Schaschl, Josef, die Galvanostegie mit besonderer Berücksichtigung der fabriksmässigen Herstellung dicker Metallüberzüge auf Metallen mittelst des galvanischen Stromes. 8°. (XVI, 224 S. mit 72 Abbildungen.) (Elektro-technische Bibliothek. Band 30.) Wien, Hartleben. fl. 1.65, geb. fl. 2.20. 1886.

Schaschl, Martin

Schaschl, M., Maria-Saal, seine Entstehung, Geschichte, Heiligthümer u. Sehenswürdigkeiten. 12. (16 S.) Klagenfurt 886. (Raunecker.) — 25

Schaschl, Martin. Maria-Saal, seine Entstehung, Geschichte, Heiligthümer u. Sehenswürdigkeiten. Klgft., St. Hermagoras-Druck., 1886. 16 S. — 2., verm. Aufl. 1896. 24 S.

Schaser, Hieron., Innocentia Ecclesiae Rom.-catholicae vindicata ab insigni calumnia quorundam Protestantium. Augsburg, Wolff, 1732. 8°. 501 S.

SCHASER, JOHANN GEORG: Geschichte des Hermannstädter Kapitels. Hermannstadt 1848. Closius. - 8°

Schasler, Max

Schasler, M., Anthropogonie. Das Allgemein-Menschliche seinem Wesen u. seiner dreigliederigen Entwicklg. nach oder „Ursprung" der Sprache, der Sittlichkeit u. der Kunst. gr. 8. (XV, 290 S.) Leipzig 888. Friedrich. n. 6. —

Schasler, M., Ästhetik, s. a. Wissen, das, der Gegenwart.

Schasler M. Aesthetik. (Wissen der Gegenwart 55. 56) Leipzig 1886

Schasler, Dr. Max. Aesthetik. Grundzüge der Wissenschaft des Schönen u. der Kunst. I. Teil. Die Welt d. Schönen. [illegible] IV u. 248 S. Prag, Tempsky. fl. [illegible] — II. Theil. Das Reich der Kunst. [illegible] IV u. 256 S. fl. — 60. 1886.

Schasler, Max, Aesthetik als Philosophie d. Schönen u. der Kunst. 1. Bd. Kritische Geschichte der Aesthetik von Plato bis auf die neueste Zeit. gr. 8. (LX, 1218 S.) Berlin 871. 872. Nicolai's Verl. n. 20. 50

Schasler, Dr. M., Aesthetik als Philosophie des Schönen u. der Kunst.

Berlin 1872. 8°. Theil I: Grundlegung. Kritische Geschichte der Aesthetik von Plato bis auf die Gegenwart.
Abth. 1: Von Plato bis zum 19. Jahrhundert.
Abth. 2: Von Fichte bis auf die Gegenwart.

Schasler, Max, über moderne Denkmalswuth, s. a. Zeit- und Streitfragen, deutsche.

Schasler M. uber moderne Denkmalswut. (Zeit- u Streitfragen 103) Berlin 1878

Schasler, Max, s. a. Dioskuren, die.

Schasler, Max. Die Dioskuren. Deutsche Kunst-Zeitung. Hauptorgan der Deutschen Kunstvereine. Jahrg. 7—20. 14 Bde. Berlin 1862—1875. 4°.

Schasler, Max., die Elemente der philosoph. Sprachwissenschaft Wilh. v. Humboldt's aus seinem Werke: Ueber die Verschiedenheit des menschl. Sprachbaues u. ihren Einfluss auf die geistige Entwicklung d. Menschengeschlechts in systemat. Entwicklung dargestellt u. kritisch erläutert. gr. 8. (X u. 221 S.) Berlin 847, T. Trautwein'sche Buchh. 1 ₰ 6 ngr

— die Farbenwelt, s. a. Sammlung gemeinverständlicher wissenschaftlicher Vorträge.

Schasler M. die Farbenwelt. Abt. 1 u 2. (Slg wiss. Vortr. 409-10. 415) Berlin 1883

Schasler, Max fordert die Reichen zur freiwilligen Selbstbesteuerung auf. „Freunde des Vaterlandes". Gedruckt bei A. Barth. 1 Bl. Fol.
Flugblatt. Berlin, 12. April 1848.

Schasler, **Max, kritische Geschichte der Aesthetik von Plato bis auf die neueste Zeit. gr. 8. Berlin 871,72. Leipzig, Zander.**

— Hegel. Populäre Gedanken aus seinen Werken. Ein Beitrag zur Feier der hundertjährigen Wiederkehr seines Geburtstages für die Gebildeten aller Nationen zusammengestellt u. mit einer kurzen Lebensbeschreibung versehen. Mit dem Portrait Hegel's in Stahlst. Berlin 870. Loewenstein. gr. 8. (XXVI, 214 S.) n. 1 ₰

— **Hegel.** Populäre Gedanken aus seinen Werken. Für die Gebildeten aller Nationen zusammengestellt u. m. e. kurzen Lebensbeschreibg. versehen. 2. unveränd. Aufl. Mit dem Portrait Hegel's in Stahlst. gr. 8. (XXVI, 214 S.) Berlin. 873. Leipzig, Richter's Verl.-Anst. n. 3. —; geb. n. 4. —

Schasler, Max, üb. e. halbes Jahrhundert. Erinnerungsbilder aus d. Leben e. alten Burschenschafters. gr. 8. (IV, 140 S.) Jena 895. B. Vopelius. n. 2. 50

SCHASLER, Max, Der schönste menschliche Kopertheil. Vom ästhetischen, pädagogischen und kulturhistorischen Gesichtspunkt betrachtet in der Künstlerklause zu Meiningen am 19. Januar 1881. (Den Universitäten gegenüber als Manuskript gedruckt.) Jena 1889. 12°. 27 S. (4 Mk., mit eigenhändiger Widmung des Verfassers. R. Bertling, Dresden, 1907.)
„Geistreicher Scherz, ein Druck, der nicht in den Handel kam und daher sehr selten ist."

—— **die berliner Kunst-Ausstellung von 1852. Nebst einer Einleitung: Ueber die „Stellung der Kunst zur Kritik" rc. 1—5. Heft. (VI und 266 S.) Berlin 852, Hempel. à Heft * 6 Ngr.** *
Abdr. aus der Vossischen Zeitung, erweit. und mit Zusätzen versehen.

Schasler, Max, Berlin's Kunstschätze. Ein prakt. Handbuch zum Gebrauch bei der Besichtigung derselben. 1. Abthl. A. u. d. T.: Die königl. Museen von Berlin. Ein prakt. Handbuch zum Besuch der Galerien, Sammlungen und Kunstschätze des alten und neuen Museums. gr. 16. (XII und 152 S.) Berlin 855, Nicolaische Buchh. *—

—— dass. — 2. Abthl. A. u. d. T.: **Die öffentlichen und Privat-Kunstsammlungen, Kunstinstitute und Ateliers der Künstler und Kunstindustriellen von Berlin. Ein prakt. Handbuch zum Besuch des königl. Schlosses, des Palais vom hochsel. Könige, der sämmtl. öffentl. Galerien u. s. f.** gr. 16. (XVIII und S. 153—505.) Ebds. 856. *

Schasler, Max, die königlichen Museen von Berlin. Ein prakt. Handbuch zum Besuch der Galerien, Sammlungen und Kunstschätze derselben. 2—5., völlig umgearb. Ausg. Vermehrt mit den Katalogen der neuesten Aufstellungen und einer Beschreibung der Kunstkammer. Mit den Abbild. der beiden Museen und der Amazonengruppe (auf 2 Holzschnt.) 8. (X und 223 S.) Berlin 857—61, Nicolai'sche Verlagsbuchh. *

Schasler, Max, die königlichen Museen von Berlin. Ein prakt. Handbuch zum Besuch der Galerien, Sammlungen und Kunstschätze derselben. 6., völlig umgearb. Ausg. Vermehrt mit den Katalogen der neuesten Aufstellungen und einer Beschreibung der Kunstkammer. 8. (X und 266 S. mit den Abbild. der beiden Museen und der Amazonengruppe auf 2 Holzschntaf.) Berlin 864, Nicolai's Verlag. *

—— die königlichen Museen von Berlin. Ein prakt. Handbuch zum Besuch der Gallerieen, Sammlungen und Kunstschätze derselben. 7.—10. völlig umgearb. und verm. Ausg. Mit einer artist. Beigabe zu Kaulbach's Wandgemälde „Das Zeitalter der Reformation" (Stahlst. in qu. 4.) und den Abbild. der beiden Museen, der Amazonengruppe und des Löwentödters (Holzschntaf.). gr. 8. (196 S.) Berlin 868—75, Nicolai's Verlag. *

—— die königl. Museen von Berlin. Ein prakt. Handbuch zum Besuch der Gallerien, Sammlungen und Kunstschätze derselben. 11. völlig umgearb. und verm. Aufl. Mit einer artist. Beigabe zu Kaulbach's Wandgemälde „das Zeitalter der Reformation" (Stahlst. in qu. gr. 4.) und den Abbildungen der beiden Museen, der Amazonengruppe und des Löwentödters (Holzschntaf.). 8. (196 S.) Berlin 875, Nicolai'sche Verlagsh.

—— les musées royaux de Berlin. Guide pour visiter les galeries et les collections de ces musées. Traduit de l'allemand avec l'autorisation de l'auteur. 8. (XIV und 246 S. mit 1 Holzschnt.) Berlin 861, Nicolai'sche Verlagsbuchh. geb. *

— les musées royaux de Berlin. Guide pour visiter les galeries et les collections de ces musées. Traduit de l'allemand avec l'autorisation de l'auteur. Avec illustrations (Holzschntaf. u. 1 Steintaf. in 4.) gr. 16. (IV, 209 S.) Ebend. 873. n. 3. —

— über dramatische Musik u. das Kunstwerk der Zukunft, s. a. Zeit- u. Streit-Fragen, deutsche.

Schasler M., über dramatische Musik und das Kunstwerk der Zukunft. 2 Abteilungen. (Zeit- und Streitfragen. Deutsche 170-80 und 189-91) Berlin 1883. 84

Schassler, Max., de origine et formatione pronominum personalium et priorum numerorum aliarumque, quae huc pertinent, notionum. gr. 8. (8 B.) Berlin 846, (Schröder's Verl.) *

Schasler, [illegible]

—— das Reich der Ironie in kulturgeschichtlicher und ästhetischer Beziehung, s. a. Sammlung gemeinverständl. wissenschaftl. Vorträge.

Schasler M., das Reich der Ironie. (Slg wiss. Vortr. 332-33) Berlin 1879

— die Reorganisation der Berliner Kunstakademie als Kunstlehranstalt, s. a. Sammlung kunstgewerblicher u. kunsthistorischer Vorträge.

Schasler M., die Reorganisation der Berliner Kunstakademie. (Sammlung kunstgewerblicher Vorträge 10) Leipzig 1884

Schasler, Max, ausgewählte Sammlung gemeinverständl. Abhandlungen, Studien u. Kritiken aus dem Gebiete der Philosophie u. Ästhetik, sowie üb. die verschied. Formen der allgemein-menschlichen Weltanschauung. gr. 8. (IV, 359 S.) Jena 901. B. Vopelius. n. 3.—

—— **die Schule der Holzschneidekunst. Geschichte, Technik und Aesthetik der Holzschneidekunst. 8. (XII und 295 S. mit erläut. Illustr. in Holzschn. und 1 Holzschntaf.) Leipzig 866, Weber.** *

—— **das System der Künste, entwickelt. gr. 8. (XV, 264 S.) Leipzig 882, Friedrich.** *

— das System der Künste aus e. neuen, im Wesen der Kunst begründeten Gliederungsprincip. 2. Aufl. gr. 8. (XV, 264 S.) Leipzig 885. Friedrich. n. 6. —

— Villa oder Miethskaserne? Eine Studie über die architecton. Erweiterung der Gross-Städte. Mit besonderer Beziehung auf die neuen Projecte von Villenanlagen in Berlin. Mit Plänen u. Grundrissen von Herrn Baumeister Wuttke. Berlin 868. F. Schulze. gr. 8. (VII, 106 S. mit 3 Steintaff. in 4. u. Fol.) n. 20 ngr.

—— **Wald und Meer. Schilderungen aus dem Naturleben der Thiere und Pflanzen. gr. 8. (VIII und 306 S. mit 8 ill. Kpfrtf. Gez. von H. Ramberg, gest. von W. Jury.) Berlin 853, Hasselberg'sche Vrlgsb.**

—— **die Wandgemälde Wilhelm v. Kaulbachs im Treppenhause des neuen Museums zu Berlin. Lex.-8. (92 S. mit 1 Stnt. in qu. gr. 4.) Berlin 854, Allgemeine deutsche Verlagsanstalt.** *

—— über materialistische und idealistische Weltanschauung, s. a. Zeit- und Streit-Fragen, deutsche.

Schasler M., üb. materialist. und idealist. Weltanschauung. (Zeit- u. Str. 113) Berlin 1879

Schässburg [Schlagwort]

Schässburg. Brandt, Vincenz, Plan von Segesvár (Schässburg). 1 : 10,000. [Aus: „Heimatkunde des Komitates Nagyküküllö".] 28,5×32 cm. Lith. Schässburg (909). Kronstadt, H. Zeidner. — 20

Schasse, Richard [aus Berlin]: Ueber die Nekrose des Testis nach Resection des Samenstranges ... Leipzig, G. Thieme, 1893; 18 S. 8.
Würzburg, Med. Fak., Inaug.-Diss. v. 1893

Schassler, Max, s. Schasler

Schaster, Max, s. Schasler, Max

Schat, Pieter Taco, Privat-Tierarzt in Soerabaia (z. Zt. in Holland): Beiträge zu den Untersuchungen über die Trypanosoma Evansi und zur Bekämpfung der Surra unter dem Hornvieh auf Java. Rotterdam [1909.] 103 S. und zwei Tafeln. 8°. [20. VII. 09.]
Bern, Vet.-med. Diss. 1909,10.

Schat, Pieter Taco. Beiträge zu den Untersuchungen über die Trypanosoma Evansi und zur Bekämpfung der Surra unter dem Hornvieh auf Java. Diss. Vet.-Med. Bern. [Mit Figuren und 2 Tafeln.] 103 S. 8. ([Rotterdam.] Nijch & van Ditmar, 1909.)

Schaten, Nikolaus

— Annalium Paderbornensium II Part. et cont. a Strunkio seu Pars III. fol. Münster, Aschendorff. (I, et II. 2 Rthlr. III. 20 gr.)

Schatenii, Nic., Annalium Paderbornensium III Part. fol. Lemgo, Meyer. 693–741.

Schatenii, Nic., annalium Paderbornensium II Part. et cont a J. S. Strunkio seu Prs. III. Fol. Münst. 774, 75. Aschendorff. 4 ℛ

— historia Westphaliae. Fol. Münst. 773. Aschendorff. 1 ℛ

— Historia Westphaliae et annales Paderbornenses. fol. Colon. Haas d. Sohn. (Fabricius.)

Schaten, Nic. Discursus historico-politico-morales libris IV distincti de vita Caroli Magni. 4. Francofurti 1700

Schatiloff, P., die Ehrlichsche Seitenkettentheorie erläutert u. bildlich dargestellt. (46 S. m. 6 Taf.) gr. 8. Jena 908. G. Fischer. 2. —

Schatt, Geo. Ildeph., Aphorismen, als Einleit. in seinen pädagog. Lehrcursus. 8. Bamb. 812.

Schatt, Ildeph., Beyträge z. Anstands- und Sittenlehre, in einer kritisch philosophischen Bearbeitung d. Chesterfieldischen Erziehungsmaximen f. d. studirende Jugend. 8. Bamberg, Gobhard. 805.

Schatt, Geo. Ildeph., Beitrr. zur Anstands- u. Sittenlehre, in einer krit.-philosoph. Bearbeitung der Chesterfieldischen Erziehungsmaximen für die studier. Jugend. 8. Bamb. 805. Wesché in Frkf. a. M. 16 gl.

— der Grammatik, Logik, Pädagogik zur Bekämpfung der Methode des Unterrichts für's Leben beleuchtet. 8. Bamb. 822, Drausnick.

Schatt, (G. J.,) die Irr- u. Winkel-Züge auf dem Felde der Grammatik, Logik, Pädagogik zur Bekämpfung der Methode des Unterrichts für's Leben beleuchtet. 8. Bamb. 822, Drausnick.

Schatt, G. J., Lebensabriß des Hrn. Gallus Dennerlein, Abten u. Prälaten d. Stifts Banz. Mit einer Vorrede: üb. die Individualität des Menschencharakters. Nebst 10 merkw. Beylagen aus d. Chronik dieser Abtey 1571–1573. gr. 8. Bamberg, Göbhardt. 821.

— Lebensabriß des Hrn. Gallus Dennerlein, Abten u. Prälaten d. Stifts Banz. Mit e. Vorrede: über die Individualität des Menschencharakters. Nebst 10 merkwürd. Beilagen aus d. Chronik dieser Abtei 1571–1573. gr. 8. Bamb. 821. (Wesché in Frankf. a. M.) 1 ℛ

Schatt, Ildephons, s. Schatt, Georg Ildephons

Schatt, L. G., die freie Konkurrenz, ihr Einfluß auf d. sittl. u. wirtschaftl. Lage d. Volkes. E. Gegenwarts- u. Zukunftsbetrachtg. gr. 8. (III, 66 S.) Bamberg 895, Handels-Druckerei. n. 1. —

Schatt, Mich., Handbuch über das finanzielle und administrative Rechnungswesen der kgl. Landgerichte u. beziehungsweise der Taxämter bei den kgl. Stadt- u. Landgerichten. Würzburg 855. Etlinger. 8. (XVI, 372 S.) 1 ℛ 4 ngr.

Schattauer, Fritz, z. Z. Einj.-Freiw. Arzt im Kürassier-Reg. Graf Wrangel (Ostpr.) No 3: Beitrag zur Kenntnis der Mikrognathie. *Königsberg i. Pr. 1903: O. Kümmel.* (34 S.) 8°
Königsberg, Med. Diss. v. 4. Juli 1903

Schatte, Ernst: Uber eine transscendente Curve von gegebener Bogenlänge. (Herford, Buchdr. v. Gebr. Heidemann, 1890); S. 1–32; 8°
Herford, ev. Friedrichs-G, Festschr. 1890 1891

Schatte, Ludwig. Lebensbilder aus der deutschen Nationalversammlung. Lief. 1. Schw. Hall. A. Pfeiffer (1850). 96 S. 8.

Schatte, Ludw., Lebensbilder aus der deutschen Nationalversammlung. 3 Lfgn. 16. Schw. Hall 850, Pfeiffer. n. 1 ℛ 6 ngr.

Schatte, Walter, aus Halle a. S.: Die thüringischen Siedlungsnamen in ihrer Bedeutung für die altdeutsche Landes- und Volkskunde. *Halle a. S. 1903: Wischan & Wettengel.* (37 S.) 8° ¶(Erscheint später vollst.)
Halle, Phil. Diss. v. 1903

Schatteburg, H., s. Schatteburg, J. H.

Schatteburg, J. H.

Schatteburg, H. Bauformen der deutschen Renaissance u. moderner Bauten. Freistehende u. eingebaute Wohnhäuser m. allen vorkomm. Teilzeichngn. 2 Lfgn., enth. 161 Taf. m. 242 Fig. 4. (3 Blatt Text.) Holzminden 892, Müller.
In Mappe à Lfg. * 7 50; * 15 —

— die Eiskeller, Eishäuser, Kühlräume u. Lagerkeller. Deren Bau u. Konstruktion nach bewährten Anlagen unter Berücksicht. aller bisher zu diesen Bauten verwendeten Baumaterialien u. der Verwendg. v. Ammoniak bei Kühlanlagen. Bearb. nach dem jetz. Stand der modernen Bautechnik. gr. 8. VI, 87 S. m. 98 Holzschn.) Halle 893. L. Hofstetter. n. 3 20

Schatteburg, J. H., die Eiskeller, Eishäuser u. Lagerkeller sowie die Anlage v. Kühlräumen f. Schlachthöfe, Margarinefabriken ꝛc. Nach bewährten Anlagen unter Berücksicht. aller bisher zu solchen Bauten verwendeten Baumaterialien u. der Verwendg. v. Ammoniak zu Kühlräumen. Mit 96 Holzschn. u. 14 großen u. kleinen Taf. 2. Aufl. (gegen die 1. Aufl. mehr als verdoppelt). gr. 8. (VIII, 121 S.) Halle 901. L. Hofstetter Verl. n. 5. 50; geb. n. 6. 30

Schatteburg, J. H., d. Ziegelrohbau in s. verschied. charakterist. Erscheinungsweisen, als Spiegelbild der Architektur der Neuzeit dargest. durch e. reichhalt. Anzahl Teilzeichngn. nebst Fassadenskizzen. 58 Taf. in Autotypie nebst Text für Architekten, Gewerksmeister u. Bauunternehmer, sow. Studierende d. Hochschulen, d. Baugewerksschulen u. d. Gewerbeschulen. (I. Tl.: Ohne Formsteine, enth. 29 Blatt. — II. Tl.: Mit Formsteinen, enth. 29 Blatt.) Fol. (6 S.) Halle 897. L. Hofstetter. In Leinw.-Mappe n. 20.

— der Ziegelrohbau in seinen verschiedenen charakteristischen Erscheinungsweisen, als Spiegelbild der Architektur der Neuzeit, dargestellt durch e. reichhalt. Anzahl Teilzeichngn. nebst Fassadenskizzen. 60 Taf. in Autotypie nebst Text f. Architekten, Gewerksmeister u. Bauunternehmer, sowie Studierende der Hochschulen, der Baugewerkschulen u. der Gewerbeschulen. (I. Tl.: Ohne Formsteine, enth. 29 Blatt. — II. Tl.: Mit Formsteinen, enth. 31 Blatt.) Fol. (7 S. Text.) Ebd. 901.
In Leinw.-Mappe 20. —

Die blutigen Schatten einer Gallerie von Wundern, seltsamen Ereignissen, nächtlichen Erscheinungen, schaurigen Träumen ... alles aus den Quellen der Wahrheit geschöpft. Aus dem Franz. Bd 2. Mit 1 Titelkupfer. 1821

s.a.Blanchard [Verf.]

Schatten, Die blutigen, eine Gallerie von Wundern, seltsamen Ereignissen, nächtl. Erscheinungen, schaurigen Träumen, geheimen Verbrechen, schreckl. Phänomenen, geschichtl. begründ. Freveln, beweglichen Leichen, blutigen u. belebten Köpfen, grausamen Rachethaten u. fortlauf. Verwicklungen des Verbrechens; alles aus d. Quellen der Wahrheit geschöpft. Aus d. Französ. Sondershausen u. Nordhausen 1821. V: *Blanchard* (?). (BGE VII³, 126)

Schatten, die blutigen; eine Gallerie von wunderseltsamen Ereignissen, nächtlichen Erscheinungen, schaurigen Träumen, geheimen Verbrechen, schrecklichen Phänomenen, geschichtlich begründeten Freveln ꝛc. Aus d. Franz. 2 Thle. mit Kupf. 8. Sondershausen, Voigt. 821.

Schatten, Fausts, an die Nachwelt. Ein Gedicht der hochverdienten Universität zu Leipzig bey ihrer 400jährigen Jubelfeier ehrfurchtsvoll zugeeignet ... Den 4. December 1809. [Leipzig.] V: *Clodius, Christian August Heinrich.* (Bresl 31, S. 49) Vgl. IV, 846.

Schatten, Fausts, an die Unterwelt. Ein Gedicht der hochverdienten Universität zu Leipzig . . . zugeeignet . . . Leipzig 1809. V: *Clodius, Christian Aug. Heinrich.* (GGr)

— der geharnischte, in der Veste Furchenstein. Geistergeschichte. 8. Leipzig, Central-Compt. 816.

Schatten, geliebte. Bildnisse und durchzeichnete Autographien der grössten Dichter und Nationalschriftsteller Deutschlands aus den letzten 100 Jahren: Klopstock, Wieland, Herder, Lessing, Schiller, Göthe. In einem Cyclus befreundeter, seelenverwandter Frauenbilder, sowie sich anschliessender Portraite und Facs., zum Theil auch als Proben von Geisteswerken deutscher Meister in Poesie, Literatur und Kunst, nebst Facs. von Schriftzügen und Unterschriften diesen Meistern wohlgewogener deutscher Fürsten, wie von Autographen und Portraiten befreundeter Privatpersonen. Nach authent. Vorbildern, Originalien in Briefen, Gedichten u. s. w. seiner Sammlung zu Familiendenkwürdigkeiten entnommen u. mit Erläuterungen herausg. von Friedr. Götz. Mannheim 858. Götz. gr. 4. (3 Bl., 36 S., lith. Titelbild, 15 lith. Bl. mit 24 Bildnissen u. 43 lith. Taf. mit Facsim.) n. 8 ℛ.

Schatten, geliebte. Bildnisse und durchzeichnete Autographien der sechs grössten Dichter und Nationalschriftsteller Deutschlands aus den letzten 100 Jahren: Klopstock, Wieland, Herder, Lessing, Schiller, Göthe. In einem Cyclus befreundeter seelenverwandter Frauenbilder, sowie sich anschliessender Portraite und Facs., zum Theil auch als Proben von Geisteswerken, deutscher Meister in Poesie, Literatur und Kunst, nebst Facs. von Schriftzügen und Unterschriften diesen Meistern wohlgewogner deutscher Fürsten, wie von Autographen und Portraiten befreundeter Privatpersonen. Nach authent. Vorbildern Originalien in Briefen, Gedichten u. s. w. seiner Sammlung zu Familiendenkwürdigkeiten entnommen und mit Erläuterungen hrsg. von Friedr. Götz. Imp.-4. (15 Stnt. und 43 lithogr. Bl. Facs. mit 36 S. Text und chromolithogr. Titel.) Mannheim 858, [Notter.] geb. *
In 6 verschied. Ausg. von * 8 Thlr. bis *

Schatten, Guadrino's, um Mitternacht. Wien 1800. V: *Gleich, Joseph Alois.* (MGT) (WBL) (Ky) (NN)

GUNTRAM'S Schatten um Mitternacht. Geisterscene aus dem zwölften Jahrhundert. 2 Thle. Mit Titelkpfrn. u. 1 Vignette, gestoch. von V. Grüner. Frankfurt und Leipzig 1798. 8⁰. 144 u. 163 S. (3 Mk., stark geles. Expl., mit „Gundram" auf Titel, W. H. Kühl, Berlin, c. 1883.)
— — Dasselbe. 2 Thle. Mit Titelkpf. u. Vign. Wien, o. J. 8⁰. (1 Mk. 50 Pfg. Frz. Teubner, c. 1898.)

Schatten des Kreuzes, s. Leitsterne, neue, auf der Bahn des Heils.

Schatten und Licht, s. Broschüren-Cyclus.

Schatten und Licht. Epilog zu den wienerschen Maurerschriften. Wien 1786. V: *Pezzl, Franz Martin.* (Handbuch d. Freimaurerei. Leipz. 1900.) *Pezzl, Joh.* (Tt)

Schatten und Licht. Epilog zu den wienerschen Maurerschriften. Wien 1786. V: *Pezzl, Johann.* (wolfstieg I, 659) (Kl 987) (Tt 1725)

Allgemeines: **Schatten und Licht. Epilog zu den Wienerschen Maurerschriften.** Wien 1786. 8⁰.
Äusserst selten. Cit. in einem Verzeichn. antiquar. Schriften (Beyer, Katal. der Samml. des Allg. Freim.-Museums der Grl. zur Sonne. Bd. I, Nr. 94).

— u. Licht. 8. Gera 796. Haller. 16 gr.

SCHATTEN und Licht, Geschichte zweyer Mädchen. Gera, Rothe, 1796. 8⁰. (²/₃ Rthl.) Selten!
Geschichts- u. Romanen-Litt. (Cat.) Breslau 1798.

Schatten und Licht. Schauspiel. Leipzig 1797. V: *Werlich, Carl Frdr.* (Ky)

Schatten u. Licht. Schsp. 8. Lpz. Meyer. (Sommer.) 797.

Schatten u. Licht. Schspl. (v. Karl Fr. Werlich). 8. Leipz. 797. Sommer. (Rauck). 12 gr.

—— Roman von Ernestine v. L. 8. (230 S.) Leipzig 875, Dürr'sche Buchh.

— — a. d. Beleucht. d. Einwürfe wid. d. bayerische Sponsaliengesetz. 4. Bamberg, Göbhard. 771.

— u. Licht aus der Beleuchtung der Einwürfe wider das baierische Sponsaliengesetz. 4. Bamb. 771. Wesché in Frkf. a. M. 10 gr.

Schatten und Licht an der sogenannten nahen Beleuchtung ... O. O. 1771. V: *Schubert, Mich. Hnr.* (Weber) (Holz)

Schatten und Licht in d. Biographie Joh. Nepomuks, Abts z. Langheim. 8. Bayr. Lübeck. 793.

— u. Licht in dem Landprediger-Stande. Vom Verfass. des Landpredigers in der Wüste (M. Neuffer). 8. Heilbr. 826. Drechsler. 14 gl.

Schatten u. Licht in der Mission, s.: Missions-Traktate, kleine.

— im Lichte der Koch'schen Schwindsuchts-Behandlung. Ein Mahnwort an Aerzte u. Brustkranke von einem deutschen Arzte. gr. 8. (38 S.) Leipzig 890. Grieben. n. — 60

Schatten, mancherlei, u. Ein Licht. Von dem Verf. der „Tröstungen u. Rathschläge aus der Erfahrung". Aus dem Franz. übers. v. R. H.-S. Mit e. Vorwort v. Bernh. Riggenbach. gr. 16. (IV, 48 S.) Basel 886. Detloff. n. — 40

— die, der Politik, s.: Jüngst's Reisebibliothek.

Schatten, Raphaels. Aus den Papieren eines grossen Malers. Geboren 1802, gestorben 1890. Stuttgart 1827. V: *Beer, Michael.* (Ky)

—— die, der Vergangenheit, s. Volks-Bibliothek, christliche.

Schatten, die, der Civilisation od. das Judenthum in Böhmen. Von e. Deutsch-Böhmen. 8. (24 S.) Marburg 888. Verlag d. „Reichsherold". — 10

Schattenberg, C.: Zur Geschichte d. Kirche in Kübingen. *Braunschweig & Leipzig 1898.*
in: **Leben**, Aus d. kirchlichen, Braunschweigs. [98. 9088

Schattenberg, C., aus vergangenen Zeiten. E. chronikal. Schilderg. d. Dorfes Eitzum, hauptsächl. nach Kirchen-, Pfarr- u. Schulakten bearb. gr. 8. (120 S.) Braunschweig 895. H. Wollermann. n. 1, 50

Schattenberg, H.: Alte Volksbräuche bei Taufe, Trauung u. Begräbnis im Dorfe Eitzum. *Braunschweig & Leipzig 1898.*
in: **Leben**, Aus d. kirchlichen. Braunschweigs. [98. 9088

Schattenberg, Heinrich vom

Schattenberg, H. vom, die nächste Gelegenheit zur Sünde, s.: Schutzengelbrief.

Schattenberg, Heinr. vom, Hausmesse. Nach Huber's Gebetbuch zusammengestellt, s.: Schutzengelbrief.

— am häuslichen Herd. Etwas üb. das Wirtshaussitzen u. Nachtschwärmen, s.a. Schutzengelbrief.

(U.-Titel:) Am | häuslichen Herd. | Etwas | über das Wirtshaussitzen u. Nachtschwärmen | von | Heinrich vom Schattenberg. | Donauwörth. | Druck und Verlag der Buchhandlung L. Auer. (= *Schutzengelbrief*, 135).
o. J. (um 1890), 32 S., 117 × 81.
Diöz.-B. Rottenburg.

— am Sterbebett, s.: Schutzengelbrief.

Schattenberg, Karl, Till Eulenspiegel u. der Eulenspiegelhof in Kneitlingen. Zunächst nach ungedruckten Akten dargestellt. (79 S. m. 1 Abbildg. u. 3 Taf.) 8. Braunschweig 906. H. Wollermann. n. 1. —

Zur Geschichte von Schliestedt und Warle. Zumeist nach ungedr. Akten, bearb. von Karl **Schattenberg**, Pastor in Eitzum. Mit Abb. *Braunschweig & Leipzig: H. Wollermann 1903.* (120 S.) 8° [J.] [03. 15446

Schattenberg, R. [aus Uftrungen]: Ueber einen umfangreichen porencephalischen Defect des Gehirns bei einem Erwachsenen. (Aus d. patholog. Institut zu Marburg.) . . . (Aus: Beiträge z. patholog. Anat. u. z. allgem. Pathol. Bd. V.) Jena, Gustav Fischer, 1889; 87 + 1 S. 8°
Marburg, Med. Fak., Inaug.-Diss. v. [2. März] 1889

Schattenberg, Wilh. (geb. Burg 3. 3. 1844): Ueber Knochengeschwulste am Schädel. Berlin (1866). (32 S.) 8.
Berlin, Med. Diss. v. 28. Jan. 1866

Schattenbild eines für sein Vaterland als Opfer ritterlich gefallenen deutschen Prinzen, aus einigen seiner Briefe entworfen und seinen Vettern, den deutschen Prinzen, Grafen und Herren, als Spiegel aufgestellt. (Heinrich Victor Prinz zu Wied.) Frankfurt a. M. 1814. V: *Hoffmann, C. Fr.* (HBBD IX, 147—148) V: *Arndt, Ernst Moritz.* (Hauptkat. d. Univ.-Bibl. Tübingen. F. Nachtr. 1.)

Schattenbild eines für sein Vaterland als Opfer ritterlich gefallenen deutschen Prinzen ... Frankfurt a. M. 1814. V: *Hoffmann, C. Fr.*, nicht: *Arndt, E. M.* (Zentralbl. f. Bibliothekswesen 31, Heft 4) (Zeitschr. f. Büch. N. F. 15, 1923, S. 121)

Schattenbild eines f. sein Vaterland als Opfer ritterlich gefallenen deutschen Prinzen. 8. Frankf. Brönner. 814.
Druckp. Rthlr.
Schreibp.
Velinp

Schattenbild eines für sein Vaterland als Opfer ritterlich gefallenen deutschen Prinzen. 8. Frankf. 824, Brönner. 1 Rthl. Schreib-P. 1 Rthl. 4 gr. Velin-P.

Schattenbilder. Criminal-Novellen u. Erzählungen aus Berlins gesellschaftlichem Leben. 3 Thle. Berlin 864. Lindow. 8. (6 Bl., 940 S.) 1 ℛ 6 ngr.

Schatten-Bilder. Berlin 865. F. Bethge. 4. (6 Steintaff.) In Couvert n. 5 ngr.

Schattenbilder für Jedermann. Vom Verfasser der «Lehr-, Klär- und Zeitbilder». Innsbruck 1868. V: *Moriggl, Simon.* (Margr)

Schattenbilder, neue, zum Ausschneiden. Die deutschen Kaiser. Nach den Originalen im Römer zu Frankfurt, m. Ergänzgn. bis zur Gegenwart. Eine Sammlung v. 55 vorzügl. Bildern. 1. Abtlg., enthalt. 28 Bilder. schmal Fol. Leipzig 888. Osk. Ruhl. In Mappe. n. 1.50

Schattenbilder aus dem preußischen Osten. Von Civis Germanus. 8. (32 S.) Köln 900. J. P. Bachem. n. — 50

Schattenbilder aus den Urnen der Vorzeit, 8. Berlin, 796. Belitz und Braun. 20 sgl.

Schattenfiguren zum Ausschneiden fürs Schattenspiel. Hrsg. v. Otto Robert. I. u. II. Serie v. Paul Widmayer. qu. Fol. Ravensburg, O. Maier. à n. 1.20
I. (16 Taf. m. Text auf dem Umschlag.) Nebst: Anleitung. gr. 8. (9 S. m. Fig.) (900.)
II. (16 Taf. m. Text auf dem Umschlag.) (902.)

Schattenfiguren zum Ausschneiden fürs Schattenspiel. Hrsg. v. Otto Robert. III.—V. Serie. 23×30,5 cm. Ravensburg, O. Maier. à 1.—
III. Serie v. P. F. Messerschmitt. (12 Bl.) (907.)
IV. Zirkus Dumsky-Bumbsky m. bewegl. Figuren zum Schatten-Theater. Von Gust. Freund. (16 Bl.) (909.)
V. Porträts u. lustige Scenen. Von P. F. Messerschmitt. (8 Bl.) (910.)

Schattenfroh, Arth., über die Beziehungen v. Toxin u. Antitoxin, s.: Grassberger, R.

Schattenfroh, A., über Buttersäuregährung, s.: Vorträge des Vereines zur Verbreitg. naturwissenschaftl. Kenntnisse in Wien. 42. Jahrg. 3. Hft.

— **die hygienischen Einrichtungen Wiens, s.: Vorträge des Vereins z. Verbreitg. naturw. Kenntnisse in Wien. 43. Jahrg. 2. Heft.**

— **antitoxische u. antiinfektiöse Immunität, s.: Grassberger, R.**

— **über d. Rauschbrandgift, s.: Grassberger, R.**

— **die Stellung des Schularztes, s.a. Vorträge des Vereines zur Verbreitung naturw. Kenntnisse in Wien. 46. Jahrg. 1. Heft.**

Schattenfroh, A, Die Stellung des Schularztes. [Vorträge des Vereines zur Verbreitung naturwissenschaftlicher Kenntnisse in Wien XLVI. Jahrg. Heft 1.] 8°. (32 S.) K —.60
Wien: Braumüller 1906.

— **moderne Tuberkulosebekämpfung, s.a. Vorträge des Vereines zur Verbreitg. naturw. Kenntnisse in Wien. 45. Jahrg. 7. Heft.**

Schattenfroh, A., Moderne Tuberkulosebekämpfung [Vorträge des Vereines zur Verbreitung naturwissenschaftlicher Kenntnisse in Wien. 45. Jahrg. Heft 7.] 8°. (45 S.) † K 1.—
Wien: Braumüller 1905.

— **neuere Wasserreinigungsverfahren. s.: Vorträge des Vereines zur Verbreitg. naturw. Kenntnisse in Wien. 44. Jahrg. 3. Heft.**

SCHATTENHOFER, Matth. (Beilngries): De colli vulneribus.- Monachii: Wild 1843. 15 S.
16.8.1841 - Urk (Titel: De vulneribus colli.); F 65
Diss. Ingolst.-Landsh.-Mchn.

Schattenkönig, v. L. Th. Kosegarten. 8. Lpz. Rein. 800.

Schattenmann, C. H., s. Schattenmann, Karl Heinrich

Schattenmann, Ch. H., s. Schattenmann, Karl Heinrich

Schattenmann, Franz

Schattenmann, F., kurze Einführung in die Artikel des Glaubens u. der Lehre I—XXI der Augsburgischen Konfession. gr. 8. (39 S.) Neuendettelsau 902. Buchh. der Diakonissen-Anstalt. n. — 40

Schattenmann, Frz., die Augsburgische Konfession gemeinverständlich erklärt, m. e. geschichtlichen Einleitg. (VII, 244 S.) 8. Nürnberg 909. G. Löhe. Geb. in Leinw. 2.—

Schattenmann, Friedrich *Carl* [aus Donauwörth]: **Beitrag zur Kenntniss der Wurst- und Fleischvergiftungen ... München, kgl. Hof- u. Univ.-Buchdr. v. Dr. C. Wolf & Sohn, 1895; 32 S., 1 Bl. 8.**
Erlangen, Phil. Fak., Inaug.-Diss. v. 30. Juli 1895

Schattenmann, Karl Heinrich: Denkschrift über den Weinbau in den Departementen des Ober- und Niederrheins und in Rheinbayern. Straßburg 1863: Silbermann. 30 S., 4 Taf. -- 17.107. Bibliothèque nationale et universitaire Strasbourg*
--- Dass. 2. Aufl. Ebd. 1863-64. 32 S. -- 17*

Schattenmann, K. H.: Denkschrift über den Weinbau in den Departementen des Ober- und Niederrheins und in Rheinbayern. Straßburg. 1883.

Schattenmann, Paul Frdr., bezahlet dem Höchsten eure Gelübde! Predigt beim Friedens- u. Dank-Gottesdienste den 12. März 1871 in der Kirche zu St. Johann geh. 8. (16 S.) Schweinfurt 871. Giegler. n. — 20

Schattenmann, P. Fr., Des Herrn Wort bleibet in Ewigkeit! Predigt über 1. Petri 1, 24 und 25, gehalten am Bibelfeste zu Nürnberg in der St. Aegidienkirche am 13. Juni 1883. 1. und 2. Aufl. gr. 8. (12 S.) Nürnberg 883, Raw'sche Buchh. *

Schattenmann, Paul Fr., die altkirchlichen evangelischen Perikopen, in Predigtentwürfen erläutert. gr. 8. (IV, 244 S.) Erlangen 891. F. Junge. n. 3. —

Schattenmann, Paul Fr., die altkirchlichen epistolischen Perikopen, in Predigtentwürfen erläutert. gr. 8. (VIII, 518 S.) Erlangen 893. F. Junge. n. 3. 60

Johann Lorenz Schmidt, der Verfasser der Wertheimer Bibelübersetzung, Ein Lebensbild. Von Paul Friedr[ich] Schattenmann. Programm der k. bayer. Studienanstalt Schweinfurt für das Schuljahr 1877/78.

Schattenmann, Paul Fr. Johann Lorenz Schmidt, der Verfasser der Wertheimer Bibelübersetzung, ein Lebensbild. 43 S. 8.
Progr. *Schweinfurt* 1878.

Schattenmann, P. F., heilige Stunden. 4 Betrachtgn. f. Konfirmanden u. deren Eltern. 8. (37 S.) Schweinfurt 887. Giegler. n.n. — 40

Schatten-Portraits zum Ausschneiden. 6. Serie. Das Haus Hohenzollern. 4. (12 Steintaf. m. 2 S. Text.) Leipzig 888. Osk. Ruhl. n. — 75

Schatten-Porträts bekannter und berühmter Personen. Zum Ausschneiden. 1.—3. Serie. qu. 4. (à 24 Stnt. mit 1 Bl. Text.) Leipzig 877, Ruhl. à Serie * *M* 1,50. *
—— dass. — Eine so angenehme als unterhaltende Beschäftigung für die Jugend. 4. Serie, mit 48 Porträts. qu. 4. (24 Stnt. mit 1 Bl. Text.) Ebendas. 879. *

Schatten-Porträts bekannter und berühmter Personen, zum Ausschneiden eingerichtet. Eine so angenehme, als unterhaltende Beschäftigung für die Jugend. 5. Serie, mit 48 Porträts. qu. 4. (24 Stnt. mit 1 Bl. Text.) Leipzig 881, Ruhl. *
1.—4. Serie. Ebendas. 1877—79. à *ℳ 1,50.

Schattenreich, das, im Künstlerhaus. Ausgeführt f. das Karnevalsfest der Genossenschaft der bild. Künstler Wiens am Faschingmontag d. J. 1891. Von Swoboda, Wilda, Veith, Goltz, erläutert durch Verse von W. O. Noltsch. qu.-8. (16 Taf. m. eingedr. u. 1 Bl. Text.) Wien 891, Löwy. In Mappe 3 —

§ SCHATTENRISS von Berlin. Mit TVign. (Silhouette der Gräfin Lichtenau). Amsterdam 1788. 8°. (Expl. auch in Dresden.) (4 Mk. W. H. Kühl, Berlin, ca. 1885; jetzt theurer!)
147 S. Freimüthige u. pikante Schilderungen damaliger Berliner Sittenzustände.
— — Dasselbe. Zweite Auflage. Amsterdam, 1788. 8°. 86 S. u. 1 Bl. Inhalt. (8 Mk. E. Frensdorff, 1907.)

Schattenriss, Jacob Böhmens. Riga 1788. V: *Heidecke, Benjamin.* (Ky) (R-N)

Schattenriss, Josephs II., gezeichnet ... Frankfurt a. M. 1790. V: *Wettengel, Friedrich Traugott.* (Ky) (MGT)

Schattenriss von F. G. Klopstock. Hamburg 1803. V: *Knüppeln, Julius Friedrich.* (GGr) (Schr)

Schattenrisse

— v. Berlin. 8. Berlin, Sander.

Schattenrisse von Berlin. 8. Amsterdam, Schöps. 788.

Schattenrisse edler Teutschen. Halle 1783. V: *Lose.* (Ky) (GGr)

— edler Deutschen a. d. Tagebuche eines philos. Reisenden. 3 Bde. m. K. 8. Halle, Hendel. 783-84. (à 18 gr.)

Schattenrisse edler Teutschen. Aus dem Tagebuche eines physiognomischen Reisenden. Halle 1783. V: *Wolke, Chn. Hinrich.* (HHBD VI, 32)

— edler deutschen Frauenzimmer. 2 Hefte. Mit Kpf. 8. Halle 784 u. 85. Hendel. 1 ℛ 16 gr.

Schattenrisse edler teutscher Frauenzimmer ... Halle 1785. V: *Geisler, Adam Friedrich.* (BGE)

Schattenrisse aus d. Jugendleben eines Arztes. Nach d. Engl. bearb. von G. Ernst. 2 Bdchn. 16. (20½ B.) Leipzig 843, [Berger's Buchh.]

— aller öffentl. Lehrer an d. Friedrichsuniversität. Mit 39 Kpf. 8. Halle 784. Hendel. 1 ℛ 8 gr.

Schattenrisse, moderne, gezeichnet von Terrestro Astralis. gr. 16. (91 S.) Heidelberg 876, C. Winter's Universitäts-Buchh. *

—— aus Oesterreich. 8. (16¾ B.) Leipzig 844, Phil. Reclam jun.

Schattenrisse der jetztlebenden Altdorfischen Professoren ... Altdorf 1790. V: *Müller, Johann Georg Heinrich.* (Ky) (Will) (MGT)

— der jetzt lebend. Altdorfisch. Professoren, nebst e. kurzen Nachricht von ihren Leben u. Schriften, (v. Jh. Geo. H. Müller). 8. Altdorf 790.

SCHATTENRISSE und Querstriche aus den Reise-Papieren des Michel Teut. An's Licht gestellt durch Dr. Gust. Bacherer. Darmstadt 1843. 8°. Selten! (8 Kr., Lwdbd., A. H. Huber, Salzburg, 1909.)

Schattenrisse d. naturgemässen, gesetzlichen u. gebräuchl. Verhältnisse d. beiderlei Geschlechter zu einander aus der Zeit u. d. Vorzeit. *Frkf.*, Boselli. 820. 8. (12 Gr.)

SCHATTENRISSE, der naturgemässen, gesetzlichen u. gebräuchlichen Verhältnisse der beiderlei Geschlechter zu einander, aus der Zeit u. der Vorzeit. Bei Gelegenheit des von einer Stände-Versammlung Teutschlands aufgenommenen Napoleonischen Gesetzes der Vaterschaft der Unehelichen. Frankfurt a. M. 1821. 8°. 84 S. (42 xr. Th. Ackermann, vor 1875.)

— d. naturgemäßen, gesetzl. u. gebräuchl. Verhältnisse der beiderlei Geschlechter zu einander. 8. Frankf. a. M. 822. Boselli. 12 gr.

Schattenseite, die, der beabsichtigt. Anschließung d. Königr. Sachsen an d. preuß. Zollverband. Bemerkn. sächs. Kaufleute. 8. (4 B.) Dresden 832, (Arnold.)

Anonym: „Die Schattenseite der beabsichtigten Anschliessung des Königreichs Sachsen an den preussischen Zollverband. Bemerkungen sächsischer Kaufleute", Dresden 1833. — Vorh.: Preuß. Staatsbibliothek Berlin.

Schattenseite, die, des Pietismus. 8. Ludwigsburg 822, Nast.

Schattenseiten, die, des „Anker" oder durch welche Manöver erzielte wohl hauptsächlich die neue österreichische Lebens- und Renten-Versicherungsgesellschaft „der Anker" in Wien, ihre fabelhaften Erfolge? Wien 861. Sommer. (K. Klemm.) gr. 8. (57 S. u. 1 Tab. in Fol.) n. 8 ngr.

Schattenseiten, die, der Mission u. der Bibelverbreitung. Von einem Freunde Gottes u. der Wahrheit. 8. (9 B.) Belle-Vue 845, Verlags-Buchh.

—— der östreichischen Staats-Verwaltung u. gesellschaftl. Zustände. 8. (12½ B.) Hamburg 846, Hoffmann u. Campe.

Schattenspiel und ungegründetes Blendwerk der Schrift: Ursprung des simultanei. O. O. 1757. V: *Kraus, Johann Baptist.* (Pütter, Litt. d. Teutsch. Staatsr. Gött. 1773—91. III, 720.)

Schattenspiel, das neue, s. A. W. Zachariä.

Schattenspiel, das neue, aus Kinderland, nebst einer Anweisung zu dessen Gebrauch (von A. W. Zachariä). Leipzig, (Cnobloch.) 819. In Futteral Rthlr.

SCHATTENSPIELE. (Etwas freie kleine Romane, Erzähl. etc.) Nr. I-V (cplt.) in 2 Bdn. Mit 4 sehr originellen phantast. Kupfern (wobei 2 Titelkpfr.) von Fr. Bolt. — Berlin, bey Fr. Maurer. 1797—98. 8⁰. 348 + 322 S. u. 5 Bll. (1—4 in Darmstadt: E 3480; cplt. in Warmbrunn.) (5 Mk. W. H. Kühl, geles. Expl., Berlin, ca. 1882; 20 Mk., hübsches Expl. in 2 Hfrzbdn., Paul Alicke, Dresden, 1909; 20 Mk., saub. Expl., Adolf Weigel, 1908.)

Inhalt: Die Ruinen von Moyencourt. — Kleine Erzählungen. Fragmente. (Darin interessante Uebersetzungen nach Guicciardini, Chamfort, sowie eine Art Pendant zu Dante's „Hölle": Abaris oder die Wunder der Hölle, in Versen und Prosa.) — Das Götterstündchen am Kamin. — Hippolite de Vivonnes Reisen um die Welt. (Uebersetzg. aus d. französ. Handschrift des Verfassers.)

SCHATTENSPIELE, Romantische, aus dem Reiche der Wahrheit und Dichtung. In (24 harmlosen) Erzählungen erheiternden und belustigenden Inhalts. Mit 1 illum. Kpf. Neue Ausg. Pesth 1815, bei K. A. Hartleben. 8⁰.

Ist in 4 „Spiele" getheilt. — 95, 79, 79 u. 82 SS., nebst 1 S. Inh. bei jeder Abth. — Ed. I: 18**?

Schattenthum und Lichttriumph auf der südlichen Halbkugel, oder Reimchronik der ulaotischen Kirche, gepflanzt von der britt. Bibelgesellschaft. 16. (III und 106 S.) Altona 855, Lehmkuhl und Comp.

Schatter

Zum,
— — fröhlichen Dorfleben (von *Schatter*). Jena, Frommann, 1852. 8⁰. (1/3 Rthl.)

Citirt Lenz, G. F., Litt. d. Schriften üb. Leibesübgn. 2. Aufl. Berlin 1862. Gr. 8⁰. S. 23. — Fehlt im Anon.-Lex.

Schatter, C. G., s. Schatter, Karl Gottfried

Schatter, Carl Gottfried, s. Schatter, Karl Gottfried

Schatter, Gottfried Heinrich

Schatter, G. H., Andachten auf alle Tage in der Woche. 8. Leipz. Fr. Bruder.

— **Morgen- u. Abendandachten.** 8. Lpz. Joachim. 802.

— Morgen- u. Abendandachten auf alle Tage der Woche. 12. Neust. a. d. O. 799. 2e A. (815.) Wagner. 2 gr. in 8. 3 gr.

— — dasselbe in 8.

— Predigerarbeiten. 4 Thle. gr. 8. Leipz. (797—801.) Baumgärtner. 3 Thlr. 8 gr.

Schatter, G. H., Predigt zum Andenken an eine wahrhaft edle Frau. 8. Neustadt a. d. O., Wagner. 811. -

— Predigt zum Andenken d. verwittw. Frau Hauptm. Schreiber v. Schreibershofen etc. gr. 8. Neust. a. d. O. 811. Wagner. 3 gr.

— Predigt: Wie mag es kommen, daß in unserm Lande von denen, die aufs Christenthum nichts halten, doch niemand zur Zeit v. diesem Christenthume sich ganz losgesagt hat? 8. Leipz. 795. Baumgärtner. 2 gr.

— **Predigten** üb. d. Episteln d. Sonn- u. Festtage e. ganz. Jahres. 2 Bde. gr. 8. Ebend. 802.

— **Predigten** üb. die Leidensgeschichte Jesu. gr. 8. Neust. a. d. O. 805. 2e A. 808, 810. Wagner. 1 ß

— **Predigten** üb. d. Leidensgeschichte Jesu. gr. 8. Neust. a. d. Orla, Wagner. (Fr. Bruder in Lpz.) 808.

— Predigten für alle Sonn- u. Festtage des ganz. Jahres über die Evangelien. 2 Thle. gr. 8. Leipz. 794. 2e A. 798. N. A. 800. Baumgärtner. 2 Thlr. 12 gr.

— **Unterhaltungen** f. Christen a. d. Gesch. d. letzt. Stunden ihres Herrn. 8. Jena, Cuno. (Stahl.) 785. —

— Unterhaltungen f. Christen aus d. Geschichte der letzten Stunden ihres Herrn. 8. Jena 785. (Schmid). 18 gr.

— Versuch über langes Leben, als Belohnung christl. Frömmigkeit. 8. Jena 783.

— Vorschlag, das heurige Erndtefest zu einem Versöhnungsfeste zu machen. gr. 8. Jena 806. Frommann. 4 gr.

Schatter, Herm., wie selbst in gottentfremdeten Zeiten der Name des Herrn sich immerdar verherrliche. Predigt über Maleachi 1, 11. gehalten am Freitage nach dem 2. Adventsonnt. 1850 zu Neustadt a. d. Orla. 8. (15 S.) Neustadt a. d. Orla 850, Wagner. 2 ngr

Schatter, Johann Christlieb (Born/Anh.) A. S. 1205/15

Dissertatio inauguralis medico-chirurgica de fistula thoracis. Präs. Johann Juncker.
Halle (Hilliger) IV. 1736. 18 S.

Gew.: Ernst Peter Meuder.
W. v.: Präs. 30027

Schatter, Johann Christoph A. S. 141/14

Dissertatio inauguralis iuridica de anfractibus summarii qui dicitur processus.
Präs. Gottfried Ludwig Mencken.
Wittenberg (Kreusig) 15. VII. 1721. 20 S. 30028

Schatter, Jul., Encyclopädie unentbehrl. Kenntnisse f. Töchter aller Stände. Kurzgef. Weltgeschichte, Geographie, Mythologie, Naturgeschichte, Rechnenkunst u. deutsche Grammatik, nebst e. gründl. Anleit. Briefe zu schreiben u. and. vorkomm. schriftl. Aufsätze abzufassen, sammt Mustern von Briefen u. and. Aufsätzen. 2 Bde. 8. (..B.) Kaschau 837. [Pesth, Heckenast.]

Schatter, Jul., Encyclopädie unentbehrl. Kenntnisse f. Töchter aller Stände. Kurzgefaßte Weltgeschichte, Geographie, Mythologie, Naturgeschichte, Anthropologie (Lehre vom Menschen), Naturlehre, Rechenkunst, deutsche Grammatik u. Stylübungen. Zum Gebrauche für Mädchenschulen u. f. den Selbstunterricht. 2., verm. u. verb. Aufl. 16. (19¾ B., 1 Stnt. u. 1 ill. Kpfrt.) Pesth 844, Heckenast. (Leipzig, Geo. Wigand.) *

Schatter's, Jul., Encyclopädie unentbehrlicher Kenntnisse für Töchter aller Stände. Zum Gebrauche für Mädchenschulen und zur Selbstbelehrung. 2 Bde. 3., umgearb. Aufl. (Mit 2 ill. Karten und 1 ill. Kpfrt. in 4. und Fol.) 8. Pesth 854, Heckenast's Verlag. *

Inhalt:
Bd. 1. Geographie. Weltgeschichte. Mythologie. (X und 342 S.)
" 2. Naturgeschichte. Anthropologie. Naturlehre. Technologie. Rechnenkunst. Deutsche Sprachlehre. Abriß der deutschen Literaturgeschichte. (IV und 388 S.)

Schatter, Jul., Encyclopädie unentbehrlicher Kenntnisse für Töchter aller Stände. In 2 Bdn. 4., verb. Aufl. 8. Pest 860, Heckenast's Verlag. 1 Thlr. 20 Ngr.; geb.

Inhalt:
Bd. 1. Geographie, Weltgeschichte, Mythologie. (375 S. mit 3 ill. Karten.)
" 2. Naturgeschichte, Anthropologie, Technologie, Rechenkunst, deutsche Sprachlehre deutsche Literaturgeschichte. (407 S. mit vielen eingedr. Holzschn.)

Schatter's, Jul., Encyklopädie unentbehrlicher Kenntnisse f. Töchter aller Stände. Zum Gebrauche f. Mädchen-Schulen u. zur Selbstbelehrg. 5. verm. u. verb. Aufl. 1. u. 2. Bd. gr. 8. Preßburg 872. Heckenast. n. 8. —

1. Geographie. — Weltgeschichte. — Mythologie. Mit 3 illum. (lith.) Karten u. in den Text gedr. Abbildgn. (in Holzschn. (XV, 495 S.)

2. Naturgeschichte, Anthropologie. — Naturlehre. — Rechenkunst. — Deutsche Sprachlehre. — Literatur. — Kunstgeschichte. [Mit in den Text gedr. Abbildgn.] (XVI, 511 S.)

Schatter, Karl Gottfried

Schatter, Carl Gtfr., eine Ernte- u. Friedens-Predigt, am 16. Sonnt. n. Trinit. 1830 üb. Jes. 64, 1. gehalt. gr. 8 (1 B.) Neustadt a. d. O., Wagner.

—— der neue Krieg gegen d. alten zehen Gebote, od.: Ist's wohlgethan, den mosaischen Dekalog aus d. christl. Volksunterr. zu exterminiren? In Bezug auf den, v. ꝛc. D. H. Stephani f. uns. Zeit umgearbeit., kl. Katechismus D. Martin Luthers beantwortet. gr. 8. (3¼ B.) Neustadt a. d. O. 832, Wagner.

—— Predigt, am Tage nach d. Gewitter des 2. Aug. dies. J., als bei welchem d. Blitz in Thurm u. Kirche zu Neunhofen schlug, der ihrer Rettung frohen Gemeinde gehalt. Nebst Zugabe einiger Nachrichten, d. Kirche zu Neunhofen betreff. gr. 8. (2 B.) Neustadt a. d. O. 834, Wagner.

Schatter, C. G., das Predigtamt in der bewegten Zeit. Rede bei einer Prediger-Versammlung gehalt. gr. 8. (15 S.) Neustadt a. d. Orla 848, Wagner. 3 ngl

—— Predigten f. d. christl. Landmann auf alle 52 Wochen d. Jahres, nebst e. Anh. christl. Festpredigten. gr. 8. (61½ B.) Neustadt a. d. O. 834, Wagner.

Schatter, Carl Gtfr., Predigten f. d. christl. Landmann auf alle 52 Wochen d. Jahres, nebst e. Anh. christl. Fest- u. Gelegenheits-Predigten. 2., verb. u. verm. Ausg. gr. 8. (71 B.) Neustadt a. d. O. 836, Wagner.

Schatter, Carl Gottfr., Predigten f. den christl. Landmann auf alle 52 Wochen des Jahres, nebst e. Anhange christl. Fest- u. Gelegenheits-Predigten. 3., verb., mit e. Zugabe von 12 Predigten verm., u. nach Druck u. Format besond. zum Vorlesen in Landkirchen eingerichtete Ausg. 4. (77½ B.) Neustadt 846, Wagner. 2 Thlr. 15 Ngr. — Velinp. 3 Thlr. 5 Ngr. — Pracht-Ausg. in gepreßt. Lederbd. mit Goldschn.

—— sieben Predigten f. d. christl. Landmann ꝛc. gr. 8. (7 B.) Neustadt a. d. O. 838, Wagner.

Als d. Vermehrung d. vorstehenden 2. Ausg. v. dess. Predigten, f. d. Besitzer d. 1. Ausg., besond. abgedruckt.

— 12 Predigten, in d. Dorfkirchen zu Neuhofen u. Lausnitz gehalten, nebst einigen Casualreden. gr. 8. Neust. a. d. O. 822, Wagner. 18 gl

—— über d. Verhalten d. christl. Lehramtes der Auswanderungslust in dies. unserer Zeit gegenüber. Vorgetr. in e. Predigervereine. Nebst 3 aus d. Verf. Predigten f. d. christl. Landmann besond. abgedr., bezügl. Vorträgen. gr. 8. (5¼ B.) Neustadt a. d. O. 834, Wagner.

Schatter, Karl Gttfr., wie lieb u. werth uns unsere protestantisch-evangel. Kirche beim Hinblicke auf die deutsch-kathol. Gemeinschaft werde. Eine Predigt, gehalten am Reformations-Feste 1845. 8. Neustadt a. d. O. 845, Wagner. 3 ngl

—— christlicher Zuruf in der theuren Zeit. Eine Predigt im Frühjahr 1847 über 1. Thessal. 1, 4—7. gehalten. 8. (14 S.) Neustadt a. d. O. 847, Wagner.

Schattern, H. v., Etwas z. Verminder. d. Ruhrepidemie. 8. Bayreuth, Lübeck. 805.

Schätti, Hedw., Pater Damian, der Apostel der Aussätzigen auf Molokai. 2. Aufl. Mit 4 Abbildgn. u. e. Kärtchen. 8. (85 S.) Freiburg i/B. 899. Herder. n. — 80; geb. in Leinw. n. 1. 40

Schaetti, Hedw., Haagrosen. Erzählgn. 8. (V, 122 S.) Berlin 895. Buchh. d. Berliner Stadtmission. n. 1. — ; geb. n. 1. 80

— Hagebutten. Erzählgn. 8. (III, 126 S.) Berlin 898. U. Meyer. n. 1. 20; geb. n. 2. 20

— beim Lampenschein m. Mütterlein. Erzählgn. f. d. Jugend v. 10—14 Jahren. Mit 6 Orig.-Zeichngn. v. Meta Loewe u. 4 Orig.-Aquarellen v. K. Storch. 8. (215 S.) Berlin 896. Buchh. d. Berliner Stadtmission. Geb. in Leinw. n. 3. 50

— trotzig u. verzagt. Lebensgeschichte e. Frau aus d. Volke. 12. (52 S.) Basel 895. Kober. n. — 25

Schattieren, das, im Zeichenunterricht (v. Joh. Ehlers), s.: Zur Reform des Zeichenunterrichts. 3. Heft.

Schattierkunst, Die, nach optischen Gesetzen für Maler . . . Leipzig 1821. V: *Muhlert, Carl Frdr.* (EB)

Schattirkunst, die, nach optischen Gesetzen. A. u. d. T.: das Helldunkel in seinen ersten Gesetzen dargestellt. 8. Leipz. 821, Magazin f. Ind. u. Litt.

Schattierungen

Schattirungen. 1803. (IV, 857.) Kein Anonymon. *Zschokkes* Namen steht auf dem Titel dieses Originaldruckes. (DARP)

Schattierungen als Fortsetzung der Vignetten. Basel 1803. V: *Zschokke, Johann Heinrich Daniel.* (EE)

Schattirungen, als Forts. v. d. Vignetten, v. Hch. Zschokke, m. K. 8. Basel, Flick. 803.

Schattirkunst, s. Schattierkunst

Schattirungen, s. Schattierungen

Schattke, Adolf, Unterveterinär im Ulanen-Reg. No. 21: Aus d. physiol.-chem. Abt. d. physiol. Inst. d. Tierärztl. Hochsch. zu Dresden. Ein Beitrag zur Kenntnis der Magenverdauung des Pferdes bei normaler, bei den Militärpferden üblicher Fütterung. Dresden 1909: Köhler, Freiberg i. Sa. 50 S. 8°

Leipzig, Veterinär-Med. Diss. v. 13. Dez. 1909, Ref. Ellenberger

[Geb. 15. März 76 Muskau; Wohnort: Dresden; Staatsangeh.: Preußen; Vorbildung: Realgymn. Görlitz Reife M. 98; Studium: Dresden 8 S.; Coll. 18. Dez. 09; Approb. 10. Dez. 03.] [U 10. 3049

Schattmann, Alfr., Hektor Berlioz' grande ouverture du roi Lear u. ouverture Benvenuto Cellini, s. a. Musikführer.

Hektor Berlioz. Grande Ouverture du Roi Lear und Ouverture Benvenuto Cellini. Erl. von Alfred **Schattmann**. Berlin: Schlesinger [1908]. (15 S.) 8° [F. u. Ant.]

= **Musikführer**, Der. No 292.
(Schlesingersche Musik-Bibliothek.) 08. 10317

— Richard Strauß' Musikdramen, s.: Meisterführer. (Jordan, W.)

— Richard Strauß' Salome, s. a. Opernführer.

Salome. Musikdrama in 1 Aufz. nach Oscar Wilde's gleichnam. Dichtung von Richard Strauß. Dichtung erl. von Alfred **Schattmann**. Berlin: Schlesinger [1907]. (33 S.) 8° [F.]
= **Opernführer**. No 100.
(Schlesingersche Musik-Bibliothek.) [c8. 10344

— Jean Sibelius' Konzert f. Violine m. Orchester D moll, op. 47, s. a. Musikführer.

Jean Sibelius. Konzert für Violine mit Orchester Dmoll, op. 47. Erl. von Alfred **Schattmann**. Berlin: Schlesinger [1908]. (19 S.) 8° [F.]
= **Musikführer**, Der. No 342.
(Schlesingersche Musik-Bibliothek.) [08. 10323

Richard Strauss. Symphonia domestica, op. 53. Erl. von Alfred **Schattmann**. Berlin: Schlesinger [1908]. (20 S.) 8° [F.]
= **Musikführer**, Der. No 351.
(Schlesingersche Musik-Bibliothek.) [c8. 10323

— s.: Strauss', Richard, Symphonien u. Tondichtungen.

Schattmann, Willy, appr. Arzt a. Magdeburg: Trauma und Leukämie. Halle a. S. 1906: C. A. Kaemmerer & Co. (51 S.) 8°
Halle, Med. Fak., Ref. Eberth, Diss. v. 31. Okt. 1906
[Geb. 24. März 80 Magdeburg; Wohnort: Halle a. S.; Staatsangeh.: Preußen; Vorbildung: Dom-Gymn. Magdeburg Reife O. 00; Studium: Berlin 4, Heidelberg 3, Halle 4 S.; Coll. 25. Okt. 06; Approb. 26. Sept. 06.]

Schatullenprozeß, der, in Cöln. — Eine getreue Darstellung der Assisen-Verhandlung zu Cöln am 24. Nov. 1846, üb. den Kammergerichts-Assessor Felix Alex. Oppenheim aus Berlin, angeklagt des Diebstahls einer Schatulle u. der Vernichtung von gerichtl. Ueberführungsstücken. 8. (5½ B.) Düsseldorf 846, Stahl'sche Buchh. Thlr.

Schatullenprozeß, der, in Cöln. Eine getreue Darstellung der Assisen-Verhandlung zu Cöln am 24. Novbr. 1846 über den Kammerger.-Ass. F. Alex. Oppenheim aus Berlin ꝛc. 8. (88 S.) Düsseldorf 847, Stahl. ¼ ℛ

Schatz, der,. Lustsp. in 2 A. v. Lessing. 8. Wien, Wallishauser.

— der; Schäferspl. (v. Konr. Gli. Pfeffel). 8. Frankf. 761. Gebhardt u. K. 2 ℛ

Schatz, Der, ein Lustspiel in einem Aufzuge. Zelle 1764. V: *Lessing, Gotthold Ephraim.* (Less 43)

Schatz, der. Lstspl. 8. Nürnb. 768. Bauer u. R. 1 ℛ

— der,. Lustsp. 8. Nrnb. Raspe. 768.

Schatz, Der. [Berlin 1824.] V: *Bernstein, Caroline.* (GGr)

Schatz, der, aus Egypten, s. Liebhabertheater.

Schatz, der, im Brunnen oder die Entstehung der Pyrmonter Heilquellen. Ein Märchen von einer Freundin Pyrmonts. Hannover 870. Brandes. 16. (74 S.) cart. mit Goldschn. n. 15 ngr.

Schatz, Der, im Brunnen oder die Entstehung der Pyrmonter Heilquellen. Ein Märchen . . . Hannover 1874. V: *Müller, Anna.* (JStBbH)

Schatz, der, im Brunnen od. die Entstehung der Pyrmonter Heilquellen. Ein Märchen v. e. Freundin Pyrmonts. 2. Aufl. 16. (73 S.) Hannover 884. Brandes. cart. m. Goldschn. 1.50

Schatz, der, im Brunnen od. die Entstehg. der Pyrmonter Heilquellen. Ein Märchen v. ein. Freundin Pyrmonts (A. Güttich). 3. Aufl. gr. 16. (73 S.) Hannover (901). C. Brandes. Geb. in Leinw. n. 1.50

Schatz, Der, aus Egypten, s. Liebhabertheater.

Schatz d. Gesundheit u. d. Lebens od. Vorschläge sich gesund zu erhalten. 8. Hamburg, Herold. 730. Rthlr.

Schatz, die griechischen Götter u. die menschl. Missgeburten. Vortrag, geh. im Docentenverein der Universität Rostock am 3. V. 1901. gr. 8. (59 S. m. 62 Abbildgn.) Wiesbaden 901. J. F. Bergmann. n. 2.40

— angenehmer Historien. 2 Thle. 8. Nrnb. 731.

Schatz, der, v. Kermerel, s. a. Bibliothek für die reifere christliche Jugend.

Schatz, der, v. Kermerel. Erzählung aus der Schreckenszeit v. M. G. de H. Autoris. Uebersetzung. Mit einem Titelbilde (Stahlst.). 8. (343 S.) Regensburg 882. Manz. 2.40

Schatz des evangelischen Kirchengesangs im 1. Jahrh. der Reformation. Hrsg. unter Mitwirkung Mehrer von G. v. Tucher 1. Thl.: Liederbuch. A. u. d. T.: Kirchengesänge, Psalmen und geistl. Lieder Dr. Martin Luthers und andrer frommen Christen. Aus den besten evangel. Gesang- und Liederbüchern des 16. und 17. Jahrh. gesammelt und hrsg. 4. (XVI und 488 S.) Leipzig 848, Breitkopf und Härtel. Thlr.

—— dass. — 2. Thl.: Melodienbuch. A. u. d. T.: Melodien des evangel. Kirchengesangs im 1. Jahrh. der Reformation mit dazu vorhandenen Harmonisirungen dieser Periode. 4. (XXXIV und 452 S.) Ebds. 848.

— d., zu Mariazell. Wien, Wucherer.

Schatz, Der, zu Mariazell. Aus der Handschrift eines verstorbenen Schatzmeisters. O. O. 1786. 24 S. 8°. V: *Richter, Joseph.* (Bespr. Allgemeine Wiener Bücher-Nachrichten 1786, S. 179/180) (BiblPort) (Hans Viktor Pisk: Josef Richter. Diss. Wien 1927. S. 100—103)

Schatz, mein lieber! Ausführl. Liebesbriefsteller f. alle Vorkommnisse im Liebesleben. 8. (48 S.) Berlin 898. A. Weichert. — 25

Schatz, Der, von Piburg. Erzählung aus dem Ötztale von einem Alpenfreunde. Innsbruck 1905. V: *Pfaundler, Leopold.* (Margr)

Schatz, der, v. Piburg. Erzählung aus dem Oetztale v. e. Alpenfreunde. (92 S. m. Abbildgn.) 8. Innsbruck 905. Wagner. n. 1. —

—— poetischer, f. höhere Lehrinstitute. Nebst e. Erklärung der verschied. Dichtungsarten mit literar. Bemerkgn. u. histor. Andeutungen v. Otto Recke. 1. Thl. A. u. d. Ttl.: Mustersammlung auserlesener deutscher Dichtungen zur Pflege der Religiosität, z. Bildung des Geistes u. Herzens u. zur Veredlung declamator. Vortrags. Nach e. achtfachen Abstufung vom Leichtern zum Schwerern. 1. Thl. gr. 8. (25⅞ B.) Rostock 844, Leopold.*

Schatz. Der Sch' durch den Schatz. Biographie Hans Breidbachs . . s.a. U[steri], J[ohann] M[artin].

Schatz, Der, durch den Schatz. Biographie Hans Breidbachs des Goldschmidts von Freyburg . . . O. O. [1812]. H: *Usteri, Joh. Martin.* (GGr) (Cat. d. Stadtbibl. Zürich. Zürich 1864—97.)

Schatz, der verborgene, in der armen Hütte. 64. (14 S.) Carlsruhe 875. (Barmen, Klein.)

— der vergrabene,. Lustsp. v. Destouches. 8. Berl. Himburg. 772.

— der versteckte,. Lustsp. v. Destouches. 8. Frkf. Andreä. 768.

— deutscher Volkserzählungen. 1—10. Bdchn. 8. Wolfenbüttel 873—76. Zwißler. n. 9. 60

1. Der Trutenbaum. Eine Geschichte aus dem 30jähr. Kriege v. K. Trebitz. (144 S.) n. 1. 20
2. 3. Vater u. Sohn. Eine oberfränk. Dorfgeschichte v. Heinr. Schaumberger. (224 S.) n. 2. —
4. Meister Martin der Küfner u. seine Gesellen. Erzählg. v. E. Th. A. Hofmann. (73 S.) n. — 80
5. Michael Kohlhaas. Historische Erzählg. von Heinr. v. Kleist. (124 S.) n. — 80
6. Die Revolution in Filzheim. Fürs Volk erzählt v. Josias Nordheim. (122 S.) n. 1. —
7. 8. Das Trudchen v. Pöllitz. Eine Erzählg. aus dem dreißigjähr. Kriege v. Armin Stein. (228 S.) n. 2. —
9. Die Potsdamer Hanne. Volksthümliche Erzählg. aus der guten alten Zeit d. Wanderns v. Frieda Francesco. (71 S.) n. — 80
10. Meister Jerdan od. Handwerk hat goldenen Boden. Eine Erzählg. v. Heinr. Zschokke. (148 S.) n. 1. —

Schatz, Der, in der Waldburg, eine moralische Novelle . . . Baireuth 1798. V: *Feldhahn, Charlotte geb. Baumann.* (schl) (MGT) »1799« (Ky)

Schatz, d. in d. Waldburg; e. moral. Novelle f. Töchter a. d. höh. Ständen. 8. Bayr. Lübeck. 799.

— der, war gehoben. Lustspiel v. Vulpius. gr. 8. Lingen, Jülicher. 793.

Schatz, Adelgott (Hrsg.), s. Antheil, Der deutsche, des Bisthums Trient. Bd. 3

Schatz, Adelgott, der deutsche Antheil des Bisth. Trient, s.: Atz, Karl.

Schatz, Adelgott: Franz Eberhöfer von Martell, genannt der Lateiner. Ein Lebens- und Culturbild aus den Tiroler Bergen. 8 (S. 3—56, 1 Abb.).
Progr. K. k. Ober-G. *Meran* 1896.

*Schatz, Adelgott: Entwurf zu einer Kirchengeschichte für Gymnasien. I. S. 3—16. 8. (Fortsetzung.) S. 17—64. 8.
Progr. K. k. Ober-Gymn. *Meran* 1902. 1903

— kirchliche u. politische Ereignisse in Tirol unter der bairischen Regierung. Nach schriftl. Aufzeichngn. des Marteller Frühmessers Josef Eberhöfer. 2. Aufl. Mit dem Bildnisse des Regens G. Purtscher. 8. (162 S.) Innsbruck 901. Vereins-Buchh. u. Buchdr. n. 2. —

*—: Grundlinien zu einer Apologetik für die fünfte Gymnasialklasse. VIII, 52 S. 8. Progr. K. k. Ober-Gymn. *Meran* 1905

*Schatz, Adelgott: Katalog der Lehrer-Bibliothek. S. 3—40. 8. Fortsetzung. S. 41—56. 8. K. k. Ober-Gymn. *Meran* 1901. 1902.
Progr.

— Lehrbuch der katholischen Religion f. Obergymnasien. 1. Tl.: Die Wahrheit der kathol. Kirche. (XI, 142 S.) 8. Graz 907. Styria. Geb. n. 1. 70

— Lehrbuch der kathol. Religion f. Obergymnasien. 2.—4. Tl. 8. Graz, Styria. Geb. nn 6, 50

2. Die kathol. Glaubenslehre. (V, 209 S.) 908. Geb. nn 2. —
3. Die kathol. Sittenlehre. (VI, 176 S.) 908. Geb. nn 2. —
4. Geschichte der kathol. Kirche. (VII, 312 S. u. 16 S. Abb.) 910. Geb. nn 2. 50

— das Thal Passeier u. seine Bewohner, s.: Weber, Beda.

Schatz, P.A.: Die deutschen Seelsorgen in den italienischen Dekanaten und Landesteilen der Diözese Trient. s.a. Atz, Karl

Schatz, Adelgott und Karl Atz: Die deutschen Seelsorgen in den italienischen Dekanaten und Landesteilen der Diözese Trient. Bozen 1910: Auer. 153 S.

Illustrierter Separatabdruck aus dem 5. Bd. des Werkes der beiden Verfasser: Der deutsche Anteil des Bistums Trient. Topographisch, historisch, statistisch und archäologisch beschrieben. 5 Bde. 1902—1910.

Schatz, Adelgott: Tirolensien-Bibliothek des Herrn Dr. Franz Innerhofer. 8 (41 S.). Progr. K. k. Ober-G. *Meran* 1899.

Schatz, Caesar, und Geo. Pietsch, die allgemeine deutsche Burschenschaft, die Burschenschaften der Jetztzeit und die Reformbewegung. 8. (31 S.) Breslau 879, Hirt'sche Sortimentsb. *

Schatz, Chrstn. Gtfr., Anweisung, wie d. Schaf- od. Hammel-Därme bearbeitet werden müssen, wenn sie zu Darmsaiten brauchbar sein sollen. 12. (½ B. u. 1 Stnt. 4.) Nürnberg 834, (Leuchs u. Comp.)

Schatz, Desiderius, Dir. d. Höheren Webschule zu Zittau i. S.: Einfluss der Appretur auf die physikalischen Eigenschaften eines halbwollenen Gewebes. 1902. 84 S. 8⁰ ¶ Aus: Zeitschrift f. d. ges. Textilindustrie. Jg. 5. 6. 1901/02. 02/03.
Braunschweig, Dr.-Ing.-Diss. v. 20. 3. 1902

Schatz, Desider., Seidenzucht u. Seidenindustrie in Ungarn. gr. 4. (3 S.) Leipzig-R. (900). L. A. Klepzig. 1.20

— der Torf als Spinn- u. Webstoff. gr. 4. (8 S. m. Fig.) Ebd. (899). 2. 40
Sonderabdrucke aus: „Zeitschr. f. d. ges. Textil-Industrie".

Schatz, E., Reactions-Schema für die qualitative Analyse zum Gebrauche für chemische Laboratorien zusammengestellt. 1 Blatt. Lithogr. und color. Fol. Berlin 860, Hirschwald. In Umschlag *

Schatz, E., Reactions-Schema für die qualitative Analyse zum Gebrauche für chemische Laboratorien zusammengestellt. 1 Blatt. Lith. u. color. Berlin 870. A. Hirschwald. Fol. In Umschlag n. 15 *ngr.*

Schatz, E., exotische Schmetterlinge, s.: Staudinger, O.

Schatz, Eman., Hannover's Sehenswürdigkeiten, Gasthöfe, Vergnügungsorte, Café's 2c. nebst Eisenbahn-Fahrplan, Postbericht und Droschken. Hannover 853. Pockwitz. 32. (64 S.) 2½ *ngr.*

Schatz, Ernst, a. Greußen: Verkehrsgeographische Betrachtungen über Wasserwege und Eisenbahnen im rechtsrheinischen Süddeutschland. Sondershausen 1907: F. A. Eupel. (61 S.) 8°
Jena, Phil. Fak., Ref. Dove, Diss. v. 7. Mai 1907
[Geb. 12. Aug. 83 Greußen; Wohnort: Jena; Staatsangeh.: Schwarzburg-Sondershausen; Vorbildung: Realgymn. Eisenach Reife O. 01; Studium: Leipzig 2, Jena 6 S.; Rig. 22. Febr. 07.]

Schatz, Ernst, pract. Arzt aus Tilsit Ostpr.: Aus d. Ambulatorium d. Herrn Dr. Gerber, Privatdozenten f. Laryngologie u. Rhinologie in Königsberg i. Pr. Über occulte Tuberkulose des Nasenrachenraums. *Tilsit (1899): O. v. Mauderode.* (35 S.) 8°
Leipzig, Med. Diss. v. 16. Jan. 1899
(Nur in beschränkter Zahl für den Austausch)

Schatz, Eugen, aus Johanns-Rohrbach (Lothringen): Aus d. chirurg. Klinik d. Universität Bonn. Die Resultate der operativen Behandlung der Rectumcarcinome. *Bonn 1898: C. Georgi.* (46 S.) 8°
Bonn, Med. Diss. v. [27.] Juli 1898

Schatz, Franz (geb. am 14 Sept. 1855 in Wipperfürth): Ueber das Grundgesetz der Elektrodynamik ... Cöln, Druck v. Th. Quos (1880). 47 S., 2 Bl. 8.
Bonn, Phil. Fak., Diss. v. 17 März 1880

Schatz, Friedrich: Die Acardii und ihre Verwandten. *Berlin: A. Hirschwald 1898.* (62 S.) 8°
Rostock, Gratulationsschr. d. med. Fak. f. Th. Thierfelder 1898

Schatz, Frdr., die Acardii u. ihre Verwandten Gratulationsschrift, ihrem Senior Herrn Geheimen Ober-Medicinalrath Professor Dr. Theodor Thierfelder zum 22. IV. 1898, d. Tage s. 50jähr. Doctorjubiläums, in Hochschätzg. u. Verehrg. dargebracht v. d. medicin. Facultät d. Universität Rostock. gr. 8 (62 S.) Berlin 898. A. Hirschwald. n. 2.

Schatz, Friedr., Allgemeinbildung und Sonderbildung in Deutschland. Rectoratsrede, zur Feier des Geburtstages Sr. königl. Hoh. des Grossherzogs von Mecklenburg-Schwerin am 28. Febr. 1881 gehalten in der Aula der Universität zu Rostock. gr. 8. (26 S.) Rostock 881, Stiller'sche Hofbuchh. *

Schatz, Frdr., klinische Beiträge zur Physiologie des Fötus. 1. Bd. m. 34 Taf. Die Gefässverbindungen der Placentakreisläufe eineiiger Zwillinge, ihre Entwicklg. u. ihre Folgen, einschliesslich der Lehre v. der Placentabildg. überhaupt u. einschliesslich der Lehre v. den Acardiis u. ihren Verwandten. gr. 8. (711 S.) Berlin 900. A. Hirschwald. n. 40. —
Sonderadruck aus: „Archiv f. Gynäkologie".

Klinische Beiträge zur Physiologie der Schwangerschaft. Von Prof. Dr. Friedrich **Schatz** in Rostock. Hälfte 1. 2. Leipzig: J. A. Barth in Komm. 19(04–)10. 8°
Hälfte 1 erschien u. d. T.: Wann tritt die Geburt ein? in: Archiv f. Gynaekologie. Bd 72. 80. 84–87. (10. 12635

Schatz, Frdr., klinische Beiträge zur Physiologie der Schwangerschaft. Inhalt: Wann tritt die Geburt ein? Construction der Schwangerschaftsdauer, Vorausbestimmg. des Tages der Geburt u. nachträgl. Bestimmg. des Erzeugers. 2. Hälfte. (XVI u. S. 437—748 m. 126 Kurven.) gr. 8. Leipzig 910. J. A. Barth. 10. —
Die 1. Hälfte ist im „Archiv f. Gynäkologie" enthalten.

— Menstruelle u. menstruationsähnliche Blutungen nach der Empfängnis u. nach der Entbindung — in der ersten Zeit der Schwangerschaft u. des Wochenbettes, s.: Sammlung klinischer Vorträge.

Menstruelle und menstruationsähnliche Blutungen nach der Empfängnis und nach der Entbindung – in der ersten Zeit der Schwangerschaft und des Wochenbettes. Von Prof. Friedrich **Schatz**, Rostock. Leipzig: Barth 1900. 32 S. 8° [Umschlagt.]
(Sammlung Klinischer Vorträge. N. F. Nr 518.) (00. 4113

JUBEL-FESTGRUSS UND ERINNERUNGSGABE den **hochwillkommenen zur gynaekologischen** Section der **45. Versammlung deutscher Naturforscher und Aerzte zu Leipzig** vom 12. bis 17. **August 1872 vereinigten Fachgenossen dargebracht** von der **Gesellschaft für Geburtshülfe zu Leipzig. (Enthält:** FRIEDRICH SCHATZ: Die **Druckverhältnisse** im Unterleibe des nicht **belasteten** und die Bauchpresse nicht willkürlich **anstrengenden Menschen.** — C. G. LEOPOLD: **Ueber ein schrägverengtes** rachitisches Becken.) (Mit 1 Tafel Abbildungen.) s. l. & a. (Leipzig. Druck von A. Th. Engelhardt.) 8⁰.

— Entwurf einer Hebammen-Ordnung für das Grossherzogth. Mecklenburg-Schwerin. gr. 8. (IV, 104 S.) Rostock 883, Werther's Verlag. *

Schatz, Frdr., der Geburtsmechanismus der Kopfendlagen nach zum grossen Theil neuen Anschauungen dargestellt. Mit 15 in den Text gedr. Holzschn. Leipzig 868. O. Wigand. 8. (IV, 75 S.) n. 12 *ngr.*

Die griechischen Götter und die menschlichen Missgeburten. Vortrag geh. im Docentenverein d. Univ. Rostock 1901 von Prof. Dr. [Friedrich] **Schatz**. Mit 62 Abb. *Wiesbaden: J. F. Bergmann 1901.* (54 S.) 8°

'Der Fall Schatz'. Meine Rechtfertigung vor meinen Kollegen, Schülern, Freunden u. Bekannten. Von Geh. Med.R. Prof. Dr. [Friedrich] **Schatz**. [1.] (Wismar) 1906: (Eberhardt). 8° [F.] (08. 17305 7

Schatz, Georg

s. Alexis, oder das Hüttchen im Walde.

BLUMEN auf den Altar der Grazien (von *Georg Schatz*). Mit Titelkpf. Leipzig, Dyk, 1787. Kl. 8⁰. (Im British Museum; auch in Warmbrunn.)
Anon.-Lex. I. p. 248 (nach Meusel, v. Maltzahn u. Jördens).

– s. Pt. Camper, Vorlesungen.

s. Cazotte, moral. Erzähll.

s. B. Franklin, Schriften.

s. H. Home, Grundsätze d. Kritik.

s. Mallet du Pan, üb. die französ. Revolution.

s. Mercier, Erscheinungen u. Träume.

s.a. Schilderungen d. französ. Generale.

Schatz, G.: Schilderung der französischen Generale, die während des siebenjährigen Kriegs in Deutschland gedient haben. s. l. (Leipzig) 1791. 1.50.

s.a. Thurm, der, von S.

Der Thurm von Samarah. Eine warnende Geschichte für Astrologen, Zeichendeuter, Magier und alle Liebhaber geheimer Wissenschaften. [Von G. **Schatz.**] Aus d. Arab. Leipzig: Dyk 1788. 253 S. 8°
TB.

Schatz, H: Preisliste über Patent-Blechscheeren für Hand- und Motorbetrieb. Weingarten (Württ.) 1896

Schatz, H: Preisverzeichnis der Werkzeugmaschinenfabrik. Weingarten (Württ.) 1896

Schatz, Hans: Stimmungen und affekte in Murners dichtungen. Kiel 1909: Jebens. 162 S. 8°
Kiel, Phil. Diss. v. 23. April 1909, Ref. Kauffmann
[Geb. 13. Nov. 84 Dom-Brandenburg; Wohnort: Dom-Brandenburg; Staatsangeh.: Preußen; Vorbildung: Realgymn. Brandenburg a. H. Reife O. 03; Studium: Berlin 5, Kiel 6 S.; Rig. 31. Okt. 08.] [U 09. 2336

Schatz, Hugo

— Goldene Brücke zwischen Elternhaus u. Schule. Ganz leicht verständl. schulgerechte Behandlg. des nach Schulwochen gegliederten Lehrstoffes bis Sexta f. die Hand der Eltern u. Erzieher. (IV, 320 S.) 8. Berlin 911. E. Cronbach. 4.50; geb. 5.50

Schatz, Hugo, was ihm vergilbte Blätter dann verrieten —. Roman. (III, 312 S.) 8. Berlin 908. F. Neumann. 3.—; geb. 4.—

LAURA oder (zahme) Briefe einiger Frauenzimmer in der Französischen Schweiz (verfasst von *Joh. Georg Schatz*) . . . . Leipzig 1788—89.
Anon.-Lex. III. p. 12 (nach Meusel u. Kayser).

Schatz, Johann Jakob

— Abriß d. Sächs., Thüring. und Hess. Historie. 8. Jena, Buch. (Fritsch in Lpz.) 734.

— kurzer Abriß d. Historie d. alt. u. N. Testaments sammt d. Kaiserhistorie neuen Testaments. 8. Wien, Beck. 749.

— Anfangsgr. d. Geographie. 8. Wien, Krauß. 766.

— Anweis. z. Oratorie od. Beredsamkeit. 8. Jena, Cröcker. 734.

Schatz, Jh. Jak. I., († d. 27. Dec. 1760.) Atlas Homannianus illustratus, od. geograph. Erklärung desselben, nach Jh. Hübners Methode, illum. Homann. Universalkarten. 3 Thle. 8. Eisenach 736, 37. Neue Aufl. v. Jh. Joach. Schwabe. 8. Ebd. 746. 4e A. 753. Neue verm. A. 763. (Bärecke). 1 ₰ 16 g/

— Atlas Homannianus illustratus, od. geograph. Erklärung d. n. Joh. Hübners Methode illum. Homann. Universalcharten. 5 Thle. 8. Eisenach, Wittekind. 763.

— Ausz. a. d. Antiquit. d. Montfaucon, m. K. Fol. Nrnb. 757.

s. Cafardo.

s. Caraccioli, Briefe.

— Dictionnaire français et allemand et allem.-français. II Vols. gr. 8. Augsb. 795. v. Jenisch u. St. 2 ₰ 12 g/

Schatz, J. J., Dictionnaire français et allemand et allem.-français. 2 Vol. gr. 8. Augsb. Stage. 795. (à 2 Rthlr. 12 gr.)

Schatz, Joh. Ja., Einleitung in die römischen Antiquitäten. 8. Büdingen, Stöhr. 757.

— Einleit. in die alte u. neue Kaiserhistorie. 8. Frankf. a. M. 756. Raspe. 6 g/

— Examen geographicum, d. i. Fragen aus der Geographie, deren Beantwort. aus jedem wohleingericht. geograph. Systeme mag genommen werden 2c. 8. Wien 750. (Beck.) 3 g/ Neue Aufl. 8. Leipz. 766. (Wien, Krauß). 1 ₰

— Examen historicum. 8. Strassb. 750. Schmidt. 3 g/

— Fragen aus d. Historia Universali. 8. Wien, Beck. 750.

Schatz, Jh. Jak., Geschichte des Herrn von Donnerfeld. 8. Augsb. 783. v. Jenisch u. St. 16 g/

s.a. Graf, der entlarvte.

— Graf.
§ — . Der entlarvte, oder ausserordentliche Geschichte der Fraulein Theodora von ***, in welcher eine Menge der listigsten Streiche derselben, und die verschiedene Rollen, so sie in Europa gespielet, von ihr selbst authentisch erzehlet werden (von *Joh. Jac. Schatz*, 1726–1804). Cöln, bey Peter Marteau (Ulm, Bartholomai, nicht Berlin), 1763. 8°.
151 S. (incl. Tit. u. 1 Bl.) Ziemlich zahm.
Dasselbe. Neue Auflage. Ebd. 1764. 8°.
Anon.-Lex. II. p. 235 (nach Kayser, Meusel, Hayn u. Weller).

— auserles. deutsch-französ. u. italien. Handelsbriefe. 8. Augsb. u. Memming. 764.

s. Jard, Predigten.

— Kern der Geographie, mit dem Examine geographico. 8. Straßb. 749. N. Aufl. 8. Leipz. 766. Verbess. Aufl. (v. Jh. J. Schwabe). 8. Rostock 776. (Stiller). 10 g/ — Dass. verbess. u. verm. von F. W. v. Taube. 8. Wien 776; auch 784. Krauß. 10 g/

Schatz, Johann Jacob. Kern der Geographie, nebst dem Examine geographico. . . . Rostock 1775. H: *Schwabe, Johann Joachim.* (ML) »1776« (Ky)

— Kern der Geographie m. d. Examine geographico. 4. Rostock, Koppe. (Stiller.) 776.

— — dasselbe. 8. Basel, Haas d. Sohn. (Thurneisen.) 780.

— franz. Langius od. erleicht. franz. Grammat. n. Lange einger. 8. Frkf. 746.

— vollständ. Lexicon Cornelianum. 8. Naumburg, Wittekind. 734.

s. Liebhaberin d. Tugend.

s. Lotteriespielerin, die.

— gründliche Methode d. Kindern d. Lesen und Schreiben bald bey zubringen, m. Figuren. 8. Büdingen, Stöhr. 725.

— s. de Montfaucon, antiquitates graecae.

— der wahre Nutz des Vaterlandes. 8. Augsb. 768.

— phraseologia Terentiana. 8. Büding. Stöhr. 728.

— phrases ex orationibus Ciceronis. 8. ibid. 729.

— phrases selectiores ex Ciceronis epistolis ad familiares, deutsch u. lateinisch. 8. Ebend. 729.

— Raccolta di novelle morali vere interessanti ed istruttive. 8. ibid. 794. –

Schatz, Jh. Jak. II., († d. 30. März 1804.) Samml. neuer moral. wahrhafter u. lehrr. Begebenheiten in italien. Sprache, mit deutschen Anmerkk., oder: Raccolta di novelle morali vere interessanti et istruttive. 8. Augsb. 788. N. A. 794. v. Jenisch u. St. 12 gr.

— Samml. der neuesten u. auserles. Kaufmanns- u. a. Briefe in deutscher, französ. u. italien. Sprache. 8. Augsb. ... 6e A. 792. v. Jenisch u. St. 16 gr.

— Samml. der auserlesenst. Redensarten, welche in Ovid tristia enthalten sind. 8. Nürnb. 753. Bauer u. R. 4 gr.

— Samml. der besten ausgesucht. u. gebräuchl. französ. Redensarten, oder: Recueil des phrases, sentences et proverbes françaises les plus choisis et les plus usités. 2e verb. Aufl. 8. Augsb. 794. v. Jenisch u. St. 6 gr.

s. Tänzerin, die.

— Versuch e. Anweis. zur deutschen u. latein. Orthographie. 8. Straßb. 755. Schmidt. 6 gr.

— Versuch e. geogr. Lection. 8. Jena, Cröcker. 734.

s. Weltgeschichte, allgem., d. Begebenheit.

— deutsch-französisch-italien. Wörterbuch. gr. 8. Augsb. 766. Mett. 20 gr.

— neues deutsch. u. franz. Wörterbuch, s. dessen Dictionnaire français etc.

s. Zigeunerin, die schöne.

Schatz, Johann Karl (Strassburg) A. S. 99/8

De iure utendi leuterationis vel simili remedio suspensivo si adpellationi renunciatum est dissertatio iuridica. Präs. Christian Heinrich Eckhard.
Jena (Ritter) 31. VII. 1745. 42 S. 30029

Schatz (Joseph), altbairische Grammatik, s. a. Grammatiken der althochdeutschen Dialekte. I.

Altbairische Grammatik. Laut- u. Flexionslehre von Dr. J[osef] **Schatz**, Prof. Göttingen: Vandenhoeck & Ruprecht 1907. (VI, 183 S.) 8°
= **Grammatiken** d. althochdeutschen Dialekte. Bd 1. [07. 17108

Schatz, Jos., d. Mundart v. Imst. Laut- u. Flexionslehre. M. Unterstützg. d. kaiserl. Akad. d. Wiss. in Wien. gr. 8. (XIII, 179 S.) Strassburg 897. K. J. Trübner, Verl. n. 4. 50

Schatz, Max, aus Friedrichstadt, Russland: Zur Nationalitätenfrage. Riga 1910. 103 S. 8°.
Bern. Jur. Diss. 1909/10.

Schatz, Max. Zur Nationalitätenfrage. Diss. Jur. Bern. 103 S. 8. Riga, Schnakenburg. 1910.

Schatz, P. A., s. Schatz, Adelgott

Schatz, P. O., Norma legalis s. lib. decretal. Gregor IX. gr. 4. Salzb. Mayr. 740.

Schatz, Richard, a. Dresden: J.-J. Rousseaus Einfluß auf Robespierre. Borna-Leipzig 1905: R. Noske. (81 S.) 8° [J.]
Leipzig, Phil. Fak., Ref. Brandenburg, Lamprecht, Diss. v. 26. Sept. 1905
[Geb. 23. Febr. 82 Dresden; Wohnort: Dresden; Staatsangeh.: Sachsen; Vorbildung: Wettiner Gymn. Dresden Reife O. 01; Studium: Leipzig 5, Grenoble 1, Leipzig 2 S.; Rig 13. Juni 05.]

Schatz, Rudolf, approb. Arzt aus Dresden: Ein Fall von multipler Gangraen der Milz bei Septicopyaemie. *Würzburg 1901: A. Boegler.* (25 S.) 8°
Würzburg, Med. Diss. v. 1901

Schatz, Walter, Referendar: Irrtum und arglistige Täuschung bei Verkehrsgeschäften. Rostock 1908: Adler. X, 91 S. 8°
Rostock, Jur. Diss. v. 1. Sept. 1908, Ref. Bernhöft
(Nicht für den Austausch)
[Geb. 27. Sept. 82 Rostock; Wohnort: Rostock; Staatsangeh.: Mecklenburg-Schwerin; Vorbildung: Gymn. Rostock Reife O. 03; Studium: München 2, Rostock 1, Berlin 1, Rostock 2 S.; Rig. 29. Juni 08.] [U 09. 3093

Schatz, Guilielmus: De auguribus Romanorum.
Halle-Wittenberg, Phil. Diss. v. 5. Juli 1824
Geb. [Wanzleben bei Magdeburg 15. 1. 1802]
Ms. fehlt.

Schatz, Wilh., incerti auctoris saec. XIII. Chronicon Halberstadense, inde ab a. 780. usque ad a. 1209. A. d. halberstädtischen Handschrift hrsg. gr. 4. ($11\frac{3}{4}$ B.) Halberstadt 839, Lindequist u. Schönrock.

—— Flora Halberstadensis excursoria, od. Uebersicht d. um Halberstadt wildwachs. sichtb. blüh. Pflanzen u. Farn. N. d. Sexualsystem mit Angabe d. Standorte u. d. Blüthezeit geordnet. Mit e. geognost. Beschreib. d. Umgegend v. Halberstadt v. Carl Jäger. 12. (6 B.) Halberstadt 839, Lindequist u. Schönrock. *

Schatz, Wilh., Flora von Halberstadt oder die Phanerogamen und Farn des Bode- und Ilsegebietes mit besond. Berücksicht. der Flora Magdeburgs. gr. 12. (XXVIII und 319 S.) Halberstadt 854, Frantz. *

Schatz, Wilh. Der Kaland. Ein Gedicht des dreizehnten Jahrhunderts vom Pfaffen Konemann, Priester zu Dingelstedt am Huy. In Auszügen mitgetheilt. 25 S.
Halberstadt, Progr. 1851

Schatz, Willy: Beiträge zur Biologie der Mycorhizen. Weida i. Th. 1910: Thomas & Hubert. 68 S. 8°
Jena, Phil. Diss. v. 11. Aug. 1910, Ref. Stahl
[Geb. 14. Jan. 84 Greußen; Wohnort: Greußen; Staatsangeh.: Schwarzburg-Sondershausen; Vorbildung: Realgymn. Arnstadt bis M. 99. Disp. v. 25. Jan. 10; Studium: Jena 6 S.; Rig. 7. Febr. 10.] [U 10. 2369

Schätz, Jos., Denksprüche f. sämmtliche Klassen der katholischen Volksschule. Aehrenlese u. freundliche Gabe. Mittelklasse, Oberklasse u. Unterklasse. 8. Regensburg 871. Pustet. n. — 65
Mittelklasse. (44 S.) n. — 20; — Oberklasse. (68 S.) n. — 30; Unterklasse. (32 S.) — 15

Schätz, Jos., Lese-, Lehr- und Uebungsbuch für sämmtliche Klassen der Volksschule. (Unterklasse.) 1. Schuljahr. 1. Abthl. 8. Aufl. und 2. Abthl. 6. Aufl. 8. (à Abthl. 48 S.) Regensburg 864, Pustet. à Abthl. * 1 Ngr. *
cart. à Abthl. * 1½ Ngr. *

—— dass. — (Mittelklasse.) 3. Schuljahr. 2. Aufl. 8. (192 S.) Ebendas. 863. * 4 Ngr.; cart. *

—— dass. — (Mittelklasse.) 4. Schuljahr. 2. Aufl. 8. (279 S.) Ebendas. 863. * 6 Ngr.; cart. *

—— dass. — (Oberklasse.) 5. Schuljahr. 8. (327 S.) Ebendas. 862. * 8 Ngr.; cart. *

—— dass. — (Oberklasse.) 6. Schuljahr. 8. (875 S.) Ebendas. 862. * 10 Ngr.; cart. *

—— dass. — (Unterklasse.) 2. Schuljahr. 3. Aufl. 8. (128 S.) Ebendas. 863. * 3 Ngr.; cart. *

— Lese-, Lehr- und Uebungsbuch für Schulen mit allen Jahrgängen unter einem Lehrer. [Ungetheilte Schule.] Unterklasse. 1. Schuljahr. Ebend. 864. 8. (52 S. mit Holzschn.) n. 2 ngr

—— dass. — Oberklasse. 8. (554 S.) Ebendas. 868. geb. -

Schätz, Jos., Lese-, Lehr- u. Uebungsbuch für Schulen mit allen Jahrgängen unter einem Lehrer. (Ungetheilte Schule.) Ausg. ohne Illustr. Mittelschule. Regensburg 868. Pustet. 8. (304 S.) geb. n. 7 ngr

—— 22 Schul-Wandtafeln zum Lese-, Lehr- und Uebungsbuch für sämmtliche Klassen der Volksschule. Imp.-Fol. Regensburg 864, Pustet. *

—— Wand-Tafel zum Uebersetzen der Druckschrift in die Currentschrift. Imp.-Fol. Regensburg 864, Pustet. *

Schatzberg, Dorst v., s. Dorst v. Schatzberg.

Schatzberg, J., neues method. Rechenbuch. 2 Thle. 8. Wien 797. Schaumburg. 1 ß 8 gl

v. Schatzberg, L., siehe: Dorst v. Schatzberg, L.

Schatzbuch der Romane. 20 Hefte. Neue [Titel-] Ausg. gr. 8. Lpz. 892, [Herrmann sen.] A. Bergmann. à Heft — 10; 2 —
Ein tiefes Geheimniß. Von Ed. Werner. — Erlöst. Roman von B. v. der Lancken. — Sturm vor der Hochzeit. Eine tragikom. Liebesgeschichte von Chr. Ruths. — Sein eigner Verräter. Roman von Th. Almar. — Der Flötenspieler v. Bornim. Von L. v. Sacher-Masoch. — Hand u. Ring. Roman aus dem Engl. von Anna Katherina Green. (480 S. m. 3 Bildern.)
Die erste Ausg. erschien u. d. T.: Hausbuch, deutsches, und u. d. T.: Weißbach, Herm. Deutsches Hausbuch, im Verlage von Weißbach in Weimar.

Schätze

— die nicht veralten. Für Freunde des Lichts u. des Rechts u. der wahren Prophezeihung zur dauerhaften Freiheit. Gesammelt aus dem Nachlasse christlicher, wahre Freiheit liebender Männer. Lex. 8. (276 S.) Solingen 850, Pfeiffer. n. ½ ß

Schätze, die, des Erdreichs, siehe: Wochenbände.

Schätze, die, d. Goethe-National-Museums in Weimar. 60 photogr. Aufnahmen nach den Originalen in Lichtdruck. Einleitung u. erläut. Text v. C. Ruland. Mit höchster Genehmigung im Auftrage d. grossherzogl. Staatsministeriums unter Leitg. der Direction hrsg. v. L. Hold. 10 Lfgn. Fol. (à 6 Taf.; m. zus. 46 S. Text.) Leipzig 887. 888. Titzo. à n. 3. — (cplt. in Mappe: n. 35. —)

Schätze der mittelalterlichen Kunst aus Salzburg und seinen Angrenzungen („Auszug aus: das Herzogthum Salzburg und seine Angrenzungen"). 16 Hefte. 1. Heft. Salzburg. 1848. Fol.

Schätze aus den Schriften des heil. Augustinus. Zu Andachtsübungen u. zur Erbauung gewählt u. herausgeg. von Al. A. Waibel. 8. Augsburg 824, (Leipz., Herbig.)

Schätze, unverwesl., f. d. Menschheit, od. Anweis. w. s. d. Mensch in allen Ereignissen zu verhalten. 8. Gratz, Kienrich. (Reinicke in Leipz.) 793.

— die, der Welt, in gemüthlicher Rede dem deutschen Volke zugänglich gemacht von einem Vereine deutscher Gelehrten. Eine Schrift zur Bildung u. Ergötzung f. Jung u. Alt. Herausg.: Frz. Hartmann. 1—3. Hft. gr. 8. (184 S.) Berlin 847, Eubilia. (à ⅙ ß) ½ ß

Schaetzel, G., Motor-Posten. Technik u. Leistungsfähigkeit der heut. Selbstfahrersysteme u. deren Verwendbarkeit im öffentl. Verkehr. gr. 8. (III, 84 S. m. Abbildgn.) München 901. R. Oldenbourg. n. 2. —

[F.] **Schaetzel**, Georg [Rechtspraktikant aus Höchstadt a/A.]: Der Schutz des Mieters gegen Vermieter und Dritte ... München, J. Schweitzer, 1896; 2 Bl., 41 S. 8.
Erlangen, Jur. Fak., Inaug.-Diss. v. 1896

Schaetzel, Geo., der Schutz d. Mieters gegen Vermieter u. Dritte nach gelt. Rechte m. Berücksicht. des bürgerl. Gesetzbuches f. d. Deutsche Reich. gr. 8. (41 S.) München 896. J. Schweitzer, Verl. n. 1. 20

Schaetzel, Henri, traitement des otites moyennes chroniques par la pilocarpine en injections dans la caise du tympan. Diss. gr. 8. (64 S.) Saint-Imier 893. (Bern, H. Koerber.) n. 1. 20

Schätzel, Joh[annes] D., aus Guntersblum: Welche Ursachen bedingen den Rückgang des Tabackbaues in der Pfalz und wie wäre eine Hebung desselben zu ermöglichen? *Jena 1903: A. Kämpfe.* (67 S.) 8°
Jena, Phil. Diss. v. (17. Juni) 1903

von Schaetzel, Peter [Dr. iur., pr. Arzt aus d. Rheinprovinz]: Über den Einfluss des Alters der Mutter und der Zahl der voraufgegangenen Schwangerschaften auf Länge und Gewicht der Neugeborenen ... Greifswald, Druck v. J. Abel, 1893; 22 S., 2 Taf. 8.
Greifswald, Med. Fak., Inaug.-Diss. v. 30. März 1893

Schaetzell, Franz [aus Breslau]: Über Acidität des Magensaftes bei Chlorose ... Würzburg, Becker's Univ.-Buchdr., 1891; 15 S. 8.
Würzburg, Med. Fak., Inaug.-Diss. v. 1891

Aus den Schätzen der königlichen Bibliothek zu Bamberg. Hrsg. von Friedrich Leitschuh. Bd. 1. Bamberg: Buchner 1888. 2°

Schätzer, Joseph, a. Mülheim am Rhein: Herkunft und Gestaltung der französischen Heiligennamen. Münster i. W. 1905: Junge, Erlangen. (95 S.) 8°
Münster, Phil. Fak., Ref. Andresen, Diss. v. 14. Okt. 1905
[Geb. Mülheim a. Rh.; Wohnort: Münster; Staatsangeh.: Preußen; Vorbildung: Kaiser Wilh.-Gymn. Cöln Reife Juli 99; Studium: Bonn 3, München 1, Berlin 1, Münster 4 S.; Rig. 23. Juni 05.]

Schatzerzählungen, s. Schatzsagen.

Schatzgräber. Hrsg. Leo Frhr. von Egloffstein, s. Schatzgräbers Jugendbücher.

—— die, komisches Singspiel, s. Bühnen-Repertoir No. 101.

— der. Posse in 1 A. Fortsetzung d. beiden Billets (v. G. L. Pt. Sievers). 8. Hamb., (Herold jun.) 8 gr

— der,. Posse in 1 A. Forts. d. beyden Billets. 8. Hamburg, Vollmer.

Schatzgräber, der; Nachspl. 8. Bresl. 799. (Gosohorsky). 4 gr

— der,. Nachsp. 8. Bresl. Meyer. 799.

Schatzgräber, Der. Posse in einem Akt. ... Hamb. 1807. V: *Sievers, Georg Ludwig Peter.* (GGr) (Ky) (EE)

Schatzgräber, der, od. untrügl. Anweis., die in u. auf d. Erde verborg. Schätze leicht zu entdecken u. sicher zu heben. gr. 12. (3¼ B.) Leipzig 836, Klinkhardt.

Der **Schatzgräber**. Lose Blätter d. schönen Literatur gesammelt von Leo Frh. v. Egloffstein mit Buchschmuck von Hermann Leitenstorfer, München. [Reihe 1,] Nr 1. Berlin: Koenig [1907]. 8°
Anf. s u. d. T.: Freigegeben [15. 7377 11

Schatzgräber, der. Hrsg. vom Dürerbund (durch Leo Frhrn. v. Egloffstein). Nr. 1—52. kl. 8. München, G. D. W. Callwey. 6. 75
Alexis, Wilib., der Schleichhändler. (47 S.) (907.) — 10
Anzengruber, Ludw., der Schatzgräber. (16 S.) (910.) (Nr. 2.) — 10
Arndt, Ernst Mor., Märchen u. Jugend-Erinnerungen. (Der Text u. der Kupfrst. v. Wilh. Hensel sind der 1. Aufl. v. 1818 entnommen.) (48 S.) Berlin (910). (Nr. 35.) — 10
Bechstein, Ludw., der kleine Däumling. Der Schmied v. Juterbog. Mit Bildern v. Ludw. Richter. (16 S.) (910.) (Nr. 31.) — 10
— Vom tapferen Schneiderlein. Der beherzte Flötenspieler. Mit Bildern v. Ludw. Richter. (16 S.) (910.) (Nr. 22.) — 10
— Der Zauberwettkampf. Die 3 Gaben. Der goldene Rehbock. Das Kätzchen u. die Stricknadeln. Mit Bildern v. Ludw. Richter. (16 S.) (910.) (Nr. 37.) — 10
Bleuler-Waser, Hedw., Weihnachtsspiele. (39 S.) (910.) (Nr. 52.) — 10
Bonus, Arth., Geschichte des Skalden Egil Skallagrimssohn. Aus dem Isländerbuche. (40 S.) (910.) (Nr. 29.) — 10
Droste-Hülshoff, Annette v., die Judenbuche. (57 S.) (910.) (Nr. 36.) — 15
Eichendorff, Jos. v., die Entführung. (Der Buchschmuck ist v. Herm. Leitenstorfer gezeichnet.) (48 S.) Berlin (910). (Nr. 21.) — 10
— Das Schloß Durande. (55 S.) (910.) (Nr. 5.) — 10
Gaudy, Frz. Frh. v., der Katzenraphael. Mit 1 Zeichng. v. Gottfr. Mind. (43 S.) (910.) (Nr. 47.) — 10
Goethe, Wolfg., aus den Unterhaltungen deutscher Ausgewanderten. (27 S.) (910.) (Nr. 46.) — 10
Gotthelf, Jerem., Barthli der Korber. (86 S.) (910.) (Nr. 19.) — 20
— Elsi die seltsame Magd. (34 S.) (910.) (Nr. 41.) — 10
— Das Erdbeeri Mareili. (Der Buchschmuck ist v. Herm. Leitenstorfer gezeichnet.) (56 S.) Berlin (910). (Nr. 23.) — 10
— Kurt v. Koppigen. (141 S.) (910.) (Nr. 3.) — 30
— Die Wassersnot im Emmental am 13. VIII. 1837. (85 S.) (910.) (Nr. 32.) — 20
Grimm, Jak. u. Wilh. Grimm, Kinder- u. Hausmärchen. (39 S.) (910.) (Nr. 25.) — 10
Grimm, Wilh., u. Jak. Grimm, Hans im Glück. Der Wolf u. die 7 jungen Geißlein. Mit Bildern v. Ludw. Richter. (13 S.) (910.) (Nr. 7.) — 10
— Tischlein deck dich, Goldesel u. Knüppel aus dem Sack. Mit Bildern v. Ludw. Richter. (20 S.) (910.) (Nr. 16.) — 10
Grimmelshausen, H. J. Ch., der Jäger v. Soest. (78 S.) (910.) (Nr. 10.) — 40
Hauff, Wilh., das Bild des Kaisers. (108 S.) (910.) (Nr. 39.) — 20
— Das kalte Herz. (48 S.) (910.) (Nr. 24.) — 10
— Der Zwerg Nase. (40 S.) (910.) (Nr. 14.) — 10
Hauptmann, Carl, der Landstreicher. (12 S.) (910.) (Nr. 17.) — 10
Hedin, Sven, das Neujahrsfest in Taschilunpo. (30 S.) (910.) (Nr. 42.) — 15
Hey, Wilh., 12 Fabeln f. Kinder. Mit Bildern v. Otto Speckter. (14 S.) (910.) (Nr. 20.) — 10
Hoffmann, E. T. A., Meister Johannes Wacht. Eine Erzählg. Mit e. Federzeichng. v. Theod. Hosemann. (59 S.) (910.) (Nr. 26.) — 20
Immermann, Karl, Knaben-Erinnerungen. Aus den Memorabilien. (Der Buchschmuck ist v. Herm. Leitenstorfer gezeichnet.) (40 S.) Berlin (910). (Nr. 38.) — 10
Kerner, Justinus, die Heimatlosen. (Der Buchschmuck ist v. Herm. Leitenstorfer gezeichnet.) (40 S.) Berlin (910). (Nr. 9.) — 10
Kleist, Heinr v., Michael Kohlhaas. Historische Erzählg. (112 S.) (910.) (Nr. 1.) — 25
Kopisch, Aug., e. Karnevalsfest auf Ischia. (Der Buchschmuck ist v. Herm. Leitenstorfer.) (48 S.) Berlin (910). (Nr. 15.) — 10
Lagerlöf, Selma, das Gänsemädchen Asa u. klein Matts. (40 S.) (910.) (Nr. 40.) — 10
— Die Geschichte v. Karr u. Graufell. (47 S.) (910.) (Nr. 30.) — 10
Lentner, Jos. Frdr., Geschichten aus den Bergen. (43 S.) (910.) (Nr. 33.) — 10
Ludwig, Otto, das Anneborle. (34 S.) (910.) (Nr. 11.) — 10
Mörike, Eduard, der Bauer u. sein Sohn. Mit Bildern v. Mor. v. Schwind. (16 S.) (910.) (Nr. 48.) — 10
Nieritz, Gust., die Kriegsnot. Aus der Selbstbiographie. (87 S.) (910.) (Nr. 27.) — 20
Petersen, Marie, Prinzessin Ilse. (39 S.) (910.) (Nr. 34.) — 10
Pocci, Frz., Hansel u. Gretel, e. Märlein. Mit Bildern. (18 S.) (910). (Nr. 12.) — 10
— Das Märlein v. Schneeweißchen u. Rosenrot. (15 S.) (910.) (Nr. 28.) — 10
— Waldkönig Laurin od. Kasperl unter den Räubern. (40 S.) (910.) (Nr. 43.) — 10
Reuter, Fritz, Korl Havermann. 8 Kapitel aus „Ut mine Stromtid". (51 S.) (910.) (Nr. 50.) — 15
— Skizzen aus der alten Zeit. (47 S.) (910.) (Nr. 49.) — 10
— Woans ik tau 'ne Fru kamm. (32 S.) (910.) (Nr. 51.) — 10
Richter, Ludw., Kinderjahre, m. 1 Bilde v. Ludw. Richter. (24 S.) (910.) (Nr. 44.) — 10
Rosegger, Pet., die Ehestandspredigt. (27 S.) (910.) (Nr. 45.) — 10
Schoenaich-Carolath, Emil v., die Kiesgrube. (18 S.) (910.) (Nr. 6.) — 10
Schwab, Gust., der gehörnte Siegfried. Aus den deutschen Volksbüchern wiedererzählt. Mit 3 Holzschn. v. Ludw. Richter. (18 S.) (910.) (Nr. 4.) — 15
Sealsfield, Charles, Asa Rollin. (100 S.) (910.) (Nr. 8.) — 20
Seidl, Joh. Gabr., Cornelia Fieramonti. (38 S.) (910.) (Nr. 18.) — 10
Weber, Leop., der Schlosser Peter. (21 S.) (910.) (Nr. 13.) — 10

Schatzgräber, die, und Geisterbeschwörer im J. 1846 auf der ulmer Alp. 12. (22 S.) Blaubeuren 848, Mangold'sche Buchh.

Schatzgräber, d. glückliche,. Singsp. in 1 A. v. Weidmann. 8. Wien, Wallishaußer. Rthlr.

Schatzgräber, Der glückliche. Ein komisches Singspiel von einem Aufzuge. Wien 1773. V: *Weidmann, Paul.* (Jahrb. d. Grillp. Ges. XIII.)

Schatzgräber, der glückliche. Enthltd.: auserlesene u. erprobte Vorschriften für Personen aus allen Ständen in der Stadt u. auf dem Lande, um ohne alle Vorkenntnisse, mit wenig Geld u. leichter Mühe seinen Nahrungsstand verbessern, u. sich eine gute Einnahme verschaffen zu können. Nebst einem Anh.: der Leibarzt, in den bedenklichsten Krankheiten 2c. München 865. L. Finsterlin. 8. (64 S.) 6 ngr.

Schatzgräber, der, in christlichen Landen. Für Sammler alten und neuen Goldes, von S. Ulmer. 1—7. Thl. Stuttgart 855—57. Scheible. 32. 2 Rthl. 10 ngr.
1. Thl.: Die Geschichte der Gnade. Aus dem Engl. des Horatius Bonar. Nach der 8. Aufl. (203 S.) 7 ngr.
2. Thl.: Der Oelberg und andere Betrachtungen über das Gebet. Von James Hamilton. Nach der 5. Aufl. des engl. Originals. (214 S.) 8 ngr.
3. Thl.: Das Gesetz des Lebens im Geiste wahrer Religion und Einheit auf die wichtigsten Bibelworte gegründet. Ein Leitfaden zur klaren, naturgemäßen Erkenntniß des Worts Gottes rc. von C. P. H. (279 S.) 11 ngr.
4. Thl.: Die Aussichten des Christen in die Ewigkeit. In einer Reihe von Predigten gehalten von Dav. Müslin. Neue verb. Aufl. (337 S.) 12 ngr.
5. Thl.: Schlüssel zur Geisterwelt oder die Kunst des Lebens. Von J. Kernning. Neue Aufl. (274 S.) 11 ngr.
6. 7. Thl.: Sabbathruhe für Mühselige und Beladene, besonders Solche, die nicht zum Tempel des Herrn wallen können. Ein Betaltar für Alle, welche nach himmlischen Erquickungsstunden sich sehnen. Von Joh. Friedr. Thdr. Wohlfarth. 2 Thle. (336; 340 S.) 21 ngr.

— der, um Mittag. Lustsp. v. Schink. 8. Grätz, Ferstl. 794.

Schatzgräber, der, in den literar. u. bildlichen Seltenheiten rc., s. Scheible, J.

Schätzgräber, Die zwey. Eine komische Operette von Einem Aufzug. 1781. V: *Friedrich Georg August Prinz von Hessen.* (Hessische Biographien, hgbn. von Herman Haupt. Darmstadt 1918. I, 493)

— die zwei. Operette. 8. Frankf. 783. Fleischer. 2 K

Schatzgräbers Jugendbücher. Hrsg.: Leo Frhr. v. Egloffstein. Nr. 1—6. kl. 8. Berlin (907). München, G. D. W. Callwey. — 65
Arndt, Ernst Mor., Märchen u. Jugend-Erinnerungen. Hrsg. vom Dürer-Bunde. (48 S. m. 1 Abbildg.) (Nr. 6.) — 10
Grimm, Brüder Jak., u. Wilh. Grimm, aus den Kinder- u. Hausmärchen. 1. Reihe. (40 S.) (Nr. 2.) — 10
Hauff, Wilh., der Zwerg Nase. (40 S.) (Nr. 4.) — 10; geb. — 25
Kertz, Gust., die Kinder v. Naumburg. Aus der geschichtl. Erzählg. aus dem 15. Jahrh.: Die Hussiten vor Naumburg. (62 S.) (Nr. 1.) — 15; geb. — 25
Schmid, Christoph v., Heinrich v. Eichenfels. (48 S.) (Nr. 3.) — 10; geb. — 25
Schwab, Gust., der gehörnte Siegfried. Aus den deutschen Volksbüchern wiedererzählt. Hrsg. vom Dürer-Bunde. (48 S. m. 3 Bildern.) (Nr. 5.) — 10

— Kinderbuch. Nr. 1—3. 8. Ebd. à — 10
Hey, Wilh., zwölf Fabeln f. Kinder. Mit Bildern v. Otto Speckter. (12 Bl.) (907.) (Nr. 1.)
Pocci, Frz., Hänsel u. Gretel, e. Märlein. Mit Bildern. (16 S.) (907.) (Nr. 3.)
— Das Märlein v. Schneeweißchen u. Rosenrot. (16 S. m. Abbildgn.) (907.) (Nr. 2.)

— Taschenbücher. Hrsg. vom Dürerbunde. Nr. 1—6. kl. 8. München, G. D. W. Callwey. 1. 05
Alexis, Willib., Victoire Charpentier. (165 S.) (908.) (Nr. 4.) — 30
Eichendorff, Jos. v., das Schloß Dürande. (55 S.) (906.) (Nr. 1.)
Gotthelf, Jerem., Barthli der Korber. (95 S.) Berlin 908. (Nr. 6.) — 20; geb. bar — 35
Kertz, Gust., die Kriegsnot. Aus der Selbstbiographie. (87 S.) Berlin (908). (Nr. 5.) — 20; geb. bar — 35
— Der Pulverturm San Spirito zu Venedig. (48 S.) (908.) (Nr. 2.) — 10
Seidl, Joh. Gabr., Cornelia Fieramonti. (38 S.) (908.) (Nr. 3.) — 10

„Allgemeine Schatz-Kammer Der Kauffmannschafft Oder Vollständiges Lexicon aller Handlungen und Gewerbe So wohl in Deutschland als auswärtigen Königreichen und Ländern, Darinnen Die Beschreibung aller und jeder zur Kauffmannschafft und Handlung gehörigen Waaren . . . . wie auch alle bey der Kauffmannschafft vorkommende Kunst-Wörter und Redens-Arten enthalten. Nebst einem Anhange Derer jetzt florirenden Kauff- und Handels-Leute . . . .", 1. Teil A—C; 2. Teil D—L; 3. Teil M—R; 4. Teil S—Z; 5. Teil Supplement, „In welchem zugleich eine vollständige Kauffmanns-Geographie . . . . zu finden ist", Leipzig 1741—1743, fol. (Gleditsch, auch Heinsius). — Vorh.: Bücherei der Industrie- und Handelskammer Leipzig und Com. Bibl. Hamburg.

vgl. Schatzkammer der Kaufmannschaft

Schatzkammer, die geistliche. Von der heil. Congregation der Abläße durch Decret vom 12. Juni 1878 gutgeheißene und für authentisch erklärte Uebersetzung der „Sammlung der Gebete und frommen Werke, für welche die Päpste heil. Abläße verliehen haben. Auf Befehl Sr. Heil. Papst Pius IX. von der heil. Congregation der Abläße hrsg." Aus dem Italien. in's Deutsche übertr. von Mich. Haringer. Autoris. Ausg. gr. 16. (552 S.) Regensburg 878. Manz. *

Schatzkammer, die geistliche. Von der heiligen Congregation der Ablässe durch Decret vom 3. März 1887 gutgeheißene und für authentisch erklärte Uebersetzung der „Sammlung von Gebeten und frommen Werken, für welche die Päpste heilige Ablässe verliehen haben". Ins Deutsche übergetragen von Michael Haringer. Autoris. Ausg. 8. (XVI, 690 S.) Regensburg 887, Verlags-Anstalt. *

Schatzkammer, geistl., e. vollständ. kathol. Gebetbuch. 2. Aufl. Durchaus neu bearb. v. J. P. Silbert. (Mit Tlkpfr. u. Tl.-vign.) gr. 12. (15 B.) Wien 832, Grund.
(Leipz., Fr. Fleischer).

—— geistliche, das ist: Lehr- Gebet- u. Betrachtungs-Büchlein f. fromme Katholiken, welche sich d. ewigen Glückseligkeit theilhaftig machen wollen. Neu bearb. u. hrsg. v. ein. Priester d. Gesellschaft JEsu. 12. (11 B., Tlkpfr. u. 1 Holzschn.) Augsburg 837. (Regensburg, Manz.)

Schatzkammer, geistliche, Gebet- u. Betrachtungs-Büchlein f. Katholiken, welche recht beten, ernstl. Buße thun, u. einstens glückselig werden wollen. Hrsg. v. ein. Missionär d. Gesellschaft Jesu. 8., verb. u. verm. Aufl. 12. (11 B. u. Tlkpfr.) Augsburg 839. (Regensburg, Manz.)
Hat mit „Die Himmelspforte rc." gleichen Inhalt.

—— geistl., der Gläubigen, in welcher d. Lehre v. wahren Glauben, Gerechtigkeit, Seligkeit, Majestät, Herrlichkeit, christl. Leben u. heils. Kreuz d. Kinder Gottes rc. Anfänglich v. St. Prätorius Stückweise an d. Tag gegeben, u. Ao. 1632 v. Joh. Arndt zusammengesucht u. zum Druck verord. Nunmehr mit besond. Fleiß in richt. Ordn. gebracht v. Mart. Statius. 5. Aufl. gr. 8. (35¼ B.) Elberfeld 833, Hassel.

Schatzkammer, geistliche, der Gläubigen, in welcher enthalten ist: die Lehre vom wahren Glauben, Gerechtigkeit, Seligkeit rc. der Kinder Gottes. Anfänglich von Stephan Prätorius stückweise hrsg.; dann von Joh. Arndt zusammengesucht und zum Druck verordnet, endlich von Martin Statius mit besond. Fleiß in richtige Ordnung gebracht. Nach der lüneburger Ausg. von 1636 neu aufgelegt und mit einigen geschichtl. Nachrichten über Verf. und Buch rc. begleitet von J. H. Staudt. gr. 8. (528 S.) Stuttgart 848, Belser'sche Buchh. *

—— die goldene, gehört bei sich zu tragen im Namen Jesu. 64. (15 S.) Ansbach 879. (Würzburg, Stuber.) *

Schatzkammer, grosse, bewährter Vorschriften u. Recepte zur sich. Herstellung zahlr. Industrieprodukte f. Industrie, Handel, Haus- u. Landwirtschaft. E. Hilfs- u. Erwerbsbuch f. jedermann, enth. Hunderte v. Vorschriften zur Selbstanfertigg. v. Verkaufs- u. Bedarfsartikeln, sow. gemeinnütz. Mitteln aller Art. Mit ausführl. Nachschlage-Inhalts-Verzeichnisse. In langjähr. Erfahrg. ges. u. grösstenteils erprobt v. e. Kreis v. Fachmännern, unt. Red. v. L. Abel, W. Trempenau u. A. v. Stranský. 2. Aufl. gr. 8. (XIX, 324 S.) Leipzig 895. G. Weigel. n. 5. —; geb. n. 6. —
Erschien auch in 12 Lfgn. à n. — 40.

Schatzkammer, himml., f. bußfert. Seelen, eröffnet zum Lobe d. göttl. Erbarmung, zur Ehre der triumphir., zum Troste d. streitend., zur Hülfe d. leidenden Kirche. — A. u. d. T.: Samml. v. Gebethen u. guten Werken, auf deren Verricht. d. röm. Päpste den Gläubigen heil. Ablässe verliehen haben. Uebers. a. d. Italien., nach d. neuesten, im J. 1831 zu Rom erschien. 7. Ausg. (2 Thle.) 8. (22¼ B. u. Titkpfr.) Grätz 834, 31, Ferstl. 16 Gr., Postp. Thlr.

—— himmlische, f. bußfert. Seelen, eröffnet z. Lobe d. göttl. Erbarmung, z. Ehre d. triumphir., z. Troste d. streit., zur Hülfe d. leid. Kirche. 8. (26 B.) Grätz 838, Ferstl'sche Buchh.

Schatzkammer, himmlische, für bußfertige Seelen, oder Sammlung von Gebeten und guten Werken, für welche die Päpste heil. Ablässe verliehen haben. Nebst den gewöhnlichsten Andachtsübungen eines kathol. Christen. Uebers. aus dem Italien. nach der 12., röm. approbirten Aufl. 4., mit den bis 1852 verliehenen Ablässen verm. Aufl. 8. (XLVIII und 454 S. mit 1 Stahlst.) Gratz 853, Ferstlsche Buchh. Thlr. **

— deutscher Illustratoren, enthaltend Orig.-Zeichnungen zu beliebten Dichtungen. 1—12. Lfg. Fol. München 882. Adf. Ackermann. à 4. —

1. Bd. Der Rattenfänger von Hameln. 25 Tuschzeichnungen zu Jul. Wolff's Aventiure von Karl Karger. 5 Hfte. (cplt. in Leinw.-Mappe n. 30. —)
2. Bd. Der wilde Jäger. 25 Tuschzeichnungen zu Jul. Wolff's Waidmannsmär von Karl Rickelt. 4 Hfte.
3. Bd. Ekkehard. 5 Tuschzeichnungen zu J. V. v. Scheffel's Erzählung von Ed. Kämpffer. (5 Lichtdr.-Taf.)
4. Bd. Parsifal. 18 Costümstudien zu Rich. Wagner's Oper von Rud. Seitz. (18 Zeichngn. auf 5 Lichtdr.-Taf.)
6. Bd. Die letzten Tage von Pompeji. 20 Tuschzeichnungen zu E. Bulwer's Erzählung von Frank-Kirchbach. (In 4 Hftn.) 1. Hft. (5 Lichtdr.-Taf.)

Schatzkammer deutscher Illustratoren, enth. Orig.-Zeichngn. zu beliebten Dichtgn. 13—27. Lfg. Fol. (à 5 Lichtdr.) München 883. 84. Ad. Ackermann. à 4. —

13. 16. 18. 5. Bd.: Die letzten Tage v. Pompeji. 20 Tuschzeichngn. zu E. Bulwer's Erzählg. v. Frank Kirchbach. 2—4. (Schluß-)Hft.
14. 25—27. 6. Bd. Deutsche Volks- u. Liebesdichtung in 20 Zeichnungen v. Wold. Friedrich, Karl Fröschl, George Hahn, Adf. Lüben, Karl Rickelt, Ewald Thiel. 4 Hfte. (à 5 Lichtdr.-Taf.)
15. 17. 3. Bd.: Ekkehard. 15 Tuschzeichngn. zu Jos. Vict. v. Scheffel's Geschichte v. Ed. Kämpffer. 2. u. 3. Hft.
19—24. 4. Bd. Das Nibelungen-Lied. 37 Fresko-Gemälde der königl. Residenz zu München von Jul. Schnorr v. Karolsfeld. 6 Lfgn.

Schatzkammer d. Kaufmannschaft, od. vollständ. Lexikon aller Handlungen u. Gewerbe rc. 5 Thle. 8. Leipz. Gleditsch. 751-55. Rthlr. 1

vgl. Schatzkammer, Allgemeine, der Kaufmannschaft.

—— der christl. Kirche. (1. Lfg.) 1. u. 2. Bd. — A. u. d. T.: Christn. Scriver's, Gotthold's Siech- u. Siegesbette, hrsg. zum Trost u. Erbauung d. christl. Kirche. Mit beigefügt. Lebensbeschreib. d. sel. Scriver. 2 Thle. Neuer, unveränd. Abdruck. 8. ... Dresden 834. (Leipzig, Fr. Fleischer.) à Thl.

Schatzkammer der christl. Kirche. (1e Lfrg.) 1r u. 2r Bd. A. u. d. T.: Christian Scriver's, Gotthold's Siech- und Siegesbette, herausg. zum Trost u. Erbauung der christl. Kirche. Mit beigefügter Lebensbeschreibung d. sel. Scriver. 2 Thle. Neuer unveränd. Abdruck. 8. Dresden 834. Naumann. (Leipzig, Fr. Fleischer.) (à n. ½ Thlr.) 1 Thlr.

—— dass. (2. Lfg.) 3. u. 4. Bd. — A. u. d. T.: Chrstn. Scriver's Seelenschatz, darinnen v. der menschl. Seelen hoh. Würde, tiefen u. kläglt. Sündenfall, Buße u. Erneuerung durch Christum, göttl. heiligen Leben, vielfält. Kreuz u. Trost im Kreuz, sel. Abschied aus d. Leibe, triumphirl. u. fröhl. Einzug in d. Himmel, u. ewiger Freude u. Seligkeit erbaul. u. tröstlich gehandelt wird. 5 Thle. Eine in e. Auszuge sowohl f. d. Hausandacht u. z. Vorlesen als auch zu weiterer Belehrung bequem eingericht., fast d. ganzen Seelenschatz wörtl. enthalt. Ausg. 1. u. 2. Thl. 8. ... Dresden 835. (Leipzig, Fr. Fleischer) à Thl.

KLEINE geistliche Schatzkammer. Sammlung von Ablaßgebeten. Temesvár (Temeswar) 1908: Palencz Lénárd könyvkötészete (Buchbinderei von Leonhard Palencz). 111 S. - 140 mm

Schatzkammer, die, des bayer. Königshauses. (100 T) fol [VS] Nürnberg 1880

Schatzkammer, die, des bayer. Königshauses. (100 Bl.) gr. 4. Nürnberg (902). Verlag der S. Soldan'schen Hofbuchh. In Leinw.-Mappe n. 35. —

Schatz- u. Kunstkammer rarer und neuer Curiositäten. 8. Hamburg. 707.

Schatzkammer, Die, und die Kunstsammlung im lateranensischen Augustiner-Chorherrnstifte Klosterneuburg. Wien 1889. V: *Sebald, Ivo.* (Cernik, Schriftst. d. Augustiner Chorherrenstifte Öst. Wien 1905.)

Schatzkammer der Natur und Kunst. ... Hiebevor unter dem Titel: Sammlung von Natur und Medicin ... Leipz. 1736. H: *Büchner, Andr. Elias.* (BrMm)

Schatzkammer, neue, oder allgemeine Sammlung der merkwürdigsten Alterthümer Roms. Mit vielen Kupf. Frankf. 767. 4.

SCHATZKAMMER, Neu eröffnete, allerhand Historien u. Curiositäten vornemlich der vortrefflichsten u. galantesten Moral- u. Sitten-Lehren. Aus d. Frantzös. Mit Titelkpfr., gestoch. von J. A. Pfeffel. Nürnberg 1701. 8°. 7 Bll., 640 + 656 S. (12 Mk. L. Rosenthal, 1906.)

Die Jahrzahl „1700" nennt die Bibl. Ludovici (bibliop.) nominalis curiosa. Vitemb. 1705.

Schatzkammer, neueröffnete, rarer u. auserl. Historien. 8. Hamb. 732.

Schatzkammer, Neueröffnete marianische, der heiligen Rosenkranzbrüderschaft. Augsburg 1774. V: *Reiss, Benignus.* (Ky)

— neueröffnete marian., der heil. Rosenkranzbrüderschaft, (v. B. Reuß). 2 Thle. 8. Augsb. 774. Rieger. 20 Kr

Schatzkammer, Neueröffnete

— — aller theologischen Wissenschaften aus d. fortges. Samml. ausgez. v. Bornio. 4 Thle. 8. Lpz. 747.

Anonym: „Salomons oeconomische Schatz-Kammer", 4 Theile, Hannover 1716.

T. G. T., Schatzkammer übernatürliche, wunderbare und denkwürdige Geschichte, so sich innerhalb 200 Jahre begeben. Straßb. 713. 714. 8.

[F.] Aus der Schatzkammer heiliger Väter. Von E. Klein. II. 1 3. Berlin: *Buchh. d. Berliner Stadtmiss. (1898)* 8.

Schatzkämmerlein, goldnes, od. auserles. Gebetbüchlein. 18. Augsb. 770. Rieger. 3 gr.

Das Schatz-Kästchen: 1878)

Monthly Sunday School paper, an organ of the Congregational Church. Crete, NE

Schatzkästchen des vaterländischen Gewerbfleißes, oder unentbehrl. Rathgeber für alle Diejenigen, welche die Lust und den Willen haben, sich, ohne im Besitze eines bedeutenden Betriebs-Kapitals zu sein, ein ordentliches und gutes Auskommen auf eine redliche und erlaubte Weise durch den Betrieb der einen oder anderen rc. Erwerbsarten zu verschaffen. Nebst einem Anhange, der im Königr. Bayern als frei erklärten Erwerbsarten in alphabet. Reihenfolge enthaltend. Gesammelt und hrsg. von einem Freunde vaterländ. Industrie. 8. (92 S.) München 853. (Augsburg, Pilon und Comp.) *

Schatzkästchen, Goldnes f. d. Jugend, enth. auserles. Denk- u. Sittensprüche aus d. Schriften unser. best. vaterländ. Dichter u. Jugendlehrer. 8. Coblenz 825, Gelehrten-Buchh.

Schatzkästchen, goldnes, f. d. Jugend, enthalt. auserles. Denk- u. Sittensprüche aus d. Schriften unser. besten vaterländ. Dichter u. Jugendlehrer. 8. Coblenz 825. Hergt. 9 gr.

Schatzkästel, Elsässer, Sammlung von Gedichten und prosaischen Aufsätzen in Straßburger Mundart nebst einigen Versstücken in andern Idiomen des Elsasses. Straßburg 1877. H: *Rosenstiehl*, *Daniel*. (Brümmer, Lexikon der deutschen Dichter u. Prosaisten des XIX. Jahrh. 4. Aufl. Leipzig 1896. I, S. 18.)

Schatzkästel, Elsässer. Sammlung von Gedichten und prosaischen Aufsätzen in Straßburger Mundart, nebst einigen Versstücken in andern Idiomen des Elsasses. Mit einem „Schlüssele zuem Schatzkästel" von Ad. Stöber. Titelzeichnung (Stnt.) von C. E. Matthis. gr. 8. (XX, 512 S.) Straßburg 877, Schultz und Comp. * M. 6.; geb. *

Schatzkasten, neuer, ökonomischer Geheimmittel, aus mehr als 200 vorzügl. Recepten für Land- u. Hauswirthschaft, Künste u. Gewerbe bestehend. 2. mit einem Nachtrag verseh. Aufl. 8. (IV u. 116 S.) Blaubeuren 848, Mangold. 6 ngr

Schatzkasten, neuer, mit Einhundert Sechs u. Siebenzig bewährt. u. gemeinnütz. Vortheilen u. Hülfsmitteln, zur Belehr. u. Bequemlichkeit gesammelt. Neue Ausg. gr. 8. Frankf. u. Leipz. 805. (Joachim). 2 ß

Schatzkästlein. 26 Nrn. (½ Bgn. mit eingedr. Holzschn.) Freising 866. Datterer. 4. n. 8 ngr

Schatzkästlein. 6 Erzählgn. f. die reifere Jugend. Von M. v. Lindemann, J. Staacke, A. Carolis. 2 Thle. in 1 Bd. Mit 1 bunten u. 3 schwarzen Bildern. 8. (126 u. 122 S.) Dresden 883. Meinhold & Söhne. geb. n. 1. —

Schatzkästlein, früher L. V. Enders in Neutitschein, nun Wien. H. Winkler. 20 kr. 1883

Schätzkästlein. Eine Sammlung von Rathschlägen zum Troste und zur Heiligung des Lebens. Aus dem Französischen. Martinsbühel 1896. [Spätere Aufl.: Innsbruck.] H: *Hager, Edmund.* (Margr)

— d. i. Ablaßgebete u. kirchl. Andachten zum hl. Josef. 16. (36 S.) Innsbruck 889. Vereins-Buchhandlg. u. Buchdr. n. — 20

Schatzkästlein, enth. Ablaßgebete für den täglichen Gebrauch. Zusammengestellt von e. Priester der Diöcese Münster. 16. (256 S.) Dülmen 887. Laumann. n. — 50; geb. n. — 75

Schatzkästlein für Arme im Geist, s. Trösteinsamkeit, katholische.

Schatzkästlein, bibl., für angeh. Eheleute. 12. Tübing. 826. Fues. (Leipz., Kummer). 12 gr

— für den Bürger u. Landmann, od. auserles. Samml. vorzügl. u. erprobter Rathschläge, Mittel u. Recepte. 1s Hft. 2e Aufl. u. 2s u. 3s Hft. 8. Glogau 822—24. N. Günter'sche B. (à 8 gr) 1 f 4e A. aller 3 Hfte in 1 Bde. 8. Ebd. 828. 16 gr

Schatzkästlein f. d. Bürger u. Landmann, od. auserles. Samml. vorzügl. u. erprobt. Rathschläge, Mittel u. Recepte. 4., verm. u. verb. Aufl. 8. (23 B.) Glogau 828, [Flemming.]

Schatzkästlein für den Bürger und Landmann, oder auserlesene Sammlung vorüglicher und erprobter Rathschläge, Mittel und Recepte. 6., verm. und verb. Aufl. gr. 16. (XVI und 250 S.) Glogau 850, Flemming's Verlag.

Schatzkästlein, christliches, oder erbauliche und lehrreiche Denksprüche der ersten Christen auf alle Tage des Jahrs. Für Freunde der Wahrheit und des Lichts. qu. 12. Reutlingen 841, Kurtz'sche Buchh. (Leipzig, Herbig.) n. 6½ ngr

— christliches. Biblische Kernsprüche u. Liederverse auf alle Tage des Jahres. Hersg. von E. H. Mit einem Vorwort von Ed. Em. Koch. Heilbronn 869. Scheurlen. gr. 16. (XIV, 366 S.) 12 ngr; geb. 18 ngr

CHRISTLICHES SCHATZKÄSTLEIN auf jeden Tag des Jahres. Etwas für's Herz aus der Heils-Quelle des göttlichen Wortes, mit beygefügten erbaulichen Lieder-Versen. Mit einem Vorworte von C.A.D. *(S. III–VI.)*. – Stuttgart: Steinkopf 1825. VI, 484 S. Vorr.: Christian Adam Dann.

Schatzkästlein, blätetlsches, eine Sammlung bewährter Erfahrungssätze u. Vorschriften über Lebenserhaltungs- u. Verlängerungskunde nach Fr. Hoffmann, Tissot, Faust, Joerdens, Hildebrandt, Mai, Hufeland, Leupoldt, Wildberg, Tiedemann, Feuchtersleben, Heinroth u. vielen Andern zur Beherzigung für Jung u. Alt. Mit einer Sammlung von sittlich-religiösen Denksprüchen u. einem ausführlichen Sachregister. 16. Nördlingen 1842, Beck'sche Buchh. 5/6 rf

—— der Dorfzeitung. 1. Bdchn. 8. (VIII und 224 S.) Hildburghausen 853, Kesselring'sche Hofbuchh. *

Schatz-Kästlein moderner Erzähler. Hrsg. v. Gust. Porger. 3 Bde. gr. 8. Bielefeld, Velhagen & Klasing. Geb. in Leinw. à n. 2. 50

1. (IV, 318 S. m. 12 Portr.) 901. — 2. (III, 343 S. m. 8 Portr.) 904; 2. Aufl. 905. — 3. (III, 352 S. m. 6 Portr.) 904; 2. Aufl. 905. — 4. (III, 323 S. m. 6 Portr.) 907.

Schatz-Kästlein moderner Erzähler. Hrsg. von Gust. Porger. 1. Bd. (Neudr.) (IV, 318 S. m. 12 Bildnissen.) 8. Bielefeld 907. Velhagen & Klasing. Geb. in Leinw. 2.50

Schatzkästlein unterhaltender Erzählungen und kleine Aufsätze (so!). 2 Bde. Carlsruhe 1820. 8°. (3 Mk., Hfz., A. Bielefeld, 1876:)
Darin: Don Juan, Held einer Französischen Volkssage.

—— unterhalt. Erzählungen u. kleiner Aufsätze. 1—5. Thl. 8. (127¼ B.) Carlsruhe 828—32. Müller.

Schatzkästlein, Franklins goldnes, oder Anweisung, wie man thätig, verständig ... werden kann. ... Leipzig 1827. V: *Bergk, Johann Adam.* (MGT)

—— fürsorglicher Frauen. Hrsg. vom ersten allgemeinen Beamten-Vereine der österreichisch-ungar. Monarchie. 12. (VIII, 123 S.) Wien 886, Manz'sche Hof-Verlags- und Univers.-Buchh. *

Schatzkästlein für christl. Freunde. 32. (100 Blätter) Magdeburg 846, Falckenberg u. Comp.

Schatzkästlein f. Gärtner u. Gartenfreunde, enth. e. auserlesene Samml. d. besten durch Erfahr. bewährt gefundenen Vorschriften, Anweis. u. Rezepte z. Abwendung d. d. Gewächse verwüstenden Uebel, Heilung ihrer Krankheiten, Beförder. ihres Gedeihens, Erzeugung vieler u. schöner Früchte etc. 8. Quedlinburg, 1821. Basse. 1. —

Schatzkästlein, geistliches, oder Lehren der Meister des inneren Lebens. Autoris. Übersetzg. aus dem Franz. v. Maria Fehr. 8. (XXIV, 495 S.) Paderborn 901. F. Schöningh. n. 2.20; geb. in Ldr. n. 4. —

Schatzkästlein, geistliches, bestehend in Morgen-, Abend-, Meß-, Beicht- und Communion-, dann anderen Gebeten und Litaneien, wie auch einer Kreuzwegandacht in Bildern und vielen anderen Andachtsliedern. Von einem katholischen Priester. 64. (172 S.) Neuhaus, Landfraß & Sohn. **1868.**

—— deutscher Geschichten. 1. Bdchn. 8. (8¾ B.) Zwickau 844, Verein z. Verbreitung guter u. wohlf. Volksschriften. *

—— dass. 2. Bdchn. 2., verb. Aufl. 8. (9⅛ B.) Ebds. 845. *

—— dass. 3. Bdchn. 8. (10 B.) Ebds. 846. *

—— deutscher Geschichten. 4. Bdchn. 8. (142 S.) Zwickau 847, Verein zur Verbreitung von Volksschriften. *
1—3. Bdchn. Ebendas. 1844—46. à Bdchn. * 4 Ngr.

— goldnes, für brave Christen, welche hier glücklich zu leben wünschen. 8. (16 S.) Crefeld 849, Klein. 1 ngl

Schatzkästlein, goldenes, des Glückes für alle Lottospieler, worin sie die vollständige Beantwortung aller Lottospielfragen und die besten Nummern zu ihren Spielen finden. Ein zum ersten Male erscheinendes, nach vieljährigem unermüdlichem Fleiße vollendetes Handbuch u. unentbehrlicher Rathgeber für alle Lottospieler. München 860. (Gummi.) 4. (3 Bl., 90 S.) n. 28 ngr

— goldenes, der Hausfrau. Praktische Rezepte für Haus u. Herd. gr. 16. (32 S.) Nürnberg (902). Literar. Institut Stockhausen. — 30

Guldnes SCHATZ-KÄSTLEIN der Kinder Gottes, deren Schatz im Himmel ist: Bestehend in auserlesenen Spruchen der H. Schrift samt beygefügten Versen. Zum 13ten mal gedruckt, nebst einem Vorbericht ... Halle, Verlag des Waisenhauses, 1735. Quer-16°. 4 Bl., 300 num. Bl., 2 unnum. Bl., Bl. 301—365, 1 Bl. Titel in rot und schwarz. Hübscher goldgepreßter Ldbd. d. Z. in den Deckelmitten das Lamm Gottes in einem Flammenkranz, darum Ornamentborduren (das Gold ziemlich verblaßt), Goldschnitt, Buntpapiervorsatz.
Vermehrte Neuausgabe von KARL HEINRICH VON BOGATZKYs Schatzkästlein: die vielen beigefugten Liedstrophen stammen zum großen Teil aus Freylinghausens Gesangbuch, andere ruhren wohl von Bogatzky selbst her.

— — [Dasselbe:] Guldnes SCHATZ-KÄSTLEIN ... 16. verm. Aufl. Halle, Waisenhaus, 1743. 4, 368 Bl. Titel in rot und schwarz. Quer-16°. Reizender schwarzer Lederband der Zeit mit reicher Vergoldung: Borduren auf Decken, Lamm Gottes bzw. Christus am Kreuz als Mittelstucke a. d. Decken, eingefaßt von in Dreieckform gepreßten Sprüchen, Steh- und Innenkanten. Ruckenvergoldung, gepunzter Goldschnitt, Vorsätze aus Goldbrokatpapier. In Papp-Kassette d. Z. Frisches Ex.

Schatzkästlein, güldenes, d. Kinder Gottes. 20. Basel, Thurneisen. 792. -

—— güldenes, der Kinder Gottes, deren Schatz im Himmel ist. Bestehend: in auserlesenen Sprüchen der heil. Schrift. samt beigefügten Versen. qu. 16. (XVI und 368 S.) Schaffhausen 853, Schalch.

— goldenes, für's Leben. Oder: erprobte Regeln, um stets gesund zu bleiben u. e. hohes glückl. Alter zu erreichen. Preisgekrönte Schrift, hrsg. v. J. v. H. 8. (78 S.) Neutitschein 865. (Wien, Daberkow.) n. — 40

Schatzkästlein, goldenes, für's Leben. Oder: erprobte Regeln, um stets gesund zu bleiben und ein hohes glückliches Alter zu erreichen. Preisgekrönte Schrift, hrsg. von J. v. H. 8. (78 S.) Neutitschein 883. (Wien, Winkler.) *

— e., f. das christliche Haus. (151 S.) 8. Schönebeck 904. (O. Senff.) n. 1.50

— dasselbe. II. Thl. Episteln. (Von R. Neumeister.) (148 S.) 8. Ebd. (906). n. 1.50

—— für Haus u. Familie; od. richtige Angaben u. Vorschriften üb. 62 Heil- u. Conservativmittel v. berühmten Aerzten Deutschlands u. Frankreichs erprobt u. v. Behörden beglaubigt. 12. (2 B.) Glarus 835, Schmid. (Leipzig, Krappe.)

—— der Hausfrau. 1. Heft. 8. Lpz. 890,91, Reinboth. * — 50
Bache, Osk. Der wirtschaftliche Haushalt der deutschen Familie. [Aus: „Die Lehre v. der Gesellschaft."] 1.—4. Aufl. (40 S.)

Schatzkästlein der Hausfrau. 1.—3. Hft. gr. 8. Leipzig, F. Reinboth. n. 1.75
1. Der wirtschaftliche Haushalt der deutschen Familie. Von Osk. Bache. [Aus: „Die Lehre v. der Gesellschaft".] 2.—4. Aufl. (40 S.) 891. n. — 50
2. Wie schützen wir unsere Nahrungsmittel vor dem Verderben? Ein Handbuch f. alle Hausfrauen, insbesondere auch für Fleischer, Konditoren, Land- u. Gastwirte 2c. v. Herm. Krätzer. (54 S.) 890. n. — 50
3. Wirtschaftsbuch f. deutsche Hausfrauen auf d. J. 189- v. Osk. Bache. (79 S.) 892. — 75

SCHATZKÄSTLEIN des Schweinischen Hausfreundes. Leipzig & Gotha. Beim Allgemeinen Leckfritz. Im Jahre der Niederkunft (c. 1895). Breit-12°. 32 S. Lat. Typen. (Mk. 2 — eine böhm. Firma, 1901.)
Verboten vom L.-G. Wien. 21. IV. 1896. § 516.
Inh. dieser grandiosen Sauerei: 1. Variationen über „Es stand ein Wirtshaus an der Lahn" (sotad. Parodie d. bekannten Studentenliedes, 67 fünfzeil. Str.). 2. So sind die Mädchen alle. 3. Erot. Extract aus Schillers Gedichten. 4. Die Geige, u. wie man darauf spielt. 5. Auserwählte Braut der Kirche! (Man überspringe beim Lesen die 2., 4. Zeile u. s. f.). 6. Das A, B, C, für grosse Kinder. 7. Neue erot. Klapphornverse. 8. Kalte Bauernregeln. 9. Medicin. Belehrgn. 10. Klage der Milchfrau. 11. Der Teufel u. der Dichter. 12. Pastors Abendsegen. 13. Pipi-Lied. 14. Der kluge Karl. 15. Die kleine Marie. 16. Das enfant terrible. 17. Gestörte Nachtruhe. 18. Die Seelenwanderung. 19. Ook en Erklärung. 20. Geehrter Carneval-Kegelclub! 21. Unsinnige Bierrede. 22. Der Jemini u. Leckmichinarsch.

SCHATZKÄSTLEIN des Schweinischen Hausfreundes. Babylon, Don Juan Casanova, 1905. Kl. 8°. 48 S.

Schatzkästlein, Historisches, für Baiern. München 1832. V: *Hormayr zu Hortenburg, Joseph Freih. von.* (Ky)

— histor., f. Bayern. I. gr. 8. (2¼ B.) München 832, Franz.

Schatzkästlein für Jedermann. Theoretisch-praktische Anweisung zur Bereitung von künstlichen Wein. In-12°. 112 S. Bern, Rud. Jenni. 1881.

Schatzkästlein, illustriertes humoristisches. Ein lustiges Vademekum für Grillenfänger. Mit vielen (eingedr.) Bildern. 8. (56 S.) Oberhausen 881. Spaarmann. n. — 40

— für die Jugend, e. Samml. v. Erzähln., Gedichten u. Räthseln. 8. (7 B.) Berlin 839, (Gropius'sche Buchh.)

— für deutsche Jünglinge, s. Karl Müchler.

Schatzkästlein für deutsche Jünglinge. Lehren der Tugend und Lebensweisheit von den vorzügl. deutschen Schriftstellern gesammelt von K. Müchler. 8. Berlin, Petsch. 818. -

— der Kinder-Gartenlaube. Ausgewählte Erzählgn., Märchen u. s. w. m. feinen Farbendr.-Bildern für die Jugend. 1.—3. Reihe. 8. (à 40 S. m. 7, resp. 8 Bildern.) Nürnberg 887. 888. Verlag der Kinder-Gartenlaube. geb. à n. — 50

— f. die lieben Kleinen. Belehrendes u. Unterhaltendes f. Kinder. Kinderbibliothek Nr. 1—16. 16. (à 10 S.) Reutlingen (901). R. Bardtenschlager. In Etui — 60
1. Kinderlieder. — 2. Rätsel f. Kinder. — 3. Stammbuchverse. — 4. Die Puppenküche. — 5. Anekdoten. — 6. Der kleine Zauberer. — 7. Spiele f. Kinder. — 8. Des Kindes Anstandsbuch. — 9. Postkartengrüße. — 10. Sinnsprüche. — 11. Geburts- u. Namenstagswünsche. — 12. Weihnachtslieder. — 13. Was sich schickt. — 14. Briefsteller für die Jugend. — 15. Declamationen f. Kinder. — 16. Der kleine Gratulant.

— kostbares, oder Nützliches, Erbauliches u. Unterhaltendes für den Bürger u. Landmann, in den langen Winterabenden. 12. (6¾ B. mit Titkpfr. u. Holzschn.) Ulm 845. [Adorf, Müller.]

— kostbares, oder Nützliches, Erbauliches u. Unterhaltendes für den Bürger u. Landmann, in den langen Winterabenden. Mit Titelkpfr. u. Holzschn. 12. Ulm 845, Seitz. ¼ ℳ

— literarisches. 1.—3. Bd. 16. Stuttgart 894. Deutsche Verlags-Anstalt. Geb. in Leinw. à n. 1. —
1. Neuer Glaube. Von Chrn. Wagner, Bauer in Warmbronn. (VII, 168 S. m. Bildnis.)
2. Bürgerlicher Tod. Novelle v. Prinz Emil zu Schönaich-Carolath. (158 S.)
3. Ebenbürtig. Eine Erzählg. aus der Gegenwart von Margareta v. Poschinger. (98 S.)

— literarisches. 4.—8. Bd. gr. 16. Stuttgart, Deutsche Verlags-Anstalt. Geb. in Leinw. à n. 1. —
4. Onkel Johns Prinzipien. Eine Geschichte aus dem engl. Leben v. Johanna Fellmann. (210 S.) 897.
5. Wie Künstler lieben. Novelle von Margareta v. Poschinger. (142 S.) 897.
6. Gedichte e. Arbeiters. V. Ludw. Palmer. Aufgelesen u. zusammengest. v. Walt. Kellerbauer. (XVI, 168 S. m. Bildnis.) 897.
7. Der Riesenwicht. Novelle von Hanns v. Zobeltitz (Hanns v. Spielberg). (122 S.) 897.
8. Ein frischer Kranz. Gedichte v. Ludw. Palmer. (XI, 142 S.) 897.

— literarisches. 9. u. 10. Bd. gr. 16. Stuttgart, Deutsche Verlagsanstalt. Geb. in Leinw. à n. 1. —
9. Im Wüstensand. Bilder aus der Sahara. Von Heinr. Kaufung. (156 S.) 899.
10. Der Kolonialstorch. Ein deutsch-afrikan. Märchen f. grosse Kinder. Von Alfr. Wichard. (98 S.) 899.

Schatzkästlein, Luthers. Zum täglichen Gebrauch für den Haus-Gottes-Dienst. Winterthur 1833. V: *Hess, Johann Heinrich.* (Ky)

— lyrisches, d. Deutschen. Hrsg. u. mit e. Vorr. begl. v. O. F. Gruppe. 8. (33 B.) Berlin 836, Nicolaische Buchh. 1 Thlr. 6 Gr., Vlnp.

— der schönsten Märchen u. Geschichten. Eine Festgabe f. die Kinderstube. Für unsere Lieblinge ausgewählt. Mit (8) feinen Farbendr.- u. Textbildern nach Originalen v. A. Greiner u. C. Schmauk. (III, 40 S. m. 8 Farbdr.) Lex.-8. Stuttgart (902). W. Nitzschke. Geb. n. 2. —

— mein. [Matthäus, 13, 44.] Das Evangelium v. Jesu Christo, unserm Herrn, zur tägl. Erbaug. eingeteilt. gr. 8. (VIII, 710 S.) Frankfurt a/M. 886. (Drescher.) geb. n. 3. 50

— mein. [Matthäus 13, 44.] Das Evangelium von Jesu Christo, unserm Herrn, zur tägl. Erbauung eingeteilt. gr. 8. (VIII, 710 S.) Frankfurt a. M. 886. (Leipzig, Wilh. Weber.) geb. *

Schatzkästlein, (Mutzopotamisch-naturwissenschaftliches), zur 61. Jahresversammlung d. Schweiz. naturforschenden Gesellsch. in Bern. 8°. Bern, Stämpfli. 1878.

— neues, od. 365 Denksprüche f. Confirmanden u. Confirmirte, eingerichtet f. jeden Tag im Jahre. 12. (2⅝ B.) Blaubeuren 840, Mangold'sche Buchh.

— neues. Erzählungen f. jung u. alt. Ausgewählt u. hrsg. vom Prüfungsausschuß f. Jugendschriften des Vereins evang. Lehrer u. Schulfreunde zu Elberfeld. 1. Bdchn. 8. (109 S.) Hilchenbach (902). L. Wiegand. Geb. — 90

Neues Schatzkästlein. Erzählungen f. jung u. alt. Ausgew. u. hrsg. vom Prüfungsausschuß f. Jugendschriften des Ver. ev. Lehrer u. Schulfreunde zu Elberfeld. Bdch. 1. *Hilchenbach: L. Wiegand [1902].* 8° [5]
— Sammlung, Wiegands, guter Jugendschriften. [7.]

Schatz-Kästlein, neues. Erzählungen für jung u. alt. Ausgewählt u. hrsg. vom Prüfungsausschuß f. Jugendschriften des Vereins evang. Lehrer u. Schulfreunde zu Elberfeld. 2 Bdchn. (132 S.) 8. Hilchenbach (903). [L. Wiegand.] Stuttgart, Th. Benzinger. Geb. — 90

— neues. Erzählungen f. jung u. alt. Ausgewählt u. hrsg. v. dem Prüfungsausschuß Elberfeld des Verbandes deutscher Schul- u. Lehrervereine. 1. Bdchn. 7. Taus. (109 S. m. 4 Vollbildern.) kl. 8. Charlottenburg (910). Schiller-Buchh. Geb. in Leinw. 1. 20

— neues christliches, s. Trost-Büchlein, christliches, für Leidende.

— neues christl., auf alle Tage im Jahre; in e. Auswahl von Kernsprüchen rc. gr. 16. Stuttg. 816. 2e verm. A. mit Vorwort v. Jung-Stilling. ... Steinkopf. 15 g. qu. Sedez. 12 g. (A. u. d. T.: christl. Trostbüchlein für Leidende.)

— neues christl., auf alle Tage d. Jahres, in e. Auswahl bibl. Kernsprüche mit Lieder-Versen. Mit e. Vorr. v. Jung-Stilling. Neue, durchaus verb. u. verm. Aufl. — A. u. d. T.: Christl. Trost-Büchl. f. Leidende rc. Od. Worte d. Glaubens, d. Liebe u. d. Hoffnung rc. Neue, um d. Doppelte verm. Aufl. 16. (30½ B.) Stuttgart 832, Steinkopf.

— neues christliches, auf alle Tage des Jahres in einer Auswahl biblischer Kernsprüche mit Liederversen. Mit einer Vorrede von Jung-Stilling. 4. Aufl. Stuttgart 867. J. F. Steinkopf. 8. (XVI, 456 S.) 12 ngr.

— neues christliches, auf alle Tage des Jahres in e. Auswahl biblischer Kernsprüche m. Liederversen. Mit e. Vorrede von H. Jung-Stilling. 6. Aufl. A. u. d. T.: Christliches Trost-Büchlein f. Leidende. 12. (XVI, 456 S.) Stuttgart 888. J. F. Steinkopf. n. 1.20; geb. n. 2. —

Schatzkästlein, neues christliches, auf alle Tage d. Jahres in e. Auswahl bibl. Kernsprüche m. Liederversen. Mit e. Vorrede v. Heinr. Jung-Stilling. 7. Aufl. A. u. d. T.: Christl. Trostbüchlein f. Leidende auf alle Tage d. Jahres. Oder Worte des Glaubens, d. Liebe u. d. Hoffng.; zur Ermunterg. der Wanderer nach d. himml. Vaterlande, welche mit schweren Erfahrungen d. Erdenlebens nach Gottes Willen leiden u. Ihm ihre Seele befehlen. 12. (XVI, 456 S.) Stuttgart 896. J. F. Steinkopf. n. 1.20; geb. in Leinw. n. 2. —

Schatzkästlein, Neues, für **Freunde munterer Laune und heiteren Sinnes. Mannh. 1825.** V: *Hoffmann, K. H. A.* **(Ky) (MGT)**

— neues, für Freunde munterer Laune u. heit. Sinnes, (v. K. H. A. Hoffmann). gr. 12. Manh. 825. Löffler. 1 ⁄

—— pädagogisches. Eine Erziehungslehre in den wichtigsten Aussprüchen älterer und neuerer Weisen. Für gebildete Eltern und Lehrer. Von J. F. Th. Wohlfarth. 8. (VIII und 417 S.) Gotha 857. (Leipzig, Pernitzsch.) * 1 Thlr. 10 Ngr.; geb. * * Mit Goldschn. * *

Schatzkästlein des guten Rats, hrsg. v. W. Spemann. 8. (IV, 804 S. m. Illustr.) Stuttgart 887. [Spemann.] Union. geb. n.n. 5. —

Schatzkästlein des guten **Rats**. Hrsg. unter Mitw. von Dr. **Busch**baum, Philipp **Brunner** ... u. v. a. 8. vielfach verm. u. umgearb. **Aufl.** mit 54 Illustrationstaf. *Stuttgart, Berlin, Leipzig: Union [1903].* (VIII, 702 S.) 8° [F.]
[Früher u. d. T.: Spemann's Schatzkästlein d. guten Rats.]

Schatzkästlein, religiöses. Kleine Geschichten zur Belebung des religiösen Sinnes für die Jugend, zugleich ein Hilfsbüchlein für Eltern, Lehrer und Lehrerinnen, sowie alle, die es mit der Jugend wohl meinen. Herausgegeben von einem Lehrerkreise. In-8°, II und 160 S. Zürich, Schröter & Meyer. 1888. 2 50

— religiöses. Kleine Geschichten zur Belebg. d. religiösen Sinnes f. die Jugend. Hrsg. v. e. Lehrerkreise. 8. (II, 160 S.) Zürich 889. Schröter & Meyer. n. 2. —

Schatzkästlein aus Jac. Böhme's Schriften. Von Leo Abolarius. Weimar 855. Voigt. 12. (XII, 287 S. u. Portr. in Kpfrst.) 20 ngr.

Schatzkästlein mit Sprüchen **und Gedichten. Grätz 1715.** V: *Henckel von Donnersmark, Erdm. Hnr. Graf.* **(ADB)**

Schatz- u. Spruchkästlein v. 400 bibl. Sprüchen. 2 Thlr. 12.

Schatzkästlein, Unentbehrliches, für Liebhaber d. Pferde u. deren Besitzer. Oder Unterr. über die Krankheiten der Pferde und Mittel dagegen etc. 8. Ulm 26. Ebner. M. 1.50

Schatzkästlein für Verliebte und Ehelustige. Von Bogatzky dem Jüngern. Mannheim. Jena **1796**.

— f. Verliebte u. Ehelustige v. Bogazky d. jüng. 12. Lpz. Seeger. 809.

— wohlgefülltes, deutschen Scherzes u. Humors, s.a. Collection Spemann.

SCHATZKASTLEIN, Wohlgefülltes, deutschen Scherzes u. Humors. Stuttgart, o. J. (18**). 8°. (70 Pfg., Orig.-Lwdbd., Jos. Jolowicz, Posen, 1908.)

Schatzkästlein für arme Zionspilger. 3. Aufl. 32. (100 Blätter.) Jüterbog 840. (Berlin, J. A. Wohlgemuth.) Thlr.

—— für arme Zionspilger. Betet stets in allem Anliegen. 7. Aufl. 64. (112 Bl.) Berlin 851, [Wilh. Schultze.] *

— für arme Zionspilger. 11. Aufl. 859. — 12. Aufl. Berlin 864. Beck. 64. (110 Bl.) n. 8 ngr.

Schaetzke, Felix, Referendar: **Sind Fabrikmaschinen Zubehör der Fabrikgrundstücke?** *Greifswald 1900: J. Abel.* (38 S.) 8° [F.]
Greifswald, Jur. Diss. v. 1900

Schaetzke, Johannes *(geb. Trebnitz in Schles. 6. 5. [1841]):* De struma cystica ejusque operationibus. Vratislaviae (1864). (36 S.) 8°
Breslau, Med. Diss. v. 4. Aug. 1864

Bolkoburg und Burg Schweinhaus. Von Victor **Schätzke**. Hirschberg: Schles. Dr. u. Verlagsanst. [1910]. 32 S. 8° (10. 1485: 2

Schatzkes, M. A., Hamafteach oder der Schlüssel zum Labyrinthe der raethselhaften Sagen unserer Weisen, die seit Jahrhunderten in den dunkeln Reden u. Erzachlungen verschlossen u. unauflöslich zu sein schienen. Hier werden die Sinnbilder erklärt, die Räthsel aufgelöst, die verblümten Reden in einfachen Bildern dargestellt, aus versteckter Quelle krystall-klares Wasser geschöpfet, die dunkeln Geheimnisse an's Licht gebracht u. lang geschloss. Pforten eröffnet. (In hebräischer Sprache.) Warschau 866. (Berlin, Cohn) gr. 8. (X, 400 S.) n. 2 ⁄ 15 ngr.

Schatzkes, M. A., Hamafteach oder der Schlüssel zum Labyrinthe der raethselhaften Sagen unserer Weisen, die seit Jahrhunderten in den dunkeln Reden und Erzaehlungen verschlossen und unauflöslich zu sein schienen. Hier werden die Sinnbilder erklärt, die Räthsel aufgelöst, die verblümten Reden in einfachen Bildern dargestellt, aus versteckter Quelle krystall-klares Wasser geschöpfet, die dunkeln Geheimnisse an's Licht gebracht und lang geschlossene Pforten eröffnet. (In hebräischer Sprache.) gr. 8. (328 S.) Warschau 869. (Berlin, Benzian.) **

Schatzky, Georg, Referendar bei d. Kgl. Staatsanwaltsch. in Brieg: **Der Berichtigungsantrag des Vollstreckungsgläubigers bei nicht gebuchtem Eigentum des Schuldners.** *Breslau 1902: Th. Schatzky.* (45 S.) 8° ¶ [Erschien vollst. 1902 u. d. T.: 'Die Grundbuchberichtigung zum Zwecke der Immobiliarvollstreckung' bei M. & H. Marcus in Breslau.]
Breslau, Jur. Diss. v. 23. Juli 1902

Schatzky, Geo., die Grundbuchberichtigung zum Zwecke der Immobiliarvollstreckung. gr. 8. (67 S.) Breslau 902. M. & H. Marcus. n. 2. —

Schatzl, J., d. Corruption in d. österreichischen Socialdemokratie. (Was d. Socialdemokraten sind! Was d. Socialdemokraten wollen! D. Mißwirthschaft in d. „Allgem. Arbeiter-Kranken- u. Unterstützungs-Casse in Wien".) E. Nachschlagebüchlein f. Socialdemokraten u. f. solche, die es werden wollen. 8. (46 S.) Wien 896. (Leipzig, Literar. Anstalt, A. Schulze.) n. — 40

Schatzl v. Mühlfort, Gust., Jagd- u. Präcisions-Handfeuerwaffen. 30 Vorlageblätter, enth. d. Constructionen der wichtigsten Waffentheile u. Systeme zum Gebrauche an gewerbl. Lehranstalten, sowie f. Waffenerzeuger u. Sportfreunde. M. Unterstützg. d. k. k. Ministeriums f. Cultus u. Unterricht hrsg. gr. Fol. Mit Textheft. 8. (15 S.) Wien 895. C. Graeser. In Mappe n. 10. —

Schatzl von Mühlforth, Gustav. Jagd- und Präcisions-Handfeuerwaffen. 30 Vorlageblätter, enthaltend die Constructionen der wichtigsten Waffentheile und Systeme zum Gebrauche an gewerblichen Lehranstalten, sowie für Waffenerzeuger und Sportfreunde. Mit Unterstützung des k. k. Ministeriums für Cultus und Unterricht herausgegeben von —. Wien 1895. Karl Graeser. (Min.-Erl. v. 6. März 1896, Z. 3840.) In Mappe sammt Textheft 6. —

— — Dasselbe Werk ist auch mit böhmischer Terminologie unter dem Titel: „Lovecké a terčové ruční palné zbraně" herausgegeben worden und kann zu demselben Preise bezogen werden.

— Oesterreich-Ungarns rauchlose Jagdpulver Nr. I u. II. Ihre Eigenschaften, Wirkungsweise u. Verwendg. f. alle Kaliber d. Centralfeuer-Gewehre. 1. Bd. gr. 8. (41 S.) Wien 897. A. W. Künast. n. 1. 50

Schätzl, Emilie, Bilder, im Wetterleuchten entworfen u. allen Friedensfreunden gewidmet. 8. (V, 101 S.) Wien 895. M. Breitenstein. n. 1. 50

Schätzl, J., Lehrbuch der einfachen u. doppelten Buchführung. I. u. II. Tl. (Dr. Ludw. Huberti's moderne kaufmänn. Bibliothek.) gr. 8. Leipzig, Dr. L. Huberti. Geb. in Leinw. à n. 2. 75

I. Aufgaben u. Erklärgn. für Schule, Kontor u. zur Selbstbelehrung. (VIII, 72 S.) (901.)

II. Lösungen. Für Schule, Kontor u. zur Selbstbelehrung. (124 S.) (902.)

Schätzlein, Christian, aus Ludwigshafen a. Rh.: **Ueber das Hydrazid der Laurinsäure.** *Heidelberg 1904: K. Rößler.* (43 S.) 8°
Heidelberg, Naturw.-math. Diss. v. 1904

Schätzlein, Christian, Zuckerungstabellen zur gesetzlich erlaubten Verbesserung der Traubensäfte, Traubenmaischen u. Weine, sowie der Obst- u. Beerensäfte. (23 S. m. 1 Tab.) 14×23,5 cm. Stuttgart (909). E. Ulmer. Kart. 1. 20

SCHÄTZLER, Georg (Augsburg): De cholera asiatica. (Titel nach der Urkunde) 11.4.1835 - Urk; F 62
Diss. Ingolst.-Landsh.-Mchn.

Schätzler, Mor. (Lehrer an d. k. Kreis-Gewerbsschule das.). *Handelsgeschichte d. Stadt Augsburg bis zum Schlusse des Mittelalters.* Eine histor. Skizze. Augsburg, Lampart u. Comp., 1844. 4[o]. XVI S. Cart.

Schätzler-Perasini, Gebh., s. a. René, Gaston.

Schätzler-Perasini, Gebh., s. a.: Roberts, Mark.

[F.] Abgeblitzt. Schwank in 1 Akt v. G[ebhardt] Schätzler-Perasini. *Mülheim a. d. Ruhr: J. Bagel [1896].* (38 S., 1 Bl.) 1 Bd 8.
= Liebhaber-Theater. Bdch. 59. [98. 11589

Amor in Uniform! Militär. Scherz in 1 Akt von G[ebhardt] Schätzler-Perasini. [2. Aufl.] *Mülheim a. d. Ruhr: J. Bagel [1897].* (39 S.) 8° [F.]
= Liebhaber-Theater. Bdch. 39. [00. 2711 5

Schätzler-Perasini, Gebh. Der schöne August. Solo-Burleske für e. Herrn. gr. 16. (15 S.) Styrum 891, Spaarmann. — 20

Der Herr Baron oder: Ein lustiger Ehestands-Streich. Orig.-Lustspiel in 1 Aufz. von G[ebhardt] Schätzler-Perasini. *Mülheim a. d. Ruhr: J. Bagel [1898].* (32 S.) 8° [F.]
= Liebhaber-Theater. Bdch. 72. [00. 11673

— Fritze Bemmchen als Kindermädchen, oder e. schneid. Soldat. Solo-Burleske. gr. 16. (15 S.) Ebd. 891. — 20

Florians Brautfahrt. (Auf der Grenzbaude.) Schwank in 3 Akten von Gebh. **Schätzler**-Perasini u. W. Schönau [d. i. Martha Kneschke]. *Halle a. S.: O. Hendel (1900).* (72 S.) 8° [F.]
(Bibliothek d. Gesammtlitteratur d. In- u. Auslandes. No 1436.) [01. 13078

— u. Willa Zabransky. Der Dilettant auf der Liebhaber-Bühne. Praktische Ratschläge u. Winke beim Arrangieren u. Bau e. Bühne, sowie zur Wahl e. Stückes, zum Rollenstudium, Regieführen, Kostümieren etc. 12. (40 S.) Mülh. a. d. R. 891, Bagel. — 75

Schätzler-Perasini, Gebhardt: Er ist nervös, s. Liebhaber-Theater.

Die Falle —! Kriminal-Roman nach d. Aufzeichn. e. russ. Geheimpolizisten von Gaston René [d. i. Gebhardt Schätzler-Perasini]. Berlin: A. Weichert [1904]. (176 S.) 8° [F.]
= Sammlung interessanter Criminal- u. Detectiv-Romane. Bd 6. [05. 4631

Schätzler-Perasini, Gebhardt s. Familienbibliothek, Schweizer. No. 27.

Schätzler-Perasini, G., in Feindesland, s. Dilettanten-Mappe.

Das Gespenst im Kaiserschlosse. Hist. Geisterroman aus d. Zeit Maria Theresias von Gaston René [d. i. Gebhardt Schätzler-Perasini]. Berlin: A. Weichert [1904]. (96 S.) 8° [F.]
= Geister- u. Gespenster-**Romane**, Collection. Bd 1. [05. 4689

Schätzler-Perasini, Gebhardt: Gift. Judith, s. Weber's moderne Bibliothek.

— die Giftmischer, s.: Gesellschafts- u. Haustheater, neues.

— Verlorenes Glück, s.: Weber's moderne Bibliothek.

— Immer schneidig, s. Liebhaber-Theater.

Die schwarze Kassette. Kriminal-Roman nach d. Erinnerungen e. Geheim-Polizisten von Gaston René [d. i. Gebhardt Schätzler-Perasini]. Berlin: A. Weichert [1904]. (175 S.) 8° [F.]
= Sammlung interessanter Criminal- u. Detectiv-Romane. Bd 18. [05. 4840

Der verschwundene Kopf. Detektiv-Roman von Gaston René [d. i. Gebhardt Schätzler-Perasini]. Berlin: A. Weichert [1904]. (176 S.) 8° [F.]
= Sammlung interessanter Criminal- u. Detectiv-Romane. Bd 4.

Schätzler-Perasini, Gebhardt: Am Kreuze, s. Weber's moderne Bibliothek.

— kuriert od. Liebes-Manöver, s.: Liebhaber-Theater.

— die Löwenbraut. Schwank in 3 Akten. 12. (137 S.) München 899. Rubinverlag. n. 1. 50

— man dreht ihm e. Nase, s.: Gesellschafts- u. Haustheater, neues.

—— unser Mops, s. Vereins- und Haus-Theater.

Schätzler-Perasini, Gebhardt: Ein Morgen beim Herrn Oberst. Schwank in 1 Aufz. [2. Aufl.] Mühlheim a. d. Ruhr: J. Bagel [1897]. (40 S.) 8°
= Liebhaber-Theater. Bdch. 32.

— nix zu handeln? Jüdische Soloszene. gr. 16. (14 S.) Sthrum 891. A. Sparmann. — 20

Nur keinen Leutnant! Militär. Schwank in 1 Akt von G[ebhardt] Schätzler-Perasini. *Mülheim a. d. Ruhr: J. Bagel [1899].* (46 S.) 8° [F.]
= Liebhaber-Theater. Bdch. 78. [oo. 11679

— Onkelchen hilft, s.: Dilettanten-Mappe.

— der Pechvogel, s.: Deklamatorium für Ernst u. Scherz.

— v. Plumperwitz, s.: Deklamatorium f. Ernst u. Scherz.

— Der Posten am Pulverturm, s. Liebhaber-Theater.

— das Rätsel e. Nacht, s.: Weber's moderne Bibliothek.

Das Rendezvous im Pavillon oder Alles militärisch. Militär. Orig.-Lustspiel in 1 Akt von G[ebhardt] Schätzler-Perasini. *Mülheim a. d. Ruhr: J. Bagel [1899].* (30 S.) 8° [F.]
Liebhaber-Theater. Bdch. 71. [oo. 11675

Die St. Andreasnacht. Eine unerklärl. seltsame Geschichte aus d. Geisterwelt von Gaston René [d. i. Gebhardt Schätzler-Perasini]. Berlin: A. Weichert [1904]. (95 S.) 8° [F.]
= Geister- u. Gespenster-Romane, Collection. Bd 7. [e. 4755

Das geheimnißvolle Schloßzimmer. Eine seltsame Geschichte von Gaston René [d. i. Gebhardt Schätzler-Perasini]. Berlin: A. Weichert [1904]. (90 S.) 8° [F.]
= Geister- u. Gespenster-Romane, Collection. Bd 5. [e. 4753

—— der astronomische Schuster, s. Deklamatorium für Ernst und Scherz.

— der astronomische Schuster, s.: Jäger, R.

Soldatenliebe oder: Wenn die Katze aus dem Haus! Orig.-Schwank in 1 Akt von Gebh[ardt] Schätzler-Perasini. *Mülheim a. d. Ruhr: J. Bagel [1898].* (35 S.) 8° [F.]
= Liebhaber-Theater. Bdch. 73. [oo. 11676

Schätzler-Perasini, Gebhardt: Die Studentenbraut, s. Liebhaber-Theater.

—— s. Vereins- und Haus-Theater.

— o, diese Weiber, s.: Vereins- u. Haus-Theater.

Schatzmann: Abstinenz und Alkohol. Zürich 1894.

Weber, Immanuel [Präs.] u. **David Schatzmann** (Bopffings-Suevus) [Autor et Resp.]
Dissertatio juridica de contractu vitalitio, quo alimenta ad dies vitae comparantur.
Gissae 18. März 1706: Joh. Reinh. Vulpius. (8), 44 S.

Schatzmann, David (Bopfingen) A. S. 14/19

Dissertatio juridica, de contractu vitalitio, quo alimenta ad dies vitae comparantur.
Präs. Immanuel Weber.
Giessen (Vulpius) 1714. 44 S.

Diss. 18. III. 1706.
W. v.: Johann Christoph Bielefeld, Bernh. Ludwig Mollenbeck, Johann Christian Lange, Präs., Matthias Nikolaus Kortholt. 30030

Schatzmann, David (Bopfingen) A. S. 816/25

Dissertatio juridica, de contractu vitalitio, quo alimenta ad dies vitae comparantur.
Präs. Immanuel Weber.
Giessen 1717. 40 S.

Diss. 18. III. 1706. 30031

— Francofurti et Lipsiae: Kleib 1750. (8). 47 S. 4°

SCHATZMANN, P. David: De jure et judiciis Communitatum, quae veniunt sub nomine Marcarum in Wetteravia, von Marken und Gedingen. - Göttingen 1747

Schatzmann, Gebhard

Schatzmann, G. Die wichtigsten literarischen und ästhetischen Ideen in Boileau's Episteln. Prag, II. deutsche St. O. R., 1892. 25 S. **Progr.**

Schatzmann, G. Schillers Macbeth. Nach dem englischen Originale verglichen. Trautenau, O. R., 1889. 30 S. **Progr.**

Schatzmann, Gebh., zehn Vorträge üb. die Aussprache der englischen Schriftzeichen. Auf vergleich. Grundlage für den Schul-, Privat- u. Selbstunterricht zusammengestellt. (VII, 101 S.) 8. Wien 907. C. Fromme. n. 1. 50

Schatzmann, Hans

Schatzmann, H., s.: Assanierung, die, v. Zürich.

Schatzmann, H[ans]. Das Gesundheitsamt der Stadt Zürich. Separatabdruck aus dem Schweizerischen Zentralblatt für Staats- und Gemeinde-Verwaltung ... [Jahrg. 2, 1901—1902, Nr. 20—22]. 24 S. 8. Zürich, Orell Füssli, 1902.

Schatzmann. Hans. Das Retentionsrecht des Vermieters nach Art. 294 und 295 O.-R. Diss. Jur. Bern. 90 S. 8. Bern, Rösch & Schatzmann, 1908.

Schatzmann, J., nach Amerika. Praktischer Rathgeber u. Führer f. Auswanderer. In Verbindg. m. anderen Amerikareisenden hrsg. Nebst ausführl. englisch-deutschen Gesprächbuch u. beigefügter Aussprache jedes engl. Wortes. 8. (IV, 176 S.) St. Gallen 883. Wirth. n. 2. —

Schatzmann, Paul, von Schaffhausen: Zur Kenntniss der Thiazole. [Auch in: Liebig's Annalen der Chemie u. Pharm., Bd 261, S. 1—21]. Zür. J. Schabelitz Dr. 1891. 31 S. 8°.
-Zürich, Phil. Diss. [v. 9. März 1891].

Schatzmann R.: Die Abkühlung d. Milch. Amerikan. u. Swartz'sches System. Eine Volksschrift. Aarau 1870. 19 S. Fig. (Særtr.). P.

Schatzmann, R., die Abkühlung der Milch. Amerikanisches u. Swarz'sches System. Eine Volksschrift. [Aus: Alpwirthschaftl. Monatsblätter"]. Mit 6 (eingedr.) Abbildgn. 8. (19 S.) Aarau 871. Christen. — 30

Schatzmann, R. (Hrsg.), s.a. Alpenwirthschaft, Schweizerische.

Schatzmann, R., schweizerische Alpenwirthschaft. 1—3. Heft. gr. 8. Aarau 859—61, Christen. [1. Heft. (VI und 42 S.) 6 Ngr., 2. (IV und 120 S.) 15 Ngr., 3. (VI und 160 S.) 18 Ngr.]

Schatzmann, R., schweizerische Alpenwirthschaft. 1. Heft (2. Aufl.) und 4.—7. Heft. gr. 8. Aarau 862, Christen. [1. Heft. (VI und 50 S.) 862. 6 Ngr., 4. Heft. (IV und 152 S.) 863. 18 Ngr., 5. Heft. (VIII und 248 S. mit 1 Stnt. in 4.) 864. 27 Ngr., 6. Heft. (VI und 117 S.) 865. 15 Ngr., 7. Heft. (VI und 316 S. mit 1 Stnt. und mehreren eingedr. Holzschn.) 866. 1 Thlr.]
2. und 3. Heft. Ebendas. 1860,61. 1 Thlr. 3 Ngr.

Schatzmann, R., Anleitung zum Betrieb der Alpwirthschaft. Eine Volksschrift. gr. 8. (30 S.) Aarau 876. Christen. n. — 60

—— Anleitung zum Betrieb der Sennerei. Eine Volksschrift. 1. und 2. Aufl. gr. 8. (VIII, 119 S. mit 6 Abbild. in eingedr. Holzschn., 1 lithogr. Taf. in qu. Fol. mit Plänen und 1 Tab. in qu. 4.) Ebendas. 872. * 1 50

— Anleitung zum Betrieb der Sennerei. Eine Volksschrift. 3. verm. u. verb. Aufl. Mit 6 (eingedr. Holzschn.-) Abbildgn., 1 (lith.) Taf. m. Plänen (in qu. Fol.) u. 1 graph. (lith.) Darstellg. der Käsepreise [Emmenthaler] 1843/75 (in qu. gr. 4.) gr. 8. (VIII, 151 S. m. 1 Tab. in qu. Fol.) Ebend. 876. n. 1. 50

— — 4. verm. u. verb. Aufl., m. Tit.: Käsereibüchlein od. Anleitung (etc.). Sst. 1885. 171 S. Fig. 3 Tvl.

Schatzmann R.: Ueber die Bedingungen einer rentabeln Weide- u. Milchwirtschaft. Vortr. Liestal 1880. 20 S. P.
(Mittheilungen d. landwirtschaftlichen Vereins v. Baselland. 13. H.).

—Bericht ... üb. die Milchprodukten-Ausstellung in Portici (1877). Aarau. U. A. 17 S. P.

Bericht üb. die Preisausschreibung d. schweizerischen alpwirthschaftlichen Vereins betreffend Verwendung v. Hansen'schem Labextrakt. Aarau 1878. 20 S. P.

— die Butterfabrikation. Eine Volksschrift hrsg. im Namen u. Auftrage des schweizer. alpwirthschaftl. Vereins. Mit 2 Abbildungen (in eingedr. Holzschn.). Ebend. 868. gr. 8. (24 S.) 3 ngr.

Schatzmann R.: Die Butterfabrikation. Eine Volksschrift. Aarau 1868. 24 S.
(Beilage zu den Alpwirtsch. Monatsblättern; indb. dermed). 523.

Schatzmann, R. Erfahrungen über Einmachen von Grünfutter. 1883. Bericht an das Tit. schweizer. Departement des Handels und der Landwirthschaft in Bern. In-8°, 142 S., mit 5 Holzschn. Aarau, J. J. Christen, 1884. 1 80

—— Generalbericht über die erste schweizerische Milchproduktenausstellung in Bern vom 1.—11. Septbr. 1867. gr. 8. (IV, 84 S.) Ebendas. 868. * — 80

—— immerwährende Grünfütterung mit besond. Berücksicht. der Gebirgsgegenden. Eine Volksschrift. 3. Aufl. gr. 8. (20 S. mit 1 eingedr. Holzschn.-Abbild.) Ebendas. 883. *
1. und 2. Aufl. erschienen im Selbstverlage des Verfassers.

Schatzmann, R. Achter Jahresbericht der schweizerischen Milchversuchsstation in Lausanne (früher in Thun). In-8°, 36 S. Aarau, J. J. Christen. 1880.

—— s. Jahresbericht, 12., der schweizer. Milchversuchsstation.

— das hundertjährige Jubiläum der ökonomischen Gesellschaft des Kantons Bern und die Eröffnung der landwirthschaftlichen Schule auf der Rüti bei Bern am 30. Septbr. 1860. Festrede. Bern 860. (Huber & Co.) gr. 8. (37 S. u. 1 lith. Portr.) n. 6 ngr.

Schatzmann, R., die Käsefabrikation in der Schweiz. Eine Volksschrift. Mit 3 graph. (lith.) Taf. 8. (34 S.) Aarau 881. (Christen.) n. — 50

Schatzmann, R. (Director der Milchversuchsstation in Lausanne.) Die Käse-Industrie von Roquefort. In 8°. Frankfurt a./M. R. Morgenstern & Cie. 1879. — 40

—— die Käse-Industrie von Roquefort. gr. 8. (31 S.) Frankfurt a. M. 879. (Aarau, Christen.) *
Aus: Zeitschrift für Viehhaltung und Milchwirthschaft, besonders abgedruckt.

— verbesserte Käsepressen mit verschiebbarem Gewichte. Hrsg. im Auftrage des schweizer. alpenwirthschaftl. Vereins. Ebend. 870. gr. 4. (11 S. mit 2 Steintaff. in qu. Fol.) n. 6 ngr.

Schatzmann, R., Käserei-Büchlein oder Anleitung zu Betrieb der Käserei. Eine Volksschrift. 4. verm. und verb. Aufl. der Anleitung zum Betrieb der Sennerei. gr. 8. (V, 171 S. mit 25 Holzschn.-Abbild. und 3 lithogr. Plantaf.) Aarau 885, Wirz-Christen. *

—— Manuel des fromageries ou introduction à l'industrie du lait. Avec 6 figures et une grande planche (lithogr. in Fol.). Traduit de l'allemand, aux frais de l'état de Vaud par L. J. Jomini et Th. Eckerfeld. gr. 8. (VIII, 110 S.) Ebendas. 874. * 1 50

—— Manuel des fromageries ou introduction à l'industrie du lait. Écrit populaire. Avec 6 fig. (in eingedr. Holzschn.) et une grande planche (lithogr. in qu. Fol.). Traduit de l'allemand par L. J. Jomini et Th. Eckerfeld. (3e édit.) gr. 8. (VII, 114 S. mit 1 Tab. in qu. Fol.) Aarau 875, Christen. *

Schatzmann R.: Das Milchbüchlein o. Anleitung z. Behandlung u. Untersuchung d. gesunden u. kranken Milch . . . Eine Volksschrift. Aarau 1883. 36 S. Fig. P.

— Milchwirthschaft, s.: Bericht üb. Gruppe 26 der schweizerischen Landesausstellung Zürich 1883.

—— die Milchwirthschaft im Kanton Bern in histor., techn. und statist. Beziehung. gr. 8. (82 S.) Aarau (861)62, Christen.
Aus der „Schweizerischen Alpenwirthschaft" besonders abgedruckt.

—— alpwirthschaftliche Volksschriften. 1. und 2. Bdchn. gr. 8. (IV, 275; IV, 224 S.) Ebendas. 873,74. à Bdchn. *M 2,80. * 5 60

Schatzmann, R., alpwirthschaftliche Volksschriften. Neue bill. (Titel-)Ausg. Mit dem Portr. d. Verf. 2 Bdchn. gr. 8. (IV, 277 u. IV, 224 S.) Aarau 887. Wirz-Christen. n. 2. 80

—— die früheren, gegenwärtigen und zukünftigen Wassercorrectionen in Obwalden. 8. (15 S.) Frankfurt a. M. 879. (Aarau, Christen.) *

— die Weide- u. Milchwirthschaften von Schweden, Dänemark, Holstein u. Holland. Ein Reisebericht. [Aus den alpwirthschaftl. Monatsblättern.] Ebend. 870. 8. (IV, 92 S.) n. 10 ngr.

— über Zubereitung u. Verwendung d. Labs bei der Käsefabrikation. Eine Volksschrift. [Aus „Alpwirthschaftl. Monatsblätter."] gr. 8. (52 S.) Ebend. 871. — 60

Schatzmayer (Schatzmayr), Emil

Schatzmayer, E., Anton A. Graf v. Auersperg. [Anastasius Grün.] Sein Leben u. Dichten. Ein Vortrag, geh. in der Aula der Realschule I. Ord. zu Elberfeld u. a. a. O. 2. Aufl. gr. 8. (32 S.) Frankfurt a. M. 872. Boemel. n. — 50

Schatzmayer, E., Dalmatien. [2. Aufl. der „Kaiserreise" u. s. w.] Geographisch-historisch-statist. Beschreibung aus authent. Quellen. gr. 8. (84 S.) Triest 877, (Schimpff.) *

Schatzmayr, E., Anastasius Grün's Dichtungen. Eine Vorlesung. (Elberfeld 865. Bädeker'sche Buchh.) gr. 8. (32 S.) n. 5 ngr.

Schatzmayer, E., der klimatische Curort Görz und seine Umgebung. 8. (VII, 103 S. mit 1 Karte.) Wien 886, Braumüller. *
Braumüllers Bade-Bibliothek Nr. 42.

— der Mensch u. seine Erziehung im Lichte der Gegenwart. [Oeffentlicher Vortrag, geh. im J. 1868 im allgem. Bildungs-Verein u. in der Aula der Realschule I. Ord. zu Elberfeld.] Allen Gebildeten, insbesondere Eltern u. Lehrern gewidmet. 2. Aufl. gr. 8. (16 S.) Frankfurt a. M. 872. Boemel. n. — 25

Schatzmayr, Emil, Nord u. Süd. Geographisch-ethnographische Studien u. Bilder. Als Beitrag zur Verständigung, zugleich als Reisehandbuch. Braunschweig 869. Bruhn. gr. 8. (VI, 162 S.) n. 25 ngr.

— Deutschlands Norden u. Süden. Geographische Skizzen. 2. umgearb. Aufl. Ebend. 869. gr. 8. (VII, 120 S.) n. 20 ngr.

— Deutschlands Norden u. Süden. Skizzen ihrer nationalen Eigenthümlichkeiten. 2. umgearb. Aufl. gr. 8. (VII, 120 S.) Braunschweig 871. H. Bruhn. 1. —

Schatzmayr, E., studia Horatiana. Gotha 863. Thienemann. gr. 8. (92 S.) n. 15 ngr.

Schatz-Ordnung von Braunschweig-Wolfenbüttel v. 23. Juli 1619. 4. Wolfenb. 805. Albrecht. 6 gr.

Schatzow, A[isik]. Ueber Frakturen der Ellenbogengegend im Kindesalter ⟨an Hand von 4 Fällen⟩. Diss. Med. Basel. *Kopftitel:* ⟨Aus dem Kinderspital in Basel⟩. 43 S. 8. Basel, Brin & Cie., 1908.

Schatzregister, das Winsener, s. Meyer, Th.

Schatzsagen u. Schatzerzählungen aus der Umgegend von Leipzig. (Aus: Leipziger Nachrichten.) Leipzig 865. Reusche. 8. (30 S.) 7½ ngr.

Schatzstück, e., d. Museums f. Völkerkunde in Berlin. Zur Eröffng. Septbr. 1886. gr. 8. (64 S.) Berlin 886. Simion. n. 1. —

Schätzung, die ärztliche, der Lebenskraft. Aus dem Assurance Magazin and Journal of the Institute of Actuaries übers. von A. F. Elsner. Berlin 867. Grieben. gr. 8. (31 S.) n. 10 ngr.

Schätzungsordnung für die Abschätzungskommissare der ostpreussischen Feuersozietät. *(Königsberg i. Pr. 1901.)* (32 S.) 8° [J.] (01. 8008 10

Schau hinein! (16 S. m. z. Tl. farb. Abbildgn.) Lex.-8. Reutlingen (904). Enßlin & Laiblin. — 50; auf Pappe. (8 S.) Geb. 1. —

Schau in dich und geh um dich! Lenorenlieder. Leipzig 1874. V: *Barth, Joh. Ambr.* (cb)

Schau in Dich u. geh' um Dich! Leonoren-Lieder. 16. (IV, 80 S. m. eingedr. Holzschn.) Leipzig 874. Barth 1. —

Schau' mich an! (24 S. m. farb. Abbildgn.) gr. 8. München (908). Braun & Schneider. 1. —

Schau! Schau! Bilderbuch in Leporello-Format. 4. (32 S.) Wurzen 889. Kiesler. cart. 2. 50

Schau, A., der Brückenbau, s.: Unterricht, der, an Baugewerkschulen.

Der Eisenbahnbau. Leitfaden f. d. Unterr. an d. Tiefbauabt. d. Baugewerkschulen u. verwandten techn. Lehranstalten von A. **Schau**. T. 1. 2. Mit Abb. Leipzig & Berlin: B. G. Teubner 1908. 2 Bde 8°
1. Allgem. Grundlagen. Bahngestaltung. Grundzüge f. d. Anlage d. Bahnen.
2. Stationsanlagen u. Sicherungswesen.
= Unterricht, Der, an Baugewerkschulen. 15. 16. [08. 3314

Schau, Kurt, Altenburg: **Sprache und Grammatik der Dramen Marlowes.** *Leipzig 1901: H. John, Halle a. S.* (102 S.) 8°
Leipzig, Phil. Diss. v. [30. Apr.] 1902

Schau, Robert [Dr.]: De formulis, quas poetae Graeci in conclusione orationis directae posuerunt. (= Inaug.-Diss. Königsberg 1890.) Tilsit, gedr. bei J. Reylaender & Sohn, 1890; 1 Bl., 33 S. 4°
Tilsit, k. G, P 1890

Schau, R., de formulis, quas poetae graeci in conclusione orationes directae posuerint. Diss. inaug. gr. 4. (33 S.) Tilsae 890. (Leipzig, Fock.) n. 1. 20

Schaub, Ch. Fr., vernünft. Gedanken v. d. Satze des zureich. Grundes in d. Wolf. Philos. nebst Zus. 2 Thle. 8. Leipzig, Heinsius. 737–38.

Schaub, Charles

Schaub, Ch., und E. H. Gaullieur, die malerische Schweiz, s. Schweiz, die, ihre Geschichte etc.

Schaub, Ch., la Suisse pittoresque, s. Suisse, la, historique et pittoresque.

(Schaub, [Charles, und] Michod, Alex[andre].) Wegweiser durch das Mittelland, Oberland und den Jura des Kantons Bern (aus der Feder des Herrn Sch'), begleitet von statistischen Notizen, nützlichen Nachweisungen und Reiserouten (von Herrn M'), verziert durch mehrere Holzschnitte und eine Karte des Kantons. 8. Bern, Genf 1857.

(Schaub, [Charles, und] Michod, Alex[andre].) Wegweiser durch den Kanton Zürich (aus der Feder des Herrn Sch'), begleitet von statistischen Notizen, nützlichen Nachweisungen und Reiserouten (von Herrn M'), verziert durch mehrere Holzschnitte und eine Karte des Kantons. 8. Zürich, Genf 1857.

Schaub, Emil, Basel, s.: Beckmann-Führer.

Schaub, Emil. W[illiam] M[akepeace] Thackerays Entwicklung zum Schriftsteller. Ein Beitrag zur Biographie W. M. Thackerays. Diss. Phil. Basel. X + 125 S. 8. Basel, Franz Wittmer, 1901.

Schaub, Emil. Wilhelm Arsents Fehde mit Franz I., 1533—1539. 4.
Ausg. A: Bericht der Realschule zu Basel 1906—1907. ... Beilage.... Basel, J. Frehner, 1907. 36 S.
Ausg. B: Wissenschaftliche Beilage zum B' der R' in Basel, Schuljahr 1906/07. II + 36 S. Basel, J. F', 1907.

Schaub, Emil, Schnellkalkulator f. Webereien. Hilfstabellen zur schnellen Kalkulation von Baumwoll-, Wollen-, Kammgarn-, Seiden-, Leinen-, Jute- u. gemischten Geweben. 4., verb., umgearb. Aufl. (XII, 196 S. m. Fig.) 8. Leipzig (906). Th. Knaur. Geb. in Leinw. n. 5. —

Schaub, F., Annalen der k. k. Sternwarte in Wien, s. Littrow, C. L. v.

— u. C. L. v. **Littrow**, siehe Annalen der k. k. Sternwarte in Wien.

Schaub, F., nautische Astronomie für den Gebrauch der k. k. Seeofficiere. Neu bearb. von Eug. Gelcich. 3. Aufl. gr. 8. (190 S. mit eingedr. Holzschn.) Wien 878, Gerold's Sohn. *

Schaub F, magnet. Beobachtungen im östl. Teile des Mittelmeeres. 4° Triest 1858

Schaub, F., Beobachtungen der totalen Sonnenfinsterniss am 7. July 1842 in der oesterreichischen Monarchie und Turin. (Aus den Annalen der k. k. Wiener Sternwarte. Bd. XXII.)

Schaub, F., compendio di trigonometria piana e sferica. Traduzione dal tedesco con note dei fratelli R. e L. Zamara. Trieste 855. Literar.-artist. Abth. d. Oesterreich. Lloyd. gr. 8. (83 S. u. 1 lith. Taf.) n. 16 ngr.

Schaub, F., über die Deviationen des Compasses, s. Evans, F. J.

—— Guida alle studio dell' astronomia nautica. Prima versione italiana con aggiunte dell' autore. gr. 8. (IV und 243 S. mit eingedr. Holzschn.) Trieste 856, Direzione del Lloyd austriaco. *

Schaub, F., Dr., Instruktion zur Behandlung der selbstregistrirenden Fluthmesser für die österreich.-adriat. Beobachtungs-Stationen. Wien 1868.

Schaub, F., Compendium der ebenen u. sphärischen Trigonometrie. Mit 1 (lith.) Figurentaf. Lex. 8. (X u. 60 S.) Wien 849, Braumüller. n. 1/2 ℛ︎

Schaub, Dr. F. — Leitfaden für den Unterricht in der Nautischen Astronomie an der k. k. Marine-Akademie. 8. (184 S. und 4 Blätter.) Triest. Buchdruckerei des österreichischen Lloyd. 1853.

Schaub, F., Leitfaden für den Unterricht in der nautischen Astronomie in der k. k. Marine. 2. Aufl. Wien 860. Gerold. gr. 8. (VIII, 229 S. m. Holzschn.) n. 1 ℛ︎ 10 ngr.

Schaub, Fr. Ueber die Muttersprache als Unterrichtsgegenstand. 13 S.
Progr. Breslau F. 1825

Schaub, Fr., über höheres Sprachstudium. Prog. des Gymn. Danzig 1828. 4°. 13 S.

Schaub, (Fr.,) die Wichtigkeit d. Religions-Unterrichts auf Gymnasien. 8. Danzig 827, Gerhard. Rthlr.

Schaub, Franz

Schaub, Frz., die neuesten Bestimmungen auf dem Gebiet des katholischen Eherechts nebst Hinweis auf die ehefeindlichen Tendenzen im 20. Jahrh. (III, 49 S.) gr. 8. Regensburg 911. A. Coppenrath's Verl. — 60

Schaub, Frz., die katholische Caritas u. ihre Gegner. (IV, 237 S.) gr. 8. M. Gladbach 909. Volksvereins-Verlag. 2. 20

SCHAUB, Franz: Die Eigentumslehre nach Thomas von Aquin und dem modernen Sozialismus mit besonderer Berücksichtigung der beiderseitigen Weltanschauungen.- Freiburg i.B.: Herder 1898. XXIV, 445 S.
4.2.1039 - Chr 1898/99,10; Jv 1898/99,209 (Prom.-Datum: 1898)
Diss. Ingolst.-Landsh.-Mchn.

Schaub, Franz, Dr.: Der Kampf gegen den Zinswucher, ungerechten Preis und unlautern Handel im Mittelalter. Von Karl dem Großen bis Papst Alexander III. Eine moralhistorische Untersuchung. Freiburg i. B.: Herder 1905. (XII, 217 S.) 8° [F.]
München, Theol. Hab.-Schr. v. 1905

Schaub, Friedrich (Joachimsthal) 4° Jur. II, 14/3d

Disputationum ad Institutiones juris Justiniani disputatio III. Präs. Lorenz Kaestel.
Jena o. J. 10 Bl. 30032

Schaub, Friedrich, a. Berlin: Über 3-methylpyrazolonabkömmlinge mit einem am N-1-hängenden Säurerest und ihre Darstellung aus den entsprechenden Acetessigester-⟨acidylhydrazon⟩-derivaten. Würzburg 1908: C. J. Becker. (55 S.) 8°
Tübingen, Naturw. Fak., Ref. Wislicenus, Diss. v. 5. März 1908
[Geb. 30. April 82 Berlin; Wohnort: Tübingen; Staatsangeh.: Preußen; Vorbildung: Humboldt-Gymn. Berlin Obersekunda, Pharmaz. Staatsprüfung; Studium: Kiel 3, Techn. Hochsch. Braunschweig 2, Univ. Berlin 1, Tübingen 3 S.; Coll. 5. März 08.]

Schaub, G.

Schaub: Die wichtigsten Regeln der lat. Prosodie und Metrik. 27 S. – Spandow, Progr. 1865

Schaub.: Zusammenstellung und Beurtheilung der Beweise für die Unsterblichkeit der Seele, welche in Platons „Phädon" entwickelt werden. – Inowraclaw, Progr. 1860.

Schaub, G.: Zusammenstellung und Beurtheilung der Beweise für die Unsterblichkeit der Seele, welche in Platons Phaidon entwickelt werden. I. Th. 26 S. – Spandow, Progr. 1872.

[F.] Das Gleichnis vom verlornen Sohn in sieben erbaulichen Betrachtungen ausgel. v. Georg **Schaub**, † Pfarrer an d. Brüderkirche zu Kassel nebst e. Pred. zum Gedächtnis d. Verstorbenen am 3. Sonnt. n. Epiph. 1898 geh. v. Pfarrer C. Ed. Fürer. *Kassel: E. Röttger [1898].* (47 S.) 1 Bd 8. [98. 3226 Ma

Schaub, Gottfried. Die Arbeit. Das Grundproblem unserer Zeit. Eine sozial-pädagogische Studie. 292 S. 8. Bern, Gustav Grunau. 1910. [fr. 4. 50]

Schaub, J., Aehre und Garbe. Eine Perlenschnur von Ideen, Sentenzen, Reflexionen und Charakteristiken aus deutschem Schriftthum gesammelt und geordnet. 8. (VII und 280 S.) Leipzig 856, G. Mayer. *

Schaub, J., Aehre u. Garbe. Eine Perlenschnur aus deutschem Schriftthum gesammelt u. geordnet. 2. (Titel-) Aufl. 12. (VII, 280 S.) Leipzig 891. Th. Knaur. Geb. in Leinw. m. Goldschn. n. 1. 50

Schaub, J., biblischer Hauptschlüssel, od. Wegweiser. 6 Thle. 4. Leipz. 714.

Schaub, J., De usu conjunctivi et optativi in enuntiatis lyricorum Graecorum secundariis. Diss. 1889. 70 S. 2.—

Schaub, Jakob

Schaub, Jac., Abschieds-Predigt, gehalten am 9. April 1855 zu Stumpertenrod. Friedberg, Scriba. gr. 8. (16 S.) n. 2 ngr.

Schaub, Jac., Entwurf e. Verfassung der evangelischen Kirche d. Großherzogth. Hessen. 8. (31 S.) Darmstadt 873. Diehl's Sort. n. — 45

Schaub, J., Erbauungs-Stunden für die erwachsene Jugend evangel. Confession. Zum Vorlesen auf dem Lande bestimmt. gr. 8. (VII und 206 S.) Marburg 851(52,) Elwert'sche Universitäts-Buchh.

Schaub, Jac., Wesen und Unterschied von Katholicismus und Protestantismus in Gebräuchen, Lehren und Leben der Kirche. Heidelberg 860. C. Mohr. 8. (35 S.) n. 2½ ngr.

Schaub, Johannes: Chemisch-pharmazeutische Abhandlung über die Güte und Verfälschung einfacher und zusammengesezter Arzneymittel in vorzüglicher Rücksicht auf manche noch unbekannte Verfälschungen abgefaßt. 170 S., gbd.

Cassel: Griesbach 1797

JB 1.377

Schaub, J., chem. pharmaceut. Abhdl. üb. einfache u. zusammenges. Arzneymittel. 2 Thle. 8. Cassel, Griesbach. 797–98. (à 12 gr.)

— Annalen der Salinenkunde. 15 Stück. gr. 8. Götting. 808. Dieterich.

— Archiv f. Pharmacie, s. G. H. Piepenbring.

Physikalisch-mineralogisch bergmännische Beschreibung des Meißners, eines merkwürdigen Basalt-und Steinkohlengebirges in Hessen. Von Johannes Schaub. Cassel: Verf. 1799. VIII,245 S. 8°

Schaub, (J.,) physikalisch-mineralogisch-bergmänn. Beschreibung des Meißners. 2e Aufl. Mit 2 Kpfrn, 1 Vign. u. Tab. 8. Cassel 822, Luckhardt.

— dissert. inaug. medico-chemica sistens lauro cerasi qualitates medicas et venenatas. 8. Marb. Krieger. 792.

Schaub, Jh., († 1819.) pharmaceut. Handbuch üb. die Güte u. Verfälschung d. Arzneimittel. 2 Thle. 8. Cassel 797, 98. (Luckhardt). 1 r/ 2r Thl. (A. u. d. T.: chem.-pharmaceut. Abhandl. üb. einfache u. zusammengesetzte Arzneimittel).

SCHAUB, JOHANN.

Systematisches Lehrbuch der allgemeinen Chemie, mit Hinsicht auf die neuesten Entdeckungen, zum Gebrauche für Vorlesungen und zum Selbstunterricht. Nürnberg, 1804. 8vo.

— systemat. Lehrbuch d. allgem. Chemie in Hins. a. d. neuesten Entdeckungen. 1r Bd. gr. 8. Fürth, Büreau f. Litt. (Campe in Nrnb.) 804.

— erste u. zweite Nachr. von d. Fortgange seines chem. Instituts. 4. Cassel. 800, 801.

— Untersuchung e. vom französ. National-Institute gemachten Entdeck., den Galvanismus betreff., nebst e. Einwürfen gegen die Theorie des Hrn. Volta's üb. d. Erscheinung sr. Säule ꝛc. 8. Cassel 802.

Einige Worte am Sarkophag des Br.·. Sperber in der Trauer-□ am 9ten Sept. 1816, gesprochen vom Br.·. [Joh.] Schaub. Cassel [1816]: Hampe. 2 Bl. 4⁰ [Umschlagtit.]

Kl. 1446 d. 65.

Schaub, Joh.Adam: Positiones (miscell.). 1 Bl. Basel, Jur.Diss.v. 13.Nov.1700.

Schaub's, Joh. Chrn. Friedr., gesammelte Schriften. Hrsg. von Friedr. Aug. Eckstein. gr. 8. (XXXVI und 78 S.) Halle 858, Buchh. des Waisenhauses. –

Schaub, Joh.Heinrich: Theses juridicae, s. Thelluson, Joh.(Praes.)

(Schaub, J[ohann] J[acob], und Keiser, J[ohann] J[acob].) Heimatkunde. Beschreibende und geschichtliche Darstellung von Gelterkinden. [Mit 1 Plan und 1 Karte.] 8. Liestal 1864.

Schaub, J[ohann] R[udolf]. Das Trümmletenthal. [S.A.] 8. [Bern 1874.]

Schaub, Karl, Gerichtsreferendar a. Hanau a. M.: Der Begriff der Gewerbsmässigkeit im deutschen Reichsrechte, insbesondere im geltenden Reichsstrafrechte. Krefeld 1905: L. Funk. (VIII, 95 S.) 8°

Marburg, Jur. Fak., Ref. Traeger, Diss. v. 1. Juli 1905

[Geb. 3. Sept. 80 Hanau a./M.; Wohnort: Hanau; Staatsangeh.: Preußen; Vorbildung: Gymn. Hanau Reife O. 99; Studium: Marburg 3, München 1, Berlin 1, Marburg 2 S.; Rig. 25. Juli 02.]

Schaub, Karl, der Begriff der Gewerbsmässigkeit im deutschen Reichsrechte, insbesondere im geltenden Reichsstrafrechte. Diss. (VIII, 95 S.) gr. 8. Hanau 905. (F. König.) n.n. 1. 50

Schaub, Karl, Fachzeichnen f. Klempner; bezw. f. Schmiede, s.: Lachner's, Karl, Lehrhefte.

Schaub, Karl Eduard [aus Allendorf a/Werra in Hessen-Nassau]: Über die niederdeutschen Übertragungen der Lutherschen Übersetzung des N. T., welche im 16. Jahrhundert im Druck erschienen. . . . Greifswald, Druck v. Julius Abel, 1889; 2 Bl. + 77 S. 8°

Greifswald, Phil. Fak., Inaug.-Diss. v. 16. März 1889

Schaub, K. E., üb. die niederdeutschen Übertragungen der Luther'schen Übersetzung des N. T., welche im 16. Jahrh. im Druck erschienen. gr. 8. (75 S.) Greifswald 889. (Halle, Niemeyer.) n. 2. —

Schaub, Karl Rud., s. Goldsmith, O., the vicar of Wakefield.

Schaub, C. R., vollständ. Wörterbuch zum Vicar of Wakefield v. Oliv. Goldsmith. Nebst möglichst genauer Bezeichnung d. Aussprache. 8. (10 B.) Leipzig 831, Engelmann.

Schaub, Ludwig, a. Blumenthal in Hannover: Ueber den Quarznorit von Penmaenmawr in Wales und seine Schlierenbildungen. Stuttgart 905: E. Schweizerbart. (S. 93—131). 8° ¶ (Aus: Neues Jahrbuch f. Mineral. 1905, I.)
Münster, Phil. Fak., Ref. Buß, Diss. v. 8. Juni 1905
[Geb. 1. Jan. 82 Blumenthal in Hannover; Wohnort: Sölde b. Unna i. W.; Staatsangeh.: Preußen; Vorbildung: Realgymn. Vegesack Reife O. 00; Studium: Marburg 3, Münster 5 S.; Rig. 8. März 05.]

Schaub, Lukas: De praescriptione actionum nondum natarum. 26 S.—
Basel, Jur.Diss.v. 8. Mai 1711.

Schaub, M., das Geistesleben d. Chinesen im Spiegel ihrer drei Religionen. 8. (24 S.) Basel 898. Missionsbuchh. n. — 10

Schaub, M., die chinesische Sprache und Schrift. gr. 8 (18 S.) Basel 898. Missionsbuchh. n. — 20
Sonderabdruck aus: „Ev. Missions-Magazin".

Schaub, Paul [app. Arzt aus Giessen]: Aus d. patholog. Institut zu Giessen. Ueber das primäre Extremitätencarcinom ... M. 2 Taf. Giessen, grossh. Hof- u. Univ.-Dr. C. v. Münchow, 1894; 28 S., 2 Taf. 8.
Giessen, Med. Fak., Inaug.-Diss. v. 1894

Schaub, Robert von

Schaub, R. v., üb. die Anatomie v. Hydrodoma [C. L. Koch]. Ein Beitrag zur Kenntniss der Hydrachniden. [Mit 6 Taf.] [Aus: „Sitzungsber. d. k. Akad. d. Wiss".] Lex.-8. (54 S.) Wien 888. (Tempsky.) n. 2. 50

Schaub, Rob. v., über Chondracanthus angustatus [Heller]. [Aus dem zoologisch-vergleichend-anatom. Institute der Universität Wien.] [Mit 3 (lith.) Taf.] [Aus: „Sitzungsber. d. k. Akad. d. Wiss."] Lex.-8. (11 S.) Wien 876. (Gerold's Sohn.) n. 1. —

— üb. marine Hydrachniden, nebst einigen Bemerkungen üb. Midea [Bruz.]. [Mit 2 Taf.] [Aus: „Sitzungsber. d. k. Akad. d. Wiss."] Lex.-8. (17 S.) Ebd. 889. n. — 80

Schaub, Samuel. Beiträge zur Kenntnis der postembryonalen Entwicklung der Ardeiden. Diss. Phil. Basel. [Mit Figuren und 2 Tafeln.] (Abdruck aus den Zoologischen Jahrbüchern. Bd. 25. Abt. f. Anat[omie]. 1907. ...) IV + 100 S. 8. Naumburg a. S., Lippert & Co., 1907.

Schaub, Wilhelm, aus Blumenthal ⟨Hann.⟩: **Die Entwicklung der lateinischen Adjektiva auf ⟨-i⟩-dus im Französischen.** *Kiel 1903: P. Peters Erben.* (84 S.) 8°
Kiel, Phil. Diss. v. [24. Okt.] 1903

Schaub, Wilhelm [app. Arzt aus Altmorschen]: **Die fieberhaften Spätererkrankungen im Wochenbette.** . . . Marburg, Buchdr. F. Sömmering, 1888; 27 + 1 S. + 1 Bl. u. 7 Taf. 8°
Marburg, Med. Fak., Inaug.-Diss. v. [10. Jan.] 1889.

Schaub, Wilhelm, Prof.: Über den Ursprung der deutschen Zwergsage. Berlin 1904: Trowitzsch. (S. 1—24.) 4°
Berlin, k. Wilhelms-G P 1904 (71)

Schaubach, A. Fortsetzung der im Jahre 1835 herausgegebenen Chronik der Stadt Meiningen. 22 S. **Progr.** G. * *Meiningen* 1885.

Schaubach, A., s.: Einladungsschrift zur Feier des 50jähr. Bestehens des Henneberg. altertumsforschenden Vereins zu Meiningen.

Schaubach, A.: Lukans Pharsalia u. ihr Verhältn. z. Geschichte. Meiningen 1864. 21 S. 4°
Schul-/Univ.-Schrift

Schaubach, A., de vocum quarundam, quae in Taciti dialogo leguntur, vi ac potestate. (Einladungsschrift des Gymnasium Bernhardinum in Meiningen ꝛc.) 4. (28 S.) Meiningen 857, (Brückner und Renner.) *

Schaubach, A., griechisches Vokabularium f. den Elementarunterricht. gr. 8. (IV, 31 S.) Leipzig 879. Teubner. — 45

Schaubach, A., Wörterbuch zu den Fabeln d. Phädrus. Für den Schulgebrauch herSg. Leipzig 870. Teubner. 8. (III, 54 S.) n. 5 *ngr.*

Schaubach, A., Wörterbuch zu den Fabeln des Phädrus. Für den Schulgebrauch. 2., verb. u. verm. Aufl. 8. (IV, 56 S.) Leipzig 877. Teubner. — 60

— Wörterbuch zu den Fabeln des Phädrus. Für den Schulgebrauch hrsg. 3., verb. Aufl. 8. (IV, 56 S.) Leipzig 888. Teubner. — 60

— Wörterbuch zu Siebelis' tirocinium poeticum. Ebend. 869. gr. 8. (III, 43 S.) 1½ *ngr.*

— **Wörterbuch zu Siebelis' tirocinium poeticum.** 3. verb. Aufl. gr. 8. (43 S.) Ebend. 874. — 45

—— Wörterbuch zu Siebelis' Tirocinium poeticum. 4. verb. Aufl. gr. 8. (III, 43 S.) Ebendas. 877.

Schaubach, A., Wörterbuch zu Siebelis' Tirocinium poeticum. 5. und 6. verb. Aufl. gr. 8. (III, 47 S.) Leipzig 880,82, Teubner.

Schaubach, A., Wörterbuch zu Siebelis' Tirocinium poeticum. 7. Aufl. gr. 8. (IV, 47 S.) Leipzig 885. Teubner. — 45

— Wörterbuch zu Siebelis' tirocinium poeticum. 8., verb. Aufl. gr. 8. (IV, 47 S.) Ebd. 888. — 45

Schaubach, A., Wörterbuch zu Siebelis' Tirocinium poeticum. 11. verb. Aufl. gr. 8. (IV, 47 S.) Leipzig 902. B. G. Teubner. Kart. n. — 80

Schaubach, A., Wörterbuch zu Siebelis' Tirocinium poeticum. 12. verb. Aufl. (IV, 47 S.) 8. Leipzig 907. B. G. Teubner. Kart. — 80

Schaubach, A., Wörterbuch, s.a. Siebelis, Johs., tirocinium poeticum.

Schaubach, Adolf

Schaubach, Ad., die deutschen Alpen. Ein Handbuch für Reisende durch Tyrol, Oesterreich, Steyermark, Illyrien, Oberbayern und die anstoßenden Gebiete. 1. Thl. Allgemeine Schilderung. gr. 8. Jena 845, Frommann. n. 1 1/3 ß

— dass. 2. Thl. Flußgebiete: Inn, Rhein, Iller, Lech, Ammer, Isar, Mangfall. — Nordtyrol. Vorarlberg. Oberbayern gr. 8. Ebend. 845. n. 1 1/3 ß

— dass. 3. Thl. Das Salzburgische, Obersteyermark, das Oesterreich. Gebirgsland und das Salzkammergut. gr. 8. Ebend. 846. n. 1 1/3 ß

— dass. 4. Thl. Das Gebiet der Etsch und angrenzende Flußgebiete. — Das mittlere und südliche Tyrol. gr. 8. Ebend. 846. n. 1 1/3 ß

— dass. Zugabe zum 4. Thl. u. d. T.: Uebersicht über die geognost. Verhältnisse Südtyrols von H. Emmrich. gr. 8. (IV. Bd. S. 281—316.) Ebd. 847. gratis.

Schaubach, Adolph, die Deutschen Alpen. Ein Handbuch für Reisende durch Tyrol, Oesterreich, Steyermark, Illyrien, Oberbayern u. die anstoßenden Gebiete. 5. Thl. Die südöstl. Abdachung vom Großglockner bis Triest. Register üb. das ganze Werk. gr. 8. (IV u. 287 S.) Jena 847, Frommann. n. 1 ß (1—5: n. 6 1/3 ß)

Schaubach, Adph., die deutschen Alpen f. Einheimische u. Fremde geschildert. 1. Thl. Allgemeine Schilderg. 2. Aufl. 8. (XVI, 641 S.) Jena 871. Fr. Frommann. n. 6. —

— dasselbe. 2. Aufl. Nachtrag zum 1. Theile enth. Geologische Geschichte der Alpen. Fortsetzg. Trias v. H. Emmerich. 8. (VIII u. S. 641—852.) Ebend. 874. n. 3. —

—— die deutschen Alpen. 2. Aufl. II.—V. 8. Jena, Fr. Frommann. * 6 Thlr.; geb. *

Inhalt:

II. Nordtirol, Vorarlberg, Oberbaiern für Einheimische und Fremde geschildert. (VIII und 498 S.) 866. * 1 Thlr. 20 Ngr.; geb. * 1 Thlr. 25 Ngr.

III. Salzburg, Obersteiermark, das österreichische Gebirge und das Salzkammergut für Einheimische und Fremde geschildert. (VIII und 616 S.) 865. * 1 Thlr. 20 Ngr.; geb. * 1 Thlr. 25 Ngr.

IV. Das mittlere und südliche Tirol für Einheimische und Fremde geschildert. (VIII und 492 S.) 867. * 1 Thlr. 10 Ngr.; geb. * 1 Thlr. 15 Ngr.

V. Das südöstliche Tirol und Steiermark, Lungau, Kärnten, Krain, Görz und das Küstenland für Einheimische und Fremde geschildert. (VI und 414 S.) 867. * 1 Thlr. 10 Ngr.; geb. * 1 Thlr. 15 Ngr.

— Characterbilder aus der Alten Welt, s. Henneberger.

Schaubach, Adolf: Römische Geschichte in Biographien, s. Bernhardt, Ernst

— Handbuch für Reisende durch Nordtyrol, Vorarlberg, Oberbayern. [Abdr. aus dessen die Deutschen Alpen. II. Bd. 1845.] gr. 8. (IV u. 284 S.) Ebd. 850. n. 1 1/3 ß

— Handbuch f. Reisende durch die Länder Salzburg, Obersteyermark, das Oesterreichische Gebirgsland u. Salzkammergut. [Abdr. aus dessen die Deutschen Alpen. III. Bd. 1846.] gr. 8. (IV u. 354 S.) Ebd. 850. In Engl. Einb. n. 1 1/3 ß

— Handbuch für Reisende durch das mittlere u. südliche Tyrol, vom Ursprung der Etsch u. vom Brenner bis Verona u. Venedig. [Abdr. aus dessen die Deutschen Alpen. IV. Bd. 1846.] gr. 8. (IV u. 279 S.) Ebd. 850. In Engl. Einb. n. 1 1/3 ß

—— die Nordsee-Mittelmeerbahn u. der Main-Werra-Elbe-Kanal. gr. 16. (2 3/4 B. u. 1 Eisenbahn- u. Kanalkarte v. Deutschland.) Hildburghausen 845, Bibliograph. Institut. (Leipzig, Gebhardt u. Reisland.) *

— die Nordsee-Mittelmeerbahn und der Main-Werra-Elbe-Kanal. Mit 1 Eisenbahn- u. Kanalkarte von Deutschland. gr. 16. Hildburghausen 845, Bibliograph. Institut. (Leipzig, Weygand'sche Buchh.) n. 1/3 ß

Schaubach, E., Predigt zur 3. Jubelfeier der Hennebergischen Reformation am 25. Jan. 1844 in der Stadtkirche zu Meiningen gehalten. gr. 8. Meiningen 844, Blum. n. 1/12 ß

Schaubach, E., Uebersicht über die im Herzogth. Sachsen-Meiningen in Ansehung der evangel. Landeskirche erschienenen Gesetze und Verordnungen. gr. 8. (IV und 112 S.) Meiningen 857, Brückner und Renner. *

Ed. **Schaubach** de vita et philos. Anaxag. commentatt. duae, bei dess. Ausg. d. Fragmm. d. A. *Lpz.*, Wöller. 827. gr 8° 16 gl

Vgl. A n a x a g o r a s .

Schaubach, (Ernst): Eucharius Eyering und seine Sprichwörtersammlung, Teil 1. Hildburghausen, herz. Hofbuchdr. v. F. W. Gadow & Sohn, 1890; S. 1—32; 4°

Hildburghausen, G Georgianum, OP 1890

Die Botenlaubischen Grabdenkmäler in der Klosterkirche zu Frauenrode. Von Karl **Zürcher**. Die ehemalige sächsische Landwehr im Kreis Hildburghausen von Prof. Dr. phil. E[rnst] Schaubach. Meiningen: Brückner & Renner in Komm. 1909. 122 S. 4°(8°)
(Neue Beiträge z. Geschichte deutschen Altertums. Lfg 22.)

Schaubach, E., die ehemalige sächsische Landwehr im Kreis Hildburghausen, s. a. Beiträge, neue, zur Geschichte deutschen Altertums. 22. Lfg.

Schaubach, Ernst, Gregor Haydens Salomon und Marcolf. Diss. Leipzig, 1881.

Schaubach, F., zur Charakteristik der heutigen Volksliteratur. Gekrönte Preisschrift. Hamburg 863. Agentur des Rauhen Hauses. 12. (VIII, 216 S.) n. 18 ngr.

Schaubach, F., Familien-Bibliothek, s.: Volksbücher, deutsche.

Schaubach, F., Gebete für evangelische Schulen. gr. 16. (VI und 80 S.) Meiningen 856, Brückner und Renner.

— Gebete für evangelische Schulen. 2. Aufl. Meiningen 859. Brückner & Renner. 16. (VIII, 96 S.) 7 1/2 ngr.

—— das Leben Philipp Melanchthons. 1. und 2., unveränd. Aufl. 8. (64 S.) Meiningen 860, v. Eye. *

Schaubach, F., ausgewählte Psalmen im Anschlusse an die Evangelien des Kirchenjahres ausgelegt. 8. (VIII und 246 S.) Halle 863, Mühlmann.

—— Rechnenbuch für Gewerbtreibende, Handwerkerschulen, sowie für die höhern Classen der Bürgerschulen. 8. (IV und 108 S.) Meiningen 861, v. Eye. *

—— Auflösungen zum Rechnenbuch für Gewerbtreibende, Handwerkerschulen, sowie für die höhern Classen der Bürgerschulen. 8. (29 S.) Meiningen 861, v. Eye. *

Schaubach, J. A., Beschreib. ein. resolv.-balsam.&c. Tinktur. 8. Coburg, Ahl.

Schaubach, Johann Konrad

— Einige Bemerkungen über die Sphäre der Alten. Progr. Meinungen 797. 4.

Schaubach, J. C., De Arati Solensis interpretibus romanis, Cicerone, Caesare Germanico et R. F. Avieno commentatio. Pr. 1818. 14 S. 4°. 1.20

Schaubach, J. C., Novae editionis Arateorum Ciceronis, Germanici Caesaris et Avieni specimen. Progr. Meining. 818. 4. Specim. II. Ibid. 821. 4.

— Novae editionis Arateorum Ciceronis, Germanici Caesaris et R. F. Avieni specimen II. Pr. 1820. 12 S. 4°. 1.—

Schaubach, Johann Konrad, s. Eratosthenes.

Geschichte der griechischen Astronomie bis auf Eratosthenes. Von Johann Konrad Schaubach. Göttingen: Röwer 1802. XXVIII, 507 S. 8°

Schaubach, Progr. Ueber die Katasterismen des Eratosthenes. Meinungen 791. 2 Progr. 4.

Schaubach, J. K., Über die Meinungen der Alten von unserm Sonnensystem. Progr. Meinungen 796. 4.

Schaubach, J. C. De Iridorum modo, loca et motus planetarum definiendi. Gottingae 1832. 4.

— Nachr. der gegenwärt. Einrichtung des Lyceums zu Meinungen. 8. Hildburgh. 807. Hanisch; (a. Taubert in Leipz.) 5 g.

— Observata in Scholia ad Germanici Caes. phaenomena. IV. Pr. 1884. 11 S. 4°.

— Exhibentur observationes quaedam in scholia ad Germanici Caes. prognostica. Pr. 1821. 10 S. 4°. 1.—

Schaubach, J. C. De studiis astronomiae apud Indos origine et antiquitate. Pars 1–2. Gottingae 1832. 4.

Schaubach, J. C., Progr. in locum Hesiodi Oper. 381. Meinung. 794. 4.

Schaubach, J. C. Ueber den griechischen Astronomen Claudius Ptolemaus. Meiningen 1825. 4.

Schaube, A., König Wilhelm's Kaiserfahrt. Epische Dichtg. in 6 Gesängen. 8. (III, 72 S.) Leipzig 887. [Peterson.] Dallmeier. n. 1. —; geb. n. 1. 50

Schaube, Adolf [Oberl.]: Neue Beiträge zur Geschichte des Konsulats des Meeres. (Nachtr. zu: „Das Kons. d. Meeres in Pisa" in: Schmoller's Staats- u. sozialwiss. Forsch. Jahrg. VIII, Heft 2. 1888.) *Brieg, Buchdr. E. Kirchner, 1891;* S. 3–23; 4°
Brieg, k. G, P 1891 (176)

Handelsgeschichte der Romanischen Völker des Mittelmeergebiets bis zum Ende der Kreuzzüge. Von Prof. Adolf **Schaube**. München & Berlin: R. Oldenbourg 1906. (XIX, 816 S.) 8°
= **Handbuch** d. mittelalterl. u. neueren Geschichte. Abt. 3, [14.]

Schaube, A., das Konsulat d. Meeres in Pisa, s. a. Forschungen, staats- u. socialwissenschaftliche.

Schaube A, das Konsulat des Meeres in Pisa. (Forschungen, Staats- und volkswissenschaftliche VIII, 2) Leipzig 1888

Schaube, Adolf: Proxenie im Mittelalter. Ein Beitrag zur Geschichte des Konsularwesens. 4 (S. 3–21).
Progr. Kgl. G. *Brieg* 1899
Erschien zuerst in franzos. Übersetzung von Léon Devogel in: Revue de Droit international et de Législation comparée, t. 28, 1896. No. 5.

Schaube, Adolf: Die Quellen der Weltchronik des heiligen Antonin, Erzbischofs von Florenz. 26 S. **Progr.** *Hirschberg* 1880.

Schaube, Kolmar: Zur Bedeutung von 'hansa'. Breslau (1908): Graß & Barth. 22 S. 8°
Breslau, st. ev. G zu St. Elisabet P 1908 (230) [S 08. 404

Schaube, Kolmar, Prof.: Die Einwirkung der Zedlitzschen Schulreformbestrebungen unter Friedrich d. Gr. auf das Breslauer Elisabetan. *(Breslau 1903: Graß, Barth & Co.)* (S. 90–218.) 8°
Breslau, st. ev. G zu St. Elisabet. Festschr. 1903 (200)

Schaube, Kolmar: Zur Entstehung der Stadtverfassung von Worms, Speier und Mainz. Breslau, Druck v. Grass, Barth & C., *1892;* 72 S. 8.
Breslau, st. ev. G zu St. Elisabet, OP 1892 (172)

Schaube, Paul, Prof.: Einführung in die Chemie in schulgemäßer Behandlung. T. 1. Pensum der Obersekunda am Königlichen Realgymnasium zu Bromberg. Bromberg 1904: O. Grunwald. (S. 1–54.) 4° [F.]
Bromberg, k. RG OP 1904 (206)

Schaube, Paul, Prof.: Einführung in die Chemie in schulgemäßer Behandlung. T. 2. Pensum der Unter-Prima am k. RG zu Bromberg, erste Hälfte. Bromberg 1905: A. Dittmann. (27 S.) 4° [F.] ¶[Forts. d. P-Beil. 1904.]
Bromberg, k. RG OP 1905 (206)

Schaube, Paul, Prof.: Einführung in die Chemie in schulgemäßer Behandlung. T. 2: Pensum der Unter-Prima am Königlichen Realgymnasium zu Bromberg, 2. Hälfte. Bromberg 1907: A. Dittmann. (24 S.) 4° ¶[Forts. d. P-Beil. 1904. 05.]
Bromberg, k. RG OP 1907 (214)

Schaube, Paul. Rede zur Sedanfeier 1889. 4 (S. 3–15).
Progr. Rg. *Bromberg* 1890 (162).
Vorgeschichte und Entwickelung der deutschen Marine.

Schaubek, G., Album für Briefmarken nach der Alfr. Moschkau'schen Sammlung bearb. und unter Mitwirkung der ersten Autoritäten Deutschlands hrsg. 4. (IV, 94 S.) Leipzig 871, Exped. von Schaubek's Album. cart.

—— Album für Briefmarken unter Mitwirkung der ersten Autoritäten Deutschlands hrsg. 2. verm. und verb. Aufl. gr. 4. (IV S., 112 Bl.) Ebendas. 871. cart.

Schaubek, G., Album f. Briefmarken unter Mitwirkg. der ersten Autoritäten Deutschlands hrsg. 4. (134 S.) Leipzig 873. Wartig. cart. 2. —; geb. 4. 50 u. 6. 75; auf Cartonpap. in Leder m. Schloss 13. 50; in Saffian m. 2 Schlössern n. 19. 50; Prachtausg. in Carton 36. —

—— dass. — 3. Aufl. 4. (134 S.) Leipzig 875, Wartig.
cart. *M. 2.; geb. in Halblnwd. M. 3,50.; Lnwd.
Velinp. Lnwd. mit Goldschn.
Cartonp. in Leder mit Schloss
In Saffian mit 2 Schlössern
Prachtausg. in Carton

—— dass. — 8. Ebendas. 875. cart.
geb. in Halblnwd. *M. 1.; Lnwd.

Schaubeck, G., Briefmarken-Album. Illustrirte Ausg., neu bearb. und revid. von A. Moschkau. 4. Aufl. gr. 4. (156 S.) Leipzig 878, L. Senf. cart.
geb. in Halbleder
geb. in Calico *M* 6,50.; mit Goldschn.
Ausg. auf feinem Pap. geb.

—— dass. — 8. 2.—10. Aufl. Ebendas. 875—79. cart.
geb. in Halbleinw. *M* 1.; in Leinw.

Schaubek's Briefmarken-Album. Mit 70 Länderwappen und 1000 Marken-Abbild. (in eingedr. Holzschn.). Kleine illustr. Ausg. 1. und 2. Aufl. qu. gr. 4. (94 S.) Leipzig 880, Gebr. Senf. cart.

—— dass. — Mit 77 Länderwappen und 900 Marken-Abbild. (in eingedr. Holzschn.). Kleine illustr. Ausg. 3. verm. und verb. Ausg. qu. gr. 4. (94 S.) Ebendas. 881. geb. *

—— illustrirtes Briefmarken-Album. Auf Grund der neuesten Aufl. von Alfr. Moschkau's Handbuch für Postmarken-Sammler neu bearb. von Rich. Senf. Illustrirt mit 3170 Marken- und 55 Wasserzeichen-Abbild., 89 Länderwappen und 38 Portraits regierender Staats-Oberhäupter. Mit 1 farb. Titelbilde, das Briefmarkensammelwesen allegorisch darstellend. 5. bis auf die neueste Zeit ergänzte Aufl. gr. 4. (246 Bl.) Ebendas. 883. Ausg. I. cart.
Ausg. II. Halbleinwbd.
Ausg. III. Calicobd.
Ausg. IV. Mit Goldschn. und Schloss.

—— dass. — Illustrirt mit 25 Portraits, 77 Länderwappen und ca. 1700 Marken-Abbild. (in eingedr. Holzschn.). Kleine illustr. Ausg. 4. verm. und verb. Aufl. qu. gr. 4. (96 S.) Ebendas. 883. geb. *

—— dass. — Illustrirt mit 3360 Marken-, 57 Wasserzeichen-Abbild., 91 Länderwappen und 39 Portraits regierender Staats-Oberhäupter. Mit 1 farb. Titelbilde, das Briefmarkensammelwesen allegorisch darstellend. 6. bis auf die neueste Zeit ergänzte Aufl. gr. 4. (VI, 300 Bl.) Ebendas. 884. cart. *
geb. **M* 7,75.; **M* 8,50. und *

—— dass. — Illustrirt mit 29 Portraits, 75 Länderwappen und ca. 1600 Marken-Abbild. (in eingedr. Holzschn.). Kleine illustr. Ausg. [Auszug aus der grossen Quart-Ausg. von Schaubek's Illustrirtem Briefmarken-Album.] 5. verm. und bis auf die neueste Zeit vervollständigte Aufl. qu. gr. 4. (96 S.) Ebendas. 884. cart.
geb. in Calico

Schaubeck's illustrirtes Briefmarken-Album. Auf Grund der neuesten Aufl. v. Alfr. Moschkau's Handbuch f. Postmarken-Sammler neu bearb. v. Rich. Senf. Illustrirt m. 3170 Marken- u. 55 Wasserzeichen-Abbildgn., 89 Länderwappen u. 38 Portraits regier. Staats-Oberhäupter. Mit e. farb. Titelbilde, das Briefmarkensammelwesen allegorisch darstellend. 6. Aufl. gr. 4. (246 Bl.) Leipzig 884. Gebr. Senf. Ausg. I. cart. 6. 50; Ausg. II. Halbleinwbd. 7. —; Ausg. III. Calicobd. 7. 75; Ausg. IV m. Goldschn. u. Schloss 12. —

Schaubek's Briefmarken-Album. Illustrirt mit 29 Portraits, 75 Länderwappen und ca. 1600 Marken-Abbild. Kleine illustr. Ausg. [Auszug aus der grossen Quart-Ausg.] 6. verm. und bis auf die neueste Zeit vervollständ. Aufl. qu. Fol. (96 S.) Leipzig 885, Gebr. Senf. cart.
geb. *M* 3.50. und

Schaubeck's illustrirtes Briefmarken-Album auf Grund der neuesten Aufl. v. Alfr. Moschkau's Handbuch f. Postmarken-Sammler neu bearb. v. Rich. Senf. Illustrirt m. ca. 30 Portraits, 70 Wappen u. üb. 1000 Marken-Abbildgn. Enth. Raum f. ca. 2300 Briefmarken; ergänzt bis auf die neueste Zeit. qu. gr. 8. (96 S.) Leipzig 886. Gebr. Senf. cart. n. 1. 80; geb. in Halbleinw. n. 2. 25; in Leinw. n. 2. 50

—— dass. — Illustrirt mit über 3700 Marken- und 48 Wasserzeichen-Abbild., 97 Länderwappen, 5 Erdtheil-Vignetten und 46 Porträts regierender Staatsoberhäupter. 10. bis auf die jüngste Zeit vervollständ. Aufl. (Einseitig bedruckt.) gr. 4. (V, 390 S.) Ebendas. 888. cart. *
geb. in Halbleinw. **M* 9.—.; in Leinw. *
geb. mit Lederrücken, Goldschn. und Schloss *
geb. in Leder mit Goldschn. und Schloss **
Mittle Ausg., zweiseitig bedruckt. (IV, 382 S.) cart. *
geb. in Halbleinw. **M* 5.75.; in Leinw. *

Schaubek's illustriertes Briefmarken-Album. Auf Grund der neuesten Aufl. v. Alfr. Moschkau's Handbuch f. Postmarken-Sammler neu bearb. v. Rich. Senf. Illustriert m. 2700 Marken- u. 50 Wasserzeichen-Abbildungen, 86 Länderwappen u. 45 Porträts von Staatsoberhäuptern. Neue Reform-Ausg. (Einseitig bedruckt.) gr. 4. (V, 283 Bl.) Leipzig 888. Gebr. Senf. cart. n. 7. 50; geb. in Halbleinw. n. 8. 50; in Leinw. n. 9. 50; m. Lederrücken, Goldschn. u. Schloss n. 15. —; in Ldr. m. Goldschn. u. Schloss n.n. 25. —; mittle Ausg., zweiseitig bedruckt. (IV, 284 S.) cart. n. 4. 50; geb. in Halbleinw. n. 5. 25; in Leinw. n. 6. —

—— dass. — Illustriert mit 1700 Marken-Abbild., 53 Länderwappen und 36 Bildnissen regierender Staats-Oberhäupter. Neue Klein-Quart-Ausg. [Auszug aus der grossen Quart-Ausg.] Enth. Raum für mehr als 3500 Briefmarken; ergänzt bis auf die neueste Zeit. 4. (80 S.) Ebendas. 888. cart.
geb. in Halbleinw. **M* 1.80.; in Leinw.

— dasselbe. Illustriert m. üb. 4100 Marken- u. 48 Wasserzeichen-Abbildgn., 98 Länderwappen, 5 Erdtheil-Vignetten u. 46 Porträts regier. Staatsoberhäupter. 13., bis auf die jüngste Zeit vervollständ. Aufl. (Einseitig bedruckt.) gr. 4. (V, 488 S.) Ebd. 890. cart. n. 9. —; geb. in Halbleinw. n. 10. —; in Leinw. n. 11. —; m. Lederrücken, Goldschn. u. Schloss n. 20. —; in Ldr. m. Goldschn. u. Schloss n.n. 30. —; mittle Ausg., zweiseitig bedruckt. (IV, 488 S.) cart. n. 5. —; geb. in Halbleinw. n. 5. 75; in Leinw. n. 6. 50

Schaubek's illustrirtes Briefmarken-Album etc. Nachtrag Nr. 7 od. 1. Nachtrag zur 11. Aufl., zugleich 2.—7. Nachtrag z. 10. Aufl. Enth. sämtliche in die 12. u. 13. Aufl. dieses Albums aufgenommenen Neuheiten. Novbr. 1889—Novbr. 1890. gr. 4. (32 Blatt.) Lpz. 891, Gebr. Senf. * 1 50; auf Florpost-Pap. * 2 —

— dasselbe. Nachtrag Nr. 8 oder 1. Nachtrag zur XII. u. XIII. Aufl., zugl. 2.—8. Nachtrag zur XI.—V. Aufl. Enth. sämtl. in d. XIV. Aufl. dieses Albums aufgenomm. Neuheiten Novbr. 1890—Novbr. 1891. gr. 4. (28 S.) Ebd. 892. Ausg. auf gewöhnl. Papier n. 1. 50; geb. n. 2. —; auf Florpostpapier n. 2. —

Schaubek's illustrirtes Briefmarken-Album. Auf Grund der Neubearbeitg. v. Moschkau's Handbuch für Postwertzeichen-Sammler hrsg. von Rich. Senf. Illustr. m. ungefähr 4200 Marken-Abbildgn., 98 Länderwappen, 48 Wasserzeichen-Darstellgn., 5 Erdteil-Titelbildern u. 46 Bildnissen regier. Staats-Oberhäupter. 14. Aufl. gr. 4. (V S. u. 509 Bl.) Lpz. 892, Gebr. Senf. geb. in Pappbd. m. Leinenrücken * 10 —; in Halbleinw. * 11 —; in Leinw. * 12 — Liebhaber-Ausg. in Leder auf Velinpap. ** 30 —; 2 Bde. auf Velinpap. m. Ergänzungsblättern nach jedem ausgabefähigen Lande ** 40 —; 2 Bde. auf Cartonpap. ** 60 —; 2 Lederbde. auf Cartonpap. ** 80 —

—— dass. — Neue Reform-Ausg. Nachtrag. Umfassend sämtl. Neuheiten (nur Marken) von 1889 bis Anf. 1892. gr. 4. (45 Bl. m. Fig.) Ebd. 892. * 2 —
Hauptwerk. Ebd. 1888. * 7 50 bis ** 25 —.

— dasselbe. Nachtrag Nr. 9 oder 1. Nachtrag zur XIV. Aufl., zugl. 2.—9. Nachtrag zur XII. u. XIII. bis V. Aufl. Enth. sämtl. in d. XV. Aufl. dieses Albums aufgenomm. Neuheiten Novbr. 1891—Novbr. 1892. gr. 4. (40 S.) Ebd. 893. Ausg. auf gewöhnl. Papier n. 1. 50; geb. n. 2. —; auf Florpostpapier n. 2. —

Schaubek's illustr. Briefmarken-Album. Hrsg. v. Rich. Senf. Illustriert m. üb. 400 Marken-Abbildgn., zahlr. Länderwappen u. Porträts. (32 S. stark.) 8. Leipzig 895. C. F. Lücke. Nr. 32. – 10

— dasselbe in italienischer Sprache. s.: Fidora. C.

— dasselbe in span. Sprache, s.: Hugo, F., album para sellos de correo.

Schaubek's illustr. Briefmarken-Album. Hrsg. v. Rich. Senf. Allgemeine Ausgaben. Mit Feldern für Marken u. Ganzsachen-Ausschnitte. Raum f. sämtliche existierende Marken u. Ganzsachen, sowie mit ca. 5000 Abbildgn. aller typisch verschiedenen Wertzeichen. Ferner enthaltend Seltenheits-Bezeichnungen, Porträts- u. Wasserzeichen-Tafeln, Länderwappen, Erdteil-Vignetten, sowie e. Anh. m. Darstellgn. nicht sammelberechtigter Marken. Ca. 1500 S. stark, mit Fälzen durchschossen u. in 2 Tle. zerlegt, zum permanenten Gebrauch. (1. Tl.: 1840–1890, 2. Tl.: 1890 bis zur Gegenwart.) gr. 4. Leipzig 895. C. F. Lücke.

Ausg. I. Halbleinenbd. m. Leinwandrücken. 2 Bde. in 1 Bd. geb. 10. —

Ausg. I². Orig.-Halbleinenbde. m. Goldtitel u. Leinenrücken, in 2 Bde. geb. f. immerwähr. Gebrauch. 16. —

Ausg. II. Orig.-Leinenbde. m. Reliefpressung, Gold- u. Farbendr. in Pappfutteralen, in 2 Bde. geb. f. immerwähr. Gebrauch. 20. —

Ausg. III. Kleine Pracht-Ausg. Orig.-Leinenbde. m. Goldschn. u. Golddr., imit. Halbfrz., in Pappfutteralen f. immerwähr. Gebrauch. 25. —

Ausg. IV. Kleine Luxus-Ausg. Orig.-Leinen-Prachtbände m. verstellbaren Schlössern, auf ff. Velinpapier gedr. u. in 2 Bde. geb. 32. —

Für grosse Sammler.

Ausg. IV^b. Liebhaber-Ausg. Auf ff. Velinpapier gedr. Orig.-Leinen-Prachtbde. m. Lederrücken, verstellbaren Schlössern, Goldschn., Metallknöpfen, in 2 Klappkartons. Hinter allen noch ausgabefähigen Ländern sind Ergänzungsblätter eingeschaltet. In 2 Bde. geb. f. immerwähr. Gebrauch. (Ca. 1600 S.) 45. —

Ausg. V. Pracht-Ausg. Auf ff. Velinpap. gedr., ganz in Leder geb. (altdeutsche Prachtbde.), sonst wie Ausg. IV^b. In 2 Bde. geb. f. immerwähr. Gebrauch. (Ca. 1600 S.) 60. —

Ausg. VI. Grosse Pracht-Ausg. Auf ff. Karton gedr., sonst wie Ausg. IV^b, aber in 3 Bde. geb. für immerwähr. Gebrauch. (Ca. 1650 S.) 85. —

Ausg. VII. Grosse Luxus-Ausg. Wie vorstehende Ausg., aber in Leder geb. (altdeutsche Prachtbände). In 3 Bde. geb. f. immerwähr. Gebrauch. 100. —

Ungebundene (rohe) Ausgaben. Albumtext lose in Bogen gefalzt ohne Einband. Velinpapier 20. —; Karton 30. —

Teil I (1840—1890) u. Teil II (1890 bis zur Gegenwart) werden v. Ausg. I²—VII auch separat abgegeben, ebenso einzelne Erdteile.

Ergänzungsblätter (f. neuerschienene Marken), leere Blätter im Format der Albumseiten u. mit Umrandung wie diese. Velinpapier, 100 Bl. 2. 50; Karton, 100 Bl. 3. 50

Schaubek's illustr. Briefmarken-Album. Hrsg. v. Rich. Senf. Reform-Ausgaben. Mit Feldern nur für Marken, keine Ganzsachen-Ausschnitte. Raum f. sämtliche existierende Marken u. m. Abbildgn. aller typisch verschiedenen Wertzeichen. Ferner enthaltend Seltenheits-Bezeichnungen, Porträts- u. Wasserzeichen-Tafeln, Länderwappen, Erdteil-Vignetten, sowie e. Anh. mit Darstellung nicht sammelberechtigter Marken. Ca. 1000 S. stark, m. Fälzen durchschossen, in 2 Tle. zerlegt, zum permanenten Gebrauch. (1. Tl.: 1840—1890, 2. Tl.: 1890 bis zur Gegenwart.) gr. 4. Leipzig 895. C. F. Lücke.

Ausg. RI. Halbleinenbd. m. Leinwandrücken. 2 Bde. in 1 Bd. geb. 10. —

Ausg. RI². Orig.-Halbleinenbde. m. Goldtitel u. Leinenrücken, in 2 Bde. geb. f. immerwähr. Gebrauch. 15. —

Ausg. RII. Orig.-Leinenbde. m. Reliefpressung, Gold- u. Farbendr. in Pappfutterale, in 2 Bde. geb. f. immerwähr. Gebrauch. 19. —

Ausg. RIII. Kleine Pracht-Ausg. Orig.-Leinenbde. m. Goldschn. u. Golddr. in Pappfutteralen, in 2 Bde. geb. f. immerwähr. Gebrauch. 24. —

Ausg. RIV. Kleine Luxus-Ausg. Orig.-Leinen-Prachtbde. m. verstellbaren Schlössern, auf ff. Velinpapier gedr. u. in 2 Bde. geb. 30. —

Für grosse Sammler.

Ausg. RIV^b. Liebhaber-Ausg. Auf ff. Velinpapier gedr. Orig.-Leinen-Prachtbde. m. Lederrücken, verstellbaren Schlössern, Goldschn., Metallknöpfen, in 2 Klappkartons. Hinter allen noch ausgabefähigen Ländern sind Ergänzungsblätter eingeschaltet. In 2 Bde. geb. f. immerwähr. Gebrauch (Ca. 1250 S.) 42. —

Ausg. RV. Pracht-Ausg. Auf ff. Velinpapier gedr., ganz in Leder geb. (altdeutsche Prachtbde.), sonst wie Ausg. IV^b. In 2 Bde. geb. f. immerwähr. Gebrauch. (Ca. 1250 S.) 60. —

Ausg. RVI. Grosse Pracht-Ausg. Auf ff. Karton gedr., sonst wie Ausg. IV^b, aber in 3 Bde. geb. für immerwähr. Gebrauch. (Ca. 1300 S.) 85. —

Ausg. RVII. Grosse Luxus-Ausg. Wie vorstehende Ausg., aber in Leder geb. (altdeutsche Prachtbde.). In 3 Bde. geb. f. immerwähr. Gebrauch. 100. —

Ungebundene (rohe) Ausgaben. Albumtext lose in Bogen gefalzt ohne Einband. Velinpapier 20. —; Karton 30. —

Teil I (1840–1890) u. Teil II (1890 bis zur Gegenwart) werden von Ausg. RI² bis RVII auch separat abgegeben, ebenso einzelne Erdteile.

Ergänzungsblätter (f. neuerschienene Marken), leere Blätter im Format der Albumseiten u. m. Umrandung wie diese. Velinpapier, 100 Bl. 2. 50; Karton, 100 Bl. 3. 50

Jedem Album über 10 Mark Bruttopreis ist ein Prämien-Schein zum Gratis-Bezug des neuesten Senf'schen Postwertzeichen-Kataloges beigefügt.

Schaubek's illustr. Briefmarken-Album. Hrsg. v. Rich. Senf. Auf beiden Seiten bedruckt. Text der grossen allgemeinen Ausg. Mit Raum f. sämtliche Marken u. Ganzsachen-Ausschnitte. Illustriert mit ca. 5000 Abbildgn., 160 Länderwappen, 40 Porträts etc. (Über 650 S. stark.) 2 Tle. in 1 Bd. (1. Tl.: 1840—1890. 2. Tl.: 1890 bis zur Gegenwart.) gr. 4. Leipzig 895. C. F. Lücke.

Nr. 12. Ganzleinen m. vielfach. Gold- u. Farbendr. 7. 50

Nr. 13. Halbleinen m. Farben- u. Golddr. 6. —

— dasselbe. Illustriert m. ca. 4700 Abbildgn., Länderwappen u. Porträts. (600 S. stark.) gr. 4. Extra-Ausg. Ebd. 895.

Nr. 14. Leder-Imit. Halbleinen m. vielfach. Farben- u. Broncedr. 5. —

Nr. 15. Halbleinen m. Bronce- u. Farbendr. 4. —

— dasselbe. Victoria-Ausg. Illustr. m. üb. 1100 verklein. Abbildgn. Aufführung fast sämtl. existierender Marken. (Ca. 200 S. stark.) 4. Ebd. 895.

Nr. 20. Ganzleinen m. vielfach. Farben- u. Broncedruck. 3. —

Nr. 21. Leder-Imit. Halbleinen m. vielfach. Farben- u. Broncedr. 2. 50

— dasselbe. Victoria-Ausg. Illustriert m. üb. 1100 verklein. Abbildgn., nebst zahlr. Länderwappen u. Aufführung fast sämtl. existierender Marken. (Ca. 100 S. stark.) 4. Ebd. 895.

Nr. 22. Leder-Imit. Halbleinen m. vielf. Farben- u. Broncedr. 2. —

— dasselbe. Victoria-Ausg. Illustriert m. üb. 1300 Abbildgn., verkleinert u. in Orig.-Grösse nebst Aufführung fast sämtl. existierender Marken. (100 S. stark.) Mittel-4. Ebd. 895.
Nr. 23. Ganzleinen m. vielfach. Farben- u. Broncedruck. 1. 75
Nr. 24. Leder-Imit. Halbleinen m. vielfach. Farben- u. Broncedr. 1. 50
Nr. 25. Eleg. kart. m. Leinenrücken. Decke in chromolithogr. Kunstdr. 1. 25

— dasselbe. Illustriert m. 1900 Marken-Abbildgn., 73 Wappen u. 33 Porträts. (96 S. stark.) qu. 4. Ebd. 895.
Nr. 26. Kart., Decke in chromolithogr. Kunstdr. 1. 25

— dasselbe. Victoria-Ausg. Illustriert m. üb. 1100 verklein. Abbildgn., nebst Aufführung fast sämtl. existierender Marken. (96 S. stark.) Extra gr. 8. Ebd. 895.
Nr. 27. Leder-Imit. Halbleinen m. vielfach. Farben- u. Broncedr. 1. —
Nr. 28. Leder-Imit. Halbleinen m. Broncedr. — 75

— dasselbe. Victoria-Ausg. Illustriert m. ca. 1000 verklein. Marken-Abbildgn. etc. (80 S. stark.) gr. 8. Ebd. 895.
Nr. 29. Leinen-Imit. m. vielfach. Farbendr. — 50
Nr. 30. Eleg. kart. Decke in chromolithogr. Kunstdruck. — 40
Nr. 31. Kart. — 25

— dasselbe. Nachtrag Nr. 11 oder 1. Nachtrag zur 16. Aufl. Enth. sämtl. in d. 17. Aufl. dieses Albums aufgenomm. Neuheiten Novbr. 1893—Novbr. 1894. gr. 4. (24 Bl.) Leipzig 895. C. F. Lücke. n. 1. 50; geb. n. 2. —; auf Florpostpap. n. 2.

— dasselbe. Nachtrag Nr. 11 od. 1. Nachtrag zur 16. Aufl., zugl. 2.—11. Nachtrag zur XV.—V. Aufl. Enth. sämtl. in d. 17. Aufl. dieses Albums aufgenomm. Neuheiten Novbr. 1893—Novbr. 1894. gr. 4. (II, 36 Bl.) Ebd. 895. n. 1. 50; geb. n. 2. —; auf Florpostpap. n. 2. —

— dasselbe. Nachtrag Nr. 12 zur 5. Aufl. od. 1. Nachtrag zur 17. Aufl. Neuheiten Novbr. 1894—Novbr. 1895. gr. 4. (40 Bl.) Ebd. 896. n. 1. 50; geb. n. 2. 50; auf Florpostpap. n. 2. —

Schaubek's illustriertes Briefmarken-Album, hrsg. in neuer Bearbeitg. u. neuer Einteilg. f. immerwähr. Gebrauch v. Rich. Senf. Nachtrag Nr. 12 oder 1. Nachtrag zur 17. Aufl. Neuheiten Novbr. 1894—Novbr. 1895. gr. 4. (24 Bl.) Ebd. 896. n. 1. 50; geb. n. 2. 50; auf Florpostpap. n. 2.

Schaubek's illustriertes Briefmarken-Album, hrsg. in neuer Bearbeitg. u. neuer Einteilg. f. immerwähr. Gebrauch v. Rich. Senf. Zweiseitig gedr. Ausg. in 2 Tln. 1. Tl. 1840—1890. Permanent. 2. Tl. 1890—1894. 18. Aufl. gr. 4. (VI, 432 u. 250 S.) Leipzig 895. C. F. Lücke. Geb. in Halbleinw. 4 —

— dasselbe. Nachtrag Nr. 13 oder 1. Nachtrag zur 18. Aufl. Neuheiten Herbst 1895—Herbst 1896 aus d. 19. Aufl. gr. 4. (24 Bl.) Ebd. 897. n. 1. 50; geb. n. 2. —; auf Florpostpap. n. 2. —

— dasselbe. Nachtrag Nr. 13 zur 5. Aufl. od. 1. Nachtrag zur 18. Aufl. Neuheiten Herbst 1895—Herbst 1896 aus d. 19. Aufl. gr. 4. (36 Bl.) Ebd. 897. n. 1. 50; geb. n. 2. —; auf Florpostpap. n. 2. —

— dasselbe. Reform-Ausg. 1. Tl.: Permanent-Ausg. 2. Tl.: 20. Aufl. gr. 4. (IV, 288 u. 226 S.) Ebd. 897.
Nr. 58 in 1 Halbleinwbd. 6. 50;
Nr. 59 in 1 Halbleinwbd. 7. 50;
Nr. 60 in 1 Leinwbd. 8. 50;
Nr. 78 in 1 Halbleinwbd. 5. —;
Nr. 79 in 1 Halbleinwbd. 6. —;
Nr. 80 in 1 Leinwbd. 8. —.

— illustr. Briefmarken-Album. Nachtrag Nr. 14 oder 1. Nachtrag zur 19. Aufl. Enth. sämtl. in die XX. Aufl. dieses Albums aufgenommene Neuheiten, Herbst 1896 bis Herbst 1897. gr. 4. (36 Bl.) Ebd. 898. n. 1. 50; geb. n. 2. 50; Florpostpap. n. 2. —

— dasselbe. Nachtrag Nr. 15 od. 1. Nachtrag zur 20. Aufl. Enth. sämtl. in die 21. Aufl. dieses Albums aufgenommene Neuheiten Herbst 1897—Herbst 1898. gr. 4. (34 Bl.) Ebd. 899. n. 1. 50; geb. n. 2. 50;
Vergriffen. auf Florpostpap. n. 2. —

Schaubek's illustriertes Briefmarken-Album, hrsg. in neuer Bearbeitg. u. neuer Einteilg. f. immerwähr. Gebrauch v. Rich. Senf. Geschmückt m. Abb. aller typisch verschied. Postwertzeichen sow. zahlr. Länderwappen, u. erweitert durch Beigabe besond. Wasserzeichentafeln u. 1 Anh. 1. Tl.: Permanent-Ausg. 2. Tl.: 21. Aufl. gr. 4. (VII, 438 u. VII, 343 S.) Leipzig 898. C. F. Lücke.
Nr. 61 geb. in 1 Halbleinwbd. 13. 50;
Nr. 62 in 1 Leinwbd. 15. —;
Nr. 63 in 2 Halbleinwbdn. 18. —; 1. Tl. allein 11. —; 2. Tl. allein 8. —;
Nr. 64 in 2 Leinwbdn. 22. —; 1. Tl. allein 13. 50; 2. Tl. allein 10. —;
Nr. 65 in 2 Leinwbdn. m. Goldschn. 27. 50; 1. Tl. allein 17. —; 2. Tl. allein 13. —;
Nr. 66 in 2 Leinwbdn. m. Schlössern, auf Velinpap. 38. —; 1. Tl. allein 24. —; 2. Tl. allein 17. —;
Nr. 67 Liebhaber-Ausg. auf Velinpap. in 2 Leinwbdn. m. Ldr.-Rücken, Schlössern, Goldschn. u. Metallknöpfen 54. —; 1. Tl. allein 32. —; 2. Tl. allein 24. —;
Nr. 68, wie 67, in 2 Ldr.-Bdn. 70. —; 1. Tl. allein 40. —; 2. Tl. allein 32. —;
Nr. 69 auf Karton, in 4 Ldr.-Bdn. 120. —; 1. u. 2. Bd. allein 75. —; 3. u. 4. Bd. allein 65. —.

— dasselbe. 1. Tl.: Permanent-Ausg. 2. Tl. 21. Aufl. gr. 4. (VII, 288 u. VII, 253 S.) Ebd. 898.
Nr. 81 in 1 Halbleinwbd. 11. —;
Nr. 82 in 2 Halbleinwbdn. 14. —;
Nr. 83 in 2 Halbleinwbdn. 17. —; 1. Tl. allein 10. 50; 2. Tl. allein 7. 50;
Nr. 84 in 2 Leinwbdn. 20. —; 1. Tl. allein 12. —; 2. Tl. allein 9. —;
Nr. 85 in 2 Leinwbdn. m. Goldschn. 26. —; 1. Tl. allein 15. —; 2. Tl. allein 13. —;
Nr. 86 in 2 Leinwbdn. m. Schlössern, auf Velinpap. 36. —; 1. Tl. allein 24. —; 2. Tl. allein 16. —;
Nr. 87 Liebhaber-Ausg. auf Velinpap. in 2 Leinwbdn. m. Ldr.-Rücken, Goldschn. u. Metallknöpfen 50. —; 1. Tl. allein 30. —; 2. Tl. allein 22. —;
Nr. 88, wie 87, in 2 Ldr.-Bdn. 65. —; 1. Tl. allein 38. —; 2. Tl. allein 30. —;
Nr. 89 auf Karton, in 4 Ldr.-Bdn. 120. —; 1. u. 2. Bd. allein 75. —; 3. u. 4. Bd. allein 65. —.

— dasselbe. Reform-Ausg. gr. 4. (24 Bl.) Ebd. 898. n. 1. 50; geb. n. 2. 50; Florpostpap. n. 2. —

— dasselbe. Reform-Ausg. gr. 4. (24 Bl.) Ebd. 899. n. 1. 50; geb. n. 2. 50; auf Florpostpap. n. 2. —
Vergriffen.

— dasselbe. Nachtrag Nr. 16 od. 1. Nachtrag zur 21. Aufl. Enth. sämtl. in d. XXII. Aufl. dieses Albums aufgenommene Neuh., Herbst 1898 bis Herbst 1899. gr. 4. (40 Bl.) Ebd. 900. n. 1.50; geb. n. 2.50; Florpostpap. n. 2.—

Schaubek's illustr. Briefmarken-Album. Nachtrag Nr. 16 od. 1. Nachtr. zur 21. Aufl. Reform-Ausg. gr. 4. (30 Bl.) Leipzig 900. C. F. Lücke. n. 1.50; geb. n. 2.50; Florpostpap. n. 2.—

— dasselbe. Nachtrag Nr. 17 od. 1. Nachtrag zur 22. Aufl. Enth. sämtl. in d. XXIII. Aufl. dieses Albums aufgenommene Neuh., Herbst 1899 bis Herbst 1900. gr. 4. (49 Bl.) Ebd. 901. n. 1.50; geb. n. 2.50; Florpostpap. n. 2.—

— dasselbe. 24. Aufl. (Allgemeine Quart-Mittel-Ausg.) 2 Tle. in 1 Bd. gr. 4. (V, 548 u. IV, 260 S.) Ebd. (901). Nr. 100 geb. in Halbleinw. 8.50; Nr. 101 in Ldr.-Imitation 9.50; Nr. 102 in Leinw. 10.50; 1. Tl. allein (Reform-Quart-Mittel-Ausg.) 7.—; 8.— u. 9.—
Vergriffen.

— dasselbe. Reform-Ausg. gr. 4. (34 Bl.) Ebd. 901. n. 1.50; geb. n. 2.50; Florpostpap. n. 2.—

— dasselbe. Nachtrag Nr. 18 od. 1. Nachtrag zur 23. Aufl. Enth. sämtl. in die XXIV. Aufl. dieses Albums aufgenommene Neuheiten, Herbst 1900 bis Herbst 1901. gr. 4. (44 Bl.) Ebd. 902. n. 1.50; geb. in Leinw. n. 2.50; Florpostpap. n. 2.—

— dasselbe. Reform-Ausg. gr. 4. (28 Bl.) Ebd. 902. n. 1.50; geb. in Leinw. n. 2.50; Florpostpap. n. 2.—

Schaubek's illustr. Briefmarken-Album, hrsg. u. bearb. v. C. F. Lücke. Marken-Teil. Geschmückt m. üb. 4580 Abbildgn. aller typisch verschied. Marken, sowie zahlreicher Länderwappen, u. erweitert durch e. Anh. — 2. Tl.: Briefumschläge, Streifbänder, Postkarten, Kartenbriefe u. s. w. Geschmückt m. üb. 1453 Abbildgn. u. erweitert durch e. Anh. 25. (Jubiläums-)Aufl. gr. 4. (V, 583 u. IV, 272 S.) Leipzig 902. C. F. Lücke. Nr. 70 geb. in 1 Halbleinwbd. 19.—; Nr. 71 in 2 Halbleinwbdn. 25.—; Nr. 72 in 2 Leinwbdn. 31.—; Nr. 73 in 2 Leinwbdn. m. Goldschn. 45.—; Nr. 74 in 3 Leinwbdn. m. Schlössern, auf Velinpap. 57.—; Nr. 75 Liebhaber-Ausg. auf Velinpap. in 3 Leinwbdn. m. Ldr.-Rücken, Schlössern, Goldschn. u. Metallknöpfen 85.—; Nr. 76 auf Karton, wie Nr. 75 in 5 Ldr.-Bdn. 170.—; 1. Tl. allein (Reformausg.) 15.—; 20.—; 25.—; 35.—; 45.—; 70.— u. 140.—
Vergriffen.

— dasselbe. 25. (Jubiläums-)Aufl. (V, VII, V S. u. 583 Bl.) gr. 4. Ebd. 902. Ausg. A. Geb. in 3 Halbfrz.-Bdn. auf Velin-Pap. n. 80.—; Ausg. B. auf Karton in 5 Ldr.-Bdn. n. 175.—; Ausg. C. auf Velin-Pap. in 5 Halbfrz.-Bdn. n. 100.—; Ausg. D. auf Karton in 8 Ldr.-Bdn. n. 240.—
Vergriffen.

Schaubek's illustriertes Briefmarken-Album, hrsg. u. neu bearb. v. C. F. Lücke. Permanent-Ausg. für immerwähr. Gebrauch. 8 Tle. (6 S., 713 u. 810 Bl.) gr. 4. Leipzig, C. F. Lücke. Nr. 70 u. 71 geb. in Leinw. 27.50 u. 36.—; Nr. 72 in Moleskin 42.—; Nr. 73 in Halbfrz. m. Goldschn. 57.—; Nr. 74 in Halbfrz. m. Schlössern auf Velinpap. 70.—

— dasselbe. Nachtrag Nr. 19—22. gr. 4. Ebd. n. 6.50; geb. n. 10.50; Florpostpap. gummiert n. 11.—
19. 1. Nachtrag zur 24. Aufl. Enth. sämtl. in die XXV. Aufl. dieses Albums aufgenommenen Neuheiten. Herbst 1901 bis Herbst 1902. (40 Bl.) 903. n. 1.50; geb. 2.50; gummiert 2.50
20. 1. Nachtrag zur 25. Aufl. Enth. sämtl. in die XXVI. Aufl. dieses Albums aufgenomm. Neuheiten, Herbst 1902 bis Herbst 1903. (58 Bl.) 904. 2.—; geb. 3.—; gumm. 3.50
21. 1. Nachtrag zur 26. Aufl. Enth. sämtl. in die XXVII. Aufl. dieses Albums aufgenomm. Neuheiten, Herbst 1903 bis Herbst 1904. (46 Bl.) 905. 1.50; geb. 2.50; gumm. 2.50
22. Enth. sämtl. in die XXVIII. Aufl. dieses Albums aufgenommenen Neuheiten, Herbst 1904 bis Herbst 1905. 1. Nachtrag zur 27. Aufl. (36 Bl.) 906. 1.50; geb. 2.50; gumm. 2.50

— dasselbe. Reform-Ausg. gr. 4. Ebd. n. 6.50; geb. in Leinw. n. 10.50; Florpostpap. gumm. 11.—
1903. (28 Bl.) 1.50; geb. 2.50; gumm. 2.50
1904. (44 S.) 2.—; geb. 3.—; gumm. 3.50
1905. (32 Bl.) 1.50; geb. 2.50; gumm. 2.50
1906. (28 Bl.) 1.50; geb. 2.50; gumm. 2.50

Schaubek's illustriertes Briefmarken-Album, hrsg. u. neu bearb. v. C. F. Lücke. Marken-Teil. Enth. sämtl. existier. Brief- etc. Marken, m. Ausschluss v. Fehldrucken, Zähnungs- u. Wasserzeichen-Verschiedenheiten. Geschmückt mit über 5034 Abbildgn. aller typisch verschied. Marken, sowie zahlreichen Länderwappen, u. erweitert durch e. Anh. — 2. Tl.: Briefumschläge, Streifbänder, Postkarten, Kartenbriefe usw. Geschmückt m. üb. 1590 Abbildgn. u. erweitert durch e. Anh. 27. Aufl. (VI, 661 u. IV, 293 S.) gr. 4. Leipzig (904). C. F. Lücke. Nr. 70 u. Nr. 71 in 2 Halbleinwbdn. 22.— u. 27.50; Nr. 71B in 3 Halbleinwbdn. 30.—; Nr. 72 in 2 Leinwbdn. 33.—; Nr. 72B in 3 Leinwdbdn. 37.50; Nr. 73 in 2 Leinwbdn. mit Goldschn. 45.—; Nr. 73B in 3 Leinwbdn. m. Goldschnitt 50.—; Nr. 74 in 3 Leinwbdn. m. Schlössern auf Velinpap. 60.—; Permanentausg. m. auswechselbaren Blättern. Ausg. F. in 2 Leinwbdn. m. Goldschn. 100.—; Ausg. C. in Halbfrz. auf Velinpap. 120.—; Ausg. D. in 8 Ldrbdn. m. Goldschn. auf Kartonpap. 260.—; 1. Tl. allein (Reformausg.) 18.—; 22.—; 25.—; 27.50; 32.—; 38.—; 44.— u. 50.—; Permanentausg. m. auswechselbaren Blättern. Ausg. E in 3 Leinwbdn. m. Goldschn. 75.—; Ausg. A in 3 Halbfrzbdn. m. Goldschn. auf Velinpap. 90.—; Ausg. B. in 5 Ldrbdn. m. Goldschn. auf Kartonpap. 200.—

— dasselbe. Geschmückt m. üb. 5113 Abbildgn. aller typisch verschied. Marken, sowie 88 Länderwappen u. erweitert durch e. Anh. Mit Beilage von Lücke's Länder- u. Weltverkehrskarte. — 2. Tl.: Briefumschläge, Streifbänder, Postkarten, Kartenbriefe usw. Geschmückt m. üb. 1621 Abbildgn. u. erweitert durch e. Anh. 28. Aufl. (Allgemeine Quart-Mittel-Ausg.) (6, 713 u. 310 S.) gr. 4. Ebd. 906. Nr. 100 in Halbleinw. 12.—; Nr. 101 in Ldr.-Imitation 13.—; Nr. 102 in Leinw. 14.—

— illustriertes Briefmarken-Album. Neue Victoria-Ausg. m. Marken-Katalog. Mit Angabe sowohl des Ausgabe-Jahres, als auch der Zähngn. u. Farben aller Brief-, Nachporto-, Zeitungs- u. Dienstmarken nebst deren Handelspreise. Auf Grund v. Senfs illustr. Postwertzeichen-Katalog bearb. v. C. F. Lücke. Ideal-Album f. mittlere Sammler. Neueste Aufl. Mit 4969 Abbildgn., 7000 Markenfeldern, 42 Länderwappen u. mehr denn 18140 Preisen. (S. 3—167.) 32×24,5 cm. Ebd. (908). Geb. 2.—

Schaubek's Briefmarkenalbum. Allgemeine Ausg. (f. Marken u. ☐Ausschnitte). Nachtrag Nr. 26. Enth. sämtl. in die 32. Aufl. dieses Albums aufgenommenen Neuheiten. Herbst 1908—Herbst 1909. 1. Nachtrag zur 31. Aufl., zugleich 2.—13. Nachtrag zur 19.—30. Aufl. (37 Bl.) Lex. 8. Leipzig 910. C. F. Lücke. 2.40; geb. in Leinw. 3.50; gummiert, holzfreies Papier 3.50; gummiert, weisses Papier 3.20

— dasselbe. Reform-Ausg. (nur f. Marken). Nachtrag Nr. 26. Enth. sämtl. in die 32. Aufl. dieses Albums aufgenommenen Neuheiten. Herbst 1908 — Herbst 1909. 1. Nachtrag zur 31. Aufl., zugleich: 2.—13. Nachtrag zur 19.—30. Aufl. (32 Bl.) Lex. 8. Ebd. 910. 1.80; geb. in Leinw. 3.—; gummiert, holzfreies Papier 3.—; gummiert, weisses Papier 2. 80

— dasselbe. Europa apart. (8 gummierte Bl.) Lex. 8. Ebd. 910. 1.—; gummiert 1. 25

— dasselbe. (Reform-Quart-Mittel-Ausg.) (1032 S.) 30 ×30 cm. Ebd. 911. Nr. 97 in Leder-Imitation 13.—; Nr. 99 in Leinw. 15.—; m. Schraubenverschluss, Nr. 96 in Leinw. 18.—; einseitig bedruckt 2 Bde. (1904 S.) Nr. 90 in Leinw. 27.—; holzfreies Pap., Nr. 1 in 2 Leinw.-Bdn. 33.—; Nr. 2 in Moleskin 38.—; Nr. 3 in Halbfrz. m. Goldschn. u. Ergänzungsblättern 48.—; Nr. 4 Velinpap., in Halbfrz. m. verstellbaren Schlössern u. Ergänzungsblättern 60.—; m. Federrücken u. Goldschn., Ausg. E., holzfreies Pap., 3 Leinw.-Bde. 70.—; Ausg. A, Velinpap., 4 Halbfrz.-Bde. 90.—; Ausg. B., Kartonpap., 5 Ldr.-Bde. 165. —

— Katalog aller bekannten bis auf die neueste Zeit ausgegebenen Briefmarken. [Post-Frei-Marken-Couverts-Streifbänder-Karten]. 8. (IV, 134 S.) Ebend. 874. n. — 40

— illustr. Permanent-Album für immerwähr. Gebrauch, hrsg. u. neu bearb. v. C. F. Lücke. Marken-Teil. Enth. sämtl. existier. Brief- etc. Marken, m. Ausschluss v. Fehldrucken, Zähnungs- u. Wasserzeichen-Verschiedenheiten. Geschmückt m. üb. 5125 Abbildgn. aller typisch verschied. Marken, sowie 88 Länderwappen u. erweitert durch e. Anh. 2. Tl.: Briefumschläge, Streifbänder, Postkarten, Kartenbriefe usw. Geschmückt m. üb. 1674 Abbildgn. u. erweitert durch e. Anh. 29. Aufl. (Allgemeine Quart-Mittel-Ausgabe.) (VII, 750 u. IV, 312 S.) gr. 4. Ebd. 907. Nr. 100 in Halbleinw. 13. 50; Nr. 102 in Leinw. 15. —; Nr. 103 in Leinw. m. Schraubenverschluss 17. —; Nr. 70, einseitig bedruckt, in 3 Leinw.-Bdn. 32. —; 1. Tl. allein (Reformausg.), Nr. 97 in Halbleinw. 10 —; in Leinw. 12. —; Nr. 96 in Leinw. m. Schraubenverschl. 14. —; Nr. 90, einseitig bedruckt, in 2 Leinw.-Bdn. 24. —

— dasselbe. (Reform-Quart-Mittel-Ausg.) (IX, 992 S.) 30×28,5 cm. 910. Nr. 97 in Halbleinw. 13.—; Nr. 99 in Leinw. 15.—; m. Schraubenverschluss, Nr. 96 in Leinw. 18.—; einseitig bedruckt 2 Bde. (IX S., 911 Bl. u. VIII S., 452 Bl.) Nr. 90 in Leinw. 27.—; holzfreies Pap., Nr. 1 in 2 Leinw.-Bdn. 33.—; Nr. 2 in Moleskin 38.—; Nr. 3 in Halbfrz. m. Goldschn. u. Suppl.-Blättern 48.—; Nr. 4 Velinpap., in Halbfrz. m. verstellbaren Schlössern u. Suppl.-Blättern 60.—; mit Federrücken u. Goldschn., Ausg. E, holzfreies Pap., 3 Leinw.-Bde. 70.—; Ausg. A, Velinpap., 4 Halbfrz.-Bde. 90.—; Ausg. B, Kartonpap., 5 Ldr.-Bde. 165. —

Schaubek's Permanent-Briefmarken-Album. Allgem. Ausg. (f. Marken u. [ ] Ausschnitte). Enth. alle diejenigen Seiten, welche in der neuesten 32. Aufl. ergänzt worden sind. Neuheiten Herbst 1908—Herbst 1909. 1. Permanent-Nachtrag zur 31. Aufl. zugleich: 2. Permanent-Nachtrag zur 30. Aufl. 3. Permanent-Nachtrag zur 29. Aufl. (140 Bl.) Lex. 8. Leipzig 910. C. F. Lücke. 6.—; holzfr. Papier 7.— u. 8.—; m. Goldschn. 7. 50; Velinpapier 9. —; Kartonpapier 10. —

— dasselbe. Europa apart. (40 Bl.) Lex. 8. Ebd. 910. Velinpapier 3.50 u. 4.—; Kartonpap. 5.— u. 5. 50

— dasselbe. Reform-Ausg. (nur f. Marken). Enth. alle diejenigen Seiten, welche in der neuesten 32. Aufl. ergänzt worden sind. Neuheiten Herbst 1908—Herbst 1909. 1. Permanent-Nachtrag zur 31. Aufl., zugleich: 2. Permanent-Nachtrag zur 30. Aufl. 3. Permanent-Nachtrag zur 29. Aufl. (120 Bl.) Lex. 8. Ebd. 910. 5.—; holzfr. Papier 5.10 u. 6.50; m. Goldschn. 6.—; Velinpapier 7.—; Kartonpapier 9. —

— dasselbe. Europa apart. (24 Bl.) Lex. 8. Ebd. 910. Velinpapier 2.50 u. 3.—; Kartonpapier 3.75 u. 4. —

— illustriertes Permanent-Album f. immerwährenden Gebrauch, neu bearb. auf Grund v. Senfs Postwertzeichen-Katalog 1911 v. C. F. Lücke. Marken-Teil. Enth. sämtl. existier. Brief- etc. Marken, m. Ausschluss v. Fehldrucken, Zähnungs- u. Wasserzeichen-Verschiedenheiten. Geschmückt m. 7048 Abbildgn. aller typisch verschiedenen Marken, sowie 87 Länderwappen u. erweitert durch e. Anh. 33. Aufl. (Allgemeine Quart-Mittel-Ausg.) (1396 S.) 30×31 cm. Ebd. 911. Nr. 100 in Ldr.-Imitation 17.—; Nr. 102 in Leinw. 20.—; m. Schraubenverschluss, Nr. 103 in Leinw. 22.—; einseitig bedruckt 3 Bde. (2644 S.) Nr. 70 in Leinw. 36.—; holzfreies Pap. Nr. 71 in Leinw. 45.—; Nr. 72 in Moleskin 50.—; Nr. 73 in Halbfrz. m. Goldschn. u. Ergänzungsblättern 65.—; Nr. 74 Velinpap., in Halbfrz. m. verstellb. Schlössern u. Ergänzungsblättern 75.—; m. Federrücken u. Goldschn., Ausg. F, holzfreies Pap., 5 Leinw.-Bde. 100.—; Ausg. C, Velinpap., 5 Halbfrz.-Bde. 120.—; Ausg. D, Kartonpap., 8 Ldr.-Bde. 210. —

— „Victoria". (In deutscher, französ., engl. u. span. Sprache.) Mit 1120 verklein. Abb., 8580 leeren Markenfeldern u. zahlreichen Länderwappen. gr. 4. (157 S.) Ebd. 896. Geb. 2. —; einseit. bedruckt (317 Bl.) geb. 3. — u. 4. —

— dasselbe. M. 1070 verklein. Abb., 2200 leeren Markenfeldern. gr. 8. (94 S.) Ebd. 896. — 30; kart. — 40; geb. — 50 u. — 70

— dasselbe. M. 1070 verklein. Abb., 3700 leeren Markenfeldern u. zahlreichen Länderwappen. gr. 4. (94 S.) Ebd. 896. Geb. 1. 25 u. 1. 50

— dasselbe. M. 1070 verklein. Abb., 3100 leeren Markenfeldern u. ca. 175 Raritäten-Abb. gr. 8. (94 S.) Ebd. 896. Geb. — 80 u. 1. —

— Briefmarken-Album „Victoria". Mit 1344 verkleinerten Abbildgn., 8284 leeren Markenfeldern u. zahlr. Länderwappen. (Ausg. 1901.) gr. 4. (8 S. u. Blatt 9—317.) Ebd. (900). Geb. in Ldr.-Imitation 4. —; in Leinw. 5. —; zweiseitig bedruckt (158 S.) Geb. in Ldr.-Imitation 3. —

Schauber, Tabelle zur Berechnung der Taxen für die Verhandlungen der nicht streitigen Rechtspflege, sowie der inneren, dann der Polizei- u. Finanz-Verwaltung in Bayern, nach dem Gesetze vom 28. Mai 1852. Würzburg 852. (Stahel.) gr. 8. (58 S.) n. 10 ngr.

SCHAUBER, Carl (München): Jahresbericht der unter ärztlicher Leitung von Prof. Dr. A. Rothmund jun. stehenden Heilanstalt für Augenkranke in München für das Jahr 1862/63.- Berlin: Reimer 1865. 36 S.
2.11.1863 - Urk (Titel: Clinica ophtalmologica Professori Dr. Rothmund i.a. 1862/63.); F 70
Diss.Ingolst.-Landsh.-Mchn.

Schauber, Melchior, die Armee der Zukunft oder ein Feldzug gegen die sociale Noth. gr. 8. (31 S.) Berlin 856, R. Kühn.

Schauberg, Dr. **Joseph**, Fürsprech in Zürich, geb. 1808, gest. 1866. O. O. (1866.) 8. 11 S. 1 Bl. (Stammbaum.)

Schauberg, Anna, Ich grüße Dich! Lieder und Gedichte, gesammelt. Mit (eingedr. Holzschn.-)Illustr. 1.—3. Aufl. 8. (91 S. mit lithogr. Titelbl.) M.-Gladbach 877—79, Schellmann Verlag. geb. mit Goldschn. *

Schauberg, Anna, Ich grüße Dich. Lieder und Gedichte. 7.—10. Aufl. 8. (91 S. mit Illustr.) M.-Gladbach 886—88, Schellmann. geb. *

Schauberg, Anna, ich grüße Dich! Lieder u. Gedichte, gesammelt. 11. Aufl. 12. (91 S.) M.-Gladbach 890. Leipzig, F. Hirt & Sohn. Geb. m. Goldschn. n. 3. —

Schauberg, Anna. Ich grüße Dich! Lieder u. Gedichte, gesammelt. 11. Aufl. 12. (91 S.) M.-Gladbach 891. Lpz., Hirt u. Sohn. geb. m. Goldschn. * 3 —

— dasselbe. 12., gänzlich neu bearb. Aufl. v. Siegfr. Moltke-Raimund. Mit 1 Farbendr. u. zahlreichen Abbildgn. 8. (154 S.) Leipzig 895. F. Hirt & Sohn. Geb. in Leinw. n. 3. —

Schauberg, Anna, **ich grüße Dich!** Lieder u. Gedichte, gesammelt von Sch. 13. Aufl. v. Siegfr. Moltke-Raimund. 8. (154 S. m. Abb. u. 1 Farbdr.) Leipzig 898. F. Hirt & Sohn. Geb. in Leinw. m. Goldschn. 3. —

Schauberg, Emil, aus Zürich: Vergleichung des Geständnisses im Criminal- und Civilprocess. [Umgearbeitete gekrönte Preisschrift]. Zür. Zürcher u. Furrer Dr. 1869. 2 Bl., 108 S., 1 Bl. Thesen. 8°. Zürich, Jur. Diss. [v. 13. Nov. 1869].

Schauberg, Emil. Vergleichung d. Geständnisses im Criminal- u. Civilprocess. Inaugural-Dissertation. gr. 8. (III, 109 S.) Zürich 871 (Schmidt.) n. 1. 60

Schauberg, F., Kinder- u. Hausmärchen, nach Bechstein, Grimm u. a. der Jugend erzählt. Mit 2 Chromos u. vielen Text-Illustr. 8. (VI, 160 S.) Wurzen 894. C. Kiesler. Kart. 1. 25

Schauberg, F., Märchen vom Rübezahl nach J. K. A. Musäus. Mit Illustr. v. H. Graf. 8. (III, 82 S) Wurzen 898. C. Kiesler. Kart. 1. —

— Robinson, j.: Campe, Joh. Heinr.

Schauberg, Jos. (Hrsg.), s. Alpina.

SCHAUBERG, Joseph (Antweiler): Ueber die Begründung des Strafrechts.- München: Jaquet 1832. 3 Bl.,68 S.
14.11.1831 - Urk (Titel: De fundamento juris puniendi.); F 48

Diss. Ingolst.-Landsh.-Mchn.

Schauberg, Jos.: Ueb. d. Begründ. d. Strafrechts. *München*, **Lindauer. 832. gr. 8. (6 Gr.)**

Schauberg, Jos., Beiträge zur Kunde u. Fortbildung der zürcherischen Rechtspflege rc., s. Beiträge.

—— polit. Betrachtungen üb. d. Stiftung e. neuen Hochschule zu Zürich u. den Bildungszustand d. Schweiz überh. gr. 8. (7½ B.) Zürich 834, Orell, Füßli u. Comp.

Schauberg, J., Actenmässige Darstellung der über die Ermordung des Studenten Ludwig Lessing aus Freienwalde in Preussen bei dem Criminalgericht des Canton Zürich geführten Untersuchung. 8°. Zürich, Schulthess, 1837.

Schauberg, Joseph. Aktenmässige Darstellung der über die Ermordung des Studenten Ludwig Lessing ... bei dem Kriminalgerichte des Kantons Zürich geführten Untersuchung. [3] Abschnitte. 8. Zürich 1837.
Abschnitt 1. Die That an und für sich. — [Abschnitt 2.] Beilagenheft [1] — [Abschnitt 3.] Beilagenheft 2. Beiträge zur Geschichte Kaspar Hausers

Allgemeine äussere und innere Geschichte der Bauhütte von Jos. **Schauberg.** Schaffhausen: Hurter 1863. XII, 686 S. 8°
(Schauberg, J.: Vergleichendes Handbuch d. Symbolik d. Frmrei. 3.)
Recens: Bh. 6 (1863) S. 61—63, 67—70 (J. G. Findel); FZ. 17 (1863) S. 173—176 (W. Keller).
Tt. 804. Aegypt. u. griech. Bauhütten, kymrische Barden, römische Kollegien, deutsche Bauhütten. 23. 26.

Die unterscheidenden Grundgedanken des Lehrlings-, des Gesellen- und des Meistergrades. Rede, gehalten am 13. Mai 1857 in der □ „Mod[estia] c[um] lib[ertate]" zu Zürich bei einer Aufnahme in den dritten Grad, von [Jos.] **Schauberg.** o. O. [1857]. 4 S. 4° [Kopftit.]
Abgedr. in: T. 3 (1857—1858) S. 178—179.
Tt 2182. 155.

Vergleichendes Handbuch der Symbolik der Freimaurerei, mit besonderer Rücksicht auf die Mythologieen und Mysterien des Alterthums von Jos. **Schauberg.** Bd. 1—3. Schaffhausen: Huxter 1861—1863. 8°
1. XII, 667 S. 1861.
[Dasselbe.] 2. Ausg. XII, 667 S. 1866.
2. XVI, 606 S. 1861.
3. [U. d. Tit.:] Allgemeine äussere u. innere Geschichte d. Bauhütte. XII, 686 S. 1863.
Recens: z. Bd 1. Bh. 4 (1861) S. 201—204 (J. G. Findel); Liter. Centralblatt. 1861 No 45, abgedr. in: Bh. 4 (1861) S. 398; FZ. 15 (1861) S. 235—236 (W. Keller); z. Bd 2. Bh. 5 (1862) S. 118—119 (J. G. Findel); FZ. 16 (1862) S. 14—15 (W. Keller).
cf. L. 20 (1861) S. 231—246; L. 21 (1862) S. 243 bis 253 (Th. Merzdorf); L. 22 (1863) S. 149 bis 152.
Tt. 338 u. 804. Samml. von des Verfs. in mrischen Zeitschriften erschienenen u. jetzt verm. u. überarb. Abhandlungen. Versuch einer theoretischen Begründung der Frmrei aus den Mythologieen u. Mysterien des Altertums.

Genf: Die Maurerei in Genf. Von J[os.] **Schauberg.** [Leipzig 1863: Bär & Hermann.] 16 S. 8⁰ [Kopftit.]
Aus: Bh. 6 (1863) S. 362—365, 370—372.
cf. Bh. 7 (1864) S. 13—15 (J. Schauberg), 67—70, 95; FZ. 18 (1864) S. 84—86, 100—102.
Tt. 577. 439.

Schauberg, unparteiische Worte zur Zürcherischen Bewegung, s. Worte, unparteiische.

—— s. Zeitschrift für noch ungedruckte schweizer. Rechtsquellen.

Schauberg, Rudolf. [von Zürich]: Über Novation durch Wechsel oder über den Einfluss des Wechsels auf die unterliegende Verbindlichkeit. Zür. F. Schulthess Dr. 1866. 4 Bl., 126 S., 1 Bl. 8⁰.
Zürich, Jur. Diss. v. 1. Dec. 1866.

Schaubert, Andreas (Wöhrd/Nbg.) Altd. Thl. 20/30

Miculae XX. authentiae Chaldaicae.
Präs. Christoph Sonntag.
Altdorf (Kohles) 14. XI. 17o3. 20 S.

W. v.: Präs. 30034

Schaubert, Andreas (Wöhrd/Nbg.) Altd. Phs. 45/62

Dissertatio academica de artis oratoriae praestantia, a quibusdam abusibus et immerito nonnullorum contemtu vindicata. Präs. Magnus Daniel Omeis.
Altdorf (Meyer) 3. IV. 1705. 18 S.

W. v.: Christoph Sonntag, Präs., Johann Michael Sonntag, G. C. Ponhoelzel. 30035

Schaubert, Ed., die Akropolis von Athen, s. Ross, L.

Schaubert, Jodocus Christoph (Velden/Mfr.) Altd. Phs. 47/40

Exercitatio academica de lingua Aramaea.
Präs. Johann Andreas Michael Nagel.
Altdorf (Hessel) 30. I. 1739. 24 S.

W. v.: Johann Kiener, Michael Lettenmayer, Johann Adam Wagner, Georg Ferdinand Müller, Gottlieb Albrecht Spiess, Wolffgang Jakob Lochner. 30036

Schaubert, Johann Wilhelm

Schaubert, Jh. Wlh., († d. 10. Oct. 1751.) Anweis. zur regelmäß. Abfassung deutscher Briefe, u. besond. d. Wohlstandsbriefe. 8. Jena 751. (16 Bog.)

— Anleit. z. regelm. Abfass. d. gewöhnl. Briefe. 8. Jena. 751.

Schaubert, J. W., Beweis üb. d. Menschen v. d. Stande d. Unschuld. 8. Göttingen. 746.

Schauberters, J. Wilh., Beweis der Wirklichkeit guter und böser Engel aus der Vernunft. Frkf. u. Leipz. 747. 8.

Schaubert, Jo. Wilhelm (Nürnberg) Altd. lose Anh.

Primaria quaedam documenta de origine typographiae. Pars altera. Präs. Christian Gottlieb Schwarz.
Altdorf (Hessel) 21. XI. 1740. 56 S.

W. v.: Präs. 30037

Schaubert, Johann Wilhelm (Nürnberg) A. S. 321/4

Dissertatio inauguralis de Maximino imp. ad illustrand. fragmentum veteris inscriptionis Oeringae nuper repertum. Präs. Christian Gottlieb Schwarz.
Altdorf (Meyer) 27. VI. 1741. 40 S. 30038

Schaubert, Johann Wilhelm (Nürnberg) 4⁰Ant. I, 59

De Maximino imp. ad illustrand. fragmentum veteris inscriptionis Oeringae nuper repertum.
Präs. Christian Gottlieb Schwarz.
Nürnberg (Stein) 1793. S. 257-286.

Diss. Altdorf 1. VII. 1741. 30039

Schaubert, Johann Wilhelm [Praes.], s. Winkler, Samuel Veit: Dissertatio philosophica complectens meditationum quorundam ad logicam pertinentium partem priorem.

Schaubert, Johann Wilhelm [Praes.], s. Wurster, Christoph Ludwig: De idearum in anima conservatione.

Schaubinger, Carl, a. Säckingen: Über „Formes frustes" der Paralysis agitans. Freiburg in Baden 1907: E. Kuttruff. (28 S.) 8⁰
Freiburg i. B., Med. Fak., Ref. Hoche, Diss. v. 1907
[Geb. 2. Aug. 77 Säckingen; Wohnort: Freiburg i. B.; Staatsangeh.: Baden; Vorbildung: Gymn. Rastatt Reife Juli 99; Studium: München 2, Freiburg i. B. 5, Kiel 1, Freiburg i. B. 3 S.; Coll. 1. März 07; Approb. 7. Aug. 06.]

Schaubinger, Clemens. Geschichte des Stiftes Säckingen und seines Begründers, des heiligen Fridolin. Von K' Sch'... 8. Einsiedeln 1852.

Schaubius, Christian Friedrich [Praes.], s. Alberti, Joh. Gottfried: Principia ad quaestiones metaphysicas dijudicandas easque caute tractandas necessaria ex rationis humanae finibus derivata.

Schaeuble, Alfred [aus St. Blasien (Baden)]: Ueber das tertiäre Phosphin, Arsin und Stibin des Para-Xylols ... Rostock, Univ.-Buchdr. v. Adler's Erben, 1895; 35 S. 8.
Rostock, Phil. Fak., Inaug.-Diss. v. [28. Juni] 1895

Schäuble, P., O. S. B., Maximilian v. Mexiko, s.: Dilettantenbühne, kathol.

Schäubli, Ed., Übungsbeispiele von Freiübungen im Stand für Schulen und Vereine in 25 Gruppen methodisch zsgest., m. Abb., gez. v. C. F. Graf, XVI u. 127 S., 16⁰.

Schäublin: Das Waisenhaus in Basel ..., s. Fechter, Daniel Albert

Schäublin, Friedrich

Schäublin, F. Ueber den Platonischen Dialog Kratylos. Gr. in-8⁰. IV, 95 S. Basel, R. Reich vorm. C. Detloff's Buchh. 1891. Diss. 2 25

Schäublin, Johann Jakob

Schäublin, J. J., über die Bildung des Volkes für Musik u. durch Musik. 2. Ausg. Basel 865. Bahnmaier's Verl. 8. (XI, 131 S.) 9 ngr.

Schäublin, J. J., Choräle aus alter u. neuer Zeit. Dreistimmig bearb. Der Lieder f. Jung u. Alt. 3. Bdchn. 2. Aufl. 16. (79 S.) Basel 873. Bahnmaier. n. — 80

Schäublin, J. J., Choräle und geistliche Gesänge aus alter und neuer Zeit. Dreistimmig bearb. 3.—5. verm. Aufl. 12. (VII, 88 S.) Basel 885—88, Detloff's Verlag. cart. **

Schäublin, J. J. Choräle und geistliche Gesänge aus alter u. neuer Zeit, dreistimmig bearb. 6. Aufl. In-12°. VI, 88 S. Basel, C. Detloff's Buchhandl. 1889. Cart. — 60

Schäublin, J. J., Choräle u. geistliche Gesänge aus alter u. neuer Zeit. Dreistimmig bearb. 7., verm. Aufl. 12. (VI, 88 S.) Basel 890. Reich. cart. n.n. — 60

Schäublin, J. J., Choräle u. geistliche Gesänge aus alter u. neuer Zeit. Dreistimmig bearb. 9.—11. Aufl. 12. (VIII, 96 S.) Basel 892—894. R. Reich. Kart. n.n. — 60

Schäublin, J. J. Choräle und geistliche Gesänge aus alter und neuer Zeit. Dreistimmig bearbeitet. 10. Aufl. In-16°. VIII, 96 S. Basel; Verlag von R. Reich, vorm. C. Detloff's Buchhandl. 1893. cart. — 60

—— Choräle u. geistl. Gesänge aus alter u. neuer Zeit. Dreistimm. bearb. 14. Aufl. 12. (VIII, 104 S.) Basel 897. R. Reich. Kart. n.n. — 60

Schäublin, J. J., Choräle u. geistliche Gesänge aus alter u. neuer Zeit. Dreistimmig bearb. 19. Aufl. 12. (VIII, 104 S.) Basel 901. Helbing & Lichtenhahn. Kart. n.n. — 60

Schäublin, J[ohann] J[acob]. Choräle und geistliche Gesänge aus alter und neuer Zeit. Dreistimmig bearb. von J. J. Sch'. 23. Aufl. VIII + 104 S. 8. Basel, Helbing & Lichtenhahn, 1905. [geb. fr. —. 60]

Schäublin, J. J., Chorgesänge. Für mittlere und höhere Lehranstalten, Familien und Vereine. 2 Bdchn. 12. Basel 880, [Bahnmaier's Verlag.] Detloff's Verlag. cart. * 2 25

Inhalt:
Bdchn. 1. Zweistimmige meist polyphone Gesänge, zunächst für Sopran- und Altstimmen. (VIII, 120 S.) cart. ** 85 Pf.
" 2. Drei- und vierstimmige meist polyphone Gesänge, zunächst für Sopran- und Altstimmen. 3. gänzlich umgearb. Aufl. (VIII, 256 S.) cart. * ℳ 1,40.
1. und 2. Aufl. vom 2. Bdchn. erschienen u. d. T.: Lieder für Jung und Alt.

—— Chorgesänge. Für mittlere und höhere Lehranstalten, Familien und Vereine hrsg. 2. Bdchn.: Drei- und vierstimm. meist polyphone Gesänge. 6. Aufl. 8. (VIII, 256 S.) Ebendas. 888. cart. **
1. Bdchn. Ebendas. 1880. * 85 Pf.

— Chorgesänge. Für mittlere u. höhere Lehranstalten, Familien u. Vereine. 2. Bdchn. Drei- u. vierstimmige meist polyphone Gesänge. 8., verb. Aufl. 8. (VIII, 256 S.) Ebd. 890. cart. n.n. 1. 40

Schäublin, J. J. Chorgesänge. Für mittlere u. höhere Lehranstalten, Familien u. Vereine hrsg. II. Bdchn. 3- u. 4-stimm. meist polyphone Gesänge. 10. Aufl. 8°. VIII, 256 S. Basel. R. Reich. Kart. 1 75 1899.

— Chorgesänge. Für mittlere u. höhere Lehranstalten, Familien u. Vereine hrsg. II. Bdchn. 3- u. 4stimm., meist polyphone Gesänge. 12. Aufl. (VIII, 256 S.) kl. 8. Ebd. 904. Kart. n.n. 1. 40

Schäublin, J(ohann) J(acob). Erinnerungen aus meinem Leben. ([Mit 1 Porträt-Tafel. Hrg. von] Dr. Fr[itz] Schäublin.) 169 S. 8. Basel, R. Reich, 1902. [fr. 2. 60]

Schäublin, J. J., Gesanglehre für Schule und Haus. 1. Cursus. 859. — 2. Aufl. Basel 861. Bahnmaier. 8. (67 S. u. Anhang: Ein Wort an die Lehrer über die Aufgabe des Gesangunterrichts 20 S.) n. 8 ngr.; ohne Anhang n. 6 ngr.

—— Gesanglehre für Schule und Haus bearb. 1. Cursus. 3., umgearb. Aufl. 8. (72 S.) Basel 866, Bahnmaier's Verlag. cart. *
Mit Anhang für Lehrer. (96 S.) *

Schäublin, J. J., Gesanglehre für Schule und Haus. 5. verm. Aufl. gr. 16. (XXIV, 88 S.) Basel 875, Bahnmaier's Buchh. cart. *

Schäublin, J. J. Gesanglehre für Schule und Haus. 6. Aufl. In-8°. Basel, Detloff. 1883. cart. 1 —

—— Gesanglehre für Schule u. Haus. 7. Aufl. 8. (88 S.) Basel 889, [Detloff]. Reich. cart. * 1 —

Schäublin, J[ohann] J[acob]. Gesanglehre für Schule und Haus, bearb. von J. J. Sch'. [Mit Notenbeispielen und Melodien.] 10. Aufl. 88 S. 8. Basel, Helbing & Lichtenhahn, 1905. [geb. fr. 1. —]

—— und A. Barth, Harfenklänge, s. Barth, A.

— u. Alb. Barth, Harfenklänge. Eine Sammlung geistl. Lieder für gemischten Chor. 1. Thl. 2. Aufl. Basel 865. Bahnmaier's Verlag. 8. (IV, 140 S.) n. 10 ngr.

Schäublin, J. J., Kinderlieder für Schule u. Haus herausg. Basel 857. Bahnmaier. 16. (80 S.) n. 4 ngr.

—— Kinderlieder für Schule und Haus. 2. Aufl. 1864. * 4 Ngr. und 3. (Ster.-)Aufl. 16. (100 S.) Basel 865, Bahnmaier's Verlag. cart. *

— Kinderlieder f. Schule u. Haus. 6. [Ster.-]Aufl. 16. (100 S.) Ebend. 875. n. — 50

Schäublin, J. J., Kinderlieder für Schule und Haus. 7. und 8. [Ster.-]Aufl. 16. (100 S.) Basel 875,76, Bahnmaier's Verlag. cart. *

—— Kinderlieder für Schule und Haus. 9.—14. [Ster.-] Aufl. 16. (100 S.) Ebendas. 880—83. cart. ** — 50
—— dass. — 15. Aufl. (100 S.) 1880. ** 50 Pf.; 16. verm. Aufl. 12. (IV, 140 S.) Ebendas. 884. cart. ** — 65

— Kinderlieder für Schule u. Haus. 11. [Ster.-]Aufl. 16. (100 S.) Ebend. 881. cart. n.n. — 50

— Kinderlieder f. Schule u. Haus. 18. Aufl. 12. (IV, 139 S.) Ebend. 885. cart. n.n. — 65

Schäublin, J. J. Kinderlieder für Schule und Haus. 21. Aufl. In-12°, 137 S. Basel, C. Detloff's Buchhandlung. 1887. cart. — 75

— Kinderlieder für Schule und Haus. 23. Aufl. In-12°. IV, 137 S. Basel, C. Detloff's Buchhdl. 1889. Cart. — 75

— Kinderlieder f. Schule u. Haus. 24., verm. Aufl. 12. (IV, 140 S.) Ebd. 890. cart. n.n. — 60

— Kinderlieder f. Schule u. Haus. 25.—28., verm. Aufl. 12. (IV, 100 u. 40 S.) Ebd. 891—893. Kart. n.n. — 60

—— Kinderlieder f. Schule u. Haus. 26. verm. Aufl. gr. 16. (IV, 100, 40 S.) Basel 892, Reich. cart. ** — 60

— Kinderlieder für Schule und Haus. 28. Aufl. In-12^{0}. IV. 100 u. 40 S. Ebds. cart. — 75
1894.

Schäublin, J. J. Kinderlieder für Schule und Haus. 29. Aufl. In-12^{0}. IV, 100 und 40 S. Basel, R. Reich. 1895. Cart. — 75

Schäublin, J. J. Kinderlieder für Schule und Haus. 30. Aufl. In-12^{0}. IV, 100 u. 40. S. Basel, R. Reich. 1896. Cart. — 75

-- Kinderlieder f. Schule u. Haus. 31., verm. Aufl. 12. (IV, 100 u. 39 S.) Ebd. 897. Kart. n.n. — 60

— Kinderlieder f. Schule u. Haus. In method. Anordng. neu hrsg. 34. verm. Aufl. 12. (VIII, 152 S.) Ebd. 899. Geb. in Leinw. n.n. — 65

— Kinderlieder f. Schule u. Haus. In method. Anordng. neu hrsg. 39. Aufl. (VIII, 152 S.) kl. 8. Ebd. 904. Geb. n.n. — 65

— Lieder für Jung und Alt. 855. (IV, 152 S.) n. 10 ngr. — 2. verm. Aufl. Basel 857. Bahnmaier. 16. (VII, 160 S.) n. 8 ngr.

—— Lieder für Jung und Alt. 2. Aufl. 1857. * 8 Ngr. und 3., verm. Aufl. 16. (VII und 176 S.) Basel 859, Bahnmaier's Verlagsh. *

— Lieder für Jung und Alt. 4., verm. Aufl. Ausg. für Deutschland. Ebend. 863. 16. (VIII, 192 S.) n. 5 ngr.

—— Lieder für Jung und Alt. 1. Bdchn. 4.—6. (Ster.-)Aufl. Ausg. für Deutschland. 16. (VIII und 200 S.) Basel 863—65, Bahnmaier's Verlag. * 5 Ngr.; geb. *

—— dass. — 2. Bdchn. Dreistimmige Lieder und Chorgesänge für höhere Lehranstalten und kleinere Gesangvereine. 16. (VIII und 160 S.) Ebendas. 864. * 8 Ngr.; geb. *

— Lieder für Jung u. Alt. 1. Bdchn. 5—13. (Ster.-)Aufl. Ausg. für Deutschland. Ebend. 865—69. 16. (VIII, 200 S.) n. 5 ngr.; geb. n. 7 ngr.

— — 3. Bdchn. A. u. d. T.: Choräle aus alter u. neuer Zeit. Dreistimmig bearb. Ebend. 868. 16. (79 S.) cart. n. 8 ngr.

—— Lieder für Jung und Alt. 1. Bdchn. 7.—26. Ster.-Aufl. 16. (VIII, 224 S.) Ebendas. 866—75. cart. *

—— dass. — 2. Bdchn.: Dreistimmige Lieder und Chorgesänge für höhere Lehranstalten und kleinere Gesangvereine. 2. verm. Aufl. 16. (VIII, 168 S.) Ebendas. 872. cart. *
3. Bdchn. Ebendas. 1875. cart. * 80 Pf.

—— dass. — 3. Bdchn. A. u. d. T.: Choräle aus alter und neuer Zeit. Dreistimmig bearb. 1. Aufl. 1868, und 2. Aufl. 16. (79 S.) Ebendas. 875. cart. *
2. Bdchn. Ebendas. 1864. * 80 Pf.

—— Lieder für Jung und Alt. 1. Bdchn. 27.—42. Ster.-Aufl. 16. (IV, 272 S.) Ebendas. 875—79. cart. *

—— Lieder für Jung und Alt. 43.—54. neu durchges. und verm. [Ster.-]Aufl. [Ausg. für Deutschland.] 12. (VIII, 272 S.) Basel 880—84, [Bahnmaier's Verlag.] Detloff's Verlag. cart. ** — 85

— Lieder f. Jung u. Alt. 57. Aufl. 12. (VIII, 272 S.) Ebend. 886. cart. n.n. — 90

—— Lieder für Jung und Alt. 55.—63. neu durchgeseh. und verm. [Ster.-]Aufl. 12. (VIII, 272 S.) Ebendas. 885—88. cart. **

— Lieder für Jung und Alt. 66. Aufl. In-12^{0}. VIII, 272 S. Basel, C. Detloffs Buchhandlung. 1889 Gebd 1 —

— Lieder f. Jung u. Alt. 68. Aufl. 12. (VIII, 272 S.) Ebd. 890. geb. n.n. — 90

— Lieder für Jung und Alt. 71. Aufl. In-12^{0}. VIII, 272 S. Ebd. 1891. Gebd. 1 —

---- Lieder f. Jung u. Alt. 74. Aufl. gr. 16. (VIII, 280 S.) Ebd. 892. geb. ** — 90

— Lieder für Jung und Alt. 78. Aufl. In-12^{0}. VIII. 288 S. Ebds. 1894. Geb. in Lwd. 1 —

Schäublin, J. J. Lieder für Jung und Alt. 82. Aufl. In-12^{0}. XIV, 320 S. Basel, R. Reich. 1896. Leinw. 1 —

-- Lieder f. Jung u. Alt. 86. Aufl. 12. (XIV, 320 S.) Ebd. 897. Geb. in Leinw. n.n. 1.25

— Lieder für Jung und Alt. 88. Aufl. 12^{0}. XIV, 320 S. Ebda. 1899. Geb. 1 —

— Lieder für Jung und Alt. 90. Aufl. 12^{0}. XIV, 320 S. Ebda. 1900. 1 —

— Lieder f. Jung u. Alt. 92. Aufl. 12. (XIV, 320 S.) Ebd. 901. Geb. in Leinw. n. 1.20

Schäublin, J[ohann] J[acob]. Lieder für Jung und Alt. Hrg. von J. J. Sch'. [Mit Melodien.] 100. Aufl. [Mit Porträt-Tafel und illustriertem Umschlag.] XVI + 320 S. 8. Basel, Helbing & Lichtenhahn, 1905. [geb. fr. 1. —]

— Lieder f. Jung u. Alt. 101. Aufl. (XIV, 320 S. m. Bildnis.) kl. 8. Ebd. 905. Geb. n. 1.20

—— 30 Tabellen für den Gesangunterricht in Volksschulen. Imp.-Fol. (30 Stnt.) Basel 866, Bahnmaier's Verlag. In Mappe. *

—— 31 Tabellen für den Gesangunterricht. 2. Aufl. gr. Fol. Ebendas. 881. In Mappe * 6 80

Schaubmaier, Wolfg., O. S. B., mein Begleiter. Ein Lehr- u. Gebetbüchlein f. alle Stände. (IV, 156 S.) 16. Regensburg 905. Verlagsanstalt vorm. G. J. Manz. n. — 60; geb. in Ldr. m. Goldschn. n. 1. —

— das glückbringende Gebot. Ein Büchlein f. alle. (51 S.) 16. Dülmen 903. A. Laumann. n. — 20

Schaubmaier, Wolfg., O. S. B., Gedanken u. Ratschläge f. die heranwachsende Jugend. Eine Mitgabe fürs Leben. 16. (55 S.) Münster 900. Alphonsus-Buchh. — 15

— Gedanken u. Ratschläge f. die heranwachsende Jugend. Eine Mitgabe fürs Leben. 2. u. 3. Aufl. (55 S.) 16. Münster 903. 905. Alphonsus-Buchh. — 15

Gedanken und Ratschläge für die heranwachsende Jugend. Eine Mitgabe fürs Leben gesammelt u. hrsg. von P. Wolfgang **Schaubmayer**, O.S.B. 3. Aufl. Münster i. W.: Alphonsus-Buchh. 1906. (54 S.) 8° [F.] (07. 13636

— der Soldatenfreund. Ein Begleiter auf dem Wege in die Kaserne. 16. (III, 68 S. m. Titelbild.) Innsbruck 902. F. Rauch. Kart. n. — 30

Der Sonntag. Ein Büchl. f. Jung u. Alt. Von P. Wolfgang Schaubmaier, O.S.B. *Münster i. W.: Alphonsus-Buchh. 1900.* (53 S.) 8° [F. u. Ant.] (01. 12006

Die Tugend der Demut. Ein Büchl. f. Jedermann. Von P. Wolfgang Schaubmaier, O. S. B. *Münster i. W.: Alphonsus-Buchh. 1901.* (64 S.) 8° [F.] (01. 12007

Woher, Wohin? Leitstern f. d. Leben. Ein Büchl. f. Jedermann. Von P. Wolfgang Schaubmaier, O. S. B. *Münster: Alphonsus-Buchh. 1901.* (88 S.) 8° [F.] (01. 12008

Schaubrod, Johann Andreas

Schaubrod, Jh. Andr., Klara v. Boyenburg. 2 Thle. 8. Gera 796. Rothe. 1 ₰ 12 ℊ

SCHAUBROD, Klara von Boyneburgk. Gera 1796.

Schaubude, große. Unzerreißbare Bildertafeln f. kleine Knaben u. Mädchen. qu. 4. (11 Chromolith.) Stuttgart 871. Nitzschke. geb. 2. 50

Schaubude, große. Unzerreißbare Bildertafeln für kleine Knaben und Mädchen. 2.—5. unveränd. Aufl. qu. 4. (11 color. Steint. auf Carton.) Stuttgart 873—77, Nitzschke. cart.

Schaubude, große. Unzerreißbare Bildertafeln für kleine Knaben und Mädchen. 6.—8. Aufl. qu. 4. (11 Chromolithogr.) Stuttgart 878—80, Nitzschke. geb. 2 50

Schaubudenplätze, unsere, u. ihre Unsittlichkeit. Von e. Freunde der Verirrten. gr. 8. (15 S.) Barmen 891. D. B. Wiemann. — 20

Schaubühne von Arnim. 1r Bd., s. Arnim, A.

Schaubühne, über die. Von einem großen Verstorbenen. (F. L. Graf zu Stolberg.) gr. 12. Würzburg 839. Stahel. 1/6 ₰

Schaubühne, die. Hrsg.: Siegfr. Jacobsohn. 1. Jahrg. Septbr.—Dezbr. 1905. 17 Nrn. (498 S.) 8. Berlin, Oesterheld & Co. n. 2. 50

— dasselbe. 2. Jahrg. 1906. 52 Nrn. (XVI, 752 S.) 8. Ebd. n. 10. —

Schaubühne, die. Hrsg. u. Red.: Siegfr. Jacobsohn. 3.—6. Jahrg. 1907—1910. à 52 Nrn. (XVI, 652 u. XVI, 630 S.; XVI, 664 u. XIII, 664 S.; XXII, 694 u. XX, 724 S.; XXII, 714 u. XXII, 652 S.) 8. Berlin, E. Reiß. à Jahrg. 12. —

Schaubühne, Alt-Englische, übersetzt u. herausg. von Ed. v. Bülow. 1r Thl. (enth.: Grim, d. Köhler v. Croydon. — v. Marlow, Eduard II. — v. Marlow, der Jude v. Malta). 8. Berl. 831. Reimer. 1 ₰ 20 ℊ

Schaubühne, Altniederländische, Abele Spelen ende Sotternien. ... Breslau 1838. V: *Hoffmann genannt von Fallersleben, August Heinrich.* (GGr)

Schaubühne, Belustigende poetische, zum Druck befördert von M. Leberecht Ehrenhold ... Cöthen 1747. V: *Philippi, Joh. Ernst* [?]. (Archiv für Litt. IX, 111 f.) (AarK)

— über die Berliner. 8. Frankf.

— dänische, v. L. v. Holberg. 5 Thle. 8. Copenhag. Proft. 759–66. (1r — 3r. 1 Rthlr. 12 gr. 4r 20 gr. 5r 16 gr.)

Schaubühne darauf die fränkischen Zuschauer in ihrer Blösse dargestellt werden. Frankf. u. Leipzig 1773. V: *Franz, Johann Georg Friedrich.* (Ky) (ML)

Vgl. Schaubühne, Neue, auf welcher...

— deutsche, 3 Thle. 8. Klagenfurth, Kleinmayer. (Gräff in Lpz.) 784.

Deutsche Schaubühne.
Sechster Band.
Augsburg. 1790. 464 S. 8°.
Fürstlich Fürstenbergische Hofbibliothek Donaueschingen
Darin enthalten:
Christoph Friedrich BRETZNER, Das Räuschgen. Ein Lustspiel in vier Aufzügen. Von C. F. Bretzner. 1790. [auf S. 121-264]
Weitere Ausg. 1786
Christoph Friedrich Bretzner, 1748-1807

Deutsche Schaubühne.
Achtundzwanzigster Band.
Augsburg. 1791. 8°.
Bayerische Staatsbibliothek München
Palmer: mit falscher Jahresangabe 1788.
Darin enthalten:
Johann Friedrich Ernst ALBRECHT, Die Engländer in Amerika.
Ein Schauspiel in vier Aufzügen von Albrecht. 1791. [auf S. 127-214]
Frühere Ausg. 1790
Johann Friedrich Ernst Albrecht, 1752-1814

Schaubühne, Deutsche. Augsburg 1810—1813. H: *Schiessler, Sebast. Willibald.* (GGr III, 852)

— deutsche, oder dramat. Bibliothek d. neuesten Lust-, Schau-, Sing- u. Trauerspiele bis 1818. 50 Bde, mit Kpf. Augsb. ... v. Jenisch u. St. 41 ₰ 16 ℊ Schrbp. 51 ₰ 8 ℊ Enthalten:

— 1r Bd. 1) Der zerbrochene Krug. Ein Lstspl. v. Hnr. v. Kleist. 2) Arnold v. Winkelried. Ein vaterländ. Schspl. in 4 Aufz., von Jak. Hottinger. 3) Vaterliebe, oder d. Engländer in Amerika. Ein Trspl. in 3 Aufz., v. K. F. Solbrig.

— 2r Bd. 1) Mathias Corvinus, oder d. Belagerung v. Breslau im J. 1474. Ein histor.-vaterländ. Schspl. v. Fr. A. Wenzel. 2) Das war ich! Eine ländl. Scene in 1 Aufz., von Hut. 3) Das zugemauerte Fenster. Ein Lstspl. in 1 Akt, von Aug. v. Kotzebue.

— 3r Bd. 1) Die kleine Zigeunerin. Ein Schspl. in 4 Aufz., von A. v. Kotzebue.
2) Großmuth u. Dankbarkeit. Ein Schspl. in 1 Aufz. von Gustav Hagemann.
3) Die Zeichen d. Ehe. Ein Lstspl. in 3 Aufz., von Aug. Frhr. v. Steigentesch.
4) Die Dichterfreundschaft. Ein Lstspl. in 1 A., nach d. Französ. v. Fr. v. Kurländer.

— 4r Bd. 1) Die selige Frau. Ein Lstspl. in 1 Aufz., von J. Fr. Schink.
2) Diego u. Lenore. Ein Trspl. in 5 Aufz. von Unzer.
3) Feodore. Ein Singspl. in 1 Aufz. v. A. v. Kotzebue.
4) Vetter Paul, oder d. Rache d. Deutschen. Ein Orig.-Schspl. in 1 Aufz., v. Gustav Hagemann.
5) Das unsichtbare Mädchen. Ein Intermezzo in 1 Aufz., von A. v. Kotzebue.

— 5r Bd. 1) Der verbannte Amor, oder d. argwöhnischen Eheleute. Ein Lstspl. in 4 Aufz., v. A. v. Kotzebue.
2) Wanda, Königin d. Sarmaten. Eine romant. Tragödie mit Gesang in 5 Aufz., v. Fr. L. Z. Werner.
3) Ulrich Zwingli v. Zürich, v. Aug. Eckschläger.

— 6r Bd. 1) Ein Schelmenstreich (le fripon orgireilleux). Ein Lstspl. in 1 Aufz., v. H. L. Spengel.
2) Liebe u. Betrug. Ein Lstspl. in 2 Aufz., v. Vetter.
3) Genovefa, Pfalzgräfin am Rhein. Ein Schspl. in 4 Aufz., von Jos. Ant. Schuster.
4) Otto d. Große, Pfalzgraf v. Wittelsbach. Eine dramatische Dichtung in 3 Abtheil., v. Jos. Aug. Eckschläger.
5) Das Thal v. Almeria. Ein Schspl. in 1 Aufz. von Aug. v. Kotzebue.

Schaubühne. Deutsche, ... 7.-12. Bd. Augsburg: v. Jenisch u. Stage 1816. Enth.:
— 7r Bd. 1) Die Grafen v. Hohengeroldseck, oder Rache für Weibermord. Ein Gemälde d. vaterländ. Vorzeit in 4 Aufz., von B. Lögler.
2) Der Brautschmuck. Ein Orig.-Schspl. in 5 Aufz., als Fortsetzung des Fridolin v. Frz. v. Holbein.
3) Blind geladen. Ein Lstspl. in 1 Aufz. v. A. v. Kotzebue.
4) Die Schriftstellerin. Ein Lstspl. in 1 Aufz., v. J. Fr. Schink.

— 8r Bd. 1) Die Diät, oder mit Wölfen muß man heulen. Ein Lstspl. in 1 Aufz., frei aus d. Französ. übersetzt v. H. L. Spengel.
2) Eginhard u. Emma. Ein Schspl. in 3 Aufz., v. Fr. Baron de la Motte Fouqué.
3) Der Verstorbene. Ein romant. Gemälde in 3 Aufz., v. Fr. v. Holbein. Frei nach d. Französ.
4) Rüdiger Manes. Ein vaterländ. Schspl. in 3 Aufz., von J. Hottinger.
5) Sankt Sylvester, oder d. alte Krieg u. neue Sieg. Posse in 1 Aufz. in Marionetten-Manier, v. A. G. Eberhard.

— 9r Bd. 1) Die Feuerprobe. Ein Lstspl. in 1 Aufz., von Aug. v. Kotzebue.
2) Herzog Christoph d. Kämpfer. Eine Tragödie von Jos. A. Eckschläger.
3) Heinrich d. Vierte, König v. Frankreich u. Navarra.
4) Lina, oder das Geheimniß. Eine Oper in 3 Aufz., v. M.

— 10r Bd. 1) Clorinde. Eine Tragödie in 5 Aufz., v. H. Löst.
2) Die Nachtwächter. Eine kom. Oper in 3 Aufz., von Fr. K. v. Dankelmann.
3) Charlotte Virier. Ein Schspl. in 1 Aufz. v. Jul. v. Voß.

Schaubühne, deutsche, rc. 10r Bd. 4) Die Glücklichen. Ein Lstspl. in 1 Aufz., von A. v. Kotzebue.
5) Die Ueberraschungen. Ein Nachspl. in 1 Aufz., von J. Hottinger.

— 11r Bd. 1) Die Schwestern auf Corcyra. Eine dramat. Idylle in 2 Abtheil., von Amalie v. Hellwig. 1e Abtheil.
2) Die alten Liebschaften. Ein Lstspl. in 1 Aufz., von A. v. Kotzebue.
3) Rochus Pumpernickel. Ein musikal. Quodlibet in 3 Aufz. f. den Carneval.
4) Die Rettung. Ein Schspl. in 4 A., von C. G. Klähr.

— 12r Bd. 1) Die Schwestern auf Corcyra. Eine dramat. Idylle in 2 Abtheil., von Amalie v. Hellwig. 2e Abtheil.
2) Der Lügenfeind. Ein Lstspl. in 1 Aufz., von A. v. Kotzebue.
3) Ivar, König der Normänner. Ein histor.-romant. Trspl. in 5 Aufz., von Gustav Linden.
4) Die Rückkehr. Ein Schspl. in 2 Aufz., vom Verfasser der Amerikanerin.

— 13r Bd. 1) Die Edelfrau von Bosenstein, oder das Urtheil über sich selbst. Ein Gemälde der Barbarei des 13ten Jahrh., in 5 A. Nach einer Volkssage bearb. von B. Lögler.
2) Der Haustyrann. Ein Schspl. in 5 Aufz., von Alex. Duval, übersetzt von Iffland.
3) Die neue Frauenschule. Ein Lstspl. in 3 Aufz., frei bearbeitet nach d. Französ.: Le secret du minage. Von A. v. Kotzebue.
4) Die Müssiggänger. Ein Lstspl. in 1 Aufz., aus d. Französ. des Picard, von Aug. W. Iffland.

— 14r Bd. 1) Max Helfenstein. Ein Lstspl. in 2 Aufz., von Aug. v. Kotzebue.
2) Der gutherzige Polterer. Ein Lstspl. in Aufz. von Goldoni, übersetzt von Iffland.
3) Hakon Jarl. Ein Trspl. in 5 Aufz., von Oehlenschläger.
4) Der zerbrochene Wagen. Ein Schspl. in 1 Aufz., von Wlh. Eugen.

— 15r Bd. 1) Talto u. Nanthild, oder die drei schweren Proben der Liebestreue. Ein Schspl. in 2 Theilen, jed. Theil zu 4 Aufz., theils nach Hr. von Lafontaine, theils frei bearb. von C. G. Th. Chladenius.
2) Die Projecte. Ein Lstspl. in 1 Aufz., frei nach d. Französ. von Hnr. Beyer.
3) Pächter Feldkümmel von Tippelskirchen. Ein Fastnachtsspiel in 5 Aufz., von Aug. v. Kotzebue.

— 16r Bd. 1) Die Rebellen in Ungarn. Ein Schspl. in 4 Aufz., von F. X. Rümel.
2) Der Hausherr in der Klemme. Ein Spiel in Versen in 1 A. von H. Beyer.
3) Die Belagerung der Stadt Hanau, u. deren Befreiung am 13. Juni 1636. Ein vaterländ. Schspl. in 5 Aufz., von J. W. Großmann.
4) Zulima. Ein Trspl. in 4 Aufz., v. Th. Hell.

— 17r Bd. 1) Das Gottesurtheil. Ein Ritterschspl. in 4 Aufz., von Hnr. Beyer.
2) Amande Deut, oder die Frau in unsträflicher Doppel-Ehe. Ein Schspl. in 5 Aufz., von Chaldenius.
3) Die Belagerung von Saragossa, oder Pächter Feldkümmels Hochzeitstag. Ein Lstspl. in 5 Aufz., von Aug. v. Kotzebue.

— 18r Bd. 1) Wisigarda oder die Fürstenbrüder. Ein Trspl. in 4 Aufz., von Adrian Grob.
2) Der Papa u. sein Söhnchen. Posse in 3 Aufz. Dem Französ. frei nachgebildet von Lembert.
3) Der arme Poet. Ein Schspl. in 1 Aufz.

— 19r Bd. 1) Die Urne im Eichthale. Eine vaterländ. Scene in 2 Aufz., v. A. Groos.
2) Die deutsche Hausfrau. Ein Schspl. in 3 Aufz., von Aug. v. Kotzebue.
3) Alexei Petrowitsch. Ein romant.-histor. Trspl. in 5 Aufz., von H. Bertuch.

— 20r Bd. 1) Folgen aus Rache, oder die Räuber im Schwarzwalde. Ein Gemälde der menschlichen Verirrungen in 4 Aufz., v. F. J. Keller.
2) Die beiden Schwiegersöhne. Ein Schspl. in 5 Aufz., v. G. Gord's.
3) Die respectable Gesellschaft. Eine Posse in 1 Aufz., v. A. v. Kotzebue.

— 21r Bd. 1) Sigismund u. Sophronia, oder Grausamkeit aus Aberglauben. Ein Schspl. in 3 Aufz., von Bertrand.
2) Caroline oder die seltene Treue. Ein Familiengemälde aus den ersten Jahren des Revolutionskrieges in 3 Aufz.

Schaubühne, deutsche, 2c. 21r Bd. 3) Das getheilte Herz. Ein Lstspl. in 1 Aufz., v. A. v. Kotzebue.
4) Bela's Flucht. Ein Schspl. in 2 Aufz., von A. v. Kotzebue.

— 22r Bd. 1) Emma von Rauchenlechsberg, od. die Brautkämpfe. Ein Gemälde aus den Zeiten der Kreuzzüge, in 5 Aufz., v. F. X. Rümel.
2) Die beiden kleinen Auvergnaten. Ein Drama in 1 Aufz., v. A. v. Kotzebue.
3) Die beiden Tanten. Posse in 1 Aufz., v. H. Beyer.
4) Die Rosen des Herrn von Malesherbes; ein ländliches Gemälde in 1 Aufz.

Schaubühne, D e u t s c h e , . . . 23.-28. Bd. Augsburg: v. Jenisch u. Stage 1814-15. (S. a. unt. d. Titel: N e u e deutsche S c h a u b ü h n e . 1.-6. Bd.) Enth.:

— 23r Bd. 1) Kaiser Heinrich der Vogler. Ein Schspl. in 1 Aufz. von B. Lögler.
2) Heimann der Cherusker, oder die Waldschlacht der Deutschen. Ein histor. Schspl. in 5 Aufz., mit Chören.
3) Zufall u. List. Ein Lstspl. in 2 Aufz., von Fr. Aug. von Kurländer.
4) Die Hochzeitreise. Ein Lstspl. in 1 Aufz., v. C. Th. Rabenalt.
5) Peronte oder die Wünsche. Eine komische Oper in 3 Aufz. (Nach einem bekannten Märchen v. Wieland), v. A. v. Kotzebue.

— 24r Bd. 1) Die Wallfahrt. Ein Schspl. in 3 Aufz., aus den Zeiten der Vehmgerichte, von B. Lögler.
2) Adel u. Liebe. Ein Gemälde in 3 Aufz., v. C. Th. Becker.
3) Das Portrait der Erbin, oder die zerbrochene Brille. Ein Lstspl. in 3 Aufz., nach d. Französ. des Charlemagne, bearb. v. F. von R.
4) Hans Max Giesbrecht von der Humpenburg, oder die neue Ritterzeit. Eine komische Oper in 1 Aufz., v. A. v. Kotzebue.

— 25r Bd. 1) Abdali, König von Grenade, oder die Abencerragen. Ein Trspl. in 5 Aufz., von Bertrand.
2) Der schelmische Freier. Ein Lstspl. in 1 Aufz., von Aug. v. Kotzebue.
3) Die Surrogat-Speculation. Ein Lstspl. in 3 Aufz., von Schubaldi.

— 26r Bd. 1) Fürstenglück. Ein dramat. Fürstengemälde in 5 Aufz. mit Chören, von Jos. v. Destouches.
2) Clorinde die Zauberin, oder die belohnte Kindesliebe. Ein Schspl. in 2 Aufz. mit Gesängen, zur Aufführung auf Gesellschaftstheater durch Kinder. Bearbeitet von Bertrand.
3) Die 4 Sterne. Posse in 1 Aufz., von H. Beyer.
4) Der Kosak und der Freiwillige. Ein Liederspiel in 1 Aufz., v. A. v. Kotzebue.
5) Die ungewisse Hochzeit, oder die verbrannte Nachricht. Ein Lstspl. in 2 Aufz., in gereimten Versen, v. C. H. Klähr.

— 27r Bd. 1) Karl der Kühne, Herzog von Burgund. Ein vaterländ. Schspl. in 5 Aufz., von H. Keller. 1r Thl.
2) Die Grafen von Toggenburg. Eine romant. Tragödie in 5 Aufz., von Karl Müller.

— 28r Bd. 1) Karl der Kühne, Herzog v. Burgund. Ein Schspl. in 5 Aufz., von Hnr. Keller. 2r Thl.
2) Die Schweden vor Villingen im Jahre 1634. Ein romant. Schspl. in 4 Aufz. Nach der wahren Geschichte frei bearbeitet v. C. Th. Rabenalt.
3) Die Alpenhütte. Eine Oper in 1 Aufz., von A. v. Kotzebue.

— 29r Bd. 1) Stoko, od. die Verschwörung von Zadera. Ein histor.-romant. Schspl. in 5 Aufz. Nach der Geschichte bearb. von H. Beyer.
2) Die Schmähschrift. Ein Schspl. in 3 Aufz., v. F. A. Kurländer.
3) Die Rückkehr der Freiwilligen, od. das patriotische Gelübde. Ein Lstspl. in 1 Aufz., von A. v. Kotzebue.
4) Paul der Erste, oder Entschlossenheit u. Gnade. Ein histor. Schspl. in 1 Aufz., nach einer wahren Begebenheit, v. Bonafont.

— 30r Bd. 1) Die Einsiedlerin am Kniebisberge, oder edle Rache für lange Verbrechen. Ein romant. abentheuerliches Gemälde aus der ersten Hälfte des 13ten Jahrhunderts, in 4 Aufz., von F. X. Rümel.
2) Der unruhige Morgen. Spiel in Versen in 1 Aufz. Frei nach d. Französ., von Hnr. Beyer.
3) Unser Verkehr; eine Posse in 1 Aufz.
4) Die Brunnengäste Ein Lstspl. in 1 Aufz., von Bonafont.

— 31r Bd. 1) Aurelia, oder Triumpf der Tugend. Ein Schspl. in 5 Aufz., nach Beaumarchais „Eugenie" frei bearbeitet von K. Ph. Bonafont.
2) Die Ueberbildeten. Lstspl. in 1 Aufz., nach Molières Precicuses ridicules, von Bonafont.
3) die gebesserte Gattin. Ein Schspl. in 5 Aufz., v. Ch. Gallus.
4) Der Namenstag. Gelegenheitsstück in 1 Aufz.

Schaubühne, deutsche 2c. 32r Bd. 1) Dina Nathan, oder Liebe u. Rache. Ein Trspl. in 5 Aufz. Nach Bischoffs tragischem Gemälde bearb. v. K. Philippi.
2) Künstler-Glück, oder dem Verdienste seine Kronen. Ein Schspl. in 2 Aufz., von K. Philippi.
3) Die Heuchlerin, oder Weiberrache. Ein Schspl. in 2 Aufz., von Karl Philippi.

— 33r Bd. 1) Hanns Waldmann.
2) Das Duell, oder Sieg der Liebe. Ein Schspl. in 2 Auf. Nach e. wahren Begebenheit v. Karl Philippi: (K. Ph. Bonafont.)
3) Die Kosaken. Ein Lstspl. in 1 Akt.

— 34r Bd. 1) Heimkehr in die Alpen.
2) Betrug für Betrug, oder Bedientenstreiche. Lstspl. in 1 A., von Karl Philippi.
3) Der Rehbock, oder die Schuldlosen Schuldbewußten. Ein Lstspl. in 2 Akt. von A. v. Kotzebue.
Neueste deutsche Schaubühne. 6 Bde. 1817. Oder:

— 35r Bd. 1) Hans von Bodman, oder der Bruderhaß. Ein Ritterschspl. in 5 Aufz., von H. Amann.
2) Der Shawl. Ein Lstspl. in 1 Aufz., von A. v. Kotzebue.
3) Das wandernde Geschenk. Ein Lstspl. in 1 Aufz., von einem Unbekannten.
4) Die närrische Stunde. Eine Originalposse in 1 Aufz., von H. Weiner.
5) Der Käficht. Eine kom. Oper in 1 Aufz. von A. v. Kotzebue.

— 36r Bd. 1) Die Schuld. Ein Trspl. in 4 Aufz., v. A. Müllner.
2) Jacobs Kriegsthaten u. Hochzeit. Fastnachtsposse in 3 Aufz. als 2r Thl. von Unserm Verkehr.
3) Das Geschenk, oder Muth u. Edelsinn. Ein Drama in 1 A. Nach einer spanischen wahren Anekdote bearb. von H. Beyer.

— 37r Bd. 1) Das Turnier zu Konstanz, oder der Waldbruder am Bodensee. Ein romant. Drama aus dem Hegäu in 4 Aufz., von B. Lögler.
2) Die eisernen Brüder. Ein romant. Schspl. in 4 Aufz., nach der Geschichte bearbeitet, von K. Weiner.
3) Die großen Kinder. Ein Lstspl. in 2 Aufz., von A. Müllner.

— 38 Bd. 1) Das Quartieramt. Ein Schspl. in 1 A., v. Lögler.
2) Der Todtengräber oder das heimliche Gericht. Ein romant. Schspl. in 4 Aufz., von Hnr. Weiner.
3) Pflicht um Pflicht. Ein Schspl. in 1 Aufz., von Pius Alex. Wolff.
4) Bäbbel, oder aus zweien Uebeln das kleinste. Eine histor. Posse in 1 Aufz., von A. v. Kotzebue.
5) Die schöne Pilgerin. Eine Oper in 1 Aufz.

— 39r Bd. 1) Der Weiße u. der Rothe. Ein Nachspiel in 2 Aufz., von B. Lögler.
2) Ferdinand der Zweite, König von Ungarn u. Böhmen. Ein histor. Schspl. in 5 Aufz., von Caroline Pichler.
3) Die Frankfurter Messe. Eine Posse in 2 Aufz., von Jul. von Voß.
4) Euer Verkehr. Eine Posse in 1 Aufz., von Jul. v. Voß.

— 40r Bd. 1) Der Hund des Aubri de Montdidier, oder der Zweikampf auf der Insel Notre-Dame. Ein romant. Schspl. in 4 Aufz., v. J. A. Adam.
2) Die Najaden. Eine Oper in 4 Aufz., von J. R. v. Waibel.
3) Die Empfehlungsbriefe. Eine dramat. Maske in 1 Aufz., von C. Lebrun.
Neueste deutsche Schaubühne. 6 Bde. 1818. Oder:

— 41r Bd. 1) Laura. Ein Schspl. in 3 Aufz., nach dem Roman bearbeitet, von K. Weiner.
2) Die That. Ein Trspl. in 5 Aufz., von Therese v. Artner. Als 1r Theil von der Schuld.
3) Das Heiligthum. Ein Vorspiel in 1 Aufz., von Karl Schall.

— 42r Bd. 1) Heinrich der Finkler. Ein Schspl. in 1 Aufz., nach altdeutscher Volkssage, von Aug. Klingemann.
2) Das Doppel-Duell. Ein Lstspl. in 5 Aufz., von H. Clauren.
3) Die Wittwe von Ephesus. Ein Lstspl. in 1 Aufz., von Aug. Klingemann.

— 43r Bd. 1) Der Abentheurer, oder so prellt man Gecken. Ein Lstspl. in 1 Aufz., von Jos. Aug. Adam.
2) Das Kreuz in Norden. Ein Trspl. in 5 Aufz., aus alter nordischer Vorwelt, von Aug. Klingemann.
3) Die lange Nase. Ein Lstspl. in 1 Aufz. u. in 3 Abtheil., von Grafen Jul. v. Soden.

— 44r Bd. 1) Der Wahn. Drama in 1 Aufz., v. A. Müllner.
2) Ferdinand Cortez, oder die Eroberung von Mexiko. Histor. Drama in 5 Aufz., von A. Klingemann.
3) Der Blitz. Lstspl. in 1 Akt, von A. Müllner.

Schaubühne, deutsche, 2c. 45r Bd. 1) König Yngurd. Ein Trspl. in 5 Aufz., v. Adolph Müllner.
2) Der Kuß u. die Ohrfeige. Ein Spiel in Versen u. in 1 Aufz., von Karl Schall.
3) Der Spiegel, oder das laß bleiben. Ein Lstspl. in 1 Aufz., von A. v. Kotzebue.

— 46r Bd. 1) Der Schatz. Lstspl. in 1 Aufz., von C. W. Contessa.
2) Der Vielwisser. Ein Lstspl. in 5 Aufz., von A. v. Kotzebue.
3) Der erste April. Lstspl. in 1 Aufz., von Jul. v. Voß.
Neue Bibliothek kleiner Theaterstücke für Privat-Gesellschaften. Ein Pendant zu der deutschen Schaubühne. 4 Theile, mit 4 Kpf. Oder:

— 47r Bd. 1) Herzog Kanut, genannt der Heilige. Sage.
2) Umwege. Ein Lstspl. in 5 Aufz., von A. Wagner.
3) Die Seelenwanderung, oder der Schauspieler wider Willen auf eine andere Manier. Ein Schwank v. A. v. Kotzebue.
4) Der Ehrenstifter, oder die beiden Offiziere. Ein Lstspl. in 1 Akt, von Castelli.

— 48r Bd. 1) Richard u. Blondel. Sage.
2) Der kurze Roman, oder die närrische Wette. Ein Lstspl. in 1 Akt, von F. J. Hassaureck.
3) Die Brillen-Insel. Eine fantastische Oper in 2 Akt., von A. v. Kotzebue.
4) Studentenpfiffe. Ein Lstspl. in 2 Aufz., v. T. H. Friedrich.
5) Professor Hakler, oder er nimmt alles übel. Lstspl. in 1 A., von Lembert.
6) Die Zurückkunft aus Surinam. Ein Lstspl. in 3 Akt., von Ad. Müllner.

— 49r Bd. 1) Ein Streich zum Todlachen. Lstspl. in 1 Akt, von H. P. F. Hinze.
2) Der Ruf. Ein dramat. Lehrgedicht in 3 A., v. A. v. Kotzebue.
3) Der Geist, oder d. unterbroch. Theaterprobe. Ein Schwank in 1 A., von T. H. Friedrich.
4) Der 29. Februar. Trspl. in 1 A., von Ad. Müllner.
5) Haß aller Weiber! Trspl. in 1 A., von Castelli.

— 50r Bd. 1) Alfred. Eine Oper in 2 A., von A. v. Kotzebue.
2) Die Scheintodten. Ein Schwank in 2 A., v. T. H. Friedrich.
3) Künstlers Fegfeier. Lstspl. in 1 A., von H. P. F. Hinze.
4) Liebesnetze. Dramat. Spiel in 2 A., von Ad. Wagner.
5) Die verbundeten Truppen in Frankreich. Schspl. in 2 A., von Lembert.

Schaubühne, die deutsche. Organ für die Interessen der Deutschen Bühne u. für die Hebung der dramatischen Kunst. Herausg. von Mart. Perels u. Feod. Wehl, red. von Feod. Wehl. 1860. Märzheft. Hamburg, Expedition. (Dresden, Meinhold & Söhne.) gr. 8. (79 S.) n. 9 ngr.

Schaubühne, die deutsche. Organ für die Interessen der deutschen Bühne und für die Hebung der dramatischen Kunst. Hrsg. von Mart. Perels und Feod. Wehl, redig. von Feod. Wehl. 1860. Märzheft. gr. 8. (79 S.) Hamburg. [Danzig, Perels.] (Leipzig, Keil.) *

—— dass. — 1860. April — Decbr. 9 Hefte. (à 4—6 Bog.) gr. 8. Ebendas. Vierteljährlich *
Einzelne Hefte *

—— dass. — Organ für Theater und Literatur. Redig. von Feod. Wehl. 2. Jahrg. 1861. 12 Hefte. gr. 8. (1. Heft. 92 S. mit 1 Stahlst.) Ebendas. *

Schaubühne, die deutsche. Organ für Theater und Literatur. Redig. von Feod. Wehl. 3. und 4. Jahrg. 1862 und 1863. à Jahrg. 12 Hefte. gr. 8. (à Heft ca. 80—112 S. mit Portr.) Dresden, Meinhold und Söhne. à Jahrg. *

— — 5. Jahrg. 1864. 12 Hefte (à 5 Bgn.). Leipzig, Leiner. gr. 8. n. 4 ₰

Schaubühne, die deutsche. Organ für Theater u. Literatur. Redig. von Feod. Wehl. 6. Jahrg. 1865. 12 Hefte (à ca. 80 S. mit 1 Portr. in Holzschn.). Leipzig, Leiner. gr. 8. n. 4 ₰

—— dass. — Organ für Theater, Musik, Kunst, Literatur und sociales Leben. Hrsg. und redig. von Mart. Perels. 7. und 8. Jahrg. 1866 und 1867. à Jahrg. 12 Hefte. (à Heft ca. 4—6 Bog.) gr. 8. Ebendas. à Jahrg. *
Einzelne Hefte *

Schaubühne, die deutsche. Organ für Theater, Musik, Kunst, Literatur und sociales Leben. Hrsg. von Martin Perles. 9.—13. Jahrg. à Jahrg. 12 Hefte. (à 4—6 Bog. mit Stahlst. und Stnt.) gr. 8. Leipzig 869—73, Expedition.
à Heft ℳ 1,50.; à Jahrg. *

Schaubühne, die deutsche. Organ f. Theater, Musik, Kunst, Literatur u. sociales Leben. Hrsg. v. Mart. Perels. 12. u. 13. Jahrg. 1871 u. 1872 à 12 Hfte. (à ca. 5 B.) (Mit Stahlst. u. Steintaf.) gr. 8. Leipzig, Expedition in Comm. à Jahrg. n. 12. —

Schaubühne, die deutsche. Vierteljahresschrift für Theater, Kunst und Musik. Hrsg. von Edm. Wallner. 1. und 2. Jahrg. à 4 Hefte. gr. 8. (à Heft 80 S.) Erfurt 878,79, Bartholomäus. à Heft * M 2.; à Jahrg. *

Schaubühne, die deutsche. Vierteljahresschrift für Theater, Kunst u. Musik. Hrsg. von Edm. Wallner. 2. Jahrg. 1–3. Hft. gr. 8. (S. 1—232.) Erfurt 878. Bartholomäus. à n. 2. —

Schaubühne, die deutsche. Vierteljahrsschrift für Theater, Kunst und Musik. Hrsg. von Edm. Wallner. 3. Jahrg. 1881. 4 Hefte. gr. 8. (412 S.) Erfurt, Bartholomäus. à Heft M 1,50. 6 —
—— dass. — 1. Suppl.-Heft. gr. 8. (72 S.) Ebendas. 881. 1 50
—— dass. — 2. Suppl.-Heft. gr. 8. (III, 84 S.) Ebendas. 882. 1 50
Nicht weiter erschienen.

Die Deutsche Schaubühne, nach den Regeln und Mustern der Alten, Fünfter Theil, darinn sechs neue deutsche Stücke enthalten sind, nebst einer Fortsetzung des Verzeichnisses deutscher Schauspiele, ans Licht gestellet. Leipzig, Breitkopf, 1744. 8°. 40 und 536 S. Leicht fleck. und leicht beschäd. Ldbd. d. Z.
G. III. 360, 17. V. Erstausgabe.
Vgl. Schaubühne, Die, nach den Regeln...

— deutsche, enth. d. Singspiele. 2 Bände. 8. Frankf. Pech. (Kaufmann in Mannh.) 793–95.

— die deutsche, zu Wien, nach alten u. neuen Mustern. 12 Bde. 8. Wien 749–62. Krauß. 6 ℔

— — Fortsetz. ders. s. Samml. neue, v. Schausp.

Schaubühne, Neu eröffnete,

der merkwürdigsten Veränderungen gegenwärtiger Zeiten . . . Frankfurt 1741. V: *König, Christian Gottlieb.* (BB) (ML)

SCHAUBÜHNE, Neu eröfnete (so!). welche allerhand rare u. wundervolle Begebenheiten, so sich in verschiedenen Königreichen zugetragen, eröfnet. Aus d. Französ. übers. Franckfurt und Leipzig 1739. 8°. (6 ggr.)
Frommann's cat. universalis. Zülichau 1740. p. 226.

— geistliche, a. d. Ital. d. Pet. Metastasio, v. P. Obladen. 8. Augsb. Rieger. 775.

— geistliche, mit beigefügten moral. Betrachtungen, v. Ferd. Neisner. gr. 8. Innsbruck, Wagner. 803. — 16

— geistliche, best. in Kern- u. Bußgebeten, Tagezeiten, Litaneyen u. dgl. m. K. 8. Regensb. 727.

— Italiens neueste, a. d. Ital. d. C. Gozzi v. Werthes. 5 Bde. m. K. 8. Bern. (Tusch in Grätz.) 795.

Schaubühne, komische, der Engländer. Der englische Text vollständig akzentuirt, mit teutscher Wort-Erklärung, grammatikalischen u. erläut. Bemerkungen u. der Aussprache der schwierigsten Wörter, nach Voigtmann u. Baßler, in teutschen Buchstaben. Bearbeitet vom Sprachlehrer Jh. Chr. Mosseck. 3 Bochn. Inhalt: High Life below Stairs, von J. Townley. — The Old Maid, von A. Murphy. — The Bengal Tiger, von Ch. Dance, Esq. gr. 12. Znaim 842, Fournier. 7/8 ℔

Schaubühne, Mannheimer.

Mannheim 1781. H: *Klein, Ant. von.* (BrMm)

— Mannheimer. 5 Bde. 8. Dessau 783, 84. Gelehrten Buchh. (auch Schwan u. G. in Manh.) 2 ℔ 16 ℊ

Schaubühne, Marinellische, in Wien.

Wien 1794—1795. H: *Hensler, Carl Fch.* (GGr V/327, Nr. 99/7 »1790—1791«) (KY 7/41) (wrztg 1790, S. 1356, Bd. 1, Wien 1790) (saar 4/2057, 1. Theil, Wien 1790) (WBL 8/313) (BiblPort)

— Marinellische, in Wien. 8 Thle. 8. Wien. (Liebeskind in Lpz.) 794. 95.

— Marinellische, s. a. K. F. Hensler.

— neue, oder ausgesuchte Lustspiele d. Ausländer. 8. Frankf. 750. Felsecker in Nürnb. 10 ℊ

Schaubühne, Neue, von der

Verfasserin der Familie Walberg. Prag 1795. V: *Gersdorf, Charlotte Eleonore Wilhelmine.* (OL)

—— neue. Organ für Theater, Musik und Kunst. Hrsg. von der Rob. Francke'schen Central-Agentur für Bühnen-Mitglieder und Künstler jeden Faches. 1.—7. Jahrg. 1868—1874. à Jahrg. 52 Nrn. (Bog.) Fol. Hamburg. (Leipzig, Mentzel.) à Jahrg. *

—— neue. Organ für Theater, Musik und Kunst. Hrsg. von der Rob. Franke'schen Central-Agentur für Bühnen-Mitglieder und Künstler jeden Faches. 8.—10. Jahrg. 1875—1877. à Jahrg. 52 Nrn. (Bog.) Fol. Hamburg. (Leipzig, Mentzel.) à Jahrg. *

— neue. Organ für Theater, Musik u. Kunst. Hrsg. von der Rob. Franke'schen Central Agentur für Bühnen-Mitglieder u. Künstler jeden Faches. 10. Jahrg. 1877. 52 Nrn. (B.) Fol. Hamburg. Leipzig, Mentzel in Comm.? n. 18. —

—— dass. — 11. und 12. Jahrg. 1878 und 1879. à Jahrg. 24 Nrn. (Bog.) Fol. Hamburg. (Ebendas.) à Jahrg. *

Neue Schaubühne, auf welcher die Fränkischen Zuschauer in ihrer Blosse dargestellt werden. Frankfurt und Leipzig (Bamberg, Göbhardt) 1773. 8°. Rar!
Anon.-Lex. IV. p. 29 (nach Kayser u. Meusel). Beck, Nordl. Cat. I (1829) hat die Jahrz. „1774". — Sehr selten!
Vgl. Schaubühne, darauf...

— auf welcher die Fränkisch. Zuschauer in ihrer Blöße vorgestellt werden, (v. Jh. Geo. Fr. Franz). 8. Frkf. u. Leipz. 774. 6 ℊ

Schaubühne, neue, d. Ausländer (v. Ant. v. Klein). 1r Bd. 8. Dessau 781. Gel. Buchh. 20 ℊ

Schaubühne, neue deutsche, od. dramat. Bibliothek d. neuesten Lust-, Schau-, Sing- u. Trauerspiele. 6 Bde. mit K. 8. Augsb. Stage. 814 u. 15.
s.a. unt. d. T.: Schaubühne, Deutsche, ... 23.-28. Bd.

Schaubühne, Neue deutsche.

Augsburg 1814—1816. H: *Schiessler* (?), *Sebast. Wilh.* (GGr III, 852)

Schaubühne, neue, der vorgefall. Staats-, Kriegs- u. Friedenshändel, (v. Jh. Chr. Adelung). 18 Stcke. 8. Erf. 759—761. (Gotha, Mevius). 1 ₰ 12 gr

Schaubühne, Neue, der vorfallenden Staats-, Kriegs- und Friedenshändel. Erfurt 1759—61. V: *Adelung, Johann Christoph.* (MGT) (Ky) (Kläbe, Neuest. Gel. Dresden. Leipzig 1796.)

Schaubühne, neue, d. vorgef. Staats-, Kriegs- u. Friedenshändel. 18 Stck. 8. Gotha, Mevius. 761—66. Rthlr.

— neueste deutsche. 8 Jahrgg. 48 Bde. 8. Augsb. 803—10. Bolling. 25 ₰ 14 gr

Schaubühne, Neueste deutsche. Augsburg 1817—18. H: *Schiessler, Sebast. Wilh.* (GGr III, 852)

Schaubühne, neueste deutsche, oder dramatische Bibliothek der neuesten Lust-, Schau-, Sing- und Trauerspiele für das Jahr 1818. 6 Bände, mit 6 Kupf. 8. Augsburg, Jenisch-Stage. 818.
S.a.unt.d.T.:Schaubühne,Deutsche,... 40.-45.Bd.

Schaubühne, Die Portugiesische, und ihre Dichter, ein Fragment. [Gotha 1778.] V: *Schmid, Joh. Frdr.* (ML)

Schaubühne, Die, nach den Regeln und Exempeln der Alten, nebst einer Vorrede und des Erzbischofs von Fenelon Gedanken von der Tragödie und Komödie . . . Leipzig 1741—45. 2. Aufl. 1746—50. H: *Gottsched, Joh. Chph.* (Waniek, Gottsched. Leipz. 1894. S. 396.)
Vgl.Schaubühne, Die deutsche,...

— religiös-moral., zur Erbauung u. Erheiterung. Enth.: 1) Genovefa, oder d. Leiden d. Unschuld; Schspl. in 2 Aufz. — 2) Guna u. Lina; Schspl. in 3 Aufz. — 3) Die 3 Siegeskronen, oder Fides, Spes, Charitas; ein Drama in 3 Akt. 8. Münch. 812. Lentner. 14 gr

— Speierische. 2 Bde. 8. Leipz. 792. Gräff. 2 ₰ (Enth.: a) Die Mönche in Niederlanden u. Kaiser Joseph. b) Die Entführung. c) Adolph u. Minna. d) Die Rebellion. e) Das Turnier. f) Johann Benno. g) Robert ohne Land.).

Schaubühne der Wunder Gottes in den Werken der Natur . . . Hersf. 1714. Frankf. 1722. Cassel 1732. V: *Mel, Conrad.* (Stri)

Schauder, Philipp *(geb. Breslau 20. 1. 1855)*: Ueber den Hausschwamm. Breslau 1879. (43 S., 1 Taf.) 8°

Breslau, Phil. Diss. v. 16. Mai 1879

Schauder, Ph[ilipp]: Die an der Realschule i. d. Altstadt seit ihrer Gründung von Mich. 1855 bis Mich. 1905 tätig gewesenen Lehrer. Zusammengestellt von Ph. Sch. 13 S. 4.
Realschule in der Altstadt (siebenjahr. Kursus) *Bremen* 1905 (870).
Progr.

Schauder, Rud., Klytämnestra. Bierdrama in 3 Akten. gr. 8. (32 S.) Lüben i. Schl. 893. C. Kuhl's Spielverl. n. 1. —

— Studio auf e. Reis' od. das Loch im Staate. Bierdrama in 3 Akten. gr. 8. (38 S.) Ebd. 893. n. 1. —

SCHAUDERGEMALDE aus der wirklichen Welt (nach *Prévost d'Exiles'* „Cleveland"). 2 Thle. Hildesheim, Gerstenberg, 1803. 8°. 196 + 168 S. Zahm. (2 Mk. Frz. Teubner, c. 1885; 3 Mk., gebr. Expl., Jul. Neumann, Magdeb., 1908.)
Vgl. N. Lpz. Lit.-Ztg. 1803. St. 16. Sp. 256. — Goedeke VII, 663. 258. 4.

Schaudergemälde aus der wirklichen Welt [nach Cleveland]. Hildesheim 1803. V: *Prevost d'Exiles, Ant. Franç.* (EE)

Schaudergeschichten, von C. Nicolai. 2 Thle. 8. Quedlinburg, Basse. 818. à 18 Gr.

Schauderthat | und | Hinrichtung | des Raubmörders | Johann Lau, | bei Itzehoe, am 18. December. | (Fig.: *Abführung und Enthauptung*, 58 × 90) | Nebst einem Liede. | Hamburg. | Druck von J. Kahlbrock Wwe., Grünensood No. 52.
o. J. (um 1855), 4 Bl. n. n., 168 × 104.
Dt. Vl.-Arch. Freiburg V 1. 1135/1.
Petzold: Grause Thaten Nr. 18.

Schauderthaten | eines | schrecklichen Vaters | oder: | furchtbare Folgen | jugendlicher Leidenschaften und väterlicher | Härte. | Traurige, wahre Begebenheit | der | neuesten Zeit, geschehen in Spanien. | Nebst einem schönen Liede. | Zu haben bei Bernhard Thiele in | Visselhövede.
Kol.: Druck von Hennigmann & Reiche in Schwiebus.
o. J., 8 S., 180 × 113.
LBO Bänkelsängerlit. II, 62.

Schaudig, Adolf, Medizinalprakt.: Ein Beitrag zur Statistik des Carcinoma mammae. Feuchtwangen 1910: Sommer & Schorr. 27 S. 8°
Erlangen, Med. Diss. v. 26. Febr. 1910, Ref. Graser
[Geb. 30. Sept. 83 Dentlein; Wohnort: Dentlein; Staatsangeh.: Bayern; Vorbildung: Gymn. Schwäbisch-Hall Reife 03; Studium: Erlangen 4, Kiel 3, Berlin 2, München 1 S.; Coll. 24. Dez. 08; Approb. 17. Jan. 09.] [U 10. 821

SCHAUDIG, Hilmar: Ungetreue und getreue Anhänger des M. Flacius Illyricus in Steiermarks evangelischen Tagen. Ein Beitrag zur Reformationsgeschichte Steiermarks. — 1904. 169, 70 S. Diss. Graz, Univ.

Schaudig, Hilmar, Glaubensfrühling in Steiermark. Ein Bild aus der evangel. Bewegung Österreichs. Vortrag. (Bei seinem jüngsten Aufenthalt in Bayern an mehreren Orten geh.) Mit e. Vorwort üb. die gegenwärt. Lage der Protestanten in Bayern v. Armatus. gr. 8. (48 S.) München 902. J. F. Lehmann's Verl. n. — 60

Schaudig, Zacharias Georg Friedrich (Weyboldshausen)
A. S. 778/3

Disputatio juridica de antipelargia. Präs. Johann Georg Fichtner.
Altdorf (Meyer) XI. 1717. 24 S. 30040

Schaudinn, Fritz, s: Archiv f. Protistenkunde.

— Coccidia, s.: Leuckart's, R., Sammlung zoologischer Wandtafeln. I. 103.

— s.: Fauna arctica.

— **Generations- u. Wirtswechsel bei Trypanosoma u. Spirochaete.** (Vorläufige Mitteilg.) (S. 387—439 m. 20 Abbildgn.) Lex.-8. Berlin 904. J. Springer. n. 2. —
Sonderabdruck aus: „Arbeiten a. d. kais. Gesundheitsamte".

— Haemosporidia (Blutsporenthiere), s.: Leuckart's, R., Sammlung zoologischer Wandtafeln. I. 102.

Schaudinn, Fritz, Heliozoa, s.: Tierreich, das.

-- Rhizopoda, Wurzelfüssler, s.. Deutsch-Ost-Afrika, 4. Bd., 2. u. 3. Lfg.

Schaudinn, Fritz *Richard* [aus Roeseningken '(Ost-Pr.)']: **Untersuchungen an Foraminiferen.** I. Calcituba polymorpha. Roboz. '(Aus d. zoolog. Institut zu Berlin.)' .,. Berlin, Buchdr. v. G. Schade, *1894*; 55 S., 1 Bl. 8.
Berlin, Phil. Fak., Inaug.-Diss. v. 3. März 1894

Untersuchungen über den Generationswechsel von Trichosphaerium Sieboldi Schn. von Dr. Fritz **Schaudinn**, Privatd., Berlin. Mit 6 Taf. *Berlin: K. Akad. d. Wiss. 1899.* (93 S.) 4°
Aus: Abhandlungen d. K. Preuss. Akad. d. Wiss. v. J. 1899. Anhang (o) 5553

— Untersuchungen üb. den Generationswechsel v. Trichosphaerium Sieboldi Schn. gr. 4. (93 S. m. 6 Taf.) Berlin 899. (G. Reimer.) n. 7. —
Sonderabdr. a.: „Abhandlgn. d. preuss. Akad. d. Wiss., Anh."

Schauen u. Schaffen. Zeitschrift des Vereines deutsch. Zeichenlehrer (E.V.). Organ des Vereines deutscher geprüfter Zeichenlehrerinnen. Schriftleitung: H. Grothmann. 34.—37. Jahrg. 1907—1910. à 24 Hefte. (374; 394; IV, 384 u. IV, 400 S. m. Abb. u. Beilage.) Lex. 8. Stade, A. Pockwitz. à Jahrg. 8. --

Schauen, Bernhard: Beitrag z. Kenntniss d. Dementia paralytica. *Danzig 1897.*
in: (Grunau, Herm.): Die ersten 40 Jahre d. Westpreuss. Prov.-Irren-Anst. zu Schwetz. (97- 4749

Schauen, Bernhard: Über das Verkennen von Geistesstörungen vor Gericht, in Zuchthäusern, Gefängnissen und Besserungsanstalten ... Leipzig, Druck v. A. Edelmann, 1893; 20 S., 1 Bl. 8°
Leipzig, Med. Fak., Inaug.-Diss. v. 6. Dez. 1893

Schauen, Kurt, aus Allenstein: **Der gemeinrechtliche Streit über die Möglichkeit des Bestehens subjektloser Rechte.** Berlin 1904: W. Pilz. (VIII, 98 S.) 8°
Erlangen, Jur. Fak., Diss. v. 28. Juli 1904
[Geb. Allenstein; Staatsangeh.: Preußen; Rig. 28. Juli 04.]

Schauenberg, A., s.: Ludwig v. Granada, die Lenkerin d. Sünder.

Schauenberg-Ott, Karl

Schauenberg-Ott, C., die Stammregister der gegenwärtigen u. in diesem Jahrhundert ausgestorb. bürgerl. Geschlechter der Stadt Zofingen seit deren Aufnahme in's Bürgerrecht, nebst e. Verzeichniß sämmtl. Geschlechter seit 1200 u. Notizen üb. Zofingen im 19. Jahrh. Nach amtl. Quellen bearb. gr. 8. (III, VIII, 606 S.) Zofingen 884. (Aarau, H. R. Sauerländer & Co.) n. 10. —

Schauenbourg, Extrait de l'ordonnance de 1768. 12. Strasbourg, Levrault. 800.

Schauenburg, ..., (französ. Generalinspektor,) Abhandl. üb. die Taktik. 8. o. O. 794.

— **Versuch e. Unterrichts im Geniewesen, für die Officiere fr. Armee. 8. Bern 798.**

Schauenburg's kleiner badischer Schulatlas. Hrsg. v. A. Armbruster u. J. I. Kettler. 5., vielfach verb. Aufl. qu.-4. (24 chromolith. Karten m. 1 Bl. Text.) Lahr 886. Schauenburg. n. — 75; geb. n. 1. —

Schauenburg's kleiner Schul-Atlas für Bayern. Hrsg. von C. Arendts und J. I. Kettler. 28 (chromolithogr.) Karten. qu. 4. (1 Bl. Text.) Lahr 882, Schauenburg. * — 75
geb. * 1 —

Schauenburg's kleiner hanseatischer Schul-Atlas. Hrsg. von J. I. Kettler und W. Wolkenhauer. qu. gr. 4. (28 chromolithogr. Karten.) Lahr 883, Schauenburg. * — 75
geb. * 1 —

Schauenburg, kleiner hessischer Schul-Atlas. Hrsg. von J. Schmidt und J. I. Kettler. 28 (chromolithogr.) Bl. mit 36 Karten. qu. 4. (1 Bl. Text.) Lahr 882, Schauenburg. * — 75
geb. * 1 —

Schauenburg's badischer Volksschul-Atlas. Hrsg. von A. Armbruster u. J. I. Kettler. 28 (chromolith.) Karten. qu. 4. (1 Bl. Text.) Lahr 881. Schauenburg. n. — 75; geb. n. 1. —

Schauenburg's neue Wandkarte von Baden, Württemberg und Hohenzollern, bearb. von J. S. Gerster, J. J. Kettler und F. Rösler. 1 : 200,000. 7 Bl. Chromolithogr. gr. Fol. Lahr 883, Schauenburg. * 8 —
Zusammengeklebt in Mappe * ℳ 9.; auf Leinw. in Mappe * 12 --
Mit Stäben * 14 —

Schauenburg's neue Wandkarte v. Baden, Württemberg u. Hohenzollern. Bearb. v. J. S. Gerster, J. I. Kettler u. F. Rösler. 1 : 200,000. Farbendr. 140×135,5 cm. 6 Bl. Lahr 892, Schauenburg. * 8 50

Schauenburg's neue Wandkarte von Baden, Wurttemberg und Hohenzollern. Bearbeitet von J S Gerster, J J Kettler und F Rosler. 1 : 200 000. Auf Lwd m St. Lahr 1898

Schauenburg, A. E., Bemerkungen zu den Verordnungen über die Umgestaltung der bestehenden und die Errichtung neuer Gewerbeschulen in Preußen vom 21. März 1870. gr. 8. Essen 871, (Baedeker.)

Schauenburg, *Adolf* De comparationibus Aristophaneis Caput primum. 1 (20 S.) ... Marien G. *Jever* 1888 (628).
Progr.

Schauenburg, Ad., de comparationibus Aristophaneis. Caput I. 4. (20 S.) Jever 888. (Leipzig, Fock.) n. 1.—

Schauenburg, Adolphus: De Symmachi in Aristophanis interpretatione subsidiis. Halis Saxonum 1881: Karras. 33 S. 8°
Halle-Wittenberg, Phil. Diss. v. [26. Sept.] 1881
Geb. Oldenburg (in Oldenburg) 30. 3. 1858. V.

Schauenburg, Alexander, Das Paradies der Frauen. Ein Beitrag zur Lösung der Frauenfrage. Gr.-8. (131 S.) —.75
Wien: "Austria" 1892.

Schauenburg, C. Hermann, s. Schauenburg, Karl Hermann.

Schauenburg, (Gerh. Heinr.) Eduard

Schauenburg, *Eduard* Horatii Epistola ad Pisones (Epist. II, 3) in deutscher Uebersetzung. 4 (27 S.) **Progr.** Rg. *Crefeld* 1886 (435)

Schauenburg, E.: Erläuterungen für den Gebrauch der [v. Sydow'schen] Flusskarten von Europa und Deutschland. Berlin 1855. 16 S. 8° [A 6022

Schauenburg, E., Flusskarte von Deutschland und Mittel-Europa. 6 (lithogr.) Bl. auf Wachspap. in Imp.-Fol. Mit: Erläuterungen für den Gebrauch derselben. gr. 8. (16 S.) Berlin 855, D. Reimer. **

—— Flusskarte von Europa. 6 (lithogr.) Bl. auf Wachspap. in Imp.-Fol.) Mit: Erläuterungen. gr. 8. (16 S.) Berlin 855, D. Reimer. **

Schauenburg, Ed., Flussnetz-Wandkarte von Deutschland. Masstab 1:1,250,000. 2. Aufl., auf Wachstuch. Leipzig. 865. Hinrichs'sche Verlagsh. Imp.-Fol. Mit Text. (12 S. in Lex.-8.) n. 5 ₰ 20 ngr

—— Flussnetz-Wandkarte von Europa. Masstab 1: 4,000,000. 2. Aufl., auf Wachstuch. Im.-Fol. Mit Text. (12 S. in Lex.-8.) Leipzig 865, Hinrichs'sche Verlagsh. *

Schauenburg, Ed., und R. Hoche, deutsches Lesebuch für die Oberklassen höherer Schulen hrsg. 2 Thle. gr. 8. (1. Thl. VI und 284 S., 2. Thl.: 17., 18. und 19. Jahrh., VIII und 296 S.) Essen 867,68, Bädeker. à Thl. * 28 Ngr. *

—— und Rich. Hoche, deutsches Lesebuch für die Oberklassen höherer Schulen. 1. Thl. [13., 14., 15. und 16. Jahrh.] 2. verm. und verb. Aufl. gr. 8. (VIII, 307 S.) Essen 874, Baedeker. * ℳ 3,20.; geb. *
2. Thl. Ebendas. 1868. * ℳ 2,80.; geb. * ℳ 3,40.

—— und Rich. Hoche, deutsches Lesebuch für die Oberklassen höherer Schulen. 2 Thle. gr. 8. Essen, Baedeker. [1. Thl. Bearb. von R. Hoche. 3. verm. und verb. Aufl. (VIII, 319 S.) 878; 2. Thl. Bearb. von Ed. Schauenburg. 2. durchgeseh. Aufl. (VIII, 304 S.) 877.] à Thl. * ℳ 3,20. *
geb. à Thl. ** ℳ 3,70. **

—— und Rich. Hoche, deutsches Lesebuch für die Oberklassen höherer Schulen. 1. Tl., bearb. von R. Hoche. 4. verm. und verb. Aufl. gr. 8. (VIII, 334 S.) Essen 884, Bädeker. * 3 20

—— dasselbe. 2. Thl., bearb. v. Ed. Schauenburg. 3., durchgeseh. Aufl. gr. 8. (VIII, 304 S.) Ebd. 895. n. 3. 20; geb. n. 3. 80

Schauenburg, Ed., u. Rich. Hoche, deutsches Lesebuch f. d. Oberklassen höh. Schulen. 1. Tl., bearb. v. H. 5., verm. Aufl. Besorgt v. Heinr. Rinn. gr. 8. (X, 380 S.) Essen 897. G. D. Baedeker. Geb. in Leinw. n. 4. 20

Schauenburg, Ed., u. Rich. Hoche, deutsches Lesebuch f. die Oberklassen höh. Schulen. 1. Tl., bearb. v. R. Hoche. 6., verb. u. verm. Aufl. Besorgt v. Heinr. Rinn. gr. 8. (X, 383 S.) Essen 900. G. D. Baedeker. Geb. in Leinw. n. 4. 20

[Eduard] Schauenburg-[Richard] Hoche. Deutsches Lesebuch für die Oberklassen höherer Schulen. 7. Aufl. T. 1. Bearb. von Dr. H(einrich) Rinn, Prof. in Hamburg. Essen: G. D. Baedeker 1903. 8° [03. 4967

Schauenburg u. Hoche, deutsches Lesebuch f. die Oberklassen höherer Schulen. 2 Tle. Bearb. v. Heinr. Rinn. gr. 8. Essen, G. D. Baedeker. Geb. in Leinw. n. 8. 05
I. 8. verb. Aufl. (X, 388 S.) 905. n. 4. 20
II. 4., verb. u. verm. Aufl. (VIII, 320 S.) 903. n. 3. 85

Schauenburg u. Hoche, deutsches Lesebuch f. d. Oberklassen höh. Schulen. 2. Tl. 5. verm. Aufl. Bearb. v. Heinr. Rinn. (X, 329 S.) 8. Essen 908. G. D. Baedeker. Geb. 3. 85

(Schauenburg, G[erhardus] H[enricus] E[duardus]): *De Aeschyli Persarum loco v. 905—1078. 70 [vielmehr: 80] S. 4° (2°) [Umschlagt.:] De commo in Aeschyli Persis vs 905—1078.

Halle-Wittenberg, Phil. Diss. v. 28. Febr. 1843

Geb. [Herford 1. 6. 1821]

Das Datum des Diploms lautet fälschlich: 28. März und ist vom Dekan hs. in Febr. korrigiert und attestiert. — Verf. erlebte die Diplomerneuerung 1893 als Direktor des Realgymnasiums in Krefeld.

Schauenburg, Ed., die Reisen in Central-Afrika von Mungo Park bis auf Dr. H. Barth u. Dr. Ed. Vogel. 1. Bd. M. Park, H. Clapperton, R. Lander. Mit Titelvign. (in Holzschn.), Illustration (lith. u. in Farbendr.), 3 (lith.) Portraits u. 1 (lith.) Karte. 1—8. Liefg. Lahr 858. Schauenburg u. Co. gr. 8. (XVI, 560 S.) 2 ₰.

Schauenburg, Ed., die Reisen in Central-Afrika von Mungo-Park bis auf Dr. H. Barth und Dr. Ed. Vogel. 1—18. Lfg. oder 1. und 2. Bd. und 3. Bd. 1. und 2. Lfg. gr. 8. (1. Bd.: M. Park, H. Clapperton, R. Lander. XVI und 560 S. mit 3 lithogr. Portr., 1 Chromolithogr., 1 ill. und lithogr. Karte und Titel in Holzschn.; 2. Bd.: J. Richardson, H. Barth, Ad. Overweg, E. Vogel in Centralafrika. VIII und 566 S. mit 3 Stnt., 1 Chromolithogr., 1 lithogr. und ill. Karte in gr. Fol. und Titel in Holzschn.; 3. Bd. S. 1—144 mit 1 Chromolithogr.) Lahr 858—62, Schauenburg und Comp. à Lfg. 7½ Ngr.

—— Reisen in Central-Afrika von Mungo Park bis auf Dr. H. Barth und Dr. Ed. Vogel. 19.—24. (Schluß-)Lfg. gr. 8. (3. Bd. Die Reisen in den südafrikanischen Binnenländern. XVI und S. 145—538 mit 1 Stnt. und 1 lithogr. Portr.) Lahr 863—67, Schauenburg. à Lfg. 7½ Ngr.
1.—18. Lfg. Ebendas. 1858—62. 4 Thlr. 15 Ngr.

—— u. Frdr. Erk, Schulgesangbuch für die Morgenandachten evangelischer Schulen. Düsseldorf 869. Gestewitz. 16. (IV, 81 S.) 6 ngr; geb. n. 7½ ngr

Schauenburg, Ed., u. Frdr. Erk, Schulgesangbuch f. die Morgenandachten höherer Lehr-Anstalten. 2. verm. u. verb. Aufl. gr. 16. (87 S.) Wiesbaden 875. Gestewitz. n. — 80; geb. n. 1. —

Schauenburg, Ed., und Friedr. Erk, Schulgesangbuch für die Morgenandachten höherer Lehranstalten. 3. verm. und verb. Aufl. 8. (78 S.) Wiesbaden 878, Gestewitz' Verlag. *
geb. *

Schauenburg, Ed., u. Frdr. Erk, Schulgesangbuch für die Morgenandachten höherer Lehranstalten. 4., vermehrte u. verb. Aufl. 8. (77 S.) Wiesbaden 880. Gestewitz. n. — 80; geb. n. 1. —

Schauenburg, Ed., und Friedr. Erk, Schulgesangbuch für die Morgenandachten höherer Lehr-Anstalten. 5. Ster.-Aufl. 8. (79 S.) Wiesbaden 884, Gestewitz Verlag. * 80 Pf.; geb. * 1 —

Schauenburg, Ed., und Fr. Erk, Schulgesangbuch für die Morgenandachten höherer Lehranstalten. 5. Aufl. 8. Wiesbaden 884. Altenburg, Pierer. * 80 Pf.; geb. * 1 —

Schauenburg, Ed., und Friedr. Erk, Schulgesangbuch für höhere Lehranstalten. 6. und 7. Ster.-Aufl. 8. (79; IV, 79 S.) Frankfurt a. M. 885,88, Gestewitz. cart. *

Schauenburg, E., u. Frdr. Erk, Schulgesangbuch f. höhere Lehranstalten. 8. Ster.-Aufl. 8. (IV, 79 S.) Altenburg 890. Pierer. geb. n. 1. —

Schauenburg, Ed., u. Frdr. Erk, Schulgesangbuch f. höhere Lehranstalten. 9. Aufl. (Ausg. f. Rheinland u. Westfalen.) 12. (83 S.) Altenburg 893. H. A. Pierer. Geb. in Leinw. n. 1. —

Schauenburg, Ed., u. Frdr. Erk, Schulgesangbuch f. höhere Lehranstalten. 13. Aufl. (Mit Berücksicht. der neuen Rechtschreibg.) (Für Rheinland u. Westfalen.) (88 S.) kl. 8. Altenburg 905. H. A. Pierer. Geb. n. 1. —

Übertragungen aus lateinischen Dichtern von Ed. Schauenburg. 38 S. [Ov. trist. I 3. IV 10, ex Pont. IV 13, Horat. c. I 1. 3. 5. 14 II 10. 13 III 8, Sil. It. pun. VII 159—213, Literae Fr. Dan. Pastorii.] Progr. Rg. Crefeld 1884

Schauenburg, Franz

— nothwendige Andacht e. Christen. 12. Kaufbeuern 757.

[F.] Andächtige und kurze Besuchung des schmerzhaften Kreuzweges für d. Verehrer des Leidens Christi, hrsg. v. P. Franziscus Schauenburg, a. d. Ges. Jesu. *Saarlouis: Hansen & C. [o. J.]* (70 S.) 1 Bd 8. [98.5669 Uo

Schauenburg, Frz., andächtige Betrachtt. unter d. Messe. 12. Freiburg 757. u. 12. Neuburg 760.

Schauenburg, Frz., († d. 10. April 1772.) Cor amabilissimum Jesu. 8. Münch. 756. — Dass. deutsch u. verm. 8. Freiburg 757. — Latein. u. deutsch. 8. Kostnitz u. Freiburg 769. — Dass. deutsch unt. d. T.: liebenswürd. Herz Jesu, d. vermenschten Gottes, od. auserles. Andachtsübungen zu d. Herzen Jesu. 8. Ulm 767. Wohler. 6 gr.

Schauenburg, Frz., das liebenswürdigste Herz Jesu. Unterrichts- u. Gebetbuch. Neu bearb. v. Frz. Ser. Hattler. 8. (316 S. m. 1 Stahlst.) Münster 871. Nasse. n. 1. 40

— heil. Liebesbund zur Ehre des göttl. Herzens Jesu im heil. Altarssakramente. Zum tägl. Gebrauch mit Morgen-, Abend-, Meß-, Beicht-, Kommunion- u. a. Gebeten vermehrt; hrsgg. von J. F. X. Stark. 8. Augsb. 804. 9e Aufl. Mit 1 Titelkpf. 12. Ebd. 832. M. Rieger. 4 gr.

Schauenburg, Franz. Heiliger Liebesbund ... Augsburg 1832. H: *Stark, Joseph Franz Xaver.* (Jes]

— manuale devotionis erga sacrosanctum cor. Augsb. 762.

Schauenburg, Franz., S. J., die Stationen des hl. Kreuzweges. Gebete u. Gesänge. Neue verb. Aufl. zum Gebrauch der Diözese Straßburg. gr. 16. (59 S. m. Abb.) Straßburg (902). F. X. Le Roux & Co. n. — 10; geb. n. — 20

Schauenburg, G. Frhr. v., der Leutnant v. Hasle. Eine Dichtg. Frei nach der gleichnam. Erzählg. v. H. Hansjakob. gr. 8. (19 S.) Wolfach 898. (Karlsruhe, J. Lard.) n. — 50

SCHAUENBURG, Georg Frhr. v.: Der Holzhandel des badischen Schwarzwaldes zwischen Waldbesitzer und erstem Abnehmer. - Berlin 1899. 88 S., 10 Tab., 3 Diagr. - Diss. Univ. Heidelberg, Phil. Fak. 1899

Schauenburg, G. Frh. v., der süddeutsche Weinbauer. (In 2 Bdn.) 1. Bd.: Die Geschichte des süddeutschen Weinbauern u. der süddeutschen Weinbaupolitik. (Mit besond. Berücksicht. der Gebiete des heut. Badens.) (170 S. m. 1 Taf.) gr. 8. Lahr 908. M. Schauenburg. 3. 20

Schauenburg, H., u. M. Schauenburg, allgemeines deutsches Commersbuch, s. Commersbuch.

Schauenburg's allgemeines deutsches Kommersbuch. Unter musikal. Red. v. F. Silcher u. F. Erk. 36. Aufl. 8. (IV, 720 S. m. farb. Titel u. e. Fcsm. Arndt's.) Lahr 889. Schauenburg. n. 2. 75; geb. von n. 3. 50 bis n. 12. —

Schauenburg's allgemeines deutsches Kommersbuch. Unter musikal. Redact. von Fr. Silcher u. Fr. Erk. 46. Aufl. 8. (IV, 720 S. m. e. Fcsm. Arndt's.) Lahr 892, Schauenburg. * 2 75 geb. von * 3 50 bis * 12 —

Schauenburg's allgemeines deutsches Kommersbuch. Unter musikalischer Red. v. Fr. Silcher u. Fr. Erk. 47. Aufl. 12. (IV, 716 S. m. farb. Titel u. 1 Fksm.) Lahr 894. M. Schauenburg. n.n. 2. 75; geb. in Pergt. n. 4. —; n.n. 4. 30; n.n. 5. —; m. Biernägeln n.n. 4. 30; n. 4. 80; in Leinw. n. 3. 50; n.n. 3. 70; n. 3. 80; m. Biernägeln n. 3. 80; n. 4. —; n.n. 4. 30; in Saffianldr. n.n. 4. 50; m. Biernägeln n. 4. 80; in Alligatorldr. m. Nickelbeschlägen n. 12. —; in Schweinsldr. m. Biernägeln n. 5. 20

Schauenburg's allgemeines deutsches Kommersbuch. 50. Aufl. Lahr, o. J. 722 S. [Fl 4

Schauenburg's allgem. deutsches Kommersbuch. Ursprünglich hrsg. unt. musikal. Redaktion v. Frdr. Silcher u. Frdr. Erk. 53. Aufl. Neue Bearbeitung. 12. (X, 735 S. m. farb. Titel, Abb. u. 1 Fksm.) Lahr 898. M. Schauenburg. n. 2. 75; in 26 Einbänden von n. 3. 50 bis ca. n. 20. —

Schauenburg's allgemeines deutsches Kommersbuch. Ursprünglich hrsg. unter musikal. Red. v. Frdr. Silcher u. Frdr. Erk. 55.—66. Aufl. Neue Bearbeitg 12. (à XII, 735 S. m. farb. Titelbl. u. 1 Fksm.) Lahr (899—902.) M. Schauenburg. n.n. 2. 75; geb. in 25 verschiedenen Einbänden von n. 3. 50 bis n. 20. —

Schauenburg's allgemeines deutsches Kommersbuch. Ursprünglich hrsg. unter musikal. Red. v. Frdr. Silcher u. Frdr. Erk. 75. Aufl. (XII, 752 S. m. farb. Titelbl u. 1 Fksm.) 12. Lahr (906). M. Schauenburg. n.n. 2. 75; geb. in 24 verschied. Einbänden von 3. 50 bis 5. 70

Schauenburg's allgemeines deutsches Kommersbuch. Ursprünglich hrsg. unter musikal. Red. v. Frdr. Silcher u. Frdr. Erk. 86.—90. Aufl. (X, 768 S. m. farb. Titelbl. u. 1 Fksm.) kl. 8. Lahr (910). M. Schauenburg. Geb. in 24 verschied. Einbänden von 3.50 bis 5.70; geh. nnn 2. 50

Schauenburg, Jörg Frhr. v., Flitterwochen. Ein Lustspiel in Versen. (62 S.) 8. Freiburg i/B. 906. C. Troemer. n. 1. 60

Schauenburg, Karl Hermann

Schauenburg, C(arl) H(erm.), das Accommodationsvermögen der Augen. Nach Dr. A. Cramer zu Groningen und Prof. Donders zu Utrecht. Mit Abbildungen (in eingedr. Holzschn.) gr. 8. (55 S.) Lahr 854, Geiger. *

— der Augenspiegel, seine Anwendung und Modificationen nebst Beiträgen zur Diagnostik innerer Augenkrankheiten. Nach dem Holländ. des Dr. van Trigt mit Zusätzen bearb. Mit 24 Abbildgn. (auf 2 lith. Taf. in 4. u. Fol.) Lahr 854. Geiger. gr. 8. (XIII, 125 S.) n. 24 ngr.; color. n. 1 $\mathcal{R}$.

Schauenburg, C. Herm., der Augenspiegel, seine Anwendung und Modificationen nebst Beiträgen zur Diagnostik innerer Augenkrankheiten. Nach dem Holländ. des van Trigt mit Zusätzen bearb. 2. Aufl. gr. 8. (XV und 110 S. mit 14 schwarzen und 11 Abbild. in Farbendr. auf 2 Stnt. in qu. gr. 4. und qu. Fol.) Lahr 859, Schauenburg und Comp. *

Schauenburg, Herm., über die Befugniss des Selbstdispensirens mit besond. Bezugnahme auf die sogenannte homöopath. Heilmethode. Ein Vortrag am 15. Decbr. 1847 zu Bielefeld gehalt. gr. 8. (35 S.) Essen 847, Bädeker. 1/4 ℛ

Schauenburg, Herm., über die Befugniss des Selbstdispensirens mit besond. Bezugnahme auf die sogen. homöopath. Heilmethode. Ein Vortrag am 15. Decbr. 1847 zu Bielefeld gehalten. gr. 8. (35 S.) Essen 848, Bädeker. Thlr.

Schauenburg, (Car Herm (geb Herford 1819): De cachexia tuberculosa et pseudoplasmatis, quae in pulmonibus inde oriuntur. Berolini (1843). (44 S.) 8°
Berlin, Med. Diss v. 2. Aug. 1843

Schauenburg, C. Herm., üb. Cholera u. die Principien der Mittel zu ihrer Bekämpfung. gr. 8. (VIII, 65 S.) Würzburg 874. Stuber. n. 2. —

—— über Cholestearinebildung in dem menschlichen Auge. Lex.-8. (14 S.) Erlangen 852, Enke's Vrlgsh.

Schauenburg, C. Herm., Erinnerungen aus dem preuß. Kriegslazarethleben von 1866. Beiträge zur Humanität u. Chirurgie für Laien u. Aerzte. Altona 869. Verl.-Bureau. 8. (XVI, 310 S. mit 2 Tabb. in Lex.-8.) 1 ℛ

—— über den Gebrauch künstlicher (Boissonneau'scher) Augen. Für Laien und Aerzte mit Benutzung Boissonneau'scher Notizen. gr. 8. (X und 47 S.) Lahr 862, Schauenburg. *

— Gedichte. Düsseldorf 853. Arnz u. Co. (Elfan, Bäumer u. Co.) 8. (288 S.) n. 1 ℛ. 10 ngr.

Schauenburg, Carl Herm., Handbuch der öffentlichen und privaten Gesundheitspflege, s. Bibliothek für Wissenschaft und Literatur.

Schauenburg, Carl Herm., Handbuch der öffentlichen u. privaten Gesundheitspflege. 2. (Titel-)Ausg. gr. 8. (XI, 283 u. 62 S.) Berlin 879. Th. Hofmann. n. 6. —

— Handbuch der kriegschirurgischen Technik zum Gebrauche im Felde u. bei Vorlesgn. Mit 75 in den Text eingedr. Holzschn. gr. 8. (VI, 212 S.) Stuttgart 874. Enke. n. 6. —

—— die exanthematische Heilmethode. Ein Lehrbuch über Baunscheidt's Lebenswecker für Laien und Aerzte. 2. wesentlich verb. Aufl. gr. 8. (VII, 407 S.) Leipzig 876, Zechel.

Schauenburg, C. Herm., Baunscheidt's Lebenswecker und die exanthematische Heilmethode. Zur Verständigung für Laien und Aerzte. 1. oder allgem. Thl. gr. 8. (VIII und 101 S.) Godesberg 863. Leipzig, G. E. Schulze. *

—— dass. — 2. oder specieller Thl. gr. 8. (XII und 369 S.) Leipzig 864, Fries.

— zu der Lehre von den Verblutungen aus dem Nabel, mit Rücksicht auf § 201 des preuss. Strafgesetzbuches. Neuwied 870. Heuser. gr. 8. (24 S.) 5 ngr.

—— Ophthalmiatrik, s. Cyclus organisch verbundener Lehrbücher sämmtlicher medicinischen Wissenschaften.

—— Ophthalmiatrik. Nach den neuesten Forschungen für das Studium und die Praxis. 8. (XV und 272 S. mit eingedr. Holzschn. und 4 Stnt.) Lahr 855(56,) Geiger. *

Schauenburg, Carl Hermann: Ophthalmiatrik. Nach d. neuesten Forschungen für d. Studium u. d. Praxis. 4. Aufl. Mit 30 Holzschn. Lahr 1865. XVI, 307 S.
(Cyclus organ. verbundener Lehrbücher sämmtl. med. Wissensch. Thl 31.)

— Ophthalmiatrik. Nach den neuesten Forschungen für das Studium u. die Praxis bearb. Mit 41 in den Text eingedr. Holzst. 5. Aufl. Braunschweig 870. Vieweg & Sohn. gr. 8. (XVI, 347 S. mit 1 Schrifttaf. in 4.) n. 2 ℛ 10 ngr.

— Ophtalmiatrik. Nach den neuesten Forschgn. f. das Studium u. die Praxis bearb. Mit 41 in den Text eingedr. Holzst. 6. Aufl. gr. 8. (XVI, 347 S.) Braunschweig 873. Vieweg & Sohn. n. 7. —

— die künstliche Pupille vor und in dem Auge. Abdr. aus Goschen's „Deutscher Klinik". Berlin 854. (Lahr, Geiger.) gr. 8. (IV, 31 S.) n. 10 ngr.

—— zur Sittengeschichte deutscher Hochschulen. gr. 8. (53 S.) Lahr, 860, Schauenburg und Comp. *

SCHAUENBURG, Herm. Zur Sittengeschichte deutscher Hochschulen. Lahr 1860. 2. Ausgabe. Gr. 8°. XX, 48 S.
Betrifft Entziehung der licencia docendi des Dr. Schauenburg durch die Medizinische Fakultät der Universität Bonn im Jahre 1858 wegen Fruchtabtreibung.

—— hygieinische Studien über die Sonntagsruhe. Von der schweizer. Gesellschaft für Sonntagsheiligung mit einem Preise ausgezeichnet. gr. 8. (62 S.) [Berlin 876.] Leipzig, Grieben's Verlag. *

— Tischrücken und Tischklopfen, ein wissenschaftliches Problem. Dusseldorf 853. Arnz u. Co. (Elkan, Baumer u. Co.) 8. (22 S.) n. 5 ngr.

—— Tischrücken und Tischklopfen eine Thatsache. Mit Dokumenten von den Herren: Dr. C. Simrock, Hoffmann v. Fallersleben, Dr. O. Schade und Neusser in Bonn. 12. (24 S.) Düsseldorf 853, Arnz und Comp. *

— zur Verständigung über die bei der letzten Präsidentenwahl entstandenen Missverständnisse u. Missgriffe. Allen Mitgliedern der kais. Leop.-Carol. Akademie deutscher Naturforscher vorgelegt. Quedlinburg 870. Basse. gr. 8. (27 S.) n. 6 ngr.

— — 1. Fortsetzung. Ebend. 870. gr. 8. (24 S.) n. 6 ngr.

—— akademische Zustände. gr. 8. (VI und 48 S.) Lahr 860, Schauenburg und Comp. *

Schauenburg, Ludwig

Schauenburg, L., Beiträge zur Kunde d. Reformationsgeschichte der Grafsch. Oldenburg-Delmenhorst, wie der Herrsch. Jever. 8. (76 S.) Oldenburg 888. Stalling's Verl. n.n. — 75

Schauenburg, L., hundert Jahre oldenburgischer Kirchengeschichte von Hamelmann bis auf Cadovius (1573—1667). E. Beitrag zur Kirchen- u. Culturgeschichte d. 17. Jahrh. (In 3 Bdn.) 1. u. 2. Bd. gr. 8. Oldenburg, G. Stalling's Verl. n. 19. —
1. (XI, 487 S.) 894. n. 9. —. 2. (XI, 629 S.) 897. n. 10. —

Schauenburg, L., hundert Jahre oldenburgischer Kirchengeschichte von Hamelmann bis auf Cadovius (1573—1667). Ein Beitrag zur Kirchen- u. Kulturgeschichte des 17. Jahrh. 3. Bd. Seelsorge. gr. 8. (VIII, 309 S.) Oldenburg 900. G. Stalling's Verl. n. 7. —
Bd. 1 u. 2. Ebd. 894. 897. n. 19.—.

Schauenburg, L., hundert Jahre oldenburgischer Kirchengeschichte von Hamelmann bis auf Cadovius (1573 bis 1667). Ein Beitrag zur Kirchen- u. Kulturgeschichte des 17. Jahrh. 4. Bd. Sitte u. Recht. (VI S., S. A—E u. XXXIV, 450 S.) gr. 8. Oldenburg 903. G. Stalling's Verl. n. 10. — (Kplt. n. 36. —)

Schauenburg, L., hundert Jahre oldenburgischer Kirchengeschichte von Hamelmann bis auf Cadovius (1573—1667). Ein Nachtrag zur Kulturgeschichte des 17. Jahrh. unter kirchengeschichtl. Gesichtspunkte. V. u. letzter Bd. Verhältnisse des wirtschaftl. u. familienrechtl. Lebens. (VI, 173 S.) gr. 8. Oldenburg 908. G. Stalling's Verl. 3.80 (Kplt. 39. 80)

Schauenburg, L., die Täuferbewegung in der Grafsch. Oldenburg-Delmenhorst und der Herrsch. Jever zur Zeit der Reformation, eine kirchengeschichtl. Studie. gr. 8. (60 S.) Oldenburg 888, Stalling's Verlag. *

Schauenburg, M.: Allgem. dt. Kommersbuch, s. Schauenburg, H.

Schauenburg, M., allgemeines deutsches Schützen- u. Turnerliederbuch, s. Ert, Fr.

Schauenburg, M., allgemeines deutsches Turnliederbuch, s.: Ert, Fr.

Schauenburg, Mor., Reisenotizen e. Chicagoreisenden. 12. (188 S.) Lahr 893. M. Schauenburg. 2. —

v. Schauensee, F. B. Meyer, siehe: Meyer v. Schauensee, F. B.

Schauensee, Meyer v., ein Sturm auf dem Vierwaldstättersee, s. Bachems Novellensammlung.

Schauenstein, Adolf

Schauenstein, Adf., Handbuch der öffentlichen Gesundheitspflege in Österreich. Systematische Darstellung des gesammten Sanitätswesens des österreich. Staates. Lex.-8. (XV und 696 S.) Wien 863, Braumüller. *

Schauenstein, A., die ersten drei Jahrhunderte der Karl-Franzens-Universität in Graz. Festrede. gr. 8. (23 S.) Graz 886. Leuschner & Lubensky. n. — 80

—— Lehrbuch der gerichtlichen Medizin. Mit besond. Berücksichtigung der Gesetzgebungen Österreichs und deren Vergleichung mit den Gesetzgebungen Deutschlands, Frankreichs und Englands. Für Aerzte und Juristen. Lex.-8. (XII und 512 S.) Wien 862, Braumüller. *

Schauenstein, Adf., Lehrbuch der gerichtlichen Medizin. Mit besond. Berücksicht der Gesetzgebg. Oesterreichs u. deren Vergleichg. m. den Gesetzgebungen Deutschlands, Frankreichs, Englands, Italiens u. Russlands. Für Aerzte u. Juristen. 2. umgearb. Aufl. gr. 8. (XIV, 632 S.) Wien 875. Braumüller. n. 13. —

Schauenstein, A., Schädigungen der Gesundheit und Tod durch psychische Insulte, s. Handbuch der gerichtlichen Medicin.
—— Untersuchungen der Spuren von Fusstritten und Werkzeugen, s. Handbuch der gerichtlichen Medicin.
—— die Vergiftungen in gerichtsärztlicher Beziehung, s. Handbuch der gerichtlichen Medicin.

Schauenstein, Anton

Schauenstein, A., die Bergwerks-Production Oesterreichs, s. Atlas der Urproduction Oesterreichs.

Schauenstein, A., Denkbuch des österreichischen Berg- und Hüttenwesens. Wien, 1873. 370 S. |Fa 40

Schauenstein, Ant., s. a. Denkbuch d. oesterr. Berg- u. Hüttenwesens.

Schauenstein, Franz, Die Armenpflege der Stadt Wien. Nach verschiedenen einschlägigen Schriften bearbeitet. gr. 8⁰. Wien, C. Konegen, 1897.

Schauenstein, Frz., die Armenpflege der Stadt Wien. Nach verschied. einschläg. Schriften bearb. gr. 8. (84 S.) Wien 898. C. Konegen. n. 1. —

Schauenstein, Frz., Bleamerln aum Wö. Gedichte in unterenns. Mundart. [1. und] 2. Thl. 12. (V, 38; V, 51 S.) Korneuburg 887,88, Kühkopf. à Thl. * M 1.—. *

Schauenstein, Frz. Bleamerln aum Wö. Gedichte in unterennsischer Mundart. 3. Thl. gr. 8. (III, 40 S.) Korneuburg 889, Kühkopf. * 1 —
1. u. 2. Thl. Ebd. 1887,88. à * 1 —.

Schauenstein, Franz, Die Versorgungs-Anstalten der Stadt Wien. Nach verschiedenen Schriften über Armenwesen und Armenpflege frei bearbeitet. gr. 8⁰. Wien, C. Konegen, 1895. (36 S)

Schauer, ..., (Kupferschmidt in Wien,) Abhandl. üb. die Art, wie die Oefen zur Verminderung des Holzkonsums zu heitzen sind. Wien 179..

Schauer, A., der Tripper des Mannes u. seine Folgen. (Schumann's medizin. Volksbücher.) (84 S.) kl. 8. Leipzig 903. [W. Schumann Nachf.] Ulm, J. Ebner. Geb. in Leinw. 1. 50

— das Wichtigste üb. akute Vergiftungen. (Schumann's medizin. Volksbücher.) (92 S.) kl. 8. Ebd. 903. Geb. in Leinw. 1. 50

Schauer, Aloys (eigentl. Ludw.)

Schauer, A., Einleit. z. d. italien. Sprache sc. gr. 8. Wien, Kurzböck. (Camesina.) 786.

— prakt. Geometrie, zum Gebr. d. Jugend. 8. Wien 776.

— saggio sopra la lingua, l'eloquenza e la poesia Italiana. 8. Wien 778.

Schauer, Aloys, (eigentl. Ldw.,) († d. .. Juli 1798.) italien. Sprachlehre, zum Gebr. der adel. Jugend. 8. Wien 772. 2e Aufl. in 2 Thlen. gr. 8. Ebd. 777. (Heubner). 1 ß

Schauer, Amelius Gottlieb Christian (Schleusingen)
A. S. 1118/26
Purpurae e coccinella in medendo dignitas. Dissertatio inauguralis medica.
Präs. Heinrich Friedrich Delius.
Erlangen (Camerarius) VI. 1753. 30 S.

Gew.: Den kgl. Beamten der Herrschaft Henneberg.
W. v.: Johann Christoph Lenz, Johann Georg Lorenz Anton Rudelgast (Opp.). 30041

Schauer, Ant., allgemeines therapeutisches Natursystem. Graz 869. Verlag Leykam-Josephsthal. 8. (XII, 211 S.) n. 1 ℛ 10 ngr.

Schauer, Arthur, approb. Arzt aus Leipzig: **Beitrag zum Kapitel der Extrauterinschwangerschaft auf Grund des in der Leipziger Universitäts-Frauenklinik** gefundenen 13½jähr. **Materials.** (Vom 1. Apr. 1887 bis 1. Okt. 1900.) *(Leipzig 1900: Grübel & Sommerlatte.)* (57 S.) 8° [J.]
Leipzig, Med. Diss. v. (3. Okt.) 1900

Schauer, August, aus Bürgel (Thüringen): **Behandlung der Eigentümer-Hypothek nach römischem Recht.** *Coburg 1898: A. Rossteutscher.* (V, 41 S.) 8° [J.]
Erlangen, Jur. Diss. v. 16. Okt. 1898

Schauer, (Jos.) Christian Heinrich (Joh.)

Schauer, C. H., Blutarmuth u. Bleichsucht mit vielen ihrer Folge-Krankheiten als Heilobjecte für Stahlquellen mit besonderer Rücksicht auf die Kur in Alexisbad. Nebst einem Anh. mit naturwissenschaftl. Andeutungen u. (lith.) Situationsplan (in gr. 4.) der nächsten Umgebung von Alexisbad. Dessau 869. Barth. gr. 8. (XI, 128 S. mit 1 Steintaf. in Tondr.) n. 25 ngr.

Schauer, Ios(ephus) Christ(ianus) Henr(icus) Ioann(es), Phil. Dr.: De ectropio. Cum tabula lapidi incisa. Halae (1839): Grunert. 35 S., 1 Taf. 8° (4°)
Halle-Wittenberg, Med. Diss. v. 16. Mai 1839
Geb. Güstrow (Meckl.-Schwerin) [1. 6.] 1804. V.

Schauer, Chrn. Heinr., das Bad Wildungen in seiner Vergangenheit und Gegenwart. br. 8. (XIII und 119 S. mit 1 Stnt.) Arolsen 858, (Speyer.) *

Schauer, Elisabeth
s. Reischauer, Luise A 13 74 87

Schauer, Elisab., Blanken Worte fin rechte Vörslag. 8. (112 S. m. Titelbild.) Hermannsburg 902. Missionshandlg. n. 1.50; geb. in Leinw. n. 2.—

Schauer, Franz. Director Josef Ludwig Christ †. Ein Nachruf. 8 (S. 35—38). **Progr.** Staats-G. *Weidenau* 1886.

Schauer, Franz: Geschichte des Gymnasiums in Freistadt in den ersten 25 Jahren seines Bestandes (1867—1892). II. Teil. Statistische Nachweise. S. 37—55, 1 Tab. 8.
Progr. Kaiser Franz Josef-Staatsgymn. *Freistadt i. Oberösterr.* 1904.

Schauer, Frz. Geschichte der Pfarre Weidenau. 39 S. 8. *Weidenau* 1884.
Progr.

Schauer, F.: Geschichte der Vogtei v. Weidenau. 48 S. – Weidenau, Progr. 1885.

Schauer, Fr., Geschichte der Vogtei v. Weidenau. gr. 8. (50 S.) Weidenau 885. (Wien, Pichler's Wwe. & Sohn.) n. — 50

—: [Professor Josef Jäkel † 10. März 1905.] S. 58—59. 8.
Progr. Kaiser Franz Josef-Staatsgymn. *Freistadt i. Oberösterr.* 1905.

Schauer, Franz, Canon deutscher Gedichte. Nach den Instructionen für den Unterricht an den Gymnasien in Oesterreich. 8. (VII, 161 S.) —.50
Troppau: Volprecht 1889.

—: Professor Otto Kurzwernhart [gestorben am 24. Juli 1907].
S. 60. 8. Kaiser Franz Josef-Staatsgymn. *Freistadt i. Oberösterr.* 1908.
Progr.

Schauer, Franz: Das neue städtische Studentenconvict in Freistadt. 8 (S. 64—66).
Progr. Kaiser Franz Josef-Staatsg. *Freistadt in Oberösterr.* 1899.

Schauer, Frz., poetische Versuche, heitern u. ernsten Inhalts. gr. 12. Wien 825. (Mörschner u. J.) 20 gr

Schauer, Gustav

Den Schwestern und den Freunden. Ansprache, gehalten am 20. Jan. 1895 in den Räumen der Loge Hermann zur Beständigkeit in Breslau von Gust. **Schauer.** [Berlin 1895: Lette-Verein.] 7 S. 8°
Abgedr. in: BstF. 4 (1895) S. 26—31.
Üb. die Mrei u. die Wohlfahrtsbestrebungen.
25 a.

Hausschatz für deutsche Freimaurer. Kernworte der Weisheit und Erkenntnis aus Dichtern und Denkern.
Neubearb. von Gust. Hecke. 2. Aufl. Berlin: Unger 1907. 223 S. 8°
cf. DrL. 37 (1906—1907) S. 301—302 (J. H. Papsdorf); BrL. 24 (1906—1907) S. 88 (F. Holtschmidt); Z. 37 (1906—1907) S. 484 (H. Glücksmann); Bh. 50 (1907) S. 383 (C. Gotthold); BstF. 16 (1907) S. 77—78 (A. Feld); BBurlnt. 5 (1907) S. 98; Bbl. 21 (1907) S. 506—507 (G. Diercks); L. 30 (1907) S. 144 (P. Fischer); R. 35 (1908) S. 16 (G. Schauerhammer).

Hausschatz der Grossen Loge Kaiser Friedrich zur Bundestreue. [Hrsg. von Gust. Schauer.] Berlin: Goldschmidt [1893]. 144 S. 8°
Recens: Bh. 38 (1895) S. 400 (C. Gotthold).
Aphorismen z. Welt- u. Lebensanschauung. 23.
[2. Aufl. u. d. Tit.:]
Schauer: Hausschatz für deutsche Freimaurer.

Liederschatz der Gr. Loge Kaiser Friedrich zur Bundestreue [in Berlin.] [Hrsg. von Gust. **Schauer.**] [T.] 1. Berlin: Goldschmidt 1895. 31 S. 8°
22 Lieder ohne Noten. 25a.

Den Schwestern gewidmet. Vom Tempelbau. Vortrag von Gust. **Schauer.** Berlin 1893. 12 S. 8°
Geschichte der Entwicklung des Tempelbaues.
25 a.

Tempelschatz der Grossen Loge Kaiser Friedrich zur Bundestreue [in Berlin. Hrsg. von Gust. Schauer. H.] 1—3. Berlin: Goldschmidt 1894. 8°
1. Den Lehrlingen. 32 S.
2. Den Gesellen. 32 S.
3. Den Meistern. 32 S.
Recens: Bh. 37 (1894) S. 136 (Ch. Gotthold); 39 (1896) S. 24 (Ch. Gotthold).
Instruktionen, Vorträge. 25 a.

Schauer, H., der neue Pedell, s.: Theater, kleines.

Schauer, Dr. Hugo, Die Executionsordnung sammt dem Einführungsgesetze und den in Geltung verbliebenen bezüglichen Gesetzen und Verordnungen. Mit Erläuterungen und Materialien und einem ausführlichen Register. 8. (X, 704 S.) In Ganzleinen geb. Wien: Manz 1896.

Schauer, Hugo, die Executions-Ordnung v. 27. V. 1896, R.G.B. Nr. 79, sammt d. Einführungsgesetze v. 27. V. 1896, R.G.B. Nr. 78, u. d. in Geltg. verblieb. bezügl. Gesetzen u. Verordngn. M. Erläutergn. aus d. Materialien u. durch Verweisg. auf im Zusammenhange steh. Bestimmgn. u. e. ausführl. Register. 2., durchgeseh. u. ergänzte Aufl. 8. (XII, 773 S.) Ebd. 898. n. 6.—

Schauer, H., Die Executions-Ordnung vom 27. V. 1896, R. G. B. Nr. 79, sammt dem Einführungsgesetze vom 27. V. 1896 R. G. B. Nr. 78, u. den in Geltg. verbliebenen bezügl. Gesetzen u. Verordngn. Mit Erläutergn. aus den Materialien u. durch Verweisg. auf im Zusammenhange steh. Bestimmgn. u. e. ausführl. Register. 3. Aufl. 8. (XII, 803 S.) Wien, Manz. 1900.

Schauer, Hugo, die Executions-Ordnung vom 27. V. 1896, RGBl. Nr. 79, samt dem Einführungsgesetze vom 27. V. 1896, RGBl. Nr. 78, u. den in Geltung verbliebenen bezüglichen Gesetzen u. Verordnungen. Mit Erläutergn. aus den Materialien u. durch Verweisg. auf im Zusammenhange steh. Bestimmgn. nebst e. ausführl. Regist. 4., durchgeseh. u. ergänzte Aufl. (XV, 924 S.) 8. Wien 908. Manz. 6.—; geb. n 7.—

— die Gerichtsorganisations-Gesetze u. die neue Geschäftsordng. sammt allen Durchführungsverordngn. zu d. Civilprozeßgesetzen u. d. bezügl. ält. Gesetzen u. Verordngn. Mit Erläutergn. aus d. Materialien u. durch Verweisg. auf im Zusammenhange steh. Bestimmgn., nebst e. ausführl. Register. 8. (XVI, 1126 S.) Ebd. 898. n. 6.—; geb. n. 7.—

Schauer, H., Die Gerichtsorganisations-Gesetze u. die neue Geschäftsordnung sammt allen Durchführungsverordnungen u. den bezüglichen älteren Gesetzen u. Verordnungen. Mit Erläutergn. aus den Materialien u. durch Verweisg. auf im Zusammenhange steh. Bestimmgn., nebst e. ausführl. Register. 2. Aufl., bearb. in Gemeinschaft m. R. Hoedl. 8. (XVIII, *1158 S.) Wien, Manz. 1901. 6.—; geb. in Leinw. 7.—

— Die Gerichtsorganisationsgesetze u. die Geschäftsordnung der Gerichte samt allen Durchführungsverordnungen u. den bezüglichen älteren Gesetzen u. Verordnungen. Mit Erläuterungen aus den Materialien u. durch Verweisg. auf im Zusammenhange steh. Bestimmgn. nebst e. ausführl. Register. 3. Aufl., bearb. in Gemeinschaft m. Ernst Dubowy. (XLIX, 1486 S.) 8. Wien 909. Manz. 8.—; geb. n 9.20

— Regolamento di procedura civile, norma di giurisdizione,
— Regolamento esecutivo e relativa legge d'instruzione,
s.: Raccolta di leggi od ordinanze della monarchia austriaco.

Schauer, Dr. Hugo, Die Civilproceßordnung und Jurisdictionsnorm vom 1. August 1895 sammt Einführungsgesetzen. 8. (XIV, 715 S.) 3.—
in Ganzleinenband 3.50
Wien: Manz 1896.

Schauer, Hugo, die Civilprozessordnung u. Jurisdictionsnorm v. 1. VIII. 1895 sammt Einführungsgesetzen u. d. in Geltg. verblieb. bezügl. Gesetzen u. Verordngn. M. Erläutergn. aus d. Materialien u. durch Verweisg. auf im Zusammenhange steh. Bestimmgn. u. e. ausführl Register. 3., durchgeseh. u. ergänzte Aufl. 8. (XVI, 966 S.) Wien 898. Manz. n. 6.—

Schauer, Hugo, die Civilprozessordnung u. Jurisdictionsnorm v. 1. VIII. 1895 sammt Einführungsgesetzen u. den in Geltung verbliebenen bezüglichen Gesetzen u. Verordnungen. Mit Erläutergn. aus den Materialien u. durch Verweisung auf im Zusammenhange steh. Bestimmgn. u. e. ausführl. Register. 3., durchgeseh. u. ergänzte Aufl. [Neue Ausg.] (Mit e. Nachtrag.) 8. (XVI, XXXI, 966 S.) Wien 902. Manz. n. 6.—; geb. n. 7.—

Schauer, Hugo, die Zivilprozeßordnung u. Jurisdiktionsnorm vom 1. VIII. 1895 samt Einführungsgesetzen u. den sonstigen auf den gleichen Gegenstand sich beziehenden Gesetzen u. Verordnungen. Mit Erläuterungen aus den Materialien u. durch Verweisg. auf im Zusammenhange steh. Bestimmgn. u. e. ausführl. Register. 4., durchges. u. ergänzte Aufl. (XVI, 994 S.) 8. Wien 905. Manz. n. 5.20; geb. n. 6.—

Schauer, J., Raymund von Sabunde u. dessen natürliche Theologie. Dillingen u. Kempten, 1850 u. 1854. 4°, 32 u. 15 S., 2 Programme.

Schauer, Johann Karl

Schauer, J. C., über die richtige Ableitung und Erklärung des Ortsnamens Jena und der damit verwandten. Sprachwissenschaftlich entwickelt und dargestellt. Nebst geistl. Liedern und Gedichten zur 300jähr. Jubelfeier der Einweihung der Universität Jena. 12. (VI und 79 S.) Weimar 858, (Böhlau.)

Schauer, Joh. Carl, der Anblick der heimgesuchten Flur. Predigt am Trinitatisfeste, den 26. Mai 1850, nach dem am 21. d. erfolgten Hagelschlage und Wolkenbruche zu Wenigenjena gehalten. gr. 8. (14 S.) Jena 850, Neuenhahn. *

—— Bibelsprüche als Intonationen und Responsorien zum Gebrauch beim öffentl. Gottesdienste für evangel. Geistliche, Kantoren rc. zusammengestellt nebst einer histor.-musikal. Einleitung über den kirchl. Wechselgesang. Als Beilage zu jedem Gesangbuche und jeder Kirchenagende. gr. 8. (XX und 42 S.) Jena 848, Mauke. *

—— Dr. Martin Luther's Reformationslied „Ein' feste Burg ist unser Gott etc." geschichtlich und erbaulich behandelt. Mit musical. Beilagen. gr. 8. (VII und 48 S. mit 1 Stnt. in Tondr.) Coburg 853, Riemann'sche Hofbuchh. *

—— Geschichte der biblisch-kirchlichen Dicht- und Tonkunst und ihrer Werke. gr. 8. (XVI und 776 S.) Jena 850, Mauke.

Schauer, Joh. Carl, die jetzige Jahreszeit — ein außerordentlich gutes Zeichen Gottes. Predigt am 29. März 1846 gehalten. gr. 8. (1 B.) Jena, Hochhausen. *

— Johann Sebastian Bach's Lebensbild. Eine Denkschrift auf seinen 100jährigen Todestag, den 28. Juli 1850, aus Thüringen, seinem Vaterlande. 8. (VIII u. 38 S.) Jena 850, Luden. 1/4 ℔

—— geschichtliche Nachrichten über den Ursprung und die Ausbildung der Choralmelodieen der deutsch-evangelischen Kirche, mit Rücksicht auf das weimarische und dresdner Gesangbuch. Zunächst für Geistliche, Cantoren, Organisten und Seminaristen. gr. 16. (VIII und 104 S.) Weimar 852, Jansen und Comp.

Schauer, J. K., Predigt zur Feier des 300jähr. Stiftungstages der Hochschule zu Jena den 19. März 1848 gehalten. gr. 8. (15 S.) Jena 848, Mauke. 3 ngr

—— 2 Predigten zur Feier des tausendjährigen Jubelfestes der Selbstständigkeit Deutschlands u. des Erntedankfestes im J. 1843 gehalt. 8. (2⅛ B.) Schleiz, [Bockelmann's Hofbh.] *

— 2 Predigten zur Feier des tausendjährigen Jubelfestes der Selbstständigkeit Deutschlands und des Erntedankfestes im Jahre 1843 gehalten. 8. Schleiz 843, Wagner. n. 1/6 ℛ

— der neugeborne Thronerbe — des Landes Freude und Hoffnung. Predigt zur Feier der Geburt des Durchl. Erbprinzen von Sachsen-Weimar-Eisenach, Dom. X. post Trinit. den 11. Aug. 1844. gr. 8. Neustadt a. O. 844, Wagner. n. 2 ngr

Schauer, J. K., Trost- und Gedächtnißpredigt auf das am 26. Juni 1863 erlittene Hagel- und Schloßenwetter über Jerem. 8, 13—15 in der Kirche zu Wenigenjena am 4. Sonntage nach Trinit. gehalten. Jena, Neuenhahn. gr. 8. (14 S.) n. 2 ngr

— Verzeichniß der Liederdichter d. Weimarischen Gesangbuches, als Anhang u. Ergänzung desselben. 8. (32 S.) Jena 851, Neuenhahn. 3 ngr

—— was giebt uns Herder's Gedächtnißfeier zu bedenken? Predigt Dom. XII. post Trin. den 25. Aug. 1844, als den 100jährigen Geburtstag Joh. Gottfr. v. Herder's gehalten. gr. 8. (¾ B.) Neustadt a. d. O., Wagner. *

— Johann Friedrich's, des Großmüthigen, „Trostlied": „Wie's Gott gfällt, so gefällt's mir auch" rc. Mit geschichtlichen und erbaulichen Bemerkungen begleitet, und zur 300jähr. Feier seines Todes herausgegeben. Jena (854.) Schreiber. (Döbereiner.) 16. (32 S.) 5 ngr

Schauer, Johann Konrad

Schauer, Joannes Conradus: Chamaelaucieae. Vratislaviae (1841). (21 S.) 4° [Aus: Nova Acta Acad. Leop.-Carol. Vol. 19. Suppl. 2. 1841.]
Breslau, Phil. Fak., Hab.-Schr. v. 13. [vielmehr 18.] Febr. 1841

— Monographia Myrtacearum Xericarpocarum etc. — Dissertatio phytographica de Regelia, Beaufortia et Calothamno, etc. s. Acta n. phys.-med. Acad. Caes. Leopold. Carol. XIX. Supplem. I. et XXI. Pars I.

Schauer, Joh. Conr., s.: Moquin-Tandon.

— s. Nees v. Esenbeck, Chr. G., Handbuch d. Pflanzen-Pathologie.

Schauer, Joh. Conr., die Stockfäule der Kartoffeln. Ein Vortrag, gehalten im eldenaer landw. Vereine am 15. Nov. 1845. gr. 8. (2¾ B.) Anclam 846, Dietze. *
Aus: Verhandlungen des baltischen Vereins f. 1845 besond. abgedruckt.

SCHAUER, Johann Nepomuk (Kreuzberg): De rabie canina.- Monachii: Giesser 1839. 18 S.
15.4.1837 - Urk; F 63
Diss. Ingolst.-Landsh.-Mchn.

Die Verjährungsfristen des Bürgerlichen Gesetzbuches sowie die wichtigsten Bestimmungen über den Beginn, Lauf und die Wirkung der Verjährung. Hrsg. von Joseph Schauer, Amtsrichter. *Würzburg: J. Staudinger 1900.* (39 S.) 8° [ℛ] [no. 6:..]

Schauer, Josef Christian Heinrich Joh., s. Schauer, Christian Heinrich.

Schauer, Karl [aus Rostock]: Textkritische Beiträge zu den Coutumes du Beauvaisis des Philippe de Beaumanoir. . . . Halle a. S., Hofbuchdr. v. C. A. Kaemmerer & Co., 1890; 52 S., 1 Bl. 8°
Halle, Phil. Fak., Inaug.-Diss. v. [15. Dez.] 1890

Schauer, Leop., die Darstellung d. Baues d. menschlichen Fusses, nach den Angaben d. Karl Langer R. v. Edenberg gezeichnet, s.: Gerhart, Eman., Vorlagen f. das Fachzeichnen der Schuhmacher an gewerblichen Fortbildungsschulen u. verwandten Anstalten.

SCHAUER, Leopold
Leitfaden zum Schiesswesen der Infanterie und Cavallerie-Truppen. Zusammengestellt und mit 95 in den Text gedruckten Figuren versehen von Leopold Schauer. Arad. 1900. Klein. Gr.-8°. 79 S. K 1.—

Schauer, Leop., Vorlagen f. das Fachzeichnen der Schuhmacher, s.: Gerhart, Emanuel.

Schauer, Rich., neue Entwürfe f. die Praxis. gr. Fol. (24 z. Tl. farb. Taf.) Plauen (906). Ch. Stoll. In Mappe n. 18.—

Schauer, Rich., Formen u. Compositionen f. Flächenverzierung, nach d. Natur bearb. gr. Fol. (24 z. Tl. farb. Taf.) Plauen 898. Ch. Stoll. In Mappe n. 18.—

— Formenschatz der modernen Flächenverzierung, s.: Oettel, A.

Schauer, Rud., zum Begriff der unzüchtigen Schrift. Ein Beitrag zur Erläuterg. d. § 184 R. St. G. B. gr. 8. (VIII, 62 S.) Leipzig 893, Roßberg. n. 1.60

Schauer, Vitus

Schauer, V., Beitrag zur Würdigung des Gymnasial-Schulwesens in Bayern. Programm zum Jahresbericht des k. Gymnasiums in Eichstätt. gr. 4. (24 S.) Eichstätt 847. (Brönner.) 6¼ ngr

Schauerballaden. Nr. 1. kl. 8. Leipzig, Rauh & Pohle. 1.—
1. Fridolin od. Der Gang nach dem Eisenhammer. Großes hysterisch-romantisch-tragikom. Ritterschauspiel in mehreren Verwicklgn. (8 S.) (908.)

Schauerburg, die, od. Abentheuer Wunibalds v. Altenrothenburg. Rittergeschichte, (v. J. Falckh). 3 Thle. 8. Leipz. 825. Kollmann. 2 ℛ 12 gr

Schauerburg, die, od. Abenteuer Wunibalds v. Altenrothenburg. Rittergeschichte. (v. J. Falck.) 3 Thle. 8. Leipzig 825, Kollmann. Rthlr.

Schauergeschichten der Vorzeit. Vom Verfasser der zwölf schlafenden Jünglinge. Leipzig 1798. V (nicht): *Spiess, Chn. Hch.* V: *Czapek, Joseph Max.* (BGE VII²/132 (wrztg 1798, S. 876, 2154, 3236) (BIBLPORT)

SCHAUERGESCHICHTEN der Vorzeit. Vom Verfasser der zwölf schlafenden Jünglinge. Mit Titelkupfer. Leipzig 1798. 8⁰.
Nicht von Spiess. Enthält: Woldemar der Erste, Markgraf von Brandenburg. — Marie von Lövingen.

Schauerhammer, Alfred: Mundart und Heimat Kaspar Scheits auf Grund seiner Reimkunst untersucht. Halle a. S. 1908: E. Karras. (VI, 44 S.) 8⁰
(Erscheint vollst. als H. 6 d. Hermaea.)
Halle, Phil. Fak., Ref. Strauch, Diss. v. 27. Mai 1908

Mundart und Heimat Kaspar Scheits auf Grund seiner Reimkunst untersucht v. Alfred **Schauerhammer**. Halle: M. Niemeyer 1908. (X, 173 S.) 8⁰ = **Hermaea**. 6. [08. 15/19 3

Schauerhammer, G., französisches Lesebuch f. die ersten Unterrichtsjahre, s.: Scheibner, F.

Der Engbund der Loge Balduin zur Linde in Leipzig 1810—1910. Festschrift zur Feier des hundertjährigen Bestehens am 3. Febr. 1910. [Von Gottlob **Schauerhammer.**] Leipzig [1910]: Zechel. IV, 94 S., 1 Taf. 8⁰ [Umschlagtit.:] Festschrift zur 100-Jahrfeier des Engbundes der Loge Balduin zur Linde, Leipzig.
Geschichte des Engbundes, Verzeichnis der gehaltenen Vorträge, Verzeichnis der Beamten u. Mitglieder.

SCHAUERHÖHLE, Die, im Gebirge Balkan, oder die Eroberung von Varna, als Fortsetzung der Novelle Athanasia, die schöne Griechin aus Samos. Leipzig, Rein, 1830. 8⁰. (2 Mk. Frz. Teubner, Bonn, c. 1895.) Zahm.

Schauermann, K., Pflicht u. Liebe, s.: Theater, thüring.

SCHAUERMÄNNCHEN, Das, eine Gespenstergeschichte aus dem 12. Jahrhundert. Seitenstück zu Spiessens Petermännchen. Mit Kpf. Leipzig, Joachim, 1802. 8⁰. Selten!
Nicht von Spiess, der bereits 1799 verstorben.

Schauerruine, die, der alten Riesensteinburg, od.: Ritter-, Räuber- u. Geistergeschichten d. Vorzeit. Von Artemisio. 8. (10½ B.) Weimar 833, [Gräbner u. Comp.]

Waldburg **Schauerstein**, oder: Das furchtbare Beilager. – Teufelskind, der Räuber von Toulose, oder: der schuldlos Verurtheilte. – Die sieben Raben, oder: der gläserne Berg. kl. 8o (115 S.) Neuhaus: Landfraß & Sohn 1865.

SCHAUER-SCENEN aus dem Burgverließ des Grafen Roderich. Eine abenteuerliche Rittergeschichte aus den Zeiten der Ostgothen. Nach d. Engl. 2 Bde. Leipzig (o. Adresse) 1840. Gr. 8⁰.
1: IV u. 327 S. Widmung an „eine Ungenannte" ist unterz.: *C. A. M—s.* — Einiges etwas frei.
2: (lag nicht vor).

Schauerthal, des Ritters Hugo von, verhängnißvolle Wanderungen, eine Ritter- und Geistergeschichte des 11ten Jahrh. 2 Thle. 8. Nürnberg, Zeh. 821.

Schauerte, Franz: Abraham a sancta Clara, s. Broschüren, Frankfurter zeitgemäße.

Schauerte, Frz., Christina, Königin von Schweden. Ein Lebensbild. 8. (204 S.) Freiburg i. B. 880, Herder'sche Verlagsh. 1 50

—— die Doppelehe eines Grafen von Gleichen, s. Broschüren, Frankfurter zeitgemäße.

Schauerte, Franz, approb. Arzt aus Oberberndorf: **Dystopie der Nieren und Hydronephrose.** *Halle a. S. 1903: C. A. Kaemmerer & Co.* (32 S.) 8⁰
Halle, Med. Diss. v. 10. Juli 1903

Schauerte, F., Gustav Adolf u. die Katholiken in Erfurt. Ein Beitrag zur Geschichte d. 30jähr. Krieges. [2. Vereinsschrift der Görres-Gesellschaft f. 1887.] gr. 8. (VII, 87 S.) Köln 887. (Bachem.) n. 1. 80

— die Jungfrau v. Orleans, s.: Broschüren, Frankfurter zeitgemäße.

— die Conversion der Prinzessin Elisabeth Christina von Braunschweig-Lüneburg-Wolfenbüttel, } s.: Broschüren, Frankfurter zeitgemäße.

Schauerte, Frz., die hl. Aebtissin Walburga. 12. (63 S.) Paderborn 892. Bonifacius-Druckerei. — 45

Schauerte, Frz., der hl. Wigbert, erster Abt v. Fritzlar. Sein Leben u. Wirken u. s. Verehrg. gr. 8. (84 S. m. 1 Bildn.) Paderborn 895. Bonifacius-Druckerei. — 90

Schauerte, Heinrich

Schauerte, Heinr., die Akte der hl. Musik. 8. (31 S.) Paderborn 893. Junfermann. — 60

— Geschichte der liturgischen Musik. gr. 8. (32 S.) Ebd. 894. n. — 40

— de musicae sacrae justitia. gr. 8. (44 S.) Ebd. 893. n. — 60

— musikalischer Commentar zum Missale romanum. gr. 8. (40 S.) Ebd. 894. — 60

Schauerte, Heinr., Mystik. gr. 8. (118 S.) Paderborn 894. Junfermann. n. 1. —

— die natürlichen Theile der hl. Musik. 8. (31 S.) Ebd. 893. n. — 60

Schauerte, Heinr. Verbum caro. gr. 8. (59 S.) Paderb. 892, Junfermann. — 90

— Wesen der hl. Musik. 8. (22 S.) Ebd. 893. n. — 50

Schauerthurm, der, im Teufelsgrunde. Ritter- u. Geistersage aus d. Riesengebirge. Vom Verf. d. Romans: „Der Mitternachtsgeist in d. Tempelherrengruft rc." 2 Thle. 8. (26 B.) Quedlinburg 828, Basse.

Schauerthurm, der, im Teufelsgrunde. Ritter- u. Geistersage aus d. Riesengebirge. Vom Verf. d. „Mitternachtsgeist" rc. 2 Thle. (2r Thl. enthält: Fr. Stahmann, der Höhlenwanderer.) 8, Quedlinb. 828. Basse. 2 ₰ 4 gr

Schauerthurm, Der, im Teufelsgrunde. Ritter- und Geistersage aus dem Riesengebirge. Quedlinburg 1829. V: *Stahmann, Friedrich.* (GGR X, 344) (Zeitschr. f. Büch. N. F. 15, 1923, S. 121)

Schauet die Lilien auf dem Felde ... Breslau 1704. V: *Neumann, Caspar.* (Kat. d. Drucksch. üb. Breslau. Breslau 1903. S. 9.]

Schauf, W., s.: Bechhold's Handlexikon der Naturwissenschaften u. Medizin.

Schaufelberger, Johann, s. Schauffelberger, Johann.

Schaufelberger, Wilh. [von Baden (Kt. Aargau)]: Über Polarisation und Hysteresis in dielektrischen Medien. Baden 1898. 67 S. 8°.
Zürich Phil. Diss. II. S. 1898/99.

Schaufelberger, Wilhelm. Wärmeleitungsfähigkeit des Kupfers, aus dem stationären und variabeln Temperaturzustand bestimmt, und Wärmefluss in einer durch Kühlwasser bespülten Endfläche eines Wärmeleiters. Habilitationsschr. Phil. [II.] Univ. Zürich. ([Mit 4 Figuren. — Ausschnitt aus:] Annalen der Physik. 4. Folge. [Band] 7.) II S. + S. 589—630. 8. Leipzig, Johann Ambrosius Barth, 1902.

Schaufelbuel, Edmund

Jahresbericht üb. d. Kantons-Spital zu Königsfelden. 1873. Erstattet v. E. Schaufelbuel, Direktor. 68 Stn. 8. Aarau, Albrecht. 1875.

Schaufelbüel, E. Jahresbericht über das aargauische Kantonsspital zu Königsfelden für 1885. Gr. in-8°, 42 S. Brugg, Fisch Wild & Cie.1888.

Schaufelbuel, Edm., ein modernes Schulhaus. Schulhygienische Studien. (II, 208 S. m. 18 Taf.) gr. 8. Baden 902. (Gebr. Doppler.) n. 2. —

Schaufelbuel, Edm und). Ein modernes Schulhaus. Schulhygienische Studien. [Mit 18 Plänen.] II + II + 208 S. 8. Baden. J. Jäger, 1902. [fr. 2. —]

Schaufenbühl, Friedrich

Versuch einer künstlerisch-anatomischen Definition über die Laokoongruppe und Michelangelo. Von Fr. **Schaufenbühl**, Bildhauer. Mit 1 Lichtdrucktaf. Strassburg: J. H. E. Heitz 1908. (XVI, 226 S.) 8°
[Umschlagt.:] Die Laokoongruppe u. Michelangelo ... v. Schaufenbühl. 108. 1608

Schaufenster, das. Illustr. Zeitschrift f. geschäftl. Fortschritt. Offizielles Organ des Verbandes der Schaufenster-Dekorateure aller Branchen. Chef-Red.: Ludw. Carsten. 1. u. 2. Jahrg. Oktbr. 1901—Septbr. 1903. à 12 Hfte. gr. 4. (à ca. 56 S.) Berlin, Kaufmännischer Verlag. n.n. 9. — ; halbjährlich n.n. 5. —

Schaufenster, das, Fortsetzg., s.: Kaufmann, der deutsche.

— das. Ausgeführte moderne Schaufenster-Anlagen u. Ladenfronten, wiedergegeben nach photograph. Aufnahmen v. Entwürfen hervorrag. Architekten u. erläutert durch Beifügung der Grundriss- u. Schnittzeichngn. I. Serie. 5 Lfgn. (60 Lichtdr.-Taf. m. III S. Text.) gr. Fol. Düsseldorf 905. 906. F. Wolfrum. In Mappe à n. 8. —

Schaufenster das. Ausgeführte moderne Schaufensteranlagen und Ladenfronten. I. (60 T) fol Düsseldorf 1907

Schaufenster, mein, wie ich dasselbe vor dem Anlaufen u. Gefrieren schütze. Prakt. Anweisg., Schaufenster so einzurichten, daß sie bei jeder Witterg. u. Jahreszeit stets klar u. durchsichtig sind. Mit 2 erläut. Zeichngn. 8. (14 S.) Leipzig 897. G. Wimmer. n. 1. —

Schaufenster, moderne, u. Laden-Einrichtungen (Auslagen u. Gewölbe). Zusammengestellt aus den „Vorlagen für Architecten u. Bautischler" von Aug. Fricke. Mit Beiträgen von H. Kaemmerling, F. Stock, W. Schuffenhauer u. A. 2. Aufl. 8 Liefgn. Leipzig 870. Scholtze. Fol. Jede Liefg. (6 Steintaff.) n. 1 ℳ

Schaufenster-Decorateur, der. Anleitung zum Erlernen d. Decorirens der Schaufenster. Praktisches Hilfsbuch zur Herstellg. fesselnder u. geschmackvoller Schaufenster-Decorationen m. ca. 120 Abbildgn. Hrsg. unter Mitwirkg. hervorrag. Schaufenster-Decorateure v. der Redaction d. „Confectionär". gr. 8. (96 S.) Berlin 891 (Leipzig, Eisenschmidt & Schulze.) Kart. n.n. 6. —

— dasselbe. 2. Aufl. gr. 8. (92 S. m. Abbildgn.) Berlin 892. L. Schottländer durch R. Mickisch. n. 6. —

— der. Illustr. Anleitg. zum Erlernen des Dekorierens der Schaufenster, m. ca. 1000 Abbildgn. 2 Tle. 6., bedeutend verb. Aufl. gr. 8. Berlin (906). L. Schottlaender & Co. n. 10. —; Einzelpr. n. 12. 50
1. (166 S.) 7. 50. — 2. (191 S.) 5. —.

Schaufenster-Dekorateur, der. Offizielles Organ des I. internationalen Schaufenster-Dekorateur-Verbandes kaufmänn. Branchen. Schriftleitung: Leop. Marcus. 2.—4. Jahrg. 1903—1905. à 24 Nrn. (à ca. 16 S. m. Abbildgn.) 4. Hannover, Verlag der illustr. Fachzeitschrift „Der Schaufenster-Dekorateur". à Jhrg. 5. 40
Erscheint nicht mehr. Firma erloschen.

Schaufenster - Dekorationen, internationale. Illustr. Zeitschrift für die Manufakturwarenbranche. Redig. von *Th. Petersen* u. *P. Meissner.* 1. Jahrg. 1897. 12 Nos (à 8 Seiten). In-fol. Zürich, Meyer & Männer. Jährlich 37 50
Einzelnummer 3 75

Schaufenster-Dekorationen, internationale. Illustr. Zeitschrift f. d. Manufakturwaren-Branche. Hrsg. v. Schaufenster - Dekorations - Bureau „International". 1. Jahrg. 1897. 12 Nrn. (à ca. 8 S.) Fol. Zürich, Meyer & Hendess. 30. —; einz. Nrn. 3. —

Schaufenster-Plakat, das moderne. Schule zur Selbsterlerng. der Lackschrift, hrsg. v. der grossen Berliner Kunstschule für moderne Schaufenster-Dekoration. Direktion: Gust. Förster. Entworfen v. Rud. Kienert. 1. Lfg. qu. gr. 4. (15 Bl.) Berlin (C. 19, Seydelstr. 16), Gust. Förster. n. 2. 75

Schaufert, Hippolyt Aug., Vater Brahm. Ein Trauerspiel aus dem vierten Stand. 8. (VII, 191 S.) Mainz 871. Kirchheim. 1. 80

— Dorothea. Eine Novelle. 8. (167 S.) Regensburg 873. Pustet. 1. 80

—— ein Erbfolgekrieg. Lustspiel in 4 Acten. gr. 8. (79 S.) Leipzig 872, Cnobloch. [Halle, Gesenius.] * 1 50

— Schach dem König, s.: **Universal-Bibliothek.**

Schaufert, Hippolyt Aug., Schach dem König. Historisches Lustspiel in 5 Aufzügen. Wien 869. Wallishausser'sche Buchh. gr. 8. (IV, 149 S.) n. 1 ℳ

Schaufert, Ludw. Rud., König Ludwig II., Bayerns Stolz u. Bayerns Schmerz. Ein Lebensbild. Dem bayer. Volk u. allen Verehrern d. Königs dargestellt u. erzählt. 8. (144 S. m. Illustr.) Kaiserslautern 886. A. Gotthold's Verl. geb. n. 1. 50

Schaufert, L. R., König Ludwig II., Bayerns Stolz u. Bayerns Schmerz. Ein Lebensbild. Dem bayer. Volk u. allen Verehrern d. Königs dargestellt u. erzählt. 2.—4. Aufl. 8. (144 S. m. Illustr.) Kaiserslautern 887. A. Gotthold's Verl. geb. n. 1. 50

Schauff, Johann Nepomuk

— allgem. Begriffe von Künsten u. Künstlern, aufgewendet auf die bildend. Künste etc. 8. Preßb. 794. (31 S.)

Schauff, Johann Nepomuk. Die Feyerlichkeiten bey der Krönung ... Leopold des Zweyten als König zu Ungarn zu Pressburg den 15ten November 1790 ... beschrieben von Johann Nepomuk Schauff. Pressburg, Schauffische Kunsthdlg ... o. J.
148 S., 10 Taf. in kol. Kupferst. 0°
2 Taf. (Stephanskrone) bez. Schauff del.

Schauff, Jb. Nep., Grundbegriffe zur schönen Baukunst u. schickl. Anwendung der äußern Verzierungen an Gebäuden. 8. Wien 806. (Hartleben in Pesth). 12 gr

Schauff, Joh. Nep., Grundbegriffe z. schönen Baukunst und schickl. Anwend. d. äuß. Verzier. an Gebäuden. 8. Wien, Ant. Doll. (Liebeskind in Leipz. in Commiss.) 806.

— Theorie der Säulenordnungen, sammt e. Ungarischen National-Säulenordnung. Mit Kpf. gr. 8. Preßb. 790.

Schauff, Paul, a. Deilinghofen i. W.: Über die geodätischen Linien auf einem Kegel. Borna-Leipzig 1906: R. Noske. (44 S.) 8°
Münster, Phil. Fak., Ref. v. Lilienthal, Diss. v. 21. Mai 1906
[Geb. 19. Okt. 80 Deilinghofen; Wohnort: Minden; Staatsangeh.: Preußen; Vorbildung: Gymn. Gütersloh Reife O. 00; Studium: Göttingen 3, Münster 2, Berlin 2, Münster 1 S.; Rig. 7. März 06.]

Schauffelberger, Christian: De j u r e emphyteutico. 42 S.– Basel, Jur.Diss.v. 11.Juli 1724.

Schauffelberger, Daniel Franciscus (geb. 1819 in Paris): De Ctesiae Cnidii Indicis ... Bonnae, litt. F. P. Lechneri 1845. 1 Bl., 44 S., 1 Bl. 8.
Bonn, Phil. Fak., Diss. v. 26 Juni 1845

Schauffelberger (Schaufelberger), Johann

Schaufelbergeri, J., Nova clavis Homerica ad Iliadem. Turic. 761-68. 8 Vol. 8. 4 rthl. Es ist nicht ein alphabetisches Lexicon, sondern folgt der Ordnung der Bücher.

Schauffelberger, Io., nova clavis Homerica. 8 Tom. gr. 8. Zürich, Orell. 761-68.

Schauffelberger, Johann **A. S. 1344/48**

Dissertationis physico-mathematicae de motibus variatis supplementum in quo vires centrales exponuntur. Präs. Johann Gesner.
Zürich (Gessner) II. 1750. 14 S.

9 Resp. **30042**

Schauffelberger, Kaspar **A. S. 1345/24**

Dissertatio physico-mathematica de corporum motu et viribus. Präs. Johann Gesner.
Zürich (Gessner) II. 1746. 2 Taf., 55 S.

12 Resp. **30043**

SCHAUFFELEN, ALFRED. Ueber die Sulfosäuren des Glycerin's. Tübingen, 1868.

Schaeuffelen, Eugenie, meine indische Reise. Mit 30 Amateuraufnahmen u. 1 Karte. (VII, 273 S.) Lex.-8. München 904. (F. Bruckmann.) Geb. n.n. 15. —

— dasselbe. Mit 1 Karte u. dem Bildnis der Verf. (Neue Aufl.) (IX, 474 S.) 8. Berlin 906. D. Reimer. Kart. n. 6. —

Schäuffelen, F., alphabetisches Haupt-Register zum Regierungs-Blatt für das Königr. Württemberg, s.: Rick, F.

Schaeuffelen, Richard

Gust. S c h a e u f f e l e n'sche Papierfabrik, Heilbronn a. N. Jubiläumsschrift. 1823—1898. (Zur 100jähr. Gedächtnisfeier des Herrn Gustav Schaeuffelen, 1798—1898. Zum 75. Jubiläum der Gustav Schaueffelen'schen Papierfabrik in Heilbronn. 1823—1898. Verf.: Richard Schaeuffelen.) — (Heilbronn 1898: Weber.) 74 S. 8° [Umschlagt.] **38 A.**

Schäuffelen, Wilhelm Fr.

Schäuffelen, Wlh. Fr., über die physischen Zeichen, woraus auf absichtl. Selbsttödtung durch Erschießen geschlossen werden kann. gr. 8. Stuttg. 826. (Brodhag). 1 rß 6 gr

Schäuffelen, (Wilh. Fr.) über die physischen Zeichen, woraus auf absichtliche Selbsttödtung durch Erschießen geschlossen werden kann. gr. 8. Stuttg. 827, Frankh.

Schäuffelin, Hans, s.: Leiden, Sterben u. Auferstehung unseres Heilandes Jesu Christi.

Schäufflein's, Hans Leonh., malerische Tätigkeit, s. B e i t r ä g e zur Kunstgeschichte.

Schauffler, Bertha, Lydia Schuhmann oder Wer beten kann ist wohl daran. 2. Aufl. 12. (85 S.) Stuttgart 882, Rupfer. cart. — 60
Die 1. Aufl. erschien 1868.

Schauffler, Christian

Schauffler, Chrn., Bleibe treu! Zuruf an die Erstcommunicanten. 2. verm. Aufl. Coblenz 858. Hölscher. 16. (56 S.) 3 ngr

Althochdeutsche Literatur. Grammatik, Texte m. Übers., Erl. von Th[eodor] **Schauffler,** Prof. 3., neubearb. Aufl. Neudr. Leipzig: Göschen 1910. 160 S. 8°
Sammlung Göschen. 28.) [11. 11294 11

Schauffler, Th., althochdeutsche Litteratur m. Grammatik, Uebersetzg. u. Erläutergn., s. a. Sammlung Göschen.

— Quellenbüchlein zur Kulturgeschichte d. deutschen Mittelalters, aus mittelhochdeutschen Dichtern m. Ausschluss d. Nibelungen- u. Gudrunliedes u. Walthers v. der Vogelweide zusammengestellt u. m. e. Wörterverzeichnis versehen. gr. 8. (VIII, 119 S.) Leipzig 892. B. G. Teubner. n. 1. 20

— dasselbe. 2. Ausg. Mit e. Anh.: Erläuterungen. gr. 8. (VIII, 170 S.) Ebd. 894. n. 1. 60;
Erläuterungen allein n. — 60

Schauffler, Theodor: **Zeugnisse zur Germania des Tacitus aus der altnordischen und angelsächsischen Dichtung.** 1. *Ulm 1898: (Gebr. Nübling).* (23 S.) 4°
Ulm, k. RG u. k. RA, P 1898 (631)

Schauffler, Theodor: **Zeugnisse zur Germania des Tacitus aus der altnordischen und angelsächsischen Dichtung.** 2. *Ulm 1900: (Gebr. Nübling).* (13 S.) 4° ¶ [Forts. d. P-Beil. 1898.]
Ulm, k. RG u. k. RA, P 1900 (640)

Schaufler, Menelaus u. Ceva als Folgen der Sätze über die Aehnlichkeitspunkte dreier Kreise. [Aus: „Korresp.-Bl. f. d. Gel.- u. Realsch."] gr. 8. (11 S.) Tübingen 891. F. Fues. n. — 40

Schaufler, Adolf: Einführung in die Perspektive und die projektive Geometrie. Ein Beitr. z. darstellend-geometr. Unterricht d. Oberrealschule. Heilbronn 1909: Rembold. 30 S. 4°
Heilbronn, OR u. RG P 1909 (812) [S 09. 396

Schaufler, Bernhard

Schaufler B.: **Bau, Lebensweise und Entwicklung der Schlupfwespen. 29 mit 1 Tafel. Wien R. Sechsh. 84.**
Progr.

Schaufler, Bernhard Der Regenwurm und seine Bedeutung im Haushalte der Natur. 8 (16 S., 1 Taf.)
K. k. Staats-G. u. gewerbl. Fortbildungssch. *Oberhollabrunn* 1895
Progr.

Schaufler, C. A., die Vollendung der Reformation. Stuttgart 862. Schaber in Comm. 8. (116 S.) 7½ *ngr.*

Schaufus, Friedrich

Schaufus, ..., neueste Entdeck. üb. das Vaterland u. die Verbreitung der Pocken u. der Lustseuche. 8. Leipz. 805. (Taubert). 15 *gr*

Schaufus, Fr., Quaedam de hydrophobiae natura et caussis. 15 pp. Jen. 4°. *Doering,* I, 165.

1787

Bücherverzeichnis der Loge zur Akazie Or. Meissen. Ms. f. Akazienbbr. Nach dem Bestande vom 1. Febr. 1899 aufgest. von Camillo F. **Schaufuss.** [Meissen: Verlag d. Loge 1899.] 74 S. 8⁰ [Umschlagtit.]
cf. Bh. 42 (1899) S. 100 (C. Gotthold); Bbl. 13 (1899) S. 500 (G. Diercks); L. 22 (1899) S. 176; BrL. 17 (1899—1900) S. 48; BZC. 29 (1900) S. 152 (W. Wald).
Mit Regesten. Fügt d. Grade 1—3 hinzu für d. bez. Bücher.

Schaufuß, C., die hauptsächlichsten Erzeugnisse der Erde u. ihrer Bewohner. Ein Hülfsmittel für den Unterricht in der Erdkunde. gr. 8. (39 S.) Meißen 890. Schlimpert. — 60

Schaufuss. Camillo, Käferbuch, s.: Calwor, C. G.

Die g. u. v. St. Johannis-Loge „Zur Akazie" im Or. Meissen. [1847 bis 1897. Von Karl Emil **Viertel** und Kamillo **Schaufuss.**] Ms. f. Akazienbrr. [Meissen 1897: Klinkicht.] 109 S. 1 Taf. 8⁰
Gesch. der Loge nebst statistischen Nachrichten, darunter Verzeichn. der Ehrenbeamten, Beamten u. Mitgl. der Loge von 1847—1897. 25a. 193.

Schaufuss, Ludwig Wilhelm

Schaufuss, L. W., Preussens Bernstein-Käfer. Pselaphiden. [Aus: „Tijdschr. voor Entomologie".] gr. 4. (62 S. m. 1 Tab. u. 5 Taf.) Haag 890. (Berlin, Friedländer & Sohn.) n.n. 7. —

Schaufuss, Ludw. Wilh., zur Beurtheilung der Gemälde Giorgione's. gr. 4. (62 S.) Dresden 874. Weiske. n. 3. —

Schaufuss, Ritter Ludw. Wilh., Correggio's träumende Madonna. Besprochen. gr. 4. (30 S.) Dresden 873, Weiske. * 1 80

Schaufuss, L. W., Monographie der Scydmaeniden Central- u. Südamerika's. Dresden 866. (Jena, Fr. Frommann.) gr. 4. (103 S. mit 4 Steintaff.) n. 2 *rthlr* 24 *ngr.*

— nunquam otiosus. Zoologische Mittheilungen. 1. Liefg. Dresden 870. (Adler's Buchh.) gr. 8. (S. 1—40.) n. 12 *ngr.*

— nunquam otiosus. Zoologische Mittheilgn. 1. Bd. 2—6. Lfg. gr. 8. (S. 40—240.) Dresden 871. Huhle. à n. 1. 20; 1. Bd. cplt. n. 10. —

— dasselbe. 2. Bd. 6 Lfgn. gr. 8. (1. Lfg. 40 S.) Ebend. 872. n. 7. 20

—— Nunquam otiosus. Mittheilungen aus dem Museum Ludwig Salvator. 3. Bd. 1.—3. Lfg. gr. 8. (S. 465—560.) Dresden 880—82, (Huhle.)
Preis für den 3. Bd. compl. (6 Lfgn.) * 7 20
1. und 2. Bd. (Ebendas.) 1870,72. à * ℳ 10.

Schaufuss, L. W., Pselaphiden Siam's. (27 S.) Lex. 8. Dresden 877. (Leipzig, Th. O. Weigel.) 1.—

Schaufuss, L. W., Dictator Schaum. Ein offener Brief an alle Entomologen. 2. unverand. Aufl. Dresden 863. Klemm. gr. 8. (11 S.) 2⅓ *ngr.*

— molluscorum systema et catalogus. System u. Aufzählung sämmtlicher Conchylien der Sammlung von Fr. Paetel. Zur Belebung des Interesses für Malakozoologie nach dessen Mscr. hersg. Dresden 869. (Weiske.) gr. 8. (XX, 119 S.) n. 1 *rthlr*

Schaufuss, L. W., Giorgone's Werke, unter Berücksicht. der neuesten Forschgn. v. Crowe u. Cavalcaselle, Jordan, Lermolieff untersucht. Mit 7 Abbildgn. u. 2 Taf. in Lichtdr. gr. 8. (88 S.) Leipzig 884. T. O. Weigel. n. 2. 40

Schaufuss, Max, Referendar in Colditz i. S.: **Die zivilistische Seite des Namensrechtes unter Hervorhebung ihrer wesentlichen Kontroversen.** *Borna-Leipzig 1903: R. Noske.* (VIII, 57 S.) 8°
Leipzig, Jur. Diss. v. 1903

Schaufuss, Walter, Gerichtsref.: Die Verletzung des Eigentums oder eines sonstigen Privatrechts eines Andern in § 823 des Bürgerlichen Gesetzbuchs. *Köln 1899: W. Hoster.* (103 S.) 8°
Bonn, Jur. Diss. v. 30. Sept. 1899

Schau-in's-Land. Blätter für Geschichte, Sagen, Kunst und Naturschönheiten des Breisgau's. Hrsg. vom Breisgau-Verein „Schau-in's-Land". 1. und 2. Jahrg. 1873/75. à Jahrg. 12 Nrn. (lithogr. Bog. mit eingedr. Illustr.) gr. 4. Freiburg i. Br., (Stoll und Bader.) à Jahrg. **

—— dass. — 3.—6. Jahrg. 1876—1879. à Jahrg. 12 Nrn. (à 1 Bog. mit eingedr. lithogr. Illustr.) (Ebendas.) à Jahrg. **

SCHAU IN'S LAND. Blätter für Geschichte Sage. Kunst- u. Naturschönheiten des Breisgau's.
(Jahrg. 5. Mit Tafeln.) ib. 1878. —

SCHAU-IN'S LAND! Blaetter für Geschichte u. Sagenwelt, das Kunst- u. Naturschöne, insbesond. des Breisgau's an Tag geben vom Breisgauverein Schau-in's Land.
(Jahrg. 6.) ib. 1879. —

SCHAU-INS-LAND. Blätter für Geschichte Sagenwelt, das Kunst u. Naturschöne, insbesondere des Breisgaus. An Tag gegeben vom Breisgauverein Schau-in's-Land.
(Jahrg. 7. 1880. Mit Tafeln.) ib. —

Schau-in's-Land. Blätter für Geschichte, Sagenwelt, das Kunst- und Naturschöne, insbesondere des Breisgaus. Hrsg. vom Breisgau-Verein „Schau-in's-Land". 7. und 8. Jahrg. 1880 und 1881. à Jahrg. 12 Nrn. (104; 88 S. mit eingedr. lithogr. Illustr.) gr. 4. Freiburg i. Br., (Stoll und Bader.) à Jahrg. ** 6 —
—— dass. — Allerlei vißierung und auch geschrieb'ner Ding, an tag gegeben vom Breisgau-Verein „Schau-in's-Land" zu Freiburg i. Br. 9. und 10. Jahrg. 1882 und 1883. à Jahrg. 12 Nrn. gr. 4. (72; 88 S. mit eingedr. lithogr. Illustr.) (Ebendas.) 9. Jahrg. ** ℳ 6.; 10. Jahrg. ** 7 —
—— dass. — 11. Jahrg. 1884. 4 Lfgn. gr. 4. (68 S. mit eingedr. lithogr. Illustr.) (Ebendas.) ** 8 —

Schau in's Land. Allerlei vißierung und auch geschrieb'ner Ding, an tag gegeben vom Breisgau-Verein „Schau-in's-Land" zu Freiburg i. Br. 12.—14. Jahrlauf. gr. 4. Freiburg i. Br., (Stoll und Bader.) [12. Jahrl. 1885. (112 S. mit eingedr. Illustr. und 10 Taf.); 13. Jahrl. ohne J. (90 S. mit eingedr. Illustr. und 1 Taf.); 14. Jahrl. ohne J. (102 S. mit eingedr. Illustr. und 2 Taf.)] à Jahrlauf **

Schau-ins-Land. Allerlei vißierung u. auch geschrieb'ner Ding an tag gegeben vom Breisgau-Verein „Schau ins Land" zu Freiburg i. B. 15. u. 16. Jahrg. à Jahrg. 2 Hefte. Fol. (V, 88 S. u. 3 Inhalts-Verzeichniß zum I.—XV. Jahrg. IX S.; 98, 8 S. m. Illustr. u. Facsims.) Freib. i. Br. 889/90, 890/91, (Stoll u. Bader). à Jahrg. ** 8 —

— dasselbe. 16. u. 17. Jahrlauf. à 2 Hfte. Fol. (98 u. 8; 96 u. 8 S. m. Illustr.) Ebd. 890—892. à Jahrlauf n.n. 8. —

— dasselbe. 18. u. 19. Jahrlauf. Fol. (48 u. 3 u. 52 u. 16 S. m. Illustr.) Ebd. 893. à Jahrlauf n.n. 4. —

— dasselbe. 20. Jahrlauf. 2 Hfte. Fol. (98 u. 9 S. m. Abbildgn.) Ebd. 894. n.n. 8. —

Schau-in's-Land. Allerlei vißierung u. auch geschrieb'ner ding an tag gegeben vom Breisgau-Verein „Schau-in's-Land" zu Freiburg i/B. 21. Jahrlauf. 2 Hfte. Fol. (104 u. 8 S. m. Abb.) Freiburg i/B. 1895. 96. (E. Stoll.) n.n. 8. —

— dasselbe. 22.—24. Jahrlauf. 1895—1898. Fol. (VI, 48; III, 62 u. 6 u. 62 S. m. Abb.) Ebd. 897. 98. à Jahrg. n.n. 4. —

Schau-in's-Land. Allerlei vißierung u. auch geschrieb'ner ding an tag gegeben vom Breisgau-Verein „Schau-in's-Land" zu Freiburg i/B. 25. u. 26. Jahrlauf. 1898 u. 1899. Fol. (III, 103 u. 10 S. m. Abb. u. III, IV, 57, 8 u. 77 S. m. Abb.) Freiburg i/B. 899. 900. (K. Waibel.) à Jahrg. n.n. 8. —

— dasselbe. Verzeichniss der Namen, Sachen u. Abb. im I.—XXV. Jahrlauf. Bearb. von L. Korth u. H. Klenz. 2 Thle. Fol. (77 S.) Ebd. 899. n. 2. —

—— Jahrlauf 23–27. (ib. —) 1901. Jahrlauf 28. (Mit Tafeln.) (ib. —) 1902. Jahrlauf 29. (Mit Tafeln.) (ib. —) 1903. Jahrlauf 30. (ib. —) 1902. Jahrlauf 29ter (Mit Tafeln.) ib. — 1903. Jahrlauf 30ter ib. — 1904. Jahrlauf 31ter (Mit Tafeln.) ib. — 1905. Jahrlauf 32ter ib. — 1906. Jahrlauf 33ter (Mit Tafeln.) ib. — 1907. Jahrlauf 34ter ib. — 1908. Jahrlauf 35ter ib. — 1909. Jahrlauf 36ter (Mit Tafeln.) ib. — 1910. Jahrlauf 37ter ib. 1910. — 1911. Jahrlauf 38ter. (ib. —) 1912. Jahrlauf 39ter. (ib. —) 1913. Jahrlauf 40ter. (ib. —)

Schau-in's-Land. Allerlei vißierung u. auch geschrieb'ner ding an tag gegeben vom Breisgau-Verein „Schau-in's-Land" zu Freiburg i/B. 29. Jahrlauf. 1902. (144 u. 8 S. m. Abbildgn.) u. 2 farb. Taf.) Fol. Freiburg i/B. Schau-in's-Land-Verein. n. 8. —

Westerwälder Schauinsland. Monatsschrift d. Westerwald-Club. Jg. 1, No 1 (Marienberg) 1908: (Ebner). 4° (10. 3491 5

Beiträge zur Entwicklungsgeschichte und Anatomie der Wirbeltiere. Von Prof. Dr. H[ugo] Schauinsland. I. II. III. Mit 445 Abb. auf 56 Taf. Untersuchungen ausgef. mit Unterstütz. d. Kgl. Akad. d. Wiss. zu Berlin sowie d. Städt. Mus. f. Natur-, Völker- u. Handelskunde in Bremen. *Stuttgart: E. Nägele 1903.* (168 S.) 4°
= Zoologica. Bd 16. (03. 4490

Ein Besuch auf Molokai, der Insel der Aussätzigen. Von Prof. Dr. H[ugo] Schauinsland, Bremen. Mit 11 Bildertaf. nach Originalphotogr. u. Textill. *Bremen: M. Nössler 1900.* (33 S.) 8° (00. 11306

Schauinsland, H., Darwin u. seine Lehre, nebst krit. Bemerkgn. (Rede, geh. zur Feier des 100. Geburtstages des berühmten Forschers, am ... II. 1909, im naturwissenschaftl. Verein zu Bremen.) (Beilage zu Bd. XIX der Abh. d. nat. Ver. Bremen.) (39 S.) gr. 8. Bremen 909. F. Leuwer. — 75

Drei Monate auf einer Koralleninsel. (Laysan.) Nach einem Vortrag, geh. im Geogr. Verein zu Bremen. Von Prof. Dr [Hugo Hermann] Schauinsland in Bremen. *Bremen: M. Nössler 1899.* (104 S.) 8° (00. 13018

Schaukal, Rich., Buch der Seele. (Gedichte.) (IX, 113 S.) 8. München 908. G. Müller. 3.—; geb. in Halbperg. 4.50; Luxusausg. auf Bütten, geb. in Perg. 15. —

Schaukal, Rich., das Buch der Tage u. Träume. 2. vorb. u. verm. Ausg. der „Tage u. Träume" (1899). Mit dem Bilde des Verf. Titelzeichnung v. Heinr. Vogeler-Worpswede. 8. (XV, 119 S.) Leipzig 902. H. Seemann Nachf. n. 3. 50

(B) — Das Buch der Tage u. Träume. 902. (KBL 32.) Jetzt: München, G. Müller.

Wilhelm Busch. Von Richard Schaukal. *Berlin & Leipzig: Schuster & Loeffler [1904].* (72 S.) 8°
= Dichtung, Die. Bd 21. (04. 16706

— Einer, der seine Frau besucht u. andere Scenen. Dramatische Skizzen. 8. (167 S.) Linz 902. Wien, Österreich. Verlagsanstalt. n. 2. —; geb. n. 2. 50

— Eros Thanatos. Novellen. (VII, 263 S.) 8. Wien 906. Wiener Verlag. n. 5. —

— Eros Thanatos. 4 Erzählgn. 2. verb. Aufl. (IX, 183 S.) 8. München 910. G. Müller. 3.50; geb. 5. —

[F.] Richard Schaukal. Meine Gärten. Einsame Verse ... *Berlin: Schuster & Loeffler 1897.* (128 S.) 1 Bd 8. [97. 3517

Schaukal, Rich., Gedichte. 12. (114 S.) Dresden 893. E. Pierson. n. 1. 50; geb. m. Goldschn. n. 2. 50

Schaukal, Rich., ausgewählte Gedichte. (118 S.) kl. 8. Leipzig 904. Insel-Verlag. n. 2. —; geb. n. 3. —

— Vom Geschmack. Zeitgemässe Laienpredigten üb. das Thema Kultur. (XII, 192 S.) 8. Ebd. 910. 4. —; geb. 5. —

Richard Schaukal. Vom Geschmack. 2. verb. Aufl. München: G. Müller 1910. XII, 175 S. 8° [10. 6037

— Giorgione od. Gespräche üb. die Kunst. (IX, 244 S.) kl. 8. München 907. G. Müller. n. 3. —

— Grossmutter. Ein Buch v. Tod u. Leben. Gespräche m. einer Verstorbenen. 1. u. 2. Aufl. (229 S.) 8. Stuttgart 906. Deutsche Verlags-Anstalt. n. 3. — geb. n. 4. —

s.: Heine, Heinrich. Sein Leben in s. Liedern.

E. T. A. Hoffmann. Von Richard Schaukal. *Berlin, Leipzig: Schuster & Loeffler [1904].* (97 S.) 8°
— Dichtung. Die. Bd 12. [04. 2665

Schaukal, Richard: Intérieurs aus dem Leben der Zwanzigjährigen. Mit e. Vor-, Mittel- u. Nachw. Leipzig: Tiefenbach (1901). XIV, 234 S. 8°

— Intérieurs aus dem Leben d. Zwanzigjährigen, s. Bibliothek Tiefenbach. 19.

— Vom unsichtbaren Königreich. Versuche (1896—1909). (VIII, 229 S.) 8. München 910. G. Müller. 4.—; geb. 5. —

— Kapellmeister Kreisler. Dreizehn Vigilien aus e. Künstlerdasein. (Ein imaginäres Porträt.) (VII, 137 S.) 8. München 906. G. Müller. n. 3. 50

— Leben u. Meinungen des Herrn Andreas v. Balthesser, e. Dandy u. Dilettanten. Mitgeteilt v. Sch. 4. verb. Aufl. (VII, 196 S.) 8. Ebd. 908. 4.—; geb. 5.—; Luxusausg. 15. —
1. Aufl. (183 S.) 907. — 2. Aufl. (VII, 179 S.) 907. — 3. Aufl. (175 S.) 907.

— Literatur. 8 Gespräche. (IX, 96 S.) kl. 8. Ebd. 907. n. 2. —

— — Mimi Lynx. Eine Novelle. Leipzig, Insel-Verlag, 1904. 8°. 57 S. (Mk. 1—; Lwd. 2—.) (2 Mk., mit Dedic. an Bierbaum, Alicke. 1910.)
Mimi Lynx erzählt die Geschichte eines typischen Verhältnisses der sonderbar stimulierenden Liebe des zwanzigjährigen Jünglings zu einer fremden Frau.

Richard Dehmels Lyrik. Versuch e. Darstellung d. Grundzüge von Richard Schaukal. Leipzig: Verl. f. Lit., Kunst u. Musik 1908. (48 S.) 8° [F.]
= Beiträge z. Literaturgeschichte. H. 50. [08. 3806

— Die Mietwohnung. Eine Kulturfrage. Glossen. Mit e. Illustrations-Anh. (44 u. 14 S.) gr. 8. Darmstadt (907). Verlagsanstalt A. Koch. 1. 20

— — Nachdichtungen: Verlaine-Herédia. Berlin 1906, bei Osterheld & Co. (672 numer. Expll.) Gr. 8°. 83 S. Vergriffen! (8 Mk. Adolf Weigel, 1907; 5 Mk. 50 Pfg. Bernh. Liebisch, Lpz., 1909.)
Kurz besprochen in: Der Amethyst. 1906. S. 401.

— — Dasselbe. Luxusausgabe (nur Expl. 1—15) auf Japanpap. in Prgt. u. vom Autor signiert. Gr. 8°. (18 Kr. Gilhofer & Ranschburg, Wien, 1906.)

— Pierrot u. Columbine od. Das Lied von der Ehe. Ein Reigen Verse, m. Buchschmuck v. Heinr. Vogeler-Worpswede. gr. 8. (63 S.) Leipzig 902. H. Seemann Nachf. n. 3. —

(H) — Pierrot & Columbine. 902. (KBL 32.) Jetzt: München, G. Müller.

— Rückkehr. 1 Akt. 8. (42 S.) Ebd. 894. n. 1. —

— Schlemihle. 3 Novellen. (VII, 156 S.) 8. München 908. G. Müller. 2.50; geb. 3. 50

— Sehnsucht. gr. 8. (128 S.) München 900. (Leipzig, H. Dege.) 3. —

— Tage u. Träume. Gedichte. 12. (47 S.) Leipzig (900). C. F. Tiefenbach. Sep.-Cto. 1. —

— Tristia. Neue Gedichte aus d. J. 1897—98. 12. (VII, 110 S.) Leipzig 898. C. F. Tiefenbach, Sep.-Cto. 1. 50; erhöhter Pr. n. 2. —

— Verse (1892—1896). 12. (VI, 111 S.) Brünn 896. R. M. Rohrer. 2. —

— Verse (1892—1908). Der ausgewählten Gedichte 1. veränd. Tl. — Bilder. Der ausgewählten Gedichte 2. erweit. Tl. 2 Bde. (XVI, 112 u. VIII, 95 S.) 8. München 909. G. Müller. à 2.—; geb. à 3. —

— Von Tod zu Tod u. andere kleine Geschichten. 8. (V, 107 S.) Leipzig 902. H. Seemann Nachf. n. 3. —

— Vorabend. Ein Akt in Versen. 8. (VI, 51 S.) Ebd. (902). n. 2. —

Schauke, Moritz B. (Pseud.), s.a. Bauschke, Moritz Gustav

Schauke, Mor. B., Bilder aus d. Wirklichkeit. 8. (11 B.) Breslau 834, Verlags-Compt.

—— Distel-Blüthen. Bilder aus d. Leben. 8. (10 B.) Breslau 834, Verlags-Compt.

Schaukegel (Schaukegl), Josef

Schaukegel, I., Spicilegium histor. geneal. diplom. ex antiquiss. et florentiss. quondam agro Billungano c. tab. geneal. gr. 4. Vien. Schaumburg. 796.

SCHAUKEL, Die. Amsterdam 1894. 8°. 8 S. Lateinische Lettern. Mit 2 Photographien.
[B. VII, 133.]

Schaukelpferd, das, mit 6 verschied. Reitern (ausgeschnittene ill. Figuren u. Text). qu. 8. Dresd. 832. Friese. In Etuis. 18 ℊ

— das veränderl., e. Spiel für Kinder. Mit e. Schaukel, vielen in Kupfer gestoch. illum. u. ausgeschnitt. Figuren, Sätteln, Zäunen, Schabracken u. andern Bestandtheilen. 4. Wien 831. Müller. In Etuis. 2 ß

Schaul, Alexander (geb. Breslau [9.2.]1804): Sphygmologiae Avicennae conspectus. Vratislaviae (1828). (26 S.) 8°
Breslau, Med. Diss. v. 31. Dez. 1828

v. Schaul, Ed., Abend-Unterhaltungen für Freunde einer gemüthl. u. erheiternden Lektüre. 2e Ausg. gr. 12. Ulm 838. (Leipzig, Künzel.) 1 ß

Schaul, Ed. v., Abend-Unterhaltungen f. Freunde e. gemüthl. u. erheit. Lektüre. 2. Ausg. gr. 12. (4 B.) Ulm 838. (Leipzig, Künzel. ?)

v. Schaul, Ritter Ed., der Dalekarlier, od. die Macht des natürl. Gefühls. 8. Stuttg. 807. Sonnewald. 4 ℊ

— vollständ. deutsche, engl., französ. u. italien. Kalligraphie; nebst d. nothwend. Regeln. 8. Heilbr. 808.

— Panorama u. Schilderung des Reiches der Liebe. Mit 1 lith. Karte. 16. Ulm 832. (Augsb., v. Jenisch u. St.) 4 ℊ

— Panorama u. Schilderung d. Reiches d. Liebe. 2. Ausg. 16. (1¼ B. u. 1 lith. Karte.) Ulm 838. (Leipzig, Klein.)

— s. Tasso, Aminta.

— kalligraph. Vorschriften für sämmtl. öffentl. Schulen in Würtemberg. 4. Heilbr. 810. Claß. 22 ℊ Dies. im Ausz. 4. Ebd. 810. 5 ℊ

— Vorschriften zum Schönschreiben. 4. Osnabr., Crone. 21 ℊ

Schaul, Jean Nicolas: Rede gehalten bei der Geburtsfeier Sr. Majestät des Kaisers von Deutschland, am 22. März 1877, zu Altkirch. Luxemburg: V. Bück 1878. 8 S. 8°

Schaul, Johann Baptist

Schaul, Jh. Bapt., († d. 23. Aug. 1822) Briefe über den Geschmack in d. Musik, oder: üb. Tonkunst d. ber. Tonkünstler etc. 8. Karlsr. 809. Braun. 20 ℊ

Schaul, J. B., Briefe üb. d. Geschmack in d. Musik. 8. Carlsruhe, Macklot, 809.

— Conversazioni istruttive all' uso degli amanti della lingua e letteratura italiani e delle belli arti. II Voll. gr. 8. Frankf. a. M. 809. Fr. Wilmans. 1 ß 12 ℊ

Schaul, Johann Baptist. s. Fenelon's Gespräche.

— italien. Grammatik f. Frauenzimmer. Mit Vorwort von F. Ghr. Franz I. gr. 8. Ulm 824. Stettin. 1 ß

Schaul, J(ohann) B(aptist) (Übers.):

s.: Kern, Vincenz (von): Anleitung für Wundärzte zur Einführung einer einfachern, natürlichern und minder kostspieligen Methode, die Verwundeten zu heilen. (Avis aux chirurgiens pour les engager à accepter et à introduire une méthode plus simple, plus naturelle et moins dispendieuse dans le pansement des blêssés. Dt.) Stuttgart: 1810

JB 3.592

Schaul, J. B., s. Legrand, d. sehende Blinde. – s. Legouvé, d. Tod Heinrichs IV. – s. Raynouard, die Templer.

– s. Tasso: Jerusalem.

– s. V. Villicaja: Ode.

– s. Voltaire: Semiramis.

SCHAULE, Franz Xaver (Baisweil): Über einen Fall von Compressionsmyelitis.- München: Wolf 1895. 25 S.
15.3.1895 – Chr 1894/95,22; Jv 1895/96,228
Diss. Ingolst.-Landsh.-Mchn.

Der Kinder Schaulust. 8. (16 S. mit Bildern in Farbendruck.) Eleg. cart. Wien, *Garay & Cie. 100 Expl. 9 fl. 60 kr. netto.
1884

Schaum und Blasen der Revolution. Zeitbilder . . . Darmst. 1850. V: *Reh, Carl Ludwig Friedrich.* (GGr)

Schaum und Blasen der Revolution. Zeitbilder eines polit. Guckkastenmanns von K. L. R. (Gedichte.) 8. (109 S.) Darmstadt 850, d. Auto. *

Schaum, Kriegslieder. In Musik gesetzt u. zum Besten verwund. Krieger herausgegeben. Querfol. 815.

Schaum. Gesammelte Lieder von Nautilus. gr. 16. (88 S.) Leipzig 888, Verlag des Litterar. Jahresberichts [A. Seemann]. *
geb. mit Goldschn. *

Schaum, Alwin. Über β-Aminopyrrolidine. Diss. Phil. Basel. 31 S. 8. Basel, Fr. Reinhardt. 1901.

Schaum, Gust. Karte d. Kreises Mülheim a. Rh. Chromolithogr. qu. 4. Bielefeld 889, Helmich. ** — 25

[S.] Verzeichniss der Alten Burschenschafter nach dem Stande vom August 1893. Im Auftr. d. Vereinigg alter Burschenschafter gesamm. u. hrsg. v. Vorort Marburg. (Vf.: Gust. Schaum. Vorr.: Theobald Fischer.) Leipzig: C. Jacobsen (1893). (IV S., 2 Bl., 311 S.) 1 Bd 8. [illegible]

Schaum, Hermann (Rudolf)

Schaum, Herm. Rud., Analecta entomologica. (Dissert. inaug.) 8maj. (3½ B. u. 1 col. Kpfrt.) Halis Sax. 841. (Lipsiae, Voss.) *

Schaum, Herm., Bericht über die wissenschaftl. Leistungen im Gebiete der Entomologie während des J. 1848. gr. 8. (212 S.) Berlin 850, Nicolai. n. 1⅓ ß — während des J. 1849. gr. 8. (114 S.) Ebd. 851. n. ⅚ ß — während des J. 1850. gr. 8. (128 S.) Ebd. 852. n. 1 ß (Die frühern Jahrgänge siehe: Erichson, W. F.)

Schaum, Herm., Berichte über die wissenschaftlichen Leistungen im Gebiete der Entomologie während der Jahre 1850—52. gr. 8. Berlin, Nicolaische Buchh. [1850 (128 S.) 51. (152 S.) 52. (146 S.) 852—54. à * 1 Thlr.] *

Schaum, Herm., Bericht über die wissenschaftlichen Leistungen im Gebiete der Entomologie während des Jahres 1851. Berlin 853. Nicolai'sche Verlhdlg. gr. 8. (152 S.) n. 1 ₰.

Schaum, H., Catalogus coleopterorum, s. a. Catalogus.

Schaum, H. Catalogus Coleopterorum Europae. Herausgegeben mit G. Kraatz und H. v. Kiesenwetter. Berlin 1859.

Schaum, H., Catalogus coleopterorum Europae. Editio II. aucta et emendata. gr. 8. (130 S.) Berlin 862, Nicolai'sche Verlagsh. *

Schaum, Hermann: Ueber einen Fall von Maelena [vielm.: Melaena] bedingt durch syphilitische Lebercirrhose. München 1906: Kastner & Callwey. (20 S.) 8°
München, Med. Fak., Ref. v. Bollinger, Diss. v. 13. Mai 1907
[Geb. 17. Apr. 82 Frankfurt a. M.; Wohnort: Frankfurt; Staatsangeh.: Preußen; Vorbildung: Lessing-Gymn. Frankfurt Reife O. 01; Studium: Bonn 3, München 4, Kiel 1, Berlin 1, München 2 S.; Coll. 13. Mai 07; Approb. 30. Apr. 07.]

Schaum, H. Hemipteren aus Mossambique. 1853.

—— Naturgeschichte der Insecten Deutschlands, s. Erichson, W. F.

Schaum, H. Orthopteren aus Mossambique. 1853.

Schaum, Hermann Rudolph Dr. med. [Halle 30. 11. 1841]: *Revision der Familie der Fulgorellae (Leuchtzirpen) aus der Ordnung der Insecta hemiptera. 36 gez. Bl. 8° (4°)
Halle-Wittenberg, Phil. Diss. v. 3. Juli 1849
Geb. [Glauchau (Sachs.) 29. 4. 1819]

Schaum, Herm(annus) Rud(olphus): Symbolae ad monographiam Scydmaenorum, insectorum generis. Halis (1841): Schimmelpfennig. 31 S. 8°
Halle-Wittenberg. Med. Diss. v. 30. Nov. 1841
Geb. Glauchau (Sachs.) [29. 4.] 1819. V.
Im Buchhandel 1841 bei Voss in Leipzig u. d. T.: Analecta entomologica. Cum tabula aenea (et color.).

Vom Verf. ersch. als Forts. dieser Studien: Nachträge zur Monographie der Gattung Scydmaenus. In: Zeitschrift f. d. Entomologie, hrsg. v. Germar. Bd. 5. Leipzig 1844. S. 459—472; und: Ueber die Scydmaenen in Dejean's Sammlung. In: Entomologische Zeitung. Bd. 5. Stettin 1844. S. 193—199.

Schaum, H. Verzeichniss der Lamellicornia Melitophila. Stettin 1848.

Schaum, H., s. Zeitung, entomologische.

Schaum, J. C., Über einige in der Gegend von Braunfels gefundene Alterthümer. Mit einigen Nachbildungen (auf 11 Tafeln). O. O. (Wetzl.) 815. 4. (77 S.)

— die fürstl. Alterthümer-Sammlung zu Braunfels. Mit Nachbildungen (auf 12 Tafeln). O. O. (Wetzl.) 819. 4. (94 S.)

Schaum, J. C., das Grafen- u. Fürstenhaus Solms ist gleichzeitig mit d. Hause Nassau aus Salischem Königsstamme erblühet, u. dessen ältest. Stammsitz Braunfels. Ein Beitr. zur Beleuchtung d. Wenkischen Hypothese. Mit vollständ. Stammtafel der Solms-Bernhardischen Linie 2c. Mit 4 Steintaf. 4. Frankf. a. M. 828. Hermann. 2 ₰ 20 ₰

Schaum, J. C., das Grafen- u. Fürstenhaus Solms ist gleichzeitig mit d. Hause Nassau aus Salischem Königs-Stamme erblühet u. dess. ältester Stammsitz Braunfels. Ein Beitr. zur Beleucht. d. Wenkischen Hypothese. Mit vollständ. Stammtaf. d. Solms-Bernhardschen Linie, einigen biograph. Notizzen u. Siegelzeichn., d. Wappengeschichte erläuternd. 4. (52 B., 16 Tab., Fol. u. 4 Stnt.) Frankfurt a. M. 828, [Kettembeil.]

Schaum, J. O. H. Ueber den Bau der Violinen, Bratschen, Violoncells und Violons. Aus dem Italienischen [des Antonio Bagatella]. Leipzig.(1807)

Schaum, üb. d. Bau d. Violinen, Bratschen, Violoncells u. Violons, a. d. Ital. m. K. Lpz. Kühnel.

Schaum, ..., üb. den Bau der Violinen, Bratschen, Violoncells u. Violons; aus d. Italien. Mit Kpf. Leipz., Peters. 10 ₰

Schaum, J O H [Übers.]
s. Boccaccio, G.: Sämtliche Werke. 1827-1831.

Schaum, J. H. O., s. K. Botta, Gesch. des Krieges.

Schaum, Karl [Dr. phil.]: Die Arten der Isomerie. E. krit. Studie ... Marburg a. L., O. Ehrhardt's Buchdr., 1897; 56 S. 8.
Marburg, Phil. Fak., Hab.-Schr. v. 20. Febr. 1897

Schaum, Karl, die Arten d. Isomerie. Eine krit. Studie. Habilitationsschrift. Anastatischer Neudr. gr. 8. (56 S. m. Fig.) Marburg 897 (899). N. G. Elwert's Verlag. n. 2.—

Schaum, Carl [aus Frankfurt a. M.]: Die Ketochloride des Phenols ... Marburg, Buchdr. F. Sömmering, 1893; 48 S., 1 Bl. 8.
Marburg, Phil. Fak., Inaug.-Diss. v. [20. Juni] 1893

Schaum, Karl, u. Ernst Teichmann, Kraft u. Leben in der Natur, s.: Dittr's deutsche Bibliothek. 16. Bd.

Photochemie und Photographie. Von Dr. Karl **Schaum**. T. 1. Leipzig: J. A. Barth 1908. 4°(8°)
— **Handbuch** d. angewandten physikal. Chemie. Bd 9. (08 1809

— s.: **Zeitschrift f. wissenschaftliche Photographie.**

Schaum, *Philipp Ludwig Wilhelm* De consecratione domus Ciceronianae. 4 (S. 3—8). **Progr.** G. *Mainz* 1889 (598).

Schauman, Frans Ludvig von

Schaumann, Frz. Ludw., die große Hauptsache u. Hauptwahrheit d. Christenthums ist die, daß Jesus Christus der Sohn d. lebendigen Gottes ist. [Aus „der Wahrheits-Zeuge."] Frei übers. u. erweitert. 8. (32 S.) Berlin 872. E. Beck in Comm. n. — 25

Die perniciöse Anämie im Lichte der modernen Gifthypothese von **Ossian Schauman.** (Helsingfors). *Leipzig: Breitkopf & Härtel 1900.* (52 S.) 8°
— **Sammlung** klinischer Vorträge. No 287.

Schaumann, Ossian, zur Kenntniss der sogenannten Bothriocephalus-Anämie. Akademische Abhandlg. gr. 8. (IV, 214 S. m. 2 farb. Taf.) Helsingfors 894. (Berlin, A. Hirschwald.) n. 8. —

Schaumann, Allen das Eine, Jedem das Seine! Pfingsten, s.: In des Königs Rock.

Schaumann, Adolf Friedrich Heinrich

Schaumann, A. F. H., die Akten des ersten schriftl. Processes in Deutschland nach Römisch-Canonischen Formen. Ein Beitrag zur Geschichte des gerichtl. Verfahrens. gr. 8. (45 S.) Jena 847, Frommann. 1/3 ₰

Schaumann, A(d.) F(riedr.) H(einr.), die Akten des ersten schriftl. Processes in Deutschland nach römisch-canonischen Formen. Ein Beitrag zur Geschichte des gerichtl. Verfahrens. gr. 8. (45 S.) Jena 850, Frommann.

Schaumann, Adolf Friedrich Heinrich: Animadversiones aliquot palaeographicae et diplomaticae. Ad orationem qua professionem historiarum ordinariam aditurus est audiendam invitat Adolfus Friedericus Henricus Schaumann. Jenae. 1847. 4°

Schaumann, Ad. Friedr. Heinr., vaterländ. Archiv des histor. Vereins f. Niedersachsen, s. Archiv.

Schaumann, A. J. H.: „Die goslarschen Berggesetze des vierzehnten Jahrhunderts. Aus einem Codex des goslarschen Archivs herausgegeben", Hannover 1842 — Vorh.: Preuß. Oberbergamt Dortmund — E. I. 104.

— s. Berggesetze, die goslarschen.

Schaumann, Ado. Friedr. Heinr., üb. d. Chronicon Corbejense bei Wedekind, Noten. Bd. 1. pag. 374—99. gr. 8. (6 B.) Göttingen 839, Dieterichsche Buchh.

—— zur Geschichte der Eroberung Englands durch german. Stämme. gr. 8. (3 1/8 B.) Göttingen 845, Vandenhoeck u. Ruprecht.
Aus: Göttinger Studien 1845, besond. abgedruckt.

Schaumann, A. F. H., Geschichte der Erwerbung der Krone Großbritanniens von Seiten des Hauses Hannover. Aus Akten u. Urkunden des Archivs zu Hannover u. den Manual-Akten Leibnitz's. 8. (VII, 125 S.) Hannover 878. Rümpler? n. 2. 40

Schaumann, A. F. H., Geschichte der Erwerbung der Krone Großbritanniens von Seiten des Hauses Hannover. 8. Hannover 878. Berlin, H. R. Mecklenburg. * 2 40

—— Geschichte des zweiten pariser Friedens f. Deutschland. Aus Aktenstücken. gr. 8. (28 3/4 B.) Göttingen 844, Vandenhoeck u. Ruprecht.

— Geschichte der Grafen von Valkenstein am Harze bis zu deren Ausgang 1332. Aus Urkunden u. historischen Quellen zusammengestellt. Mit Titelkpfr. u. 5 Holzschn. Lex. 8. (XII u. 206 S. m. 1 Stammtaf. in gr. 4.) Berlin 847, A. Duncker. n. 1 ₰ 26 ngl

—— Geschichte der Grafen v. Valkenstein am Harze bis zu deren Ausgang 1332. Aus Urkunden und histor. Quellen zusammengestellt. Lex.-8. (XII und 206 S. mit Ttlkpfr., 5 Holzschn. und 1 Stammtaf. in gr. 4.) Berlin 847. [Frankfurt a. M., Jos. Baer.] *

—— Geschichte d. niedersächs. Volks, von dess. erstem Hervortreten auf deutsch. Boden an bis z. J. 1180. Eine v. d. Societät d. Wissensch. zu Göttingen bei d. 100jähr. Jubelfeier d. Univers. am 18. Sept. 1837 gekr. Preisschr. gr. 8. (38 3/4 B. u. 4 Stnt., incl. 2 Karten.) Göttingen 839, Dieterichsche Buchh.

Schaumann, A. F. H., Handbuch der Geschichte der Lande Hannover und Braunschweig. Zum Gebrauch beim Unterricht in den oberen Classen der höheren vaterländ. Lehranstalten. gr. 8. (XVI und 419 S.) Hannover 864, Hahn'sche Hofbuchh. *

— kurze Randglossen zu dem Entwurf eines deutschen Reichs-Grundgesetzes. [Aus der Minerva abgedr.] 8. (46 S.) Jena 848, Bran. 6 ngl

— Sophie Dorothea. Prinzessin v. Ahlden, u. Kurfürstin Sophie von Hannover. Aus archival. Quellen. Mit 4 Portr. (in Holzschn.) u. einer Stammtaf. gr. 8. (88 S.) Hannover 879. Klindworth. cart. 3. 60

(Schaumann [illegible] Aus dem [illegible] Schaumann [illegible] Deutsche [illegible] Geographie und Statistik. Jahrg. 6. Heft 10 [illegible] Wien [illegible])

Schaumann, C., der „Kahlbutz" bei Campehl bei Neustadt a. d. Donau. gr. 8. (8 S.) Berlin 878, Weile. — 15
Aus: Der Bär, besonders abgedruckt.

Schaumann, E., praktische Anleitung zur Abfassung von Briefen, s. Anleitung.

Schaumann, E., praktische Anleitung zur Abfassung von Briefen und Geschäfts-Aufsätzen. Bearb. von einem Vereine von Lehrern etc. 2. verm. u. verb. Aufl. Gießen 853. Heyer. 12. (VI, 90 S.) n. 4 ngr

Schaumann, E., praktische Anleitung zur Abfassung v. Briefen u. Geschäfts-Aufsätzen. Für Schule u. Haus bearb. 3. verb. u. beträchtlich verm. Aufl. 8. (VI, 272 S.) Gießen 875. Heinemann. n. 1. 20

Schaumann, E., Leitfaden für den ersten Unterricht in der deutschen Sprachlehre. 2. verb. Aufl. Gießen 864. Heinemann. 8. (IV, 24 S.) n. 2 ngr

—— Lesebuch für die mittleren Klassen deutscher Volksschulen. Unter Mitwirkung eines Vereins von Lehrern bearb. und hrsg. 2., verb. Aufl. 8. (VIII und 256 S.) Gießen 864, Heinemann.

Schaumann, E., s. Schulblatt für das Großherz. Hessen.

Schaumann, E., die Weltgeschichte für den Schulgebrauch bearb. 2 (Thle.) 8. Gießen, [Heinemann.] *
Inhalt:
(Thl.) 1. Geschichte vor Christus. (VI und 97 S.) 858. * 6 Ngr.
„ 2. Geschichte nach Christus. (IV und 164 S.) 860. * 10 Ngr.

— die Weltgeschichte für den Schulgebrauch bearb. I. Geschichte vor Christus. Gießen 858. Heyer. 8. (VI, 97 S.) 6 ngr

— die Weltgeschichte für den Schulgebrauch bearb. II. Geschichte nach Christus. Ebend. 860. 8. (IV, 164 S.) n. 10 ngr

— — (I u. II.) 2. verb. Aufl. Ebend. 862. 8. (XII, 276 S.) n. 12 ngr

—— die Weltgeschichte für den Schulgebrauch bearb. 2., verb. Aufl. 8. (XII und 276 S.) Gießen 862, Heinemann. *

Schaumann, E., die Weltgeschichte für den Schulgebrauch bearb. 3. verb. Aufl. Gießen 870. Heinemann. 8. (XII, 278 S.) n. 12 ngr

Schaumann, Ernst, deutsche Chrestomathie, s. Chrestomathie.

—— disciplinae artesque praestantissimae. In us. scholar. et acad. breviter expositae. 8. Giessae 824, Heyer sen.

— für Geist u. Herz, e. Samml. deutscher Dichtungen. 13—38 Bdchen. 12. Büding. 829—32. Heller. (Frkf. a. M., Guilhaumann). (à 4 gr.) 16 gr.

— für Geist u. Herz, s. Für.

Schaumann, Er., s. Homer's Odyssee. — dess. Werke.

Schaumann, Hartmannus Ernestus (Giessen)
Observationes in Theocritum.
Giesae: Schröder 1820. 20 S.
Diss. phil. 8.2.1820. vorh. 7.

Schaumann, H. E., Observationes in Theocritum. Giess. 820. Fasc. I. 4. (20 S.)

— observationes in Theocritum. Fasc. I. 4. Giessen 823. (Heyer).

—— Prolegomena ad Demosthenem, sive de vita et orationibus Demosthenis libellus. In us. juventut. graecar. litterar. studiosae scripsit. 8 maj. (4 B.) Primislaviae 829, [Kalbersberg.]

— Prolegomena ad Demosthenem, sive de vita et orationibus Demosthenis libellus. In usum juventutis graecarum litterarum studiosae scripsit. 8maj. Prenzlau 829. Ragoczy. 8 gl.

Schaumann Ernst: Studien zu Notkers Mischprosa. 1908 PN 2480 Diss. 258

Schaumann, Ernst, s. Übersetzungsbibliothek.

Schaumann, Er., auctorum illustrium et classicorum vitae. Fasc. I. 4. Büding. 825. Heller.

Schaumann, Franz

Schaumann, Frz., aus der Burschenzeit. Der Roman eines Freundes. [1874.] Eine lyr. Novelle, den Studenten Wiens erzählt u. gewidmet von F. S. Spectavir. 12. (60 S.) Wien 880. Verlag der „Alma Mater"; Perles in Comm. n. 1. 60

Schaumann, Franz Ludwig von, s. Schauman, Frans Luvig von.

Schaumann, Friedrich [aus Heiligenfelde bei Syke, Apotheker am neuen allg. Krankenhause zu Hamburg-Eppendorf]: Bestimmung von Glycerin im Wein, nebst Notizen über sächsisch-thüring. Weine ... (Aus: Zeitschr. f. Naturwiss. Bd 64. — M. 1 Taf.) Halle a/S., Gebauer-Schwetschke'sche Buchdr., 1891; 72 S., 1 Bl. 8.
Erlangen, Phil. Fak., Inaug.-Diss. v. 1891

SCHAUMANN, F.
Bestimmung von Glycerin im Wein, nebst Notizen über sächsisch-thüringische Weine. Erlangen, 1892. 8vo.

Schaumann, Geo. Adam., († 1790.) s. Charaden u. Logogryphen, nach Salzmanns Methode. (v. G. F. B....r u. G. A. Schaumann).

Schaumann, George, Beiträge zur Jodometrie der Superoxyde. Diss. gr. 8. (39 S.) Freiburg i/B. 901. Speyer & Kaerner. n. 1.—

Schaumann, Gustav

Schaumann, G., s.: Bau- u. Kunstdenkmäler, die, der freien u. Hansestadt Lübeck.

Schaumann, Gustav: Petrikirche ..., s. Hirsch, Fritz

Schaumann, Gustav, aus Kampehl: Religion und religiöse Erziehung bei Rousseau. *Leipzig 1902: Spamer.* (76 S.) 8°
Erlangen, Phil. Diss. v. 8. Mai 1901

Religion und religiöse Erziehung bei Rousseau von Dr. Gustav Schaumann, Pfarrer in Wuschewier. *Leipzig: Siegismund & Volkening [1902].* (80 S.) 8°
- Sammelmappe, Pädagogische. H. 181.

Schaumann, Gustav. Religion und religiöse Erziehung bei (Jean-Jacques) Rousseau. 2. Aufl. IV + 80 S. 8. Leipzig, Siegismund & Volkening, [1905]. (M. 1. 20, cart. 1. 40)
Pädagogische Sammelmappe. Eine Sammlung wichtiger und zeitgemässer Abhandlungen, Vorträge etc. für Erziehung und Unterricht. Hrg. von L. Mittenzwey... Heft 181...

Schaumann, Hartmann Ernst, s. Schaumann, Ernst.

Schaumann, Heinr., Darstellung von Metadinitrobenzol aus Metadinitrosalicylsäure und von β-Dinitrophenol aus β-Metanitrosalicylsäure. Inaugural-Dissertation. gr. 8. (30 S.) Göttingen 879, (Vandenhoeck und Ruprecht's Verlag.) * — 60

Die Ätiologie der Beriberi unter Berücks. des gesamten Phosphorstoffwechsels. Von Dr. H[ugo] Schaumann. (Aus d. Inst. f. Schiffs- u. Tropenkrankh. in Hamburg.) Mit 41 Abb. Leipzig: J. A. Barth 1910. 397 S. 8°
(Archiv f. Schiffs- u. Tropenhygiene. Bd 14, Beih. 8.)

Schaumann, Hugo [app. Arzt aus Hamburg]: Beitrag zur Kenntnis der Gynaekomastie ... Würzburg, Druck d. Stahel'schen k. Hof-Buchdr., 1894; 2 Bl., 22 S. 8.
Würzburg, Med. Fak., Inaug.-Diss. v. 1894

— Pharmakologische u. chemisch-physiologische Studien üb. Chinin, s.: Archiv f. Schiffs- u. Tropenhygiene. Beihefte XI, 3. (Giemsa, G.)

Schaumann, Johann Christian Gottlieb

SCHAUMANN, J. Ch. Gli.: Krit. Abhandll. zur philos. Rechtslehre. *Halle*, Gebauer. 795. 8. (18 Gr.)

Schaumann, Jh. Chr. Gli., († 1821.) Aphorismen zur Logik u. Metaphysik; anstatt d. Diktaten f. meine Zuhörer. 8. Giessen 793.

J. Ch. Gli. **Schaumann** üb. d. transcend. Aesthetik, nebst e. Schr. an — *Feder* üb. d. transcend. Idealismus. *Lpz.*, Weidmann. B. 789. 8° 10 gl

J. Ch. Gli. **Schaumann's** Elemente d. allgem. Logik, nebst e. kurzen Abrisse d. Metaphysik. *Giess.*, Krieger. 795. 8° 1 ß

— Erklär. üb. Fichte's Appellation u. üb. d. Anklagen gegen die Philosophie. Beilage zu Fichte's Schrift. 8. Gieß. 799. Heyer. 10 gl

— Geschichte d. Republ. Frankreich unt. d. Directorialreg. s. Geschichte.

SCHAUMANN, Joh. Chr. Gli.: Ideen zu ein. Criminalpsychologie. *Halle*, Gebauer. 792. 8. (9 Gr.)

Schaumann, Jo. Chr. G., Ideen zu e. Kriminalpsychologie. 132 S. Halle. 8°.

SCHAUMANN, J. Ch. Gli.: Mann u. Weib, od. Deduction d. Ehe; e. Beytr. z. Bericht. d. Missverständnn. d. *Ficht.* Ideen. *Hadamar*, n. gel. Bchh. 802. 8. (2 Gr.)

— Mann u. Weib, oder Deduction der Ehe. 8. Hadam. 802. (Lanz in Weilb.) 2 gl.

— Methodologie des Nachdenkens; e. logisches Lehrb. für Gymnasien u. Universitäten. 8. ... 796.

J. Ch. Gli. **Schaumann's** Moral, zunächst für seine Zuhörer. *Giess.*, Heyer. 796. 8° 16 gl

— Moralphilosophie. 8. Gießen 796. Heyer. 12 gl

Schaumann, Jo. Chr. G., Moral. 185 S. Gießen. 8°. 1796

J. Ch. Gli. **Schaumann's** wissenschaftl. Naturrecht. *Halle*, Gebauer. 792. 8° 1 ß 8 gl

— wissenschaftl. Naturrecht. 8. Halle 793. Gebauer. 1 ß 6 gl

— Philosophie d. Religion. 8. Ebend. 793.

J. Ch. Gli. **Schaumann's** Philosophie der Religion überh. u. d. christl. Glaubens insbes. *Halle*, Gebauer. 793. 8° 14 gl

J. Ch. Gli. **Schaumann's** Psyche, od. Unterhaltt. üb. d. Seele, f. Leser u. Leserinnen. *Halle*, Waisenh. B. 791. 2 Thle. 8° 1 ß 6 gl

Schaumann, J. C. G., Psyche od. Unterhaltungen üb. d. Seele. 294 S. Halle. 8°.
1791

— üb. die Transcendentalästhetik. 8. Lpz. 789. Weidmann. 10 gl

Schaumann, Jh. Chr. Gli., Versuch über Aufklärung, Frei- und Gleichheit, in Briefen. 8°. Halle, Gebauer, 1793.

Schaumann, Jo. Chr. G., Versuch üb. Aufklärung, Freiheit u. Gleichheit. In Briefen, 152 S. Halle. 8°.
1793

Schaumann, Johann Christian Gottlieb: „Versuch eines neuen Systems des natürlichen Rechts", 2 Teile, Halle 1796. — Vorh.: Bibl. des Oberlandesgerichts Celle — An. 24.

— eine Vorlesung üb. die Lehren d. Philosophie aus dem Tode. 8. Gießen 794.

Schaumann, Karl [aus Kampehl]: **Ueber den Einfluss des Chlorkaliums, Chlornatriums und des Chlorrubidiums auf die Stickstoffausscheidung beim Menschen ... Halle a. S., Hofbuchdr. v. C. A. Kaemmerer & C., 1893; 24 S., 2 Bl. 8.**
Halle, Med. Fak., Inaug.-Diss. v. 14. Aug. 1893

SCHAUMANN, Karl (Linden b.Hannover): Spontanruptur der Blase nach Cystitis.- München: Fastner & Callwey 1905. 21 S.
23.3.1905 - Chr 1904/05,15; Jv 1904/05,455 (Prom.-Datum: 19.6.1905)
Diss. Ingolst.-Landsh.-Mchn.

Schaumann, L.

(v. SCHAUMANN:) Allg. Betrachtt. üb. Recht, Staat u. Strafe. *Leipz.* 818.

— über Recht, Staat u. Strafe. 8. Gießen 818.

Schaumann, L. Die militairischen Ereignisse während des chilen. Bürgerkrieges 1891. Berlin 1892. 8°. (Bh. z. M. W. B.)

Schaumann, die militärischen Ereignisse während d. chilenischen Bürgerkrieges im J. 1891, s.a. Beiheft zum Militär-Wochenblatt.

Schaumann, L., meine Erlebnisse in der Schlacht bei Vionville—Mars la Tour am 16. Aug. 1870 u. die Darstellg. d. Kampfes bei Mars la Tour nach d. „Kriegslehren in kriegsgeschichtl. Beispielen der Neuzeit von W. v. Scherff", s.: Beiheft z. Militär-Wochenblatt, 1895, Hft. 4.

Schaumann, L., die rechtl. Verhältnisse d. legitimen Fürsten, des Usurpators und des unterjochten Volkes. gr. 8. Cassel, (Luckhardt.) 820.

Schaumann, L., die rechtl. Verhältnisse d. legitimen Fürsten, des Usurpators u. des unterjochten Volkes. gr. 8. Cassel 821. (Luthardt). 8 gl

Schaumann, Ludwig, aus Altona a. Elbe: **Über β-Benzyltetrahydroisochinolin und demselben nahestehende Körper, nebst Beiträgen zur Kenntnis des α-Benzylisochinolins.** *Kiel 1903: H. Fiencke.* (46 S.) 8°
Kiel, Phil. Diss. v. [12. Juli] 1903

Schaumann, Ossian. s. Schauman, Ossian.

Schaumann, Otto, Gesangbuch zum Gebrauch bei Schulandachten und beim Religionsunterricht. 16. (72 S.) Kattowitz 878, Gierth und Werner. * — 40
Ausg. mit Anhang (132 S.) * 60

Schaumann, P. G., die Höhe der Hamburger Sturmfluthen, vorausbestimmt nach den betreffenden Cuxhavener Wasserständen. Hamburg 857. Jowien. gr. 8. (25 S.) n. 6 ngr.

Schaumann, Peter: Husumsche Jubel-Sachen, zum Andenken des daselbst Anno 1760, den 16. 17. und 20. October. höchsterwünscht gefeierten Dänischen Erb-Souverainetäts-Jubelfestes. Flensburg 1761. Fol.

Schaumann, Peter: Nova lex scholastica, iubente Friderico Quinto, rege Daniae etc., 1763. scholae Husumensi solemni ritu constituetur ... simulque nonnulla eius legis capita breviter illustrat. Flensburgi. (1763.)

(Schaumann, Peter:) Erneuerte Husumsche Schul-Ordnung. Flensburg. 1763. 8°

Schaumann, Peter: Kurze Vertheidigung des göttlichen Wortes gegen die Anmaßungen der Philosophie in Absicht der wahren Besserung der Welt. Flensburg. 1770. 8°
Husumer Gymn.-Progr.

Schaumann, Reinhard [aus São Paulo (Brasilien)]: **Die neueren Fälle von Trepanation an der chirurg. Klinik zu Bonn. ... Siegburg, Druck v. Wilh. Reckinger, 1889; 48 S. 8°.**
Bonn, Med. Fak., Inaug.-Diss. v. 16. März 1889

Schaumberg, Anton: Bogen und Bogenschütze bei den Griechen mit besonderer Rücksicht auf die Denkmäler bis zum Ausgang des archaischen Stils. Nürnberg 1910: Hilz. 143 S. 8°
Erlangen, Phil. Diss. v. 5. Nov. 1910, Ref. Curtius
[Geb. 26. Sept. 85 Nürnberg; Wohnort: Nürnberg; Staatsangeh.: Bayern; Vorbildung: Neues Gymn. Nürnberg Reife 05; Studium: München 5, Kiel 1, Erlangen 4 S.; Rig. 29. Juni 10.] [U 11. 996

Schaumberg, August, approb. Arzt aus Würzburg: Über Russeinlagerungen in Kinderlungen. *Erlangen 1900: A. Vollrath.* (25 S.) 8°
Erlangen, Med. Diss. v. 4. Juli 1900

Schaumberg, Geo., s. a. Hoffmann-Schaumberg, Geo.

Schaumberg, Geo., Backfischstreiche, s.: Album f. Liebhaber-Bühnen.

Schaumberg, G., Backfischstreiche, s.: Dilettanten-Mappe.

Dies irae u. andere Gedichte von Georg **Schaumberg.** Mit d. Portr. d. Dichters. München: E. Albert & Co. [1893]. (VII, 124 S.) 8° [Ant. u. F.] [07. 8770

Schaumberg, Georg: Kleine Geheimnisse, s. Dilettanten-Mappe.

Schaumberg, G., e. gründliche Kur, s.: Album f. Liebhaber-Bühnen.

[F.] Aus schönem **Munde.** E. Sammlg ausgew. Deklamationsstücke f. Damen. Hrsg. v. Georg **Schaumberg.** *Berlin: M. Böhm [1894].* (23 S.) 1 Bd 8. [98. 8074

(Sch[aumberg], G[eor]g. [und] B[eck], G[ottfried].) Robert Seidel. Zu seinem sechzigsten Geburtstag, 23. November 1910. [Mit 1 Porträt-Tafel.] 16 S. 8. Zürich, Orell Füssli, 1910. [fr. —.40]

— der Tag v. Sedan, s.: Theater-Bibliothek f. Vereine.

Schaumberg, Geo., wer zahlt den Punsch? Sylvester-Scherz in 1 Akt. 12. (16 S.) Berlin (894). M. Böhm. 1.50

Schaumberg, Ludwig

Schaumberg, L., Kämpfe den guten Kampf des Glaubens! Predigt über 2. Tim. 4, 7. 8. bei der Beerdigung der Wirthin A. B. Bußer zu Brachstadt am 4. März 1856 gehalten. gr. 8. (15 S.) Nördlingen 856, Beck'sche Buchh.

SCHAUMBERG, Ludwig (Augsburg): Der Perubalsam und seine therapeutische Verwendung bei Tuberkulose der Knochen, der Drüsen und der Haut.- Augsburg: Himmer 1890. 28 S.,1 Bl.
19.12.1890 - Chr 1890/91,19; Jv 1890/91,235 (Prom.-Datum: 1891)
Diss. Ingolst.-Landsh.-Mchn.

Schaumberg, Ludw., seid geduldig, lieben Brüder; denn die Zukunft des Herrn ist nahe! Synodalpredigt über Jac. 5, 7. u. 8. am 5. August 1868. Nürnberg 869. Löhe. 16. (20 S.) 3 ngr.

Schaumberg, Max: Aus d. med. Univ.-Polikl. zu Marburg. Das diastatische Ferment im Urin unter normalen und krankhaften Bedingungen. Marburg 1910: Schröder, Kirchhain. 28 S., 4 Taf. 8°
Marburg, Med. Diss. v. 12. Nov. 1910, Ref. Brauer, Müller
[Geb. 15. Juni 85 Kirchhain, Hessen; Wohnort: Marburg; Staatsangeh.: Preußen; Vorbildung: Oberrealsch. Marburg Reife O. 05, Erg. M. 05; Studium: Marburg Phil. 1, Med. 1, Freiburg i. B. 1, Marburg 2, München 1, Marburg 4 S.; Coll. 12. Nov. 10; Approb. 17. Mai 10.] [U 11. 3421

Schaumberg, Wilh. Quaestiones de dialecto Simonidis Cei, Bacchylidis, Ibyci. 37 S. **Progr.** G. *Cöll.* 1878.

Schaumberger, Heinrich, sein Leben und seine Werke, s. Möbius, Hugo.

Der Dorfkrieg. Eine Bergheimer Musikantengeschichte von Heinrich **Schaumberger.** Berlin: H. Neelmeyer [1905]. (104 S.) 8° [F.]
— **Bücherei,** Deutsche. Bd 40. [06. 8080

H(einrich) **Schaumberger.** Der Dorfkrieg. Eine Bergheimer Musikantengeschichte. Münster i. W.: Aschendorff [1909]. 112 S. 8°
(Unsere Erzähler Buch 17.) [10. 3872

— Der Dorfkrieg, s. a. Erzähler, unsere.

Der Dorfkrieg. Von Heinrich **Schaumberger.** Mit Bild. von Richard Vogts. Berlin: Kranz-Verl. [1910]. 123 S. 8°
(Kranzbücher. Bd 2.)

— dasselbe, s. a. Kranzbücher.

— dasselbe, s.: Von Buch zu Buch.

— im Hirtenhaus. Eine oberfränk. Dorfgeschichte. 8. (IV, 259 S.) n. 2. 50
Wolfenbüttel: J. Zwißler 1874.

Im Hirtenhaus. Eine oberfränk. Dorfgeschichte von Heinrich **Schaumberger.** Mit e. Vorbemerkung u. d. Bilde d. Dichters. Halle a. d. S.: O. Hendel (1905). (IV, 163 S.) 8° [F.]
(Bibliothek d. Gesamtliteratur d. In- u. Auslandes. No 1851. 1852.) [05. 10568

— dasselbe, s. a. Bibliothek der Gesamtliteratur...

— dasselbe. (178 S. m. 4 Farbdr.) 8. Konstanz (905). Zürich, Christl. Buch- u. Kunstverlag C. Hirsch. Geb. n. 1. —; erh. Pr. n. 1. 50

— im Hirtenhaus. Eine oberfränk. Dorfgeschichte. (III, 194 S. m. 2 Taf.) 8. Leipzig (905). C. Grumbach. n. 1. —; geb. n. 1. 50; ermäß. Pr. n. — 75; geb. n. 1. —

— dasselbe. (203 S.) 8. Dresden (906). B. Sturm. n. 1. —

— dasselbe, s.: Universal-Bibliothek.

— aus der Mappe d. Verstorbenen. Kleinere Erzählgn., Gedichte, Aufsätze u. Briefe. 8. (206 S.) Ebend. 876. n. 2. —

Schaumberger, Heinrich: Bergheimer Musikanten-Geschichten.
2 Bde. 8. Leipzig (906). C. Grumbach. à n. 1. —; à n. 1. 50; ermäß. Preis à n. — 75; geb. à n. 1. —
1. Umsingen. — Gesalzene Krapfen. (III, 136 S. m. Taf.)
2. Glückliches Unglück. — Der Dorfkrieg. (III, 184 S. m. Taf.)

— Bergheimer Musikanten-Geschichten. Heitere Bilder aus dem oberfränk. Volksleben. 2 Bde. 8. Dresden (906). B. Sturm. à n. 1. —
1. Umsingen. Gesalzene Krapfen. (141 S.)
2. Glückliches Unglück. Der Dorfkrieg. (192 S.)

Bergheimer Musikanten-Geschichten. Heitere Bilder aus d. oberfränk. Volksleben von Heinrich **Schaumberger.** Mit e. Vorbemerkung u. d. Bilde d. Verf. Halle a. S.: O. Hendel [1907]. (IV, 283 S.) 8° [F.]
(Bibliothek d. Gesamtliteratur d. In- u. Auslandes. No 2014–2017.) [07. 6890

Schaumberger, Heinr., Bergheimer Musikanten-Geschichten, s. a. Bibliothek der Gesamtliteratur...

Bergheimer Musikanten-Geschichten. Heitere Bilder aus d. oberfränk. Volksleben von Heinrich Schaumberger. Leipzig: Reclam [1910]. 358 S. 8°
(Universal-Bibliothek. 5177/5179.) [10. 6960

— dasselbe, s. Universal-Bibliothek.

Schaumberger, Heinr., Fritz Reinhardt. Erlebnisse und Erfahrungen eines Schullehrers. Roman in 3 Bdn. 8. (468; 433; 415 S.) Braunschweig [Wolfenbüttel] 874, Zwißler. * 13 50

— dasselbe. 2. Aufl. 1. u. 2. Lfg. 8. (1. Bd. S. 1—128.) Ebend. 875. à — 40

— Fritz Reinhardt. Erlebnisse u. Erfahrungen eines Schullehrers. 3. Aufl. Mit dem Bildnisse u. Facsm. des Verf. in Lichtdr. In 25 Lfgn. 8. (1. Bd. 389, 2. Bd. 356 u. 3. Bd. 329 S.) Ebend. 881, 82. à — 30

— Fritz Reinhardt. Erlebnisse u. Erfahrgn. e. Schullehrers. Roman. 2 Bde. (496 u. 491 S. m. 4 Taf.) 8. Ebd. (905). à n. 2. —; geb. à n. 2. 50; ermäß. Preis à n. 1. 50; geb. à n. 2. —

Umsingen. Eine Bergheimer Musikantengeschichte von Heinrich Schaumberger. Berlin: H. Neelmeyer [1905]. (125 S.) 8° [F.]
= Bücherei, Deutsche. Bd 38. [06. 2078

— Glückliches Unglück, s.: Von Buch zu Buch.

Schaumberger, Heinrich. Glückliches Unglück. Bild aus dem oberfränkischen Dorfleben. 96 S. 8. Basel, Verein für Verbreitung guter Schriften, Januar 1903. fr. —. 20
Verein für Verbreitung guter Schriften. Basel, No. 56.

Glückliches Unglück. Gesalzene Krapfen. 2 Bergheimer Musikantengeschichten von Heinrich Schaumberger. Berlin: H. Neelmeyer [1905]. (122 S.) 8° [F.]
= Bücherei, Deutsche. Bd 39. [06. 2079

— Vater u. Sohn, s.: Schatz deutscher Volkserzählungen.

— Vater u. Sohn, s.: Universal-Bibliothek.

— Vater u. Sohn. E. oberfränk. Dorfgeschichte. Mit Illustr. v. Rud. Koeselitz. gr. 8. (291 S.) Ebd. 898. n. 3. —; geb. in Leinw. n. 4. —

— dasselbe. (186 S. m. 1 Taf.) 8. Leipzig (905). C. Grumbach. n. 1. —; geb. n. 1. 50; erm. Pr. n. — 75; geb. n. 1. —

— Vater u. Sohn. Eine oberfränk. Dorfgeschichte. (191 S.) 8. Dresden (906). B. Sturm. n. 1. —

— Eine Weihnacht auf dem Lande, s.: Jugend- u. Volksbühne.

— eine Weihnacht auf dem Lande, s.: Möbius, Hermine, Heinrich Schaumberger.

Schaumberger's, Heinr., Werke. Volks-Ausgabe in 2 Bdn. 8. Wolfenbüttel 905. J. Zwißler. à n. 2. —; geb. in Leinw. à n. 3. —; in 1 Leinw.-Bd. n. 5. —
1. Im Hirtenhaus. — Bergheimer Musikantengeschichten. (480 S.)
2. Zu spät. — Vater u. Sohn. (395 S.)

Schaumberger, Heinr., Werke in Auswahl. Mit üb. 250 Illustr. v. Rud. Koeselitz. (In 30 Lfgn.) 1. u. 2. Lfg. 8. (Zu spät. S. 1—96.) Wolfenbüttel 898. J. Zwißler. à — 50

— Werke in Auswahl. Mit üb. 250 Illustr. von Rud. Koeselitz. 3.—30. (Schluß-)Lfg. 8. Ebd. à — 50; auch in 5 Bdn. à n. 3. —; geb. à n. 4. —
4. Bd. Zu spät. Ein Dorfroman. (S. 97—367.) 898. — 1. Bd. Im Hirtenhaus. Eine oberfränk. Dorfgeschichte. (VIII, 304 S.) 899. — 2. Bd. Bergheimer Musikantengeschichten. Heitere Bilder aus dem oberfränk. Dorfleben. 1. Bd. Umsingen. Gesalzene Krapfen. (208 S.) 897. — 3. Bd. Dasselbe. 2. Bd. Glückliches Unglück. Dorfkrieg. (282 S.) 897. — 5. Bd. Vater u. Sohn. Eine oberfränk. Dorfgeschichte. (291 S.) 899.

Schaumberger, Heinr., gesammelte Werke, s. Volksbücher, deutsche.

Schaumberger, H., gesammelte Werke, s.: Volksschriften, deutsche.

Schaumberger, Heinr., gesammelte Werke. 1.—4. Bd. 8. Wolfenbüttel 875, Zwißler. * M. 8,40.; geb. * 11 40
Inhalt:
Bd. 1. Im Hirtenhans. * M. 2.; geb. * M. 3.
„ 2. 3. Bergheimer Musikantengeschichten. 2 Bde. à Bd. * M. 2.; geb. in 1 Bd. * M. 5.
„ 4. Zu spät. * M. 2,40.; geb. * M. 3.40.

Schaumberger, Heinr., gesammelte Werke. 9 Bde. 8. Wolfenbüttel, Zwißler. * M. 21,40.; geb. * 29 40
Inhalt:
Bd. 1. Im Hirtenhaus. Eine oberfränk. Dorfgeschichte. 3. und 4. Aufl. (VIII, 259 S.) 877. * M. 2.; geb. * M. 3.
„ 2. 3. Bergheimer Musikantengeschichten. 2 Bde. 2. Aufl. (176, 243 S.) 876. * M. 4.; geb. in 1 Bd. * M. 5.
„ 4. Zu spät. Ein Dorfroman. 2. Aufl. (309 S.) 877. * M. 2,40.; geb. * M. 3,40.
„ 5—7. Fritz Reinhardt. Erlebnisse und Erfahrungen eines Schullehrers. 2. Aufl. 3 Bde. (468; 433; 415 S.) 875. * M. 9.; geb. * M. 12.
„ 8. Vater und Sohn. Eine oberfränk. Dorfgeschichte. 2. Aufl. (240 S.) 878. * M. 2.; geb. * M. 3.
„ 9. Aus der Mappe des Verstorbenen. Kleinere Erzählungen, Gedichte, Aufsätze und Briefe. 1. und 2. Aufl. (206 S.) 876.79. * M. 2.; geb. * M. 3.

Schaumberger, Heinr., gesammelte Werke. 1. u. 4. Bd. 8. Wolfenbüttel 878. Zwißler. n. 4. 40; geb. n. 6. 40
1. Im Hirtenhaus. Eine oberfränk. Dorfgeschichte. 3. u. 4. Aufl. (VIII, 259 S.) n. 2. —; geb. n. 3. —
2. Zu spät. Ein Dorfroman. 2. Aufl. (309 S.) n. 2. 40; geb. n. 3. 40

Schaumberger, Heinr., gesammelte Werke. 1.—8. Bd. 8. Wolfenbüttel, Zwißler. * M 17,50.; geb. * 24 50
Inhalt:
Bd. 1. Im Hirtenhaus. Eine oberfränk. Dorfgeschichte. 5. Aufl. (IV, 259 S.) 884. * M 2.; geb. * M 3.
„ 2. 3. Bergheimer Musikantengeschichten. 2 Bde. 3. Aufl. (176; 243 S.) 881. * M 4.; geb. * M 5.
„ 4. Zu spät. Ein Dorfroman. 3. Aufl. (309 S.) 883. * M 2.; geb. * M 3.
„ 5—7. Fritz Reinhardt. Erlebnisse und Erfahrungen eines Schullehrers. 3. Aufl. 3 Bde. (389; 356; 329 S. mit dem Bildnisse und Facs. des Verf. in Lichtdr.) 882. * M 7,50.; geb. * M 10,50.
„ 8. Vater und Sohn. Eine oberfränk. Dorfgeschichte. 3. Aufl. (214 S.) 885. * M 2.; geb. * M 3.
9. Bd. Ebendas. 1878. * M 2.; geb. * M 3.

Schaumberger, Heinr., gesammelte Werke. 1. u. 9. Bd. 8. Wolfenbüttel, J. Zwißler. à n. 2. —; geb. à n. 3. —
1. Im Hirtenhaus. Eine oberfränk. Dorfgeschichte. 6. Aufl. (259 S.) 893.
9. Aus der Mappe des Verstorbenen. Kleinere Erzählgn., Aufsätze u. Briefe. 3. Aufl. (III, 206 S.) 894.

Schaumberger, Heinr., gesammelte Werke. 4. Bd. 8. Wolfenbüttel 895. J. Zwißler. n. 2. —; geb. n. 3. —
4. Zu spät. Ein Dorfroman. 4. Aufl. (300 S.)

Schaumberger's, Heinr., Werke. 1.—3. u. 8. Bd. 8. Wolfenbüttel, J. Zwißler. à n. 2 —; geb. in Leinw. à n. 3. —
1. Im Hirtenhaus. Eine oberfränk. Dorfgeschichte. 7. Aufl. 899. (255 S.)
2. Bergheimer Musikanten-Geschichten. Heitere Bilder aus dem oberfränk. Dorfleben. 1. Bd. Umsingen. Gesalzene Krapfen. 5. Aufl. (182 S.) 900.
3. Dasselbe. 2. Bd. Glückliches Unglück. Dorfkrieg. 5. Aufl. (251 S.) 900. (Bd. 2 u. 3 in 1 Bd. geb. n. 5. —)
8. Vater u. Sohn. Eine oberfränk. Dorfgeschichte. 4. Aufl. 899. (227 S.)

— dasselbe. (Illustr. Ausg.) 1.—3. Bd. gr. 8. Ebd. à Bd. n. 3. —; geb. in Leinw. n. 4. —
1. Im Hirtenhaus. E. oberfränk. Dorfgeschichte. Mit Illustr. v. Rud. Koeselitz. (VIII, 304 S.) 896.
2. 3. Bergheimer Musikanten-Geschichten. Heit. Bilder aus dem oberfränkisch. Dorfleben. 2 Bde. (1. Umsingen. Gesalzene Krapfen. — 2. Glückliches Unglück. Dorfkrieg.) M. Illustr. v. Rud. Koeselitz. (208 u. 282 S.) 897.

— sämtliche Werke, m. Biographie, Einleitgn. u. Illustr., darunter Orig.-Zeichngn. Schaumbergers. Hrsg. v. Hermine Möbius. Ausg. in neuester Rechtschreibg. 4 Bde. (IV, 60; III, 194, 186, 48, 38; VII, 136; III, 184; III, 234, 496 u. 491 S.) 8. Leipzig (905.) C. Grumbach. Geb. in Leinw. n. 10. —; in Halbfrz. n. 15. —; ermäß. Preis n. 8. —; bezw. n. 12. —

— zu spät. Ein Dorfroman. 8. (309 S.) Ebend. 876. n. 2. 40

— zu spät. Ein Dorfroman. Mit Illustr. v. Rud. Koeselitz. gr. 8. (367 S.) Ebd. 898. n. 3. —; geb. in Leinw. n. 4. —

— dasselbe. (III, 234 S. m. 1 Taf.) 8. Leipzig (905). C. Grumbach. n. 1. —; geb. n. 1. 50; ermäß. Preis n. — 75; geb. n. 1. —

— zu spät. Ein Dorfroman. (247 S.) 8. Dresden (906). B. Sturm. n. 1. —

Schaumberger, Hugo, aus Angenrod: Ueber einen besonderen Linienkomplex vierten Grades. *Gießen 1904: v. Münchow.* (25 S.) 8°
Gießen, Phil. Diss. v. 1904

Schaumberger, Jul., ein reiner Adelsmensch, s.: Ziegel, Erich.

Schaumberger, Jul., Konr. Dreher's Schlierseer Bauerntheater. Ein Zeit- u. Zukunftsbild. Mit 7 Ansichten der Gegend u. des Theaters u. 13 Bildnissen K. Dreher's u. der Hauptdarsteller. gr. 8. (71 S.) München 893. Dr. E. Albert & Co., Sep.-Cto. n. 1. —

Schaumberger, Jul., Bella. Drama in 3 Akten. 16. (64 S.) München (898). Rubinverlag. n. 1. —

Schaumberger, Jul., die neue Ehe. Drama in 4 Akten. Der Künstler-Dramen 2. Bd. 8. (III, 90 S.) München 894. Dr. E. Albert & Co., Sep.-Cto. n. 1. 50

— die neue Ehe. Schauspiel in 4 Akten. 16. (71 S.) Ebd. (898). n. 1. —

— der Ernst d. Lebens. Schausp. in 3 Akten. 16. (76 S.) Ebd. (898). n. 1. —

— u. Ernst Wellisch, die ehrbare Frau. Schauspiel in 3 Akten. 16. (104 S.) Ebd. (898). n. 2. —

— Hell od. Dunkel? Ernste u. heitere Geschichten u. Gestalten aus dem Münchener Kaffeehausleben. Mit e. Anh.: Aus dem Rathskeller. 1. Reihe. 8. (74 S.) München 892. E. Scherzer. n. 1. —

— Münchner Kaffeehaus-Geschichten. 2. Aufl. v. „Hell od. dunkel?“ 8. (74 S.) Ebd. 894. n. 1. —

— Künstler-Dramen. gr. 8. (120 S.) München 893. Dr. E. Albert & Co., Sep.-Cto. n. 3. —

— e. pietätloser Mensch. Drama in 1 Akt. 8. (39 S.) Ebd. 893. n. — 60

Schaumberger, J., Theater-Novelletten. Ernste u. heitere Skizzen aus d. Künstlerleben. 8. (III, 47 S.) München 889. (Lindauer.) n. — 50

— die Volksbühne u. das moderne Drama, s.: Flugschriften, Münchener.

Schaumburg [Schlagwort]

Schaumburg, s.: Geologische Karten (Preussen).

Schaumburg, s.: Preussen. Messtischblätter.

Schaumburg [Verfasser]

Schaumburg. Die Belagerung von Bonn durch Friedrich III. von Brandenburg Juli–Oct. 1689. 4. m. Pl. Bonn 1868.

Schaumburg, Alex., Das Paradies d. Frauen. Ein Beitrag zur Lösung der Frauenfrage. gr. 8°. Wien, Drescher u. Co., 1892.

Schaumburg, Alex., das Paradies der Frauen. Ein Beitrag zur Lösung der Frauenfrage. 1. u. 2. (Titel-)Aufl. gr. 8. (132 S.) Wien 893. Verlagsbuchh. Austria. n. 1. 50

Schaumburg, C. E., s. F. A. **Descroizilles** d. Alkalimeter.

Schaumburg, E. v., die Begründung der brandenburg-preußischen Herrschaft am Niederrhein und in Westfalen oder der jülich-clevische Erbfolgestreit. Nebst einer geograph. und histor. Uebersicht der Herzogth. Jülich, Cleve, Berg, der Grafschaften Mark und Ravensberg, der Herrschaft Ravenstein ꝛc. mit (chromolithogr.) Karte (in gr. Fol.) und genealog. Tab. (in Imp.-Fol.) Zur 250jähr. Denkfeier des Erbanfalles dieser Länder an Brandenburg-Preußen, nach älteren Quellen bearb. gr. 8. (XI und 259 S.) Wesel, 859. Bagel. *

Schaumburg, E. v., Fürst Bischof Bernhard von Galen und die Stadt Münster. Eine histor. Studie. gr. 8. (190 S. mit Beilagen, 2 lithogr. Plänen und eine lithogr. Ansicht der Stadt vom J. 1650 in Fol.) Münster 853, Regensberg. *

Schaumburg, E. v. Zur Geschichte der Befestigung der Stadt Münster. Münster 1854. 8°.

Schaumburg, E. v., General-Lieutenant z. D. Frhr. Wilhelm v. der Horst. Ein militair. Lebensbild. gr. 8. (78 S.) Berlin 875. Mittler & Sohn. n. 1. 60

Schaumburg, F., kurze Darstellung d. bibl. Geschichte. Ein Schul- u. Lesebuch. 8. (6 B.) Emden 837, (Rakebrand.) *

Schaumburg, F., Generalregister, s.: Centralblatt, botanisches.

Schaumburg, Frz., das liebenswürdigste Herz Jesu. Unterrichts- und Gebetbuch. Neu bearb. von Frz. Ser. Hattler. 8. (316 S. mit 1 Stahlst.) Münster [Soest] 871, Nasse'sche Verlagsh. 1 40

Schaumburg, Friedrich [app. Arzt aus Aurich]: **Über einen Fall von centraler Nekrose in einem Fibromyom des Uterus ... Aurich, Druck v. H. W. H. Tapper & Sohn, 1892; 19 S., 1 Bl. 8.**
Freiburg i. B., Med. Fak., Inaug.-Diss. v. 1892.

Schaumburg, Friedrich: Über Kundt'sche Klangfiguren ... Marburg, Münster i.W. E. C. Brunn's Buchdr. (Joh. Bredt), 1889; 45 S. + 1 Bl. u. 4 Taf. 8°
Marburg, Phil. Fak., Inaug.-Diss. v. [4. Aug.] 1890.

Schaumburg, Johann Gottfried [Praes.], s. Adenstedt, Heinr. Konrad von: Singularia de testamento nuncupativo capita.

— annotationes ad Struvii jurisprudentiam romanam. 4. Jenae, Hartung. 737.

Schaumburg, J. Gf.: Compend. Jur. Digest. Jen., Melchior. 737. . . Ed. 4a Lpz., Breitkopf. 766. 8. (1 Thl. 8 Gr.)

Schaumburg, J. G.: Compend. jur. Dig. c. jure Cod. et. Novell. nec. non jure patrio collati. Ed. III. Jen. 737. 8. [bloss bis lib. XX.]

Schaumburg, Jh. Gf., († . . .) compendium juris digestorum seu Pandectae. 8. Leipz. ... Ed. IV. 765. Breitkopf u. H. 1 ℳ 8 ℊ — id. lib. margine latiori. 8. ibid. 765. 2 ℳ 8 ℊ

Schaumburg, Jo. Godofr.: De constitutionibus imperatorum antiquis iis speciatim, quae in Institutionibus citantur et in Codice repetitae praelectionis omissae sunt liber commentarius. Manipulus 1. Vitembergae et Lipsiae 1733.

Schaumburg, Ioh. Gottfr., de constitutionibus imperatorum antiquis speciatim. 4. Lemgo, Meyer. 735.

Schaumburg, Johann Gottfried A. S. 625/10

Dissertatio iuridica inauguralis de donationibus ante et post ingressum monasterii. Präs. Gebhard Christian Bastineller.
Wittenberg (Schroeder) X. 1725. 40 S. 30045

Schaumburg, J. Gf.: Einleit. z. sächs. Rechte, m. Anführ. derer neuen zeith. u. bis jetzt erlass. allerhöchsten u. höchsten Mandate, Rescr. u. Patente. *Dresden*, Gerlach. (728.) verm. u. fortges. v. Rdf. Ch. v. Benningsen. *Eb.* (768.) 781. gr. 8. (3 Thl. 8 Gr.)

Schaumburg, Joh. Gottfr.: Einleitung zum Sächsischen Rechte, worinnen alle vorfallende Privat, Publique, Geistliche, und Lehns-Affairen, aus dem natürlichen, gemeinen und Chur-Sächsischen Rechte decidiret werden. Th. 1—4. Dressden u. Leipzig 1743—44. 2 Bde

— Neue Aufl., durch Anführung der neuern allerhöchsten und höchsten Mandate, Rescripte und Patente verm. Th. 1—4. 1768. 2 Bde

— Einleit. z. sächs. Rechte, fortges. v. R. C. v. Benningsen. gr. 8. Dresden, Gerlach. (Weidmann in Lpz.) 781.

Schaumburg, J. G., Einleitung zum sächs. Rechte, mit Anführung d. bis jetzt erlassenen Mandate, Rescripte u. Patente, verm. u. fortgesetzt von R. C. v. Benningsen. 3te Aufl. gr. 8. Leipz. Weidmann. 783.

Schaumburg, Johann Gottfried [Praes.], s. Eyles, Johann Heinrich: De traditione symbolica.

Schaumburg, Johann Gottfried A. S. 267/17

Dissertatio iuridica de fine fidelitatis vasalliticae suasorio unico iustificatorio autem ex conventione inter dominum et vasallum arbitraria diverso.
Jena (Horn) 29. XII. 1742. 56 S. 30046

Schaumburg, Johann Gottfried [Praes.], s. Follen, Georg Wilhelm: Naturam privilegiorum tam gratiosorum quam conventionalium ex genuinis principiis exhibet.

Schaumburg, Johann Gottfried [Praes.], s. Hilbert, Heinrich Abraham: De aequitate et usu practico. L. 2. C. de rescind. vend.

Schaumburg, Jo. Gottfr.: De incensione librorum juris antiquorum Justiniano et Triboniano afficta. [Progr.] Rintelii (1734).

— de jurisprudentia veterum jurisconsultorum romanor. stoica tractatio. 8. Jenae, Melchior. (Gabler.) 745.

— de philosophia veterum. 4. Jenae. 747.

Schaumburg, Jo. Gottfr.: Principia praxeos iuridicae judiciaria. Ed. nova emendationibus et observationibus aucta a. Jo. Aug. Reichardt. Liber (1.) 2. Jenae 1769. 75.

— Principia praxeos juridicae judiciariae. II Tom. 8. Jenae, Melchior. 769—75.

— principia praxeos juridicae judiciariae, ed. J. A. Reichard. II Tmi. 8. Jena 769. Ed. II. 775. Ed. III. emend. II Tmi. 8. ibid. 794—804. (Leipz., Cnobloch). 2 ℳ

Schaumburg, Ioh. Gottfr., Principia emend. et observat. I. A. Reichardt. 8. Jenae, Gabler. 794—804. Rthlr.

Schaumburg, Karl: Die Farce Patelin und ihre Nachahmungen ... (Sep.-Abdr. aus d. Zeitschr. f. neufranz. Sprache u. Litt.) Oppeln u. Leipzig. Eugen Franck's Buchh. (Georg Maske), 1887; 2 Bl. + 47 S. 8°
Leipzig, Phil. Fak., Inaug. Diss. v. 1. Apr. 1887.

Schaumburg, K. Die Farce Patelin u. ihre Nachahmungen. Diss. 8. (47 S.) Oppeln 887. Berl., Gronau. 1 20

Schaumburg, Karl, c. Verkannter. Lustspiel in 3 Aufzügen. 8. (68 S.) Leipzig 892. (O. Mutze.) n. 1. —

Schaumburg, Konrad (Pseud.), s. Antonio, Carlo (Pseud.)

SCHAUMBURG, Konrad (d. i. *Burkhard* in Dresden), Göttin Frau! Eine seltsame Geschichte masochistischer Liebe und Ehe. Roman. 2 Teile. O. O. (Preßburg) u. J. (1906—7). Nur für Privat-Subscribenten gedruckt. Gr. 8⁰. (Steif br. Mk. 12—.) (10 Mk. Taussig, Prag, 1906.)
Privatdruck in 500 Expll. Lasciver Unsinn. Hier ist der Gipfel krankhafter Leidenschaft erreicht. Wurde confiscirt. — 1: Titel, 4 S. Vorwort, 133 S., 1 S. Nachricht. 2: Tit., 1 Bl. Vorw., 135 S. Beide Titel mit Bordüre.

— — Gebieterin! Druck und Verlag Freier Buchverlag, Luxemburg. 8⁰. 234 S.
Verb. d. SchG. Nürnberg. Pr. Reg. Nr. 28/24.

— — Gebieterin! .... Druck und Verlag „Freier Buchverlag Luxemburg" .... (19**). 8⁰. (5 Mk. H. Streisand, Berlin, 1908.)
— — Dasselbe. Budapest, Schneider (c. 1907). 240 S. (Mk. 4—.)

Schaumburger, Konrad (d. i. Burkhard in Dresden): Der Roman des Gefangenen. Deutsches Gefängnis und deutsche Strafjustiz im Lichte heutiger Kultur. Leipzig: Dresdner Moderner Verlag (190*).

Schaumburg, Konr., der Roman des Gefangenen. Deutsches Gefängnis u. deutsche Strafjustiz im Lichte heut. Kultur. (Umschlag: 2.—3. Tausf.) (371 S.) 8. Leipzig (906). Moderner Dresdner Verlag. n. 3. 50

SCHAUMBURG, Konrad. Die Stiftsherrin von Sosnowice. (Um 1905.) 8⁰.
Verb. d. Ldg. Leipzig 2 A. 176/06.

Schaumburg, Konr., die Tyrannin v. Plejascho. Ein Drama aus dem rumän. Bauernaufstand. (184 S.) 8. Leipzig (907). [Leipziger Verlag.] Pressburg, H. Hartleb. 3. —

Schaumburg, Leopold Heinrich von, s. Erfahrungen zum Nutzen der Officiere.

v. Schaumburg, Leop. Hnr., Reise von Kopenhagen nach Lissabon, dem Vorgebirge d. guten Hoffnung u. den Azor. Inseln. 8. Odense 784.

Schaumburg, Ludolph., Catechismus polemicus, in quo ex tribus primis saeculis catholica veritas ostenditur. Paderborn, Todt, 1721. 12°.

Schaumburg, Paul, s.: Burg, Paul.

Schaumburg, Wolfg., a. d. Praxis f. d. Praxis, s.: Werner, W.

Schaumburg, Wolfg. Wiener Führer durch Gross-Wien. gr. 16. (145 S. m. 1 Plan.) Lpz. 891, Schaumburg-Fleischer's Verlag. geb. * 1 40

Schaumburg, Wolfg., Vienna guide. 12. (132 S. m. 1 farb. Plan.) Leipzig 891. Schaumburg-Fleischer. Geb. in Leinw. n. 1. 40

Schaumburg-Lippe [Schlagwort]

Schaumburg-Lippe, s.: Heimatskärtchen. 13.

Schaumkell, Christian Matth. (Schwerin) A. S. 579/9

Dissertatio inauguralis juridica, de foemina Mecklenburgica, in materia juris civilis et feudalis considerata. Präs. Ernst Johann Friedrich Mantzel. Rostock (Adler) 29. IV. 1738. 34 S.

W. v.: Präs. 30047

Schaumkell, *Ernst (Ludwig August Carl)*[Lic. theol.]: Der Rechtsgelehrte Franciskus Balduinus als Ireniker und Historiker. Güstrow, Druck d. Ratsbuchdr. v. C. Michaal & A. Schuster, *1894;* 1—34 S. 4.
Güstrow, Dom-S, OP 1894 (651)

Schaumkell, (E[rnst]): **Beitrag zur Entstehungsgeschichte** der Magdeburger Centurien. *Ludwigslust 1898: C. Kober.* (IV, 58 S.) 8°
Ludwigslust, grossh. RG, OP 1898 (690)

Schaumkell, Ernst, Beitrag zur Entstehungsgeschichte d. Magdeburger Centurien. gr. 8. (58 S.) Ludwigslust 898. Hinstorff. n. 1. —

Geschichte der deutschen Kulturgeschichtschreibung von der Mitte des 18. Jahrhunderts bis zur Romantik im Zusammenhang mit d. allgem. geistigen Entwicklung dargest. von Lic. Dr. Ernst **Schaumkell.** Leipzig: B. G. Teubner 1905. (320 S.) 4°
= **Preisschriften** d. Fürstl. Jablonowski'schen Gesellschaft zu Leipzig. Hist.-nationalök. Sekt. No 24. [05. 14007

Schaumkell, Ernst, Geschichte der deutschen Kulturgeschichtschreibung von der Mitte des 18. Jahrhunderts bis zur Romantik im Zusammenhang mit d. allg. geist. Entwickl. dargest. Leipzig 1905. 4⁰.
(Preisschriften, gekr. u. hrsg. von d. Fürstl. Jablonowskischen Ges. zu Leipzig. 39.)

Schaumkell, Ernst: Herder als Kulturhistoriker im Zusammenhang mit der allgemeinen geistigen Entwickelung dargestellt. 74 S. 8 **Progr.** Großh. Realgymn. *Ludwigslust* 1901 (zu 721).

[J.] **Schaumkell,** E. [Gymnasiallehrer]: **Der Kultus der heiligen Anna am Ausgange des Mittelalters. E. Beitr. z. Gesch. d. religiösen Lebens am Vorabend d. Reformation ... [Erschien vollst. 1893 bei Mohr in Freiburg.]** *Altenburg, Pierer'sche Hofbuchdr.,* 1893; 1 Bl., 33 S. 8.
Giessen, Ev.-theol. Fak., Inaug.-Diss. v. 1893

Schaumkell, E., der Kultus der hl. Anna am Ausgange d. Mittelalters. Ein Beitrag zur Geschichte d. religiösen Lebens am Vorabend der Reformation. gr. 8. (V, 92 S.) Freiburg i/B. 893. J. C. B. Mohr. n. 2. —

— Rede, geh. zur Feier d. 80. Geburtstages Sr. Durchl. d. Fürsten Bismarck am 1. Apr. 1895 im Schützenhause zu Güstrow. gr. 8. (8 S.) Güstrow 895. Opitz & Co. n — 10

Schaumkell, Ernst Wilhelm (Mecklenburg) A. S. 1194/22

Resolutio casus medici de calculo vesicae friabili. Präs. Georg Detharding. Rostock (Adler) 27. X. 1729. 28 S. 30048

Schaumkell, E. W., Specimen manuductionis ad vitam longam quod tradit regulas generales circa somnum et vigilias hominibus observandas. Wie überhaupt durch Wachen und Schlaffen der Mensch sein Leben höher bringen könne. 16 pp. Rost. 4°.
1723

Schaumkell, (Johannes), Dr., approb. Arzt aus Ronneburg S.-A.: **Kasuistischer Beitrag** zur Technik und **Indikation der Gastroenterostomie.** *Leipzig 1892 [virlm. 1900/1901]: B. Georgi.* (26 S.) 8°
Leipzig, Med. Diss. v. 26. Okt. 1892

Schaumlöffel, d., eine japanische Gesch. 2 Thle. 8. Cöln, Gielling. 750.

Schaumlöffel, G.: Beiträge zur Lehre vom Ulcus ventriculi corrosivum ... Kiel, Druck v. Schmidt & Klaunig, 1886; 41 S. 8°
Göttingen, Med. Fak., Inaug.-Diss. v. 28. Jun. 1886.

Schaumlöffel, G., Beiträge zur Lehre v. Ulcus ventriculi corrosivum. Inaug.-Diss. gr. 8. (41 S.) Kiel 886. (Göttingen, Vandenhoeck & Ruprecht's Verl.) n. 1. —

Schaumperlen. Festblatt zum 18. Stiftungsfest des Wiener Buchhandlungs-Gehilfen-Vereines »Buchfink«. Wien 1887. H: *Heinhöfer, Wilhelm.* (EB)

Schaumperlen, Festblatt zum achtzehnten Stiftungsfest d. Wiener Buchhandlungsgehilfen-Vereines „Buchfink". Montag den 14. Nomber 1887. Hotel Goldenes Kreuz. Fol. (8 S.) Wien, Buchhandlungsgehilfen-Verein „Buchfink". Baar fl. —.30 1887

Schaumperlen des Humors. Eine Sammlung neuer Originalaufsätze in Reim und Prosa. Mit Illustrationen. Wien, 1857. Druck und Verlag von L. C. Zamarski. (66 S. 4.)

Schaumünze, Eine, der Lucrezia Borgia ... O. O. 18?? V: *Friedländer, Jul.* (Cat. der Stadtbibl. Zürich. Zürich 1864—97.)

Schau- und Denkmünzen, welche unter der glorwürdigen Regierung der Kaiserinn Königinn Maria Theresia gepräget worden sind. Erste Abtheilung. (Bis zum Tode Kaiser Franz I.) (In deutscher und französischer Sprache; mit vielen Textabbildg. 2. Abth. nicht vorhanden.) Fol. Wien 1782.

Schau- und Denkmünzen, welche unter der ... Regierung der Kaiserinn Königinn Maria Theresia geprägt worden sind. Wien 1782—83. V: *Schütz, Carl.* (WFM) (Abth. 2 grösstentheils): *Marie Anne Josephine Antonie Joh. Erzherzogin v. Österreich.* (ML) Ü: *Vogt a St. Germano, Adaukt.* (ML)

Schau- u. Denkmünzen, unter d. Reg. Mar. Theres. geprägt, deutsch u. franz. m. K. 2 Bde. Fol. Wien, Kraus. 782-83.

Schaumünzen des Hauses Hohenzollern [der Königl. Museen zu Berlin.] Berlin 1901. V: *Menadier, Jul.* (Berl)

Schaumünzen des Hauses Hohenzollern. Hrsg. v. den königl. Museen zu Berlin. gr. Fol. (XI, 184 S. m. Abb. u. 90 Taf. in Licht- u. Farbdr.) Berlin 901. (A. Asher & Co.) Geb. in Leinw. n. 120. —

(B) **Schaumünzen** d. Hauses Hohenzollern. 901. (KBL 32.) Berlin, Behrend & Co. Erm. Pr. nn 80. —

Das Schaumweinsteuergesetz. Text-Ausg. mit Einl., Anm. und Sachregister. Hrsg. von der Zeitschrift 'Der Weinkenner'. Berlin: Brand 1902. 38 S. -- 38*

Das **Schaumweinsteuergesetz** vom 26. April 1902 mit d. Ausführungsbestimmungen, nebst e. Anh.: Das Abkommen mit Luxemburg. *Kreuznach: F. Harrach 1902.* (22 S.) 8° [F.] [03. 3124 5

Schaumweinsteuergesetz vom 9. Mai 1902 ⟨Reichs-Gesetzbl. S. 155⟩ mit d. Ausführungsbestimmungen v. 12. Juni 1902. *Berlin: C. Heymann 1902.* (44 S.) 4° [F.] [03. 6305

Schaumweinsteuergesetz vom 9. V. 1902 (RGBl. S. 155) m. der Novelle vom 15. VII. 1909 (RGBl. S. 714) u. den Ausführungsbestimmungen vom 24. VII. 1909. (VI, 1, 2 S. u. S. 365—399.) Lex. 8. Berlin 909. C. Heymann. 1. —

— nebst **Ausführungsbestimmungen.** Hrsg. im Reichsschatzamte. (48 S.) gr. 8. Berlin 909. R. v. Decker. — 40

Schaunsland, Karl Wilhelm

Auswahl von maurerischen Gesängen mit eingedruckten Melodien. Hrsg. und den Königsberger Freimaurer-Logen: „Zu den drei Kronen", „Zum Todtenkopf und Phönix", „Zum Immanuel" gewidmet vom Br C[arl] W[ilh.] **Schaunsland.** H. 1. Königsberg i. Pr.: Theile [1869]. VIII, 51 S. 8°
60 Lieder. 23.

Schaunsland, C. W., Auswahl von maurerischen Gesängen mit eingedruckten Melodien. Hrsg. und den Königsberger Freimaurer-Logen gewidmet. 1. Heft. 60 Lieder. 8. (VIII, 51 S.) Königsberg i. Pr. 869, Beyer. 1 20

Schaunsland, Max [Prof. Dr.]: Kritische Bemerkungen zu einigen Oden des Horaz. Bielefeld, Druck v. Velhagen & Klasing, 1894; 3—31 S. 4.
Bielefeld, G u. RG, P 1894 (347)

Schaunsland, (Max): Carmen saeculare. Bielefeld 1908: Siedhoff. 1 Bl. 8°
Bielefeld, G u. RG, in Festschr. z. 350j. Jubil. P 1909 (460)
[S 09. 307

Schaunsland, M. Les farces de Molière. Hohenstein, G., 1878. 12 S. 4. **Progr.**

Schaunsland, M., die Kriegszüge Cäsars in Gallien. Ein Uebungsbuch zum Uebersetzen aus dem Deutschen ins Lateinische f. die mittleren Klassen höherer Lehranstalten, im Anschlusse an Cäsars Kommentare üb. den gall. Krieg. gr. 8. (VII, 112 S.) Berlin 884. Barrisius. n. 2. —

—— Übungsbuch zum Übersetzen aus dem Deutschen ins Lateinische für die Quarta eines Gymnasiums und die Untertertia einer Realschule erster Ordnung im Anschluß an die Lektüre des Nepos. gr. 8. (IV, 54 S.) Leipzig 881, Teubner. cart. * — 80

Schauordnung für die Landwirtschaftliche Provinzial-Ausstellung zu Altona ... Mai 1905, veranst. von d. Landwirtschaftskammer f. d. Prov. Schleswig-Holstein ... Kiel 1904: Vollbehr & Riepen. (VII, 94 S.) 8° [F.] [05. 9356 8

Schauordnung f. die 17., 21., 24., 25., 27. Wanderausstellung ... 1903, 07, 10, 11, 14. Berl. 1903—14. 4°.
(Deutsche Landwirtschafts-Gesellschaft).

Deutsche Landwirtsch.-Gesellsch. **Schauordnung** für die Wanderausstellung zu Danzig vom 9. bis 14. Juni 1904. Beschlossen in d. Sitzung d. Gesamtausschusses am 15. Okt. 1903. 2. Aufl. Berlin 1904: Gebr. Unger. (VII, 99 S.) 8° [F.] [05. 14088 10

Schauordnung f. die Wanderausstellung zu Berlin—Schöneberg 1906, Düsseldorf 1907. Abt. 3: Landwirtschaftliche Geräte u. Bauwesen. Berl. 1905—06. (25), (24) S. (Særtr.). P.
(Deutsche Landwirtschafts-Gesellschaft).

Landwirtschaftsgesellschaft, Deutsche. Schauordnung für die Wanderausstellung zu Stuttgart 1908. (121 S) Berlin 1907

Schaupensteiner, R., die Lehre vom Bauverband. Auf Grundlage der prakt. Baukunst von Schinkel und des Ziegel-Rohbaues von G. Stier. Gezeichnet und erklärt. Redig. und mit Horizontal-Schnitten vervollständigt von Scharrath. Für Bauakademieen und bautechn. Bureaux, Baugewerk-, Gewerbe- und polytechn. Schulen. gr. 4. (24 S. mit 20 Chromolithogr.) Leipzig 882, Leipziger Lehrmittel-Anstalt von Osc. Schneider. * ℳ 5.; geb. * 7 —

Schaupert, Karl, gemalte Firmen-Schilder. Eine Sammlung von Entwürfen zur Verzierung von auf den Hausgrund gemalten Firmenschildern, nebst zwei vollständ. Alphabeten verzierter großer Anfangsbuchstaben. 1. Folge. 20 (photolithogr.) Taf. Fol. (2 S. Text.) Weimar 885, B. F. Voigt.

Schaupert, Carl, u. Conradin **Walther,** Kunstakademien u. Kunstgewerbeschulen, s.: Handbuch der Architektur. IV. 6. 3.

Schaupert, Karl, der Landtischler. Entwürfe zu einfachen Möbeln f. das Haus d. Bürgers u. Landmannes. 29 Foliotaf. m. beschreib. Text. gr. 4. (8 S.) Weimar 887. B. F. Voigt. In Mappe. 6. —

Schaupert, Karl, Plafonds-Dekorationen. Entwürfe zu Verzierung der Decken von Zimmern und Sälen. 30 (1 chromolithogr. und 29 lithogr.) Taf. mit erläut. Text. gr. 4. (4 S.) Weimar 879, B. F. Voigt. In Mappe 15 —
—— dass. — Details in natürlicher Grösse. 15 (lithogr.) Bogen in Doppelformat. (Imp.-Fol.) gr. 4. Ebendas. 879. In Mappe 7 50

—— Plafonds-Dekorationen. Entwürfe zur Verzierung der Decken von Zimmern und Sälen. Hauptwerk und Details. 2. Aufl. gr. 4. Ebendas. 887. [Hauptwerk. (30 Taf. mit 6 S. Text.) ℳ 7.50.; Details in natürl. Grösse. (15 Bog. in Imp.-Fol.) ℳ 5.—.] In Mappe

Schaupert K, die Stoffökonomie der Schneider. Stuttgart

Schaupert, Karl, Zimmer-Einrichtungen. Entwürfe in bürgerl. Ausstattung zu den hauptsächlichsten Möbeln für das Wohn-, Schlaf- und Speisezimmer, den Salon und das Arbeitszimmer mit besond. Rücksicht auf deren billige und praktische Ausführung. Fol. (25 Photolithogr. mit 1 Bl. Text.) Weimar 881, B. F. Voigt. In Mappe 10 —

— Zimmer-Einrichtungen. Entwürfe in bürgerl. Ausstattg. zu den hauptsächlichsten Möbeln f. das Wohn-, Schlaf- u. Speisezimmer, den Salon u. das Arbeitszimmer m. besond. Rücksicht auf deren bill. u. prakt. Ausführg. 2. Aufl. 24 (photolith.) Taf. Fol. (1 Bl. Text.) Ebend. 885. In Mappe. 6. —

Schauplatz des Tetzelischen Ablass-Krames und des dawider streitenden seel. D. Martin Luthers . . . Erfurt 1717. V: *Kapp, Johann Erhard.* (Fiker) (ML)

—— allgem., der Natur u. Kunst, od. Darstellungen aus d. Gebiete d. Weltkunde u. d. Menschenlebens, getreu nach d. Natur od. guten Originalen lith. u. wissenschaftl. beleucht. 1. Bd. 1–4. Lfg. à 3 Hfte. gr. 4. (à Hft. 4 Taf. u. 4 Bl. Text.) Dresden 832, 33, Grimmer. à Lfg. 1 Thlr., ill.
Bei der 1. Lfg. wird P. G. Hilscher als Hrsgeb. genannt.

— allgem., der Natur u. Kunst, od. Darstell. aus d. Gebiete der Weltkunde u. des Menschenlebens, getreu nach d. Natur oder guten Originalen lithogr. u. wissenschaftl. beleuchtet; hrsgg. v. P. G. Hilscher. 1r Bd. (1e Liefer. in 3 Heften.) (Mit 4 ill. Taf. u. 4 Bl. Text). gr. 4. Dresd. 832. Redaction. Prän.: Pr. 1 ℛ 12 𝔤𝔤, schwarz 1 ℛ

— allgem., hoher Ritterorden. Mit Kpf. gr. 8. Augsb. 780. Bürglen. 1 ℛ 16 𝔤𝔤

— allgemeiner hoher Ritterorden, m. K. gr. 8. Augsb. Bürglen. 790.

Schau-Platz, Apollinis Historischer. Auf das Jahr 1734, auf welchem alles, Was in Staats Sachen vnd im Kriegswesen merckwürdiges vorgefallen, Ingleichen Viele Gedichte zu Geburts- und Namensfesten, Arien, Chronosticha und endlich andere besondere Sachen zu sehen. Mit Poetischer Feder eröfnet. Schweidnitz 1735. V: *Hoppe, Gottlieb.* (RHMBF I, 36)

* **SCHAUPLATZ,** Der im Reiche der Todten aufgerichtete, unglücklicher Menschen. (Biographie einer Prostituirten und eines Libertins.) Mit Moralischen Anmerkungen (und pikanten Reimen), Zum Zeit-Vertreib des Frauenzimmers entworffen. Mit 1 Kupfer. Leipzig 1728. 12°.
Haydinger's Bibl., Wien, I. no. 641. — Sehr rar!

SCHAU-PLATZ, Betrübter, unglücklicher Verliebten. Franckfurt u. Leipzig 1744. 8°.
Bibl. J. J. Schwabii II. — Höchst selten!

Schauplatz des baierischen Erbfolgekriegs, welcher nach Ableben des Kurfürsten Maxim. Joseph v. Baiern üb. den Besitz seiner Länder entstanden ist, (v. Jh. Chr. Adelung). Mit Kart. u. Plans. 6 Stcke. 8. Leipz. 776—80. Breitkopf u. H. 3 ℛ Hbd. Pr. 2 ℛ

— d. bayersch. Erbfolgekriegs, m. Chart. u. Plans. 6 Stck. 8. Lpz. Breitkopf. 777. (à 12 gr.)

Schauplatz des Bayrischen Erbfolgekriegs . . . Leipzig 1778—80. V: *Adelung, Johann Christoph.* (MGT) (Pr) (Kläbe, Neuest. Gel. Dresden. Leipz. 1796.) (Ky) (weber)

Schauplatz d. baierischen Erbfolgekrieges, od. histor. u. geograph. Beyträge z. Geschichte d. Krieges, welcher nach Ableben d. Churfursten *Maximilian Josephs von Baiern* über d. Besitz seiner Länder entstanden ist; durch (XXX) Landcharten u. Plane (!) der Armeen erläutert. 6 Stücke (cplt. in 1 Bde.). Nebst *Atlas* von 30 color. Karten. (Zus. 2 voll.) Leipzig, verlegts Joh. Glo. Imman. Breitkopf, 1778—79. 4°. Rosa Ppbde., hübsches Expl.
22, 24, 20, 32, 48, 36 S. (incl. Specialtit. bei jedem Stücke). — Der Atlas hat keinen besond. Titel. Die XXX. (letzte) Karte stellt dar: „Bayern u. die angränzenden Schwäbischen Lande, mit den im bayer. Erbfolgskrige 1778 darauf gemachten Ansprüchen."

SCHAUPLATZ, Der eröffnete (hrsg. von Joh. Georg Hager). Leipzig 1749—54.
Anon.-Lex. IV. p. 30 (nach Meusel). — Cplt. rar!

— eröffn., d. l. d. päpstl. Lehren Reliquien. 8. Rudolstadt. 718.

— eröffneter, geheimer philosoph. Wissenschaften. Mit Kpf. 8. Regensb. 770. Montag u. W. 1 ℛ 8 𝔤𝔤

— luſt.= u. lehrr. Gedichte. 8. Nrnb. 702.

Schauplatz der Gemüths-Bewegungen hoher Personen in der Liebesgeschichte der weltberühmt. Königin Elisabeth und des Grafen von Essex, unlängst von einer Standesperson in englischer Sprache vorgestellet, anietzo aber von einem Liebhaber derselben in das Teutsche übersetzet. 2 Thle. Leipzig, bei Coelius, 1687. 12⁰. Höchst selten! (5 Mk. Paul Neubner, Cöln, 1892.)

Engl. Orig.: The Secret history of the most renowned Queen Elizabeth, and the Earl of Essex. By a Person of Quality. 2 parts in 1 vol. Cologne, printed for Will with the Wisp (London) 1680. 12⁰, engr. title. (12 Mk., calf., Geo. Lissa, Berlin, 1891.)

— sehr merkw. Geschichten v. unterird. Schätzen. 8. Hannover. 747.

— heil., d. Liebe J. C. in Passionsbetracht. 8. Bautzen. 759.

Schauplatz, histor., des Appollinis. 8. Schwabach. 755.

Schauplatz, Historischer und genealogischer, des deutschen Reichs. Frankfurt 1730. V: *Sommersberg, Friedrich Wilhelm von*[?]. (ADB)

Schauplatz, Historischer, sehr merckwürdiger Geschichte von unterirdischen Schätzen, an Gold, Silber und Edelgesteinen, Welche in alten Kirchen, Clöstern, Schlössern und Hölen verborgen gelegen, und theils glücklich gehoben, theils aber noch in dem Schoosse der Erden verborgen sind nebst einigen curieusen Geschichten von betrüglichen Geister Erscheinungen, ingleichen von erstaunenden Begebenheiten, welche sich in unterirdischen Hölen und Gängen zugetragen. Mit vielen Betrachtungs-würdigen Anmerckungen versehen. Hannover 1747. V: *Gleichmann, Johann Zacharias.* (BGE VII², 137/138)

Schauplatz, Historischer, allerhand Wunderswürdiger natürlicher Curiositäten ... Dantzig [17??]. V: *Winckler, Gottfried Chn.* (BGG)

Historischer **Schau-Platz** aller Rechts-Ansprüche auf Jülich, Cleve, Berg, Marck, Ravensberg, Ravenstein, Winnenthal u. Breskesand. Franckfurth u. Leipzig 1739.

SCHAU-PLATZ, Historischer, allerhand Staats-, Kriegs- und Friedens-Begebenheiten. Soest. (17**?) 4⁰.

J. G. Nicolai, Berlin, cat. univ. 1737 (ohne Jahresangabe). Jedenfalls eine Seltenheit!

Historischer **Schauplatz** vornehmer und berühmter Staats- und Rechts-Gelehrten, darinnen viele denckwürdige und sonderbahre Sachen von ihrem geführten Leben und Verrichtungen, . herausgegebenen Schriften vorgestellet werden. Th. [1.] Franckfurt und Leipzig 1710. Th. 2. Berlin 1715.

Schauplatz, Historischer, vornehmer und berühmter Staats- und Rechtsgelehrten. Frankf. u. Leipzig [Berlin] 1710—15. V: *Dahlmann, Peter* oder: *Rühlmann*[?]. (Adel)

Schau-Platz .... Treu-loser Kinder- Koch- u. Dienst-Mägden ...., s. weiter unten bei Teutonicus, E. C.

Schauplatz des Krieges in Brabant u. Flandern. 2 Bd. 12. M. K. Frankfurt 1703—1707.

Schauplatz des Kriegs zwischen Engelland und seinen Colonien in America nach richtigen Carten gezeichnet und in diese Form gebracht von J. C. Jäger. Frankfurt a. M. zu finden in der Jägernschen Buchhandlung 1776. Gest. von J. B. Berndt in Franckfurt. 1: 3,500,000. 1 Bl.

Schauplatz des gegenwärtigen Kriegs. Durch accurate Plans (u. Charten) von den wichtigsten Bataillen, Belagerungen u. Feldlägern. Theil 1—4. Von 1756. 57.—1760. (jed. Theil) in 20 illum. Blättern. Theil 5. 1761. (in 16 illum Bl.) Theil 6—9: Die in den J. 1756—1760 u. 61 vorgefallenen u. in Th. 1—5. nicht enthaltenen Sachen (in 44 illum. Bl.). Nebst einer Geschichte des Kriegs in diesen Jahren, wodurch die .... Kupfer erklärt werden. Theil 10. Von den wichtigsten Bataillen u. Belagerungen i. J. 1762 (in 20 illum. Bl.) Nürnberg. Quer-fol.

Schauplatz d. gegenwärt. Kriegs v. 1756—63. Durch accurate Plans und Charten von den Bataillen, Belagerungen und Feldlagern. 10 Th. fol. M. 160 Pl. nebst Entwurf e. Geschichte des Krieges. 6 Bd. 4. Nürnberg 1757—1764. 60,00.

— d. Krieges v. 1756—63 m. Plans d. vornehmsten Bataillen. 10 Bde. nebst e. kurzgef. Gesch. in 6 Thlen. Nürnberg, Raspe. 757—64.

— des gegenwärt. Kriegs, histor. u. geograph. beschrieben. 3 Thle. 8. Hamb. 771—73. Buchenröder. 2 ⸿

— des gegenwärt. Kriegs zwischen Oestreich u. Preußen. Mit 1 Karte. 2 Stck. 8. Altona 778. Buchenröder. 1 ⸿

Schauplatz des gegenwärt. Krieges zw. Oesterreich u. Preussen. 2 St. M. Krtn. Altona 1779. 3,00.

Schauplatz des gegenwärtigen Krieges zwischen Rußland und der Pforte. Historisch und geographisch beschrieben von Bxxxx 3 Bde. Hamburg: Buchenröder 1771/74

Schauplatz des gegenwärtigen Krieges zwischen Rußland und der Pforte. Bd 1—3. (1: 2. Aufl.) Hamburg 1771—74. 8⁰.

Schauplatz des Krieges in Italien, oder Beschreibung der Lombardey und deren Republiquen. 8. M. Pl. Leipzig 1702.

Schauplatz des Krieges in Italien, oder accurate Beschreibung der Lombardey. Mit Abb. u. Pl. Leipzig 1702. 910 S.

Schauplatz, Der, des Kriegs der Röm. Kaiserl. Majest. und derer Hohen Alliirten am Rhein. (Mit Karten.) Franckfurt a. M. u. Leipzig 1703. 8. .... (I).

Schauplatz des Krieges der Röm. Kaiserl. Majestät und Alliirten am Rhein. Darinnen ausführlich erzehlet wird, was sich in dieser Gegend seit dem Spanischen Erb-Streit zugetragen. 8. Frankf. u. Leipz. 1703.

Schauplatz des Krieges der Röm. Kays. Maj. u. Alliirten am Rhein, in Brabant u. Flandern. 2 Th. 12 M. Krt. u. Pl. Frankfurt 1703—7.

— des Kriegs, darstellend die verschied. Märsche, Bewegungen, Zufuhren u. Stellungen der französisch. u. russ. Armeen, vom Anfang des Kriegs d. 22. Juni 1812. kl. Fol. No. 1—17. Leipz. ... Leo. 3 ₰ 4 gr

Schauplatz des Krieges in Polen und Russland, darstellend die verschiedenen Märsche, Bewegungen, Zufuhren und Stellungen der Französischen und Russischen Armeen vom Anfange des Kriegs den 22. Juni 1812 bis — Nach den Nachrichten der franz. Bulletins. Leipzig bey Friedr. August Leo. Die ersten 11 Bl. Russland bis zur Weichsel 1 : 6,000,000. Die andern 6 Bl. der Kampf-Platz von der Düna bis zur Elbe 1 : 2,800,000. 17 Bl.

Schauplatz des Krieges und der Revolution 1848—1849 in Ansichten, Karten und Plänen. Nebst Beschreibung. (2 Bde.)
8. Hadersleben 1848.

— des Krieges u. der Revolution in Ansichten, Karten u. Plänen. Nebst Beschreibung. 26 Hfte. gr. 8. (1. Bd. 194 S. m. gest. Titel, 26 Stahlst. u. 10 in Stahl gest. Karten in gr. 8. u. 4. 2. Bd. 169 S. m. 55 Stahlst. u. 4 in Stahl gest. Karten in 4.) Leipzig 848—51, Englische Kunstanstalt von Payne. (à 1/6 ₰) 4 1/6 ₰

Der Schau-Platz des Krieges am Rhein. **Frankfurt** 1703. 8°.

Schauplatz des Russisch Türkischen Krieges. Entworfen von Herrn d'Anville. Verbessert und vermehrt von Herrn F. A. Schraembl. Zu finden im eigenen Verlag in Wien 1787. 1 : 2,700,000. 2 Bl.

Schauplatz des Russisch-Turkischen Kriegs und der benachbarten Länder (1711). NB. Enthält ausser dem Kriegsschauplatz noch eine Karte von Europa, eine von Asien, Special-Karten von Russland, Pohlen und allen Oesterreichischen Ländern. O. M. 18 Bl.

„Schauplatz der Künste und Handwerke, oder vollständige Beschreibung derselben, verfertiget und gebilliget von der Akademie der Wissenschaften zu Paris". Aus dem Französischen mit Anmerkungen: 1.—4. Band von Johann Heinrich Gottlob von Justi, 5.—13. Band von Daniel Gottlieb Schreber, Königsberg 1762 bis 1777 (Unzer); 14. Band Nürnberg 1780 (Monath & K.); 15. Band, von Roland de la Platière, 2 Teile, Nürnberg 1782 und 1783; 16.—20. Band, von J. S. Halle, Berlin 1788—1795 (Rücker); 21. Band von K. C. Langsdorf und J. M. Wassermann, Erlangen 1805 (Palm). — Alle vorh.: Com. Bibl. Hamburg. — „Neuer Schauplatz der Künste und Handwerke .....", von verschiedenen Verfassern, 1.—60. Band, Ilmenau 1817—1832 (Voigt).

Schauplatz der Künste u. Handwerke, oder vollständ. Beschreib. derselben, von d. Akad. d. Wissensch. zu Paris; aus d. Französ., mit Anmerkk. u. Kpf. 1r—13r Bd. (1r—4r Bd. v. J. H. G. v. Justi). (5r—13r Bd. v. D. G. Schreber). gr. 4. Königsb. 762—77. (Unzer). 67 ₰ 12 gr — 14r Bd. Mit Kpf. gr. 4. Nürnb. 780. Monath u. K. 5 ₰ 4 gr — 15r Bd. enthalt. die Wollenzeugfabrikanten, v. Roland de la Platiere. 2 Thle. Mit Kpf. gr. 4. Nürnb. 782 u. 783. Schneider u. W. 3 ₰ 16 gr — 16r—20r Bd. von J. S. Halle. (20r Bd. A. u. d. T.: Salmon, die Zinngießerkunst, übers. v. G. E. Rosenthal). Mit Kpf. gr. 4. Berl. 788—95. (Rücker). 30 ₰ 20 gr — 21r Bd. A. u. d. T.: K. C. Langsdorf u. J. M. Wassermann, der Strumpfwirkerstuhl u. sein Gebrauch. 1r Thl. Mit 14 Kpf. gr. 4. Erlang. 805. Palm. 2 ₰

— d. Künste u. Handwerker, od. vollst. Beschreib. derselben v. d. Academ. d. Wissensch. z. Paris, m. K. a. d. Franz. m. Anmerk. 13 Bde. gr. 4. Königsb. Hartung. (Unzer.) 762—77.

— — dess. 14r Bd. m. K. gr. 4. Nrnb. Monath u. K. 780.

— — 15r Bd. enth. d. Wollenzeugfabrikanten, m. K. 2 Thle. v. Roland de la Platiere. gr. 4. Nurnb. Schneider u. W. 782—83.

— — dess. 16r—20r Bd. m. K. gr. 4. Berlin, Pauli. 788—95. (16r—17r à 4 Rthlr. 18r 5 Rthlr. 19r 7 Rthlr. 8 gr. 20r 10 Rthlr. 12 gr.)

— — 21r Bd. a. unt. d. Tit. Strumpfwirkerstuhl v. C. Langsdorf, m. K. gr. 4. Erlang. Palm. 805.
Schreibp.

Schauplatz, Der curiose, präsentirend Acht Lust- und lehrreiche Gedichte . . . A. d. Franz. Nürnb. [1701]. V: *Aulnoy, Marie Catterine Jumelle de Berneville Comtesse d'.* (Samml. bibl.-wissensch. Arbeiten v. Dziatzko. 10.)

Curieuser Schauplatz des in diesem 18. Seculo angefangenen u. noch fortwährenden blutigen Krieges zwischen denen Alliirten u. der Kron Franckreich sonderl. die merkwürdigsten Vorfälle, Schlachten, Eroberungen etc. von 1701 biss 1706. 12. M. 1 Krte. Rotenburg 1706.

Curieuser Schau-Platz des im 18. Seculo angefang. blutigen Krieges zwischen den Alliirten u. der Kron Franckreichs in den spanischen Niederlanden. 1701—1706. Mit Bld. u. 1 Krt. Rotenburg 1706. 500 S.

Schauplatz unseres commerziellen und cameralistischen Lebens. H. 1—3. Wien: Schmidt u. Leo 1848.

SCHAUPLATZ der Liebe, ein Geschenk für mein Liebstes zum neuen Jahre. (Gedichte.) O. O. 1764. 16°. 2 1/4 Bog. Rar!
Cat. Meissner III. p. 541; A. Wever's (Berlin) cat. univ. 1764.

— der bösen Männer, od. nützl. Apotheke für die bösen Männer. 8. Bautzen 752. ... 4 gr

SCHAU-PLATZ der Bösen Männer, Oder eine für die bösen Männer nützliche Apotheke, darinn unterschiedliche Recepte, Künste und Mittel, die bösen Männer fromm und gut zu machen. Sowohl ledigen als verehlichten Leuten vortheilhaft zu lesen. Frankfurt u. Leipzig 1752. 8°. 187 S. (3 Mk. 50 Pfg. Scheible, 1886; jetzt theurer!)
Vielleicht ein früherer Druck vorhanden. — Gegenstück zu der Weiber-Apotheke .... 1712 etc.

Thaesander (d. i. G. W. Wegner) (Herausgeber): „Schauplatz vieler Ungereimter Meynungen und Erzehlungen. Worauf die unter dem Titul der Magiae Naturalis so hoch gepriesene Wissenschaften und Künste vorgestellet, geprüfet und entdecket werden", Band 1—3 (= Stück 1—24), Berlin und Leipzig 1735 bis 1742 (Ambrosius Haude). — Vorh.: Preußische Staatsbibliothek Berlin — N 54.

Schau-Platz Vieler Ungereimten Meynungen u. Erzehlungen. Berlin 1739-42. V: *Weger, G. Wilhelm.* (Verz. d. v. Meusebachschen Bibl. Berlin 1855. S. 192.)

SCHAUPLATZ der ausgearteten Menschheit oder Nachrichten von den merkwürdigsten Lebensumständen berüchtigter Bösewichter und Betrüger. Mit einer Vorrede vom Hofrathe Schiller in Jena. Mit Kpfrn. Gotha u. Weimar, 1799. 8°. Zahm.
C. G. Börner, Lpz., VIII. (1907.)

[2. Aufl. u. d. Tit.:]
Schauplatz der ausgearteten Menschheit oder Merkwürdige Lebensumstände der berüchtigsten Bösewichte und Betrüger der neuern Zeit. Mit einer Vorr. von Friedr. Schiller. 2. verm. Aufl. Bdchen 1. 2. Gotha u. Weimar: 1809. 8°
1. 223 S. 1 Taf.; 2. 197 S. 1 Taf.

— d. ausgearteten Menschheit, od. Nachr. v. d. merkw. Lebensumständ. d. berüchtigst. Bösewichter. 2 Thle. 8. Wien, Ant. Doll. 809.

— der ausgearteten Menschheit, od. Nachrr. von den merkwürd. Lebensumständen der berüchtigsten Bösewichter, 2 Thle. Mit Kpf. 8. Wien 809. 3e A. 815. Ant. Doll. 1 ß

— — der ausgearteten Menschheit, oder merkwürd. Lebensumstände der berüchtigsten Bösewichter u. Betrüger d. neuern Zeit. 2 Bände. 3te verm. Aufl. 8. Wien, Aloys Doll. 816.

— d. Natur, od. Gespräch u. d. Beschaffenh. u. d. Absichten d. natürl. Dinge, aus dem Franz. 2 Thle. m. K. 8. Wien. 747.

Schau-Platz der Natur, u. Unterredungen v. d. Beschaffenheit u. den Absichten der natürl. Dinge, wodurch die Jugend zu weiterm Nachforschen aufgemuntert, u. auf richtige Begriffe v. d. Allmacht u. Weißheit Gottes geführt wird. 8 Th. A. d. Franz. Mit vielen Kpf. 2. Aufl. Wien u. Nürnb. 1750—54. 8°.

Schau-Platz der Natur oder Unterredungen von der Beschaffenheit und den Absichten der natürlichen Dinge. Aus dem Französischen. Wien und Nürnberg 1753 bis 1755. Frankfurt und Leipzig 1761. V: *Pluche, Noel Antoine.* (ZÜRKL)

SCHAUPLATZ der Natur oder Unterredungen von der Beschaffenheit u. den Absichten der natürlichen Dinge. 12 starke Bde. Mit vielen Kpfrn. Frankfurt u. Wien 1755—65. 8°.

— der Natur, od. Unterredungen von d. Beschaffenheit u. den Absichten der natürl. Dinge. 1r—8r Thl. 1r Bd. Mit Kpf. 8. Nürnb. 760—70. Monath u. K. 6 ß 10 gl. 8r Thl. 2r Bd. od. Unterred., worinnen der Mensch in Gesellschaft mit Gott betroffen wird; aus d. Französ. des de Pluche. 8. Bamb. 772; Wesché in Frankf. a. M. 16 gl.

— — 8r Thl. 2r Bd. od. Unterred. worinnen d. Mensch in Gesellsch. m. Gott betr. wird, a. d. Franz. des de Pluche. 8 Bamb. Gebhard. 772.

— der Natur, in einem kurzen Begriff entwickelt; aus d. Französ. v. M. v. Scheiblin. 8. Frankf. u. Leipz. 760. (Bürgler in Augsb.) 5 gl.

— d. Natur in e. kurz. Begr. v. Scheiblin. 8. Augsburg, Lotter. 762.

„Schauplatz der Natur und Künste, in vier Sprachen: deutsch, französisch, lateinisch und italienisch", mit insgesamt 288 Kupferstichen von J. Wagner und Beschreibungen, 3 Bände, Wien 1774 bis 1779. — Vorh: Bücherei der Industrie- und Handelskammer Leipzig.

SCHAUPLATZ der Natur und der Künste, in vier Sprachen, deutsch, lateinisch, französisch und italienisch. 10 Jahrgänge mit 490 Kupfertafeln. — Spectacle de la nature et des arts, en quatre langues, savoir allemand, latin, françois et italien. 10 recueils annuels contenant 490 planches gravées. Wien bei J. Kurzböck 1774—1783. 4°. (120 Mk., vollst. Reihe in tadelloser Erhaltung, K. W. Hiersemann, 1904:)

— d. Natur u. d. Künste in 4 Sprachen. 10 Jahrg. m. K. gr. 4. Wien, Kurzböck. (Camesina.) 774-79.

— — der Natur u. der Künste in 4 Sprachen. 10 Jahrgänge. gr. 4. Wien, 774—79. Jetzt Volke u. d. Pr.

* **SCHAU-PLATZ,** Neu-auffgeführter, Oder wahrhaffte Liebes-Geschicht, vornehmer Persohnen, Worauff Ihre so wohl Glück- als unglückliche Begebenheiten erzehlet werden. Aus dem Frantzösischen ins Teutsche übersetzet. LEIPZIG In Verlegung Christoph Heydlers. ANNO 1704. 12°. Titel (roth u. schwarz), 1 Bl., 260 S. (In Berlin: an Yv 141.)
Anfang des Textes steht: „ASSEMBLeé Aller Verliebten". In der Vorrede sagt der Uebersetzer (der Wahrheit gemäß): „Es wird hier nichts angetroffen, da die Erbarkeit könnte beleidiget, noch keusche Ohren belästiget werden. Jegliche Person erzehlet in diesem kleinen Roman ihre Amour" — — —.

Schauplatz, neuer, der Bergwerkskunde, m. Berücksichtig. der neuesten Fortschritte u. Entdeckungen. Hrsg. u. in allgemein faßl. Weise dargestellt von einer Gesellschaft prakt. Bergleute. 1—7. Thl, gr. 8. Quedlinburg, Basse.
A. u. d. Ttln.:
Thl. 1. Die Markscheidekunst u. das bergmännische Planzeichnen, nebst den brauchbarsten Tafeln zur Berechnung der Sohlen u. Seigerteufen nach der 10theiligen Eintheilung des Lachters. (10 B. u. 10 Stnt.) 845. 1 Thlr. 10 Ngr.
„ 2. Die Grubenzimmerung. (5 B. u. 6 Stnt.) 846. 25 Ngr.
„ 3. Bergmännische Studien. Theorie der Erzlagerstätten, begründet auf die Beschreibung des Hauptvorkommens derselben am Harze, im Erzgebirge, in den Rheinlanden, in Toskana rc. Von Amédée Burat. Deutsch v. Carl Hartmann. (15½ B. u. 13 Stnt.) 846. 2 Thlr.
„ 4. Die Grubenförderung. (12 B., 23 Stnt. u. 1 Tab.) 847. 2 Thlr.
„ 5. Die Wasserhaltung in Bergwerken. (14½ B. u. 16 Stnt.) 847. 2 Thlr.
„ 6. Ueber die Veranstaltung u. den Betrieb der Grubenbaue, nebst der damit verbund. Wetterführung. (22½ B. u. 21 Stnt.) 847. 2 Thlr.
„ 7. Die bergmänn. Arbeitslehre. Die Erwerbung von Bergwerks-Eigenthum durch Bergbau-Actien-Gesellschaften, die Verwaltung ihres Grubeneigenthumes u. ihre Stellung zu d. Administration. (10½ B. u. 3 Stnt.) 847. 1 Thlr.

— derf. 5. Thl.: Die Wasserhaltung in Bergwerken. Mit 16 lith. Taf. (in Fol.) gr. 8. (228 S.) Ebd. 852. 2 ß

Schauplatz, neuer, der Bergwerkskunde mit Berücksicht. der neuesten Fortschritte und Entdeckungen. Hrsg. von einer Gesellschaft praktischer Bergleute. 8—15. Thl. gr. 8. Quedlinburg, Basse.
Auch unter den Titeln:
Thl. 8. Die Bergrechtslehre. (VIII und 213 S. mit 3 Stnt. in qu. Fol.) 847. 1 Thlr. 5 Ngr.
„ 9. Die Aufbereitung der Erze. (IV und 215 S. mit 17 Stnt. in qu. Fol.) 848. 2 Thlr.
„ 10. Die Grubenmauerung. (VI und 95 S. mit 7 Stnt. in qu. Fol.) 847. 1 Thlr.
„ 11. Die Geognosie in Beziehung zum Bergbau. (VIII und 232 S. mit 3 Stnt. in qu. Fol.) 848. 1 Thlr. 15 Ngr.
„ 12. Die Bergwerks-Statistik. (VI und 302 S.) 848. 1 Thlr. 15 Ngr.
„ 13. Die Erzabnahme und die Erzprobe, die Röstarbeit und die Röstöfen, die Schmelzarbeit und die Schmelzöfen. (IV und 298 S. mit 10 Stnt. in qu. Fol.) 848. 2 Thlr.
Thl. 14. Die Brennmaterialienlehre. (IV und 206 S. mit 6 Stnt. in qu. Fol.) 848. 1 Thlr. 10 Ngr.
„ 15. Hüttenbau und Hüttenmaschinenwesen. 2 Abthlgn. [1. (VIII und 236 S. mit 11 Stnt. in Fol.) 2. (IV und 180 S. mit 17 Stnt. in gr. Fol.) 848. à 2 Thlr.] 4 Thlr.
1—7. Thl. Ebendas. 1845—47. 11 Thlr. 5 Ngr.

— derf. 12. Thl.: Die Bergwerks-Statistik. gr. 8. (VI u. 302 S.) Ebd. 847. 1½ ß

Schauplatz, neuer, der Bergwerkskunde mit Berücksichtigung der neuesten Fortschritte und Entdeckungen. Herausg. u. in allgemein faßlicher Weise dargestellt von einer Gesellschaft praktischer Bergleute. Quedlinburg, Basse. gr. 8.
13. Bd.: Der Grubenhaushalt. Bearb. von W. Leo. (2. Bearb.) 859. (2 Bl., 220 S.) 1 ℛ 10 ngr.
14. Bd.: Die Brennmaterialien-Lehre. Auf's Neue bearb. von Wilh. Leo. Mit 4 (lith.) Taf. Abbildgn. (in Fol.) 860. (VI, 296 S.) 1 ℛ 20 ngr.

Schauplatz, neuer, der Künste u. Handwerke.
(NB. Alle diese Theile, s. auch einzeln unter ihrem Verf. oder Haupttiteln.)

— neuer, der Künste u. Handwerke. 1r—60r Bd. Mit Abbildd. 8. Ilmenau 817—32. Voigt. 1r Bd. J. C. Cupel, der vollkomm. Conditor, oder gründl. Anweis. zur Zubereitung aller Arten Bonbons, Stangenzucker ꝛc. 817. 3e A. 823. 1 ℛ

— 2r Bd. Chr. Fr. G. Thon, Kunst, Bücher zu binden, Futterale zu machen u. Landkarten ꝛc. aufzuziehen. 1r Thl. 2e A. 826. 3e A. 832. 1 ℛ 2r Thl., s. unten: 25r Bd.

— 3r Bd. Chr. Fr. G. Thon, die Holzbeizkunst, od. die Holzfärberei in ihrem ganzen Umfange ꝛc. 822. 1 ℛ

— 4r Bd. Die Kunst des Seifensiedens u. Lichtziehens. 822. 16 gr

— 5r Bd. H. F. A. Stöckel, die Tischlerkunst in ihrem ganzen Umfange. Mit 18 Taf. Abbildd. 823. 1 ℛ 12 gr

— 6r Bd. A. B. Vitalis, Lehrbuch d. gesammten Färberei auf Wolle, Seide, Leinen, Hanf, Baumwolle ꝛc.; nach d. Französ. 824. 2e Aufl. mit Anmerkk. v. H. Leng. 832. 1 ℛ 12 gr

— 7r Bd. E. G. Woltersdorf, das Ganze d. Brod-, Semmel-, Kuchen- u. Pfefferkuchenbäckerei. 824. 1 ℛ 18 gr

— 8r Bd. Hnr. Schulze, der Gold- u. Silberarbeiter u. Juwelier nach allen seinen prakt. Verrichtungen. Mit 88 Abbildd. 823. 2e A. 828. 1 ℛ 8 gr

— 9r Bd. F. Heyder, das Ganze d. Kleidermacherkunst. Mit 20 Steindr. 824. 1 ℛ

— 10r Bd. M. Watin, die Kunst des Statfirmalers u. Vergolders ꝛc. Nebst d'Incarville's Denkschrift üb. Zubereit. d. chines. Lacks ꝛc. Nach d. 9n Orig.-Ausg. hrsgg. v. Prof. Dr. Heidemann. 824. 1 ℛ

— 11r Bd. Der Schuh- u. Stiefelmacher in seines Gewerbes größter Vollkommenheit. Mit 1 Titelkpf. 824. 18 gr

— 12r Bd. G. P. F. Thon, das Fleischerhandwerk mit allen seinen Nebenzweigen ꝛc. 825. 16 gr

— 13r Bd. Fr. Wlh. Huth, Handbuch d. Kochkunst, sowohl für bürgerl. Haushaltungen als für Feinzüngler. 825. 20 gr

— 14r Bd. Chr. Fr. G. Thon, vollständ. Anleit. z. Lackirkunst ꝛc. 821. 3e A. 825. 2 ℛ

— 15r Bd. Thdr. Thon, die Drehkunst in ihrem ganzen Umfange. Mit 95 Abbildd. 825. 1 ℛ 12 gr

— 16r Bd. Der vollkommene Parfümeur. 825. 16 gr

— 17r Bd. Gtthlf. Morgenstern, das Ganze d. Ledergerberei ꝛc. Mit 1 Holzschn. 826. 18 gr

— 18r Bd. Thdr. Thon, der Gebäudemaler u. Decorateur. Mit 3 Kpft. 825. 1 ℛ

— 19r Bd. Mar. Woelfer, gründl. Anweis. z. Treppenbau. Mit 2 Steindr. 826. 2e unveränd. A. 833. (832.) 8 gr

— 20r Bd. Jos. Servière, das Ganze d. Bierbrauerei u. Bierkellerwirthschaft. Mit 1 Steindr. 826. 12 gr

— 21r Bd. Riffault, vollständ. Handbuch d. Färberei auf Wolle, Seide ꝛc.; nach d. Französ., mit Zusätz. v. H. Leng. 826. 16 gr

— 22r u. 23r Bd. C. L. Matthaey, prakt. Handbuch f. Maurer u. Steinhauer ꝛc. Mit e. Atlas v. 40 Quartbl. 2 Thlr. 826. 2 ℛ 18 gr illum. 5 ℛ

— 24r Bd. C. F. B. Schedel, Anweis. zur Destillirkunst u. Liqueurfabrikation. 826. 12 gr

—— ders. 25. Bd. — A. u. d. T.: Chrstn. Fr. G. Thon, die Kunst Bücher zu binden ꝛc. 2. Thl. — Der Fabrikant bunter Papiere ꝛc. Nach d. neuest., besten u. bewährt. Quellen u. Grundsätzen verfaßt u. hrsg. 2., verb. Aufl. 8. (21⅓ B. u. 4 Stnt.) Ebds. 832.

— 26r Bd. C. L. Matthaey, der Stein- u. Dammsetzer ꝛc. Mit 18 Kpft. 827. 1 ℛ 8 gr

— 27r Bd. Fr. Schulze, prakt. Unterr. in d. Bau d. deutschen, engl., französ. u. ungar. Reitsättel. Mit 46 Abbildd. 827. 18 gr

— 28r Bd. Mar. Woelfer, die Kalk- u. Gypsbrennerei in ihrem ganzen Umfange. Mit 66 Abbildd. 827. 18 gr

— 29r Bd. Jos. Servière, Oenologie, od. Lehre von d. Kultur, Erzeugung, Kelterung ꝛc. der Weine nach d. Französ. d. Aubergier. Mit 1 Steintaf. 827. 18 gr

Schauplatz, neuer, der Künste u. Handwerke. 30r Bd. Jak. Auch, Handbuch f. Land-Uhrmacher. Mit Abbildd. 8. Ilmenau 827. Voigt. 1 ℛ 8 gr

— 31r Bd. J. D. A. Höck, Beschreib. d. Nadler-, Drahtzieher-, Kardätschenmacher-, Roth- u. Gelbgießer-Arbeit. Mit Abbildd. 827. 12 gr

—— ders. 32. Bd. — A. u. d. T.: J. G. Beumenberger, der vollkomm. Juwelier, od. faßl. u. vollständ. Unterr. üb. d. Schnitt, d. Gewicht u. d. wahren Werth der Diamanten u. Perlen. Mit Benutz. engl. Quellen. 8. (6½ B. u. 10 Stnt.) Ebds. 828.

Schauplatz, neuer, der Künste u. Handwerke ꝛc. 33. Bd. — A. u. d. T.: J. Fontenelle, theoret.-prakt. Handb. d. Essig- u. Senfbereitung. A. d. Franz. v. G. H. Haumann. 8. (15½ B. u. 1 Tab.) Ilmenau 828, [Weimar,] Voigt. Thlr.

—— ders. 34. Bd. — A. u. d. T.: P. Schaller, der wohlunterr. Ziegler, od. ausführl. Anleit. zur Verfertigung aller Arten v. Mauer- u. Dachziegel ꝛc. 8. (18½ B. u. 9 Stnt.) Ebds. 828.

—— ders. 35. Bd. — A. u. d. T.: G. P. F. Thon, der wohlunterr. Wachsfabrikant u. Wachszieher. Nebst e. Geschichte u. Literatur dies. Gewerbes. 8. (10½ B. u. 6 Stnt.) Ebds. 828.

—— ders. 36. Bd. — A. u. d. T.: J. Fontenelle, theoret.-prakt. Handb. d. Oelbereit. u. Oelreinigung, nebst e. Darstell. d. Gasbeleuchtung. A. d. Franz. v. G. H. Haumann. 8. (22½ B. u. 5 Stnt.) Ebds. 828.

—— ders. 37. Bd. — A. u. d. T.: G. Ad. Wettengel, vollständ., theoret.-prakt. Lehrb. d. Anfertig. u. Reparatur aller noch jetzt gebräuchl. Gattungen v. italien. u. deutschen Geigen. 8. (42 B. u. 16 Stnt.) Ebds. 828.

—— ders. 38. Bd. — A. u. d. T.: C. Pilzecker, die Hutmacherkunst nach allen ihren prakt. Verrichtungen, od. Anleit. zum Verfertigen aller Sorten Filzhüte; nemlich der Woll-, feinen, Feder-, gemischten Hüte u. Bußseiten, wie auch d. Seidenvelpelhüte. Nebst e. Anh. 8. (14½ B. u. 5 Stnt.) Ebds. 828.

—— ders. 39. Bd. — A. u. d. T.: Frz. C. Ad. Bergmann, das Ganze d. Stärke- u. Puder-Fabrikation. 8. (12½ B. u. 2 Stnt. 4.) Ebds. 829.

—— ders. 40. Bd. — A. u. d. T.: E. Peclet, die Kunst d. Gebäude-, Zimmer- u. Straßenerleuchtung durch Oel, Talg, Wachs u. Gas. Nebst e. Anweis. zur Verfertig. d. einfachsten u. neuest. Feuerzeuge. N. d. Franz. frei bearb. v. J. Chr. G. Weise. 8. (20 B. u. 10 Stnt. Fol.) Ebds. 829.

—— ders. 41. Bd. — A. u. d. T.: Die vollkomm. Linirkunst, od. gründl. Anleit., alle Arten Handlungs- u. Geschäftsbücher rc. auf e. eben so schnelle rc. Weise zu liniren u. einzubinden, auch sich d. dazu nöth. Werkzeuge u. Tinten selbst zu verfert., nebst d. Abbild. u. Beschreib. v. 2 Linir-Maschinen u. m. 14 lith. Modellen. N. d. Franz. bearb. v. C. F. Leischner. 8. (9½ B.) Ebds. 829.

—— ders. 42. Bd. — A. u. d. T.: Das Haar als Schmuck, od. Handb. d. Frisirkunst. Eine Anweis. f. Herren u. Damen. Nach Villaret u. Normandin. 8. (6 B. u. 3 Stnt.) Ebds. 829.

—— ders. 43. Bd. — A. u. d. T.: H. Ed. Peschek, das Ganze d. Steindrucks, v. sein. artist.-chem.- u. mechan. Seite dargest. 8. (9 B. u. 3 Stnt.) Ebds. 829.

—— ders. 44. Bd. — A. u. d. T.: G. H. Haumann, das Ganze d. Seidenbaues, od. theoret.-prakt. Anweis. zur Maulbeerbaum- u. Seidenraupenzucht. 8. (18 B. u. 3 Stnt.) Ebds. 829.

—— ders. 45. Bd. — A. u. d. T.: Der Brunnen-, Röhren-, Pumpen- u. Spritzenmeister, auch Bleiarbeiter. N. d. Franz. d. Janvier u. Biston frei bearb., v. J. G. Petri. Mit angehängt Literatur. 8. (16½ B. u. 8 Stnt.) Ebds. 829. 1 —

—— ders. 46. Bd. — A. u. d. T.: G. Stratingh, üb. d. Bereitung, d. Verbindungen u. d. Anwendung d. Chlors in chem., medicin., ökonom. u. techn. Hinsicht. Frei a. d. Holländ., mit Benutz. d. neuest. Werkes v. Chevallier u. mit Anmerkn. v. Caj. G. Kaiser. M. 1 Reductionstab. f. Maße u. Gewichte. 8. (26 B. u. 6 Stnt.) Ebds. 829. 1 12

—— ders. 47—49. Bd. — A. u. d. T.: C. L. Matthaey, theoret.-prakt. Handb. f. Zimmerleute, in allen ihren wesentl. Verrichtungen. 3 Thle. 8. (59½ B. incl. 1 Tab., u. 149 Stnt.) Ebds. 829.

— 47r—49r Bd. C. L. Matthaey, theoret.-prakt. Handbuch f. Zimmerleute, in allen ihren Verrichtungen. 3 Thle. Mit 149 Steintaf. 829—830. 5 ₰

—— ders. 50. Bd. — A. u. d. T.: Der Schlossermeister, od. theoret.-prakt. Handb. d. Schlosserkunst f. Lehrherrn, Gesellen u. Lehrlinge üb. d. ganzen Umfang ihrer Kunst mit Inbegriff d. Eisen- u. Stahlbereitung. Nebst e. Erklär. der bei ihr vorkomm. Wörter u. Ausdrücke, in alphabet. Ordn. Nach d. Grafen v. Grandpré Werke f. deutsche Schlosser bearb. v. J. G Petri. Mit angehängt. Literatur. 8. (22¼ B. u. 3 Stnt.) Ilmenau 830, [Weimar,] Voigt. Thlr

Schauplatz, neuer, der Künste u. Handwerke rc. 51. Bd. — A. u d. T.: C. L. Matthaey, der Ofenbaumeister u. Feuermechanist od. die Kunst, d. Wirkung d. Feuers zu vermehren. In Anwendung d. besten u. neuest. Heizungs- u. Erwärmungsarten uns. Wohnungen. Mit vielen Beispielen neu erfund. Oefen u. Camine, sowohl blos zur Erwärmung, als auch zu wirthschaftl. Gebr. 8. (18½ B. u. 24 Stnt.) Ebds. 830.

—— ders. 52. Bd. — A. u. d. T.: C. L. Matthaey, die Kunst d. Bildhauers in allen ihr. Zweigen, enthalt. e. theoret.-prakt. Anleit. zum Modelliren u. wie man in Marmor, Alabaster, Sand- u. a. Steinarten, desgl. in Holz rc. entwerfen u. ausbilden soll; nebst e. Anweis. zum Schleifen u. Poliren dies. verschied. Steinarten, zur Vergoldung rc. 8. (23 B. u. 15 Stnt.) Ebds. 830.

—— ders. 53. Bd. — A. u. d. T.: M. Lebrun, vollständ. Handb. f. Klempner u. Lampenfabrikanten. N. d. Franz. bearb. v. H. Leng. Nebst e. erklär. Verzeichniß d. techn. Ausdrücke u. mehr. hundert Abbild. u. Mustern aus d. ersten Pariser Werkstätten. 8. (20 B. u. 4 Stnt. Fol.) Ebds. 831.

—— ders. 54. Bd. — A. u. d. T.: Lehrbuch d. Kupferstecherkunst, der Kunst in Stahl zu stechen u. in Holz zu schneiden (Chalcographie, Siderographie u. Xylographie). Frei n. d. Franz. bearb. v. Th. Thon. M. 8 Abbild. 8. (25 B.) Ebds. 831.

—— ders. 55. Bd. — A. u. d. T.: Lehrb. d. Reißkunst od. der wahren Grundsätze d. Zeichnenwissenschaft. Eine theoret.-prakt. Anweis., nach sichern Regeln das Zeichnen, sowohl mit Lineal u. Zirkel, als auch aus freier Hand nach Musterzeichnungen, besond. aber nach d. Natur, schnell u. vollkommen, auch ohne Lehrer zu erlernen rc. Frei n. d. Franz. bearb. v. Th. Thon. 8. (17 B. u. 36 Stnt. gr. 4.) Ebds. 832.

—— ders. 56. Bd. — A. u. d. T.: Die Kunst weißes Steingut mit durchsicht. Glasur nach Art d. Franzosen u. Engländer anzufert.; nebst e. Abhandl. üb. die im Muffelfeuer eingeschmolz. Steingutfarben. A. d. Franz. d. Bastenaire-Daudenart übertr. v. G. Frick. 8. (27 B. u. 4 Stnt. qu. Fol.) Ebds. 832.

—— ders. 57. u. 58. Bd. — A. u. d. T.: W. Weinholz, vollständ. theoret.-prakt. Handb. d. Mühlenbaukunst, od. gründl. u. allgem.-verständl. Anleit. zur Construction sämmtl. neu anzulegender u. zur richt. Beurtheil. bereits vorhand., durch Wasser, Wind, Dampf u. lebendige Kräfte zu betreib. Mühlwerke, welche durch Mahlen, Schneiden, Stampfen u. Hämmern im prakt. Leben v. Wichtigkeit sind. Nach d. allerneuest. Stande uns. Wissens zum Selbstunterr. f. angeh. Müller, Mühlenbauer, Technologen rc. entworfen. 2 Bde. 8. (52 B. u. 98 Stnt.) Ebds. 832.

—— ders. 59. Bd. — A. u. d. T.: Vollständ. theoret.-prakt. Anleit. zur geschmackv. u. eleganten Verfertig. aller Arten Papparbeiten. Nach d. neuest. Pariser Methoden u. Modellen, ingl. zur Pappen- u. Spielkarten-Fabrikation u. der Verfertig. d. gauffrirten, satinirt. u. vergold. Papiere, Firnisse, Bordüren u. d. brillantest. Verzierungen. A. d. Franz. übers. v. C. Fr. Leischner. 8. (17½ B. u. 2 Stnt. qu. Fol.) Ebds. 832.

— 60r Bd. Gründl. u. vollständige, auf richtige Erfahr. gestützte Anleit., nicht allein alle Arten meerschaumener, sondern auch hölzener Pfeifenköpfe fabrikmäßig zu verfertigen rc. Nebst e. geprüften Anweis., meerschaumene Pfeifenköpfe anzurauchen, ihnen eine beliebige Farbe zu geben, beschmutzte Köpfe zu reinigen rc. Herausgg. v. Chr. Fr. Glo. Thon. Mit 4 Steindr. worauf 28 Figuren. 833. (832.) 18 gr

Schauplatz, neuer, der Künste und Handwerke. Mit Berücksichtigung der neuesten Erfindungen. 1r Bd. A. u. d. T.: Der vollkommene Conditor. Von Joh. Christ. Eupel. 4e unveränd. Aufl. 8. Ilmenau u. Weimar 834. Voigt. 1 ₰ — 5e durch Giacomo Perini völlig umgearb. u. verm. Aufl. 8. Ebd. 840. 1 ₰

— dass. 3r Bd. A. u. d. T.: Optik, Catoptrik und Dioptrik, oder theoretisch-prakt. Unterricht über den möglichst vollkommenen Bau aller optischen Instrumente rc. Herausg. v. Fr. W. Barfuß. Mit 41 lithogr. Tafeln. 8. Weimar 839. Voigt. 2⅔ ₰

Schauplatz, neuer, der Künste und Handwerke. Mit Berücksichtigung der neuesten Erfindungen rc. 4r Bd. A. u. d. T.: Die Kunst des Seifensiedens und Lichtziehens. 2e, gänzl. umgearb. u. um das Doppelte verm. Aufl. Mit 6 neu hinzugekomm. Steintaf. 8. Weimar 837. Voigt. 1¼ ₰

— dass. 6r Bd. A. u. d. T.: J. B. Vitalis Lehrbuch der gesammten Färberei auf Wolle, Seide, Leinen, Hanf und Baumwolle. Nach d. Franz. 3e, mit Beibehaltung der Sam. Renner'schen u. H. Leng'schen Verbesserungen sehr verm. Aufl., bearb. von L. Bergmann. 8. Ebd. 838. 2 ℛ — 5e verm. rc. Aufl., bearb. von Ch. H. Schmidt. Mit 4 neuen Steintafeln. 8. Ebd. 840. $2^1/_2$ ℛ

— dass. 8r Bd. A. u. d. T.: Der Gold- und Silberarbeiter nach seinen prakt. Verrichtungen. Von Heinr. Schultze. 3e, ganz umgearb. u. verb. Aufl. Mit 7 Steintaf. 8. Ebd. 836. $1^1/_3$ ℛ

— dass. 9r Bd. A. u. d. T.: Das Ganze der Kleidermacherkunst. Von Fr. Heyder. 2e durchaus umgearb., mit den Erfindungen u. Lehren der jüngsten Zeit verm. durch viele lithogr. Zeichnn. erläut. Aufl. 8. Ebd. 837. 1 ℛ

— dass. 13r Bd. Friedr. Wilh. Huth's Handbuch der Kochkunst sowohl für Feinzüngler, als für bürgerliche Haushaltungen. Nebst Abbild. u. 1 ganz umgearb. Register. 2e stark verm. u. verb. Aufl. 8. Ebd. 838. $^5/_6$ ℛ

—— ders. 14. Bd. — A. u. d. T.: Chrstn. Fr. G. Thon, vollständ. Anleitung zur Lackirkunst. Nach d. neuest., besten u. bewährt. Grundsätzen verfaßt u. hrsg. 4., sehr verb. u. umgearb. Aufl. 8. ($33^1/_2$ B.) Ebds. 835.

— dass. 15r Bd. A. u. d. T.: Die Drehkunst in ihrem ganzen Umfange. Nach d. Franz. rc. von Theod. Thon. 2e verb. u. verm. Aufl., neu herausg. von Christ. Heinr. Schmidt. Mit 225 Abbildd. 8. Ebd. 836. $1^1/_2$ ℛ — 3e Aufl. Ganz umgearb. u. der Vollkommenheit näher gebracht von Fr. Aug. Reimann und Aug. Zeiß. Mit 292 Abbildd. 8. Ebd. 839. $1^1/_2$ ℛ

— dass. 17r Bd. Das Ganze der Lederbereitung. Entworfen vom Lohgerber Joh. Christ. Lange. 8. Ebd. 839. $^1/_2$ ℛ

— dass. 19r Bd. Gründliche Anweisung zum Treppenbau, von Marius Wölfer. 3e unveränd. Aufl. Mit 2 lithogr. Tafeln. 8. Ebd. 839. $^1/_3$ ℛ

— dass. 20r Bd. Der Chocoladefabrikant. Mit Benutzung der neuesten Materialien bearbeitet v. Chr. Heinr. Schmidt. Mit 1 Steindrucktafel. 8. Ebd. 838. $^1/_2$ ℛ

— dass. 22r u. 23r Bd. A. u. d. T.: Praktisches Handbuch für Maurer und Steinhauer in allen ihren Verrichtungen. Von Karl Matthaey. 2 Thle. Mit 49 Steintaf. 2e sehr verm. u. verb. Aufl. 8. Ebd. 837. $2^1/_4$ ℛ

—— ders. 24. Bd. — A. u. d. T.: C. F. P. Schebel, prakt u. bewährte Anweis. zur Destillirkunst u. Likörfabrikation. Nach ihr. neuest. Standpunkte. Nebst d. besten Vorschriften zur Verfertig. mehr. wohlriech. Wasser. 2., sehr verm. Aufl. 8. (11 B.) Ebds. 833.

— dass. 41r Bd. Die vollkommene Linirkunst, nebst der Abbild. u. Beschreib. von zwei Linir-Maschinen u. mit 25 lithogr. Modellen. Nach d. Franz. bearb. von Karl Ferd. Leischner. 2e verm. u. verb. Aufl. von J. G. Frenzel. 8. Ebd. 839. $^3/_4$ ℛ

— dass. 49r Bd. Theoretisch-prakt. Handbuch für Zimmerleute. Von Karl Matthaey. 3r Thl. Die Arbeiten des Zimmermanns. 2e Aufl. Mit 27 Zeichnn. 8. Ebd. 840. 2 ℛ

— dass. 50r Bd. Der Schlossermeister, oder theoretisch-prakt. Handbuch der Schlosserkunst. Nach d. Franz. des Grafen Grandpré. 2e verm. Ausg. In Gemeinschaft mit Joh. Gottl. Buch, herausg. von Chr. Heinr. Schmidt. Mit 14 Tafeln. 8. Ebd. 839. $1^1/_2$ ℛ

— dass. 53r Bd. M. Lebrun, vollständ. Handbuch für Klempner und Lampenfabrikanten. Nach d. Franz. bearb. von H. Leng. 2e Aufl., mit Zusätzen von C. H. Schmidt. Nebst e. erklär. Verzeichniß der techn. Ausdrücke u. 240 Abbildd. u. Mustern auf 5 Tafeln. 8. Ebd. 837. $1^1/_6$ ℛ

— dass. 55r Bd. A. u. d. T.: Theod. Thon's Lehrbuch der Reißkunst. Nach des Verf. Tode neu herausg. u. verm. von F. Durand. Mit e. neu gezeichn. Atlas v. 40 erklär. Tafeln. 2e verb. Aufl. 8. Ebd. 840. $1^1/_2$ ℛ

— dass. 57r u. 58r Bd. A. u. d. T.: Vollständ. theoretisch-prakt. Handbuch der Mühlenbaukunst, bearb. von W. Weinholz. 2e größtentheils umgearb. u. verb. Aufl. Nach des Verfass. Tode herausg. von Fr. W. Barfuß. 2 Bde. Mit 91 lithogr. Taf. 8. Ebd. 840. 4 ℛ

—— ders. 61. Bd. — A. u. d. T.: C. L. Matthaey, der vollkomm. Dachdecker, od. Unterr. in allen bis jetzt bekannt. vorzüglichst anwendbar. u. mit uns. Dachconstruktionen u. Bauverordn. vereinbar. Dachbedeckungsarten. Nach d. besten Schriften u. aus eigener vieljähr. Erfahr. bearb. 8. ($18^1/_2$ B. u. 34 Stnt.) Ebds. 833.

—— ders. 62. Bd. — A. u. d. T.: H. Leng, Lehrb. d. Gewerbskunde nach ihr. ganzen Umfange u. nach d. Standpunkte u. d. Anforderungen neuest. Zeit. Od. Anleit. zur umfass. Kenntniß u. zur richt. Beurtheil. aller Handwerke, Künste, Fabriken u. Manufacturen. Als Einleit. zum „Schauplatz“ rc. bearb. 8. (46 B. u. 22 Stndr.) Ilmenau 834, [Weimar,] Voigt. Thlr.

Schauplatz, neuer, der Künste u. Handwerke rc. 63. Bd. — A. u. d. T.: A. Bürck, vollständ. Handb. f. Juweliere, Gold-, Silber- u. Schmuckarbeiter. Mit vielen äußerst nützl. Tabellen. Nach d. besten u. neuest. franz., engl. u. deutschen Schriften, mit Zuratheziehung erprobt. Künstler, bearb. u. hrsg. 8. ($36^1/_2$ B. u. 24 Stnt.) Ebds. 834.

— 64r Bd. A. u. d. T.: Vollständ. Handbuch des Riemers und Sattlers. Mit e. Anhange, die Militärsättel und wichtige Erfindungen u. Verbesserungen an d. Reitsätteln betreffend. Nach d. Franz. des Lebrun rc., bearb. von Jac. C. Gilias. Mit 13 Steindrucktaf. 8. Ebd. 834. $1^1/_4$ ℛ — 2e von C. Meißner u. H. Kluge völlig umgearb. u. sehr verm. Aufl. Mit 4 Steindrucktaf. 8. Ebd. 837. $1^1/_4$ ℛ — 3e umgearb. Aufl. Mit 6 Steintaf. 8. Ebd. 840. $1^1/_4$ ℛ

—— ders. 65. Bd. — A. u. d. T.: Theoret.-prakt. Handb. d. Wagners, Stellmachers u. Chaisenfabrikanten. N. d. Franz. d. Lebrun. Für Deutsche bearb. u. mit d. Erfahrn. d. besten deutsch. Kutschenfabrikanten verm. v. Joh. Carl Rinne. 8. ($41^1/_2$ B. u. 3 Stnt. Fol.) Ebds. 835.

—— ders. 66. Bd. — A. u. d. T.: G. J. Verdam, Grundsätze d. angewandt. Werkzeugswissenschaft u. Mechanik, od. allgem. Grundregeln, nach welchen alle Gattungen v. Werkzeugen u. Maschinen nach d. Erforderniſſen d. prakt. Betriebes zusammengesetzt u. angewandt werden. Ein populär. Hand- u. Lehrb. f. ausüb. Maschinenbaumeister u. Gewerbschulen. A. d. Holländ. übers. v. Chrstn. Heinr. Schmidt. In 4 Bdn. — 1. Thl. 8. (31 B. u. 5 Stnt. qu. gr. Fol.) Ebds. 834.

—— ders. 67. Bd. — A. u. d. T.: G. J. Verdam, Grundsätze d. angewandt. Werkzeugswissenschaft u. Mechanik rc. A. d. Holländ. übers. v. Chrstn. Heinr. Schmidt. 2. Thl., die Grundsätze f. d. Anwend. v. Räderwerken u. f. mechan. Zusammensetzungen bei d. Einricht. u. Erbauung v. Maschinen, enthalt. 2 Abthln. 8. (38 B. u. 12 Stnt. qu. $^1/_2$ gr. Fol.) Ebds. 835.

—— ders. 68. Bd. — A. u. d. T.: G. J. Verdam, Grundsätze d. angewandt. Werkzeugwissensch. u. Mechanik rc. A. d. Holländ. übers. v. Chrstn. Heinr. Schmidt. 3. Thl., Betracht. u. Wirkung niedersteig. Gewichte u. gespannt. Federn, um Bewegung mitzutheilen; Angabe d. Kräfte v. Menschen u. Thieren, auf Maschinen ausgeübt; Entwickel. d. vornehmst. Grundsätze d. Gleichgewichtes u. der Bewegung tropfbar flüssiger u. elast. Flüssigkeiten rc., enthalt. 2 Abthln. 8. ($27^1/_2$ B. u. 4 Stnt. qu. $^1/_2$ gr. Fol.) Ebds. 835.

—— ders. 69—71. Bd. — A. u. d. T.: G. J. Verdam, Grundsätze d. angewandt. Werkzeugswissensch. u. Mechanik ꝛc. A. d. Holländ. übers. v. Chrstn. Heinr. Schmidt. 4. Thl. Die Grundsätze, nach welchen alle Arten v. Dampfmaschinen zu beurtheilen u. zu erbauen sind. 4 Abthln. 8. Ebds. 6 —

Abthl. 1., 2. Allgemeine u. besond. Betrachtungen üb. d. mechan. Kraft d. Dampfes; Beschreib. verschied. Arten u. Formen v. Dampfmaschinen ꝛc (39 B. u. 12 Stnt. qu. 1/2 gr. Fol.) 835. 2 Thlr. 12 Gr. (69. Bd.)

" 3. Prakt. Theil, in welchem gehandelt wird üb. d. Dimensionen, wie auch üb d. besond. Einrichtungen u. Formen d. Bestandtheile d. Dampfmaschinen. (21 B. u. 5 Stnt. gr. Fol.) 835. 1 Thlr. 18 Gr. (70 Bd.)

" 4. Prakt Theil, in welchem gehand wird üb. d. besond. Einrichtn. u. Formen d. Bestandtheile d. Dampfmaschinen. (17 B. u. 6 Stnt. qu. Fol.) 837. 1 Thlr. 18 Gr. (71. Bd.)

— dass. 72r Bd. Vollständ. Handbuch d. Zuckerfabrikation nach allen ihren Zweigen. Nach den neusten franz., engl. u. deutsch. Werken bearb. von H. Leng. Mit 122 Abbildd. auf 24 Tafeln 8. Ebd. 834. 2 ß — (Neue Aufl.) unt. d. T.: Chr. H. Schmidt, Handbuch d. Zuckerfabrikation namentlich des Runkelrübenzuckers, des Rohrzuckers und des Stärkemehlzuckers, nach ihrem Stantpunkte im J. 1840 in Deutschland bearbeitet. Mit 7 Taf. Abbildd. 8. Ebd. 841. 2 ß

—— ders. 73. u. 74. Bd. — A. u. d. T.: L. Séb. Lenormand's Handb. d. Papier-Fabrikation, od. vollständ. u. genaue Beschreib. d. Papiermacherkunst, so wie d. Pappfabrikation u. der Kunst d. Formers. A. d. Franz. ins Deutsche übers. u. mit mehr. Zusätzen u. Anmerkn. vers. v. W. Weinholz. 2 Bde. 8. Ebds. 835. [1. (35 B. u. 6 Stnt. gr. Fol.), 2. (35 1/2 B. u. 6 Stnt. gr. Fol.) à 2 Thlr. 12 Gr.]

—— ders. 75. Bd. — A. u. d. T.: Ludw. Friedr. Schumann, die Kunst durchsicht. Porzellan u. weißes Steingut mit durchsicht. Glasur anzufertigen. Nebst e. gründl. Anleit. zur Erbauung d. einfachst. u. vortheilhaft. Massenmühlen, Schlemmerei, Massentechöfen, Brennöfen u. Abdrehmaschinen; so wie e. ausführl. Abhandl. üb. d. Laboration d. Mineralfarben f. Porzellan-, Steingut- u. Glasmalerei, mit d. nöth. Anweis. z. Erbauung der zum Einschmelzen angewandt. Holz- u. Kohlenmuffeln. Nach prakt. Erfahr. bearb. 8. (18 3/4 B., 9 Stnt. u. J. Fr. Böttiger's Portr.) Ilmenau 835, [Weimar,] Voigt. Thlr.

Schauplatz, neuer, der Künste u. Handwerke ꝛc. 76. Bd. — A. u. d. T.: Ueber d. Anlegung u. Ausführ. aller Arten v. Eisenbahnen nach den Grundsätzen d. Mechanik u. den Ergebnissen d. Erfahrungen, welche bis auf d. neueste Zeit in England, Amerika, Frankreich u. Deutschland beim Baue d. eisernen Schienenwege gesamm. worden sind, nebst ausführl. Kostenberechnungen. N. d. Franz. d. Ed. Biot, mit Benutzung d. besten u. neuest. einschläg. engl., franz. u. deutschen Literatur. Hrsg. v. Chrstn. Heinr. Schmidt. 8. (19 1/2 B. u. 7 Stnt. 4.) Ebds. 835.

—— ders. 77. Bd. — A. u. d. T.: Marius Wölfer, gründl. u. kunstgemäße Anweis. zur Stukkatur-, Tüncher- u. Cementirarbeit in ihr. ganzen Umfange; so wie auch zum Stubenmalen u. Anstreichen mit Oel- u. Wasserfarben. 8. (11 1/2 B. u. 24 Stnt.) Ebds. 835.

—— ders. 78. Bd. — A. u. d. T.: Herm. Sternheim, populäre Gnomonik, od. Constructionen d. gebräuchlichst. Arten v. Sonnenuhren mit Thierkreislinien u. Beleuchtungsscalen. 8. (12 B. u. 9 Stnt. Fol.) Ebds. 835.

—— ders. 79. Bd. — A. u. d. T.: Heinr. Leng, vollständ. Handb. d. Glasfabrikation nach allen ihren Haupt- u. Nebenzweigen. Nach d. besten in- u. ausländ. Werken bearb. 8. (33 B. u. 179 lith. Abbild.) Ebds. 835.

— dass. 80r u. 81r Bd. A. u. d. T.: Handbuch der prakt. Metallurgie ꝛc. Von Karl Hartmann. 2 Thle. Mit 12 lithogr. Taf. 8. Ebd. 837. 3 1/3 ß

— dass. 82r Bd. A. u. d. T.: G. A. Siddons prakt. u. erfahrener engl. Rathgeber für alle diejenigen Künstler u. Professionisten, welche ihren Arbeiten aus Holz, Metall, Horn, Schildpatt, Elfenbein, Leder, Pappe ꝛc. durch Schleifen ꝛc. Aus d. Engl., mit Benutzung der besten in- u. ausländ. Werke bearb. von C. H. Schmidt. Mit 6 Steindrucktaf. 8. Ebd. 835. 1 3/4 ß

— dass. 83r Bd. A. u. d. T.: Die Geheimnisse der engl. Gewehrfabrikation und Büchsenmacherkunst ꝛc. Von Will. Greener. Aus d. Engl. übersetzt von C. H. Schmidt. Mit 16 Steindrucktaf. 8. Ebd. 836. 1 1/3 ß

— dass. 84r Bd. A. u. d. T.: Vollständiges u. ausführl. Handbuch der Handschuhfabrikation und der Kunst, das Handschuhleder zu gerben u. zu färben. Von Vallet d'Artois. Nach dem Franz. übersetzt mit Verbess. u. Zusätzen von Hnr. Leng. Mit 75 Abbildd. auf 3 Taf. 8. Weimar 836. Voigt. 1 ß.

Schauplatz, neuer, der Künste und Handwerke. Mit Berücksichtigung der neuesten Erfindungen ꝛc. 85r Bd. A. u. d. T.: Die Kunst des Messerschmiedes. Aus langjähr. prakt. Erfahrung geschöpft von M. H. Landrin. Frei aus d. Franz. übersetzt von H. Leng und nach dessen Tode beendet u. herausg. von Ch. H. Schmidt. Mit 9 Steindrucktaf. 8. Weimar 836 Voigt. 1 2/3 ß

— dass. 86r Bd. A. u. d. T.: Gründliche Eröffnung für Zuckerraffinerien, der aus eigener Erfahrung genomm. Praxis in der Fabrikation des Beinschwarzes u. aller der sich dabei ergebenden Nebenprodukte ꝛc. Mit dem Bauplan einer Fabrik in 14 vollkommen hergestellten Baurissen. Von Karl Wilh. Rösling. 8. Ebd. 836. 2 ß

— dass. 87r Bd. A. u. d. T.: Die Staffirmalerei u. Vergoldungskunst. Als Anhang zu Thon's vollständ. Lackirkunst u. insbesond. für die Besitzer der 4n Aufl. derselben. Herausg. von Christ. Friedr. Glieb. Thon. 8. Ebd. 836. 1 1/4 ß

— dass. 88r Bd. A. u. d. T.: Die Kunst, ordinäre Töpferwaare, so wie auch Ofentafeln, feines u. ordinäres Steinzeug mit den entsprechendsten Glasuren anzufertigen, nebst Beschreibung der neuesten Brennöfen, Glasurmühlen, Drehscheiben u. sonstigen Maschinen. Aus d. Franz. des Bastenaire-Daudenart von Ch. H. Schmidt. Nebst 4 Steindrucktaf. 8. Ebd. 836. 1 1/4 ß

— dass. 89r Bd. A. u. d. T.: Abhandlung über Klavier-Saiten-Instrumente, insonderheit der Forte-Pianos u. Flügel, deren Ankauf, Beurtheilung, Behandlung, Erhaltung u. Stimmung. Von Christ. Friedr. Gottl. Thon. 2e durchaus umgearb. verb. u. verm. Aufl. Mit Zeichnn. u. Notenblatt. 8. Ebd. 836. 3/4 ß

— dass. 90r Bd. A. u. d. T.: Geschichte der Uhrmacherkunst, von d. ältesten Zeiten bis auf unsere Tage. Nach Perron's neuesten u. bewährtesten Erfahrungen. Von Friedr. Wilh. Barfuß. Mit 8 Steintaf. 8. Ebd. 837. 1 ß

— dass. 91r Bd. A. u. d. T.: Das Seiler-Handwerk nach seinem ganzen Umfange ꝛc. Von Marius Wölfer. 2 Thle. in 1 Bde. mit 24 lithogr. Zeichnungen. 8. Ebd. 837. 5/6 ß

— dass. 92r Bd. in 2 Abthn. A. u. d. T.: Die Lustfeuerwerkerei für Dilettanten ꝛc. Aus d. Franz. von F. C. A. Büttner. Mit 11 Steintaf. 5e sehr verb. Aufl. (1/2 ß) — Der excellirende Lustfeuerwerker. Aus d. Franz. des F. M. Chertier. (1/3 ß) 8. Ebd. 837. 5/6 ß

— dass. 93r Bd. A. u. d. T.: Prakt. Handbuch des Baumwollen-Manufacturwesens, oder Darstellung d. Naturgeschichte, Kultur, Gewinnung, Vorbereitung, Verspinnung u. Verarbeitung der Baumwolle zu Zeugen aller Art u. zu Bobbinet ꝛc. Von Andr. Ure, deutsch bearb. von Karl Hartmann. Nebst 169 Abbildd. auf 35 lithogr. Tafeln. 8. Ebd. 837. 4 1/2 ß

— dass. 94r Bd.: Der Pergamentmacher, Leim- und Potaschensieder ꝛc. Von Marius Wölfer. 3 Thle in 1 Bde. Mit 22 lith. Zeichnungen. 8. Ebd. 838. 1 ß

— dass. 95r Bd.: Praktische Anleitung zum Branntweinbrennen, insbesondere d. Kartoffelbranntweins ꝛc. Herausg. von Christ. Friedr. Gottl. Thon. Mit 21 lith. Abbildd. 8. Ebd. 837. 1 2/3 ß

— dass. 96r Bd.: Grundsätze der Bierbrauerei nach den neuesten technisch-chemischen Entdeckungen. Von C. H. Schmidt. Mit 8 lithogr. Taf. 8. Ebd. 837. 1 3/4 ℛ

— dass. 97r Bd.: Die Probirkunst, oder Anleitung, die wichtigsten Metallgemische auf dem trocknen u. nassen Wege zu untersuchen. Nach Chaudet: l'Art de l'Essayeur deutsch bearb. von Karl Hartmann. 8. Ebd. 838. 5/6 ℛ

— dass. 98r Bd.: Ueber die zweckmäßigste Construction u. Einrichtung der Dampfschiffe u. der auf dens. anwendbaren Dampfmaschinen rc. Von Janvier. Frei übertragen mit Benutzung franz., engl. u. deutscher Literatur u. versehen mit e. Anhange von Ch. Hnr. Schmidt. Mit 5 Taf. Figuren. 8. Ebd. 838. 1 ℛ

— dass. 99r Bd.: Der praktische Mühlenbauer und Zeugarbeiter. Nebst Vorschlägen zum Betriebe bei theilweisem Wind- u. Wassermangel. Bearb. von L. Bergmann. Mit 25 lithogr. Taf. 8. Ebd. 838. 2 1/2 ℛ

— dass. 100r Bd. A. u. d. T.: Grundsätze der angewandten Werkzeugwissenschaft u. Mechanik. — Die Grundsätze, nach welchen alle Arten von Dampfmaschinen zu beurtheilen und zu erbauen sind. Ergänzungsband. Von G. J. Verdam. Aus d. Holländ. übersetzt von Christ. Heinr. Schmidt. Mit 162 Abbildd. auf 5 Tafeln. 8. Ebd. 839. 2 ℛ

— dass. 101r Bd.: Das Kupferschmiedhandwerk mit den nöthigen Vorlehren über die Erzeugung u. Behandlung des Rohkupfers, so wie aller in dieses Fach einschlag. Produkte; bearb. von F. Höhne u. C. W. Rösling. Mit 36 lith. Taf. 8. Ebd. 839. 1 3/4 ℛ

— dass. 102r Bd.: Die Kunst des Böttchers oder Küfers in der Werkstatt wie im Keller. Herausg. von F. W. Barfuß. Mit 19 lithogr. Taf. 8. Weimar 839. Voigt. 1 1/4 ℛ

Schauplatz, neuer, der Künste und Handwerke. Mit Berücksichtigung der neuesten Erfindungen rc. 103r Bd.: Handbuch der Metallgießerei. Nebst Anhang über das Emailliren und Verzinnen gußeiserner Gefäße. Bearb. von K. Hartmann. Nebst 1 Atlas von 33 lithogr. Taf. 8. Weimar 840. Voigt. 4 1/2 ℛ

— dass. 104r Bd.: Der vollständige Feuerzeugpraktikant. Von Chr. Hnr. Schmidt. Nebst 11 lith. Taf. 8. Ebd. 840. 1/2 ℛ

— dass. 105r Bd. A. u. d. T.: Die Kunst d. Posamentirers, Bandfabrikanten, Bortenwirkers, Knopf- u. Krepinmachers. Bearb. v. Fr. A. Reimann. Mit 11 lith. Foliotaf. 8. Ebd. 840. 1 1/2 ℛ

— dass. 106r Bd. A. u. d. T.: Lehr- u. Musterbuch der einfachen Linnen- u. Tischzeugweberei. Herausg. von Georg Sennewald. Mit 88 lith. (Halb-)Foliotaf. 8. Ebd. 840. 3 1/4 ℛ

— dass. 107r Bd. A. u. d. T.: Die Holzbeizkunst oder Holzfärberei in ihrem ganzen Umfange rc. Herausg. von Christ. Friedr. Glieb. Thon. 2e verm. u. verb. Aufl. 8. Ebd. 840. 1 ℛ

— dass. 108r Bd. A. u. d. T.: Vollständ. Handbuch des Gürtlers und Broncearbeiters. Von Aug. Wallack. Mit 33 lith. Taf. 8. Ebd. 840. 1 1/2 ℛ

— neuer, der Künste u. Handwerke. 2. Bd. Die Kunst Bücher zu binden, Futterale zu machen und Landkarten rc. aufzuziehen von Chr. Fr. Glieb Thon. 1. Thl., welcher die Buchbindekunst enthält. 4. stark verm., verb. und mit XII. Tafeln Abbild. verseh. Ausg. 8. Weimar 844. Voigt. 1 1/4 ℛ

— ders. 4. Bd. Die Kunst des Seifensiedens u. Lichtziehens rc. Von e. Seifensieder von Profession. 3. verm. Aufl. Mit 6 lithogr. Tafeln. 8. (Mit 1 Bog. Taf.) Ebend. 843. 1 1/4 ℛ

— ders. 5. Bd. H. Fr. A. Stöckel, die Tischlerkunst in ihrem ganzen Umfange. 2. umgearb. u. verm. Aufl. v. Thdr. Jac. Ciliar. Mit 17 lithogr. Quart-Taf. 8. Ebend. 843. 1 1/2 ℛ

— ders. 8. Bd. A. u. d. T.: Der Gold- und Silberarbeiter nach seinen praktischen Verrichtungen. Ein vollständiges Handbuch dieser Kunst. Nebst Tabellen zur leichten Berechnung beim Legiren, Silber-Ein- u. Verkauf rc. u. 25 (lith.) Kupfert. von Hnr. Schultze. 4. umgearb. u. verb. Aufl. 8. Ebend. 846. 1 1/3 ℛ

— ders. 10. Bd. Die Papier-Tapeten-Fabrication. Von Chr. Hnr. Schmidt. Mit 4 Figurentaf. 8. Ebend. 843. 3/4 ℛ

— ders. 12. Bd. A. u. d. T.: G. P. F. Thon, das Fleischerhandwerk mit allen seinen Nebenzweigen. In der 2. gänzlich umgearb. Aufl. herausgeg. von Fr. A. Reimann. Mit 2 lith. Tafeln. 8. Ebend. 842. 1 ℛ

— ders. 14. Bd. A. u. d. T.: Vollständige Anleitung zur Lackirkunst. Von Chr. Fr. Glieb. Thon. 5. sehr verb. u. umgearb. Aufl. 8. Ebend. 842. 2 ℛ

— ders. 15. Bd. Die Drehkunst in ihrem ganzen Umfange. Nach dem Französ. frei bearb., neu geordnet und mit vielen Zusätzen und Zeichnungen vermehrt herausgeg. von Thdr. Thon. 4. Aufl., sorgfältig revidirt von C. H. Schmidt. Mit 367 Abbild. (auf 21 Steindrucktaf.) 8. Ebend. 843. 1 1/2 ℛ

" 17. Perrottet, G. S., die Indigfabrication aus d. verschiedenen Arten der Indigofera, d. Wrightia tinctoria u. d. Polygonum tinctorium rc. A. d. Franz. v. Ch. H. Schmidt. (14 B. u. 1 Stnt.) 844. 20 Gr.

Dieser Band wurde zuerst durch Morgensterns Ledergerberei (1826), dann durch J. Ch. Lange, das Ganze d. Lederbereitung (1831) vertreten u. zuletzt, nachdem Schmidt, Lohgerberei (110 Bd.) erschienen war, durch obiges Werk ersetzt.

— ders. 18. Bd. Gründlicher und kunstgemäßer Unterricht in der Cementir-, Tüncher und Stuccaturarbeit, in der Gebäude- und Zimmermalerei, in den verschiedenart. Anstrichen und dem damit verbund. Lackiren, in der Gyps- und Holzvergoldung und im Aufziehen aller Art von Tapeten. Von L. Hüttmann. Mit 27 lith. Tafeln. 8. Ebend. 842. 2 ℛ

— ders. 19. Bd. Gründliche Anweisung zum Treppenbau für Tischler, Zimmerleute u. Maurer, zum Selbstunterricht von M. Wölfer. 4. unveränd. Aufl. Mit 2 lith. Taf. 8. Ebend. 843. 1/3 ℛ

— ders. 20. Bd. A. u. d. T.: Der Chocolade-Fabrikant. Von Chr. Hnr. Schmidt. Mit 1 Steindruckt. 2. unveränd. Aufl. 8. Ebend. 844. 1/2 ℛ

Schauplatz, neuer, der Künste u. Handwerke. 22. u. 23 Bd. Prakt. Handbuch für Maurer und Steinhauer. Von Carl Matthaey. 2 Thle. Lehre von den Maurermaterialien. — Die Arbeiten des Maurers. 3. Aufl. umgearb. und verm. von J. C. G. Hampel. Mit 50 Tafeln. 8. Weimar 843, Voigt. 2 3/4 ℛ

— ders. 24. Bd. A. u. d. T.: Practische u. bewährte Anweisung zur Destillirkunst u. Liqueurfabrication nach ihrem neuesten Standpuncte. Nebst den besten Vorschriften zur Verfertigung mehrerer wohlriechenden Wasser, von C. F. B. Schedel. Nun aber in 3. sehr vermehrter Aufl. von Neuem bearbeitet u. herausgeg. von Giacomo Perini. Mit 1 lith. Tafel. 8. Ebend. 841. 1 ℛ

— ders. 25. Bd. Die Kunst Bücher zu binden von Chr. Fr. Glieb. Thon. 2. Thl. A. u. d. T.: Der Fabrikant bunter Papiere. 3. verb. Aufl. Mit 13 Figuren (auf 4 Steindrucktaf.) 8. Ebend. 844. 1 1/4 ℛ

— ders. 33. Bd. Theoret.-prakt. Handbuch der Essig- und Senfbereitung von Julia Fontenelle. Aus dem Französ. von Gust. Hnr. Haumann. 2. unveränd. Ausg. 8. Ebend. 843. 5/6 ℛ

— ders. 34. Bd. Der wohlunterrichtete Ziegler, oder ausführl. Anleitung zur Verfertigung aller Arten von Mauer- und Dachziegeln ꝛc. Von P. Schaller. 2., durch Carl Matthaey sehr verm. u. verb. Aufl. Mit 11 lith. Tafeln. 8. Ebend. 841. $1^1/_4$ ℛ

— ders. 36. Bd. Theoret.-prakt. Handbuch der Oelbereitung u. Oelreinigung nebst e. Darstellung der Gasbeleuchtung v. Julia Fontenelle. Aus dem Französ. von Gust. Hnr. Haumann. 2. Aufl. Mit 5 lith. Taf. 8. Ebend. 844. $1^1/_4$ ℛ

— ders. 39. Bd. A. u. d. T.: Frz. Carl Ad. Bergmann, das Ganze der Stärke- u. Puderfabrication sowie der damit vortheilhaft zu verbindenden Stärkegummi- u. Stärkezuckerfabrication. 2. sorgfältig umgearb. u. mit den neuesten Erfahrungen bereicherte Aufl. von C. H. Schmidt. Mit 6 lith. Foliotaf., die neuesten und zweckmäßigsten Apparate darstellend. 8. Ebend. 846. 1 ℛ

— ders. 43. Bd. Das Ganze des Steindrucks. Nebst e. Anhange von der Zinkographie. Mit Zugrundlegung der 1. Aufl. des bekannten Peschek'schen Werkes nach den jetzigen Bedürfnissen ganz neu bearbeitet von Leo Bergmann. Mit 63 Abbild. auf 6 Tafeln. 2., völlig umgearb. Aufl. 8. Ebend. 843. $1^1/_3$ ℛ

— ders. 45. Bd. Der Brunnen-, Röhren-, Pumpen- und Spritzenmeister, auch Bleiarbeiter ꝛc. Nach dem Französ. der Hrn. Janvier und Biston frei bearbeitet von J. G. Petri. 2. verb. und mit der Construction metallener Saugepumpen u. vielen andern Zusätzen verm. Aufl.; herausgeg. von Carl Alfing. Mit 4 lith. Tafeln u. mit angehängter Literatur. 8. Ebend. 841. $1^1/_3$ ℛ

— ders. 47.—49. Bd. A. u. d. T.: Theoretisch-prakt. Handbuch für Zimmerleute in allen ihren Verrichtungen. Von Carl Matthaey. 3 Thle. 1. Thl. Wissenschaftl. Vorkenntnisse des Zimmermanns. 2. Thl. Kenntniß der Materialien des Zimmermanns. 3. Thl. Die Arbeiten des Zimmermanns. 2. sehr verm. u. völlig neu bearb. Aufl. von J. C. G. Hampel. Mit 44 Figurentaf. 8. Ebend. 840 u. 45. $5^1/_2$ ℛ — (Einzeln: 1. Thl. $2^1/_2$ ℛ, 2. Thl. 1 ℛ u. 3. Thl. 2 ℛ)

— ders. 50. Bd. A. u. d. T.: Der Schlossermeister, oder theoretisch-prakt. Handbuch der Schlosserkunst. 3. Aufl. In Verbindung mit F. Rathel umgearbeitet von Fr. A. Reimann. Mit 18 Steintaf. 8. Ebend. 841. $1^1/_2$ ℛ — 4. Aufl. Ebend. 843. $1^1/_2$ ℛ

— ders. 51. Bd. Der Ofenbaumeister und Feuermechanist ꝛc. Von Carl Matthaey. Mit 28 lith. Tafeln. 2. verb. u. durch eine Abhandlung über Luftheitzung großer Räume, rauchverbrenn. Oefen u. die neuesten Koch-, Brat- u. wirthschaftl. Vorrichtungen verm. Aufl. 8. Ebend. 841. $1^1/_4$ ℛ

— ders. 53. Bd. M. Lebrun's vollständ. Handbuch für Klempner und Lampenfabrikanten. Nach dem Französ. bearb. von H. Leng. 3. verm. Aufl. von C. H. Schmidt. Nebst 349 Abbild. auf 10 Taf. 8. Ebend. 843. $1^1/_2$ ℛ

— ders. 57. u. 58. Bd. Vollständiges theoret.-prakt. Handbuch der Mühlenbaukunst und der Mehlfabrication von W. Weinholz. 3. größtentheils umgearb. u. sehr verm. Aufl. von Carl Hartmann. 2 Bde. mit 25 lith. Tafeln. 8. Ebend. 843. 4 ℛ

Schauplatz, neuer, der Künste u. Handwerke. 59. Bd. Vollständige theoretisch-prakt. Anleitung zur geschmackvollen u. eleganten Verfertigung aller Papparbeiten ꝛc. Nach dem Französ. bearbeitet von Carl Fr. Leichner. 2. durchaus neu bearb. u. verb. Aufl. von C. Schmied. Mit 85 Figuren auf 9 Tafeln u. 1 calligraph. Vorschrift zu einem immerwähr. Kalender. 8. Weimar 841, Voigt. 1 ℛ

— ders. 60. Bd. Gründliche ꝛc. Anleitung, alle Arten Pfeifenköpfe fabrikmäßig zu verfertigen, zu beschlagen ꝛc. ꝛc. Herausgeg. von Chr. Fr. G. Thon. 2. Ausg. 8. (Mit 4 Kupfert.) Ebend. 843. $^3/_4$ ℛ

— ders. 64. Bd. A. u. d. T.: Vollständ. Handbuch des Riemers und Sattlers. Enth. eine ausführl. Beschreibung aller vorkommenden Riemer- u. Sattlerarbeiten ꝛc. Nebst e. Anhange, wichtige Erfindungen. Nach dem Französ. des Lebrun und vielen andern Hülfsmitteln bearb. von Jac. C. Siliar. 4. nochmals revid. u. verm. Aufl. Mit 370 Figuren auf 9 Steintaf. gr. 8. Ebend. 846. $1^1/_4$ ℛ

— ders. 72. Bd. A. u. d. T.: Handbuch der Zuckerfabrikation, namentlich des Runkelrübenzuckers, des Rohrzuckers u. des Stärkemehlzuckers, nach ihrem Standpunkte im Jahre 1840 in Deutschland. Von Ch. H. Schmidt. Mit 130 Abbild. auf 7 Tafeln. 8. Ebend. 841. 2 ℛ

— ders. 77. Bd. Die Korb- u. Strohflechtkunst u. die Siebmacherei. Herausgeg. von C. Schmied. Mit 77 Abbild. auf 15 Taf. 8. Ebend. 843. 1 ℛ

— ders. 78. Bd. Populäre Gnomonik, oder Construction der gebräuchl. Arten von Sonnenuhren mit Thierkreislinien u. Beleuchtungsscalen, von Herm. Sternheim in Dresden. Mit 9 (10) Figurentaf. 2. Ausg. 8. (Mit $1^1/_4$ lith. B.) Ebend. 842. $1^1/_2$ ℛ

— ders. 82. Bd. G. A. Siddons prakt. u. erfahrener englischer Rathgeber für alle diejenigen Künstler u. Professionisten, welche ihren Arbeiten aus Holz, Metall ꝛc. durch Schleifen, Poliren, Färben, Beitzen, Lackiren ꝛc. die höchste Schönheit u. Vollendung zu verleihen streben ꝛc. Aus dem Engl. von C. H. Schmidt. Mit 6 Steindrucktafeln. 2. Ausg. 8. Ebend. 842. $1^3/_4$ ℛ

— ders. 83. Bd. Die Geheimnisse der englischen Gewehrfabrication u. Büchsenmacherkunst, so wie der Erzeugung der verschied. Eisensorten zu den feinsten Jagdgewehren, aufgedeckt u. erläutert von Will. Greener. Aus dem Engl. übersetzt von Chr. Hnr. Schmidt. 2. sorgfältig revidirte u. mit e. Anhange des Uebersetzers über Anfertigung der Militär- und Jagdgewehre verm. Aufl. Mit 16 Steindrucktafeln. 8. Ebend. 842. $1^1/_3$ ℛ

— ders. 87. Bd. A. u. d. T.: die Staffirmalerei u. Vergoldungskunst. Ein prakt. Handbuch für solche Künstler u. Professionisten, die ihre Arbeiten u. andere beliebige Gegenstände der Verschönerung u. Erhaltung wegen mit Farben anstreichen, vergolden, versilbern, bronziren wollen. Als Anhang zu Thon's vollständ. Lackirkunst u. insbesond. für die Besitzer der 5. Aufl. derselben herausgeg. von Chr. Fr. Gottl. Thon. 2. von Ch. H. Schmidt neu bearb. u. sehr verm. Aufl. 8. Ebend. 846. $1^1/_4$ ℛ

— ders. 88. Bd. Die Kunst, ordinäre Töpferwaare, so wie auch Ofentafeln, feines u. ordin. Steinzeug anzufertigen. Aus dem Französ. des Bastenaire-Daudenart, übertr. von Ch. H. Schmidt. 2. verm. Aufl. Nebst 6 Steindrucktaf. 8. Ebend. 843. $1^1/_4$ ℛ

— ders. 89. Bd. Abhandlung über Klavier-Saiten-Instrumente, insonderheit der Forte-Pianos u. Flügel, deren Ankauf, Beurtheilung, Behandlung u. Stimmung. Von Chr. Fr. G. Thon. 3. Ausg. Mit Zeichnungen u. Notenblättern. 8. Ebend. 843. $^3/_4$ ℛ

— ders. 92. Bd. A. u. d. T.: Die Lustfeuerwerkerei. Von F. C. A. Büttner u. F. M. Chartier. 7. verm. u. verb. Aufl. Neu bearb. von H. Hamberger. Mit 12 lith. Taf. 8. Ebend. 846. $^2/_3$ ℛ

— ders. 93. Bd. Praktisches Handbuch des Baumwollen-Manufakturwesens. Von Andr. Ure, deutsch bearb. von Carl Hartmann. 2. Ausg. Nebst 169 Abbild. auf 35 lith. Taf. 8. (Mit Atlas.) Ebend. 843. $4\frac{1}{2}$ ℛ

— ders. 95. Bd. A. u. d. T: Praktische Anleitung zum Branntweinbrennen, insbesondere des Kartoffelbranntweins. Herausgeg. von Christ. Fr. Gottl. Thon. Mit 21 lith. Abbild. 2. Ausg. 8. (Mit 2 Tab.) Ebend. 841. $1\frac{2}{3}$ ℛ

Schauplatz, neuer, der Künste u. Handwerke. 98. Bd. Ueber die zweckmäßigste Construction und Einrichtung der Dampfschiffe u. der auf denselben anwendbaren Dampfmaschinen &c., von Janvier. Frei übertragen und mit einem Anhange versehen von Chr. Hnr. Schmidt. 2. verm. Aufl. Mit 7 Taf. Figuren. 8. Weimar 842, Voigt. 1 ℛ

— ders. 99. Bd. A. u. d. T.: Der praktische Mühlenbauer od. Zeugarbeiter. Ein unentbehrliches Handbuch zum Selbstunterricht für Mühlenbesitzer, Mühlenbauer, Mühlknappen u. Mühlärzte. Bearb. von L. Bergmann. 2., sehr verb. u. um 18 Druckb. verm. Aufl. von K. H. Kegel. Mit 22 lith. Taf. gr. 8. Ebend. 846. $2\frac{1}{2}$ ℛ

— ders. 109. Bd. A. u. d. T.: Der wohlunterrichtete Cur- und Hufschmied. Bearbeitet von J. F. Zerrenner. Mit 48 Figuren auf 4 Taf. 8. Ebend. 841. $\frac{3}{4}$ ℛ

— ders. 110. Bd. A. u. d. T.: Handbuch der gesammten Lohgerberei. Nebst verschied. neuerfund. Lederkünsten und Beschreibung der neuern bei der Gerberei eingeführten Maschinen. Herausgeg. von C. H. Schmidt. Mit 8 lith. Tafeln. 8. Ebend. 841. 2 ℛ

— ders. 111. Bd. A. u. d. T.: Die Lederfärbekunst. Nebst Mittheilung der erst seit Kurzem bekannt gewordenen Engl. Firfärberei der Handschuhleder, von C. H. Schmidt. Nebst 2 lith. Taf. 8. Ebend. 841. 1 ℛ

— ders. 112. Bd. Vollständige Brennmaterialkunde. Nebst Bemerkungen über die dabei erlangten Nebenproducte, als des Holzessigs, Theers &c., und mit einem Anhange über die Gewinnung der Knochenkohle. Nach eignen Erfahrungen u. den besten Hulfsmitteln bearbeitet von Carl Hartmann. Mit 3 lith. Tafeln. 8. Ebend. 841. $\frac{2}{3}$ ℛ

— ders. 113. Bd. Handbuch der Pulverfabrication. Nach den besten in- u. ausländ. Hülfsmitteln unter Beistand eines Artillerie-Officiers ausgearb. von einem deutschen Techniker. Mit 7 lith. Tafeln. 8. Ebend. 841. $1\frac{1}{6}$ ℛ

— ders. 114. Bd. Mittheilung mannichfaltiger Versuche und Erfahrungen, Edelsteine kunstgemäß zu schleifen und sie in Glasflüssen täuschend ähnlich nachzubilden. Eine Anleitung zum Selbstunterrichte von L. v. Kenneritz. Nebst einer Uebersicht der mehrsten schleifbaren Mineralien, einigen Abbild. facettirter Edelsteine u. der dazu erforderl. Werkzeuge. Mit 4 lith. Tafeln. 8. Ebend. 841. 1 ℛ

— ders. 115. Bd. Handbuch für Kammmacher, Horn- und Beinarbeiter &c. Von Hnr. Kühn. Mit 90 Abbild. auf 22 Tafeln. 8. Ebend. 841. $\frac{5}{6}$ ℛ

— ders. 116. Bd. Practisches Handbuch des Seidenmanufacturwesens &c. Nach den besten Hülfsmitteln bearb. von einem deutschen Techniker. Mit 191 Abbild. auf 13 lith. Tafeln. 8. Ebend. 841. $2\frac{2}{3}$ ℛ

— ders. 117. Bd. Vollständiges Farben-Laboratorium, oder ausführl. Anweisung zur Bereitung der in der Malerei, Staffirmalerei, Illumination, Fabrication bunter Papiere u. Tapeten gebräuchl. Farben &c. Von Ch. H. Schmidt. Mit 3 lith. Abbild. 8. Ebend. 841. 2 ℛ

— ders. 118. Bd. Die Fabrikation der für die Glasmalerei, Emailmalerei u. Porcellanmalerei geeigneten Farben. Von Chr. Hnr. Schmidt. Mit 1 Taf. Abb. 8. Ebend. 843. $\frac{3}{4}$ ℛ

— ders. 119. Bd. Der Bürsten- und Pinselfabrikant. Nebst einer Anleitung zur Verfertigung der Federbüsche u. Federbesen &c. Von K. Hoppe. Mit 38 Abbild. auf 7 Tafeln. 8. Ebend. 842. $\frac{3}{4}$ ℛ

— ders. 120. Bd. Theoretisch-pract. Belehrung über die Anstellung u. Führung der Waidindigküpe, sowie über die Krankheiten derselben, nebst genauer Angabe ihrer Kennzeichen u. Heilmittel und einer erläut. Sammlung von Stahlproben. Von Carl Fr. Scherf. Mit 1 illum. Tafel. 8. Ebend. 842. $1\frac{1}{4}$ ℛ

— ders. 121. Bd. Die vollständige Lehre der Mannsschneiderei. Nebst einigen Nebenkenntnissen für Schneider. Von Hnr. Diete. Mit 26 lith. Tafeln, enthaltend 284 Patronen u. 46 geometr. Zeichnungen. 8. Ebend. 842. $1\frac{1}{2}$ ℛ — 2. verm. Aufl. Ebend. 845. $1\frac{1}{2}$ ℛ

— ders. 122. Bd. Prakt. Handbuch des Woll-Manufacturwesens, oder Darstellung der Naturgeschichte und Zucht der Schafe, der Gewinnung, Vorbereitung, Verspinnung u. Verarbeitung seiner Wolle zu Tuch und zu kammwollenen Zeugen. Nach den besten Hülfsmitteln bearbeitet von C. Hartmann u. Ch. H. Schmidt. Mit 79 Abbild. auf 32 lith. Taf. 8. Ebend. 842. 3 ℛ

Schauplatz, neuer, der Künste u. Handwerke. 123. Bd. Die Galvanoplastik für Künstler, Gewerbtreibende und Freunde der Numismatik. Nach der 10. Aufl. des engl. Werkes Charles Walker's, bearb. von Chr. H. Schmidt. Mit 2 Taf. 8. Weimar 843, Voigt. $\frac{3}{4}$ ℛ

— ders. 124. Bd. Pract. Anleitung zur Anlage u. Benutzung gegrabener u. artesischer Brunnen. Nach den besten Hülfsmitteln bearbeitet von Carl Hartmann. Mit 9 lith. Taf. 8. Ebend. 843. 1 ℛ

— ders. 125. Bd. Die Illuminirkunst. Nach Blanchard, Perrot u. Thillaye. Von Chr. Hnr. Schmidt. 8. (Mit 1 Farben- u. 2 lith. Tafeln.) Ebend. 843. $1\frac{1}{4}$ ℛ

— ders. 126. Bd. Die Fabrikation der Regen- und Sonnenschirme, sowie der Fächer. Mit Berücksichtigung der Reparaturen. Herausgeg. von C. Schmied. Mit 24 Abbild. 8. Ebend. 843. $\frac{7}{12}$ ℛ

— ders. 127. Bd. Handbuch für Locomotiven-Führer. Von E. Flachat u. J. Petiet. Aus d. Französ. von Carl Hartmann. Mit 65 lith. Tafeln. 8. Ebend. 842. $1\frac{5}{6}$ ℛ — 2. verb. u. verm. Aufl. Mit 64 Taf. Ebend. 845. $1\frac{5}{6}$ ℛ

127. Flachat, E., u. J. Petiet, Handbuch f. Locomotiven-Führer, enth. eine theoret.-prakt. Anweisung üb. die Einrichtung, Behandlung u. Führung d. Locomotiv-Dampfmaschinen. A. d. Franz. v. Carl Hartmann. 2., verb. u. verm. Aufl. (22 B. u. 64 Stnt.) 846. 1 Thlr. 25 Ngr.

— ders. 128. Bd. Theoretische und prakt. Elemente der Maschinen-, Flachs-, sowie auch Hanf- u. Werg-Spinnerei von N. Choimet. Aus dem Französ. übersetzt u. mit Zusätzen versehen von Chr. Hnr. Schmidt. Mit 18 Tafeln. 8. Ebend. 842. $2\frac{1}{4}$ ℛ

— ders. 129. Bd. Die Schlangen-Feuerlösch-Spritzen für Solche, welche ihrer bedürfen, oder die sie zu verfertigen haben. Theoretisch und praktisch bearbeitet von Karl Alsing. Mit 100 Figuren auf 12 Steindruckt. 8. Ebend. 843. $1\frac{3}{4}$ ℛ

— ders. 130. Bd. Die Kürschnerkunst. Von Chr. Hnr. Schmidt. Mit 1 Tafel Abbild. 8. Ebend. 844. $\frac{5}{6}$ ℛ

— ders. 131. Bd. Beiträge zur Kenntniß der Büchsenmacherkunst u. zur richtigen Beurtheilung der Schießgewehre. Von J. Schmidt. Mit 10 Taf. Abbild. 8. (Mit 8 B. Abbild.) Ebend. 843. 1¼ ℛ

— ders. 132. Bd. Der Kleinigkeitsfärber, oder leichtfaßliche Anweisung, wollene, seidene, baumwollene und leinene Zeuge zu färben rc. Von Carl Fr. Scherf. 8. Ebend. 843. 1¼ ℛ

— ders. 133. Bd. Die Kunst des Vergoldens, Versilberns, Verplatinirens, Verzinnens, Verzinkens rc. Von Chr. H. Schmidt. Mit 2 Tafeln. 8. Ebend. 843. ¾ ℛ

— ders. 134. Bd. Kleine Academie der zeichnenden Künste u. der Malerei. Von A. W. Hertel. Mit 18. lith. Tafeln. 8. Ebend. 844. 2¾ ℛ

— ders. 135. Bd. Handbuch der Baumwollenweberei, mit besonderer Berücksichtigung der baumwollenen Gewebe, welche in Rouen u. in dessen Umgegend gewebt werden, nebst dem zu diesem Fabrikzweige gehörigen Bleichen, Färben u. Appretiren rc. Bearb. von Chr. H. Schmidt. Mit 75 Abbild. (auf 8 Steindruckt.) 8. Ebend. 843. 2 ℛ

• 135. Schmidt, Chr. H., Handbuch d. Baumwollenweberei, m. besond. Berücksichtig. der baumwollenen Gewebe, welche in Rouen u. in dessen Umgegend gewebt werden, nebst dem zu diesem Fabrikzweige gehörigen Bleichen, Färben u. Appretiren rc. (27½ B. u. 8 Stnt. m. 75 Abbild.) 844. 2 Thlr.

— ders. 136. Bd. Die Kitt-Kunst. Von Chr. Fr. G. Thon. 8. Ebend. 844. ½ ℛ

— ders. 137. Bd. Die Löth-Kunst. Von Chr. Fr. G. Thon. Mit 5 Steindrucktaf. 8. Ebend. 844. ½ ℛ

— ders. 138. Bd. Handbuch der Schriftgießerei und der verwandten Nebenzweige. Herausg. von Ad. Henze. Mit 393 Abbild. auf 11 Tafeln. 8. Ebend. 844. 1½ ℛ

— ders. 139. Bd. Prakt. Handbuch der gesammten Kattunfabrikation u. der Kunst, Seide u. seidene Zeuge zu färben. Von F. W. Geest. 8. Ebend. 845. ⅚ ℛ

— ders. 140. Bd. Das Ganze des Treppenbaues. Nach dem Französ. des C. Boutereau bearb. u. durch Zusätze verm. von J. A. Schultz. Mit e. Atlas von 20 lith. Tafeln. 8. Ebend. 845. 1⅓ ℛ

— ders. 141. Bd. A. u. d. T.: Lehrbuch des Bleichens u. der gesammten Färberei auf baumwollene Garne und Gewebe. Theoret. u. praktisch dargestellt von F. A. W. Geest. Mit 9 lith. Tafeln. gr. 8. Ebend. 846. 3 ℛ

— ders. 142. Bd. A. u. d. T.: E. Péclet, Grundsätze der Feuerungskunde, namentlich der Anlegung von Heerden, Schornsteinen, Kaminen, Stubenöfen rc. Deutsch bearb. von Carl Hartmann. Mit 46 lithogr. Tafeln. 8. Ebend. 845. 3⅓ ℛ

— ders. 143. Bd. A. u. d. T.: Der Maschinenbauer od. Atlas u. Beschreibung der Maschinen-Elemente. Nachgelass. Werk des Prof. Le Blanc. Nach dessen Tode verb. u. verm. von Felix Tourneur. Deutsch von Carl Hartmann. 1. Liefg. Mit 25 lithogr. Tafeln. 8. Ebend. 846. 1⅓ ℛ

Schauplatz, neuer, der Künste u. Handwerke. 144. Bd. A. u. d. T.: Das Fleischer- u. Wurstlergeschäft auf seinem jetzigen hohen Standpunkte der Ausbildung in den größten Städten Deutschlands, Frankreichs u. Englands; nebst Angabe der dazu erforderl. Einrichtungen und Maschinen. Nebst 2 Taf. Abbild. 8. Weimar 846, Voigt. ⅚ ℛ

— ders. 146. Bd. A. u. d. T.: Das Coloriren u. Decoriren des ächten Porcellans, des Fritteporcellans, des engl. Steinguts rc., nach den langjährigen Erfahrungen der königl. Porcellan-Manufactur zu Sèvres von Alexander Brogniart. In's Deutsche übertragen von C. H. Schmidt. Mit 5 lith. Tafeln. 8. Ebend. 846. 1¼ ℛ

— ders. 147. Bd. A. u. d. T.: Die Restauration alter und schadhaft gewordener Gemälde in ihrem ganzen Umfange; nebst e. Anleitung zu Frescomalerei von S. C. G. Hampel. Mit 1 Taf. Abbild. 8. Ebend. 846. ⅔ ℛ

(Die hierzu gehörigen und mit dem Inhalt dieses Buches in genauem Rapport stehenden 80 Farbenmuster bilden ein für sich bestehendes Ganzes und kosten ½ ℛ)

• 149. Das Fleischer- u. Wurstlergeschäft auf seinem jetzigen hohen Standpunkte d. Ausbildung in d. größten Städten Deutschlands, Frankreichs u. Englands; nebst Angabe d. dazu erforderl. Einrichtungen u. Maschinen. (15½ B. u. 2 Stnt.) 846. 25 Ngr.

— ders. 150. Bd. A. u. d. T.: J. Fournel, die zweckmäß., holzersparendsten u. elegantesten Zimmeröfen u. Zimmercamine neuester Zeit. Nach d. Französ. frei bearb. u. mit eignen Erfahrungen u. Zusätzen verm. von Al. Schultz. Mit 12 lith. Taf. 8. Ebend. 846. 7/12 ℛ

— neuer, der Künste u. Handwerke. 1. Bd.: Der vollkommene Conditor oder gründliche Anweisung zur Zubereitung aller Arten Bonbons, Stangenzucker, Conserven rc., sowie auch zum Einmachen u. Glasiren der Früchte, nebst Abhandlungen vom Zucker, den Graden bei dem Zuckerkochen u. von den zur Conditorei nöthigen Gefäßen u. Geräthschaften, ingleichen erprobte Vorschriften u. Recepte zu allen Gattungen der Kunstbäckerei, als zu Torten, Makronen rc. Ferner zu den beliebtesten Arten künstlicher Getränke u. Chocoladen rc. Von Joh. Chrn. Eupel. Mit 3 (lith.) Quarttaf. Figuren. 6. durch Giacomo Perini völlig umgearb. u. verm. Aufl. 8. (XVI u. 310 S.) Weimar 850, Voigt. 1 ℛ

Schauplatz, neuer, der Künste u. Handwerke. 6 Bd.: J. B. Vitalis, Lehrbuch der gesammten Färberei auf Wolle, Seide, Leinen, Hanf u. Baumwolle. Nebst einem Anh. über Kattun-Druckerei. Nach d. Franz. 5. verm. rc. Aufl. Bearb. v. Chr. H. Schmidt. Mit 7 lith. Quarttaf. 8. (XXII u. 1010 S.) Ebd. 847. 3 ℛ

— ders. 10. Bd.: Die Papier-Tapeten-Fabrication, nebst nützlichen Fingerzeigen üb. die bei der Tapetenfabrication erforderlichen Farbenstoffe u. das Aufziehen der Tapeten. Von Chr. Heinr. Schmidt. 2. verm. Aufl. Mit 6 Steintaf. (in 4.) 8. (XVI u. 230 S.) Ebd. 848. ¾ ℛ

— ders. 16. Bd.: Der vollkommene Parfümeur, oder vollständ. Anleitung alle Arten von Parfüms zu verfertigen rc. Aus d. Franz. 2. sehr verm. Aufl. Mit 2 lith. Taf. 8. (XX u. 246 S.) Ebd. 848. ¾ ℛ

— ders. 20. Bd.: Der Chocoladefabricant. Von Chr. Heinr. Schmidt. 3. verm. Aufl. Mit 1 Steintaf. 8. (X u. 133 S.) Ebd. 848. ½ ℛ

— ders. 24. Bd.: Practische u. bewährte Anweisung zur Destillirkunst u. Liqueurfabrication nach ihrem neuesten Standpunkte. Nebst den besten Vorschriften zur Verfertigung mehrer wohlriechenden Wasser von C. F. B. Schedel. Nun aber in 4. sehr verm. Aufl. von Neuem bearb. u. hrsg. v. Giacomo Perini. Mit 3 lith. Taf. (in 8. u. 4.) 8. (XXVI u. 292 S.) Ebd. 852. 1 ℛ

— ders. 28. Bd.: Die Lehre vom Kalk u. Gyps in ihrem ganzen Umfange begreifend: die Rohstoffe, das Brennen, die Brennmaterialien rc. Von A. W. Hertel. Mit 71 Fig. auf 8 lith. Taf. (in 4.) 8. (XXVIII u. 401 S. m. 1 Tab. in qu. Fol.) Ebd. 851. 1½ ℛ

— ders. 34. Bd.: Der wohlunterrichtete Ziegler oder ausführl. Anleitung zur Verfertigung aller Arten von Mauer- u. Dachziegeln. Von P. Schaller. 3., durch W. Hertel sehr verm. u. verb. Aufl. Mit 12 lith. Taf. (in qu. 4.) 8. (XXVI u. 283 S.) Ebd. 850. 1¼ ℛ

— ders. 40. Bd.: Die Kunst der Gebäude-, Zimmer- u. Straßenerleuchtung durch Oel, Talg, Wachs u. Gas ꝛc. Nebst einer Anweisung zur Verfertigung der einfachsten u. neuesten Feuerzeuge, für Klempner, Lampen-, Licht- u. Oelfabrikanten; sowie für Alle, denen Erleuchtung aller Art obliegt. Nach d. Franz. des Péclet frei bearb. von Joh. Eph. Glob. Weise. 2. sehr verb. u. verm. Aufl., von Carl Hartmann. Mit 10 lith. Taf. (in qu. Fol. u. 4.) 8. (XII u. 324 S.) Ebd. 847. 1½ ℛ

— ders. 41. Bd.: Richtige u. vollständige Anleitung zur Liniir-Kunst. Nebst 9 (lith.) Quarttaf. Abbildgn. Für Kaufleute, Fabricanten, Geschäftsmänner u. Buchbinder ꝛc. 3. Aufl. Ganz neu nach Leischner's Liniirkunst hrsg. aber völlig umgearb.; nebst allen Details d. neueren Liniirmaschinenbaues v. Heinr. Schad. 8. (XII u. 120 S.) Ebd. 851. ¾ ℛ

— ders. 50. Bd.: Der Schlossermeister oder theoretisch-pract. Handbuch der Schlosserkunst für Lehrherren, Gesellen u. Lehrlinge über den ganzen Umfang ihrer Kunst, mit Inbegriff der nöthigen Kenntnisse üb. die Eisen- u. Stahlfabrication. Nach dem französ. Werke des Grafen v. Grandpré für deutsche Schlosser bearb., gänzlich veränd., sehr verb. u. verm. 5. Aufl. v. Carl Hartmann. Mit 20 lith. Foliotaf. 8. (XVI u. 492 S.) Ebd. 850. 1½ ℛ

— ders. 51. Bd.: Der Ofenbaumeister u. Feuermechanist, oder die Kunst, die Wirkung des Feuers zu vermehren, in Anwendung der besten u. neuesten Heizungs- u. Erwärmungsarten unserer Wohnungen. Von Carl Matthaey. 3. von C. Hartmann umgearb. u. verm. Aufl. Mit 43 lith. Taf. 8. (XVI u. 234 S.) Ebd. 847. 1¼ ℛ

— ders. 59. Bd.: Vollständige theoretisch-praktische Anleitung z. geschmackvollen u. eleganten Verfertigung aller Arten Papparbeiten, als Toiletten, Etuis, Arbeitstaschen u. Körbchen ꝛc.; ingleichen zur Pappen- u. Spielkartenfabrication u. der Verfertigung der gaufrirten, satinirten u. vergoldeten Papiere, Firnisse u. der brillantesten Verzierungen. Nach dem Französ. bearb. v. C. F. Leischner. 3. Aufl. nach den neuesten Hülfsmitteln u. nach eigenen Erfahrungen bearb. u. verb. von A. Kirsch. Mit 10 (lith.) Taf. Abbildgn. 8. (XXIV u. 278 S.) Weimar 852, Voigt. 1 ℛ

Schauplatz, neuer, der Künste u. Handwerke. 65. Bd.: Theoretisch-practisches Handbuch des Wagners u. Chaisenfabrikanten. Mit einem Atlas von 14 lith. Foliotaf. u. einem Anh., betreffend die Construction der Eisenbahn-Waggons. Nach Lebrun u. den neuesten Fortschritten dieses Gewerbes herausgeg. von Ludw. Beckmann. 8. (XX u. 343 S.) Ebd. 848. 2 ℛ

— ders. 69. Bd.: Grundsätze der angewandten Werkzeugswissenschaft u. Mechanik. Ein populäres Hand- u. Lehrbuch für ausübende Maschinenmeister u. Gewerbsschulen. In 4 Thln. 4. Thl. 1 u. 2. Abth. A. u. d. T.: Die Grundsätze nach welchen alle Arten von Dampfmaschinen zu beurtheilen u. zu erbauen sind. Von J. G. Verdam. Aus dem Holländ. von Chr. H. Schmidt. 1 u. 2. Abth. enth.: allgemeine u. besondere Bemerkungen über die mechan. Kraft des Dampfes; Beschreibung verschiedener Arten u. Formen von Dampfmaschinen, Berechnung der Kraft derselben ꝛc. 2. ganz umgearb. u. sehr verm. Aufl., bearb. von Carl Hartmann. Mit 22 lith. Querfol.-Taf. 8. (XXXIV u. 704 S.) Ebd. 848. 2½ ℛ (1 – 4, 4. cmplt.: 14½ ℛ)

— ders. 72. Bd.: Handbuch der Zuckerfabrication namentlich d. Runckelrübenzuckers, d. Rohrzuckers u. d. Stärkemehlzuckers. Von Chr. H. Schmidt. 2. sehr verm. Aufl. Mit 8 lith. Taf. (in 4.) 8. (XX u. 547 S.) Ebd. 847. 2 ℛ — nach ihrem Standpunkte im J. 1850 in Frankreich, Belgien u. Deutschland 3. um 8 Bog. u. 3 Taf. verm. Aufl. Mit 131 Abbildgn. auf 10 (lith.) Taf. 8. (XX u. 542 S. m. 1 Tab. in Fol.) Ebd. 850. 2½ ℛ

— ders. 79. Bd.: Heinr. Leng's vollständiges Handbuch der Glasfabrication nach allen ihren Haupt- u. Nebenzweigen od. theoret.-prakt. Anleitung zur vollkommensten Darstellung aller mögl. Glasfabricate ꝛc. 2. sehr verm. Aufl. bearb. v. Ch. H. Schmidt. Mit 218 Abbildgn. auf 15 lith. Foliotaf. 8. (XII u. 681 S.) Ebd. 851. 2⅔ ℛ

— ders. 80 u. 81. Bd.: Handbuch der prakt. Metallurgie oder Darstellung der Gewinnung u. Verarbeitung der in den Künsten u. Gewerben nutzbaren Metalle. Bearb. v. Carl Hartmann. 2. sehr verm. Ausg. 2 Thle. Mit 18 lith. Taf. (in Fol.) 8. (XXVIII u. 651 S.) Ebd. 847. 3⅓ ℛ

— ders. 90. Bd.: Frdr. Wilh. Barfuß's Geschichte der Uhrmacherkunst von den ältesten Zeiten bis auf unsere Tage. Zum Behuf eines allseitigen Unterrichtes über die Erfindungen u. Leistungen dieser Kunst. 2. sehr verm. Aufl. Herausg. von Eman. Schreiber. Mit 10 (lith.) Quarttaf. 8. (XVI u. 237 S.) Ebd. 850. 1⅙ ℛ

— ders. 97. Bd.: Die Probirkunst, oder Anleitung, die wichtigsten Metallgemische auf dem trocknen u. nassen Wege zu untersuchen. Nach Chaudet: l'Art de l'Essayeur, deutsch bearb. von Carl Hartmann. 2. verm. Ausg. 8. (VI u. 234 S.) Ebd. 847. ⅚ ℛ

— ders. 102. Bd.: Frdr. Wilh. Barfuß, die Kunst des Böttchers oder Küfers in der Werkstatt wie im Keller. 2. verb. u. verm. Aufl. mit einem Anh. über die Verrichtungen des Küfers im Bier- u. Weinkeller, von Chr. Heinr. Schmidt. Mit 24 lith. Taf. 8. (XXII u. 326 S.) Ebd. 847. 1¼ ℛ

— ders. 103. Bd.: Handbuch der Metallgießerei oder vollständ. Anweisung in Sand, Masse u. Lehm zu formen u. mit Eisen, Messing, Bronce, ꝛc. in diesen Formen, sowie in metallenen Schalen eine Menge von Gegenständen des gemeinen Lebens, ferner Glocken, Statuen ꝛc., durch den Guß herzustellen ꝛc. Für Hüttenbeamte, Maschinenbauer, Eisengießer ꝛc. Nach den besten Hülfsmitteln u. nach eigenen Erfahrungen bearb. von Carl Hartmann. 2. gänzlich umgearb. u. sehr verm. Aufl. Mit 540 Fig. auf 23 lith. Querfoliotaf. 8. (XVI u. 753 S.) Ebd. 852. 2½ ℛ

— ders. 104. Bd.: Der vollständ. Feuerzeugfabrikant oder umfassende Beschreibung aller bekannten Feuererzeugungsapparate, Zündwaaren ꝛc. Von Chr. Heinr. Schmidt. 2. verm. Aufl. 8. (XIV u. 170 S.) Ebd. 847. ½ ℛ

— ders. 110. Bd.: Handbuch der gesammten Lohgerberei namentlich in Beziehung des gemeinen lohgaren, des Juften-, jämtländischen u. dänischen Leders, des Saffians, Corduans u. Chagrins. Nebst verschiedenen neuerfundenen Lederkünsten u. Beschreibung der neuern bei der Gerberei eingeführten Maschinen. Hrsg. v. Ch. H. Schmidt. 2. sehr verm. Aufl. m. 23 lith. Quarttaf. 8. (XX u. 630 S.) Weimar 847, Voigt. 2 ℛ

Schauplatz, neuer, der Künste u. Handwerke. 111. Bd.: Die Lederfärbekunst oder chemische Grundsätze u. Vorschriften, alle Ledergattungen in allen Farben ächt zu färben ꝛc. Von Chr. Heinr. Schmidt. 2. verm. Aufl. Mit 8 lith. Taf. (in 8. u. qu. 4.) 8. (XVI u. 284 S.) Ebd. 848. 1 ℛ

— ders. 112. Bd.: Vollständige Brennmaterialkunde, über die Eigenschaften u. Gewinnung der verschiedenen Brennstoffe. Nebst Bemerkungen über die dabei erlangten Nebenproducte, als des Holzessigs, Theers ꝛc.; u. mit Anhängen über die Gewinnung der Knochenkohle, über die Wirkung der Brennmaterialien u. über die allgemeinen Grundsätze der Heizung. Von Carl Hartmann. 2. sehr verm. Ausg. Mit 4 lith. Quart-Taf. 8. (XII u. 207 S.) Ebd. 847. ⅔ ℛ

— ders. 113. Bd.: Handbuch der Pulverfabrikation sowie der Schießbaumwolle- u. Schießheede-Bereitung. Nach den besten in- u. ausländ. Hülfsmitteln unter Beistand eines Artillerie-Officiers ausgearb. von einem deutschen Techniker. 2. sehr verm. Aufl. Mit 7 lith. Qu.-Fol.-Taf. 8. (X u. 295 S.) Ebd. 847. 1⅙ ℛ

— ders. 116. Bd.: Practisches Handbuch des Seidenmanufacturwesens oder Darstellung der Seidenzucht, des Abhaspelns der Cocons, des Zwirnens der Seide, der Zubereitung der Floretseide sowie der Verarbeitung der Seide ꝛc.; nebst einem Anhange von der Bortenwirkerei. Nach den besten Hülfsmitteln bearb. v. einem deutschen Techniker. 2. sehr verm. Ausg. Mit 232 Abbildgn. auf 19 lith. Taf. (in Fol.) 8. (XIV u. 583 S.) Ebd. 847. $2^2/_3$ ꝶ

— ders. 117. Bd.: Vollständ. Farben-Laboratorium oder ausführl. Anweisung zur Bereitung der in der Malerei, Staffirmalerei, Illumination, Fabrication bunter Papiere u. Tapeten gebräuchl. Farben ꝛc. Von Chr. H. Schmidt. 2. sehr verm. Aufl. Mit 4 lith. Taf. 8. (XXVIII u. 690 S.) Ebd. 847. 2 ꝶ

— ders. 118. Bd.: Die Fabrication der für die Glasmalerei, Emailmalerei u. Porcellanmalerei geeigneten Farben ꝛc. Von Chr. Heinr. Schmidt. 2. sehr verm. Aufl. Mit 2 (lith.) Quarttaf. 8. (XIV u. 275 S.) Ebd. 848. $^3/_4$ ꝶ

— ders. 120. Bd.: Theoret.-pract. Belehrung über die Anstellung u. Führung der Waidindigküpe, sowie über die Krankheiten derselben ꝛc. Von Carl Frdr. Scherf. 2. sehr verm. Aufl. Mit 1 illum. (lith.) 4.-Taf. 8. (XVI u. 324 S.) Ebd. 848. $1^1/_4$ ꝶ

— ders. 122. Bd.: Prakt. Handbuch des Woll-Manufacturwesens, oder Darstellung der Naturgeschichte u. Zucht d. Schaafe, der Gewinnung, Verarbeitung ꝛc. feiner Wolle zu Tuch u. zu kammwollenen Zeugen. Bearb. von C. Hartmann u. Ch. H. Schmidt. 2. verm. Aufl. Mit 32 lith. Taf. (in qu. Fol.) 8. (X u. 471 S.) Ebd. 848. 3 ꝶ

— ders. 123. Bd.: Die Galvanoplastik für Künstler, Gewerbtreibende u. Freunde der Numismatik, oder faßl. Anweisung, Münzen, Medaillen oder andere Gebilde der Kunst in metallischer Form zu reproduciren, Kupferplatten u. daguerreotyp. Lichtbilder auf galvan. Wege zu ätzen ꝛc. Nebst ergänzenden Zusätzen des Uebersetzers. Nach der 18. Aufl. des engl. Werkes d. Hrn. Charles Walker deutsch bearb. v. Chrn. Heinr. Schmidt. 2. sehr verm. Aufl. Mit 5 (lith.) Taf. Abbildgn. 8. (XXXVI u. 193 S.) Ebd. 850. $^3/_4$ ꝶ

— ders. 124. Bd.: Pract. Anleitung zur Anlage u. Benutzung gegrabener u. artesischer Brunnen. Von Carl Hartmann. 2. verm. Ausg. Mit 10 lith. Taf. (in qu. Fol.) 8. (IV u. 244 S.) Ebd. 848. 1 ꝶ

— ders. 125. Bd.: Die Illuminirkunst, oder gründl. Unterricht im Illuminiren, Tuschen u. Retouchiren von Kupferstichen, Lithographien, Charten ꝛc. Nach Blanchard, Perrot u. Thillaye. Von Christ. Heinr. Schmidt. 2. verm. Aufl. Mit 1 (lith. u. color.) Farbentaf. u. mehreren Abbildgn. 8. (XXIV u. 307 S. m. 2 lith. Taf.) Ebd. 848. $1^1/_4$ ꝶ

— ders. 128. Bd.: R. Choimet, theoretische u. praktische Elemente der Maschinen-Flachs-, sowie auch Hanf- u. Werg-Spinnerei. Aus d. Franz. übers. u. mit Zusätzen versehen v. Chr. Heinr. Schmidt. 2. um 2 Bog. u. 2 Quarttaf. verm. Ausg. Mit 17 (lith.) Octav-, 2 Quart- u. 1 Fol.-Taf. 8. (XX u. 464 S. m. 4 Tab. in qu. Fol.) Ebd. 852. $2^1/_4$ ꝶ

— ders. 129. Bd.: Die Schlangen-Feuerlösch-Spritzen für Solche, welche ihrer bedürfen, oder die sie zu verfertigen haben. Theoret. u. pract. bearb. v. Carl Alsing. 2. m. Erklärung der Pariser Spritzen-Einrichtungen ꝛc. verm. Aufl. Mit 105 Figuren auf 13 Steindrucktaf. (in qu. 4. u. qu. Fol.) 8. (XXX u. 368 S.) Weimar 849, Voigt. $1^3/_4$ ꝶ

Schauplatz, neuer, der Künste u. Handwerke. 130. Bd.: Die Kürschnerkunst, od. gründl. Anweisung, alle Arten v. Pelzwerk zu gerben, zu blenden oder zu färben, kunstgerecht zu verarbeiten, aufzubewahren ꝛc.; nebst naturgeschichtl. Notizen üb. die im Pelzhandel vorkommenden Felle ꝛc. u. einer kurzen Schilderung des Pelzhandels selbst. Von Chr. H. Schmidt. 2. sehr verm. Aufl. Mit 2 lith. Taf. 8. (XX u. 212 S.) Ebd. 847. $^5/_6$ ꝶ

— ders. 132. Bd.: Der Kleinigkeitsfärber. Von Carl Frdr. Scherf. 2. verm. Aufl. 8. (XXX u. 328 S.) Ebd. 848. $1^1/_4$ ꝶ

— ders. 135. Bd.: Handbuch der Baumwollenweberei, mit besonderer Berücksichtigung der baumwollenen Gewebe, welche in Rouen u. dessen Umgegend gewebt werden, nebst dem zu diesem Fabrikzweige gehörigen Bleichen, Färben u. Appretiren u. einem Anhang üb. die Wattenfabrication. Bearb. v. Chr. Heinr. Schmidt. 2. sehr verm. Aufl. Nebst 99 Abbildgn. 8. (XX u. 495 S. m. 1 Tab. in qu. Fol. u. 13 lith. Taf. in qu. Fol.) Ebd. 848. 2 ꝶ

— ders. 139. Bd.: Prakt. Handbuch d. gesammten Kattunfabrikation u. der Kunst Seide u. seidene Zeuge zu färben. Von F. W. Geest. 2. verm. Aufl. Mit 1 (lith.) Foliotaf. 8. (XX u. 300 S.) Ebd. 848. $^5/_6$ ꝶ

— ders. 141. Bd.: Lehrbuch des Bleichens u. der gesammten Färberei auf baumwollene Garne u. Gewebe. Nach den neuesten wissenschaftl. Grundsätzen theoret. u. prakt. dargestellt v. F. A. W. Geest. 2. um 2 Bog. verm. Ausg. Mit 9 lith. Quarttaf. 8. (XVIII u. 854 S.) Ebd. 851. 3 ꝶ

— ders. 142. Bd.: E. Péclet, Grundsätze der Feuerungskunde, namentlich der Anlegung von Heerden, Schornsteinen, Kaminen, Stubenöfen ꝛc. Mit Berücksichtigung des deutschen Bedürfnisses, nach der 2. sehr verm. Aufl. des „Traité de la chaleur" deutsch bearb. v. Carl Hartmann. 2. um 6 Bog. u. 2 Taf. verm. u. ergänzte Ausg. Mit 48 lith. Taf. (in gr. Fol.) 8. (XVI u. 490 S. m. 1 Tab. in 4.) Ebd. 852. $3^1/_3$ ꝶ

— ders. 144 u. 145. Bd.: Der Maschinenbauer oder Atlas u. Beschreibung der Maschinen-Elemente. Fortsetzung eines von Le Blanc begonnenen Werkes, hrsg. v. Carl Hartmann. 2 u. 3. Lfg. Mit 34 lith. (Fol.-) Taf. 8. (XXII u. 376 S.) Ebd. 848. à $1^1/_3$ ꝶ (siehe: Schauplatz, 196. Bd.)

— ders. 148. Bd.: Die moderne Bautischlerei. Handbuch für Tischler u. Zimmerleute. Von A. W. Hertel. Mit 1 Atlas v. 70 (lith.) Quarttaf. 8. (XXVIII u. 397 S.) Ebd. 847. 2 ꝶ

— ders. 151. Bd.: Die Benutzung des Papiermaché zur Verfertigung von Larven, Puppenköpfen, Kinderspielzeug, Figuren, Tabacksdosen, architekt. Verzierungen, Galanteriewaaren ꝛc.; sowie das Coloriren, Lackiren u. Decoriren dieser Gegenstände m. Kupferstichen ꝛc. Von Chr. Heinr. Schmidt. Mit 7 lith. Taf. 8. (XII u. 72 S.) Ebd. 847. $^5/_{12}$ ꝶ

— ders. 152. Bd.: Handbuch des Eisenbahnwesens oder pract.-populäre Darstellung der Anlage, Einrichtung u. des Betriebes der Eisenbahnen. Unter Zugrundelegung d. engl. Werkes von Rob. Ritchie, mit Benutzung der besten Hülfsmittel bearb. von Carl Hartmann. Mit 10 lith. Querfol.-Taf. 8. (XIV u. 356 S.) Ebd. 847. $1^1/_2$ ꝶ

— ders. 153. Bd.: Das deutsche Bäckerhandwerk im J. 1847 oder gründl. Anweisung, die Güte des Brodgetreides u. dessen Stellvertreter zu beurtheilen, dasselbe gut aufzubewahren, zu vermahlen u. in schmackhaftes u. nahrhaftes Brod, Semmeln ꝛc., Lebkuchen, Nudeln u. Luxusgebäck zu verwandeln. Nebst Beschreibung der bewährtesten Backöfen u. Angabe erprobter Hefenrecepte. Von Chr. Heinr. Schmidt. Mit 10 Taf. 8. (XVI u. 354 S.) Ebd. 847. $1^1/_3$ ꝶ

— ders. 154. Bd.: Ueber den Asphalt, dessen Vorkommen, Beschaffenheit, Darstellung als Alphaltmastix, sowie über seine Benutzung ꝛc. Von Isidor Huguenet. Aus d. Franz. v. C. Hartmann. Mit 3 lith. Taf. 8. (XII u. 88 S.) Ebd. 847. $^5/_{12}$ ꝶ

— derf. 155. Bd.: Handbuch der Bleiweiß- u. Bleizuckerfabrikation nach allen vorhandenen Methoden. Von Heinr. Ludowig. Mit 3 Taf. Abbild. (4.) 8. (VIII u. 116 S.) Ebd. 847. 1/2 ℛ

• 156. Zusätze zur 1. Aufl. von Chr. H. Schmidt's vollständigen Farben-Laboratorium. Enthalt. die neuesten Fortschritte, welche die Farbenfabrikation seit 1841 gemacht hat. Für die Besitzer der ersten Aufl. v. 1841 besond. abgedruckt. (10¼ B.) 847. 1⅓ Ngr.

Schauplatz, neuer, der Künste u. Handwerke. 157. Bd.: Gilroy, Falcot u. White, vollständ. Handbuch der Webekunst in Baumwolle, Leinen, Wolle u. Seide, mit Hand- u. mit Maschinen-Webestühlen, sowohl zur Anfertigung der glatten, als auch der geköperten u. gemusterten Zeuche ꝛc. Mit 33 lith. Quer-Fol.-Taf. 8. (XVI u. 639 S.) Weimar 847, Voigt. 4 ℛ

— ders. 158 u. 159. Bd.: Handbuch über den Bau, die Aufstellung, Behandlung, Bedienung, Heizung, Abwartung u. Conservirung der Dampfmaschinen. Nach den franz. Werken von Grouvellé u. Jaunez u. von Jullien, sowie nach anderen guten Hülfsmitteln bearb. von Carl Hartmann. 2 Thle. Mit einem Atlas von 39 lith. Planotaf. 8. (1: XVI u. 567 S. 2: XVI u. 568 S. m. 2¼ Bog. Tab.) Ebd. 847. 48. (à 4½ ℛ) 9 ℛ — 2 Thle. Mit einem Atlas v. 42 lith. Planotaf. 2. ergänzte, um 8½ Bog. Text u. 3 Taf. verm. Ausg. 8. (1: XVI u. ... S. 2: XVI ... S.) Ebd. 852. (à 3 ℛ) 6 ℛ

— ders. 160. Bd.: Der treue Führer beim Schürfen oder die äußeren Kennzeichen u. Merkmale der Lagerstätten wo mit guter Aussicht bergmänn. Schürf- u. Bohrversuche auf Erzgänge, Steinkohlen- u. Braunkohlen-Flötze, Steinsalz, Torf, Braunstein, Salzquellen ꝛc. unternommen werden können. Nach Combes, Degoussée, Mohs, Tunner, Villefosse u. A. Hrsg. v. Carl Hartmann. Mit 7 lith. 4.-Taf. 8. (XVI u. 253 S.) Ebd. 848. 1⅙ ℛ

— ders. 161. Bd.: Der wohlunterrichtete Hohofen- u. Hammermeister oder gemeinfaßl. Darstellung der Roheisenerzeugung, der Stabeisenfabrication u. Stahlbereitung. Für angehende Hüttenbeamte, Hüttenbesitzer ꝛc. Von Carl Hartmann. Mit 12 lith. Foliotaf. 8. (XX u. 777 S.) Ebd. 848. — 2. durch die wichtigsten neuen Verbesserungen im Eisenhüttengewerbe um 7 Bog. u. 2 Taf. verm. Ausg. Mit 14 lith. Taf. (in qu. Fol.) 8. (XXVIII u. 881 S.) Ebd. 852. 3 ℛ

— ders. 162 u. 163. Bd.: J. Persoz, Handbuch des Zeugdrucks u. der damit verbundenen Färberei. Nach deutschen Bedürfnissen bearb. u. mit einem ausführl. Sachregister versehen von Chr. Heinr. Schmidt. 2 Thle. Mit 9 lith. Taf. 8. (XX u. 1449 S. m. 1 Tab. in qu. Fol.) Ebd. 848. (à 2 ℛ) 4 ℛ — 2 Thle. 2. verm. Aufl. Mit 9 lith. Taf. 8. (XXXVIII u. 1494 S. m. 1 Tab. in qu. Fol. u. 1 lith. Taf. in 4.) Ebd. 852. 4 ℛ

— ders. 164. Bd.: Die Bierbrauerei aus Kartoffeln. Von Heinr. Ludowig. Mit 6 Abbild. 8. (IV u. 117 S.) Ebd. 848. 1/2 ℛ

— ders. 165. Bd.: Die Verfertigung der Gypsfiguren u. des Gypsmarmors, für Maurer u. Tüncher, sowie die Darstellung der Kupferfiguren durch die Galvanoplastik. Von C. Schmied. Mit 1 (lith.) Taf. (in 4.) 8. (VI u. 70 S.) Ebd. 848. 1/3 ℛ

— ders. 166. Bd.: Die Luftschifffahrtskunde u. ihre Anwendung zur Communication, zu Reisen u. zu Gütertransporten. Nach Edm. Marey-Monge u. A. von Ferd. Steinmann. Nebst 5 lith. Taf. (in qu. Fol.) 8. (XVIII u. 252 S.) Ebd. 848. 1⅓ ℛ

— ders. 167. Bd.: Ueber Auffindung, Gewinnung u. Förderung der mineralischen Brennstoffe, namentlich des Torfs, der Braun- u. der Steinkohle. Nach Burat, Combes, Gätzschmann, Villefosse, J. C. W. Voigt u. A. von C. Hartmann. Mit 7 lith. Taf. (in qu. Fol.) 8. (XVI u. 389 S.) Ebd. 848. 1⅔ ℛ

— ders. 168. Bd.: Grundriß der Schlosserkunst. Für angehende Schlosser als Musterbuch zu Probearbeiten, sowie zum Unterricht in Gewerbschulen, bearb. von Joh. König. Mit einem Atlas, enth. 36 (lith.) Quarttaf. 8. (IV u. 88 S.) Ebd. 848. 1¼ ℛ

— ders. 169. Bd.: Der geschickte Grob- u. Hufschmied, od. vollständ. Anweisung zur Verfertigung aller Arten regulärer u. irregulärer Hufbeschläge, der verschiedenen Wagen- u. Chaisenbeschläge, Radreifen, Kutschfedern ꝛc. Nebst einem Anh. üb. das Schmieden der Aexte, Beile, Ankerwerkzeuge ꝛc., sowie einem Wörterbuche des Schmiedes. Von Frdr. Harzer. Mit 15 lith. Foliotaf. 8. (XII u. 496 S.) Ebd. 848. — Mit 17 lith. Foliotaf. 2. um 3 Bog. u. 2 Taf. verm. u. ergänzte Ausg. 8. (XVI u. 541 S.) Ebd. 852. 2¼ ℛ

— ders. 170. Bd.: Die Siegellackfabrikation nach dem neuesten Verfahren u. den bewährtesten Vorschriften, von Frdr. Harzer. 8. (64 S.) Ebd. 848. 1/4 ℛ

Schauplatz, neuer, der Künste u. Handwerke. 171. Bd.: Vollständiges Handbuch d. Uhrmacherkunst, besonders in Beziehung auf Thurm-, Wand- u. Stutzuhren, Taschenuhren aller Art, astronomische u. nautische Uhren ꝛc. Herausg. von Eman. (Franz) Schreiber. Mit 22 (lith.) Foliotaf. 8. (XX u. 442 S.) Weimar 848, Voigt. 2½ ℛ

— ders. 172. Bd.: Die Gesetze der Farbenharmonie, vorzüglich für die Zwecke der Haus-, Stuben- u. Decorationsmalerei, der Fabrication von gewirkten Tapeten u. Teppichen, wie auch der Papiertapeten, der Zeugdruckerei ꝛc. Nebst pract. Bemerkungen über die Hausmalerei. Aus d. Engl. des D. R. Hay, m. mehren Zusätzen von L. Hüttmann. Mit 1 col. Farbentaf. 8. (XII u. 228 S.) Ebd. 848. — 2. verm. Aufl. Mit 1 (schw. u. 1) col. (lith.) Farbentaf. 8. (XIV u. 250 S.) Ebd. 852. 1 ℛ

— ders. 173. Bd.: Die Formschneidekunst oder die Herstellung von Druckformen od. Druckmodeln f. die Zeugdruckerei, f. das Bedrucken von Wachstuch, Tapeten u. Spielkarten; ferner die Ausführung von Buchdruckereivignetten u. Verzierungen ꝛc. Von Chr. Heinr. Schmidt. Mit 6 erläut. (lith.) Figurentaf. in 4. 8. (X u. 110 S.) Ebd. 849. — 2. verm. Aufl. Mit 7 erläut. (lith.) Figurentaf. in Quart. 8. (X u. 118 S.) Ebd. 852. 1/2 ℛ

— ders. 174. Bd.: Die Operationen, Manipulationen u. Geräthschaften d. Electro-Chemie in ihrer Anwendung auf Gold-, Silber- u. Broncearbeiten, Galvanoplastik ꝛc. Von A. Brandely. Aus d. Französ. bearb. von Frdr. Harzer. Mit 10 lith. Taf (in qu. 4.) 8. (XVI u. 179 S.) Ebd. 849. 3/4 ℛ

— ders. 175. Bd.: Die Magnet-Electricität als motorische Kraft. Praktische Anwendung des Electro-Magnetismus auf Telegraphie, so wie auf den Betrieb der Uhren u. anderer Maschinen. Von Frdr. Harzer. Mit 15 lith. Taf. (in qu. 4.) 8. (XIV u. 176 S.) Ebd. 849. 1 ℛ

— ders. 176. Bd.: Der vollständige Schreibmaterialist, od. die Kunst, sich selbst alle Arten der trefflichsten Schreibfedern, Siegellacke, Tinten von allen Farben, Oblaten u. andere Bureaumaterialien zu verfertigen. 2. völlig umgearb. Aufl. m. 1 (lith.) Figurentaf. 8. (X u. 184 S.) Ebd. 849. 2/3 ℛ

— ders. 177. Bd.: Die Glasblasekunst sowohl auf der Glashütte, als an der Glasbläserlampe, oder die Verfertigung des Hohl- u. Tafelglases, der Glasglocken, Glasröhren u. Uhrgläser, ferner die Verfertigung mannichfaltiger physikal. u. chem. Geräthe ꝛc. Nebst Erläuterungen über das Schneiden, Sprengen, Durchbohren ꝛc. des Glases. Von Eman. (Franz) Schreiber. Mit 70 erläut. Figuren. 8. (XX u. 223 S. m. 7 lith. Taf. in 4.) Ebd. 849. 1 ℛ

— ders. 178 u. 179. Bd.: Vollständ. Handbuch der neuesten engl. Werkzeugslehre. Nach den Angaben des vornehmsten engl. Werkzeugsfabrikanten, Carl Holtzapfel in London u. nach sonstigen guten Hülfsmitteln für deutsche Bedürfnisse bearb. v. Carl Hartmann. 2 Bde. 8. 1. Bd. Die Werkzeuge der Holz- u. Hornarbeiter ꝛc., namentlich der Zimmerleute, Tischler, Drechsler, Böttcher, Stellmacher ꝛc. Mit 35 lith. Quarttaf. (XIV u. 253 S.) 2. Bd. Die Werkzeuge der Metallarbeiter, namentlich der Schmiede, Schlosser, Kupferschmiede ꝛc. Mit 59 lith. Quarttaf. (XII u. 536 S.) Ebd. 849. 50. (1: 1 1/2 ℛ 2: 2 1/2 ℛ) 4 ℛ

— ders. 180. Bd.: Practisches Handbuch der Mikroskopie. Darstellung der Einrichtung, sowie pract. Anleitung zur Aufstellung, Behandlung u. zum Gebrauche des Mikroskopes, — zum Präpariren u. zur Untersuchung von Stoffen aus dem Thier-, Pflanzen- u. Mineralreiche u. der daraus dargestellten Producte. Für Naturforscher, Aerzte, Techniker u. f. jeden andern Gebildeten. Von John Quekett. Mit anderweitigen guten Hülfsmitteln deutsch bearb. von Carl Hartmann. Mit 25 lith. Taf. (in qu. 4.) 8. (X u. 688 S.) Ebd. 850. 2 1/2 ℛ

— ders. 181. Bd.: Angaben u. Pläne theils schon ausgeführter, theils gut ausführbarer englisch-amerikan. Mahlmühlen, sowie von den neuesten Einrichtungen der Oel-, Papier-, Loh- u. Sägemühlen. Nebst pract. Regeln, Formeln u. Tabellen über Umtriebs-, Zwischen- u. Arbeits-Maschinen. Ein nothwend. Supplement zu allen Mühlenbauwerken. Hrsg. von Carl Hartmann. Nebst 32 lith. Foliotaf. 8. (XX u. 529 S. m. 3 Tab. in Fol.) Ebd. 850. 2 2/3 ℛ

— ders. 182. Bd.: Die neuesten Fortschritte u. Vervollkommnungen der Gasbeleuchtung, namentlich genaue Untersuchungen der Materialien, Beschreibung von neuen u. vorzügl. Gaswerken, von Oefen, Retorten ꝛc. Ein nothwend. Nachtrag zu allen Werken darüber, besonders aber zu Peclet's Kunst der Gebäude-, Zimmer- u. Straßenerleuchtung, 2. Aufl. Von Carl Hartmann. Mit 10 lith. Foliotaf. 8. (XII u. 199 S.) Weimar 850, Voigt. 1 ℛ

Schauplatz, neuer, der Künste u. Handwerke. 183. Bd.: Der Tabacks- u. Cigarrenfabrikant. Eine instructive Auskunft üb. die Fabrication wohlriechender u. wohlschmeckender Rauchtabacke, die Fabrication der Cigarren, der feinsten Schnupftabacksorten u. des Kautabacks ꝛc. Von Eman. (Franz) Schreiber. Mit 3 (lith.) Figurentaf. (in 4.) 8. (VI u. 290 S.) Ebd. 850. 1 ℛ

— ders. 184. Bd.: Perspective od. die Lehre von den Projectionen. Ein Handbuch f. den Techniker u. Maler zu Ausführung von techn. u. perspectiv. Zeichnungen. Zum Selbstunterricht f. Handwerker, Maschinenzeichner, Architecten ꝛc. allgemein faßlich u. practisch bearb. von A. W. Hertel. Mit 36 (lith.) Fig.-Taf. gr. 8. (XVI u. 364 S.) Ebd. 851. 2 5/6 ℛ

— ders. 185. Bd.: Vollständiges Handbuch der chemischen Fabrikenkunde od. Darstellung des Schwefels, der Schwefelsäure, des Kochsalzes, Natrons [Soda], der Pottasche, des Borares, der Salpeter-, Salzsäure, des Alauns, Vitriols, Salmiaks, Phosphors u. der gashaltigen Wasser. Von Carl Herzberg. Mit 15 lith. Foliotaf. 8. (XIV u. 774 S.) Ebd. 851. 2 2/3 ℛ

— ders. 186. Bd.: Vollständiges Handbuch der Metalldreherei. Oder die Kunst Metalle, namentlich Guß- u. Schmiedeeisen, Stahl, Kupfer ꝛc. auf der Drehbank ꝛc. zu bearbeiten; nebst Anhängen über mechan. Werkstätten bei techn. Lehranstalten ꝛc. Nach den besten in- u. ausländ. Hülfsmitteln u. nach eigenen Erfahrungen bearb. von Carl Hartmann. Mit 30 lith. Foliotaf. 8. (XX u. 387 S.) Ebd. 851. 2 1/2 ℛ

— ders. 187. Bd.: Die Turbinen oder horizontalen Wasserräder als Kraft- oder Trieb-Maschinen f. Mühlen, Fabriken, Berg- u. Hüttenwerke. Ihre allgem. Beschreibung, Theorie u. Leistung, sowie die specielle Beschreibung gut ausgeführter Motoren dieser Art. Nach den besten in- u. ausländ. Hülfsmitteln bearb. von Frdr. Harzer. Mit 9 lith. Foliotaf. 8. (XX u. 285 S.) Ebd. 851. 1 1/3 ℛ

— ders. 188. Bd.: Der wohlunterrichtete Drahtzieher, Nadler u. Drahtarbeiter, oder Beschreibung der Drahtfabrication in ihrem ganzen Umfange ꝛc. Nach den besten Hülfsmitteln bearb. von Frdr. Harzer. Mit 19 lith. Foliotaf. 8. (XIV u. 380 S.) Ebd. 851. 1 3/4 ℛ

— ders. 189. Bd.: A. Liraute, der Straßen-, Eisenbahn-, Canal-, Brücken-, Küstendamm-, Deich- u. Hafenbau, sowie die Bewässerungsarbeiten. Zum Nutzen u. Gebrauch der Unternehmer öffentl. Arbeiten, der Baumeister ꝛc. Nach d. Franz. mit beständ. Rücksicht auf deutsche Art u. Bedürfniß v. Frdr. Harzer. Mit 20 lith. Foliotaf. 8. (XX u. 653 S. m. 1 Tab. in 4.) Ebd. 851. 2 1/2 ℛ

— ders. 190. Bd.: Die wichtigsten Lehren der Statik, Dynamik u. Hydrostatik, erläutert durch die bekanntesten Maschinen. Nebst einem Anh. über einige Gesetze d. Lichtes u. d. Schalles. Allgemein faßlich vorgetragen von Sam. Newth. Deutsch von Carl Hartmann. Mit 16 lith. Taf. 8. (XII u. 198 S.) Ebd. 850. 5/6 ℛ

· 190. Newth, Sam., die wichtigsten Lehren der Statik, Dynamik und Hydrostatik, erläutert durch die bekanntesten Maschinen. Nebst einem Anhange über einige Gesetze des Lichtes und des Schalles. Allgemein faßlich vorgetragen. Deutsch von Carl Hartmann. (XII und 198 S. mit 16 Stnt.) 851. 25 Ngr.

· 191. Perini, Giacomo, der Schweizerzuckerbäcker oder instructive Anweisung alle in dieses Gebiet gehörigen Backwerke und Pastetchen ꝛc. auf's Feinste auszuführen; die beliebtesten kühlenden, künstl. Getränke und Gefrorenes aller Art darzustellen; und endlich eine gute Chocolade ꝛc. zu bereiten. (XXXI und 299 S. mit 14 Stnt. in 4., enth. geschmackvolle Muster für das Decoriren der Torten.) 851(52.) 1 Thlr. 10 Ngr.

— ders. 192. Bd.: Handbuch für Locomotivenführer, enth. eine theoretisch-practische Anweisung üb. die Einrichtung, Behandlung u. Führung der Locomotiv-Dampfmaschinen. Von E. Flachat, J. Petiet, L. Lechatelier u. C. Polonceau. Aus d. Franz. v. Carl Hartmann. 2. od. Ergänzungsbd., welcher die neuern Einrichtungen, Betrachtungen über allgem. Verhältnisse, ferner den Bau ꝛc. der Locomotiven enthält. Mit 43 lith. Quarttaf. 8. (XII u. 288 S. m. 7 Tab. in qu. 4. u. Fol.) Ebd. 852. 1 5/6 ℛ

— ders. 194. Bd.: Die Kellereiwirthschaft od. die Behandlung des Weines, des Bieres, des Ciders, des Rums u. des Araks in Gebinden u. Flaschen im Keller; ein nützl. Rathgeber für Küfer, Gastwirthe ꝛc. Von Chr. Heinr. Schmidt. Mit 3 erläut. (lith.) Quarttaf. 8. (XII u. 227 S.) Ebd. 852. 5/6 ℛ

Schauplatz, neuer, der Künste u. Handwerke. 195. Bd.: Die Kerzen- u. Seifenfabrication nach den neuesten Vervollkommnungen dieses Industriezweiges; oder gründliche Anweisung, alle Arten von Kerzen ꝛc. u. Wachsstöcke zu fabriciren, ingl. alle Arten der Kali- u. Natronseifen ꝛc. darzustellen. Von Chr. Heinr. Schmidt. Mit 8 erläut. (lith.) Quarttaf. 8. (XII u. 394 S.) Weimar 852, Voigt. 1 1/2 ℛ

— ders. 196. Bd.: Der Maschinenbauer oder Atlas u. Beschreibung der Maschinen-Elemente. Zum Gebrauch f. Maschinenbauer, Architekten, Zeichner ꝛc. Nachgelassenes Werk des Le Blanc nach den besten in- u. ausländ. Hülfsmitteln bearb. von Carl Hartmann. 4 Bde. [2. Ausg.] 4. Bd.: Ergänzungen zu den 3 ersten. Anfertigung der Maschinen-Elemente u. Zusammensetzung derselben zu Maschinen. Mit 4 lith. Foliotaf. 8. (XII u. 145 S.) Ebd. 852. 3/4 ℛ (siehe: Schauplatz, 144 u. 145. Bd. 4 Bde. zusammengenommen 4 ℛ)

— ders. 197. Bd.: Handbuch der Photographie auf Metallplatten, Papier u. Glas, nach den bewährtesten Verfahrungsarten, nebst Angabe der neuesten Erfindungen u. der Darstellung der zur Photographie nöthigen Präparate. Nach dem Franz. des Hrn. de Valicourt, des Baron Gros u. des Hrn. Blanquart-Evrard von Chr. Heinr. Schmidt. Mit 32 erläut. Fig. 8. (XVI u. 412 S. m. 1 lith. Taf. in qu. Fol.) Ebd. 852. 1 1/3 ℛ

— derf. 198. Bd.: Die Farbwaarenkunde u. Farbenchemie für Färberei u. Zeugdruck, oder instructive Anweisung, alle in der Färberei u. Druckerei in Anwendung kommenden Farbwaaren, Säuren, Alkalien ꝛc. auf ihre Aechtheit oder Verfälschung zu prüfen, sowie ihren nutzbaren Gehalt ꝛc. auszumitteln, darzustellen u. sie aus den besten Quellen zu beziehen. Ein unentbehrl. Handbuch f. Färber ꝛc. Nach dem neuesten Standpuncte der Wissenschaft bearb. von Chr. Heinr. Schmidt. 8. (XII u. 251 S.) Ebd. 852. 5/6 ℛ

Schauplatz, neuer, der Künste und Handwerke. Mit Berücksichtigung der neuesten Erfindungen. Herausg. von einer Gesellschaft von Künstlern, Technologen und Professionisten. Mit vielen Abbildungen. Weimar 853—58. Voigt. 8.

2. Bd.: Thon, Ch. F. G., die Kunst Bücher zu binden oder die Buchbinderkunst auf ihrem neuesten Standpuncte. Ein Lehr- u. Handbuch für angehende u. ausgebildete Buchbinder, sowie für Freunde dieser Kunst ꝛc. 1. Thl. 5. gänzlich umgearb. ꝛc. Aufl. von Aug. Kirsch. Mit 8 (lith.) Foliotaf. erläut. Abbildgn. u. Vergoldemustern. 856. (XX, 434 S.) 1 ℛ. 7½ ngr.

• 4. **Die Kunst des Seifensiedens und Lichtziehens oder gründl. Anweisung zur Anfertigung aller Sorten von Seifen ꝛc., wie auch zur Fabrikation aller Arten von Talglichten. Von einem Seifensieder von Profession (J. G. Lieber). 4., mit den neuesten Erfindungen und Fortschritten ausgestattete Aufl. (XVI und 278 S. mit 7 Stnt.) 855(56.) 1 Thlr. 7½ Ngr.**

5. Bd.: Stöckel, Heinr. Friedr. Aug., die Tischlerkunst in ihrem ganzen Umfange. Ein Hand- und Lehrbuch für Bau- und Möbeltischler u. s. w. 3. ganz umgearb. u. sehr verm. Aufl., von A. W. Hertel. Mit 25 lith. Quarttaf. 853. (XXX, 492 S.) 1 ℛ. 15 ngr.

6. Bd.: Vitalis, J. B., Lehrbuch der gesammten Färberei auf Wolle, Seide, Leinen, Hanf und Baumwolle. Nebst einem Anhange über Kattun-Druckerei. Nach dem Französ. 6. sorgfältig revid. u. mit Benutzung des Traité de l'Impression des Tissus par J. Persoz sehr verm. ꝛc. Aufl. Bearb. von Chr. H. Schmidt. Mit 9 lith. Quarttaf. 854. (XXII, 1112 S.) 3 ℛ.

• 7. **Schmidt, Chrn. Heinr., die Leimsiederei nach dem gegenwärtig vervollkommneten Zustande dieses Industriezweiges oder die Fabrication der besten Leimsorten aus den verschied. leimgebenden thier. Substanzen, die Fabrikation der Hausenblase oder des Fischleims, des Marineleims ꝛc. Mit 34 erläut. Fig. (XVIII und 179 S. mit 3 Stnt. in qu. 4. und qu. Fol.) 856(57.) 20 Ngr.**

9. Bd.: Die englischen Pendeluhren, u. zwar Thurmuhren, Hausuhren, Controluhren u. astronom. Regulatoren, sowie Taschenuhren u. Chronometer, mit den neuesten Verbesserungen ꝛc. Nach der 8. Aufl. der Encyclopaedia Britanica übers. von Chr. H. Schmidt. Mit 72 erläut. Fig. (auf 5 lith. Taf. in 4. u. Fol.) 856. (XII, 203 S.) 25 ngr.

• 10. **Schmidt, Chr. Heinr., die Papier-Tapeten-Fabrication oder faßl. Anweisung, alle bis jetzt gebräuchl. Papiertapeten und Bordüren ꝛc. zu fabriciren; nebst nützl. Fingerzeigen über die bei der Tapetenfabrication erforderl. Farbstoffe und das Aufziehen der Tapeten. 3., verm. Ausg. (XVI und 209 S. mit 7 erläut. Stnt. in 8. und qu. 4.) 855(56.) 22½ Ngr.**

12. Bd.: Thon, G. P. F., das Fleischerhandwerk in allen seinen Nebenzweigen, u. zwar dessen Begriff u. Geschichte, Handgriffe u. Vortheile beim Schlachten, Gewichtsschätzung des Schlachtviehes ꝛc. In der 3. gänzlich umgearb. Aufl. herausg. von Friedr. Aug. Reimann. Nebst 2 (lith.) Foliotaf. Abbildgn. 858. (XVI, 328 S.) 1 ℛ.

13. Bd.: Huth's, Friedr. Wilh., Handbuch der Kochkunst, sowohl für Feinzüngler, als für bürgerl. Haushaltungen. Nebst Abbildgn. verschied. Speisetafeln und einem ganz umgearb. Register. 3. stark verm. u. verb. Aufl. 854. (XX, 494 S. u. 1 Holzschn. in 4.) 25 ngr.

14. Bd.: Thon's, Chrn. Friedr. Gli., vollständige Anleitung zur Lackirkunst, oder: genaue, richtige und gründliche Beschreibung der besten bis jetzt bekannten Firnisse und Lackfirnisse auf alle nur mögliche Gegenstände; nebst der Art und Weise, solche gehörig aufzutragen und zu trocknen ꝛc. 6. sehr verb. ꝛc. Aufl.; nach des Verf. Tode abermals revid. und erweitert von Ch. H. Schmidt. Mit 4 (lith.) Figurentaf. 855. (XL, 539 S.) 2 ℛ.

15. Bd.: Die Drehkunst in ihrem ganzen Umfange oder deutl. Anweisung zur vollständigen Kenntniß aller Materialien, welche der Drechsler verarbeitet, zur Erbauung der Drehbänke und zur Verfertigung der nöthigen Instrumente, besonders aber zum Drechseln in allen Materialien selbst ꝛc. Nach dem Französ. frei bearb. ꝛc. von Thdr. Thon. 5. Aufl. Auf's Neue sorgfältig revid. und mit vielen Zusätzen versehen von A. W. Hertel. Nebst e. besondern Atlas, enthltd. 24 (lith.) Quart- u. 3 Foliotaf. 855. (XX, 584 S.) 4 ℛ. 15 ngr.

16. Bd.: Der vollkommene Parfumeur, oder vollständige Anweisung, alle Arten von Parfüms zu verfertigen ꝛc. Aus dem Französ. 3. von Grund aus umgearb. u. verm. Aufl. Mit 4 lith. Taf. 856. (XXVIII, 291 S.) 22½ ngr.

19. Bd.: Wölfer, Marius, gründliche Anweisung zum Treppenbau für Tischler, Zimmerleute und Maurer zum Selbstunterricht. 5. unveränd. Aufl. Mit 2 lith. Taf. (in 4.) 854. (XII, 28 S.) 10 ngr.

21. Bd.: Die Kunst des Clavierstimmens, nebst einer vollständigen Anleitung zur Erhaltung u. Wiederherstellung gebrauchter sowie zur Prüfung neuer Instrumente. Zum Selbstunterricht für angehende Stimmer, sowie für alle Clavierbesitzer. Nach dem „Accordeur" des G. Armellino mit Benutzung vieler andern Quellen frei bearb. von einem vielerfahrenen Clavierstimmer. Mit 25 Fig. u. 9 Notenbeispielen (auf 3 lith. Taf. in Fol.). 857. (3 Bl., 83 S.) 12½ ngr.

28. Bd.: Hertel, A. W., die Lehre vom Kalk u. Gyps in ihrem ganzen Umfange begreifend: die Rohstoffe, das Brennen, die Brennmaterialien, die Oefen ꝛc. 2. mit einem Anhang verm. Ausg. Mit 75 Fig. auf 9 lith. Taf. (in 4.) 856. (XXVIII, 453 S. u. 1 Tab. in Fol.) 1 ℛ. 15 ngr.

30. Bd.: Auch, Jac., Handbuch für Landuhrmacher oder leichtfaßliche Anleitung, wie man, vom geringsten bis zum schwersten Stücke ꝛc., eine Taschenuhr bauen muß ꝛc., nebst einer vollständigen Beschreibung der hiezu nöthigen Werkzeuge. 2. sehr verm. u. verb. Aufl. von G. Mädler. Mit 2 lith. Folio-Taf. 858. (XXIV, 261 S.) 1 ℛ. 10 ngr.

31. Bd.: Reinnel's, F., englisches Receptbuch für Maurer, Tüncher, Stubenmaler, Stuccaturarbeiter u. Cementirer, enthltd. Vorschriften und Unterweisung zum Mauern, Gypsformen, Anstrich u. Malen der Wände ꝛc. Nach dem Engl. frei bearb., mit vielen Zusätzen verm. u. nach deutschen Bedürfnissen modificirt von A. W. Hertel. Mit 7 (lith.) Figurentaf. 856. (XVI, 180 S.) 20 ngr.

33. Bd.: Fontenelle, Julia, theoretisch-practisches Handbuch der Essig- und Senfbereitung. 3. Aufl., vollständig umgearb. u. mit den bewährtesten neuern Erfahrungen verm. u. ausgestattet von Chr. H. Schmidt. Mit 1 (lith.) erläuternden Folio- u. 1 (lith.) Quarttaf. 854. (XVI, 218 S.) 25 ngr.

• 34. **Scheller, P., der wohlunterrichtete Ziegler oder ausführliche Anleitung zur Verfertigung aller Arten von Mauer- und Dachziegeln. 4., durch W. Hertel verm. und verb. Aufl. (XXVIII und 299 S. mit 7 Stnt. und 1 Tab. in Fol.) 856(56.) 1 Thlr. 7½ Ngr.**

35. Bd.: Brewster, Dav., das Stereoskop, seine Geschichte, Theorie und Construction, nebst seiner Anwendung auf die schönen und nützlichen Künste und für die Zwecke des Jugendunterrichtes. Aus dem Engl. von Ch. H. Schmidt. Mit 54 erläut. Fig. 857. (XII, 234 S. u. 3 lith. Taf. in qu. Fol.) 1 ℛ.

36. Bd.: Fontenelle, Julia, theoretisch-pract. Handbuch der Oelfabrication und Oelreinigung. Mit Berücksichtigung der in der neuern Zeit in Frankreich, England und Deutschland gemachten Erfindungen ꝛc. von Eman. Schreiber. 3. gänzlich umgearb. u. sehr verm. Aufl. Mit 91 erläuternden Figuren (auf 14 lith. Taf. in 4. u. Fol.). 853. (XVI, 267 S.) 1 ℛ. 7½ ngr.

• 39. **Bergmann, Frz. Carl Adf., das Ganze der Stärke- und Puder- sowie der damit vortheilhaft zu verbindenden Stärkegummi- und Stärkezuckerfabrication, oder faßl. und vollständ. Anleitung, alle Sorten feinster Stärke und Puder aus Weizen, Gerste, Kartoffeln, ꝛc. auf das Wohlfeilste zu bereiten, sodann das Stärkemehl auf eine höchst nutzbare Weise in Stärkegummi, Stärkezucker und Oxalsäure zu verwandeln. 3., sorgfältig umgearb. und mit den neuesten Erfahrungen bereicherte Aufl. von Chr. H. Schmidt. (XVI und 251 S. mit 7 Stnt. in Fol.) 856(57.) 1 Thlr.**

40. Bd.: Péclet, E., die Kunst der Gebäude-, Zimmer- und Straßenerleuchtung durch Oel, Talg, Wachs und Gas. Enthltd.: die physikal. Grundsätze der Erleuchtungskunst ꝛc. Nach dem Französ. frei bearb. von Joh. Chph. Glo. Weise. 3., sehr verb. u. verm. Aufl., neu herausg. von Carl Hartmann. Mit 11 lith. Taf. (in Fol.) 853. (XVI, 392 S.) 1 ℛ. 15 ngr.

• 43. **Peschel, H. C., das Ganze des Steindrucks oder vollständ. theoretisch-prakt. Anweisung zur Ausübung der Lithographie in ihrem ganzen Umfange und auf ihrem jetzigen Standpuncte. Nebst einem Anhange von der Zinkographie und dem anastat. Drucke. Bearb. von Leo Bergmann. Mit 85 Abbildungen. 3., bedeutend verm. Aufl. (XVIII und 344 S. mit 7 Stnt. in qu. Fol.) 855(56.) 1 Thlr. 10 Ngr.**

• 45. **Der Brunnen-, Röhren-, Pumpen- und Spritzenmeister, auch Bleiarbeiter; oder Handbuch für Alle, welche sich mit Verfertigung hydraul. Maschinen, sowie mit Brunnenanlagen, Feuerspritzen, Wasserleitungen ꝛc. beschäftigen ꝛc.; nebst Erklärung der bei diesen Werken und Arbeiten vorkommenden Kunstausdrücke. 3. Aufl., gänzlich umgearb. und verb. von Carl Hartmann. (XXVIII und 369 S. mit 11 Stnt. in qu. Fol.) 852(53.) 1 Thlr. 10 Ngr.**

45. Bd.: Der Brunnen-, Röhren-, Pumpen- u. Spritzenmeister, auch Bleiarbeiter; oder Handbuch f. Alle, welche sich mit Verfertigung hydraulischer Maschinen ꝛc. beschäftigen ꝛc.; nebst Erklärung der bei diesen Werken u. Arbeiten vorkommenden Kunstausdrücke. 3. Aufl. gänzl. umgearb. u. verb. von C. Hartmann. Mit 11 lith. Querfoliotaf. 853. (XXVIII, 369 S.) — In 4. gänzlich umgearb. u. verb. Aufl. herausg. von Chrn. Heinr. Schmidt. Mit 13 lith. Taf. 857. (XXVI, 418 S.) 1 ℛ. 10 ngr.

Bd. 45. Schmidt, Chrn. Heinr., der Brunnen-, Röhren-, Pumpen- und Spritzenmeister, auch Bleiarbeiter; oder Handbuch für Alle, welche sich mit Verfertigung hydraulischer Maschinen, sowie mit Brunnenanlagen, Feuerspritzen ꝛc. beschäftigen. In 4., gänzlich umgearb. und verb. Aufl. hrsg. (XXVI und 418 S. mit 14 Stnt. qu. Fol. und 4.) 858. 1 Thlr. 10 Ngr.

49. Bd.: Matthaey, Carl, theoret.-pract. Handbuch für Zimmerleute in allen ihren wesentlichsten Verrichtungen ꝛc. 3. Thl. Die Arbeiten des Zimmermannes. 3. von W. Hertel stark verm. u. verb. Aufl. Mit 36 Zeichnungen (lith. Taf. in Fol.). 853. (XXVIII, 340 S.) 2 Thlr.

50. Bd.: Des Grafen Grandpré Schlossermeister oder theoret.-pract. Handbuch der Schlosserkunst ꝛc. Nach dem Französ. ꝛc. Nunmehr in der 6. Aufl. von Grund aus umgearb. u. neu herausg. von A. W. Hertel. Mit 1 Atlas, enthltd. 19 lith. Fol.-Taf. mit 774 Figuren. 857. (XV, 408 S.) 1 Thlr. 15 ngr.

50. Grandpré's, Graf, Schlossermeister oder theoretisch-practisches Handbuch der Schlosserkunst für Lehrherrn, Gesellen und Lehrlinge ꝛc. Nach dem Französ. 6. Aufl. 1858. und 7. Aufl. von Grund aus umgearb. und neu hrsg. von A. W. Hertel. Mit einem Atlas. (XX und 450 S. mit 20 Stnt. in qu. gr. Fol.) 861. 1 Thlr. 15 Ngr.

58. Lebrun's, M., vollständiges Handbuch für Klempner und Lampenfabricanten. Nach dem Französ. bearb. von Heinr. Leng. 4., mit den neuesten Erfindungen verm. und mit einem Atlas ausgestattete Aufl., hrsg. von W. Lorey und Ch. H. Schmidt. (XX und 307 S. mit 25 Stnt. in 4.) 855(56.) 1 Thlr. 15 Ngr.

61. Bd.: Matthaey, C. L., der vollkommene Dachdecker, oder Unterricht in allen bis jetzt bekannten ꝛc. Dachbedeckungsarten. Ein unentbehrl. Handbuch ꝛc. Nebst Anleitung zur Berechnung der Dachflächen und der Bedeckungskosten ꝛc., sowie zur Aufstellung der Blitzableiter. Nach französ. und anderen neueren Schriften und eigener Erfahrung in 2. Aufl. ganz neu bearb. von A. W. Hertel. Mit 1 Atlas, enthltd. 12 (lith.) Folio- u. 1 Quart-Taf. 858. (XX, 270 S.) 1 Thlr. 15 ngr.

64. Bd.: Giliar, Jac. C., vollständiges Handbuch des Riemers und Sattlers. Enthltd.: eine ausführliche Beschreibung aller vorkommenden Riemer- und Sattlerarbeiten ꝛc. Nebst einem Anh., wichtige Erfindungen ꝛc. an den Reitsätteln, Kummten und Zäumen betr. Nach dem Französ. des Lebrun ꝛc. bearb. 5. sorgfältig revid. ꝛc. Aufl. Mit 1 Atlas, enthltd. 662 Fig. auf 48 (lith.) Quarttaf. 858. (XVI, 332 S.) 1 Thlr. 20 ngr.

65. Beckmann, Ludw., theoretisch-practisches Handbuch für Wagenbauer, Wagenfabrikanten und alle beim Wagen- und Luxuswagenbau beschäftigten Künstler und Arbeiter ꝛc. Mit einem Anhange, betr. die Construction der Eisenbahn-Waggons. Nach den neuesten Fortschritten dieses Gewerbes hrsg. 2. Aufl. mit Atlas. (XXIV und 416 S.) 1854. und 3., verb. und verm. Aufl. Mit einem Atlas. (XXVI und 471 S. mit 47 Stnt. in 4. und Fol.) 855(56.) 2 Thlr.

72. Bd.: Schmidt, Ch. H., Handbuch der Zuckerfabrication namentlich des Runkelrübenzuckers, des Rohrzuckers u. des Stärkemehlzuckers nach ihrem Standpuncte im J. 1858 in Frankreich, Belgien u. Deutschland. Nebst e. Anh., die im Hause der preuß. Kammern stattgefundenen Discussionen über die Besteuerung des Runkelrübenzuckers ꝛc. betr., besonders in ihren techn. Beziehungen. 4. ganz umgearb. ꝛc. Aufl. Mit 155 Abbildgn. auf 12 (lith.) Foliotaf. 858. (XX, 531 S.) 2 Thlr. 15 ngr.

78. Bd.: Populäre Gnomonik u. Chronometrie oder Construction der Sonnenuhren mit dem immerwährenden Kalender u. Bestimmung der Zeit zur Regulirung der mechan. Uhren, so wie Auflösungen einiger astronom. Aufgaben. 3. neu bearb. u. sehr verm. Aufl. herausg. von H. Treutler (Sternheim). Mit 6 Tab. u. 10 (lith.) Figurentaf. (in qu. Fol.) 858. (XVI, 194 S.) 1 Thlr. 15 ngr.

79. Bd.: Leng's, H., vollständiges Handbuch der Glasfabrication nach allen ihren Haupt- u. Nebenzweigen oder theoretisch-practische Anleitung zur vollkommensten Darstellung aller möglichen Glasfabricate ꝛc. 3. sehr verm. Aufl., bearb. von Ch. H. Schmidt. Mit 232 Abbildgn. auf 15 lith. Folio- u. 2 Quarttaf. 854. (XV, 740 S.) 2 Thlr. 20 ngr.

90. Bd.: Barfuß's, Friedr. Wilh., Geschichte der Uhrmacherkunst von den ältesten Zeiten bis auf unsere Tage. Zum Behufe eines allseitigen Unterrichtes über die Erfindungen und Leistungen dieser Kunst herausg. von Eman. Schreiber. 3. verm. Aufl. Mit 83 Fig. auf 13 (lith.) Quarttaf. 856. (XVI, IV, 385 S.) 1 Thlr. 5 ngr.

91. Bd.: Wölfer, Marius, das Seilerhandwerk nach seinem ganzen Umfange, enthltd. eine gründliche und practische Anweisung zur Zubereitung des Hanfes und der übrigen Seilermaterialien, sowie zur Fertigung aller vorkommenden Groß- u. Klein-Seilerarbeiten ꝛc. Nebst der Bereitung des Pechs u. Theers. Ein populäres Handbuch zum Selbstunterricht für Seiler, Fischer, Landwirthe, Jäger ꝛc. 2. ganz umgearb. u. verm. Aufl. von Ludw. Hartung. Mit 6 lith. Taf. (in Fol.) 856. (XVI, 139 S.) 25 ngr.

Bd. 92. Büttner, F. G. A., F. M. Chertier und H. Hamberger, die Lustfeuerwerkerei für Feuerwerker und Dilettanten oder Anleitung, wie man mit wenigen Kosten alle Arten von Kunst- und Lustfeuern zur Verschönerung öffentl. und häusl. Feste zubereiten kann. Nebst einer Auswahl der schönsten farb. Sätze und einer Beschreibung des electr. Lichts. 8., verm. und verb. Aufl., unter Berücksicht. der neuesten Fortschritte und Erfahrungen hrsg. von Friedr. Harzer. (XVI und 173 S. mit 11 Stnt. in 8. und qu. 4.) 856(57.) 20 Ngr.

96. Bd.: Schmidt, Chr. H., Grundsätze der Bierbrauerei nach den neuesten technisch-chemischen Entdeckungen, oder die Kunst, an allen Orten ein wohlschmeckendes, gesundes und haltbares Bier zu brauen ꝛc. Mit besonderer Berücksichtigung der Bayerischen Brauerei ꝛc. 2. völlig umgearb. u. sehr verm. Aufl. Mit 10 lith. Folio- u. 1 Quarttaf. 853. (XVI, 465 S.) 1 Thlr. 22½ ngr.

102. Barfuß, Friedr. Wilh., die Kunst des Böttchers oder Küfers in der Werkstatt wie im Keller, enth. eine vollständ. Anweisung; den Inhalt aller Arten von Gefäßen ꝛc. zu finden und jedes Gefäß nach verlangtem Gehalt zu verfertigen ꝛc. 3., nach dem Tode des Verf. verb. und verm. Aufl. Mit einem Anhange über die Verrichtungen des Küfers im Bier- und Weinkeller von Chr. Heinr. Schmidt. (XX und 311 S. mit 25 Stnt. in 8. und qu. 4.) 855(56.) 1 Thlr. 7½ Ngr.

103. Bd.: Hartmann, Carl, Handbuch der Metallgießerei oder vollständige Anweisung in Sand, Masse u. Lehm zu formen u. mit Eisen, Messing, Bronce, Zink ꝛc. in diesen Formen ꝛc. durch den Guß herzustellen ꝛc. Für Hüttenbeamte, Maschinenbauer ꝛc. Nach den besten Hülfsmitteln ꝛc. bearb. 3., um 7 Bgn. u. 4 Taf. verm. Aufl. Mit 1 Atlas, enthltd. 575 Fig. auf 27 lith. Querfoliotaf. 858. (XVIII, 846 S.) 2 Thlr. 15 ngr.

109. Bd.: Zerrenner, J. F., der wohlunterrichtete Cur- und Hufschmied, oder gründliche Anweisung zu einem natur- u. vernunftgemäßen Beschlage gesunder u. fehlerhafter Hufe, sowie zu den gewöhnlichsten bei Pferden vorkommenden Operationen u. den dabei anzuwendenden Heilmitteln. 2. Aufl. Nach dem Tode des Verf. neu bearb. u. herausg. von C. F. Lentin. Mit 48 Fig. auf 9 (lith.) Taf. (in 4.) 854. (XVIII, 178 S.) 22½ ngr.

110. Bd.: Schmidt, Chr. H., Handbuch der gesammten Lohgerberei, namentlich in Beziehung des gemeinen lohgaren, des Juften-, sämischen u. dänischen Leders, des Saffians, Corduans u. Chagrins, begründet auf practische Erfahrung ꝛc. Nebst verschiedenen, neuerfundenen Lederkünsten u. Beschreibung der neuern, bei der Gerberei eingeführten Maschinen. 3. sehr verm. Aufl. mit 12 lith. Foliotaf. 855. (XXIV, 632 S. u. 1 Tab. in 4.) 2 Thlr.

117. Bd.: Schmidt, Ch. H., vollständiges Farben-Laboratorium oder ausführliche Anweisung zur Bereitung der in der Malerei, Staffirmalerei, Illumination, Fabrication bunter Papiere u. Tapeten gebräuchlichen Farben, u. namentlich der Erd- u. Metall- oder Oxydfarben, Lackfarben ꝛc. 3. sehr verm. ꝛc. Aufl. Mit 20 (lith.) Fig. auf 1 Foliotaf. 857. (XXXII, 678 S.) 2 Thlr.

123. Walker's, Charles, Galvanoplastik für Künstler, Gewerbtreibende und Freunde der Numismatik, oder faßl. Anweisung, Münzen, Medaillen oder andere Gebilde der Kunst in metall. Form zu reproduciren ꝛc. Deutsch bearb. von Chrn. Heinr. Schmidt. 3., verm. Aufl. Mit Abbildungen. (XX und 302 S. mit 5 Stnt.) 855(56.) 22½ Ngr.

126. Bd.: Schmied, C., die Fabrikation der Regen- und Sonnenschirme sowie der Fächer. Mit Berücksichtigung der Reparaturen dieser Fabrikate. Ein nützliches Hand- u. Lehrbuch für Alle, welche sich mit diesem höchst einträglichen Gewerbe abgeben wollen. Auf eigene Erfahrung gegründet u. herausg. 2. verm. Aufl. Mit 26 Abbildgn. auf 6 (lith.) Taf. 858. (VIII, 136 S.) 17½ ngr.

133. Bd.: Schmidt, Chrn. Heinr., die Kunst des Vergoldens, Versilberns, Verplatinirens, Verzinnens, Verzinkens ꝛc., für Gold-, Silber- u. Metallarbeiter überhaupt, wie auch für Dilettanten faßlich dargestellt. 2. sehr verm. Aufl. Mit 2 erläuternden (lith.) Quarttaf. 855. (XXII, 224 S.) 22½ ngr.

134. Bd.: Hertel, A. W., kleine Academie der zeichnenden Künste und der Malerei. Enthaltend einen vollständigen Cursus der Elemente der Anatomie u. der Verhältnisse des menschlichen Körpers; den Ausdruck der Leidenschaften; die Grundzüge der Portrait-, der Blumen-, der Landschafts- u. Historienmalerei, der geometr. Projectionslehre ꝛc., nebst einer systemat. Abhandlung über Chemie der Farben. 2. mit einem Anhang verm. Ausg. Mit 18 lith. Quarttaf. 856. (XXII, 562 S.) 2 Thlr. 22½ ngr.

137. Bd.: Thon, Chrn. Friedr. Gli., die Löth-Kunst oder Anleitung, alle Arten von Lothen oder Legirungen zweckmäßig zu bereiten u. alle Metalle u. Metall-Compositionen fest u. dauerhaft zu löthen. Ein nothwendiges ꝛc. Handbuch für jede Haushaltung ꝛc. 2. sehr verm. Aufl. Mit 5 lith. Quarttaf. 858. (XVI, 83 S.) 15 ngr.

142. Bd.: Péclet, E., Grundsätze der Feuerungskunde, namentlich der Anlegung von Heerden, Schornsteinen, Kaminen, Stubenöfen, Heizgewölben, Dampf- u. Warmwasser-Heizungen ꝛc. Nach dem „Traité de la chaleur" u. den „Nouveaux documens relatifs au chauffage et à la ventilation", mit Rücksicht auf deutsche Bedürfnisse bearb. von Carl Hartmann. 3., gänzl. umgearb. ꝛc. Aufl. Mit 1 Atlas, enthltd. 592 Fig. auf 40 lith. Foliotaf. 857. (XII, 568 S.) 3 Thlr. 10 ngr.

142. Péclet, E., Grundsätze der Feuerungskunde, namentlich der Anlegung von Heerden, Schornsteinen, Kaminen, Stubenöfen, Heizgewölben 2c. Nach dem „Traité de la chaleur" und den „Nouveaux documens rélatifs au chauffage et a la ventilation," mit Rücksicht auf deutsche Bedürfnisse bearb. von C. Hartmann. 3., gänzlich umgearb., sehr verm. und verb. Aufl. Mit einem Atlas, enthaltend 592 Fig. (XII und 568 S. mit 40 Stnt. in qu. Fol.) 858. 3 Thlr. 10 Ngr.

143. 144. Bd.: Hartmann, Carl, der Maschinenbauer oder Beschreibung u. Abbildung der Maschinen-Elemente. Zum Gebrauch für Maschinenbauer, Architecten, Zeichner, Künstler u. Handwerker 2c. Nach dem Entwurf des Prof. Le Blanc u. nach den besten in- u. ausländischen Hülfsmitteln bearb. 2 Bde. 3. umgearb. 2c. Aufl. Mit 1 Atlas von 46 lith. Taf. (in Fol.). 858. (XIV, 305; X, 312 S.) 3 ℛ𝓅. 10 ngr.

146. Bd.: Brongniart, Alex., das Coloriren u. Decoriren des ächten Porcellans, des Fritteporcellans 2c. mit verglasbaren Farben u. Metallen, nebst einer gründlichen Anweisung über die Darstellung, das Auftragen u. das Brennen dieser Farben u. Metalle nach den langjährigen Erfahrungen der Königl. Porcellan-Manufactur zu Sèvres. In's Deutsche übergetragen von Chr. H. Schmidt. Mit 5 lith. Quarttaf. 853. (XVIII, 355 S.) 1 ℛ𝓅. 7½ ngr.

148. Bd.: Hertel, A. W., die moderne Bautischlerei. Ein Handbuch für Tischler u. Zimmerleute; enthltd. alle Arbeiten, welche bei dem innern Ausbau gewöhnlicher Wohnhäuser u. in Prachtgebäuden vorkommen können. Nebst Anweisung, die Zeichnungen dazu zu entwerfen, sie speciell auszuführen, die Kosten zu berechnen 2c. Nach den neuesten französ. u. deutschen Werken u. eignen Erfahrungen bearb. 2. Aufl. Mit 79 (lith.) Taf. 854. (XL, 538 S.) — 3. Aufl. 856. (XL, 530 S.) — 4., von Grund aus neu revid. 2c. Aufl. Mit 1 Atlas enthltd. 80 lith. Quarttaf. 858. (XXXVI, 544 S.) 2 ℛ𝓅.

149. Bd.: Weinz, M., das Fleischer- und Wurstlergeschäft auf seinem jetzigen hohen Standpunkte der Ausbildung in den größten Städten Deutschland's, Frankreich's und England's; nebst Angabe der dazu erforderlichen Maschinen u. Einrichtungen. 2. verm. Aufl. Nebst 2 (lith.) Foliotaf. Abbildgn. 858. (XVI, 206 S.) 25 ngr.

152. Handbuch des Eisenbahnwesens oder practisch-populäre Darstellung der Anlage, Einrichtung und des Betriebes der Eisenbahnen. Unter Zugrundelegung des engl. Werkes von Rob. Ritchie, mit Benutzung der besten vorhandenen Hülfsmittel bearb. von Carl Hartmann. 2., verm. Ausg. (XVI und 439 S. mit 12 Stnt. in qu. Fol.) 852(53.) 1 Thlr. 15 Ngr.

154. Bd.: Huguenet, Isid., über den Asphalt, dessen Vorkommen, Beschaffenheit, Darstellung als Asphaltmastix sowie über seine Benutzung als natürlichen Mörtel 2c. Für Architecten, Maurer, Steinsetzer u. andere Baugewerke. Aus dem Französ. von Carl Hartmann. 2., mit Hülfe der 2. Aufl. des französ. Originals um 1½ Bgn. verm. u. ergänzte Ausg. Mit 12 Fig. auf 1 (3) lith. Taf. 853. (XII, 108 S.) 12½ ngr.

155. Bd.: Ludowig, Heinr., Handbuch der Bleiweiß- und Bleizuckerfabrication nach allen vorhandenen Methoden. Mit Benützung der neuesten Erfahrungen u. Verbesserungen bearb. 2. verm. Aufl. Mit 7 Taf. Abbildgn. (Kpfrst. u. Lithogr. in 4. u. Fol.). 854. (XII, 163 S.) 15 ngr.

157. Bd.: Gilroy, Falcot und White, vollständiges Handbuch der Webekunst in Baumwolle, Leinen, Wolle u. Seide, mit Hand- u. mit Maschinen-Webestühlen 2c. Für Fabrikanten, Weber u. technische Anstalten. Mit 37 lith. Querfoliotaf. 2., um 5 Bgn. u. 4 Foliotaf. verm. u. ergänzte Ausg. 853. (XVI, 722 S.) 4 ℛ𝓅.

160. Bd.: Hartmann, Carl, der treue Führer beim Schürfen oder die äußern Kennzeichen u. Merkmale der Lagerstätten, wo mit guter Aussicht bergmännische Schürf- u. Bohrversuche auf Erzgänge, Steinkohlen- u. Braunkohlen-Flötze, Steinsalz, Torf, Braunstein, Salzquellen 2c. unternommen werden können. Nach Combes, Degoussée, Mohs, Tunner, Villefosse u. Andern herausg. Mit 9 lith. Quarttaf. 2. um 3½ Bgn. u. 2 Taf. verm. Ausg. 853. (XVI, 309 S.) — 3., gänzlich umgearb. 2c. Aufl. Mit 6 lith. Langfoliotaf. 856. (XVI, 232 S.) 1 ℛ𝓅. 5 ngr.

164. Bd.: Ludowig, Heinr., die Bierbrauerei aus Kartoffeln oder ausführliche, auf Erfahrung u. gründliche Wissenschaft begründete Anweisung zu der verschiedenen Bereitung vorzüglich guter Kartoffelbiere. 2. verm. Aufl. Mit 6 Abbildgn. (auf 1 lith. Taf. in 4.) 854. (XII, 132 S.) 15 ngr.

167. Bd.: Hartmann, Carl, über Auffindung, Gewinnung u. Förderung der mineralischen Brennstoffe, namentlich des Torfs, der Braun- u. Steinkohle 2c. Nach Burat, Combes, Gätzschmann, Villefosse, J. C. W. Voigt u. Andern. Mit 10 lith. Taf. (in Fol.) 2. um 12 Bgn. u. 3 Taf. verm. u. ergänzte Ausg. 853. (XVI, 567 S. u. 1 Tab. in 4.) 1 ℛ𝓅. 20 ngr.

168. Bd.: König, Joh., Grundriß der Schlosserkunst. Enthaltend: Die vorzüglichsten u. am häufigsten vorkommenden Schlosserarbeiten im neuesten Geschmack 2c. Für angehende Schlosser als Musterbuch zu Probearbeiten, so wie zum Unterrichte in Gewerbeschulen bearb. 2. verm. u. verb. Aufl. Mit 39 (lith.) Taf. 853. (XII, 100 S.) — 3. verm. u. verb. Aufl. 856. — 2. unveränd. Abdr. Mit 1 Atlas, enthltd. 44 (lith.) Quarttaf. mit Abbildgn., meist in natürlicher Größe. 858. (XIV, 110 S.) 1 ℛ𝓅. 7½ ngr.

168. König, Joh., Grundriß der Schlosserkunst. Enthaltend: Die vorzüglichsten und am häufigsten vorkommenden Schlosserarbeiten im neuesten Geschmacke 2c. Für angehende Schlosser als Musterbuch zu Probearbeiten, so wie zum Unterrichte in Gewerbeschulen bearb. 3. verm. und verb. Aufl. (2., unveränd. [illegible]) Mit einem Atlas. (XIV und 110 S. nebst 44 Stnt. in 4. [illegible] Abbildungen, meist in natürl. Größe.) 857. 1 Thlr. [illegible] Ngr.

171. Schreiber, Eman., vollständiges Handbuch der Uhrmacherkunst, besonders in Beziehung auf Thurm- Wand- und Stutzuhren, Taschenuhren aller Art 2c. 2., verm. Aufl. Mit einem Atlas. (XXII und 497 S. mit 18 Stnt. in Fol.) 855(56.) 2 Thlr. 15 Ngr.

175. Bd.: Harzer, Friedr., die Magnet-Electricität als motorische Kraft. Practische Anwendung des Electro-Magnetismus auf Telegraphie, sowie auf den Betrieb der Uhren u. anderer Maschinen. Mit 18 lith. Taf. (in 4. u. Fol.) 2. 2c. verm. Aufl. 854. (XVI, 236 S.) 1 ℛ𝓅.

177. Bd.: Schreiber, Eman., die Glasblasekunst sowohl auf der Glashütte, als an der Glasbläserlampe, oder die Verfertigung des Hohl- u. Tafelglases, der Glasglocken, Glasröhren u. Uhrgläser 2c. Nebst Erläuterungen über das Schneiden, Sprengen, Durchlochen, Aetzen, Schleifen u. Kitten des Glases, über das Belegen desselben mit Zinn-Amalgam, über das Vergolden, Versilbern u. Verplatiniren des Glases. 2. um 3 Bgn. Text u. 26 Fig. verm. Ausg. Mit 96 erläuternden Fig. (auf 9 lith. Taf. in 4.) 854. (XX, 260 S.) 1 ℛ𝓅.

178.
179.
200. Hartmann, Carl, vollständiges Handbuch der neuesten englischen Werkzeugslehre. Nach den Angaben des Carl Holzapfel und nach sonstigen guten Hülfsmitteln für deutsche Bedürfnisse bearb. 3 Bde. Nebst einem Atlas mit 117 Stnt. in 4. 2., verm. Ausg. 855(56.) 5 Thlr. 7½ Ngr.

Inhalt:

Bd. 1. Die Werkzeuge der Holz- und Hornarbeiter, namentlich der Zimmerleute, Tischler, Drechsler 2c. (XI und 272 S.) 1 Thlr. 15 Ngr.

„ 2. Die Werkzeuge der Metallarbeiter, namentlich der Schmiede, Schlosser, Kupferschmiede 2c. (VII und 387 S.) 2 Thlr. 15 Ngr.

„ 3. Das Schleifen und Poliren der Werkzeuge und Instrumente, ferner auf Stahl, Eisen und andern Metallen 2c. Nebst einem Anhange über Graviren, Aetzen und Damasciren. (XII und 266 S.) 1 Thlr. 7½ Ngr.

180. Quekett, John, practisches Handbuch der Mikroskopie. Darstellung der Einrichtung, sowie pract. Anleitung zur Aufstellung, Behandlung und zum Gebrauch des Mikroskopes, — zum Präpariren und zur Untersuchung von Stoffen aus dem Thier-, Pflanzen- und Mineralreiche 2c. Für Naturforscher, Aerzte, Techniker 2c. Mit anderweitigen guten Hülfsmitteln deutsch bearb. von Carl Hartmann. Mit 307 Fig. 2., nach der 2. Aufl. des engl. Orig. verm. Ausg. (XXIV und 749 S. mit 29 Stnt. in qu. 4.) 854. 2 Thlr. 15 Ngr.

180. Bd.: Quekett, John, practisches Handbuch der Mikroskopie. Darstellung der Einrichtung, sowie practische Anleitung zur Aufstellung, Behandlung u. zum Gebrauch des Mikroskopes, — zum Präpariren u. zur Untersuchung von Stoffen aus dem Thier-, Pflanzen- u. Mineralreiche 2c. Für Naturforscher, Aerzte, Techniker 2c. Mit anderweitigen guten Hülfsmitteln deutsch bearb. von Carl Hartmann. Mit 307 Fig. auf 29 lith. Taf. (in 4.) 2., nach der 2. Aufl. des engl. Originals verm. Ausg. 855. (XXIV, 749 S.) 2 ℛ𝓅. 15 ngr.

181. Bd.: Hartmann, Carl, Angaben und Pläne theils schon ausgeführter, theils gut ausführbarer englisch-amerikanischer Mahlmühlen, sowie von den neuesten Einrichtungen der Oel-, Papier-, Loh- u. Sägemühlen. Nebst practischen Regeln, Formeln u. Tabellen über Umtriebs-, Zwischen- u. Arbeits-Maschinen. Ein nothwendiges Supplem. zu allen Mühlenbauwerken. 2., umgearb. u. sehr verm. Aufl. Nebst Atlas mit 27 lith. Groß-Querfoliotaf. 857. (XXIV, 512 S. u. 3 Tab. in 4. u. Fol.) 2 ℛ𝓅. 20 ngr.

182. Hartmann, Carl, die neuesten Fortschritte und Vervollkommnungen der Gasbeleuchtung, namentlich genaue Untersuchungen der Materialien, Beschreibungen von neuen und vorzügl. Gaswerken, von Oefen, Retorten, Reinigungsapparaten 2c. Ein nothwend. Nachtrag zu allen Werken darüber, besonders aber zu Péclet's Kunst der Gebäude-, Zimmer- und Straßenerleuchtung. 2 Ausg. (XII und 223 S.) 1855. und 2., von C. G. Quarizius verm. und verb. Aufl. (XVI und 248 S. mit 11 Stnt. in Fol.) 856(57.) 1 Thlr.

Bd. 184. Hertel, A. W., Perspective oder die Lehre von den Projectionen. Ein Handbuch für den Techniker und Maler zur Ausführung von techn. und perspectiv. Zeichnungen. Zum Selbstunterricht für Handwerker, Maschinenzeichner, Architecten 2c. allgemein faßlich und practisch bearb. 2., verb. und verm. Aufl. Nebst einem Atlas. (XVI und 410 S. mit 37 Stnt. Figuren in qu. Fol.) 856(57.) 2 Thlr. 25 Ngr.

185. Bd.: Herzberg, Carl, vollständiges Handbuch der chemischen Fabrikenkunde, oder Darstellung des Schwefels, der Schwefelsäure, des Kochsalzes, Natrons (Soda), der Pottasche, des Borares, Salpeters, der Salpeter-Salzsäure, des Alauns, Vitriols, Salmiaks, Phosphors u. der gashaltigen Wasser. 2., sehr verm. u. verb. Aufl. Mit 189 Fig. auf 17 (lith.) Foliotaf. 858. (XX, 879 S.) 2 ℛ𝓅. 20 ngr.

186. Bd.: Hartmann, Carl, vollständiges Handbuch der Metalldreherei oder die Kunst: Metalle, namentlich Guß- u. Schmiedeeisen, Stahl, Kupfer, Messing, Bronze ꝛc. auf der Drehbank, dem Drehstuhle, sowie auf den damit mehr oder weniger verbundenen Schraubenschneid-, Bohr-, Fräse-, Hobel ꝛc. Maschinen u. endlich durch Schleifen u. Poliren zu bearbeiten; nebst Anhängen über mechanische Werkstätten bei technischen Lehranstalten ꝛc. Nach den besten in- u. ausländischen Hülfsmitteln u. nach eignen Erfahrungen bearb. Mit 1 Atlas, enthltd. 33 lith. Fol.-Taf. 2., um 3 Bgn. u. 3 Taf. verm. Ausg. 856. (XX. 427 S.) 2 ℛ. 15 ngr

187. Harzer, Friedr., die Turbinen oder horizontalen Wasserräder als Kraft- oder Trieb-Maschinen für Mühlen, Fabriken, Berg- und Hüttenwerke. Ihre allgemeine Beschreibung, Theorie und Leistung ꝛc. Nach den besten in- und ausländ. Hülfsmitteln bearb. 2., verm. Ausg. (XXIV und 298 S. mit 10 Stnt. in 4. und qu. Fol.) 855(56.) 1 Thlr. 10 Ngr.

191. Bd.: Perini, Giacomo, der Schweizerzuckerbäcker oder instructive Anweisung, alle in dieses Gebiet gehörigen Backwerke ꝛc. auf's Feinste auszuführen; die beliebtesten kühlenden, künstlichen Getränke u. Gefrorenes aller Art darzustellen und endlich eine gute Chokolade, so wie belebende u. erwärmende Getränke ꝛc. zu bereiten. Mit 15 (lith.) Quarttaf. 2. verm. Aufl. 858. (XXXII, 343 S.) 1 ℛ. 10 ngr

193. Bd.: Smith, Dav., die englische Färberei der glacirten Coburgs, der satinirten Orleans, der Orleans u. Coburgs sowohl mit schwarzer als mit weißer baumwollener, wie auch mit seidener Kette, der Merinos, der Damaste u. Lastings, der wollenen Garne ꝛc. Ins Deutsche übertr. von Chr. H. Schmidt. 2. verm. Aufl. 854. (XXII, 181 S.) 20 ngr

194. Bd.: Schmidt, Chrn. Heinr., die Kellereiwirthschaft oder die Behandlung des Weines, des Bieres, des Cider, des Rums u. des Araks in Gebinden u. Flaschen im Keller; ein nützlicher Rathgeber für Küfer, Gastwirthe ꝛc. 2. ꝛc. verm. Aufl. Mit 4 erläuternden (lith.) Taf. (in 8. u. 4.) 856. (XVI, 275 S.) 25 ngr

195. Bd.: Schmidt, Chrn. Heinr., die Kerzen- u. Seifenfabrikation nach den neuesten Vervollkommnungen dieses Industriezweiges; oder gründliche Anweisung, alle Arten von Kerzen ꝛc. zu fabriciren, ingleichen alle Arten der Kalt- u. Natronseifen ꝛc. darzustellen. 2., ꝛc. verm. Aufl. Mit 12 erläuternden (lith.) Taf. (in 4.) 856. (XII, 462 S.) 1 ℛ. 15 ngr

197. Bd.: Schmidt, Chrn. Heinr., Handbuch der Photographie auf Metallplatten, Papier u. Glas, nach den bewährtesten Verfahrungsarten, nebst Angabe der neuesten Erfindungen u. der Darstellung der zur Photographie nöthigen Präparate. Nach dem Französ. des Herrn de Valicourt, des Baron Gros u. des Herrn Blanquart-Evrard. 1. Thl., 2., verm. Aufl. Mit 32 (lith.) erläuternden Fig. (auf 1 lith. Taf. in Fol.) 858. (XVI, 459 S.) 1 ℛ. 10 ngr

Vgl. 218. Bd.

198. Bd.: Schmidt, Chrn. Heinr., die Farbwaarenkunde u. Farbenchemie für Färberei u. Zeugdruck, oder instructive Anweisung, alle in der Färberei u. Druckerei in Anwendung kommenden Farbwaaren, Säuren, Alkalien, Salze ꝛc. auf ihre Aechtheit u. Verfälschung zu prüfen, sowie ihren nutzbaren Gehalt auf eine für den Praktiker genügende Weise auszumitteln, darzustellen u. sie aus den besten Quellen zu beziehen. Ein unentbehrliches Handbuch für Färber, Zeugdrucker u. Farbwaarenhändler. Nach dem neuesten Standpuncte der Wissenschaft bearb. 2. verm. Aufl. 856. (XVI, 309 S.) 25 ngr

199. —— die Wachs-Industrie und -Kunst oder die techn. und artist. Benutzung und Behandlung des Wachses. Enthaltend: das Schmelzen, Bändern und Bleichen ꝛc.; die Verfertigung der Wachslichte, Altarkerzen, Fackeln und Wachsstöcke ꝛc. Nach eigenen Erfahrungen, sowie nach französ. und engl. Werken zusammengetragen und bearb. (XIV und 266 S. mit 6 Stnt. in 4.) 852(53.) 1 Thlr.

199. —— die Wachs-Industrie und -Kunst oder die technische und artistische Benutzung und Behandlung des Wachses. Enthaltend: Das Schmelzen, Bändern und Bleichen, wie es gegenwärtig in den besten Fabriken betrieben wird; die Verfertigung der Wachslichte, Altarkerzen, Fackeln und Wachsstöcke ꝛc. Nach eigenen Erfahrungen, sowie nach französ. und engl. Werken zusammengetragen und bearb. 2., verm. Aufl. (XVI und 258 S. mit 6 Stnt. in 4.) 857. 1 Thlr.

Bd. 200. Das Schleifen und Poliren der Werkzeuge und Instrumente, ferner auf Stahl, Eisen und andern Metallen, sowie auf Steinen, Glas, Holz ꝛc. Besonders für Instrumentenmacher, Messer-, Waffen- und Zeugschmiede ꝛc. Nebst einem Anhange über Graviren, Aetzen und Damasciren. Nach dem 3. Bd. von Holtzapfel's „Turning and mechanical manipulation", deutsch bearb. von Carl Hartmann. (XIV und 272 S. mit 16 Stnt. in qu. 4.) 852(53.) 1 Thlr. 7½ Ngr.

2. Aufl. s. 178. Bd.

201. Bd.: Harzer, Friedr., Gutta-percha u. Kautschuk. Ihr Vorkommen, ihre Eigenschaften u. ihre Verarbeitung zu verschiedenen Gegenständen, als: Platten, Riemen, Fäden, Schuhen u. Stiefeln ꝛc. Nach den besten in- u. ausländischen Hülfsmitteln bearb. Mit 6 lith. Querfoliotaf. 853. (XIV, 178 S.) 22½ ngr

202. Bd.: Kirsch, A., die Fabrication der Portefeuilles, Etuis u. Ledergalanteriewaaren nach ihrem neuesten Standpuncte. Ein Hand- u. Hülfsbuch für Buchbinder, Galanterie- u. Etuisarbeiter ꝛc. Nebst einer genauen Anweisung zum Spalten, Färben, Glätten u. Appretiren des dazu erforderlichen Leders ꝛc., sowie mit einem Anh.: Ueber den Einfluß der Portefeuillefabrication auf die Buchbinderei. Mit 14 (lith.) Foliotaf. u. 1 Quarttaf. 853. (XVI, 237 S.) 1 ℛ. 7½ ngr

203. Bd.: Déon, Horsin, von der Erhaltung und Restauration der Gemälde. Elemente der Kunst des Restaurateurs, historische Angaben des mechanischen Theils der Malerkunst ꝛc. Uebers. u. mit vielen Zusätzen versehen von A. W. Hertel. 853. (XXXIV, 257 S.) 1 ℛ.

204. Bd.: (Barber, Tring und Herts.) Der erfahrene Gehülfe für Haus- u. Stubenmaler u. Firmaschreiber bei Ausführung aller Arten von Anstrichen, Nachahmungen der Farbe, Naturzeichnung u. Maserung feiner Möbelhölzer ꝛc.; als Ergebniß langjähriger Erfahrung der Londoner Haus- u. Stubenmaler E. Barber, Tring u. Herts. Aus dem Engl. übers. u. mit Zusätzen vers. von Eman. Schreiber. 853. (XVI, 166 S.) 20 ngr

205. Bd.: Planche, Gabr., die Papierfabrication, wie sie nach ihrem dermaligen Standpunct in England, Frankreich, Deutschland, Holland, Belgien u. der Schweiz betrieben wird. Namentlich die Anlage der Fabriken, das Sortiren ꝛc. Eine nothwendige Ergänzung aller Werke über Papierfabrication, besonders aber zu dem von Lenormand. Mit Beiziehung anderer neuester Materialien, deutsch bearb. von Carl Hartmann. Mit 9 lith. Foliotaf. 854. (XVI, 354 S.) 1 ℛ. 15 ngr

206. Bd.: Hartmann, Carl, vollständiges Handbuch der Steinarbeiten oder die Kunst, alle Arten von Steinen u. Schiefer zu gewinnen u. zu Bausteinen, Platten, Dachschiefer, Tafeln, Mühlsteinen ꝛc. mit der Hand und mit Maschinen zu bearbeiten. Nebst einem Anh. über künstliche Steinmassen. Für Stein- u. Dach-, Griffel- u. Tafelschiefer-Bruch-Besitzer, Architecten ꝛc. Mit 6 lith. Querfoliotaf. 854. (XX, 416 S.) 1 ℛ. 15 ngr

207. Bd.: Watin, M., die Kunst des Staffirmalers, Vergolders, Lackirers u. Farbenfabricanten. Ein für jeden Kunstgenossen u. Liebhaber unentbehrliches Hülfsbuch. 2. ganz veränd. Aufl. Nach der von Firmin Bourgeois umgearb. u. stark verm. 11. Originalausg. aus dem Französ. übers. u. mit vielen Zusätzen versehen von A. W. Hertel. 854. (XXVIII, 510 S.) 1 ℛ. 20 ngr

208—211. Bd.: Töpfer, J. G., Lehrbuch der Orgelbaukunst nach den besten Methoden älterer u. neuerer in ihrem Fache ausgezeichneter Orgelbaumeister u. begründet auf mathemat. u. physikal. Gesetze. Bearb. in 2 Thln. oder 4 Bdn., mit 1 starken Atlas (130) fein lith. Plano- u. Foliotaf. 855. (LX, 464; XXXVIII, S. 465—1002; XXXVI, 464; XXIV, S. 465—1013.) 12 ℛ.

212. Bd.: Péclet's, E., allerneueste, bewährte Erfindungen u. Erfahrungen über Feuerungs-, Erwärmungs- u. Ventilations-Anlagen in Privat- u. öffentlichen Gebäuden. Nebst Bemerkungen über die Heizung mit Leuchtgas, Wasserstoffgas u. einer Uebersicht der jetzt in verschiedenen Ländern üblichen Heiz- u. Kochapparate. Ergänzung zu seinen „Grundsätzen der Feuerungskunde". Nach den „Nouveaux documens relatifs au chauffage et à la ventilation" deutsch bearb. von Carl Hartmann. Mit 4 lith. Foliotaf. 854. (VI, 256 S.) 25 ngr

213. Bd.: Schmidt, Chrn. Heinr., die Saffianfabrication nach ihrem gegenwärtigen vervollkommneten Zustande in England, Frankreich u. Deutschland nebst einer Beschreibung der dazu erforderlichen Geräthe, Werkzeuge u. Maschinen. Mit 41 erläuternden Abbildgn. (auf 6 lith. Taf. in 4.) 854. (XVI, 184 S.) 20 ngr

214. Bd.: Harzer, Friedr., die Glockengießerei mit ihren Nebenarbeiten nach ihrem jetzigen Zustande; oder genaue Beschreibung der Zusammensetzung der Glockenspeise u. anderer Metalle u. Legirungen, aus denen Glocken gegossen werden ꝛc. Nach den besten Hülfsmitteln, für Glocken- u. Rothgießer, Architecten, Zimmerleute, Gemeindevorstände ꝛc. bearb. Mit 83 Fig. auf 5 lith. Foliotaf. 854. (XIV, 205 S.) 1 ℛ.

215. Bd.: Schmidt, Chrn. Heinr., der Branntweinbrennereibetrieb, in seiner allerneuesten Vervollkommnung, besonders in Beziehung auf Spirituserzeugung aus Getreide, Kartoffeln, Runkelrüben u. Runkelrübenmelasse mittelst Apparaten für ununterbrochene Arbeit u. Dampfmaschine, dargestellt. Mit 73 erläuternden Fig. (auf 8 lith. Taf. in 4. u. Fol.) 854. (XII, 331 S.) 1 ℛ. 5 ngr

216. Harzer, Friedr., vollständiges Handbuch der Münzkunst, mit Einschluß des Medaillen-Prägens, der Scheidung des Goldes und Silbers aus ihren Legirungen, der Gravir- und Stempelschneidekunst, der Knopffabrication und anderer dahin gehöriger Arbeiten der Gold- und Silberarbeiter, der Gürtler ꝛc. Nebst einleitenden Bemerkungen über die Eigenschaften und die Gewinnung des Goldes, Silbers, Kupfers ꝛc. Für Münz-Beamte und Arbeiter, Graveure und Stempelschneider ꝛc. Nach den besten Hülfsmitteln bearb. Mit 187 Abbildungen. (XVI und 252 S. mit 10 Stnt. in qu. Fol.) 854(55.) 1 Thlr. 15 Ngr.

217. Bd.: Schmidt, Chrn. Heinr., Handbuch der Weißgerberei, mit Einschluß der Fabrication des Ungarischen Leders, des Riemer- u. Zeugleders überhaupt, sowie der feinen Handschuhleder 2c.; ferner der Sämischgerberei; der Pergamentgerberei; u. endlich der Leimsiederei. Nach dem gegenwärtig vervollkommneten Zustande dieser Gewerbszweige dargestellt. Mit 3 lith. Quarttaf. 854. (XVI, 211 S.) 20 *ngr.*

218. Bd.: Barreswil und Davanne, die Anwendung der Chemie auf die Photographie oder die Elemente der Chemie, erläutert durch die photographischen Manipulationen; die Verfahrungsarten der Photographie bei Anwendung von Metallplatten 2c. Als 2. Thl. zum Handbuch der Photographie bearb. von Chrn. Heinr. Schmidt. Mit 16 Fig. (auf 2 lith. Taf. in 4.) 854. (XVIII, 395 S.) 1 ℛ. 10 *ngr.*

Vgl. 197. Bd.

219. Bd.: Schreiber, Eman., die Fabrication der künstlichen Blumen nebst der Federschmückerei oder die Kunst, alle Arten von Blumen aus Battist, Mousselin, Gaze, Taffet, Atlas u. Sammet; aus Papier 2c. der Natur getreu nachzuahmen, sowie auch die verschiedenartigsten Phantasieblumen aus Haaren u. Seide, aus Stroh 2c. zu fertigen; und endlich die zur Toilette u. zum Schmuck überhaupt dienenden Federn nach den bewährtesten Verfahrungsarten zu bleichen, zu färben, 2c. Mit Benutzung der neuesten Erfindungen des In- u. Auslandes. Mit 196 Fig. auf 11 (lith.) Quarttaf. 855. (XXVIII, 266 S.) 1 ℛ.

220. Bd.: Franke, C. A., Handbuch der Buchdruckerkunst. Nach ihrem neuesten Standpunkte in Deutschland. Nach eignen Erfahrungen und denen andrer namhafter Buchdrucker bearb. 855. (XXX, 357 S.) — 2., nach einem neuen Plane bearb. Aufl. 857. (XII, 379 S.) 1 ℛ. 5 *ngr.*

221. Bd.: Die Runkelrüben-Branntweinbrennerei, als ein mit der Landwirthschaft verbundener Industriezweig u. als das sicherste Mittel für den Landwirth, wohlfeiles Fleisch, wohlfeiles Brod u. wohlfeilen Dünger zu erzeugen. Nach dem Französ. des Hrn. A. Payen, u. mit Benutzung noch verschiedener anderer französ. u. deutscher Materialien bearb. von Chrn. Heinr. Schmidt. Mit 1 erläuternden (lith.) Querfoliotaf. 855. (XX, 239 S. u. 1 Tab. in 4.) 25 *ngr.*

222. Bd.: Anquetil, die Dreh- u. Repetirpistolen oder die sogenannten Revolvers, ihre Vergangenheit, ihre Gegenwart u. Zukunft, nebst den allgem. Grundsätzen über das Schießen mit diesen Waffen. Ein höchst interessantes Buch für Gewehrfabricanten, Büchsenmacher, Militärs u. Waffenliebhaber. Nach dem Französ. bearb. von Chrn. Heinr. Schmidt. Mit 12 erläuternden Fig. 855. (XV, 194 S. u. 1 lith. Taf. in 4.) — 2. u. verm. Aufl. Mit 48 erläuternden Fig. (auf 6 lith. Taf. in 4.) 858. (VI, 225 S.) 22½ *ngr.*

Bd. 223. Lohmann, Adph., der Wasser-Mahlmühlen-Bau oder Anleitung zur richtigen Construction sämmtl. bei'm Mühlenbau vorkommenden hölzernen und eisernen Räderwerke und Gerinne 2c. Nebst kurzgefaßter Lehre über das Messen der Wassermengen in Flüssen, Canälen und prismat. Behältern. Nach mechan. Grundsätzen faßlich bearb. Nebst einem Atlas mit 137 Fig. (XX und 370 S. mit 10 Steint. in 4. und 3 Tab. in Fol.) 855(56.) 1 Thlr. 20 Ngr.

224. Bd.: Burn, Rob. Scott, das Nothwendige u. Wesentliche zur Kenntniß der Dampfmaschinen, ihrer Geschichte, ihres Mechanismus, ihrer Behandlung u. Wartung. Für Solche, welche sich in der Kürze über alles Hauptsächliche dieser großartigen Motoren unterrichten wollen 2c. Nach dem Engl. frei u. allgemein verständlich bearb. von Carl Hartmann. Mit 145 Abbildgn. auf 13 lith. Taf. (in Fol.) 855. (XIV, 193 S.) 1 ℛ.

225. Bd.: Diedtmann, J. A., der Rothpapp- u. Dampffarbendruck oder Anweisung, baumwollene Stoffe in allen Farben schön u. ächt zu färben u. zu drucken, sowie genaue Angaben, verschiedene Tafelfarben anzufertigen. Ein pract. Lehrbuch für Fabricanten u. Färber. 855. (XVI, 197 S.) 20 *ngr.*

226. Bd.: (Combes und Biollet.) Die rauchverzehrenden Oefen. Beschreibung der bis jetzt bekannt gewordenen Apparate u. Mittel zur Verhinderung der Bildung u. zur Beförderung der Verbrennung des Rauches. Zugleich auch zur nothwendigen Ergänzung von Peclet's „Feuerungskunde", zu dessen „Neuesten Erfindungen", so wie zu Grouvelle's „Dampfmaschinenkunde". Unter Zugrundelegung der Abhandlung 2c. von den französ. Ingenieur's Combes u. Biollet, mit vielen Zusätzen, deutsch bearb. von Carl Hartmann. Mit 41 Fig. auf 4 lith. Foliotaf. 855. (XVI, 85 S.) 15 *ngr.*

227. Bd.: Schmidt, Chrn. Heinr., der Fabricant von Kautschuk- u. Guttapercha-Waaren, sowie mehrer Gegenstände aus künstlichem Gummi, nebst umfassenden Anweisungen über die Verfertigung wasserdichter Zeuge, aller Arten von Wachstuch u. lackirtem Leder. Ein nützliches Handbuch für viele Classen von Gewerbtreibenden, besonders auch für Bandagisten u. Chirurgen. Mit Benutzung der besten ausländischen u. inländischen Materialien bearb. Mit 193 erläuternden Fig. 856. (XII, 207 S. u. 8 lith. Taf. in Fol.) 25 *ngr.*

228. Lardner, Dionys., populäre Lehre von den electrischen Telegraphen, ihrer Geschichte, Beschaffenheit, Einrichtung, den wichtigsten Arten und ihres Betriebes; nebst vorangehender Belehrung über Erregung, Leitung und Geschwindigkeit des electr. Stromes. Für angehende Telegraphisten, Eisenbahnbeamte, Techniker 2c. deutsch bearb. von Carl Hartmann. Mit 148 Abbild. (137 S. mit 5 Steint. in qu. Fol.) 855(56.) 22½ Ngr.

229. Bd.: Schmidt, Chrn. Heinr., die Anlegung der Blitzableiter, zu sicherem Schutze von Thürmen, Kirchen, Schlössern 2c.; nach den im Jahre 1823 von Gay-Lussac, ferner im Jahre 1854 u. 1855 von Pouillet ausgearb. 2c. Instructionen, mit Benutzung der neuesten in Amerika, England u. Deutschland über diesen Gegenstand gesammelten Erfahrungen, übersetzt u. zusammengestellt. Mit 36 erläuternden Fig. 856. (XII, 93 S. u. 3 lith. Taf. in qu. Fol.) 15 *ngr.*

230. Bd.: Schmidt, Chrn. Heinr., die verschiedenen Substanzen, welche gegenwärtig zur Beleuchtung angewendet werden, als: Thran, Reps- oder Rüböl, Harzöl, Steinkohlenöl, Walrathöl, Schieferöl, Talg 2c., ihre Gewinnung u. Zubereitung u. ihr Nutzeffect. Nach den neuesten in- u. ausländischen Erfahrungen zusammengestellt u. bearb. Mit 40 erläuternden Fig. 856. (XVI, 212 S. u. 3 lith. Taf. in Fol.) 22½ *ngr.*

231. Bd.: Hartmann, Carl, die Waagen u. ihre Construction. Beschreibung der Krämer-, Probir-, Schnell-, Heu-, Goldlegirungs- u. dänischen Waagen, der verjüngten oder Decimal- u. Centesimal-Waagen in ihren wichtigsten Arten 2c. Nebst einem Anhang: die Gewichtssysteme verschiedener Länder, sowie deren Vergleichung mit dem französ. metrischen Gewicht enthaltend. Für Maschinenbauer, Schlosser u. Alle, die Waagen anfertigen, sowie für Kaufleute, Eisenbahn-, Zoll- u. Steuerbeamte. Mit 111 Fig. auf 8 lith. Taf. (in Fol.) 856. (XII, 88 S.) 15 *ngr.*

232. Bd.: Schmidt, Chrn. Heinr., die neuesten Fortschritte in der Saftgewinnung aus Runkelrüben, sowohl für die Zuckerfabrication, als für die Branntweinbrennerei. Nach den neuern Methoden bei diesen beiden landwirthschaftlichen Fabricationszweigen; nebst den bis jetzt gesammelten Erfahrungen über die Aufbewahrung der Runkelrübenrückstände in Silo's u. ihren Futterwerth für die verschiedenen landwirthschaftl. Thiere. Zusammengestellt 2c. Mit erläuternden Fig. 856. (XII, 153 S. u. 1 lith. Taf.) 15 *ngr.*

233. Bd.: Dumas', J., Brunnen-Ingenieur, oder die Wissenschaft, nach einem leichten u. sichern Systeme an allen Oertlichkeiten, die der Quellen u. Brunnen bis jetzt entbehrten, Brunnen anzulegen 2c. In's Deutsche übertr. von Chrn. Heinr. Schmidt. Mit 3 erläuternden (lith.) Foliotaf. 857. (XX, 358 S.) 1 ℛ. 5 *ngr.*

234. Bd.: Knoderer, Carl, neue wichtige Erfindung in der Lohgerberei, oder der neuen Spar- u. Schnellgerberei, nach welcher in kurzer Zeit u. mit großer Kostenersparniß ein sehr gutes, lohgares Leder herzustellen ist. Aus dem Französ. von Chrn. Heinr. Schmidt. 857. (XVI, 99 S.) 12½ *ngr.*

235. Bd.: Hertel, A. W., die Oelmalerei in umfassender technischer Beziehung. Für Künstler, Kunstliebhaber u. Dilettanten bei Entwerfung, Anlage u. Ausführung von Oelgemälden aller Art 2c. Nach Lasalle u. Thenot u. mit Benutzung älterer u. neuerer Schriften u. eigener Erfahrung frei bearb. Nebst einem Anhang: Allgemeine Uebersicht der Kunstgeschichte u. der verschiedenen älteren u. neueren Malerschulen 2c. Mit 1 (lith.) Taf. (in 4.) 857. (XVI, 325 S.) 1 ℛ. 10 *ngr.*

236. Bd.: Ancellin, E., der practische Flachs-, Hanf- und Wergspinner auf Maschinen, nebst den wichtigsten Notizen über den Flachs- u. Hanfbau, über die neue verbesserte Flachsröste 2c. Zum Gebrauch für Manufacturisten, Spinnereidirectoren, Werkmeister u. Spinner im Allgemeinen. Aus dem Französ. übers. u. mit Zusätzen verm. von Chr. Heinr. Schmidt. Mit 5 (lith.) Foliotaf. 857. (XVIII, 249 S.) 1 ℛ.

237. Bd.: Hartmann, Carl, die Aufbereitung und Verkokung der Steinkohlen, so wie die Vorbereitung, Verkokung u. Verkohlung der Braunkohlen u. des Torfes. Nebst vorangehenden Bemerkungen über Eigenschaften, Wärmeeffect, Vorkommen u. Entstehung der mineralischen Brennmaterialien u. nachfolgenden Angaben über künstliche u. gasförmige u. die Benutzung aller Brennstoffe in dem Haushalte, der Landwirthschaft u. den Gewerben. Allgemein verständlich dargestellt. Mit 5 lith. Foliotaf. 857. (XX, 214 S.) 1 ℛ.

238. Bd.: Schmidt, Chrn. Heinr., der Taback als wichtige Culturpflanze, u. seine Verwendung zu Rauchtaback, zu Kautaback, zu Schnupftaback, besonders aber zu Cigarren nach den in Havanna u. anderwärts gebräuchlichen Verfahrungsarten. Mit Benutzung der Monographie du tabac des Hrn. Fermond. Mit 64 erläuternden Fig. (auf 2 lith. Taf. in Fol.) 858. (VI, 182 S.) 15 *ngr.*

239. Bd.: Seidler, Ferd., Anleitung zur Berechnung u. Construction der Fässer von allen üblichen Formen, als Bauchgefäße, Bottiche u. Kannen mit kreisrunden u. ovalen Böden vom kleinsten bis zum größten Durchmesser. Nebst kurzer Unterweisung in der Rechnung mit Decimalbrüchen u. der Ausziehung der Quadratwurzeln. Ein unentbehrliches Handbuch für Böttcher u. diejenigen, welche das Böttcherhandwerk bald u. mit Nutzen erlernen wollen. Mit 7 erläuternden Fig. (auf 1 lith. Taf. in 4.) 858. (XI, 123 S.) 15 ngr

240. Bd.: Schreiber, Eman., die Construction u. Fabrication der Schraubenbolzen, Anker- oder Laschenschrauben, Schraubenmuttern, Schraubenschlüssel, Unterlegscheiben, Stifte, Keile, Niete u. Winkeleisen, nach A. C. Benoit Duportail u. Andern. Für Maschinenbau- u. Eisenbahnwerkstätten. Mit 188 erläuternden Fig. (auf 6 lith. Taf. in Fol.) u. 9 Tab. 858. (XII, 143 S.) 20 ngr

241. Bd.: Hartmann, Carl Fr. A., der practische Puddel- u. Walzmeister, oder Anleitung zum Verpuddeln des Roheisens mit Steinkohlen, Braunkohlen, Torf ꝛc. sowie zur weitern Verarbeitung des Puddeleisens u. Puddelstahls zu Stabeisen aller Art ꝛc. Für Hüttenbeamte u. strebsame Arbeiter, nach den besten Hülfsmitteln u. nach eigenen Erfahrungen bearb. Mit 12 lith. Langfoliotaf. 858. (XVI, 333 S.) 1 ℛ. 15 ngr

242. Bd.: Schreiber, Eman., die Verschönerungskunst von Glas-, Wand-, Plafond- u. Metalloberflächen oder Anweisung, Fenstertafeln, Licht- u. Lampenschirme, Jalousien, Vasen ꝛc. nach den Regeln der Diaphanie, Hyalophanie u. Potichomanie ꝛc. mit den glänzendsten u. prächtigsten Farben zu verzieren. Nebst einem Anhang, Lithophanien aus Porzellan, Wachs, Seife u. Linophanien aus Papiermasse darzustellen. Mit 9 erläuternden (lith.) Taf. 858. (XII, 134 S.) 17½ ngr

— neuer, der Künste und Handwerke. Mit Berücksichtigung der neuesten Erfindungen. Herausg. von einer Gesellschaft von Künstlern, Technologen u. Professionisten. Mit vielen Abbildgn. Weimar 859—64. Voigt. 8.

1. Bd.: Cuvel's, Joh. Christ., vollkommener Conditor, oder gründliche Anweisung zur Zubereitung aller Arten Bonbons, Stangenzucker, Conserven ꝛc., ingleichen erprobte Vorschriften u. Recepte zu allen Gattungen der Kunstbäckerei. Ferner zu den beliebtesten Arten künstlicher Getränke u. Chocoladen ꝛc. 7. verb. u. verm. Aufl. von A. Cnyrim. Mit 7 (lith.) Quarttaf. Abbildgn. 860. (XVIII, 286 S.) 1 ℛ

2. Bd.: Thon, C. F. G., die Kunst Bücher zu binden, oder die Buchbinderei in allen ihren Theilen u. auf dem neuesten Standpunkte. Ein Lehr- u. Handbuch für angehende u. ausgebildete Buchbinder ꝛc. 6. verb. u. verm. Aufl. von Herm. Krehan. Mit 1 Atlas von 12 (lith.) Foliotaf., enthaltend 70 Abbildgn. 864. (XIV, 444 S.) 2 ℛ

3. Bd.: Barfuß, F. W., populäres Lehrbuch der Optik, Katoptrik und Dioptrik. Theoretisch-practischer Unterricht über den Bau aller optischen Instrumente. 2. völlig umgearb. Aufl. von Herm. Gieswald. Mit 1 Atlas, enthaltend 31 (lith.) Quarttaf. 860. (XX, 720 S.) 3 ℛ

4. Bd.: Die Kunst des Seifensiedens und der Kerzenfabrikation oder gründliche Anweisung zur Anfertigung aller Sorten von Seifen, als Kernseifen aus Talg, wie aus Oelsäure, feste weiße Seife ꝛc. Unter Berücksichtigung der neuesten Erfindungen u. Fortschritte ꝛc. von einem praktischen Seifensieder. 5., verm. u. verb. Aufl. Mit 3 (lith.) Taf. (in qu. Fol.), enth. 40 Abbildgn. 865. (XII, 315 S.) 1 ℛ 7½ ngr

5. Bd.: Stöckel's, Heinr. Frdr. Aug., Tischlerkunst in ihrem ganzen Umfange. Ein Hand- u. Lehrbuch für Bau- u. Möbeltischler, enthaltend die Kenntniß der Werkzeuge, aller in- u. ausländischen von ihnen zu verarbeitenden Hölzer u. aller übrigen, ihnen nothwendigen Materialien; die Grundlage zur Tischlerei, die Fertigung aller Bauarbeiten u. Möbel ꝛc. 4., ganz umgearb. u. sehr verm. Aufl., von A. W. Hertel. Mit 1 Atlas, enthaltend 29 lith. Quarttaf. 861. (XXX, 535 S.) 1 ℛ 15 ngr

11. Bd.: Der Schuh- und Stiefelmacher in seines Gewerbes größter Vollkommenheit, oder ausführliche Anweisung zur Verfertigung aller sowohl genähter, als genagelter Schuhe u. Stiefeln, unter Anwendung der dazu neu erfundenen, best konstruirten Maschinen, Apparate u. Werkzeuge, sowie unter Nachweisung aller Handwerksvortheile u. Kunstgriffe. 2. durchaus umgearb. Aufl., unter Berücksichtigung der auf der Londoner Weltausstellung von 1862 vorgeführten Erzeugnisse dieses Industriezweigs herausg. von einem praktischen Schuhmachermeister. Mit 6 (lith.) Fol.-Taf. 863. (XVI, 310 S.) 1 ℛ

16. Bd.: Der vollkommene Parfümeur oder vollständige Anweisung, alle Arten von Parfüms zu verfertigen; als Pommaden, Puder, wohlriechende Wasser ꝛc. 4. verb. u. verm. Aufl. Mit 1 (lith.) Taf. (in qu. Fol.) enthaltend 12 Abbildgn. 864. (XXVIII, 322 S.) 25 ngr

21. Bd.: Die Kunst des Clavierstimmens, nebst einer vollständigen Anleitung zur Erhaltung und Wiederherstellung gebrauchter sowie zur Prüfung neuer Instrumente. Nach dem „Accordeur" des G. Armellino, mit Benutzung vieler andern Quellen frei bearb. von einem vielerfahrenen Clavierstimmer. 2. verm. Aufl. Mit 25 Fig. (auf 1 lith. Taf. in qu. Fol.) u. 9 Notenbeispielen (in 4.). 863. (V, 84 S.) 12½ ngr

24. Bd.: Schedel, C. F. B., praktische und bewährte Anweisung zur Destillirkunst und Liqueurfabrikation nach ihrem neuesten Standpunkte. Nebst den besten Vorschriften zur Verfertigung mehrerer wohlriechenden Wasser. 5. sehr verm. Aufl. bearb. u. herausg. von Giac. Perini. Mit 1 lith. Fol.-Taf. 862. (XXVIII, 310 S.) 1 ℛ

26. Bd.: Matthaey's, C. L., Stein- oder Dammsetzer. Ausführliche Unterweisung in der zweckmäßigsten Anlage des Straßenpflasters in Städten ꝛc. Ein Handbuch für Pflasterer, Stein- oder Dammsetzer, Straßenaufseher ꝛc. 2. völlig umgearb. Aufl. von A. W. Hertel. Mit 3 (lith.) Taf. (in qu. Fol.) enthaltend 52 Abbildgn. 863. (XXIV, 161 S.) 1 ℛ 10 ngr

28. Bd.: Hertel, A. W., die Lehre vom Kalk und Gyps in ihrem ganzen Umfange, begreifend: Die Rohstoffe, das Brennen, die Brennmaterialien, die Oefen, die Theorie u. das Verhalten des Aetzkalks u. der hydraulischen Kalke ꝛc. 3. umgearb. u. verm. Aufl. Mit 75 Fig. auf 7 (lith.) Taf. (in 4.) 860. (XXXII, 407 S.) 1 ℛ 15 ngr

29. Bd.: Hagdorn, Chr., der gründlich lehrende Anstreicher, Zimmermaler und Tüncher oder Beschreibung aller vorkommenden Materialien, Geräthschaften und Arbeiten in Oel-, Lack- und Wasserfarben. Ein Buch für Anstreicher, Zimmermaler, Lackirer ꝛc. ausführlich u. deutlich abgefaßt. 2. Aufl. Mit 21 Fig. (auf 3 lith. Taf. in qu. Fol.) 864. (VIII, 287 S.) 1 ℛ

33. Bd.: Fontenelle, J., Handbuch der Essigfabrikation und Senfbereitung. 4. Aufl., vollständig umgearb. u. mit den bewährtesten neuern Erfahrungen vermehrt von Steph. Gilbert. Mit 2 (lith.) Taf. (in qu. Fol.), enthaltend 34 Abbildgn. 864. (X, 226 S.) 25 ngr

34. Bd.: Schaller, P., der praktische Ziegler oder Handbuch bei Anlage u. Betrieb der Ziegeleien zur Herstellung aller Arten von Mauer- u. Dachziegeln. 5., gänzlich umgearb. Aufl. von Frdr. Neumann. Mit 1 Atlas enthaltend 13 (lith.) Fol.-Taf. 862. (XXXII, 261 S.) 1 ℛ 7½ ngr

35. Bd.: Brewster, Dav., das Stereoskop, seine Geschichte, Theorie und Construction, sowie seine Anwendung auf die schönen u. nützlichen Künste u. für die Zwecke des Jugendunterrichtes. Nebst einem Anhang über die Photographie der Stereoskopbilder nach de la Blanchere. Ins Deutsche übertr. von Christ. Heinr. Schmidt. 2. verm. Aufl. Mit 4 (lith.) Taf. (in 4. u. Fol.) 862. (XII, 320 S.) 1 ℛ

36. Bd.: Fontenelle, J., Handbuch der Oelfabrikation und Oelreinigung. 4. verm. u. verb. Aufl. Mit Berücksichtigung der in der neuern Zeit in Frankreich, England u. Deutschland gemachten Erfindungen, Verbesserungen u. Erfahrungen ganz neu umgearb. u. auf den Standpunkt des Jahres 1864 gebracht von Just. Anacker. Mit 1 Atlas von 10 (lith.) Taf. (in qu. Fol.) enthaltend 116 Abbildgn. 864. (XVI, 315 S.) 1 ℛ 7½ ngr

39. Bd.: Bergmann, Frz. Carl Adph., das Ganze der Stärke- und Puderfabrikation aus Weizen, Kartoffeln, Roßkastanien nach den besten jetzt in Deutschland, Frankreich u. England üblichen Verfahrungsarten ꝛc. sowie der damit vortheilhaft zu verbindenden Fabrikation von Kartoffelmehl, Kartoffelgries, Kartoffelsago ꝛc. 4. verm. u. verb. Aufl. von Carl Rau. Mit 1 Atlas enthaltend 9 (lith.) Foliotaf. mit 80 Fig. 863. (X, 267 S.) 1 ℛ

45. Bd.: Der Brunnen-, Röhren-, Pumpen- und Spritzenmeister. Ein Handbuch für Alle, welche sich mit Verfertigung hydraulischer Maschinen, sowie mit Brunnenanlagen, Feuerspritzen, Wasserleitungen beschäftigen ꝛc. Nebst Erklärung der bei diesen Werken u. Arbeiten vorkommenden Kunstausdrücke. 5. verm. u. verb. Aufl. von A. W. Hertel. Mit 1 Atlas von 16 (lith.) Foliotaf., enthaltend 226 Fig. 864. (XIX, 431 S.) 2 ℛ

49. Bd.: Matthaey, Carl, theoretisch-praktisches Handbuch für Zimmerleute in allen ihren wesentlichsten Verrichtungen. 3. Thl. Die Arbeiten des Zimmermannes. 4. Aufl. 859. (XXIV, 388 S.) — 5., von W. Hertel völlig umgearb. u. stark verm. Aufl. Mit 1 Atlas enthaltend 42 (lith.) Fol.-Taf. 862. (XXVIII, 432 S.) 2 ℛ

50. Bd.: Grandpré's Schlossermeister oder theoretisch-praktisches Handbuch der Schlosserkunst für Lehrherrn, Gesellen und Lehrlinge dieses Gewerbes ꝛc. 7. Aufl. 861. (XX, 450 S. u. 20 Taf.) 1 ℛ 15 ngr. — 8. Aufl., umgearb. u. neu herausg. von A. W. Hertel. Nebst 1 Atlas, enthaltend 22 (lith.) Foliotaf. mit 832 Fig. 865. (XVIII, 503 S.) 2 ℛ 15 ngr.

51. Bd.: Matthaey, Karl, der Ofenbaumeister oder Technik der Feuerungskunde, Heizungsmethoden und Kocheinrichtungen. Ein Handbuch für Ofenfabrikanten, Eisenhütten-Vorsteher, Töpfer ꝛc. In 4. Aufl. nach den Erfahrungen u. Erfindungen der neueren Zeit völlig umgearb. u. vermehrt von A. W. Hertel. Mit 1 Atlas, enthaltend 14 (lith.) Fol.-Taf. 862. (XXIV, 268 S.) 1 ℛ 7½ ngr.

52. Bd.: Stegmann, Carl, Handbuch der Bildnerkunst in ihrem ganzen Umfange, oder Anleitung zur Erwerbung der hierzu erforderlichen Kenntnisse und Rathgeber bei den verschiedenen Verfahrungsarten. Für angehende Künstler u. Freunde der Bildnerkunst. Mit 1 Atlas enthaltend 28 (lith.) Quarttaf. 863. (XXIV, 505 S.) 3 ℛ

55. Bd.: Lehrbuch der Linear-Zeichnenkunst [Reißkunst] oder das Zeichnen mit Zirkel u. Lineal, als Grundlage des Maschinen-, Bau- u. anderen technischen Zeichnens, der Perspektive ꝛc., theoretisch u. praktisch abgehandelt. Als 3. Aufl. von Theod. Thon's Lehrbuch der Reißkunst, neu bearb. von A. W. Hertel. Mit 1 Atlas von 24 (lith.) Taf. (in qu. 4.), enthaltend 298 Fig. 863. (XXVIII, 199 S.) 1 ℛ 15 ngr.

64. Bd.: Ciliax, J. C., vollständiges Handbuch des Riemers und Sattlers. Eine ausführliche Beschreibung aller vorkommenden Riemer- u. Sattlerarbeiten, als der Reitzeuge, Kutschen- u. Wagengeschirre mit ihren Verzierungen ꝛc. 6. verm. u. verb. Aufl., herausg. von Louis Reineck. Mit 1 Atlas, enthaltend 779 Fig. auf 55 (lith.) Quarttaf. 863. (XIV, 364 S.) 2 ℛ

66. Bd.: Lorenz, Herm., die Fabrikation des Pergaments und der Darmsaiten, oder ausführliche, auf die neuesten Fortschritte gegründete Anweisung zur Bereitung des Schreib-Malerpergaments, Oel- oder Schreibtafelpergaments ꝛc. Mit 6 (lith.) Taf. enth. 47 Abbildgn. 862. (XII, 71 S.) 10 ngr.

67. Bd.: Paulßen, Wolfg., die natürlichen und künstlichen feuerfesten Thone, ihr Vorkommen, ihre Beurtheilung, mechanische u. chemische Untersuchung ꝛc. zu Tiegeln, Retorten, Muffeln ꝛc. Für Berg- u. Hüttenleute, Münzbeamte, Probirer ꝛc. Mit 3 (lith.) Fol.-Taf., enthaltend 41 Abbildgn. 862. (XII, 121 S.) 18 ngr.

68. Bd.: Grison, Theoph., die Färberei der feinen wollenen, wie der gemischten Modezeuge mit baumwollener oder seidener Kette u. wollenem Einschuß in den glänzendsten Farben. Ins Deutsche übertragen von Chrn. Heinr. Schmidt. 861. (XXVI, 290 S.) 1 ℛ

69. Bd.: Lindenhagen, Jul., die zur Bearbeitung des Holzes angewendeten Werkzeug-Maschinen. Ein Handbuch für Bau-, Möbel- und Modell-Tischler, Drechsler, Zimmerleute ꝛc. Mit 7 (lith.) Fol.-Taf. 862. (XII, 87 S.) 20 ngr.

70. Bd.: Krüger, Geo., die Fabrication der ächten wie der unächten Goldleisten und Bilderrahmen in matter und glänzender Vergoldung als auch die Vergoldung des Marmors, des Gypses, des Glases ꝛc. Nebst 10 erläuternden Fig. (auf 2 lith. Taf.) 861. (XII, 129 S.) 15 ngr.

71. Bd.: Gieswald, Herm., die Lehre von der Thermometrie, der Pyrometrie, Hygrometrie, Psychrometrie u. Barometrie in ihrer Gesammtheit dargestellt u. nach den Quellen namentlich auch zum Gebrauche für Techniker bearb. Nebst einem Anhange mit praktischen Erläuterungen. Mit 14 (lith.) Quarttaf. 861. (XX, 396 S.) 2 ℛ

73. 74. Bd.: Lenormand's, L. S., Handbuch der gesammten Papierfabrikation, nebst Bemerkungen über die Anlage u. Verwaltung der Papierfabriken. 2. gänzlich umgearb. Aufl. herausg. von Carl Hartmann. 2 Bde. Mit 1 Atlas enthaltend 32 (lith.) Fol.-Taf. 862. (XXXIV, 836 S.) 5 ℛ

76. Bd.: Nordenburg, Jul., die Ventilatoren u. deren Anwendung auf praktische Zwecke, oder ausführliche Beschreibung u. Abbildung der neuesten u. bewährtesten Anlagen, Apparate u. Mechanismen zum Lüften von Wohnzimmern, Sälen, Billardzimmern ꝛc. Für Ingenieure, Baumeister, Techniker ꝛc. Mit 117 Abbildgn. auf 11 (lith.) Foliotaf. 860. (XII, 190 S.) 1 ℛ

76. Nordenburg, Jul., die Ventilatoren und deren Anwendung auf praktische Zwecke, oder ausführliche Beschreibung und Abbildung der neuesten und bewährtesten Anlagen, Apparate und Mechanismen zum Lüften von Wohnzimmern, Sälen, Billardzimmern ꝛc. Für Ingenieure, Baumeister, Techniker ꝛc. (XII und 190 S. mit 117 Abbild. auf 11 Steint. in Fol.) 861. 1 Thlr.

80. 81. Bd.: Hartmann, Carl, Handbuch der praktischen Metallurgie oder der Gewinnung u. gröbern Bearbeitung der in den Künsten u. Gewerben angewendeten Metalle: Eisen, Zink, Blei ꝛc. Für Berg- u. Hüttenleute, Regierungsbeamte ꝛc. allgemein faßlich dargestellt. 2 Bde. 3. verm. u. verb. Aufl. Mit 1 Atlas, enth. 17 (lith.) Foliotaf. 863. (XXX, 933 S.) 3 ℛ 10 ngr.

82. Bd.: Siddons, G. A., praktischer u. erfahrener englischer Rathgeber in der Kunst des Schleifens u. Polirens. 3. verb. u. gänzlich umgearb. Aufl. von Alex. Richter. 861. (XVI, 151 S.) 15 ngr.

88. Bd.: Bastenaire-Daudenart, die Kunst alle Arten ordinairer Töpferwaare, sowie Ofentafeln, ganze Oefen mit den dazu gehörigen decorativen Details, feines u. ordinaires Steingut ꝛc. mit den entsprechenden Glasuren anzufertigen. Nebst Beschreibung der neuesten Brennöfen, Glasurmühlen, Drehscheiben u. sonstigen Maschinen. Aus dem Französ. von Chr. H. Schmidt. 3. sehr verm. u. verb. Aufl. Mit 1 Atlas enth. 28 lith. Quarttaf. 859. (XX, 373 S.) 1 ℛ 22½ ngr.

91. Bd.: Wölfer, Marius, das Seilerhandwerk nach seinem ganzen Umfange. 3. verm. Aufl. von Ludw. Hartung. Mit 7 lith. Langfol.-Taf. 861. (XVI, 194 S.) 25 ngr.

92. Bd.: Die Lustfeuerwerkerei zur Verschönerung öffentlicher u. häuslicher Feste. Nebst Angabe der vorzüglichsten Bereitungsweisen der sich zu Theater-Beleuchtungen, Illuminationen u. s. w. eignenden farbigen Flammen u. Lichte. 9. verm. u. verb. Aufl. herausg. von Ferd. Hottinger. Mit 3 (lith.) Taf. (in qu. Fol.), enth. 55 Abbildgn. 864. (XII, 245 S.) 22½ ngr.

94. Bd.: Weber, Mart., die Kunst des Bildformers u. Gypsgießers, oder gründlicher Unterricht, wie Büsten, Statuen, Vasen ꝛc. auf dem Wege des Abformens u. Abgießens nachzubilden, ingleichen wie sie zu schleifen, zu poliren, zu firnissen, zu bronziren u. zu restauriren sind. Für Künstler u. Techniker, vornehmlich Architekten, Stukkateure ꝛc. 861. (VI, 84 S.) — 2. verb. u. verm. Aufl. 864. (VIII, 97 S.) 10 ngr.

96. Bd.: Schmidt, Chr. H., Grundsätze der Bierbrauerei nach den neuesten technisch-chemischen Entdeckungen, oder die Kunst, an allen Orten ein wohlschmeckendes, gesundes u. haltbares Bier zu brauen u. Brauhäuser mit Keimtennen, Malzdarren u. Kellern zweckmäßig anzulegen u. einzurichten. Mit besonderer Berücksichtigung der bayerschen Brauerei ꝛc. 3. sehr verm. Aufl. Mit 1 Atlas, enth. 13 lith. Foliotaf. 860. (XVIII, 492 S.) 1 ℛ 22½ ngr.

97. Bd.: Hartmann, Carl, die Probirkunst oder Anleitung die wichtigern Erze, Hüttenprodukte, Metalllegirungen, Brennmaterialien ꝛc. auf dem trocknen u. nassen Wege zu untersuchen. Ein Handbuch für Berg- u. Hüttenleute, Münzwardeine, Gold- u. Silberarbeiter ꝛc. Mit Benützung von Chaudet, l'art de l'essayeur u. der besten andern Hülfsmittel bearb. 3. gänzlich umgearb. u. sehr verm. Aufl. Mit 2 (lith.) Fol.-Taf. 862. (XVI, 365 S.) 1 ℛ 7½ ngr.

99. Bd.: Der praktische Mühlenbauer. Ein Handbuch bei Anlage einfacher Mühlen, als Mahl-, Graupen-, Oel- ꝛc. Mühlen. Zum Selbstunterricht für Mühlenbesitzer, Mühlen- u. Maschinenbauer. In 1. u. 2. Aufl. bearb. von L. Bergmann u. K. H. Kögel. Nunmehr in der 3. Aufl. von Grund aus umgearb. u. neu herausg. von Frdr. Neumann. Mit 1 Atlas, enth. 35 (lith.) Fol.-Taf. 862. (XXX, 678 S.) 3 ℛ

100. Bd.: Barth, Geo., die Einrichtung u. der Betrieb der Oelmühlen, oder die Gewinnung des Brenn- u. Speise-Oels aus den Oelfrüchten nach dem jetzigen Standpunkte der Oelfabrikation. Mit 6 (lith.) Fol.-Taf., enth. 56 Abbildgn. 862. (XII, 127 S. u. 1 Tab. in 4.) 22½ ngr.

102. Bd.: Barfuß, Frdr. Wilh., die Kunst des Böttchers oder Küfers in der Werkstatt wie im Keller, enthaltend eine vollständige Anweisung, den Inhalt aller Arten von Gefäßen theils durch Berechnung, theils durch Visirstäbe zu finden u. jedes Gefäß nach verlangtem Inhalt zu verfertigen ꝛc. 4. nach dem Tode des Verf. verb. u. verm. Aufl. Mit einem Anhang über die Verrichtungen des Küfers im Bier- u. Weinkeller von Chr. Heinr. Schmidt. Mit 25 lith. Taf. 860. (XXII, 305 S.) 1 ℛ 7½ ngr.

103. Bd.: Einsiedel, Leop., die Brennmaterial-Ersparung bei der Dampferzeugung. Darstellung der hauptsächlichsten angewendeten oder vorgeschlagenen Mittel zu einer möglichst wohlfeilen Erzeugung u. Benutzung des als Triebkraft dienenden Wasserdampfes. Nach der 2. Aufl. von Bède's „Economie du combustible" frei bearb. Nebst 8 (lith.) Taf. (in qu. Fol.) enth. 84 Abbildgn. 863. (VIII, 147 S.) 24 ngr.

104. Bd.: Schmidt, Christ. Heinr., der vollständige Feuerzeugpraktikant oder umfassende Beschreibung aller bekannten Feuererzeugungsapparate u. Zündwaaren, sowie auch der Gewinnung, Darstellung u. Fabrikation der dazu erforderlichen Zündstoffe u. anderer Requisiten, nebst kurzer Anleitung, ungangbar gewordene Platinfeuerzeuge leicht selbst wieder in guten Stand zu setzen u. darin zu erhalten; die Schwefelsäure auf Arsenik zu prüfen u. davon zu reinigen ꝛc. 3. verm. Aufl. Mit 86 erläut. Fig. (auf 7 lith. Taf. in 4. u. Fol.) 861. (XVI, 197 S.) 20 ngr.

106. Bd.: Sennewald, Geo., Lehr- und Muster-Buch der gesammten Linnen- und Tischzeugweberei und der Weberei in Wolle und Baumwolle, als Hosenzeug, Bett-, Möbel- und Kleiderstoffen ꝛc. Mit Beifügung des Contramarsches und der sogenannten kleinen Jacquard- oder Schaftmaschine. Nach dem neuesten Standpuncte der Weberei und nach eigenen reichlichen Erfahrungen herausg. 2., um 155 Muster verm. Aufl. Mit 1 Atlas von 92 (lith.) Taf. (in qu. Fol.), enthaltend 225 Muster. 859. (VIII, 69 S.) 3 ℛ 7½ ngr.

107. Bd.: Thon, Chrn. Frdr. Glieb., die Holzbeizkunst oder Holzfärberei in ihrem ganzen Umfange, nebst den besten aus der Erfahrung geschöpften Mitteln, die gebeizte Holzarbeit nicht allein wesentlich zu verschönern, sondern auch in diesem Zustande möglichst zu erhalten. Nebst einem Anhang. Zum nothwendigen Gebrauche für Ebenisten, Tischler, Instrumentenmacher ꝛc. 3. Aufl. 859. — 4. verm. u. verb. Aufl. 862. (XIV, 295 S.) 1 ℛ

109. Bd.: Zerrenner, J. F., der wohlunterrichtete Cur- u. Hufschmied oder gründliche Anweisung zu einem natur- u. vernunftgemäßen Beschlage gesunder u. fehlerhafter Hufe, sowie zu den gewöhnlichen bei Pferden vorkommenden Operationen u. den dabei anzuwendenden Heilmitteln. 3. verm. Aufl. Neu revid. u. herausg. von Christ. Friedr. Liersch. Mit 10 (lith.) Taf. Abbildgn. (in 4.) 861. (XX, 164 S.) 22½ ngr.

111. Bd.: Schmidt, Chrn. Heinr., die Lederfärbekunst oder chemische Grundsätze u. Vorschriften, alle Ledergattungen in allen Farben ächt zu färben, mit farbigen Mustern zu bedrucken oder zu lackiren. Nebst Mittheilung der engl. Fixfärberei der Handschuhleder. 3. verm. Aufl. Mit 8 lith. Taf. 861. (XVI, 260 S.) 1 ℛ

112. Bd.: Hartmann, Carl, das Kupfer u. das Zink, ihre Eigenschaften, ihr Vorkommen, ihre Gewinnung aus den Erzen, ihre Legirung zu Messing u. Tombak, sowie ihre gröbere Verarbeitung durch Gießen, Schmieden, Walzen u. Drahtziehen. Ein Handbuch für Berg- u. Hüttenleute, Roth-, Gelb- u. Zinkgießer ꝛc. Mit 5 (lith.) Fol.-Taf., enth. 77 Abbildgn. 863. (XVI, 327 S.) 1 ℛ 10 ngr.

115. Bd.: Kühn's, Heinr., Handbuch für Kammmacher, Horn- u. Beinarbeiter. Enth. eine gründliche Anweisung zur Verfertigung sowohl aller jetzt gebräuchlichen Kämme aus Büffel-, Ochsen-, Bocks- u. Widderhorn, als auch aller sonst noch in das Kammmacher-Geschäft einschlagenden Artikel ꝛc. 2. umgearb. u. verm. Aufl., herausg. von Heinr. Bleibtreu. Mit 4 (lith.) Foliotaf., enth. 111 Abbildgn. 864. (VIII, 196 S.) 25 ngr.

118. Bd.: Schmidt, Chrn. Heinr., die Fabrikation der für die Glasmalerei, Emailmalerei u. Porcellanmalerei geeigneten Farben, nebst einer kurzen Anweisung, die dazu erforderlichen Materialien u. chemischen Produkte vorzubereiten u. darzustellen, sowie die mit den genannten Farben ausgeführten Malereien einzubrennen. 3. sehr verm. Aufl. Mit 2 (lith.) Quarttaf. Abbildgn. 860. (XXIV, 283 S.) 22½ ngr.

118. — — die Fabrikation der für die Glasmalerei, Emailmalerei und Porcellanmalerei geeigneten Farben, nebst einer kurzen Anweisung, die dazu erforderlichen Materialien und chemischen Producte vorzubereiten und darzustellen, sowie die mit den genannten Farben ausgeführten Malereien einzubrennen. 3., sehr verm. Aufl. (XXIV und 283 S. mit 2 Steint. Abbildungen in 4.) 861. 22½ Ngr.

119. Bd.: Hoppe's, K., Bürsten- u. Pinselfabrikant auf dem Standpunkte jetziger Vervollkommnung, oder gründliche Anweisung zur Verfertigung aller derzeit für den persönlichen Gebrauch, das Haus, so wie für die verschiedenen wirthschaftlichen, gewerblichen u. technischen Zwecke bestimmten Bürsten, u. nächstdem auch aller bis jetzt bekannt gewordenen Arten von Pinseln ꝛc. 2. umgearb. u. verm. Aufl. Herausg. von Conr. Jos. Marner. Mit 7 (lith.) Fol.-Taf. 863. (XIV, 287 S.) 1 ℛ 3 ngr.

123. Bd.: Walker's, Charles, Galvanoplastik für Künstler, Gewerbtreibende u. Freunde der Numismatik. Nebst ergänzenden Zusätzen des Uebersetzers. Deutsch bearb. von Chrn. Heinr. Schmidt. 4. verm. Aufl. Mit 2 (lith.) Taf. Abbildgn. (in qu. Fol.) 862. (XXIV, 371 S.) 22½ ngr.

124. Bd.: Hartmann, Carl, praktische Anleitung zur Anlage u. Benutzung gegrabener u. gebohrter oder sogenannter artesischer Brunnen, zur Aufsuchung von Süßwasser-, Salzsool- u. Mineralquellen, sowie auch zum Erbohren von Steinsalz-, Braun- u. Steinkohlen-Lagerstätten. Nach den besten Hülfsmitteln bearb. 3. umgearb. u. verm. Aufl. Mit 8 lith. Langfolio-Taf. 859. (VIII, 283 S.) 1 ℛ 7½ ngr.

127. Bd.: Handbuch für Lokomotiv-Konstrukteure u. Lokomotiv-Führer, enth. eine theoretisch-praktische Anweisung über den Bau, die Einrichtung, den Betrieb, die Reparaturen, die Behandlung u. Führung der Lokomotiv-Dampfmaschinen. Von E. Flachat, J. Petiet, L. La Chatelier u. C. Poionceau. Nach der 3. Aufl. des Orig. u. unter Benutzung anderer u. neuester Hülfsmittel, in 3. Aufl. gänzlich neu bearb. von Carl Hartmann. Mit 1 Atlas, enth. 24 (lith.) Fol.-Taf. 862. (XVIII, 387 S.) 2 ℛ 7½ ngr.

130. Bd.: Schmidt, Chr. Heinr., die Kürschnerkunst, oder gründliche Anweisung, alle Arten von Pelzwerk zu gerben, zu blenden oder zu färben, kunstgerecht zu verarbeiten ꝛc. nebst naturgeschichtlichen Notizen über die im Pelzhandel vorkommenden Felle, über die Pelzthiere, welche dieselben liefern, u. endlich einer kurzen Schilderung des Pelzhandels selbst. 3. verb. u. verm. Aufl. Mit 1 (lith.) Taf. Abbildgn. 863. (XX, 206 S.) 25 ngr.

132. Bd.: Scherf, Carl Frdr., der Kleinigkeitsfärber oder leichtfaßliche Anweisung, nicht nur wollene, seidene, baumwollene u. leinene Zeuge schön u. dauerhaft zu färben, sondern auch Farben von Stoffen abzuziehen u. darauf neue zu erzeugen, sowie auch die verschiedenen Zeuge zu appretiren. Ein Lehrbuch für Färber, Tuch- u. Zeugmacher, Leinweber ꝛc. 3. verm. Aufl. 860. (XXIV, 199 S.) 1 ℛ 7½ ngr.

133. Bd.: Schmidt, Christ. Heinr., die Kunst des Vergoldens, Versilberns, Verplatinirens, Verzinnens ꝛc. der Metalle, das Argentiren des Eisens u. die Metalle mit Aluminium zu überziehen, sowohl nach den bewährtesten ältern Verfahrungsarten, als auch nach den neuesten in diesem Betreff gemachten Erfindungen mittels galvanischer Batterien von constanter Wirkung ꝛc. für Gold-, Silber- u. Metallarbeiter überhaupt, wie auch für Dilettanten faßlich dargestellt. 3. verm. Aufl. Mit 5 (lith.) Quarttaf. 862. (XXIV, 277 S.) 22½ ngr.

136. Bd.: Thon, Chrn. Frdr., die Kitt-Kunst oder Anleitung, alle Arten von Kitten u. Mörteln zweckmäßig zu bereiten u. sie mit Erfolg u. Dauer anzuwenden. Ein nothwendiges u. nützliches, auf langjährige Erfahrung gestütztes Handbuch für jede Haushaltung, insonderheit für Apotheker, Architecten ꝛc. 2. stark verm. Aufl. 859. (XII, 168 S.) 15 ngr.

137. Bd.: Thon's, C. F. G., Legir- u. Löthkunst oder Anleitung alle in der Technik in Anwendung kommenden Legirungen, sowie auch die zu fester u. dauerhafter Vereinigung metallener Körper erforderlichen Lothe zu bereiten. Für Metallarbeiter aller Art ꝛc. 3. verb. u. verm. Aufl. herausg. von Andr. Wildberger. Mit 6 (lith.) Taf. (in 4.), enth. 55 Fig. 863. (X, 107 S.) 15 ngr.

140 Bd.: Fechner, Geo., die Pauken u. Trommeln in ihrer neueren u. vorzüglicheren Konstruktion. Nebst einer ausführlichen Anleitung diese Instrumente mit Gewandtheit, Feinheit u. Präcision schlagen zu lernen. Mit 2 (lith.) Quarttaf. 862. (XII, 75 S.) 12 ngr.

145. Bd.: Jeep, W., die kalorische Maschine, oder Entstehung, Konstruktion, Bau, Wartung u. Benutzung derselben. Mit 4 (lith.) Figurentaf. (in qu. Fol.) 861. (XII, 200 S.) 1 ℛ 5 ngr.

147. Bd.: Unger, Louis, die Verwerthung der Braunkohle als Feuerungsmaterial u. durch die Theergewinnung, sowie die fabrikmäßige Darstellung der aus dem Theer zu erzeugenden Beleuchtungsstoffe [des Photogens, Solaröls u. Paraffins]. Nebst einem Anhang. Nach eigenen praktischen Erfahrungen bearb. Mit 5 (lith.) Taf. (in qu. Fol.) enth. 38 Fig. 863. (XVI, 215 S.) 1 ℛ 7½ ngr.

148. Bd.: **Hertel, A. W.**, die moderne Bautischlerei. Ein Handbuch für Tischler u. Zimmerleute. 5. von Grund aus neu revid. u. neu verm. Aufl. Mit 1 Atlas, enth. 82 (lith.) Quarttaf. 861. (XXXVI, 582 S.) 2 Thlr.

149. Bd.: **Weintz, M.**, das Fleischer- u. Wurstler-geschäft auf seinem jetzigen hohen Standpunkte der Ausbildung in den größten Städten Deutschlands, Frankreichs u. Englands; nebst Angabe der dazu erforderlichen Maschinen u. Einrichtungen. 3. von Grund aus revid. u. stark verm. Aufl. Mit 2 (lith.) Fol.-Taf., enth. 19 Abbildgn. 863. (XVI, 194 S.) 25 ngr.

150. Bd.: **Fournel, J.**, die zweckmäßigsten, holzersparendsten u. elegantesten Zimmeröfen und Zimmercamine neuester Zeit, bei deren Anlage sicher allem Rauchen vorgebeugt wird, nebst Construction der neuesten u. wirksamsten Luftheizungsöfen. Nach dem Französ. frei bearb. und mit eigenen Erfahrungen und Zusätzen verm. von **Alex. Schultz**. 2. verm. Aufl. Mit 13 lith. Taff. (in 4.) 859. (X, 92 S.) 17½ ngr.

151. Bd.: **Schmidt, Chr. Heinr.**, die Benutzung des Papiermaché zur Verfertigung von Larven, Masken, Tabaksdosen ꝛc. Nebst gründlicher Anweisung, wie man diesen Artikeln durch Schleifen, Malen, Lackiren ꝛc. den höchsten Grad der Vollendung geben kann. 2. verb. u. verm. Aufl. herausg. von **Ant. Winzer**. Mit 1 (lith.) Fol.- u. 1 Quarttaf., enth. 30 Abbildgn. 864. (VIII, 89 S.) 12½ ngr.

153. Bd.: **Schmidt, Chr. Heinr.**, das deutsche Bäckerhandwerk im Jahre 1860 oder gründliche Anweisung, die Güte des Brodgetreides u. dessen Stellvertreter nach äußeren u. inneren Merkmalen zu beurtheilen, dasselbe gut aufzubewahren ꝛc. Nebst einer ausführlichen Beschreibung der neuesten u. bewährtesten Backöfen u. genauer Angabe erprobter, nicht allgemein bekannter Hefenrecepte. Für Bäcker von Profession, wie auch für Solche, die ihr Brod selbst zu backen pflegen. 2. verm. Aufl. Mit 83 erläut. Fig. (auf 7 lith. Taf. in qu. Fol.) 860. (XVI, 401 S.) 1 Thlr. 10 ngr.

153. **Schmidt, Chrn. Heinr.**, das deutsche Bäckerhandwerk im J. 1860 oder gründliche Anweisung, die Güte des Brodgetreides und dessen Stellvertreter nach äußeren und inneren Merkmalen zu beurtheilen, dasselbe gut aufzubewahren ꝛc. Nebst einer ausführlichen Beschreibung der neuesten und bewährtesten Backöfen und genauer Angabe erprobter, nicht allgemein bekannter Hefenrecepte. Für Bäcker von Profession, wie auch für Solche, die ihr Brod selbst zu backen pflegen. 2., verm. Aufl. Mit 83 erläut. Fig. (XVI und 401 S. mit 7 Stnt. in qu. Fol.) 861. 1 Thlr. 10 Ngr.

156. Bd.: **Jeep, W.**, die Festigkeit der Materialien u. die Anwendung der Festigkeits-Regeln u. Verhältnisse in dem Maschinenbau u. der Baukunst. Mit 5 (lith.) Foliotaf. Abbildgn. 861. (XVII, 407 S. u. 1 Tab. in Fol.) 1 Thlr. 25 ngr.

157. Bd.: **Jeep, W.**, Beschreibung u. Zeichnungen der praktisch bewährten, einfachsten Backöfen für Steinkohlenfeuerung u. Teigknetmaschinen. Ein Handbüchlein für Bäckereibesitzer, Bau- u. Maurermeister, Techniker ꝛc. Mit 3 (lith.) Fol.-Taf. 862. (XI, 107 S.) 18 ngr.

158. 159. Bd.: **Grouvelle, Phil.**, Handbuch über den Bau, die Aufstellung, Behandlung, Bedienung, Heizung, Abwartung u. Konservirung aller Arten von Dampfmaschinen, sowohl stehender u. lokomobiler als auch der Lokomotiven u. Schiffsmaschinen. Für Maschinenbauer, Maschinenbesitzer, Maschinenbeamte ꝛc. Deutsch bearb. von **Carl Hartmann**. 2 Bde. 3. vollständig umgearb. ꝛc. Aufl. Mit 22 lith. Taf. (in qu. Fol.) 861. (XXXVIII, 798 S.) 4 Thlr.

165. Bd.: **Theiner, Steph.**, die verbesserten Combinations- oder Sicherheits-Schlösser namentlich diejenigen von Bramah, Chubb, Holler ꝛc. Nebst Hinweisung, bei der Fabrikation dieser Schlösser Maschinen anzuwenden u. dadurch, bei besserem Verdienst, dennoch einen billigen Preis derselben möglich zu machen. Mit 1 Atlas, enth. 10 (lith.) Fol.-Taf. 863. (X, 96 S.) 22½ ngr.

167. Bd.: **Hartmann, Carl**, die Brenn- oder Feuerungs-Materialien des Pflanzen- u. Mineralreiches, nämlich Holz, Holzkohlen, Torf ꝛc.; ihre Eigenschaften, ihre Aufsuchung, Gewinnung auf u. unter der Erdoberfläche ꝛc. Mit 1 Atlas von 15 (lith.) Taf. (in qu. Fol.) 3. verm. u. verb. Aufl. 863. (XVII, 686 S.) 2 Thlr. 15 ngr.

168. Bd.: **König, Joh.**, Grundriß der Schlosserkunst. Enth. die vorzüglichsten u. am häufigsten vorkommenden Schlosserarbeiten im neuesten Geschmacke. Für angehende Schlosser als Musterbuch zu Probearbeiten, sowie zum Unterrichte in Gewerbeschulen bearb. 4. verm. u. verb. Aufl. Mit 1 Atlas, enth. 45 (lith.) Quarttaf. mit Abbildgn., meist in natürlicher Größe. 864. (X, 114 S.) 1 Thlr. 15 ngr.

170. Bd.: **Harzer, Frdr.**, die Fabrikation des Siegellackes, wie auch des Siegelwachses u. der Briefoblaten nach den neuesten in diesen Gewerbszweigen gemachten Fortschritten. 2. verm. u. verb. Aufl. von **Rich. Erdmann**. 863. (XII, 117 S.) 10 ngr.

171. Bd.: **Schreiber, Eman.**, vollständiges Handbuch der Uhrmacherkunst, besonders in Beziehung auf Thurm-, Wand- u. Stutzuhren, Taschenuhren aller Art, als Spindel-, Cylinder- u. Ankeruhren ꝛc. mit u. ohne Repetir- u. andere Werke ꝛc. 3. verb. u. verm. Aufl. Mit 1 Atlas enth. 21 lith. Foliotaf. 860. (XXVIII, 596 S.) 2 Thlr. 15 ngr.

182. Bd.: **Hartmann, Carl**, die neuesten Fortschritte u. Vervollkommnungen der Gasbeleuchtung, namentlich genaue Untersuchungen der Materialien, Beschreibungen von neuen u. vorzüglichen Gaswerken, von Oefen ꝛc. 4. verm. u. verb. Aufl. Mit 1 Atlas von 10 (lith.) Taf. (in qu. Fol.), enth. 107 Fig. 864. (VIII, 198 S.) 1 Thlr.

183. Bd.: **Schreiber, Eman.**, der Tabaks- u. Cigarrenfabrikant. Eine instructive Auskunft über die Fabrikation wohlriechender u. wohlschmeckender Rauchtabake, die Fabrikation der Cigarren, der feinsten Schnupftabaksorten u. des Kautabaks nach den bewährtesten holländischen, französischen u. deutschen Verfahrungsarten. 2. verm. Aufl. Mit 2 (lith.) Foliotaf. 860. (XVI, 295 S.) 1 Thlr.

186. Bd.: **Hartmann, Carl**, Handbuch der Metalle, namentlich Guß- u. Schmiedeeisen, Stahl, Kupfer ꝛc. auf der Drehbank, dem Drehstuhle, sowie auf den damit mehr oder weniger verbundenen Schrauben-schneid-, Bohr-, Fräse- ꝛc. Maschinen u. endlich durch Schleifen u. Poliren zu bearbeiten. 3. verm. u. verb. Aufl. bearb. von **Alex. Fürbringer**. Mit 1 Atlas enth. 36 (lith.) Foliotaf. 864. (XIV, 425 S.) 2 Thlr. 22½ ngr.

187. Bd.: **Wangenheim, Ernst**, der Bessemerproceß zur einfachsten u. billigsten Erzeugung von Gußstahl direkt aus den reinern Roheisensorten Deutschlands. Ein Beitrag zur Verwerthung seiner Bodenreichthümer. Mit 1 (lith.) Fol.-Taf. 863. (IX, 148 S.) 21 ngr.

189. Bd.: **Lizaute, A.**, der Straßen-, Eisenbahn-, Canal-, Brücken-, Küsten-, Damm-, Deich- u. Hafenbau, sowie Bemerkungen über Bewässerungsarbeiten. Zum Nutzen u. Gebrauch der Unternehmer öffentlicher Arbeiten, der Baumeister ꝛc. Nach dem Französ., deutschen Zuständen angepaßt von **Frdr. Harzer**. 2. Aufl. mit Ergänzungen von **W. A. Hertel**. Mit 20 lith. Foliotaf. 862. (XVI, 690 S.) 2 Thlr. 15 ngr.

190. Bd.: **Newth, Sam.**, die wichtigsten Lehren der Statik, Dynamik u. Hydrostatik, erläutert durch die bekanntesten Maschinen. Nebst einem Anhange über einige Gesetze des Lichtes u. des Schalles ꝛc. Allgemein faßlich vorgetragen. 2. Aufl. bearb. von **A. W. Hertel**. Mit 16 (lith.) Taf. 862. (XII, 248 S.) 25 ngr.

195. Bd.: **Schmidt, Chr. Heinr.**, die Kerzenfabrikation nach den neuesten Vervollkommnungen dieses Industriezweiges; oder gründliche Anweisung, alle Arten fester Fettsäuren u. neutralen Fette aus dem Thier- u. Pflanzenreiche darzustellen u. daraus die schönsten u. billigsten Stearin-, Palmitinsäure- u. Brillantkerzen ꝛc. zu fabriciren. Nebst einer Abhandlung über die Seifenfabrikation nach dem gegenwärtig vorgeschrittenen Standpunkte derselben. 3. verm. Aufl. Mit 8 (lith.) Taf. (in qu. Fol.) 863. (XII, 403 S.) 1 Thlr. 15 ngr.

196. Bd.: **Hartmann, Carl**, praktisches Handbuch der Blechfabrikation, umfassend die Bereitung der verschiedenen Sorten von Eisen- oder Schwarzblech, wie auch Stahlblech ꝛc. Mit 5 lith. Taf. (in qu. Fol.) 861. (XII, 135 S.) 22½ ngr.

201. Bd.: **Harzer's, Frdr.**, Guttapercha u. Kautschuk, ihr Vorkommen, ihre Eigenschaften u. ihre Verarbeitung zu verschiedenen Gegenständen, als: Platten, Riemen, Fäden ꝛc. 2., verm. u. verb. Aufl. Herausg. von **Heinr. Keyßerling**. Mit 1 Atlas von 10 (lith.) Taf. (in qu. Fol.), enth. 186 Abbildgn. 864. (VIII, 273 S.) 1 Thlr. 7½ ngr.

204. Bd.: Der erfahrene Gehülfe für Haus- u. Stubenmaler u. Firmaschreiber bei Ausführung aller Arten von Anstrichen, Nachahmungen der Farbe, Naturzeichnung u. Maserung feiner Möbelhölzer ꝛc. als Ergebniß langjähriger Erfahrung der Londoner Haus- u. Stubenmaler **E. Barber**, **Tring** u. **Herts**. Aus dem Engl. übersetzt u. mit Zusätzen versehen von **Eman. Schreiber**. 2. Aufl. 859. (XVIII, 221 S.) 20 ngr. — 3. verm. u. verb. Aufl. 865. (XVI, 271 S.) 22½ ngr.

206. Bd.: **Hartmann**, Carl, vollständiges Handbuch der Steinarbeiten oder die Kunst, alle Arten von Steinen u. Schiefer zu gewinnen u. zu Bausteinen, Platten, Dachschiefer ꝛc. zu bearbeiten. Nebst einem Anhang über künstliche Steinmassen. 2. verm. Aufl. Mit 8 lith. Querfol.-Taf. 862. (XX, 470 S.) 1 ℛ 15 ngr.

212. Bd.: **Peclet's** E., neueste bewährte Erfindungen u. Erfahrungen über Feuerungs-, Erwärmungs- u. Ventilations-Anlagen in öffentlichen u. Privat-Gebäuden, Fabriken ꝛc. Deutsch mit Benutzung der besten Hülfsmittel bearb. von **Carl Hartmann**. 2. verm. u. verb. Aufl. Mit 7 (lith.) Taf. (in qu. Fol.) enth. 74 Abbildgn. 863. (VIII, 276 S.) 1 ℛ

215. Bd.: **Schmidt**, Chr. Heinr., der Branntweinbrennereibetrieb in seiner neuesten Vervollkommnung, besonders in Beziehung auf Spirituserzeugung aus Getreide, Kartoffeln, zuckerhaltigen Substanzen u. geistigen Flüssigkeiten mittelst Apparaten für ununterbrochene Arbeit u. Dampfmaschine. Dargestellt u. verbunden mit der Fabrikation der Pfund- oder Preßhefe. 2. verb. u. verm. Aufl. Mit 7 (lith.) Fol.-Taf. 863. (XVI, 320 S.) 1 ℛ 5 ngr.

218. Bd.: **Schmidt**, Chr. Heinr., Handbuch der Photographie auf Metallplatten, Papier u. Glas, nach den bewährtesten Verfahrungsarten, nebst Angabe der neuesten Erfindungen u. der Darstellung der zur Photographie nöthigen Präparate. Nach dem Französ. des Herrn de Valicourt, des Baron Gros, des Herrn Blanquart-Evrard ꝛc. 2. Theil A. u. d. T.: Die Anwendung der Chemie auf die Photographie. Von **Barreswil** u. **Davanne**. 2. verb. u. verm. Aufl. Mit 34 Fig. (auf 3 lith. Taf. in 4.) 860. (XX, 501 S.) 1 ℛ 15 ngr. (Vgl. 197. Bd.)

220. Bd.: **Franke**, C. A., Handbuch der Buchdruckerkunst. Nach eigenen Erfahrungen u. denen anderer namhafter Buchdrucker bearb. 3. verm. Aufl. 863. (XII, 408 S.) 1 ℛ 5 ngr.

226. Bd.: Die rauchverzehrenden Oefen. Beschreibung der bis jetzt bekannt gewordenen Apparate u. Mittel zur Verhinderung der Bildung u. zur Beförderung der Verbrennung des Rauches. Unter Zugrundelegung der Abhandlung über rauchverzehrende Oefen von **Combes** u. **Viollet**, mit vielen Zusätzen, deutsch bearb. von **Carl Hartmann**. 2. sehr verm. Aufl. Mit 112 Fig. auf 8 lith. (qu. gr. Fol.-) Taf. 859. (XII, 139 S.) 20 ngr. — 3. sehr verm. Aufl. (u. d. T.:) Die rauchverzehrenden u. brennstoffsparenden Feuerungen. Beschreibung der jetzt bekannt gewordenen Mittel zur Verminderung der Rauchentwickelung u. zur Beförderung der Brennstoffersparung. Nach dem Französ. ꝛc. Mit 9 lith. Fol.-Taf. 862. (XVI, 174 S.) 20 ngr.

228. Bd.: **Lardner**, Dionys., populäre Lehre von den electrischen Telegraphen, ihrer Geschichte, Beschaffenheit, Einrichtung ꝛc. Für angehende Telegraphisten, Eisenbahnbeamte ꝛc. Deutsch bearb. von **Carl Hartmann**. 2. verm. Aufl. Mit 85 Abbildgn. auf 6 lith. Taf. (in qu. Fol.) 862. (XVI, 170 S.) 22½ ngr.

230. Bd.: **Schmidt**, Chr. Heinr., die verschiedenen Substanzen, welche gegenwärtig zur Beleuchtung angewendet werden, als: Thran, Reps- oder Rüböl, Harzöl, Pinolin ꝛc., ihre Gewinnung u. Zubereitung u. ihr Nutzeffekt. Nach den neuesten in- u. ausländischen Erfahrungen zusammengestellt u. bearb. 2. verm. Aufl. Mit 55 erläut. Fig. (auf 5 lith. Taf. in qu. Fol.) 861. (XVI, 278 S.) 25 ngr.

231. Bd.: **Hartmann's** Waagen u. ihre Konstruction, oder Beschreibung u. Abbildung der Krämer-, Probir-, Schnell-, Heu-, Goldlegirungs- u. dänischen Waagen ꝛc. Für Maschinenbauer, Schlosser u. Alle, die Waagen anfertigen ꝛc. 2. verm. u. verb. Aufl. von **Rob. Jasmund**. Nebst 1 Atlas von 10 (lith.) Foliotaf., enth. 135 Abbildgn. 864. (X, 126 S.) 22½ ngr.

232. Bd.: **Schmidt**, Chr. Heinr., die neuesten Fortschritte in der Saftgewinnung aus Runkelrüben, sowohl für die Zuckerfabrikation, als für die Branntweinbrennerei. 2. verm. Aufl. Mit 8 erläuternden Fig. (auf 2 lith. Taf. in 8. u. 4.) 861. (XV, 179 S.) 15 ngr.

237. Bd.: **Hartmann**, Carl, die Aufbereitung u. Verkokung der Steinkohlen, sowie die Vorbereitung, Verkokung u. Verkohlung der Braunkohlen u. des Torfes. Allgemein verständlich dargestellt. Mit 8 lith. Taf. (in qu. Fol.) 2. verm. Aufl. 861. (XXIV, 311 S.) 1 ℛ

240. Bd.: **Schreiber**, Em., die Construction und Fabrication der Schraubenbolzen, Anker- oder Laschenschrauben, Schraubenmuttern, Schraubenschlüssel ꝛc. nach A. C. **Benoit-Duvortail** u. A. Für Maschinenbau- u. Eisenbahnwerkstätten. 2. verm. Aufl. Mit 231 erläuternden Fig. (auf 8 lith. Taf. in qu. Fol.) u. 9 Tab. 861. (XII, 164 S.) 20 ngr.

241. Bd.: **Hartmann**, Carl, der practische Puddel- u. Walzmeister, oder Anleitung zum Verpuddeln des Roheisens mit Steinkohlen, Braunkohlen, Torf ꝛc. sowie zur weitern Verarbeitung des Puddeleisens u. Puddelstahls zu Stabeisen aller Art, zu Eisenbahnschienen, Spurkranzeisen, zu Blech u. Draht. Für Hüttenbeamte u. strebsame Arbeiter, nach den besten Hülfsmitteln u. nach eigenen Erfahrungen bearb. 2. verm. Aufl. Mit 14 lith. Langfol.-Taf. 861. (XVI, 427 S.) 1 ℛ 15 ngr.

243. 244. Bd.: **Claudel**, J., und L. **Laroque**, das Maurerhandwerk in seinem ganzen Umfange theoretisch u. praktisch abgehandelt. Ein Handbuch für Architekten, Maurer, Steinhauer ꝛc. Nach dem Französ. für deutsche Zustände frei bearb. von W. **Hertel**. 2 Thle. 860. 2 ℛ 20 ngr.

1. Theil: Die Lehre von der Lagerung, den chemischen u. physikalischen Eigenschaften der, dem Maurer wichtigen, Gebirgsarten u. Gesteine in scientifischer u. praktischer Beziehung ꝛc. Mit 10 lith. Quarttaf. (XXIV, 466 S.) 1 ℛ 15 ngr.

2. Theil: Form- u. Verbindungslehre, enth.: die Construction der Rüstungen; Baugründe u. Fundamente; Verband der Mauern u. deren statische Beziehungen; Freimauern ꝛc. Mit 7 lith. Foliotaf. 860. (XVIII, 322 S.) 1 ℛ 5 ngr.

245. Bd.: **Lichtenberg**, Conr., die Seifenfabrikation nach den neuesten Vervollkommnungen dieses Industriezweiges in Deutschland, Frankreich, Belgien u. England. Enthaltend eine Beschreibung der Anlage der hauptsächlichsten Einrichtungen einer Fabrik für marmorirte Seife, so wie auch den Plan einer Seifenfabrik mit Dampfheizung; ferner gründliche Anweisung, eine gute Kernseife ꝛc. darzustellen ꝛc. Mit 23 erläuternden Fig. (auf 3 lith. Taf. in qu. Fol.) 860. (XVI, 300 S.) 1 ℛ

246. Bd.: **Ramberg**, Wilh., die Darstellung der vorzüglichsten feinen Toilette-Seifen nach den bis jetzt in Paris, London u. Neapel sorgfältig geheim gehaltenen Verfahrungsarten der dortigen Parfümisten, nebst der Abbildung u. Beschreibung der hierzu in Anwendung befindlichen Einrichtungen, Geräthschaften u. Maschinen. Mit 20 erläuternden Fig. (auf 3 lith. Taf. in qu. 4.) 860. (XII, 142 S.) 15 ngr.

247. Bd.: **Crookes**, Will., das Retouchiren u. Coloriren der Photographien mit Farbenpulvern, mit Wasserfarben u. mit Oelfarben, den Gesetzen der Harmonie u. des Contrastes der Farben entsprechend. Nach einer, den Photographic News etc. entnommenen Abhandlg. Herausg. von **Chrn. Heinr. Schmidt**. Mit 8 erläuternden Fig. (auf 1 lith. Taf.) 861. (XII, 106 S.) 12½ ngr.

248. Bd.: **Schmidt**, Chr. Heinr., compendiöses Handbuch der Färberei wollener, seidener, baumwollener, leinener u. hanfener Gewebe, sowie auch der Garne aus obigen Stoffen nach den bewährtesten älteren Verfahrungsarten, wie auch nach den neuesten Verbesserungen u. Erfindungen im Gebiete der Färberei. 861. (XVI, 318 S.) 1 ℛ

249. Bd.: **Hartmann**, Carl, praktisches Handbuch der Stahlfabrikation, umfassend die Erzeugung u. gröbere Verarbeitung des Herd-, Puddel-, Cement- u. Gußstahls, so wie die neuen Stahlhütten-Processe von Bessemer, Chenot, Achatius u. A. Für Hüttenmänner, Maschinenbauer, Grob-, Zeug-, Waffen- u. Messerschmiede ꝛc. Nach den besten Hülfsmitteln bearb. Mit 8 lith. Langfoliotaf. 861. (XIV, 505 S.) 1 ℛ 22½ ngr.

250. Bd.: **Lindes**, chemische Farbenlehre für Maler, Tapetenfabrikanten u. Farbewaarenhändler. Eine auf Grundsätze der Chemie gestützte Anleitung zur Prüfung der im Handel vorkommenden Malerfarben auf Aechtheit u. Güte, sowie ein Rathgeber bei Farbenmischungen ꝛc. Populär u. allgemein verständlich dargestellt. 861. (XI, 79 S.) 12½ ngr.

251. Bd.: **Falk**, Conr., die besten Wäschmangen, Rollmangen oder Mangeln, nebst Walzenmangen, Cylindermangen oder Calandern, sowie die allgemein als äußerst brauchbar anerkannten hauswirthschaftlichen Waschmaschinen, als auch die bewährtesten Vorrichtungen für die Fabrikwäsche in Bleichereien, Färbereien ꝛc. Mit 137 erläuternden Abbildgn. (auf 14 lith. Taf. in qu. Fol.) 862. (XII, 135 S.) 1 ℛ

252. Bd.: **Hartmann**, Carl, der Maschinenbauer oder Beschreibung u. Abbildg. der Maschinen-Elemente. Nach dem Entwurf des **Le Blanc** u. nach den besten in- u. ausländischen Hülfsmitteln bearb. 3. Bd. Mit einem Atlas enth. 12 lith. Taf. (in qu. Fol.) 862. (XIV, 248 S.) 1 ℛ 15 ngr. (Vgl. 143. 144. Bd.)

253. Bd.: **Campin**, Francis, das Drechseln in Holz, Elfenbein, Perlmutter ꝛc. sowie Belehrungen über das bei diesen Arbeiten erforderliche Drechseln in Metall. Nebst einem Anhang über ornamentales Drehen u. der Beschreibung mehrerer neuen Drehbänke. Nach dem Engl. frei bearb. u. mit vielen Zusätzen versehen von **Stephan Appenzeller**. Mit 202 Fig. auf 11 (lith.) Fol.-Taf. 862. (XVI, 340 S.) 1 ngr. 15 ngr.

254. Bd.: **Wangenheim**, Ernst, die Fabrikation der künstlichen u. geformten Brennmaterialien, der sogenannten Pariser Kohlen, Paras, Briquettes, Kohlensteine u. Kohlenziegel durch Vermengung, Zusammenpressung u. theilweis auch Verkohlung von Holz-, Holzkohlen- u. Steinkohlenabfällen oder Gruskohlen ꝛc. mit Theer u. andern bindenden Substanzen ꝛc. Für Berg- u. Hüttenleute, Fabrikanten ꝛc. nach den besten Hülfsmitteln dargestellt. Mit 9 lith. Taf. (in qu. Fol.) 862. (XIV, 135 S.) 1 ℛ

255. Bd.: **Isensee**, Rud., die Knopffabrikation auf dem Höhepunkte ihrer gegenwärtigen Vervollkommnung, oder die jetzt gebräuchlichen Verfahrungsweisen bei der Fabrikation der hölzernen u. beinernen Knopfformen der sogenannten übersponnenen Knöpfe u. Bandknöpfe ꝛc., sowie Beschreibung der dazu erforderlichen Maschinen, Apparate u. Werkzeuge nach vorzüglichster u. neuester Construction. Nebst Mittheilung der bewährtesten Verbesserungen in der Befestigung der Knöpfe. Nach eigener Erfahrung, sowie unter Benutzung der besten Hülfsmittel bearb. Mit 308 Abbildgn. auf 7 (lith.) Fol.-Taf. 862. (XII, 255 S.) 1 ℛ

256–258. Bd.: **Voigt**, Fr. Herm., die Weberei als Handwerk, Kunst u. Fabrikgewerbe oder gründliche Anweisung, die Weberei in allen ihren Einzelheiten u. verschiedenen Branchen zu lernen u. vortheilhaft zu betreiben. Systematisch geordnet u. nach streng logischen Grundsätzen zusammengestellt u. bearb. 3 Bde. 863. 5 ℛ

1. Bd.: Die Kunstweberei auf Handstühlen. Von den Anfangsarbeiten bis zur Vollendung auf dem gegenwärtigen Standpunkte der Webekunst. Mit einem Atlas von 18 (lith.) Taf. (in qu. Fol.), enth. 200 Abbildgn. (XXI, 244 S.) 2 ℛ
2. Bd.: Die mechanische Weberei nach englischer, französischer u. deutscher Schule, bis auf die neuesten Erfindungen. Mit Benutzung der besten engl. u. französ. Werke, wie einer 18jährigen praktischen Erfahrung u. Kenntniß deutscher Webereien, insbesondere der sächsischen Weber-Industrie. Mit einem Atlas von 18 (lith.) Taf., (in qu. Fol.), enth. 121 Abbildgn. (XVI, 196 S.) 2 ℛ.
3. Bd.: Der kommerzielle Geschäftsbetrieb der Weberei, oder die Geschäftsleitung, Buchführung u. Fabrikorganisation, sowie die Garn- u. Waarenkenntniß u. Berechnung bei dem Betriebe der Hand- u. Kunstweberei u. der mechanischen Weberei. Nebst einem Anhang, enth. Kalkulationen, Kostenanschläge ꝛc. (XVI, 215 S.) 1 ℛ.

259. 260. Bd.: **Hartmann**, Carl, Handbuch der Metallgießerei. Nach den besten Hülfsmitteln u. nach eigenen Erfahrungen bearb. 4. verm. u. verb. Aufl. 2 Thle. 863. 4 ℛ 15 ngr.

1. Theil: Handbuch der Eisengießerei oder vollständige Anweisung das Roheisen in Tiegel-, Kupol- u. Flammöfen umzuschmelzen, daraus in Sand-, Masse-, Lehm- u. eisernen Formen durch Guß die mannichfachsten Gegenstände darzustellen u. dieselben durch Putzen, Anstreichen, Verkitten ꝛc. zu bearbeiten u. zu vollenden. Mit einem Atlas von 28 (lith.) Taf. (in qu. Fol.) (XX, 603 S.) 3 ℛ.
2. Theil: Handbuch der Metallgießerei im engern Sinne, oder vollständige Anweisung in Sand-, Masse-, Lehm- u. andern Formen durch Gießen mit Messing, Bronce, Zink ꝛc. eine Menge von Gegenständen des gemeinen Lebens, sowie der Gewerbe u. Künste, ferner Glocken, Statuen u. andere Bildwerke herzustellen; nebst einem Anhang über Galvanoplastik. Nebst einem Atlas von 11 (lith.) Taf. (in qu. Fol.) (XVI, 367 S.) 1 ℛ. 15 ngr.

261. Bd.: **Köstlin**, Ulr., die Metallwaaren-Industrie u. ihre Betriebs-Einrichtungen auf dem Höhepunkte jetziger Vervollkommnung. Ein Buch des Fortschritts für Gürtler, Glocken-, Gelb-, Roth- u. Zinngießer, Plattirer ꝛc. Enth. alle in der Neuzeit erfundenen Gieß-, Glüh- u. Löthöfen, Gießformen, technisch gebrauchten Metalllegirungen ꝛc. Mit 5 (lith.) Taf. (in 4. u. qu. Fol.) enth. 109 Abbildgn. 863. (XII, 306 S.) 1 ℛ

262. Bd.: **Meyer**, Jürgen, die Grundlehre der Uhrmacherkunst. Mit 26 Abbildgn. (auf 3 lith. Taf. in qu. gr. Fol.) 863. (VIII, 92 S.) 15 ngr.

263. Bd.: **Neumann**, Friedr., die Windmühlen. Ihr Bau u. ihre Berechnung, mit Beschreibung u. Zeichnungen brauchbarer Anlagen für Zwecke der Müllerei u. Wasserförderung mit Pumpen u. Wurfrädern. Mit 1 Atlas von 22 (lith.) Foliotaf. enth. 137 Abbildgn. 863. (X, 144 S.) 2 ℛ

264. Bd.: **Schmidt**, Chr. Heinr., die neuesten, wichtigsten Fortschritte, Erfindungen u. Verbesserungen in der Fabrikation, sowohl in Bezug auf Erd- u. Oxydfarben, als auch Lackfarben u. Farbstoffe aus Harnsäure [Murexid], wie aus Steinkohlentheer [Anilinfarben] zum Färben u. Drucken der Gewebe. Mit 17 Abbildgn. (auf 4 lith. Taf. in 4. u. qu. Fol.) 864. (XII, 240 S.) 1 ℛ

265. Bd.: **Neumann**, Frdr., der Mahlmühlenbetrieb dargestellt durch Zeichnungen u. Beschreibungen vollständiger Mühleneinrichtungen, sowie einzelner Maschinen u. Betriebstheile zur Fabrikation von Mehl, Gries, Graupen u. Reis. Mit Berücksichtigung bewährter, praktischer Anlagen u. der neuesten Konstruktionen. Nebst einem Nachweis der bezüglichen Literatur u. einem Anhange mit Tab. Mit 1 Atlas von 44 (lith.) Foliotaf. enth. 350 Abbildgn. 864. (XII, 327 S.) 4 ℛ 15 ngr.

266. Bd.: **Buchner**, Otto, die Mineralöle, insbesondere Photogen, Solaröl u. Petroleum, ihre Naturgeschichte, Eigenschaften u. Unterschiede im Vorkommen, ihre Darstellung ꝛc., sowie die Mineralöl-Lampen, ihre Verschiedenheiten in Konstruktion, Lichtstärke u. Oelverbrauch ꝛc. Für Oel- u. Lampenfabrikanten, Leuchtstoff- u. Lampenhändler, Kaufleute ꝛc. Mit 8 (lith.) Quarttaf., enth. 99 Abbildgn. 864. (X, 189 S.) 27 ngr.

267. Bd.: **Jasmund**, Rob., das Buch der Fortschritte für Schlosser, Grob-, Zeug- u. Messerschmiede, Feilenhauer u. A., enth. eine Zusammenstellung verb. Verfahrungsweisen beim Verstählen des Schmiedeeisens, Zusammenschweißen des Gußstahls mit Eisen, Härten verstählter u. stählener Werkzeuge ꝛc. 2. verb. u. verm. Aufl. Mit 1 Atlas von 41 (lith.) Quarttaf., worauf 467 Abbildgn. 864. (XII, 383 S.) 2 ℛ

268. Bd.: **Weber**, Mart., das Schleifen, Poliren, Färben u. künstlerische Verzieren des Marmors wie auch aller anderen Steinarten, welche zu Monumenten, Säulen, Statuen ꝛc. verarbeitet werden. Nebst Mittheilung vorzüglicher Vorschriften zur Darstellung des Stucco lustro, des Gyps- u. andern künstlichen Marmors ꝛc. Für Künstler u. Techniker, namentlich Architekten, Bild- u. Steinhauer, Stukkateure ꝛc. 864. (VIII, 94 S.) 12 ngr.

269. Bd.: **Gerstenbergk**, Heinr. v., die Cemente, ihre Bereitung aus natürlich-hydraulischen u. künstlich-hydraulischen Kalken, sowie ihre Anwendung zu baulichen, gewerblichen u. landwirthschaftl. Zwecken, wie auch zu Kunst-Gegenständen. Für Cement- u. Kunststein-Fabrikanten, Techniker, Architekten, Maurermeister ꝛc. 865. (VIII, 177 S.) 18 ngr.

Nach den Verf. ꝛc. geordnete Uebersicht
der sämmtlichen bis 1864 erschienenen Bände 1—269:

Alfing, Schlangen-Feuerlöschspritzen. (129.)
Ancellin, Flachs-, Hanf- und Wergspinner. (236.)
Anquetil, die Revolvers oder Drehpistolen. (222.)
Armellino, die Kunst des Klavierstimmens. (21.)
Auch, Handbuch für Landuhrmacher. (30.)
Barfuß, Kunst des Böttchers oder Küfers. (102.)
— Optik, Katoptrik und Dioptrik. (3.)
— Geschichte der Uhrmacherkunst. (90.)
Barth, Einrichtung und Betrieb der Oelmühlen. (100.)
Bastenaire-Daudenart, Kunst weißes Steingut zu machen. (56.)
— Kunst Töpferwaare zu fertigen. (88.)
Beckmann, Handbuch für Wagenbauer. (65.)
Bède, Brennmaterialersparung, s. **Einsiedel**.
Benoit-Duportail, Schraubenbolzen. (240.)
Bergmann u. **Kögel**, der praktische Mühlenbauer. (99.)
Bergmann, Stärke- und Puder-Fabrikation. (39.)
Beumenberger, der vollkommene Juwelier. (32.)
Brandely, Elektrochemie. (174.)
Brewster, das Stereoskop. (35.)
Brongniart, Porcellanmalerei. (146.)
Brunnen-, Röhren-, Pumpen- und Spritzenmeister, der. (45.)
Buchner, Mineralöle. (266.)
Bürck, Handbuch für Juweliere, Gold- und Silberarbeiter. (63.)
Burn, Kenntniß der Dampfmaschinen. (224.)
Campin, das Drechseln in Holz, Elfenbein ꝛc. (253.)

Choimet, Maschinen=, Flachs= u. Hanf=Spinnerei. (128.)
Giliax, Handbuch des Riemers und Sattlers. (64.)
Claudel und Laroque, das Maurerhandwerk. (243. 244.)
Combes und Viollet, rauchverzehrende und brennstoffsparende Feuerungen. (226.)
Crookes, das Retouchiren und Coloriren der Photographien. (247.)
Déon, Erhaltung und Restauration der Gemälde. (203.)
Diedtmann, Rothpapp= und Dampffarbendruck. (225.)
Diete, Mannsschneiderei. (121.)
Dumas, Brunneningenieur. (233.)
Einsiedel, die Brennmaterial=Ersparung. (103.)
Eupel, der vollkommene Conditor. (1.)
Falk, Wäschmangen, Rollmangen ꝛc. (251.)
Fechner, Pauken und Trommeln. (140.)
Fermond, der Tabak als Kulturpflanze u. seine Verwendung. (238.)
Flachat, Handbuch für Lokomotiv=Konstrukteure und Lokomotiv=Führer. (127.)
Fontenelle, die Essig= und Senfbereitung. (33.)
— die Oelfabrikation und Oelreinigung. (36.)
Fournel, die zweckmäßigsten Zimmeröfen. (150.)
Franke, Handbuch der Buchdruckerkunst. (220.)
Gay=Lussac, Anlegung der Blitzableiter. (229.)
Geest, Handbuch des Bleichens und der Baumwollenfärberei. (141.)
— Handbuch der Kattunfabrikation. (139.)
Gehülfe, der, für Haus= und Stubenmaler. (204.)
v. Gerstenbergk, die Cemente. (269.)
Gieswald, Lehre von der Thermometrie und Barometrie. (71.)
Grandpré, der Schlossermeister. (50.)
Greener, die englische Gewehrfabrikation. (83.)
Grison, Färberei wollener und gemischter Modezeuge. (68.)
Grouvelle, Bau der Dampfmaschinen. (158. 159.)
Hagdorn, Anstreicher, Zimmermaler und Tüncher. (29.)
Handbuch der Frisirkunst oder das Haar als Schmuck. (42.)
— der Pulverfabrikation. (113.)
— des Seidenmanufakturwesens. (116.)
Hartmann, Aufbereitung und Verkokung der Steinkohlen. (237.)
— Handbuch der Blechfabrikation. (196.)
— Brenn= und Feuerungsmaterialien. (167.)
— die Anlage artesischer Brunnen. (124.)
— neueste Fortschritte der Gasbeleuchtung. (182.)
— der Führer beim Schürfen. (160.)
— der Hohofen= und Hammermeister. (161.)
— das Kupfer und Zink. (112.)
— die englisch=amerikanischen Mahlmühlen. (161.)
— Maschinenbauer, s. Le Blanc.
— Handbuch der Metalldreherei. (186.)
— Metallgießerei. (259. 260.)
— Metallurgie. (80. 81.)
— die Probirkunst. (97.)
— Puddel= und Walzmeister. (241.)
— Handbuch der Stahlfabrikation. (249.)
— Handbuch der Steinarbeiten. (206.)
— die Waagen und ihre Konstruktion. (231.)
— und Schmidt, Wollmanufakturwesen. (122.)
Harzer, Drahtzieher, Nadler u. Drahtarbeiter. (188.)
— Glockengießerei. (214.)
— der Grob= und Hufschmied. (169.)
— Gutta=Percha und Kautschuk. (201.)
— Magnet=Elektricität als motorische Kraft. (175.)
— Handbuch der Münzkunst. (216.)
— Siegellackfabrikation. (170.)
Haumann, das Ganze des Seidenbaues. (44.)
Hay, die Gesetze der Farbenharmonie. (172.)
Henze, Handbuch der Schriftgießerei. (138.)
Hertel, Akademie der zeichnenden Künste. (134.)
— moderne Bautischlerei. (148.)
— Lehre vom Kalk und Gyps. (28.)
— Oelmalerei. (235.)
— Perspektive. (184.)
Herzberg, chemische Fabrikenkunde. (185.)
Höhne u. Rösling, das Kupferschmiedehandwerk. (101.)
Holtzapfel, Handbuch der Werkzeugslehre. (178. 179.)
— das Schleifen und Poliren der Werkzeuge. (200.)
Hoppe, Bürsten= und Pinselfabrikant. (119.)
Huguenet, über den Asphalt. (154.)
Huth, Handbuch der Kochkunst. (13.)
Hüttmann, Cementir=, Tüncher= und Stuccatur=Arbeit. (18.)
Janvier, Construction der Dampfschiffe. (98.)
Jasmund, Buch der Fortschritte für Schlosser. (267.)
Jeep, die Festigkeit der Materialien. (156.)
— die kalorische Maschine. (145.)
— Backöfen und Teigknetmaschinen. (157.)
Isensee, Knopffabrikation. (255.)
Kirsch, Portefeuillefabrikation. (202.)
Knoderer, wichtige Erfindung in der Lohgerberei. (234.)
König, Grundriß der Schlosserkunst. (168.)
Könneritz, das Schleifen der Edelsteine. (114.)
Köstlin, Metallwaarenindustrie. (261.)
Krüger, Fabrikation der Goldleisten u. Bilderrahmen. (70.)
Kühn, Kammmacher, Horn= und Beinarbeiter. (115.)
Kunst des Seifensiedens. (4.)
Landrin, Kunst des Messerschmiedes. (85.)
Lardner, Lehre von den elektrischen Telegraphen. (228.)
Leblanc, Maschinenbauer. (143. 144. 252.)
Lebrun, der Klempner und Lampenfabrikant. (53.)
Leischner, Anleitung zur Liniirkunst. (41.)
— Verfertigung aller Arten von Papparbeiten. (59.)
Leng, Handbuch der Glasfabrikation. (79.)
— Lehrbuch der Gewerbskunde. (62.)
— Handbuch der Handschuhfabrikation. (84.)
Lenormand, Handbuch der Papierfabrikation. (73. 74.)
Lichtenberg, Seifenfabrikation. (245.)
Lindenhagen, Werkzeug=Maschinen. (69.)
Lindes, chemische Farbenlehre für Maler ꝛc. (250.)
Lixaute, Straßen=, Kanal= und Brückenbau. (189.)
Lohmann, der Wassermühlenbau. (223.)
Lorenz, Fabrikation des Pergaments und der Darmsaiten. (66.)
Ludowig, Bierbrauerei aus Kartoffeln. (164.)
— Bleiweiß= und Bleizuckerfabrikation. (155.)
Lustfeuerwerkerei, die. (92.)
Matthaey, der vollkommene Dachdecker. (61.)
— Handbuch für Maurer. (22. 23.)
— Ofenbaumeister. (51.)
— Stein= und Dammsetzer. (26.)
— Handbuch für Zimmerleute. (47—49.)
Meyer, Grundlehren der Uhrmacherkunst. (262.)
Neumann, Windmühlen. (263.)
— Mahlmühlenbetrieb. (265.)
Newth, Statik, Dynamik und Hydrostatik. (190.)
Nordenburg, die Ventilatoren. (76.)
Parfümeur, der vollkommene. (16.)
Paulsen, die natürlichen und künstlichen feuerfesten Thone. (67.)
Payen, die Runkelrübenbranntweinbrennerei. (221.)
Peclet, Gebäude=, Zimmer= und Straßen=Erleuchtung. (40.)
— Grundsätze der Feuerungskunde. (142.)
— neueste Erfindungen von Feuerungsanlagen. (212.)
Perini, der Schweizerzuckerbäcker. (191.)
Perrottet, Indig=Fabrikation. (17.)
Persoz, Handbuch des Zeugdrucks. (162. 163.)
Pescheck, das Ganze des Steindrucks. (43.)
Pilzecker, Hutmacherkunst. (38.)
Planche, Papierfabrikation. (205.)
Quekett, Handbuch der Mikroskopie. (180.)
Ramberg, Darstellung der feinen Toiletteseifen. (246.)
Relmann, Posamentirer, Bandfabrikant ꝛc. (105.)
Reinnel's, Receptbuch für Maurer, Tüncher u. Stubenmaler. (31.)
Ritchie, Handbuch des neuesten Eisenbahnwesens. (152.)
Rösling, Beinschwarz=, Phosphor= ꝛc. Fabrikation. (96.)
Schaller, der praktische Ziegler. (34.)
Schedel, Destillirkunst und Liqueurfabrikation. (24.)
Scherf, der Kleinigkeitsfärber. (132.)
— Anstellung und Führung der Waidindigküpe. (120.)
Schmidt, Bäckerhandwerk. (153.)
— Baumwollenweberei. (135.)
— Büchsenmacherkunst. (131.)
— Beleuchtungsstoffe. (230.)
— Bierbrauerei. (96.)
— Branntweinbrennereibetrieb. (215.)
— der Chocoladefabrikant. (20.)
— Glas=, Porcellan= und Emailfarben=Fabrikant. (118.)
— Farbenfabrikation. (264.)
— Handbuch der Färberei. (248.)
— vollständiges Farbenlaboratorium. (117.)
— Farbwaarenkunde für Färber. (198.)
— der vollständige Feuerzeugpraktikant. (104.)
— Formschneidekunst. (173.)
— Illuminirkunst. (125.)
— Fabrikant von Kautschuk und Guttapercha=Waaren. (227.)
— Kellereiwirthschaft. (194.)
— Kerzenfabrikation. (195.)
— Kürschnerkunst. (130.)
— Lederfärbekunst. (111.)
— Leimsiederei und Leimfabrikation. (7.)
— Lohgerberei. (110.)
— Papiermaché. (151.)
— Papiertapetenfabrikation. (10.)
— die englischen Pendeluhren. (9.)
— Handbuch der Photographie. (197. 218.)
— Saffianfabrikation. (213.)
— Saftgewinnung aus Runkelrüben. (232.)
— Kunst des Vergoldens ꝛc. der Metalle. (133.)
— Wachs=Industrie und Wachstuchfabrikation. (199.)
— Weißgerberei. (217.)
— Zuckerfabrikation. (72.)
Schmied, Korb= und Strohflechtekunst. (77.)
— Fabrikation der Regen= und Sonnenschirme. (126.)
Schreiber, Fabrikation der künstlichen Blumen. (219.)
— Glasblasekunst. (177.)
— Schraubenbolzen. (240.)
— Tabaks= und Cigarrenfabrikant. (183.)
— Uhrmacherkunst. (171.)
— Verschönerungskunst von Glas= u Metalloberflächen. (242.)
Schreibmaterialist, der vollständige. (176.)
Schuh= und Stiefelmacher, der, in seiner Vollkommenheit. (11.)

Schultze, Gold- und Silberarbeiter. (8.)
Schulze, Unterricht im Bau der Reitsättel. (27.)
Schumann, Kunst, durchsichtiges Porcellan anzufertigen. (75.)
Seidler, Berechnung und Konstruktion der Fässer. (239.)
Sennewald, Musterbuch der Linnenweberei. (106.)
Siddon, Kunst des Schleifens und Polirens. (82.)
Smith, Färberei der Coburgs und Orleans. (193.)
Stegmann, Handbuch der Bildnerkunst. (52.)
Steinmann, die Luftschifffahrtskunde. (166.)
Stöckel, Bischlerkunst. (5.)
Stratingh, Bereitung und Anwendung des Chlors. (46.)
Theiner, Combinations- und Sicherheitsschlösser. (165.)
Thon, Anleitung zur Branntweinbrennerei. (95.)
— Kunst Bücher zu binden. (2.)
— Drehkunst. (15.)
— der Fabrikant bunter Papiere. (25.)
— das Fleischerhandwerk. (12.)
— Holzbeizkunst oder Holzfärberei. (107.)
— Kittkunst. (136.)
— Klavier-Saiten-Instrumente. (89.)
— Kupferstecher- und Holzschneidekunst. (54.)
— Lackirkunst. (14.)
— Linear-Zeichnenkunst. (55.)
— Legir- und Löthkunst. (137.)
— Meerschaumpfeifenköpfe. (60.)
— Staffirmalerei und Vergoldungskunst. (87.)
Töpfer, Orgelbaukunst. (208—211.)
Trentler, Konstruktion der Sonnenuhren. (78.)
Unger, die Braunkohle als Feuerungsmaterial. (147.)
Ure, Baumwollen-Manufakturwesen. (93.)
Vitalis, Lehrbuch der gesammten Färberei. (6.)
Voigt, die Weberei. (256—258.)
Walker, Galvanoplastik. (123.)
Wallack, Handbuch des Gürtlers und Broncearbeiters. (108.)
Wangenheim, der Bessemerproceß. (187.)
— Fabrikation künstlicher Brennmaterialien. (254.)
Watin, Staffirmaler, Vergolder und Lackirer. (207.)
Weber, Kunst des Bildformers und Gypsgießers. (94.)
— Schleifen und Poliren des Marmors. (268.)
Weinholz, Mühlenbaukunst. (57. 58.)
Weintz, Fleischer- und Wurstlergeschäft. (149.)
Wettengel, Anleitung zum Geigenbau. (37.)
Wölfer, Seilerhandwerk. (91.)
— Treppenbau. (19.)
Zerrenner, Cur- und Hufschmied. (109.)

Schauplatz, neuer, der Künste u. Handwerke. Mit Berücksichtigung der neuesten Erfindungen. Hersg. von einer Gesellschaft von Künstlern, technischen Schriftstellern u. Fachgenossen. Weimar, B. F. Voigt. 8.

1. Bd. Cuvel's, Joh. Christ., vollkommener Konditor, oder gründliche Anweisung zur Zubereitung aller Arten Bonbons, Stangenzucker, Konserven rc. ingleichen erprobte Vorschriften u. Recepte zu allen Gattungen der Kunstbäckerei, als zu Torten, Makronen, Marzipan rc., ferner zur Bereitung des Gefrornen, der Sorbets, Gramolaten rc. 8., verm. u. verb. Aufl. von A. Cuyrim. (XIV, 320 S. mit 3 lith. Foliotaff. Abbildungen. Tafelaufsätze, Maschinen u. Tortenverzierungen darstellend. 866. 1 ℛ

5. Bd. Stöckel's, Heinr. Friedr. Aug., Tischlerkunst in ihrem ganzen Umfange. Ein Hand- u. Lehrbuch für Kunst- u. Möbeltischler mit Anknüpfung für den Bautischler rc. 5., ganz umgearb. u. verm. Aufl. von A. W. Hertel. (XXIV, 574 S. mit 1 Atlas, enthltd. 19 lith. Foliotaff. mit 484 Figg.) 865. 2 ℛ

7. Bd. Schlegel, Bernh., die Leimsiederei nach dem gegenwärtig vervollkommneten Zustande dieses Industriezweiges oder die Fabrikation der besten Leimsorten aus den verschiedenen leimgebenden thierischen Substanzen rc. 2. Aufl. der „Leimsiederei" von C. H. Schmidt in vollständ. Umgestaltung. (XVI, 195 S. mit 36 erläut. Figg. auf 3 Steintaff. in qu. Fol.) 865. 20 ngr

12. Bd. Thon's, G. P. F., Fleischer- oder Metzger-Gewerbe mit allen seinen Nebenzweigen auf der Stufe jetziger Vervollkommnung. Theoretisch-prakt. Winke für die Besichtigung, Untersuchung, Gewichtsschätzung rc. des Schlachtviehes rc. 4., unter Zuziehung prakt. Fachmänner, sorgfältig revid., verb. u. stark verm. Aufl., hersg. von Rud. Hilgers. Mit 32 Abbildungen (auf 2 Steintaff. in qu. Fol.). (XII, 332 S.) 871. 1 ℛ

14. Bd. Creuzburg, Heinr., neues Lehrbuch der Lackirkunst wie der Firniß- u. Lackfirnißfabrikation in ihrem ganzen Umfange u. fortschrittl. Standpunkte. 7. Aufl. von Thon's „Anleitung zur Lackirkunst" in vollständ. Umgestaltung. (318 S. mit 24 Abbildungen auf 2 Steintaff. in 4.) 865. 1 ℛ 7½ ngr

15. Bd. Fürbringer, Alex., die Kunst des Drechslers in ihrem ganzen Umfange oder gründl. Anweisung zur Kenntniß der Materialien, welche der Drechsler verarbeitet, zur Konstruktion der Drehbänke u. zur Anwendung der nöthigen Werkzeuge u. Instrumente rc. 6. Aufl. von „Thdr. Thon's Drehkunst." (XX, 530 S. mit Atlas von 15 lith. Foliotaff., enthltd. 509 Figg.) 866. 2 ℛ

22. Bd. Behse, W. H., die prakt. Arbeiten u. Baukonstruktionen des Maurers u. Steinhauers in allen ihren Theilen. Ein Handbuch für Maurer u. Steinhauer, sowie für Baugewerk- u. Gewerbeschulen. 4. Aufl. von Matthaey's „Handbuch für Maurer rc." in gänzl. Umgestaltung. (XII, 228 S.) Mit einem Atlas (in 4.) von 47 (lith.) Foliotaff., enthltd. 563 Figg. Nebst einem Anh. über das metr. Maß- u. Gewichtssystem. 869. 2 ℛ 22½ ngr

23. Bd. Schmidt, Wilh., die mechanische Tischlerwerkstätte. Praktisches Lehrbuch zur Selbstherstellung u. vortheilhaften Benutzung der in jetziger Zeit unerläßlich nöthigen kleineren Holzbearbeitungsmaschinen zum Handbetrieb für Kunst-, Bau-, Möbel u. Modelltischler, Kunstdrechsler, Stellmacher rc. Nebst Atlas (in gr. 4.), enthltd. 15 (lith.) Taff. (in qu. Fol.) mit 140 Abbildungen von Maschinen u. deren einzelnen Theilen, sowie sonstigen erläuternden Zeichnungen zum praktischen Betriebe. (XII, 73 S.) 870. 1 ℛ 12 ngr

24. Bd. Schebel's, C. F. B., praktische u. bewährte Anweisung zur Destillirkunst u. zur Fabrikation der Liköre u. Aquavite, der doppelten u. einfachen Branntweine, überhaupt aller bekannten, trinkbaren Spirituosen rc. 6., verb. u. verm. Aufl.; bearb. u. hersg. von E. W. Kreplin. (XXII, 300 S. mit 1 Steintaf. Abbild. in qu. Fol.) 865. 1 ℛ

25. Bd. Exner, W. F., die Tapeten- u. Buntpapier-Industrie für Fabrikanten u. Gewerbtreibende, sowie für techn. Institute dargestellt. Mit einem Vorworte von Karl Karmarsch. Nebst einem Atlas, enthltd. 8 (lith.) Taff. Maschinenzeichnungen (in qu. 4. u. qu. Fol.), 7 Taff. mit 44 Mustern u. ausserdem mit 13 in den Text eingedr. Abbildgn. (in Holzschn.) (XXII, 416 S.) 868. 3 ℛ 22½ ngr

• 25. **Exner, W. F.**, die Tapeten- und Buntpapier-Industrie für Fabrikanten und Gewerbtreibende, sowie für techn. Institute dargestellt. Mit einem Vorwort von Karl Karmarsch. (XXII, 416 S. nebst 1 Atlas enth. 8 lithogr. Taf. Maschinenzeichnungen in qu. 4. und qu. Fol., 7 Taf. mit 44 Mustern und 13 in den Text eingedr. Abbild. in Holzschn.) 869. ℳ 11,25.

28. Bd. Böhmer, Emil, u. Frdr. Neumann, Kalk, Gyps u. Cement. Handbuch für Anlage u. Betrieb von Kalkwerken, Gypsmühlen u. Cementfabriken. Mit Rücksicht auf die Anwendung dieser Materialien in der Praxis nebst Literatur-Nachweis u. Tabb. 4. Aufl. von A. W. Hertel's „Lehre von Kalk u. Gyps rc." in gänzlicher Umarbeitung. Nebst einem Atlas (in gr. 4.) von 13 (lith.) Taff. (in qu. Fol.) (XII, 316 S.) 870. 2 ℛ 7½ ngr

31. Bd. Reinnel's, F., englisches Receptbuch für Maurer, Tüncher, Stubenmaler, Stukkaturarbeiter u. Cementirer, enthltd. Vorschriften u. Unterweisung zum Mauern, Gypsformen, Anstrich u. Malen der Wände u. Anfertigung von baulichen Ornamenten rc. Nach dem Engl. frei bearb., mit vielen Zusätzen vermehrt u. nach deutschen Bedürfnissen modificirt von A. W. Hertel. 2., verm. u. verb. Aufl. (X, 236 S. mit 7 Steintaff. in 4., wovon 2 color., enthltd. 52 Figg.) 866. 1 ℛ

33. Bd. Fontenelle, J., Handbuch der Essigfabrikation u. Senfbereitung. 5. Aufl., vollständig umgearb. u. mit den bewährtesten Erfahrungen verm. von R. Graeger. Mit 3 (lith.) Taff. (in qu. Fol.), enthltd. 14 Abbildungen. (VIII, 205 S.) 871. 1 ℛ

34. Bd. Neumann, Friedr., die Ziegelfabrikation. Handbuch bei Anlage u. Betrieb der Ziegeleien, zur Herstellung aller Arten von Mauer- u. Dachziegeln, Hohlsteinen u. Drainröhren. 6. Aufl. von P. Schaller's prakt. Ziegler. (XXIV, 345 S. mit 1 Atlas, enthltd. 20 lith. Foliotaff.) 866. 1 ℛ 22½ ngr

37. Bd. **Wettengel's**, G. Ad., Lehrbuch der Geigen- u. Bogenmacherkunst, oder theoretisch-praktische Anweisung zur Anfertigung u. Reparatur der verschiedenen Arten Geigen u. Bogen, sowie der Guitarren, nebst einer Darstellung der darauf bezüglichen Lehren der Physik. 2. Aufl., zeitgemäß umgearb. von Heinr. Gretschel. Mit einem Atlas, enthltd. 10 (lith.) Foliotaff. (X, 312 S.) 869. 2 *ℛ* 22½ *ngr.*

41. Bd. **Leischner's**, C. F., Liniirkunst oder gründliche u. vollständige Anweisung alle Arten Handlungsbücher, Konto-Correnten, Schul- u. Notenpapiere ꝛc. zu liniiren ꝛc. Ein Handbuch für Liniirer u. Buchbinder. 4., gänzlich umgearb. u. verm. Aufl. von C. Fleischhauer. (X, 139 S. mit 1 Atlas von 15 lith. Lang-Foliotaff.) 867. 1 *ℛ* 7½ *ngr.*

43. Bd. **Weishaupt**, Heinr., das Gesammtgebiet des Steindrucks oder vollständige theoretisch-praktische Anweisung zur Ausübung der Lithographie in ihrem ganzen Umfange u. auf ihrem jetzigen Standpunkte. Nebst einem Anh. von der Zinkographie, dem anastatischen Drucke u. der Photolithographie. 4. Aufl. von „Pescheck, das Ganze des Steindrucks" in gänzl. Umarbeitung. (XVI, 416 S. m. 1 Atlas von 10 Steintaff. in qu. Fol., enthltd. 132 Abbildgn.) 865. 2 *ℛ*

49. Bd. **Behse**, W. H., die praktischen Arbeiten u. Baukonstruktionen des Zimmermanns in allen ihren Theilen. Ein Handbuch für Zimmerleute, sowie für Baugewerk- u. Gewerbeschulen. 6. Aufl. von Matthaey's „Baukonstruktionen des Zimmermanns" in gänzlicher Umgestaltung. Mit einem Atlas von 45 (lith.) Foliotaff., enthltd. 561 Fig. (XII, 232 S.) 868. 2 *ℛ* 10 *ngr.*

53. Bd. **Lebrun's**, M., vollständiges Handbuch für Klempner u. Lampenfabrikanten, enthltd. die Beschreibung u. Bearbeitung der Metalle, die geometr. Schnittzeichnungen, die Erklärung der verschiedenen Arbeiten u. Werkzeuge ꝛc. Von Thdr. Raetz. Nebst Beiträgen u. einem Anhang über die neuesten, mit Vortheil anzuwendenden Werkzeugsmaschinen von C. A. Dietrich. 5., gänzlich umgearb., mit den neuesten Erfindungen u. Verbesserungen verm. Aufl. (XVI, 288 S. mit 1 Atlas von 24 lith. Groß-Foliotaff., enth. 373 Abbildgn.) 866. 2 *ℛ* 10 *ngr.*

59. Bd. **Leischner's**, C. F., vollständige Anleitung zur Verfertigung aller Arten Papp- u. Galanterie-Arbeiten als Wandtaschen, Lesepulte, Wandkalender ꝛc. nach den neuesten Methoden u. Modellen. 4. Aufl. Nach den neuesten Hülfsmitteln u. nach eigenen Erfahrungen bearb. von H. Krehan. (XVI, 248 S. mit 1 Atlas von 12 lith. Foliotaff., enthldt. 123 Abbildungen.) 866. 1 *ℛ* 15 *ngr.*

65. **Beckmann's**, Ludw., theoretisch-praktisches Handbuch für Wagenfabrikanten u. alle beim Wagenbau beschäftigten Künstler u. Handwerker, wie auch für Besitzer von öffentlichen u. Luxusfuhrwerken. 4., verm. u. verb. Aufl. Mit Zustimmung des Verf. neu bearb. von Wilh. Rausch u. einem einleitenden Vorworte von Heinr. Lindner. (XVI, 467 S. mit 1 Atlas von 27 lith. Foliotaff.) 865. 2 *ℛ* 20 *ngr.*

75. Bd. **Strele**, Karl, Theorie u. Praxis in der Fabrikation des weißen Feldspath-Porzellans u. dessen Dekorirung mit Starkfeuer-Farben, enthltd. die Angabe eines rationellen Verfahrens zur Zusammensetzung der Massen u. Glasuren, der neuesten engl. Maschinen-Drehscheiben, der gegenwärtig beim Brennen mit Steinkohlen zu Limoges angewendeten rauchverzehrenden Beschickungsmethode nach dem System Mourot ꝛc. Nach dem gegenwärtigen Standpunkte, theils nach eigenen Erfahrungen, theils mit Benutzung der vorzüglichsten in- u. ausländischen, wie sonstigen Quellen dargestellt. (XVI, 239 S. mit 1 Atlas von 18 lith. Foliotaff., enthltd. 192 Figg.) 867. 2 *ℛ* 15 *ngr.*

85. Bd. **Schirlitz**, F. L., die Fabrikation der Stahlwaaren oder Herstellung der Messer, Gabeln, Scheeren ꝛc. wie solche vornehmlich in Solingen betrieben wird. Nebst Anweisung über die wichtigsten physikalischen u. chemischen Erscheinungen; Heizung u. Brennmaterial ꝛc. Unter Mitwirkung mehrerer Fabrikanten hersg. Mit Atlas von 15 lith. Folio-Taff., enthltd. 225 Figg. (mit 4 S. Erläuterungen), entworfen u. gezeichnet von J. Klaucke. (XIV, 312 S.) 868. 2 *ℛ*

88. Bd. **Wilkens**, Karl, die Töpferei. Anfertigung des ordinären Töpfergeschirrs, der ordinären Fayence (der sogen. Porzellanöfen), des ordinären Steinzeugs (der sogen. Krugwaaren) u. der irdenen Pfeifen. Nebst Nachweisungen über die Entstehung, Gewinnung u. Zusammensetzung der Thone, die Bereitung u. Eigenthümlichkeit der Massen, die Glasuren ꝛc. sowie mit einem Anhang über die Einführung von Genossenschaften bei der Fabrikation ordinärer Thonwaaren. 4. Aufl. von „Bastenaire-Daudenart, Anfertigung aller Arten ordinärer Töpferwaaren ꝛc." in vollständig neuer Bearbeitung. Nebst 1 Atlas von 11 (lith.) Taff. (in qu. Fol.), enthltd. 127 Abbildungen. (XVI, 247 S.) 869. 2 *ℛ* 15 *ngr.*

88. Wilkens, Karl, die Töpferei. Anfertigung des ordinären Töpfergeschirrs, der ordinären Fayence (der sogen. Porzellanöfen), des ordinären Steinzeugs (der sogen. Krugwaaren) und der irdenen Pfeifen. Nebst Nachweisungen über die Entstehung, Gewinnung und Zusammensetzung der Thone, die Bereitung und Eigenthümlichkeit der Massen, die Glasuren ꝛc. sowie mit einem Anh. über die Einführung von Genossenschaften bei der Fabrikation ordinärer Thonwaaren. 4. Aufl. von „Bastenaire-Daudenart, Anfertigung aller Arten ordinärer Töpferwaaren" ꝛc. in vollständig neuer Bearbeitung. (XVI, 247 S. nebst 1 Atlas von 11 lithogr. Taf. in qu. Fol., enth. 127 Abbild.) 870. *M.* 7.50.

96. Bd. **Wagner**, Ladisl. v., die Bierbrauerei nach dem gegenwärtigen Standpunkte der Theorie u. Praxis des Gewerbes. Mit besond. Berücksichtigung des Brauverfahrens in Ungarn-Oesterreich, Bayern, am Rhein ꝛc. Auf Grund eigener Erfahrungen sowie mit Benutzung der neuesten deutschen, englischen u. französischen Literatur bearb. 4. sehr verm. u. gänzlich umgearb. Aufl. von Chr. H. Schmid's „Grundsätze der Bierbrauerei." Nebst 1 Atlas von 13 (lith.) Taff. (in qu. Fol.) enthltd. 157 Abbildungen. (XVI, 511 S.) 869. 3 *ℛ* 15 *ngr.*

96. Wagner, Ladisl. v., die Bierbrauerei nach dem gegenwärtigen Standpunkte der Theorie und Praxis des Gewerbes. Mit besond. Berücksicht. des Brauverfahrens in Ungarn-Oesterreich, Bayern, am Rhein ꝛc. Auf Grund eigener Erfahrungen sowie mit Benutzung der neuesten deutschen, engl. und französ. Literatur bearb. 4. sehr verm. und gänzlich umgearb. Aufl. von Chr. H. Schmidt's „Grundsätze der Bierbrauerei". (XVI, 544 S. nebst 1 Atlas von 13 lithogr. Taf. in qu. Fol. enth. 157 Abbild.) 870. *M.* 10.50.

102. Bd. **Barfuß**, Friedr. Wilh., die Kunst des Böttchers oder Küfers in der Werkstatt wie im Keller, enthltd. eine vollständige Anweisung, den Inhalt aller Arten von Gefäßen theils durch Berechnung, theils durch Visirstäbe zu finden u. jedes Gefäß nach verlangtem Gehalt zu verfertigen. 5., verb. u. verm. Aufl. von Aug. Lange. (XVI, 351 S. mit 8 Steintaff. in qu. Fol.) 868. 1 *ℛ* 7½ *ngr.*

107. Bd. **Schmidt**, Wilib., das Beizen, Schleifen u. Poliren des Holzes, Elfenbeins, Horns, der Perlmutter u. Knochen sowie deren Conservirung als techn. Material u. die Verschönerung der daraus gefertigten Kunst- u. Industriearbeiten. Mit Benutzung der neuesten in- u. ausländischen Literatur, sowie auf Grund eigener Erfahrungen hersg. [5. Aufl. von „Thon's Holzbeizekunst ꝛc." in gänzl. Umgestaltung.] Mit 1 (lith.) Taff. (in qu. Fol.), enthltd. 26 Abbildungen. (XVIII, 212 S.) 871. 1 *ℛ* 7½ *ngr.*

109. Bd. **Zerrenner's**, J. F., Cur- u. Hufschmid. Lehre vom Hufbeschlag u. den wichtigsten äußeren Krankheiten des Pferdes, wie deren Heilung. 4., vollständig umgearb. Aufl. von Frdr. Ant. Zürn. Mit 1 Atlas (in qu. 4.), enthltd. 9 (lith.) Taff. (in qu. Fol.) mit 102 Abbildungen. (XII, 210 S.) 870. 1 *ℛ* 7½ *ngr.*

136. Bd. **Thon's**, C. F. G., Kitt-Kunst oder Anleitung alle Arten von Kitten, Leimen, Kleistern u. sonstigen Klebstoffen zweckmäßig zu bereiten u. sie mit Erfolg u. Dauer anzuwenden. Für Künstler, Handwerker u. Geschäftsleute wie auch für eine jede Haushaltung. 3. Aufl. neu bearb. u. stark verm. von H. Eckardt. (XII, 147 S.) 869. 15 *ngr.*

136. Thon's, C. F. G., Kitt-Kunst, oder Anleitung, alle Arten von Kitten, Leimen, Kleistern und sonst. Klebstoffen zweckmäßig zu bereiten und sie mit Erfolg und Dauer anzuwenden. Für Künstler, Handwerker und Geschäftsleute wie auch für eine jede Haushaltung. 3. Aufl., neu bearb. und stark verm. von H. Eckardt. (XII, 147 S.) 870. *M.* 1.50.

146. Bd. **Strele**, Karl, die Technik des Kolorirens u. Dekorirens von ächten u. Fritten-Porzellan, Steingut, Fayence ꝛc. durch Bemalen, Bedrucken, Uebertragen von Photographien mit verglasbaren Email- u. Muffelfarben u. Metallen ꝛc. 3. Aufl. von „Brongniart's Dekoriren u. Koloriren in gänzl. Umarbeitung mit Hinzufügung wesentlich neuer Bestandtheile. Mit 3 (lith.) Taff. (in qu. Fol.), enthltd. 33 Abbildungen. (X, 152 S.) 868. 1 *ℛ* 7½ *ngr.*

146. Steele, Karl, die Technik des Kolorirens und Dekorirens von ächten und Fritten-Porzellan, Steingut, Fayence ꝛc. durch Bemalen, Bedrucken, Uebertragen von Photogr. mit verglasbaren Email- und Muffelfarben und Metallen ꝛc. 3. Aufl. von „Brongniart's Dekoriren und Koloriren“ ꝛc. in gänzl. Umarbeitung mit Hinzufügung wesentl. neuer Bestandtheile. (X, 152 S. mit 5 lithogr. Taf. in qu. Fol., enth. 33 Abbild.) 869. ℳ 3,75.

148. Hertel's, A. W., moderne Bautischlerei für Tischler und Zimmerleute, enth. die in der Praxis vorkommenden noth. geometr. Konstruktionen, die Architektur in Bezug auf Säulenordnungen und alle beim innern Ausbau vorkommenden Arbeiten des Bautischlers ꝛc. Nebst Anweisung zur Bereitung von Firnissen und Lacken, Beizen ꝛc. 6. gänzlich umgearb. und sehr verb. Aufl. von Aug. Graef. (XII, 246 S. mit 1 Atlas in 4., enth. 78 lithogr. Quarttaf. und 30 in den Text eingedr. Holzschn.) 1869. ℳ 8,50., und 7. verm. und verb. Aufl. von Aug. Graef. (XIV, 249 S. mit 1 Atlas in 4., enth. 82 lithogr. Taf. und 30 in den Text eingedr. Holzschn.) 873. ℳ 10,50.

150. Bd. Buchner, Otto, die zweckmäßigsten u. elegantesten Zimmeröfen u. Zimmerkamine mit sparendster Holz-, Kohlen- u. Torffeuerung. Nach persönlichen Beobachtungen auf der Pariser Welt-Ausstellung von 1867, sowie unter Benutzung der technischen Literatur, mit besonderer Berücksichtigung deutscher Verhältnisse für Ofenfabrikanten, Eisenhütten ꝛc. Mit Atlas von 7 (lith.) Foliotaff., enthltd. 92 Abbildgn. u. 4 S. Erläuterung. (VIII, 152 S.) 868. 1 Thlr.

153. Bd. Enyrim, A., das Bäckergewerbe der Neuzeit. Enthltd. das Wissenswertheste für den Bäcker über Getreide, Mahlen u. Backen, Hefe u. Gährung. 3. Aufl. von „Schmidt's Bäckerhandwerk“ in gänzl. Umarbeitung. Mit 7 (lith.) Taff., enthltd. 86 erläuternde Zeichnungen. (VIII, 276 S.) 869. 1 Thlr. 15 ngr.

153. Enyrim, A., das Bäckergewerbe der Neuzeit. Enth. das Wissenswertheste für den Bäcker über Getreide, Mahlen und Backen, Hefe und Gährung ꝛc. 3. Aufl. von „Schmidt's Bäckerhandwerk“ in gänzl. Umarbeitung. (VIII, 276 S. mit 7 lithogr. Taf., enth. 86 erläut. Zeichnungen.) 870. ℳ 4,50.

151. Bd. Jeep, W., der Asphalt u. seine Anwendung in der Technik, oder Gewinnung u. Darstellung aller natürl. u. künstl. Asphalte, deren Verwendung zum Belegen von Wegen, Straßen, Höfen ꝛc. (X, 169 S. mit 1 Atlas, enthltd. 23 Steintaff. in qu. 4.) 867. 1 Thlr. 10 ngr.

171. Bd. Schreiber, Eman., vollständiges Handbuch der Uhrmacherkunst, namentlich in Beziehung auf Thurm-, Wand- u. Stutzuhren, Taschenuhren aller Art ꝛc. 4., verb. u. verm. Aufl. (XXXIV, 613 S. mit 1 Atlas von 27 Steintaff. in 4., enthltd. 358 Abbildungen.) 865. 2 Thlr. 15 ngr.

181. Bd. Krüdener, Leop., Angaben u. Pläne theils schon ausgeführter, theils gut ausführbarer englisch-amerikanischer Mahlmühlen, so wie von den neuesten Einrichtungen der Oel- u. Schneidemühlen. 3. Aufl. von Hartmann's „englisch-amerikan. Mahlmühlen“ in vollständ. Umgestaltung. (XVI, 427 S. mit 1 Atlas von 31 lith. Foliotaff., enthltd. 310 Figg.) 865. 2 Thlr. 20 ngr.

191. Bd. Perini, Giac., der Schweizerzuckerbäcker oder instruktive Anweisung zur Anfertigung aller feinen Torten, Kuchen, Plätzchen ꝛc., im Ganzen gegen 800 Recepte enthltd. 3. verm. u. verb. Aufl. von A. Enyrim. Mit 8 (lith.) Taff. (in qu. Fol.) enthltd. Zeichnungen verschiedener Maschinen u. Muster zum Dekoriren der Torten. Nebst einer Hilfstaf. zur Umrechnung von Maß u. Gewicht. (XXX, 319 S.) 869. 1 Thlr. 10 ngr.

201. Bd. Tormin, Rud., der erfahrene Gehülfe für Haus- u. Stubenmaler u. Firmaschreiber bei Ausführung aller Arten von Anstrichen, Nachahmungen der Farbe, Naturzeichnung ꝛc. Nebst einem Anh. über den Ursprung der Pigmente ꝛc. ꝛc., sowie über das metrische Maß- u. Gewichtssystem. 4. Aufl. von „Schreiber's Haus- u. Stubenmaler“ in gänzl. Umarbeitung. (XVI, 285 S. mit 1 Tab. in qu. Fol.) 869. 22½ ngr.

204. Tormin, Rud., der erfahrene Gehülfe für Haus- und Stubenmaler und Firmaschreiber bei Ausführung aller Arten von Anstrichen, Nachahmungen der Farbe, Naturzeichnungen ꝛc. Nebst einem Anh. über den Ursprung der Pigmente ꝛc. ꝛc., sowie über das metr. Maß- und Gewichtssystem. 4. Aufl. von „Schreiber's Haus- und Stubenmaler“ in gänzl. Umarbeitung. (XVI, 285 S. mit 1 Tab. in qu. Fol.) 870. ℳ 2,25.

220. Bd. Franke, Carl Aug., Handbuch der Buchdruckerkunst. Nach eigenen Erfahrungen u. denen anderer namhafter Buchdrucker bearb. 4., gänzlich umgearb. u. verm. Aufl. (XII, 389 S.) 867. 1 Thlr. 10 ngr.

223. Bd. Lohmann, Adph., der Wasser-Mahlmühlenbau oder Anleitung zur richtigen Konstruktion sämmtl. beim Mühlenbau vorkommenden Räder u. Gerinne, mit besond. Beziehung auf die von Wasserkraft zu betreibenden Mahlmühlen. In 2. Aufl. umgearb. u. neu herausg. von Leop. Krüdener. (XVI, 339 S. mit 1 Atlas von 20 Steintaff. in qu. Fol., enthltd. 210 Fig.) 865. 2 Thlr.

221. Bd. Neumann, Frdr., die stationären u. lokomobilen Dampfmaschinen u. Dampfkessel. Beschreibung, Wartung, Reparatur u. Führung derselben ꝛc. zum Gebrauche für Fabrikanten, Maschinenbauer u. Gewerbeschüler ꝛc. Mit einem Atlas, enthltd. 15 (lith.) Fol.-Taff. (u. 2 S. Text.) (XII, 229 S.) 869. 1 Thlr. 21 ngr.

229. Bd. Buchner, Otto, die Konstruktion u. Anlegung der Blitzableiter, zum Schutze aller Arten von Gebäuden, Seeschiffen u. Telegraphenstationen nebst Anleitung zu Kostenvoranschlägen. Ein Lehr- u. Nachschlagebuch für Ingenieure, Bauhandwerker, Schlosser ꝛc. (X, 152 S. mit 1 Atlas von 6 lith. Foliotaff., enthltd. 91 Abbild.) 867. 1 Thlr. 6 ngr.

245. Bd. Lichtenberg's, C., Seifenfabrication. Handbuch bei Darstellung aller Arten von Kern-, Leim-, Schmier- ꝛc. Seifen nach den neuesten Vervollkommnungen in diesem Industriezweige, nebst einer kurzen Beschreibung der Rohmaterialien u. deren Prüfung auf ihre Reinheit u. Güte. In 2., gänzlich umgearb. Aufl. herausg. von R., Alex. u. Herm. Graeger. Nebst 4 (lith.) Fol.-Taff., enthltd. 39 Abbildungen. (XII, 169 S.) 868. 1 Thlr. 7½ ngr.

256. 257. Bd. Voigt, F. H., Vollständiges Lehrbuch der Weberei u. ihres kommerciellen Geschäftsbetriebes, umfassend den theoret. u. den prakt. Unterricht zur Kenntniß der Urstoffe nach ihrer Natur, nach den Behandlungsarten, den Gattungen u. der Herstellung zum Verbrauch, mit Angabe von deren Gewichts- u. Längenberechnungen. 2. verb. u. verm. Aufl. In 2 Bdn. u. 2 Atlassen, enthltd. 38 Taff. 1. Bd. Die Weberei auf Handstühlen in ihrer Entwickelung u. Fortbildung als Handwerk, Kunst u. Fabrikgewerbe, für Kaufleute, Fabrikanten, Faktore u. Meister, technisch u. kaufmännisch-geschäftlich, sowie für den Unterricht leicht faßlich u. sachlich bearb. 2. verb. u. verm. Aufl. Nebst einem Atlas (in gr. 4.). von 19 (lith.) Foliotaff. (XVI, 306 S.) 869. 2 Thlr. 15 ngr. 2. Bd. Die mechanische Weberei nach englischer, französischer u. deutscher Schule bis auf die neuesten Erfindungen. Mit Benutzung der besten englischen u. französischen Werke, wie einer 18jährigen praktischen Erfahrung u. Kenntniß deutscher Webereien, insbesond. der sächs. Weber-Industrie nebst gründl. Anleitung zur Geschäftsleitung, Buchführung, Fabrikorganisation ꝛc. Mit einem Anh., enthltd.: Schema's zur Geschäfts- u. Buchführung, Maß- u. Gewichtstabb., Produktionstabb. Nebst einem Atlas von 19 (lith.) Foliotaff. (XII, 235 S.) 869. 2 Thlr. 15 ngr.

257. —— die mechanische Weberei nach englischer, französischer und deutscher Schule bis auf die neuesten Erfindungen. Mit Benutzung der besten engl. und französ. Werke, wie einer 18jähr. prakt. Erfahrung und Kenntniß deutscher Webereien, insbesond. der sächs. Weber-Industrie nebst gründl. Anleitung zur Geschäftsleitung, Buchführung, Fabrikorganisation ꝛc. Mit einem Anh., enth.: Schema's zur Geschäfts- und Buchführung, Maß- und Gewichtstab., Produktionstab. ꝛc. 2. verb. und verm. Aufl. (XII, 235 S. mit 1 Atlas von 19 lithogr. Foliotaf.) 870. ℳ 7,50.

267. Bd. Jasmund, Rob., das Buch der Fortschritte für Schlosser, Grob-, Zeug- u. Messerschmiede, Feilenhauer u. A., enthltd. eine Zusammenstellung verb. Verfahrungsweisen beim Verstählen des Schmiedeeisens, Zusammenschweißen des Gußstahls mit Eisen, Härten verstählter u. stählerner Werkzeuge ꝛc. 3. verb. u. verm. (Titel-)Aufl. Mit einem Atlas von 50 (lith.) Quarttaff., worauf 589 Abbildungen. (XIV, 481 S.) 869. 2 Thlr.

270. 271. Bd. Gräger, N., die fabrikmäßige Darstellung chemischer Produkte, umfassend die Fabrikation aller, für Industrie u. Gewerbe wichtigen, einfachen u. zusammengesetzten Körper der anorganischen Chemie; mit Angabe ihrer Eigenschaften u. titrimetr. Prüfung auf ihre Reinheit u. Güte. 2 Bde. (XXIII, 633 S. mit 1 Atlas, enthltd. 11 lith. Foliotaff.) 865. 3 Thlr. 15 ngr.

272. Bd. Pfeiffer, Clemens, Handbuch der elektromagnetischen Telegraphie nach Morse'schem System. Ein theoretisch-prakt. Leitfaden für angehende Telegraphisten, Eisenbahnbeamte, Techniker ꝛc. (XII, 283 S. mit 1 Atlas von 16 Steintaff. in Fol., enthltd. 168 Abbildungen.) 865. 2 Thlr. 7½ ngr.

273. Bd. Lichtenberger, G. E., die Ultramarin-Fabrikation, beschrieben nach ihrer Entstehung, Geschichte u. gegenwärtigen Ausbildung, mit Angabe der für die Hauptfabrikorte u. Systeme eigenthümlichen Einrichtungen u. Bereitungsarten. (VIII, 144 S. mit 1 Atlas, enthltd. 10 lith. Foliotaff. mit 63 Figg.) 865. 1 Thlr. 15 ngr.

274. Bd. **Creuzburg, Heinr.**, Theorie u. Praxis der Bierbrauerei dargestellt in kurzen leichtfaßl. Sätzen. Ein Rathgeber in allen Verlegenheiten u. sonstigen in diesem Geschäfte vorkommenden Fällen. Für Bierbrauer, denen an Fortschritt u. Sicherheit in ihrem Geschäfte gelegen ist. (VIII, 139 S.) 866. 15 ngr.

275. Bd. **Fischer, H. A.**, Erfahrungen beim Brennerei-Betriebe. In eigener langjähr. Praxis gesammelt u. nebst selbstgeprüften, bewährt gefundenen Hefemitteln veröffentlicht. (VI, 92 S.) 866. 15 ngr.

276. Bd. **Lange, Aug.**, Handbüchlein für den Böttcher oder Küfer, enthltd.: die mannigfaltigsten Risse u. Modelle, Berechnungen des Inhalts von Flächen u. aller Arten Gefäße, Tabellen u. Hohlmaße 2c. 2., verm. u. verb. Aufl. (XII, 118 S. mit 5 Steintaff. in qu. gr. 4., enthltd. 30 Figg.) 866. 22½ ngr.

277. Bd. **Köstlin, Ulr.**, die Metallwaaren-Industrie u. ihre Betriebs-Einrichtungen auf dem Höhepunkte jetziger Vervollkommnung. Ein Buch des Fortschritts für Gürtler, Glocken-, Gelb-, Roth- u. Zinngießer, Plattirer 2c. Enthltd. alle in der Neuzeit erfundenen Gieß-, Glüh- u. Löthöfen, Gießformen, technisch gebrauchten Metalllegirungen 2c. 2. Thl. (XII, 253 S. mit 1 Atlas von 7 Steintaff. in qu. gr. 4., enthltd. 90 Abbildungen.) 866. 1 Thlr. 6 ngr.

278. Bd. **Gravenhorst, Andr.**, die Holzbearbeitungs-maschinen in ihrer gegenwärtigen Vervollkommnung, oder die neuesten u. vorzüglicheren Konstruktionen von Kreis-, Vertikal- u. Bandsägen, Sägegattern, Fournier- u. Spanschneidmaschinen 2c. Für Maschinenbauer, Zimmerer, Tischler 2c. (X, 184 S. mit 1 Atlas von 27 lith. Foliotaff., worauf 193 Abbild.) 867. 1 Thlr. 15 ngr.

279. Bd. **Martin, A.**, Handbuch der Emailphotographie u. der Phototypie oder Anleitung zur Erzeugung von Photographien auf Email u. Porzellan, von Photolithographien, Photometallographien 2c. (XVI, 269 S.) 867. 1 Thlr. 7½ ngr.

280. Bd. **Hoelder, Geo.**, die Fortschritte in der Konstruktion der Pumpen, Saugapparate, Wasserhebungsmaschinen 2c. während der neuesten Zeit. Zum prakt. Gebrauche für Wasserbautechniker, Bergingenieure, Maschinenbauer 2c. (XII, 241 S. mit 1 Atlas von 24 lith. Foliotaff., enthltd. 207 Abbildungen.) 867. 1 Thlr. 22½ ngr.

281. Bd. **Ramming, Herm.**, die Spinnerei-Industrie nach ihrem neuesten wissenschaftlichen u. praktischen Zustande, oder Repertorium aller während der letzten Jahre in der Wollen-, Baumwollen-Jutespinnerei 2c. gemachten Verbesserungen, Erfindungen u. Neuerungen. Ein Buch des Fortschritts für Spinnereibesitzer, Spinnereitechniker, Maschinenfabrikanten u. A. (XIV, 352 S. mit 1 Atlas von 22 lith. Foliotaff., enthltd. 260 Abbildungen.) 867. 2 Thlr.

282. Bd. **Günther, F. A.**, die Fabrikation des lohgaren Leders in Deutschland auf ihrem jetzigen Standpunkte u. deren nothwendige Fortschritte u. Vervollkommnungen nach den, vom Verf. persönlich gewonnenen Anschauungen u. Erfahrungen auf der Pariser Welt-Industrie-Ausstellung von 1867, wie in den französischen Lederfabriken u. Gerbereimaschinen-Werkstätten. 2 Abthlgn. (1. Abthl. XVI, 266 S. mit eingedr. Holzschn. u. 7 Steintaff. in Fol., 2. Abthl. VII, 160 S. mit eingedr. Holzschn.) 867. 3 Thlr.

283. 284. Bd. **Graeger, N.**, Handbuch der Glasfabrikation nach allen ihren Haupt- u. Nebenzweigen oder theoretisch-prakt. Anleitung zur Darstellung aller Arten Glasfabrikate, als: Hohl-, Tafel-, Spiegel- 2c. Glases, — nach dem gegenwärtigen Stande der Glasindustrie in Deutschland, England u. Frankreich bearb. 2 Bde. 4. Aufl. von „Leng's Glasfabrikation" in gänzlicher Umarbeitung. (XX, 494 S. mit 1 Atlas u. 15 lith. Foliotaff.) 867. 4 Thlr.

285. Bd. **Grothe, Herm.**, die Brennmaterialien u. die Feuerungsanlagen für Fabrik, Gewerbe u. Haus. Ein Compendium für Studirende, Techniker, Baubeflissene, Fabrikanten u. Gewerbsleute. Mit Atlas von 71 (lith.) Taff. u. 378 Figg. (XVI, 412 S.) 870. 4 Thlr.

286. Bd. **Neumann, Frdr.**, hydraulische Motoren. Bau u. Anlage der wichtigsten vom Wasser getriebenen Maschinen dargestellt durch Zeichnungen mit Beschreibung u. Berechnung von Turbinen, Wasserrädern u. Wassersäulenmaschinen. Mit Rücksicht auf Terrainverhältnisse für Fabriken, Mühlen-, Berg- u. Hüttenwerke. Nebst einem Nachweis der bezüglichen Literatur 2c. Mit 25 eingedr. Holzschn. u. e. Atlas, enthltd. 26 (lith.) Foliotaff. (X, 226 S.) 868. 2 Thlr. 22½ ngr.

287. Bd. **Buehlers, Otto**, Atelier u. Apparat des Photographen. Praktische Anleitung zur Kenntniss der Konstruktion u. Einrichtung der Glashäuser, der photograph. Arbeitslokalitäten u. des Laboratoriums. Ausführliche Darstellung des gesammten opt., chem. u. techn. Apparats nach dem gegenwärtigen Stande der photograph. Technik etc. Mit einem Atlas von 17 (lith.) Fol.-Taff., enthltd. 496 Figg. Nebst einem Anh. über das metr. Maass- u. Gewichts-System. (XVI, 367 S.) 869. 3 Thlr.

288. Bd. **Nies, Benno**, die Baumwoll-Spinnerei in allen ihren Theilen, enthltd. die Beschreibung, Berechnung u. Behandlung der neuesten Maschinen, ihre Stellung für die verschiedenen Baumwollen etc. Ein Handbuch für Spinnerei-Techniker, Beamte u. Fabrikanten, nach eigener Erfahrung u. den besten deutschen u. englischen Quellen bearb. Mit einem Vorwort von Max Hauschild. (XIV, 504 S.) Nebst einem Atlas (in 4.) von 33 (lith.) Taff., enthltd. 253 Abbildungen. 868. 5 Thlr.

288. **Nies, Benno**, die Baumwoll-Spinnerei in allen ihren Theilen, enth. die Beschreibung, Berechnung und Behandlung der neuesten Maschinen, ihre Stellung für die verschiedenen Baumwollen etc. Ein Handbuch für Spinnerei-Techniker, Beamte und Fabrikanten, nach eigner Erfahrung und den besten deutschen und engl. Quellen bearb. Mit einem Vorwort von Max Hauschild. (XIV, 504 S. nebst 1 Atlas in 4. von 33 lithogr. Taf., enth. 253 Abbild.) 869. ℳ 15.

289. Bd. **Wagner, Heinr.**, Licht u. Feuer oder die Feuerzeugfabrikation vom Standpunkte ihrer gegenwärtigen Entwicklung theoretisch u. prakt. beschrieben. Nebst Anleitung zur Prüfung u. Darstellung der hierbei angewandten Materialien 2c. Mit 6 (lith.) Taff. (in qu. gr. 4.) enthltd. 64 Abbildungen. Nebst einem Anh., enthltd. das metr. Maß- u. Gewichtssystem. (XII, 262 S.) 869. 1 Thlr. 7½ ngr.

Alphabetische Uebersicht der vorstehenden Bände:

Barfuß, Friedr. Wilh., Kunst des Böttchers oder Küfers. 102. Bd.
Beckmann's, Ludw., Handbuch für Wagenfabrikanten. 65. Bd.
Behse, W. H., die prakt. Arbeiten u. Bauconstructionen des Maurers. 22. Bd.
— die praktischen Arbeiten u. Baukonstruktionen des Zimmermanns. 49. Bd.
Böhmer, Emil, Kalk, Gyps u. Cement. 28. Bd.
Buchner, Otto, Blitzableiter. 229. Bd.
— Zimmeröfen u. Zimmerkamine. 150. Bd.
Buehler, Otto, Atelier u. Apparat des Photographen. 287. Bd.
Cuyrim, A., das Bäckergewerbe. 153. Bd.
Creuzburg, Heinr., Bierbrauerei. 274. Bd.
— Lackirkunst. 14. Bd.
Eupel, Joh. Christ., der vollkommene Conditor. 1. Bd.
Exner, W. F., die Tapeten- u. Buntpapier-Industrie. 25. Bd.
Fischer, H. A., Brennerei-Betrieb. 275. Bd.
Fontenelle, J., Essig- u. Senfbereitung. 33. Bd.
Franke, Carl Aug., Buchdruckerkunst. 220. Bd.
Fürbringer, Alex., Kunst des Drechslers. 15. Bd.
Gräger, N., Glasfabrikation. 283. u. 284. Bd.
— Darstellung chemischer Produkte. 270. u. 271. Bd.
Gravenhorst, Andr., Holzbearbeitungs-Maschinen. 278. Bd.
Grothe, Herm., die Brennmaterialien u. die Feuerungsanlagen. 285. Bd.
Günther, F. A., Fabrikation des lohgaren Leders. 282. Bd.
Hertel's, A. W., moderne Bautischlerei. 148. Bd.
Hölder, Geo., Konstruktion der Pumpen. 280. Bd.
Jasmund, Rob., das Buch der Fortschritte für Schlosser, Grob-, Zeug- u. Messerschmiede 2c. 267. Bd.
Jeep, W., Asphalt. 154. Bd.
Köstlin, Ulr., Metallwaarenindustrie. 277. Bd.
Krüdener, Leop., Mahlmühlen. 181. Bd.
Lange, Aug., Böttcher. 276. Bd.
Lebrun's, M., Klempner u. Lampenfabrikant. 53. Bd.
Leischner's, C. F., Liniirkunst. 41. Bd.
— Verfertigung von Papp- u. Galanterie-Arbeiten. 59. Bd.

Lichtenberg's, C., Seifenfabrication. 215. Bd.
Lichtenberger, G. E., Ultramarinfabrikation. 273. Bd.
Lohmann, Adph., Wassermahlmühlenbau. 223. Bd.
Martin, A., Emailphotographie. 279. Bd.
Matthaey, Carl, Handbuch für Zimmerleute. 49. Bd.
Neumann, Frdr., Kalk, Gyps u. Cement. 28. Bd.
— die stationären u. lokomobilen Dampfmaschinen u. Dampfkessel. 224. Bd.
— hydraulische Motoren. 286. Bd.
— Ziegelfabrikation. 34. Bd.
Nies, Benno, die Baumwollspinnerei. 288. Bd.
Perini, Giac., der Schweizerzuckerbäcker. 191. Bd.
Pfeiffer, Cl., Telegraphie. 272. Bd.
Ramming, Herm., Spinnerei-Industrie. 281. Bd.
Reinnel's, F., Receptbuch für Maurer, Tüncher u. Stubenmaler. 31. Bd.
Schebel's, C. F. B., Destilirkunst. 24. Bd.
Schlegel, Bernh., Leimsiederei. 7. Bd.
Schirlitz, F. L., die Fabrikation der Stahlwaaren. 85. Bd.
Schmidt, Wilh., die mechanische Tischlerwerkstätte. 23. Bd.
Schmidt, Wilib., das Beizen, Schleifen u. Poliren des Holzes u. Elfenbein's. 107. Bd.
Schreiber, Eman., Haus- u. Stubenmaler. 204. Bd.
— Uhrmacherkunst. 171. Bd.
Stöckel, Heinr. Fr. Aug., Tischlerkunst. 5. Bd.
Strele, Karl, Feldspath-Porzellan. 75. Bd.
— die Technik des Kolorirens u. Dekorirens von ächten u. Fritten-Porzellan. 146. Bd.
Thon's, C. F. G., Kittkunst. 136. Bd.
Thon's, G. P. F., Fleischer- u. Metzger-Gewerbe. 12. Bd.
Tormin, Rud., der erfahrene Gehülfe für Haus- u. Stubenmaler. 204. Bd.
Voigt, Fr. Herm., Weberei. 256. u. 257. Bd.
Wagner, Heinr., Licht u. Feuer. 289. Bd.
Wagner, Ladisl. v., die Bierbrauerei. 96. Bd.
Weishaupt, Heinr., Gesammtgebiet des Steindrucks. 43. Bd.
Wettengel's, Gust. Adph., Lehrbuch der Geigen- u. Bogenmacherkunst. 37. Bd.
Wilken's, Karl, die Töpferei. 88. Bd.
Zerenner's, J. F., Cur- u. Hufschmied. 109. Bd.

Schauplatz, neuer, der Künste u. Handwerke. Mit Berücksichtigung der neuesten Erfindungen. gr. 8. Weimar, B. F. Voigt.

1. Bd. Joh. Christ. Eupel's vollkommener Konditor, od. gründl. Anweisg. zur Zubereitg. aller Arten Bonbons, Stangenzucker, Konserven 2c., ingleichen erprobte Vorschriften u. Recepte zu allen Gattgn. der Kunstbäckerei, als zu Torten, Makronen, Marcipan 2c., ferner künstl. Getränke u. Chokoladen 2c. Nach dem neuen Maß u. Gewicht. 9. verm. u. verb. Aufl. v. A. Cnyrim. Mit vielen Abbildgn. (in eingedr. Holzschn. u. e. Steintaf. in qu. Fol.), die neuesten Maschinen f. den Großbetrieb darstellend. (XIV, 335 S.) 872. 3. —

5. Bd. H. F. A. Stöckel's Tischlerkunst in ihrem ganzen Umfange. Ein Lehr- u. Hülfsbuch f. Bau-, Kunst- u. Möbeltischler. 6. gänzlich umgearb. u. sehr verb. Aufl. v. Aug. Gräf. Mit e. Atlas, enth. 26 (lith.) Foliotaf. (XII, 184 S.) 873. 9. —

8. Bd. Die Kunst d. Goldarbeiters, Silberarbeiters u. Juweliers. Ein Handbuch, enth. die Darstellg. der wichtigsten, in diesem Fache vorkomm. chem. u. mechan. Arbeits-Operationen, m. besond. Berücksicht. der hierbei in Anwendg. steh. Werkzeuge, Maschinen u. Apparate. Nebst e. Anh. üb. Edelsteine u. Perlen. Von Rud. Frhr. v. Kulmer. Mit e. Atlas (in 4.) v. 24 (lith.) Folio-Taf., enth. 496 Abbildgn. u. 42 in den Text eingedr. Holzschn. (XVI, 335 S.) 872. 11. 50

11. Bd. Praktisches Handbuch der Schuhmacherei, enth. die neuesten Methoden u. Muster zur Herstellg. aller Schuhmacherarbeiten, m. besond. Berücksicht. der neuesten Maschinen zum Klein- wie fabrikmäß. Betriebe, nebst Angabe aller Handwerksvortheile u. praktischen Kunstgriffe. Hrsg. v. J. G. Schneider sen. u. H. A. Schneider jun. 3. gänzlich umgearb. Aufl. d. „Schuh- u. Stiefelmacher" 2c. Nebst e. Atlas (in qu. 4.) v. 11 (lith.) Folio-Taf. m. 179 Abbildgn., gez. v. W. Kanigs. (XIV, 265 S.) 873. 4. 50

14. Creuzburg's, Heinr., Lehrbuch der Lackirkunst wie der Firniß- und Lackfirnißfabrikation in ihrem ganzen Umfange und fortschrittl. Standpunkte. Mit Vorschriften zu geruch- und farblosen bill. Oelfirnissen, fetten Kopal- und Bernsteinfirnissen 2c. 8. verm. und verb. Aufl. bearb. von R. v. Pöppinghausen. (XXI, 337 S. mit 25 Abbild. auf 2 Steint. in qu. 4.) 872. ℳ 3.75.

14. Bd. Creuzburg's, Heinr., Lehrbuch der Lackirkunst, wie der Firniß- u Lackfirnißfabrikation in ihrem ganzen Umfange u. fortschrittl. Standpunkte. Mit Vorschriften zu geruch- u. farblosen bill. Oelfirnissen, fetten Kopal- u. Bernsteinfirnissen 2c. zur Auswahl f. Gegenstände v. Holz, Metall, Leder 2c., nebst der Anweisg. diese Arbeiten zu lackiren od. zu poliren, zu trocknen, zu schleifen u. zu verzieren 2c. Bearb. v. R. v. Pöppinghausen. 9. Aufl. Mit 25 Abbildgn. (auf 2 Steintaf. in qu. Fol.) (XX, 337 S.) 876. 3. 75

16. Bd. Der Parfümeur, od. Anleitg. zur rationellen Darstellg. aller Arten Wohlgerüche f. die Toilette, sowie der unschädl. kosmet. Mittel zur Pflege u. Verschönerg. d. Körpers, als: wohlriechende Wässer, trockene Wohlgerüche, Riechfläschchen 2c. 5. verm. u. verb. Aufl. Mit 2 (lith.) Taf. (in qu. Fol.), enth. 22 Abbildgn. (XXII, 281 S.) 872. 3. —

21. Bd. G. Armellino's Kunst d. Klavierstimmens nebst e. vollständ. Anleitg zur Erhaltg. u. Wiederherstellg. gebrauchter, sowie zur Prüfg. neuer Instrumente. Zum Selbstunterricht f. angeh. Stimmer, sowie f. alle Klavierbesitzer. 3. verm. Aufl. Mit 25 Figuren (in eingedr. Holzschn.) u. 9 Notenbeispielen (in qu. 4.) (VI, 92 S.) 872. 1. 50

Nr. 24. Schebel's, C. F. B., praktische und bewährte Anleitung zur Destillirkunst und zur Fabrikation der Liqueure und Aquavite, der doppelten und einfachen Branntweine, überhaupt aller bekannten, trinkbaren Spirituosen 2c. Nebst Vorschriften über die Verfertigung wohlriechender Wasser, beliebter Tafelgetränke, heilkräft. Elixire und der sogenannten französ. Spritfrüchte. Neu bearb. und hrsg. von R. Gräger. 7. Aufl. 1871, und 8. Aufl. (XXIV, 334 S. mit 1 lithogr. Taf. Abbild.) 874. ℳ 4.50.

24. Bd. C. F. B. Schebel's praktische u. bewährte Anweisung zur Destillirkunst u. zur Fabrikation der Liqueure u. Aquative, der doppelten u. einfachen Branntweine, überhaupt aller bekannten, trinkbaren Spirituosen 2c. Nebst Vorschriften üb die Verfertigg. wohlriech. Wasser, beliebter Tafelgetränke, heilkräft. Elixire u. der sogenannten französ. Spritfrüchte. Neu bearb. u. hrsg. v. R. Gräger. 8. Aufl. Mit 1 (lith.) Taf. Abbildgn. (XXIV, 334 S.) 875. 4. 50

29. Bd. Der gründlich lehrende Anstreicher, Zimmermaler u. Tüncher od: Beschreibung. aller vorkomm. Materialen, Geräthschaften u. Arbeiten in Oel-, Lack- u. Wasserfarben. Ein Buch f. Anstreicher, Zimmermaler, Lackirer u. die angränz. Fächer; ausführlich u. deutlich abgefaßt v. Chr. Hagdorn. 3. Aufl. Mit 21 Fig. (auf 3 Steintaf. in 4. u. qu. Fol.) (VIII, 287 S.) 872. 3. —

33. Bd. Handbuch der Essigfabrikation u. Senfbereitung v. J. Fontenelle. Vollständig umgearb. u. m. den bewährtesten neuern Erfahrgn. verm. v. R. Graeger. 6. Aufl. Mit 3 (lith.) Taf. (in qu. Fol.), enth. 14 Abbildgn. (VIII, 223 S.) 876. 3. —

34. Bd. Die Ziegelfabrikation. Handbuch bei Anlage u. Betrieb der Ziegeleien, zur Herstellg. aller Arten v. Mauer- u. Dachziegeln, Hohlsteinen u. Drainröhren. 7. Aufl. v. P. Schaller's prakt. Ziegler bearb. v. Frdr. Neumann. Mit e. Atlas, enth. 20 (lith.) Taf. (in qu. Fol.) 345 S.) 875. 6. —

39. Bd. Handbuch der Stärkefabrikation. Mit besond. Berücksicht. der m. der Stärkefabrikation verwandten Industriezweige, namentlich der Dextrin-, Stärkesyrup- u. Stärkezuckerfabrikation. Auf Grund eigener Erfahrgn. sowie m. Benutzg. der neuesten deutschen, französ. u. engl. Literatur v. Ladisl. v. Wagner. Mit e. Atlas v. 11 (lith.) Taf. (in qu. Fol.), enth. 128 Abbildgn. (XVII, 354 S.) 876. 9. —

43. Bd. Das Gesammtgebiet d. Steindrucks od. vollständ. theoretisch-prakt. Anweisg. zur Ausübg. der Lithographie in ihrem ganzen Umfange u. auf ihrem jetz. Standpunkte. Nebst e. Anh. v. der Zinkographie, dem anastat. Drucke u. der Photolithographie. Von H. Weishaupt. 5. verb. u. verm. Aufl. Nebst e. Atlas v. 12 (lith.) Taf. (in qu. Fol.), enth. 140 Abbildgn. (XVI, 563 S.) 875. 7. —

47. Bd. Handbuch der gesammten Metallwaarenfabrikation. In 2 Thln. bearb. v. F. W. Abbaß. 1. Thl., enth. die Fabrikationsweisen der Waaren v. Schmiede-Eisen, Guß-Eisen, Stahl, Weiß- u. Zinkblech, Zinkguß, Zinn, Zinncomposition u. verzinnter Waaren. Mit e. Atlas v. 20 (lith.) Fol.-Taf., enth. 232 Fig. (XVI, 668 S.) 876. 6. 75

49. Bd. Die praktischen Arbeiten u. Baukonstructionen d. Zimmermanns in all ihren Theilen. Ein Handbuch f. Zimmerleute, sowie f. Baugewerk- u. Gewerbeschulen. Bearb. v. W. H. Behse. 7. Aufl. 8. (XII, 227 S.) Mit e. Atlas. gr. 4. (49 Steintaf. in qu. Fol. m. 574 Fig.) 875. 9. —

· 53. Lebrun's, M., vollständiges Handbuch für Klempner und Metallwaarenfabrikanten, enth. die Beschreibung und Bearbeitung der Metalle, die geometr. Schnittzeichnungen, die Erklärung der verschiedenen Arbeiten und Werkzeuge; die Grundsätze der Beleuchtungskunst; Abbildung und Beschreibung der neuesten Lampen, Thee- und Kaffee-Maschinen, Laternen ꝛc., und andere Bauverzierungen aus Zinkguß oder gepreßtem Zinkblech, sowie die verschiedenen Dachdeckungsmethoden, die Fabrikation der Blechblumen, das Formen und Gießen ꝛc., sowie die neue Maß- und Gewichtsordnung. Von Thdr. Raeß. 6. gänzlich umgearb. mit den neuesten Erfindungen und Verbesserungen verm. Aufl. (XVI, 189 S. mit 1 Atlas von 24 lithogr. Großfoliotaf., enth. 368 Abbild. in 4.) 873. n 9.

53. Bd. M. Lebrun's vollständiges Handbuch f. Klempner, Metallwaarenfabrikanten u. Werkstätten v. Gas- u. Wasserleitungsanlagen, enth. die Beschreibg. u. Bearbeitg. der Metalle, die geometr. Schnittzeichngn. ꝛc. Von Thdr. Raeß. 7., gänzlich umgearb., m. den neuesten Erfindgn. u. Verbessergn. verm. Aufl. Mit e. Atlas v. 28 (lith.) Groß-Foliotaf., enth. 412 Abbildgn. (XVI, 212 S.) 876. 9. —

64. Bd. J. C. Ciliax, vollständiges Handbuch d. Riemers u. Sattlers. Eine ausführl. Beschreibg. aller vorkomm. Riemer- u. Sattlerarbeiten, als der Reitzeuge, Kutschen u. Wagengeschirre m. ihren Verziergn, Decken ꝛc. 7. verm. u. verb. Aufl. hrsg. v. Louis Reineck. Mit e. Atlas enth. 684 (lith.) Fig. auf 52 Quarttaf. (XII, 210 S.) 873. 7. 50

70. Bd. Die Fabrikation der Goldleisten, der verzierten Rahmen u. der Polituurleisten, nebst bewährten Vorschriften zur Anfertigung v. Poliment, Goldfirniß, Spiritusglanzlacken ꝛc. v. R. v. Pöppinghausen. Mit 4 (lith). Taf. (in qu. Fol.) enth. 52 Figuren. (XIV, 159 S.) 872. 2. 70

79. Bd. Das Ganze der jetzigen Lohgerberei v. C. Mattheſius. 2. Aufl. m. Berücksicht. der in der Gerberei eingeführten Maschinen u. Apparate unter Mitwirkg. v. Ch. Helmbold neu bearb. v. R. Graeger. Mit 6 (lith.) Fol.-Taf., enth. 56 Abbildgn. gr. 8. (XII, 95 S.) 873. 3. —

82. Bd. G. A. Siddon's praktischer u. erfahrener englischer Rathgeber in der Kunst d. Schleifens u. Polirens od. ausführl. Beschreibg. der Maschinen, Apparate u. Stoffe, mittels welcher dem Golde, Silber, Neusilber ꝛc. auf dem Wege d. Schleifens u. Polirens der höchste Grad v. Glanz, Glätte u. Schönheit ertheilt werden kann. Nebst Darlegg. der neuesten Verfahrungsweisen, vermöge welcher die Künstler den Effekt ihrer Arbeiten außerdem noch durch Mattiren, Färben, Bronziren ꝛc. erhöhen können; wie auch Angabe der Mittel, welche sich zum Putzen, derart., polirter u. dekorirter Gegenstände eignen. Ein Hand- u. Nachschlagebuch f. Künstler, welche in vorgenannten Stoffen arbeiten, wie auch f. jede Haushaltung. 4., verm. u. verb. Aufl. v. Alex. Richter. (XIV. 265 S.) 871. 3. —

89. Bd. Lehrbuch d. Pianofortebaues in seiner Geschichte, Theorie u. Technik od. Bau u. Zusammenfügg. der Flügel, Pianinos u. tafelförm. Pianofortes, nebst e. Darstellg. der hierauf bezügl. Lehren der Physik u. e. kurzen Abriss der Entwickelungsgeschichte d. Pianofortes, Für angehende Pianofortebauer u. Musiker bearb. v. Jul. Blüthner u. Heinr. Gretschel. Mit e. Atlas (in gr. 4.) enth. 17 Foliotaf. (VIII, 238 S.) 872. 8. 50

94. Bd. Die Kunst d. Bildformers u. Gypsgießers, od. gründl. Unterricht, wie Büsten, Statuen, Vasen ꝛc. u. andere dergl. plastische Gegenstände auf dem Wege d. Abformens u. Abgießens nachzubilden ꝛc. Nebst Mittheilg. vorzügl. Vorschriften zur Bereitg. künstl. Marmors u. anderer zum Abdrücken u. Abgießen v. Medaillen, Münzen, Cameen ꝛc. geeigneter Massen ꝛc. Für Künstler u. Techniker, vornehmlich Architekten, Stukkateure ꝛc. bearb. v. Martin Weber. 3. verm. u. verb. Aufl. 8. (VIII, 115 S. m. eingedr. Holzschn.) 871. n. 1. —

102. Bd. Frdr. Wilh. Barfuß, die Kunst d. Böttchers od. Küfers in der Werkstatt wie im Keller. 6. verb. u. verm. Aufl. v. Aug. Lange. Mit e. Atlas v. 12 (lith.) Fol.-Taf., enth. 194 Abbildgn. (XVIII, 382 S.) 876. 4. 50

108. Bd. Handbuch d. Gürtlers, Schwertfegers, Metall- u. Bronce-Arbeiters, od. die Bearbeitg. der meisten Metalle durch Feilen, Drehen, Bohren etc. Unter Zugrundelegg. der neuesten Erfahrungen u. Fortschritte bearb. v. F. W. Abbaß. Mit 6 (lith.) Taf. (in qu. Fol.) enth. 158 Abbildgn. gr. 8. (XII, 148 S.) 872. 3. 75

109. Bd. J. F. Zerrenner's Cur- u. Hufschmied. Lehre vom Hufbeschlag u. den wichtigsten äußeren Krankheiten d. Pferdes, wie deren Heilg. 5. verm. Aufl. v. Frdr. Anton Zürn. Mit e. Atlas (in qu.-4.) enth. 11 (lith.) Taf. u. 133 Abbildgn. (XII, 245 S.) 873. 3. 75

133. Bd. Handbuch der Metall-Dekorirung od. das Dekoriren u. Verfeinern der Metallwaaren, d. Glases, Porzellans u. der Gewebe im Feuer, sowie auf chem. u. galv. Wege durch Vergolden, Versilbern, Platiniren ꝛc. nach den neuesten u. am meisten bewährten Methoden, nebst e. kurzen Darlegg. d. Wesens der Zusammensetzg. u. Behandlg. der galv. Kette. Von R. Graeger. 4. nach e. neuen Plane bearb. Aufl. v. Schmidt's Kunst d. Vergoldens. Mit 23 Abbildgn. auf 2 lith. Taf. in qu. 4. (XVI, 270 S.) 873. 3. 75

· 133. Graeger, R., Handbuch der Metall-Dekorirung oder das Dekoriren und Verfeinern der Metallwaaren, des Glases, Porzellans und der Gewebe im Feuer, sowie auf chem. und galvan. Wege durch Vergolden, Versilbern, Platiniren ꝛc. nach den neuesten und am meisten bewährten Methoden, nebst einer kurzen Darlegung des Wesens, der Zusammensetzung und Behandlung der galvan. Kette. 4. nach einem neuen Plane bearb. Aufl. von Schmidt's Kunst des Vergoldens. (XVI, 270 S. mit 23 Abbild. auf 2 lithogr. Taf. in qu. 4.) 874. n 3.75.

134. Bd. Die moderne Schuhfabrikation. Ein Handbuch f. Schuhindustrielle jeder Art. Mit e. Anh., enth. Gutachten üb. Errichtung u. Umwandlg. v. Schuhfabriken. Hrsg. v. H. A. Schneider jun. Nebst e. Atlas m. 167 Fig., darunter ca. 100 Modelle in natürl. Größe (12 Steintaf. in Imp.-Fol.) (X, 245 S.) 876. 9. —

137. Bd. Thon's, C. F. G., Legir- u. Löthkunst od. Anleitg. alle in der Technik in Anwendg. kommenden Legirgn., sowie auch die zu fester u. dauerhafter Vereinigg. metall. Körper erforderl. Lothe zu bereiten. Für Metallarbeiter aller Art, sowie auch sonstige Gewerbtreibende, deren Beruf es m. sich bringt, Löthgn. vorzunehmen. 4. verb. u. verm. Aufl., hrsg. v. Andr. Wildberger. Mit 4 (lith.) Taf. (in qu. Fol.), enth. 60 Fig. (172 S.) 871. 1. 50

148. Bd. A. W. Hertel's moderne Bautischlerei f. Tischler u. Zimmerleute, enth. die in der Praxis vorkomm. nöth. geometr. Konstruktionen, die Architektur in Bezug auf Säulenordngn. u. alle beim innern Ausbau vorkomm. Arbeiten d. Bautischlers ꝛc. Nebst Nachweisg. zur Bereitg. v. Firnissen u. Lacken, Beizen ꝛc. 8. verm. u. verb. Aufl. v. Aug. Graef. Mit e. Atlas (in 4.), enth. 82 (lith.) Taf. u. 30 in den Text eingedr. Holzschn. (XIV, 228 S.) 875. 10. 50

168. Bd. Grundriß der Schlosserkunst. Enthaltend die vorzüglichsten u. am häufigsten vorkomm. Schlosserarbeiten im neuesten Geschmacke. Für angeh. Schlosser als Musterbuch zu Probearbeiten, sowie zum Unterrichte in Gewerbeschulen bearb. v. Joh. König. 5. verm. u. verb. Aufl. Mit e. Atlas (in hoch 4.) enth. 49 Quarttafeln m. Abbildgn., meist in natürl. Größe. (XII, 124 S.) 871. 4. 50

169. Bd. Der Werkzeug-Fabrikant. Ein Hand- u. Hülfsbuch f. Werkmeister, Fabrikanten u. Fabrikbesitzer. Nach gesammelten Erfahrgn. u. unter Zugrundelegg. der besten Quellen bearbeitet v. Rob. Röntgen. Nebst Atlas m. 15 (lith.) Foliotaf., enth. 312 Abbildgn. nach Zeichngn. d. Verf. (X, 228 S.) 875. 7. 50

183. Bd. Handbuch der Tabak- u. Cigarrenfabrikation m. besond. Berücksicht. der im Handel vorkomm. Tabaksorten, der Kultur, Zubereitg. ꝛc. Auf Grund eigener Erfahrgn., sowie m. Benutzg. der neuesten deutschen, engl., franz., holländ. u. span. Literatur bearb. v. Prof. Ladisl. v. Wágner. 3. sehr verm. u. gänzl. umgearb. Aufl. v. E. Schreiber's „Tabak- u. Cigarrenfabrikation." Mit 4 (lith.) Taf. Abbildgn. (qu. Fol.) gr. 8. (XVIII, 365 S.) 871. 7. 50

194. Bd. Die Kellerwirthschaft, od. die Behandlg. d. Weins u. d. Biers in Gebinden u. Flaschen im Keller. Nebst e. kurzen Anleitg. zur Zucht u. Pflege d Weinstocks, sowie zur Bereitg. d. Weins u. d. Biers. Von N. Graeger. 3. gänzlich umgearb. Aufl. v. C. H. Schmidt's „Kellerwirthschaft". Mit 17 Abbildgn. (auf 3 Steintaf.) (X, 197 S.) 872. 3. —

204. Bd. Der erfahrene Gehülfe f. Haus- u. Stubenmaler u. Firmaschreiber. Nebst e. kurzen Erläuterg. üb. den Ursprung der in der Haus- u. Stubenmalerei gebrauchten Pigmente, Harze u. Oele. 5. verm. Aufl. (XVI, 325 S.) 875. 3. —

217. Bd. Handbuch der Weißgerberei u. der gesammten Weißleder-Färberei, m. besond. Berücksicht. der Fabrikation aller Arten v. Handschuhleder, dann der Sämisch- u. Pergamentgerberei 2c. Unter Zugrundelegg. der neuesten Erfahrgn. u. Fortschritte sowohl in theoret. als prakt. Hinsicht bearb. v. Wilh. Fr. Gintl. 2. völlig umgearb. u. verm. Aufl. v. Chr. H. Schmidt's „Handbuch der Weißgerberei." Mit 4 (lith.) Taf. (in qu. 4.), enth. 27 Abbildgn. u. 2 Tabellen zur Vergleichg. der verschied. Maße u. Gewichte m. dem metr. u. untereinander. 8. (XVI, 341 S.) 872. 6. —

220. Bd. Die Konstruktion u. Anlegung der Blitzableiter zum Schutze aller Arten v. Gebänden, Seeschiffen u. Telegraphenstationen, nebst Anleitg. zu Kostenvoranschlägen. Ein Lehr- u. Nachschlagebuch f. Bautechniker, Bauhandwerker, Schlosser 2c. Von Otto Buchner. 2. verm. u. verb. Aufl. Mit e. Atlas v. 8 (lith.) Fol.-Taf., enth. 117 Abbildgn. (XII, 164 S.) 876. 3. 60

224. Bd. Die stationären u. lokomobilen Dampfmaschinen u. Dampfkessel. Beschreibg. Wartg., Reparatur u. Führg. derselben, sowie Berechng. ihrer Leistungsfähigkeit auf Grund d. Heizwerthes der Brennmaterialien u. der Gesetze üb. die beweg. Kraft der Dämpfe. Zum Gebrauch f. Fabrikanten, Maschinenführer u. Kesselwärter bearb. v. Frdr. Neumann. 2. verb. Aufl. Mit e. Atlas, enth. 16 (lith.) Fol.-Taf. (XV, 232 S.) 875. 6. —

258. Bd. Neues Handbuch der Buchdruckerkunst. Von J. H. Bachmann. (XIV, 405 S. m. eingedr. Holzschn.) 876. 6. —

260. Bd. Handbuch der Metallgießerei, enth. die verschiedenen Form- u. Gießweisen d. Kunst-, Bild-, Glocken- u. d. Werkgusses in Bronze [Rothguß], Tomback, Messing, Neusilber, Gold, Silber, Zink, Zinn u. Blei. Nach eigenen prakt. Erfahrgn. u. durch Beispiele erläutert v. F. W. Abbaß. Mit e. Atlas v. 20 Folio-Taf. (X, 160 S.) 875. 6. 75

262. Bd. Die Grundlehren d. Uhrmacherkunst. Von Jürgen Meyer. 2. verm. u. verb. Aufl. Mit 26 Abbildgn. (auf 4 Steintaf. in qu. 4.) (X, 110 S.) 874. 1. 50

269. Bd. Die Cemente, ihre Bereitg. aus natürlich-hydraul. u. künstlich-hydraul. Kalken sowie ihre Anwendg. zu baul., gewerbl. u. landwirthschaftl. Zwecken, wie auch zu Kunst-Gegenständen. Für Cement- u. Kunststein-Fabrikanten, Techniker 2c. Von Heinr. v. Gerstenbergk. 2. verm. u. verb. Aufl. (XIII, 206 S.) 874. 2. —

Alphabetische Uebersicht der Verfasser.

Abbaß, F. W., Handb. d. Gürtlers, Schwertfegers, Metall- u. Bronce-Arbeiters. (Bd. 108.)

— Handbuch d. Metallgießerei. (Bd. 260.)

— Handbuch der gesammten Metallwaarenfabrikation. (Bd. 47.)

Armellino's, G., Kunst d. Klavierstimmens. (Bd. 21.)

Bachmann, J. H., neues Handb. d. Buchdruckerkunst. (Bd. 258.)

Barfuß, F. W., d. Kunst d. Böttchers od. Küfers. (Bd. 102.)

Behse, W. H., d. prakt. Arbeiten u. Baukonstruktionen d. Zimmermanns in allen ihren Theilen. (Bd. 49.)

Blüthner, J., u. G. Gretschel, Lehrb. d. Pianofortebaues in s. Geschichte, Theorie u. Technik. (Bd. 89.)

Buchner, O., die Konstruktion u. Anlegung d. Blitzableiters. (Bd. 220.)

Cilliar, J. C., vollst. Handb. d. Riemers u. Sattlers. (Bd. 68.)

Creuzburg's, H., Lehrb. d. Lackirkunst, wie d. Firniß- u. Lackirfirnißfabrikation. (Bd. 14.)

Eupel's, J. C., vollkomm. Konditor. (Bd. 1.)

Fontenelle, J., Handbuch der Essigfabrikation u. Senfbereitung. (Bd. 33.)

Gehülfe, der erfahrene, f. Haus- u. Stubenmaler u. Firmaschreiber. (Bd. 204.)

Gerstenbergk, H. v., d. Cemente, ihre Bereitg. a. natürlich-hydraul. u. künstlich-hydraul. Kalken 2c. (Bd. 269.)

Gintl, W. F., Handb. d. Weißgerberei u. d. ges. Weißleder-Färberei. (Bd. 217.)

Graeger, N., Handb. d. Metall-Dekorirg. (Bd. 133.)

— die Kellerwirthschaft. (Bd. 194.)

Hagdorn, C., d. gründlich lehr. Anstreicher, Zimmermaler u. Tüncher. (Bd. 29.)

Hertel's, A. W., mod. Bautischlerei. (Bd. 148.)

König, J., Grundr. d. Schlosserkunst. (Bd. 198.)

Kulmer, R. v., d. Kunst d. Goldarbeiters, Silberarbeiters u. Juweliers. (Bd. 8.)

Lebrun's, M., vollst. Handb. f. Klempner u. Metallwaarenfabrikanten. (Bd. 53.)

Matthesius, C., d. Ganze d. jetz. Lohgerberei. (Bd. 79.)

Meyer, J., d. Grundlehren d. Uhrmacherkunst. (Bd. 262.)

Naumann, F., d. stationären u. lokomobilen Dampfmaschinen u. Dampfkessel. (Bd. 224.)

— die Ziegelfabrikation. (Bd. 34.)

Parfümeur, der (Bd. 16.)

Pöppinghausen, R. v., d. Fabrikation d. Goldleisten, d. verzierten Rahmen u. d. Polirturleisten. (Bd. 70.)

Röntgen, R., d. Werkzeug-Fabrikant. (Bd. 169.)

Schedel's, C. F. B., prakt. u. bewährte Anweisg. z. Destillirkunst u. z. Fabrikation d. Liqueure u. Aquavite 2c. (Bd. 24.)

Schneider, H. A., die moderne Schuhfabrikation. (Bd. 134.)

Schneider, J. G., u. H. A. Schneider, prakt. Handb. d. Schuhmacherei. (Bd. 11.)

Siddon's, G. A., prakt. u. erfahr. engl. Rathgeber in d. Kunst d. Schleifens u. Polirens. (Bd. 82.)

Stöckel's, H. F. A., Tischlerkunst in ihrem ganzen Umfange. (Bd. 5.)

Thon's, C. F. G., Legir- u. Löthkunst. (Bd. 137.)

Wagner, L. v., Handb. d. Stärkefabrikation (Bd. 99.)

— Handbuch d. Tabak- u. Cigarrenfabrikation. (Bd. 183.)

Weber, M., die Kunst d. Bildformers u. Gypsgießers. (Bd. 91.)

Weishaupt, H., d. Gesammtgebiet d. Steindrucks. (Bd. 43.)

Zerrenner's J. F., Cur- u. Hufschmied. (Bd. 109.)

Schauplatz, neuer, der Künste und Handwerke. Mit Berücksicht. der neuesten Erfindungen. Hrsg. von einer Gesellschaft von Künstlern, techn. Schriftstellern und Fachgenossen. Mit vielen Abbild. 1., 5., 7., 12., 14., 15., 19., 22., 24., 27., 29., 33., 39., 42.—44., 47., 48., 50., 53., 60., 64., 65., 82., 94., 96., 102., 107.—109., 134., 135., 148., 153., 169., 191., 204., 229., 245., 258., 260., 268. und 278. Bd. gr. 8. Weimar, B. F. Voigt.

Inhalt:

Bd. 1. Eupel's, Joh. Chr., illustrirter Konditor, oder gründliche Anweisung zur Zubereitung aller Arten Bonbons, Stangenzucker, Konserven 2c., ingleichen erprobte Vorschriften und Recepte zu allen Gattungen der Kunstbäckerei, als zu Aufsätzen, Torten, Makronen 2c., ferner zur Bereitung des Gefrornen, der Sorbets, Gramolaten und Krémes, sowie zu den beliebtesten Arten künstl. Getränke und Chokoladen 2c. Nach dem neuen Maß und Gewicht. 10. verm. und verb. Aufl. von A. Gnyrim. Mit 1 Atlas von 13 (lithogr.) Foliotaf., die neuesten Maschinen für den Großbetrieb, verschiedene Aufsätze, Tortenverzierungen und Motive für Verzierungen aller Art darstellend. (XIV, 344 S.) 879. ℳ 5.

" 5. Stöckel's, H. F. A., Bau-, Kunst- und Möbelschreiner. Ein Rathgeber und Receptbuch über alles Nützliche und Wissenswerthe in der Tischlerkunst. Lehrbuch über Architektur, Bau- und Möbelstyle 2c. 7. gänzlich umgearb. und verm. Aufl. von A. Graef. Mit 1 Atlas, enth. 36 (lithogr.) Taf. (in qu. Fol.). (X, 267 S.) 878. ℳ 10.50.

" 7. Schlegel, Bernh., die Leimsiederei nach dem gegenwärtigen vervollkommneten Zustande dieses Industriezweiges oder die Fabrikation der besten Leimsorten aus den verschiedenen leimgebenden tierischen Substanzen, die Fabrikation des Hausenblasen- oder Fischleims, des Marineleims, des Kautschuk- und Guttaperchaleims, des Glycerinleims und einiger andern zusammengesetzten Leime. 3. verb. und verm. Aufl. (XVI, 198 S. mit 38 erläut. Figuren auf Stnt.) 879. ℳ 2.50.

Bd. 12. Hilgers, Rud., das Fleischer- oder Metzger-Gewerbe mit allen seinen Nebenzweigen auf der Stufe jetziger Vervollkommnung. 5. Aufl. von Thon's Fleischer- oder Metzger-Gewerbe, verbessert herausgegeben. (XIV, 336 S. mit 32 Abbild. auf 2 Stnt.) 879. ℳ 3.

" 14. Creuzburg's, Heinr., Lehrbuch der Lackirkunst, wie der Firniß- und Lackirfirnißfabrikation in ihrem ganzen Umfange und fortschrittl. Standpunkte. Mit Vorschriften zu geruch- und farblosen billl. Oelfirnissen, fetten Kopal- und Bernsteinfirnissen 2c. zur Auswahl für Gegenstände von Holz, Metall, Leder 2c., nebst der Anweisung diese Arbeiten zu lackiren oder zu poliren, zu trocknen, zu schleifen und zu verzieren 2c. Bearb. von R. v. Pöppinghausen. 9. Aufl. (XX, 337 S.) 876. ℳ 3.75.

" 15. Martin, C. A., und C. Spitzbarth, die Kunst des Drechslers in ihrem ganzen Umfange. Mit Berücksicht. der neuesten Erfindungen und Verbesserungen im Gebiete der Maschinen- und Werkzeugtechnik, gründl. Anweisung zur Kenntniß der Materialien, welche der Drechsler verarbeitet, zur Anwendung der nöth. Werkzeuge und Instrumente, insbesondere aber gründl. Darstellung der verschiedensten Zweige der Drehkunst, der Holz-, der Horn-, Schildpatt-, Elfenbeinwaaren-, Metall- und Spielwaaren 2c. 2c. Fabrikation, sowie der Verschönerung aller auf der Drehbank gefertigten Arbeiten durch Schleifen, Beizen, Poliren, Lackiren, Bronciren, Aetzen 2c. 7. Aufl. von Fürbringer's „Kunst des Drechslers in ihrem ganzen Umfange", vollständig neu bearb. Mit 1 Atlas von 16 (lithogr.) Foliotaf., enth. 464 Fig. (und 4 S. Text). (XVI, 286 S.) 879. ℳ 9.

• 19. Reuter, E., die Schule des Tapezierers. Anleitung zu sämmtl. in dieser Kunst vorkommenden Arbeiten, dargestellt von den Grundlagen an bis zur höchsten Ausbildung, und gestützt auf geometr. Verhältnisse. Mit 1 Atlas, enth. 21 (lithogr.) Folio-Taf. (X, 134 S.) 877. ℳ 7,50.

• 22. Behse, W. H., die praktischen Arbeiten und Baukonstruktionen des Maurers und Steinhauers in allen ihren Theilen. Ein Handbuch für Maurer und Steinhauer, sowie für Baugewerk- und Gewerbeschulen. 5. verb. und verm. Aufl. Mit 1 Atlas von 49 (lithogr.) Folio-Taf., enth. 575 Fig. (XII, 233 S.) 879. ℳ 10.

• 24. Schedel's, C. F. B., praktische und bewährte Anweisung zur Destillirkunst und zur Fabrikation der Liqueure, Aquavite und Cremes, der doppelten und einfachen Branntweine rc. Nebst Vorschriften über die Verfertigung wohlriechender Wässer, beliebter Tafelgetränke, heilkräft. Elixire rc. Neu bearb. und hrsg. von Graeger und A. Myrincke. 9. verm. und verb. Aufl. (X, 368 S. mit 2 lithogr. Taf. Abbild.) 879. ℳ 4,50.

• 27. Schmidt, Wilh., die Verzierungen aus künstlichem Holze. Ihre Herstellung und Verwendung für die Zwecke der Bau- und Möbeltischlerei. Mit 1 Atlas von 12 (lithogr.) Taf. (in gr. 4.) enth. 38 Abbildungen von Bau- und Möbelarbeiten nach Orig.-Entwürfen von Carl Hettwig. (XII, 48 S.) 879. ℳ 4,50.

• 29. Hagdorn, Chr., der gründlich lehrende Anstreicher, Zimmermaler und Tüncher, oder Beschreibung aller vorkommenden Materialien, Geräthschaften und Arbeiten in Oel-, Lack- und Wasserfarben. Ein Buch für Anstreicher, Zimmermaler, Lackirer und die angränzenden Fächer, ausführlich und deutlich abgefaßt. 4. Aufl. (VIII, 287 S. mit 21 Fig. auf 3 Stnt.) 878. ℳ 3.

• 33. Fontenelle, J., Handbuch der Essigfabrikation und Senfbereitung. Vollständig umgearb. und mit den bewährtesten neuern Erfahrungen vermehrt von M. Granger. 6. Aufl. (VIII, 244 S. mit 3 lithogr. Taf. in qu. Fol., enth. 14 Abbild.) 876. ℳ 3.

• 39. Wagner, Ladisl. v., Handbuch der Stärkefabrikation. Mit besond. Berücksicht. der mit der Stärkefabrikation verwandten Industriezweige, namentlich der Dextrin-, Stärkesyrup- und Stärkezuckerfabrikation. Auf Grund eigener Erfahrungen, sowie mit Benutzung der neuesten deutschen, französ. und engl. Literatur. Mit 1 Atlas von 11 (lithogr.) Taf. (in qu. Fol.), enth. 128 Abbild. (XVII, 354 S.) 876. ℳ 9.

• 42. Bergerhoff, Heinr., der praktische Tapezierer und Dekorateur. Grundriß aller in diesem Fache vorkommenden Arbeiten für angehende Meister und Gehilfen. Nebst einem Anhang enth.: die besten Bezugsquellen für Tapezierer. Mit 1 Atlas von 10 (lithogr.) Foliotaf. enth. 87 Fig. größtentheils nach photogr. Aufnahmen. (X, 117 S.) 878. ℳ 3,75.

• 43. Weishaupt, Heinr., das Gesammtgebiet des Steindrucks oder vollständige theoretisch-prakt. Anweisung zur Ausübung der Lithographie in ihrem ganzen Umfange und auf ihrem jetz. Standpunkte. Nebst einem Anhang von der Zinkographie, dem anastat. Drucke und der Photolithographie. 5. verb. und verm. Aufl. Nebst 1 Atlas von 12 (lithogr.) Taf. (in qu. Fol.) enth. 140 Abbildungen. (XVI, 364 S.) 875. ℳ 7.

• 44. Gnyrim, A., die Conservirung der Nahrungsmittel und zwar des Fleisches, Herstellung des Fleischextractes, der condensirten Milch, der Eiercouserven, der comprimirten Gemüse; ferner der eingemachten Früchte und Beeren, der Gelés, Compots, Marmeladen und Fruchtsäfte. 2. verb. und erweit. Aufl. der Schrift „Das Einmachen der Früchte und Beeren". (XVI, 196 S.) 878. ℳ 2,50.

• 67. Abbaß, F. W., Handbuch der gesammten Metallwaarenfabrikation. In 2 Thln. 1. Thl., enth. die Fabrikationsweisen der Waaren von Schmiede-Eisen, Guß-Eisen, Stahl, Weiß- und Zinkblech, Zinkguß, Zinn, Zinncomposition und verzinnter Waaren. Mit 1 Atlas von 20 (lithogr.) Foliotaf., enth. 232 Fig. (XVI, 668 S.) 876. ℳ 6,75.

• 68. —— dass. — 2. Thl. Mit 1 Atlas von 20 (lithogr.) Foliotaf. enth. 200 Fig. (XVIII, 258 S.) 877. ℳ 7,50.

Bd. 50. Lüdicke, A., praktisches Handbuch für Kunst-, Bau- und Maschinenschlosser, Geldschrankfabrikanten, Kleinmechaniker rc. Mit einem Vorwort von E. Hoyer. Mit 1 Atlas von 22 (lithogr.) Taf. (in qu. Fol.), enth. 850 Fig. (XVI, 356 S.) 878. ℳ 10.

• 53. Lebrun's, M., vollständiges Handbuch für Klempner, Metallwaarenfabrikanten und Werkstätten von Gas- und Wasserleitungsanlagen, enth. die Beschreibung und Bearbeitung der Metalle, die geometr. Schnittzeichnungen rc. Von Thdr. Kretz. 7. gänzlich umgearb., mit den neuesten Erfindungen und Verbesserungen verm. Aufl. Mit 1 Atlas von 28 (lithogr.) Groß-Foliotaf., enth. 612 Abbildungen. (XVI, 212 S.) 876. ℳ 9.

• 60. Tomasek, J. R., die Pfeifen-Industrie auf der Höhe jetziger Zeit, oder die Fabrikation der Tabaks- und Cigarrenpfeifen aus Meerschaum und allen Arten Holz, wie auch der Cigarrenspitzen und Pfeifenmundstücke aus Bernstein. Nebst Angabe der bewährtesten Meerschaum- und Bernstein-Imitationen. 3., von Grund aus neu bearb. mit den neuesten Fortschritten in diesem Industriezweige bereich. Aufl. von Christ. Friedr. Gottl. Thon's Handbuch der Fabrikation meerschaumener und hölzerner Pfeifenköpfe rc. (VIII, 212 S. mit 11 Abbild. auf 1 Stnt.) 878. ℳ 2,40.

• 64. Schlüter, Karl, und Wilh. Rausch, vollständiges Handbuch für Sattler und Riemer. Enth. eine ausführl. Beschreibung aller in diesen Fächern vorkommenden Arbeiten an Stallausrüstungs-Gegenständen, Longir- und Reitutensilien rc. 8. durchaus neu bearb. Aufl. des von J. C. Cillag und L. Reineck bisher verfaßten „Handbuchs des Sattlers und Riemers". Mit 1 Atlas von 30 (lithogr.) Foliotaf. (XII, 174 S.) 879. ℳ 9.

• 65. Rausch, Wilh., theoretisch-praktisches Handbuch für Wagenfabrikanten und alle beim Wagenbau beschäftigten Handwerker rc. Nebst 1 Atlas von 30 (lithogr.) Foliotaf. (XII, 190 S.) 877. ℳ 9.

• 82. Gibbon's, G. A., praktischer und erfahrener englischer Rathgeber in der Kunst des Schleifens und Polirens oder ausführl. Beschreibung der Maschinen, Apparate und Stoffe, mittels welcher dem Golde, Silber, Neusilber rc. auf dem Wege des Schleifens und Polirens der höchste Grad von Glanz, Glätte und Schönheit ertheilt werden kann. Nebst Darlegung der neuesten Verfahrungsweisen, vermöge welcher die Künstler den Effekt ihrer Arbeiten außerdem noch durch Mattiren, Färben, Bronziren rc. erhöhen können; wie auch Angabe der Mittel, welche sich zum Putzen derartiger, polirter und dekorirter Gegenstände eignen. Ein Hand- und Nachschlagebuch für Künstler, welche in vorgenannten Stoffen arbeiten, wie auch für jede Haushaltung. 4. verm. und verb. Aufl. (XIV, 265 S.) 875. ℳ 3.

• 94. Weber, Mart., die Kunst des Bildformers und Gypsgießers oder gründl. Unterricht, wie Büsten, Statuen, Vasen rc. nachzubilden, ingleichen wie sie zu schleifen, zu poliren, zu firnissen, zu bronciren und zu restauriren sind. 4. verm. und verb. Aufl. (VIII, 131 S.) 877. ℳ 1.

• 96. Wagner, Ladisl. v., Handbuch der Bierbrauerei. Nach dem heut. Standpunkte der Theorie und Praxis. Mit besond. Berücksicht. des von Pasteur aufgestellten neuen Verfahrens der Bierfabrikation. Auf Grund eigener Studien und prakt. Erfahrungen, sowie mit Benutzung des vorhandenen literar. Materials und unter Mitwirkung hervorragender Theoretiker und Praktiker verfaßt. 5. sehr verm. und gänzlich umgearb. Aufl. 2 Thle. Mit 1 Atlas, enth. 27 (lithogr.) Taf. mit 236 Abbildungen. (XVI, 1156 S. mit 135 in den Text eingedr. Holzschn.) 877. ℳ 24.

• 100. Barfuß, Friedr. Wilh., die Kunst des Böttchers oder Küfers in der Werkstatt wie im Keller. 6. verb. und verm. Aufl. von Aug. Lange. Mit 1 Atlas von 12 (lithogr.) Foliotaf., enth. 194 Abbildungen. (XVIII, 382 S.) 1876. ℳ 4.50.; 7. verb. und verm. Aufl. Mit 1 Atlas von 15 (lithogr.) Foliotaf., enth. 254 Abbildungen. (XXIV, 433 S.) 879. ℳ 6.

• 107. Schmidt, Wilh., das Beizen, Schleifen und Poliren des Holzes, Elfenbeins, Horns, der Knochen und Perlmutter, sowie deren Konservirung als techn. Material und die Verschönerung der daraus gefertigten Kunst- und Industriearbeiten. Mit Benutzung der neuesten in- und ausländ. Literatur, sowie auf Grund eigener Erfahrungen hrsg. 6., verm. und verb. Aufl. (XX, 201 S. mit 5 lithogr. Taf., enth. 29 Abbild.) 878. ℳ 4,50.

• 108. Abbaß, F. W., Handbuch des Gürtlers, Schwertfegers, Metall- und Bronce-Arbeiters, oder die Bearbeitung der meisten Metalle durch Feilen, Drehen, Bohren rc. Unter Zugrundlegung der neuesten Erfahrungen und Fortschritte bearb. 2. verm. und verb. Aufl. Mit 1 Atlas von 8 (lithogr.) Taf. (in qu. Fol.), enth. 181 Abbildungen. (XVI, 155 S.) 879. ℳ 4.

• 109. Zürn, F. A., die Lehre vom Hufbeschlag und den wichtigsten äußeren Krankheiten des Pferdes, wie deren Heilung. 6. Aufl. von Zeyrenner's Kur- und Hufschmied, in gänzl. Neubearbeitung hrsg. (XII, 185 S. mit 177 in den Text eingedr. Holzschn.) 879. ℳ 5.

• 134. Schneider jun., H. A., die moderne Schuhfabrikation. Ein Handbuch für Schuhindustrielle jeder Art. Mit einem Anhang, enth. Gutachten über Errichtung und Umwandlung von Schuhfabriken. Nebst 1 Atlas mit 167 Fig., darunter ca. 100 Modelle in natürl. Größe (12 Stnt. in Imp.-Fol.). (X, 245 S.) 876. ℳ 9.

• 135. —— die Schuhmacherei auf der Weltausstellung in Philadelphia. Ausführlicher Orig.-Bericht über die ausgestellten modernsten Schuhwaaren, die neuesten Hilfsmaschinen für die moderne Schuhfabrikation, sowie über die größten Schuhfabriken der vereinigten Staaten Nord-Amerika's. Hrsg. als selbständ. Nachtrag zu dessen „Moderne Schuhfabrikation". Nebst Atlas von 7 (lithogr.) Planotaf. mit 149 Zeichnungen. (X, 155 S.) 877. ℳ 8.

Bd. 148. Graef, Aug., die moderne Bautischlerei für Tischler und Zimmerleute. 9. verm. und verb. Aufl. von A. W. Hertel's „moderne Bautischlerei rc." Mit 1 Atlas, enth. 82 (lithogr.) Quarttaf. und 106 in den Text eingedr. Holzschn. (XVI, 322 S.) 878. ℳ 10,50.

• 153. Gnyrim, A., das Bäckergewerbe der Neuzeit. Mit 1 Atlas, enth. auf 9 (lithogr.) Taf. (in qu. Fol.) 100 Abbildungen. (VIII, 280 S.) 877. ℳ 4,50.

• 169. Röntgen, Rob., der Werkzeug-Fabrikant. Ein Hand- und Hülfsbuch für Werkmeister, Fabrikanten und Fabrikbesitzer. Nach gesammelten Erfahrungen und unter Zugrundelegung der besten Quellen bearb. Nebst Atlas mit 15 (lithogr.) Foliotaf., enth. 312 Abbildungen nach Zeichnungen des Verf. (X, 228 S.) 875. ℳ 7,50.

• 191. Berini, Giacomo, der Schweizerzuckerbäcker oder instruktive Anweisung zur Anfertigung aller feinen Torten, Kuchen, Plätzchen rc., im Ganzen gegen 900 Recepte enth. 4. verm. und verb. Aufl. von A. Gnyrim. (XXX, 327 S. mit 8 lithogr. Taf. Abbild.) 879. ℳ 4.

• 204. Der erfahrene Gehülfe für Haus- und Stubenmaler und Firmaschreiber. Nebst einer kurzen Erläuterung über den Ursprung der in der Haus- und Stubenmalerei gebrauchten Pigmente, Harze und Oele. 5. verm. Aufl. (XVI, 325 S.) 875. ℳ 3.

• 229. Buchner, O., die Konstruktion und Anlegung der Blitzableiter zum Schutze aller Arten von Gebäuden, Seeschiffen und Telegraphenstationen nebst Anleitung zu Kostenvoranschlägen. Ein Lehr- und Nachschlagebuch für Bautechniker, Schlosser, Bauunternehmer, Hausbesitzer und Telegraphenbeamte. 3. verm. und verb. Aufl. Mit 1 Atlas von 8 (lithogr.) Foliotaf., enth. 117 Abbild. (XII, 164 S.) 876. ℳ 3,60.

• 245. Lichtenberg's, G., Seifenfabrikation. Handbuch bei Darstellung aller Arten von Kern-, Leim-, Schmier-, Harz- und Luxus-Seifen nach den neuesten Vervollkommnungen in diesem Industriezweige, nebst einer kurzen Beschreibung der Rohmaterialien und deren Prüfung auf ihre Reinheit und Güte. 3. verb. und verm. Aufl., hrsg. von Alb. Steinbeil. (XII, 188 S. mit 4 lithogr. Foliotaf., enth. 47 Abbild.) 879. ℳ 3,75.

• 258. Bachmann, J. H., neues Handbuch der Buchdruckerkunst. (XIV, 405 S. mit eingedr. Holzschn.) 876. ℳ 6.

• 260. Abbaß, F. W., Handbuch der Metallgießerei, enth. die verschiedenen Form- und Gießweisen des Kunst-, Bild-, Glocken- und des Werkgusses in Bronze [Rothguß], Tomback, Messing, Neusilber, Gold, Silber, Zink, Zinn und Blei. Nach eigenen und prakt. Erfahrungen und durch Beispiele erläutert. Mit 1 Atlas von 20 Foliotaf. (X, 160 S.) 875. ℳ 6,75.

• 268. Weber, Mart., das Schleifen, Poliren, Färben und künstlerische Verzieren des Marmors, wie auch aller anderen Steinarten, welche zu Monumenten, Säulen, Statuen, Büsten, Wandbekleidungen rc. verarbeitet werden. Nebst Mittheilung vorzügl. Vorschriften zur Darstellung des Stucco lustro, des Gyps- und anderen künstl. Marmors rc., zur Anfertigung der Marmor-Fourniere; zur nachhalt. Entfernung von Flecken aus Marmor; zur Bereitung gut haftender und dauerhafter Marmor-Kitte rc. Für Künstler und Techniker. 2. neu durchgeseh. und verm. Aufl. (X, 117 S.) 877. ℳ 1,20.

• 278. Clouth, Frz., die Kautschuk-Industrie oder Gummi und Gutta-Percha, ihr Ursprung, Vorkommen, ihre Gewinnung, Bearbeitung und Verwendung. (VIII, 76 S.) 879. ℳ 1,80.

Schauplatz, neuer, der Künste und Handwerke. Mit Berücksicht. der neuesten Erfindungen. Hrsg. von einer Gesellschaft von Künstlern, techn. Schriftstellern und Fachgenossen. Mit vielen Abbild. 2., 14., 18.—21., 23., 39., 42., 45., 52., 54.—56., 63., 64., 70., 73., 74., 77., 88., 92., 96., 99., 109., 111., 117., 118., 123., 130., 131., 133.—135., 137., 143., 144., 146., 151., 157., 165., 172., 183., 186., 199., 204., 207., 219., 223., 228., 231., 256., 257., 263., 268., 274. Bd. gr. 8. Weimar, B. F. Voigt. *

Inhalt:

Bd. 2. Bauer, C., Handbuch der Buchbinderei. Nebst kurzer Anleitung zur Herstellung verwandter Arbeiten, als: Aufziehen von Pausen und Photographieen, Einrahmen werthvoller Bilder, Behandlung einfacher Portefeuille-Artikel und der Stickereien rc. Mit einem Anhang, Berechnungs-Tarif enthaltend. 7. Aufl. von C. F. G. Thon's „Kunst, Bücher zu binden" rc., unter Mitwirkung tüchtiger Kräfte vollständig umgearb. Mit 36 Holzschn. im Text und einem Atlas von 11 lithogr. Foliotaf. (mit 2 S. Text), enthaltend Abbild. älterer und neuerer Buchverzierungen. (X, 99 S.) 881. ℳ 4,50.

Bd. 14. Creuzburg's, Heinr., Lehrbuch der Lackierkunst wie der Firnis- und Lackfirnisfabrikation in ihrem ganzen Umfange und fortschrittl. Standpunkte. Prakt. Hand- und Hilfsbuch, enthaltend die Beschreibung aller, bei der Firnis- und Lackfabrikation gebräuchl. Rohmaterialien, Farbstoffe, Auflösungsmittel, Oele rc., den bewährtesten und neuesten Vorschriften zur Darstellung aller fetten, ätherischöligen und weingeist. Firnisse und Lacke aus Kopal, Mastix, Dammar, Sandarach, Bernstein, Kolophonium, Kautschuk, Asphalt und vieler sonstiger Harze, wie auch der Anfertigung der Beizen, zur Anwendung auf Gegenstände von Holz, Metall, Leder, Papier, Horn, Papparbeiten, Gemälde rc., nebst der Anweisung dieselben zu lackieren, zu polieren, zu beizen, zu schleifen und zu verzieren rc. 10. Aufl., in vollständ. Neubearbeitung hrsg. von R. Tormin. (XVI, 293 S. mit 26 in den Text gedr. Abbild.) 884. ℳ 5.

„ 18. Hättmann, L., der Gipser als Zementierer, Tüncher und Stukkateur, wie auch als Maler, Lackierer, Vergolder, Versilberer, Bronzierer und Tapezierer. Prakt. Hand- und Hilfsbuch, enthaltend eine ausführl. Beschreibung aller derjenigen Arbeiten, wie sie vom Gipser zur Vollendung an und in den Gebäuden ausgeführt werden. 3. Aufl. in vollständ. Neubearbeitung hrsg. von R. Tormin. Mit einem Atlas von 24 (lithogr.) Foliotaf. (XX, 347 S.) 882. ℳ 10,50.

„ 19. Reuter, C., die Schule des Tapezierers. Anleitung zu sämmtl. in dieser Kunst vorkommenden Arbeiten, dargestellt von den Grundlagen an bis zur höchsten Ausbildung, und gestützt auf geometr. Verhältnisse. Ein Handbuch für Fachschulen und zum Selbstunterricht. 2. verb. Aufl. Mit einem Atlas, enthaltend 22 (lithogr.) Foliotaf. (VIII, 119 S.) 884. ℳ 7,50.

„ 20. Demelius, A., die Zuckerwaren-, Schokoladen- und Lebkuchenfabrikation der Neuzeit. Enthaltend 250 der besten neuesten Rezepte und Verfahren, wie solche jetzt in den größten Fabriken des In- und Auslandes angewandt werden. Nebst einem Anhang von Bezugsquellen. (III, 78 S. mit 49 Abbild. auf 2 lithogr. Foliotaf.) 884. ℳ 2.

„ 21. Armellino's, G., Kunst des Klavierstimmens, nebst einer vollständ. Anleitung zur Erhaltung und Wiederherstellung gebrauchter, sowie zur Prüfung neuer Instrumente. Zum Selbstunterricht für angehende Stimmer, sowie für alle Klavierbesitzer. 4. verb. und verm. Aufl. (VI, 107 S. mit 26 eingedr. Fig. und mehreren Notenbeispielen.) 881. ℳ 1,50.

„ 22. Schmidt, Wilh., die mechanische Tischlerwerkstätte. Prakt. Lehrbuch zur Selbstherstellung und vorteilhaften Benutzung der im Kleingewerbe unerläßlich nötigen Holzbearbeitungsmaschinen zum Handbetrieb für die gesammte Tischlerei, für Drechsler, Stellmacher, Holzbildhauer und Bildschnitzer, Pianofortefabrikanten rc., sowie auch für Schlosser und Werkzeugmacher, welche sich mit Anfertigung von Holzbearbeitungsmaschinen befassen. 2. verm. und verb. Aufl. Hierzu ein Atlas, enthaltend 17 (lithogr.) Taf. mit Abbild. von Maschinen und deren einzelnen Teilen, sowie sonst. erläut. Zeichnungen zum prakt. Betriebe. (VIII, 88 S.) 883. ℳ 4,20.

„ 39. Wagner, Ladisl. v., Handbuch der Stärkefabrikation. Mit besond. Berücksicht. der mit der Stärkefabrikation verwandten Industriezweige namentlich der Dextrin-, Stärkesyrup- und Stärkezuckerfabrikation. Auf Grund eigener Erfahrungen, sowie mit Benutzung der neuesten, deutschen, französ. und engl. Literatur. Mit einem Atlas von 11 (lithogr.) Taf., enthaltend 128 Abbild. 2. Aufl. (XVII, 373 S.) 884. ℳ 7,50.

„ 42. Bergerhoff, Heinr., der praktische Tapezierer und Dekorateur. Grundriß für alle in diesem Gewerbe vorkommenden Arbeiten für Meister, Gehilfen und Lehrlinge. Nebst einem Register, Warenkunde und Bezugsquellen. 3. verm. und verb. Aufl. Mit einem Atlas von 17 (lithogr.) Foliotaf., deren Fig. zum Teil nach photogr. Aufnahmen hergestellt sind. 8. (VIII, 158 S.) 884. ℳ 5.

„ 45. Mohr, U., die Wasserbeförderung. Handbuch bei Ausführung und Benutzung von Brunnenanlagen, Pumpen, Röhren, Spritzen und Wasserleitungen für Stadt und Land. 6. verb. und verm. Aufl. des „Brunnen-, Pumpen- und Spritzenmeisters". Mit einem Atlas, enthaltend 20 (lithogr.) Foliotaf. (X, 168 S.) 883. ℳ 7,50.

„ 52. Stegmann, Carl v., Handbuch der Bildnerkunst in ihrem ganzen Umfange, oder Anleitung zur Erwerbung der hierzu erforderl. Kenntnisse und Ratgeber bei den verschiedenen Verfahrungsarten. 2. verb. Aufl., bearb. von J. Stockbauer. Mit einem Atlas, enthaltend 9 (lithogr.) Foliotaf. (XVI, 322 S.) 884. ℳ 9.

„ 54. Behse, W. H., das Entwerfen und Zeichnen der gewöhnlich vorkommenden Baurisse nach ihren verschiedenen Beziehungen. Nebst gründl. Anweisung zu übersichtl. Abfassung eines Bauanschlags. Für gewerbl. Fortbildungsschulen, sowie zum Selbststudium für Gesellen und Lehrlinge. 3. Aufl. von Hertel's Unterricht im Zeichnen rc. der Baurisse in gänzl. Umgestaltung. Mit einem Atlas (in 4.) von 29 (lithogr.) Taf., enthaltend 410 Fig. (XII, 136 S.) 880. ℳ 6.

„ 55. Gründling, Paul, und Frz. Hannemann, Theorie und Praxis der Zeichenkunst für Handwerker, Techniker und bildende Künstler. Ein Vademekum über alle Zweige und Gebiete des Zeichnens nach den neuesten Erfindungen, Erfahrungen und den bewährtesten Methoden. 4. Aufl. von Thon-Hertel's Lehrbuch der Linear-Zeichenkunst (Reißkunst), neu bearb. Mit einem Atlas von 30 (lithogr.) Foliotaf., enthaltend über 500 Fig. (XX, 193 S.) 883. ℳ 9.

Bd. 56. Lichtenberg, Carl, die Fettwaaren und fetten Oele. Ausführl. Erörterungen über Herkunft, Eigenschaften, chem. Verhalten und chem. Zusammensetzung, Gewinnung und Herstellung, Verfälschung, Reinigung und Bleichung, Aufbewahrung und Verwendung aller für den Handel, ingleichen für den Haushalt, für Gewerbe und Künste, für Kosmetik und Pharmacie wichtigen animal., wie auch vegetabil. Fettsubstanzen. Nach den neuesten wissenschaftl. Erfahrungen bearb. (VIII, 137 S.) 880. ℳ 2,50.

„ 63. Rausch, Wilh., theoretisch-praktisches Handbuch für Stellmacher und Verfertiger von Industrie- und Arbeitswagen. Mit einem Atlas von 24 (lithogr.) Fol.-Taf. (X, 84 S.) 880. ℳ 7,50.

Neue Aufl.:

—— theoretisch-praktisches Handbuch für Wagenfabrikanten und alle beim Wagenbau beschäftigten Handwerker, wie auch für Besitzer von öffentlichen und Luxusfuhrwerken; unter besond. Angabe der renommiertesten Firmen Deutschlands zur Beschaffung von Hilfsmaschinen und jedes Materials zum Wagenbau. 2. verm. und verb. Aufl. Mit einem Atlas von 30 (lithogr.) Foliotaf. (mit 4 S. Text), enthaltend die neuesten Zeichnungen von Wagen, Wagenteilen und der beim Wagenbau angewandten Maschinen. (XII, 168 S.) 884. ℳ 9.

„ 64. Schlüter, Karl, und Wilh. Rausch, vollständiges Handbuch für Sattler und Riemer. Enthaltend eine ausführl. Beschreibung aller in diesen Fächern vorkommenden Arbeiten an Stallausrüstungs-Gegenständen, Longier- und Reitutensilien, Sätteln, Kutsch-, Schlitten- und Arbeitsgeschirren, des Ausschlagens und der Ausstattung der Wagen, Reise- und Jagdeffekten rc. Unter Angabe genauer Maße nach Metern, sowie der renommiertesten Firmen zur Beschaffung der Materialien und fertiger Waaren, nebst einer besond. Abhandlung über Buchführung und Preisberechnung. 9. verm. und verb. Aufl. Mit einem Atlas von 30 (lithogr.) Foliotaf. (XIV, 171 S.) 884. ℳ 9.

„ 70. Böppinghausen's, R. v., Fabrikation der Goldleisten, der verzierten Rahmen und der Polliturleisten, nebst bewährten Vorschriften zur Anfertigung von Poliment, Goldfirnis, Spiritusglanzlacken rc. 2. verb. Aufl., hrsg. von R. Tormin. Mit einem Atlas von 10 (lithogr.) Taf. (in 4.), enthaltend 173 Fig. (XIV, 184 S.) 882. ℳ 3,75.

„ 73. Dropisch, Bernh., Handbuch der gesammten Papierfabrikation, umfassend die Darstellung der Triebkräfte, der Materialien, deren Vorbereitung und Verarbeitung zu Halb- und Ganzzeug, des Bleichens, Leimens und Färbens desselben, der Bildung des Papiers durch Handarbeit und durch Maschinen aus Hadern, Stroh, Holz und anderen Surrogaten, sowie der Pappen und einiger besond. Papiersorten, nebst Bemerkungen über Anlage und Verwaltung von Papierfabriken. 3. Aufl. von Lenormand's Handbuch der Papierfabrikation in vollständ. Neubearbeitung. Mit einem Atlas, enthaltend 349 S. Abbild. auf 31 (lithogr.) Foliotaf. (XVI, 407 S.) 881. ℳ 12.

„ 76. Schröder, Ch., Klempner-Schule. Eine systematisch fortschreitende Konstruktionsschule für Blecharbeiter. Enthaltend die wichtigsten Lehrsätze aus der darstellenden Geometrie, Projektionslehre, Entwickelung der Körpernetze, der Seifen, Modelle und Schablonen aus dem Klein- und Baugewerbe, sowie einer Anleitung zur Berechnung der Körper nach ihrem Flächen- und Kubikinhalt. Zum Gebrauche für Fortbildungsschulen, sowie insbesondere zum Selbstunterricht. 1. Folge. Nebst einem Atlas von 25 (lithogr.) Foliotaf. mit 278 Beispielen. (XVI, 180 S.) 882. ℳ 6,75.

„ 77. Brockmann, Andr., Hand-, Lehr- und Musterbuch für Korb- und Strohflechter, Korbmöbel- und Rohrwaaren-Fabrikanten. 3. gänzlich neubearb. Aufl. Mit einem Atlas [Musterbuch] von 18 (lithogr.) Folio-Taf., worauf 415 Abbild. (VIII, 168 S.) 881. ℳ 6.

„ 88. Schumacher, Wilh., die keramischen Thonfabrikate. I. Allgemeine Keramik. II. Die Thonfabrikate mit einfachem Scherben oder Fabrikation der Terrakotten, des Siderolithe, des Irdengeschirrs, der Bauern-Majolika, des Bunzlauer Geschirrs, des Kochgeschirrs, der modernen Majolika und der Majolikaöfen, der Fayence oder italien. Majolika und der Fayenceöfen, sowie des Steinzeugs. 5. Aufl. von K. Wilkens „die Töpferei", vollständig neu bearb. Mit einem Atlas von 9 (lithogr. Fol.-)Taf., enthaltend 99 Abbild. (und 4 S. Text). (XIV, 468 S.) 884. ℳ 10.

„ 92. Sandmann, Max, die Lustfeuerwerkerei zur Verschönerung öffentlicher und häuslicher Feste. Eine Anleitung zur Anfertigung sämtl. Feuerwerkskörper, nach dem heutigen Stande der pyrotechn. Wissenschaft für Dilettanten wie Feuerwerker von Beruf übersichtl. und leicht faßl. dargestellt. 10. vollständig umgearb. und namentlich durch die Beschreibung der Feuerwerksballons verm. Aufl. (XII, 234 S. mit 62 erläut. Abbild.) 884. ℳ 4,50.

„ 96. Wagner, Ladisl. Ritter v., Handbuch der Bierbrauerei. Auf Grund eigener Studien und prakt. Erfahrungen, und unter Mitwirkung hervorragender Theoretiker und Praktiker verfaßt. 6. wohlfeilere (Titel-)Aufl. 2 Bde. Mit 135 in den Text eingedr. Holzschn. und einem Atlas, enthaltend 27 (lithogr. Folio-)Taf. mit 236 Abbild. (XVI, XIX, 1156 S.) 884. ℳ 19.

Bd. 99. Bergmann-Kögel's praktischer Mühlenbauer. Ein Handbuch bei Anlage einfacher Mühlen, als Mahl-, Graupen-, Oel-, Knochen-, Gips-, Cement-, Loh-, Walk- und Sägemühlen. Zum Gebrauche für Mühlenbesitzer, Mühlen- und Maschinenbauer. 4. verb. und verm. Aufl. von Friedr. Neumann. Mit einem Atlas, enthaltend 40 (lithogr.) Foliotaf. (XVI, 345 S.) 880. ℳ 12.

„ 100. Zürn, F. A., die Lehre vom Hufbeschlag und von den wichtigsten äußeren Krankheiten des Pferdes, wie deren Heilung. 7. verm. und verb. Aufl. (XII, 203 S. mit 193 in den Text eingedr. Holzschn.) 884. ℳ 5.

„ 111. Beller, Nic., praktisches Handbuch der Glacelederfärberei. Mit besond. Berücksicht. der vom Verf. auf der Weltausstellung von Philadelphia 1876 und auf der Pariser Weltausstellung von 1878 für dieses Fach angestellten Vergleiche und Wahrnehmungen. (XVI, 209 S. mit 28 Abbild. auf 3 lithogr. Taf. und 85 Farbnüancen in Buntdr.) 880. ℳ 7.

„ 117. Mierzinski, Stanisl., die Erd-, Mineral- und Lack-Farben, ihre Darstellung, Prüfung und Anwendung. Zum Gebrauche für Fabrikanten, Techniker, Farbwaarenhändler, Maler, Anstreicher etc. 4. Aufl. von Schmidt's „Farbenlaboratorium", in vollständ. Neubearbeitung. (XII, 500 S. mit 51 in den Text eingedr. Holzst.) 881. ℳ 10.

„ 118. Müller, Max, die Fabrikation der für die Glasmalerei, Emailmalerei und Porcellanmalerei geeigneten Farben. 4. Aufl. von Chr. H. Schmidt's gleichnam. Werke. Vollständig neu bearb. (XII, 110 S. mit 9 in den Text eingedr. Holzschn.) 880. ℳ 3,75.

„ 123. Binder, F., Handbuch der Galvanoplastik oder die Elektrochemie in ihrer Anwendung, Gegenstände in Metall nachzubilden oder mit Metall zu überziehen. 5. Aufl. von Walkers Galvanoplastik, unter gleichzeit. Zugrundelegung von Brandelys Elektrochemie in vollständ. Neubearb. hrsg. (X, 160 S. mit 48 in den Text eingedr. Abbild.) 884. ℳ 3,75.

„ 130. Greger, Sim., die Kürschnerkunst in allen ihren Verrichtungen auf der Stufe jetziger Vervollkommnung. 4. von Grund aus neubearb. Aufl. von Chr. Heinr. Schmidt's Kürschnerkunst. (XII, 223 S.) 883. ℳ 3.

„ 131. Brandeis, Friedr., die moderne Gewehrfabrikation. Prakt. Hand- und Lehrbuch für Gewehrfabrikanten, Büchsenmacher, deren Gehilfen und verwandte Arbeiter, behandelnd die Erzeugung aller Arten Handfeuerwaffen vom theoret. wie vom prakt. Standpunkte. Mit Berücksicht. der modernen Systeme und der neuesten und vortheilhaftesten Hilfsmaschinen. Mit einem Atlas von 22 (lithogr.) Foliotaf., enthaltend ca. 430 Abbild. (mit 4 S. Text). (XVI, 410 S. mit in den Text gedr. Holzschn.) 881. ℳ 12.

„ 133. Tscheuschner, E., Handbuch der Metalldekorierung oder das Dekorieren und Verfeinern der Metallwaren, des Glases, Porzellans und der Gewebe im Feuer, sowie auf chem. und galvan. Wege. 5. Aufl. von Grägers Handbuch der Metalldekorierung, in vollständ. Neubearbeitung hrsg. (XX, 228 S. mit 53 in den Text eingedr. Holzschn.) 882. ℳ 5.

„ 134. Schneider, G. A., die moderne Schuhfabrikation. Ein Handbuch für Schuhindustrielle jeder Art, als da sind: Schuhfabrikanten, Kundenschuhmacher, Werkführer rc., sowie Lederfabrikanten, Nähmaschinenfabrikanten und Schuhhändler. Nebst einem Atlas, enthaltend 19 (lithogr.) Planotaf. mit 216 Fig., darunter Modelle in natürl. Größe. 2. wohlfeilere (Titel-)Aufl. (VIII, 245, 155 S.) 882. ℳ 7,50.

„ 135. Brömser, Fr., die Ofen- und Glasurfabrikation nach dem jetzigen Stande dieser Industrie. Mit besond. Berücksicht. der weißen und farbigen Schmelzöfen und der altdeutschen Majolika-Oefen, nebst den hierzu passenden Glasuren. Für Ofenfabrikanten, Töpfermeister und deren Gehilfen. Kurz und leichtfaßlich, nach vieljähr. Erfahrungen dargestellt. (IX, 106 S.) 884. ℳ 2.

„ 137. Wildberger, Andr., die Legir- und Löthkunst oder Anleitung, alle in der Technik in Anwendung kommenden Legirungen, sowie auch die zu fester und dauerhafter Vereinigung metall. Körper erforderl. Lothe zu bereiten. Für Metallarbeiter aller Art, sowie auch sonstige Gewerbtreibende, deren Beruf es mit sich bringt, Löthungen vorzunehmen. 5. verb. und verm. Aufl. (XII, 316 S. mit 4 lithogr. Taf., enthaltend 61 Fig.) 880. ℳ 2,50.

„ 143. Klausen, A., der Maschinenbauer für Gewerbe und Landwirtschaft. Zum Gebrauche für Fachschulen und den Selbstunterricht. 4. vollständig neu bearb. Aufl. von Le Blanc's Maschinenbauer. Mit einem Atlas von 43 (lithogr.) Foliotaf. (mit 4 S. Text). (XVI, 382 S.) 884. ℳ 15.

„ 144. König, Andr., Entwürfe zu ländlichen Wohngebäuden oder Häusern für den Bauer, Arbeiter und Handwerker, sowie Pfarr-, Schul- und Gasthäusern, mit den dazu erforderl. Stallungen. Nebst der ausführl. Angabe des zu deren Erbauung nötigen Aufwandes an Materialien und Arbeitslöhnen. 9. Aufl. vollständig neu bearb., verb. und verm. von Paul Gründling. Mit einem Atlas, enthaltend 12 (lithogr.) Foliotaf. (X, 207 S.) 884. ℳ 7,50.

„ 146. Strele, Karl, Handbuch der Porzellan- und Glasmalerei. Enthaltend die Technik des Kolorierens und Dekorierens von echtem und Fritten-Porzellan, Steingut, Fayence, Glas, Email rc. durch Begießen, Bemalen, Bedrucken, Uebertragen von Photographien rc. mit farbigen Massen und Glasuren, Gut- und Scharffeuerfarben, verglasbaren Email- oder Muffelfarben und Metallen, sowie das Einbrennen derselben und Polieren der Metalle. 4. gänzlich neu bearb. Aufl., hrsg. von Emil Tscheuschner. (XVI, 320 S. mit 64 in den Text eingedr. Holzschn. und 1 Farbentaf.) 883. ℳ 6,75.

Bd. 151. **Winzer**, Ant., die Bereitung und Benutzung des Papiermaché und ähnlicher Kompositionen. Ausführl. Erörterung über die zu diesen Massen gebrauchten Stoffe, Gerätschaften, Werkzeuge und Maschinen; insbesondere auch über die Verwendung dieser Massen zu Larven, Puppenköpfen, Tierfiguren ꝛc. Nebst gründl. Anweisung, wie man diesen Artikeln durch Schleifen, Malen, Lackieren ꝛc. den höchsten Grad von Vollendung geben kann. 3. zum Teil ganz neu bearb. und mit den neuesten Fortschritten bereicherte Aufl. (VIII, 83 S. mit 1 lithogr. Taf. Abbild.) 884. ℳ 1,20.

» 157. **Jeep**, W., die Einrichtung und der Bau der Backöfen. Ein Handbuch für Bau- und Maurermeister, Bäcker und alle diejenigen, welche sich mit dem Bau und Betriebe der Backöfen und Bäckereien befassen. 2. sehr verm. Aufl. Mit einem Atlas von 15 (lithogr. Fol.-)Taf., enthaltend 158 Abbild. (XII, 165 S.) 883. ℳ 5.

» 165. **Schubert**, Friedr. Bernh., die Combinations- oder Sicherheits-Schlösser der Neuzeit und ihre Construction und Verwendung. Mit einem Anhang: Der Geldschrank und seine Bauart. 2. Aufl. von St. Theiner's Combinationsschlössern, in vollständ. Neubearbeitung hrsg. Mit einem Atlas von 30 (lithogr.) Taf. (in gr. 4.), enthaltend 254 Abbild. (XII, 99 S.) 880. ℳ 6.

» 172. **Seemann**, Thdr., die Lehre von der Harmonie der Farben. Zum Gebrauche für Maler, Dekorateure, Tapetendrucker und Alle, welche sich der Farben als Mittel der Verschönerung bedienen. 3. Aufl. von Hay's „Gesetzen der Farbenharmonie“, vollständig neu bearb. (VIII, 120 S. mit 1 Titelkpfr. in Farbendr.) 881. ℳ 3.

» 183. **Wagner**, Ladisl. Ritter v., Tabakkultur, Tabak- und Zigarrenfabrikation, sowie Statistik des Tabakbaues, Tabakhandels und der Tabakindustrie, mit besond. Berücksicht. der im Handel vorkommenden Tabaksorten, Zubereitung und chem. Analyse, Verfälschungen und Toxikologie des Tabaks, nebst einem Anhang, enthaltend das deutsche Tabaksteuergesetz vom 16. Juli 1879. 4. verm. und gänzlich umgearb. Aufl. (XIX, 462 S. mit 106 in den Text gedr. Abbild. und 2 lithogr. Taf.) 884. ℳ 9.

» 186. **Neumann**, Friedr., Handbuch der Metalldreherei. Enthaltend Angaben über das Material; Werkzeuge zur Dreharbeit, Drehbankkonstruktionen mit Hand-, Fuß- und Maschinenbetrieb; Einrichtung der Drehbank zum Schraubenschneiden, Bohren, Fräsen und Drücken, Oval- und Passigdrehen, Schleifen und Polieren; Arbeitsleistung, Betriebskraft und Gewicht der Drehbänke. Nebst einem Nachweis der hierher gehör. Litteratur. 4. Aufl. von Hartmanns Handbuch der Metalldreherei, in vollständ. Neubearbeitung, hrsg. Mit einem Atlas, enthaltend 29 (lithogr.) Foliotaf. (XII, 165 S.) 882. ℳ 8,25.

» 190. **Pütter**, Clemens, die Wachs-Industrie auf der Stufe jetzigen Fortschrittes. Ausführl. Darlegung der Eigenthümlichkeiten aller Arten des Bienen-, wie auch vegetabil. Wachses; ihrer Prüfungsweisen auf etwaige Verfälschung; ihrer bisherigen, wie auch neueren Bleichmethoden; ihrer Benutzung zu Zimmer- und Altarkerzen, Wachsstöcken ꝛc., wie auch zu mancherlei andern Artikeln, insofern dieselben für den Handel von einigem Belang sind. 3. von Grund aus neu bearb. Aufl. von Chr. H. Schmidt's Wachs-Industrie. (VIII, 107 S. mit 1 lithogr. Taf., enthaltend 29 Abbild.) 880. ℳ 1,50.

» 204. **Tormin**, R., der erfahrene Gehilfe für Haus- und Stubenmaler und Firmenschreiber bei Ausführung aller Arten von Anstrichen, Nachahmungen der Farbe, Naturzeichnung und Maserung feiner Möbelhölzer, aller Arten von Marmor, Porphyr, Granit ꝛc., der Plafond-Malerei, Verfertigung der Formen und der vortheilhaftesten Darstellung der zu obigen Arbeiten erforderl. Oel- und Wasserfarben, auch des Zinkweißes und Wasserglases, sowie der damit versetzten Farben, und endlich der verschiedenen Arten von Lackfirnissen. Nebst einer kurzen Erläuterung über den Ursprung der in der Haus- und Stubenmalerei gebrauchten Pigmente, Harze und Oele. 6. verb. und verm. Aufl. (XVI, 307 S.) 881. ℳ 3.

» 207. **Watin's**, M., Staffiermaler als Maler, Vergolder, Versilberer, Bronzierer, Lackierer und Tapezierer. Prakt. Hand- und Hilfsbuch, enthaltend die Beschreibung aller bei der Staffiermalerei vorkommenden Arbeiten und Methoden, die Fabrikation, Benennung und Prüfung der Farbenkörper ꝛc. Zum Gebrauche für Maler, Ausstreicher, Vergolder ꝛc., sowie für alle, welche malen, vergolden, versilbern, bronzieren, lackieren und tapezieren lassen. 3. Aufl., in vollständ. Neubearbeitung hrsg. von R. Tormin. (XX, 234 S.) 882. ℳ 6.

» 219. **Lénard**, Adèle, die Verfertigung künstlicher Blumen, sowohl nach fabrikmäßigem, wie nach kleinerem Betriebe. Nebst ausführl. Anweisung, Schmuckfedern zu waschen, zu bleichen, zu lasurieren, ganz oder nur zum Theil zu färben, zu schattieren, zu trocknen, zu dressieren und zu kräuseln. Für Alle, welche das Blumenmachen und das Zurichten von Schmuckfedern zu einem Erwerbsmittel wählen, wie auch für Solche, die es nur als Liebhaberei und Beschäftigungsmittel treiben wollen. Nach eigenen, langjähr. Erfahrungen verfaßt. (XXIV, 156 S. mit 4 lithogr. Foliotaf., worauf 124 Abbild.) 881. ℳ 3.

» 222. **Lohmann's** Wassermahlmühlenbau. Einrichtung kleiner Getreidemühlen, welche durch Wasserräder oder Turbinen betrieben werden. Nebst den nötigsten Tabellen, Formeln und Angaben über das Messen der Wassermengen. 3. vollständig neu bearb. Aufl. von Leop. Krübener. Mit einem Atlas von 21 (lithogr.) Foliotaf. (XII, 138 S.) 883. ℳ 6,75.

Bd. 228. **Binder**, J., die elektrischen Telegraphen, das Telephon und Mikrophon. Populäre Darstellung ihrer Geschichte, ihrer Einrichtung und ihres Betriebes; nebst vorangehender Belehrung über Erregung, Leitung und Geschwindigkeit des elektr. Stromes und einem besond. Kapitel über Anlage von Haus- und Feuerwehrtelegraphen. Für angehende Telegraphisten, Post- und Eisenbahnbeamte. 3. Aufl. von D. Lardner's „populäre Lehre von den Telegraphen“, in vollständ. Neubearbeitung hrsg. (XII, 169 S. mit 116 in den Text gedr. Holzschn.-Abbild.) 880. ℳ 6.

» 231. **Brauer**, Ernst, die Konstruktion der Waage nach wissenschaftlichen Grundsätzen und nach Maasgabe ihres Spezial-Zweckes, zum Gebrauch für Waagenfabrikanten, sowie für techn. Lehranstalten bearb. Mit einem Atlas von 20 (lithogr.) Foliotaf., enthaltend 209 Abbild. (und 4 S. Text). (XI, 197 S.) 880. ℳ 9.

» 256. **Voigt**, J. Herm., die Weberei in ihrer sozialen und technischen Entwicklung und Fortbildung, nebst dem kommerziellen Geschäftsbetrieb derselben. Vollständ. Lehr-, Hand- und Hilfsbuch für Weber, Fabrikanten, Kaufleute, techn. und kaufmänn. Beamte in Webereigeschäften. Nebst den zur Fabrikations-Kalkulation und Buchführung nothwendigen Schematas und Tabellen. 3. verm. und verb. Aufl., nach einem neuen Plan vollständig umgearb. Mit einem Atlas von 27 (lithogr. Fol.-)Taf. mit 383 Abbild. (und 2 S. Text). (XII, 446 S.) 882. ℳ 15.

» 257. **Schröder**, Th., Klempner-Schule. 2. Folge. Eine vollständ. und ausführl. Konstruktionslehre für geförderte Klempnergehilfen und Meister. Enthaltend alle in der Klempnerei vorkommenden konstruktiven Aufgaben und Lösungen, mit besond. Berücksicht. aller schwierigen Aufgaben der Bauklempnerei. Zum Gebrauche für Fortbildungsschulen, sowie insbesondere zum Selbstunterricht. Nebst einem Atlas von 30 (lithogr.) Foliotaf., enthaltend 464 Hauptfig., sowie 10 Modellbogen mit Schnittfig. in natürl. Größe. (XIV, 326 S.) 883. ℳ 13,50.

» 263. **Neumann**, Friedr., die Windmotoren. Beschreibung, Konstruktion und Berechnung der Windflügel, Windturbinen und Windräder zum Betriebe von Mahlgängen, Holzsägen, landwirthschaftl. Maschinen und zur Wasserförderung mit Pumpen oder Wurfrädern. 2. verb. und verm. Aufl. der „Windmühlen“. Mit einem Atlas von 23 (lithogr.) Foliotaf. (XII, 102 S.) 881. ℳ 6,75.

» 268. **Weber**, Mart., das Schleifen, Polieren, Färben und künstlerische Verzieren des Marmors, wie auch aller anderen Steinarten, welche zu Monumenten, Säulen, Statuen ꝛc. verarbeitet werden. Nebst Mitteilung vorzügl. Vorschriften zur Darstellung des Stucco lustro, des Gips- und anderen künstl. Marmors ꝛc. Für Künstler und Techniker, namentlich Architekten, Bild- und Steinhauer, Stuckateure ꝛc. 3. neu durchges. und verm. Aufl. (X, 133 S.) 884. ℳ 1,20.

» 274. **Kreuzburg's**, Heinr., Katechismus der Bierbrauerei, dargestellt in kurzen leichtfaßl. Sätzen. Ein Ratgeber in allen Verlegenheiten und sonst. in diesem Geschäfte vorkommenden Fällen. Für Bierbrauer, denen an Fortschritt und Sicherheit in ihrem Geschäfte gelegen ist. 2. gänzlich umgearb. und verm. Aufl. (X, 138 S.) 884. ℳ 1,50.

Schauplatz, neuer, der Künste und Handwerke. Mit Berücksicht. der neuesten Erfindungen. Hrsg. von einer Gesellschaft von Künstlern, techn. Schriftstellern und Fachgenossen. Mit vielen Abbild. 1., 3.—5., 8., 18., 28., 29., 36., 49., 51., 61—63., 74., 89.—91., 94., 101., 102., 111., 124., 128., 131., 148., 153., 208.—210., 215., 229., 231., 257., 265., 279., 283. und 288. Bd. gr. 8. Weimar, B. F. Voigt.

Inhalt:

Bd. 1. **Eupel's**, Joh. Christ., illustrierter Konditor, oder gründl. Anweisung zur Zubereitung aller Arten Zuckerwaaren, Mehlspeisen und Puddings, Gelees, Marmeladen, Kompotts, der Fabrikation der Schokolade ꝛc., sowie auch zum Einmachen, Glasieren und Kandieren der Früchte, nebst Abhandlungen vom Zucker, den Graden bei dem Zuckerkochen und von den zur Konditorei nöt. Gerätschaften, ingleichen erprobte Rezepte zu allen Gattungen der Kunstbäckerei; ferner zur Bereitung des Gefrornen, der Sorbets, Gramolaten und Cremes, sowie zu den beliebtesten Arten künstl. Getränke und Schokoladen. 11. verm. und verb. Aufl. von Louis Jost. (XX, 341 S. mit einem Atlas von 14 lithogr. Foliotaf.) 886. ℳ 5.—.

» 3. **Meisel**, Ferd., Lehrbuch der Optik. 3. Aufl. von F. W. Barfuss' „Populäres Lehrbuch der Optik, Katoptrik und Dioptrik“, vollständig neu bearb. (XVI, 500 S. mit Atlas von 17 Foliotaf.) 889. ℳ 12.—.

» 4. **Fischer**, H., der praktische Seifensieder oder gründl. Anleitung zur Fabrikation aller im Handel vorkommenden Riegel-, Schmier-, Textil- und Toiletteseifen. Unter Berücksicht. der neuesten Erfindungen und Fortschritte nach dem jetzigen Standpunkte der Seifenfabrikation. 6. Aufl. des Werkes „Die Kunst des Seifensiedens ꝛc.“ in vollständ. Neubearbeitung hrsg. (218 S. mit 44 Abbild.) 889. ℳ 4.50.

5. **Stöckel's**, H. F. A., Bau-, Kunst- und Möbelschreiner. Ein Ratgeber und Rezeptbuch über alles Nützliche und Wissenswerte in der Tischlerkunst. Lehrbuch über Architektur, Bau- und Möbelstile, über Maße und Verhältnisse, über Dekorationen der Luxusmöbel, Parketts, Intarsien, über gravierte Arbeiten, über Aufrissen der Möbel und dem Grundriß, über Geometrie und Konstruktionen, über Wiegen und Särge, Werkzeuge und Hilfsmaschinen. Ferner Beschreibung in- und ausländ. Nutzhölzer, Ausführung berühmter Kunsttischlereien und älterer Kunstwerke, bewährte Rezepte und Ratschläge, Berechnung von Bau- und Möbelarbeiten, von Flächen und Körpern durch Tabellen, nebst einem Anhang wicht. Adressen von Bezugsquellen für alle bei der Möbelfabrikation vorkommenden Materialien, Hilfsmittel, Werkzeuge und Maschinen. 8. gänzl. umgearb. und verb. Aufl. von Aug. Graef und Max Graef. (XII, 262 S. mit einem Atlas, enth. 36 lithogr. Fol.-Taf.) 885. ℳ 10.50.

9. Aufl. u. d. T.:

—— dass. — Lehrbuch über Architektur, Bau- und Möbelstile, über Maße und Verhältnisse, über Dekorationen der Luxusmöbel, Parketts, Intarsien, über gravierte Arbeiten, über Aufrissen der Möbel und den Grundriß, über Geometrie und Konstruktionen, Werkzeuge und Hilfsmaschinen. 9. teilweis umgearb. und verb. Aufl. von Aug. Graef und Max Graef. (XII, 267 S. mit einem Atlas von 36 Taf. und 22 in den Text eingedr. Abbild.) 888. ℳ 10.50.

» 8. **Kulmer's**, Rud. Frhr. v., Handbuch für Gold- und Silberarbeiter und Juweliere. Nebst einem Anhang über Edelsteine und Perlen. 2. verb. Aufl., hrsg. von Erwin Eichler. Mit einem Vorworte von Meidinger. (XVI, 231 S. nebst Atlas von 21 Foliotaf. und 41 in den Text gedr. Holzschn.) 887. ℳ 10.50.

» 18. **Püttmann**, L., der Gipser als Zementierer, Tüncher und Stuckateur, wie auch als Maler, Lackierer, Vergolder, Versilberer, Bronzierer und Tapezierer. Prakt. Hand- und Hilfsbuch, enth. eine ausführl. Beschreibung aller derjenigen Arbeiten, wie sie vom Gipser zur Vollendung an und in den Gebäuden ausgeführt werden. In vollständ. Neubearbeitung hrsg. von R. Tormin. 3. Aufl. (XX, 347 S. mit einem Atlas von 24 lithogr. Foliotaf. und 1 Bl. Text.) 886. ℳ 6.—.

» 28. **Böhmer und Neumann**, Kalk, Gips, Zement. Handbuch für Anlage und Betrieb von Kalkwerken, Gipsmühlen und Zementfabriken. Mit Rücksicht auf die Anwendung dieser Materialien in der Praxis. 5. verb. Aufl., bearb. von Friedr. Neumann. (XII, 236 S. mit einem Atlas von 10 Foliotaf., 1 Bl. Text und 40 in den Text eingedr. Holzschn.) 886. ℳ 6.75.

» 29. **Hagdorn**, Chr., der gründlich lehrende Ausstreicher, Zimmermaler und Tüncher oder Beschreibung aller vorkommenden Materialien, Gerätschaften und Arbeiten in Oel-, Lack- und Wasserfarben. 6. Aufl. (VIII, 272 S. mit 21 Fig.) 887. ℳ 3.—.

» 36. **Bornemann**, Geo., die fetten Oele des Pflanzen- und Tierreiches, ihre Gewinnung und Reinigung, ihre Eigenschaften und Verwendung. Ein Handbuch für Fabrikanten, Ingenieure und Chemiker, enthaltend: Vollständ. Beschreibung der Oelgewinnung durch Pressung und Extraktion, sowie der Reinigung und Bleichung der Oele, und ausführl. Schilderung der wichtigeren fetten Oele in ihren physikal. und chem. Eigenschaften. 5. Aufl. von Fontanelles Handbuch der Oelfabrikation in vollständ. Neubearbeitung. (XVI, 313 S. mit einem Atlas von 12 Taf., enth. 202 Abbild.) 889. ℳ 7.50.

Bd. 49. **Behse**, W. H., die praktischen Arbeiten und Konstruktionen des Zimmermanns in allen ihren Theilen. Ein Handbuch für Zimmerleute, sowie für bautechn. Lehranstalten. 8. verb. Aufl. (XII, 235 S. mit einem Atlas von 51 Fol.-Taf., enth. 595 Abbild.) 887. ℳ 9.—.

» 51. **Altberg**, Otto, die Feuerungsanlagen für das Haus, erläutert durch die Resultate der Wärmetechnik und die Leistung der verschiedenen Brennstoffe. 5. vollständ. umgearb. Aufl. von Matthaeus, Ofenbaumeister. (X, 126 S. mit einem Atlas, enth. 21 lithogr. Foliotaf. mit 1 Bl. Text.) 885. ℳ 5.25.

• 61. Jeep, W., die Eindeckung der Dächer mit weichen und harten Materialien, namentlich mit Steinen, Pappe und Metall. Eine Anleitung zur Anfertigung der verschiedenen Dacheindeckungen für Schiefer- und Ziegeldecker, Klempner, Architekten, Baumeister, Bauhandwerker und Bauunternehmer. 3. Aufl. von Matthaeys „vollkommenem Dachdecker", in vollständ. Neubearbeitung hrsg. (XIV, 161 S. mit einem Atlas von 12 lithogr. Foliotaf., enth. 214 Fig.) 885. ℳ 4.50.

• 62. Schröder, Chr., die Schule des Tischlers. Eine systematisch fortschreitende Konstruktionslehre für Holzarbeiter, enth. die wichtigsten Lehrsätze der darstellenden Geometrie, der Projektionslehre und Perspektive; die Entwickelungen der Gehrungen, sowie Darstellung und Beschreibung aller im Holzgewerbe vorkommenden Holzverbindungen, ferner eine Anleitung zur metrischen Berechnung der Körper nach ihrem Flächen- und Kubikinhalt. Zum Gebrauche für Fortbildungsschulen, sowie insbesondere zum Selbstunterricht hrsg. (XII, 285 S. mit Atlas von 25 Foliotaf. zum Theil in Farbendr.) 885. ℳ 8.—.

—— dass. — 2. Aufl. (XII, 285 S. mit Atlas von 25 Foliotaf. zum Theil in Farbendr.) 889. ℳ 6.—.

• 65. Hausch, Wilh., theoretisch-praktisches Handbuch für Stellmacher und Verfertiger von Industrie- und Arbeitswagen, ebenso von Leichenwagen. 2. verm. und verb. Aufl. (XV, 104 S. mit einem Atlas von 24 lithogr. Foliotaf.) 885. ℳ 7.50.

• 74. Schröder, Ch., Klempner-Schule. Eine systematisch fortschreitende Konstruktionslehre für Blecharbeiter. Enth. die wichtigsten Lehrsätze aus der darstellenden Geometrie, Projektionslehre, Entwickelung der Körpernetze, der Gelsen, Modelle und Schablonen aus dem Klein- und Baugewerbe, sowie eine Anleitung zur Berechnung der Körper nach ihrem Flächen- und Kubikinhalt. Zum Gebrauche für Fortbildungsschulen, sowie insbesondere zum Selbstunterricht. 1. Folge. 2. verb. und verm. Aufl. (XX, 216 S. nebst einem Atlas von 27 Foliotaf. mit 3 7 Beispielen.) 887. ℳ 6.75.

• 89. Blüthner, Jul., und Heinr. Gretschel, Lehrbuch des Pianofortebaues in seiner Geschichte, Theorie und Technik oder Bau und Zusammenfügung der Flügel, Pianinos und tafelförm. Pianofortes, nebst einer Darstellung der hierauf bezügl. Lehren der Physik und einem kurzen Abriss der Entwickelungsgeschichte des Pianofortes. Für angehende Pianofortebauer und Musiker bearb. 2. verb. und verm. Aufl., hrsg. von Wilh. Fischer. (VIII, 207 S. mit einem Atlas, enth. 16 Foliotaf.) 886. ℳ 8.50.

• 90. Gelcich, Eug., Geschichte der Uhrmacherkunst von den ältesten Zeiten bis auf unsere Tage. 4. Aufl. von Barfuß' „Geschichte der Uhrmacherkunst", in vollständ. Neubearbeitung hrsg. (XIII, 208 S. mit einem Atlas von 11 Foliotaf.) 887. ℳ 6.—.

• 91. Rohrbach, Jul., das Seilergewerbe in seinem ganzen Umfange. 4. Aufl. von Wölfer-Hartungs „Seilerhandwerk", in vollständ. Neubearbeitung hrsg. (X, 123 S. mit 6 Foliotaf., enth. 95 Abbild.) 886. ℳ 2.25.

• 94. Weber, Mart., die Kunst des Bildformers und Gipsgießers, oder gründl. Unterricht, wie Büsten, Statuen, Vasen, Urnen, Ampeln, Konsolen oder Kragsteine, Rosetten, Laub- und Simswerk, Reliefbilder und andere dergleichen plast. Gegenstände auf dem Wege des Abformens und Abgießens nachzubilden, wie sie zu schleifen, zu polieren, zu firnissen, zu bronzieren und zu restaurieren sind. Für Künstler und Techniker, vornehmlich Architekten, Stukkateure, Bildhauer und Gipsgießer vom Fach. 5. verm. und verb. Aufl. (VIII, 124 S.) 886. *ℳ 1. .

• 101. Böhne, J., und C. W. Rösling, Handbuch für Kupferschmiede. Nebst den nöt. Belehrungen über die Erzeugung und Behandlung des Rohkupfers. 3. gänzlich neu bearb. Aufl. von Chr. Schröder. (X, 314 S. mit einem Atlas von 12 Foliotaf.) 888. ℳ 7.50.

• 103. Barfuß, Friedr. Wilh., die Kunst des Böttchers oder Küfers in der Werkstatt wie im Keller, enth. eine vollständ. Anweisung, den Inhalt aller Arten von Gefäßen teils durch Berechnung, teils durch Visierstäbe zu finden und jedes Gefäß nach verlangtem Gehalt zu verfertigen, sowie eine vollständ. Angabe aller Mittel, Vorteile und Werkzeuge, welche man bei Ausarbeitung der Dauben und Fertigung der Fässer, Bottiche, Bütten, Wannen, Eimer &c. anwendet, auch Tabellen über den Kubikinhalt des Rundholzes, Flüssigkeits- und Längenmaße, Stich- und Grundverhältnis, Visiermaß und Stemmmaß, nebst Anweisung, diese Maße selbst anzufertigen. Nebst einer Abhandlung über die Verrichtungen des Küfers im Bier- und Weinkeller. 8. verb. und verm. Aufl. von Aug. Lange. (XVIII, 532 S. mit einem Atlas von 14 lithogr. Foliotaf., enth. 273 Abbild.) 885. ℳ 6.—.

Bd. 111. Beller, Nic., praktisches Handbuch der Glacélederfärberei. 2. Aufl. (XVI, 209 S. mit 28 Abbild. auf 3 Taf. und 35 Farbnüancen in Buntdr.) 886. ℳ 4.50.

• 124. Beielstein jun., Wilh., die Wasserleitung im Wohngebäude. Eine Beschreibung sämtl. Installations-Arbeiten, Einrichtungen, Apparate, Hähne &c. Nach anerkannten Regeln großer Spezialwerkstätten der Installationsbranche, mit besond. Berücksicht. verschiedener Arbeitsmethoden, auf Grundlage eigener prakt. Erfahrung hrsg. (XII, 136 S. mit einem Atlas von 14 lithogr. Foliotaf., enth. 231 Fig.) 885. ℳ 6.—.

• 128. Marshall, Leslie C., der praktische Flachsspinner. Ein Handbuch für die Flachs- und Wergspinnerei. Aus dem Engl. übers. von Otto Reckenberger. (VIII, 471 S. mit einem Atlas, enth. 10 Foliotaf. und 14 in den Text eingedr. Abbild.) 886. ℳ 12.—.

• 131. Brandeis, Friedr., die moderne Gewehrfabrikation. Prakt. Hand- und Lehrbuch für Gewehrfabrikanten, Büchsenmacher, deren Gehilfen und verwandte Arbeiter, behandelnd die Erzeugung aller Arten Handfeuerwaffen vom theoret. wie vom prakt. Standpunkte. Mit Berücksicht. der modernen Systeme und der neuesten und vortheilhaftesten Hilfsmaschinen. 2. Aufl. (XVI, 401 S. mit einem Atlas von 22 Foliotaf., enth. ca. 430 Abbild., und in den Text gedr. Holzschn.) 886. ℳ 7.50.

• 118. Graef, Aug., und Max Graef, die moderne Bautischlerei für Tischler und Zimmerleute, enth. die in der Praxis vorkommenden nötigen geometr. Konstruktionen, die Architektur in Bezug auf die Säulenordnungen und alle beim inneren Ausbau vorkommenden Arbeiten des Bautischlers, als Thüren, Thore, Fenster, Vorbaue, Treppen, Gartenhäuser, Fußböden, Kirchenarbeiten, Brunnenhäuschen, Säulen, Träger, Kolonnaden, Verkaufsbuden, Verzierungen, Gesimse und Bekrönungen &c. Nebst bildl. Darstellung sämtl. bis jetzt bekannten Holzbearbeitungs-Maschinen, sowie spezieller Beschreibung über Leistungsfähigkeit &c. mit Angabe der Bezugsquellen. Ferner Anweisung zur Bereitung von Firnissen und Lacken, Beizen, Leim- und Oelfarbenanstrichen, einer Beschreibung der in- und ausländ. Hölzer, welche der Tischler verarbeitet, und einer Anleitung zur Veranschlagung der Tischlerarbeiten. 10. verm. und verb. Aufl. (XII, 298 S. mit einem Atlas, enth. 40 Foliotaf. und 120 in den Text eingedr. Holzschn.) 886. ℳ 10.50.

• 153. Cuyrim, A., das Bäckergewerbe der Neuzeit. Enth. das Wissenswerteste über Bäckerei von ihrem Ursprung an bis auf den heutigen Tag. Ueber Getreide, Mahlen, Backen, Hefe und Gärung, Milchverfälschung und Untersuchung des Mehles, Mehlmotte, Brotbereitung nach chem. Methode von J. Liebig, über Knet-, Misch- und Teigteilungsmaschinen, Backöfen nach neuesten Konstruktionen mit fortgesetztem (kontinuierl.) Betriebe. Nebst einer großen Auswahl von Rezepten der Leb- und Honigkuchenbäckerei, Hefen- oder Butterbäckerei, Feinbäckerei, der Kakes &c. 5. verm. und verb. Aufl., hrsg. von L. Jost. (XVI, 364 S. mit einem Atlas von 16 Foliotaf. und 83 in den Text eingedr. Abbild.) 887. ℳ 6.75.

• 208. Töpfer, J. G., die Theorie und Praxis des Orgelbaues. 2. völlig umgearb. Aufl. des Lehrbuches der Orgelbaukunst. Für den Gebrauch des Orgelbauers, Orgelrevisors, Organisten und Architekten hrsg. von Max Allihn. (XXII, 953 S. mit Atlas von 65 Foliotaf.) 888. ℳ 30.—; geb. ℳ 36.—.

• 209. Rodegast, Bernh., die Fußbekleidungskunst. Unterrichtsbuch für Schuhmacher, Fachschulen und Fachvereine, sowie zum Selbstunterricht für alle Interessenten der Schuhmacherei. (XVI, 166 S. nebst einem Atlas von 19 Foliotaf. mit 210 Abbild.) 888. ℳ 5.—.

• 210. Beielstein jun., Wilh., die Installation der Warmwasseranlagen. Theoretisch-prakt. Darstellung aller Systeme zur Erzeugung von Warmwasser für Leitungszwecke in Wohnhäusern, Hotels, Anstalten, Kasernen u. s. w. (VII, 97 S. mit 73 in den Text gedr. Holzschn.) 889. ℳ 3.—.

215. Ulbricht, R., und Ladisl. v. Wagner, Handbuch der Spiritusfabrikation. Eine Anleitung zum rationellen Branntweinbrennereibetrieb für Landwirte, Groß-Industrielle und Brennereitechniker, sowie zum Gebrauche an techn. Hochschulen und landwirthschaftl. Lehranstalten. Nebst einer Uebersicht der Branntweinsteuer in den einzelnen Ländern. (XII, 420 S. mit einem Atlas von 12 Foliotaf. und 58 in den Text gedr. Abbild.) 886. ℳ 10.—.

• 229. Buchner, Otto, die Konstruktion und Anlegung der Blitzableiter zum Schutze aller Arten von Gebäuden und Seeschiffen, nebst Anleitung zu Kostenvoranschlägen. Ein Lehr- und Nachschlagebuch für Bautechniker, Bauhandwerker, Schlosser, Bauunternehmer, Hausbesitzer und Telegraphenbeamte. 3. verm. und verb. Aufl. (VIII, 150 S. mit einem Atlas von 8 Foliotaf., enth. 89 Abbild.) 887. ℳ 3.60.

• 231. Brauer, Ernst, die Konstruktion der Waage nach wissenschaftlichen Grundsätzen und nach Massgabe ihres Spezial-Zweckes, zum Gebrauch für Waagenfabrikanten, sowie für technische Lehranstalten bearb. 2. Aufl. (XI, 192 S. mit einem Atlas von 20 Foliotaf., enth. 289 Abbild.) 887. ℳ 5.—.

• 257. Fehland, H., die Fabrikation des Eisen- und Stahldrahtes, gewalzt und gezogen, sowie die der Drahtstifte. Prakt. Handbuch zum Selbststudium für angehende Techniker und zur Vorbereitung für Ingenieure zur Uebernahme des Betriebes in Drahtwerken. (X, 122 S. mit einem Atlas, enth. 23 Foliotaf. Abbild., meist Werkzeichnungen.) 886. ℳ 7.50.

• 265. Neumann, Friedr., der Mahlmühlenbetrieb, dargestellt durch Zeichnungen und Beschreibungen vollständiger Mühleneinrichtungen, sowie einzelner Maschinen und Betriebstheile zur Fabrikation von Mehl, Gries, Graupen und Reis. Mit Berücksicht. bewährter, prakt. Anlagen und der neuesten Konstruktionen. 2. gänzlich umgearb. und verb. Aufl. (XVI, 228 S. mit einem Atlas von 39 lithogr. Foliotaf. mit 4 S. Text und 17 in den Text eingedr. Holzschn.) 885. ℳ 13.50.

• 279. Schwier, K., Handbuch der Emailphotographie. Eine Anleitung zur Erzeugung von eingebrannten Photogrammen auf Email, Glas oder Porzellan. 3. Aufl. von A. Martin's Handbuch der Emailphotographie, in vollständ. Neubearbeitung hrsg. (VIII, 66 S. mit 7 Abbild.) 885. ℳ 1.20.

• 283. Tscheuschner, E., Handbuch der Glasfabrikation nach allen ihren Haupt- und Nebenzweigen. 5. Aufl. von Leng-Graegers Handbuch der Glasfabrikation, in gänzl. Neubearb. hrsg. (XVI, 666 S. mit einem Atlas von 34 lithogr. Fol.-Taf., enth. 421 Abbild. und 4 S. Text.) 885. ℳ 18.—; geb. ℳ 21.—.

• 288. Niess, Benno, die Baumwoll-Spinnerei in allen ihren Teilen, enth. die Beschreibung, Berechnung und Behandlung der neuesten Maschinen, ihre Stellung für die verschiedenen Baumwollen, nebst vielen nützlichen Winken und originalen Tabellen. Ein Handbuch für Spinnerei-Techniker, Beamte und Fabrikanten, nach eigenen Erfahrungen und den besten deutschen und engl. Quellen bearb. 2. umgearb. und verm. Aufl. (XXIV, 887 S. mit einem Atlas von 30 lithogr. Taf., enth. 442 Abbild. und 4 S. Text.) 885. ℳ 24.—; geb. ℳ 30.—.

Schauplatz, neuer, der Künste u. Handwerke. Mit Berücksicht. der neuesten Erfindungen. Hrsg. v. einer Gesellschaft v. Künstlern, techn. Schriftstellern u. Fachgenossen. Mit vielen Abbildgn. 6., 13., 23., 30., 32., 36.—38., 42., 50., 51., 53., 54., 61., 63.—65., 90., 92., 107., 109., 143., 144., 148., 183., 204., 211., 259., 262., 265., 269. u. 284. Bd. gr. 8. Weim., Voigt. 226 20

6. Ganswindt, A. Handbuch der Färberei u. der damit verwandten vorbereitenden u. vollendenden Gewerbe. Enth. die Färberei der gebräuchlicheren Gespinnstfasern, m. besond. Berücksicht. der Maschinenkunde. Mit 212 in den Text gedr. Abbildgn. (XVI, 693 S.) 889. 15 —; geb. * 18 —.

13. Metzger, Max. Handbuch d. Holzbildhauerei. (VIII, 64 S.) Mit e. Atlas, enth. 8 Taf. m. 77 Abbildgn. gr. 4. 892. 3 50.

23. Schmidt, Wilh. Die mechanische Tischlerwerkstätte. Praktisches Lehrbuch z. Selbstherstellg. u. vorteilhaften Benutzg. d. im Kleingewerbe unerläßlich nöt. Holzbearbeitungsmaschinen zum Handbetrieb für die gesamte Tischlerei, für Drechsler &c. 3. (Titel-)Aufl. Mit e. Atlas, enth. 17 (Fol.)-Taf. gr. 4. (VIII, 58 S.) 890. 4 20.

30. Auch, Jak. Handbuch für Land-Uhrmacher, deren Gehilfen u. Lehrlinge. 3. Aufl., in vollständ. Neubearbeitg. hrsg. v. Jürgen Meyer. Mit 26 Abbildgn. auf 3 Foliotaf. (VIII, 96 S.) 892. 2 25.

32. Lindner, Max. Die Technik des Blitzableiters. (VIII, 82 S. m. 80 Abbildgn.) 892. 2 50.

36. Bornemann, Geo. Die fetten u. die flüchtigen Oele d. Pflanzen- u. Tierreiches, ihre Gewinnung. u. Reinigg., ihre Eigenschaften u. Verwendg. 5. Aufl. v. Fontenelle's Handb. d. Oelfabrikation in vollständ. Neubearbeitg. (2 Bde.) 1. Bd.: Die fetten Oele d. Pflanzen- u. Tierreiches. Mit e. Atlas v. 12 Taf., enth. 202 Abbildgn. (XVI, 313 S.) 889. 7 50.

37. —— dass. — 2. Bd.: Die flüchtigen Oele d. Pflanzenreiches, ihr Vorkommen, ihre Gewinnung u. Eigenschaften, ihre Untersuchg. u. Verwendung &c. Nebst e. Kapitel: Botanische Betrachtgn. über das Vorkommen d. flüchtigen Oele v. K. L. Vetters. Mit e. Atlas v. 8 Fol.-Taf., enth. 83 Abbildgn. (XII, 441 S.) 891. 12 —.

38. Apian-Bennewitz, Paul Otto. Die Geige, der Geigenbau und die Bogenverfertigung. Mit 1 Atlas, enth. 14 Foliotaf. u. 56 in den Text gedr. Abbildgn. (XII, 416 S.) 892. 12 —; geb. * 16 —.

42. s. Bergerhoff, Heinr. Der praktische Tapezierer u. Dekorateur. 7 50.

50. s. Lüdicke, A. Der Schlosser. 10 —.

51. Altberg, Otto. Die Feuerungsanlagen für das Haus, erläutert durch die Resultate der Wärmetechnik und die Leistung der verschiedenen Brennstoffe. 6. unveränd. Aufl. Mit e. Atlas, enth. 21 Foliotaf. (u. 2 S. Text.) (X, 126 S.) 889. 5 25.

53. s. Lebrun's, M., vollständiges Handbuch für Klempner, Metallwaarenfabrikanten &c. 9 —.

54. Behse, W. H. Das Entwerfen u. Zeichnen der gewöhnlich vorkommenden Baurisse nach ihren verschiedenen Beziehungen. Nebst gründl. Anweisung zu übersichtl. Abfassung e. Bauanschlags. 4. verm. u. verb. Aufl. (XII, 150 S.) Mit e. Atlas, enth. 30 Taf. m. 435 Fig. gr. 4. 892. 6 —.

61. Jeep, W. Die Eindeckung der Dächer m. weichen u. harten Materialien, namentlich m. Steinen, Pappe u. Metall. 4. (Titel-)Aufl. Mit e. Atlas von 12 Foliotaf., enth. 214 Fig. (XIV, 164 S.) 892. 4 50.
63. Rausch, Wilh. Theoretisch-praktisches Handb. f. Stellmacher u. Verfertiger v. Industrie- u. Arbeitswagen, ebenso v. Leichenwagen rc. 3. verm. u. verb. Aufl. Mit e. Atlas, enth. 24 Foliotaf. (X, 120 S.) 892. 7 50.
64. Schlüter, Karl, u. Wilh. Rausch. Vollständiges Handbuch für Sattler, Riemer u. Täschner. 10. verm. u. verb. Aufl. Mit e. Atlas von 30 Fol.-Taf. (XIII, 185 S.) 890. 9 —.
65. Rausch, Wilh. Theoretisch-praktisches Handbuch f. Wagenfabrikanten u. alle beim Wagenbau beschäftigten Handwerker, wie auch für Besitzer von öffentl. u. Luxusfuhrwerken rc. 3. verm. u. verb. Aufl. Mit e. Atlas v. 30 Fol.-Taf. (XV, 186 S.) 891. 9 —.
90. Gelcich, Eug. Geschichte der Uhrmacherkunst von den ältesten Zeiten bis auf unsere Tage. 5. (Titel-)Aufl. Mit e. Atlas v. 11 Foliotaf. (XIII, 208 S.) 892. 4 50.
92. Sandmann, Max. Die Lustfeuerwerkerei zur Verschönerung öffentlicher u. häuslicher Feste. 11. Aufl. (XII, 234 S. m. 62 erläut. Abbildgn.) 889. 3 —.
107. Schmidt, Wilh. Das Beizen, Schleifen u. Polieren d. Holzes, Elfenbeins, Horns, der Knochen u. Perlmutter, sowie deren Konservierung als techn. Material u. die Verschönerung der daraus gefertigten Kunst- u. Industriearbeiten. 7. verm. u. verb. Aufl. Mit 7 Taf., enth. 35 Abbildgn. (XVIII, 208 S.) 891. 4 50.
109. Zürn, F. A. Die Lehre vom Hufbeschlag u. von den wichtigsten äußern Krankheiten des Pferdes, wie deren Heilung. 8. verm. u. verb. Aufl. (XII, 295 S. m. 215 Holzschn.) 892. 5 —.
143. Klausen, R. Der Maschinenbauer f. Gewerbe u. Landwirtschaft. 5. (Titel-) Aufl. Mit e. Atlas, enth. 43 Foliotaf. (XVI, 382 S.) 892. 10 —.
144. s. König, Andr. Entwürfe zu ländlichen Wohngebäuden. 7 50.
148. Graef, Aug., u. Max Graef. Die moderne Bautischlerei für Tischler und Zimmerleute, enth. die Architektur in Bezug auf die Säulenordngn. u. alle beim innern Ausbau vorkomm. Arbeiten d. Bautischlers, als Thüren, Thore, Fenster rc. 11. verm. u. verb. Aufl. Mit e. Atlas, enth. 40 Foliotaf. u. 150 in den Text eingedr. Holzschn. (XVI, 337 S.) 892. 10 50.
183. s. XVIII. Bd. 2. Abthl. S. 804: Wagner, Ladislaus v. Tabakkultur, Tabak- u. Zigarrenfabrikation. 6 —.
204. Tormin, R. Der erfahrene Gehilfe für Haus- u. Stubenmaler u. Firmaschreiber bei Ausführung aller Arten von Anstrichen, Nachahmgn. der Farbe, Naturzeichnung u. Maserung feiner Möbelhölzer, aller Arten von Marmor, Porphyr, Granit rc., d. Plafond-Malerei rc. 7. Aufl. (XVI, 296 S.) 889. 3 —.
211. s. Kás, S. Praktisches Lehrbuch der Lohgerberei. 8 —.
259. s. Bosshard, Otto. Die mechanische Baumwollzwirnerei. 7 50.
262. s. Meyer, Jürgen. Die Grundlehren d. Uhrmacherkunst. 1 50.
265. Neumann, Friedr. Der Mahlmühlenbetrieb, dargestellt durch Zeichngn. u. Beschreibgn. vollständ. Mühleneinrichtungen, sowie einzelner Maschinen u. Betriebsteile zur Fabrikation v. Mehl, Gries, Graupen u. Reis. 3. (Titel-) Aufl. Mit e. Atlas von 39 Foliotaf. (mit 4 S. Text) u. 17 in den Text eingedr. Holzschn. (XVI, 228 S.) 890. 8 —.
269. Tormin, Rud. Zement u. Kalk, ihre Bereitung u. Anwendung zu baul., gewerbl. u. landwirtschaftl. Zwecken, wie auch zu Kunstgegenständen. 3. Aufl. von H. v. Gerstenbergk's „Zemente" in vollständ. Neubearbeitg. (X, 199 S.) 892. 2 50.
284. Schams, J. Handbuch der gesamten Weberei. Vollständiges Lehr- u. Hilfsbuch für Fabrikanten u. Weber jeder Branche. 1. Aufl. Mit e. Atlas, enth. 719 Abbildgn. auf 59 Foliotaf. (XVI, 363 S.) 890; 2. verm. u. verb. Aufl. Mit e. Atlas, enth. 62 Foliotaf. m. 691 Abbildgn. (XVI, 323 S.) 892. 18 —; geb. * 24 —.

Bd. 49, 50, 52, 144, 183, 211, 259 u. 262 sind unter den Einzeltiteln katalogisirt.

Schauplatz, neuer, d. Natur, s. Düben, C. G. F. v.

Schauplatz, neuer, d. Natur, nach d. richtigsten Beobachtungen in alphabet. Ordnung. 10 Bde. gr. 8. Leipzig, 1751–81. Weidmann. 7. 25

— neuer, d. Natur, n. d. richtigst. Beobachtungen in alphab. Ordn. 10 Bde. gr. 8. Lpz. Weidmann. 775–81. (I. 2 Rthlr. 8 gr. II.–IX. à 2 Rthlr. X. 1 Rthlr. 12 gr.)

Schauplatz, Neuer, der Natur, in einem freyen Auszug des Plüschischen Werks . . . Nürnberg 1772. V: *Junge, Christian Gottfried.* (BB) (MGT) (Will)

Schauplatz, Neuer, der Natur, oder Beyträge zur Verherrlichung Gottes und Verbreitung nützlicher Kenntnisse. Nürnberg u. Altdorf 1789—90. H: *Junge, Christian Gottfried.* (BB) (MGT) ›1772—73‹ V: *Pluche, Noel Antoine.* (EB)

— neuer, d. Natur, od. Beytr. z. Ausbreitung gemeinnütz. Kenntnisse (ist e. Auszug d. vorhergeh.) 3 Thle. gr. 8. Nürnb. Monath u. K. 789–91. (I. 2 Rthlr. II. 1 Rthlr. 4 gr. III. 2 Rthlr.)

Schauplatz, neuer, d. Natur in e. merkw. Gemälde von vorzügl. Völkerschaften, Thieren, Pflanzen u. Ansichten schöner Gegenden. 10 Bde. m. 200 illum. Kpfrn. gr. 8. Berlin, Oehmigke d. jüng. 792. Rthlr.

Schauplatz, Neuer, der Natur und Kunst, in einer Reihe der vorzüglichsten Gemälde, von merkwürdigen Völkerschaften, Thieren, Pflanzen . . . Berlin 1798—1800. V: *Flittner, Chn Gfr.* (MGT)

— neuer, d. gelehrt. Welt. 7 Thle. 8. Lpz. 714.

§ **SCHAU-PLATZ**, Neu erfundener Historischer. Augspurg 1717. 4⁰. (In München: Turc. 97,5.) Rar!

*Neueröffneter Schauplatz der Abgötterey und des Aberglaubens — nach der Richtschnur des Wortes Gottes. Lemgo 721. 4.

— neueröffn., d. berucht. Betrüger, Mörder u. Spitzbuben d. Seculi, sammt der. Execution u. Portr. m. K. 3 Thle. 12. Hamburg. 704–25.

SCHAU-PLATZ, Neu-eröffneter, der berüchtigten Betriegere, Spitzbuben, Mörder, Kirchen- und Strassen-Rauber dieses Seculi, Samt deren EXECUTION, und accuraten (12) Portraiten (mit beigestoch. Namen, unsign.). HAMBURG, Gedruckt und verlegt durch seel. Thomas von Wierings Erben, im guldnen A, B, C. 1723. Kl. 8⁰.

Titel (roth u. schwarz, 10 Bl. Vorr., 783 S., 2 S. Reg. — Inh.: Lips Tullian. — Studenten-Friedrich (eigentl. J. F. Sahrberg). — Der schöne Böttger. — Hans Wolff Heinr. Schöneck. — Daniel Lehmann. — Michael Hentschel. — Gabriel Hofmann. — Jacob Neumann. — Joh. Dav. Wagner (gen. Mause-David). — Louis Dominique Cartouche. — 12. Anhang einiger seith (!) etlichen Jahren hin und wieder vorgegangenen scharffen Executionen", dabei als Nr. 2 „Der nach Urtheil und Recht gestraffte Goldmacher Cajetani" (23. Aug. 1709 in Cüstrin an den Diebes-Galgen aufgehangen. S. 715–730), als Nr. 3 Baron v. Klettenberg (1. März 1720 auf d. Festung Königstein gehangen. S. 737–739); 8. (letzte) Nr.: „Die bestraffte Felonie. Oder autentique (!) Relation, Welchergestalt die Republique Venedig den Banditen Graff della Torre, Wegen begangener Felonie, verletzter Majestät, Ermordung seiner Gemahlin, und anderer grossen Verbrechen verbannet hat" (S. 751–783).

— Dasselbe. Zweyte und vermehrte Auflage. Ebd. 1725. 12⁰. 783 S. (In Hamburg. Stadtbibl. — 10 Mk. Frz. Teubner, Düsseldorf 1878; 9 Mk. E. Frensdorff, 1906.)

SCHAU-PLATZ, Neu-eröffneter kleiner, Denckwurdiger Begebenheiten, wie auch mehrentheils trauriger Geschichten u. Unglucks-Falle; Darinnen das Steigen u. Fallen einiger grosser Herren auf dem Theatro dieser Welt zu lesen. Mit TKpf. Augspurg 1738. 8⁰. 348 SS. (1 Mk. 80 Pfg. Damköhler, Berlin, vor 1885; jetzt höher.)

Frühere Ausgabe: Ebd. 1731. 8⁰. Mit TKpf. (1 fl. Wallishausser, Wien, 1872; 3 fr. 50 cts. Ernst, Zurich, 1886.)

— — Dasselbe. Ebd. 1749. 8⁰. (Das Münchener Expl. fehlt seit 1827.)

— — Dasselbe. Mit TKpf. Ebd. 1772. 8⁰. (1 fl. 20 xr. Wallishausser, 1872.)

Haydinger's Bibl. I. no. 642.

SCHAUPLATZ, Neueroffneter, der Liebe in vierundzwanzig Geschichten. Augsburg 1746. 8⁰.

Cat. Karl Wallstein ohne Quellenangabe.

— neu eröffneter, s. Staats-, Kriegs-, Kirchen- u. Gelehrten-Chronik.

SCHAU-PLATZ der Welt, Neu-eroffneter. 4 Zusammenkünfte. Berlin 1743. 4⁰. (1 fl. 32 xr.)

Krieger, cat. univ. XII. 1743. — Rar!

— aller Rechtsansprüche v. Jülich, Cleve. 8. Bremen, Saurmann. 739.

— d. engl. Seeräuber, ihre Begebenh., Leben, Räubereyen ꝛc. 8. Goßlar. 728.

Schauplatz von Spanien u. Portugall, auf welchem d. Staats- u. Kriegsgeschichte u. Beschreib. darinn befindl. Festungen u. Plätze (800) 16. M. 18 K. Amsterdam 1704.

Schauplatz v. Spanien u. Portugal, worin die Staats- u. Kriegsgeschichte, u. die Beschreib. aller darin befindl. Festungen u. Plätze. 12. M. Pl. Amsterdam 1704.

— v. Spanien und Portugal. 12. Nürnb. 704.

Schauplatz, Der, der Frantzösischen und Teutschen Sprache in zwantzig Spatzier Gänge ... Kopenhagen 1709. V: *Cassel, Pierre.* (BRUNN IV, 42)

— v. 93 versch. Städten in versch. Theilen v. Europa, ingl. 130 Figuren a. d. Mythologie. 8. Lpz. Decr. 747.

— Stettinischer, d. Vernunft und d. Geschmacks. 5 Thle. 8. Stettin. (Lange in Berlin). 776-77.

SCHAUPLATZ. – der 5 Theile der Welt. Mit beständiger Rücksicht auf die besten Originalwerke in 3 Theile zusammengetragen von einer Gesellschaft Geographen. Nach und zu [Anton Friedrich] Büschings großer Erdbeschreibung hrsg. von F⟨ranz⟩ ⟨Johann⟩J⟨osef⟩ von Reilly. Gestochen von Ignaz Albrecht. [o. V.] Wien 1789–1791.

Schauplatz der fünf Theile der Welt, nach und zu Anton Friedrich Büschings grosser Erdbeschreibung in drey Theilen, herausgegeben von Franz Johann Joseph von Reilly. Wien 1789 — 1805. 761 Bl.

SCHAUPLATZ der Tugenden des Frauenzimmers. aus d. Englischen. Frankfurt, Eßlinger, 1749. 12°.
Cat. von A. Vandenhoeck's Wwe. II p. 519. — Selten!

* **SCHAU-PLATZ** Der Bösen Weiber, Oder eine für die bösen Weiber nützliche Apotheke. Nebst einen (!) curieusen *Anhang* kurtzweiliger Gespräche von Weibern über die bösen Männer. O. O. 1712. 8°. (In Berlin: Yz 301.) (5 Kr. Halm & Goldmann, 1904.)

* — — Dasselbe. Frankfurt u. Leipzig 1751. 8°. (In Berlin: Yz 308.)

— der bösen Weiber, od. Recepte, die bösen Weiber fromm zu machen. 8. Nürnb. 751. . . . 4 gr.

— — Dasselbe, tit.: Schau-Platz der Bösen Weiber. Oder Eine für die bösen Weiber nützliche Apothecke, Darinnen unterschiedliche Recepte, Kunste und Mittel die bösen Weiber fromm und gehorsam zu machen . . . . . Sowohl ledigen als verehelichten Leuten lustig zu lesen. Franckfurt und Leipzig 1752. 8°. 5 Bll., 165 S. (8 Kr., Hmaroquin, Halm & Goldmann, 1907; 25 Mk. [!] Adolf Weigel, c. 1905.)

Der letzte Thl. des seltenen Buches (S. 107—165) hat den separaten Titel: Curieuser Anhang. Bestehend in einem Gespräch von Bösen Männern, gehalten von vier bösen Weibern . . . . . Aus dem Holländischen ins Hochteutsche übersetzt, von dem der die Wahrheit Fein Rein Schreibet. Anno 1752. — Das ganze Buch ist in Gesprächform verfasst, sehr derb, und mit Reimen untermengt. Mit dem „Theatrum (s. d.) malorum (sic!), mulierum" ist es nicht identisch.

— d. Welt, e. moral. Wochenschrift. 8. Frkf. 756.

— der Welt, od. merkwürd. See- u. Landreisen. 3 Bde. 8. Gotha 765—67. Mevius. 3 ꝑ

—— der Welt. Ein Unterhaltungsbl. f. Jedermann, besond. aber f. d. Jugend. 1. u. 2. Jahrg. 1831 u. 33. Mit mehr. 100 lith. Abbild. 52 Wochen. (Stcke. à ½ B.) gr. 4. Halberstadt u. Leipzig. [Schreck.] à J. 1 Thlr. 16 Gr., ill.

—— ders. 3. Jahrg. 1835. Mit mehr. 100 lith. Abbild. 52 Wochen. (Stcke. à ½ B.) gr. 4. Leipzig, Schreck.

—— der Welt. Ein Unterhaltungsbl. f. Jedermann. Jahrg. 1836. 26 Nrn. (½ Bog.) M. 26 Kpfrn. gr. 4. Leipzig, Schreck. Thlr. *

— d. Welt, wo sich Personen üb. Staats-, Hof-, Kriegs- u. and. Begebenh. entreteniren. 4 Zusammenkünfte. 4. Berlin, Rüdiger. 742.

Schauplatz, der allgem. Weltgeschichte d. 18n Jahrh. 8 Thle. Fol. Leipz. 746—54. 16 ꝑ

Schauplatz der Zeit. –
Erlangen. – 10.IX.1744 – I.1745.
Vorh. u.d.T.: Erlanger Auszug der neuesten Weltgeschichte.
Fortges. u.d.T.: Auszug der neuesten Weltgeschichte.

SCHAUPLATZ der Zeit. Drey ehrliche Teutsche, Wahrlieb, Freymund u. Guthertz reden miteinander, lustig, historisch, politisch etc. von der vergangenen, gegenwärtigen u. zukünfftigen Zeit. Zu Paris aus einem Manuscript gedruckt. Mit TKpfr. O. O. 1745. 8°. (4 Mk. 50 Pfg, etwas fleckig, Paul Neubner, 1892.) Sehr selten!

Schaupp, Adf., der Halbfranzband m. durchzogenen Bünden in seiner verschiedenartigen Herstellg. Nach langjähr. Erfahrgn. zusammengestellt u. hrsg. gr. 8. (83 S.) Bayreuth 902. (Grau.) n. 3. —

Der Halbfranzband mit durchgezogenen Bünden in seiner verschiedenartigen Herstellung. Nach langjähr. Erfahrungen zsgest. u. hrsg. von Adolph **Schaupp**, Buchbindermeister. Bayreuth: Selbstverl. 1902. (82 S.) 8°

Schaupp, F. U., prakt. Anleitung z. Nivelliren od. Wasserwägen f. Oekonomen u. Feldmesser. gr. 8. (1½ B. u. 1 Stnt.) München 836, Franz.

Schaupp, J. E., Kuno von Hohenzell, oder die nächtl. Erstürmung der Burg Wolfstein u. Befreiung der Gefangenen im finsteren Kerker des tiefen Schloßberges. Eine Rittergeschichte. gr. 8. Bamberg 844. (Nürnberg, Zeh'sche B.) ⅚ ꝑ

Schaupp, J. E., Kuno v. Hohenzell, oder die nächtl. Erstürmung der Burg Wolfstein u. Befreiung der Gefangenen im finsteren Kerker des tiefen Schloßberges. Eine Rittergeschichte. gr. 8. (11⅝ B.) Bamberg 844. (Nürnberg 846, Lotzbeck.) Thlr.

Schaupp-Horn, Helene, die schönsten Heldensagen aus dem persischen Königsbuche. Der Jugend erzählt. I. Rustem. 12. (VIII, 197 S.) Halle 896. Buchh. des Waisenhauses. 1. 60; geb. in Leinw. n. 3. —

Schaupp-Horn, Helene, ich kann schon französisch! Ein Büchlein, um spielend französisch zu lernen. Illustriert v. Loth. Meggendorfer. gr. 8. (III, 32 S. m. farb. Abb.) Eßlingen (899). J. F. Schreiber. Geb. n. 1. 60

Schauppmeyer, Karl, Bericht über den Bau des neuen Vereinshauses des Turnvereins München, E. V., München 1891, 28 S., 8°.

Schaur, Alfons, Beitrag zur Ermittelung der Ursachen des verschiedenen Verhaltens einiger Harze gegen den Darm. Diss. Dorpat. 8°. 68 pp.
1866.

Schaur, G. F. v. P., s. Nothtaufkatechismus.

Raymundus von Sabunde. Ein Versuch die natürliche Theologie des Raymundus von Sabunde in ihrem Zusammenhange kurz darzustellen von Jakob Schaur, P. der Religionsl. — 1850. Ebend. — S. 3—34.
Progr. Dillingen

Raymundus von Sabunde. Ein Versuch die natürliche Theologie des R. v. Sabunde in ihrem Zusammenhange kurz darzustellen von Jakob Schaur, P. der Rhgol. — 1854. K., Kösel. — S. 3—17.
Progr. Kempten

Schauroth, Carl von, s. Schauroth, Karl von

Schauroth, Freifr. Charlotte v., s.: Dornau, C. v.

Schauroth, Eberh. Chr. Wilh. v.: Vollständige Sammlung aller Conclusorum, Schreiben und anderer übrigen Verhandlungen des hochpreißlichen corporis evangelicorum. T. 1—3. [Nebst] Reg. Regenspurg 1751—52. 3 Bde fol.

Schauroth, Ebhrd. Chr. Wlh. († 1766.) Samml. aller Conclusorum, Schreiben u. and. Verhandll. des Corpus evangelici. 3 Thle. Fol. Regensb. 751—53. (Metzler in Stuttg.) 12 β

Schauroth, E. C. W., Samml. all. Conclusorum des corporis evangelici. 4 Thle. Fol. Ebersdorf. (Metzler in Stuttgard.) 752.

v. Schauroth, Eb. Ch. W.: Vollständ. Samml. aller Conclusor. etc. d. Corporis Evangel. v. J. 1663—1752. *Regensburg*, (*Stuttg.*) Metzler. 759—62. 3 Thle. fol. (12 Thl.) Fortsetz. v. 1753—86. v. N. A. Herrich. *Eb.* Montag. 786. fol. (5 Thl.)

— — dess. Fortsetzung, s. Sammlung.

Schauroth, F. B. v., Bemerk. üb. d. Bau d. Schornsteine. 8. Quedlinb. Ernst. 804.

Schauroth F. C. v.: Bemerkungen üb. den Bau d. Schornsteine u. den dadurch entstehenden Rauch in den Küchen u. Stuben ... Quedlinb 1804. 39 S. 7 kol. Tvl. P.

v. Schauroth, F. C., Bemerkk. üb. d. Bau d. Schornsteine u. den dadurch entstehenden Rauch in den Küchen u. Stuben, nebst einer zweckmäß. Schornsteinbedeckung rc. Mit 7 Kpf. 8. Quedlinb. 804. N. unveränd. A. 812. Ernst. 10 gr ill. 12 gr

Schauroth, Karl Baron von, Ein Beitrag zur Fauna des deutschen Zechsteingebirges, mit Berücksichtigung von King's Monographie der Versteinerungen des permischen Systems in England. (Mit 1 Taf.) Wien 1853. 8.
Sep.-Abdr. aus: S.-Berr. d. k. Akad. d. W. Bd. 11. . . . . (FBA.; D.; DGG.)

— — Ein Beitrag zur Paläontologie des deutschen Zechsteingebirges. (Aus der Zeitschr. d. deutsch. geol. Ges.) Berlin. 1854. 8.

Schauroth, Carl v., die Grubenwetter, od. die in d. bergmänn. Bauen vorkomm. Gasarten, nebst d. Mitteln, die Entsteh. schädl. Gase zu verhüten u. d. entstand. auf d. einfachste Weise zu entfernen od. unschädlich zu machen. Inaug.-Abhandl. gr. 8. (2½ B.) Heidelberg 840, J. C. B. Mohr.

Schauroth, C. v. Uebersicht der geognostischen Verhältnisse des Herzogthums Coburg und der anstossenden Ländertheile. (Aus d. Zeitschr. d. deutsch. geol. Ges.) Berlin. 1853. 8.

— Übersicht der geognostischen Verhältnisse der Gegend von Recoaro im Vicentinischen (mit 1 Karte und 3 Taf.) S. 17. 481 266
Separatabdruck

Schauroth, Karl v., Uebersicht der geognostischen Verhältnisse der Gegend von Recoaro im Vicentinischen. Mit 1 (lith.) Karte (in Farbendr. in gr. 4.) u. 3 (lith.) Taf. Aus den Sitzungsberichten d. k. Akad. d. W. Wien 853. (Gerold.) gr. 8. (84 S.) n. 28 ngr.

Schauroth, Carl v., Uebersicht der geognostischen Verhältnisse der Gegend von Recoaro im Vicentinischen. Lex.-8. (84 S. mit 1 lithogr. Karte in gr. 4. und 3 Stnt.) Wien 855, (Gerold's Sohn.) Thlr. *
Aus: Sitzungsberichte der k. Akademie der Wissenschaften J. 1855, besonders abgedruckt.

— Kritisches Verzeichniss der Versteinerungen der Trias im Vicentinischen (mit 3 Taf.) S. 31 [illegible] 189
Separatabdruck

Schauroth, Karl v., kritisches Verzeichniss der Versteinerungen der Trias im Vicentinischen. Mit 3 (lith.) Taf. (Aus den Sitzungsber. d. k. Akad. d. Wiss.) Wien 859. Gerold in Comm. gr. 8. (76 S.) n. 18 ngr.

Schauroth, Carl Frhr. v., Verzeichniss der Versteinerungen im herzogl. Naturaliencabinet zu Coburg (Nr. 1—4328.) mit Angabe der Synonymen u. Beschreibung vieler neuer Arten, sowie der letzteren Abbildung auf 30 Steintaff. Coburg 865. (Stuttgart, Schweizerbart.) gr. 8. (XVI, 375 S.) n. 2 ₰ 15 ngr.

Schauroth, v. Ueber das Vorkommen des Semionotus Bergeri im Keuper bei Coburg. (Aus d. Zeitsch. d. deutsch. geol. Gesellsch.) Berlin. 1851. 8.

Schauroth, Wilh. Frhr. v., im Rheinbund-Regiment der herzogl. sächsischen Kontingente Koburg-Hildburghausen-Gotha-Weimar während der Feldzüge in Tirol, Spanien u. Rußland 1809—1813. Nach den Aufzeichngn. des damal. Leutn. W. v. Sch. zusammengestellt von Alex. Frhr. v. Schauroth. Mit e. Bildnisse in Lichtdr. (X, 293 S.) gr. 8. Berlin 905. E. S. Mittler & Sohn. n. 4. 50; geb. n. 6. —

Schaus, August [aus Ehrenbreitstein]: Ueber Schiefstand der Nasenscheidewand .... (1886); (nur Titelbl., Vita u. Thesen.) 8°.
Bonn, Med. Fak., Inaug.-Diss. v. 23. Jun. 1886.

Schaus, Aug.: Ueber Schiefstand der Nasenscheidewand .... (Sep.-Abdr. aus v. Langenbeck's Archiv. Bd. XXXV.) Berlin, gedr. bei L. Schumacher, 1887; 23 S. u. 1 Taf. 8°. [vgl. 1885/86 Bonn Nr. 80.]
Bonn, Med. Fak., Inaug.-Diss. v. [23. Jun.] 1886.

Schaus, Emil

Schaus, E., Bismarck u. Nassau. Vortrag, geh. im Verein f. nassauische Altertumskunde u. Geschichtsforschg. zu Wiesbaden am 31. III. 1900. gr. 8. (40 S.) Wiesbaden 900. J. F. Bergmann. n. 1. —

Schaus, Emil [aus Ehrenbreitstein]: Zur Diplomatik Ludwigs des Bayern ... (Soll fortges. werden.) München, kgl. Hof- u. Univ.-Buchdr. v. Dr. C. Wolf & Sohn, 1894; IV, 57 S., 2 Bl. 8.
Berlin, Phil. Fak., Inaug.-Diss. v. 6. Jan. 1894

Schaus, E., zur Diplomatik Ludwigs des Bayern. gr. 8. (IV, 57 S.) München 894. A. Buchholz. n. 1. 20

Schauseil, die Stellung der Berufsgenossenschaften zu den Ärzten, insbesondere m. Rücksicht auf die Lübecker Beschlüsse des Deutschen Ärztetages. Vortrag, geh. auf dem XXIII. ordentl. Berufsgenossenschaftstag am 19. X. 1909 zu Stuttgart, im Sitzungssaale des Rathauses.. (24 S.) 8. Berlin 910. C. Heymann. — 50

Schausell, Walther: Versuche um eine für die Kohrener und Frohburger Topfwarenindustrie geeignete Glasur herzustellen, welche allen sanitären Anforderungen genügt. 1910. 59 S. 8°
Dresden, Dr.-Ing.-Diss. v. 25. 7. 1910

Schauspiel u. **Bühne.** Beiträge zur Erkenntniss der dramatischen Kunst, hrsg. von Johs. Lepsius u. Ludw. Traube. [In zwanglosen Hftn.] 1. u. 2. Hft. gr. 8. (86 u. 93 S.) München 880. A. Ackermann. à n. 2. —

Schauspiel, deutsches, zu Venedig. Die unheimliche Trauung. Der Dachs auf Lichtmess, s.: Jugend-Bibliothek, stenographische. 8. Bd.

Das Schauspiel menschlicher Handlungen. Nr. 1–26. Königsberg: Kanter 1742. 4°

Schauspiel, d., d. menschlichen Lebens, od. Weisheitsregeln in 103 Kupfern m. le Clerks Erklärung. 4. Frankf.

Schauspiel, moralisches, genannt: Die wahre u. zuverlässige Kunst, Gold zu machen, oder die Kunst lange zu leben, in 4 Aufz. 8. Riga 766. Hartknoch in Leipz. 4 *K*

Schauspiel, Unterhaltendes, nach den neuesten Begebenheiten des Staats, der Kirche, der gelehrten Welt . . . Erfurt 1772—78. H: *Pistorius, Wilh. Aug.* (Ky) (MGT)

— unterhaltendes, nach d. neuesten Begebenheiten des Staats, der Kirche, d. gelehrten Welt u. d. Naturreichs, (von W. A. Pistorius), f. d. J. 1772—78. à Jahrg. 12 Stcke. 8. Erf., (Keyser).

Schauspieldirector, Der. Eine komische Operette in einem Aufzuge. Die Musik ist von Herrn W. A. Mozart. O. O. u. J. V: *Stephanie, Gottlieb d. j.* (GGr IV²/145, Nr. 18/2) (BiblPort)

Schauspieldirector, Der. Ein Gelegenheitsstück in einem Aufzuge. Wien 1786. V: *Stephanie, Gottlieb d. j.* (Realzeitung 1786, S. 126) (Allg. Wiener Bücher-Nachrichten 1786, S. 119) (BiblPort)

Schauspieldirektor, der,. Gelegenheitsstück. 8. Passau, Ambrosi. (Gräff in Lpz.) 794.

Schauspieldirector, der; Gelegenheitsstück. 8. Passau 794. Ambrosi. (Leipz., Wienbrack). 4 *K*

Schauspiele, s.a. unter dem jeweiligen Verfasser.

- s.a. Dialoge.

- s.a. Lustspiele.

— von Hagemeister. 8. Berlin, jetzt Nauck.

Schauspiele. 8. Bresl. 762. (Gosohorsky). 10 *K*

Schauspiele. 8. Bresl. Meyer. 762.

— a. d. Engl. d. Shakespeare v. Eckert. 22 Bde. 8. Mannheim, Schwan u. G. (a. Löffler.) 780–788.

— a. d. Ital. d. Gozzi, f. d. deutsche Theater bearb. 8. Lpz. Dyk. 781.

Schauspiele von J. C. U. Hamb. 1782. V: *Unzer, Johann Christoph.* (Mn)

— nach span. Originalen, bearb. von Gtthlf. Wlh. Rupert Becker. 8. Dresd. 783. N. A. 8. Leipz. 806. (Nauck). 12 *K*

— 1r Bd. v. Bernh. Ch. d'Arien. 8. Hamb. Hoffmann. 783.

— v. Fr. Leop. v. Stollberg. gr. 8. Lpz. Göschen. 787. Holl. Pap.

— v. F. W. Ziegler. 5 Theile. mit Kupf. 8. Wien, Kaiserer. 791–94. (1r–3r 1 Rthlr. 12 gr. 4r 5r 1 Rthlr.)

— oder sämmtliche theatral. Werke, a. d. Ital. d. C. Gozzi v. Werthes. 5 Thle. 8. Bern, Typ. Soc. 795.

— v. F. W. Gotter. gr. 8. Lpz. Göschen. 795. Schreibp.

— a. d. Engl. d. Shakespeare, v. J. J. Eschenburg, mit krit. Anhängen u. Titelvign. 12 Bde. gr. 8. Zürich, Orell, Füßli u. C. 798–806. (1r—4r à 1 Rthlr. 12 gr. 5r—12r à 1 Rthlr. 20 gr.)

— — dies. ohne den Anh. u. Titelvign. 8. Ebend. (1r—4r à 20 gr. 5r—12r à 1 Rthlr.)

— v. Frz. Kratter. 1r Bd. 8. Frkf. Eßlinger. 799. Schreibp.

— v. L. F. v. Bilderbeck. 2 Bde. 8. Lpz. Voß. 801.

— v. J. J. Engel. 2 Thle. 8. Berl. Mylius. 803. 2 12 Velinp. 5 —

— v. Carl B***. 2 Bde. m. 1 K. 8. Danzig, Goldstamm. 805.

— v. Gust. Reinbeck. 8. Lpz. Rein. 805.

— v. Johann Franul v. Weißenthurn. 2 Bde. 8. Wien, Degen. 805. Schreibp.

— — dies. neue Auflage. 6 Bde. (enthalten: I. a) kindliche Liebe. Schsp. in 5 A. b) Haus zu verkaufen. Lustsp. in 1 A. c) d. Reukauf. Lustsp. in 2 A. d) deutsche Treue. Schsp. in 1 A. II. a) Liebe u. Entsagung. Schsp. in 3 A. b) beschämte Eifersucht. Lustsp. in 3 A. c) d. Nachspiel. Lustsp. in 1 A. d) d. Drusen. Schsp. in 3 A. III. a) d. Erben. Lstsp. in 4 A. b) Totila, König d. Gothen. Schsp. in 5 A. c) d. Mißverständniß. Lstsp. in 1 A. IV. a) Adelheid v. Burgau. Schsp. in 4 A. b) d. Radikalkur. Lstsp. in 3 A. c) Unterthanenliebe. Lustsp. in 1 A. V. a) der Wald b. Herrmannstadt. Schsp. in 4 A. b) d. Versöhnung. Schausp. in 3 A. c) d. Ehescheuen. Lstsp. in 1 A. VI. a) d. Bestürmung v. Smolensk. Schausp. in 4 A. b) d. erste Liebe. Lstsp. in 3 A. c) d. Waisenhaus. Lstsp. in 2 A.) 8. Ebend. 810. weiß Pap.

— — dies. 5r–6r Bd. f. d. Besitzer d. 1sten 2 Bde. 8. Ebend. 810.

• — von K. A. de la Motte. 8. Mannheim, Schwan u. G. 806.

— v. G. F. W. Großmann. (Wittenb. Kühne in Comm.) 806.

— vom Verfass. der Lanassa (K. M. Plümicke). (Inh.: Röschen Brand aus Gräffenthal. — Der Günstling d. Königs.) 8. Berl. 808. Weiß. 18 ℊ

— vom Verfass. der Amerikanerin. (Enth.: Die Weiberfeinde. — Die Rückkehr. — Der seelige Martin.) 8. Leipz. 808. Solbrig. (Fr. Fleischer). 1 ℛ 12 ℊ

— von F. C. W. Meyer. (Enth.: der Abend des Morgenlandes. — Spiel bringt Gefahr. — Vertrauen. — Der Glückswechsel. — Der Verstorbene.) (Sind auch einzeln zu haben.) 8. Altona. Hammerich. 810.

— a. d. Engl. d. Shakespeare, v. Heinrich u. Abr. Voß. 1r Thl. gr. 8. Tüb. Cotta. 810.

— von Lembert. 1r Bd. (Enthält: d. Trauring; der Dichter u. der Schauspieler; Arete oder Kindestreue.) 8. Leipz. Hartmann. (in Comm.) 813.

— von Heinr. Zschokke; enthält: 1) der Marschall von Sachsen. 2) die eiserne Larve. Neue Ausg. 8. Leipzig, Hinrichs. 813.

— von Don Pedro de la Barca Calderon, übersetzt von J. D. Gries. 1r Bd. gr. 8. Berl. Nicolai. 815.
Schreibp.

— von Don Pedro de la Barca, Calderon, übersetzt von J. D. Gries. 2r — 4r Band. (2r Bd. enth.: Das laute Geheimniß und der wunderbare Magus. — 3r Bd. enth.: Verwickelungen des Zufalls. — Eifersucht, das größte Scheusal. — 4r. Bd. enth.: die Tochter der Luft, in 2 Theilen.) gr. 8. Berlin, Nicolai. 816 — 821. ord. Papier a 2 Rthlr.
Weiß Pap. à 2 Rthlr. 12 Gr.

— Ebendieselben, übersetzt von F. G. O. von der Malsburg. 1r bis 3r Bd. (Enth.: Es ist schlimmer als es war. — Es ist besser als es war. — Fürst, Freund, Frau. — Wohl und Weh. — Echo und Narcissus. — der Gartenunhold.) 8. Leipzig, Brockhaus. 819. 820. à 2 Rthlr.

— von Lopez de Vega, übersetzt von Jul. Graf v. Soden. 1r Band enthält die Köhlerin. — Das Landhaus von Florenz. — die drey Diamanten. Mit Lopez de Vega Portrait. gr. 8. Leipzig. Barth. 819.

— der Cid. Schspl. in 5 Akt., nach Corneille. — Der Wahrsager; Schspl. in 2 Abth., nach Poinsinet. 8. Brandenb. 820. Wiesike. 16 ℊ

— von C. F. Bretzner. 4 Bde. Neue wohlf. Ausgabe. 8. Leipzig, Jacobäer. 820.

Schauspiele, altteutsche, hrsg. v. Frz. Jos. Mone, s. Bibliothek d. gesammt. National-Literatur, I. Abthl. 21. Bd.

Schauspiele, Altdeutsche, ihrer Schönheit wegen für die Bühne unserer Zeit bearb. von Karl Halling. 1s Bdchn. A. u. d. T.: Floretto. Lstspl. in 5 Aufz. 8. Berlin 834. (Bethge.) n. 2/3 ℛ

Schauspiele, altdeutsche, ihrer Schönheit wegen f. d. Bühne uns. Zeit bearb. v. Karl Halling. 1. Bdchn. — A. u. d. T.: Florette. Lustsp. in 5 Aufz. 8. (5½ B.) Berlin 834, (Nauck.)

Schauspiele zur Belehrung und Unterhaltung, besonders für die katholischen Jungfrauenbündnisse bearb. von einem katholischen Priester. Landshut 861. Thomann. 8. (172 S.)
12 ngr

— f. d. deutsche Bühne v. Büschel. 8. Lpz. Böhme. 780.

— deutsche, v. M., s. C. L. Martini.

— deutsche, v. C. L. Martini. 8. Dresden. Gerlach. 765.

Schauspiele, Dreissig, zur Besserung der deutschen Bühne. Mit einer Vorrede von G. A. Will. Nürnberg 1765. V: *Petrasch, Jos. Freiherr von.* (WBL 22/108) (BiblPort)

— u. Gemälde, v. C. Reiner. 8. Duisburg, Bädecker u. K. 794.

— gesamm. a. d. Franz. d. Fontenelle. 2 Thle. 8. Hamb. Brand. (Hilscher in Dresden.) 756 – 64.

— gesammelte, f. deutsche Theater. 4 Samml. 8. Frankf. Eichenberg. 779.

Schauspiele mit Gesang . . . Dorpat 1791. V: *Nielsen, Christian Heinrich.* (R-N) (Ky) (GGr)

— m. Gesang, v. —l— Dorpat. 791.

— mit Gesang von — L. — (Chr. H. Nielsen). 8. Dorpat 791. ... 4 ℊ

* — historische, von J. B. Sperler. (Enthält: die Korwinen, ein Trauersp. in 5 Akten. Karl der Kleine, König v. Ungarn; ein Trauersp. in 5 Akten. Zrini's Tod, ein Trauersp. in 5 Akten.) 8. Wien, Schaumburg und Comp. (in Comm.) 810.

Schauspiele, humoristische. Nr. 1. 12. Braunschweig 895. Berlin, C. A. Schwetschke & Sohn. n. 1. 60
Glückliche Menschen. Schauspiel in 4 Aufzgn. v. Rich. Jugmann. (106 S.)

Schauspiele aus dem 16. Jahrhundert, s. a. Dichter, deutsche, des 16. Jahrh.

SCHAUSPIELE aus dem sechzehnten Jahrhundert. Hrsg. v. Jul. Tittmann. 2 Bde. Leipzig 1868. 8⁰. (3 Rthl.) (5 Mk., Orig.-Lwd., Adolf Weigel, 1908.)
Inh.: Nic. Manuel, Paul Rebhun, Lienh. Kulman, Jak. Funkelin, Seb. Wild, Petr. Meckel. — Barth. Krüger. Jak. Ayrer.

— für die Jugend, von C. A. Seidel. 2te Aufl. 8. Lpz. Baumgärtner. 813.

— f. d. erwachsene Jugend v. Schröder. 8. Andernach, Lassaulx u. H. 802.

Schauspiele für Jugend- und Familienkreise. Eine Zugabe zu den Schauspielen von Chrph. v. Schmid. Vom Verf. des „Uhrenhändler vom Schwarzwalde" rc. 1. u. 2. Bdchn. A. u. d. T.: Erzählungen für Jugend- u. Familienkreise in dramat. Form zum Lesen und zur Aufführung gleich geeignet. 1. u. 2. Bdchn. Mit 6 Kpfrn. 8. Augsburg 842, 43, Lampart u. Co. à 3/8 ℛ

— für Kinder. 8. Leipz. Sommer. 800.

Schauspiele für Kinder. Braunschweig 1803. V: *Frömmichen, Sophie.* (schl) (MGT)

— kleine, für Familienkreise. Von dem Verfass. der Ostereier. 1s—3s Bdchen.: Die Erdbeeren. — Der kleine Kaminfeger — Der Blumenkranz. — Der Eierdieb. — Emma, oder die kindliche Liebe. 12. Augsb. 833. (832.) (Kollmann. Landsh., Krüll). 8⁄/

—— kleine, f. Familienkreise. Von d. Verf. d. „Ostereyer" (Christph. Schmid). 1—3. Bdchn. 12. (14½ B.) Augsburg 833, Wolff. (Kollmann; Regensburg, Manz.)
Inh.: Die Erdbeeren. — Der kleine Kaminfeger. — Der Blumenkranz. — Der Eyerdieb. — Emma, od. die kindliche Liebe.

KLEINE SCHAUSPIELE für Familienkreise. Erstes [Zweites, Drittes] Bändchen. Die Erdbeeren. Der kleine Kaminfeger [usw. 3 Bändchen in 1 Bde.] St. Gallen. Zu haben im Litteratur-Comptoir. 1839. XII, 73, 71, 86 S. mit einem reizenden, handkolor. lithogr. Frontispiz. 12°. Hübscher Hldr. d. Z. m. rotem Rsch. — Seltenes Schweizer Kinderbuch. 22.—

—— kleine, für die Jugend. I. 8°. Ravensburg 891, [Dorn]. Maier. * 1 —
Rosa von Tannenburg. — Der Ring. — Das Johanniskäferchen. Drei Schauspiele für die Jugend. Frei nach Chrph. v. Schmid für die Bühne bearb. v. E. Henle. (72 S.)

Schauspiele, kleine, f. die Jugend. I. 8. Ravensburg 894. O. Maier. n. 1. —
Rosa v. Tannenburg. — Der Ring. — Das Johanniskäferchen. — Drei Schauspiele f. die Jugend. Frei nach Chrph. v. Schmid f. die Bühne bearb. v. E. Henle. (2. Aufl.) (72 S.)

— kleine, für die Jugend ꝛc., s. Flebners

Schauspiele, kleine, f. Kinder. 3te verb. Aufl. 16. Leipz. Sommer. 811.

— kleine, f. Kinder. 3te verb. Aufl. 16. Leipz. Sommer. 816.

Schauspiele, kl., für Kinder. 3e A. 16. Leipz. 820. (Rauck). 6⁄/

- kleine, für Kinder. 3te Aufl. 16. Leipzig, Sommer. 820.

J. W. *Kleine Schauspiele und Sprüchwörter* für Kinder von J. W. [Vignette] zum Aufführen. Berlin, Jul. Springer [c. 1845]. Lith. Titel, 2 Bl. 86 S. 1 Bl. 8°. Grauer, reizend illustr., lithogr. Or.-Karton. 22.—
Sehr hubsches Bandchen. Der Titel (m. kleiner Szenenvignette: Schornsteinfeger am Geburtstagstisch) ist ebenso wie die sehr schöne Einbandillustr. (Gesellschaft vor einer Kinderbuhne) von W. Hagelberg lithogr.

Schauspiele und Sprüchwörter, kleine, für Kinder von J. W. Zum Aufführen. Berlin 853. J. Springer. 8. (2 Bl., 86 S. u. lith. Titel.) 12 *ngr.*

— kleine, und Sprüchwörter für Kinder von J. W. Zum Aufführen. 2. Aufl. Berlin 860. J. Springer. gr. 16. (90 S.) 12 *ngr.*

Schauspiele, kleine, und Sprüchwörter für Kinder von J. W. Zum Aufführen. 3.—5. Aufl. gr. 8. (88 S.) Leipzig 868, Oehmigke's Verlag. cart. 1 20

— kleine, u. Sprüchwörter für Kinder von J. W. Zum Aufführen. 3. Aufl. Neu-Ruppin 868. (Leipzig, Oehmigke.) gr. 8. (88 S.) geb. 12 *ngr.*

J. W. *Kleine Schauspiele* usw. 5. Aufl. Leipzig, Oehmigke [c. 1870]. Lithogr. Titel u. 88 SS. Kl.-8°. Hübscher chromolithogr. Or.-Pappbd. (Rücken beschäd. Stempel a. d. Kartontitel). Einz. Fleckchen. 9.—

Schauspiele, kleine, u. Sprüchwörter f. Kinder v. J. W. Zum Aufführen. 5. Aufl. 8. (88 S.) Leipzig 875. Oehmigke. n. 1. 20

Schauspiele, die, der englischen Komödianten in Deutschland, s.a. Dichter, deutsche, des 16. Jahrh.

Die Schauspiele der Englischen Komödianten in Deutschland. Hrsg. von Julius Tittmann. Leipzig: Brockhaus. 1880. 8°. (Mk. 3,50.) (2 Mk. 50 Pfg. Baer & Co., 1893.) LXIII u. 248 S. (Auch mit d. Tit.: Deutsche Dichter des XVI. Jahrh., Nr. 13.)

Schauspiele d. englischen Komödianten, s.a. National-Litteratur, deutsche.

Die SCHAUSPIELE der englischen Komödianten [in Deutschland]. Herausgegeben von W. Creizenach. Berlin & Stuttgart, Spemann [c. 1895]. 8°. 2 Bl. 118, 352 S. 1 Bl. *Mit 1 doppelseitigen Faksimile.* OLn.

— des Mittelalters, s.a. Mone, F. J.

Schauspiele des Mittelalters. Aus Handschriften hrsg. u. erklärt von F. J. Mone. 2 Bde. Neue (Titel-) Ausg. gr. 8. (XVIII u. 770 S.) Mannheim (846) 852, Bensheimer. 3 ₰

— im K. K. Nationaltheater aufgef. 6 Bde. 8. Wien, Gräffer. 785.

— neue, v. G. L. P. Sievers. 8. Hamb. Vollmer.

— n., v. K. v. Traun. 2 Bde. (enth. 1) d. Neujahrsgesch. 2) der gebesserte Geizige. 3) die Schule d. Väter. 5) Thelaire. 6) Almanzi. 7) d. Pächter. 8) d. Macht d. väterl. Liebe. 9) d. Schwester als Cadet.) 8. Wien, Gerold. (Barth in Lpz.) 781.

— neue, v. G. H. Hagemann 1r u. 2r Band. 8. Eisenach, Wittekind. 791-810. (1r 1 Rthlr. 6 gr. 2r 1 Rthlr. 18 gr.)

— neue, vom Verfass. d. Familie Walberg, s.a. Dialogen, auch für die Bühne brauchbar.

Schauspiele, Neue, von der Verfasserin der Familie Walberg. Prag u. Leipzig 1795. V: *Gersdorf, Charlotte Eleonore Wilhelmine.* (schl)

— neue, v. d. Verfasserin der Familie Walberg. 8. Prag, Neureutter. 795. (a. u. d. alt. Titel: Dialogen a. f. d. Bühne brauchbar. 794.)

— neue, als: Elina u. Hermann v. Seltenheim, der Mann, wie es wenige giebt, v. d. Verfasserin d. Familie Mahlberg. 8. Prag, Neureutter. 795.

Schauspiele, neue, von Babo. 1r Bd. 8. Berlin, Unger. 804. (Schade.)

Schreibpap.
Velinpapier

Schauspiele, Neue, vom Verf. der Lanassa. Berlin 1808. V: *Plümicke, Carl Martin.* (Ky) (EE) (GGr)

— neue, v. Fr. Ludw. Schmidt. 2r Bd. (Enthält: der rechte Arzt, Lustsp. in 4 Aufz. 14 gr. Der Brautstand, oder die Weihnachtsfeyer, Lustsp. in 4 Aufz. 18 gr.) 8. Hamb. Vollmer. 811.

— neue, f. d. Churf. Sächs. Hoftheater, v. J. C. Albrecht. 2 Bde. 8. Lpz. Liebeskind. 795.

— neue, f. d. deutsche Theater v. Mh. G. Lambrecht. 8. Augsb. Stage. 786.

— neue, aufgeführt auf d. Theater zu München. 6 Bde. 8. Augsb. v. Jenisch u. St. 7 ℛ 12 𝒦

— neue, aufgef. a. d. Theater z. München. 13 Bde. 8. Augsb. Stage. 776–90.

— neue, aufg. a. d. K. K. Theater zu Wien. 12 Bde. Presburg, Löwe. 771–75.

— neueste, v. F. Eberl. 2 Thle. 8. Wien, Patzowsky. 793. 95. (1r 12 gr. 2r 16 gr.)

— — dies. 2 Bde. 8. Lpz. Gräff.

Schauspiele, niederdeutsche, älterer Zeit, hrsg. v. J. Bolte u. W. Seelmann, s. a. Drucke des Vereins f. niederdeutsche Sprachforschung. IV.

Niederdeutsche Schauspiele älterer Zeit. Hrgg. v. J. Bolte u. W. Seelmann. Norden u. Leipzig. 1895. 8° = Drucke des Vereins für Niederdeutsche Sprachforschung. 4.

Schauspiele, Politische, von verschiedenen Verfassern. Lindau u. Chur 1768—69. V: *Bodmer, Johann Jacob.* (GGr) (JL) (BrMm) (ML) (Bächtold, Litt. d. Schweiz. Frauenf. 1892. S. 193.)

— politische, 3 Bde. 8. Lindau, Otto. 769.

Schauspiele, Politische. Markus Brutus, Tarquinius Superbus, Italus, Timoleon, Pelopidas. Zürich 1768. V: *Bodmer, Joh. Jac.* (GGr) (JL) (Cat. d. Stadtbibl. Zürich. Zürich 1864—97.)

Schauspiele, politische, Markus Brutus, Tarquinius rc. 8. Zürich, Orell, Füßly u. C. 768. Rthlr.

— für Preußen, (die Heimkehr des großen Churfürsten u. die Familie Hallersee.) gr. 8. Berl. Dümmler. 823.

— sämmtl., a. d. Franz. d. A. v. Voltaire, nebst den dazu gehör. Schriften. 5 Thle. Nrnb. Raspe. 766–77.

— sämmtl. v. Dav. Bell. 2 Bde. 8. Zürich, Ziegler. 794. 2 —

— welche a. d. Schönermannschen Schaubühne aufgef. 6 Thle. 8. Frkf. 749.

Schauspiele für Schüler. 1. Junge Helden; 2. Theater vor dem Theater. Bern 1877. V (1): *Faller, Em.* (2): *Lang, Arn.* (Cat. d. Stadtbibl. Zürich. Zürich 1864—97.)

Schauspiele, Schweizerische. Wilhelm Tell, oder: der gefährliche Schuss. Gesslers Tod, oder das erlegte Raubthier. Der alte Heinrich von Melchthal; oder die ausgetretenen Augen. O. O. 1775. V: *Bodmer, Johann Jacob.* (Vetter) (Mn) (Cat. d. Stadtbibl. Zürich. Zürich 1864—97.) S. a. Trauerspiele, Schweizerische.

Schauspiele, Schweizerische, des 16. Jahrhunderts. Bearb. durch das deutsche Seminar der Züricher Hochschule unter Leitung von *J. Bächtold.* Hrsg. von der Stiftung von Schnyder von Wartensee. 1. Band. In-8°. X, 290 S. Zürich (Comm.-Verlag v. J. Huber in Frauenfeld). 4 — 1890.

Inhalt: I. Der reiche Mann und der arme Lazarus, bearb. von *Th. Odinga.* II. Johannes Kolross, fünferlei Betrachtnisse, die den Menschen zur Busse reizen, bearb. von *Th. Odinga.* III. Heinrich Bullinger's Lucretia und Brutus, bearb. von *J. Bächtold.* IV. Georg Binders Acolastus, bearb. von *J. Bosshart.* Anhang: Das Osterspiel von Muri, bearb. von *J. Bächtold.*

Schauspiele, Schweizerische, des 16. Jahrhunderts. Bearb. durch das deutsche Seminar der Züricher Hochschule unter Leitung von *J. Baechtold.* Hrsg. von der Stiftung von Schnyder von Wartensee. 2. Band: Susanna von Sixt Birck und der Welt-piegel von Valentin Boltz, hrsg. von *A. Gessler.* In-8°. VIII, 355 S. Zürich. Comm.-Verlag von J. Huber in Frauenfeld. 4 60 1891.

Schauspiele, Schweizerische, des sechszehnten Jahrhunderts bearbeitet durch das deutsche Seminar der Zürcher Hochschule unter Leitung von *J. Bächtold.* Bd. 3. In-8°. 312 S. Frauenfeld, J. Huber's Verlag. 1893. 4 —

— sechs, für Kinder. 8. Münch. 778. (Fleischmann). 6 𝒦

Schauspiele und Singspiele . . . Cassel 1798. V: *Döring, Joh. Wilh.* (GGr)

Schau- und Singspiele, v. J. W. D. 1r Bd. 8. Cassel, Griesbach. 798.

Schau- u. Singspiele, von J. W. D. 1r Bd. 8. Kassel 798 (Luckhardt). 20 𝒦 (NB, s. auch Samml. v. Schauspielen, (v. J. W. Döring.)

Schauspiele, vaterländische, (brandenburgische), v. Bar. de la Motte Fr. Fouqué. Waldner d. Pilger, Markgraf v. Brandenburg; Trauersp. in 5 Aufz. Die Ritter u. die Bauern, Schausp. in 4 Aufz. gr. 8. Berl. Dümmler. 811. Rthlr.

— vaterländische, von Heinrich Keller. 1r Bd. Carl der Kühne, Herzog von Burgund. 2r Bd. Waldmann, Bürgermeister zu Zürich, mit K. 8. Zürich, Orell. 813 u. 14. (à 2 Rthlr.)

— vaterländische, von H. Keller. 3r Bd. auch unter dem Titel: Trauerspiele. (enthält: 1) die Eroberung von Byzanz. 2) Johanna I. Königin von Neapel.) 8. Zürich, Orell und Comp. 816.

Schauspiele, Vaterländische, zur Feier von Volks- und Jugendfesten für Kinder und Erwachsene . . . St. Gallen 1842. V: *Stutz, Jacob.* (Ky) (Cat. d. Stadtbibl. Zürich. Zürich 1864—97.)

— vaterländische, zur Feier von Volks- und Jugendfesten für Kinder und Erwachsene im Freien aufzuführen. Vom Verf. der Volksgemälde (Stutz.) 16. St. Gallen 842, Scheitlin u. Zollikofer. 1/2 ℔

— verworfene. Hrsg. von Ludw. Foglar. 8. (XIV u. 384 S.) Pest 847, Heckenast. (Leipzig, G. Wigand.) n. 2 ℔ 4 ngl

— vier, 1) Urlosesa; 2) d. unversöhnte Vater; 3) Erichthon od. d. Sterneseher; 4) d. junge Herr. 8. Lpz. 756.

— a. d. Vorzeit. 8. Lpz. Sommer. 792.

— a. d. Vorzeit 1) Lutz v. Unterstein; 2) Knapp Konrad. 8. Wien, Ant. Doll. 792.

Schauspiele, Zwey. . . . Salzburg 1790. V: *Strasser, Joseph Willibald.* (MGT) (GGr)

— zwey. nach d. Ital. v. Trost. 8. Berl. Schöne. 805.

— zwei, für die Jugend. 8. (4¼ B.) Ingolstadt 837. (Regensburg, Manz.)

— zwei, für Privatbühnen. (Enth.: Thalberg u. Julie, u. Liebe u. Freundschaft). 8. Bresl. 802. (Gehr. 6 gl

Schauspieler, Der. Lustspiel in fünf A. Wien 1769. V: *Pelzel, Joseph Bernhard von.* (GGr)

Schauspieler, Die. Lustspiel. Wien 1769. (IV 927) ist zu streichen. (Zeitschr. f. Büch. 1923, S. 85)

Schauspieler, Der. Lustspiel in drei Aufz. Wien [1774]. V: *Marinelli, Carl Edler von.* (GGr) »1775« (Ky)

Schauspieler, der; Lstspl. (v. K. Marinelli). 8. Wien 775. Trattner. 2 gl

Schauspieler. § 2. An die deutschen Schauspieler! Ein offenes Wort v. Veritas. gr. 8. (48 S.) Berlin 898. (Centralbuchh.) n. 1. —

Schauspieler, der. Nr. 6 u. 10—15. gr. 8. Leipzig. Charlottenburg, A. Spitzner's Verl. à n. 1. 50
6. Der Bursche als Leutnant. Schwank in 1 Akt. Von William Horn. (25 S.) 900.
10. Der Kampf m. dem Drachen. Schwank in 1 Akt. Von Leo Förster. (26 S.) 901.
11. Der verkannte Schwiegersohn. Schwank in 1 Akt. Von Wilh. Rössing. (19 S.) (902.)
12. Unter falschem Verdachte. Schwank in 1 Akt. Von William Horn. (19 S.) (902.)
13. Der Wilddieb. Schwank in 1 Akt. Von Wilh. Rössing. (20 S.) (902.)
14. Die Regimentsjuste od. Kaisers-Geburtstag b. Vater Philipp. Militärischer Schwank in 1 Akt. Von Wilh. Rössing. (24 S.) (902.)
15. Die Kaisers-Geburtstags-Wurst. Militärischer Schwank in 1 Akt. Von Wilh. Rössing. (19 S.) (903.)
Nr. 1—5 u. 7—9 s. u. d. T.: Theaterspieler, der.

Schauspieler, Die deutschen. Sonst und jetzt. [Engländers Salon, III. Heft, S. 122]. S.-A. V: *Lyser, Joh. Peter.* (Friedrich Hirth: J. P. Lyser, München u. Leipzig 1911, S. 570.)

Schauspieler, Die neuen, in Mannheim. Frankenthal und Mannheim 1779. V: *Wagner, Hnr. Leopold* [?]. (GGr)

— die neuen, in Manheim. Vorspiel u. Prolog. 8. Manh. 779. Schwan u. G. 3 gl

SCHAUSPIELER und Schauspielerinnen. Thalienfreystadt a. M., b. Immanuel Gotthelfs Erben 1782. (Weller fing. Dr.) Rar!

Schauspieler und Tänzer, Der, nach der Kunst. ca. 1782. V: *Blunt, Nathaniel.* (Kalend. ohne Heiligen S. 6) (BiblPort)

— die verfolgten; in 5 Akt., (v. Jh. Cph. Kaffka). 8. Augsb. 776. ...

— der, wider Willen. Lstsp. in 1 A. v. A. v. Kotzebue. 8. Lpz. Kummer. 803.

Schauspieler-Almanach. — Schauspieler-. Schauspielerinnen-Almanach aufs Jahr 1782. St. 1. Frankfurt a. M. 1782. 8°
(Hrsg.: Heinr. Wilh. Seyfried.)

Schauspielerin, die schöne; aus d. Archiv zweier Liebenden. 8. Erfurt 810. Müller. (Leipz., Weygand). 18 gl

SCHAUSPIELERIN, Die schöne. Aus dem Archive zweier Liebenden. Mit (fast immer fehlendem) schönem color. Portrait der Heldin in ganzer Figur. Erfurt, 1811. Bei Johann Carl Müller. Kl. 8°. (3 Mk., ohne Portr., Jul. Neumann, Magdeb., 1909.)
240 S. (incl. Tit. u. 1 Bl. Vorwort). Zahme sentimentale Geschichte, in welcher die Heldin „Adelaide" das Opfer niedriger Intrigue wird.

Schauspieler-Kalender, deutscher, f. die Spielzeit 1888/89. 16. (115 u. 63 S.) Berlin, Landsberger. geb. n. 1. 20; Prachtausg. n. 1. 50

Schauspielerschule, die,. Lustsp. v. Beil. gr. 8. Mannheim, Löffler. 785.

Schauspielerschule, die, od. charakterist. Darstell. d. Hauptrollen. 8. Quedlinb. 810. Basse. 20 gl

Schauspielerschule, die neue, Lustspiel in 5 Aufzügen nach Delavigne Comédies v. Freyh. v. Thumb. 8. Leipzig, Hartmann. 821. Rthlr.

Schauspielhaus, das Münchner. Denkschrift zur Feier der Eröffng., hrsg. vom Baugeschäft Heilmann & Littmann, G. m. b. H., in München. gr. 8. (25 S.) München 901. (L. Werner.) n. 1. 50

Schauspielkunde. St. 1–36. Frankfurt a. M. 1799. (Hrsg.: Georg Gottfr. Schmidt.)

Schauspielkunst, von der, 8. Wien 780. (Heubner). 5 gr.

Schauspielkunst, v. der, 8. Wien, Kurzböck, (Camesina.) 780. N hlr.

Schauspielkunst und Vorurtheil. Von *** Dresden 860. Zeh. 8. (14 S.) 1⅓ ngr.

Schauspielschule, Die, des Wiener Conversatoriums 1874—76 von G. v. G. Wien 1876. V: *Gyurkovics von Rózsa-Lehota, Georg.* (EB)

Schauspielschule, die, d. Wiener Conversatoriums 1874—1876. Von G. v. G. gr. 8. (23 S.) Wien 876. F. Beck. n. 1. —

Schauss, Alfons, a. Deutsch-Krone ⟨Westpreußen⟩: Über eine seltene Form von Chondrosarkom. Würzburg 1905: F. Staudenraus. (28 S.) 8°
Würzburg, Med. Fak., Ref. v. Rindfleisch, Diss. v. 12. März 1906
[Geb. 29. Juni 79 Deutsch-Krone; Wohnort: Würzburg; Staatsangeh.: Preußen; Vorbildung: Gymn. Wiesbaden Reife O. 00; Studium: Marburg 3, Würzburg 7 S.; Coll. 19. Juli 05; Approb. 12. Mai 05.]

Schauss, Carl Ferdinand, s. Schauss, Karl Ferdinand

Schauss, Emil v., historischer und beschreibender Catalog der königl. bayerischen Schatzkammer zu München. gr. 8. (IX, 441 S. mit Kopfleisten, Initialen und Schlussvignetten.) München 879. (Augsburg, Literarisches Institut von Dr. M. Huttler.) geb. **

Die Schatzkammer des Bayerischen Königshauses. Mit Text, herausgegeben von Emil von Schauss. 2 Bde. Nürnberg. Fol.

Schauss, G. G, Geschichtliche Uebersicht der geheimen politischen Verbindungen in Deutschland von 1807—1842, mit Einschluss der Gesellschaften „Das junge Deutschland" in der Schweiz und „Der deutsche Bund der Geächteten" in Paris. 4°. München 1847. Mscr.

Schauss, G(eorg) Valentin: Über isolierte Fracturen und Luxationen des Talus. München 1910: Kastner & Callwey. 43 S. 8°
München, Med. Diss. v. 2. Mai 1910, Ref. v. Angerer
[Geb. 3. Mai 82 Berlin; Wohnort: Berlin; Staatsangeh.: Preußen; Vorbildung: Gymn. Blankenburg a. H. Reife M. 02; Studium: Berlin 1, München 1, Leipzig 1, Göttingen 2, München 2, Breslau 1, München 2 S.; Coll. 2. Mai 10; Approb. 30. April 09.] [U 10. 3573

Schauss, Karl Ferdinand

Schauss, Car. Ferd. (geb. Berlin 27. 2. 1828): De hydroceles operationibus. Berolini (1851). (30 S.) 8°
Berlin, Med. Diss. v. 21. März 1851

Schauss, Mart., die Leonardische Flora. Eine Fälschg. aus dem 19. Jahrh. Studien e. Künstlers. Mit e. chem. Untersuchg. v. Geo. Pinkus. (71 S. m. Abb.) gr. 8. Leipzig 910. O. Wigand. 1.80

Schauß, Rudolf, a. Langenberg (Rhld.): Beitrag zur Kenntnis der freilebenden Copepoden und Cladoceren der Umgegend von Bonn. Bonn 1908 (F. Cohen). (S. 164—218.) 8° Aus: Verhandlungen des Naturhist. Vereins der preuß. Rheinlande u. Westfalens, Jg. 64, 1907.)
Bonn, Phil. Fak., Ref. Ludwig, Diss. v. 20. Mai 1908
[Geb. 27. Aug. 80 Langenberg; Wohnort: Godesberg; Staatsangeh.: Preußen; Vorbildung: Realprogymn. Langenberg, Realgymn. Barmen Reife O. 00; Studium: Bonn; Rig. 11. Dez. 07.]

Schauss-Kempfenhausen, Emil von

Schauss-Kempfenhausen, E. v., Die Doppelwährung. (Inauguralrede.) München 1856. 8°. brosch.

SCHAUSS-KEMPFENHAUSEN, Emil von (München): Die deutschen Papiergeld-Verhältnisse.- München: Weiss 1857. 53 S.
14.3.1856 - Urk (Titel: De rebus Germanicis quoad pecuniam chartaceam.); F 49
Diss. Ingolst. - Landsh. - Mchn.

Schaut her! qu. 12. (8 S. m. z. Tl. farb. Bildern.) Stuttgart 894. F. Loewe. — 20

Schaut, wie schön! gr. 4. (8 Bl. m. farb. Abb.) Reutlingen 897. Enßlin & Laiblin. —85; auf Pappe 1.50

Schauta, Friedrich

Schauta, F., die Anstalten f. Kranke etc. in Oesterreich, s.: Illing, Ferd.

Schauta, Frdr., die Behandlung der Blutungen post partum, s.: Wandervorträge, medicinische.

Schauta, Friedr., über Behandlung der Retroversio-flexio uteri, s. Wander-Vorträge, medicinische.

— die Behandlung d. normalen Wochenbettes. Klinischer Vortrag. gr. 8. (26 S.) Neuwied 892. Heuser's Verl. n. 1. —

— Beiträge zur Casuistik, Prognose u. Therapie der Extrauterinschwangerschaft. Eine klin. Studie. gr. 8. (61 S. m. 2 Taf.) Prag 891. J. G. Calve. n. 1.80

— zur Diagnose der intraligamentären Schwangerschaft, s.: Wandervorträge, medicinische.

Schauta, Fr., Geburtshilfe. [Lehrbuch der gesamten Gynäkologie. 4. Aufl. 1. Teil.] Gr.-8°. (ill. XXIII, 692 S.) K 14.40 Wien: Deuticke 1905.

Schauta, Frdr., Grundriss der operativen Geburtshilfe f. praktische Aerzte u. Studirende. Mit 30 Holzschn. gr. 8. (XII, 259 S.) Wien 885. Urban & Schwarzenberg. n. 6. —; geb. n. 7.50

— Grundriss der operativen Geburtshilfe f. Ärzte u. Studirende. 2., verb. u. theilweise umgearb. Aufl. gr. 8. (XII, 280 S. m. 58 Holzschn.) Wien 892. Urban & Schwarzenberg. n. 7. —

Schauta, Frdr., Grundriss der operativen Geburtshilfe f. prakt. Aerzte u. Studierende. 3., verb. u. theilweise umgearb. Aufl. gr. 8. (XII, 280 S. m. 58 Holzschn.) Wien 896. Urban & Schwarzenberg. n. 7. —; geb. n. 8.60

— Indicationen u. Technik der vaginalen Totalexstirpation. [Aus: „Festschrift zur Centennalfeier d. k. k. allgem. Krankenhauses in Prag".] gr. 8. (64 S.) Berlin 891. Fischer's medicin. Buchhandlg. n. 1.50

Lehrbuch der gesammten Gynäkologie. E. Darstellg der physiolog. u. patholog. Functionen d. weibl. Sexualorgane im schwangeren u. nicht schwangeren Zustande. Von Dr. Friedrich **Schauta**, ... Prof. ... an d. Wiener Univ. M. 330 Abb. *Leipzig & Wien: F. Deuticke 1896.* (XXII, 1209 S.) 1 Bd 8. [96. 3218

Lehrbuch der gesammten Gynäkologie. Eine Darstellung d physiolog. u. patholog. Functionen d. weiblichen Sexualorgane im schwangeren u. nicht schwangeren Zustande v. Friedrich **Schauta**. 2. Aufl. Th. I. II. *Leipzig & Wien: Deuticke 1897. 98.* 2 Bde 4.
I. Mit 133 Abb. 1897. (XX, 657 S.)
II. Mit 244 Abb. 1898. (IX, 648 S.) [98. 1930 II.

Schauta, Frdr., Lehrbuch der gesamten Gynäkologie. Eine Darstellg. der physiolog. Funktionen u. der Funktionsstörgn. d. weibl. Sexualorgane im schwangeren u. nichtschwangeren Zustande. 3. Aufl. 2 Tle. Lex.-8. Wien, F. Deuticke. à n. 12. —
I. Lehrbuch der Geburtshilfe. (XXIII, 692 S. m. 242 Abb. u. 1 farb. Taf.) 906.
II. Frauenkrankheiten. (XI, 535 S. m. 156 Abb. u. 25 Taf.) 907.

—— Ueber gynäcolog. Massage, s. Wander-Vorträge, medicin.

Schauta, Frdr., s.: Monatsschrift f. Geburtshilfe u. Gynäkologie.

— u. F. **Hitschmann**, Tabulae gynaecologicae. 29 mehrfarb. auf Pausleinw. gedr. lith. Taf. 81,5×60,5 cm. Mit kurzem erläut. Text. (60 S.) gr. 4. Ebd. 905. In Mappe n. 120. —

— Die erweiterte vaginale Totalexstirpation d. Uterus bei Kollumkarzinom. (IV, 189 S. m. 6 Abbildgn. u. 5 chromolith. Taf.) gr. 8. Wien 908. J. Šafář. 6. —

Schauta [illegible] deren Folgen (mit 1 Taf. [illegible] — 60
Separatabdruck

Schauta, Frdr., Zerstörung d. Nervus facialis u. deren Folgen. [Aus dem physiolog. Institute der Wiener Universität.] [Mit 1 (lith.) Taf. (in qu. gr. 4.)] [Aus „Sitzungsber. d. k. Akad. d. Wiss."] Lex.-8. (12 S.) Wien 872. (Gerold's Sohn.) n. — 60

Schaute, E. H., Johann Hoff, s. Gedichte und Scherze in jüdischer Mundart.

Schaute's Herrn, Abenteuer in Berlin. Von Clauren der Jüngere. 32. (62 S.) Berlin 856, Bernhardt und Comp. *

Schau-Trauerspiel, Ein ganz frisch, vom Pater Brey, dem falschen Propheten, in der zweiten Potenz . . . Münster [1823]. V: *Immermann, Carl Lebrecht.* (MGT)

Das Schauturnen, Ein traumhaftes Phantasie-Gemälde m. Wirklichkeit u. Dichtung v. H. L., Der Turnerspiegel, Odessa 1896, 21 S., 8°.

Landwirtschaftliche Provinzial-Ausstellung Altona vom 24. bis 29. Mai 1905 veranst. von d. Landwirtschaftskammer f. d. Prov. Schleswig-Holstein zu Kiel. **Schau-Verzeichnis**. Berlin 1905: Haasenstein & Vogler. (XVI, 504, 48 S.) 8° [F.] [05. 11000 3

Landwirtschaftliche Provinzial-Ausstellung Altona. **Schau-Verzeichnis.** Kiel. 1905. 8°.

Schauwecker, J., Chronik des Turnvereins Aalen, Aalen 1896, 39 S., 8°.

Schauwecker, Otto, aus Wriezen a. O.: [1.] **Zur Constitution des Citronellals und über den Halbaldehyd der β-Methyladipinsäure.** [2.] **Beiträge zur Kenntnis des Pulegons und Isopulegons.** *Berlin 1901: A. W. Schade.* (41 S.) 8°
Berlin, Phil. Diss. v. 30. Nov. 1901

Schauwienold, Adolf, approb. Arzt aus Frömern ⟨Reg.-Bez. Arnsberg⟩: **Neue Beiträge zur Kenntnis der Muskelzähigkeit, insbesondere über die Veränderung derselben beim Abhängen des Fleisches.** *Würzburg 1899: J. Scheiner.* (37 S.) 8°
Würzburg, Med. Diss. v. 1899

Schaev, H., mythologica deorum ac heroum. 12. Stettin, Kunkel. 720.

Schaeven, Johann (Marsberg) 4° Thl. I, 209/4

Disputationes theologicae ... Pars prior. Disputatio IV. de voto Jephthaeo, e Judic. XI, 30. 31.
Präs. Johann Konrad Dannhauer.
Leipzig (Reinhold) 1707. S. 41-61.

Diss. Strassburg II. 1634. 29929

Schaevius, Johann (Mölln) A. S. 766/40

Dissertatio juridica inauguralis ad legem finalem octavam codicis de novationibus et delegationibus.
Präs. Johann Werlhof.
Helmstedt (Hamm) 21. III. 1709. 58 S.

W. v.: Dekan, Andreas Homborg, Johann Wilhelm Engelbrecht, Corn. Diet. Koch. 29931

Schaw, s. Shaw.

Schawaller, Curt, s. Schawaller, Kurt

Schawaller, Fritz

— u. Stengel, Ansprachen in den Kindergottesdiensten, s.: Predigten, 3, bei der 53. Hauptversammlg. des evangel. Vereins der Gustav-Adolf-Stiftung geh.

Schawaller, Fritz, das Blutgericht zu Thorn. Ein Drama in 4 Aufz. (80 S.) 8. Leipzig (909). A. Strauch. 1. —

Schawaller, Fritz, Johann Georg Hamann als Pädagog. 8. (III, 24 S.) Darkehmen 886. (Insterburg, Roddewig.) n. — 50

Schawaller, F., Johann Georg Hamann als Pädagog. 2. Aufl. gr. 8. (32 S.) Königsberg 887. Hartung'sche Verlagsdruckerei. n. — 50

[F.] Der Herr ist nahe! Predigt üb d. Epistel d. 4. Sonntages im Advent geh. am 20. Dez. 1896 v. Fritz **Schawaller**, Superint. ... in Braunsberg. Hrsg. v. Evangel. Trostbund. (Berlin: Christl. Zeitschriftenverein); [Braunsberg: Riebensahm 1897]. (10 S.) 1 Hft. 8°

Schawaller, Fritz, die Herrlichkeit der evangelischen Kirche. gr. 8. (116 S.) Braunsberg 899. Heyne'sche Buchdr. (Nur direkt.) n. 1. —

Die Herrlichkeit der evangelischen Kirche. Dargest. von Fritz Schawaller. Braunsberg: G. Riebensahm 1899. (116 S.) 8°

— Jesu. 16. (64 S.) Stuttgart 889. Greiner & Pfeiffer. n. 1. —

—— Riana. Dichtung. (55 S.) Stuttgart 887, Greiner und Pfeiffer. geb. mit Goldschn. *

Schawaller, Fritz, Königin Luise. Ein Drama f. die Volksbühne. 12. (71 S.) Stuttgart 891. Greiner & Pfeiffer. n. 1. —

Die evangelischen Salzburger in Wort und Bild von Fritz Schawaller. Festspiel f. d. 53. Hauptversammlung d. ev. Vereins d. Gustav-Adolf-Stiftung in Königsberg 1900. *Königsberg Pr.: Ev. Buchh. d. ostpr. Provinzialver. f. innere Miss. 1900.* (48 S.) 8° [F.] [00. 10355 10

Schawaller, Kurt

Schawaller, Curt, moderne Ritter. Drama in 3 Akten. (III, 57 S.) 8. Dresden 906. E. Pierson. n. 1. 50

Schaewen, F. v., fundamenta linguae hebreae. 4. Könbg. Frommann. 735.

Schaewen, Hermann v. Anwendung der Differentiation mit gebrochenem Index auf die Integration linearer Differentialgleichungen 18, 14 SS. **Progr.** *Strasburg Pr.* 1881. 1882

von Schaewen, *Hermann:* Das Potential zweier getrennt liegender Ellipsoide. Leipzig, Druck v. B. G. Teubner, 1893; 23 S. 4.
Marienwerder, k. G, P 1893 (30)

Schaewen, Paul von

Schaewen, P. v., 500 Aufgaben aus dem mathemat. Pensum d. Untersekunda. gr. 8. (28 S.) Halle 897. E. Strien. n. — 80; Resultate (nur an Lehrer) (7 S.) n. 1. —

Die mittelalterlichen Bauhütten und die altevangelischen Gemeinden. Vortrag gehalten am 30. März 1887 in der Loge zum Tempel der Eintracht im Or. Posen von Paul v. Schaewen. Ms. f. Frmr. Schneidemühl: Eichstädt [1887]. 15 S. 8° [Umschlagtit.]

Schaewen, Paul v., s.: Billy, Jacobi de, doctrinae analyticae inventum novum.

Schaewen, P. v. Die Binomialkoefficienten in Verbindung mit figurierten Zahlen und arithmetischen Reihen höherer Ordnung. 25 S. **Progr.** G. *Saarbrücken* 1881.

Schaewen, Paul v., die Binomialkoëfficienten in Verbindg. m. figurierten Zahlen u. arithmetischen Reihen höherer Ordnung. (Neuer Abdr.) gr. 8. (30 S.) Glogau 901. C. Flemming. n. 1. 20

Schaewen, P(aul) v., Prof.: Die homogenen diophantischen Gleichungen zweiten Grades mit drei Unbekannten. *Glogau 1903: Glogauer Druck.* (41 S.) 4°
Glogau, k. ev. G, OP 1903 (210)

—, P. v. Integration der Differentialgleichung $Adx + Bdy + C(xdy - ydx) = 0$, wo A, B, C lineare Funktionen von x und y sind. S. 57—72. **Progr.** Fr. Wi. G.* *Posen* 1881

Schaewen, Paul von, Prof.: Zur Lösung der Gleichung $z=\sqrt{Ax^2+Bx+C}$. Groß-Glogau 1906: Glogauer Druckerei. (31 S.) 4°
Glogau, k. ev. G OP 1906 (235)

Vortrag, gehalten am 29. Okt. 1889 in der Loge Friedrich zum goldenen Zepter im Or. Breslau von Paul v. Schaewen. Ms. f. Bbr Frmr. Posen [1889]: Neumeyer. 16 S. u. 1 Taf. 8°
Über den Teppich des Lehrlingsgrades u. den Salomonischen Tempel. Die Tafel stellt den Grundriss des Tempels dar.

von Schaewen, W. [aus Gross Karpowen (Ostpreussen)]: **Ueber Jodol ....** Würzburg, Druck d. Bonitas-Bauer'schen Buchdr, 1887; 40 S. 8°.
Würzburg, Med. Fak., Inaug.-Diss. v. 1887.

Schaewen, W. von, über Jodol. Diss. Würzburg 1887, Stahelsche Univ.-Buchh. 8°. 40 S.

Schawli [Schlagwort]

Schawli, s.: Europa. Liebenow.

Schawo, Mich., Beiträge zur Algen-Flora Bayerns. (Bacillariaceae.) Mit 437 Fig. auf 10 Taf. [Aus: „14. Bericht d. botan. Vereins in Landshut".] gr. 8. (74 S.) Landshut 896. (München, R. Jordan.) n. 2. —

(B) **Schawo,** M., Beitr. z. Algen-Flora Bayerns. 896. (KBL 30.) Jetzt: Leipzig, Th. O. Weigel.

Schawtschenko, s. Šavčenko

Schaxel, Julius: Die Morphologie des Eiwachstums und die Follikelbildungen bei den Ascidien. Ein Beitr. z. Frage d. Chromidien bei Metazoen. Leipzig: W. Engelmann 1909. 46 S. 8° ¶ (Aus: Archiv f. Zellforschung. Bd 4.)
Jena, Phil. Diss. v. 7. Aug. 1909, Ref. Plate
[Geb. 24. Mai 87 Augsburg; Wohnort: Augsburg; Staatsangeh.: Bayern; Vorbildung: Realgymn. Augsburg Reife Juli 06; Studium: Jena 4, München 1, Jena 1 S.; Rig. 1. Juli 09.] [U 10. 2370

Schayer, Ad., über d. Gründung e. Schaafzüchter-Vereins f. d. Provinz Brandenburg u. deren Umgebung. 8. (1½ B.) Berlin 830, (Mittler.)

Schayer, Erich [aus Berlin]: **Rectale und urethrale Krisen bei Tabes dorsalis ... Berlin, C. Vogt's Buchdr.,** *1893;* 30 S., 1 Bl. 8.
Berlin, Med. Fak., Inaug.-Diss. v. 28. Juli 1893

Schayer, J., das Kohlen-Mineral-Schlammbad zu Gleissen. gr. 8. (9⅜ B.) Berlin 846, Ed. Krause. *

Schayer, Leopold [aus Berlin]: Über Struma congenita ... Berlin, Buchdr. v. Schmitz & Bukofzer, *1896;* 30 S., 1 Bl. 8.
Berlin, Med. Fak., Inaug.-Diss. v. 10. Jan. 1896

Schayer, Siegbert [aus Berlin]: **Zur Lehre vom Gebrauch des unbestimmten Artikels und des Teilungsartikels im Altfranzösischen und im Neufranzösischen.** Tl 1 ... [Erschien vollst. als No 7 von: Berliner Beitr. z. german. u. roman. Philol., Roman. Abt.] Berlin, C. Vogts Buchdr., *1896;* 2 Bl., 37 S., 1 Bl. 8.
Berlin, Phil. Fak., Inaug.-Diss. v. 12. Dez. 1896

Schayer, Siegb., zur Lehre vom Gebrauch d. unbestimmten Artikels u. d. Teilungsartikels im Altfranzös. u. im Neufranzös., s. Beiträge, Berliner, z. german. u. roman. Philologie, Roman-Abtlg. Nr. 7.

Zur Lehre vom Gebrauch des unbestimmten Artikels und des Teilungsartikels im Altfranzösischen und im Neufranzösischen. Von Siegbert Schayer, Dr. phil. *Berlin: E. Ebering 1897.* [S. 1—37 erschien als Berl. Diss. 1896.] (VIII, 152 S.) 1 Bd 8.
= **Beiträge**, Berliner, z. germanischen u. roman. Philologie. [No] 13. Roman. Abt. No 7. [97. 4939

Schayer-Eliason, Jac. (geb. Breslau 19. 10. 1802). De fungo medullari oculi. Berolini (1827). (33 S.) 8°
Berlin, Med. Diss. v. 5. Okt. 1827

Schayer-Eliason, Joseph (geb. Breslau [illegible]). De [illegible] nec non utriusque [illegible]. Berolini (1831) ([illegible] S.) 8° [Ant. u. A.]
Berlin. Med. Diss. v. 12. Apr. 1831

Schayes, A.G.B., Essai historique sur les usages, les croyances, les traditions, les cérémonies, et pratiques réligieuses et civiles des Belges anciens et modernes. (1re Partie.) 8. Louvain 834. (Aix-la-Chapelle, Mayer; Bruxelles, Mayer et Somerhausen.) 1 *ℛ*

Schäzler, C. A., Das deutsche Reich. Ein Wort aus der Fremde. Amsterdam. im Mai 1848. 16 S. 8°. (Frankfurt a. M., Jugel.)

Schäzler, Konstantin von

Schäzler, Const. v, die Bedeutung der Dogmengeschichte, vom kathol. Standpunkt aus erörtert. Hrsg. v. Thom. Esser. gr. 8. (VIII, 166 S.) Regensburg 884. Verlags-Anstalt. n. 2. 80

Schaezler, Constant. v., das Dogma von der Menschwerdung Gottes. Im Geiste des heil. Thomas dargestellt. Freiburg im Br. 870. Herder. gr. 8. (XI, 463 S.) n. 1 *ℛ* 24 *ngr.*

Schäzler, K. v., Die ersten Glaubensbeschlüsse des vatikan. Konzils u. die religiösen Bedürfnisse der Gegenwart. Freiburg, Herder, 1870, 8°, VI, 50 S., 40 Pf.
Will die Constitutio de fide catholica beleuchten. Recc. Rudgaber, (Bonner) Theol. Littbl. 1871, S. 266—8. Österr. Vierteljahrsschr. f. k. Theol. 1871, S. 631—5.

Schaezler, Constantini dynastae de, introductio in s. theologiam dogmaticam ad mentem d. Thomae Aquinatis. Opus posthumum editum cura et studio Thomae Esser. gr. 8. (XXXII, 401 S.) Regensburg 882. Manz. n. 6. --

SCHAZLER, Constentin von (Augsburg): Die Lehre von der Wirksamkeit der Sakramente ex opere operato in ihrer Entwicklung innerhalb der Scholastik und ihrer Bedeutung für die christliche Heilslehre.- München: Lentner 1860. XII,590 S.
7.4.1859 - Urk (Titel: De intentione ad sacramentum valide conferendum in ministro requisita.); F 44
Diss. Ingolst. - Landsh. - Mchn.

Schäzler, Constant. v., die Lehre von der Wirksamkeit der Sakramente ex opere operato in ihrer Entwicklung innerhalb der Scholastik und ihrer Bedeutung für die christliche Heilslehre dargestellt. München 860. Lentner. Lex.-8. (XII, 590 S.) 1 *ℛ* 25 *ngr.*

— Natur u. Uebernatur. Das Dogma von der Gnade u. die theolog. Frage der Gegenwart. Eine Kritik der Kuhn'schen Theologie. Mainz 865. Kirchheim. gr. 8. (XII, 440 S.) 1 *ℛ* 15 *ngr.*

Schaezler, Constant. de, Divus Thomas doctor angelicus contra liberalismum invictus veritatis catholicae assertor. De doctrinae s. Thomae ad exstirpandos huius aetatis errores vi et efficacia commentarius in sexto centenario angelici praeceptoris. Romae, typis polyglott., 1874, lex.-8°, 172 pp. [Freiburg, Herder, 2 Mk.]

Schäzler, Konst. v., Die päpstliche Unfehlbarkeit aus dem Wesen der Kirche bewiesen. Eine Erklärung der ersten dogmatischen Konstitution des vatikanischen Konzils über die Kirche Christi. Freiburg, Herder, 1870, 8°, XII, 216 S., 1,80 Mk. (Fehlt.)
Nach Umfang u. Inhalt eine der bedeutendsten Schriften über die damals brennendste Tagesfrage, worin Vollständigkeit, theol. Tiefe u. objektive Ruhe sich harmonisch vereinigen. Sie soll nach d. Absicht des gelehrten Verf. ein Versuch sein, „ein tieferes Verständnis des Dogma auf wissensch. Wege u. mit Berücksichtigung der modernen Bedürfnisse . . . wenigstens anzubahnen". In besonders ausführlicher Weise berücksichtigt der Verf. auch den Gegenstand u. die Grenzen der Unfehlb. des päpstl. Lehramtes. Ökum. Konzil. Stimmen 2c. Heft 11, S. 107—9.

— neue Untersuchungen über das Dogma von der Gnade u. das Wesen des christlichen Glaubens. Mit besonderer Rücksicht auf die dermal. Vertretung der kathol. Dogmatik an den Universitäten zu Tübingen, München u. Freiburg. Ebend. 867. gr. 8. (XVI, 600 S.) 2 *ℛ*

Schäzler, Mor., Grundriß der deutschen Sprachlehre. gr. 8. (VI und 178 S.) Augsburg 853, Rieger'sche Buchh.

Schäzler, Moritz (Lehrer der Realien) „Handelsgeschichte der Stadt Augsburg bis zum Schlusse des Mittelalters". pg. 3—16. 4°. Lauter.
Augsburg. Progr. 1843 44

Schäzler, Mor., Tafel der Regenten Deutschlands u. Bayerns. Augsburg 869. Schmid's Verl. 4. (10 S.) 3 *ngr.*

Schäzler, Moritz „Marx Welser, Stadtpfleger der freien Reichsstadt Augsburg". pg. 3—15. 4°. Albr. Volkhart.
Augsburg. Progr. 1851 52

Schazman, s. Schazmann

Schazmann, August (Friedberg)
Thesen, welche zur Erlangung der juristischen Doctorwürde auf der Ludwigs-Universität am 21. Dezember 1830 öffentlich vertheidigen wird: August Schazmann aus Friedberg.
Giessen: Lichtenberger 1830. 6 S.
[Im Jur. Dekanatsbuch als Schatzmann!]

Schazmann, Ferdinand Rudolf Christoph David

— Beitr. f. die Geschichte u. Verfass. d. Herzogth. Westphalen. 8. ... 803.

— Beitr. f. die Geschichte d. Wetterau, s. Fhr. Thdr. Roth.

Schazmann, Fd. Rud. Cph. Dav., patriot. Gedanken üb. d. Zustand d. Juden überhaupt, vorzüglich d. Judenschaft in der Reichsst. Friedberg. Mit Vign. u. Holzschn. Burgfriedberg 788.

Schazmann, Friedr. Daniel Heinr. David (Burgfriedberg) [Autor et Resp.]
Dissertatio inauguralis medica de defluxionibus serosis.
Giessae 18. März 1782: Joh. Jac. Braun. 44 S. 4°
pro gradu doctoris ... in scientia salutari rite obtinendis.

Schazmann, Georg David Nikolaus

Schazmann, G. D. N., s. Evelina u. Johanne.

Schazman, Geo. Dav. Nik., s. Reinlichkeit, von der.

Schazmann, Philipp David A. S. 28/27

Dissertatio iuridica inauguralis de iure et iudiciis communitatum, quae veniunt sub nomine marcarum in Wetteravia Von Marcken und Maercker Gedingen in der Wetterau. Präs. Jo. Friedrich Wahl. Göttingen (Vandenhoeck) 26. XI. 1746. 60, 21 S.

**Gew.: Karl Philipp Anton Fhr. von Groschlag.
W. v.: Friedrich Ludwig Schazmann (Bruder), J. C. Schazmann (Bruder).** 30054

Schdanow, Sergius, drei Monate Einzelhaft. Eindrücke u. Erinnergn. (In russ. Sprache.) 8. (76 S.) Berlin 902 J. Rado. n. 2. —

Schdara, J., die Großthaten des Prinzen Eugen von Savoyen, — Friedrich des Großen Leben und Thaten, — Karl V. und seine Zeit, } s. Volksbücher aus alter und neuer Zeit.

Schdára, A., Karl V. und seine Zeit, s. Volksbücher aus alter und neuer Zeit.

Schcall, K. M. B., Gespräche zwischen e. Pfleger u. Ortsvorsteher üb. einige wichtige Gegenstände d. Landwirthschaft, vorzügl. üb. die geeignete Bienenkultur, üb. Wasserbauten u. Wirthschaftsführung in Gebirgsländern, mit besond. Rücksicht auf d. Herzogthum Salzburg. Zunächst f. Landleute, polit. u. kameralist. Ortsobrigkeiten u. Forstbeamte. gr. 8. Salzb. 820. Duyle. 20 gr. (NB. Vom Verleger eingesandt).

Schébalski, P., la question polonaise-russe. Traduit par S. Sulima. gr. 8. (20 S.) Leipzig 862, Gerhard. *

Schebek, Edmund

Schebeck, Edm. Zwei Briefe über Joh. Jac. Froberger. Prag 1874.

Schebek, Edm., Richard Ritter v. Dotzauer. Ergänzt durch e. Autobiographie Dotzauers. gr. 8. (VII, 344 S. m. 2 Lichtdr.-Taf.) Prag 896. J. G. Calve. n. 4. —

Schebek, Edmund: Die Erwerbsverhältnisse im Böhmischen Erzgebirge. s. Dormitzer, Maximilian

Schebek, Edmund. Der Geigenbau in Italien und sein deutscher Ursprung. Prag 1874.

Schebek, Geschichte der Preise. Prag 1873

Schebek, Edm., Böhmens Glasindustrie u. Glashandel. Quellen zu ihrer Geschichte. Im Auftrage der Handels- u. Gewerbekammer in Prag. Lex.-8. (VIII, LXIV, 434 S.) Prag 878. (Rosmack & Neugebauer.) geb. n. 15. —

Schebek, Edm., das Handelsregister nach dem allgemeinen Handelsgesetzbuche. Gutachten der Handelssection der Handels- u. Gewerbekammer in Prag. Prag 866. Hunger. Lex.-8. (X, 78 S.) n. 18 ngr.

Schebek, Edm., das **Handelsregister** nach dem allgemeinen Handelsgesetzbuche. Gutachten der Handelssection der Handels- u. Gewerbekammer in Prag. II. Lex.-8. (XIII, 76 S.) Prag 872. Rosmack & Neugebauer. n. 1.80 (I. u. II.: n. 3. —)

Schebek, E. Katalog der Ausstellung von Beiträgen zur Geschichte der Presse in Wien. Prag 1873. 4.

Schebek, Edm., Kinsky und Feuquières. Nachtrag zur „Lösung der Wallensteinfrage". gr. 8. (VI, 181 S.) Berlin 882, Th. Hofmann. *

Schebek, Edm., Colectiv-Ausstellung v. Beiträgen zur Geschichte der Preise veranstaltet zur Welt-Ausstellung 1873 Wien v. der Handels- u. Gewerbekammer in Prag. [Pavillon d. Welthandels.] Katalog. Lex.-8. (XV, 134 S.) Prag 873. Mercy. n. 3. —

—— die Lösung der Wallensteinfrage. Lex.-8. (VII, 614 S.) Ebendas. 881. *

— **Wallensteiniana** in Memoiren, Briefen u. Urkunden. [Aus: „Mittheilgn. d. Ver. f. Geschichte der Deutschen in Böhmen."] Lex.-8. (64 S.) Prag 875. (Mercy.) n. 2. —

Scheben, A. De poetis Aeneae fugam atque fata ante Virgilium describentibus. 8 S. . . . .
Münstereiffel, Progr. 1827

— — s.a. Schebin, A.

Scheben, J. [aus Rheinbach]: Zur Aetiologie der Hydronephrose . . . . Rheinbach, Buch- & Notendr. v. J. Heuser, 1888; 84 S. + 1 Bl. 8°
Bonn, Med. Fak., Inaug.-Diss. v. 28. Jul. 1888

Scheben, Leonhard, appr. Tierarzt a. Cöln: Beiträge zur Kenntnis des Spermatozoons von Ascaris megalocephala. Mit 3 Fig. im Text. Marburg 1905 [übergeklebt, darunter:] Leipzig: W. Engelmann 1905. (37 S.) 8° ¶ (Aus: Zeitschr. f. wiss. Zoologie Bd 79, Heft 3.)
Marburg, Phil. Fak., Ref. Korschelt, Diss. v. 13. Juni 1905
[Geb. 25. Okt. 76 Cöln; Wohnort: Cöln; Staatsangeh.: Preußen; Vorbildung: Humanist. Gymn. Cöln; Studium: München Tierärztl. Hochsch., Berlin Tierärztl. Hochsch., Gießen, zus. 9, Marburg 4 S.; Rig. 2. Febr. 04.]

Das Haus Rome an der Wurpelportzen. Seinen Stammgästen, Verwandten und Freunden zum 29. Juni 1868, dem Tage des 400jähr. Bestehens desselben als Bierbrauerei, gewidmet von Wilhelm Scheben. — Köln: Bachem in Comm. 1868. 66 S. 8°

Scheben, Wilh., d. ehem. Thorburgen d. alten Köln, d. Zeit ihrer Errichtg., ihre Lage, ihre Geschichte u. ihr Abbruch von 10 nach Christus bis zum J. 1891. Historisch-topograph. Beitrag zur Geschichte d. Stadt Köln. gr. 8 (VIII, 219 S.) Köln 895. (Titus Bredt.) n. 4. —

Scheben, Wilh., die Zunft der Brauer in Köln in ihrem inneren Wesen und Wirken, nebst den im J. 1603 erneuerten uralten Ordnungen und dem 1497 erneuerten Amtsbriefe. Culturhistor. Beitrag. Nach meist ungedr. Quellen bearb. 8. (XVI, 180 S.) Köln 880, (Boisserée.) *

Scheben, Wilh., das Zunfthaus u. die Zunft der Brauer in Köln. Nach meist ungedr. Quellen bearb. [Als Mscr. gedr.] 8. (IV, 176 S.) Köln 875. (Bachem.) n. 1. 50

Scheben v. Cronfeld, Frhr., Dienstverhältnisse d. Offiziere, Sanitätsoffiziere usw. der k. bayer. Armee, s.: Doerfler.

Schebest, Agnese, in Karlsruhe, eine Kunst-Abhandlung. 16. Karlsruhe 837. (Creuzbauer u. Nöldecke.) n. 1/3 rß

Schebest, Agnese, aus dem Leben einer Künstlerin. Mit dem Bildniß der Verf. (in Stahlst.) Stuttgart 857. Ebner u. Seubert. 8. (VIII, 304 S.) n. 1 rß. 18 ngr.

Schebest, Agnese, Rede und Geberde. Studien über mündlichen Vortrag und plastischen Ausdruck. Mit 30 Abbildungen (Holzschn.) nach persönlichen Darstellungen der Verf. aufgenommen von J. Läpple. Leipzig 861. Abel. gr. 16. (VII, 402 S.) n. 2 rß 20 ngr.

Johann SCHEBESTA Das Leben und Treiben der Bürger nach den Schriften Brants, Gellers und Murners
Prag, Phil. Diss. 1898/99.

Schebesta Johann: Das neue Studentenheim der Stadt Prachatitz. G. Prachatiz. 01.
Progr.

Schebin, A., De poetis Aeneae fugam atque fata ante Vergilium describentibus dissert philologica. Pr. 1827. 10 S. 4°.

— — s.a. Scheben, A.

Schebisteri, Mahmud

Schebisteri's Rosenflor des Geheimnisses, s. Hammer-Purgstall, J. v.

SCHEBISTERI'S, Mahmud, Rosenflor des Geheimnisses. Persisch und Deutsch, hrsg. von Hammer-Purgstall. Mit 2 lith. Ansichten des Dorfes Schebister u. der Grabstätte von Tebris und 58 Seiten pers. Text auf verschiedenfarb. Papier mit prächt. grossen Umrahmungen. Fol. Pesth und Leipzig 1838. 4°. 32 S. u. 28 Bll. (5 Kr. Jos. Grünfeld, Wien, 1907; 6 Mk., Prgbd., Rich. Härtel, Dresden, 1909.)

Wiener Zs. 1838. Ltbl. Nr. 23; Wiener Jb. 1841. 96, 98. (Goedeke VII, 767, 100.)

Schebs, Reinhold, Maria. Drama in 3 Akten. (40 S.) 8. Bunzlau (910). (A. Appun.) 1.50

Schebs, Rhold., geknickte Staatsretter, s.: **Arbeiterbühne**.

Nordseebad Sanct-Peter u. Ording nebst Übersicht über die Wirkung und Gebrauchsweise der Nordseebäder v. Scheby-Buch. Garding. o. J. 8°

Scheby-Buch, Nordseebad Sanct-Peter u. Ording, nebst Übersicht üb. die Wirkung u. Gebrauchsweise der Nordseebäder. 12. (V, 103 S. m. Abbildgn. u. 1 Übersichtskarte.) Garding 892. H. Lühr & Dircks. Kart. n. 1.50

Schech Ebu Ishak el Farsi el Isztachri, das Buch der Länder, s. Schriften d. Akademie v. Ham. I. 2.

SCHECH, Eugen (Gündelhart): Beitrag zur Lehre von der Epididymitis und deren Behandlung.- München: Wolf 1882. 16 S.
25.7.1881 - Urk (Titel: De epididymitide deque eius curatione.): Chr 1881/82,7
Diss.Ingolst.-Landsh.-Mchn.

Schech, Pet., kurzer Unterricht über Betrachtung 2c., s. Koch, Jgn.

Schech, Philipp

Schech, Ph., die Erkrankungen der Nebenhöhlen der Nase und ihre Behandlung. Lex.-8. (19 S.) München 883, Rieger'sche Universitäts-Buchh. *
Aus: Festschrift, dem ärztlichen Verein München zur Feier seines 50jähr. Jubiläums gewidmet, besonders abgedruckt.

Schech, üb. Heiserkeit u. Stimmlosigkeit, s.: Mittheilungen u. Auszüge aus dem ärztl. Intelligenzblatt.

Schech, Phpp., d. Krankheiten d. Kehlkopfes u. der Luftröhre. Mit Einschluss d. Laryngoskopie u. local-therapeut. Technik f. prakt. Aerzte u. Studirende. gr. 8. (VIII, 283 S. m. 67 Abb.) Wien 897. F. Deuticke. n. 6. —

Schech, Philipp, die Krankheiten des Kehlkopfes u. der Luftröhre. Mit Einschluss der Laryngoskopie u. lokaltherapeut. Technik f. prakt. Aerzte u. Studierende 2., vollst. neubearb. u. verm. Aufl. (IX, 331 S. m. 89 Abb.) gr. 8. Wien 903. F. Deuticke. n. 7. —

— die Krankheiten der Mundhöhle, d. Rachens u. der Nase. Mit Einschluss der Rhinoskopie u. der local-therapeut. Technik f. prakt. Aerzte u. Studirende. Mit 5 Abbildgn. gr. 8. (VI, 242 S.) Wien 885. Toeplitz & Deuticke. n. 6. —

Schech, Ph., die Krankheiten der Mundhöhle, des Rachens u. der Nase. Mit Einschluss d. Rhinoskopie u. der local-therapeut. Technik f. prakt. Aerzte und Studirende. Mit 14 Abbildgn. 2., verm. Aufl. gr. 8. (IX, 324 S.) Wien 888. Deuticke. n. 7. —

Schech, Phpp. Die Krankheiten der Mundhöhle, d. Rachens u. der Nase. Mit Einschluss der Rhinoskopie u. der local-therapeut. Technik f. prakt. Aerzte u. Studirende. 3. verm. u. verb. Aufl. (IX, 356 S. m. 34 Abbildgn.) 890. * 7 —; geb. * 8 60; 4. neu bearb. Aufl. Lex.-8. (IX, 387 S. m. 41 Abbildgn.) Wien 892, Deuticke. * 8 —; geb. * 9 60

— d. Krankheiten d. Mundhöhle, d. Rachens u. d. Nase. M. Einschluss d. Rhinoskopie u d. local-therapeut. Technik f. prakt. Aerzte u. Studirende. 5., vollständig neu bearb. Aufl. gr. 8. (X, 421 S. m. 41 Abb.) Ebd. 896. n. 8. —; geb. n. 9. 60

Schech, Phpp., die Krankheiten der Mundhöhle, des Rachens u. der Nase. Mit Einschluss der Rhinoskopie u. der local-therapeut. Technik für prakt. Ärzte u. Studirende. 6. vollständig neu bearb. Aufl. Lex.-8. (XIII, 410 S. m. 45 Abb.) Wien 902. F. Deuticke. n. 9. —

— die Krankheiten der Nebenhöhlen d. Nase. 2. Aufl. [Aus: „Die Krankh. der Mundhöhle, des Rachens u. der Nase". 3. Aufl.] gr. 8. (V, 26 S.) Ebd. 890. n. — 75

— s.: Monatsschrift f. Ohrenheilkunde.

—— die Tuberkulose des Kehlkopfes und ihre Behandlung, s. Sammlung klinischer Vorträge.

Schecher, Karl Ludwig, Rechtspraktikant a. Speyer am Rhein: Die Errichtung von Eisenbahnen durch Privatunternehmer und die Bedingungen der Konzession. Speyer 1906: Jaeger. (76 S.) 8°
Würzburg, Jur. Fak., Ref. Piloty, Diss. v. 15. Dez. 1906
[Geb. 8. Aug. 83 Speyer; Wohnort: Speyer; Staatsangeh.: Bayern; Vorbildung: Gymn. Speyer Reife Juli 02; Studium: Kiel 1, München 6, Würzburg 1 S.; Rig. 29. Okt. 06.]

Schecher, Karl Ludw., Gewerbepolizeirecht des Deutschen Reiches. Systemat. Darstellg., auf der Grundlage von Max v. Seydel's Gewerbepolizeirecht neu bearb. (XI, 310 S.) gr. 8. Tübingen 910. J. C. B. Mohr. 5.—; geb. 6. —

Schechner, J., s. G. Andral, die Krankheiten des Unterleibes.

SCHECHNER, Joseph (München): De efficientia medicaminum in corpore humano aegrotante.- Passaviae: Ambrosi 1829. 39 S.
7.4.1827 - Urk (Titel: De temperamento.): F 59
Diss. Ingolst. - Landsh. - Mchn.

Schechner, Kurt, zur Kenntnis d. absteigend. Wasserstromes. (26 S.) gr. 8. Wien 909. A. Hölder. — 80
Sonderabdr. aus: „Sitzungsber. d. k. Akad. d. Wiss."

Schechner, Xav., unumstösslicher Nachweis, dass die Erde nicht um die Sonne herumgehe. 1. u. 2. Aufl. München 868. Gummi. br. 8. (36 S. mit eingedr. Holzschn.) 7½ ngr.

Schechtel, Wilhelm

Schechtel: Klopstock und Platen als Lyriker. Eine literarhistorische Parallele. 1. Abth. 20 S. – Lemberg, ak. G., Progr. 1855. 1856.

Programm, siebentes — des k. k. akademischen Staatsgymnasiums in Lemberg am Schlusse des Schuljahres 1856. Lemberg, 1856. Stauropigianische Instituts-Druckerei unter der Leitung des M. Dzikowski. (48 S. 4.)
Inhalt: Klopstock und Platen als Lyriker. Eine literarisch-historische Parallele. (Schluß.) Vom Gymnasiallehrer Wilhelm Schechtel. — Schulnachrichten.

Schechter, Salomon

Schechter, S., Aboth de Rabbi Nathan, hujus libri recensiones duas collatis variis apud bibliothecas et publicas et privatas codicibus ed., prooemium, notas, appendices indicesque addidit S. Schl (In hebr. Sprache.) gr. 8. (IV, XXXVI, 176 S.) Wien 887. Lippe. n. 5. —

Schechter, Salomon, der Chassidim. Eine Studie üb. jüd. Mystik. (100 S.) kl. 8. Berlin 904. Köln, Jüd. Verlag. n. 1. 50; geb. n. 2. 25

Schechter, S., Rabbi Eliah Wilna Gaon. Vortrag, geh. in der literar. Gesellschaft d. „Jews College" am 9. Febr. 1890. Uebers. v. Ign. Kaufmann [Kojctein]. 8. (24 S.) Wien 891. (Frankfurt a/M., J. Kauffmann.) n. — 80

Scheck . . . . s.a. Check . . .

Scheck u. Postscheck, s.: Miniatur-Bibliothek.

Scheck, A., die forstlichen Verhältnisse Kanadas, s.a. Berichte üb. Land- u. Forstwirtschaft im Auslande.

Die forstlichen Verhaltnisse Kanadas. Von A. **Scheck** in Montreal. Mit 1 Karte von Kanada. Berlin: Deutsche Landwirtschafts-Ges. 1906. (122 S.) 8°
= **Berichte** über Land- u. Forstwirtschaft im Auslande. Mitget. v. Ausw. Amt. Buchausg. St. 11. [06. 11330

Scheck, Adolphus [P. O. S. B.]: De fontibus Clementis Alexandrini. Augustae Vindelicorum, typ. Pfeifferianis, 1889; 60 S., 1 Bl. 8°
Augsburg, StA bei St. Stephan, P 1890 •

Scheck, F. (Hrsg.), s. Wochenblatt für Architekten und Ingenieure.

(Hrsg.), s. Wochenblatt für Baukunde.

[illegible]
Progr [illegible] 1891

Scheck, Hubertus (geb. am 15 Nov. 1828 in Liesborn Westf.): De voluminis in salibus solutis mutatione ... Bonnae, form. F. P. Lechneri 1851. 2 Bl., 27 S., 1 Bl., 1 Taf. 8.
Bonn, Phil. Fak., Diss. v. 7 Juni 1851

Scheck, J., deutsch-lateinisches Elementar-Büchlein zur Einleitung in das grammatische Studium beider Sprachen mit besond. Rücksicht auf die latein. Uebungsbücher von Spieß, Hottenrott und Schulz für die eingehenden Schüler der Sexta (Octava) bearb. gr. 8. (121 S.) Münster 858. Theissing'sche Buchh.

Scheck, M., 500 germanische Sprachstämme od. 1600 german. Vocabeln in der französ. Sprache, zusammengetragen u. alphabetisch geordnet. gr. 16. (III, 86 S.) Stuttgart 875. Maier. n. 1. —

Scheck, Rudolf

Scheck, R., Anleitung zur Ausführung u. Veranschlagung der Faschinenbauten. Für den Gebrauch auf der Baustelle u. zum Selbststudium. 8. (VIII, 148 S. m. 6 Steintaf.) Berlin 885. Polytechn. Buchh. n. 2. 75

Scheck, R., s.: Kalender f. Strassen- u. Wasserbau- u. Cultur-Ingenieure.

Scheck, R., s.: Kalender f. Wasser- u. Strassenbau- u. Kultur-Ingenieure.

— Kosten-Berechnungen f. Ingenieurbauten, s.: Osthoff, Geo.

— die Niederschlags- u. Abflussverhältnisse der Saale m. besond. Berücksicht. der Wasserstände. gr. 8. (VII, 50 S. m. 7 Taf.) Wiesbaden 893. J. F. Bergmann. Kart. n. 6. —

— Die Verbesserung der Vorflut in der unteren Oder, s.a. Verbands-Schriften des deutsch-österreich-ungar. Verbandes f. Binnenschiffahrt. Nr. 39.

Die Verbesserung der Vorfluth in der unteren Oder nach dem Gesetze vom 4. August 1904. Von [Rudolf] **Scheck**, Baurat in Stettin. Mit 1 Karte. Berlin-Grunewald: A. Troschel 1907. (12 S.) 8°
= Deutsch-Österr.-Ungar. Verband f. Binnenschiffahrt. **Verbands-Schriften**. N. F. No 39. [07. 4695

Scheck, Wilh[elm]. Uebersichtsplan der Gemeinde Binningen. [Massstab] 1:5000. Angefertigt und im Verlage von Wilh. Sch', ... Basel. 449/663 mm. 1 Bl. fol. Gebr. Lips, Lith. Basel, [1904]. fr. 2. 50

Schecke, Ad., (pseud.) s. Cipollini Dankschreiben.

Schecker, Carl, s. Schecker, Karl

Schecker, Georg [aus Goslar]: Ueber einige Umsetzungen aromatischer Korper . . . . Goettingen, Druck v. Louis Hofer, 1888; 18 + 1 S. 8°
Göttingen, Phil. Fak., Inaug.-Diss. v. 5. Dez. 1887

Schecker, G., über einige Umsetzungen aromatischer Körper. Inaug.-Diss. gr. 8. (43 S.) Göttingen 888. (Vandenhoeck & Ruprecht's Verl.) n. 1. —

Schecker, Karl

Schecker, Carl, Tagebuch, oder interessante Erfahrungen u. Erlebnisse eines Mecklenburg. Auswanderers auf seiner Reise v. Hamburg bis in den Amerikan. Staat Jowa Clayton County mit höchst belehrenden Berichten u. Bemerkungen über Amerikan. Sitten u. Einrichtungen. 8. (44 S.) Stavenhagen 852. (Neubrandenburg, Brünslow.) n. 1/6 ℛ

Scheckgesetz

— s.a. Gareis, K.

Das Scheckgesetz. (Gesetz vom 3. April 1906. RGBl. Nr. 84.) [Zeltner's Volksausgabe der Gesetze. Heft 3] 8°. (38 S.) † K 1.20
Wien: Lechner 1906.

Scheck-Gesetz vom 11. März 1908. Mit Erl. von d. Rechtsanw. Hans Krieger u. Paul Brede reck. Anh.: Die Vorschriften d. BGB. u. d. Handelsgesetzbuchs über Anweisungen. Berlin: R. Gahl (1908). (119 S.) 8° [F.] [08. 16323

Scheckgesetz. Vom 11. März 1908. Text-Ausg. mit Einl., Anm. u. Sachreg. v. Prof. Dr. Max Apt. Berlin: J. Guttentag 1908. (VI, 220 S.) 8° [F.]
= **Sammlung**, Guttentag'sche, Deutscher Reichsgesetze. No 85. [08. 8301

Scheckgesetz. Vom 11. März 1908. Textausg. u. mit erl. Anm. u. alphab. Sachreg. Hrsg. von Albert Henschel. Ger.Ass. 2. Abdr. Berlin: F. Vahlen 1908. (VIII, 145 S.) 8° [F.] [08. 9517

— das, vom 11. III. 1908, s.a. Meyer's Volksbücher.

Scheckgesetz, das, vom 11. III. 1908. Textausg. m. Einleitg., Anmerkgn., e. Anh. der bürgerlichrechtl. u. handelsrechtl. Vorschriften üb. die „Anweisgn." u. e. Sachregister. Von e. prakt. Juristen. (50 S.) 16. Leipzig, Bibliograph. Institut. 1909 —. 10.
Meyer's Volksbücher. 1544.

Das deutsche **Scheckgesetz**. Vom 11. März 1908. Erl. von Dr. Siegfried Buff. Stuttgart & Leipzig: Deutsche Verl.-Anst. 1908. (168 S.) 8° [F.]
(Sammlung von Handkommentaren deutscher Reichsgesetze.) (08. 10570

Das deutsche **Scheckgesetz** (v. 11. März 1908) u. seine Ergänzungen einschl. d. Entwurfs d. Bundesrats-Verordnung über d. Postscheckverkehr mit Einl. u. Komm. von Dr. jur. Ludwig Kuhlenbeck, Prof. Breslau & Leipzig: A. Langewort 1908. (V, 139 S.) 8° [F.] (08. 10601

Scheckgesetz, das neue deutsche, vom 1. III. 1908 m. ausführl. Erläutergn., giltig ab 1. IV. 1908, nebst den Bestimmgn. üb. den Postscheck. Einführung am 1. I. 1909. Amtl. Fassg. (64 S.) 16. Berlin 908. L. Schwarz. 1.20

Das ungarische Scheckgesetz Ungarischer Gesetz-Artikel LVIII vom Jahre 1908, über den Scheck.

Scheckverkehr und Scheckgesetz. Gutachten der Aeltesten der Kaufmannschaft von Berlin zum vorläufigen Entwurf eines Scheckgesetzes, unter gleichzeitiger Berücksichtigung des ausländischen Scheckverkehrs. Berlin, 2. September 1907.

Landw. Kreisausschuß von Oberfranken, Die Scheckviehzucht im Reg.-Bez. Oberfranken, ihr Werden und Wachsen und gegenwärtiger Standpunkt.
Festgabe zur 35. Wanderversammlung b. Landwirte.
Hof 1899

Scheda's, Jos. v., General-Karte der Balkan-Halbinsel. 1 : 864,000. Umarbeitung v. A. Steinhauser. Mit statist. Tabelle v. K. Peucker. Nach neuesten Materialien berichtigt, m. Höhenzahlen-, Strassen- u. Eisenbahn-Nachträgen versehen. Neueste polit. Eintheilg. Neue Ausg. 1891. 12 Bl. Farbendr. 10 Bl.: 40×52 cm. u. 2 Bl.: 52,5×52 cm. Nebst Plan v. Constantinopel. 1 : 28,800. Farbendr. 52,5×52 cm. Wien 891, Artaria u. Comp. * 16 —
Einzelne Bl. à * 1 80; schwarz * 14 —; einzelne Bl. à * 1 50
Aufzug der compl. Karte in Mappe ** 9 —; auf Stäben ** 11 50
Auf Rollen ** 16 50; in Etui ** 10 50
Plan von Constantinopel einzeln * 2 —

[Umschlagt.:] Jos. v. Scheda's General-Karte der Balkan-Halbinsel. 13 Bl. 1:864000. Umarb. v. A. Steinhauser. Nach neuesten Mater. bericht. u. vers. m. Höhenzahlen-, Strassen- u. Eisenb.-Nachträgen. Neueste polit. Einteilg u. statist. Tab. v. Dr. Karl Peucker. Wien: *Artaria & C. 1897.* (1 Ktnbl. „ in 13 Bl., 1 Uebersichtsbl., 1 Bl.) 1 Bd quer-gr. 2. 97 4538

Scheda's, Jos. Ritter v., General-Karte der Balkan-Länder, enthaltend die Königr. Rumänien und Serbien, Bosnien und die Herzegovina, sowie das Fürstenth. Montenegro, Bulgarien, Ost-Rumelien und die türk. Provinzen in Europa, nebst dem Plane von Constantinopel, und das ganze Königr. Griechenland. Von A. Steinhauser nach den neuesten officiellen Materialien gänzlich umgearb. 1880. Eisenbahn- und Grenz-Nachträge 1885. 1 : 864,000. 13 Bl. gr. Fol. Wien 886, Artaria und Comp. M 18.—; color. 21 —

Scheda, Jos., General-Karte v. Europa in 25 (lithochrom.) Blättern. Fol. Mit 2 Suppl.-Bl. (den Planen von London in Fol. u. v. Paris in Imp. Fol.) Wien 845—47. (Artaria & Co.) n. 20 ngr
— Mit der geognost. (lithochrom.) Karte v. Oesterreich n. 21 ngr

Scheda, Jos. Ritter v., General-Karte von Europa in 25 Blättern. 1 : 2,592,000. Neueste Aufl. mit besond. Berücksicht. der Eisenbahnen 1872. Revid. und nachgetragen bis 1877. Chromolithogr. Imp.-Fol. Wien 877, Artaria und Comp. 30 —
Mit Grenzcolorit * 44 —

Scheda, Jos. Ritter v., General-Karte von Europa in 25 Blättern. 1 : 2,592,000. Neue Aufl. mit Eisenbahnnachträgen 1881. Chromolithogr. qu. gr. Fol. Wien 881, Artaria und Comp. 30 —
Mit Colorit der Staatengrenzen 42 —

— Generalkarte von Griechenland und das aegäische Meer. Vier Blätter aus Scheda's General-Karte der Balkan-Halbinsel in dreizehn Blättern. Maßstab 1 : 864.000. Berichtigt, mit Höhenzahlen, Strassen, Eisenbahn-Nachträgen und der neuesten politischen Eintheilung von Dr. Karl Peucker. 1897. Chromolithogr. Grösse 93/106 *cm.* In Umschlag 3.—; aufgespannt m. Leinendeckel 5.—; aufgespannt zwischen Stäben 6.—
Wien: Artaria 1897.

Central-Europa. Grosse Generalkarte von, in 40 Blättern im Massst. von 1 : 576.000 von Oberst Ritter von Scheda. Wien. Artaria & Comp. Erschienen d. Bl. Mozyr; Kiew; Odessa; Galacz. Subscr.-Preis schwarz à 1 fl. 60 kr.; color. 1 fl. 95 kr. Aufgezogen 1 fl. 95 kr. u. 2 fl. 30 kr.

1869

Europa. Central-Europa, grosse Generalkarte von, in 40 Blättern im Massstab von 1 : 576000, von Oberst Ritter von Scheda. Ausser den bereits v. J. angezeigten 4 Blättern, neu erschienen die Bl.: Danzig, Posen, Warschau, Pinsk. Wien. Artaria & Comp. Subsc. Pr. schwarz à 1 fl. 60 kr., color. 1 fl. 95 kr.; aufgezogen 1 fl. 95 kr. u. 2 fl. 30 kr.

1870

General-Karte des österreichischen Kaiserstaates. Wien. 1856—1864. Folio.

Scheda, Jos. Ritter v., General-Karte der europäischen Türkei und des Königr. Griechenland. 1 : 864,000. 13 Bl. (incl. Plan von Constantinopel). Neue Ausg. von 1876 mit Nachtragung der Eisenbahnen. Chromolithogr. qu. gr. Fol. Wien, Artaria und Comp. 18 —
Einzelne Blätter à 2 —

Scheda, Jsf Ritter von, General-Karte von Central-Europa, in 47 Bll., im M. 1:576000, entw., gez. u. herausg. von J. Ritter von Scheda. Wien, 1871 ff. . . . . . (Br. Mus.)

Scheda's, Jos. Ritter v., Hand-Atlas der neuesten Geographie. Unter Mitwirkung von Ant. Steinhauser. 1. Liefg. Wien 869. Artaria & Co. Fol. (6 Blatt in Kpfrst. u. color.) n. 1 ℛ 18 ngr

Scheda's, Jos. Ritter v., Hand-Atlas der neuesten Geographie. Unter Mitwirkung von Ant. Steinhauser. 1. Abthl. Fol. (18 Karten.) Wien 869—78, Artaria und Comp. à Bl. 80 Pf. * 14 40

Scheda u. Steinhauser, Hand-Atlas der neuesten Geographie f. höhere Bildungs-Anstalten. Blatt 19—22. Kpfrst. u. color. gr. Fol. Wien 876. Artaria & Co. à n. — 80
19. Oesterreich unter u. ob der Enns, Salzburg, Steiermark, Kärnten, Krain, Görz m. Gradiska, Triest, Istrien. 1 : 1,000,000.
20. Tirol m. Vorarlberg. 1 : 1,000,000.
21. Böhmen, Mähren u. Schlesien. 1 : 1,000,000.
22. Galizien u. Lodomerien m. Krakau, Bukowina. 1:1,3000,000.

Scheda und Steinhauser, Hand-Atlas der neuesten Geographie für höhere Bildungs-Anstalten, nebst einem Anhange von Karten zur mathemat.-physikalischen Geographie von Ant. Steinhauser. 2 Abthlgn. 38 color. Bl. in Kpfrst. und Chromolithogr. Wien 876,77, Artaria und Comp. * 38 —
geb. * 44 —

Scheda u. Steinhauser, Hand-Atlas der neuesten Geographie für höhere Bildungs-Anstalten. 2. Abth. Mathematisch-phys. Geographie. Bl. 1 u. 3. Chromolith. Wien 879. Artaria & Co. à n. 1. 60
1. Himmelsplanigloben. — 3. Planetensystem.

Atlas, Scheda-Steinhauser's Handatlas, der neuesten Geographie. Ausgabe 1885. Nr. 8. Oesterr.-ungar. Reich. Nr. 12. Italien. Nr. 19. Erzherzogthum Oesterreich, Salzburg etc. Nr. 20. Tirol u. Vorarlberg. Nr. 21. Böhmen nebst Mähren u. Schlesien. Nr. 22. Galizien u. d. Bukowina. Nr. 23. Königreich Ungarn. Qu.-Folio. Wien, Artaria & Co. Gefalzt in 8. à 40 kr.

Scheda-Steinhauser's Hand-Atlas der neuesten Geographie. 1. Abthl. Bl. 4, 17, 18 und 22. Kpfrst. und color. qu. Fol. Wien, Artaria und Comp. à Bl. * — 80

Inhalt:

Bl. 4. Afrika. Ausg. 1885.
» 17. Europäisches Russland. Nördliches Bl. 1 : 6,000,000. Ausg. 1888.
» 18. —— dass. — Südliches Bl. 1 : 6,000,000. Ausg. 1888.
» 22. Galizien. 1 : 1,000,000. Ausg. 1886.

Scheda, J. Ritter v., Karte von Bosnien, Herzegowina und Albanien, nebst Serbien, Montenegro und Dalmatien. Fol. Wien 875, Artaria und Comp. 1 50

— geognostische Karte des Oesterreich. Kaiserstaates mit einem grossen Theile Deutschland's u. Italien. Hauptsächlich nach Hrn. Bergrath Haidinger's geognost. Karte dieses Staates bearb. Fol. Lithochrom. Ebd. 847. n. $1^2/_3$ ℳ

Scheda, J. von, Karte des griechisch-türkischen Kriegs-Schauplatzes. Blatt 9 aus Scheda's Balkanländer. 1 : 864.000. Nach neuesten Materialien berichtigt, mit Höhenzahlen, Strassen und Eisenbahn-Nachträgen, der neuesten politischen Eintheilung versehen von Dr. K. Peucker. 1897. Chromolithographie in 6fachem Farbendruck Grösse: 45/56 *cm* —.90

Wien: Artaria 1897.

Scheda, Joseph Ritter v., k. k. Oberst, Karte des österreichisch-ungarischen Reiches. Ausgabe 1873. (Ein Folio-Blatt in Schuber.) Wien 1873.

Scheda, Jos. Ritter v., Karte des oesterreichisch-ungarischen Reiches. 1 : 1,000,000 4 Bl. Fol. Wien 875. Artaria und Comp. 12 —

Scheda, Jos. Ritter v., Karte des österreichisch-ungarischen Reiches. 1. : 1,000,000. Ausg. 1879. 4 Bl. Kpfrst. und voll color. Imp.-Fol. Wien, Artaria und Comp. 12 —
Einfach color. 10 —

Scheda, Ritter v., Karte des österreichisch-ungarischen Reiches mit den Grenzen der Bezirkshauptmannschaften und Comitate. 1 : 1,000,000. 4 Bl. Ausg. 1883. Lithogr. und color. Imp.-Fol. Wien, Artaria und Comp. 12 —

Scheda, Jos. Ritter v., Karte des österreichisch-ungarischen Reiches. 1 : 1,000,000. 4 Bl. Ausg. 1885. Kpfrst. und color. Imp.-Fol. Wien 885, Artaria und Comp. 12 —

—— Karte der Türkei. 1 : 864,000. Bl. 2 und 5. (Ohne Terrain.) Lithogr. und color. Imp.-Fol. Ebendas. 878. à Bl. 1 —

—— Karte der Europäischen Türkei, nebst Theilen von Klein-Asien, Russland und das Schwarze Meer. 3 Bl. Kpfrst. und color. Imp.-Fol. Ebendas. 877.

Scheda, Karte von Wien mit seiner nächsten Umgebung. Detail-Karte zum Besuche der nächstgelegenen Ortschaften, sowie zu Ausflügen und Gebirgs-Partien für Touristen. 1 : 72,000. Neue revid. Aufl. mit Waldfarbenaufdr. Chromolithogr. qu. gr. Fol. Wien 882, Artaria und Comp. 2 —

Kriegsschauplatz zu Wasser u. zu Lande. Ganz neue Karte von Scheda u. Steinhauser. (Norddeutscher Bund, süddeutsche Staaten, Niederlande, Belgien, Frankreich bis Paris, Nordsee, Ostsee.) Folio. Wien, Artaria & Comp 1870 40 kr.

Scheda, J. — Leitfaden zum Gebrauche der Situations-Zeichnungs-Schule von — —. Mit einer Tafel zur Erklärung des Textes. 8. (42 S.) Wien. Mechitharisten-Buchdruckerei. Bei Artaria u. Komp. 1854.

Scheda, Jos. R. v., Orts- und Strassenkarte v. Oesterreich-Ungarn. Massstab 1 : 1,000.000. Ausgabe 1891. 4 gr. Blatt. Gesammtgrösse: 150 × 110 *cm*. Kupferstich mit Voll-Hand-Colorit 6.—
Auf Leinen in Mappe 9.—
„ „ mit Stäben 10.20
„ „ „ eleganten Rollen 14.—
„ „ in Etui 10.—

Wien: Artaria 1891.

Scheda, Jos. Ritter v. Orts- u. Strassenkarte d. österreichisch-ungarischen Reiches. 1 : 1,000,000. 4 Blatt. Kupferst. m. vollem Kolorit. (54×74 cm.) Wien 891, Artaria u. Comp. * 12 —
Nur m. Grenzkolorit * 10 —

[Umschlagt.:] Jos. v. Scheda's Plan von Constantinopel und Umgebung. Red. v. Dr. K[arl] Peucker. (Massstab: 1 Ctm. = 288 Meter.) *Wien: Artaria & C. 1897.* (1 Ktnbl. 2) 1 Bl 4. [97. 3474

(Scheda, Josf Ritter von, und **Steinhauser**). Das deutsche Reich nach dem Friedensschlusse 1871. Das deutsche Reich, Niederlande und Belgien nebst Theilen von Frankreich, der Schweiz ...... Wien 1871. . . . . (Br. Mo.)

— Situations-Zeichnungs-Schule. (In 4 Hftn.) 1. Hft. qu. Fol. (3 lith. u. 3 lithochrom. Bl.) Wien 852. (Sallmayer & Co.) baar n. $2^2/_3$ ℳ

Scheda, J. [illegible] von Wien. Farbendruck. Ein Folioblatt. (Ausgabe [illegible])

Scheda J., Wandkarte von Europa in Terraindruck. (stumm) In Mappe. Wien

— Wandkarte von Mittel-Europa in Terraindruck. (stumm) In Mappe. Wien

Wien mit seiner nächsten Umgebung. Detailkarte zum Besuche der nächstgelegenen Ortschaften, sowie zu Ausflügen u. Gebirgspartien für Touristen v. Jos. Scheda. 1′ = 1000°. Querfolio. Thonfarbendruck. Ebds. Gefalzt in kl. 8° 1 fl.

1882

[illegible]

1868

Scheda, Jul., Erläuterungen zur Gemeindeordnung. Hrsg. auf Veranlassung des hohen oberösterreich. Landesausschusses. Lex.-8. (XII, 448 S.) Linz 884, Fink. *

Scheda, Jul., Erläutergn. zur Gemeindeordnung. 2., verm. u. verb. Aufl., bearb. v. Vict. Kerbler. Hrsg. auf Veranlassg. d. hohen oberösterr. Landesausschusses. gr. 8. (XIII, 589 S.) Linz 896. W. Fink. n. 9. —

Scheda, J., das Heimatsrecht in den deutschen und nicht-ungarischen slavischen Ländern Oesterreichs. Ein praktisches Hilfsbuch für Unterbehörden und Gemeinden. Wels 861 Haas. gr. 8. (VIII, 87 S.) 9 ngr

Scheda, Jul., Spezial-Entscheidungen in Gemeinde-Angelegenheiten. 2. Aufl. Linz 868. Dauner'sche Buchh. gr. 8. (IV, 311 S.) 25 ngr.

Scheda, Kurt, aus Posen: **Einwirkungsproducte von Pyridin** und Trimethylamin, Chinolin und Isochinolin auf Bromacetanilid und Bromacetophenon. *Marburg 1899: G. Schade in Berlin.* (63 S.) 8°
Marburg, Phil. Diss. v. [8. Febr.] 1900

Schedae criticae. De Pleiade tragicorum Graecorum, edid. A. Ferd. Naeke. 4. Halae, Schimmelpfennig. 812.

Schedae [illegible] *Austro-Hungaricam* [illegible] Frick [illegible] 2.80

Schedae ad floram exsiccatum austro-hungaricam. Opus ab A. Kerner creatum cura musei botanici universitatis Vindobonensis editum. VIII. Auctore C. Fritsch. gr. 8. (IV, 121 S. m. 1 Taf.) Wien 899. (W. Frick.) n. 2. 80
I—VII unt. d. Titel: Kerner, Ritter v. Marilaun, A., schedae etc. Ebd. 881—896. n 20. —

Schedae ad floram exsiccatam austro-hungaricam. Opus ab A. Kerner creatum cura musei botanici universitatis Vindobonensis editum. IX. Auctore C. Fritsch. (IV, 152 S.) gr. 8. Wien 902. (W. Frick.) n. 2. 80 (I—IX: n. 25. 60)

Schedae ad „Kryptogamas exsiccatas", editae a Museo Palatino Vindobonensi. Centuria I. Unter Mitwirkg. v. J. A. Bäumler, J. Baumgartner, G. v. Beck etc. hrsg. v. der botan. Abtheilg. des k. k. naturhistor. Hofmuseums in Wien. [Aus: „Annalen des k. k. naturhistor. Hofmuseums".] Lex.-8. (24 S. m. 2 Taf.) Wien 894. A. Hölder. n. 3. —

Schedae ad „**Kryptogamas exsiccatas**", editae a Museo Palatino Vindobonensi. Auctoribus G. Beck et A. Zahlbruckner. Centuria II et III. Unt. Mitwirkung v. J. A. Bäumler, J. Baumgartner, G. v. Beck etc. hrsg. v. d. botan. Abtheilg. d. k. k. naturhistor. Hofmuseums in Wien. [Aus: „Annalen d. k. k. naturhistor. Hofmuseums".] gr. 8. (21 u. 24 S.) Wien 896. 98. A. Hölder. à n. 1. — (I. u. III.: n. 5. —)

Schedae ad „Kryptogamas exsiccatas". Centuria IV. Herausgegeben von der Botanischen Abtheilung des k. k. naturhistorischen Hofmuseums in Wien. Auctoribus Dre. G. de Beck et Dre. A. Zahlbruckner. (Mit 3 Abbildungen im Texte.) (Annalen des k. k. naturhistorischen Hofmuseums. Separatabdruck aus Bd. XIII, Heft 4.) Wien. 1899. [In Comm.] Hölder. Lex.-8°. Paginirt S. 444—472. fl. —.70

— dasselbe. Auctore A. Zahlbruckner. Centuria V—VI. Unter Mitwirkung v. F. Arnold, F. A. Artaria, J. A. Bäumler etc. hrsg. v. der botan. Abtheilg. des k. k. naturhistor. Hofmuseums in Wien. Lex.-8. (S. 169—215.) Ebd. 900. n. 2. —

— dasselbe. Centuria VII. Hrsg. v. der botan. Abtheilg. des k. k. naturhistor. Hofmuseums in Wien. Auctore A. Zahlbruckner. Lex.-8. (S. 63—90.) Ebd. 901. n. 1. 20
3 Sonderabdr. aus: „Annalen d. k. k. naturh. Hofmuseums".

— ad „Kryptogamas exsiccatas" editae a Museo Palatino Vindobonensi. Centuria VIII et IX. Lex.-8. Wien (A. Hölder). n. 2. 60
VIII. Hrsg. v. der botan. Abtheilg. des k. k. naturhistor. Hofmuseums in Wien. Auctore A. Zahlbruckner. (S. 257 bis 281.) 902. n. 1. 20
IX. Unter Mitwirkg. v. F. A. Artaria, J. A. Bäumler, E. Bauer u. a. hrsg. v. der botan. Abteilg. des k. k. naturhistor. Hofmuseums in Wien. Auctore A. Zahlbruckner. (S. 349—375.) 903. n. 1. 40 (I—IX.: 12. 20)
Sonderabdrucke a.: „Annalen d. k. k. naturhist. Hofmuseums".

— philologae. Hermanno Usener a sodalibus seminarii regii Bonnensis oblatae. gr. 8. (V, 145 S.) Bonn 891. F. Cohen. n. 3. —

— zu Töpffer, Salicetum exsiccatum. Fasc. 1. Nr. 1—50. (24 S.) Lex.-8. München 906. V. Höfling. n.n. 1. 50

Schede. — Herrn Carl Chr. S. Schede. Adjunct der Ephorie und Pfarrer zu Friessnitz, beim Antritt seines 51. Amtsjahres gewidmet von sämmtlichen Mitgliedern der Loge Archimedes z. e. Bunde in Gera. Den 20. März 1836. 4. 2 Bl.

Schede, Carl Hermann, s. Schede, Karl Hermann

Schede, Christian Adam (Dresden) A. S. 344/4

Apospasmation historico-philologicum de coronis convivalibus veterum. Präs. Friedrich Gotthilff Freytag. Leipzig (Titius) 27. II. 1712. 36 S. 30057

Schede, Franz, Medizinalpraktikant a. Magdeburg: Ueber einen Fall von Miliartuberkulose, ausgehend von einem Solitärtuberkel des Herzens. (Mit e. Abb.) München 1905: C. Wolf & Sohn. (24 S., 1 Taf.) 8°
München, Med. Fak., Ref. v. Bollinger, Diss. v. 1. Okt. 1906
[Geb. 9. Juli 82 Magdeburg; Wohnort: Magdeburg; Staatsangeh.: Preußen; Vorbildung: Wilhelms-Gymn. Magdeburg Reife O. 00; Studium: Heidelberg 1, Berlin 1, München 1, Kiel 1, München 6 S.; Coll. 1. Okt. 06; Approb. 8. Mai 06.]

Schede, Gust., sechzehn Predigten vor Landgemeinden gehalten, u. zu häusl. Erbauu. f. Landleute. gr. 8. (11 B.) Gera 836, [Kanitz.]

Schede, Gust., sechzehn Predigten, vor Landgemeinden gehalten und zu häuslicher Erbauung für Landleute zum Drucke befördert. gr. 8. Gera 836. Scherbarth. 5/8 ₰

Schede, Gust., Was haben wir zu urtheilen über das Bemühen Vieler jetzt, in Sachen des Glaubens genau das wieder zur Geltung zu bringen, was vor 300 Jahren galt? Predigt am Reformationsfeste 1854 in einer städtischen Gemeinde gehalten. gr. 8. (10 S.) Weida 854, Huth's Buchh.

Schede, Jul., Predigt bei der Gustav-Adolphs-Feier in Cunitz am 28. Juni 1863 gehalten. Jena, Cröker in Comm. 8. (15 S.) 2½ ngr

Schede, Karl Hermann

Schede, Carl Herm., das Grundprincip der Reformation. Sendschreiben an Herrn Prediger Jonas zu Berlin betreffend die „Erklärung" vom 15. Aug. ꝛc. gr. 8. Berlin 845, Schroeder. n. 1/6 ₰

Schede, Martin: Simaornamentik. Entwicklung der Anthemien- und Rankenmotive bis zum IV. Jahrhundert v. Chr. Strassburg 1909: Heitz. IV, 83 S. 4°(8°) ¶(Ersch. vollst. u. d. T.: Antikes Traufleisten-Ornament, als: Zur Kunstgeschichte d. Auslandes. H. 67.)
Leipzig, Phil. Diss. v. 28. Jan. 1909, Ref. Studniczka, Schreiber
[Geb. 20. Okt. 83 Magdeburg; Wohnort: Magdeburg; Staatsangeh.: Preußen; Vorbildung: König-Wilhelms-Gymn. Magdeburg Reife O. 03; Studium: München 2, Heidelberg 1, Berlin 2, Leipzig 6 S.; Rig. 18. Jan. 08.]
[U 09. 3055

Schede, Mart., antikes Traufleisten-Ornament, s. a. Zur Kunstgeschichte des Auslandes. 67. Heft.

Antikes Traufleisten-Ornament. Von Martin Schede. Mit 12 Lichtdrucktaf. Strassburg: Heitz 1909. X, 115 S. 4°(8°)
(Zur Kunstgeschichte d. Auslandes. H. 67.) [09. 6119

Schede, Max

Schede, M., Allgemeines über Amputationen und Exarticulationen, s. Handbuch der allgemeinen und speciellen Chirurgie.

Schede, M., die Behandlung der Empyeme. [Aus: „Verhandlgn. des 9. Congresses f. innere Medicin".] gr. 8. (S. 41—100 m. 2 Taf.) Wiesbaden 890. Bergmann. n. 2. 40

Schede, Max, s.: Chirurgie des Unterleibes.

— meine Erfahrungen üb. Nierenexstirpationen. [Aus: „Festschrift zur Eröffnung d. Krankenhauses".] gr. 8. (45 S.) Hamburg 889. Mauke Söhne. n. 2. —

Schede, Max, über partielle Fussamputationen, s. Sammlung klinischer Vorträge.

Schede, M., üb. d. Gebrauch d. versenkten Drahtnaht bei Laparotomien u. bei Unterleibsbrüchen. [Aus: „Festschrift f. Fr. v. Esmarch".] gr. 8. (18 S.) Kiel 893. Lipsius & Tischer. n. — 60

—— über den Gebrauch des scharfen Löffels bei der Behandlung von Geschwüren. gr. 8. (66 S. mit 1 Holzschntaf.) Halle 872, Lippert'sche Buchh. *

—— über Hand- und Fingerverletzungen, s. Sammlung klinischer Vorträge.

— die angeborene Luxation des Hüftgelenkes, s. a. Fortschritte auf dem Gebiete der Röntgenstrahlen.

Die angeborene Luxation des Hüftgelenkes von Geh. Med.-Rat Dr. Max Schede, Prof., Bonn. Mit 44 Röntgenbild. auf 8 Taf. *Hamburg: L. Graefe & Sillem 1900.* (26 S.) 4°
= Atlas d. normalen u. pathol. Anat. in typischen Röntgenbildern. [3]
= Fortschritte auf d. Geb. d. Röntgenstrahlen. Erg.H. 3. [-o 5168

Schede, Max, s. Mittheilungen aus der chirurgischen Abtheilung des Berliner städt. Krankenhauses in Friedrichshain.

Schede, Maximilianus: De resectione articulationis coxae. Halis Saxonum (1866): Ploetz. 46 S. 8°
Halle-Wittenberg, Med. Diss., nachgeliefert von dem am 9. Juni 1866 auf Thesen promovierten Verf.
Geb. Arnsberg (Westf.) 7. 1. 1844. V.

Schede, Maximilianus: Symbolae ad Helcologiam. Halis Saxonum [1872] Karras. 53 S. 8°
Halle-Wittenberg, Med. Hab.-Schr. v. 10. Aug. [1872]
Deutsche Bearb. ersch. u. d. T.: Über den Gebrauch d. scharfen Löffels bei der Behandlung von Geschwüren. Halle: Lippert 1872. 66 S.

Schede, Maximilianus: Theses, loco dissertationis de resectione articulationis coxae mox edendae. Halis Saxonum (1866): Ploetz. 2 Bl. 8°
Halle-Wittenberg, Med. Thesen v. 9. Juni 1866

Schede, M., die antiseptische Wundbehandlung m. Sublimat, s.: Sammlung klinischer Vorträge.

Schede, Melchior Heinrich A. S. 293/47

Dissertatio juridica, de obligationibus in genere, et causis, ex quibus jure civili obligatio nascitur.
Präs. Wilhelm Ludwell.
Altdorf (Hagen) o. J. 38 Bl. 30063

Schede, Mor., Rechtfertigung d. Wasserheilkunde mit besond. Beziehung auf d. Antihydriasis d. Hrn. C. Nasse. gr. 8. (2½ B.) Sondershausen 833, Eupel.

Schede, Paul

Schede Melissus, Paul, Psalmenübersetzung, s. a. Neudrucke deutscher Litteraturwerke d. XVI. u. XVII. Jahrh., Nr. 144–148.

Die Psalmenübersetzung des Paul Schede Melissus '(1572)'. Hrsg. v. Max Hermann Jellinek. *Halle a. S.: M. Niemeyer 1896.* (2 Bl., CLIX, 203 S.) 1 Bd 8.
= Neudrucke deutscher Litteraturwerke d. XVI. u. XVII. Jhs. No 144–148. [96. 9160

Schede, R. C. H., über die Gesangesnoth in der Evangelischen Kirche. Ein Vortrag auf Veranstaltung des Evangel. Vereins f. kirchl. Zwecke am 22. März 1852 gehalten. [Aus der Evang. Kirchenzeitung abgedr.] gr. 8. (32 S.) Berlin 852, W. Schultze. 6 ngl

Schede, Melissus Paul, s. Schede, Paul

Schedel, A. R., Fragstücke üb. d. Katechismus Lutheri. 8. Nürnb. Endter. Schreibp.

Schedel, Adam Rudolph (Nürnberg) Altd. Thl. 17/5

Chrysostomus ergodioctes sextus h. e. theologiae pastoralis monita. Präs. Johann Balthasar Bernhold.
Altdorf (Meyer) 22. III. 1730. 16 S.

W. v.: Präs. 30066

Schedel, Adam Rudolph (Nürnberg) Altd. Phs. 41/12

Cogitationes philosophicae circa convenientiam fidei et rationis de necessitate revelationis.
Präs. Johann Wilhelm Golling.
Altdorf (Kohles) 31. III. 1732. 18 S.

W. v.: Präs. 30067

Schedel C., Bemerkgn. u. Beobachtungn. üb. Afterkrystalle. 1857. —.50

Schedel, C. F. B., Anweisung z. Destillirkunst u. Liqueurfabrication, s. a. Schauplatz, neuer, d. Künste, 24. Bd.

Schedel, C. F. B., Anweis. z. Destillirung u. Likörfabrikation nach ihrem ganzen Standpunkte rc. 8. Ilmenau 826. Voigt. 12 gl

Schedel, C. F. B., praktische u. bewährte Anweisung zur Destillirkunst u. Likörfabrikation. Nach ihr. neuesten Standpunkte. Nebst den besten Vorschriften zur Verfertigung mehrerer wohlriechender Wasser. 2e sehr verm. Aufl. 8. Ilmenau 833. Voigt. ½ rf (Vergl. Schauplatz der Künste u. H. 24r Bd.)

Schedel C F B, die Destillierkunst und Likörfabrikation. 5. 7. 9. und 10. Auflage. (Schauplatz der Künste und Handwerke 24) Weimar 1862-94

Schedel-Kreplin, Prakt. u. bewährte Anweisung zur Destillirkunst u. zur Fabrikation der Liköre und Aquavite etc. 6. Aufl. Mit 1 Tfl. Abbild. Weimar 1865. 8°.

Schedel: Anweisung zur Destillierkunst und zur Fabrikation der Liqueure und Aquavite. 7. Aufl. von N. Graeger. Weimar. 1871.

Schedel, C. F. B: Praktische und bewährteste Anweisung zur Destillirkunst. Hrsg. von A. Graeger. 8. Aufl. Weimar 1874

SCHEDEL, C. F. B.
Destillierkunst. Ein Lehr- und Handbuch für Likörfabrikation und verwandte Industriezweige. Neunte Auflage. Weimar, 1879. 8vo. Ill.

Schedel's, C. F. B., Destillierkunst. Ein Lehr- u. Handbuch f. Likörfabrikation u. verwandte Industriezweige. 10. Aufl., in vollständ. Neubearbeitg. hrsg. v. K. Freiberg. Mit 26 eingedr. Abbildgn. u. e. Anh., enth. 9 f. den Likörfabrikanten wicht. Tab. 8. (XII, 402 S.) Weimar 894. B. F. Voigt. 6. —

Schedel, F. J., Physiologia pulsus. 8 maj. (9¼ B.) Pesthini 829. (Berolini, Oehmigke.)

Schedels, Hartmann, Weltchronik, s. Loga, Valerian von.

Schedel, Henri Edward

Schedel, H. E., practische Darstellung d. Hautkrankheiten ꝛc., s.a. Handbibliothek, klinische, 2. Bd.

Schedel, H(enri) E(dward): Practische Darstellung der Hautkrankheiten nach den geachtetsten Schriftstellern, vorzüglich aber nach den, in der Clinik des Herrn Dr.Biett...gesammelten Beobachtungen und Erfahrungen. (Abrégé des maladies de la peau d'après les auteurs les plus éstimés, et surtout d'après des documens puisés dans les leçons cliniques de M.le docteur (Laurent Théodore) Biett. Dt.) Weimar: 1829

s.: Cazenave, (Pierre Louis) A(lphée)

JB 4.703

Schedel, H. E., die Hautkrankheiten, s. klinische Hand-Bibliothek 2r Bd.

Beiträge zur Kenntnis der Wirkung des Chlorbariums besonders als Herzmittel. Von Dr. H[ermann] Schedel, Bad Nauheim. Mit e. Vorw. von Prof. Dr. R[udolf] Kobert. Mit 15 Fig. u. 1 Farbentaf. *Stuttgart: F. Enke 1903.* (VIII, 108 S.) 8° [03. 9004

Schedel's, Herm., Briefwechsel, s.a. Bibliothek des litterar. Vereins in Stuttgart, Nr. 196.

Schedel Hermann, Briefwechsel (1452–1478). Hrsg. von Paul Joachimsohn. Tübingen 1893. = Bibliothek des Litterar. Vereins. 196.

— die Strophanthus-Frage, s.a. Gilg, E.

Schedel, J., s.: Studien üb. Regeneration der Gewebe.

Schedel, J. G. C., s. G. Fr. C. Günther, Abriß d. allgem. Geschichte.

Schedel, Joh. Christ., Analekten, Abhdl. u. Nachr. für Kaufleute. 2 Bde. 8. Kopenhagen, Brummer. 801.

— Annalen d. Handels, Schifffahrt u. Gewerbe. 1r Bd. 8. Münster, Platvoet. 793.

— s. Anquetil: Ostindien.

— Archiv f. die Zirkel nützl. Wirksamkeit unter d. Menschen; od. Beitr. z. Kenntn. d. Handels, d. Schifffahrt ꝛc. 1r Bd. gr. 8. Münst. 803. Waldeck 1 Rthlr. (Sbeyssing das.) Hbg. Pr. 16 gr.

— s.a. Buch f. die Handlung.

(Schedel, Johann Christian): „Das Buch für die Handlung, oder neue Sammlung von Aufsätzen zur Aufklärung der Handelswissenschaft, Waaren- und Wechselkunde, wie auch des Münzwesens und der Handels-Usagen überhaupt", Frankfurt und Leipzig 1789.

— das Buch für die Handlung. 8. Stuttgart, Metzler. 789.

— allgem. Chronikon f. Handl., Künste u. Manufakturen. 3 Hefte. gr. 8. Zwickau, Schumann. 798.

Schedel, Joh. Christ. (Hrsg.), s.a. Ephemeriden der Handlung, oder Beyträge ...

— Ephemeriden d. Handlung od. Beytr. und Versuche für Kaufleute. 1r Bd. in 11 Heften. gr. 8. Lübeck, Donatius. (Niemann u. R.) 784.

— Ephemeriden f. d. Naturkunde, Oekonomie, Handl. Künste und Gewerbe von 1795–96. 4 Quartale. 8. Leipzig, Reinicke. (à 2 Rthlr. d. Jahrg.)

Schedel, J. C. (Hrsg.), s.a. Gegenstände, Über, der Staatswirthschaft und Handlung.

— üb. Gegenstände d. Staatswirthschaft u. Handlung. 8. Hannov. 787. Helwing. 12 gr.

— d. Geist d. Handlung. 8. Flensburg, Korte. (Christiani in Schleswig.) 789.

— neu entworfenes Gemälde v. Ostindien. 1r Thl. gr. 8. Leipz. 802. Voß. 1 Rthlr. 8 gr.

— s.a. Handbuch, Histor., f. Kaufleute.

* Schedel, J. Chr., histor. Handbuch f. Kaufleute, od. darstellende Gemälde d. Handlung u. des Verkehrs, die jetzt Europa mit den übrigen Welttheilen unterhält. gr. 8. Leipz. Dyk. 793.

Schedel, Johann Christian: „Handbuch der kaufmännischen Jurisprudenz, oder Beyträge zur Kenntnis einheimischer, wie auch auswärtiger Handlungsrechte, Gesetze und Gebräuche, die den Kaufmann interessiren", 2 Teile in 2 Bänden, Leipzig 1793, 1795.

— Handbuch d. kaufm. Jurisprudenz. 2 Thle. gr. 8. Lpz. Baumgärtner. 793–95. (à 1 Rthlr.)

Schedel, J. Chr.: Neues und vollständiges Handbuch für Weinhändler, Kommissionäre, Speditörs und alle Weinliebhaber überhaupt, oder zuverlässige Nachrichten von allen inn- und ausländischen Weinen, wie solche beschaffen sind, wie man sie am vortheilhaftesten beziehen muß, und auf was für Art und Weise sie zubereitet, gepflegt, behandelt und veredelt werden müssen. Leipzig: Böhme 1790. 324 S. -- 16°. Frei 100°

— neues u. vollständ. Handbuch f. Weinhändler, Commissionaire ꝛc. 8. Leipz. 790. (Knobloch). 18 gr.

— neuestes Handbuch d. Literat. u. Bibliographie f. Kaufleute. gr. 8. Leipz. 796. Baumgärtner. 8 gr.

Schedel, J. Ch.: Handb. d. kaufmänn. Rechtskunde, od.: neue u. zweckmäss. Samml. v. Verordnn., Vorschr. d. Gesetze u. Usanzen, die d. Kaufm. b. Streitfällen u. Rechtshändeln, so wie auch in Geschäften m. and. überh. z. Regel s. Verfahrens dienen. *Lpz.*, Baumgärtner. 793—95. 2 Bde. 8. (2 Thl.)

— die Handlung nach ihrer Beziehung aufs Münzwesen. 8. Lpz. Reinicke. (Hinrichs.) 796.

— allgem. Handlungsalmanach auf 1796. Mit Kpf. 8. Leipz. (795.) Baumgärtner. 1 Rthlr.

— natürl., ökonom. u. Handlungsgeschichte der Baumwolle. 8. Leipz. 796. (Brockhaus). 18 gr.

— natürl., ökonom. und Handl.-Geschichte d. Baumwolle. 8. Lpz. Gleditsch. 796.

— s.a. Journal, Allgem., für Handlung, Schiffahrt ...

— allgemeines Journal f. die Handlung, od. gemeinnütz. Aufsätze ꝛc. 3 Bde à 6 Stcke. 8. Schwer. 785—88. Bödner. 4 Rthlr. 12 gr.

Schedel, Jh. Chr., neues allgem. Journal f. die Handlung. 2 Stcke. 8. Frankf. a. M. 788, 89. Andreä 1 Rthlr. 8 gr.

Schedel, Johann Christian (Herausgeber): „Der allgemeine und besondere deutsche Kaufmann, oder gemeinnützige Beyträge zur Kenntnis des Handels überhaupt", Band 1, Gotha 1786 (Ettinger).

— d. Kaufmann auf Reisen, od. Briefe und Nachrichten, d. d. inländ. und auswärt. Handel betreffen. 8. Leipz. Weygand. 784.

— allg. Commerzmerkur, od. Analekten, Abhandl. und Nachr. für Kaufleute. 3 Bde. gr. 8. Nürnberg, Weigel. 790. 91.

— Comtoirblatt, eine kaufmännische Wochenschrift. 2 Quartale, als Fortsetzung v. Sinapius Blätter. 8. Hamburg, Matthießen. 783.

(Schedel, Johann Christian): „Lesebuch gemeinnütziger Kenntnisse für Kaufleute, Fabrikanten und Manufacturisten", Ronneb. und Leipzig 1801.

— neues und vollst. geogr. Lexikon f. Kaufleute u. Geschäftsmänner ꝛc. 3 Bde. gr. 8. Leipzig, Schwickert. 802—4. (à 3 Rthlr.)

— s. Ludovici, K. G.: Akademie.

— Magazin f. d. Handlung, od. Nachr. u. Versuche d. den Handel d. Völker und Länder betreffen. gr. 8. Lpz. Crusius. (F. C. W. Vogel.) 783.

— Magazin f. den Philosophen, Naturforscher, Kaufmann u. Oekonom. 16 Stck 8. Magdeb. 786. Creutz. 12 gℊ (Erschien auch 1790 ohne d. Verf. Namen u. d. T.: kl. Reisen durch merkwürd. Gegenden d. südl. Frankreichs).

— Memorial f. Kaufleute. gr. 8. Lpz. 796. (Brockhaus). 1 ℛ 6 gℊ

Schedel, J. C.: „Memorial für Kaufleute, oder Sammlung von neuen Beiträgen zur Geschichte des Handels, der Fabriken und Manufakturen in und außer Deutschland", Leipzig 1796 (Gleditsch).

— neues u. vollständ. geograph. Realwörterbuch für Kaufleute u. Geschäftsmänner. 3 Bde. (3r Bd. vollendet von J. Chr. Gräße). gr. 8. Leipz. 802—4. Schwickert. 9 ℛ

— prakt. Tabellen u. Nachrr. f. Kaufleute, die mit Nordamerika u. England handeln wollen. 8. Zwickau 798. Schumann. 6 gℊ

— Taschenwörterbuch d. Waarenkunde. 2 Thle. gr. 8. Lpz. Voß.

Schedel's, J. C., allgemeines Waaren-Lexicon für Kaufleute, Fabrikanten u. Geschäftsleute überhaupt. 6. verm. u. verb. Aufl. Unter Mitwirkung von A. B. Reichenbach u. Rud. Wagner hrsg. von Friedr. Geo. Wieck. 10 Lfgn. Lex. 8. (1. Bd. IV u. 523 S. 2. Bd. IV u. 596 S.) Leipzig 850. 51, Hinrichs. (à 1/2 ℛ) 5 ℛ

Schedel's, J. C., allgemeines Waaren-Lexicon für Kaufleute, Fabrikanten und Geschäftsleute überhaupt. 6., verm. und verb. Aufl. Unter Mitwirkung von A. B. Reichenbach und Rud. Wagner hrsg. von Friedr. Geo. Wieck. 3 Bde. Lex.-8. (XI und 1419 S.) Leipzig 863, Hinrichs'sche Verlagsh.

Schedel, Johann Christian: „Neues und vollständiges Waaren-Lexikon, worinnen alle und jede im deutschen und fremden Handel gangbare Artikel . . . . . deutlich und bestimmt beschrieben sind . . . .", 2 Teile in 2 Bänden, Weissenburg in Franken und Offenbach a. M. 1789—1791.

Dasselbe, 3. durchaus umgearbeitete, verbesserte und mit Zusätzen und neuen Artikeln vermehrte Auflage, 2 Teile in 2 Bänden, Offenbach a. M. 1800. 1801.

— 4. Auflage, 2 Teile in 2 Bänden, Offenbach a. M. 1814.

Dasselbe, 5. ganz umgearbeitete und verb. Auflage, in Verbindung mit mehreren anderen, herausgegeben von O. L. Erdmann, 2 Bände, Leipzig 1833—1835.

Ergänzungsheft dazu, bearbeitet von C. G. Flügel, auch u. d. T.: „Das Neueste und Wissenswertheste aus der Waarenkunde seit den letzten 8 Jahren in alphabetischer Ordnung dargestellt", Leipzig 1842.

— Dasselbe, 6. verm. und verb. Auflage, unter Mitwirkung von A. B. Reichenbach und Rudolf Wagner, herausgegeben von Friedrich Georg Wieck, u. d. T.: „Allgemeines Waaren-Lexicon für Kaufleute, Fabrikanten und Geschäftsleute überhaupt", 3 Bände (3. Band enthaltend „Die neuesten Fortschritte der Waarenkunde", herausgegeben von G. S. Heppe), Leipzig 1863.

— neues u. vollständ. allgem. Waarenlexicon ꝛc. 2 Thle. gr. 8. Offenbach 790, 91. 2e A. 797. 3e A. 800. 4e von J. H. M. Poppe verm. Aufl. 814. Brede. 5 ℛ 12 gℊ (Hinrichs in Leipz.) 4 ℛ 12 gℊ

— neues vollständ. allgem. Waarenlexicon ꝛc. 2 Bde. 4e Ausg. gr. 8. Offenbach 805, jetzt Hinrichs in Leipz. u. d. Pr.

Schedel, Joh. Christn., neues u. vollständ. allgem. Waaren-Lexicon, od. deutl. Beschreib. aller rohen u. verarbeit. Producte, Kunsterzeugnisse u. Handelsartikel. Zunächst f. Kaufleute, Commissionäre, Fabrikanten, Mäkler u. Geschäftsleute; aber auch f. jeden andern, der in d. Waarenkunde unterrichtet seyn will. Neue, bis 1830 fortgeführte Ausg. d. 4. Aufl. v. J. H. M. Poppe. 2 Thle. gr. 8. (83 B.) Leipzig 830, Hinrichs.
Zusätze u. Berichtigungen f. d. Besitzer d. 4. Aufl. apart. 12 Gr.

—— (dass. u. d. etwas veränd. T.:) vollständ. allgem. Waaren-Lexikon f. Kaufleute, Commissionäre, Fabrikanten, Mäkler u. Geschäftsleute, so wie f. alle, welche sich in d. Waarenkunde unterrichten wollen. 5., ganz umgearb. u. verbess. Aufl., in Verbind. mit Mehr. hrsg. v. Otto Linné Erdmann. 2 Bde. (od. 8 Lfgn.) gr. 8. (95 B.) Leipzig 833—35, Hinrichs. 5 Thlr. 8 Gr., Schrbp. Thlr.

Schedel, J. C., vollständ. allgem. Waaren-Lexikon f. Kaufleute, Commissionäre, Fabrikanten ꝛc. 5., ganz umgearb. u. verb. Aufl., in Verbind. mit Mehreren hrsg. v. Otto Linné Erdmann. — Ergänzhft. (od. 9. Lfg.) — A. u. d. T.: das Neueste u. Wissenswertheste aus d. Waarenkunde seit d. letzten acht Jahren. In alphabet. Ordn. dargest. v. Chr. Gtl. Flügel. gr. 8. (9 3/4 B.) Leipzig 841, Hinrichssche Bh. 16 Gr., Schrbp. Thlr.
2 Bde. od. 1—8. Lfg. Ebendas. 1833—35. 5 Thlr. 8 Gr., Schrbp. 7 Thlr.

Schedel's, J. C., vollständiges allgemeines Waaren-Lexikon für Kaufleute, Commissionäre, Fabrikanten, Mäkler u. Geschäftsleute, so wie für alle, welche sich in der Waarenkunde unterrichten wollen. 5. ganz umgearbeitete und verb. Aufl., in Verbindung mit Mehreren herausgeg. von Otto Linné Erdmann. — Ergänzungsheft (oder 9. Liefg.) — A. u. d. T.: das Neueste und Wissenswertheste aus der Waarenkunde seit den letzten acht Jahren. In alphabet. Ordnung dargestellt von Chr. Gottl. Flügel. gr. 8. Leipzig 842, Hinrichs'sche Buchh. 2/3 ℛ — Schreibp. 7/8 ℛ (Compl. auf Druckp. 6 ℛ)

— prakt. Wörterbuch d. Waarenkunde; e. unentbehrl. Taschenbuch f. Kaufleute. 2 Thle. gr. 8. Leipz. 798. Voß. 2 ℛ 4 gℊ

— Zeitschrift f. die Naturkunde, s. oben: Ephemeriden.

... Phallus-Cultus in Japan. (Vf.: Jos. Schedel.) *Yokohama: Dr. d. 'Eastern World' 1896.* (Verbess. SA. aus: Verhandl. d. Berl. anthropol. Ges. Bd XXVII. 1895.) (1 Bl., 4 S., 3 Taf.) 1 Bd 4. [96. 8648

Schedel, Klemens, s. v. Xylander, Max. Ritter, Lehrbuch d. Taktik.

Schedell, Johannes Nikolaus (Frankfurt a. M.)
Dissertatio inauguralis juridica, de eo, quod circa materiam exheredationis et praeteritionis Nov. CXV. c. 3. mutatum est.
Giessae Nov. 1725: vidua Joh. Reinh. Vulpii. 56 S. 4°
pro dignitate doctorali consequenda.

Scheden, Adph., rationell practische Anleitung zur Conservirung des Holzes, oder: Die Holzfäule, die Ursache ihrer Entstehung und die Mittel zu ihrer Verhinderung. Für Eisenbahn-Verwaltungen, Forstverwalter, Staats- und Privat-Baumeister rc. 859. — 2. unveränd. Aufl. Leipzig 860. Matthes in Comm. gr. 8. (IX, 115 S.) n. 1 ₰ 10 ngr.

Scheden, Julius C. E. A.

Scheden, J. C. E. A., Encyclopädie der Preuß. Staats-Forst-Verwaltungs-Kunde. 1. Thl. A. u. d. T.: Der Preuß. Staats-Forstbeamte. Eine systemat. Zusammenstellung der Gesetze, Verordnungen rc. über die Qualifikations-Erfordernisse, u. die Pflichten u. Rechte der Preuß. Forstbeamten in Beziehung auf ihr Dienstverhältniß. gr. 8. Königsberg 844, Bon. 1 5/12 ₰

Scheden, Jul., die wesentlichsten Mangel der Preuss. Staats-Forst-Verwaltung u. Vorschläge zur wirksamsten Abhülfe durch eine vollstand. Reorganisation. 8. (108 S.) Wirsitz 848. (Bromberg, Levit.) n. 1/2 ₰

Scheden J. C. E. A.: Der preussische Staats-Forstbeamte . . . Königsb. 1844. 245 S.
(= Encyclopädie d. preuss. Staats-Forst-Verwaltungs-Kunde. Th. 1).

Scheder, E., Einleitung in die Bücher des neuen Testaments. Ein Leitfaden für Lehrer und für Schüler oberer Klassen. gr. 8. (III und 78 S.) Leipzig 861, (Stoll.) *

Scheder, E., Muster-Sammlung von deutschen Aufsätzen zur Förderung eines guten Styls für Lehrer und Schüler bearb. 1. Heft. Leipzig 857. Stoll in Comm. gr. 8. (S. 1—40.) 5 ngr.

Scheder, E., Palästina. Ein Leitfaden für Schulen. 8. (28 S.) Breslau 853, Kern.

Scheder, Emil, des deutschen Yorick's Skizzen aus England. (Novellenartig.) Frankfurt a. O. 865. (Berlin, Grieben.) 8. (110 S.) n. 20 ngr.

Scheder, Emil, Stoff zu Uebungen in der Rechtschreibung für Schulen gearb. gr. 8. (58 S.) Breslau 848, Kern. 1/6 ₰

Schediasma de conventione Theorematis Pythagorici. [Celle 1736.] V: *Coriarius, Johann Heinrich.* (ML)

Schediasma de correctione peccatoris per Ecclesiae ministrum. Dantisci 1790. V: *Wernsdorf, Chn Frdr.* (Ky) (ML)

Schediasma de formula consensus Heluetica. Tubingae 1723. V: *Pfaff, Christoph Matthäus.* (Myl)

Schediasma de instituto Societatis Philo-Teutonico-poeticae, quae Lipsiae congregatur . . . Lipsiae 1722. V: *Peisker.* (GGr) (Myl)

SCHEDIASMA DE INSTITUTO SOCIETATIS PHILOTEVTONICO-POETICAE, qvae sub praesidio viri magnifici atqve excellentissimi, amplissimi, consultissimi Dn. D. Johann. Burchardi Menckenii, consiliarii et historiographi regii, . . . hic Lipsiae congregatur, anno MDCCXXII. post qvinqve lvstra feliciter superata, publicatum. s. l. & a. (Lipsiae, Litteris Joh. Andreae Zschau.) 4°.

Schediasma irenicum h. e. necessaria Ecclesiarum protestantium in fide consensio. Ratisbonae 1720. V: *Pfaff, Chph Matthäus.* (Myl)

Schediasma litterarum de scriptoribus, qui historiam politico-ecclesiasticam Rossiae scriptis illustrarunt. Revaliae 1736. V: *Sellius, Burch. Adolph.* (Bruun, Bibl. Danica II, 547.)

Schediasma de Parreira Braua . . . Norimbergae 1719. V: *Lochner von Hummelstein, Michael Friedrich.* (Will)

Schediasma philosophico-ethicum, sinceritatem erga se ipsum proponens, Eruditorum . . . Oettingae 1748. V: *Gressel, Johann Georg.* (ML)

Schediasma philosophico-physicum, defensio otii litterarii. Oetting. 1753. V: *Gressel, Johann Georg.* (ML)

Schediasma philosophicum, de solitudine eruditorum. Oettingae 1747. V: *Gressel, Johann Georg.* (ML)

Schediasma de praeiudicio, quod ex neglecto iuris canonici studio iuribus civili feudali et publico adnascitur. Ludwigsburg 1732. V: *Baader, Jac. Frdr.* (ML)

Schediasma de Typographiis earumque initiis et incrementis in regno Poloniae et magno ducatu Lithuaniae . . . Dantisci 1740. V: *Hofmann, Joh. Dan.* (ML)

Schediasmata arithmetica et geometrica ad studiosae iuventutis usum. 8maj. Lausanne 784. Pott. 12 gl

Schedion Epistolicum, quo Viro . . . Ge. Andr. Willio . . . diem natalem trigesimum quintum pie gratulatur H. C. W. . . . Carolsruhae 1762. V: *Wagner, Hnr. Chph.* (Bibliotheca Norica Williana. Altdorf 1772—78. II. 1, 58.)

Schedls, L., neuester Geschäftsstyl f. Kaufleute und Wechsler. 8. Wien, Mösle. 784.

Schedius (Hrsg.), s. Anzeiger, Literärischer, f. Ungarn.

Schedius, C. J., comment. de sacris apertis veterum christianor. sive de disciplina quam vocant arcani. 4maj. Götting. 790. Dieterich. 3 gl (Vandenhöck u. R.) 5 gl

Eliae **Schedii** De diis Germanis sive veteri Germanorum. . . . religione Syngrammata quatuor cum figuris aeneis. Accedit Joannis Georgii Keysleri Dissertatio de cultu Solis, Freji et Othini. Halae. 1728. 8°.

Schedius, El., de diis germanis c. not. et observationibus Jarkii et praef. Fabricii, c. fig. 8. Halae. 728.

Schedius, J. F., de sacris opertis vett. Christianorum. Gotting. 1790. 4.

Schedius, J. L., de sacris opertis vett. Christianorum. Gotting. 1794. 4.

Schedius, L., Principia Philocaliae, seu doctrinae pulcri, ad scientiae formam exigere. 8. (12½ B.) Pesthini 828, Hartlebon.

v. **Schedius**, Ludwig und **Blaschnek**, Samuel. Vollständige General-, Posten- und Strassen-Karte des Königreichs Ungarn, der Königreiche Croatien, Slavonien, Dalmatien, des Küstenlandes, der Militairgrenze und des Grossfürstenthums Siebenbürgen, sowie der angrenzenden Theile des Oesterreichischen Kaiserstaates. Pesth 1833–1836. 9 Bl. K. Ft.

v. Schedius, Ludw., és Sam. **Blaschnek**, Magyar ország, Horvát, Tót, Dalmát, Erdély országok, A'tenger Mellék, Katonai Határörvidék, Foldképe etc. A. u. d. T.: Karte des Königr. Ungarn, der Königr. Croatien, Slavonien, Dalmatien, des Grossfürstenth. Siebenbürgen, des Küstenlandes u. der Militair-Grenze. 2. durchgehends umgeand., auf astronom. Bestimmungen gegründete u. dem gegenwärtigen Zustande des Landes entsprechende Ausgabe, nebst dem Königr. Galizien u. dem Gebiethe von Krakau, sowie den angrenz. Theilen des österreich. Kaiserstaates. Maassstab 1 : 469472. 9 Blatt. Imp. Fol. Kupferst. u. color. Pesth 847–49. (Edelmann.) n. n. 16⅔ ß; auf Leinw. u. in Etui n. n. 20⅔ ß; Prachtausg. n. n. 24⅔ ß; auf Leinw. u. in Etui n. n. 30 ß

v. Schedius, Ldw., Zeitschrift von u. für Ungarn z. Beförderung d. vaterländ. Geschichte, Erdkunde u. Literat. 1r u. 2r Jahrg. in 4 Bden. gr. 8. Pesth 802 u. 3. (Kilian). à 4 ß 8 gl — 3r Jahrg. 1804 in 12 Heften. gr. 8. Pesth, Hartleben. 4 ß

Schedl: Vorschlag zur Reform der russischen Branntweinaccise. 8°. Reval. 1882.

Schedl Karl. Antrag über ein allgem. Oesterr. Leibrenten-Institut zur Alters- und Invaliditäts-Unterstützung der arbeitenden Klasse. 8. (27 S.) Wien, C. Gerold und Sohn 1852.

Schedl, Paul (Priel) A. S. 568/25

Dissertatio historico-juris publici Germanici practica inauguralis de iure eligendi regem Romanorum electoribus circa quaestiones an, quando quis ? Cum exclusione caeterorum imperii statuum privative competente Von dem ... Vorrecht ... Präs. Benedikt Schmidt.
Ingolstadt (Lutzenberger) VIII. 1770. 65 S.

Gew. : Johann Joseph Franz Albert Thaddaeus Maximilian Gf. von Baumgarten. 30068

Kaiser Tiberius. Eine psychologisch-historische Studie. — Von Andr. Schedlbauer, G. P. — 1875. Straubing, A. Lechner. — S. 3—22[8].
Progr. Straubing, K. Gymn.

——— Beiträge zur Textkritik von Lykurgs Rede gegen Leokrates. Von Johann Schedlbauer, Stdl. — 1886, Bamberg, ebenda. S. 3—32.
Progr. Bamberg, K. Gymnasium

Schedlbauer, Karl, Anleitung zum technischen Kopfrechnen. (71 S.) kl. 8. Brünn 905. C. Winiker. Geb. n. 1. 40

Schedlbaur, Victorin, Predigtentwürfe üb. die Wechselgesänge bei der hl. Messe (Introitus, Graduale, Offertorium, Communio) an den höchsten Festtagen. (VIII, 109 S.) 8. Wien 910. H. Kirsch. 1. 80

Schedle, Frz., der Ortsschulrath u. sein Wirken. Ein Handbuch f. den Gebrauch der Ortsschulräthe. Ausg. f. das Königr. Böhmen. gr. 8. (VI, 144 S.) Wien 891. A. Pichler's Wwe. & Sohn. n. 2. —

Schedle, Fr. Die Reihenfolge der platonischen Dialoge Phaedros, Phaedon, Staat, Timaeos. 36 S. 8. Progr. G. *Bozen* 1876.

Schedle, Frz., die Reihenfolge der platonischen Dialoge Phaedros, Phaedon, Staat, Timaeos. gr. 8. (36 S.) Innsbruck 876. Wagner. n. 1. 10

Schedle, Fr.: Ueber die Unsterblichkeitslehre Platons. S. 30–50. 8° – Triest, d. OG., Progr. 1871.

Schedler: Einleitung zu Platon's Phaidros. 31 S. 8° Goerz, Progr. 1869.

Schedler: De Platonis verbis in Timaeo a pag. 20 E usque ad pag. 25 D. 20 S. – Breslau, kth. G., Progr. 1864.

Schedler, Alfred [aus New-York]: Zur Kenntnis des p-Chlorchinolins und seiner Derivate. . . . Freiburg i. B., Buchdr. v. Chr. Ströcker, 1901; 59 S., 1 Bl. 8°
Freiburg i. B., Phil. Fak., Inaug.-Diss. v. 1901

Schedler, Arm., Loci memoriales metrici etc., s. Loci.

Schedler, Arm., loci memoriales metrici et poetici, s. Ern. Ruthardt.

Schedler, Arminius *(geb. Breslau 24. 12. 1820)*: De locis Horatianis hiatum habentibus. Vratislaviae (1846). (37 S.) 8°
Breslau, Phil. Diss. v. 31. März 1846

Schedler, Arnold [aus Krummenau, St. Gallen]: Über eine neue Synthese des symmetrischen Tetraamidobenzols und einiger Derivate desselben. Basel 1897. 32 S. 8°.
Basel. Phil. Diss. 1896/97.

Schedler, J., Karte vom Bodensee und seiner Umgebung zum Hand- und Reisegebrauche ... entworfen, gez. u. bearb. Constanz (1846?) . . . . (Br. Mus.)

Schedler, J. F., der Mensch nach seinem Bau und seinen Verrichtungen. Eine populäre Darstellung des menschlichen Baues, seiner Lebensthätigkeiten und der zweckmäßigsten Mittel zur Erhaltung und Fortentwickelung des Körpers. Den Gebildeten aller Stände gewidmet. 1. und 2. Lfg. gr. 8. (S. 1—112 mit eingedr. Holzschn. und 2 Holzschnt.) Berlin 856, Hollstein. à Lfg. * 5 Ngr. *

Schedler, J. F., der Mensch nach seinem Bau und seinen Verrichtungen. Eine populäre Darstellung des menschl. Baues, seiner Lebensthätigkeiten und der zweckmäßigsten Mittel zur Erhaltung und Fortentwickelung des Körpers. 3—34. (Schluß-) Lfg. gr. 8. (1. Thl. S. 113—224. und 2. Thl. 1. Abthl. 488 S., 2. Abthl. 328 S. und 3. Thl.: Populäre Heilkunde XXIII und 600 S. mit eingedr. Holzschn.) Berlin 857—59, Hollstein. à Lfg. * 5 Ngr. *
1. und 2. Lfg. Ebendas. 1856. * 10 Ngr.

[Schedler, J[ohann] G[eorg]. Abbildungen der Statuen um das Grabmal Kaiser Maximilians I. in der Hofkirche zu Innsbruck. Gezeichnet von J. G. Schedler, gestochen von C. Schleich, C. Eichler und P. J. Laminit. Innsbruck 1822.]
28 Taf. in Kupferst. 2°

[Schedler, J[ohann] G[eorg]. Nationaltrachten von Tirol und Vorarlberg von J. G. Schedler. Mahler in Innsbruck. Um 1824.]
17 Taf. in kol. Kupferst. 8°.
Titel nach dem in Innsbruck. Ferdinandeum befindlichen Exemplar. 20 Stück Nationaltrach'en von Tirol und Vorarlberg.

[Schedler, Johann Georg & Spitzer. Tiroler Volkstrachten nach Entwürfen von Joh. G. Schedler gemalt von Spitzer in Innsbruck. Um 1824.]
34 Taf. in Aquarellmalerei. 8°.
Tit. nach einer handschriftl. Notiz im Buch von Jean Schedler. Die Aquarelle entsprechen den Stichen des vorangehenden Werkes.

Schedler, Paul [illegible] Zur Casuistik der Herzaffectionen [illegible] Berlin [illegible] 38 S. 8°
Berlin Med. Diss. [illegible]

Schedler, Reinholdus *(geb. Breslau 18. 6. 1825)*: De fractura colli femoris. Vratislaviae (1849). (27 S.) 8°
Breslau, Med. Diss. v. 16. Okt. 1849

Schedler, Rob[ert], prakt. Arzt in Dornach: Zur Casuistik der Blasentumoren bei Farbarbeitern. [Mit 1 Taf.] Basel 1905. 37 S. 8°.
Basel, Med. Diss. 1904/1905.

Schedler, Rob[ert]. Zur Casuistik der Blasentumoren bei Farbarbeitern. Diss. Med. Basel. [Mit 1 Tafel.] 37 S. 8. Basel, Friedrich Reinhardt, 1905.

Schedler, Rob., Jost Grob. Ein tapfrer Mann u. guter Protestant in schwerer Zeit. Ein Lebensbild aus der Zeit der Gegenreformation. (56 S.) 8. Zürich 906. A. Frick. n. — 50

Schedlich, Adolph Ehregott (Schneeberg) A. S. 87/8

De vitrico tutore privigni minus suspecto.
Präs. Ernst Martin Chladen.
Wittenberg (Gerdes) 12. X. 1761. 16 S. 30069

Schedlich, H., die Kerochromatographie, Aquarellmalerei, Colorir- u. Aquarellirverfahren, an ihrer Unterart der Photokerochromatographie gezeigt. 8. (30 S.) Leipzig 885. Garte. n. — 60

Schedlich, Hilmar, Frau Venus u. unsere Gelehrten. Nr. 1. Leipzig 869. (Jünger.) 16. (31 S.) n. 5 *ngr.*

† Schédo-Ferroti, D. K. [v. Firks], die internationale Arbeiterbewegung. Populare Betrachtungen. 8. (III, 144 S.) Berlin 872, Behr's Buchh.

Schédo-Ferroti, D. K., die Eisenbahnen in Rußland. gr. 8. (V und 41 S.) Riga 858. [Dresden,] v. Boetticher's Verlag.

—— **Etudes sur l'avenir de la Russie. 1—6. Étude. gr. 8.** Berlin 857—61, Behr's Buchh. *
Inhalt:
Étude 1. La libération des paysans. 1—4. Édition. (81 S.) * 15 Ngr.
» 2. Les principes du gouvernement, et leurs conséquences. 2. Édition. (68 S.) * 15 Ngr.
» 3. Malversations et remèdes. 1. et 2. Édition. (IV und 148 S. mit 3 Tab. in qu. gr. Fol. und qu. Imp.-Fol.) * 1 Thlr.
» 4. La noblesse. (139 S.) * 1 Thlr.
» 5. Le militaire. 1. und 2. Édition. (176 S.) * 1 Thlr.
» 6. Les serfs non encore libérés. (100 S.) * 20 Ngr.

Schédo-Ferroti, **D. K., Études sur l'avenir de la Russie. 7.—10. Étude. gr. 8. Berlin, Behr's Buchh.** *
Inhalt:
Étude 7. La tolérance et le schisme religieux en Russie. (VIII und 435 S.) 863. * 2 Thlr. 20 Ngr.
» 8. Que fera-t-on de la Pologne? 2. édit. (XVI und 311 S.) 865. * 1 Thlr. 5 Ngr.
» 9. Le nihilisme en Russie. (334 S.) 867. * 1 Thlr. 20 Ngr.; Appendice. (20 S.) * 4 Ngr.
» 10. Le patrimoine du peuple. (131 S.) 868. * 25 Ngr.
1.—6. Étude. Ebendas. 1857—61. * 4 Thlr. 20 Ngr.

—— **Lettre à Monsieur Herzen. gr. 8. (32 S.) Berlin 861,** Behr's Buchh. *

—— **Lettre d'un patriote polonais au gouvernement national de la Pologne publiée avec une préface et quelques notes explicatives. Lex.-8. (96 S.) Berlin 862, Behr's Buchh.** *

Schédo-Ferrotti, D. K. Lettre d'un patriote polonais au gouvernement national de la Pologne. (96.) 8. Berlin 1863. — Bruxelles 1864. 2.00.

—— **Lettres sur les chemins de fer en Russie. gr. 8. (40 S.) Berlin 858, Behr's Buchh.** *

—— **dass. — 2. Édit. augmentée. gr. 8. (58 S.) Ebendas. 858.** *

— **lettres sur l'instruction populaire en Russie.** Adressées à Monsieur le comte D. Tolstoi. Leipzig 869. Wagner. gr. 8. (48 S.) n. 10 *ngr.*

Schedo-Ferroti, D. K., Aus der Literatur des Nihilismus. Kritische Beleuchtung des Tschernischefsky'schen Romans: „Was thun?" 8°. Braunschweig 1871.

Le patrimoine du peuple. Par **K. Schédo-Ferroti.** — Berlin: Bock 1868. 131 S. 8°
(Etudes sur l'avenir de la Russie. 10.)

— Was ist Nihilismus? Sachgemässe Darlegung seines Wesens und seiner Entwickelung. gr. 8°. Leipzig 1881.

Schedowitz, W., Chronik der kathol. Gemeinde zu Reichenbach in Schlesien. Festschrift zum 750jähr. Jubiläum ihres Bestehens. (77 S.) 8. Reichenbach (909). Heege & Güntzel. nn — 65

Schedtler, *August* Direktoren und Lehrer der Anstalt. (Umschlagtitel: Verzeichnis der Lehrer der Anstalt.) S. S. 56–69.)
Progr.

Schedtler, Verzeichnis d. Lehrer d. kgl. Realgymnasiums zu Wiesbaden, s.: Festschrift zur Gedenkfeier d. 50jähr. Bestehens d. kgl. Realgymnasiums zu Wiesbaden.

Schedtler, H., Bedeutung u. Aufgabe der evangelisch-lutherischen Kirche Oberhessens f. den kirchl. Verfassungskampf in gemeinfaßl. Darstellg. 2., unveränd. Aufl. gr. 8. (III, 58 S.) Erlangen 875. Deichert. n. 1. —

Schedtler, H., die Bedeutung Vilmar's für die hessische Kirche. Zur Erinnerung für seine Freunde bei Gelegenheit der Errichtung seines Grabdenkmals. Marburg 869. Elwert. gr. 8. (14 S.) n. $2\frac{1}{2}$ *ngr.*

Schedtler, Heinrich [aus Amöneburg in Hessen]: **Experimentelle Untersuchungen über das elektrische Verhalten des Turmalins . . . . (Sep.-Abdr. aus: N. Jahrbuch f. Mineralogie etc. Beil. Bd. IV. S. 519 bis 575.) Marburg, K.** *Hofbuchdr. Zu Guttenberg (Carl Grüninger) in Stuttgart,* 1886; 56 S. u. 1 Taf. 8°.
Marburg, Phil. Fak., Inaug.-Diss. v. 21. März 1886.

Schedtler, Hermann. Beitrag zur Morphologie der Bakterien. (Bacterium Zopfii Kurth). Diss. Marburg 1887, N. G. Elwertsche Univ.-Buchh. 8°. 16 S.

Schedtler, Hermann [aus Amöneburg]: **Beitrag zur Morphologie der Bakterien (Bacterium Zopfii Kurth) . . . . Marburg, Univ.-Buchdr. (R. Friedrich), 1887;** 16 S. 8°.
Marburg, Med. Fak., Inaug.-Diss. v. [9. Apr.] 1887.

Schedy Maximilian: Ueber Thukydides Reticenzen. II. 1894 PN 878 Diss. Wien, Univ. 764

Scheeben, M. J. Leben u. Wirken, s. Hertkens, Joh.

Scheeben, Martin Jos. (Hrsg.), s. Blätter, Periodische, zur Besprechung d. großen religiöen Fragen ...

Scheeben, Matthias Josef

Scheeben, M. J., Neue Erwägungen über die Frage der päpstl. Unfehlbarkeit aus den anerkannten historischen Werken Döllingers urkundlich zusammengestellt. Regensburg, Pustet, 1870, gr. 8°, 48 S., 50 Pf.

Scheeben, M. J., Handbuch der katholischen Dogmatik, s. a. Bibliothek, theologische.

Handbuch der katholischen Dogmatik. Von Dr. M[atthias] Jos. Scheeben, Prof. zu Köln. (4: Von Dr. Leonhard Atzberger, Prof., München.) Bd 1–4. *Freiburg i. Br.: Herder 1873–1903.* 4 Bde 8° [F.]
. 1. 1873. 2. 1878. 3. (In 2 Abt.) 1882(–87).
4. (In 3 Abt.) (1898–)1903.
(Theologische Bibliothek.)

Scheeben, M. Jos., Handbuch d. katholischen Dogmatik. (Theolog. Bibliothek.) 4. Bd. 1. Abth. Von Leonh. Atzberger. gr. 8. (XI, 468 S.) Freiburg i/B. 898. Herder. n. 6. —; geb. in Halbfrz. n. 7. 70 (1—IV, 1.: n. 41. 20; geb. n. 48. 95)

Scheeben, M. Jos., Handbuch der katholischen Dogmatik. (Theologische Bibliothek.) IV. Bd. 2. Abth. Von Leonh. Atzberger. gr. 8. (VI u. S. 469—666.) Freiburg i/B. 901. Herder. n. 2. 80
Bd. I—III u. IV. 1. Ebd. 873—898. n. 41. 20; geb. n. 48. 95

Scheeben, M. Jos., Handbuch der katholischen Dogmatik. (Theologische Bibliothek.) IV. Bd. 3. Abth. Von Leonh. Atzberger. (XI u. 667—943.) gr. 8. Freiburg i/B. 903. Herder. n. 4. — (2. u. 3. Abth. in 1 Halbfrz.-Bd. n. 8. 55; vollst.: n. 48. —; geb. n. 57. 60)

Scheeben, M. Jos., die Heiligkeit der Kirche im 19. Jahrh., s. c. Broschüren, zeitgemäße.

Scheeben, M. J., Die Heiligkeit der Kirche im 19. Jahrhundert. Frankfurt a. M., Verlag für Kunst u. Wissensch. 1867, gr. 8°, 31 S., 30 Pf. (Zeitgem. Broschüren Jahrg. 3, Nr. 6.)

—— die Herrlichkeiten der göttlichen Gnade nach P. Eusebius Nieremberg, s. a. Bibliothek, ascetische.

—— die Herrlichkeiten der göttlichen Gnade nach P. Eusebius Nieremberg frei bearb. 1. Aufl. 1862, und 2., verm. und verb. Aufl. gr. 8. (XVI und 507 S.) Freiburg im Br. 864, Herder'sche Verlagsh.

— die Herrlichkeiten der göttlichen Gnade, nach P. Euseb. Nieremberg frei bearb. 3., neu durchgeseh. u. verb. Aufl. 8. (XVI, 575 S.) Freiburg i/Br. 875. Herder. 3. —

—— die Herrlichkeiten der göttlichen Gnade, nach Eusebius Nieremberg frei bearb. 4. neu durchgeseh. und verb. Aufl. 8. (XVI, 596 S.) Freiburg i. Br. 885, Herder'sche Verlagsh. *
geb. *

Scheeben, M. Jos., die Herrlichkeiten der göttlichen Gnade, nach Eusebius Nieremberg frei bearb. 5. Aufl., besorgt durch Alb. Maria Weiß. (Ascetische Bibliothek.) 12. (XV, 699 S.) Freiburg i/B. 894. Herder. n. 3. —; geb. in Leinw. n. 3. 60

— die Herrlichkeiten der göttl. Gnade. Frei nach P. Eusebius Nieremberg S. J. dargest. 6. Aufl., neu bearb. durch Alb. M. Weiß, O. Pr. (Ascet. Bibliothek.) 12. (XVI, 521 S.) Ebd. 897. n. 2. 80; geb. in Leinw. n. 3. 60

— die Herrlichkeiten der göttlichen Gnade. Frei nach Eusebius Nieremberg S. J. dargestellt. 7. Aufl., neu bearb. durch Alb. M. Weiß, O. Pr. (Aszetische Bibliothek.) (XX, 670 S.) 8. Ebd. 903. n. 3. 20; geb. in Leinw. n. 4. —

Scheeben, Matth. Jos., die Herrlichkeiten der göttl. Gnade. Frei nach Eusebius Nieremberg, S. J., dargest. 8. Aufl., neu bearb. durch Alb. M. Weiß, O. Pr. (Aszetische Bibliothek.) (XXIV, 652 S.) kl. 8. Freiburg i/B. 908. Herder. 3.20; geb. in Kunstldr. 4. —

Scheeben, M. Jos., Marienblüthen aus dem Garten der heiligen Väter und christl. Dichter, zur besond. Verherrlichung der ohne Makel empfangenen Gottesmutter gesammelt und übertragen. 16. (XXIV und 231 S.) Schaffhausen 860, Hurter'sche Buchh.

— die Mysterien des Christenthums. Wesen, Bedeutung u. Zusammenhang derselben nach der in ihrem übernatürlichen Charakter gegebenen Perspective dargestellt. Freiburg im Br. 865. Herder'sche Verlagsh. gr. 8. (XVI, 772 S.) n. 2 Thlr. 10 ngr.

[F.] Die Mysterien des Christenthums. Nach Wesen, Bedeutg u. Zusammenhang dargest. v. Dr. Matth. Jos. Scheeben, vorm. Prof. ... in Köln. 2. Aufl., besorgt durch Dr. Ludwig Küpper, Gymn.-Oberl. ... a. D. ... *Freiburg i. B.: Herder 1898.* (XXII, 716 S.) 1 Bd 8.

—— Natur und Gnade. Versuch einer systemat., wissenschaftl. Darstellung der natürl. und übernatürl. Lebensordnung im Menschen. gr. 8. (XXIII und 262 S.) Mainz 861, Kirchheim.

— der Papst u. das Concil von Janus. Charakteristik u. Würdigung. Mainz 869. Kirchheim. gr. 8. (36 S.) 3 ngr.

— der Papst u. seine neuesten Verläumder, s. a. Broschüren, zeitgemäße.

—— Der Papst u. seine neuesten Verleumder. Frankfurt a. M., Verlag für Kunst u. Wiss., 1869, gr. 8°, 26 S., 30 Pf.
Zeitgem. Brosch. Bd. 5, Nr. 10, das. Populär gehaltenene Widerlegung des Janusbuches.

— Schulte u. Döllinger, gegen das Concil. Kritische Beleuchtg. der Schulte'schen Broschüre üb. die Macht der Päpste u. die jüngsten Erklärgn. Döllingers. [Aus „Periodische Blätter."] gr. 8. (113 S.) Regensburg 871. Pustet. — 90

— „die männliche That" u. „die unwiderleglichen Bemerkungen" des Herrn Prof. v. Döllinger. Ein freies Wort an die besonnenen u. freisinnigen Männer Kölns u. Deutschlands. Köln 870. Rommerskirchen. gr. 8. (51 S.) n. 5 ngr.

Scheeder, Wilhelm: Aus der Privat-Klinik des Herrn Prof. Dr. Jordan. Ueber rein chronische Appendicitis sowie über kombinierte Wurmfortsatz - Eierstock - Entzündung. (Sinsheim a. E. 1905: G. Becker.) (30 S.) 8°
Heidelberg, Med. Fak., Ref. Czerny, Diss. v. 1905
[Geb. 9. Juli 76 Sinsheim; Wohnort: Sinsheim; Staatsangeh.: Baden; Vorbildung: Gymn. Karlsruhe Reife Juli 94; Studium: Heidelberg 5, Jena 1, München 3 S.; Coll. 29. Juli 04; Approb. 6. Juli 99.]

Scheffer, Adf., die nothwendigsten Regeln für die Behandlung der Dampfkessel-Feuerung nebst einem Katechismus für den prakt. Dampfkesselheizer. 1. Aufl. und 2., verm. Aufl. 8. (52 S.) Berlin 859, Gaertner.

Scheeffer, Adf., die nothwendigsten Regeln für die Behandlung der Dampfkessel-Feuerung nebst einem Katechismus für den prakt. Dampfkesselheizer. 3. verm. Aufl. Berlin 869. Gaertner. 8. (62 S.) n. 8 ngr.

Scheeffer, Adf., die nothwendigsten Regeln für die Behandlung der Dampfkessel-Feuerung, nebst einem Katechismus für den prakt. Dampfkesselheizer. 4. unveränd. Aufl. 8. (64 S.) Berlin 878, Gärtner. cart. * 1 —

Scheefer, Adf., die notwendigsten Regeln f. die Behandlung der Dampfkessel-Feuerung, nebst e. Katechismus f. den prakt. Dampfkesselheizer. 5. Aufl. 8. (64 S.) Berlin 891. Gaertner. cart. n. 1. —

Scheeffer, Eugen, Prof.: Über stabiles Schwimmen homogener Körper. Mit 1 Figurentaf. *Danzig 1902: A. W. Kafemann.* (52 S.) 4°
Danzig, RG zu St. Johann, OP 1902 (43)

Scheeffer, Franz: Eine Methode zur Bestimmung der äusseren Bodenoberfläche. Königsberg i. P. 1909: Hartung. 33 S. 8°
Königsberg, Phil. Diss. v. 2. Febr. 1909, Ref. Mitscherlich
[Geb. 6. Juni 84 Königsberg-Mittelhufen; Wohnort: Königsberg i. P.; Staatsangeh.: Preußen; Vorbildung: Oberrealsch. Königsberg Reife M. 05; Studium: Königsberg 6 S.; Rig. 9. Dez. 08.] [U 09. 3415

Scheeffer, Ludw. [illegible] Bewegungen starrer Punktsysteme [illegible] Mannigfaltigkeit [illegible] Berlin [illegible]
Berlin [illegible] Diss. [illegible]

Scheeffer, Ludw., über Bewegungen starrer Punktsysteme in einer ebenen nfachen Mannigfaltigkeit. Inaugural-Dissertation. gr. 8. (64 S.) Berlin 880. (Mayer & Müller.) n. 1. 20

Scheeffer [illegible] 1885. 4
München. Habil.-Schr.

Scheehl, Franz, Referendar in Hannover: Die Vermögensrechte der Eltern an dem Vermögen ihrer Kinder nach dem Bürgerlichen Gesetzbuche. Hannover: Fiedeler & Bayer 1905. (VIII, 111 S.) 8°
Marburg, Jur. Fak., Ref. Leonhard, Diss. v. 5. Apr. 1905
[Geb. 6. Mai 78 Gr. Glogau a. O.; Wohnort: Hannover-Linden; Staatsangeh.: Preußen; Vorbildung: Gymn. Gr. Glogau, Kaiserin Auguste Victoria Gymn. Linden Reife O. 99; Studium: Freiburg i. B. 1, Berlin 1, München 1, Göttingen 3 S.; Rig. 4. Aug. 03.]

Scheel, Friedr.: Friedr. **Scheel,** geboren am 25. Aug. 1840, i. d. e. O. g. am 15. Mai 1909. [Unterz.:] G. [Rostock 1909: Boldt.] 2 Bl. 2° [Umschlagtit.]
Aus: ML. 37 (1908—1909) S. 179—180.
Nachruf.

Scheel, v., Betrachtungen über den Werth der preussischen Festungen, für die zweite Hälfte dieses Jahrhunderts. gr. 8. (119 S. nebst 2 Anlagen und 3 lithogr. Zeichnungen in qu. gr. 4.) Neuwied 857, Heuser.

Scheel, v., Betrachtungen über den Werth der Preussischen Festungen für die zweite Hälfte dieses Jahrhunderts. 2. (Titel-)Aufl. gr. 8. (121 S. nebst 2 Anlagen und 3 lithogr. Zeichnungen in qu. gr. 4.) Neuwied (857)62, Heuser's Verlag. *

— der Bewegungs-Eisenschutz und die eisenfeste Treue als Trutz und Schutz für jedwedes Vaterland. Neuwied 862. van der Beck. gr. 8. (IV, 119 S. u. 1 lith. Taf. in Fol.) n. 24 ngr.

—— Gedanken über die Theorie und Praxis der Befestigungen aus dem Standpunkte der 2. Hälfte des 19. Jahrh. gr. 8. (129 S. mit 6 Stnt. in qu. Fol.) Berlin 857, Mittler's Sortimentsbuchh. *

—— neue Hülfsmittel für die Vertheidigung befestigter Orte, begründet auf Arbeitsamkeit und Bewegung. gr. 8. (X und 129 S. mit 16 Stnt., wovon 10 in Buntdr., in qu. Fol. und gr. Fol.) Berlin 861, Mittler's Sortimentsbuchh. *

Scheel, de, Mémoires d'artillerie, contenant l'artillerie nouvelle ou les changemens faits dans l'artillerie française 1765. etc. av. 29 planch. gr. 4. Strasb. König. 795.

Scheel, die Organisat. der amtl. Statistik. Separ.-Abdr. a. d. Tübinger Zeitschrift 1869.

Plan von Kolberg mit nächster Umgebung zsgest. u. gez. im J. 1892 durch **Scheel,** Maurer- u. Zimmermeister, im J. 1901 vervollst. durch F. Ninow. [Maasst. 1:6,000.] *(Kolberg: C. F. Post 1901); W. Frandt.* (1 Kartenbl. 55 × 40 cm.) 8° [01. 10833

—— der Schnell- und Schutz-Bau für die Kriegsschauplätze. Juni 1859. gr. 8. (31 S.) Neuwied 859, Heuser.

Scheel, [illegible]

SCHEEL, Adolf M. (Belleville/USA): De eclampsia mulierum gravidarum et puerperarum. (Titel nach der Urkunde)
12.3.1876 – Urk; Chr 1875/76,15
Diss. Ingolst.-Landsh.-Mchn.

Scheel, Ant. Guil., de publicis actionibus et inquisitionibus in causis poenalibus ex praeceptis juris Danici et Norvegici, tam antiqui quam hodierni, nec non ex aliis nonnullis legibus. Dissert. inaug. 8maj. (9¾ B.) Hauniae 836, (Reitzel.) *

Scheel, Aug. Wilh. Ludw., der medicin. Blutegel in naturgeschichtl. u. ökonom. Hinsicht, nebst Anweis. üb. d. zweckmäßigste Einricht. d. Blutegel-Fortpflanzung. 8. (6 B.) Breslau 833, W. G. Korn.

Scheel, A. W. L., der medizinische Blutegel in naturgeschichtlicher, merkantilischer u. ökonomischer Hinsicht nebst Anweisung über die zweckmäßigste Einrichtung der Blutegel-Fortpflanzung. 2. verb. u. verm. Aufl. Mit 1 lith. Tafel. gr. 8. Breslau 844, W. G. Korn. ½ rf

Scheel, A. L. W., der Pole u. der Russe. Roman. 8. Bautzen 845, Schlüssel. 27 ngl

—— der Pole u. der Russe. Roman. 8. (14¼ B.) Bautzen 845, Weller.

Scheel, E., prakt. Rathgeber für Stubenmaler, Anstreicher u. Hausbesitzer. Oder: Anweisungen u. Aufschlüsse über Zubereitung u. Verarbeitung der Farben in der mannigfaltigsten Art; Belehrung über Wachsmalerei; Anleitung zu zweckmäßigen u. dauerhaften Oelfarben-Anstrichen 2c. gr. 8. Berlin 844, Moeser u. Kühn. 1 rf

Scheel, Christian (Hrsg.), s. Briefpost - Taxe f. d. Dän. Gesammt-Monarchie ...

Scheel, Dn. Benj., († d. 10. Nov. 1818.) de vero Dei immortalis cultu, qui sit mente et animo humano. 8maj. Leipz. 776. (W. Nauck). 4 gr

Scheel, Emil

Scheel, Aemilius [Rostochiensis]: De Gorgianae disciplinae vestigiis. . . . Rostochii, typ. C. Boldtii, 1890; 60 S., 1 Bl. 8°
Rostock, Phil. Fak., Inaug.-Diss. v. [19. Dez.] 1890

Am Edderstrand. Ein Sang aus d. Kattenlande von Emilie Scheel. *Kassel: M. Brunnemann 1895.* (208 S.) 8° [F.]

Scheel, Friedr., 50 Jahre aus dem Leben eines Buchdruckers in Hessen-Kassel. gr. 8. (89 S.) Cassel 887. (Leipzig, F. Förster.)

SCHEEL, (Obrist) G. H. v. — Müßige Stunden des Herrn *von Scheel* in theils übersetzten, theils selbst verfertigten Gedichten. Flensburg. 1756. 4°. (30xr.)
Cat. Monath III. Nürnb. 1784. 8°. p. 591. — Nach Büsching's Notiz hinter Koch's Comp. (Bd. 2) „das sonderbarste Buch in deutsch-undeutscher Sprache". — Höchst selten!

Scheel, Geo., Feiertagsklänge. Sammlg. leicht ausführbarer geistl. Gesänge zu allen Festen des christlichen Kirchenjahres f. Sopran, Alt, Tenor u. Baß. op. 78. gr. 8. (IV, 106 S.) Hildburghausen (901). F. W. Gadow & Sohn. n. 1. —

Laudate Dominum! Samml. gemischt. Chöre aus alter u. neuer Zeit f. alle Zeiten d. christl. Kirchenjahres nebst e. Anh. liturg. Gesänge. Für Kirchenchöre u. höhere Lehranstalt. bearb. u. hrsg. von Georg Scheel. Hildburghausen: Gadow 1899. 287 S. 8°

Scheel, Geo., Männergesang-Choralbuch. 75 Choräle nebst der Liturgie nach dem Musikanh. zur Agende der evangel. Landeskirche, f. den vierstimm. Männergesang bearb. u. zum Gebrauche in Seminaren, Gymnasien u. Gesangvereinen in Verbindg. m. K. Janz, H. Hantscho, W. Schöne, E. Lasch hrsg. Ausg. f. Brandenburg, Pommern, Posen u. Schlesien. (à VI, 100 S.) gr. 8. Leipzig 906. Dürr'sche Buchh. à n. 1.25

Scheel, Geo., Männergesang-Choralbuch. 75 Choräle nebst der Liturgie nach dem Musikanh. zur Agende der evang. Landeskirche, f. den vierstimm. Männergesang bearb. u. zum Gebrauche in Seminaren, Gymnasien u. Gesangvereinen in Verbindg. m. K. Janz, H. Hantscho, W. Schöne, E. Lasch hrsg. Ausg. f. Ost- u. Westpreußen. (VI, 100 S.) 8. Leipzig 906. [Dürr'sche Buchh.] Berlin, Union, Zweigniederlassg. 1.25

— **dasselbe. 76 Choräle nebst der Liturgie nach dem Musikanh. zur Agende der evangel. Landeskirche, f. den vierstimm. Männergesang bearb. u. zum Gebrauche in Seminaren, Gymnasien u. Gesangvereinen in Verbindg. m. E. Albrecht, W. Becker, Fr. Eckell u. a. hrsg. Ausg. f. Westfalen, Rheinland u. Hessen. (VI, 104 S.) 8. Ebd. 906.** 1.25

Scheel, H. v., der Adjutanten-Dienst im Frieden u. im Felde. Berlin 870. Mittler & Sohn. gr. 8. (VIII, 188 S.) n. 25 ngr.

Scheel, H. v., der Dienst d. Adjutanten m. besond. Berücksicht. d. Regiments- u. Bataillons-Adjutanten bei der Infanterie. 2. umgearb. Aufl. gr. 8. (VIII, 177 S.) Berlin 874. Mittler & Sohn. n. 3. —

Scheel, Hans v.

Scheel, H. v., Die amtliche Arbeiterstatistik des Deutschen Reichs (Gekürzter Abdr. aus Schmoller's Jahrb. XVIII, 3. Berlin 1894. 8.

Scheel, Hans v., Eigenthum und Erbrecht, f. Zeit- und Streit-Fragen, deutsche.

— Eigenthum und Erbrecht. 8°. Berlin 1877. (Deutsche Zeit- u. Streitfragen, Heft 96.)

H. v. Scheel, Die Erbschaftssteuer. Finanzwissenschaftl. Studie. Jena, Druck u. Verl. v. Fr. Mauke. 1875.

—— Erbschaftssteuern und Erbrechtsreform. 2. durchaus umgearb. Ausg. gr. 8. (VII, 104 S.) Jena 877, Mauke's Verlag. * 2 —

— Erbschaftssteuern u. Erbrechtsreform. 2., durchaus umgearb. Ausg. gr. 8. (VII, 104 S.) Jena 878. Mauke. n. 2.—

Scheel, H. v. Die Erwerbseinkünfte des Staats. Handbuch d. polit. Oeconomie, hrsg. v. Schönberg. 1., 2. u. 3. Aufl., 1882, 1884, 1891.

Scheel, H. v., die soziale Frage. Vortrag, geh. im Großrathssaale zu Bern am 9. Dezbr. 1872. 8. (24 S.) Bern 873. Jent & Reinert. n. — 60

Scheel, H[ans] v.: Frauenfrage und Frauenstudium.Rectoratsrede,geh. am Stiftungstage d. Hochschule z. Bern. — Jena: Fischer 1873. 16 S. 8°
Aus: Hildebrand's Jahrbücher f. Nat. u. Stat. Bd 22. H. 1.

Scheel, H. v. Das Gesetz über die Einkommensteuer im Kanton Bern. 8°. Jena 1874.

— deut. Literatur z. socialen Frage aus 1871 u. 1872 besprochen. Jena 872.

—— unsere socialpolitischen Parteien. gr. 8. (VII, 173 S.) Leipzig 878, Brockhaus. * 2 80

Scheel, H. v. Reform des Steuerwesens im Canton Bern. 8°. Bern 1876.

—— die Theorie der sozialen Frage. gr. 8. (IV, 159 S.) Jena 871, Fr. Mauke. *

Die Deutsche Volkswirthschaft am Schlusse des 19. Jahrhunderts. Auf Grund d. Ergebnisse d. Berufs- u. Gewerbezählung von 1895 u. nach anderen Quellen bearb. im Kaiserlichen Statistischen Amt (von Director H[ans] v. Scheel). *Berlin: Puttkammer & Mühlbrecht 1900.* (VII, 200 S.) 8° [F.]

v. Scheel, Hnr. Otto, († d. 1. Mai 1808.) mémoires d'Artillerie, contenant l'Artillerie nouvelle, ou les changemens faits dans l'Artillerie française en 1765; avec 28 Planches. 4. Kopenh. 777.

— Prospektus von e. Kriegshistorie Königs Friedrich IV. 4. Kopenh. 782.

Scheel, J. Zehn Marienlieder für gemischte Stimmen. 16 S. quer 4° in 2farb. Druck auf starkem Papier. Einsiedeln, Benziger. 1885 1 25

Scheel, J. J., zur Frage der Überbürdung in der deutschen Volksschule. Vortrag, gehalten am 8. Septbr. 1883 im Verein Hamburger Volksschullehrer. gr. 8. (38 S.) Hamburg 883, Boysen. *

Scheel, J. J., Geschichte des Vereins Hamburger Volksschullehrer (1873—1894), s.: Köhncke, Harro.

— allerlei Schülerurbilder. Federzeichnungen f. Schul- u. Kinderfreunde. 12. (VII, 132 S.) Hamburg 892. C. Kloß. Geb. in Leinw. n. 1.—

Scheel, J. J., allerlei Schülerurbilder. Federzeichnungen f. Schul- u. Kinderfreunde. 2. Aufl. 12. (VIII, 132 S.) Hamburg 900. C. Boysen. Kart. n. 1.—

Scheel, J. N., Laudate. Sing- u. Betbüchlein zum Gebrauche in Kirche, Schule u. Familie. Unter Mitwirkg. geistl. u. weltl. Schulfreunde hrsg. 16. (XII, 205 S. m. 1 Chromolith.) Zwiefalten 889. (Schw.-Gmünd, Roth.) geb. n.n. — 85

Scheel, Johann Ernst (Bautzen) A. S. 835/11

Dissertatio inauguralis de collatione nepotum aliisque juris capitibus. Präs. Johann Balthasar Wernher. Wittemberg (Gerdes) 17. I. 1721. 32 S. 30070

SCHEEL, JOH. GEORG, An dem frohen Tage, da Itzehoe sich ihres Alters von 500 Jahren erinnerte. Glück-Wunsch. Glückstadt. 1738. Fol. P.

Scheel, Joh. Nep., Honigbüchlein. Der große Wert u. die mannigfalt. Verwendg. d. Honigs in gesunden u. kranken Tagen. Mit mehr als 100 Rezepten. 12. (VIII, 75 S.) Leutkirch 885. Roth. cart. n. — 80

Scheel, Joh. Nep., Unterricht in der Bienenzucht, in Fragen und Antworten möglichst kurz behandelt und mit Anmerkungen ergänzt und erklärt. 12. (116 S.) Reutlingen 882, Bardtenschlager.

— Unterricht in der Bienenzucht, in Fragen u. Antworten möglichst kurz behandelt u. m. Anmerkgn. ergänzt u. erklärt. 12. (116 S.) Reutlingen 887. Bardtenschlager. — 80; cart. 1. —

Scheel, Joh. Nep., Unterricht in der Bienenzucht in Fragen u. Antworten. 2. verb. u. verm. Aufl. Bearb. v. Tony Kellen. 8. (122 S. m. 42 Illustr.) Reutlingen 899. R. Bardtenschlager. 1. —; kart. 1. 25

Scheel, Johannes [v.]: De pecuniae nomine ac natura quid senserint Romani et inprimis iureconsulti. Ienae (1864): Frommann. 30 S. 8°
Halle-Wittenberg, Jur. Diss. v. [3. Dez.] 1864
Geb. [Potsdam 29. 12. 1839]
Es gibt Exemplare mit und ohne Promotionsdatum.

Scheel, Ioannes de, Jur. utr. Dr.: De corporis juris civilis principiis oeconomicis. Halis Saxonum 1867: (Mauke in Jena). 27 S. 8°
Halle-Wittenberg, Phil. Hab.-Schr. v. 8. Mai 1867
An Stelle der von der Fakultät approbierten Arbeit De manupretio. Im Buchhandel Halle: Anton 1867. 29 S. Deutsch u. d. T.: Die wirthschaftlichen Grundbegriffe im Corpus juris civilis. In: Jahrbücher f. Nationalökonomie u. Statistik. Bd 6. Jena 1866. S. 324—344.

Scheel, Johs. de, de corporis juris civilis principiis oeconomicis. Dissertatio inauguralis. Halle 867. (Anton.) gr. 8. (29 S.) n. 5 *ngr.*

Scheel, Karl: Ableitung von Formeln für die Sättigungsdrucke des Wasserdampfes über Wasser, Eis und verdünnter Schwefelsäure bei niedrigen Temperaturen. Braunschweig 1905 (Mitteil. a. d. Physik.-Techn. Reichsanst.)

Scheel, Karl, und Wilhelm **Heuse**: Über scheinbare Abweichungen vom Mariotteschen Gesetz und deren Einfluß auf die Messung kleiner Drucke. Braunschweig 1908 (Mitteil. a. d. Physik.-Techn. Reichsanst.)

Scheel, Karl, das Acetylen, s.a. Bibliothek der gesamten Technik.

Das Acetylen. Von Karl **Scheel**. Mit 10 Abb. Hannover: M. Jänecke 1907. (74 S.) 8°
= **Bibliothek** d. gesamten Technik. Bd 44. [08. 11041 7

Scheel, Karl, s.: Acetylen in Wissenschaft u. Industrie.

Scheel, Karl: Apparat für Ausdehnungsbestimmungen nach der Fizeauschen Methode bei der Temperatur der flüssigen Luft. Berlin 1904 (Mitteil. a. d. Physik.-Techn. Reichsanst.)

Scheel, Karl, und Wilhelm **Heuse**: Über einen Apparat zur Messung sehr kleiner Drucke. Berlin 1909 (Mitteil. a. d. Physik.-Techn. Reichsanst.)

Scheel, Karl: Über die Ausdehnung des amorphen Quarzes. Braunschweig 1903 (Mitteil. a. d. Physik.-Techn. Reichsanst.)

Scheel, Karl: Über die Ausdehnung des Quarzglases. Braunschweig 1907 (Mitteil. a. d. Physik.-Techn. Reichsanst.)

Scheel, Karl [aus Rostock]: Die Ausdehnung des Wassers mit der Temperatur. . . . Rostock i./M., C. Boldt'sche Hof-Buchdr., *1890*; 2 Bl., 60 S., 1 Bl. 4°
Berlin, Phil. Fak., Inaug.-Diss. v. 11. Okt. 1890

Thiesen, M., und K. **Scheel**: Ueber die Ausdehnungskoeffizienten einiger Glassorten. Berlin 1892 (Mittheil. a. d. Physik.-Techn. Reichsanst.)

— s.: Berichte der deutschen physikal. Gesellschaft.

– Über eine absolute Bestimmung der Ausdehnung des Wassers, s. Thiesen, M.

Scheel, Karl, und W. **Heuse**: Bestimmung der Ausdehnung des Platins zwischen — 183° und Zimmertemperatur mit dem Komparator und dem Fizeauschen Apparat. Braunschweig 1907 (Mitteil. a. d. Physik.-Techn. Reichsanst.)

Scheel, Karl: Bestimmung der Brechungsexponenten von Gasen bei Zimmertemperatur, und bei der Temperatur der flüssigen Luft. Braunschweig 1907 (Mitteil. a. d. Physik.-Techn. Reichsanst.)

Scheel, Karl, und Wilhelm **Heuse**: Bestimmung des Sättigungsdruckes von Wasserdampf unter 0°. Leipzig 1909 (Mitteil. a. d. Physik.-Techn. Reichsanst.)

Ueber Fernthermometer. Von Dr. Karl Scheel in Charlottenburg. *Halle a. S.: C. Marhold 1898.* (48 S.) 1 Bd 8. 198. 9165

— s.: Fortschritte, die, der Physik.

— die Hygiene der Zimmerluft, s.: Schaefer, Karl.

— s.: Jahrbuch f. Acetylen u. Carbid.

— s.: Kalender u. Wegweiser f. Acetylen-Techniker u. Installateure.

Scheel, Karl, und R. **Schmidt**: Über das Lichtbrechungsvermögen des Heliums. Braunschweig 1908 (Mitteil. a. d. Physik.-Techn. Reichsanst.)

— s.: Logarithmentafeln, vier- u. fünfstellige.

— Physik der Materie, s.: Börnstein, Rich.

Scheel, K: Prüfung eines Sprung-Fueß'schen Laufgewichtsbarographen neuester Konstruktion. Berlin 1895 (Mittheil. a. d. Physik.-Techn. Reichsanst.)

Scheel, Karl, und Wilhelm Heuse: Prüfung der Methoden zur Herstellung hoher Vakua. Berlin 1909 (Mitteil. a. d. Physik.-Techn. Reichsanst.)

Scheel, Karl, Tafeln zur Reduction der Ablesungen an Quecksilber-Thermometern aus verre dur und den Jenaer Gläsern 16 III und 59 III auf die Wasserstoff-scala. [Sonder-Abdr. aus den Annalen der Physik und Chemie, Neue Folge. Bd. 58. 1896.] Leipzig 1896.

— s.: Verhandlungen der physik. Gesellschaft zu Berlin.

Scheel, Karl: Versuche über die Ausdehnung fester Körper, insbesondere von Quarz in Richtung der Hauptachse, Platin, Palladium und Quarzglas bei der Temperatur der flüssigen Luft. Braunschweig 1907 (Mitteil. a. d. Physik.-Techn. Reichsanst.)

Scheel, Karl: Die Wärmeausdehnung des Quarzes in Richtung der Hauptaxe. Leipzig 1902 (Mitteil. a. d. Physik.-Techn. Reichsanst.)

— Wegweiser f. Acetylen-Techniker, s.: Bernát, Desid.

Scheel, Karl: Wesen und Beispiele der juristischen Personen des öffentlichen Rechts und Haftung derselben nach § 89 Absatz 1 des Bürgerlichen Gesetzbuches. Als Anhang: Der gegenwärtige Rechtszustand im Deutschen Reiche gemäß Artikel 77 des Einführungsgesetzes zum Bürgerlichen Gesetzbuche. Hamburg 1909: Thomsen. XIV, 125 S. 8°
Heidelberg, Jur. Diss. v. 18. Okt. 1909, Ref. Jellinek
[Geb. 30. Mai 79 Eichelhardt; Wohnort: Lübeck; Staatsangeh.: Preußen; Vorbildung: Gymn. Weilburg Reife O. 01; Studium: Bonn 6, Berlin 2, Kiel 5, Würzburg 1 S.; Rig. 27. Mai 09.] [U 10. 2003

Scheel, L., über das Chiasma nervorum opticorum bei den Wirbelthieren und beim Menschen, s. Monatsblätter, klinische, für Augenheilkunde.

Scheel, Ludwig Nicolaus v.

v. Scheel, L. N., Fragmente in zwanglosen Heften. 2 Hfte. gr. 8. (238 S.) Kopenhagen 850. 51, Reitzel. (1 : n. 12 ngl 2 : n. 3/4 ℛ) n. 1 ℛ 4 1/2 ngl

— Zeugniß, abgefordert von dem Kirchenprobsten Nielsen in Schleswig in dessen „Materialien zu einer Appellation für Schleswig-Holstein und dessen Geistlichkeit." gr. 8. (55 S.) Kopenhagen 850, Reitzel.

— Zeugniß, abgefordert von dem Kirchenprobsten Nielsen in Schleswig in dessen „Materialien zu einer Appellation für Schleswig-Holstein u. dessen Geistlichkeit." gr. 8. (55 S.) Ebd. 851. 6 1/2 ngl

Scheel, M. v., der Stechginster [Ulex europaeus] als Futterpflanze. Anbau u. Fütterg. desselben nach den neuesten Erfahrgn. gr. 8. (12 S.) Oels 888. (Grünberger & Co.) n. — 60

Scheel, Marie v., Schwarz u. Weiß, Ernst u. Scherz. Zwölf Verse f. die Kinderwelt. Nach Angabe der Verf. illustr. v. Jul. Ehrentraut. Gestochen von A. v. Steindel. Imp.-4. (12 Holzschntaf.) Berlin 870. C. Duncker. In Mappe. n. 5. —

Scheel, Maria, Stickbuch auf d. Jahr 1833. Eine ausgewählte Samml. d. neuesten Muster in weißer Stickerei z. Plattstich u. Blondiren. Mit 3 Kpftaf. qu. gr. Fol. Güstrow u. Rostock 832. Oeberg u. C. 1 ℛ 16 gℊ

Scheel, Matthäus, Land u. Strand. Gedichte. (133 S.) kl. 8. Leipzig 908. Verl. f. Literat., Kunst u. Musik. 2.50

Scheel, Max, aus Marne: **Pflanzenphysiologische Untersuchungen.** *Kiel 1902: H. Fiencke.* (41 S.) 8°
Kiel, Phil. Diss. v. [10. Jan.] 1903

Scheel, Olaf, pathologisch-anatomische Untersuchungen üb. akute Poliomyelitis u. verwandte Krankheiten, s.: Harbitz, Francis.

Scheel, Otto, Predigtamtskand. aus Tondern (Schlesw.-Holst.): **Die Anschauung Augustins über Christi Person und Werk. Unter Berücks. ihrer verschied. Entwicklungsstufen u. ihrer dogmengeschichtl. Stellung dargestellt u. beurteilt.** *Tübingen 1900: H. Laupp jr.* (III, 80 S.) 8° ¶ [Erschien vollst. 1901 bei J. C. B. Mohr in Tübingen.]
Kiel, Theol. Diss. v. 31. Okt. 1900

Scheel, Otto, die Anschauung Augustins üb. Christi Person u. Werk. Unter Berücksicht. ihrer verschiedenen Entwicklungsstufen u. ihrer dogmengeschichtl. Stellg. dargestellt u. beurteilt. gr. 8. (XV, 474 S.) Tübingen 901. J. C. B. Mohr. n. 11. —

— die dogmatische Behandlung der Tauflehre in der modernen positiven Theologie. Zum Tl. Sonderabdr. aus der „Zeitschr. f. Theologie u. Kirche". (VIII, 258 S.) gr. 8. Tübingen 906. J. C. B. Mohr. n. 4.50

Scheel, Otto, s. Jubiläumsschrift (des Vereins f. Reformationsgeschichte).

— s.: Religion, die, in Geschichte u. Gegenwart.

— Luthers Stellung zur hl. Schrift, s.a. Sammlung gemeinverständl. Vorträge u. Schriften aus d. Gebiet der Theologie u. Religionsgeschichte. 29.

Luthers Stellung zur heiligen Schrift. Vortrag, geh. 1902 in Kiel von Lic. Otto Scheel. *Tübingen & Leipzig: J. C. B. Mohr 1903.* (77 S.) 8°
= **Sammlung** gemeinverständl. **Vorträge** u. Schriften aus d. Geb. d. Theologie u. Religionsgeschichte. 29. [03. 16134 6

Scheel, Otto, wie erhalten wir das geistige Erbe der Reformation in den Kämpfen der Gegenwart, s.a. Flugschriften des evangelischen Bundes. 219.

Wie erhalten wir das geistige Erbe der Reformation in den Kämpfen der Gegenwart? Vortrag geh. auf d. 1. Jahresfest d. Ev. Bundes f. Schleswig-Holstein, 1903, von Lic. Otto Scheel, Privatd., Kiel. *Leipzig: C. Braun 1904.* (27 S.) 8° [F.]
= **Flugschriften** d. Evangelischen **Bundes**. 219. [04 5356

Scheel, Paul

— s. Abhandlungen, Physikal.-chemische, naturhistor.

— s. Archiv, Nordisches.

Scheel, Paul (Übers.u.Comm.):

s.: Baldwin, George: Bemerkungen über die von ihm entdeckte Wirkung der Einreibungen des Olivenöhls gegen die Pest... (Osservazioni circa un nuovo specifico contro la peste... Dt.) Kopenhagen: 1801

JB 4.870

Scheel, Paul. Über Beschaffenheit und Nutzen des Fruchtwassers in der Luftröhre der menschlichen Früchte . . . a. d. Lat. Erlangen 1800. Ü: *Schreger, Hnr. Chn Theophilus.* (Ky) (EngM) (MGT)

Scheel, Paul, († d. 17. Juni 1811.) üb. Beschaffenheit u. Nutzen d. Fruchtwassers in d. Luftröhre d. menschl. Früchte; aus d. Latein. (v. Ch. H. Th. Schreger). 8. Erlang. 800 (Heyder). 12 gℊ

Scheel, Paul (Hrsg.):

s.: Brown, John: System der Heilkunde. (Elementa medicinae. Dt.) Nach der letzteren ...Englischen Ausg.übers...von C(hristoph) H(einrich) Pfaff. Nebst einer tabellarischen Uebersicht des Brownischen Systems von Samuel Lynch. Wien: (1796)

JB 2.563

Scheel, P(aul) (Hrsg.):

s.: Brown, John: System der Heilkunde. (Elementa medicinae. Dt.) Nach der letzten... englischen Ausg...übers...von C(hristoph) H(einrich) Pfaff. Nebst einer tabellarischen Uebersicht des Brownischen Systems von Samuel Lynch. 3...Ausg. Kopenhagen: 1804

JB 2.564

— Comment. de liquoris amnii asperae arteriae foetuum humanorum natura. 8. Kopenh. 799. Brummer. 10 gr

Paul Scheel

Paul Scheel (Comment[atio] de liquoris amnii asperae arteriae foetuum humanorum natura et usu. [Deutsch:]) Über Beschaffenheit und Nutzen des Fruchtwassers in der Luftröhre der menschlichen Früchte, dessen Berucks. in d. gerichtlichen Arzneikunde u. beim Scheintode neugebohrner Kinder,... Aus d. Lat. m. Anm. [Übers.: Christian Heinrich Theodor Schreger.] Erlangen: Schubart 1800. VI, 154 S. 8°

s. Sartorph, M.: Schriften.

— die Transfusion des Blutes u. die Einspritzung v. Arzneien in die Adern, histor. u. in Rücksicht auf die prakt. Heilkunde bearb. 2 Thle. 8. Kopenh. 802. Brummer. 2 ℛ 3r Thl. A. u. d. T.: J. F. Dieffenbach, die Transfusion d. Blutes rc. 1r Thl. gr. 8. Berl. 827. Enslin. 1 ℛ 6 gr

Paul Scheel die Transfusion des Blutes und Einspritzung der Arzneien in die Adern, historisch und mit Rücksicht auf die praktische Heilkunde bearbeitet. 2 Theile. Kopenhagen 1802. 1803. 8. Dritter Theil, als Fortsetzung von Jo. Friedr. Dieffenbach. Berlin 1828. 8. (Cfr. quoque: *Jo. Friedr. Dieffenbach über die Transfusion des Blutes und die Infusion der Arzeneien. Ein Abdruck aus Rust's Handbuche der Chirurgie.* Berlin 1833. 8., quod etiam historica continet.)

Paul Scheel

Die Transfusion des Blutes und Einsprützung der Arzeneyen in die Adern. Historisch u. in Rücksicht auf die practische Heilkunde bearb. von Paul Scheel (Th.3 fortges. von J[ohann] F[riedrich] Dieffenbach). Th.[1.] 3. Copenhagen: Brummer (3: Berlin: Enslin) 1802-28. 8°

[Th.1:] 1802.
Th

Th.3: Die Transfusion des Blutes und die Infusion der Arzeneien in die Blutgefäße. Th.1. 1828.

Scheel, Paul Friedrich, appr. Arzt: Aus d. pathol. Inst. d. Univ. Rostock. Über ein eigenartiges Kankroid der Niere. Berlin 1910: G. Reimer. 17 S. 8° ¶ (Aus: Virchows Archiv f. pathol. Anat. u. Physiol. Bd 201.)
Rostock, Med. Diss. v. 6. Okt. 1910, Ref. Schwalbe
[Geb. 1. Okt. 83 Rostock; Wohnort: Rostock; Staatsangeh.: Mecklenburg-Schwerin; Vorbildung: Gymn. Rostock Reife M. 01; Studium: Phil. Rostock 2, Med. Tübingen 4, Rostock 6 S.; Coll. 24. Juni 09; Approb. 31. Mai 09.]
[U 11. 4124

Scheel, Paul Simon (Wittstock) A. S. 1266/21

Disputatio inauguralis medica, proponens vermem umbilicalem. Präs. Justus Vesti. Erfurt (Grosch) 27. VI. 1710. 8 Bl.

Gew.: Maria Aurora Königsmarck, Eleonore Sophia und Maria Magdalena Gfin zu Schwartzburg.
W. v.: Georg Christoph Peter von Hartenfelss, Präs., Johann Philipp Eysel. 30071

Scheel, Richard, approb. Arzt aus Gießen: **Geburtsverletzungen am kindlichen Schädel.** *München 1903: C. Wolf & Sohn.* (10 S.) 8°
München, Med. Diss. v. 1903

Scheel, Rob., ein Beitrag zur Aetiologie der Aktinomykose des Rindes, s.a. Arbeiten aus dem bakteriolog. Laborat. des städt. Schlachthofes in Berlin. Heft 2.

Scheel, Robert, Tierarzt in Berlin: Ein Beitrag zur Aetiologie der Aktinomykose des Rindes unter besonderer Berücksichtigung der Kieferaktinomykose. (Aus dem bakteriologischen Laboratorium des städtischen Schlachthofes in Berlin. J. Bongert.) Leipzig 1910. 85 S. und eine Tafel. 8°. [21. VI. 10.]
Zürich. Univ. Vet.-med. Diss. 1909 10.

Scheel, Robert. Ein Beitrag zur Aetiologie der Aktinomykose des Rindes, unter besonderer Berücksichtigung der Kieferaktinomykose. Aus dem bakteriologischen Laboratorium des städtischen Schlachthofes in Berlin.... Diss. Vet.-Med. Univ. Zürich. [Mit 1 Tafel.] 35 S. 8. Leipzig, Otto Nemnich, 1910.

Scheel, Th[eodor], Dr.: **Katalog** (Umschlagt.: Verzeichnis) der Schüler-Bibliothek der Realschule zu Schönebeck a. E. *Schönebeck a. E. (1901): Gebr. Wallstein.* (32 S.) 8°
Schönebeck a. E., R. OP 1901 (265)

Scheel, Vikt., s.: Verhandlungen des 6. nordischen Kongresses f. innere Medizin.

Scheel, W., siehe Carolina u. Gerichtsordnung.

— kleinerer Reichsgesetze u. Verordnungen handelsrechtlichen Inhalts. Eine Ergänzg. zum Handelsgesetzbuch Textausg. m. alphabet. Sachregister. 12. (VIII, 534 S.) München, C. H. Beck. Geb. in Leinw. 2. 50.
1900

— (Hrsg.), s. Wickram, Georg: Werke

Scheel, Wilh., Einblick in die deutsche Einheits-Stenographie (Gabelsbergers System). gr. 8. (4 S.) Leipzig (900). E. Zehl. n. — 10

Scheel, Wilh., Einblick in Gabelsbergers Stenographie. 4. Aufl. (2 S.) Osterwieck (904). Wolfenbüttel, Heckner. 25 Stück nn — 75

Scheel, Wilh., kurzer Lehrgang der Stenographie nach Gabelsbergers System. Für den Unterricht in Schulen und Vereinen bearb. 1. Stufe: Schul- und Korrespondenzschrift. gr. 8. (VI, 48 S.) Neumünster 888, (Brumby.) *

Scheel, Wilh., kurzer Lehrgang der Stenographie nach Gabelsberger's System. Für den Unterricht in Schulen u. Vereinen bearb. 1. Stufe: Schul- u. Korrespondenzschrift. 3. Aufl. gr. 8. (VI, 50 S.) Neumünster 890. (Brumby.) n. 1. —

Scheel, Wilh. Kurzer Lehrgang der Stenographie nach Gabelsbergers System. Für den Unterricht in Schulen u. Vereinen, sowie f. den Selbstunterricht bearb. 2 Tle. gr. 8. Lpz., Zehl's Stenographie-Verl. à Tl. * 1 —; * 2 —
1. Schul- u. Korrespondenzschrift. 5. verb. Aufl. (VI, 50 S.) 892.
2. Debattenschrift. (III, 20; 21 autogr. S.) 891.

Scheel, Wilh., kurzer Lehrgang der Stenographie nach Gabelsbergers System. Für den Unterricht in Schulen u. Vereinen, sowie f. den Selbstunterricht bearb. 2 Tle. gr. 8. Leipzig, E. Zehl's Stenographie-Verl. à n. 1.—
1. Schul- u. Korrespondenzschrift. 8., verb. Aufl. (VI, 50 S.) 895.
2. Debattenschrift. (III, 20 u. 21 autogr. S.) 891.

Scheel, Wilh., kurzer Lehrgang der Stenographie nach Gabelsbergers System. F. d. Unterricht in Schulen u. Vereinen, sow. f. d. Selbstunterricht bearb. 1. u. 2. Tl. gr. 8. Leipzig, E. Zehl. à n. 1.—
1. Schul- u. Korrespondenzschrift. 9., verb. Aufl. (VI, 50 S.) 896.
2. Debattenschrift. 2., verb. Aufl. (IV, 20 u. 18 autogr. S.) 895.

— kurzer Lehrgang der Stenographie nach Gabelsbergers System. Für den Unterricht in Schulen u. Vereinen, sowie f. den Selbstunterricht bearb. 1. Tl.: Schul- u. Korrespondenzschrift. 15. Aufl. gr. 8. (VI, 52 S.) Leipzig 901. E. Zehl. n. 1.—; kart. n. 1.20; Schlüssel. 3. Aufl. (4, 12 S.) 899. n. —50

Scheel, Wilh., kurzer Lehrgang der Stenographie nach Gabelsbergers System. Für den Unterricht in Schulen u. Vereinen, sowie f. den Selbstunterricht bearb. 2 Tle. gr. 8. Wolfenbüttel 903. (Heckner) n n. 1. 30
1. Verkehrsschrift. 17. Aufl. (VI, 54 S.) n.n. 1.—
2. Redeschrift. 3. Aufl. (30 S.) n.n. —30

Lehrgang der Stenographie nach Gabelsberger. Für den Unterricht in Schulen u. Vereinen sowie f. den Selbstunterricht bearb. 25. Aufl. (VI, 62 S.) 8. Wolfenbüttel 910. Heckner. nn 1.—; Schlüssel, 4. Aufl. (20 S.) (901.) nn —50

Der kleine Praktiker. Ein Handbüchlein f. angehende Stenographen. (32 S.) 8. Osterwieck 904. Wolfenbüttel, Heckner. —50

Der kleine Praktiker. Ein Handbüchlein f. angehende Stenographen. Zsgest. von Wilhelm **Scheel**, Lehrer in Neuman-ter. Osterwieck Harz: A. W. Zickfeldt 1904. (32 S.) 8° [illegible]

— der Stenographielehrer. Ein Beitrag zur Methodik d. stenograph. Unterrichts. gr. 8. (15 S.) Ebd. 892. n. —35

Scheel, Willy, Aufgabenbuch zur Grammatik, Rechtschreibg. u. Zeichensetzung, s.: Lyon, Otto.

Scheel, Willy [aus Berlin]: Beiträge zur Geschichte der neuhochdeutschen Gemeinsprache in Köln ... [Erschien vollst. 1893 u. d. T.: „Jaspar v. Gennep u. d. Entwicklung d. nhd. Schriftsprache in Köln" in: Westdeutsche Zeitschr. f. Gesch. u. Kunst, Erg.-Heft 8.] Marburg, '(F. Lintz'sche Buchdr. in Trier.)', 1892; 40 S. 8.
Marburg, Phil. Fak., Inaug.-Diss. v. [6. Jan.] 1893

— Bilder aus Deutsch-Ostafrika, s.: Sammlung belehrender Unterhaltungsschriften f. die deutsche Jugend.

Scheel, Willy, Jaspar v. Gennep u. die Entwicklung der neuhochdeutschen Schriftsprache in Köln, s.: **Zeitschrift, westdeutsche, f.** Geschichte u. Kunst.

Scheel, Willy, s.: Gerichtsordnung, die peinliche, Kaiser Karls V.

— zur Geschichte, s.: Aus deutscher Wissenschaft u. Kunst.

Zur Geschichte. Proben von Darstellungen aus d. deutschen Geschichte f. Schule u. Haus ausgewählt u. erl. von Dr. Willy **Scheel**, Oberl. Leipzig & Berlin: B. G. Teubner 1906. (174 S.) 8° [F.]
(Aus deutscher Wissenschaft u. Kunst.) [06. 5358

— s.: Halsgerichtsordnung, die bambergische.

Handbuch der deutschen Sprache f. höh. Mädchenbildungsanstalten, s.: Lyon, Otto.

— Handbuch der deutschen Sprache f. höh. Schulen, s.: Lyon, Otto.

Poetischer Hausschatz des deutschen Volkes, s.: Wolff.

— Deutsche Kolonien. Koloniales Lesebuch zur Einführung in die Kenntnis v. Deutschlands Kolonien u. ihrer Bedeutg. f. das Mutterland. Ausgewählt, eingeleitet u. m. e. Sachregister versehen. (VIII, 226 S. m. Titelbild.) 8. Berlin 907. C. A. Schwetschke & Sohn. 2.80; geb. 3.50

— altdeutsches Lesebuch, s.: Hopf, J., u. K. Paulsiek, deutsches Lesebuch.

— deutsches Lesebuch f. höh. Lehranstalten, s.: Hopf, A.

— dasselbe, s.: Lesebuch, deutsches, f. höh. Lehranstalten.

— Lesebuch aus Gustav Freytags Werken. Ein Hilfsbuch f. den deutschen u. geschichtl. Unterricht an höheren Lehranstalten. Ausgewählt u. eingeleitet. gr. 8. (X, 215 S.) Berlin 901. Weidmann. Geb. in Leinw. n. 3.—

— Lesebuch aus Gustav Freytags Werken. Ein Hilfsbuch f. den deutschen u. geschichtl. Unterricht an höh. Lehranstalten. Ausgewählt u. eingeleitet. 2., verm. u. durchgeseh. Aufl. (X, 219 S.) 8. Berlin 906. Weidmann. Geb. n. 3.—

Scheel, Willy: Das Lichtbild und seine Verwendung im Rahmen des regelmäßigen Schulunterrichts. Leipzig (1908): Klinkhardt. VI, 52 S. 8°
Steglitz, G u. RG i. E. OP 1908 (104) **[S 08. 405**

— Das Lichtbild u. seine Verwendung im Rahmen des regelmässigen Schulunterrichts. (VI, 52 S. m. 2 Taf.) 8. Leipzig 908. Quelle & Meyer. 1.—

— Johann Freiherr zu Schwarzenberg. (XVI, 381 S. m. Titelbild.) gr. 8. Berlin 905. J. Guttentag. n. 8.—

— Deutschlands Seegeltung. Lesebuch zur Einführg. in die Kenntnis v. Deutschlands Flotte u. ihrer Bedeutg. in Krieg u. Frieden. (VIII, 341 S.) gr. 8. Halle 905. Buchh. des Waisenhauses. n. 3. 50; geb. in Leinw. n. 4.80

Neuhochdeutsche Sprachlehre, s.a Bibliothek, indogermanische. II.

Neuhochdeutsche Sprachlehre. Fur d. Oberstufe höh. Lehranst. von Dr. Willy **Scheel**, Steglitz. 1. Heidelberg: C. Winter 1908. 8°
= **Bibliothek**, Indogermanische. Abt. 2. Bd 2. [08. 7492

— das alte Bamberger Strafrecht vor der Bambergensis. Nach den Quellen dargestellt. gr. 8. (VIII, 96 S.) Berlin 903. F. Vahlen. n. 2.40

Kieler Schloß, den 25. Nov. 1869. [Programm.] Zur Vorfeier der silbernen Hochzeit Ihrer Excellenzen des Herrn Baron und der Frau Baronin von Scheel-Plessen. Kiel. (1869.) 1 Bl. 4°

Scheel-Plessen, Frhr. C. v., Rede zur feierlichen Grundsteinlegung d. neuen Universitätsgebäudes am 3. Aug. 1873 geh. 4. (6 S.) Kiel 873. Universitätsbuchh. n. — 30

Scheel-Nölting, Elisab. v., Märchen u. Novellen. 8. (147 S.) Riga 900. J. Deubner. n. 2.50

Scheele: Der B e g r i f f der Prosa. Merseburg. 1865
Schul-/Univ.-Schrift

Scheele. Horatiana. Pr. 1874. 11 S. 4°. 2.—

Scheele, die Zustellung im Civilprozeß. 8. (32 S.) Hamm 886, Grote'sche Buchh. *
Aus: Zeitschrift der Anwaltskammer im Bezirk Hamm, besonders abgedruckt.

Scheele, A., s.: Braunkohle.

Scheele, A. **De usu particularum ἤ — ἤ et εἰ — ἤ in sermone Homerico. 12 S.** . . . .
Greifswald, Progr. 1840

Scheele, Albert, Statistik der **Typhus-Sectionen** im Pathologischen Institute zu München vom November 1876 bis Dezember 1884. Diss München 1885, A. Buchholz. 8°. 16 S. mit einer Taf.

Scheele, Albert [approb. Arzt aus Hamm i. W.]: **Statistik der Typhus-Sectionen im Pathologischen Institute zu München von November 1876 bis Dezember 1884** . . . . München, Kgl. Hof- & Univ.-Buchdr. v. Dr. C. Wolf & Sohn, 1885; 16 S. u. 1 Taf. 8°.
München, Med. Fak., Inaug.-Diss. v. 1885

Scheele, Alfr., Betriebs-Reglement für die Eisenbahnen Deutschlands vom 11. Mai 1874. Für den prakt. Gebrauch mit vergleichenden Anmerkungen und Sachregister versehen. 8. (68 S.) Berlin 874, Grosser. *

Scheele, Alfr., Betriebsreglement f. die Eisenbahnen Deutschlands v. 11. Mai 1874. Für den prakt. Gebrauch m. vergleich. Anmerkgn. u. Sachregister versehen. 8. (68 S.) Berlin 876. Grosser. n. 1. —

Scheele, Augustus Friedericus: *Specimen commentationis de interpolationibus Homericis. 19 Bl. 4°
Halle-Wittenberg, Phil. Diss. v. 30. August 1833
Geb. [Stralsund 25. 8. 1810]

Scheele, C., die Apocryphen und die Wupperthaler Bibelgesellschaft. Barmen 855. Langewiesche in Comm. 12. (27 S.) n. 2 ngr.

— vom ersten Christenthum. Ein Brief aus Elberfeld an die jüngeren Theologen der Diöcesen Atzendorf u. Calbe a. S. Elberfeld 854. Hassel. 12. (59 S.) n. 3 ngr.

—— das Kreuz Jesu Christi. Passions- und Osterpredigten. 8. (VIII und 192 S.) Halle 856(57,) Mühlmann.

—— Lasset euch versöhnen mit Gott! Abschiedspredigt zu Glaucha vor Halle gehalten. 8. (16 S.) Halle 856, (Mühlmann.) *

—— Plato und Johann Arnd. Ein Vortrag auf Veranstaltung des evangel. Vereins für kirchl. Zwecke gehalten am 2. Febr. 1857. gr. 8. (31 S.) Berlin 857, W. Schultze.

—— unser Seligwerden. Antrittspredigt, gehalten am 7. Octbr., den 18. Sonnt. nach Trinitatis. 8. (24 S.) Halle 855, Mühlmann.

—— ein Wanderstab nach Bethlehem, in Advents- und Weihnachtspredigten. 8. (VII und 94 S.) Elberfeld 854, Hassel. *

Scheele, Carl ..., s. S c h e e l e, Karl ...

Scheele, Conrad, s. S c h e e l e, Konrad

Scheele, E., systematische Darstellung der Lippstädter Gütergemeinschaft. Lippstadt 857. Lange. gr. 8. (72 S.) n. 15 ngr.

—— das preußische Wasserrecht. gr. 8. (135 S.) Lippstadt 860, Staats. —

Scheele, Emil: **Über zwei Ovariotomien bei bösartigen Neubildungen des Ovarium (Carcinoma und Papilloma ovarii). . . . Strassburg, Strassb. Druckerei u. Verlagsanst. vorm. R. Schultz & Co, 1880; 51 S. 8°**
Strassburg, Med. Fak., Inaug.-Diss. v. 1880

Scheele, **Erich**, aus Bremen: Über einige Erdoele aus Borneo. Basel 1908. 64 + 1 S. 8°. [4. XI. 07.]
Basel. Phil. Diss. 1907/08.

Scheele, Erich. **Über einige Erdoele aus Borneo.** Diss. Phil. Basel. 65 S. 8. Basel, Froese & Co., 1908.

Scheele, F., dreißig Sätze zum Kaiserworte: „Sorgen Sie dafür, daß dem Volke die Religion erhalten bleibt!" Dem deutschen Volke dargeboten. gr. 8. (16 S.) Halle 880. Fricke's Verl. — 30

Scheele, Fr. August

Scheele, Fr. A., bibl. Geschichten nach d. Worten d. Bibel zusammengest. u. mit nützl. Lehren, Bibelsprüchen, Gesangversen u. Fragen begl. z. Gebr. in Bürger- u. Landschulen. 2 Thle. 8. (32 B.) Magdeburg 836, Heinrichshofen.

Scheele, F. A., Katechismus d. christl. Religion, in Lehrsätzen mit bibl. Sprüchen, bibl. Beispielen u. Liederversen z. Auswendiglernen f. Kinder in evangel. Schulen. 8. Magdeb. . . . 2e A. 826. (Heinrichshofen). 6 gl

Scheele, Fr. Aug., Katechismus der christlichen Religion in Lehrsätzen mit bibl. Sprüchen, bibl. Beispielen u. Liederversen für die erwachsenere Jugend in evangel. Volksschulen. 5. verb. u. verm. Aufl. 8. Magdeburg 842, Fabricius u. Sch. 8 3/4 ngl

Scheele, Fritz, Prof.: Über die Dandelinschen Kugeln. Berlin 1907: Weidmann. (13 S., 2 Taf.) 4° [F.]
Berlin, X. R OP 1907 (145)

Scheele, G., bürgerl. Gesetzbuch f. d. Königr. Sachsen, Nachtrag, s.: Hoffmann, Steph., neuere Entscheidungen.

Scheele, G., **das deutsche Urheberrecht an literarischen, künstlerischen u. photographischen Werken. Die Reichsgesetze üb. das Urheberrecht an Schriftwerken, Abbildgn., musikal. Kompositionen, dramat. Werken, Werken der bild. Künste, sowie üb. den Schutz der Photographieen, unter besond. Berücksicht. der Rechtsprechg. d. Reichsgerichts u. der internationalen Verträge d. Deutschen** Reichs erläutert. gr. 8. (X, 275 S.) Leipzig 892. C. L. Hirschfeld. n. 6. 80; geb. n. 7. 80

(B) **Scheele**, G., das deutsche Urheberrecht. 892. (KBL 28.) Jetzt: Tübingen, J. C. B. Mohr.

Scheele, G. C., sicherer Führer z. gründl. Rechnen, od. Abhülfe d. mechan. Rechnens bei d. ersten Anfängern, mit deutl. Erklärr., Beispielen u. jedesmal. Einleit. z. Erleichterung f. Lehrer u. Schüler. 1r Thl. 8. Hamb. 821. berichtigt 822. Herold jun. 8 ß

-- Auflösungen zu dessen Rechenbuch: „Sicherer Führer zum gründl. Rechnen." 8. Hamb. 822. (Herold). 6 ß

— Vorschriften z. Ausbildung im Schönschreiben f. Kaufleute u. Schulen. 1s bis 5s Heft. 3s u. 4s Heft. A. u. d. T.: Uebung im Schön- u. Schnellschreiben f. Kaufleute u. Schulen. 1s u. 2s Heft. à 18 gr. 1 Rthl. 12 gr. qu. Fol. Hamburg 822 — 25, Herold. (3s u. 4s Heft à 18 gr. 5s H. 1 Rthl. —)

Scheele, G. C., Vorschriften. 6. u. 7. Hft. — A. u. d. T.: Vorschriften zur Erlernung d. Schnellschreibens. (1. u. 2. Hft.) Hamburg, (Herold.) [6. qu. Fol. (9 Bl. Kpfrst. u. 1 Bl. gedr. Vorber.) 829. 1 Thlr., 7. qu. gr. 4. (10 Bl. Kpfrst.) 832. 16 Gr.]
1—5. Hft. Ebendas. 1822—25. 4 Thlr. 8 Gr.

Scheele, Georg: Die „Lettres d'un officier prussien" Friedrichs des Grossen. . . . Strassburg, Verl. v. Karl J. Trübner, 1889; 8 Bl. + 79 S. 8°
Strassburg, Phil. Fak., Inaug.-Diss. v. 1889

Scheele, J., empfiehlt es sich f. diejenigen Geistlichen, welche gegenwärtig Mitglieder der Allgem. Witwen-Verpflegungs-Anstalt sind, daß sie f. ihre künftigen Witwen auf das in dem neuen Kirchengesetz bestimmte Witwengeld verzichten? 8. (11 S.) Halle a/S. 889. Strien. — 15

Scheele, Johann Carl Christian Conrad (Weenda)
Utrum Jesus ecclesiam fundare voluerit, nec ne, et qualis status primaevae ecclesiae fuerit et forma?
Diss. phil. Giessen 15.5.1819.
(Lat. lt. Promotionsakten handschriftlich vorgelegen, liegt jedoch nicht mehr bei.)

Scheele, Jos., die Aufsatzübungen in der Oberklasse der Volksschule, s.: Sammlung pädagogischer Vorträge.

Scheele, Jul., der Grundbuchführer. Leitfaden zum prakt. Gebrauche. 8. (78 S.) Berlin 873. Kortkampf. n. 1. 80

Scheele, Jul., Vormundschafts-Ordnung. Auszug aus den Bestimmungen des preuß. Landrechts. (Thl. II. Titel 18). Zum Gebrauch für Vormünder u. Kuratoren herSg. Wittenberg 868. Koelling. br. 8. (34 S.) n. 4 ngr

Schéele, K. H. Gez. v., die kirchliche Katechetik, in allgemeinen Grundzügen dargestellt als Leitfaden f. den Religionsunterricht. Mit Bewillig. d. Verf. nach der 4. Aufl. d. Originals ins Deutsche übers. durch Al. Michelsen u. P. E. Schumacher. gr. 8. (VIII, 227 S.) Leipzig 886. Fr. Richter. n. 2. 80

Schéele, K. H. Gez. v., theologische Symbolik. Aus dem Schwedischen. Mit Vorwort von O. Zöckler. 1—3. Thl. gr. 8. Leipzig 881. 82. Lehmann. n. 12. —
1. Einleitung. Allgemeine christliche Kirche. Griechisch-katholische Kirche. Römisch katholische Kirche. (VIII, 218 S.) n. 5. —
2. Die evangelisch lutherische Kirche. (217 S.) n. 4. —
3. Die reformirte Kirche. (III, 228 S.) n. 3. —

— theologische Symbolik. Aus dem Schwed. Mit Vorwort v. O. Zöckler. 2. Ausg. 3 Thle. in 1 Bd. gr. 8. (VIII, 218; III, 217 u. III, 228 S.) Leipzig 886. Fr. Richter. n. 12. —; geb n. 14. —

Scheele, Karl

Scheele, Carl, der kirchliche Beruf Preußens für Deutschland und sein neues Unionsprincip nach Dr. Dorner. In Briefen. gr. 8. (VIII, 341 S.) Berlin 868, Schlawitz. [Leipzig, Hinrichs' Verlag.] *M 3,75.; geb.

— der Christenjüngling. Ein Gedicht. II. Die Kriegserklärung. Lex.-8. Magdeburg 841, Heinrichshofen. 1½ Thlr.

Scheele, Karl, offenherzige Erklärung über Kirchenlehre, Augsburgische Confession u. Symbolzwang. Ein Neujahrswunsch. gr. 8. Magdeburg 846, Fabricius u. Sch. n. ⅓ Thlr.

Scheele, Carl, nach Hause. Gedichte. 8. (VIII und 198 S.) Halle 861, Fricke. 24 Ngr.; geb. Thlr. *

Scheele, C(arl), das Hausrecht in der evangelischen Kirche. Eine Stimme aus dem Sachsenlande. gr. 8. (35 S.) Magdeburg 847, Falckenberg und Comp.

—— die allgemeine evangelisch-lutherische Kirchen-Zeitung und Frhr. v. Hodenberg. Eine Frage. gr. 8. (20 S.) [Ebendas.] 869. *

— die Kirchenzucht der evangelischen Kirche. Vortrag in der Gnadauer Herbstversammlung 1851 gehalten. 8. (84 S.) Halle 852, Mühlmann. n. ⅙ Thlr.

Scheele, Carl, Missions-Todtenfeier. Abendpredigt am 6. December 1858 im Dom zu Magdeburg gehalten. Magdeburg 859. (Heinrichshofen.) gr. 8. (19 S.) 2½ ngr

—— für und wider Preußen. Eine Bitte um Frieden als Antwort auf hannoversche Stimmen. gr. 8. (IV, 188 S.) [Ebendas.] 869. *M 2.; geb.

Scheele, Carl, der gebildete Theologe. Eine kulturgeschichtl. Betrachtung. gr. 8. (47 S.) Magdeburg 864, Heinrichshofen'sche Buchh.

—— Theologen an Gymnasien. Vortrag bei der Wiedereröffnung des Candidaten-Convictes am Pädagogium des Klosters U. L. Fr. zu Magdeburg den 7. Mai gehalten. gr. 8. (36 S.) Magdeburg 862, Heinrichshofen'sche Buchh.

— die trunkene Wissenschaft u. ihr Erbe an die evangel. Kirche. Ein Beitrag zur Beurtheilung der neueren Theologie. In Briefen. Ebend. 867. gr. 8. (VIII, 259 S.) n. 1 Thlr.

Scheele, Karl Ernst

Scheele, Carl Ernst, systemat. Darstellung der Lehre vom Beweise im preuß. Civilprozesse zum Gebrauche f. prakt. Juristen. gr. 8. (X u. 110 S.) Leipzig 848, Brauns. ½ Thlr.

Scheele, Karl Ferdinand

Scheele, Car. Ferd. [illegible] Arnsberg [illegible]: Quaedam de morbis secundariis. Berolini (183[illegible]) 31 S. 8°
Berlin, Med. Diss. v. 27. Okt. 183[illegible]

Scheele, Karl Heinrich

Scheele, Carolus Henricus: Commentatio grammatica exegetica de Hebraea particula [hebr.:] k. Halis Saxonum (1832): Baentsch. 19 S. 8°
Halle-Wittenberg, Phil. Diss. v. 3. Okt. 1832
Geb. [Magdeburg 31. 3. 1810]

Scheele, Karl Wilhelm

Chemische Abhandlung von der Luft und dem Feuer. Nebst einem Vorbericht von Torbern Bergman. Upsala und Leipzig, 1777. 12mo, pp. vi–155.
Contains Scheele's discovery of oxygen, made independently of Priestley.

Scheele, C. Wilh., chem. Abhandl. von der Luft und dem Feuer rc. v. J. G. Leonhardt. 8. Leipzig, Crusius. (F. C. W. Vogel.) 782.

Scheele C. W: Chemische Abhandlung v. Luft u. Feuer. Nebst einem Vorberichte v. T. Bergmann. 2. verb. Ausg. ... verm. v. J. G. Leonhardi. Leipz. 1782. (32) 286 S. 1 Tvl.
(Ogsaa =: ... Werke. Bd. 1; se ndf.).

— chemische Abhandlung v. der Luft u. dem Feuer, s.a. Ostwald's, W., Klassiker der exakten Wissenschaften.

Chemische Abhandlung von der Luft und dem Feuer v. Carl Wilhelm Scheele ... (1777.) Hrsg. v. W[ilhelm] Ostwald. M. 5 Textfig. Leipzig: W. Engelmann 1894. (11 S.) 1 Bd 8.
Klassiker, Ostwald's, d. exakten Wissenschaften. No 58.

SCHEELE, CARL WILHELM.
* Nachgelassene Briefe und Aufzeichnungen. Herausgegeben von A. E. Nordenskjöld. Stockholm, 1892. pp. XLIII–491–6, roy. 8vo. Ill.
These sumptuous volumes contain views of Scheele's statue, his apothecary shop, etc. Also a bibliography of works by and about him, facsimiles of letters, and of pages from his laboratory note-book.

— nachgelassene Briefe u. Aufzeichnungen, hrsg. v. A. E. Nordenskjöld. Lex.-8. (XLIII, 493 S. m. Bildnis u. 6 S. in Fksm.) Stockholm 893. (Berlin, Friedländer & Sohn.) n.n. 24.—

Scheele, Karl Wilhelm: Opuscula chemica et physica. Ex Suecico Latine vertit Gottfried Heinrich Schaefer, edidit Ernst Benjam(in) Gottl(ieb) Hebenstreit. Vol.1 - 2, gbd., Abb.

Lipsiae: Müller 1788 - 1789

JB 321

— Opuscula chemica et physica, lat. vertit G. H. Schäffer ed. E. B. G. Hebenstreit. II Vol. 8. maj. Lps. Müller. (Joachim.) 788–89.

— sämmtl. physische u. chem. Werke, nach seinem Tode hrsgg. v. S. F. Hermbstädt. 2 Thle. gr. 8. Berl. 793. Rottmann. 2 / 16 g/

Scheele, Carl Wilh., sämmtliche physische u. chemische Werke, nach dem Tode d. Verf. gesammlet u. in deutscher Sprache hrsg. v. Sigism. Frdr. Hermbstädt. 2 Bde. 2. unveränd. Aufl. (Anastatischer Neudr.) [Wissenschaftliche Classiker in Facsimile-Drucken, IV. u. V. Bd.] gr. 8. (XXXII, 264 u. 446 S.) Berlin (793) 891. Mayer & Müller. n. 14.—

Scheele, Konrad v

[F.] von Scheele, Conrad: Deutsches Reichsgesetz betreffend die Besteuerung des Branntweins vom 24. Juni 1887 ... Halle, Druck v. M. Hoffmann, 1892; 89 S., 2 Bl. 8.
Halle, Phil. Fak., Inaug.-Diss. v. [18. Febr.] 1892

Scheele, Kurt: Über die Auflösung algebraischer Gleichungen durch unendliche Reihen. Dresden, Kammingsche Buchdr., 1896; 1—29 S. 4.
Dresden, Wettiner G, OP 1896 (546)

Scheele, Ludw., Abriss d. lateinischen u. griechischen Moduslehre in paralleler Darstellung. gr. 8. (IV, 73 S.) Marburg 895. N. G. Elwert's Verl. n. 1. 50

Scheele, Ludovicus, de Sorano Ephesio medico etymologo, s.a. Dissertationes philologicae Argentoratenses selectae.

Scheele, Ludovicus [Hannoveranus]: De Sorano Ephesio medico etymologo .... Argentorati, apud C. J. Truebner, 1884 [statt 1888]; 2 + 40 S. 8°.
Strassburg, Phil. Fak., Inaug.-Diss. v. 1880.

Scheele, *Ludwig* [Dr.]: Versuch einer parallelen Darstellung der lateinischen und griechischen Moduslehre. Strassburg i. Els., Druck v. M. DuMont-Schauberg, 1891; 1 Bl., II, 73 S. 8.
Thann, PG, MP 1894 (523)

Noten zur Beleuchtung der angeblichen „Thatsachen" in dem Memoir on the constitutional rights of the Duchies of Schleswig and Holstein presented to Viscount Palmerston by Chevalier Bunsen, on the 8th of April 1848. [Verf.: Ludwig Nikolaus von Scheele.] Kopenhagen. 1848. 8°

Scheele, M. L. De instrumento assecurationis vulgo Polizza. Helmstadii 1707.

Die Kinderheilanstalt zu Bad Sooden a. d. Werra in den ersten 25 Jahren ihres Bestehens. Eine Festschrift zu ihrem 25j. Jubil. 1904 ... von Pfarrer Martin Scheele, u. San.R. Dr. Friedrich Sippell. *Allendorf 1904: Bodenheim Co.* (47 S.) 8° [F.]

Scheele, Richard, Gerichtsass. in Fulda: Eine Frage aus der Lehre vom Regress Mangels Annahme eines Wechsels. *Cassel 1899: F. Scheel.* (54 S.) 8°
Tübingen, Jur. Diss. v. 1899

Scheele, W., s.: Untersuchungen, chem. u. medicin.

Scheele, Wilh., alte und neue Bildung mit Bezug auf das Schulwesen. (Nachgelassenes Werk.) gr. 8. (VIII und 131 S.) Elbing 851(52,) Neumann-Hartmann.

Scheele, Wilh., Vorschule zu den latein. Klassikern. Eine Zusammenstellung v. Lern- u. Uebungsstoff f. d. erste u. mittlere Stufe des Unterrichts in d. latein. Sprache. 2 Thle. 8. Elbing Neumann-Hartmann.
Thl. 1. Formenlehre. 1. Aufl. (11 B.) 844. u. 2., durch einige leichte Lesestücke verm. Aufl. (12 B.) 846. à * 10 Ngr.
" 2. Satzlehre u. Lesestücke. (14½ B.) 845. * 15 Ngr.

— Vorschule zu den lateinischen Klassikern. Eine Zusammenstellung von Lern- u. Uebungsstoff f. die erste u. mittlere Stufe d. Unterrichts in der latein. Sprache. 2 Thle. gr. 12. 1. Thl.: Formenlehre mit latein. u. deutschen Uebungssätzen u. einige leichte Lesestücke. 3. unveränd. Aufl. (X u. 182 S.) 2. Thl.: Satzlehre u. Lesestücke. 2. Aufl. (XII u. 222 S.) Elbing 850. 49, Neumann-Hartmann. (1: n. 1/3 ₰; 2: n. 1/2 ₰) n. 5/6 ₰

Scheele, Wilh., Vorschule zu den lateinischen Klassikern. Eine Zusammenstellung von Lern- und Uebungsstoff für die erste u. mittlere Stufe des Unterrichts in der lateinischen Sprache. 1. Thl. Formenlehre und Lesestücke. 4. Aufl. 854. — 5. Aufl. 856. — 6. verb. u. verm. Aufl. Elbing 858. Neumann-Hartmann. 8. (XVI, 184 S.) n. 10 ngr.

— — 2. Thl.: Satzlehre und Lesestücke. 3. Aufl. 853. (XII, 228 S.) — 4. verb. u. verm. Aufl. Ebend. 858. 8. (XV, 224 S.) n. 15 ngr.

Scheele, Wilh., Vorschule zu den lateinischen Klassikern. Eine Zusammenstellung von Lern- und Uebungsstoff für die erste und mittlere Stufe des Unterrichts in der lateinischen Sprache. 2 Thle. Elbing, Neumann-Hartmann. 8.
1. Thl.: Formenlehre und Lesestücke. 7. Aufl. 859. — 8. Aufl. 861. — 9. verb. Aufl. 862. (XII, 183 S.) n. 10 ngr.
2. Thl.: Satzlehre und Lesestücke. 5. Aufl. 861. (XVI, 224 S.) n. 15 ngr.

Scheele, Wilh., Vorschule zu den lateinischen Klassikern. Eine Zusammenstellung von Lern- u. Uebungsstoff für die erste u. die mittlere Stufe des Unterrichts in der latein. Sprache. 2 Thle. Elbing, Neumann-Hartmann's Verl. 8. n. 25 ngr.
1. Thl. Formenlehre u. Lesestücke. 10—13. verb. u. verm. Aufl. (XII, 183 S.) 865—70. n. 10 ngr.
2. Thl. Satzlehre u. Lesestücke. 6. u. 7. verb. Aufl. (XII, 219 S.) 864,69. n. 15 ngr.

Scheele, Wilh., Vorschule zu den lateinischen Classikern. Eine Zusammenstellung von Lern- und Uebungsstoff für die erste und die mittlere Stufe des Unterrichts in der latein. Sprache. 1. Thl. 13.—15. Aufl. und 2. Thl. 7.—9. Aufl. 8. Elbing 869—73, Neumann-Hartmann's Verlag. geb. *

Scheele, Wilh., Vorschule zu den lateinischen Klassikern. Eine Zusammenstellg. v. Lern- u. Uebungsstoff f. die 1. u. die mittlere Stufe d. Unterrichts in der latein. Sprache. 2 Thle. 8. Leipzig 876. Schloemp. n. 2. 70
1. Formenlehre u. Lesestücke. 16. verb. Aufl. (VIII, 197 S.) n. 1. 20
2. Satzlehre u. Lesestücke. 10. verb. Aufl. (X, 219 S.) n. 1. 50

Scheele, Wilh., Vorschule zu den lateinischen Klassikern. Eine Zusammenstellung von Lern- und Uebungsstoff für die erste und mittlere Stufe des Unterrichts in der latein. Sprache. 2 Thle. 8. Berlin, Friedberg und Mode. * 2 80
Inhalt:
Thl. 1. Formenlehre und Lesestücke. 17. verb. Aufl. (VI, 215 S.) 878. *M 1.20.
" 2. Satzlehre und Lesestücke. 11. neubearb. und 12. Aufl. (VI, 261 S.) 878,79. *M 1,60.

Scheele, Wilh., Vorschule zu den lateinischen Klassikern. Eine Zusammenstellung von Lern- und Uebungsstoff für die erste und die mittlere Stufe des Unterrichts in der latein. Sprache. 2 Tle. Ausg. in der neuen Rechtschreibung. 8. Berlin 881, Friedberg und Mode. *
Inhalt:
Tl. 1. Formenlehre und Lesestücke. 18. und 19. verb. Aufl. (VI, 215 S.) *M 1,20.
" 2. Satzlehre und Lesestücke. 12. verb. Aufl. (VI, 263 S.) *M 1,60.

Scheele, Wilh., Vorschule zu den lateinischen Klassikern. Eine Zusammenstellung von Lern- und Übungsstoff für die erste und die mittlere Stufe des Unterrichts in der latein. Sprache. 2 Thle. 8. Berlin, Friedberg und Mode. *
Inhalt:
Tl. 1. Formenlehre und Lesestücke. 20. verb. Aufl. (VI, 215 S.) 886. *M 1.20.
" 2. Satzlehre und Lesestücke. 13. verb. Aufl. (IV, 263 S.) 887. *M 1.60.

Scheele's, Wilh., Vorschule zu den lateinischen Klassikern. 2 Tle. 8. Berl., Friedberg u. Mode. * 3 10
1. Formenlehre u. Lesestücke. 21. neu bearb. Aufl., besorgt v. Carl Meißner. (VIII, 251 S.) 889. * 1 50.
2. Satzlehre u. Lesestücke. 14. Aufl. (VI, 263 S.) 891. * 1 60.

Scheele, Wilh., Vorschule zu den lateinischen Klassikern. Eine Zusammenstellg. v. Lern- u. Übungsstoff f. die 1. u. die mittlere Stufe d. Unterrichts in der latein. Sprache. 2. Tl. Satzlehre u. Lesestücke. 15. Aufl. 8. (VI, 263 S.) Berlin 893. Friedberg & Mode. n. 1. 60; geb. n.n. 1. 85

v. Scheeler, ..., s. Scheler.

Scheeler, von, gründl. Anweisung zum Anbau aller Futterkräuter, wie auch d. untrügl. Färbe-, Oel-, Handlungs- u. and. nützlichen Pflanzen. 8. Cöslin. Firdorff u. Kleinhering. 814.

— Kaffee- u. Zuckersurrogate, od. gründl. Anweis. verschiedene Arten Getränke zu bereiten. 8. Ebend.

Scheeler, C. v., die zwey königlichen Märtyrer, siehe Märtyrer.

— Sammlung interessanter Charakterzüge und Anekdoten a. d. Leben d. vortreffl. neueren Regenten Wirtembergs. 8. Heilbronn, Clas. 794.

Scheemann, Fritz, Arzt a. Ratingen: Statistische Beiträge zur Puerperalfieberfrage. Bonn 1904: C. Georgi. (50 S.) 8°
Bonn, Med. Fak., Ref. Fritsch, Diss. v. 20. Dez. 1904
[Geb. 19. Juli 74 Ratingen; Heimatsort: Ratingen; Staatsangeh.: Preußen; Vorbildung: Gymn. Burgsteinfurt Reife O. 97; Studium: Erlangen 1, Bonn 4, Berlin 1, Kiel 1, Bonn 4 S.; Coll. 20. Dez. 04; Approb. 29. Sept. 03.]

Scheen, Oscar, aus Cornelymünster b. Aachen: Ueber die Methylitaconsäure und ihr Verhalten gegen Natronlauge und Brom. *Straßburg i. E. 1902: C. & J. Goeller.* (52 S.) 8°
Straßburg, Math.-naturw. Diss. v. 1902

SCHEER, Meister —, oder die Krankheit, der Tod, die (!) Begräbnis und Wiederaufstehung der Kleidermode. — Die Kleidermode im Krankenbette und neben ihr der Meister Scheer, ihr guter Freund, ein Gespräch. O. O. u. J. (Wien? ca. 1805.) Höchst selten!
Prandel's Wiener Novbr.-Auction 1876. no. 459: Beibd., ohne Formatsangabe.

Scheer, Art., u. Erich **Scheer**, Geographie v. Schlesien, s.: Adamy, Heinr.

Scheer, C., kathol. u. evangel. Frömmigkeit. Vortrag. (30 S.) 8. Mülhausen i/E. (905). Ev. Buchh. n. — 40

— Leitfaden f. den evangel.-kirchlichen Konfirmationsunterricht. (VIII, 109 S.) 8. Ebd. (906). Geb. n. — 70

Scheer, C., Leitfaden f. den evangelisch-kirchlichen Konfirmationsunterricht. 2., verb. Aufl. (VIII, 106 S.) 8. Tübingen 908. J. C. B. Mohr. — 70; geb. — 80

— s.: Religionsunterricht, der evangelische, auf höheren Schulen.

— Staat u. Kirche. Vortrag. (27 S.) 8. Ebd. 905. n. — 40

Scheer, (C. H.,) religiöse Gesänge f. Schulen. 8. Hannover 823, Helwing

Scheer, C. H., religiöse Gesänge f. Schulen. 8. Hannov. 824. (Helwing). 6 gr.

Scheer, C. H., religiöse Gesänge f. Schulen, besonders f. diejenigen, in welchen der Hannoversche Landes-Katechismus gebraucht wird. 2. Aufl. 8. (VI u. 88 S.) Hannover 852, Helwing. n. ⅓ ngr.

Scheer, Chr. Fr., sind die Anforderungen der Jetztzeit an die Volksschule bei ihrem dermaligen Standpunkte gerechtfertigt? und was ist im Bejahungs- od. Verneinungsfalle zu thun? Freier Vortrag auf dem Lehrertage zu Eisenberg den 6. Aug. 1874 geh. u. auf Beschluß der Landeslehrerversammlg. in Druck gegeben. gr. 8. (19 S.) Eisenberg 874. Schöne in Comm. n. — 50

Scheer, Domin. Maria, O. Pr., der hl. Dominicus, s.: Rousset, M. J.

Scheer, Domin. M., Rosenkranz-Büchlein. 2., verb. u. verm. Aufl. 16. (VIII, 256 S. m. 1 Stahlst.) Dülmen 897. A. Laumann. Geb. in Leinw. n. — 75

Rosenkranz-Büchlein von P. Mag. Dominikus M(aria) **Scheer**, O. Pr. 3. verb. Aufl. Dülmen: A. Laumann 1906. (VIII, 256 S.) 8° [F.] (07. 1119

Callimachus Ὀργυιῶς. Scripsit Eduard **Scheer**. Rendsburg 1866. 4°. Real-Gymn.-Progr.

Scheer, E.: De Plutarchi commentario in Hesiodi „Opera et Dies". 16 S. – Rendsburg, Progr. 1870.

Scheer, E. Nonnullos Lycophronis locos explicabat, emendabat E. S. 26 S. Progr. *Ploen* 1876.

Scheer, Edu. Miscellanea critica. 13 S. [Herodotus. Lyci fragm. in libello *περὶ θαυμασίων ἀκουσμάτων*. Athen. XII 523 c. Hesiodus eiusque sectatores.] Progr. *Ploen* 1880.

Scheer, *Eduard* Miscellanea critica. 4 (13 S.). G. *Ploen* 1887 (267).
Inhalt: Lycophron. Herodotus. Hippocrates. Galenus. Plutarchi Mor. Pindarus
Progr.

Scheer, Eduard, Prof.: **Theon und Sextion.** ***(Saarbrücken 1902: Gebr. Hofer.)*** (19 S.) 4° [F.]
Saarbrücken, k. G u. VS, P 1902 (505 [vielm. 518])

– Die Ueberlieferung der Alexandra des Lykophron. S.-A. 1879. 82 S.

Scheer, Emil, u. Alfr. **Metzuer,** Handbuch f. Ansichtskartensammler. Geographisches Ortsverzeichnis v. fast 10000 Orten, v. welchen Ansichtskarten bekannt sind. 1. Bd.: „Deutschland" nebst Register. Hrsg. im Auftrage des Centralverbandes f. Ansichtskartensammler. Vereinigter C.-V., D. A. V. u. I. A. Erster u. ältester Verband, Sitz Nordhausen a. Harz. 8. (VI, 160 S.) Nordhausen 899. A. Metzuer. n. 1.25; durchsch. (VI, 166 S.) n. 1.75

[F.] Praktische Winke zur Einrichtung von Hilfsklassen und Einzelkursen für schwachbefähigte Kinder. E. Wort an alle Lehrer, Schulvorstände u. Armenpfleger v. Felix Scheer, Rektor in Nordhausen ... *Nordhausen: Selbstv.; Dr. v. Th. Müller (1897).* (104 S., 1 Bl.) 1 Bd 8. (96. 166)

Scheer, Fel., prakt. Winke zur Einrichtg. v. Hilfsklassen u. Einzelkursen f. schwachbefäh. Kinder. E. Wort an alle Lehrer, Schulvorstände u. Armenpfleger. 8. (105 S.) Nordhausen 897. (W. Wimmer.) n. 2.70

Scheer, G., Statistik der deutschen Schule im Kreise Unterfranken u. Aschaffenburg, s. a. Grübel, B.

Scheer, G., u. B. Grübel, Statistik der deutschen Schulen. im Kreise Unterfranken u. Aschaffenburg. Mit hoher Regierungs-Bewilligg. bearb. gr. 8. (509 u. 56 S.) Würzburg 874. (Stahel.) n.n. 1. 60

Scheer, Günther, Referendar in Lütjenburg ⟨Holstein⟩: **Die zeitweilige und die beseitigte Unmöglichkeit der Vertragsleistung.** Borna-Leipzig 1906: R. Noske. (VIII, 75 S.) 8°
Leipzig, Jur. Fak., Diss. v. 13. Dez. 1906
[Geb. 31. Dez. 83 Oldenburg i. Großh.; Wohnort: Lütjenburg; Staatsangeh.: Preußen; Vorbildung: Großh. Gymn. Oldenburg Reife O. 03; Studium: Lausanne 1, München 2, Berlin 1, Kiel 2 S.; Rig. 13. Juli 06.]

Scheer, H(ans) A(lbert): Die anthropogeographische Bedeutung der wichtigsten Sumpflandschaften von Nordwestdeutschland. Kiel 1909: Gutenberg-Dr. 141 S. 8°
Kiel, Phil. Diss. v. 16. Nov. 1909, Ref. Krümmel
[Geb. 22. Juni 86 Ruß Opr.; Wohnort: Tilsit; Staatsangeh.: Preußen; Vorbildung: Gymn. Tilsit Reife O. 05; Studium: Berlin 3, Wien 1, Kiel 3 S.; Rig. 17. Juli 09.] [U 10. 2529

Scheer, Hugo, cand. jur.: **Der Interimsschein der Aktiengesellschaft.** Hildesheim 1911: Lax. 71 S. 8°
Erlangen, Jur. Diss. v. 15. Juli 1910, Ref. Sehling
[Geb. 25. Mai 86 Salzwedel; Wohnort: Hannover; Staatsangeh.: Preußen; Vorbildung: Gymn. Goslar Reife M. 06; Studium: München 3, Berlin 1, Göttingen 1, Erlangen 3 S.; Rig. 19. Dez. 10.] [U 11. 863

Scheer, J. W., Leitfaden f. den Sänger. Die nothwendigsten Kenntnisse, welche jeder Sänger haben muß, um nach Noten singen zu können. 16. (62 S.) M. Gladbach 881. Schellmann. n. — 50

Scheer, Jean Baptiste: Der heilige D o m i n i k u s , sein Geist und sein Werk. Nach dem Französischen des Dominikanerpaters M. J. Rousset frei bearbeitet. Mit Approbation des hochw. Herrn Erzbischofs von Freiburg und Erlaubnis des Ordensgenerals. Freiburg im Breisgau 1899. VIII, 222, 1 S. 16°

Scheer, Jean Baptiste: R o s e n k r a n z b ü c h l e i n . Luxemburg: V. Bück 1866. 308, III S. 12°

– Dass. Zweite, verbesserte und vermehrte Auflage. Mit Erlaubnis des hochw. Ordensgenerals. Dülmen in W. 1897. VIII, 256 S. 16°

– Dass. Dritte Auflage. [Blum, Bibl. lux.]

Scheer, Kurt: Dr. Fr. E. Benekes Pädagogik im Verhältnis zu seiner Moralphilosophie. Weida i. Th. 1909: Thomas & Hubert. 128 S. 8°
Leipzig, Phil. Diss. v. 17. Dez. 1909, Ref. Volkelt, M. Heinze
[Geb. 4. Nov. 80 Northeim; Wohnort: Leipzig; Staatsangeh.: Preußen: Vorbildung: Gymn. Nordhausen Reife O. 99; Studium: Jura Jena 2, Phil. Leipzig 7 S.; Rig. 26. Okt. 09.] [U 10. 3226

Scheer, R. (Turnbuch), m. Abb., Russ., Moskau 1908, 138 S., 8°.

Scheer, Paul, Kammergerichtsref.: **Die Besonderheiten der Gewährleistung für Sachmängel beim Handelskauf.** ***Rostock 1904: C. Hinstorff.*** (146 S.) 8°
Rostock, Jur. Diss. v. [4. Aug.] 1904

Scheer, R. P., Sprachstörungen u. deren dauernde Heilung. Eine einfache prakt. Anleitg. zur Beseitigg. der häufigsten Sprachleiden, wie Stottern, Stammeln, Lispeln, f. Lehrer u. zum Selbstgebrauch bearb. (III, 176 S.) Lex. 8. Berlin (895). (Leipzig, F. Ohme.) 4.50; geb. 5. —

Scheer, Rudolf: Die Entwicklung der Annaberger Posamentenindustrie im 19. Jahrhundert. Rudolstadt 1909: Mitzlaff. VIII, 118 S. 8° ¶ (Ersch. auch als: Bibliothek d. sächs. Gesch. u. Landesk. Bd 2, H. 1.)
Leipzig, Phil. Diss. v. 22. Okt. 1909, Ref. Lamprecht, Stieda
[Geb. 20. Juni 85 Annaberg, Erzgeb.; Wohnort: Annaberg; Staatsangeh.: Sachsen; Vorbildung: Realgymn. Annaberg Reife O. 04; Studium: Leipzig 8 S.; Rig. 31. Juli 08.] [U 10. 3227

Scheer, Rud., die Entwicklung der Annaberger Posamentenindustrie im 19. Jahrh. Mit e. Anh.: Der polit. Gesinnungswandel der Bevölkerg. im Annaberger Industriebezirk seit den Notstandsjahren um die Mitte des 19. Jahrh., s. a. Bibliothek der sächsischen Geschichte u. Landeskunde. II, 1.

Scheer, R., Die Entwicklung der Annaberger Posamentenindustrie im 19. Jahrh. Mit e. Anh.: Der polit. Gesinnungswandel der Bevölkerg. im Annaberger Industriebezirk seit den Notstandsjahren um die Mitte des 19. Jahrh. (VIII, 118 S.) gr. 8. Leipzig, S. Hirzel. 4. —
Bibliothek der sächsischen Geschichte u. Landeskunde, hrsg. v. G. Buchholz u. R. Kötzschke. II. Bd. 1. Heft.
1909

Scheer, Wilhelm, a. Oranienbaum, Anhalt: **Die Verwendung des Kohärers zur Messung von Dielektricitätskonstanten.** Greifswald 1904: F. W. Kunike. (36 S.) 8°
Greifswald, Phil. Fak., Ref. König, Diss. v. 15. Aug. 1904
[Geb. 9. Sept. 75 Oranienbaum; Wohnort: Greifswald; Staatsangeh.: Anhalt; Vorbildung: Falk-Realgymn. Berlin Reife O. 00; Studium: Berlin 6, Greifswald 3 S.; Rig. 2. Aug. 04.]

Scheer de Lionnastre, J. F., Theorie balistique. Orné de planches en taille douce et tableaux. gr. 8. Rotterd. 827. F. Hartmann jun. 2 ß 12 gr

Scheerbart, Paul, der Aufgang der Sonne. Hausmärchen. (98 S.) 12. Minden (903). J. C. C. Bruns. n. 1.25; geb. n. 1.75

— Cervantes, s. c. Dichtung, die. 8. Bd.

Cervantes. Von Paul Schoerbart. *Berlin & Leipzig: Schuster & Loeffler [1901].* (92 S.) 8°
= Dichtung, Die. Bd 8. [illegible]

Scheerbart, Paul, die **Entwicklung** des Luftmilitarismus u. die Auflösung der europäischen Land-Heere. Festungen u. Seeflotten. Eine Flugschrift. (39 S.) kl. 8. Berlin 909. Oesterheld & Co. 1. —

Scheerbart, Paul, „Ja . . was . . möchten wir nicht Alles!" Ein Wunderfabelbuch. (In 7 Hftn.) 1. Hft. gr. 8. (24 S.) Berlin 893. Verlag deutscher Phantasten. n. 1. —

[F.] Paul Scheerbart. Ich liebe Dich! E. Eisenb.-Roman m. 66 Intermezzos. *Berlin: Schuster & Loeffler 1897.* (296 S.) 1 Bd 8. [97. 2298]

— Jenseits-Galerie. (10 Bl. m. IV Bl. Text.) Lex. 8. Ebd. 907. In Leinw.-Mappe 7. —

— immer mutig! Ein phantast. Nilpferderoman in 83 merkwürd. Geschichten. 2 Tle. 8. (235 u. 250 S.) Minden 902. J. C. C. Bruns. n. 4. 50; geb. n. 6. —

— der Kaiser v. Utopia. Ein Volksroman. (233 S.) 8. Gr.-Lichterfelde 904. Berlin, E. Eisselt. n. 3. —; geb. n. 4. 50

— Kater-Poesie. (Geschrieben in den J. 1898 u. 1899.) (VII, 55 S.) kl. 8. Leipzig 909. E. Rowohlt. 1. —; geb. 1. 50

— Kometentanz. Astrale Pantomime in 2 Aufzügen. (65 S.) 12. Leipzig 903. Insel-Verlag. n. 1. 50

Scheerbart, Paul, Liwûna u. Kaidôh. Ein Seelenroman. 8. (131 S.) Leipzig 902. Insel-Verlag. n. 2. —; geb. n. 3. —

— Machtspässe. Arabische Novellen m. Federzeichngn. (55 S.) gr. 16. Gross-Lichterfelde 904. Berlin, E. Eisselt. n. 1. —

— Münchhausen u. Clarissa. Ein Berliner Roman. (142 S.) 8. Berlin 906. Oesterheld & Co. n. 3. 60; geb. n. 4. 50

— na prost! Phantast. Königsroman. 8. (142 S. m. Bildn.) Ebd. 898. 2. —; geb. 3. —

Scheerbart, P., das Paradies. Die Heimat der Kunst. gr. 8. (194 S.) Berlin 889. (George & Fiedler.) n. 3. 60

— das Paradies, die Heimat der Kunst. gr. 8. (III, 194 S.) Ebd. 893. n. 3. —

— Das perpetuum mobile. Die Geschichte e. Erfindg. 1.—4. Aufl. (43 bezw. 44 S. m. je 1 Taf.) 8. Ebd. 910. Geb. 1. 50

— Rakkóx der Billionaer. Ein Protzenroman. — Die wilde Jagd. Ein Entwicklungsroman in 8 anderen Geschichten. Mit Buchschmuck v. Jossot u. e. Illustr. v. Fel. Vallotton. gr. 8. (V, 119 S.) Berlin 900. Leipzig, Insel-Verlag. Kart. n. 5. —

— die grosse Revolution. Ein Mondroman. 8. (190 S.) Leipzig 902. Insel-Verlag. n. 3. —; geb. n. 4. —

Ruebezahl. Schauspiel in 5 Aufz. (Von Paul Scheerbart.) *(Gr.-Lichterfelde-Berlin: E. Eisselt 1904.)* (132 S.) 8°
= Scheerbart: Revolutionaere Theater-Bibliothek. Bd 1. [illegible]

— die Seeschlange. Ein Seeroman. 12. (V, 228 S.) Minden 901. J. C. C. Bruns. n. 2. —; geb. n. 3. —

[F.] Tarub, Bagdads berühmte Köchin. Arab. Kulturroman v. Paul Scheerbart. *Berlin: Ver. f. deutsches Schriftthum [1896].* (285 S.) 1 Bd 8. [97. 11. 2]

— Tarub, Bagdads berühmte Köchin. Arab. Kulturroman. 8. (285 S.) Berlin 897. Leipzig, C. F. Tiefenbach, Sep.-Cto. n. 3. —; geb. n. 4. —

— Tarub, Bagdads berühmte Köchin. Ein arab. Kulturroman. 2. Aufl. 8. (285 S.) Ebd. (900). n. 3. 50; geb. n. 4. 50

Scheerbart, Paul, revolutionäre Theater-Bibliothek, m. Federzeichngn. 1.—6. Bd. kl. 8. Gr.-Lichterfelde. Berlin, E. Eisselt. à n. 1. —

1. Rübezahl. Schauspiel in 5 Aufzügen. (132 S.) 904.
2. Der Wetterfürst. Ein Schauspiel zwischen hohen Bergen. — Okurirasûna. Grosse Weltkomödie in 5 Akten. — Der Schornsteinfeger. Constantinopolitanische Offizierstragödie in 1 Aufzuge. — Der Herr vom Jenseits. Eine Gartenkomödie. (96 S.) 904.
3. Herr Kammerdiener Kneetschke. Eine Kammerdiener-Tragödie in 5 Aufzügen. — Das dumme Luder. Ein Jupiterdrama. — Es lebe Europa! Eine Kapitalisten-Tragödie in 5 Akten. — Die Welt geht unter! Ein Tableau. (84 S.) 904.
4. Der Regierungswechsel. Ein polit. Drama. — Der fanatische Bürgermeister. Kosmisches Drama in 4 Akten. — Der vornehme Räuberhauptmann. — Ein Bühnenspass in 3 Aufzügen. — Geheimnisse. Eine Pantomime ohne Musik. (94 S.) 904.
5. Der strahlende Uebermut. — Die lustigen Räuber. Ein Schauspiel in 5 Akten. — Die Puppe u. die Dauerwurst. Ein soziales Drama. — Der alte Petrus od.: „Im Himmel spukt es auch". Ein himml. Schauspiel. — Sophie. Eine Ehestands-Pantomime m. Musik u. Tanz. — Das Gift. Eine Mondschein-Komödie. (88 S.) 904.
6. Die Wurzeln der Wohlhabenheit. Ein schildbürgerl. Schauspiel in 5 Akten. — Die Urgrossmutter. Eine Tragikomödie in 1 Aufzuge. — Lachende Gespenster. Ein Schauspiel zwischen schwarzen Wänden. — Das Mirakel. Eine dramat. Szene. (93 S.) 904.

— d. Tod d. Barmekiden. Arabischer Haremsroman. gr. 8. (208 S.) Leipzig 897. Verlag Kreisende Ringe. n. 3. —

Scheerbarth, Dn. Gf., Nachricht v. der 1787 in Bütow gerichtl. untersuchten vorgegebenen Hexengeschichte. 8. Berl. 793. (Maurers B.) 16 gr

— christl. Religionsunterhaltungen f. Kranke u. Sterbende. gr. 8. Stettin 795. Leich. (Leipz., Joachim). 4 gr

— lehrreiche Unterhaltungen für Sonntagsschüler auf d. Lande. gr. 8. Stettin 796. Leich. (Leipz., Joachim). 1 ß 8 gr

Scheer-Buch in Mustern von 20 bis 130 Pfeifen auf 17 bis 80 Kammgang berechnet. Nebst 1 Resolvirungs-Tabelle gebräuchl. Garne. 7. bedeutend verm. Aufl. 8. (78 S.) Löbau 867. (Oliva's Buchh.) * — 60

Scheerenberg, Hans

Scheerenberg, H., der Brand der Komischen Oper in Paris. Mit zahlr. Orig.-Illustr. ausgestattet. gr. 8. (23 S.) Wien 887. M. Scherer, Währing, Gürtelstr. 10. — 40

(Scheerer). Votum eines Süddeutschen über das preußische Patent vom 3. Februar 1847 nebst einer Zueignung an den vereinigten Landtag. Bremen, Schünemann 1847. VIII [illegible] S. 8.

Scheerer, C., Calculationstabellen üb. die vorzügl. Colonialwaaren v. London nach Hamburg zu allen Coursen u. Preisen. gr. 4. Hamb. . . . Nestler 4 ß

Scheerer, Fel., Kirchen u. Klöster der Franziskaner u. Dominikaner in Thüringen, s.a. Beiträge zur Kunstgeschichte Thüringens. II. Bd.

Scheerer, Felix: Kirchen und Klöster der Franziskaner und Dominikaner in Thüringen. Ein Beitrag zur Kenntnis der Ordensbauweise. Jena: Fischer 1910. VI, 148 S., 3 Taf. 8° ¶ Auch als: Beiträge zur Kunstgeschichte Thüringens. Bd 2.
Dresden, Dr.-Ing.-Diss. v. 3. 12. 1908

CHRISTINCHEN in tausend Gefahren, oder Mutter u. Tochter im Kindbette. Roman in acht u. fünzig Kapiteln (von *Joach. Gottfr. Wilh. Scheerer*) Seitenstükk (!) zu Hannchens Hin- u. Heerzüge (sic!). Mit 1 Kupfer (G. Boettger sen. del. & sc.). Lüneburg, bei Herold und Wahlstab. 1806. 12°. (1½ Rthl. Lippert, Halle, vor 1870; 4 Mk. Völkker, Frankf. a. M., 1891; jetzt theurer!)

Scheerer, L. E., s. Lud. Em. **Schärer.**

***Scheerer,* L. E.,** Lichenes Helvetici exsiccati. Fasc. I—VIII. N. 1—200. 4maj. Bern 824—28. (Huber u. C. in St. Gallen). 18 ₰ 18 gr

— Lichenum Helveticorum spicilegium. Sectio I—III. exsic. Fasc. I—VIII. illustr. 4maj. Bern 823—28. (Huber u. C. in St. Gallen). 3 ₰ 9 gr

Scheerer, Theodor

Scheerer, Th. Alpenwechten. 1858. (Reisebericht in Versen.)

Scheerer, Th. Über den Astrophyllit. Berlin 1864

Scheerer, Th. Austernestelen und Rieenwendiamen. 1859. (Reisebericht in Versen.)

Scheerer, Th. Auszug einer Abhandlung über die Pseudomorphen des Serpentins etc. (Göttingen 1854.) 12.

Scheerer, Thdr., Beiträge zur Erklärung der Dolomit-Bildung. Dresden 865. (Jena, Fr. Frommann.) gr. 4. (36 S. mit in den Text eingedr. Holzschn.) n. 24 ngr.

Scheerer, Th. Bemerkung über die Zusammensetzung des Tremolits von Fahlun und zweier anderen Hornblenden.

Einige allgemeine Bemerkungen über den polymeren Isomorphismus. (Aus Erdmann's Journal für praktische Chemie, Vol. 50.) Leipzig. 1850. 8.

Scheerer, Thdr., **Bemerkungen** und Beobachtungen über **Afterkrystalle.** gr. 8. (41 S.) Braunschweig 856(57), Vieweg und Sohn. *
Aus: Handwörterbuch der reinen und angewandten Chemie, begründet von Liebig, Poggendorff und Wöhler, 2. Aufl., besonders abgedruckt.

— Einige Bemerkungen über die chemische Constitution der Amphibole und Augite, besonders in Bezug auf Rammelsberg's neueste Analysen hieher gehöriger Species. (Aus den Berichten d. königl. sächs. Akad. d. Wissensch.) Leipzig. 1858. 8.

— Bemerkungen über die chemische Constitution der Epidote und Idokrase. (Aus den Ber. d. k. sächs. Akad. d. Wiss.) Leipzig. 1858. 8.

— Einige Bemerkungen über Patagonit und Pechstein. (Aus d. Handwörterbuch d. Chemie von Liebig, Poggendorff, Wöhler u. Kolbe.) Braunschweig. 1854. 8.

Scheerer, Th. Über die genaue quantitative Bestimmung des Eisenoxyduls in Silicaten.

— **akademische Bilder** aus dem alten Freiberg zum 100jährigen Jubiläum der Bergakademie. Freiberg 866. (Engelhardt'sche Buchh.) gr. 16. (128 S. mit Holzschn.-taff.) cart. n. 20 ngr.
Mit Goldschn. v. 22½ ngr.

Scheerer, Th. Exakte Blicke in die Vergangenheit, Gegenwart und Zukunft der Naturwissenschaften. 1865.

— Geognostische Bruchstücke aus dem Fassathal im Verein mit den Collegen Prof. v. Cotta und Prof. Fritzsche gesammelt. Freiberg 1862.

Scheerer, Th. Die endgültige Entscheidung in dem Streite über die chemische Constitution der Kieselsäure. 1866? 4.

Scheerer, Th. Arnold Escher von der Linth.

Scheerer, Th. Festode zur Stiftungsfeier des bergmännischen Vereins zu Freiberg 1862. Freiberg. 4.

SCHEERER, THEODOR.
Ueber die Fortschritte der Chemie in der Gebiete der Metallurgie, Mineralogie und Geologie während des letzten Jahrhunderts (1766–1866). Separatabdruck aus dem zweiten Theile der Festschrift zum hundertjährigen Jubiläum der königlichen sächsischen Bergakademie zu Freiberg. Dresden, *n. d.* [1866]. 4to.

Scheerer, Thdr., Fortunat. Ein Gedicht in zehn Bildern. Lex.-8. Leipzig 842, Hartung. n. ⅔ ₰

Scheerer, Th. Die Gneuse des sächsischen Erzgebirges und verwandte Gesteine, nach ihrer chemischen Constitution und geologischen Bedeutung. (Aus d. Zeitschr. d. deutsch. geol. Gesellsch.) Berlin. 1862. 8.

Scheerer, Th. Die Gneuse des Sachsischen Erzgebirges und verwandte Gesteine, nach ihrer chemischen Konstitution und geologischen Bedeutung. Berlin, 1862. 131 S.

Scheerer, Th. Hat die Kieselsäure die Zusammensetzung $Si\,O_2$ oder $Si\,O_3$? Leipzig.

— an **introduction** to the use of the mouth-blowpipe. Together with a description of the blowpipe characters of the more important minerals. The whole translated and compiled by Henry I. Blanford. London 856. (Leipzig, Brockhaus.) 12. (XI, 234 S. m. Holzschn. im Text.)
n. 1 ₰. 5 ngr.

Scheerer, Th., Isomorphismus u. polymerer Isomorphismus. [Abdr. aus dem Handwörterbuche der reinen u. angewandten Chemie.] gr. 8. (VI u. 64 S.) Braunschweig 850, Vieweg & Sohn. n. ⅓ ₰

Scheerer, Th. Über die chemische Constitution der Plutonite. Dresden 1866. 4.

Scheerer, (Dr.) Th., Lehrbuch der Metallurgie, mit besond. Hinsicht auf chem. u. physikal. Principien. In 2 Bdn. Mit eingedr. Holzschnitten. 1. u. 2. Liefg. gr. 8. Braunschweig 846, Vieweg u. Sohn. à n. ½ ₰

—— **Lehrbuch** der Metallurgie mit besond. Hinsicht auf chemische und physikal. Principien. Mit eingedr. Holzschn. 3—7. Lfg. gr. 8. (1. Bd. XVIII und S. 193—616; Schluß.) Braunschweig 847—48, Vieweg und Sohn. à Lfg. * 15 Ngr. *
1. und 2. Lfg. Ebendaf. 1846. * 1 Thlr.

— **Lehrbuch** der Metallurgie mit besonderer Hinsicht auf chemische und physikalische Principien. 8. u. 9. Liefg. oder 2. Bd. 1. u. 2. Liefg. Mit zahlreichen in den Text eingedr. Holzschn. Braunschweig 853. Vieweg. gr. 8. (2 Bl., S. 1—194.) Jede Liefg. n. 15 ngr.

Scheerer, Th. Das neue Lied von der Erschaffung der Welt. 4.

—— **Löthrohrbuch.** Eine Anleitung zum Gebrauch des Löthrohrs, nebst Beschreibung der vorzüglichsten Löthrohrgebläse. Für Chemiker, Mineralogen, Metallurgen etc. Mit Zusätzen verseh. Abdr. zweier Aufsätze aus dem „Handwörterbuch der reinen und angewandten Chemie von Liebig, Poggendorff, Wöhler und Kolbe." Mit in den Text eingedr. Holzschn. 8. (IX und 113 S.) Braunschweig 851 Vieweg und Sohn. Thlr.

—— **Löthrohrbuch. Eine Anleitung zum Gebrauch des Löthrohrs sowie zum Studium des Verhaltens der Metalloxyde, der Metalle und der Mineralien vor dem Löthrohre nebst Beschreibung der vorzüglichsten Löthrohrgebläse. Für Chemiker, Mineralogen, Metallurgen, Metallarbeiter und andere Techniker; sowie zum Unterrichte auf Berg-, Forst- und landwirthschaftl. Akademieen etc.** 2., verm. Aufl. 8. (IX und 293 S. mit in den Text eingedr. Holzschn.) Braunschweig 857, Vieweg und Sohn. * 1 Thlr. 5 Ngr.; geb. *

Scheerer, Th. Lugano, ein Lichtbild der Erinnerung. Braunschweig 1860.

Scheerer, (Car. Johannes Augustus) Theod. (geb Berlin 1813): De fossilium Allanit, Orthit, Cerin Gadolinitque natura et indole. Berolini (1840). (37 S.) 4°
Berlin, Phil. Diss. v. 28. Aug. 1840

— Olivin nebst einigen Bemerkungen über Serpentinbildung. (Aus Liebig's Handwörterbuch der Chemie.) Braunschweig. 1853. 8.

—— **der Paramorphismus und seine Bedeutung in der Chemie, Mineralogie und Geologie.** gr. 8. (XV und 129 S.) Braunschweig 854, Vieweg und Sohn. *

Scheerer (Th.), Eine Sammlung von 15 Abhandlungen desselben. 8.

Scheerer, Th., s.: Sommer, d. verhängnißvolle, v. 1870.

Scheerer, Theod., Stauf, eine Dichtung. gr. 8. (10 B.) Berlin 838, Heymann. *

Scheerer, Th. Das bergmännische Studium. Dresden 1866. 4.

Scheerer, Th. Tafellieder zur Nachfeier des 100 jähr. Jubiläums der Freiberger Bergakademie. 1867.

— Theorie u. Praxis in Kunst u. Wissenschaft, wie im Menschenleben. Festbeitrag zum 100jähr. Jubiläum der Freiberger Bergakademie. Ebend. 867. gr. 8. (XIV, 144 S.) n. 25 *ngr.*

—— eine Thüringsfahrt im Lande der Wahrheit und Dichtung. 16. (74 S.) Braunschweig 861, Vieweg und Sohn. *

Scheerer, Th. Ueber den Traversellit und seine Begleiter Pyrgom, Epidot, Granat. Ein neuer Beitrag zur Beantwortung der plutonischen Frage. (Aus den Bericht der kgl. sächs. Gesellsch.) Leipzig 1858. 8.

Scheerer, Th., Über die chemischen und physischen Veränderungen kristallinischer Silikatgesteine durch Naturprozesse, mit besonderer Hinsicht auf die Gneuse des Sächsischen Erzgebirges. Gießen, 1863. 43 S.

Scheerer, W., Johanna Stegen, oder die Jungfrau von Lüneburg. National-Schspl., s. dessen gesamelte Schriften, im 1n Theile.

Scheerer, W., deutsch-russisches u. russisch-deutsches Wörterbuch, s.: Makarow, N.

Scheerer, Wilhelm

— s. auch Scherer.

— **Fehde, Friede u. abermals Fehde. Zur Beleuchtung u. Würdigung der Henochschen Schrift: „Sachgemäße Erörterungen üb. d. Königsstädter Theater &c.“ Mit verschied. Original-Briefen. (Ein merkwürd. Beitr. z. Geschichte d. deutschen Bühnenwesens). 8. Berl. 826. Paulische B. 10 gr**

— **gesammelte poet. u. prosaische Schriften. In 3 Theilen. 8. Berl. 829. Krause. (Recht). 1 thl 12 gr**

Scheerer, W., gesamm. poet. u. prosaische Schriften. 3 Thle. 8. (23 B.) Berlin 829, Recht.
Thl. 1. Johanna Stegen, od. die Jungfrau v. Lüneburg, National-Schausp. in 3 Akt.
" 2. Balsaminen u. Schneeglöcklein, od. Erzähln. f. heitere u. ernste Stunden.
" 3. Moll- u. Durklänge aus Zeit u. Leben.
Vgl. Scherer.

— **die Turnfehde, od. wer hat Recht? 1r Thl. 8. Berl. 818. Schlesinger. 16 gr 2r Thl. 8. Ebd. 819. Krause. (Lauffer in Leipz.) 8 gr**

Scheerer, Wlh., Deutschlands Triumph, od. d. entjochte Europa. 2 Stcke. 8. Berl. 814. Hayn. 16 gr

Scheergrund [Schlagwort]

Scheergrund, s.: Geologische Karten, Spezialkarte. (Sachs.)

Scheerle, A., Übungsstoff f. den Rechtschreibunterricht. Als Selbstbeschäftigungsaufgaben f. die Schüler des 4.—7. Schulj. im engen Anschluß an den neuen württ. Lehrplan m. besond. Berücksicht. der ein- u. zweiklass. Schulen bearb. Hrsg. vom württ. evang. Lehrerunterstützungsverein. (64 S.) 8. Stuttgart 909. J. B. Metzler. — 30

Scheermeißel, J. Maria, die Jagd auf Raubwild. 12. Nordhausen 841, Fürst. 1/2 thl

SCHEERMEISSEL, J. M.: Die Lehre von der Wildzucht und dem Jagdschutze; oder: Anleitung, Edel-, Dam-, Reh- und Sauwild, Hasen, Kaninchen, Auer-, und Birkgeflügel, Fasanen, Hasel- und Birkhühner, sowie auch wilde Enten in Wildgehegen und im Freien mit dem grössten Vortheile und mindesten Kostenaufwande zu ziehen, auf das Schnellste zu vermehren, in besondere Districte zu bannen und zu jeder Zeit zu haben. - Nordhausen 1842. 190 S.

Scheermeißel, J. Maria, die Lehre von d. Wildzucht u. dem Jagdschutze. M. Berücksichtig. der betreff. Gesetzes-Vorschriften f. Jagdbesitzer u. Jagdliebhaber. 12. (8 B.) Nordhausen 842, Fürst.

— s. Scheermeißel, J. M., der vollkomm. Dressirmeister.

Scheermeißel, J. Rep., der vollkommene Dressirmeister, eine deutliche Anleitung, den Hunden nicht nur alle gewöhnlichen, sondern auch die seltensten u. schwierigsten Künste in kurzer Zeit u. auf leichte Weise beizubringen, nebst vollständ. Belehrung über die Dressur der Schaf- u. Jagdhunde. Herausgeg. von dessen Sohne J. Maria Scheermeißel. 12. Nordhausen 841, Fürst. 1/2 thl

Scheermeißl, J. Rep., der vollkommene Dressirmeister, eine deutliche Anleitung, den Hunden nicht nur alle gewöhnl., sondern auch die schwierigsten Künste &c. beizubringen nebst vollständiger Belehrung über die Dressur der Schafhunde u. aller Jagdhunde. Hrsg. v. des Verf. Sohne, J. Maria Scheermeißl. Neue Ausg. 12. (120 S.) Nordhausen 847, Fürst. 1/2 thl

Scheermeßer, Friedr[ich] Wilhelm, aus Glauzig i. Anhalt: **Zur Kenntniß der peptischen Verdauung des Leims.** *Leipzig 1903: Greßner & Schramm.* (68 S.) 8°
Leipzig, Phil. Diss. v. [Aug.] 1903

Scheers, Gerhard, approb. Tierarzt aus Speelberg: **Ueber die Wirkung des Physostigmins bei Darmverschluß.** *Gießen 1903: v. Münchow.* (46 S.) 8°
Gießen, Veterinär-med. Diss. v. 1903

Schefczik: Ueber die abgekürzte Division in ganzen Zahlen und in Dezimalbrüchen. 15 S.–Wien R.Gp., Progr. 1856

Schefczik, A., s. Schulz v. Straßnicki, Rechenschieber.

Schefczik Heinrich: De Cornelii Taciti Germaniae apparatu critico.
II. 1885 PN 379 **Diss.** Wien. Univ. 1451

Schefczik, *Heinrich* De Cornelii Taciti Germaniae apparatu critico. 8 (S. 3—18). **Progr.** Staats-G. *Troppau* 1886.

Schefczik, H. Ueb. d. logischen Aufbau der I. u. II. olynth. Rede. Pr. 1897. 16 S.

Schefczik, Heinrich: Über den logischen Aufbau der ersten und zweiten olynthischen Rede des Demosthenes. 8 (S. 3—16). Über den logischen Aufbau der dritten olynthischen Rede des Demosthenes. Fortsetzung. (Umschlagtitel: Demosthenes.) 8 (S. 3—9).
K. k. Staats-G. (mit deutscher Unterrichtssprache) *Troppau* 1897. 1900.
Progr.

Schefczik. H[einrich]: Der logische Aufbau der ersten philippischen Rede des Demosthenes. (Fortsetzung.) S. 3—16. 8.
Progr. K. k. Staats-Gymn. mit deutsch. Unterrichtssprache *Troppau* 1905.

Schefczik, Heinrich: In Franciscum Josephum I augustissimum imperatorem Austriae quinquagenarii regni sollemnia celebrantem. (Umschlagtitel: Jubiläumsgedicht.) 8 (S. 3—7).
Progr.

Schefczik, Heinr., die erste philippische Rede d. Demosthenes ist zweifellos e. Ganzes. gr. 8. (27 S.) Troppau 895. E. Zenker. n. — 50

Schefenacker, Fr., die nähere Bestimmung d. Fiebers u. dessen sichere Heilart. 8. Landsh. 802. Thomann. 4 K

Schefer, Leop., Monographie üb. ihn, s.: Brenning, E

Schefer, Joh[ann] Heinrich. Die Reise um die Erde des Joh. H. Sch., oder: Beschreibung der Reiseabenteuer in allen fünf Welttheilen, besonders der wichtige Aufenthalt in Jerusalem und Egypten. Mit einem Prachtstahlstich (Jerusalem vom Oelberg aus) und dem Portrait des Verfassers [Tafel]. Wahrheitsgetreu bearb. und hrg. vom Abenteurer selbst. 8. St. Gallen 1871.

Schefer, Leopold

—— Homer's Apotheose. (In 2 Bdn.) 1. Bd. gr. 8. (252 S. mit 1 lithogr. Titelbilde in Tondr.) Lahr 858, Schauenburg und Comp. *
Ist nicht fortgesetzt worden.

Schefer, Leop., Buch des Lebens und der Liebe. Hrsg. von Alfr. Moschkau. 8. (XI, 159 S.) Leipzig 877, L. Senf. geb. mit Goldschn. * 4 —

Schefer's, Leop., Buch d. Lebens u. der Liebe. Hrsg. v. H. Thom. 3. Aufl. 8. (III, 157 S.) Leipzig 887. [Reinboth. — Leipziger Verlagshaus.] Knaur. geb. m. Goldschn. n. 5. —

—— Gedichte. 3. Aufl. 8. (23½ B.) Berlin 846, (47,) Veit u. Comp. Thlr. 1

—— Génévion von Toulouse, histor. Novelle. gr. 12. (14 B.) Leipzig 846, Brockhaus.

Schefer, Leop., für Haus u. Herz. Letzte Klänge. Hrsg. von Rud. Gottschall. Leipzig 867. Keil. 16. (XVI, 339 S.) geb. mit Goldschn. n. 1 ℛ 27 ngr.

Schefer, Leop., Hausreden. Dessau 854. Katz. 16. (XI, 476 S.) n. 2 ℛ.

Schefer, Leop., Hausreden. (Gedichte.) 16. (XI und 176 S.) Dessau 854(55,) Gebr. Katz. *

—— Hausreden. 2. Aufl. 16. (XI und 401 S.) Leipzig 860, [G. J. Purfürst.] * 1 Thlr. 20 Ngr.; geb. *

Schefer, Leopold. Hausreden. 3. Aufl. Leipzig 1862. H: *Kauffer, Eduard.* Vgl. Haan, Sächs. Schriftst.-Lex., S. 155. (DARP)

—— **Hausreden. 3. (Titel-)Aufl. 16. (XI und 401 S.) Leipzig (860)62, Veit und Comp.** geb. mit Goldschn.

— Hausreden. 4. unveränd. (Titel-Aufl.) Leipzig (862)869. Veit & Co. 16. (XI, 401 S.) cart. 1 ℛ 10 ngr.

—— Mahomet's türkische Himmelsbriefe. gr. 8. (2 B.) Berlin 840, Veit u. Comp.

— **göttliche Komödie in Rom. Novelle. 2. unveränd. Aufl. 8. Cottbus 843, Meyer. 1 ℛ Leipzig, Berger's B. n. ⅔ ℛ**

—— **Koran der Liebe nebst kleiner Sunna. 16. (XIX und 500 S.) Hamburg 854(55,) Hoffmann und Campe.** *

Schefer, Leop., Laienbrevier, s. a. Bibliothek der Gesamt-Litteratur d. In- u. Auslandes.

— dasselbe, s. a. Universal-Bibliothek.

Schefer, (Gtl.) Leop. (Imm.), Laienbrevier. (Gedichte.) Erstes u. zweites Halbjahr. (2 Thle.) 8. Berlin, Veit u. Comp. [1. (19¼ B.) 834., 2. (23½ B.) 835. à 1 Thlr. 6 Gr.]

—— dass., Nachtrag. Sprüche, welche in der neuen Ausgabe einige d. ältern ersetzt haben. (Für die Besitzer d. letzteren besond. abgedruckt.) 8. (2 B.) Ebds. 837.

Schefer, Leop., Laienbrevier. 2. u. 3. Aufl. 8. (à 45½ B.) Berlin 837, 39, Veit u. Comp. à

— Laienbrevier. 4. unveränd. Aufl. 8. Berlin 844, Veit u. Co. 2½ ℛ — 5. unveränd. Aufl. 846. 1½ ℛ

—— Laienbrevier. 6. und 7. Aufl. 1850. und 8. Aufl. 16 (XV und 526 S. mit Portr. in Stahlst.) Berlin 852, Bei[t] und Comp. *

—— **Laienbrevier. 9. Aufl. (XV und 526 S.) 1852. und 10. Aufl. 16. (XVI und 528 S. mit Portr. in Stahlst.) Berlin 855, Veit und Comp.** *

—— Laienbrevier. 12. Aufl. Mit einer biograph. Skizze: Leop. Schefer's Leben und Werke von W. v. Lüdemann. gr. 16. (CXXXIII und 303 S. mit Portr. des Verf. in Stahlst.) Leipzig 859, Veit und Comp. * 1 Thlr. 20 Ngr.; geb. *

— — 2. Thl. Vigilien. 2. (Titel-)Ausg. Stuttgart (843) 865. Fischhaber. 8. (VII, 330 S.) geb. mit Goldschn. n. 1 ℛ

— Laienbrevier. 14. u. 15. Aufl. Ebend. 867,69. gr. 16. (517 S. mit Leop. Schefer's Portr. in Stahlst.) geb. mit Goldschn. 2 ℛ

Schefer, Leop., Laienbrevier. 16. Aufl. Mit Leop. Schefer's Portrait (in Kpfrst.) 16. (538 S.) Leipzig 872. Veit & Co. geb. m. Goldschn. n. 7. —

—— Laienbrevier. 17. Aufl. Mit Leop. Schefer's Portr. (in Stahlst.). gr. 16. (538 S.) Leipzig 878, Veit und Comp. geb. mit Goldschn. * 6 —

Schefer, Leop., Laienbrevier. 18. Aufl. Mit Leop. Schefer's Bildniß. 12. (538 S.) Leipzig 884. Veit & Co. geb. in Goldschn. n. 6. —

Schefer, Leop., Laienbrevier. M. Leop. Schefer's Bildn. 19. Aufl. gr. 16. (538 S.) Leipzig 898. Veit & Co. Geb. in Leinw. m. Goldschn. n. 5. —

—— Lavabecher. Novellen. 2 Bde. 8. (53 B.) Stuttgart 833, Hallberger.
Bd. 1. Der Sclavenhändler. — Virginia Accoramboni.
" 2. Die Düvecke, od. die Leiden ein. Königin. — Die Osternacht.

— der Hirtenknabe Nikolas oder der deutsche Kinderkreuzzug im Jahre 1212. Nach den Chroniken erzählt. Leipzig 857. Brockhaus. 8. (2 Bl., 322 S.) n. 1 ℛ. 15 ngr.

— Novellen. 5 Bde. gr. 12. Leipz. 825—29. Voß. 8 ℛ 6 ℊ

—— Novellen. 4. u. 5. Bd. gr. 12. Leipzig 829, Voß.
Bd. 4. Die Osternacht. — Der Waldbrand. — Der Kuß d. Engels. (16 B.) 2 Thlr.
" 5. Die Perserin. — Der heimliche König d. Armenier. (14 B.) 1 Thlr. 18 Gr.
1—3. Bd. Ebendas. 1826, 27. 4 Thlr. 12 Gr.

—— neue Novellen. 1—3. Bd. 8. Leipzig, [Böhme.] à
Bd. 1. Der Unsterblichkeitstrank. — Der Seelenmarkt. (27¼ B.) 831.
" 2. Der Bauchredner. — Künstlerehe. — Die weiße Henne. (25½ B.) 831.
" 3. Die Lebensversicherung. — Violante Beccaria. (27 B.) 832.

— neue Novellen. 3 Bde. 8. Leipz. 831, 832. Hartmann. (à 2 ℛ) 6 ℛ

— neue Novellen. 4r Bd. Der Nabob. — Galate. 8. Leipzig 835. Hartmann, jetzt Klinkhardt. 2 ℛ

— Graf Promnitz. Der Letzte des Hauses. Ein Familienstück. 8. Cottbus 812, Meyer. 1⅙ ℛ Leipzig, Berger's Buchh. n. ⅔ ℛ

—— kleine Romane. 6 Thle. 16. Bunzlau, Appun's Buchh.
A. u. d. Ttln.:
Thl. 1. Die Geschiedene. (16½ B.) 836. 1 Thlr. 6 Gr.
" 2. Unglückliche Liebe. — Das vergiftete Testament, od. d. erlogene Sohn. (15 B.) 836. 1 Thlr. 6 Gr.
" 3. Das Weihnachtsfest in Rom. — Die Pflegetochter. Zwei Erzähln. (24 B.) 837. 1 Thlr. 6 Gr.
" 4. Das Verbrechen zu irren. (20½ B.) 837. 1 Thlr. 6 Gr.
" 5. Das Volk ohne Magen. — Die Prinzeninseln. — Winkelmann. — Martaban. (16 B.) 839. 1 Thlr.
" 6. Die Probefahrt nach Amerika. (16 B.) 837. 1 Thlr.

— die Sibylle von Mantua. Erzählung aus dämmriger Zeit. 8. (281 S.) Hamburg 852, Hoffmann & Campe. 1½ ℛ

—— viel Sinne, viel Köpfe. Eine Zaubergeschichte. 8. (9½ B.) Stuttgart 840, Hoffmann'sche Verl.-Buchh.

— s. Sprache, die, des Herzens.

Schefer, Leop., achtzehn Töchter. Eine Frauen-Novelle. 8 (256 S.) Breslau 847, Kühn'sche Buchh.

—— die Gräfin Ulfeld, od. die vierundzwanzig Königskinder. Histor. Roman. 2 Bde. 8. (32 B.) Berlin 834, Veit u. Comp.

— Vigilien. (Gedichte. Mit verziert. Titel in Farbendruck u. verziert. Anfangs-Buchst.) 8. Guben 843, Berger. 1½ ℛ

—— der Weltpriester. 8. (30 B.) Nürnberg 846, [Geiger.]

— der Weltpriester. 8. Nürnberg 846, Stein. 1½ ℛ

Schefer, Leop., ausgewählte Werke. 1. u. 2. Thl. 1. Thl. Künstlerehe. — Die weiße Henne. — Die Deportirten. — 2. Thl. Der Waldbrand. — Unglückliche Liebe. — Der Zwang. 16. Berlin 845, Veit u. Comp. à n. ½ ℛ

— dies. 3.—6. Thl. 3. Thl. Die Osternacht. — Die lebendige Madonna. — Palmerio. — Der Kuß des Engels. — 4. Thl. Der Gekreuzigte. — Die Düvecke. — Leonore di San-Sepolcro. — 5. Thl. Violante Beccaria. — Der Sclavenhändler. — Die Perserin. — 6. Thl. Der Bauchredner. — Die Erbsünde. — Der Seelenmarkt. 16. Ebend. 845. à n. ½ ℛ

— dies. 7. 8. 11. 12. Thl. 7. Thl. Die Osternacht. — Das Verbrechen zu irren. — 8. Thl. Die Pflegetochter. — Die Prinzeninseln. — Ein Weihnachtsfest in Rom. — 11. Thl. Laienbrevier 1. Halbjahr. — 12. Thl. Laienbrevier 2. Halbjahr. 16. Ebend. 845. à n. ½ ℛ

— dies. 9. u. 10. Thl. 9. Thl. Göttliche Komödie in Rom. — Der heimliche König der Armenier. — 10. Thl. Gedichte. 16. Ebend. 846. à n. ½ ℛ

Schefer's, Leop., ausgewählte Werke. 12 Bde. gr. 16. Berlin 857. [Leipzig,] Veit und Comp. [1. Bd. (368 S.) 2. (320 S.) 3. (265 S.) 4. (319 S.) 5. (347 S.) 6. (294 S.) 7. (382 S.) 8. (287 S.) 9. (281 S.) 10. (447 S.) 11. (220 S.) 12. (287 S.)]

—— kleine lyrische Werke. 2. Ausg. gr. 12. (16½ B.) Frankfurt a. M. 828, Brönner. 2 Thlr., Vlnp. 2 Thlr. 16 Gr., hrbgf. Pr. 1 Thlr. 3 Gr., Vlnp.

Schefer, Therese, ABC. gr. 8. (12 S. m. z. Tl. farb. Abbildgn.) Nürnberg (899). Th. Stroefer. — 30

Schefer, Therese, Allerlei f. kleine Leute. qu. 4. (12 Farbdrucke m. Verschen auf Pappe.) Nürnberg 897. Th. Stroefer. Geb. 2. 50

— allzeit fröhlich! qu. gr. 4. (16 S. m. z. Tl. farb. Abbildgn.) Ebd. (899). — 75

— Bekannte vom Lande, s.: Deuchert, Heinr.

Schefer, Therese, Bekanntes u. Unbekanntes. Erzählungen u. Reime. gr. 8. (14 S. m. z. Tl. farb. Abbildgn.) Nürnberg 893. Th. Stroefer. Kart. n. — 50

— ein drollig Bilderbuch. Mit Versen v. Th. S. 4. (36 S. m. z. Tl. farb. Abbildgn.) Ebd. 893. Kart. n. 2. 50

— Herzblättchens Bilderbuch. qu. 4. (12 S. m. z. Tl. farb. Abbildgn.) Ebd. (901). Geb. — 60

— dasselbe. qu. gr. 8. (11 S. auf Pappe m. z. Tl. farb. Abbildgn.) Ebd. (902). Geb. 1. 20

— s.: Colorier-Buch f. brave Kinder.

— Dämmer-Stündchen. Mit Erzählgn. u. Versen. gr. 8. (32 S. m. z. Tl. farb. Illustr.) Nürnberg 892. Th. Stroefer. Kart. n. 1. 50

Eichhörnchen auf Reisen. (Ausgestanzt.) 8. (14 S. m. z. Tl. farb. Bildern.) Ebd. 891. n. — 40

— Ernst u. Scherz. Erzählungen u. Verse. 4. (72 S. m. Abbildgn. u. 6 farb. Taf.) Ebd. 893. Kart. n. 3. 50

— **Erträumtes u. Erlebtes. Ein plast. Bilderbuch m. Versen. gr. 4. (32 S. m. z. Tl. farb. Abb. u. 5 ausgestanzten farb. Bild.) Ebd. 896. Kart. 4. 50**

— Feiertagsgeschichten. 4. (56 S. m. z. Tl. farb. Illustr.) Ebd. 892. Kart. n. 3. —

— **gute Freunde. qu. 4. (12 S. m. z. Tl. farb. Abb.) Ebd. (899).** Geb. — 60

— **Freunde vom Lande. 4. (12 S. m. z. Tl. farb. Abb.)** Ebd. (900). Geb. — 60

— **f. Dich allein! Gedicht. Ausgestanzt. 12. (4 S.) Nürnberg 895. Th. Stroefer. 1. 50**

— lustige Gesellen. Mit Reimen v. S. 4. (36 S. m. z. Tl. farb. Bild.) Ebd. 895. Kart. 2. 50

SCHEPER, THERESE. *Fröhliche Gesellschaft.* Ein Bilderbuch mit Versen und kleinen Erzählungen. Nürnberg, Th. Stroefer [ca. 1895]. 18 Bl. mit vielen meist farbigen Bildern v. W. LUKER u. a. Gr.-4°. Farb. Or.-Karton m. Leinenrücken (unbedeut. benutzt). 8.—

— fröhliche Gesellschaft. Ein Bilderbuch m. Versen u. kleinen Erzählgn. gr. 4. (36 S. m. z. Tl. farb. Abb.) Ebd. (901). Geb. 3. —

— Gott grüsse dich! Gedichte, ausgew. v. S. 12. (8 S. m. 2 farb. Bild.) Ebd. 895. — 75

— Grüsse aus Wald u. Flur. Gedichte. 16. (8 S. m. 2 farb. Bild.) Ebd. 895. — 50

— Guckkasten für's kleine Volk. 4. (16 S. m. Abb. u. 6 farb. Drehbild.) Ebd. 898. Kart. 3. —

— **aus Haus u. Hof. qu. gr. 4. (16 S. m. z. Tl. farb. Abb.) Ebd. 898. 1. 50**

— **allerlei Haustiere. hoch 4. (16 S. m. z. Tl. farb. Abb.) Ebd. 898. 1. 50**

— **Heiteres f. die Kinderwelt. qu. gr. 4.** (27 S. m. z. Tl. farb. Abbildgn.) Ebd. (900). Geb. 2. —

— **heraus aus dem Lager, der Hahn hat gekräht. gr. 4. (15 S. m. z. Tl. farb. Abb.) Ebd. 898. — 75**

— hört mir zu. Erzählungen u. Reime. gr. 8. (32 S. m. z. Tl. farb. Abbildgn.) Ebd. 893. Kart. n. 1. 50

— **Hurra, der Osterhas! (Ausgestanzt.) gr. 8. (14 S. m. z. Tl. farb. Abb.) Ebd. 898. Kart. — 75**

— **Jugendlust u. Kinderglück. E. Bilderbuch m. Verschen u. kleinen Erzählgn. qu. gr. 4. (26 S. m. z. Tl. farb. Bild.) Ebd. 897. Kart. 2. —**

— Kätzchen zu Hause. (Ausgestanzt.) qu. 8. (14 S. m. z. Tl. farb. Bildern.) Ebd. 893. Kart. n. — 50

— Katzenmütterchen. (Ausgestanzt.) schmal Fol. (14 z. Tl. farb. Taf. m. eingedr. Text.) Ebd. 894. n. — 75

— **das Kind u. seine Lieblingstiere. gr. 4. (13 farb. S. m. untergedr. Text, auf Pappe.)** Ebd. (900).
In Leporelloform 3. —

— **unser Kindchen. (Ausgestanzt.) schmal Fol. (15 S. m. z. Tl. farb. Bild.) Ebd. 895. — 75**

— **für die Kinderstube. gr. 4. (12 S. m. farb. Abb.) Ebd. (900). 1. 50**

— kleine Füße, kleine Hände, immer fleißig u. behende. gr. 4. (15 S. m. z. Tl. farb. Abbildgn.) Ebd. (900). — 75

— s.: Klein-Walli, Pussel u. Ali.

— allerlei **Kurzweil. qu. gr. 4. (20 S. m. z. Tl. farb. Bild.) Ebd. 896. Kart. 2. —**

— die wunderliche Kutsch! (Ausgestanzt.) gr. 4. (14 S. m. z. Tl. farb. Bildern.) Nürnberg 894. Th. Stroefer. n. — 75

— für meinen Liebling. schmal gr. 8. (12 S. m. z. Tl. farb. Abbildgn.) Ebd. (900). — 30

— **meine Lieblinge. E. Tierbilderbuch m. Versen v. S. gr. 4. (27 S. m. z. Tl. farb. Bild.) Ebd. 895. Kart. 2. —**

— **mein Lieblings-Püppchen. (Ausgestanzt.) schmal Fol. (16 S. m. z. Tl. farb. Bild.) Ebd. 895. Kart. 1. —**

— des Kindes Lieblingstiere. (15 S. m. z. Tl. farb. Abbildgn.) gr. 4. Ebd. (902). Geb. 1. —

— dasselbe m. Text. gr. 4. (24 S. m. z. Tl. farb. Abb.) Ebd. (899). Geb. 2. —

Schefer, Therese. Lust u. Freud f. kleine Leut'! Erzählungen und Verse. 4. (56 S. m. z. Tl. farb. Bildern.) [Münch. 891.] Nürnb., Stroefer. * 3 —

— **in d. Maienzeit. qu. gr. 4. (15 S. m. z. Tl. farb. Bild.) Ebd. 895. — 75**

— im Märchenlande. Eine Auswahl der schönsten Märchen, nacherz. qu. Fol. (20 S. m. Abb. u. 6 ausgestanzten Farbdr. z. Aufstellen.) Ebd. 898. Geb. 6. —

— der Kinder Omnibus. (Ausgestanzt.) qu. 8. (16 S. m. z. Tl. farb. Illustr.) Ebd. 893. n. — 40

— **Herzblättchen's Osterei. (Ausgestanzt.) 8. (14 S. m. z. Tl. farb. Bild.) Ebd. 895. Kart. — 60**

**Schefer, Therese, Ostergrüße. (15 S. m. z. Tl. farb. Abbildgn.) 8. Nürnberg (905). Th. Stroefer.
Geb. u. ausgestanzt — 60**

— Oster-Lämmchen. (Ausgestanzt.) 8. (14 S. m. z. Tl. farb. Abbildgn.) Ebd. 894. Kart. n. — 50

— fröhliche Ostern. (16 S. m. z. Tl. farb. Abbildgn.) 8. Ebd. (902). Geb., ausgestanzt in Form e. Eies — 50

— Panorama-Bilder, s.: Stroefer.

— Puck. (Ausgestanzt.) gr. 8. (14 z. Tl. farb. S. m. eingedr. Text.) Nürnberg 894. Th. Stroefer. n. — 40

— Puppenheim. (Ausgestanzt.) gr. 4. (14 farb. S. m. eingedr. u. 2 S. illustr. Text.) Ebd. 894. n. 1. 50

— recht freundlich. Ein Bilderbuch m. Erzählgn. u. Versen. gr. 4. (27 S. m. z. Tl. farb. Abb.) Ebd. (901). Geb. 2. —

— die kleine Schäferin. (Ausgestanzt.) schmal Fol. (14 S. m. z. Tl. farb. Bildern.) Ebd. 894. n. — 75

— e. kleine Schäferin. Ausgestanzt. schmal Fol. (14 S. m. z. Tl. farb. Bild.) Ebd. 896. — 75

— verborgene Schätze. Ein Drehbilderbuch mit Versen v. S. gr. 4. (20 S. m. z. Tl. farb. Bild.) Ebd. 895. Kart. 4. 50

— im Sonnenschein. gr. 4. (36 S. m. z. Tl. farb. Abbildgn.) Ebd. 894. Kart. n. 3. —

— flimmernde Sternlein. Ein Bilderbuch m. Versen. 4. (16 S. m. Abb. u. 6 farb. Drehbildern.) Ebd. (901). Geb. 2. —

— aus sommerlichen Tagen. Poesien, ausgewählt v. Th. Sch. 12. (8 S. m. farb. Abbildgn.) Ebd. 894. n. 1. 50

— des kleinen Volkes fröhliches Treiben. Mit Text v. S. gr. 4. (34 S. m. z. Tl. farb. Bild.) Ebd. 895. Kart. 3. —

— lustiges Treiben. E. Bilderbuch mit heit. Versen u. Reimen. gr. 4. (64 S. m. z. Tl. farb. Bild.) Ebd. 896. Kart. 6. —

— lustige Ueberraschungen. Verwandlungsbuch mit Versen. 4. (16 S. m. Abb. u. 6 farb. Ziehbild.) Ebd. 896. Kart. 3. —

— lustige Vögelein. gr. 4. (16 S. m. z. Tl. farb. Abb.) Ebd. (899). 1. 50

— unserem lustigen Völkchen. E. Bilderbuch m. kleinen Erzählgn. u. Versчen. gr. 4. (36 S. m. z. Tl. farb. Bild.) Ebd. 897. Geb. 3. —

— was ich weiß! Erzählungen u. Reime. gr. 8. (14 S. m. z. Tl. farb. Abbildgn.) Ebd. 893. Kart. n. — 50

— weil's euch freut! Ein plastisches Bilderbuch. gr. 4. (20 S. m. eingedr. u. 5 farb. Aufstellbild.) Ebd. 897. Geb. 4. 50

— Osterhäschens Willkommen. 8. (14 S. m. z. Tl. farb. Bild.) Ebd. 897. — 50

SCHEFERS, Adolf (Asbeck): Casuistische Beiträge zur Lehre vom Nystagmus.- München: Gradinger 1882. 2 Bl., 36 S.
11.7.1883 - Urk (Titel: De nystagmo.); Chr 1883/84,12
Diss. Ingolst.-Landsh.-Mchn.

Schefers, Adf., ein Lezithin-Kinderbiskuit. (4 S.) 8. Leipzig 906. B. Konegen. n. 1. —
Sonderabdruck aus: „Der Kinderarzt".

Scheff, Gottfried

Scheff, Gfr., üb. das Empyem der Highmorshöhle u. seinen dentalen Ursprung. Anatom.-klin. Studie. gr. 8. (42 S. m. 1 lith. Taf.) Wien 891. A. Hölder. n. 2. —

Scheff, Gfr., Krankheiten der Nase, ihrer Nebenhöhlen u. d. Rachens u. ihre Untersuchungs- u. Behandlungsmethoden. Mit 35 Holzschn. gr. 8. (X, 249 S.) Berlin 886. Hirschwald. n. 6. —

Scheff, Gfr., d. Weg d. Luftstromes durch d. Nase. Auf Grund experimenteller u. anatom. Untersuchgn. [Aus: „Klin. Zeit- u. Streitfragen".] gr. 8. (27 S. m. 5 Zeichngn.) Wien 895. A. Hölder. n. 1. 20

Scheff jun., Jul., Beiträge zur Lehre über die Beeinflussung der Verdauung und der Aussprache durch Lücken in der Zahnreihe oder durch unregelmässige Stellung der Zähne. gr. 8. (18 S.) Budapest 877. (Wien, Toeplitz und Deuticke.) * — 40
Aus: Pester medicinisch-chirurgische Presse, besonders abgedruckt.

Scheff jun., Jul., die Extraction der Zähne f. practische Ärzte u. Studirende. gr. 8. (X, 130 S. m. Fig.) Wien 894. A. Hölder. n. 3. 50

Scheff, Jul., die Extraktion der Zähne f. Arzte u. Studierende der Medizin. 2., vollständig umgearb. u. verm. Aufl. (IX, 161 S. m. Abbildgn.) gr. 8. Wien 909. A. Hölder. 4. 40

Scheff, Jul., e. Fall v. ausgezeichnet schöner Odontombildung. [Aus: „Jahresber. d. Collegiums der Wiener Zahnärzte."] gr. 8. (12 S. m. 2 eingedr. Holzschn.) Wien 876. (Czermak.) n. — 40

Scheff, Jul., s. a. Handbuch der Zahnheilkunde.

Scheff, J., Handbuch der Zahnheilkunde. 2. Bd. 1. Teil. Gr.-8°. (ill. VI, 662 S.) K 20.—, geb. K 22.50
Wien: Hölder 1903.

Scheff, J., Handbuch der Zahnheilkunde. 2. Bd. 2. Abt. 2. Aufl. Gr.-8°. (ill. VII, 726 S.) K 22.50, geb. K 25.—
Wien: Hölder 1903.

Scheff, J., Handbuch der Zahnheilkunde. 2. Aufl. 3. Bd. Gr.-8°. (ill. VIII, 549 S.) K 16.80
Wien: Hölder 1904.

Scheff, J., Handbuch der Zahnheilkunde. 3. Aufl. II. Bd. 2. Abt. Gr.-8°. (ill. VIII, 826 S.) geb. K 32.—
Wien: Hölder 1909.

Scheff jun., Jul., die menschlichen Kau- und Sprachwerkzeuge vom aesthetischen und diätetischen Standpunkte. gr. 8. (22 S.) Wien 878, (Toeplitz und Deuticke.) * — 50

Scheff jun., Jul., Lehrbuch der Zahnheilkunde für praktische Aerzte und Studirende. gr. 8. (VIII, 412 S. mit 153 eingedr. Holzschn.) Wien 880, Urban und Schwarzenberg. *

Scheff jun., Jul., Lehrbuch der Zahnheilkunde f. praktische Aerzte u. Studirende. 2. Aufl. Mit 171 Holzschn. gr. 8. (X, 452 S.) Wien 884. Urban & Schwarzenberg. n. 8. —; geb. n. 10. —

— die Replantation der Zähne. Eine histor. u. experimentelle Studie. gr. 8. (VII, 104 S. m. 5 lith. Taf.) Wien 890. Hölder. n. 5.—

—— die Zahnheilkunde an der Wiener Universität. gr. 8. (17 S.) (Ebendas.) 875. * — 40
Aus: Jahresbericht des Collegiums der Wiener Zahnärzte, besonders abgedruckt.

Scheffczyk, Alois, Assist.-Arzt am städt. Krankenh. in Gleiwitz: Aus d. Kgl. chirurg. Universitäts-Klinik zu Breslau. Die Erfolge der Osteotomie bei Genu valgum. *Gleiwitz 1903: P. Hill.* (77 S.) 8°
Breslau, Med. Diss. v. [14. Febr.] 1903

Scheffel. In honorem Josephi Victoris Scheffel. Publikationen für Freunde der schönen Wissenschaften, hrsg. vom Scheffelbunde in Oesterreich. Jahrbuch f. 1893. (Geleitet v. Adf. Jarosch. gr. 8. (VIII, 89 S. m. Abbildgn.) Stuttgart, Süddeutsches Verlags-Institut. n. 3.—

— aus meinen Beziehungen zu ihm u. seinen Eltern, s.: Dammert, A.

Scheffel, Jos. Vict. v., Biographisches, s. Pilz, H. — Proelß, J. — Ruhemann, A. — Schwanitz, C. — Stöckle, J. — Zernin, G.

Scheffel, J. V. v. Blätter der Erinnerg. an die Enthüllg. seines Denkmales auf Aggstein 1903. Hrsg. v. der Scheffelgemeinde in Wien. Geleitet v. Wilh. Pozděna. Illustrationen v. Th. Stundl u. R. Richter. (VIII, 60 S.) gr. 8. Wien (903). (Sallmayer'sche Buchh.) n.n. 1.—

Scheffel, Jos. Vict. v., Erinnerungen an ihn, s.: Zernin, G.

— Leben u. Dichten, s.: Ruhemann, A.

Scheffel, Jos. Vikt. v., Lebensbild, s.: Pilz, H.

— dasselbe, s.: Stöckle, J., ich fahr' in die Welt.

Scheffel, Abschiedspredigt üb. 4. Mose 6, 24—26, geh. am 16. Sonntage nach Trinitatis in der Hauptkirche zu Löbau. (15 S.) 8. Löbau 906. J. G. Walde. n.n. —25

Scheffel, Programma in obitum J. W. de Negendank etc., in quo simul de antiquitate et gloria gentis Negendankianae agitur. Griphiswaldae 1746. fol.

Scheffel, C., s. Laber u. Scheffel.

Scheffel, Carl, s. Scheffel, Karl

Scheffel, Christian Stephan

Schefflelius, Chr. St., Pr. de ancilla Wismariensi praesaga. Gryphisw. 742. 4.

Christian Stephan Scheffel

Scheffelius, Christianus Stephanus [Scheffel]: De Arte athletica sacra. Gryphiswaldiae (1730:) Starckius. 8 S. 8°

Greifswald, Univ.-Schrift v. 1730

— — diss. de fatis medicamentorum chymicorum sinistris ex immodicis illorum laudibus. I. II. Gryphiswaldi 1753. 4.

— — progr. de fatis medicamentorum in genere, et in specie vomitoriorum, purgantium, lapidosorum et martialium, ex supposita illorum vi absoluta. Gryphiswaldi 1747. 4.

— — progr. de fatis medicamentorum roborantium. Gryphiswaldi 1745. 4.

Scheffel, Chr. Steph., resp. B. N. **Weigel,** De malo hypochondriaco. 48 pp. Gryph. 4°. 1745

Scheffelius, C. St., Diss. de olfactu deficiente. Gryph. 4°. 1741

Scheffel, Chr. St., resp. Geod. **Pyl,** De varii generis praesagationibus, et imprimis de ancilla Wismariensi praesaga. 6 l. Gryph. 4°. 1742

Chr. Steph. Scheffel progr. de diversa praxi medica, ex diverso medici temperamento, hincque variis variorum remediorum fatis. Gryphiswaldi 1748. 4.

Chr. Steph. Scheffel progr. de providentia Dei circa Christum in utero Mariae inclusum et ex eo egressum. Gryphiswaldi 1730. 4.

—, resp. C. L. **Willich,** De pyromania. I. Gryph. 4°. 1741

Scheffel, Chr. Steph., resp. C. J. **Hinze,** De pyromania. III. Gryph. 4°. 1743

Scheffel, C. St., resp. L. **Gumaelius,** De pyromania. Pars V. 26 pp. Gryph. 4°. 1750

Scheffel, Chr. Steph., resp. H. F. **Grimm,** Diss. de pyromania. Gryph. 4°. 1752

—, resp. Car. Gust. **Richter,** Diss de pyromania. 12 pp. Gryph. 4°. 1752

Scheffel, Ch. St., De pyrosophia dei et pyromania hominum. 12 pp. Gryph. 4°.

1754

Scheffel, Chr. Steph., († 1763.) vitae professorum medicinae, qui in Acad. Gryphiswaldensi a primis ejus initiis usque ad finem anni ipsius saecularis tertii vixerunt. 8. Greifswalde 757. Mit neuem Titelbl. 766. (Cnobloch in Leipz.) 16 gr

Scheffel, Ch. St., vitae professorum medicinae in academia gryphica. 4. Greifswalde. Röse. 766.

Scheffel, Chr. Steph. Ant., resp. Ge. Wilh. **Cavan,** De singultu. Gryph. 4°. 1730

Scheffel, Joachim Heinrich (Wismar) A.S. 601/9

Dissertatio inauguralis de successione ab intestato ex jure Lubecensi. Präs. Augustin von Balthasar. Rostock (Rösen) IX. 1758. 94, XV S. 30079

Scheffel, Jh. Dn., († 1768.) Gedanken v. Gott u. d. Göttlichkeit d. heil. Schrift: in Fragen u. Antworten. 8. Wolfenbüttel 750. Meißner. 3 gr

— initia philosophiae. 8maj. Hildesh. 760. Schröder. 12 gr

Scheffel, Joseph [pr. Arzt in Warmbrunn]: Aus d. med. Klinik zu Kiel. Beiträge zur Kenntniss der Kohlenoxydvergiftung ... Kiel, Druck v. L. Handorff, 1891; 14 S., 1 Bl. 8.
Kiel, Med. Fak., Inaug.-Diss. v. [23. Dez.] 1891

Scheffel, Jos. Vict., Frau Aventiure. Lieder aus Heinrich v. Ofterdingen's Zeit. 8. (XV und 248 S. mit Titel in Holzschn.) Stuttgart 863, Metzler's Verlag. *
geb. *

—— dass. — Illustr. mit 12 Photographieen nach Ant. v. Werner's Wartburg-Zeichnungen. 8. (XV und 248 S.) Ebendas. 867. geb. *

—— zwölf Zeichnungen zu J. V. Scheffel's Frau Aventiure. Photographie nach den auf der Wartburg befindlichen Zeichnungen von Ant. v. Werner. Ebend. 867. 4. In Carton. 10 ₰

Scheffel, Jos. Vict., Frau Aventiure. Lieder aus Heinrich v. Ofterdingen's Zeit. 2. u. 3. Aufl. Stuttgart 869,70. Metzler's Verl. 8. (XV, 248 S.) n. 1 ₰ 20 ngr.; in engl. Einb. mit Goldschn. n. 2 ₰

—— dass. — Mit 12 Photogr. nach Zeichnungen von A. v. Werner. 2. Aufl. 8. Ebendas. 869. geb. mit Goldschn. *

Scheffel, Jos. Vict. v., Frau Aventiure. Lieder aus Heinrich v. Ofterdingen's Zeit. 4.—11. Aufl. 8. (XV, 248 S. mit Titel in Holzschn.) Stuttgart 875—79, Bonz und Comp. geb. mit Goldschn. * 6 —

—— dass. — Illustrationen, s. Werner, A. v.

Scheffel, Jos. Vict. v., Frau Aventiure. Lieder aus Heinrich v. Ofterdingens Zeit. 12. und 13. Aufl. 8. (XV, 248 S.) Stuttgart 881,84, Bonz und Comp. *
geb. mit Goldschn. *

—— dass. — Mit 12 Bildern von Ant. v. Werner. In Lichtdr. ausgeführt von J. Schober in Durlach. 8. (XV, 264 S.) Ebendas. 881. geb. mit Goldschn. *

Scheffel, Jos. Vict. v., Frau Aventiure. Lieder aus Heinrich v. Ofterdingens Zeit. 14. Aufl. 8. (XV, 248 S.) Stuttgart 886. Bonz & Co. n. 5. —; geb. m. Goldschn. n. 6. —

Scheffel, Jos. Vict. v., Frau Aventiure. Lieder aus Heinrich v. Ofterdingen's Zeit. 15. Aufl. 8. (XV, 248 S.) Stuttgart 888. Bonz & Co. n. 5. —; geb m. Goldschn. n. 6. —

Scheffel, Jos. Vict. v. Frau Aventiure. Lieder aus Heinrich v. Ofterdingens Zeit. 16. Aufl. 8. (XVI, 248 S.) Stuttg. 892, Bonz u. Comp. geb. m. Goldschn. * 6 —

Scheffel, Jos. Vikt. v., Frau Aventiure. Lieder aus Heinrich v. Ofterdingens Zeit. 17. Aufl. 12. (XV, 248 S.) Stuttgart 892. A. Bonz & Co. n. 5. —; geb. in Leinw. m. Goldschn. n. 6. —

Scheffel, Jos. Vict. v., Frau Aventiure. Lieder aus Heinrich v. Ofterdingens Zeit. 19. Aufl. (XV, 248 S.) 8. Stuttgart 902. A. Bonz & Co. n. 5. —; geb. m. Goldschn. n. 6. —

— dasselbe. 8. Aufl. (XV, 264 S. m. 12 Vollbildern.) 8. Ebd. (906.) Geb. in Leinw. n. 7. 50

— Frau Aventiure. Lieder aus Heinrich v. Ofterdingens Zeit. 20. Aufl. (XV, 248 S.) kl. 8. Ebd. 907. 5.—; geb. in Leinw. m. Goldschn. 6. —

Scheffel, Jos. Vict., Bergpsalmen. Dichtung. Bilder (auf 6 Holzschntaf.) von Ant. v. Werner. 1. Aufl. 1869. *M. 6,60.; geb. *M. 11., und 2. Aufl. Imp.-4. (52 S. mit eingedr. Holzschn.) Stuttgart 874, Metzler's Verlag. *
geb. mit Goldschn. *

— Bergpsalmen. Dichtung. Bilder (auf 6 Holzschntaf.) von Ant. v. Werner. Ebend. 870. Imp.-4. (52 S.) n. 2 ₰ 6 ngr.; in engl. Einb. mit Goldschn. n. 3 ₰ 20 ngr.

—— dass. — Pracht-Ausg. Mit 12 Bildern von Ant. v. Werner in Holzschn. von A. Closs. 2. Aufl. gr. 4. (52 S.) Ebendas. 876. geb. in Prachtbd. * 12 —

— Bergpsalmen. Dichtung. Bilder von Anton v. Werner. Lichtdr. von Schober & Baeckmann in Carlsruhe. 2. Aufl. gr. 16. (80 S. m. 6 Bildern in Lichtdr.) Stuttgart 878. Bonz & Co. geb. m. Goldschn. n. 6. —

—— Bergpsalmen. Dichtung. Mit 12 Bildern von Ant. v. Werner, in Lichtdr. von Schober. 3. Aufl. gr. 16. (80 S.) Stuttgart 879, Bonz und Comp. geb. mit Goldschn. * 6 —

— Bergpsalmen. Dichtung. Bilder von Ant. v. Werner. Holzschn. der xylograph. Anstalt v. A. Closs. 3. Aufl. gr. 4. (V, 52 S. m. eingedr. Holzschn. u. 6 Holzschntaf.) Ebend. 883. geb. m. Goldschn. n. 12.

-- dasselbe. (6) Bilder v. Ant. v. Werner. Lichtdr. v. J. Schober in Karlsruhe. 4. Aufl. 8. (80 S.) Ebend. 883. n. 5. —; geb. m. Goldschn. n. 6. —

Scheffel, Jos. Vict. v., Bergpsalmen. Dichtg. Bilder von Ant. v. Werner. Holzschn. der xylograph. Anstalt v. A. Closs. 4. Aufl. hoch 4. (V, 52 S.) Stuttgart 898. A. Bonz & Co. Geb. in Leinw. m. Goldschn. n. 9. —

Scheffel, Joseph Victor von. Bergpsalmen. Dichtung von Josef V' von Sch'. Bilder (*Umschlag: Illustriert) von Anton von Werner [6 Tafeln und Buchschmuck]. 7. Aufl. 〈19. bis 21. Tausend〉. 80 S. 8. Stuttgart, Adolf Bonz & Comp., 1907. [geb. M. 6.—]

—— sechs Bilder zu den Rodensteinliedern aus Scheffels Gaudeamus. Photographieen in der Grösse der Originalzeichnungen von Ant. v. Werner. Fol. Ebendas. 868. In Mappe.

— der Brautwillkomm auf Wartburg. Lyrisches Festspiel. Lex.-8. (12 S.) Weimar 873. Böhlau. n. 1. —

[F.] Briefe J(os.) V(ict.) v. Scheffels an Schweizer Freunde. M. Portr. Scheffels in Lichtdr. hrsg. v. Adolf Frey. *Zürich: F. Schulthess 1898.* (221 S., 1 Bl.) 1 Bd 8. [97. 8151]

Josef Victor v. Scheffels Briefe an Karl Schwanitz. 〈Nebst Briefen d. Mutter Scheffels [Josefine Scheffel].〉 〈1845—1886.〉 Leipzig: G. Merseburger 1906. (259 S.) 8° [F.] [06. 11063]

— fünf Dichtungen. 8. (128 S.) Ebend. 887. geb. m. Goldschn. n. 4. —

— fünf Dichtungen 2. Aufl. 12. (V, 128 S.) Stuttgart 898. A. Bonz & Co. Geb. in Leinw. m. Goldschn. n. 4. —

— Nachgelassene Dichtungen. Gesamtausg. Hrsg. v. Johs. Proelß. 4. u. 5 Taus. (229 S.) 8. Ebd. (908). 2.—; geb. in Leinw. 3. —

Scheffel, Jos. Vict., Ekkehard, s. Bibliothek, deutsche.

—— dass. — s. Breitkopf und Härtel's Text-Bibliothek Nr. 157 und 158.

—— dass. — s. Collection of German Authors.

—— dass. — s. Hausbibliothek, belletristische.

Scheffel, Josef Viktor von

Ekkehard. Geschichte aus dem 10. Jh.
Frankfurt a.M.: Meidinger 1855. IV.463 S. 8°

(Deutsche Bibliothek. Bd 7.)

Scheffel, Jos. Vict., Ekkehard. Eine Geschichte aus dem 10. Jahrh. 3 Bde. 2. Aufl. gr. 16. (XVI und 587 S.) Berlin (861)62, Janke.

— Ekkehard. Eine Geschichte aus dem 10. Jahrh. 3–5. Aufl. Ebend. 865—68. 8. (XVI, 528 S.) n. 1 Thlr 20 Ngr; geb. 2 Thlr

— — Pracht Ausg. 5. Aufl. Ebend. 868. 4. (XV, 365 S.) geb. mit Goldschn. n. 3 Thlr 15 Ngr

—— Ekkehard. Eine Geschichte aus dem zehnten Jahrhundert. Wohlfeile Ausg. 8. (XVI, 408 S.) Berlin 869, Janke. *

—— dass. — Neue Ausg. 1871, und 4.—8. vom Verf. durchgeseh. Ausg. gr. 16. (XVI, 482 S.) Stuttgart 873—75, Metzler's Verlag. *M 5.; geb. *

—— Ekkehard. Eine Geschichte aus dem 10. Jahrh. 9.—51. vom Verf. durchgeseh. Aufl. 8. (XVI, 480 S.) Ebendas. 874—80. geb. * 6 —
geb. mit Goldschn. * 6 20
geb. in Liebhaberbd. * 8 —

—— dass. — Bilder, s. Ekkehard.

— Ekkehard. Eine Geschichte aus dem 10. Jahrh. 16. vom Verf. durchgeseh. Aufl. 8. (XVI, 482 S.) Stuttgart 876. Bonz & Co. n. 5. —; geb. n. 6. —

Scheffel, Jos. Vict. v., Ekkehard. Eine Geschichte aus dem 10. Jahrh. 45., vom Verf. durchgeseh. Aufl. 8. (XVI, 480 S.) Stuttgart 880. Bonz & Co. n. 5. —; geb. n. 6. —

—— Ekkehard. Eine Geschichte aus dem 10. Jahrh. 52.—78. vom Verf. durchgeś. Aufl. 8. (XVI, 480 S.) Ebendas. 881—84. geb. * 6 —
geb. mit Goldschn. * 6 20
geb. in Liebhaberbd. * 8 —

—— dass. — 2 Bde. gr. 8. (XVII, 294; 314 S.) Ebendas. 884. geb. * 10 —

Scheffel, Jos. Vict. v., Ekkehard. Eine Geschichte aus dem 10. Jahrh. 79.—104. Aufl. 8. (XVI, 480 S.) Stuttgart 885—88, Bonz und Comp. *
geb. *M 6.—; mit Goldschn. *M 6.20.; in Liebhaberbd. *

—— dass. — 2 Bde. 1.—3. Aufl. gr. 8. (XVII, 294; V, 314 S.) Ebendas. 886,87. geb. *

—— dass. — in 10 Lichtdr.-Bildern von J. Benczur, W. Diez, C. Grützner, F. C. Herterich, L. Hofmann-Zeitz, A. Liezen-Mayer und G. Max. Mit begl. Text von Ludw. Fulda und Text-Illustr. von Otto Seitz. gr. 4. (51 S.) München 886, Verlagsanstalt für Kunst und Wissenschaft. geb. mit Goldschn. *

Scheffel, J. V. von. Ekkehard. Een verhaal uit de tiende eeuw, naar het Hoogduitsch vertaald door *W. J. Manssen.* Deerde, goedk. uitgave. Amsterdam, S. Warendorf Jr. In-8°, XVI en 368 blz. 1888 1 fl. 50 c., geb. 1 fl. 90 c.

Scheffel, J. V. v. Ekkehard. Eine Geschichte aus dem 10. Jahrhundert. 100. Aufl. In-8°, XVI u. 480 S. Stuttgart, Adolf Bonz & Cie. 6 70, geb. 8 —
1888 geb. mit Goldschnitt 8 30
in Liebhaberband 10 70

—— Ekkehard. Eine Geschichte aus dem 10. Jahrh. 105.—128. Aufl. 8. (XVI, 480 S.) Ebd. 888—92. * 5 —; geb. * 6 —
geb. m. Goldschn. * 6 20; in Liebhaberbd. * 8 —

— Ekkehard. Eine Geschichte aus dem 10. Jahrh. 2 Bde. 5. Aufl. gr. 8. (XVIII, 294 u. V, 314 S.) Ebd. 891. Geb. n. 10. —

— Ekkehard in zwölf Orig.-Illustrationen. Componirt v. H. Jenny. Photographische Reproduction, in unveränderl. Lichtdr. ausgeführt in der Kunstanstalt v. Römmler & Jonas in Dresden. Neue Ausg. 3. Aufl. gr. 4. Hamburg 891. Rudolphi. In Leinw.-Mappe. n.n. 6. —

Scheffel, Joseph V. v. Ekkehard; eine Gesch aus dem 10. Jhrhdt ... Ed with Eng notes by Carla Wenckebach. Boston, 1894.

Scheffel, Jos. Vikt. v., Ekkehard. Eine Geschichte aus dem 10. Jahrh. 139. Aufl. 12. (XVI, 480 S.) Stuttgart 894. A. Bonz & Co. n. 5. —; geb. in Leinw. n. 6. —; m. Goldschn. n. 6. 20; in Liebhaberbd. n. 8. —

— dasselbe. 2 Bde. 7. Aufl. 8. (XVIII, 294 u. V, 314 S.) Ebd. 897. Geb. in Leinw. n. 10. —

— Ekkehard. E. Geschichte aus d. 10. Jahrh. 161. Aufl 12. (XVI, 480 S.) Ebd. 898. Geb. in Leinw. n. 6. —

Scheffel, Jos. Vict. v., Ekkehard. Eine Geschichte aus dem 10. Jahrh. 172.—185. Aufl. 12. (à XVI, 480 S.) Stuttgart 899—902. A. Bonz & Co. n. 5. —;
geb. in Leinw. n. 6. — ; m. Goldschn. n. 6. 20;
in Liebhaberbd. n. 8. —

Ekkehard. Eine Gesch. aus d. 10. Jh. von Joseph Victor v. Scheffel. 187. Aufl. *Stuttgart: A. Bonz & Co 1902.* (XVI, 480 S.) 8° [...]

Scheffel, Joseph Victor von. Ekkehard. Eine Geschichte aus dem zehnten Jahrhundert. 188. Aufl. XVI + 480 S. 8. Stuttgart, Adolf Bonz & Comp., 1902. [geb. M. 6. —]

Scheffel, Joseph Victor von. Ekkehard. Eine Geschichte aus dem zehnten Jahrhundert. 200. Aufl. ⟨Jubiläums-Ausgabe⟩. [Mit Vignetten.] XVI + 496 S. 8. Stuttgart, Adolf Bonz & Comp., 1904. [geb. M. 6. —]

Scheffel, Joseph Victor von. Ekkehard. Eine Geschichte aus dem zehnten Jahrhundert. Illustriert [Textabbildungen und 24 Tafeln] von Curt Liebich. 2. Aufl. XVI + 480 S. 8. Stuttgart, Adolf Bonz & Comp., 1904. [geb. M. 12. —]

— dasselbe. Illustr. v. Curt Liebich. 5. Aufl. (XV, 480 S. m. farb. Titel.) gr. 8. Ebd. 904. Geb. in Leinw. n. 12. —

— dasselbe. Illustr. v. Curt Liebich. 7. Aufl. (XV, 480 S. m. farb. Titel.) gr. 8. Ebd. 904. Geb. in Prachtbd. 12. —

— Ekkehard. Eine Geschichte aus dem 10. Jahrhundert. 214. Aufl. (XVI, 480 S.) kl. 8. Stuttgart 906. A. Bonz & Co. n. 5. —; geb. in Leinw. n. 6. —;
m. Goldschn. n. 6. 20; in Liebhaberbd. n. 8. —

Scheffel, Joseph Victor von. Ekkehard. Eine Geschichte aus dem zehnten Jahrhundert. Mit Buchschmuck von C[urt] Liebich. 2. Aufl. XVI + 496 S. 8. Stuttgart, Adolf Bonz & Comp., 1907. [geb. M. 8. —]

Scheffel, Joseph Victor von. Ekkehard. Eine Geschichte aus dem zehnten Jahrhundert. Mit Buchschmuck von C[urt] Liebich. 3. Aufl. XVI + 496 S. 8. Stuttgart, Adolf Bonz & Comp., 1907. [geb. M. 8. —]

Ekkehard. Eine Geschichte aus dem 10. Jh. von Joseph Viktor v. Scheffel. 235. Aufl. Stuttgart: Bonz 1909. XVI, 480 S. 8°
(Bibliothek August Scherl. Bd 544) (10. 1591)

— Ekkehard. Eine Geschichte aus dem 10. Jahrh. 244. Aufl. (XVI, 480 S.) kl. 8. Ebd. 910. 5.—; geb. in Leinw. 6.—; m. Goldschn. 6.20; in Liebh.-Bd. 8. —

— dasselbe, in 12 Orig.-Compositionen, neue Aufl., s. Jenny, H.

— Episteln. 12. (V, 334 S. m. Lichtdr.-Bildnis.) Stuttgart 892. A. Bonz & Co. n. 3. 60; geb. in Leinw. n. 4. 50

— Episteln. 2. Aufl. 12. (VII, 334 S. m. Bildnis.) Ebd. 901. n. 3. 60; geb. in Leinw. n. 4. 50

—— Festgedicht zum Jubiläum der Universität Heidelberg. 1386—1886. gr. 4. (5 facs. S. mit 1 Illustr. von Ant. v. Werner.) Stuttgart 886, Bonz und Comp. — Lahr, Schauenburg. *
Mit Composition von Vinz. Lachner (12 S.)

— das Gabolbachlied. Der Gemeinde Gabolbach gewidmet. Mit 2 Illustr. von Ant. v. Werner. Fol. (4 autogr. S.) Ilmenau (900). (F. Fleischer Nachf. — P. Schulze.) n.n. — 60

Scheffel, Jos. Vict., Gaudeamus! Lieder aus dem Engeren und Weiteren. 1. Aufl. gr. 16. und 2. Aufl. 8. (X und 192 S.) Stuttgart 868, Metzler's Verlag. *
geb. mit Goldschn. *

—— dass. — Imp.-4. (VIII und 166 S. mit 60 eingedr. Holzschn.-Illustr. und 1 Titelblatt in Farbendr. von Ant. v. Werner.) Ebendas. 869. *
geb. mit Goldschn. *

—— Gaudeamus! Lieder aus dem Engeren und Weiteren. 3.—16. Aufl. 8. (XI, 192 S.) Ebendas. 869—75. (* M. 3.) *
geb. mit Goldschn. *

—— Gaudeamus! Lieder aus dem Engeren und Weiteren. 17.—44. unveränd. Aufl. 8. (XI, 192 S.) Stuttgart 875—84, Bonz und Comp. geb. mit Goldschn. * 4 80

Gaudeamus! Lieder aus dem Engeren und Weiteren. Von Joseph Victor v. Scheffel. Mit 111 Holzschnitt-Illustrationen und Vignetten und einem Titelbild von A. v. Werner. Zweite, vermehrte Aufl. gr. Stuttgart 1877. 4. Dasselbe Werk in der Auflage vom Jahre 1885. 8.

[illegible] 1878. 12

—— Gaudeamus! Lieder aus dem Engeren und Weiteren. 45.—51. unveränd. Aufl. 8. (XI, 192 S.) Ebendas. 885—88. geb. mit Goldschn. *

—— dass. — gr. 8. (VII, 223 S. mit Illustr., Vignetten und Titelbild von Ant. v. Werner.) Ebendas. 885. geb. mit Goldschn. *

—— dass. — Heidelberger Jubiläums-Ausg. 8. (VII, 217 S. mit 1 Lichtdr.-Illustr. von Ant. v. Werner.) Ebendas. 886. geb. mit Goldschn. *

— Gaudeamus! Lieder aus dem Engeren u. Weiteren. 50.—53. unveränd. Aufl. 8. (XI, 192 S.) Stuttgart 887—890. Bonz & Co. n. 3. 60; geb. m. Goldschn. n. 4. 80

—— Gaudeamus! Lieder aus dem Engeren u. Weiteren. 53.—56. unveränd. Aufl. 8. (XI, 192 S.) Ebd. 890—92. * 3 60
geb. m. Goldschn. * 4 80

— Gaudeamus! Lieder aus dem Engeren u. Weiteren. 58. unveränd. Aufl. 12. (XI, 192 S.) Ebd. 894. n. 3. 60; geb. in Leinw. m. Goldschn. n. 4. 80

— dasselbe. Mit Illustr., Vignetten u. Titelbild von Ant. v. Werner. 2. Aufl. 8. (VII, 232 S.) Ebd. 897. Geb. in Leinw. m. Goldschn. n. 6. —

— Gaudeamus! Lieder aus dem Engeren u. Weiteren 61., unveränd. Aufl. 12. (XI, 192 S.) Stuttgart 898 A. Bonz & Co. n. 3. 60
geb. in Leinw. m. Goldschn. n. 4. 80

— Gaudeamus! Lieder aus dem Engeren u. Weiteren. 62.—64. unveränd. Aufl. 12. (à XI, 192 S.) Stuttgart 898—900. A. Bonz & Co. n. 3. 60; geb. in Leinw. m. Goldschn. n. 4. 80

— **Gaudeamus! Lieder aus dem Engeren u. Weiteren. 66. unveränd. Aufl. (XI, 192 S.) kl. 8. Ebd. 904. n. 3. 60; geb. in Leinw. m. Goldschn. n. 4. 80**

— Gaudeamus! Lieder aus dem Engeren u. Weiteren. 68. unveränd. Aufl. (XI, 192 S.) kl. 8. Ebd. 907. 3.60; geb. in Leinw. m. Goldschn. 4. 80

— Gedenkbuch üb. stattgehabte Einlagerung auf Castell Toblino im Tridentinischen, Juli u. August 1855. 1.—3. Aufl. 12. (à 138 S.) Ebd. 901. n. 2. —; geb. in Leinw. n. 3. —

— Gedichte aus dem Nachlaß. 1.—4. Aufl. 8. (VII, 163 S.) Ebd. 889. n. 3. —; geb. m. Goldschn. n. 4. —

— aus Heimat u. Fremde. Lieder u. Gedichte. 12. (XII, 182 S. m. Bildnis.) Ebd. 892. Geb. in Leinw. m. Goldschn. n. 4. —

— aus Heimat u. Fremde. Lieder u. Gedichte. 2. Aufl. 12. (XII, 182 S. m. Bildnis.) Ebd. 902. n. 3. —; geb. in Leinw. m. Goldschn. n. 4. —

— der Heini v. Steier. Dichtung. Durch 9 Orig.-Tuschzeichngn. (in Lichtdr.) illustrirt v. Karl Fröschl. Fol. (9 Bl. Text.) München 883. Ad. Ackermann. geb. m. Goldschn. n. 20. —

—— Hugideo. Eine alte Geschichte. 1.—3. Aufl. 16. (37 S.) Stuttgart 884, Bonz und Comp. geb. mit Goldschn. * 2 —

— Hugideo. Eine alte Geschichte. 4. Aufl. gr. 16. (37 S.) Stuttgart 885 Bonz & Co. geb. m. Goldschn. n. 2. —

— Hugideo. Eine alte Geschichte. 5. u. 6. Aufl. 16. (37 S.) Ebd. 887. 889. geb. m. Goldschn. n. 2. —

— Hugideo. Eine alte Geschichte. 7. Aufl. gr. 16. (37 S.) Ebd. 892. n. 1. 40; geb. in Leinw. m. Goldschn. n. 2. —

— Hugideo. E. alte Geschichte. 8. Aufl. 12. (37 S.) Ebd. 897. Geb. in Leinw. n. 2. —

— Hugideo. Eine alte Geschichte. 9. Aufl. 12. (37 S.) Ebd. 900. n. 1. 40; geb. in Leinw. m. Goldschn. n. 2. —

— Hugideo. Eine alte Geschichte. 10. Aufl. (87 S.) kl. 8. Ebd. 906. Geb. in Leinw. n. 2. —

— Juniperus. Geschichte eines Kreuzfahrers. Illustrirt von Ant. v. Werner. Ebend. 867. gr. 4. (IX, 64 S. mit eingedr. Holzschn., 6 Holzschntaff., chromolith. Titel u. 28 Holzschn. aus der xylograph. Anstalt von Cloß & Ruff.) n. 4 ℛ;
geb. mit Goldschn. n. 5 ℛ 14 ngr.

—— Juniperus, Geschichte eines Kreuzfahrers. Illustrirt von A. v. Werner. 1. Aufl. 1871. * ℳ 5,80, und 2. Abdr. der Oktav-Ausg. 8. (XV, 128 mit 28, zum Theil eingedr., Holzschn.) Stuttgart 875, Metzler's Verlag. * 6 —
geb. mit Goldschn. * 7 —

—— Juniperus. Geschichte eines Kreuzfahrers. Illustrirt von A. v. Werner. 8. (XV, 123 S. mit 28, zum Theil eingedr. Holzschn.) Ebendas. 878. geb. mit Goldschn. * 7 —

— Juniperus. Geschichte e. Kreuzfahrers, illustrirt von Ant. v. Werner. Mit 28 (eingedr.) Holzschn. 4. Aufl. 8. (XV, 123 S.) Ebend. 883. n. 6. —;
geb. m. Goldschn. n. 7. —

— Juniperus. Geschichte e. Kreuzfahrers, illustr. von Ant. v. Werner. 5. Aufl. 12. (XV, 123 S. m. 28 Holzschn.) Ebd. 891. Geb. in Leinw. m. Goldschn. n. 7. —

— Juniperus. Geschichte e. Kreuzfahrers, illustr. v. Ant. v. Werner. Mit 28 Holzschn. 6. Aufl. (157 S.) kl. 8. Ebd. 908. 3.—; geb. in Leinw. 4. 20

—— sechs Melodien zu lustigen Liedern von, s. Schletterer, H. M.

— Reise-Bilder. Mit e. Vorwort v. J. Proelß. 8. (XIV, 408 S.) Ebd. 887. n. 5. —; geb. n. 6. —

Joseph Viktor v. Scheffel. Reise-Bilder. Mit e. Vorw. von Johannes Proelß. 2. Aufl. *Stuttgart: A. Bonz & Co. 1895.* (XV, 408 S.) 8° [F.] [03. 9274 11

— Reise-Bilder. Mit einem Vorwort v. Johs. Proelß. 3. Aufl. (XV, 408 S.) kl. 8. Ebd. (904). n. 5. —;
geb. in Leinw. n. 6. —

— Der Trompeter von Säkkingen.

—— dass. — Die Entstehungsgeschichte, s. a. Herford, E.

— der Trompeter von Säkkingen. Ein Sang vom Oberrhein. Stuttgart 854. Metzler. 16. (311 S.) 1 ℛ. 10 ngr.

—— der Trompeter von Säkkingen. Ein Sang vom Oberrhein. 2. Aufl. 8. (275 S. mit Titel in Holzschn.) Stuttgart 859, Metzler'sche Buchh. Verlags-Conto. 1 Thlr.; geb.

—— der Trompeter von Säkkingen. Ein Sang vom Oberrhein. 3.—5. Aufl. 1863—67. 8. und 6. Aufl. gr. 16. (280 S. mit 1 Holzschntaf.) Stuttgart 867, Metzler's Verlag. *
geb. mit Goldschn. *

Scheffel, Jos. Vict., der Trompeter von Säkkingen. Ein Sang vom Oberrhein. 7.—30. Aufl. 8. (280 S.) Ebendas. 868—74. (* ℳ 3., * ℳ 3,40.) * 3 60
geb. mit Goldschn. (* ℳ 4.) * 4 80

—— dass. — Illustrirt von A. v. Werner. 13 Lfgn. gr. 4. (288 S. mit 17 großen und 60 eingedr. Holzschn.) Ebendas. 872,73. (à Lfg. * ℳ 3.) * 42 —
geb. * 45 —

—— der Trompeter von Säkkingen. Ein Sang vom Oberrhein. 31.—49. und 51.—83. Aufl. gr. 16. (280 S. mit Titel in Holzschn.) Ebendas. 874—80. geb. mit Goldschn. * 4 80
geb. in Liebhaberbd. * 6 —

—— dass. — Jubiläums-Ausg. 50. Aufl. 8. (280 S. mit Titel in Holzschn. und Portr. in Lichtdr.) Ebendas. 876.
geb. mit Goldschn. 10 —

—— dass. — Illustrirt von A. v. Werner. Holzschn. aus der xylograph. Anstalt von A. Cloß in Stuttgart. 2. verb. Aufl. Imp.-4. (301 S. mit eingedr. Holzschn. und 17 Holzschntaf.) Ebendas. 879. geb. mit Goldschn. * 45 —

—— der Trompeter von Säkkingen. Ein Sang vom Oberrhein. 84.—99. und 101.—122. Aufl. 8. (280 S. mit Holzschn.-Titel.) Ebendas. 880—84. * 3 60
geb. mit Goldschn. * 4 80
geb. in Liebhaberbd. * 6 —

—— dass. — 100. Aufl. 8. (XXIX, 296 S. mit Holzschn.-Titel und Portr. in Lichtdr.) Ebendas. 882.
geb. mit Goldschn. * 6 —

—— dass. — Mit Illustr. (in Holzschn. und Lichtdr.) von Ant. v. Werner. gr. 8. (275 S.) Ebendas. 884. geb. mit Goldschn. * 12 —

—— der Trompeter von Säkkingen. Ein Sang vom Oberrhein. 123.—170. Aufl. 8. (280 S. mit Holzschn.-Titel.) Ebendas. 885—88. *
geb. * ℳ 4.80.; in Liebhaberbd. *

—— dass. — Oper in 3 Akten. Text nach Dr. Vict. v. Scheffel's gleichnamiger Dichtung frei bearb. Musik von Emil Kaiser. kl. 8. (39 S.) Berlin (885), Ad. Fürstner. **

—— dass. — 2. Aufl. gr. 8. (275 S. mit Illustr. von Ant. v. Werner.) Ebendas. 886. geb. mit Goldschn. *

—— Der Trompeter v. Säkkingen. Ein Sang vom Oberrhein. 171.—199. u. 201. Aufl. 8. (280 S.) Ebd. 889—92. * 3 60
geb. m. Goldschn. * 4 80; in Liebhaberbd. * 6 —

—— dass. — Mit Illustr. von Ant. v. Werner. 3. Aufl. gr. 8. (275 S. m. 17 Taf.) Ebd. 890. geb. m. Goldschn. * 12 —

—— dass. — Illustr. von A. v. Werner. Pracht-Ausg. 3. Aufl. 16 Lfgn. gr. 4. (XII, 285 S.) Ebd. 890. à Lfg. * 2 50; * 40 —
geb. * 45 —

—— dass. — 200. Aufl. Jubiläums-Ausg. Mit Illustr. v. Ant. v. Werner. 12. (XXVIII, 289 S.) Ebd. 892. geb. m. Goldschn. * 4 80

— dasselbe, m. Illustr. von Ant. v. Werner. 4. Aufl. 8 (304 S.) Ebd. 896. Geb. in Leinw. m. Goldschn. n. 12 —

Der Trompeter von Säkkingen. Ein Sang vom Oberrhein von Joseph Viktor v. Scheffel. 233. Aufl. *Stuttgart: A. Bonz & Co. 1897.* (280 S.) 8° [F.] [01. 173 11

— der Trompeter v. Säkkingen. E. Sang v. Oberrhein 234. Aufl. 12. (280 S.) Ebd. 897.
Geb. in Leinw. m. Goldschn. n. 4. 80

— der Trompeter v. Säkkingen. Ein Sang vom Oberrhein. 246.—256. Aufl. 12. (à 280 S.) Ebd. 899—901.
n. 3. 60; geb. in Leinw. m. Goldschn. n. 4. 80;
in Liebhaberbd. n. 6. —

Der Trompeter von Säkkingen. Ein Sang vom Oberrhein von Joseph Viktor v. Scheffel. 252. Aufl. *Stuttgart: A. Bonz & Co. 1900.* (280 S.) 8° [F.] [01. 5273 7

— der Trompeter v. Säkkingen. Ein Sang vom Oberrhein. 261.—272. Aufl. (280 S.) kl. 8. Ebd. 902—905.
n. 3. 60; geb. in Leinw. m. Goldschn. n. 4. 80;
in Liebhaberbd. n. 6. —

— dasselbe. Illustriert von Ant. v. Werner. Holzschn. aus der xylograph. Anstalt v. A. Cloß in Stuttgart. 4. Aufl. (XII, 285 S. m. farb. Titelbl.) 4. Ebd. 905.
Geb. in Leinw. m. Goldschn. n. 24. —

Scheffel, Joseph Victor von. Der Trompeter von Säkkingen. Ein Sang vom Oberrhein von J' Viktor von Sch', mit Illustrationen [wovon 19 Tafeln] von Anton von Werner. 5. Aufl. 304 S. 8. Stuttgart, Adolf Bonz & Comp., 1906. (geb. M. 8. —)

— Der Trompeter v. Säkkingen. Ein Sang v. Oberrhein. 281. Aufl. (280 S.) kl. 8. Ebd. 907. 3.60; geb. in Leinw. m. Goldschn. 4.80; in Liebh.-Bd. 6. —

Scheffel, Joseph Victor von. Der Trompeter von Säkkingen. Ein Sang vom Oberrhein von J' Viktor von Sch'. Mit Illustrationen [und 1 Titelbild] von Anton von Werner. 284. Aufl. 310 S. kl.-8. Stuttgart, Adolf Bonz & Comp., 1908. [geb. M. 4. 80]

— dasselbe. Mit Illustr. von Ant. v. Werner. 292. Aufl. (310 S.) kl. 8. Ebd. 910. 3.60; geb. in Leinw. 4.80; in Perg. 8. —

— Die Varus-Schlacht. Römerlied. (Als die Römer frech geworden!) Illustr. v. Arth. Thiele. (16 Bl. in Leporelloform.) 9,5×19,5 cm. Halberstadt (909). R. Lederbogen. — 40

—— Waldeinsamkeit, s. a. Makak, J.

—— Waldeinsamkeit. Dichtung zu zwölf landschaftl. Stimmungsbildern von Jul. Makak. Die Bilder nach den Radirungen von Ed. Willmann in Lichtdr. ausgeführt von J. Schober in Karlsruhe. 1.—4. Aufl. 8. (V, 47 S.) Ebendas. 880—84. geb. mit Goldschn. * 8 —

—— Waldeinsamkeit. Dichtung zu 12 landschaftl. Stimmungsbildern v. Jul. Makak, nach den Radirgn. v. Ed. Willmann in Lichtdr. 5. Aufl. gr. 8. (V, 47 S.) Stuttg. 889, Bonz u. Comp. geb. m. Goldschn. * 8 —

Vgl.: Ackermann, Ernst. Die Heimat Scheffel'scher Gestalten. — All-Deutschlands Scheffel-Kalender. — Dammert, A. Aus meinen Beziehungen zu Sch. u. seinen Eltern. — Festschrift zur Einweihung d. Scheffel-Denkmals in Heidelberg. — Nicht rasten u. nicht rosten!

— Waldeinsamkeit. Dichtung zu 12 landschaftl. Stimmungsbildern v. Jul. Makak. Die Bilder nach den Radiergn. v. Eduard Willmann in Lichtdr. ausgeführt von J. Schober. 6. Aufl. (V, 47 S.) 8. Ebd. 903. n. 7. —; geb. in Leinw. m. Goldschn. n. 8. —

—— s. Waltarilied, das.

—— und A. Holder, Waltharius. Lateinisches Gedicht des zehnten Jahrhunderts. Nach der handschriftl. Ueberlieferung berichtigt, mit deutscher Uebertragung und Erlauterungen. 8. Stuttgart 874, Metzler's Verlag. * 4 —

— u. B. v. Arnswald, Wartburg-Sprüche. Ausgewählt u. angebracht. Neu aufgeschrieben, vervollständigt u. hrsg. v. Frz. Lechleitner. 12. (VIII, 207 S.) Weimar 892. H. Böhlau. n. 2. —; geb. n. 3. —

Scheffel's, Jos. Vict. v., gesammelte Werke in 6 Bdn. Mit e. biograph. Einleitg. v. Johs. Proelß. (VIII, 277, 244, 252, 225, 259 u. 285 S. m. Abbildgn.) 8. Stuttgart (907). A. Bonz & Co. 9.—; geb. in Leinw. 3 Bde. 12.—; 6 Bde. 14. 40

Scheffel, Joseph Victor von. J. V. von Scheffels Gesammelte Werke in sechs Bänden. Mit einer biographischen Einleitung von Johannes Proelss. (Einband, Umschlag, Titelbild [in Band 1], Kopfleisten und Schlussvignetten gezeichnet von Curt Liebich.) 8. Stuttgart, Adolf Bonz & Comp., [1907]. (à M. 1. 50, geb. 2. 40; *cpl.* 9. —, [geb. in 6 Bde. 14. 40, in 3 Doppelbde. 12. —]

Band 1: Biographische Einleitung — Ekkehard Band 1. [Mit Titelbild.] VIII + 278 S.
Band 2: Ekkehard Band 2. 244 S.
Band 3: Hugideo — Juniperus — Reisebilder. 252 S.
Band 4: Episteln. 225 S.
Band 5: Der Trompeter von Säkkingen — Waldeinsamkeit — Bergpsalmen. 259 S.
Band 6: Frau Aventiure — Gaudeamus. 285 S.

Scheffel, Josephine, Gedichte. 12. (IX, 158 S. m. Bildnis.) Stuttgart 892. A. Bonz & Co. Geb. in Leinw. m. Goldschn. n. 4. —

Scheffel, Frau Josephine, und Alberta v. Freydorf, in der Geisblattlaube. Ein Märchenstrauß. 8. (295 S. mit Portr. und Handschriftprobe.) Dresden 886, Meinhold und Söhne. * geb. *

— u. Alberta v. Freydorf, Malcha u. Thorild. Ein Schwarzwaldsang aus dem 30jähr. Krieg. (XII, 135 S.) 8. Ebd. 905. n. 3. —; geb. in Leinw. n. 4. —

Scheffel, Josephine, das Märchen vom Fingerhut. Begonnen v. Sch., weitergeführt, vollendet u. als Mscr. geschrieben von A. v. Freydorf. Illustr. v. M. Egremont. 1. u. 2. Aufl. (Je II u. 48 autogr. S. m. farb. Abbildgn.) 4. Strassburg 905. J. Singer. n. 6. —; geb. in Leinw. n. 8. —

Scheffel, K., Führer durch Roda u. Umgebung. 2. Aufl. gr. 16. (VII, 35 S.) Roda 902. C. F. Wiedemann. n. — 50

Scheffel, Karl

Scheffel, Carl, der Gerichts-Stenograph, s.: Laber, W.

— Geschäftsbriefe zum Gebrauch in Handelsschulen, Stenographenvereinen usw. Anleitung zur Verwendg. der Schnellschrift im Geschäftsleben. Stenographische Beispiele in Gabelsbergerscher Schrift nach den Beschlüssen des Berliner Stenographentages v. 1902. (IV, 42 S. m. 1 Fksm.) 8. Wolfenbüttel 907. Heckner. 1. —

— Kaufmänn. Redewendungen, stenographisch dargestellt unter gleichzeitiger Einführung in das Kürzungswesen der Stenographie. Für den Fortbildungsunterricht in Handelsschulen bearb. Redeschrift. 2. verb. Aufl. (25 S.) 8. Ebd. 907. nn — 50

Scheffel, Carl, ein Wort zur Aufklärg. üb. die Frage Welches Stenografie-System ist d. Beste?, s. a. Büchersammlung f. Gabelsberger'sche Stenographen.

Ein Wort zur Aufklärung über die Frage: Welches Stenographie-System ist das Beste? Von Carl Scheffel. Mannheim. (1. Aufl.) Neustadt a. d. Haardt: W. Marnet (1896). (25 S.) 8°
= Büchersammlung f. Gabelsberger Stenographen. Bd 41.

Scheffel, Konrad Matthias (Quedlinburg) A. S. 1319/31

Dissertatio academica de anima eius affectibus eiusque cultura. Präs. Christian Georg Schüsler. Jena (Fickelscherr) XI. 1719. 32 S. 30082

Scheffel, Ed. Mth., vom Unterschied d. Gewißheit d. Glaubens u. d. fleischl. Vermessenheit. 8. Weimar, Hoffmann 758.

Scheffel, Paul Hugo

Scheffel, P. H., Verkehrsgeschichte der Alpen. I. Bd. Bis zum Ende des Ostgotenreiches Theodorichs des Grossen. (VIII, 206 S.) Lex. 8. Berlin 908. D. Reimer. 8. —

Scheffel, R., Reduction des leipziger, prager und wiener Handels-Gewicht auf Zollgewicht. gr. 4. (8 S.) Schneeberg 854, (Goedsche'sche Buchh.) *

Scheffel, Reinholt, i. Neumann, Bertha.

Scheffel, V.: Das grosse Fass zu Heidelberg. (der XXIV. Versammlung deutscher Philologen u. Schulmänner zum 27. September 1865.) Heidelberg 1865. 8 S. 4°
Schul- Univ.-Schrift

Scheffel-Gedenkbuch. Aus Anlaß der Gründg. d. Scheffel-Bundes in Oesterreich hrsg. vom Scheffel-Bund. Geleitet v. A. Breitner. 8. (128 S. m. Abbildgn. u. Fcsms.) Wien 890. Hartleben. geb. n. 3. —

Scheffel-Gedenkbuch. E. Sammlg. ernster u. heit. Lieder. Mit zahlr. Orig.-Beiträgen v. Rud. Baumbach, Vict. Blüthgen, Fel. Dahn u. s. w. Nebst mehreren Fcsm.-Drucken, 1 Vollbild. v. K. Block, 1 musikal. Beilage v. B. Bause u. Scheffel's Portrait von A. v. Werner. 12. (132 S. m. Abb.) Dresden 895. R. v. Grumbkow. n. 2. 50; geb. n. 4. —

Scheffeljahrbuch, s.: Nicht rasten u. nicht rosten!

Scheffels, Otto [cand. med. aus Ostrath]: Ueber eintägige Pneumonie .... Würzburg, Paul Scheiner's Buchdr., 1886; 27 S. 8°.
Würzburg, Med. Fak., Inaug.-Diss. v. 1886.

Scheffels, Otto, über eintägige Pneumonie. Diss. Würzburg 1886, Stahelsche Univ.-Buchh. 8°. 27 S.

Scheffelt, Ernst: Die Copepoden und Cladoceren des südlichen Schwarzwaldes. Stuttgart: Schweizerbart 1908. S. 91—164. 8° ¶(Aus: Archiv f. Hydrobiol. Bd 4, H. 2.)
Freiburg i. B., Phil. Diss. v. 1908, Ref. Weismann
[Geb. 19. Febr. 85 Badenweiler; Wohnort: Badenweiler; Staatsangeh.: Baden; Vorbildung: Oberrealsch. Freiburg i. B. Reife Juni 03; Studium: Freiburg i. B. 1, Tübingen 2, Freiburg i. B. 1, Heidelberg 1, Freiburg i. B. 4 S.; Rig. 2. Nov. 08.] [U 09. 1042

* *Michael Scheffelt's* Methodische neue Anweisung, die edle und Höchstnützliche Rechenkunst in kurzer Zeit zu erlernen. Ulm. 1 Alph. 8.
1716

* Michael Scheffelt's Instrumentum proportionum, oder Unterricht vom Proportionalzirkul ...... Ulm, verlegts Daniel Bartholomä, Buchh. 4. 172 S. u. 12 Kupfr.
1708

— instrumentum proportionum, oder Unterricht v. Proportionalzirkel, m. K. 4. Ebend. 738.

Michael Scheffelt

Michael Scheffelts [Scheffelt] Pes mechanicus artificialis, oder: Neu-erfundener Maß-Stab, auf welchem alle proportiones der gantzen Mathesis ohne mühsames Rechnen... können gesucht, und gefunden werden. Jetz bey dieser neuen Aufl. so wohl mit mehrern Linien u.Fig. , als auch sonsten verm. Ulm: Bartholomaeus 1718. 263 S. 8°

Scheffelt, Mich., Unterr. v. Proportionalzirkel. N. Aufl. umgearb. von J. E. Scheibel. Mit Kpf. gr. 8. Bresl. 781. J. F. Korn. 1 ₰ 4 𝔤𝔯

Scheffelt, Mich., Unterricht v. Proportionalzirkel, umgearbeitet v. J. E. Scheibel. gr. 8. Breslau, Korn d. ält. 791. Rthlr.

Scheffen, Adalbert: Die Gesetzmässigkeit in der Welt, ihre Bedeutung und Ausdehnung. *Ruhrort (1899): J. Brendow & Sohn.* (30 S.) 8° [F.]
Ruhrort, RG, P 1899 (513)

Scheffen, Carl, s. Scheffen, Karl

Scheffen, Hermann: Aus dem pathologischen Institut zu Bonn. Beiträge zur Histogenese der Leberkavernome. *Bonn 1897: J. Bach Wwe.* (31 S.) 8°
Bonn, Med. Diss. v. [12. Okt.] 1897

Scheffen, Karl

Der gegenwärtige Stand der Gefangenenfürsorge in Halle a. S. von Pastor C[arl] **Scheffen.** (Halle 1904.) (8 S.) 8° [F.]
= **Geschäftsbericht** d. Gefängnisvereins f. d. Stadt Halle. 1902 03. (S. 3-8)

Scheffen, Wilh., Handbuch der inneren Mission u. verwandter Bestrebungen in der Prov. Westpreußen. Im Auftrage des Prov.-Vereins für innere Mission in der Prov. Westpreußen bearb. Lex.-8. (XII, 215 S.) Danzig 899. Ev. Vereins-Buchh. Geb. n.n. 2. —

Scheffer, s.a. Schäffer

Scheffer, ..., Eloge du Comte de Tessini. 8. Dresd. 774. Walther. 4 𝔤𝔯

Scheffer, zur Erweiterung der wirthschaftlichen Selbstverwaltung. Für Verwaltungsbeamte u. Mitglieder von Kreisvertretgn. u. landwirthschaftl. Vereinen. gr. 8. (IV, 122 S.) Berlin 888. C. Heymann's Verl. n. 1. 60

SCHEFFER, De spuriis: Bastarde. Tubingae 1734. 4°.
1 Mk. Schmidt, Halle. 491. no. 1138.

Scheffer, Dr. Vide: Urtheil in der Untersuchungssache.

Scheffer, Winke, Mittel u. Wege zur erfolgr. Förderg. d. Schießens. 2., durchgeseh. Aufl. br. 8. (V, 55 S.) Berlin 896. E. S. Mittler & Sohn. n. 1. —

Scheffer, Alfred [appr. Arzt, Assistent der Kinderklinik in Strassburg i. E.]: Ueber einen Fall von Milz- und Magenkrebs im Kindesalter. Leipzig, Druck von B. G. Teubner, 1880. 8. 20 S.

Scheffer, Andr. Franc. Xav. (J. U. Lic. u. p. t. königl. Caplan u. Beneficiat), aussführlicher Bericht der beruhmten, in der Reichs-Gefürsteten Marggrafschafft Burgau, auf der käyserl. Land-Strassen nachst dem Dorff Lempach in Schwaben gelegenen königlichen Lothringischen, u. gross-hertzoglichen Thoscanischen(!) *Wallfahrt Königin-Bild,* wie solche ihren Ursprung, u. Aufnahm genommen . . . . Augspurg, gedr. bey Joh. Mich. Labhart, Fürstl. Hoch-Bischöffl. u. Stadt-Buchdrucker, 1740. 8°. Hpgmtb., hübsches Expl.
17 Bll. Vorst. u. 255 S.

Scheffer (in d. Vita: Scheffer-Tulke), Anton, in Sundern i. Westf.: Die Hebung der Leistungsfähigkeit des Milchviehes durch Gründung von Kontrollvereinen nach dänischem Muster. *Giessen 1902: F. W. Becker, Arnsberg i. W.* (43 S.) 8°
Giessen, Phil. Diss. v. 1902

Scheffer, Benj., über Resection der Schädelknochen wegen Verletzung derselben. Inaugural-Dissertation. gr. 8. (23 S.) Jena 877, (Neuenhahn.) — 60

Scheffer, C. A., Darstell. d. polit. Zustandes v. Deutschland. Ins Deutsche übers. u. mit Noten versehen. 8. Leipz. 817. Wienbrack. 12 𝔤𝔯

Scheffer, Carl, s. Scheffer, Karl

Scheffer, Ernst, Referendar: Das durch Vermächtnis begründete Schuldverhältnis im Verhältnis zum gewöhnlichen. Rostock 1910: (Köster & Schell, Marburg). 62, III S. 8°
Rostock, Jur. Diss. v. 20. Okt. 1910, Ref. Matthiaß
[Geb. 10. Okt. 77 Essen; Wohnort: Kassel; Staatsangeh.: Preußen; Vorbildung: Gymn. Weilburg Reife O. 01; Studium: Marburg 6 S.; Rig. 3. Juni 10.] [U 11. 4076

Scheffer, F. Karte der Magdeburg-Brandenburg-Potsdamer Eisenbahn in Verbindung mit der Berlin-Potsdamer Bahn. 1:280 000. Magdeburg 1845. 1 Bl. c. I..

Scheffer, F. A., die dänischen Kontrollvereine, ein Mittel zur Hebg. der Leistungsfähigkeit des Rindviehes. gr. 8. (39 S.) Leipzig 902. R. C. Schmidt & Co n. 1. —

Ⓑ **Scheffer,** J. A., d. dän. Kontrollvereine. 902. (KBL 32.) Jetzt: Hannover, M. & H. Schaper.

Scheffer, Ferd., Vorlege-Blätter für Firmenschreiber. qu. Fol. (VI S. und 30 lithogr. Bl.) Sondershausen 859, Eupel's Verlag.

Scheffer, Fr., u. C. Grosz, Repertorium zu dem allgemeinen deutschen Handelsgesetzbuch. Cassel 867. Freyschmidt. gr. 8. (VIII, 460 S.) n. 2 Thlr 15 ngr.

Scheffer, F[riedrich], Referendar a. D. aus Eschwege a. W.: Die **Theorien** über das Wesen der juristischen Personen im Verhältnis zur Deliktshaftung. *Rostock 1904: Adlers Erben.* (71 S.) 8°
Rostock, Jur. Diss. v. [20. Juli] 1904

Scheffer, Fritz, d. gesetzl. Bestimmgn. üb. d. Religions- 2c. Wesen in Preußen, s.: Kautz, Walt.

Scheffer, Georg Samuel (Dinkelsbühl) A. S. 776/31

Dissertatio inauguralis juridica de stigmatibus in facie, Von Brandmalen im Angesicht.
Präs. Ernst Tenzell.
Erfurt (Grosch) 20. XII. 1719. 28 S. 30086

Scheffer, (W. A.) Heinr., Bilder ohne Rahmen. 1r Thl. gr. 12. Marburg 835. Elwert. $1\frac{1}{2}$ Thlr

— dass. 2r Thl. (Il Carbonaro. — Der Kosmopolit. Fragment.) gr. 12. Ebd. 836. $1\frac{1}{2}$ Thlr (1. 2: 3 Thlr)

Scheffer, Heinrich (Flensburg) A. S. 848/21

Dissertatio inauguralis medica exhibens choleram humidam siccam excipientem.
Präs. Johann Hadrian Slevogt.
Jena (Gollner) 9. IV. 1704. 40 S. 30087

Scheffer, Heinrich (Kassel) A. S. 578/18

Dissertatio inauguralis iuridica, de collisione putativa legum divinarum et civilium de moderamine inculpatae tutelae agentium.
Marburg (Müller) I. 1744. 86 S. 30088

—— Crayonsskizzen. 1. Bd. (: Die Chiotin. — Bojarenleben.) gr. 12. ($11\frac{1}{3}$ B.) Marburg 839, Elwert'sche Univ.-Buchh.

Scheffer, W. A. Heinr., Wanderjahre. 2 Bde. gr. 12. ($25\frac{1}{3}$ B.) Marburg 834, Elwert.

Scheffer. Henrix Theophilus

Chemische Vorlesungen über die Salze, Erdarten, Wässer, entzündliche Körper, Metalle und das Färben; gesammelt in Ordnung gestellt und mit Anmerkungen herausgegeben von Torbern Bergmann. Aus dem schwedischen übersetzt von Christian Ehrenfried Weigel. Greifswald, 1779. 8vo.

Scheffer, H. T., chem. Vorlesungen üb. die Salze, Erdarten, Wasser 2c. gesammelt v. . . . Bergmann; aus d. Schwed. v. Chr. Er. Weigel. 8. Greifswalde 790. (Gnobloch in Leipz.) 1 Thlr 12 Gr.

Scheffer, J. Verz[illegible] der grosstentheils in der Wiener Gegend vorkommenden Aderflügler. 1851

Scheffer, J., Verzeichniss der grosstentheils in der Wiener Gegend vorkommenden Aderflügler. [Aus den Sitzungsberichten 1851 d. k. Akad. d. Wiss. abgedr.] gr. 8. (19 S.) (Wien 852, Braumüller.) n. 4 ngr.

Scheffer, Jan Christiaan Theodoor [pr. Arzt in Batavia '(Java)' aus Amsterdam]: Die Serumdiagnose des Typhus abdominalis. Aus d. Medicin. Klinik u. d. Institut f. Hygiene u. Bacteriologie zu Strassburg i. E. . . . Strassburg i. E., Buchdr. C. & J. Gœller, 1897; 38 S., 1 Bl. 8.
Strassburg, Med. Fak., Inaug.-Diss. v. 1897

Scheffer, Joh.

Scheffer, Ioh., Agrippa liberator. 8. Liegnitz, Siegert. 751.

Scheffer, J., Agrippa liberator i. e. de novis tabulis. 8. Liegn. 752. Siegert. 3 Gr.

— de antiquis verisque regni Sueciae insignibus. 4. Stockh. 750.

Scheffer, J., de natura et constitutione philosophiae Italicae. Upsal. 664. 8. zu 14 gr. Cum praef. Schurzfleischii. Vitemberg. 701. 8.

— s. Obsequentis, Jul.

Schefferi, J., de stilo exercitiisq. eius liber. Eiusd. gymnasium stili seu de vario scribendi exercitio. Upsal. 653. 8. Ed. 3. Ibid. 665. 8. zu 14 gr. Jenae 714. 8. 6 gr. u. öfter.

— Sueciae literatae s. de scriptis et scriptor. gent. Sueciae a I. Moller ed. 8. Hamb. 716.

Schefferi, Jo., de antiquorum torquibus syntagma. Holm. 656. 8. 6 gr. Cum notis J. Nicolai. Hamb. 707. 8.

— de varietate navium. S. l. et a. 4.

Scheffer, Johann Theodor [Praes.], s. Ficker, Joachim Friedrich: De praecursu creditorum, von dem Vorlauff der Schuldglaubiger.

Scheffer, Joh. Theod.: Commentatio pol.-jur. in duas illas . . . de forma imperii Romano-Germanici sententias, quarum una mixturam monarchiae cum aristocratia, altera systema quoddam civitatum modo extraordinario confoederatarum asserit. Lipsiae et Francofurti 1720.

Scheffer, Johann Theodor [Praes.], s. Georgi, Eberh. Friedr.: De jure famulorum. Von Recht der Dienst=Botten, Ehehalten, Knechte, und Mägde.

Scheffer, Johann Theodor (Dinkelsbühl) A. S. 820/34

Dissertatio inauguralis juridica, de jure taxatae jurisdictionis, Von würcklich formirtem Tax und Anschlag der Jurisdiction, Hoher= und Niedern=Gerichten. Präs. Michael Grass.
Tübingen (Eitel) (6.) III. 1713. 60 S. 30097

Scheffer, Johann Theodor [Praes.], s. Neuhaeuser, Gottfried Dionysius: De spuriis eorumque jure respectu illorum, qui cum ipsorum matre concubuerunt.

Scheffer, Johann Theodor [Praes.], s. Renz, Gunther Albert: Dubia quaedam circa materiam de praesumtione juris et de jure per modum Disputationis Inaug.

Scheffer, Johann Theodor [Praes.], s. Wagner, Ludwig Friedrich: De insigni praeeminentia principum imperii majorum prae principibus et statibus aliorum Europae regnorum.

Scheffer, K. G. Th., Bismarck u. das Recht auf Arbeit, s.: Otto, Berth., das Recht auf Arbeit.

Scheffer, Karl, Gott u. der Mensch. Evangelischer Confirmanden-Unterricht geordnet nach D. Luthers kleinem Katechismus f. die Lehrer u. die Hörer zur Vorbereitg. wie zur Wiederholg. gr. 8. (VI, 50 S.) Leipzig 875. Brandstetter. — 75

Scheffer, Carl, christliche Heilslehre. Diktate für den evangel. Religionsunterricht in den oberen Klassen von Realschulen, höheren Bürgerschulen und andern ähnlichen Lehranstalten. In 4 Cursus. Cursus IV: „Das Bekenntniß des Heils." gr. 8. (XIII und 76 S.) Halberstadt 859, Helm'sche Buchh. *
geb. *
Cursus 1—3 erscheinen später.

Scheffer, Carl, das Jahr des Heils oder das christl. Kirchenjahr nach seinem Laufe und nach seiner Feier dargestellt für den evangel. Religionsunterricht in den oberen Klassen höherer Lehranstalten, für Religions- und Volksschullehrer, sowie für gebildete Christen überhaupt. gr. 8. (XI und 78 S.) Leipzig 864, Teubner. -

—— Inschriften und Legenden Halberstädter Bauten. Ein Beitrag zu der Geschichte der Stadt aus den letzten vier Jahrh. gr. 8. (VIII und 56 S. mit lithogr. Abbild. auf 1 Steint. in qu. Fol.) Halberstadt 864, Helm'sche Buchh. *

Scheffer, Carl, Mittheilungen aus der Geschichte der Neustadt bei Magdeburg. Magdeburg 866. Creutz'sche Buchh. 8. (175 S. mit 4 lith. Beigaben.) n. 25 ngr.

—— evangelisches Schulgesangbuch. gr. 8. (VIII und 127 S.) Leipzig 864, Teubner. *

Scheffer, Carl: Studien über Neue substituierte Cinchoninsäuren. *Freiburg i. Br. 1897: (J. Hamel, Marburg).* (41 S.) 8°
Freiburg i. B., Phil. Diss. v. 1897

—— die heilige Weihnacht, ihre Bedeutung und ihre Feier in der Sage, im Hause, in der Schule und in der Kirche. Eine Festgabe zur Christbescheerung. 16. (VII und 180 S.) Glogau 863, Flemming. cart.

—— Weihnachts-Album deutscher Dichter. Eine Festgabe zur Christbescheerung. gr. 16. (IX und 234 S.) Glogau 863, Flemming. geb. mit Goldschn. *

Scheffer, Karl Gottfried (Christianstadt/NL.)
A. S. 93/41
De nonnullis coronae nuptialis iuribus.
Präs. Georg Stephan Wiesand.
Leipzig (Langenheim) 5. X. 1761. 12 S. 30098

Scheffer, Karl Ludwig (Stuttgart) A. S. 568/42
De iure principum statuumque suffragandi ad capitulationes imperatorum.
Präs. Gottfried Daniel Hoffmann.
Tübingen (Erhardt) 12. VI. 1747. 111 S. 30099

Scheffer, L., Specimen manuductionis ad vitam longam, quod tradit regulas generales, circa animi adfectus hominibus observandas. Wie überhaupt in Beobachtung der Gemüths-Bewegungen der Mensch sein Leben höher bringen könne. 16 pp. Wismar. 4°.

1724

Scheffer, L. Ch., hebräisches Wörterbuch. 4. Berlenburg. 720.

Scheffer, Ludwig Christoph (Kassel) A. S. 357/27
Dissertatio juridica inauguralis, de sensu legis decemviralis testamentariae.
Präs. Christian Thomasius.
Halle (Zeitler) 5. IX. 1705. 48 S. 30100

Scheffer, M., De phantasia ejusque effectibus cum applicatione ad fanaticos. Lps. 4°.

1706

Scheffer, Michael Josef, s. Schäffer

Scheffer, Philipp Friedrich (Marburg) A. S. 248/6
Disquisitio inauguralis juridica de divisione paterna extra-testamentaria.
Giessen (Vulpius) XII. 1704. 40 S. 30103

Scheffer, R., ein Besuch im Oberammergau. Beschauliches und Erbauliches von den dortigen Passionsspielen. Ein Vortrag. 8. (40 S.) Essen 880, Bädeker. * — 60

Scheffer, R.: Z. Diagnose d. Querdurchmessers des Beckeneingangs. Marburg 1864. 4.
Schul-/Univ.-Schrift

Scheffer, *Georg Conrad* Richard [aus Magdeburg]: Über die Einwirkung des Tuberkulin auf die inneren Organe m. Zugrundelegg mehr. patholog.-anatomischer Sectionsbefunde ... Halle a. S., Hofbuchdr. v. C. A. Kaemmerer & C., 1892; 83 S., 1 Bl. 8.
Halle, Med. Fak., Inaug.-Diss. v. 6. Febr. 1892

Scheffer, Rob., königliches Elend. Einzig autoris. Uebersetzg. 1. u. 2. Aufl. (1.—5. Taus.) 8. (254 S.) Budapest 893. G. Grimm. n. 3. —

Scheffer, Rud. H. C. C., Commentatio de Myrsinaceis archipelagi indici. Weesp 867. (Leipzig, A. Dürr.) gr. 8. (VI, 114 S. mit 1 Tab. in qu. gr. Fol.)
n.n. 1 ℛ 6 ngr.

Scheffer, T., chem. Vorlesungen üb. die Salze, Erdarten, Wasser ꝛc. ges. v. Bergmann, a. d. Schwed. v. Weigel. 8. Greifswalde, Röse. 790.

Scheffer, T., chem. Vorlesungen über die Salze ꝛc. übersetzt v. C. Weigel. 8. Greifswald. 789. Jetzt Cnobloch in Leipzig.

Scheffer's, Th., Landschaftsmappen, s.: Landschaftsmappen.

— s.: Universitäts-Kalender, deutscher.

— s.: Zentralorgan f. Lehr- u. Lernmittel.

Scheffer, Thassilo v., die Eleusinien. 8. (86 S.) Berlin 898. Schuster & Loeffler. 1. 50

Scheffer, Thassilo v., neue Gedichte. (74 S.) gr. 8. München 907. R. Piper & Co. Kart. 3. —

— Der Mensch u. die Religion, s.: Bibliothek der Menschheitsziele. I.

— Neapel, s.: Stätten der Kultur. 16. Bd.

Neapel von Thassilo v. Scheffer. Leipzig: Klinkhardt & Biermann [1909]. 205 S. 8°
(Stätten d. Kultur. Bd 16.)

— Stufen. 8. (175 S.) Leipzig 896. W. Friedrich. n. 2. —

[8.] Seltene Stunden v. Thassilo v. Scheffer. *Berlin: Schuster & Loeffler 1898.* (XII, 180 S.) 1 Bd 8. [98. 4291

Scheffer, Thassilo von, aus Stargardt, Westpr.: Die **Umarbeitung der Goethischen Gedichte für die erste Gesamtausgabe von Goethes Werken vom Jahre 1787—90.** (Band 8. Wien und Leipzig bey J. Stahel und G. J. Göschen 1789.) *Darmstadt 1901: G. Otto.* (130 S.) 8° [J.]
Freiburg i. B., Phil. Diss. v. 1901

Scheffer, Thassilo v., die Umgebung Roms, s.: Rom. III.

Scheffer, Theodor (Hrsg.), s. Deutschland, Das akademische.

Scheffer, Th., das akadem. Deutschland, s.: **Ziehler, G.**

Scheffer, Theodor, aus Düsseldorf: **Die preussische Publizistik im Jahre 1859 unter dem Einfluss des italienischen Krieges. Ein Beitrag zur Geschichte d. öffentl. Meinung in Deutschland.** T. 1 u. 2. *Leipzig: B. G. Teubner 1901.* (VI, 57 S.) 8° ¶ (Erscheint vollst. im gleichen Verl.)
Leipzig, Phil. Diss. v. [26. Juli] 1901

Scheffer, Thdr., die preuss. Publizistik im J. 1859 unter dem Einfluss des italien. Krieges. Ein Beitrag z. Geschichte der öffentl. Meinung in Deutschland. gr. 8. (VII, 182 S.) Leipzig 902. B. G. Teubner. n. 6. —

Scheffer, Thdr., im Wanderschritt des Lebens. (Buchausstattung v. Hugo Steiner.) (317 S.) gr. 8. Leipzig (910). R. Voigtländer. Geb. in Leinw. 5. —

Scheffer, V., **homo maritanius s. microcosm. academ.** 4. Nrnb. 738.

— **Predigten auf alle Sonntage.** 4. Ebend. 708.

Scheffer, W., die topographische Anatomie der oberen Extremitäten, s.: Jedlička, R.

Scheffer, W., Anleitung zur Stereoskopie, s. **Bibliothek, photographische. 21. Bd.**

Anleitung zur Stereoskopie. Mit e. Anh. Stereoskopische Formeln u. a. V. Dr. W. Scheffer. Mit 37 Abb. Berlin: G. Schmidt 1904. (VI, 99 S.) 8° = Bibliothek, Photographische. Bd 21.

[S.] Einführung der Mündlichkeit in die Innere Verwaltung. Von Dr. [W.] Scheffer, Oberverwaltgsgerichtsr. Th. 1. *Berlin: C. Heymanns 1898.* 8.

— das Mikroskop, s. Aus Natur u. Geisteswelt.

Das Mikroskop, seine Optik, Geschichte u. Anwendung gemeinverständl. dargest. Von Dr. W. Scheffer. Mit 66 Abb. Leipzig: Teubner 1902. IV, 114 S. 8°
(Aus Natur u. Geisteswelt. Bdch. 35.) 11

Scheffer, W., vier Predigten während der Kriegszeit 1870 in der evang.-ref. Stadt- u. Universitätskirche zu Marburg geh. Weihnachtsgabe. 2. Aufl. gr. 8. (39 S.) Marburg 871. Ehrhardt in Comm. n. — 40

— **dasselbe, u. Predigt beim Friedensdank-Gottesdienste, den 18. Juni 1871 in der evang.-ref. Stadt- u. Universitätskirche zu Marburg geh. 3. Aufl. gr. 8. (54 S.) Ebend. 871.** n. — 60

Scheffer, W. A. Heinr., s. Heinr. Scheffer.

Scheffer, Wilh., das Bild e. ächten Jüngers Jesu, nach Joh. 8, 31. 32. Predigt, gehalt. bei Gelegenheit sein. Ordination am 2. Pfingsttage 1832. gr. 8. (1¼ B.) Marburg, Garthe.

Scheffer, Wlh., der christl. Glaube. Predigt, am Sonntage nach Ostern 1843 bei dem Simultangottesdienste der reform. u. luther. Gemeinde zu Marburg gehalten. 2. Aufl. gr. 8. Marburg 843, Elwert. 1¾ ngl

Scheffer, Wlh., erster u. zweiter **Jahresbericht** der Klein-Kinderschule zu Marburg; nebst e. Rede des Pfarrers Schmidt. gr. 8. Marburg 838, 39. Garthe. n. ⅛ ℛ

Scheffer, Wilh., üb. Predigervereine u. e. Reform d. Konventswesens, in besond. Bezieh. auf Kurhessen. Nebst e. Nachtr. üb. theolog. Literatur, als Wegweiser f. Predigerbibliotheken. gr. 8. (14½ B.) Marburg 838, Garthe. (?)

— zwei Predigten, nach Eröffnung akadem. Semester gehalt. gr. 8. (2½ B.) Marburg 833, Garthe.

— Quaestionum Philoniarum Part. I., sive de ingenio moribusque Judaeorum per Ptolemaeorum saecula. Commentat. 8 maj. (3½ B.) Marburgi 829, Garthe.

— **Rede u. Gebet bei Eröffnung der Klein-Kinderschule zu Marburg am 14. Aug. 1837. gr. 8. Ebd. 837.** n. $^{1}/_{12}$ ℛ

Scheffer, Wlh., das Reich Gottes u. Christi. Predigten, gehalten in der Universitätskirche zu Marburg, u. kleinere geistliche Amtsreden. gr. 8. Marburg 842, Elwert. 1½ ℛ

Scheffer, Wilh., das Reich Gottes u. Christi. Predigten u. geistliche Amtsreden. Marburg 865. Elwert'sche Univ.-Buchh. gr. 8. (VIII, 786 S.) 2 ℛ

— de usu Philonis in interpretatione novi Testamenti. 8 maj. (8½ B.) Marburgi 831, Garthe.

Scheffer, Wilh., die Verfassungsfrage der evangel. Kirche. Ein Beitrag zu deren Erörterung. 1. Hft. gr. 8. (IV u. 102 S.) Frankfurt a. M. 849, Brönner. n. 12 ngl

Scheffer, Wilhelm, appr. Arzt a. Pfungstadt: **Über den Stensonschen Versuch beim Frosch.** München 1895: **R. Oldenbourg.** (26 S.) 8° ¶ [Aus: Zeitschrift für Biologie Bd 48, H. 1. 1906.]
München, Med. Fak., Ref. v. Voit, Diss. v. 25. Juli 1895
[Geb. 14. Febr. 71 Pfungstadt; Wohnort: Berlin-Wilmersdorf; Staatsangeh.: Hessen; Vorbildung: Gymn. Darmstadt bis M. 89; Studium: Tübingen 3, Straßburg 4, München 4 S.; Coll. 15. Juli 95; Approb. 28. Febr. 96.]

— Zeugnisse zum evangel. Vereine der Gustav-Adolph-Stiftung in Kurhessen. In einigen Vorträgen dargelegt. gr. 8. (2¼ B.) Marburg 846, Elwert'sche Universit.-Buchh.

Scheffer, Wilhelm Fd. Ludwig

— **histor. Beschreib. d. königl. Würtemberg. ersten Residenz- u. Hauptstadt Stuttgart. gr. 8. Stuttg. 811.**

Scheffer, Wlh. Fd. Ldw., ausführl. chronolog. Darstell. alles Merkwürdigen aus d. Geschichte Würtembergs. gr. 8. Stuttg. 818. Metzler. 1 ℛ 12 gl

— **Geschichts-Data u. Merkwürdigkeiten von Stuttgart. gr. 8. Stuttg. 815. Löflund. 8 gl**

— s. Chr. W. Dallaus, Jahrzeitbuch.

Scheffer-Album, Ary, mit einer Lebensskizze des Meisters und Notizen über seine Bilder von L. Vitet. gr. 4. (10 Photogr. mit 18 S. Text.) Berlin 861, Schauer. **
geb. **

Scheffer-Boichhorst, Paul, s. Annales Patherbrunnenses.

— die **Chronik d. Dino Compagni. Kritik der Hegelschen Schrift „Versuch einer Rettung".** gr. 8. (91 S.) Leipzig 875. Hirzel. n. 3. —

Scheffer-Boichorst, Paul, die Erhebung Wilhelm's v. Baux zum Könige des Arelat's. gr. 8. (23 S.) Berlin 901. (G. Reimer.) n. 1. —

Scheffer-Boichorst, Paul, zur Geschichte des XII. u. XIII. Jahrh., s. Studien, historische.

Zur Geschichte des XII. und XIII. Jahrhunderts. Diplomat. Forschgn v. Paul Scheffer-Boichorst. *Berlin: E. Ebering 1897.* (XI, 419 S.) 1 Bd 8.
= Studien, Historische. H. VIII. [97-4910

-- das Gesetz Kaiser Friedrich's II. „De resignandis privilegiis." gr. 8. (31 S.) Ebd. 900. n. 1. —

— Herr Bernhard v. d. Lippe als Ritter, Mönch u. Bischof. [Aus: „Zeitschrift f. vaterl. Geschichte u. Alterthumskunde."] gr. 8. (136 S.) Münster 872. Regensberg in Comm. n. 1. 50

— dasselbe, s. a. Justini Lippiflorium.

—— die Neuordnung der Papstwahl durch Nikolaus II. Texte und Forschungen zur Geschichte des Papstthums im 11. Jahrh. gr. 8. (VI, 146 S.) Strassburg 879, Trübner. * 3 50

Scheffer-Boichorst, Paul, gesammelte Schriften, s. a. Studien, historische. 42. u. 43. Heft.

Gesammelte Schriften von Paul Scheffer-Boichorst. (Hrsg.: E[mil] Schaus & F[erdinand] Güterbock.) Bd 1. 2. Berlin: E. Ebering 1903–05. 2 Bde 8°
1. Kulturgeschichtl. Forschungen. 1903.
2. Ausgewählte Aufsätze u. Besprechungen. Mit e. Verzeichnis d. Veröffentlichungen d. Verf. u. e. Übersicht von Regestenbeiträgen. 1905.
= Studien, Historische. H. 42. 43. [05. 1105 2

Scheffer-Boichorst, Paul, Kaiser Friedrich I. letzter Streit mit der Kurie. Berlin 866. Mittler & Sohn. gr. 8. (XI, 244 S.) n. 1 ₰ 10 ngr.

—— Florentiner Studien. gr. 8. (IX, 270 S.) Leipzig 874, Hirzel. (* M. 6,75.) * 7 —

Scheffer-Boichorst, Paul, aus Dante's Verbannung. Literarhistor. Studien. gr. 8. (VIII, 254 S.) Strassburg 882, Trübner. * 6 —

— Norbert's Vita Bennonis Osnabrugensis episcopi e. Fälschung? Mit e. Excurs: Der Rhythmus der Satzschlüsse in der Vita Bennonis. Von Paul v. Winterfeld. gr. 8. (37 S.) Ebd. 901. n. 2. —
Sonderabdruck a.: „Sitzungsber. d. preuss. Akad. d. Wiss."

Scheffer-Tulke, F. A., Geld- u. Kreditwesen. (Wechsel-, Wertpapiere [Aktien u. Obligationen], Kurszettel, Börse, Wertpapierkauf- u. -verkauf, Landschaften, Landesbanken, Spar- u. Darlehnskassen, Vorschußvereine, Rentenbanken.) Lehrbuch. (93 S.) 8. Leipzig 906. Berlin, R. C. Schmidt & Co. Geb. in Leinw. n. 2. 50

(8) Scheffer-Tulke, F. A., Geld- u. Kreditwesen. 906. (AVZ 34.) Jetzt: Hannover, M. & H. Schaper.

Scheffers, Schwedler u. Roth, Zeugniss der Wahrheit, der Gemeinde zu Herrnhuth, wider *C. Regents*, S. J., Nachricht. Hrsg. v. C. March. Herrnhut 1730. 8°. (3 Mk. 50 Pfg., mit dem vorigen, Südd. Antiqu., München, 1905.) Rar!

Scheffers, A., architektonische Formenschule. Eine praktische Aesthetik der Baukunst, zum Gebrauche für Baugewerkschulen und Bauhandwerker. 1. u. 2. Abth. Leipzig 862. Seemann. n. 2 ₰ 12 ngr.
Inhalt: 1. Abth.: Die Säulenordnungen. Mit 120 Holzschn. (VIII, 64 S.) n. 20 ngr. — 2. Abth.: Darstellung der gebräuchlichsten Bauformen, welche beim Privatbau Anwendung finden. Mit Holzschn. u. 36 lith. Taf. in 4. (X, 86 S.) n. 1 ₰ 22 ngr.

Scheffers, A., architektonische Formenschule. Eine prakt. Aesthetik der Baukunst, zum Gebrauche für Baugewerkschulen, Bauhandwerker u. Architekten. 3 Abthlgn. Leipzig, Seemann. gr. 8. n. 5 ₰ 24 ngr.; geb. n. 6 ₰ 20 ngr.
1. Abthl. Die Säulenordnungen nebst einer Uebersicht über die wichtigsten Baustile christl. Zeit. 2., verb. u. stark verm. Aufl. (X, 139 S. mit eingedr. Holzschn. 866. n. 24 ngr.; geb. n. 1 ₰
2. Abthl. Darstellung der beim Privatbau gebräuchlichsten Bauformen zur Ausbildung des Aeußeren. Zum Gebrauch für Baugewerkschulen u. Bauhandwerker bearb. 2., stark verm. u. verb. Aufl. 7 Liefgn. (XII, 140 S. mit eingedr. Holzschn. u. 40 Steintaff. in 4.) 865. Jede Liefg. n. $7\frac{1}{2}$ ngr.; cplt. geb. n. 2 ₰ $2\frac{1}{2}$ ngr.
3. Abthl. Bauformen zur ornamentalen u. decorativen Ausbildung des Innern. 13 Liefgn. (210 S. mit eingedr. Holzschn., 28 Steintaff. u. 9 Farbendr.) 865—67. Jede Liefg. n. $7\frac{1}{2}$ ngr.; cplt. geb. n. 3 ₰ 20 ngr.

Scheffers, A., architektonische Formenschule. Eine prakt. Aesthetik der Baukunst zum Gebrauche f. Baugewerbschulen, Bauhandwerker u. Architekten. 1—3. Abth. gr. 8. Leipzig 873—76. Gebhardt's Verl. n. 19. —
1. Abth. Die Säulenordngn. u. Uebersicht der wichtigsten Baustile christl. Zeit. 3. verb. u. stark verm. Aufl. Mit 222 (eingedr.) Holzschn.) (X, 175 S.) n. 3. —; geb. n. 3. 60
2. Abth. Darstellung der beim Privatbau gebräuchlichsten Bauformen zur Ausbildg. d. Aeußeren. 4., verm. u. verb. Aufl. Mit 158 (eingedr.) Holzschn. u. 42 lith. Taf. in 4. (X, 176 S.) n. 6. —
3. Abth. Bauformen zur ornamentalen u. decorativen Ausbildg. d. Innern, nebst Anwendg. v. Farben am Aeußeren. 2. verm. u. verb. Aufl. Mit (eingedr.) Holzschn. 29 schwarzen u. 10 farb. (lith.) Taf. (in qu. gr. 4.) (IV, 228 S.) n. 10. —; geb. 11. 25

Scheffers, A., architektonische Formenschule. Eine prakt. Aesthetik der Baukunst zum Gebrauche für Baugewerbschulen, Bauhandwerker und Architekten. 3 Abthlgn. gr. 8. Leipzig, Gebhardt's Verlag. * M. 24.; geb. *
Inhalt:
Abthl. 1. Die Säulenordnungen und Uebersicht der wichtigsten Baustile christlicher Zeit. 4. verb. und stark verm. Aufl. (X, 234 S. mit 292 eingedr. Holzschn.) 879. * M. 4.; geb. * M. 4.60.
" 2. Darstellung der beim Privatbau gebräuchlichsten Bauformen zur Ausbildung des Aeußern. 4. verm. und verb. Aufl. (X, 176 S. mit 158 eingedr. Holzschn. und 42 lithogr. Taf. in qu. 4.) 876. * M. 6.; geb. * M. 7.
" 3. Bauformen und Farben zur ornamentalen und dekorativen Ausbildung des Innern, nebst Anwendung von Farben am Aeußern der Gebäude. 3. überarbeitete und stark verm. Aufl. (VIII, 288 S. mit 243 eingedr. Holzschn., 30 schwarzen und 13 farb. lithogr. Taf.) 880. * M. 14.; geb. * M. 15.

—— Handbuch des bürgerlichen und ländlichen Hochbauwesens mit besond. Berücksichtigung der Bau-Constructionslehre. Zum Gebrauch für Bauhandwerker, sowie für Bauunternehmer, Architekten und Bauherren. 10 Lfgn. gr. 8. (X und 782 S. mit über 600 eingedr. Holzschn.) Leipzig 863—65, Seemann. * geb. *

Scheffers, A., neue Muster-Vorlagen für farbige Kreuzstich-Arbeiten etc. Zum Gebrauche in Töchterschulen, gewerbl. Fortbildungs- und Erziehungs-Anstalten für Mädchen, Seminarien, bei häusl. Arbeiten und in der kunstgewerbl. Industrie. Umfassend 40 Taf. in Grossquart mit neu entworfenen, stilgerechten, ornamentalen Flachmustergebilden, sowie mit beschreibendem Text. Imp.-4. (15 S.) Leipzig 887, Gebhardt's Verlag. *
Leinenmappe dazu **

Scheffers, A., s. Renaissance, deutsche.

Scheffers: Deutsche Renaissance . . . , s. Ortwein.

-- Die Säulenordnungen u. Uebersicht der wichtigsten Baustile christlicher Zeit. 4. Aufl. Leipzig 1879. 8.

Scheffers, A., Torgau, s. Renaissance, deutsche.

Scheffers, Geo., Anwendung der Differential- u. Integral-Rechnung auf Geometrie. 2 Bde. gr. 8. Leipzig Veit & Co. n. 23. —; geb. in Leinw. n. 25. —
1. Einführung in die Theorie der Curven in der Ebene u. im Raume. (X, 360 S. m. Fig.) 901. n. 10.—; geb. n. 11.—
2. Einführung in die Theorie der Flächen. (X, 518 S. m. Fig.) 902. n. 13. —; geb. in Leinw. n. 14. —

Scheffers, Geo., Anwendg. der Differential- u. Integralrechnung auf Geometrie. 1. Bd. Einführung in die Theorie der Kurven in der Ebene u. im Raume. 2. verb. u. verm. Aufl. (X, 482 S. m. 107 Fig.) gr. 8. Leipzig 910. Veit & Co. 13.—; geb. in Leinw. 14. —

Einführung in die Theorie der Flächen von Dr. **Georg Scheffers.** Prof. zu Darmstadt. Mit vielen Fig. *Leipzig: Veit & Co. 1902.* (x, 518 S.) 8°
— **Scheffers**: Anwendung d. Differential- u. Integralrechnung auf Geometrie. Bd 2.
[02. 3250

Einführung in die Theorie der Curven in der Ebene und im Raume von **Georg Scheffers.** Mit vielen Fig. *Leipzig: Veit & Co 1901.* (x, 360 S.) 8°
— **Scheffers**: Anwendung d. Differential- u. Integralrechnung auf Geometrie. Bd 1.
[00. 13624 3

Einführung in die Theorie der Kurven in der Ebene und im Raume. Von Georg **Scheffers.** 2. verb. u. verm. Aufl. Mit 107 Fig. Leipzig: Veit 1910. x, 482 S. 8°
(Scheffers: Anwendung d. Differential- u. Integralrechnung auf Geometrie. Bd 1.)
[10. 6056

Scheffers, Geo., Geometrie d. Berührungstransformationen, s.: Lie, Sophus.

Scheffers, Geo., Lehrbuch der Differential- u. Integralrechnung, s.: Serret, J. A.

— **Lehrbuch der Mathematik f. Studierende der Naturwissenschaften u. der Technik. Einführung in die Differential- u. Integralrechng. u. in die analyt. Geometrie. (VIII, 682 S.) gr. 8. Leipzig 905. Veit & Co.**
n. 16. —; geb. in Leinw. n. 17. 50

Scheffers, Geo., s.: Lie, Sophus, Vorlesgn. üb. continuierl. Gruppen.

Scheffers, Georg [Dr.]: **Zurückführung complexer Zahlensysteme auf typische Formen ... Leipzig, Druck v. B. G. Teubner, 1891; 1 Bl., 98 S. 8.**
Leipzig, Phil. Fak., Hab.-Schr. v. 27. Okt. 1891

Scheffers, Georg Wilhelm: Bestimmung einer Classe von Berührungstransformationsgruppen des dreifach ausgedehnten Raumes.... Stockholm, gedr. i. d. Centralbuchdr., 1890; 70 S. + 1 Bl. 4°
Leipzig, Phil. Fak., Inaug.-Diss. v. 6. Febr. 1890

Scheffers, Otto

Scheffers, O., 12 Aufgaben für das Fachzeichnen der Möbelschreiner, s.a. Aufgaben f. den Unterricht im Fachzeichnen.

Scheffers O, 12 Aufg. f. Möbelschreiner. I. (Aufg. f. d. Unterr i. Fachzeichn. A) Stade 1894

Scheffers, Otto, *Zeichenlehrer*: **Brennende Fragen, den Zeichenunterricht betreffend.** *Dessau 1901: C. Dünnhaupt.* (S. 3—24.) 4° ¶ [Erschien vollst. 1901 bei E. A. Seemann in Leipzig u. d. T.: Zeit- u. Streitfragen über d. Zeichenunterricht.]
Dessau, herz. Friedrichs-RG nebst R u. VS, P 1901 (747)

Proportionen in der Kunst. Briefe an K. Keiser. gr. 8. (38 S. m. 99 Holzschn.) Stade 892. (A. Pockwitz.) n.n. 1. —

Scheffers, Otto, Zeit- u. Streitfragen üb. den Zeichenunterricht. gr. 8. (108 S.) Leipzig 901. E. A. Seemann. n. 2. —

Scheffler, ..., s. Schulgebete.

Scheffler, A., ein ästhetischer Kommentar zu den lyrischen Dichtungen des Horaz, s.: Gebhardi, Walth.

Scheffler, A., die Kranken- und Unfallversicherung. Zusammenstellung der gesammten Reichs- und preuß. Gesetze, nebst den dazu ergangenen Verordnungen, Anweisungen, ministeriellen Erlassen und Entscheidungen des Reichsversicherungs-Amtes, mit vollständ. Sachregister. Für den prakt. Gebrauch bearb. 8. (XVI, 375, 188 S.) Gnesen 888, (Lange.) geb.

Scheffler, Abraham (Augsburg) **A. S. 274/33b**

Utrum Magistratui Christiano satius sit, suos subditos Christianos reddere hypocritas, an securos, et Epicureos ? Präs. Gottlieb Wernsdorf.
Wittenberg (Kreusig) 9. XI. 1715. 102 S. **30106**

Scheffler, Abraham (Augsburg) 4° Thl. I, 232/I, 22

Disputationes academicae ... vol. 1., disputatio XXII.
Utrum Magistratui Christiano satius sit, suos subditos Christianos reddere hypocritas, an securos, et Epicureos ? Präs. Gottlieb Wernsdorf.
Wittenberg (Ahlfeld) 1736. S. 823-903.
Diss. 9. XI. 1715. 30107

Scheffler, Adph., über eine rationelle Form der Eisenbahnwagenachsen und die techn. Vorzüge der Gussstahlachsen. Lex.-8. (III und 31 S. mit 1 Stnt. in gr. 4.) Braunschweig 861, Vieweg und Sohn. Thlr. *

Scheffler, Alb., de Mercurio puero. Dissertatio inauguralis. 8. (53 S.) Königsberg 884, (Beyer's Verlag.) * 1 20

Scheffler, Arthur, Referendar in Tremessen: **Die seetüchtige Ausrüstung der Kauffahrteischiffe und die Judikatur der deutschen Gerichte.** Greifswald 1905: F. W. Kunike. (58 S.) 8°
Greifswald, Jur. Fak., Ref. Stoerk, Diss. v. 22. März 1905
[Geb. 3. Jan. 81 Gnesen; Wohnort: Gnesen; Staatsangeh.: Preußen; Vorbildung: Gymn. Gnesen Reife O. 01; Studium: Breslau 2, München 1, Greifswald 3 S.; Rig. 5. Dez. 04.]

Scheffler, C., De rebus Teiorum. Diss. 1882. 99 S.

Scheffler, C. G., d. Bergbau, die sicherste und ergiebigste Hülfsquelle eines Landes. gr. 8. Annaberg, Frever.

Scheffler, C. L., Abhandl. von d. Gesundheit d. Bergleute. 8. Chemnitz, Stößel. (Sommer in Lpz.) 770.

Scheffler, Christian Johann (Jüterbog) A. S. 1149/26

Idolum muliebre in vulgo ita dicta passione hysterica disputatione inaugurali elevatum et excussum.
Präs. Konrad Johren.
Frankfurt/O. (Schwartz) 30. I. 1712. 23 S.
30108

Scheffler, E., die Abschätzung der zu Eisenbahn-Anlagen erforderlichen Land-Abtretungen und der damit verbundenen Inkonvenienzen. gr. 8. (XI, 227 S.) Berlin 878, Barthol und Comp. *

Scheffler, E., Tabellen zur Reduction der im Herzogthum Oldenburg gültigen Längen-, Flächen- und Körper-Maaße auf das deutsche Bundes-Maaß und umgekehrt. gr. 4. (39 S.) Oldenburg 871, Stalling. * 1 50

— Taschenbuch zur Vergleichung der in der Provinz Hannover bisher üblichen Längen-, Flächen- und Körpermaaße mit dem deutschen Bundes-Maaße nebst Preis-Tabellen. Für den pract. Gebrauch nach den gesetzl. Bestimmungen aufgestellt und berechnet. 8. (IV, 44 S.) Celle 872, Schweiger und Pick. — 75

— Vergleichung zwischen dem bisherigen bremischen und dem neu einzuführenden deutschen Bundesmaaße nebst Preis-Tabellen. 16. (31 S.) Bremen 871, Tannen. — 30

Scheffler, Emil: Über die Begründung der sittlichen Gesetze. Berlin, R. Gaertner, 1896; 15 S. 4.
Berlin, Dritte R '(HB)', OP 1896 (117)

Scheffler, Emil: Aus der königlich medicinischen Klinik zu München. Ein Beitrag zur „Frage der Perityphlitis“. *München 1898: Kastner & Lossen.* (34 S.) 8°
München, Med. Diss. v. 1898

Scheffler, Franz: Das La Tène-Gräberfeld von Altranft bei Freienwalde a. O. Freienwalde a. O. 1906: E. Pilger. (21 S., 2 Taf.) 4°
Freienwalde a. O., k. G OP 1906 (83)

— s. Sophocles Electra.

Scheffler, G. A. C., Varietas interpretationis locorum quorumdam difficil[illegible] in Carminibus Homeri. Diss. 1786. 32 S. 4°. 1.—
Helmst.

Scheffler, Guillaume

Scheffler, G. Essai sur Ronsard et sa réforme littéraire. Diss. Rostock 1873. 28 S.

Scheffler, Guill., essai sur Ronsard et sa réfor[me] littéraire. gr. 8. (28 S.) Dresden 874. Huhle. n. 1. —

Scheffler, Guillaume, Dr. en ph[il.], membre de l'Inst. Sténogr. Royal de Dres[de]: Étude littéraire sur Boileau-Despréaux, sa vie et ses écrits. 1875. 45 S. 8° ¶ Auch bei Jolowicz in Posen 1876.
Dresden Tc. H., Hab.-Schr. v. S.-S. 1876

— étude littéraire sur Boileau-Despréaux, sa vie et ses écrits. gr. 8. (45 S.) Posen 876. Jolowicz. n. 1. —

Scheffler, Heinr., das Drainagewasser u. die durch dasselbe hervorgerufenen Verluste an Pflanzennährstoffen, s. a. Berichte aus dem physiologischen Laboratorium u. der Versuchsanstalt d. landwirthschaftl. Instituts der Universität Halle.

Scheffler, Heinrich [aus Breslau]: Das Drainagewasser und die durch dasselbe hervorgerufenen Verluste an Pflanzennährstoffen.... Halle a. S., Plötz'sche Buchdr. (R. Nietschmann), 1880; 52 S. + 8 Bl. u. 5 Taf. 4°
Halle, Phil. Fak., Inaug.-Diss. v. [5. März] 1880

Scheffler, Herm., die unbestimmte Analytik. 2 Abthlgn. gr. 8. (XX und 682 S. mit eingedr. Holzschn.) Hannover 854, Helwingsche Hofbuchh. [1. * 1 Thlr. 15 Ngr., 2. * 1 Thlr. 10 Ngr.] *

– s. Anmerkungen zum Text der Broschüre: La Russomanie ...

Scheffler, Herm., die Aquivalenz der Naturkräfte u. das Energiegesetz als Weltgesetz. gr. 8. (IV, XXI, 585 S. m. 2 Taf. u. 2 Bildnissen.) Leipzig 893. Fr. Förster. n. 9. —

Scheffler, Herm., imaginäre Arbeit, eine Wirkung der Centrifugal- u. Gyralkraft, mit Anwendungen auf die Theorie des Kreisels, des rollenden Rades, des Polytrops, des rotirenden Geschosses u. des Tischrückens. Leipzig 866. Teubner. gr. 8. (III, 59 S. mit 23 in den den Text gedr. Holzschn.) 15 ngr.

Scheffler, Herm., die Auflösung jeder algebraischen Gleichung ohne Zuhülfenahme von Sinus, Kosinus u. Logarithmen. gr. 8. (IV, 120 S.) Braunschweig 901. F. Wagner. n. 2. 80

Scheffler, Herm., die Auflösung der algebraischen und transzendenten Gleichungen mit einer und mehreren unbekannten in reellen und komplexen Zahlen nach neuen und zur prakt. Anwendung geeigneten Methoden. gr. 8. (VIII und 123 S. mit 35 in den Text gedr. Holzschn.) Braunschweig 859, Schulbuchhandlung. *

Scheffler, Herm., statistischer Beitrag zu der Eisenbahntariffrage. gr. 4. (43 S.) Braunschweig 873. Vieweg & Sohn. n. 3. —

— Beiträge zur Theorie der Gleichungen. gr. 8. (III, 133 S. m. 1 Taf.) Ebd. 891. n. 3. 50

—— Beiträge zur Zahlentheorie, insbesondere zur Kreis- u. Kugeltheilung m. e. Nachtrage zur Theorie der Gleichungen. gr. 8. (XI, 285 S. m. 3 Taf.) Lpz. 891. Fr. Förster. * 6 —

— Beleuchtung u. Beweis e. Satzes aus Legendre's Zahlentheorie. gr. 8. (40 S.) Ebd. 893. n. 1. —

—— die Berechnung der Fontaine zu Herrenhausen bei Hannover. Lex.-8. (75 S. mit 1 lithogr. Fig.-Taf.) Wiesbaden 863, Kreidel's Verlag. *

Scheffler, Herm. (II.), Betheiligung am Gewinne und Nationalversorgung. gr. 8. (62 S.) Braunschweig 876, Vieweg und Sohn.

—— die Elastizitätsverhältnisse der Röhren, welche einem hydrostat. Drucke ausgesetzt sind, insbesond. die Bestimmung der Wanddicke derselben. Eine für das Ingenieurwesen wichtige Erweiterung der Biegungstheorie. Lex.-8. (67 S. mit 1 Stnt.) Wiesbaden 859, Kreidel's Verlag. *
Aus: Organ für die Fortschritte des Eisenbahnwesens, besonders abgedruckt.

Scheffler, Herm., die magischen Figuren. Allgemeine Lösung und Erweiterung eines aus dem Alterthume stammenden Problems. gr. 8. (III, 112 S. mit 2 lithogr. Taf.) Leipzig 882, Teubner. * 2 40

*Scheffler, H. Die Finanzlage der Braunschweigischen Lebensversicherungsanstalt. Braunschweig 1881.

— die Fremdwörterfrage. gr. 8. (16 S.) Braunschweig 894. F. Wagner. n. - 50

Scheffler, Herm., die Gesetze des räumlichen Sehens. Ein Suppl. der physiolog. Optik. Braunschweig 866. Schulbuchh. gr. 8. (IX, 191 S. mit 10 Steintaff.) n. 1 ℛ 18 ngr.

—— über Gitter- und Bogenträger und über die Festigkeit der Gefässwände, insbesond. über die Haltbarkeit der Dampfkessel und die Ursachen der Explosionen. Zwei Monographien zur Erweiterung der Biegungs- und Festigkeitstheorie. gr. 8. (VIII und 257 S. mit in den Text gedr. Holzst.) Braunschweig 862, Vieweg und Sohn. *

—— die polydimensionalen Grössen und die vollkommenen Primzahlen. gr. 8. (V, 201 S. mit 42 in den Text eingedr. Fig.) Braunschweig 880, Vieweg und Sohn. * 5 60

Scheffler, Herm., d. Grundfesten d. Welt. Als Anh.: Selbstkritik. gr. 8. (V, 258 S.) Braunschweig 896. F. Wagner. n. 5. —

— die Grundlagen des Weltsystems in gesetzl. Zusammenhange nach ihrer physischen, mathemat., logischen u. philosoph. Bedeutg. gr. 8. (VI, 247 S.) Ebd. 898. n. 4. —

Scheffler, Herm., die Grundlagen der Wissenschaft. gr. 8. (X, 427 S.) Braunschweig 889. Wagner. n. 9. —

— die Hydraulik auf neuen Grundlagen. gr. 8. (VI, 225 S. m. 3 lith. Taf.) Leipzig 891. Fr. Förster. n. 5. —

Scheffler, Herm. (II.), Körper und Geist. Betrachtungen über den menschl. Organismus und sein Verhältniss zur Welt in physiolog., patholog. und kosmolog. Beziehung. gr. 8. (XV und 315 S.) Braunschweig 862, Westermann. *

– s. Moseley, Hnr.: Die mechan. Prinzipien.

Scheffler, Herm. (geb. Braunsberg in Ostpr. 13. 6. 1842): De urinae mutationibus anomalis. Berolini (1867). (32 S.) 8°
Berlin, Med. Diss. v. 20. Juli 1867

— Nachhall in d. Fremdwörterfrage. gr. 8. (4 S.) Ebd. 896. Unentgeltlich.

— die **Naturgesetze** u. ihr Zusammenhang m. den Prinzipien der abstrakten Wissenschaften. Für Naturforscher, Mathematiker, Logiker, Philosophen u. alle mathematisch gebildeten Denker. 1. Thl. A. u. d. T.: Die Theorie der Anschauung od. die mathemat. Gesetze. Enth. die allgemeinen Gesetze der Zahl u. die besond. Gesetze d. Raumes, der Zeit, der Kraft, der Neigg. u. d. Triebes. Mit 26 Fig.-Taf. 1. u. 2. Lfg. gr. 8. (XIX, 1025 S. m. 4 Steintaf.) Leipzig, 876. Förster. n. 21. —

— die Naturgesetze u. ihr Zusammenhang mit den Prinzipien der abstrakten Wissenschaften. Für Naturforscher, Mathematiker, Logiker, Philosophen u. alle mathematisch gebildeten Denker. 2. Thl. A. u. d. T.: Die Theorie der Erscheinung oder die physischen Gesetze. Mit 14 (lith.) Fig.-Taf. gr. 8. (IX, 880 S.) Leipzig 877. Förster. n. 19. —

— dasselbe. Suppl. zum 2. Thl. A. u. d. T.: Wärme u. Elastizität. gr. 8. (V, 227 S. m. 1 Steintaf.) Ebend. 879. n. 5. —

—— die Naturgesetze und ihr Zusammenhang mit den Principien der abstrakten Wissenschaften. Für Naturforscher, Mathematiker, Logiker, Philosophen und alle mathematisch gebildeten Denker. 2. Thl. 2. und 3. Suppl. und 3. und 4. (Schluss-)Thl. gr. 8. Leipzig, Förster. * 33 —

Inhalt:

Thl. 2. 2. Suppl.: Das Wesen der Elektrizität, des Galvanismus und Magnetismus. (V, 126 S. mit 3 lithogr. Fig.-Taf.) 882. *ℳ 3.

Thl. 2. 3. Suppl.: Die Theorie des Lichtes, physikalisch und physiologisch mit spezieller Begründung der Farbenblindheit. (VIII, 168 S. mit 3 lithogr. Fig.-Taf.) 883. *ℳ 3.

» 3. Die Theorie der Erkenntniss oder die logischen Gesetze. Enthaltend die Gesetze des Verstandes, des Gedächtnisses, des Willens, des Gemüthes und des Temperamentes. (VII, 930 S. mit 12 lithogr. Fig.-Taf.) 880. *ℳ 18.

» 4. Die Theorie des Bewusstseins oder die philosophischen Gesetze. Enthaltend die Gesetze der Vernunft, der Phantasie, des Selbstbestimmungsvermögens, des Gewissens und des Entfaltungsvermögens. (VI, 499 S.) 881. *ℳ 9.

1. und 2. Thl. 1. Suppl. Ebendas. 1876—79. *ℳ 45.

—— die physiologische **Optik**. Eine Darstellung der Gesetze des Auges. 2 Thle. gr. 8. Braunschweig 864,65, Schulbuchh. [1. Thl. (IX und 467 S. mit 226 in den Text eingedr. Holzst.) * 2 Thlr. 20 Ngr., 2. Thl. (XV und 568 S. mit 295 in den Text eingedr. Holzst.) * 3 Thlr.] *

Scheffler, Herm., die Prinzipien der Hydrostatik u. Hydraulik. Mit 200 eingedr. Holzschn. 2 Bde. à 3 Lfgn. gr. 8. (1: XIV u. 368 S. 2: VIII u. 364 S.) Braunschweig 847, Leibrock. (à n. 2/3 Thlr.) n. 4 Thlr.

—— die Prinzipien der kalorischen Maschine von Erikson. gr. 8. (16 S. mit eingedr. Holzschn.) Braunschweig 853, Vieweg und Sohn. *

— Realität u. Idealität, ferner Naturkraft u. Schöpfungskraft, e. Ergänzg. zur Theorie der Grundfesten. Im Anh.: Naturwissenschaftl. Irrthümer. gr. 8. (VI, 265 S.) Braunschweig 897. F. Wagner. n. 4. —

— die Regelung der Steuer-Einkommen u. Geldverhältnisse u. das natürliche Wahlrecht. gr. 8. (172 S.) Berlin 887. Puttkammer & Mühlbrecht. n. 3. —

Scheffler, Herm., das Schöpfungsvermögen u. die Unmöglichkeit d. Entstehg. d. Menschen aus d. Thiere. Nebst e. Kritik d. Werke v. Darwin u. Haeckel. gr. 8. (IV, 152 S.) Ebd. 898. n. 3. 60

— verm. mathematische Schriften, enth. 1. Zusätze zur Theorie d. Gleichgn. 2. Die quadrat. Zerfällg. d. Zahlen. 3. Die Phönixzahlen. gr. 8. (109 S.) Ebd. 897. n. 2. —

— der Situationskalkul. Versuch einer arithmet. Darstellung der niederen u. höheren Geometrie auf Grund einer abstrakten Auffassung der räuml. Größen, Formen u. Bewegungen. Mit 97 in den Text eingedr. Holzschn. gr. 8. (XVI u. 404 S.) Braunschweig 851, Vieweg & Sohn. n. 2½ Thlr.

— Sterblichkeit u. Versicherungswesen neu behandelt. Mit in den Text eingedr. Holzst. u. 2 lith. Taff. (in 4. u. Fol.) Braunschweig 868. Vieweg & Sohn. gr. 8. (X, 234 S.) n. 1 Thlr. 20 ngr.

— die Theorie der Augenfehler u. der Brille. Mit 68 (eingedr.) Holzschn. Wien 868. Braumüller. gr. 8. (III, 191 S.) n. 1 Thlr.

—— Theorie der Festigkeit gegen das Zerknicken, nebst Untersuchungen über die verschied. inneren Spannungen gebogener Körper und über andere Probleme der Biegungstheorie, mit prakt. Anwendungen. gr. 8. (X und 138 S. mit 84 in den Text gedr. Holzschn.) Braunschweig 858, Schulbuchhandlung.

—— Theorie der Gewölbe, Futtermauern und eisernen Brücken, sowol zum wissenschaftl. Studium als ganz besonders für den prakt. Gebrauch der Ingenieure. gr. 8. (XVIII und 454 S. mit 206 in den Text gedr. Holzschn. und 12 Stnt.) Braunschweig 857, Schulbuchhandlung.

— die Theorie der Wärme. Mit e. (lith.) Fig.-Taf. gr. 8. (71 S.) Braunschweig 875. Vieweg & Sohn. n. 2. —

—— die Transportkosten und Tarife der Eisenbahnen untersucht auf Grund der Betriebsresultate. Lex.-8. (116 S.) Wiesbaden 860, Kreidel's Verlag. *

Scheffler, Herm. (III.), die Umbildung der deutschen Rechtschreibung mit Bemerkungen über die Umgestaltung der deutschen Maßordnungen. gr. 8. (III und 84 S. mit 2 Stnt.) Wiesbaden 863, Kreidel's Verlag. *

— die Ursachen der Dampfkessel-Explosionen u. das Dampfkessel-Thermometer als Sicherheitsapparat. Berlin 867. Ernst & Korn. gr. 8. (72 S. mit eingedr. Holzschn.) n. 20 ngr.

Scheffler, H., über das Verhältniß der Arithmetik zur Geometrie, insbes. über die geometr. Bedeutung der imaginären Zahlen. Mit 30 in den Text gedr. Holzschn. gr. 8. Braunschweig 846, Leibrock. 2⅓ Thlr.

Scheffler, H. Ueber den Verkauf der Braunschweigischen Eisenbahnen. Braunschweig 1869.

— die Vorbildung f. das Staatsbaufach u. die Schulreform. gr. 8. (30 S.) Braunschweig 891. F. Wagner. n. — 80

— Vorschläge zu Abänderungen d. Gesetzentwurfes üb. die Alters- u. Invalidenversicherung. gr. 8. (55 S.) Braunschweig 888. F. Wagner Verl. — 60

— u. Th. P. **Körner**, was ist der Mensch?! Was war er — u. was wird er sein?! Kurzer populär gehaltener Beitrag zur Erkenntnis des Menschen. (26 S. m. 8 Taf.) 8. Ebd. (906). n. 1. —

Scheffler, Herm. (I.), die Welt nach menschlicher Auffassung. gr. 8. (XVI, 683 S.) Leipzig 885, Förster. *

— die erkennbaren u. die unerkennbaren Weltvermögen. gr. 8. (IV, 254 S.) Ebd. 900. n. 4. —

Scheffler, Hermann, Das Wesen der Elektrizität, des Galvanismus und Magnetismus. (A. m. d. T.: Die Naturgesetze und ihr Zusammenhang mit den Prinzipien der abstrakten Wissenschaften. Für Naturforscher, Mathematiker etc. 2. Supplement zum 2. Th. Leipzig 1862.

— das Wesen des Geistes. gr. 8. (218 S.) Ebd. 899. n. 4. —

— das Wesen Gottes u. seine Erzeugnisse. gr. 8. (69 S.) Ebd. 902. 1. 60

— d. Wesen d. Mathematik u. d. Aufbau d. Welterkenntniss auf mathemat. Grundlage. 2 Bde. gr. 8. Ebd. n. 10. —
1. Die Mathematik. (VI, 469 S. m. 1 Taf.) 895.
2. Das Weltsystem. (V, 162 S. m. 2 Taf.) 896.

Scheffler, Herm., das Wesen der Ursubstanz, die Weltschöpfung u. Entstehung des Lebens enthüllt durch die Radioaktivität. Eine Betrachtg. aus der Elektronentheorie. (53 S.) gr. 8. Leipzig (906). E. Haberland. n. 1. 50

— — Die Wirkung zwischen Schiene u. Rad. Eine Vorlage für die Versammlung der deutschen Eisenbahntechniker im Jahre 1868. Mit Holzschn. im Text u. 2 Tfln. Braunschweig 1868. 8°.

Scheffler, Herm., die quadratische Zerfällung v. Primzahlen. gr. 8. (III, 169 S.) Leipzig 892. Fr. Förster. n. 3. —

Scheffler Hugo, des Freiherrn v. Münchhausen Abenteuer zu Lande u. zu Wasser. 12. (122 S. m. 7 Abb.) Danzig 898. A. W. Kafemann. Kart. n. 1. —

Scheffler, Hugo, a. Posen: Beiträge zur Kenntnis des Astigmatismus von Linsen. Halle a. S. 1906: E. Karras. (68 S.) 8° ¶ (Aus: 'Zeitschr. f. Naturwissenschaften', 1905—1906, Bd 78, H. 3—5.)
Halle, Phil. Fak., Ref. Dorn, Diss. v. 26. Juli 1906
[Geb. 3. Sept. 66 Posen; Wohnort: Friedenau b. Berlin; Staatsangeh.: Preußen; Vorbildung: Realgymn. Posen Reife O. 85 u. als Extraneus Friedr.-Wilh.-Gymn. Posen Reife O. 86; Studium: Berlin 5, Halle 3 S.; Rig. 19. Febr. 06.]

Scheffler, Hugo, Elementar-Physik, s.: Kleiber, Joh.

— Zur Fremdwörterkunde. (31 S.) Lex. 8. Ebd. (907). — 35
Sonderabdruck aus: „Die Zivilversorgg."

— Fremdwörterkunde. Ursprung, Sinn u. Betong. der gebräuchlichsten Fremdwörter. Ein Hilfsmittel f. den Selbstunterricht v. Lernenden, die keine fremdsprachlichen Kenntnisse besitzen. (42 S.) gr. 8. Berlin (908). Kameradschaft. — 50

Scheffler, Hugo, das photographische Objektiv, s.: Encyklopädie der Photographie. 41. Hft.

Das Photographische Objektiv. Eine gemeinverständl. Darstellung von Hugo Scheffler. Mit 35 Abb. *Halle a. S.: W. Knapp 1902.* (VIII, 88 S.) 8°
= Encyklopädie d. Photographie. H. 41. [illegible]

— **Physik f. die Oberstufe, s.: Kleiber, Joh.**

Scheffler, J. N., neuestes Adress-Buch deutscher und ausländischer lithographischen Anstalten u. Steindruckereien. 8. (60 S.) Leipzig 873. M. Schäfer. 3. —

Scheffler, Jakob Christoph (Altdorf) A. S. 1310/8

Disputatio botanico-medica inauguralis de asaro. Altdorf (Meyer) 24. I. 1721. 20 S.

W. v.: Jo. Jakob Baier. 30111

Scheffler, Jakob Christoph (Altdorf) A. S. 1308/13

Compendii anatomici specimen II. de anatomia in genere corporis integumentis communibus partibus continentibus abdominis in specie et organis chylificationi inservientibus. Präs. Lorenz Heister. Altdorf (Kohles) 14. III. 1716. S. 25-48.

Gew.: Johann Adam Geuder, Wolfgang Jakob Nutzel, Philipp Jakob Scheurl von Deffersdorf. 30110

Joachim Ernst Scheffler

Theatri machinarum Supplementum. Das ist: Zusatz zum Schauplatz der machinen und Instrumenten, darinnen vornehmlich enthalten eine Sammlung aller noch übrigen geometrischen Instrumenten... nebst einem allgemeinen vollständigen Register so wohl über dieses Supplement, als auch über die andere vorhandene 8 Theile des Theatri machinarum ehemals hrsg. von Jacob Leupold. [Verf.: Joachim Ernst Scheffler.] Leipzig: Verf., Breitkopf [in Komm.] 1739. 100 S., 40 Taf. 2°

Scheffler, Joh., s. Silesius, Angelus.

Scheffler, Joh. (Angelus Silesius), Ecclesiologia oder Kirchebeschreibung. Kempten (Augsburg, Wolf), 1735. Fol., 2 Bde, 2. Aufl.
1. Aufl.: Breslau 1677. Das Werk enthält 39 polem. Traktate gegen den Protestantismus überhaupt u. den lutherischen insbes.

[Scheffler, Joh.] = Angelus Silesius. Geistliche Hirten-Lieder Der In ihren Jesum verliebten Seele, Gesungen Von dem andächtigen Joh. Angelo Silesio, Anietzo aufs neue übersehen, und an etlichen Orten verbessert. Allen, denen, die nicht singen können, statt eines andächtigen Gebet-Buchs zu gebrauchen. Berlin, J. W. Meyer, 1702. HLdbd. von ca. 1830 mit aparter Rv. (2 Lilien, oben Stern etc.)
G. III. 198, 3. Eine protestantische Ausgabe der „Heiligen Seelen-Lust", deren Herausgeber ein mit „Andronicus" gezeichnetes Vorwort beifügt, in dem er die Publikation rechtfertigt. Einige Lieder sind als „papistisches" oder „widergöttliches Lob Marias" weggelassen. Titel in Rot und Schwarz.

Scheffler, Johannes, [† Angelus Silesius], s. Lindemann, Wilh.

Angelus Silesius [d. i. Johann **Scheffler**], Heilige Seelenlust oder Geistliche Hirtenlieder der in ihren Jesum verliebten Psyche. 1657. ⟨1668⟩. Hrsg. von Georg Ellinger. *Halle a. S.: M. Niemeyer 1901.* (XXXVII, 312 S.) 8°
= **Neudrucke** deutscher Litteraturwerke. 177—181. [01. 1115] 3

Johannis Angeli Silesii, Cherubinischer Wanders-Mann Oder Geistreiche Sinn- und Schlusz-Reime, zur Göttlichen Beschauligkeit anleitende. Von dem Urhaber auffs neue übersehen, und mit dem sechsten Buche vermehret ... Anjetzo mit einer Vor-Rede heraus gegeben, Von Gottfried Arnold. Franckfurt am Mayn, Verlegts Joh. David Zunner, im Jahr ... 17ol.

Angelus Silesius (Johann **Scheffler**), Cherubinischer Wandersmann '(Geistreiche Sinn- u. Schlussreime)'. Abdr. d. 1. Ausg. v. 1657. M. Hinzufügg d. 6. Buches nach d. 2. Ausg. v. 1675. Hrsg. v. Georg Ellinger. Halle a. S.: M. Niemeyer 1895. (1 Bl., LXXIX, 174 S.) 1 Bd 8°
= Neudrucke deutscher Litteraturwerke d. XVI. u. XVII. Jhs. No 135—138.

Angelus Silesius [Johann **Scheffler**: Cherubinischer **Wandersmann**, Ausz.]. Von Otto Erich Hartleben. *Dresden: G. Bondi 1896.* (XVI, 61 S.) 8° [F.] [03. 15096

Angelus Silesius [Johann **Scheffler**: Cherubinischer Wandersmann, Ausz]. Von Otto Erich Hartleben. 2. Aufl. Berlin: G. Bondi 1904. (79 S.) 8°

Des Angelus Silesius [Johann **Scheffler**] Cherubinischer Wandersmann. Nach d. Ausg. letzter Hand von 1675 vollst. hrsg. u. mit e. Studie 'Über d. Wert d. Mystik f. unsere Zeit' eingeleitet von Wilhelm Bölsche. Jena & Leipzig: E. Diederichs 1905. (LXXXVII, 247 S.) 8° [F.] [05. 1338

Scheffler's, Joh., (Angelus Silesius), sämmtliche poetische Werke. Hrsg. von Dav. Aug. Rosenthal. 2 Bde. gr. 8. (XXXVI und 594 S. mit dem Bildniß des Dichters in Stahlst.) Regensburg 862, Manz.

Scheffler, Jo. Gu., († d. 2. Sept. 1821.) der Bergbau, die sicherste u. ergiebigste Hülfsquelle eines Landes; sie nicht versiegen zu lassen erheischt die Pflicht etc. e. jeden Unterthanen. gr. 8. Marienb. 808. 2e A. 810. (Annaberg, Freyer). 8 gl.

Scheffler, Johann Gottlieb (Hohenstein/Sa.)
A. S. 606/17

Quaestio iuris controversi an exmissus conductor ex constituto possessorio possit adhuc agere ex vendito ad retrovendendum ex pacto.
Präs. Christian Heinrich Breuning.
Leipzig (Langenheim) 6. IV. 1776. 8 S. 30112

Scheffler, Johannes, kais. Bankassist.: Das Geldwesen der Vereinigten Staaten von Amerika im XIX. Jahrh. vom Standpunkte des Staates aus im Überblick dargestellt. Strassburg: Trübner 1909. 39 S. 8° ¶(Ersch. vollst. als: Abhandlungen aus d. staatswiss. Sem. zu Straßburg. H. 25.)
Straßburg, Rechts- u. staatswiss. Diss. v. 20. Febr. 1909, Ref. Knapp
[Geb. 22. Sept. 79 Eilenburg; Wohnort: Straßburg; Staatsangeh.: Preußen; Vorbildung: Landessch. Pforta bis Juli 99; Studium: Straßburg 6 S.; Rig. 20. Febr. 09.] [U 09. 3793

Scheffler, Joh., das Geldwesen der Vereinigten Staaten v. Amerika im 19. Jahrh. vom Standpunkte des Staates, s. a. Abhandlungen aus dem staatswissenschaftl. Seminar zu Strassburg i. E. 25. Heft.

Das Geldwesen der Vereinigten Staaten von Amerika im 19. Jahrhundert vom Standpunkte des Staates. Im Überblick dargest. von Johannes **Scheffler**, Bankass. Strassburg: K. J. Trübner 1905. (X, 123 S.) 8°
= **Abhandlungen** aus d. staatsw. Seminar zu Strassburg. H. 25. [06. 1912

Scheffler, Karl, der Architekt, s. a. Gesellschaft, die.

Der Architekt von Karl **Scheffler**. Frankfurt am M.: Rütten & Loening (1907). (83 S.) 8°
= **Gesellschaft**, Die. Bd 10. [07. 11588

Karl **Scheffler**. Moderne Baukunst. (Mit 27 Abb. 2., unveränd. Aufl.) Berlin: J. Bard 1907. (VII, 190 S.) 8° [08. 16899 II

— Moderne Baukunst. Mit 27 Abbildgn. auf 24 Taf. 2. unveränd. Aufl. (VII, 190 S.) gr. 8. Berlin 907. [J. Bard.] Leipzig, J. Zeitler. 6.—; geb. in Leinw. 7. 50

— Berlin. Ein Stadtschicksal. (268 S.) gr. 8. Berlin 910. E. Reiss. 6.—; geb. 8. —

Scheffler, Karl [Dr.]: **Das etymologische Bewusstsein m. bes. Rücks. auf d. neuhochdeutsche Schriftsprache. Tl 1. Braunschweig, Druck v. J. H. Meyer, 1897; 25 S. 4.**
Braunschweig, herz. neues G, OP 1897 (718)

Scheffler, Karl: Das etymologische Bewusstsein mit besonderer Rücksicht auf die **neuhochdeutsche Schriftsprache.** T. 2. *Braunschweig 1898: J. H. Meyer.* (27 S.) 4° ¶(Fortsetzung d. P-Beilage 1897.)
Braunschweig, herz. neues G, OP 1898 (720)

Scheffler, Karl, der Deutsche u. seine Kunst. Eine notgedrungene Streitschrift. (58 S.) 8. München 907. R. Piper & Co. n. 1. —

— Die Frau u. die Kunst. Eine Studie. (117 S.) 8. Berlin (908). J. Bard. 3.50; geb. 5. —

Scheffler, Karl, Ludwig v. Hofmann, s. a. Essays, moderne, zur Kunst u. Litteratur.

Ludwig von Hofmann von Karl **Scheffler**. *Berlin: Gose & Tetzlaff 1902.* (23 S.) 8°
= **Essays**, Moderne, z. Kunst u. Litteratur. H. 22. [03. 928

— Idealisten. (284 S.) 8. Berlin 909. S. Fischer, Verl. 4.—; geb. n 5. —

— Konventionen der Kunst. Aphoristisch. (70 S.) 8. Leipzig 904. J. Zeitler. n. 1. 50; geb. in Ldr. n. 3. —

— Max Liebermann. Mit 1 Portr. nach e. photograph. Aufnahme u. 40 Taf. m. Abbildgn. nach Gemälden, Zeichngn. u. Radiergn. (VII, 97 S.) Lex.-8. München (906). R. Piper & Co. Kart. n. 10. —; Luxusausg., geb. in Ldr. n. 40. —

— die moderne Malerei u. Plastik. (Die neue Kunst. Hrsg.: Hans Landsberg.) (72 S.) gr. 8. Berlin 904. L. Simion Nf. n. 1. 20

— Constantin Meunier, s. a. Kunst, die. 25. Bd.

Constantin Meunier von Karl **Scheffler**. Mit 1 Heliograv. u. 9 Vollbild. Berlin: J. Bard [1903]. (67 S.) 8°
= Kunst, Die. Bd 25. [03. 27?6

Constantin Meunier von Karl **Scheffler**. Mit 1 Heliograv. u. 24 Vollbild. 2. verm. Aufl. Berlin: Marquardt & Co. (1908). (96 S.) 8°
= **Kunst**, Die. Bd 25 u. 25 a. [08. 17921

— Paris. Notizen. (248 S. m. 70 Taf.) gr. 8. Leipzig 908. Insel-Verlag. 10.—; geb. in Halbperg. 12. —

Scheffler, Karl, die Schule, s. a. Verdeutschungsbücher des allgemeinen deutschen Sprachvereins. VII.

[7.] Die Schule. Verdeutschg d. hauptsächlichsten entbehrl. Fremdwörter d. Schulsprache bearb. v. Dr. Karl **Scheffler**, Gymnasialoberl. in Braunschweig ... *Berlin: Verl. d. allg. deutsch. Sprachver. 1896.* (67 S.) 1 Bd 8.
= **Verdeutschungsbücher** d. allgemeinen deutschen Sprachvereins. [No] VII. [96. 7202

Scheffler, Karl Lebr., († 1772.) Abhandl. von d. Gesundheit der Bergleute. 8. Chemnitz 770. (W. Mauck in Leipz.) 10 gr.

Scheffler, Kurt, a. Marienwerder: **Beiträge zur Kenntnis der Alkylarsonsäuren.** Königsberg i. Pr. 1905: R. Gruel. (60 S.) 8°
Königsberg, Phil. Fak., Ref. Klinger, Diss. v. 9. März 1905
[Geb. 8. Okt. 79 Marienwerder; Wohnort: Königsberg i. Pr.; Staatsangeh.: Preußen; Vorbildung: Gymn. Elbing Reife O. 98; Studium: Königsberg 5, Leipzig 1, Königsberg 7 S.; Rig. 11. Jan. 05.]

Scheffler, Kurt, Dragoman d. Kais. Botschaft: Das bulgarische Exarchat und der mazedonische Kirchenstreit. Borna-Leipzig 1909: Noske. 42 S. 8°
Leipzig, Jur. Diss. v. 24. Sept. 1909
[Geb. 31. Dez. 82 Berlin; Wohnort: Konstantinopel; Staatsangeh.: Preußen; Vorbildung: Gymn. z. Grauen Kloster Berlin Reife M. 01; Studium: Berlin 8 S.; Rig. 23. Okt. 06.] [U 10. 2859

Scheffler, L. v., Ueber die Persönlichkeit des Periegeten Pausanias. Diss. 1880. 44 S.

Scheffler, Ludw., über die Epochen der etruskischen Kunst. Kunsthistor. Abhandlung. (Habilitationsschrift.) gr. 8. (94 S.) Altenburg 882. (Jena, Deistung's Buchh.) * 1 60

Scheffler, Ludovicus [Blancoburgensis]: De perfecti in „vi" exeuntis formis apud poetas latinos dactylicos occurrentibus. . . . Marpurgi Cattorum, typ. J. Hamel, 1880; 2 Bl., 50 S. 8°
Marburg, Phil. Fak., Inaug.-Diss. v. [11. Okt.] 1880

Scheffler, Ludw. v., Michelangelo. Eine Renaissancestudie. gr. 8. (V, 227 S.) Altenburg 892. St. Geibel. n. 4. —

Scheffler, Ludw. v., s.: Platen, des Grafen August v., Briefwechsel.

Scheffler, L. v., s.: Platen, des Grafen Aug. v., Tagebücher.

Scheffler, M., der Silvesterabend, s.: Vereinsbühne.

Scheffler, *Martin* Oscar [app. Arzt aus Bartenstein Ostpr. Assistenzarzt an d. Prov.-Irrenanst. Allenberg Ostpr.]: Die Nahrungsverweigerung der Irren und ihre Behandlung ... Königsberg i. Pr., Buchdr. v. G. Kemsies, 1895; 42 S., 1 Bl. 8.
Leipzig, Med. Fak., Inaug.-Diss. v. 24. Okt. 1895

Scheffler, R.

— s. Beweggründe, warum so viele Protestanten zur kathol. Kirche zurückkehren.

Orts-Lexikon des Kreises Preussisch-Eylau. Ein prakt. Nachschlage-Buch f. Jedermann z. genauen Feststellung d. Postbestellbezirks, Amts-, Schul- u. Standesamtsbezirks ... Bearb. u. nach amtl. Quellen zsgest. von R. **Scheffler**, Buchdruckereibesitzer in Pr. Eylau. *Pr. Eylau: R. Scheffler 1902.* (42 S.) 4° [F.] [03. 1840 10

Scheffler, R., kurz gefaßtes, theoret.-prakt. Schnell-Schreib-Lehr-System für höhere u. niedere Schulen u. zum Selbstunterrichte. Mit 3 Abbild. (auf 1 Taf.) u. 15 lith. Vorschriften. qu. 8. Breslau 846, Kühn'sche Verlagsh. n. 1/3 ₰

Scheffler, Siegfr., sexuelle Ethik! Kritische Studien f. Weltanschaug. u. Geschlechtsleben unserer Vergangenheit u. Zukunft, nebst zwei Vorworten v. J. Schnabel u. W. Hild. 3. Aufl. (8 S.) gr. 8. Würzburg 907. (A. Herzer.) p — 10

— Kann denn e. moderner Mensch überhaupt noch an e. persönlichen Gott glauben?!! Für denk., moderne, nach wahrer freier Welterkenntnis ring. Menschen jedweder philosoph. u. dogmat. Weltanschaug.! Volksausg.! Zugleich Aufklärungsschrift üb. den sittl. Wert d. Monismus Häckels!!! (28 S.) gr. 8. Ebd. 907. p — 50

Scheffler, Thdr., Schellack in Tirol. Eine fidele Sonderzugs-Alpenreise-Geschichte. 8. (VII, 105 S.) Dresden 901. E. Pierson. n. 1. 50; geb. n. 2. 50

Anleitung zur Stereoskopie. Mit e. Anh. Stereoskopische Formeln u. a. Von Dr. W. **Scheffler**. Mit 37 Abb. Berlin: G. Schmidt 1904. (VI, 99 S.) 8° = **Bibliothek**, Photographische. Bd 21. [05. 1639

Scheffler, W., Einrichtung v. Fabriklaboratorien, s. a. **Bibliothek** der gesamten Technik.

Einrichtung von Fabriklaboratorien von Dr.-Ing. W. **Scheffler**. Mit 48 Abb. Hannover: Jänecke [1910]. 146 S. 8°
(Bibliothek d. gesamten Technik. Bd 151.) [11. 11739 7

Scheffler, Wilhelm: Beiträge zur Kenntnis der Westerwaldtone und zur Praxis der Steinzeugindustrie. Mit 32 Tab. 1905. V, 110 S. 8°
Dresden, Dr.-Ing.-Diss. v. 26. 7. 1905

Scheffler, Wilh., s.: **Buchner's** Lehrmittel f. den französ. Unterricht.

— die technischen **Hochschulen** u. Bergakademien m. deutscher Vortragssprache. Organisation u. Geschichte, Ak. Institute, Sammlgn. u. Versuchsanstalten, ak. Verbindgn. u. Vereine, Erlasse, Stipendien u. Vergünstiggn., Preisaufgaben u. Prüfgn. Nach handschriftl. u. gedruckten amtl. Quellen bearb. 6. Ausg. 12. (VIII, 152 S.) Leipzig 893. A. Felix. Geb. in Leinw. n. 3. —

— s.: **Hochschul-Kalender**, deutscher.

— s.: **Kalender** f. die technischen Hochschulen u. Bergakademien d. deutschen Reiches.

— **Verzeichnis der f. Studierende bestehenden Stiftgn. an der königl. sächsischen technischen Hochschule zu Dresden. gr. 8. (20 S.) Dresden 891. (C. Hoffmann.) n.n. — 60**

Scheffler, Wilh., die französische Volksdichtung u. Sage. Ein Beitrag zur Geistes- u. Sittengeschichte Frankreichs. 2 Bde. gr. 8. (XIV, 332 u. VIII, 296 S.) Leipzig 884. 85. Elischer. n. 18. —

[F.] Wahl- und Waffen-Sprüche deutscher Studenten. E. Beitr. z. geistigen Eigenart deutschen Studententhumes v. Wilhelm **Scheffler**, ... ao. Prof. ... zu Dresden. *Leipzig: B. Elischer Nachf. 1896.* (114 S., 1 Bl.) 1 Bd 8. [96. 8649

Scheffler, Willibald: Thomas Dekker als Dramatiker. Borna-Leipzig 1910: Noske. VIII, 113 S. 8°
Leipzig, Phil. Diss. v. 19. April 1910, Ref. Wülker, Biroh-Hirschfeld
[Geb. 31. Aug. 85 Dresden; Wohnort: Leipzig; Staatsangeh.: Sachsen; Vorbildung: Petrisch. Leipzig Reife O. 05; Studium: Leipzig 10 S.; Rig. 18. Jan. 10.] [U 10. 3228

Scheffler-Scheller, Rud., über Stimm-Erziehung. Praktische Hinweise f. Gesangstudierende, Sänger u. Sängerinnen auf Grund u. Erfahrgn. e. 25jähr. Sängerlaufbahn. (VII, 46 S.) 8. Berlin 910. O. Dreyer. 2. —

Schefflerin, Walpurgis, aus den Jahrbüchern d. Klosters Maria Mai im Rieß. Aufzeichnungen üb. die Geschicke ihres Conventes i. J. 1525. Eine Quellenschrift zur Geschichte d. Bauernkrieges im nordöstlichen Schwaben. 4. (39 S. m. Abbildgn.) Augsburg 891. Literar. Institut v. Dr. M. Huttler. n. 1. 20

Scheffmacher, Johann Jakob

Scheffmacher, J. J., Défense de l'invocation des saints.

Scheffmacher, J. J., Controverscatechismus über den Ursprung des Lutheranismus, nach den Werken Luther's selbst. gr. 8. Regensburg 842, Manz. 1/2 ₰

Scheffmacher, J. J., Controverskatechismus über den Ursprung des Lutheranismus, nach den Werken Luthers selbst. 2. Aufl. Ebend. 859. 8. (196 S.) 15 ngr.

— Lettres d'un docteur allemand de l'université catholique de Strasbourg à un gentil-homme protestant sur les six obstacles au salut, qui se rencontrent dans la religion luthérienne. Straßburg. Le Roux. 1730. 4°. 2. Aufl., 496 S.

1. Aufl. 1725. Später mehrfach wiederabgedr. Vgl. de Backer a. a. O. s. v. „Scheffmacher". Hurter a. a. O. II, 1006—7.

Examen und Tortur, worinnen sie (Kraft deren unwidersprechlichen Zeugnissen der hl. Schrift, des hl. Augustini, des Luthers u. der Augspurgischen Konfession) endlich aus Not gedrungen bekennen müssen: Entweder daß Gott ein Lügner sei u. Christus ein falscher Prophet, folglich nicht der wahre Messias, oder aber daß die römisch-kathol. Kirch u. derselben Lehre allein wahr, unfehlbar u. seligmachend sei. In zwei Teil ordentlich abgeteilet, mit einer am gehörigen Orte einverleibten Lebensbeschreibung Lutheri u. Melanchthons nebst beigefügtem gründlichen Bericht von der öfters umgegossenen Augspurgischen Konfession samt einer weitläufig ausgeführten, sehr merkwürdigen Vorred von der unkathol. Einigkeit wider uns u. derselben Uneinigkeit unter sich selbst ꝛc. ... Zum Nutz der Katholischen u. Heil der Unkatholischen herausgeg. durch Ioannem Nicolaum Weislinger, Püttlingensem Germanno-Lotharingum, ss. Theol. polem. studiosum. Straßburg 1723.

SCHEFFMACHER, JOHANN JACOB: Liecht / In denen Finsternissen / Das ist Kurtzer und gründlicher / Unterricht / Eines Christen / in strittigen / Glaubens-Sachen / Durch Frag und Antworten / Auf Catechetische sehr nutzliche Weiß aus Göttlicher Heil. Schrift / H. H. Vättern / und eigenen Lutheri Büchern mit aller Bescheidenheit vorgetragen / Von einem Priester der Gesellschaft / sambt / Einem Zusatz P. Georgii Scherer S. J. mit Genehmhaltung der Obern. Preßburg / gedruckt bey Johann Paul Royer / und zu finden bey Johann Jacob Finsterbuch Burgerl. Buchbinder allda. o. J. 10, 319, 3 S. - 137 mm
- Vgl. Johann Jacob Scheffmacher: Liecht. J. 1728. T. 0076.

Scheffmacher, Joh. Jak.,) Licht in den Finsternissen. Das ist die Wahrheit katholischer Lehr auf eine ganz leichte u. klare Weiß gründlich u. unparteiisch vorgestellt, die widrige Lehren aber handgreiflich widerlegt durch einen Priester der Ges. Jesu zu Straßburg. Köln 1723, 1773. Augsburg 1725.

Während des 18. Jahrh. im ganzen fünfmal gedruckt. Die letzte der ältern Aufl. erschien 1781. Die französ. Ausg. u. d. T.: Catechisme de controverse. Straßburg 1751 u. öfter. Im vorigen Jahrh. folgte in 2. Aufl. ein Neudruck zu Regensburg bei Manz u. d. T.: „Kontroverskatechismus über den Ursprung des Lutheranismus nach den Werken Luthers selbst verfaßt von P. J. J. Scheffmacher", 1842, 8°, 192 S. (vgl. dazu Katholik Bd. 87, S. 330—1), u. 1859, 8°, 196 S., 1,50 Mk. Nach der Regensburger Ausg. erschien, sprachlich neu überarbeitet u. mit einem 2. Buche als Zugabe des ungenannten Herausgebers vermehrt, das Buch u. d. T.:

(SCHEFFMACHER, JOHANNES JAKOB S. J.): Liecht in denen Finsternussen das ist Kurtzer und gründlicher Unterricht eines Christen in strittigen Glaubens-Sachen durch Frag und Antworten auf Catechetische sehr nutzliche Weise auß göttlicher Heil. Schrifft, H. H. Vättern und eigenen Lutheri Büchern mit aller Bescheidenheit vorgetragen von einem Priester Soc. Jesu samt einem Zusatz Georgii Scherer. Tyrnau 1728. Gedruckt durch Friedrich Gall. 396, 2 S. 8°. Anjetzo aber von neuem aufgelegt, und hervorgegeben.

- Dass. Das drittenmahl aufgelegt. Tyrnau 1772. Gedr. in der Buchdruck. des academ. Collegii der Gesellschaft Jesu. 161, 2, 5 - 405, 2 S.

- Dass. Pressburg o. J. Gedr. bey Joh. Paul Royer, und zu finden bey Joh. Jac. Finsterbusch. 8, 319, 3 S. - 16°

Scheffmacher, Licht in den Finsternissen. Vervollständigt durch e. Priester d. Bisth. Straßburg. 8. (312 S.) Straßburg 890. (Le Roux & Co.) n. 1. 50

Scheffmacher, J. J., „Licht in den Finsternissen". Controvers-Katechismus f. Katholiken u. Protestanten, enth. die Gegensätze der kathol. u. protestant. Lehre. Neue Ausg., verm. durch e. Nachtrag: Folgen u. Früchte der Reformation. Protestant. Schlagwörter u. Entstellgn. Als Anh.: Die christl. Familie, e. Sittenspiegel. Hrsg. v. e. Priester der Diöcese Straßburg. 2.—6. Tausend. 8. (312 S.) Straßburg i/E. 892. 893. F. X. Le Roux & Co. n. 1. 50; geb. in Leinw. n. 2. —

—— Dasselbe. Los von Rom? Kontroverskatechismus zur Belehrung von Katholiken u. Protestanten. Aachen (Schmidt) 1901, 12°, 143 S., 16. verb. Aufl., 60 Pf.
Recens. Litt. Handw. 1901/2, S. 359.

Scheffmacher, J. J., S. J., Los v. Rom? Kontrovers-Katechismus zur Belehrg. f. Katholiken u. Protestanten. 16. verb. Aufl. 12. (142 S.) Aachen 902. G. Schmidt. Kart. n. — 60

Scheffner, A., Beschreibung meiner Pilgerreise nach Rom zum Grabe der heil. Apostel-Fürsten Petrus und Paulus nebst einer näheren Erörterung der daselbst am 8. Decbr. 1854 stattgefundenen Feierlichkeiten so wie auch des an mir verübten meuchlerischen Mordüberfalles. gr. 16. (V und 148 S.) Lauban 858, (Baumeister.)

Schefold, J. Bapt., die Parochialrechte historisch praktisch bearb. 2. (Titel-)Ausg. gr. 8. (1. Bd.: Allgemeiner Theil. XVI und 335 S. und 2. Bd.: Besonderer Theil. VIII und 367 S.) Sigmaringen 854—56, Beck.

Scheffner, Joh. George, s. A c h e r o n u. Anti-Acheron.

— s.a. A e h r e n l e s e v. Kalenderfelde.

Ährenlese vom Kalenderfelde, bestehend in einer Auswahl vorzüglicher Aufsätze aus Deutschlands Taschenbüchern. Berlin 1792—94. II: *Scheffner, Johann George.* (Ky) (MGT) (ErschDL) (BrMm)

— s.a. E p i s t e l n.

EPISTELN z u d e n S p ä t l i n g e n g e h ö r i g (von *Joh. Geo. Scheffner*). Königsberg 1804.
Anon.-Lex. II. p. 33 (nach Kayser, Engelmann u. Goedeke).

§ **ERNST** und M i n e t t e. Ein Roman mit einigen Beylagen (von *Johann George Schaffner*, nach G r i s e b a c h, Weltlitteratur-Kat. 2. Aufl., Berlin 1905. S. 361 ff.) Mit (Frontisp. u.) 7 lüsternen (sic!) Kpftf. Cythere (Berlin, Matzdorff) 1791. 8°. (In Wien, Stadtbibl.: Secr. A. 71.) 164 S. (14 Mk. 50 Pfg. G. Salomon's Dresd. Auct. 1875, no. 389; 15 frcs. H. Bukowski, Stockholm, 1887.)
Höchst seltene Orig.-Ausg.! Anon.-Lex. VI. p. 168. — G a y, Bibliogr. de l'amour III. p. 201: Un jeune garçon et une jeune fille s'aiment, se le prouvent, et finissent par s'épouser. Tableauy fort libres et beaucoup de discussions philosophiques.

— — Dasselbe. Mit 8 Lithogr. (nach den Kupfern copirt). (10 frcs. H. Bukowski.)

— — Dasselbe. Ebd. 1791. (Neudruck, c. 1850.) 8°. (2 Rthl. Fischhaber, Reutlingen.)

— — Dasselbe. Ebd. 1796. 8°.
Kayser p. 32.

— — Dasselbe (Neudruck), titulo: E r n s t u n d M i n e t t e. Ein Roman mit einigen Beilagen. — trahit sua quemque voluptas. Virgil. — Mit acht lüsternen Kupfern. Rom u. Paris, gedruckt auf Kosten guter Freunde (Altona, Verlagsbureau), o. J. (c. 1872). 8°. (2 Rthl. Scheible; jetzt theurer!)
V e r b o t e n vom K.-G. Wels, 25. August 1876. § 516. 139 S. (incl. Tit u. 1 Bl. Vorw.). Der Roman endet auf S. 90; folgen 5 Anhänge, deren 3ter Ernst u. Minettens (erotische) Lieder u. Briefe. die übrigen humorist.-philosoph. Erörterungen mit sotad. Episoden enthalten.

— — Dasselbe. Mit 3 Photogr. in imp.-8°. (7 Mk. W. H. Kühl, Berlin. c. 1883.)

Scheffner, J. G., Gedanken u. Meinungen üb. manches in Dienst, s.a. G e d a n k e n rc.

— — — — G e d a n k e n u. M e y n u n g e n ü b e r M a n c h e s i m D i e n s t u n d a n d e r e G e g e n s t ä n d e. Von *A.* Erstes und zweytes Bdchn. (cplt.) (von *Joh. George Scheffner*). (Mit Beiträgen v. Ch. J. K r a u s u. F r e y). O. O. (Königsberg, Nicolovius) 1802—6. 8°. 264 S. (6 Mk. Max Weg, Lpz., 1909: Nur Bdn. I: 264 S.; cplt. 75 Mk., schönes Expl., nur die 3 ersten Bll. in Th. I etwas fleckig, Paul Graupe, Berlin, 1911.)

Scheffner, J. G., Gedanken u. Meinungen üb. Manches im Dienst u. über andere Gegenstände. 2s Bdchn. 3te Abtheil. 8. Königsberg, Universitätsbuchh. 821.

— G e d i c h t e

§ * — —, E r o t i s c h e (sehr zahme von *Joh. George Scheffner).* Berlin, Stahlbaum. 1780. 8°. (6 Mk. Scheible, 1883; 2 Mk. 50 Pfg. G. Priewe, 1895.)
Tit. m. Vign. von V a n l o o, 191 SS. (incl. 12 SS. Vorst.). Enth. 74 Nrn. ohne Ueberschriften. — Anon.-Lex. VI. p. 191 (nach G r i s e b a c h, Weltliteratur-Catalog. 2. Aufl. Berlin 1905. S. 360).

— Gedichte im Geſchmack des Grecourt. (Motto.) Frankfurt und Leipzig bey Dodsley und Kompagnie, 1773. [Neudruck des Hyperionverlages, Berlin 1919, in 1200 Expl.; vgl. auch Dionyſos-Bücherei.] 8°. 216 S.

(SCHEFFNER, J. G.) Gedichte im Geſchmacke des Grécourt. Mit 10 Original-Radierungen von M. E. Philipp. Bei Dodsley & Co. London 1780. Neudruck Potsdam 1922. 8°. Interimsband, ſteif broſch. mit Pergamentpapier-Überzug und Verzierungen in Golddruck. — Luxusausgabe. Nur X römiſch numer. Expl. In geſchmackvollem Original-Handpergamentband mit Signet und Rückentitel in Golddruck, Kopfgoldſchnitt.

[SCHEFFNER.] Gedichte im Geſchmack des Grécourt. Neue Auflage. Schaffhauſen 1783. Kl. 8°.

— s.a. G e d i c h t e, Jugendliche.

— —, J u g e n d l i c h e (von *Joh. Geo. Scheffner*, 1736—1820).

Fauete linguis — — —
Virginibus pueris que canto.
HORATIVS.

Mit Titelvign. u. Anfangsvign. (F. K a u k e inv. & fec.). Z w e y t e A u f l a g e. Königsberg, bey Joh. Jak. Kanter. 1762. (Ed. I: 1761.) 8°. (9 Mk. Martin Breslauer's Berliner Octob.-Auct. no. 2373.)
Seltene Erstlings-Poesien des Verf. der ber. „Natürlichkeiten der sinnlichen u. empfindsamen Liebe". — Tit., 4 Bll. Zuschr. d. Verlegers (an Frau Commercienräthin Maria Charlotta J a c o b i, geb. S c h w i n c k, in Königsb. i. Pr., dat. von ebend. 2. Dec. 1761), 1 Bl. poet. Zuschr. d. ungenannten Vf., 2 Bll. Inh., 144 S. Enth. 36 (stellenw. etwas freie) Nrn.

[SCHEFFNER.] Gedichte nach dem Leben. Fünfte Auflage. Mit Kupfern. Paris (Berlin, Himburg) 1792. Zwei Teile in einem Bande. XVI, 128 und 127 S. Hübſcher grüner Halbmaroquinband der Zeit mit Rückenvergoldung und rotem Rückentitel. Mit 2 geſtochenen Titeln und 8 reizenden Kupfern in Rokokoumrahmung von D. und W. Chodowiecki, außerdem einem unſignierten Farbenkupfer.
Goedeke IV, § 212, 49, 6. Griſebach Nr. 1492.

— s.a. G e d i c h t e v. Uebersetzer des tr. Schäfers.

— — von dem Uebersetzer des treuen Schäfers *(Joh. Geo. Scheffner).* (Holzschn.-Vign.) Mitau, bey Jakob Friedr. Hinz, 1773. 8⁰. (5 Mk. L. Rosenthal, 1907; 43 Mk. (so!) Max Perl's Berliner Octob.-Auct. 1907, no. 742.)
84 S. (incl. Tit.), 1 Bl. Inh., 1 leeres Bl. — Frühes u. seltenes Produkt des Verfassers der „Natürlichkeiten der sinnlichen u. empfindsamen Liebe".

Gesangbuch für Freymåurer zum Gebrauch der 3 Kronenloge [in Königsberg i. Pr. Bearb. von Joh. George Scheffner.] Königsberg: Hartung 1787. *[Fischer, R.: Geschichte d. Joh.loge Z. d. drei Kronen, Königsberg i. Pr. [1910] S. 126.]*

– s. Hebel, J. P.: Allemannische Gedichte.

CAMPAGNEN-Gedichte zum Zeitvertreib im Lager (von *Johann George Scheffner;* ohne Wissen des Vf. vom Berliner Buchhändler Rüdiger hrsg. mit vielen groben sinnentstellenden Fehlern). Dresden, 1761. 8⁰. 63 S.
Goedeke IV, 113, 47, 3. Maltzahn p. 443 no. 996 (ohne Angabe des Verfassers). Zeitschrift f. vergleichende Literaturgesch. X. 459. — Anon. Lex. I. p. 297 (nach Goedeke).

Scheffner, Joh. George: Mein Leben, wie ich Joh. George Scheffner es selbst beschrieben. Hålfte 1. Kônigsberg: Univ.-Buch. 1821. 8⁰
1. Mit d. Portr. des Verf. XII, 256 S.

[Dasselbe.] Hålfte 1. 2. [Nebst] Beyl. Leipzig 1816: Neubert u. ausgeg. 1823. 8⁰
1. XII, 256 S.; 2. 257—512, 21 S. Beyl. 16 S.

°[Dasselbe.] Leipzig: Brockhaus 1823.
cf. Fischer, R.: Gesch. d. Joh.loge z. d. drei Kronen, Königsberg i. Pr. [1910] S. 42—44. Kl. 4077. Enth. eingestreut Nachrichten üb. Verfs Zugehörigkeit zum Frmrbunde.

Scheffner, Jh. Geo., (✝ d. 16. Aug. 1820.) mein Leben, wie ich es selbst beschrieben. 1e u. 2e Hälfte (v. J. Voigt). Mit 1 Kpf. 8. Leipz. 821, 23. Brockhaus. 2 ℛ 12 𝔤𝔤

– s. Machiavelli, N.: Unterhaltungen.

Scheffner, Joh. George, Nachlieferungen zu meinem Leben nach bestem Wissen und Gewissen, stets mit kräftigem Wollen, oft mit schwachem Können. 8. (151 S.) Leipzig 884, Reißner. * 3 —

– s. Natürlichkeiten.

– s.a. Poesien e. Soldaten.

POESIEEN, Freundschaftliche, eines Soldaten (von *Johann George Scheffner*). Mit hübscher Titelvignette von Meil. Berlin und Leipzig, bey Friedrich Wilh. Birnstiel. Kon. privil. Buchdrucker. O. J. (1764). 8⁰. 4 Bll., 230 S.
Erste Ausgabe, die zu den größten Seltenheiten gehört. Grisebach besass kein Expl. Enthält auch 6 Nrn. aus Scheffner's „Campagnen-Gedichten".
— — Dasselbe (vom Vf. sehr verändert). Mit Titelvignette. Ebd. bei F. T. Lagarde, 1793. 8⁰. (6 Mk., Prachtexpl., Bernh. Liebisch, Lpz., 1908; 14 Mk., tadelloses Expl. in eleg. Hfrzbd., F. Waldau, 1909.)
6 Bl., 206 S., 1 Bl. Inh., 1 S. Berichtigungen. Vgl. Herrigs Archiv 77, 11; Grisebach. Weltlit.-Kat. 2. Aufl. no. 1486.

– s. Spätlinge.

VIERBLATT, Ein, gewachsen unter Schnee und Eis (von *Johann Georg Scheffner*). O. O. 1813.
Anon.-Lex. IV. p. 327 (nach Goedeke IV, 113, 47, 12). — Höchst selten!

– s. Vorschriften z. Beförder. d. Unterrichts in Landschulen.

— Zugabe zu Fr. Gedike Annalen d. preuß. Schul- u. Kirchenwesens, s. Gedike.

Scheffold, Ldw., Berichtigung des helvet. National-Rapporte üb. die landwirthschaftl. Anstalten des Hrn. E. Fellenbergs. 8. Erlang. 809. (Heyder). 16 𝔤𝔤

Schefftel, Simon Baruch

Schefftel, S. B., Biure Onkelos. Scholien zum Targum Onkelos. Nach dem Tode d. Verf. hrsg. v. J. Perles. (In hebr. Sprache.) gr. 8. (288 S.) München 888. Th. Ackermann's Verl. n. 5. —

Schefftschenko, neue Gedichte, s.: Bibliothek, russische.

Scheffzek, F. A., zur Resektion der Zervix nach Werth. (Aus der Prov.-Hebammenlehranstalt in Breslau, Direktor: Dr. Baumm.) (4 S.) gr. 8. Leipzig 910. B. Konegen. 1. —
Sonderabdruck aus: „Der Frauenarzt".

Schefler, Secretarius (angebl. Verf.), s. Abdruck eines Gedichtes, welches ein ungenannter Verf. d. Musik-übenden Gesellschaft zu Berlin an ihrem Stiftungstage einhändigen liess.

Schefold, rechtliches Gutachten über die beabsichtigte Ablösung der Competenzen. gr. 8. (32 S.) Tübingen 851, Laupp. 4 ngl

SCHEFOLD: Rechte und Pflichten des Privatwaldbesitzers zufolge des neuen Forstpolizeigesetzes vom 8. September 1879 und des neuen Forststrafgesetzes vom 2. September 1879. Ein Wegweiser für jeden Privatwaldbesitzer. - Schwäb. Hall 1880. 26 S.

Schefold, Rechte und Pflichten des Privatwaldbesitzers zufolge des neuen Forstpolizeigesetzes vom 8. Septbr. 1879 und des neuen Forststrafgesetzes vom 2. Septbr. 1879. Ein Wegweiser für jeden Privatwaldbesitzer. 8. (26 S.) Biberach 881. (Schw.-Hall, German.) * — 80

Schefold, Rechte u. Pflichten d. Privatwaldbesitzers zufolge d. neuen Forstpolizeigesetzes vom 8. Septbr. 1879 u. d. neuen Forststrafgesetzes vom 2. Septbr. 1879. Ein Wegweiser f. jeden Privatwaldbesitzer. 8. (26 S.) Biberach 890. (Heilbronn. J. Stern.) — 60

Schefold, Eduard: Aus dem Karl-Olga-Krankenhaus in Stuttgart. Ueber die Verwendung der Killian'schen Bronchoskopie bei der Pneumotomie. Tübingen 1904: H. Laupp jr. (21 S.) 8⁰ ¶(Aus: Beiträge zur klinischen Chirurgie. Bd 43 H. 3.)
Tübingen, Med. Fak., Ref. v. Bruns, Diss. v. 12. Okt. 1904
[Geb. 13. Mai 80 Ulm; Wohnort: Ulm; Staatsangeh.: Württemberg; Vorbildung: Gymn. Ulm Reife M. 98; Studium: Tübingen 7, Kiel 1, München 1 S.; Coll. 29. Juli 04; Approb. 11. Juni 04.]

Schefold, J. Bapt., die Parochialrechte. 1. Bd. Allgemeiner Theil. gr. 8. Stuttgart 846, Beck u. Fränkel. n. 1 ℛ

— dass. 2. Bd. Besonderer Theil. gr. 8. Ebend. 846. n. 1 ℛ 2 ngl

Schefold, J. Bapt., die Parochialrechte historisch-praktisch bearb. 2. (Titel-)Ausg. 2 Bde. Sigmaringen (846.) 855. Beck. gr. 8. (XVI, 335; VIII, 367 S.) 1 ℛ. 15 ngl

Schefold, Karl, die Errungenschaftsgemeinschaft des bürgerl. Gesetzbuchs, s. a. Monographieen üb. das bürgerliche Gesetzbuch. II.

Die Errungenschaftsgemeinschaft des Bürgerlichen Gesetzbuches. Dargest. von Karl Schefold, Rechtsanw. in Ulm. *Stuttgart: W. Kohlhammer 1899.* (VI, 109 S.) 8° [F.]
= Monographien über d. Bürgerl. Gesetzbuch. 2.

— die allgem. Gütergemeinschaft des bürgerl. Gesetzbuchs. gr. 8. (VI, 83 S.) Ulm 899. J. Ebner. Geb. 1. 80

Schefold, K[arl], Rechtsanw. in Ulm: Die erbrechtliche Haftungsbeschränkung und der Civilprozess. *Ulm 1902: J. Ebner.* (31 S.) 8° [F.]
Tübingen, Jur. Diss. v. 1902

Schefold, Karl, Justizref. in Ulm: Der gegenseitige Vertrag im bürgerlichen Gesetzbuch. *Ulm 1902: J. Ebner.* (81 S.) 8° [F.]
Tübingen, Jur. Diss. v. 1902

Schefstoss, Karl

SCHEFSTOSS, Carl (Regensburg): Generalia de causis morborum communium.- Ratisbonae: Pustet 1832. 32 S.
19.8.1831 - Urk: F 60
Diss.Ingolst.-Landsh.-Mchn.

Scheftelowitz, Isidor

Scheftelowitz, J., die Apokryphen des Ṛgveda (Khilāni), s.: Forschungen, indische. 1. Hft.

Scheftelowitz, Isidor, aus Königsberg i. Pr.: **Arisches im Alten Testament.** 1. *Königsberg i. Pr. (1901): Hartung.* (94 S.) 8°
Königsberg, Phil. Diss. v. 29. Mai 1901

Scheftelowitz, Isidor, Arisches im Alten Testament. I. Eine sprachwissenschaftl. u. kulturhistor. Untersuchg. gr. 8. (VI, 97 S.) Berlin 901. S. Calvary & Co. n. 3.—

— Arisches im Alten Testament. II. Tl. (V, 64 S.) gr. 8. Berlin 903. S. Calvary & Co. n. 2. — (I u. II.: n. 5.—)
Sonderabdr. aus: „Monatschr. f. Gesch. u. Wiss. d. Judenth."

Scheftlein, H., genealogischer Schulatlas. qu. gr. 4. (34 Taf. m. VII S. Text.) Regensburg 899. H. Bauhof. In Lex.-8. kart. n. 1. 80

Scheftlein, Johannes: De praepositionum usu Procopiano Ratisbonae, typ. M. Wasneri, 1893; 63 S. 8.
Erlangen, Phil. Fak., Inaug.-Diss. v. 1893

Scheftlein, Johannes [Dr.]: De praepositionum usu Procopiano. [= Inaug.-Diss. v. Erlangen 1893.] Regensburg, Buchdr. M. Wasner, 1893; 63 S. 8.
Regensburg, k. neues G. P. 1893

Scheftlein, Johs., de praepositionum usu Procopiano Progr. gr. 8. (63 S.) Regensburg 893. Berlin, S. Calvary & Co. n. 1. 50

SCHEFTSIK, JOHANN: Himmelslicht. Ein vollständiges Gebet- und Andachtsbuch für katholische Christen. Igló 1883. Josef Schmidt. 711 S. 11 - 12°

Schegel, A. W., s. Schlegel, August Wilhelm

A. Scheger, Der Anbau des Meerrettichs in der Nürnberg-Erlanger Gegend, die hauptsächlichsten Krankheiten der Meerrettichpflanze und deren Bekämpfung.
Diss. Univ. Jena.
Jena 1907

[illegible], Andreas (Aertendorf): Ueber den Einfluss der antiseptischen Wundbehandlung bei complicirten Fracturen.- München: Wolf 1881. 32 S.
[illegible] - Urk (Titel): De vi quam exerceat methodus antiseptica in curam fracturarum complicatarum.): Chr 1881/82,7
Diss.Ingolst.-Landsh.-Mchn.

***Schegg,* Jos. Ant., s. *Ritus* in praecipuis festis.**

Schegg, Peter, biblische Archäologie, s. Bibliothek, theologische.

Schegg, Peter, Biblische Archäologie. Herausgegeben von Joh. Baptist Wirthmüller. Freiburg, Herder, 1887, gr. 8°, XXIV u. 716 S., 9 Mk.

Schegg: Die Bauten Konstantins über dem heiligen Grabe zu Jerusalem. 47 S. 8° u. einer artistischen Beilage.
—Freising, Progr. 1867

— s. Bonaventura, geistl. Schriften.

Schegg, Peter, sechs Bücher des Lebens Jesu. 2 Bde. 8. Freiburg i. Br., Herder'sche Verlagsh. [1. Bd. (XV, 583 S.) 874. *M. 4.; 2. Bd. (VIII, 616 S. mit 1 lithogr. Karte in qu. gr. 4.) 875. *M. 4,40.] * 8 40

Schegg, Pet., Erinnerungen an Dr. Daniel Bonifacius v. Haneberg, Bischof von Speyer. gr. 8. (240 S. mit Portr. in Stahlst.) München 877, Stahl. M. 3.; geb. *

Schegg, Peter, die heiligen Evangelien übersetzt und erklärt. 1. Thl. A. u. d. T.: Evangelium nach Matthäus übers. und erklärt. 1. Bd. gr. 8. (VIII und 496 S.) München 856, Lentner'sche Buchh.

Schegg, Pet., die heiligen Evangelien übersetzt und erklärt. 2—4. Thl. gr. 8. München, Lentner'sche Buchh.
Inhalt:
Thl. 2. Evangelium nach Matthäus. 2. Bd. X—XVIII. (V und 576 S.) 857. 2 Thlr.
" 3. Evangelium nach Matthäus. 3. (Schluß-)Bd. XIX—XXVIII. (VIII und 639 S.) 858. 2 Thlr. 6 Ngr.
" 4. Evangelium nach Lukas. 1. Bd.: I—VIII. (VI und 552 S.) 861. 2 Thlr. 6 Ngr.
1. Thl. Ebendas. 1856. 1 Thlr. 24 Ngr.

Schegg, Pet., die heiligen Evangelien übersetzt und erklärt. 5. und 6. Thl. gr. 8. München, Lentner'sche Buchh. à Bd. 2 Thlr. 6 Ngr.
Inhalt:
Thl. 5. Evangelium nach Lukas. 2. Bd. VIII—XVI. (644 S.) 863.
" 6. — dass. — 3. Bd. XVII—XXIV.) (559 S.) 865.

—— dass. — Neue Ausg. 6 Bde. in 35 Lfgn. gr. 8. (VIII und 496 S., 576 S., VIII und 496 S., VI und 544 S., 644 S., 559 S.) Ebendas. 863—65. à Lfg. 12 Ngr.

Schegg, Peter, die heiligen Evangelien **übersetzt u. erklärt.** 7. u. 8. Thl. München 870. Lentner. gr. 8. 3 *ℛ* 12 *ngr.*
7. Thl. Evangelium nach Markus übersetzt u. erklärt. 1. Bd. I—VIII. (VIII, 362 S.) 1 *ℛ* 24 *ngr.*
8. Thl. — — 2. Bd. IX—XVI. (III, 322 S.) 1 *ℛ* 18 *ngr.*

Schegg, Peter, Die heil. Evangelien übersetzt und erklärt. München, Lentner, 1856—1880, 8°, 10 Bde, 77,40 Mk.

Schegg, Peter, Gedenkbuch einer Pilgerreise nach d. heiligen Lande.
2 Bde. [illegible] München 1867. 8°. Hlwdb.
I. IV [illegible] II [illegible] S. in 3 Karten

—— **Geschichte der letzten Propheten. Ein Beitrag zur Geschichte der bibl. Offenbarung. 2 Abthlgn. gr. 8. Regensburg, Manz. [1. (VII und 203 S.) 853. 22½ Ngr., 2. (III und 214 S.) 854. 27½ Ngr.]**

Schegg, Peter, Geschichte der letzten Propheten. Ein Beitrag zur Geschichte der biblischen Offenbarung. Regensburg, Manz, jetzt Verl.-Anst., 1853—1854, 8°, 117 S., 5 Mk.

Schegg, Peter, Jakobus der Bruder des Herrn u. sein Brief. München, Stahl, 1883, 8°, 5 Mk.
I. Jakobus der Bruder des Herrn. Eine Vorstudie zu seinem Briefe. VIII u. 69 S.
II. Der kath. Brief des Jakobus übersetzt u. erklärt. VII u. 279 S.

Schegg, Peter, Über Jesaias Kap. 36—39. Freising, 1848, 24 S. Lyceal-Programm.

Schegg, Pet., der Prophet Jesaias. Uebersetzt u. erklärt. 2 Thle. gr. 8. (X u. 657 S. m. 1 Tab. in 4.) München 850, Lentner. 2 *ℛ* 24 *ngr.*

— das hohe Lied Salomo's v. der heiligen Liebe. Für e. größeren Leserkreis dramatisch bearb u. erklärt. 8. (VIII, 136 S.) Ebend. 885. n. 2. 70; cart. n. 3. 20

Schegg, Peter, Der Mensch und die Natur. Rektoratsrede. München, 1881, 4°, 34 S. (mit Anmerkungen).
Nur für die Universitätsangehörigen gedruckt.

— die kleinen Propheten, s.a. Propheten, die kleinen.

Schegg, Peter, die kleinen Propheten; übers. und erklärt. 2 Thle. (Osee — Michäas. Nahum — Malachias.) gr. 8. (X und 1154 S.) Regensburg 854, Manz. Thlr. *

—— die kleinen Propheten. Uebersetzt und erklärt. 2. (Titel-) Ausg. 2 Bde. in 4 Abthlgn. gr. 8. (VIII und 588 S., 571 S.) Regensburg (854)62, Manz. à Abthl. 22½ Ngr.

– s.a. Psalmen, Die.

Schegg, Peter, die Psalmen. Uebersetzt u. erklärt für Verständniß u. Betrachtung. 1. Bd. 1. 2. Liefg. u. 2. Bd. 1. Liefg. gr. 8. München 845, 46, Lentner'sche Buchh. I. 1. 1⅓ Thlr I. 2. 2 Thlr II. 1. 1½ Thlr

— die Psalmen. Uebersetzt u. erklärt f. Verständniß u. Betrachtung. 2. Bd. 2. Lfg. gr. 8. (S. 401—739.) Ebd. 847. 1⅙ Thlr (cmplt. 6 Thlr)

—— die Psalmen. Uebersetzt und erklärt für Verständniß und Betrachtung. 1—3. Bd. gr. 8. München 857, Lentner'sche Buchh.
Inhalt:
Bd. 1. Psalm 1—44. 2 Abthlgn. 2., umgearb. Aufl. (624 S.) 1. Abthl. 1 Thlr. 6 Ngr., 2. Abthl. 1 Thlr. 3 Ngr.
" 2. Psalm 45—89. 2., umgearb. Aufl. (560 S.) 1 Thlr. 27 Ngr.
" 3. Psalm 90—150. 2., umgearb. Aufl. (492 S.) 1 Thlr. 24 Ngr.

Schegg, Peter, Ausgewählte Psalmen neu übersetzt, erklärt und mit Berthiers Betrachtungen begleitet. Regensburg, Manz, jetzt Verl. Anst., 1843, gr. 8°, 3,75 Mk.

Schegg, Peter, Das Todesjahr des Königs Herodes und das Todesjahr Jesu Christi. Eine Streitschrift gegen Florian Rieß, Priester der Gesellschaft Jesu. München, Stahl, 1882, 8°, 61 S., 1,20 Mk.

Schegg, Peter, kurzer Unterricht üb. Betrachtung, Gebet ꝛc., s. Koch, Jan.

Scheglmann, Albert, prakt. Arzt in Moring: **Ueber zwei Fälle von angeborenem Defect im Septum Ventriculorum, combinirt mit hochgradiger Stenose der Lungenarterie.** *München 1897 [vielm. 1901]: Kastner & Lossen.* (29 S.) 8°
München, Med. Diss. v. 1901

Scheglmann, Alph., e. altes Aloysius-Büchlein f. die gebildete Jugend. Neu bearb., verm. u. m. e. Anh. v. Gebeten f. die gebräuchlichsten Andachten versehen. 2. Aufl. 16. (272 S. m. 1 Stahlst.) Regensburg 893. J. Habbel. n. — 50; geb. n. — 70

Scheglmann, Alfons Maria, Geschichte der Säkularisation im rechtsrheinischen Bayern. (In 3—4 Bdn.) I. u. II. Bd. u. III. Bd. 1. Tl. gr. 8. Regensburg, J. Habbel. n. 18. 40; geb. n. 23. —
I. Vorgeschichte der Säkularisation. 4 Lfg. (XV, 297 S.) 903. n. 3. 20; geb. in Leinw. n. 4. 20
II. Die Säkularisation in Kurpfalzbayern während des J. 1802. 7 Lfgn. (Lfg. 5—11.) (XI, 456 S.) 904. n. 5.60; geb. n.n. 6.80
III. 1. Die Säkularisation in den 1803 definitiv bayerisch gewesenen oder gewordenen Gebieten. 1. Tl. Die Säkularisation der Fürstbistümer u. Benediktinerabteien. 12 Lfgn. (Lfg. 12—23.) (VIII, 929 S.) (905. 906.) n. 9. 60; geb. in Halbfrz. n. 12. —

Scheglmann, Alfons Maria, Geschichte der Säkularisation im rechtsrheinischen Bayern. III. Bd. Die Säkularisation in den 1803 definitiv bayerisch gewesenen od. gewordenen Gebieten. 2. Tl. Die Säkularisation der Zisterzienserabteien, Prämonstratenserabteien, Augustinerchorherrenpropsteien, der übr. im J. 1803 gefallenen Männerklöster u. des Doppelklosters Altomünster. (VIII, 820 S.) gr. 8. Regensburg (907. 08). J. Habbel. 8.—; geb. in Halbfrz. 10.40; auch in 10 Lfgn. à — 80

— Trauerrede bei den Exequien des hochwürdigsten Hrn. Bischofes Ignatius v. Regensburg. Geh. im hohen Dome zu Regensburg am 20. VIII. 1906. (7 S.) kl. 8. Ebd. (906). n. — 10

— Trauerrede bei den Exequien f. Se. Heiligk. Papst Leo XIII, geh. im hohen Dome zu Regensburg am 28. VII. 1903. (15 S.) 8. Ebd. (903). n. — 20

Scheglmann, C. (Hrsg.), s. Monatsblätter, Homöopathische, ...

SCHEGLMANN, Karl (Geiselhöring): Ueber Aconitum napellus.- München: Wolf 1865. 18 S.
9.8.1854 - Urk (Titel: De aconito napello.); F 68 (= Schleglmann)
Diss. Ingolst.-Landsh.-Mchn.

Scheglmann, Sylva, aus Regensburg: **Versuch einer Entwicklungsgeschichte der Deckenmalerei in Italien vom XV. bis zum XIX. Jahrhundert. Straßburg, J. H. Ed. Heitz (Heitz und Mündel), 1910. VI, 50 S. 8°. Diese Arbeit erscheint mit sechs Lichtdrucktafeln versehen als Heft 80 der Serie „Zur Kunstgeschichte des Auslandes“, Verlag von J. H. Ed. Heitz, Straßburg i. E. [5. XI. 10.]**
Zürich, Univ. Phil. Diss. LJS. 1910/11.

Scheglmann, Sylva, Versuch e. Entwicklungsgeschichte der Deckenmalerei in Italien vom XV. bis zum XIX. Jahrh., s.a. Zur Kunstgeschichte des Auslandes. 80. Heft.

Versuch einer Entwicklungsgeschichte der Deckenmalerei in Italien vom XV. bis zum XIX. Jahrhundert. Von Dr. Sylva **Scheglmann.** Mit 6 Lichtdrucktaf. Strassburg: Heitz 1910. VIII, 47 S. 4°(8°)
(Zur Kunstgeschichte d. Auslandes. H. 80.) [10. 17381

Schehl, D. . . ., s. B. Porteus, drei Reden.

Scheja, Simon [aus Janow O/S.]: **Über eine Hernia duodeno-jejunalis** ... Jena, G. Fischer, 1895; 1 Bl., 34 S., 1 Bl., 1 Taf. 8.
Erlangen, Med. Fak., Inaug.-Diss. v. 1895

Scheib, s.a. Scheyb.

v. Scheib, Frz. Chph. Vindobona Romana, d. i. die Stadt Wien vor u. zu den Zeiten der alten Römer. 8. Wien 1766

Scheib, Heinrich

--Predigten: Sonntag d. 20. Feb 1881; Sonntag d 27. März 1881; Sonntag d 17. Apr 1881, Osterfest; Sonntag d 25. Sept 1881; Pfingstfest, 1888, 20. Mai; Die Zionsgmde v Balt u ihre jüngsten Verketzerer. Die Balt Pastoralkonferenz, u Die St Louiser Facultät. Balt. 1881.

Scheib, J. G., Weissenburg i. Elsass. Führer durch Stadt u. Umgebg. (Schlachtfeld, Ruinen etc.) m. Stadtplan u. 2 Karten. 8. (VI, 128 S.) Weissenburg 895. R. Ackermann. n. 1. 20

— Weissenburg-Wörth. Führer üb. d. Schlachtfelder v. Weissenburg u. Wörth u. zu d. Ruinen d. Lauter- u. Sauerthales, m. Stadtplan u. 3 Karten. 8. (VIII, 178 S.) Ebd. 895. n.n. 1. 60

— Wörth a. d. Sauer. Führer üb. d. Schlachtfeld v. Wörth m. 2 Karten. [Aus: „Weissenburg-Wörth“.] 8. (V, 50 S.) Ebd. 895. n. — 60

Scheib, Jacob, prakt. Arzt: **Die Nachbehandlung der wegen Hydrocele Operierten mit Hülfe der Hautfaltennaht.** *Strassburg i. E. 1898: Ch. Müh & Co.* (18 S.) 8°
Strassburg, Med. Diss. v. 1898

Geschichte der Stadt Fischhausen. Festschrift z. Feier d. 600jähr. Bestehens d. Stadt Fischhausen am 19. Aug. 1905 von G. A. **Scheiba,** Rektor. Fischhausen 1905: C. Wilutzki. (138 S.) 8° [F.] [05. 1116 10

Scheïbaniade, die. Ein özbegisches Heldengedicht in 76 Gesängen von Prinz Mohammed Salih aus Charezm. Text, Übersetzung und Noten von Herm. Vambéry. Lex.-8. (XXI, 468 S.) Budapest 885. Leipzig, Brockhaus. [* M 30.—] *

Scheibbs [Schlagwort]

Scheibbs, Bez., s.: Melk.

Scheibe, Weltweisheit u. Gottes Weisheit. Predigt geh. am 16. Jan. 1876 üb. 1. Cor. 1, 20—25 u. als e. Nachwort zu der am 14. Jan. 1876 geh. Volksversammlung allen Christen u. ehrl. Sozialdemokraten gewidmet. gr. 8. (11 S.) Erfurt 876. Otto'sche Buchh. n. — 20

Scheibe, A [Übers.]
s. Dickens, Charles: Oliver Twist. 1883.

Scheibe, Alb., die französische Revolution. (VII, 178 S.) 8. Gotha 909. F. A. Perthes. 3. —

Scheibe, Albert, Dr.: Schiller als Geschichtsschreiber und Politiker. Tarnowitz 1905: Ch. Reimann. (S. 1—14.) 4°
Tarnowitz, k. RG P 1905 (262)

Scheibe, Albert Friedrich, aus Berlin: Die séance royale vom 23. Juni 1789. Eine krit. Studie. *Berlin: Mayer & Müller 1899.* (46 S.) 8° (Teil d. eingereichten, später erscheinenden Arbeit über d. Stellung Neckers zum Hofe Ludwigs XVI. und seine Politik 1789.)
Heidelberg, Phil. Diss. v. [30. Juli] 1898

Scheibe, Anton [aus München]: Über den Ursprung der Citronensäure als Bestandteil der Milch. . . . (Aus: Landw. Versuchs-Stationen, Bd. XXXIX.) Merseburg, Buchdr. v. F. Stollberg, 1891; 1 Bl., 18 S. 8°
Erlangen, Phil. Fak., Inaug.-Diss. v. 1891

Scheibe, A[rno], Dr., München: **Ätiologie und Pathogenese des Empyems im Verlaufe der akuten Mittelohreiterung. Mit 19 Abb. auf 5 Taf.** *Wiesbaden: J. F. Bergmann 1904.* (107 S., ohne d. Taf.) 8°
München, Med. Hab.-Schr. v. 1904
(Nicht für den Austausch)

Scheibe, Arno [app. Arzt aus Piegel]: Mikroorganismen bei acuten Mittelohrerkrankungen. . . . (Aus Knapp-Moos' Zeitschr. f. Ohrenheilkunde, XIX. Bd.) Wiesbaden, J. F. Bergmann, 1889; 39 S. 8°
München, Med. Fak., Inaug.-Diss. v. 1889

Scheibe, C. F. Observationes in oratores Atticos. 56 S. . .
Halle, W., Progr. 1836

Scheibe, Carl . . . s. Scheibe, Karl . . .

Scheibe, Chrn. Frdr., lasset auch euch die heil. Sache der inneren Mission ernstlich empfohlen sein! Mehrere Predigten in einer. 8. (24 S.) Eilenburg 850, Schreiber in Comm. 3 ngl

Ein Scheibe, Edmund, aus Weissenstein: Darstellung und Beschreibung der Borcitronensäure und ihrer Salze.
Preisarbeit Dorpat 1878.

Scheibe, Edm., Darstellung und Beschreibung der Borcitronensäure und ihrer Salze. Inaugural-Dissertation. gr. 8. (50 S.) Dorpat 880, (Karow.) * 1 —

Scheibe, Erich, Med.-Prakt.: **Über Osteome am Unterschenkel unter besonderer Rücksicht auf einen seltenen Fall von Verschmelzung zwischen Fibula und Tibia. Mit 1 Abb. München 1910: Kastner & Callwey.** 37 S., 1 Taf. 8°
München, Med. Diss. v. 7. Sept. 1910, Ref. Klaußner
[Geb. 13. Aug. 84 Zauckerode; Wohnort: Zauckerode; Staatsangeh.: Sachsen; Vorbildung: Kgl. Gymn. Dresden-N. Reife O. 03; Studium: Leipzig 6, München 4 S.; Coll. 7. Sept. 10; Approb. 31. Juli 10.] [U 11. 3721

Scheibe, Ernst (Hrsg.). s. Alt-Kirchberg

Scheibe, E., 50 Blatt Monogramme zum Gebrauche für Graveure, Kupferstecher, Lithographen, Dekorations-, Porzellan- u. Glasmaler, Wagenlackirer, Wäsche-Geschäfte rc. 1. Folge. Vier verschiedene Schriftarten in 1200 alphabetisch geordneten Typen. 50 Taf. qu. gr. 4. Weimar 887. B. F. Voigt. 5. —

Scheibe, Ernst, 50 Blatt Monogramme zum Gebrauche f. Graveure, Kupferstecher, Lithographen rc. 1. Folge: 4 verschiedene Schriftarten in 1200 alphabetisch geordn. Typen. 50 Taf. 2. (Titel-)Aufl. qu. gr. 4. Weimar 895. B. F. Voigt. 3. —

Scheibe, Ernst, 50 Bl. Monogramme zum Gebrauche f. Graveure, Kupferstecher, Lithographen, Dokorations-, Porzellan- u. Glasmaler, Wagenlackierer, Wäsche-Geschäfte u. ähnliche Betriebe. 1200 alphabetisch geordnete Monogramme. 3. verb. Aufl. (III S. Text.) gr. Fol. Leipzig 906. B. F. Voigt. 3, 75

Scheibe, Ernst, a. Elberfeld: **Studien zur Nürnberger Waffenindustrie von 1450—1550. (Unter besonderer Berücksichtigung der Arbeitsteilung.)** Bonn 1908: C. Georgi. (135 S.) 8°
Bonn, Phil. Fak., Ref. Schulte, Diss. v. 3. Juni 1908
[Geb. 10. Febr. 84 Roßleben, Kr. Querfurt; Wohnort: Bonn; Staatsangeh.: Preußen; Vorbildung: Gymn. Elberfeld Reife O. 03; Studium: Lausanne, Tubingen, Bonn; Rig. 19. Febr. 08.]

Scheibe, Frz. J., die Braut des Kriegers. 8. Nürnberg 871, Zimmer. [Leipzig, Wartig.] * — 20

Scheibe, Frdr., d. Krankheiten d. Ziege u. ihre Heilg. 12. (16 S.) Ohrdruf 896. (E. Grapenthin.) n. — 20

Scheibe, Fr. Heinr.: Auszug aus dem königl. preuss. Landr., mit Beifügung der üb. dass. seit. d. 1. Juni 1794 herausgekomm. Verordnn., Rescripte u. Resolutionen auf erfolgte Anfragen u. s. w. 2 Bde. *Erlangen*, (Heyder.) 801. 8. (1 Thl. 12 Gr.)

Scheibe, Friedrich Ludwig

Scheibe, F. L., Abschiedspredigt. Dom. XIX p. Trin. als am 11. Octbr. 1863 über Galater 6, 11—18 gehalten. gr. 8. (13 S.) Erfurt 863, Kayser'sche Buchh.

Scheibe, Fr. Ludw., Luther u. die Aufrührer vom J. 1525. gr. 8. (41 S.) Erfurt 848, Otto. 6 ngl

— Predigt über Jesaias Cap. 42, 18—25. gehalten am Landes-Bußtage 1849. 8. (15 S.) Erfurt 850, Müller'sche Sort.-Buchh. 1½ ngl

Scheibe, F. L., Predigt über Luc. 24, 9—12 am 2. Ostertage 1854 gehalten. gr. 8. (11 S.) Erfurt 854, Villaret. *

—— **Predigt, am Michaelis-Feste 1854 über 1 Petri 3, 1—10. gehalten. gr. 8. (13 S.) Erfurt 854, Keyser'sche Buchh.**

Scheibe, Fr. Ludw. u. Arthur v. Witzleben: Reden zur Einführung des Rektors Fr. L. Scheibe. 14 S. Progr. *Eisleben* 1881

Scheibe, Henriette, die gewandte Gardinen-Steckerin rc. Mit 13 deutl. u. schönen Abbild. 8. (Mit 5 Taf.) Erfurt 845, Bartholomäus. n. 1/3 ℛ

Scheibe, Herm., die mod. Grossbuchbinderei, s.: Stephen, Geo. A.

Scheibe, J. G. F., Zeichnung u. Beschreibung der Orgelpedal-Hilfsclaviatur. 8. (1 B. u. 4 Taf. Zeichnungen.) Görlitz 840, (Heynsche Buchh.) — 5

Scheibe, Johann Adolf

— Abhandl. v. Ursprung u. Alter d. Musik, insonderheit d. Vokal-Musik. 8. Altona 754. Korte. 6 gl

Anekdoten eines reisenden Russen [d. i.: Johann Adolf **Scheibe**] über die Staatsverfassung, Sitten und Gebräuche der Dänen, in Briefen an seine Freunde. Hrgg. v. K. Lübeck [d. i.: Kopenhagen.] 1771. 8°.

MISOGYNIS (d. i. *Joh. Adolf Scheibe*, geb. 1708 zu Leipzig, † 1776 in Kopenhagen), Allerneueste erfundene Art, nach Morgenländischer Weise, mit guter Manier ein arglistiges und böses Weib los zu werden, wodurch zugleich Weiber-Bosheit entdecket und deren Kunstgriffe mit natürlichen Farben abgeschildert werden, nebst Anhang (von *Balthasar Kindermann*, ed. I. Zeitz 1662. 12°.): Die böse Sieben von welcher heut zu Tage die unglückseligen Männer grausamlich geplagt werden. Mit 1 Kupfer. O. O. (Nürnberg) 1753. 8°. (3 Mk. 10 Pfg. L. Rosenthal, 1886; jetzt theurer!)

Neue Freymåurer-Lieder mit bequemen Melodieen. Verfertiget und hrsg. von einem Mitgliede der Loge Zorobabel [in Kopenhagen] [d. i. J. Adolf **Scheibe**]. Kopenhagen: Mumme 1749. 61 S. 4° [Kupfertit.]
Kl. 1509. 16 Lieder mit Noten.

– s. Hollberg v., Frhr ..., Peter Pears.

Scheibe, Jh. Ad., (+ im April 1776.) üb. die musikal. Compositionen, die Theorie, Melodie, Harmonie. 4. Leipz. 773. Schwickert. 3 ℛ

Vollståndiges Liederbuch der Freymåurer mit Melodieen, in zwey Bůchern. Hrsg. von einem alten Mitgliede der Loge Zorobabel [zum Nordstern in Kopenhagen d. i. J. Adolf **Scheibe**.] [Bd 1.] 2. Kopenhagen und Leipzig: [Proft] 1776—1785. 4° [Kupfertit.]
1. XVI, 260 S. 1776. 2. XVI, 293 S. 1785. Kl. 1535. Bd 1 enth. 86, Bd 2 91 Lieder. Vgl. auch Kl. 1546. Das hier angeführte Liederbuch scheint ein Nachdruck des 1 Bdes dieses Liederbuches zu sein.

— krit. Musikus. gr. 8. Leipz. 78 Stcke 737—739. N. A. mit e. 4n Thle. verm. 745. Mit n. Tit. 765. (Ernst in Quedlinb.) 1 ℛ 16 g

– s. Potoppidon, Dän. Atlas.

— der wundervolle Tod des Welterlösers, ein Oratorium, nebst e. krit. Vorrede. 8. Flensb. 754.

Scheibe, Jh. Wdkt., (+ ...) freimüthige Gedanken aus d. Historie d. Kritik u. d. Literatur. 8. Cöln (Jena) 732. Anonym. 2e verm. Aufl. mit s. Namen. 8. Frankenthal 737. 1e u. 2e Fortsetz. Ebd. 741 u. 55. Schiffel. 15 g — 1e u. 2e Fortsetz. (Weimar, Hoffmann). 8 g

Scheibe, Joh. Ben., Grundriß d. Fürstenkunst ꝛc. 8. Frankenberg. 754.

Scheibe, Karl, Catlenburg, s. a. Geschichte süddhannoverscher Burgen u. Klöster. XI.

Scheibe, C., Emendationes aliquot Lycurgeae. Gel. 1853. 9 S. 4°.

Scheibe, C., Emendatt. Lysiacarum fasc. Pr. 1842. 36 S. 4°.

Scheibe, C., Emendatt. Lysiacarum fasc. Pr. 1852. 36 S. 4°.

Catlenburg. Geschichte d. Burg u. Dorfschaft von Karl Scheibe, Hann.-Linden. *Leipzig: B. Franke [1901].* (53 S.) 8° [F.]
= Geschichte Südhannoverscher Burgen u. Klöster. 11.

Scheibe-Moringen, Karl, Geschichte des Dorfes u. Klosters Fredelsloh, s. a. Geschichte südhannov. Burgen u. Klöster.

Fredelsloh. Gesch. d. Dorfes u. Klosters von Karl Scheibe-Moringen. *Leipzig: B. Franke [1900].* (48 S.) 8° [F.]
= Geschichte Südhannoverscher Burgen u. Klöster. 10. [99. 7932

Scheibe, Karl, Burg Grubenhagen, s. a. Geschichte südhannov. Burgen u. Klöster, IX.

[F.] Grubenhagen. Beschreibg u. Gesch. d. Burg v. Karl Scheibe-Moringen. *Leipzig: B. Franke [1898].* (27 S.) 1 Bd 8.
= Geschichte Südhannoverscher Burgen u. Klöster. [No] IX. [98. 9331

Scheibe, Car., Lectiones Lysiacae. 8maj. (78 S.) Leipzig 856, Teubner.
Aus: Jahrbücher für class. Philologie 1. Suppl.-Bd., besonders abgedruckt.

Scheibe, Karl, die Marktkirche zu Hannover. Ihre Beschreibg. u. Geschichte. (158 S. m. 1 Abb.) 8. Hannover (909). A. Sponholtz Verl. 1.20; geb. 1.80

Scheibe, K., Commentatio critica de Isaei orationibus. Pr. 1859. 61 S.

Scheibe, Karl Friedr., die oligarchische Umwälzung zu Athen am Ende d. peloponnes. Krieges u. d. Archontat d. Eukleides. Nach d. Quellen dargest. gr. 8. (11½ B.) Leipzig 841, T. O. Weigel.

Scheibe, Car. Frid., Vindiciae Lysiacae. 8maj. (8¼ B.) Lipsiae 845, T. O. Weigel.

Scheibe, Karl Otto

Scheibe, Carolus Otto: • Kantii de schematismo transscendentali doctrinae quae sit ratio et vis demonstretur. 30 S. 4° (2°)
Halle-Wittenberg, Phil. Diss. v. 10. Mai 1869
Geb. [Naumburg a. d. S. 12. 9. 1844]

Scheibe, L., natürliche Geschichte des Menschen. Darstellung des Geschlechtslebens, Rathschläge zum Schutz und Wiederherstellung der Gesundheit, zur Hebung der Jugendkraft, Verjüngung des Lebens, sowie Anweisung zum nöthigen Verhalten bei angeknüpften Liebesverhältnissen, bei der Wahl einer Gattin und eines Gatten. gr. 8. (163 S. mit 1 Stnt.) Leipzig 857, (Gräfe.)

Scheibe, [Ludwig], Dir. Prof.: Ansprache an die Abiturienten am 11. März 1901. *Elberfeld 1901: S. Lucas.* (S. 3–8.) 4°
Elberfeld, G, P 1901 (475)

Scheibe, *Ludwig* [Dir. Prof.]: *Ansprache beim Sommerfeste über das Zusammenwirken von Haus und Schule bei der Jugenderziehung.* Elberfeld, gedr. bei S. Lucas, 1892; 26—27 S. 4.
Elberfeld, G, P 1892 (434 [vielm. 437])

Scheibe, *Ludwig* [Dir. Prof.]: *Bericht über die Feier des 300jährigen Bestehens der Anstalt.* Elberfeld, gedr. bei S. Lucas, 1893; 64—68 S. 4.
Elberfeld, G, P 1893 (439)

Scheibe, *Ludwig Friedrich* [Dir. Prof.]: *Die Feier der Einweihung des Spielplatzes der Anstalt.* Elberfeld, gedr. bei S. Lucas, 1897; 23—25 S. 4.
Elberfeld, G, P 1897 (455)

Scheibe, *Ludwig* [Dir. Prof.]: *Aus der Gedächtnisrede auf Prof. Dr. Wilhelm Crecelius, gest. am 13. Dez. 1889.* Elberfeld, gedr. bei S. Lucas, 1890; S. 29—32; 4°
Elberfeld, G, P 1890

[illegible] **Progr.** [illegible] 1893 [illegible]

Scheibe, Ludw. De sermonis ovidiani proprietatibus, quales in Metamorphoseon libris perspiciuntur. 19 S. G. *Halberstadt* 1880.
Progr.

Scheibe, [Ludwig]. [Schluß der Ansprache an der Weihnachtsfeier 1904.] S. 19–20. 4 **Progr.** Gymn. *Elberfeld* 1905 (520)

Scheibe, *Ludwig Friedrich* [Dir. Prof.]: *Die Weihnachtsfeier des Gymnasiums in Elberfeld.* Elberfeld, gedr. bei S. Lucas, 1894; 28—31 S. 4.
Elberfeld, G, P 1894 (430)

Scheibe, [Ludwig]: [Worte der Erinnerung an den am 14. September 1903 verstorbenen Prof. Dr. Karl Becker.] S. 26—27. 4.
Progr. Gymn. *Elberfeld* 1910 (691).

Scheibe, Ludwig *Friedrich*: Zeittafel der Geschichte der Lateinischen Schule und des aus ihr hervorgegangenen Gymnasiums in Elberfeld und Eine Probe aus der Historica Narratio Caspari Sibelii de curriculo totius vitae et peregrinationis suae. Festschrift zur Feier des dreihundertjährigen Bestehens der zum Gymnasium ausgebildeten Lateinischen Schule und der Einweihung des neuen Gymnasialgebäudes am 9. und 10. Januar 1893, veröffentlicht [illegible] **Progr** G. *Elberfeld* 1893
[illegible]

Scheibe, Frl. Lux, s.: **Merbarth.**

Scheibe, M., der Post-Ueberweisungs- u. Scheckverkehr. Ein zuverläss. Wegweiser f. das Publikum. Ein Nachschlagebuch f. die Postbeamten bei Erteilg. v. Auskünften. (VIII, 32 S.) kl. 8. Leipzig(-Lindenau) 909. Jachner & Fischer. —50; m. Gebührenberechnungstab. — 60

Scheibe, Marie, Recueil de poésies françaises. Für den Schulgebrauch zusammengestellt. Unter- u. Mittelstufe. (VIII, 44 u. VIII, 60 S.) 8. Berlin-Schöneberg 906. Langenscheidt's Verl. Geb. à n. — 75

Scheibe, *Detmar* Max [aus Greiz]: **Die Bedeutung der Werturteile für das religiöse Erkennen** ... Halle a. S., Druck d. Buchdr. d. Waisenhauses, 1893; 2 Bl., 89 S., 1 Bl. 8.
Halle, Phil. Fak., Inaug.-Diss. v. 8. März 1893

Scheibe, Max, die Bedeutung der Werturteile f. das religiöse Erkennen. gr. 8. (89 S.) Halle a/S. 893. M. Niemeyer. n. 2. —

Scheibe, *Detmar* Max [Dr. phil., cand. min.]: **Calvins Prädestinationslehre.** E. Beitr. z. Würdigg d. Eigenart seiner **Theologie u. Religiosität** ... (Erscheint vollst. bei M. Niemeyer in Halle.) Halle a. S., Druck v. E. Karras, 1897; 1 Bl., 85 S., 1 Bl. 8.
Halle, Theol. Fak., Inaug.-Diss. v. 9. Juli 1897

Scheibe, Max, Calvins Prädestinationslehre. E. Beitrag zur Würdigg. d. Eigenart s. Theologie u. Religiosität. gr. 8. (127 S.) Halle 897. M. Niemeyer. n. 3. —

Scheibe, Oskar

Scheibe, s.: Charité-Annalen.

Scheibe. [illegible]

1710—1910. Zweihundert Jahre d. Charité-Krankenhauses zu Berlin. Mitteilungen aus d. Geschichte u. Entwicklung d. Anstalt von ihrer Gründung bis z. Gegenwart. Von Prof. Dr [Oskar] **Scheibe.** Mit 1 Titelbild u. 17 Abb. Berlin: Hirschwald 1910. 178 S. 8°
Aus: Charité-Annalen. Jg. 34 (n. 4ⁿ)

Scheibe, Otto: Das G e h e i m n i s des Geizhalses. s.a. E r z ä h l u n g e n. Wohlfeile interessante.

Scheibe, Otto, das Geheimniß d. Geizhalses od. getrennt u. gefunden. Historische Erzählg. 8. (62 S.) Dresden 875. Lohse. — 40

Scheibe, Otto, Deutschlands Neugestaltung u. der Krieg im Jahre 1866. Ein Buch der Erinnerung für das deutsche Volk. Oederan 867. Schlesinger'sche Buchh. hoch 4. (238 S. mit 15 color. Steintaf.) 1 ℛ 15 *ngr.*; Für Sachsen 1 ℛ 7½ *ngr.*

– P r o p h e t u. Betrüger, s.a. E r z ä h l u n g e n, Wohlfeile interessante.

—— **Prophet und Betrüger, oder die Nichte des Rosenkreuzers. Historische Erzählung. 8. (62 S.) Posen 875, Zolowicz.**

Scheibe, Otto: Luthers Verdienste um Erziehung und Unterricht der Jugend. 24 S. **Progr.** *Merseburg* 1881.

Scheibe, Otto [Prof. Dr.]: Melanchthons Verdienste um Erziehung und Unterricht der Jugend. '(Hälfte 1.)' Merseburg, Druck v. F. Stollberg, *1896*; 20 S. 4.
Merseburg, Dom-G, OP 1896 (245)

Scheibe, Otto [Prof. Dr.]: Melanchthons Verdienste um Erziehung und Unterricht der Jugend. '(Hälfte 2.)' [Schluss d. P-Beil. 1896.] Merseburg, Druck v. F. Stollberg, *1897*; 20 S. 4.
Merseburg, Dom-G, OP 1897 (248)

Scheibe, Paul, approb. Arzt aus Ermstedt b. Erfurt: **Beitrag zur diagnostischen vaginalen Punktion in der Gynäkologie.** *Halle a. S. 1901: C. A. Kaemmerer & Co.* (39 S.) 8°
Halle, Med. Diss. v. 30. Jan. 1901

Scheibe, Paul, Referendar in Döbeln i. Sa.: Die rechtliche Stellung des Kirchenvorstandes in der evangelisch-lutherischen Landeskirche des Königreichs Sachsen. Borna-Leipzig 1906: R. Noske. (IX, 83 S.) 8° [J.]
Leipzig, Jur. Fak., Diss. v. 26. Sept. 1906
[Geb. 27. Okt. 78 Raußlitz b. Nossen; Wohnort: Döbeln; Staatsangeh.: Sachsen; Vorbildung: Gymn. Albertinum Freiberg i. S. Reife O. 99; Studium: Leipzig 10 S.; Rig. 10. Febr. 04.]

Scheibe, R., die Lutherstätten in Erfurt, s.: Luther in Erfurt.

Scheibe, R., geologische Spaziergänge im Thüringer Wald. 1. Hft. gr. 8. (37 S. m. Abbildgn.) Jena 902. G. Fischer. n. — 60
Sonderabdruck aus: „Naturwiss. Wochenschrift".

[J.] Scheibe, *Hermann* Reinhold [Referendar]: **Das Klagerecht des Cedenten ... Greifswald, Druck v. J. Abel, 1895; 32 S. 8.**
Greifswald, Jur. Fak., Inaug.-Diss. v. 1895

Scheibe, Robertus: Krystallographische Untersuchung des Lupinins und seiner Salze. Accedit 1 tabula. Halis Saxonum 1882: Gebauer-Schwetschke 39 S., 1 Taf. 8°
Halle-Wittenberg, Phil. Diss. v. 29. Juni 1882
Geb. Gera (Reuss) 29. 9. 1859. V.
Aus: Zeitschrift f. Naturwissenschaften. Bd. 55. Berlin 1882. S. 166–204. Taf. 1.

Scheibe, Theodor, Albine, das Heldenmädchen oder das Geheimniß einer Klostergruft. 8. Heft 11—14. (S. 209—368) geh. à 30 kr.
Hernals: Fischer 1881.

Scheibe, Theodor, Albine, das Heldenmädchen oder das Geheimniß einer Klostergruft. 8. Heft 15 u. 16. (S. 369—448) geh. à 30 kr.
Hernals: Fischer 1881.

Scheibe, Theodor, Albine, das Heldenmädchen oder das Geheimniß einer Klostergruft. 8. Heft 17 u. 18. (S. 449—512) geh. à 30 kr.
Hernals: Fischer 1881.

Scheibe, Theodor, Albine, das Heldenmädchen oder das Geheimniß einer Klostergruft. 8. Heft 19—21. (S. 21—140) geh. à 30 kr.
Hernals: Fischer 1881.

Scheibe, Thdr., die schöne **Bäckerstochter** vom Himmelpfortgrund. Historischer Roman aus der Zeit Kaiser Josef II. 4 Bde. gr. 8. (412 S.) Wien 859(61), (Dirnböck.)

Scheibe, Thdr., Kossuth's Braut. Roman. 16. (223 S.) Wien 851, Stöckholzer v. Hirschfeld. 18 *ngr.*

Scheibe, Thdr., die schwarzen Brüder, s. Roman-Bibliothek, deutsche.

Die schwarzen Brüder. Histor. Roman von Th. **Scheibe.** Bd 1. 2. Wien: Typographisch-literarisch-artistische Anstalt 1864. 400 S. 8°

°[Dasselbe.] Ebendas. 1864. 400 S. 8° (Deutsche Romanbibliothek. Jg. 3. H. 37—42.)
TB. 350.

— das Fürstenkind im Volke. Original-Roman. 2 Bde. Wien 863. Markgraf. 8. (680 S.) 1 ℛ 20 ngr.

Scheibe, Theodor. Das Fürstenkind im Volke. Original-Roman. 2 Bde. kl. 8. (352 u. 328 S.) Wien 1864, Markgraf. 2 fl. 50 kr.

—— die Gefangenen von Kufstein. Orig.-Roman. 2 Bde. 8. (599 S.) Wien 863, Fridrich und Comp.
Velinp.

—— die Geheimnisse der Burg Pernstein. Roman in 2 Bdn. 8. (319 S.) Brünn 864, Rohrer.

— Granátníci cisařové. Historický román. V češtinu uveden od F. V. 2 svazky. Brünn 864. Karafiat. gr. 8. (650 S.) 2 ℛ 10 ngr.

—— die Grenadiere der Kaiserin. Historischer Roman. 2 Bde. gr. 8. (716 S.) Brünn 862, Karafiat's Verlag.

Scheibe, Thdr., Jesuit und Rothhemd, oder: Die Geheimnisse vom Jahre 1866. Histor. Roman. 8. Wien 868, v. Waldheim. — 80

Scheibe, Theodor, Kaiser Josef II. und die schöne Bäckerstochter vom Himmelpfortgrund. Historischer Roman. 4 Thle. in 1 Bd. Neue Ausg. 12. Wien, Martin 1 fl.
1870

Scheibe, Thdr., Kaiser Josef u. die schöne Bäckerstochter vom Himmelpfortgrund. Historischer Roman. gr. 16. (558 S.) Wien 872. Martin. n. 2. —

Scheibe, Th., Kaiser Josef II. u. die Freimaurer in Wien. Roman. 8. Lief. 1 u. 2. (S. 1—68) geh. à 15 kr.
Hernals: Fischer 1881.

— Kaiser Josef II. u. die Freimaurer in Wien. Roman 8. Lief. 3, 4 u. 5. (S. 69—164) geh. à 15 kr.
Hernals: Fischer 1881.

Scheibe, Th., Kaiser Josef II. u. die Freimaurer in Wien. Roman. 8 Lief. 7. (S. 189—212) geh. à 15 kr.
Hernals: Fischer 1881.

— Kaiser Josef II. u. die Freimaurer in Wien. Roman. 8. Lief. 8—10. (S. 213—292) geh. à 15 kr.
Hernals: Fischer 1881.

—— das Wiener Irrenhaus. Orig.-Roman. 2 Bde. 8. (528 S.) Wien 863, Markgraf.

—— der Kaplan von Maria-Stiegen. Historischer Roman. 3 Bde. 8. (III, 272; III, 224; III, 259 S.) Wien 868, C. Müller. * 7 50

— — [illegible]

— — Die Kinder des Sturmes oder das Mädchen vom Neuthor. Historischer Roman. 4 Thle. in 1 Bd. 12. Ebdl. 1 fl. 50 kr.
1870.

—— die Kinder des Sturmes oder das Mädchen vom Neuthor. Historischer Roman. gr. 16. (716 S.) Wien 872, Martin. * 3 —

Scheibe, Thdr., der Klosterknecht. Historischer Roman in 3 Bdn. (Das Gespenst in der kaiserl. Burg. — Die Jüdin. — Die Vergeltung.) 16. (736 S.) Wien 854, Stöckholzer v. Hirschfeld. **

—— die Landstreicherin. Orig.-Roman. 8. (142 S.) Wien 864, Markgraf.

Scheibe, Thdr., die Leiden des Volkes. Original-Roman. 1. Bd. Wien 864. Fridrich & Co. 8. (383 S.) 28 ngr.

—— die wiener Lori, s. Roman-Bibliothek, wiener. 2. Jahrg.

—— die Wiener Lori. Historischer Roman. 3 Thle. gr. 8. (767 S.) Wien 861, Typographisch-literarisch-artistische Anstalt. *

Scheibe, Thdr., Mysterien aus Oesterreich. Romane. 1. Serie: Gefangen in der Engelsburg oder der Alte aus der Hofburg. 25 Lfgn. gr. 8. (1194 S.) Wien 876, Martin. à Lfg. 40 Pf.

NONNENKLÖSTER. — Wider die Nonnen-Klöster und nothwendige Aufhebung dieser Schaudergefängnisse im constitutionellen Oesterreich (von *Theodor Scheibe*). Wien (1848).
Anon.-Lex. VI. p. 327 (nach d. Oesterr. Jahrbuch VIII [1884], S. 155).

— Polen u. Maria Theresia, s. Roman-Bibliothek, deutsche.

—— Polen und Maria Theresia. Historischer Roman. 3 Bde. 8. (768 S.) Wien 864, Typographisch-literarisch-artistische Anstalt.

— — Die Prinzessin im Kloster. Historischer Roman 4 Thle. in 1 Bd. Neue Ausg. 12 Ebdl. 1 fl. 50 kr.
1870.

— die Prinzessin im Kloster. Historischer Roman. gr. 16. (682 S.) Ebend. 872. n. 3. —

Scheibe, Theodor (Hrsg.), s. Pumpernickel.

—— die Rebellen. Historischer Roman in 3 Bdn. (Fortsetzung des „Klosterknecht".) 16. (608 S.) Wien 855, Stöckholzer v. Hirschfeld. **

— — Rebellen, Die. Historischer Roman. Ebd. 1871. 8°. (2 Kr., br., Josef Grünfeld, Wien, 1911.)

—— der Ring des Kaisers oder das Verbrechen des Grafen Pocbatzky. Historischer Roman aus den Zeiten Kaiser Josefs. 8. (574 S. mit 11 Holzschntaf.) Wien 879, Czaki.

— — Roman-Halle. 1863. (52 Lfg.) 1.—36. Lfg. kl. 8. Wien, Fridrich & Comp. à 10 kr.
Mit Prämie: „Die Schnitter," gemalt von Ranftl, lithogr. von Ed. Kaiser, gegen Nachzahlung von 50 kr.
Inhalt: Das wiener Irrenhaus. Original-Roman. 2. Bde. (320 u. 208 S.) — Das Fürstenkind im Volke. Original-Roman. 2 Bde. (352 u. 328 S.) — Das alte Kloster. (217 S.) — Die Landstreicherin. Original-Roman (142 S.) — Die Gefangenen von Kufstein. Original-Roman. 1 Bd. (S. 1—124.)

— die Sängerin von der Bettlerstiege, s. Roman-Bibliothek, deutsche.

— — Sängerin, Die von der Bettlerstiege. Historischer Roman. 3 Bde. Ebd. 1863. 8°. (6 Kr., Hlwd., Gilhofer & Ranschburg, 1912.)

Scheibe, Theodor — Satan in Wien. Ein Roman von — —. Drei Theile. Wien, 1855. Druck von Leopold Sommer. Pesth, Wien und Leipzig, Hartleben's Verlags-Expedition. (164, 144, 144 S. 8.) (Bildet einen Theil der „Erholungsstunden").

— die Schwindler in Wien. Original-Roman. Wien 863. Fridrich & Co. 8. (264 S.) 12 ngr.; Velinp. 16 ngr.

—— die Söhne der Pußta. Roman aus der neuesten Zeit. 3 Thle. 32. (770 S.) Wien 852, Stöckholzer v. Hirschfeld. **

Scheibe, Theodor. Habsburgs guter Stern! Nebst einem ausführlichen Bericht des an Sr. k. k. Apostolischen Majestät Franz Joseph I. am 18. Februar 1853 verübten Attentates. kl. 8. (12 S.) Wien, Edl. v. Schmidbauer und Holzwarth, 1853.

-- die Sträflinge vom Spielberg, s. a. Museum. Bibliothek der besten Romane.

—— die Sträflinge vom Spielberg. Roman. 8. (384 S.) Wien 860, Lechner's Universitäts-Buchh.

Scheibe, Theodor, Die Sträflinge vom Spielberg. Roman. 8. (532 S.) Prag. Senders & Brandeis. 2 fl.

1865.

Scheibe, Theodor — Komischer Volks-Kalender des Pumpernickel für das Jahr des Heiles 1854. Enthaltet außer dem humoristisch-satyrischen Theil mit vielen Originalbildern, einen vollständigen Zeit- und Geschäftskalender für Katholiken und Protestanten. Von — —. 8. (48 S.) Wien. Schmidbauer und Holzwarth.

Scheibe, Thdr., Waldbäche. Romant. Erzählungen, Mährchen u. Sagen. 12. Wien 844. (Jasper'sche Buchh.) 5/12 ₰

Scheibe, Theodor, Die Zigeunerin. Sensationell. Criminal-Roman. 8 Lief 1—4. (S. 1—166.) Wien, J. Fischer. à 20 kr.

1885.

Scheibe, Werner: Die baugeschichtliche Entwickelung von Kamenz in Sachsen. Görlitz: Oberlausitzische Gesellsch. d. Wiss.; Tzschaschel in Komm. 1909. IV, 93 S. 4°

Dresden, Dr.-Ing.-Diss. v. 18. 5. 1909

Scheibe, *August Emil Richard* Wilhelm [aus Ermstedt bei Erfurt]: Über die Complication des Uteruscarcinoms mit Schwangerschaft, Geburt und Wochenbett ... Halle a. S., Hofbuchdr. v. C. A. Kaemmerer & C., 1893; 24 S., 2 Bl. 8.

Halle, Med. Fak., Inaug.-Diss. v. 13. Juli 1893

Scheibe, Willy, die Heilanzeigen u. Gegenanzeigen des kgl. bayr. Stahl- u. Moorbades Steben. Für Kurgäste u. Aerzte dargestellt. (81 S.) 8. Hof (905). R. Lion. n. 1. —

Bad Steben, s.: Stiller, Max.

— Wie soll man e. Stebener Kur gebrauchen? Nebst e. Anh.: Spaziergänge u. Ausflüge in Stebens Umgebg. nach ärztl. Gesichtspunkten. (62 S.) kl. 8. Hof 908. R. Lion. — 50

Scheibe, Willy, die Central-Luftheizung f. das Einfamilienhaus. Eine hygien. u. prakt. Untersuchg. 1.—30. Taus. (29 S.) 8. Wiesbaden 910. Westdeutsche Verlagsgesellschaft. — 60

Scheibel, Dr. Johann Gottfried. Lebensbild zu seinem 100jähr. Geburtstage. 12. (107 S.) Cottbus 883, Gotthold-Expedition. — 30

Aus: „Gotthold", besonders abgedruckt.

Scheibel, Albert [Veterinärarzt aus Friedberg i. H.]: Der Bau der Tänia magna Abildgaard. (Tänia plicata Zeder.) E. Beitr. z. Kenntnis d. Pferdetänien ... Frankfurt a. M., Druck v. M. Eck Nachf., 1895; 30 S., 1 Bl. 8.

Giessen, Phil. Fak., Inaug.-Diss. v. 1895

Scheibel, Alb., Vademecum f. die tierärztl. Geburtshilfe. (VII, 96 S.) kl. 8. Hannover 910. M. & H. Schaper. Geb. in Leinw. 2. 25

Scheibel, E., De dithyramborum graec. argumentis. Pr. 1862. 18 S. 4°. 1.50

Scheibel, Erich

Scheibel, das 5. niederschlesische Infanterie-Regiment Nr. 154 in den ersten 10 Jahren seines Bestehens 1897—1907. Auf Anordng. des Regiments bearb. (145 S. m. Abb. u. 1 Karte.) 8. Jauer (907). Glogau, Hellmann. Geb. in Leinw. 3.—; Mannschaftsausg., geb. 1. —

Scheibel, [illegible] 8°

Berlin, Phil. Diss. [illegible]

Scheibel, Ev. De Melanippide Melio dithyramborum poeta. Part. I. 16 S.

Guben, Progr. 1848

Scheibel, Ed. De Melanippide Melio dithyramborum poeta disputationis part. II. 18 S.

Guben. Progr. 1853

Scheibel, G. (Hrsg.), s. Morgenröte, Die. 1853.

Scheibel, Gfr. Eph. musikal. poet. andächt. Betrachtungen üb. d. Evangelien. 8. Breslau, W. G. Korn. 738.

Scheibel, Gttfr. Ephr., († ...) das durch Blitz in Pulverthurm verunglückte Breslau. 4. Bresl. 750. W. G. Korn. 4 ℊ

Häusner, J. E., (Quedlinb. 1834. 8.) Scheibel, G. E., (Breslau 1738. 8.) Geschichte der Kirchenmusik.

Scheibel, Gottfried Ephraim, Das bestürmte Oels, // Oder das im Jahr Christi 1535. den 1. Septembr. // Am Tage Aegidii // entstandene grosse // Ungewitter // In der Hoch-Fürstl. Residentz-Stadt // OELS, // Allen seinen merckwürdigen Umstanden nach // mit Poetischer Feder // Nach Art eines Helden-Gedichts // beschrieben, // Und allen Liebhabern der Poesie // zu beliebiger Nachlese in Druck gegeben // von // Gottfried Ephraim Scheibel. // Breßlau, zu finden beym Authore, und Michael Rohrlach, Buchhandl. - 4 Blatt (nicht paginiert) Titelblatt, Widmung und Vorrede. - 30 Seiten.

Die Widmung ist datiert:

Breßlau, den 14 Nov. An. 1727.

B. S. T. 4°.119.

— unerkannte Sünden d. Poeten. 8. Lpz. Crusius. (F. C. W. Vogel.) 734.

* **SCHEIBEL,** Gottfr. Ephr. („Collega d. Gymnasii zu S. Elisabeth in Breßlau"). Die unerkannte (so!) Sünden der Poeten, welche man sowohl in ihren Schrifften als in ihrem Leben wahrnimmt. Nach den Regeln des Christenthums u. vernünfftiger Sittenlehre geprüfet von —. LEIPZIG, verlegts Joh. Mich. Teubner, 1734. 8°. (4 Mk. Frdr. Klüber, München, 1896.)

8 Bll. Vorst. (incl. Zuschr. an Barthold Heinr. Brockes in Hamburg) u. 264 S. (incl. 3 Bll. Inh. der 36 Cap.), u. a.: Von der Atheisterey der Poeten; von der allzugrossen Liebe zur Mythologie; von dem Lesen liederlicher Bücher; der Poeten Haß gegen den Nachsten im Ansehn der Satyren; von der Unkeuschheit der Poeten überhaupt; von unzüchtigen u. verliebten Gedichten; von Hochzeit-Gedichten; von Opern, von der Poeten Betteley; von den Lügen der Poeten; von Pasquillen; von den unordentlichen Begierden der Poeten; von der üblen Vorbereitung zum Tode; etc. etc.

– – , Die // Unerkannte // Sünden // Der Poeten // Welche man // Sowohl in ihren Schrifften // als in ihrem Leben // wahrnimmt // Nach den // Regeln des Christenthums // und vernünfftiger Sittenlehre // geprüfet // Von // Gottfried Ephraim Scheibel // Collega des Gymnasii zu S. Elisabeth// in Breßlau. // LEIPZIG // Verlegts Johann Michael Teubner // 1734. – 8 Blatt (nicht paginiert) Titelblatt, Widmung an Barth. H. Brockes und Vorrede. – 264 Seiten.
B. S. T. 8°.643.

— die Witterungen; e. Gedicht. 8. Bresl. 752. (Gosohorsky). 8 gr.

— die Witterungen, ein Gedicht. 8. Breslau, Meyer. 752.

Scheibel, H., die gebräuchlichsten Choral-Melodien besonders zum Gebrauche in Schulen. 8. (24 S.) Crossen a. d. O. 880, Appun's Buchh. * — 30

Scheibel, H., die Feier d. Reformations-Festes. Anleitg. u. Material zunächst f. Volksschullehrer, dann aber auch f. Eltern, welche die Feier d. Reformationsfestes im Kreise ihrer Familie begehen wollen. Hrsg. zur Feier d. 400jähr. Geburtstages Dr. Martin Luthers. gr. 8. (32 S.) Crossen a. O. 883. Appun. 30

Scheibel, Johann Ephraim, s. A b h a n d l . v. Durchgange d. Venus.

— Abhandl. v. der geograph. Breite u. Länge d. Stadt Breslau. 4. Bresl. 770.

Scheibel, Jh. Ephr., († d. 31. Mai 1809.) zwei mathemat. Abhandl. Mit 1 Kpf. gr. 8. Bresl. 807. (J. F. Korn). 8 gr.

Scheibel, Johann Ephraim (Breslau) A. S. 1349/22

De adfrictu solidorum in motu constitutorum.
Präs. Johann Andreas von Segner.
Halle (Grunert) 2. IX. 1758. 1 Taf., 37 S.

Gew.: Stadt Breslau.
W. v.: Präs. 30123

— Anweis., wie die Beschaffenheit einzelner latein. Wörter nach d. Etymologie ꝛc. zu untersuchen. 8. Bresl. 765.

— Beitr. zu d. deutschen Schriften v. Cometen 1769. 4. Breslau 770.

— astronom. Bibliographie. 4 Stcke. 8. Bresl. 784—89. Gosohorsky. 1 ℛ 1 gr.

Johann Ephraim Scheibel

Astronomische Bibliographie. Ges.u.hrsg. von Johann Ephraim Scheibel. Bd 1. Breßlau: Meyer (1787). 8°

Bd 1: Von Schriften aus d.15.u.16.Jh.
[Unvollst. Nur] Beschluß d.2.Abth.: Schriften aus d.andern Hälfte d. 16.Jh. von 1591-1600. 1787.

— codex quatuor Evangeliorum Latinus Rehdigerianus, cum textu Graeco et Vulgata collatus. 4. Bresl. 763. (Gosohorsky). 2 gr.

– s. D a r q u i e r : Briefe.

* De *Johannis Fleischeri* Vratislavienfis, in doctrinam de iride meritis, differit *Johannes Ephraim Scheibel*, Math. et Phyf. in utr. Gymn. Prof. et Elifab. Collega. Vratislaviae. 4. 12 S.

1762.

– s.a. E i n l e i t . in die mathemat. Bücherkenntniß.

— Einleit. z. mathematischen Bücherkenntniß. 20 Stck. 8. Breslau, Meyer. 772. (16–17 Stck. à 4 gr. 18 5 gr. 19 8 gr. 20 8 gr.)

Johann Ephraim Scheibel

Einleitung zur mathematischen Bücherkentnis. ([Verf.:] Johann Ephraim Scheibel.) Bd 1 [-3]. Breßlau: Meyer 1769-1789. 8°

Bd 1 = St. 1-6 nebst einem Reg. 1769-1775.

1:	1769.	4:	1772.
2:	1770.	5:	1774.
3:	1771.	6:	1775.

[Bd 2 =] St. 7-12: 1775-81.

7:	1775.	10:	1778.
8:	1776.	11:	1779.
9:	1777.	12:	1781.

[Bd 3 =] St. 13-18: 1785-89.
13 u. 14: 1785.
15 u. 16: 1786.
17: 1787.
18: 1789.

Einleitung zur mathematischen Bücherkentnis. ([Verf.:] Johann Ephraim Scheibel.) Neue Aufl. Bd 1. Breßlau: Meyer (1772-)1781. 8°

Bd 1 = St. 1-6 nebst einem Register. 17(72-) 81.

1:	1772.	4:	1778.
2:	1775.	5:	1780.
3:	1776.	6:	1781.

Johann Ephraim Scheibel

Einleitung zur mathematischen Bücherkenntnis. ([Verf.:] Johann Ephraim Scheibel.) [Bd 3.] Breßlau: E. Meyer 1789. 8°

[Bd 3:] 1789.
St. 18: 1789.
[Nebent.:] Scheibel: Astronomische Bibliographie. Abth. 3.

Scheibel, J. E. Einleitung zur mathematischen Bücherkenntniss. Neue A. Stück 1—17. 19. Breslau 1772–95.

* Vorläufige Einleitung in die Mathematik zum Gebrauch feiner Zuhörer entworfen von *Joh. Ephr. Scheibel.* Bresl. 8.

1767.

— Erläuterr. u. Zusätze z. Gebr. d. Himmelskugel. Mit Kpf. 8. Bresl. 785. J. F. Korn. 16 gr.

Scheibel, Johann Ephraim, Ueber einige Gegenstände aus der Physik, Mathematik und Philosophie. Breslau 1803.

— Himmelskugel, s. Unterricht v. Gebr. d. Himmels- u. Erdkugel.

— Progr. Von einer schlesischen Landkartengeschichte. 4. Bresl. 800.

— Nachr. von d. Merkwürdigkeiten d. Rehdigerischen Bibliothek zu Breslau. 1s Stück. gr. 8. Bresl. 794. J. F. Korn. 16 gGr

– s. Scheffell, M.: Unterr.

— Schreiben von der d. 16. Aug. 1765 bevorsteh. Sonnenfinsterniß. 4. Bresl. 765.

– s. Sejour: Analyt. Abhandl.

— neue Untersuchung üb. die Geschichte d. Auferstehung Jesu Christi. 8. Bresl. 797. (Gosohorsky). 14 gGr

— — dieselbe, s. auch Untersuchung.

Scheibel, J. E. Von auswärtigen Verwirrungen im Kalenderwesen und der Zeitrechnung überhaupt. Breslau 1798. 4.

Scheibel, Johann Gottfried

Scheibel, Jh. Gf., das Abendmal d. Herrn. Bibellehre u. histor. Untersuchungen; mit Bezug auf zwei Recensionen, u. einigen Fragen, die gemeinte kirchl. Union betreff. gr. 8. Bresl. 822. Graß, B. u. C. 6 gGr

— das Abendmahl d. Herrn, histor. Einleit., Bibellehre u. Geschichte derselb.; ausführl. Erläuter. d. früherer Schrift. gr. 8. Bresl. 823. Max u. C. 2 Thlr Velinp. 2 Thlr 16 gGr

—— Luthers Agende u. die neue Preußische. Genaue Vergleichung Beider, nebst ausführl. Erörterungen d. Geschichte d. luther. Agenden in Deutschland u. d. wittenberger Concordie v. 1536, als Prüfung d. Schrift: „Luther in Bezieh. auf d. evangel. Kirchen-Agende in d. k. preuß. Lande. 2. Aufl. Berlin 1834." gr. 8. (11½ B.) Leipzig 836, [Köhler'sche Verlh.]

Scheibel, Joh. Gtfr., Antwort auf d. offene Sendschreiben e. Verborgenen; d. Unionsgeschichte betreff. Nebst e. Zusatz üb. d. neuesten Gegenschriften gegen d. luther. Kirche überh. gr. 8. (4½ B.) Nürnberg 834, Raw.

Scheibel, Jh. Gtfr., s. Archiv für historische Entwickelung u. neueste Geschichte.

Scheibel, Joh. Gtfr., Archiv f. histor. Entwickelung 2c. d. luth. Kirche, s. Archiv.

— Beitrr. z. Kenntniß d. alten Welt. 2 Thle. 8. Bresl. 806—809. J. F. Korn. 2 Thlr 1 gGr

Scheibel, J. G., Belehrung der Schrift üb. das Ende der Welt. Predigt. 8. Breslau, Graß, Barth u. C. (Leipzig. Barth.) 816.

— Anhang zu vorhergeh. Schrift, oder: üb. die Leidenschaften d. Gelehrten, besond. d. Theologen, u. ihren verderbl. Einfluß auf d. jetzigen Zustand d. Christenthums. 8. Bresl. 816. Graß, B. u. C. 3 gGr

—— biblische Belehrungen üb. luther. u. reform. Lehrbegriff u. Union beider Confessionen. Zugl. mit einigen kirchen-histor. Angaben als Antikritik zweier Recensionen in d. Beilage d. schles. Provinzial-Blätter, Juli 1832. 8. ... Dresden 833, (Walther.)

⊙ Einige Bemerkungen, veranlaßt durch Herrn Pastor Funk's Ausgabe der Lutherischen Bibelübersetzung mit Anmerkungen v. J. G. Scheibel. o. O. 1817. 8°

— einige Bemerkungen üb. das Studium d. Universalgeschichte, Statistik u. Kirchengeschichte. gr. 8. Ebendas. 811.

— einige Bemerkk. üb. d. Studium d. Universalgeschichte, Statistik u. Kirchengeschichte. gr. 8. Bresl. 812. J. F. Korn. 4 gGr

— Diss. inaug. Dissertationes criticae et exegeticae ad vaticinia Haggaei cum prolegomenis. 4. Bresl. 822.

— üb. Luthers christl. Frömmigkeit. 8. Bresl. 817. Graß, B. u. C. 4 gGr

— Gedächtnißrede auf G. Chr. Knapp, D. d. Theologie 2c. 8. Bresl. 826. Max u. C. 3 gGr

— actenmäßige Geschichte der neuesten Unternehmung einer Union zwischen der reformirten u. lutherischen Kirche, vorzügl. durch gemeinschaftliche Agende in Deutschland u. besonders in dem preußischen Staate. 2 Theile. gr. 8. Leipzig 834. Fr. Fleischer. 2½ Rthlr

Scheibel, Joh. Gtfr., Geschichte der luther. Gemeine in Breslau vom Nov. 1830 bis zum Febr. 1832. Fortsetz. früherer Nachrichten in der „allgem. Kirchenzeitung," nach Akten erzählt. gr. 8. (2½ B.) Nürnberg 832, Raw. Thlr.

—— dass. — Fortsetzung, s. Nachrichten v. d. neuesten Zustande 2c.

– s. Heyn, J. M.: Die zur Union führende Mission.

—— allgem. Ideen üb. Welt-, Religions- u. Kirchen-Geschichte, nebst beigefügt. litterar. Notizen üb. d. Quellen. Entwürfe zu Vorlesn. üb. den allgem. u. eigenthüml. Charakter d. Kirchen-Gesch., gehalt. in Dresden vom Juli bis Oct. 1832. gr. 8. (5¼ B.) Dresden 834, (Walther.)

—— von d. bibl. Kirchen-Verfassung. Sendschr. an Hrn. D. Hengstenberg, betreff. zwei Aufsätze in d. evangel. Kirchenzeitung, Juni-Hft. 1832. 8. ... Dresden, (Walther.)

— Communionbuch. Mit Einschaltung d. v. Hrn. Inspektor Dreist in Bunzlau nach Luther u. Claudius ausgearb. Communionbüchleins. 8. Bresl. 827. Max u. C. 1 Thlr

Scheibel, J. G., Communionbuch. 2. Aufl. Mit Einschaltung des vom Insp. Dreist in Bunzlau, nach Luther und Claudius ausgearb. Communionbüchlein. 8. (VIII, 206 S.) Cottbus 877, Gotthold-Expedition. geb. *

Scheibel, J. G., Communion-Buch. Mit Einschaltg. d. v. Dreist nach Luther u. Claudius ausgearb. Communionbüchleins. 3. Aufl. gr. 8. (VI, 178 S.) Kottbus 892. Gotthold-Expedition. n. 1.—; geb. in Halbleinw. n. 1.20

— die evangel. Lehre: der gesegnete Kelch u. d. gesegnete Brod im heil. Abendmahl sind die Gemeinschaft d. Leibes u. Blutes Jesu Christi. Predigt. 8. Bresl. 817. Graß, B. u. C. 3 gGr

—— Mittheilungen üb. d. neueste Gesch. d. christl. Kirche, s. Mittheilungen.

— Mittheilungen über die neueste Geschichte der lutherischen Kirche. Bd. 1 Heft 1. Altona, Hammerich. 81 S. 8.

— kurze Nachr. von d. Feier d. heil. Abendmahls bei d. verschied. Religions-Parteien. gr. 12. Bresl. 824. Max. u. C. 6 gGr

– s. Nachrichten vom neuesten Zustande der luther. Kirche in Schlesien.

—— üb. meine Polemik, insbesond. üb. d. gegen d. reform Kirche, u. üb. meine Absicht u. mein Wirken bei d. jetziger Kirchen-Kampfe überhaupt. — Anhang z. brüderl. Belehr. üb Vereinigung. Eine abgedrungene Erklär. gr. 8. (2¼ B.) Nürnberg 837, Raw'sche Buchh. Thlr.

—— Predigt am 29. April 1832 in d. Kreuzkirche zu Dresden. 8. ... Dresden, (Walther.)

—— Pred. den 15. Juli 1832 in d. Johanniskirche zu Dresden. 8. ... Dresden, (Walther.)

—— Pred. den 30. Juli 1832 in d. Sophienkirche zu Dresden. 8. ... Dresden, (Walther.)

—— Pred. den 26. August 1832 in d. Friedrichstädtischen Kirche zu Dresden. 8. ... Dresden, (Walther.)

—— Pred. den 9. September 1832 zu Rammenau in d. Ober-Lausitz. 8. ... Dresden, (Walther.)

—— Pred. den 21. September 1832 in d. Hospital-Kirche zu St. Jacob in Dresden. 1. u. 2. Aufl. 8. ... Dresden, (Walther.)

—— Pred. den 30. September 1832 in Lausa bei Dresden. 8. ... Dresden, (Walther.)

—— Pred. den 31. October 1832 in d. Kirche zu Friedrichstadt Dresden. 8. ... Dresden, (Walther.)

—— Pred. den 25. November 1832 in d. Kirche zu Friedrichstadt Dresden. 8. ... Dresden, (Walther.)

—— Pred. f. d. ersten Weihnachts-Festtag 1832. 8. ... Dresden, (Walther.)

Scheibel, Joh. Gottfr., Predigten am ersten Advent-Sonntage, Jahresschluß u. Fest Epiphanias gehalten. 8. Breslau, Joh. Fr. Korn. 813.

– Predigten am ersten Advent-Sonntage, Jahresschluß u. Fest Epiphanias gehalten. 8. Bresl. 814. J. F. Korn. 6 gl.

Scheibel, Joh. Gtfr., Predigten, in Grünberg bei Dresden u. Glauchau im Schönburgischen gehalten. gr. 8. (7 B.) Leipzig 837, K. Tauchnitz.

—— sieben Predigten, zu Breslau, Dresden u. Rammenau geh. im J. 1832. gr. 8. (7 B.) Dresden, (Walther.) à 2 Gr.

– zwei Predigten üb. Luk. X. 42. u. Joh. XIV, 23, in Berl. gehalten. gr. 8. Berl. 824. Logier. ...

Scheibel, J. G., quaedam de usu medicinae in theologia. Vratisl. 1822. 4; cfr. Schwarz Jahrbücher v. 1824. Januar, S. 97–98.,

—— Rede ꝛc. den 1. April 1833. 8. ... Dresden, (Walther.)

—— Rede ꝛc. den 4. März 1833. 8. ... Dresden, (Walther.)

—— Rede ꝛc. den 6. Mai 1833. 8. ... Dresden, (Walther.)

—— Rede in d. Missions-Erbauungs-Stunde in d. Hospital-Kirche zu St. Jacob in Dresden am 7. Januar 1833. 8. ... Dresden, (Walther.)

—— Rede am dreizehnten Stiftungs-Feste d. Missions-Vereins zu Dresden den 15. Aug. 1832 in d. Waisenhauskirche. 8. ... Dresden, (Walther.)

—— üb. meine d. 31. Oct. 1832 in Dresden gehalt. Reformationspredigt u. das Verbot d. Kgl. Sächs. Cultus-Ministerii gegen mich: lutherisch zu predigen. Sendschr. an d. theol. Fakultät in Leipzig. Nebst e. histor. Vorw. u. Aktenstücken. gr. 8. ... Nürnberg, (Raw.)

—— letzte Schicksale d. luther. Parochieen in Schlesien. I. Wegnahme d. luther. Kirche zu Herrmannsdorf bey Breslau, mit e. Anh.: die Protestation d. Kirchgemeine Hönigern bei Namslau enthalt. Mittheilungen der Betheiligten. Mit e. Vorw. gr. 8. (5½ B.) Nürnberg 834, Raw.

– üb. die Seligkeit d. Glaubens an d. auferstand. Heilands. Predigt. 8. Bresl. 817. Graß, B. u. C. 2 gl.

– Uebersicht d. Kirchengeschichte in Angaben d. Namen u. Jahrzahlen. 8. Bresl. 816. 2e A. 821. Graß, B. u. C. 8 gl.

– allgem. Untersuchung d. christl. Verfassungs- u. Dogmen-Geschichte. 1e Abtheil. 8. Bresl. 819. Graß, B. u. C. 8 gl.

– Untersuch. üb. Bibel- u. Kirchengeschichte. 1r Thl. 8. Bresl. 816. Graß, B. u. C. 1 rt.

—— theolog. Votum e. Juristen in Sachen d. K. Preuß. Hof- u. Dom-Agende. gr. 8. (2½ B.) Nürnberg 832, Raw.

—— was ist Pietismus u. Misticismus? Psycholog.-geschichtl. erörtert mit beigefügt. Antikritik gegen e. anonymen Aufsatz d. „Telegraphen." 8. ... Dresden 833, (Walther.)

Scheibel, Jh. Gf., wie unleugbar es sey, daß ungeheuchelte Wahrheitsliebe z. Christenthume führe, u. wie gewiß auch wir noch heute erfahren können, was die Freunde des Herrn am Tage seiner Auferstehung erfahren haben. Zwei Predigten, gehalt. am Gründonnerst. üb. Joh. 18, 37. u. am ersten Osterfeiertage üb. Marc. 16, 1—8. 8. Bresl. 821. Graß, B. u. C. 4 gl.

—— ein Wort brüderl. Belehr. üb. d. luther. Kirche u. d. unternomm. Vereinigung ders. mit d. reformirten Kirche. Für d. luther. Gemeinen Breslaus 1830 abgefaßt u. jetzt auf Wunsch ausländ. Glaubens-Brüder in Druck gegeben. gr. 8. (2¼ B.) Nürnberg 837, Raw'sche Buchh.

—— die letzten Worte d. scheidenden Lehrers. Gesprochen zur luther. Gemeine in Breslau am Abend vor sein. Abreise aus d. Vaterlande d. 14. April 1832. 8. ... Dresden, (Walther.)

– einige Worte üb. die Wahrheit der christl. Religion an nicht theolog. Zweifler. 8. Bresl. 816. Holäufer.

– – die wahre Würde der evangel.-luther. Kirche. Predigt, am Reform.-Feste 1814 gehalten. 8. Breslau, Graß, Barth u. C. (Leipzig, Barth.) 816.

Scheibeler, Friedrich Christian Matthias

– Diss. inaug. de auxilio in partu quotidie magnis necessario 8 Götting. 795.

Scheibeler, Fr. Chr. Mtth., Samml. merkwürdiger Abhandl. üb. Thierkrankheiten. 2 Thle. 8. Hannov. 795. (Hahn). 1 rt.

Scheibelmayer. Die wichtigsten Bestimmungen des Unfallversicherungsgesetzes f. Land- und Forstwirtschaft vom 30. VI. 1900. Nach amtl. Quellen bearb. u. erläutert. (VIII, 108 S.) 8. Weimar, Dietsch & Brückner. 1. 50.

1910.

Scheibenberg [Schlagwort]

Scheibenberg, s.: Annaberg. Gaebler.

Scheibenberg [Verfasser]

Scheibenberg, heimatkundliche Geschichtsbilder, s.: Grohmann, Max, das Obererzgebirge.

Scheiber's Reise-Führer f. sämmtliche Staats- u. Ostbahn-Stations-Orte im diesrhein. Baiern. [Mit genauer Beschreibg. der Städte.] Seperat-Ausg. f. die Routen von München üb. Regensburg nach Nürnberg. [Ostbahnen.] 16. (IV, 168 S.) München 872. J. A. Finsterlin. n. 1. —

— **dasselbe.** Red. v. Eugen Gugel. Seperat-Ausg. f. die Routen v. Südbaiern enth. 124 Stationen. 16. (IV, 187 S.) Ebend. 872. n. — 80

Scheiber, Emanuel [app. Arzt]: Beitrag zur Lehre von der Pyämie ... Würzburg, Kühl & Hecker'sche Buchdr., 1893; 26 S. 8.
Würzburg, Med. Fak., Inaug.-Diss. v. 1893

Scheiber, Joh. Ev., die Steininschriften u. Epitaphien im Hohen Dome zu Salzburg. Gesammelt 1889. [Aus: „Mittheilgn. d. Gesellsch. f. Salzb. Landeskde."] gr. 8. (77 S. m. 1 farb. Plan.) Salzburg 892. (H. Dieter.) n. 1.60

Scheiber, Johannes, Dr.: Zur Kenntnis der N-Alkyloxime. Weida i. Thür. 1907: Thomas & Hubert. (110 S.) 8°
Leipzig, Phil. Fak., Hab.-Schr. v. 15. Febr. 1907

Scheiber, Johannes, aus Nordhausen: Ueber **N-α Naphtylhydroxylamin und das Verhalten von N-Arylhydroxylaminen gegenüber Ketonen.** *Leipzig 1902: B. Georgi.* (49 S.) 8°
Leipzig, Phil. Diss. v. [1. Aug.] 1902

Scheiber, K., Volksschullasten, s. Abhandlgn. a. d. Staats- u. Verwaltgsrecht.

Scheiber S. H.: Vergleichende Anatomie und Physiologie der Ostriden-Larven. 1. Teil (mit 2 Taf.). S. 41. 4to . . . . vgr.
— — 2. Teil (mit 3 Taf.). S. 45. 1. 7 . . . . 2.—
Separatabdruck

Scheibert: Herleitung der Allgemeingültigkeit der Binominalformel, sowie der logarithmischen Fundamentalreihe durch die Hauptsätze aus der Methode des unbestimmten Koefficienten. 20 S. –Elbing, Progr. 1862

Scheibert, Adelh., ein Gassenjunge, s.: Grüß Gott.

Scheibert, Adelh., in der Klosterlaube v. Drübeck. (15 S.) gr. 8. Harzburg (906). R. Stolle. n. — 50

Scheibert, C. G., das Gymnasium u. d. höh. Bürgerschule. Andeutungen. 1. u. 2. Hft. gr. 8. Berlin 836, G. Reimer. à $^{7}/_{12}$ Thlr.
Hft. 1. Wie kann d. Gymnasien u. höh. Bürgerschulen e. gesicherte Stellung gegeben werden? ($8^{1}/_{2}$ B.)
" 2. Wie können d. Gymnasien u. höh. Bürgerschulen wieder mehr erziehend werden? ($9^{1}/_{4}$ B.)

— die Hauptsätze der Differenzialrechnung, nach einer neuen, elementaren Methode dargestellt. Mit 1 Steintafel. gr. 8. Ebd. 840. $^{2}/_{3}$ Thlr.

— **Haus u. Schule.** Ihr Antheil an Erziehung u. Bildung. Ein Vortrag. Ebend. 868. 16. (46 S.) cart. $7^{1}/_{2}$ ngr.

Scheibert, der Kern der Erziehungs-Frage. Vortrag. 16. (44 S.) Stettin 865, v. der Nahmer. cart. *

Scheibert, C. G., die Confessionalität der höheren Schulen. Ein Beitrag zur Schul-Pädagogik. Stettin 869. v. der Nahmer. gr. 8. (87 S.) n. $12^{1}/_{2}$ ngr.

Scheibert, C. G., Martins, des Schneiders, Küsters und Schulmeisters Leben für dessen Nachkommen dargestellt. Hrsg. vom christl. Verein im nördl. Deutschland. gr. 16. (VIII, 192 S.) Eisleben 877, Christlicher Verein. geb.

Scheibert. Die Lehre von den analytischen Zahlen auf allen Zählstufen. Stettin 1844.

Scheibert, C. G., Lehrbuch d. Arithmetik u. ebnen Geometrie, für d. mittlern Klassen der Gymnasien bearb. gr. 8. ($14^{1}/_{2}$ B.) Berlin 834, Reimer. Thlr.

Scheibert, C. G., Lehrbuch der Arithmetik u. ebenen Geometrie für die mittleren Klassen der Gymnasien bearb. 2. verb. Aufl. gr. 8. (XII u. 224 S. m. eingedr. Holzschn.) Berlin 848, G. Reimer. $^{3}/_{4}$ Thlr.

— sieben Monate in den Rebellen-Staaten während des nordamerikanischen Krieges 1863. Mit 4 (chromolith.) Gefechts- u. Situationsplänen (in qu. u. hoch 4. u. Fol.). Ebend. 868. gr. 8. (V, 126 S.) n. 25 ngr.

— die Noth der geistig arbeitenden Classen, das geistige Proletariat u. unsere Schulen. Aus Mager's Pädag. Revue. gr. 8. (45 S.) Zürich 847, Schultheß. 6 ngr.

Scheibert, C. G., Rathschläge f. Erziehung der Volksjugend in Haus u. Schule. Ein Lesebuch. (VIII, 872 S.) kl. 8. Eisleben 883. Christl. Verein im nördl. Deutschland. Geb. 1. 20

Scheibert, C. G., Rathschläge f. Erziehg. der Volksjugend in Haus u. Schule. Ein Lesebuch. 12. (VIII, 372 S.) Eisleben 883. Christl. Verein im nördl. Deutschland. Geb. 1. 80

– Die religions- und konfessionslose Schule und die paritätische oder Simultan-Schule, s. Flugblätter für Stadt und Land.

—— des Kindes Spielen und Spielzeug. Vortrag. 16. (49 S.) Breslau 866, Mälzer. cart. *

Scheibert, d. Kindes Spielen u. Spielzeug. Vortrag. 2. Aufl. 16. (49 S.) Gera 876. Reisewitz' Verl. n. — 50

Scheibert, C. G. Versuch, die Prinzipien der Combinationslehre als einer selbstständigen Wissenschaft festzustellen, nebst einer Bezeichnungsmethode in derselben. 28 S. . . . .
Stettin, Progr. 1834

– Die konfessionelle Volksschule und die gegen sie erhobenen Vorwürfe, s. Flugblätter für Stadt und Land.

— **das Wesen u. die Stellung der höhern Bürgerschule.** gr. 8. (XVI u. 410 S.) Berlin 848, G. Reimer. $1^{5}/_{6}$ Thlr.

Scheibert, Carl Gottfried, s. Scheibert, Karl Gottfried

Scheibert, J. W., prakt. Anleitung, die Regeldetrie in kurzer Zeit gründlich zu erlernen. Ein Leitfaden für den Rechenunterricht. 1e Abthl. Reine Regeldetri. 8. Elbing 834. Neumann-Hartmann. $^{1}/_{6}$ Thlr.

Scheibert, J. W., pract. Anleitung, die Regelbetri in kurzer Zeit gründlich zu erlernen. Ein Leitfaden f. d. Rechenunterr. 1. Abthl. Reine Regelbetri. 8. ($2^{1}/_{2}$ B.) Elbing 834. (Berlin, Stuhr.)

Scheibert, J. W., Bürgerschulwesen. 1. Artikel. Was sollen die höheren Bürgerschulen? Beantwortet. 8. Elbing 845. (Neumann-Hartmann.) 1/8 ₰

— **dass. 2. Artikel. Unterrichtsgegenstände der höheren Bürgerschule nach Umfang u. Zweck. 8. Elbing 845, Neumann-Hartmann.** 1/4 ₰

Scheibert, J. W., die Hauptsätze d. Differenzialrechnung nach e. neuen, elementaren Methode dargest. gr. 8. (8¼ B. u. 1 Stnt.) Berlin 840, G. Reimer.

Scheibert, J. W. Leitfaden für den Unterricht in den Elementen der Botanik. 21 S.
Elbing, Progr. 1845

Scheibert, J. W., Leitfaden für den Unterricht in den ersten Elementen der Botanik. 12. (26 S.) Elbing 851, Neumann-Hartmann. 3 ngr

Scheibert, J. W., u. Fr. **Scheibert,** der Rudersport, s.a. Bibliothek f. Sport u. Spiel. XVII.

Scheibert, J. W. u. Fr. Der Rudersport. Leipzig, Grethlein & Co. 1902.
187 S. m. 46 Abb. 8°.
(Bibliothek für Sport u. Spiel. 17.)

— — der Segelsport, s.a. Bibliothek f. Sport u. Spiel.

Scheibert (J. W. und Fr.). Der Segelsport (143 S. m. Taf.) (Bibliothek für Sport und Spiel No. 7). Leipzig. 1901. M. 4.— geb. 5.—

Scheibert, J. W., und Fr. Scheibert: Der Segelsport. 2. Aufl. Leipzig (1905)

Scheibert (J. W. und Fr.). Der Wintersport. 104 S. m. Abb. (Bibl. für Sport und Spiel.) Leipzig 1903. M. 2.—, geb. 2.80

Wahrer A d e l. Ein Zeitbild von J[ustus] Scheibert, Major z. D. Leipzig: Grunow 1893. 93 S. 8°

Scheibert, J. Auszugsweise Bearbeitung der vom preuß. Kriegsmin. hrsg. milit. Schriften weil. Kaiser Wilhelms des Großen. Berlin 1897. 127 S.

Scheibert, J., die Befestigungskunst und die Lehre vom Kampfe. Streiflichter. 2 Thle. gr. 8. Berlin, F. Luckhardt. * 9 —

Inhalt:
Thl. 1. Befestigungs-Anlagen während des Krieges. Mit Skizzen und Profilen. (111 S. mit eingedr. Holzschn. und 4 chromolithogr. Skizzen.) 880. *M 4.
» 2. Im Frieden vorbereitete Befestigungen. Mit Plänen und 2 (lithogr.) Skizzen französ. Festungen. (VIII, 120 S.) 881. *M 5.

Scheibert, J., die Befestigungskunst u. die Lehre vom Kampfe. Nachträge zu den Streiflichtern. 3. Thl. Weitere Entwickelungen u. Ueberblicke. gr. 8. (III, 51 S.) Berlin 886. F. Luckhardt. n. 3. — (1—3.: n. 12. —)

Scheibert, J., die Befestigungskunst u. die Lehre vom Kampfe. Nachträge zu den Streiflichtern. 4. Thl.: Vorschläge. gr. 8. (66 S.) Berlin 888. F. Luckhardt. n. 3. — (1—4.: n. 15. —)

Scheibert, J., Brevier für Einjährig-Freiwillige. 8. (VII, 132 S.) Berlin 879, F. Luckhardt. *M 3.; geb. *

Scheibert, Maj. J., der Bürgerkrieg in den nordamerikanischen Staaten. Militairisch beleuchtet für den deutschen Offizier. gr. 8. (IV, 182 S. mit 1 lithogr. Karte von Virginien in Fol. und 3 Plänen auf 1 Stnt. in Fol.) Berlin 874, Mittler und Sohn. * 4 —

Scheibert, J., Einfluß der neuesten Taktik und der gezogenen Waffen auf den Festungskrieg. Mit Benutzung der vor Sebastopol gemachten Erfahrungen. Berlin 861. F. Schneider. 8. (IV, 47 S.) n. 5 ngr

Scheibert, J., der **Freiheitskampf** der Buren u. die **Geschichte ihres Landes. In 2 Bdn. od. 25 Hftn. Mit üb. 360 Abbildgn.,** Plänen u. 1 farb. Karte des Kriegsschauplatzes. gr. 8. (VII, 272 u. VII, 400 S.) Berlin 900. A. Schröder. à Hft. — 30
Gebundene Expl. liefert die Firma C. A. Weller in Berlin.

Scheibert, J., der Freiheitskampf der Buren u. die Geschichte ihres Landes. Suppl.-Bd. 26.—40. (Schluß-) Hft. (12.—15. Suppl.-Hft.) gr. 8. (472 S. m. Abbildgn.) Ebd. 901. 902. à — 30

— allerlei Gedanken u. Bedenken üb. den Festungsbau u. Festungskrieg, s.a. Beiheft zum Militär-Wochenblatt. 1902. Hft. 4.

Allerlei Gedanken und Bedenken über den Festungsbau und Festungskrieg. Von J[ustus] **Scheibert,** Major z. D. *Berlin: E. S. Mittler & Sohn 1902.* (S. 215–236.) 8° [F.]
— Militär-Wochenblatt. 1902. Beiheft 4, [2.]

—— und Hönig, Handbuch für den Turn- und Waffenunterricht der Jugend. Lehrer-Ausg. 8. **(XXI, 157 S.) Leipzig** 882, Urban. cart. * 1 75
Schüler-Ausg. (159 S.) cart. * 1 50

— **s.a. Heerführer, die deutschen, der Gegenwart.**

Die Deutschen H e e r f ü h r e r der Gegenwart. Nach Originalaufn. in feinstem Lichtdr. ausgef. M. biogr. Text v. Justus Scheibert, Major z. D. Leipzig: K. F. Pfau 1894. (2 Bl., 21 S., 35 Taf.) 1 Bd 2°

Scheibert, J., der Krieg von 1870-71. Auf Grund des deutschen u. französischen Generalstabswerkes u. zahlreicher neuer Quellenwerke bearb. (VIII, 636 S. m. Abbildgn. u. 71 [18 farb.] Taf.) 4. Berlin 903. 904. Vaterländ. **Verlag.** 12. —; geb. 18. —

Die K r i e g e von 1864 und 1866. Neue mit Bild. verm. Volksausg. Unter Zugrundelegung d. Grossen Generalstabswerke bearb. von J[ustus] **Scheibert,** Major. Mit 46 Karten u. Schlachtenpl., 20 Portr. u. vielen Bild. (In 16 Lfgn.) Berlin: W. Pauli's Nachf. 1900. (253 S.) 8°
(Vaterländ. Hausbibliothek. Lief.-Ausg.)

— der **Krieg** in **China,** nebst e. Beschreibg. der Sitten, Gebräuche u. Geschichte des Landes. 2 Bde. od. 25 Hfte. gr. 8. (à **VII,** 400 S. m. Abbildgn.) Berlin (900. 901). A. Schröder. 7. 50

Scheibert, J., d. **Krieg** zwischen **Deutschland** u. Frankreich in d. J. 1870/71. Nach d. großen Generalstabswerke bearb. Große Jubiläums-Pracht-Ausg. Mit 44 Schlachtenplänen, 46 Portraits im Text u. 20 Photographiedr. d. Schlachtengemälde v. G. Bleibtreu, W. Camphausen, C. Freyberg u. A. Fol. (IV, 168 S.) Berlin 895. W. Dünnhaupt Geb. in Leinw. n. 12. —

— der Krieg zwischen Deutschland u. Frankreich in den J. 1870/71. Nach dem großen Generalstabswerke. Mit 44 Schlachtenplänen, 46 Portr. im Text u. 20 Photographiedr. der Schlachtengemälde v. G. Bleibtreu, W. Camphausen, C. Freyberg u. A. 11.—20. Taus. (IV, 172 S.) gr. 4. Leipzig (903). G. Fock Verl.
Geb. in Leinw. 8. 50

— der Krieg zwischen Frankreich u. Deutschland in den Jahren 1870/71, s.a. Kriege, die deutschen, v. 1864, 1866, 1870/71.

Scheibert, J: Der Krieg zwischen Frankreich und Deutschland in den Jahren 1870/71. Berlin 1893

Scheibert J. d. Krieg zw. Frankreich u Deutschl. in d. J. 1870-71. (316 S) Berlin 1895

— der Krieg zwischen Frankreich u. Deutschland in den J. 1870/71, s.a. Haus=Bibliothek, vaterländische.

Der Krieg zwischen Frankreich und Deutschland in den Jahren 1870/71. Unter Zugrundelegung d. Grossen Generalstabswerkes bearb. von J[ustus] Scheibert, Major. Mit 44 Karten u. Schlachtenpl., 22 Portr. u. vielen Bild. 171.-175. Taus. (In 24 Lfgn.) Berlin: W. Pauli's Nachf. 1899. (387 S.) 8°
(Vaterländ. Hausbibliothek. Lief.-Ausg.)

— die Kriege v. 1864 u. 1866, s.: Haus=Bibliothek, vaterl.

— u. M. v. Reymond, die mitteleuropäischen Kriege in den J. 1864, 1866 u. 1870/71. Nach den Werken d. österr. u. preuß. Generalstabes bearb. 2 Bde. gr. 8. Berlin 891. [W. Pauli's Nachf.] Wien, Carl Konegen, Verl.=Cto.
Geb. in Halbfrz. 20. —
1. Die Kriege v. 1864 u. 1866. Bearb. v. M. v. Reymond. Mit 60 Karten u. 16 Anlagen. (670 S.)
2. Der Krieg zwischen Frankreich u. Deutschland in den J. 1870/71. Bearb. v. J. Scheibert. Mit 44 Karten u. Plänen u. 2 Anlagen. (400 S.)

Scheibert, J., und M. von Reymond. Die mitteleuropäischen Kriege in den J. 1864, 1866 und 1870/71. Nach den Werken des österreich. und preussischen Generalstabes bearbeitet. Complet in 12 Heften mit 92 Karten u. 30 Anlagen. Heft 1. Gr. in-8°. (S. 1—80.) Zürich, Orell Füssli & Co. 1 20
— — 2. Liefg. (S. 81—144.) Ebd. 1 20
1890

— s.a. Militär-Lexikon, illustr. deutsches.

Scheibert, J., königl. preuss. Major z. D. und W. Porth, k. und k. österr. Oberst, unter Mitwirkung der Generale z. D. Wille (Bearbeitung des gesammten Waffenwesens) und v. Zepelin (Bearbeitung der Militär-Literatur), sowie anderer hervorragender Fachmänner. Illustriertes Militär-Lexikon für die k. und k. österreichisch-ungarische und deutsche Armee. Mit ca. 600 Abbild. und einem Anhange: Militär-Literatur. gr. 8. Berlin 1897.

—— sieben Monate in den Rebellen=Staaten während des nordamerikanischen Krieges 1863. gr. 8. (V, 126 S. mit 4 chromolithogr. Gefechts= und Situationsplänen in qu. und hoch 4. und Fol.) Stettin 868, v. der Nahmer. * 2 50

— Offizier-Brevier. Ein Festgeschenk f. den jungen Kameraden von einem alten Soldaten. 8. (VIII, 165 S.) Berlin 879. F. Luckhardt. n. 3. —; geb. n. 5. —

— Offizier-Brevier. Ein Festgeschenk f. den jungen Kameraden v. e. alten Soldaten. 2. Aufl. 8. (VI, 171 S.) Ebend. 884. n. 4. —; geb. n. 5. —

Scheibert, J.: Reiterschlacht, Die große, s. Barcke, H. v.

— die grosse Reiterschlacht bei Brandy Station, s.: Borcke, Heros v.

— mit Schwert u. Feder. Erinnerungen aus meinem Leben. Mit 4 Skizzen in Steindr. u. 6 Textskizzen. gr. 8. (VIII, 344 S.) Berlin 902. E. S. Mittler & Sohn.
n. 6. —; geb. in Leinw. n. 7. —

Scheibert, J., s.: Soldaten, wir deutsche.

— strategische Streiflichter auf die Festungsfragen, s.a. Beiheft zum Militär=Wochenblatt.

Scheibert, J. Strategische Streiflichter auf die Festungsfragen. Berlin 1891. 8°. (Bh. z. M. W. B.)

— der Taschenpionier. Ein illustrirtes Handbuch f. die Offiziere u. Unteroffiziere der Infanterie u. Cavallerie. 2. Aufl. 12. (47 S.) Berlin 884. Feicht. n. — 75

—— der Taschenpionir für den Infanteristen. gr. 16. (40 S. mit 18 lithogr. Zeichnungen auf 7 Taf.) Berlin 879, C. Feicht. *

Scheibert und Hönig, das militärische Turnen der Jugend. Einige Worte an die Staatsmänner und Lehrer Deutschlands. Zugleich als Vorwort zu der Lehrer-Ausg. des Handbuches für den Turn- und Waffenunterricht der deutschen Jugend. 8. (12 S.) Leipzig 882, Urban.

—— Unteroffizier-Brevier. Ein Festgeschenk. 12. (IV, 108 S.) Berlin 880, F. Luckhardt. cart. * 1 20

— Unteroffizier=Brevier. Ein Festgeschenk. 2. Aufl. 12. (IV, 108 S.) Berlin 885. Luckhardt. geb. n. 1. 20

— s.: Unteroffiziere, wir.

Scheibert, J., Versuch einer stufenweisen Anleit. z. Kopfrechnen. gr. 8. Linz 822. Haslinger. 10 gr.

— unser Volk in Waffen. Der deutsch=französ. Krieg 1870/71. Auf Grund d. großen Generalstabswerkes bearb. 2 Bde. Gegen 400 Abb. im Text. 43 Porträts auf Kupferdr. 40 Photographiedrucke d. Schlachtengemälde v. Adam, Birkmeyer, Braun etc. gr. 8. (VIII, 696 u. VI, 656 S.) Berlin 895. Walter Dünnhaupt.
Geb. in Leinw. n.n. 25. —

— s.: Werden u. Walten, deutsches, in Wort u. Lied.

— wie man durch die Blockade läuft, s.: Sammlung militär-wissenschaftl. Vorträge u. Aufsätze.

— s.: Wilhelm der Große, weil. Kaiser, militärische Schriften, auszugsweise Bearbeitg.

— Kaiser Wilhelm I. u. seine Zeit. (Festausgabe zum 100jähr. Geburts=Jubiläum.) In 2 Bdn. Mit ca. 400 Abbildgn. u. 30 Karten u. Plänen im Text 50 Portr. u. 32 Doppeltaf. als Kunstbeilagen. gr. 8. Berlin 898. M. Oldenbourg. Geb. in Leinw. à n. 12. 50
1. 1797—1863. (VIII, 710 S.) — 2. 1864—1888. (VIII, 816 S.)

— W. Scheibert u. Fr. Scheibert, der Wintersport, s.: Bibliothek f. Sport u. Spiel. XIX.

— das Zusammenwirken der Armee u. Marine. Eine Studie, illustrirt durch den Kampf um den Mississippi 1861—63. Mit zahlreichen Karten u. Plänen. gr. 8. (X, 64 S.) Rathenow 887. Babenzien. n. 4. —

Scheibert, J., Major z. D. Das Zusammenwirken der Armee und Marine. Eine Studie illustrirt durch den Kampf um den Mississippi 1861—63. Mit zahlreichen Karten und Plänen (auf 7 Blatt). 8 Rathenow (1899).

Scheibert, Karl Gottfried

Scheibert, Carl Gottfr., Briefe e. alten Schulmannes. Aus dem Nachlasse. Hrsg. v. Frdr. Schulze. (VII, 312 S. m. Bildnis.) gr. 8. Leipzig 906. R. Voigtländer. n. 5. —; geb. n. 6. —

Scheibke, Alwin: Die Frist für Sanktion und Publikation von Gesetzen. Tübingen 1909: Laupp. XI, 151 S. 8° ¶ (Ersch. auch als: Abhandlungen aus d. Staats-, Verwaltungs- u. Völkerrecht. Bd 6, H. 4.)
Tübingen, Staatswiss. Diss. v. 12. Dez. 1909, Ref. Triepel
(Nur in beschränkter Anzahl für den Austausch)
[Geb. 5. Mai 73 Dirsdorf; Wohnort: Tübingen; Staatsangeh.: Preußen; Vorbildung: Lehrersem. Liegnitz Volksschullehrerexamen, Handelslehrerexamen März 07; Studium: Breslau 2, Frankfurt a. M. Akad. f. Soz. u. Handelswiss. 3, Tübingen 4 S.; Rig. 19. Dez. 08.] [U 10. 4331

Scheibke, Alwin, die Frist f. Sanktion u. Publikation v. Gesetzen, s. a. Abhandlungen aus dem Staats-, Verwaltungs- u. Völkerrecht. VI. 4.

Die Frist für Sanktion und Publikation von Gesetzen. Von Dr. Alwin Scheibke. Tübingen: Mohr 1909. XI, 151 S. 8°
(Abhandlungen aus d. Staats-, Verwaltungs- u. Völkerrecht. Bd 6, H. 4.) 09. 18037

Scheiblberger Johann: Die Uebersetzungen aus Jakob Baldes lyrischen Gedichten und Satiren bis zu Herders „Terpsichore" im Verhältnis zu den Originalen betrachtet.
II. 1907 PN 2364 a Diss. Wien, Univ. 234

Scheible, C. (Hrsg.), s. Conditor-Zeitung, Illustrirte, u. Offerten-Blatt.

Scheible, C. F. Oeffentliche Abfertigung auf die ungerechte Anschuldigung des „demokratischen Berliner Abendblattes" Nr. 2. Druck von E. Litfaß. 1 Bl. Fol.
Flugblatt. Berlin. 10. Okt. 1848.

SCHEIBLE, J.
Bibliotheca magica, I. Catalog des antiquarischen Bücherlagers von J. S. in Stuttgart. Inhalt: Magie, Alchemie, Astrologie, Zauberei, Teufelsbeschwörung, Hexen- und Gespensterglaube, Schatzgräberei und Wünschelruthe, Geistererscheinungen, Träume und deren Auslegung, Physiognomik, Chiromantie, Wahrsagekunst, Cabbala, Visionen und Offenbarung, Magnetismus, Mesmerismus, Sympathische Heilkunde und andere geheime Künste aller Art. Catalog No. 45. [Stuttgart], 1873. pp. 97, 8vo.
Contains 1,925 titles.

Bibliotheca magica, II. Catalog des antiquarischen Bücherlagers von J. S. in Stuttgart. Inhalt: Magie, Alchemie, Astrologie, Zauberei, Teufelsbeschwörung, Hexen- und Gespensterglaube, Schatzgräberei und Wünschelruthe, Geistererscheinungen, Träume und deren Auslegung, Physiognomik, Chiromantie, Wahrsagekunst, Cabbala, Visionen und Offenbarung, Magnetismus, Mesmerismus, etc.—Sciences occultes. Cabale. Magie. Apparitions. Demons. Possessions. Exorcismes. Sortilèges. Divinations par les songes, par les signes de la main, par les cartes, etc. Alchimie, médecine spagyrique ou chimiqué. Astrologie et choses analogues. Catalog No. 47. [Stuttgart], 1874. pp. 34, 8vo.
This supplement to Bibliotheca magica I. contains titles from 1,926 to 2,661.

— siehe: Bibliothek der Zauber-, Geheimniß- u. Offenbarungsbücher.

Bibliotheca magica et pneumatica. Catalog des antiquarischen Bücherlagers von J. S. in Stuttgart. Inhalt: Handschriften und Werke über Magie, Astrologie, Alchemie, Dämonologie, Zauberei, Teufelsbeschwörung, Hexen- und Gespensterglauben, Schatzgräberei und Wünschelruthe, Geistererscheinungen, Träume und deren Auslegung, Physiognomik, Geomantie, Chiromantie, Metoposcopie, Cabbala, Wahrsagekunst, Visionen und Offenbarung, Magnetismus, Mesmerismus, Naturgeheimnisse, Steganographie, egyptische und orientalische Arcanas, Spagyrische Heilkunst und wunderbare Dinge alle Art. [Stuttgart], 1868. No. I. pp. 120, 8vo.

Scheible, J., die fliegenden Blätter des XVI. und XVII. Jahrh., s. a. Blätter.

Scheible, J. Die fliegenden Blätter des XVI. und XVII. Jahrhunderts in sogenannten Einblatt-Drucken mit Kupferstichen und Holzschnitten: zunächst aus dem Gebiete der politischen und religiösen Caricatur. Mit 88 Tafeln. Stuttgart 1850. 8°.

Scheible, J., Faust und seine Vorgänger (Theophilus, Gerbert, Virgil u. a.). Zur Geschichte, Sage und Literatur. — 2. G. R. Widmann's Hauptwerk über Faust. — — 3. Faust's Höllenzwang u. s. w. Stuttgart 1846. 8.
Ist: Das Kloster. Bd. 2. . . . . (D.)

Scheible, J., die Geschichte vom Doctor Faust, s. a. Geschichte.

Die Geschichte vom Doctor Faust in Reimen ... durch J. Scheible. Stuttgart, 1853. 8°.
Wiederholter Abdruck aus Scheible's Kloster.

Catalog Nr. 95 J. Scheible's Antiquariat und Verlagsbuchhandlung in Stuttgart. Inhalt: I. Freimaurerei. Rosenkreuzer. Illuminaten. Tempelherren. II. Magnetismus. Mesmerismus. III. Antiquitäten. Mysterien. Cultus. Stuttgart. Druck v. Kupfer (1879). 8. 24 S. und bedruckter Umschlag.
[illegible] Nummern.

Catalog, Nr. 158 J. Scheible's Antiquariat und Verlagsbuchhandlung in Stuttgart. Inhalt: I. Freimaurerei etc. Stuttgart. Druck v. Brugel & Sohn in Ansbach [illegible]. 8. 32 S. und bedruckter Umschlag.
[illegible] Nummern. Gut redigirt mit Hinweisungen auf Kloss.

Scheible, J., das Kloster. Weltlich u. geistlich. Meist aus der ältern deutschen Volks-, Wunder-, Curiositäten- u. vorzugsweise komischen Literatur. Zur Kultur- u. Sittengeschichte in Wort u. Bild. 1. Bd.: 1.—4. Zelle. A. u. d. T.: Volksprediger, Moralisten u. frommer Unsinn. Sebastian Brandt's Narrenschiff mit Geiler's von Kaisersberg Predigten darüber u. Thomas Murner's Schelmenzunft, vollständig nach den alten Drucken 2c. Mit vielen Abbild. auf 72 Taf. kl. 8. Stuttgart 845, Expedition; Leipzig, T. O. Weigel. n. 3 1/2 ₰

— dass. 2. Bd. 5.—8. Zelle. A. u. d. T.: Dr. Faust. Mit 105 Abbild. auf 49 Taf. u. 50 Holzschn. kl. 8. Ebend. 846. n. 3 1/2 ₰

— dass. 3. Bd. 9.—12. Zelle. A. u. d. T.: Christoph Wagner, Faust's Famulus; Don Juan Tenorio v. Sevilla; die Schwarzkünstler verschiedener Nationen u. die Beschwörer von Hölle u. Himmel um Reichthum, Macht, Weisheit u. des Leibes Lust. Auch als 2. Bd. von „Doct. Joh. Faust." Mit 94 Abbild. auf 38 Taf. u. mit 86 Holzschn. kl. 8. Ebend. 846. n. 3 1/2 ₰

— dass. 4. Bd. 13.—16. Zelle. A. u. d. T.: Der Theuerdank nach der Ausg. von 1519. Thomas Murner's Schriften u. sein Leben. Mit 118 Holzschn. u. 96 Abbild. auf 32 Tafeln. kl. 8. Ebend. 846. n. 3 1/2 ₰

Scheible, J., das Kloster. Weltlich u. geistlich. 5. Bd. 17—20. Zelle. A. u. d. T.: Die Sage vom Faust bis zum Erscheinen des ersten Volksbuches, mit Literatur u. Vergleichung aller folgenden; Faust auf der Volksbühne; Zauber-Bibliothek des Magiers. Auch 3. Bd. v. Dr. Joh. Faust. Mit 46 lith. Bl. u. Holzschn. 16. (XIV u. 1160 S.) Stuttgart 847, Expedition. (Scheible.) n. 3½ ß

— dass. 6. Bd.: 21—24. Zelle. A. u. d. T.: Die gute alte Zeit geschildert in histor. Beiträgen zur nähern Kenntniß der Sitten, Gebräuche u. Denkart, vorneml. des Mittelstandes in den letzten 5 Jahrh. nach großentheils alten u. seltenen Druckschriften rc. 1. Bd.: Zur Geschichte hauptsächlich des Stadtlebens, der Kleidertrachten, Kirchenfeste rc. Aus Wilh. v. Reinöhls handschriftl. u. artist. Sammlungen hrsg. Mit vielen Abbildgn. auf 71 Steintaf. u. 33 eingedr. Holzschn. gr. 16. (XVI u. 1107 S.) Ebd. 847. n. 3½ ß

— dass. 7. Bd.: 25—28. Zelle. A. u. d. T.: Der Festkalender, enth.: Die Sinndeute der Monatszeichen, die Entstehungs- u. Umbildungsgeschichte von Naturfesten in Kirchenfeste, Schilderung der an denselben vorkommenden Gebräuche rc. Von F. Nork. Mit 37 (lith.) Taf. Abbild. gr. 16. (LX u. 1020 S.) Ebd. 847. n. 3½ ß

— dass. 8. Bd.: 29—32. Zelle. A. u. d. T.: Joh. Fischart's Geschichtklitterung u. aller Praktik Großmutter. — Thom. Murner's Gäuchmatt, nebst mehren Satyren wider ihn. Hrsg. von J. Scheible. Mit 59 (eingedr.) Holzschn. gr. 16. (1122 S.) Ebd. 847. n. 3½ ß

— dass. 9. Bd.: 33—36. Zelle. A. u. d. T.: Mythologie der Volkssagen u. Volksmärchen; eine Darstellung ihrer genetischen Entwicklung rc. Von F. Nork. (2 Abthlgn. in 1 Bd.) gr. 16. (XVI u. 1078 S.) Ebd. 848. n. 3½ ß

— dass. 10. Bd.: 37—40. Zelle. A. u. d. T.: Johann Fischart's Flöhhatz, Weibertratz, Ehezuchtbüchlein, podagramisch Trostbüchlein, sammt 10 kleinern Schriften. — Thomas Murner's vom Lutherischen Narren, Kirchendieb- u. Ketzerkalender, u. 7 Satyren wider ihn, Karsthans, Murnarus Leviathan rc. Vollständ. u. wortgetreu hrsg. v. J. Scheible. (2 Abthlgn. in 1 Bd.) Mit 4 Lith. u. 98 (eingedr.) Holzschn. gr. 16. (VIII u. 1184 S.) Stuttgart 848, Expedition. (Scheible.) n. 3½ ß

Scheible, J., das Kloster. Weltlich u. geistlich. 11. Bd.: 41—44. Zelle. A. u. d. T.: Die Geschichte vom Faust in Reimen, nach dem einzigen bekannten Exemplar von 1587 in der K. Bibliothek zu Kopenhagen; die deutschen Volksbücher von Faust u. Wagner; u. die Historien v. den Zauberern Baco, Zyto, Bruder Rausch u. A. Auch 4. Bd. von „Doctor Johann Faust." Von J. Scheible. gr. 16. (VI u. 1222 S.) Ebd. 849. 3½ ß

— dass. 12. Bd.: 45—48. Zelle. A. u. d. T.: Die Sitten u. Gebräuche der Deutschen u. ihrer Nachbarvölker, mit Bezugnahme auf die aus den kirchl., abergläubischen rc. u. Rechtsgebräuchen hervorgegangenen Mythen u. Volkssagen. Von F. Nork. gr. 16. (VIII u. 1188 S.) Ebd. 849. 3½ ß

— Die Sage vom Faust bis zum Erscheinen des ersten Volksbuches, mit Vergleichung aller folgenden; Faust auf der Volksbühne; Zauber-Bibliothek des Magiers. Stuttgart 1847. 8.
1st Das Kloster, Bd. 5. . . . . (D.)

— das Schaltjahr; welches ist der teutsch Kalender mit den Figuren, u. hat 366 Tage. 1. 2. Bd. Januar I. u. II. kl. 8. (Mit Holzschn. u. 53 Taf. Abb.) Ebend. 846. à n. 2 ß

— das Schaltjahr; welches ist der teutsch Kalender mit den Figuren u. hat 366 Tag. 3—5. Bd. Januar III—V. gr. 16. (3: ... S. 4: ... S. 5: 724 S. m. eingedr. Holzschn. u. 17 lith. Taf.) Ebd. 847. 48. à n. 2 ß (1—5: n. 10 ß)

— d. Schatzgräber in den literar. u. bildl. Seltenheiten, Sonderbarkeiten rc. hauptsächlich des deutschen Mittelalters. 1. Thl. A. u. d. T.: Die Sage von Dr. Joh. Faust. Untersucht von H. Düntzer. kl. 8. Ebend. 846. n. 16 ngr

— der Schatzgräber in den literarischen u. bildlichen Sonderbarkeiten rc., hauptsächlich des deutschen Mittelalters. 2. Thl. A. u. d. T.: Flagellum Salutis oder Heilung durch Schläge in allerhand schweren Krankheiten von K. F. Paullini. (Nach d. Ausg. von 1698.) Wunderbare Kuren durch Musik. Von F. E. Niedten. Lebensverlängerung bis auf 115 Jahre durch den Hauch junger Mädchen. Von J. H. Cohausen. (Gedruckt in der alten Knaben Buchdruckerei, 1753.) Mit 2 Abbildgn. 16. (279 S.) Ebd. 847. n. 16 ngr

— dass. 3 u. 4. Thl. A. u. d. T.: K. F. Paullini's heilsame Dreck-Apotheke, wie nemlich mit Koth u. Urin die meisten Krankheiten u. Schäden glücklich geheilt worden. Nach der vollst. Aufl. von 1714. 2 Thle. (u.) Von dem Nutzen des Geißelns in medizin. u. phys. Beziehung v. J. H. Meibom u. A. 16. (787 S.) Ebd. 847. (à n. 16 ngr) n. 1 ß 2 ngr

— dass. 5. Thl. A. u. d. T.: Die Baseler Todtentänze in getreuen Abbildungen. Nebst geschichtlicher Untersuchung, so wie Vergleichung mit den übrigen deutschen Todtentänzen, ihrer Bilderfolge u. ihren gemeinsamen Reimtexten. Sammt einem Anhang: Todtentanz in Holzschnitten des 15. Jahrh. Von H. F. Maßmann rc. gr. 16. (141 S. u. 7 Bog. Tab.) Ebd. 847. n. 16 ngr — Atlas hierzu, mit 81 Abbildgn. auf 22 Kupfertaf. u. mit 27 lith. Bl. gr. 4. Ebd. 847. n. 2 ß

— dass. 6—8. Thl. A. u. d. T.: Die deutschen Volksbücher von Joh. Faust, dem Schwarzkünstler, u. Chrph. Wagner, dem Famulus, nach Ursprung, Verbreitung, Inhalt, Bedeutung u. Bearbeitung mit steter Beziehung auf Göthe's Faust u. einigen krit. Anhängen von Karl Aler. Frhrn. v. Reichlin-Meldegg. 3 Bdchn. gr. 16. (XX u. 912 S.) Ebd. 848. 1 ß 18 ngr

Schwelgereien der Liebe, oder Kunst im Genusse der Liebe Meister zu werden. Erotische Schwanke und Erzahlungen nach dem Leben. Rom u. Paris, o. J. (Stuttg., Scheible, c. 1854). 8°.
Vgl. Kunst . . .

Scheible, Josephine, allgemeines Kochbuch für alle Stände. Ein nützliches Werk für junge Hausfrauen, praktische Köche und Köchinnen. Mit 1 Titelbilde (in Holzschn.). Berlin 860. Reichardt & Co. 8. (XVI, 367 S.) 24 ngr

Scheible, L., deutsche Jugend, üb. Pflanzenschutz, s.: Ludwig, Fr.

Scheiblen, Konstant., Rede über den Satz: „Alle Religionen machen selig". Augsburg, Rieger, 1789, 8°, 59 S.
Dazu die boshaften Bemerkungen in der Oberdeutsch. Littztg 1789, 2. Jahreshälfte, Bd. 2 S. 1057—61.

[Scheibler, v., Geh. JR.]: Entwurf zum Provincial-Gesetz-Buch für ganz West-Preußen. [Marienwerder 1796.]

Scheibler, A. H., Anweisung d. d. evang. Luther. Lehre m. d. H. Schrift übereinkomme, d. kathol. aber nicht. Dortm. 745. Rthlr.

Scheibler, B. R., über Guano, dessen praktische Anwendung u. thatsächlichen Erfolge. 12. (48 S.) Liegnitz 852, Reisner. ¼ ß

— das Englische u. Schottische System der Drains [Wasser-Abzüge] Behufs Trockenlegung u. Fruchtbarmachung der Aecker rc. nach den neuesten Erfahrungen zusammengestellt u. bearb. gr. 8. (VIII u. 88 S.) Berlin 850, Förstner. n. 16 ngr — 1. Hft. 2. Aufl. Mit 22 in den Text gedr. Holzschn. gr. 8. (VIII u. 87 S.) Ebd. 851. n. 16 ngr — 1. Hft. 3. Aufl. Mit 22 in den Text gedr. Holzschn. gr. 8. (VIII u. 87 S.) Ebd. 852. n. 16 ngr

SCHEIBLER, C.
Actenstücke zur Geschichte der Rübenzuckerfabrikation in Deutschland während ihrer ersten Entwicklung. Berlin, 1875. 8vo.

SCHEIBLER, C.
Festschrift zur Feier des 25. jährigen Bestehens des Vereins für die Rübenzuckerindustrie des Deutschen Reiches. Berlin, 1875.

Scheibler, C., die Gehaltsermittelung der Zuckerlösungen durch Bestimmung d. specifischen Gewichts derselben bei der Temperatur von + 15 ° Celsius. gr. 8. (187 S.) Berlin 891. (R. Friedländer & Sohn.) n. 8. —; französ. Ausg. zu gleichem Preise.

Scheibler, C., und K. Stammer, Jahres-Bericht über die Untersuchungen und Fortschritte auf dem Gesammtgebiete der Zuckerfabrikation. Jahrg. 1—5. 1861—65. gr. 8. Breslau 863—66, Trewendt. [1. und 2. Jahrg. (XII und 444 S. mit in den Text gedr. Holzschn.) 3 Thlr. 15 Ngr., 3. Jahrg. (XII und 420 S. mit 46 in den Text gedr. Holzschn. und 1 Stnt.) 3 Thlr. 15 Ngr., 4. Jahrg. (X und 362 S. mit 59 in den Text gedr. Holzschn. und 1 Stnt. in Fol.) 3 Thlr. 15 Ngr., 5. Jahrg. (VIII und 305 S. mit 31 in den Text gedr. Holzschn.) 3 Thlr.]
Vgl.: Stammer, K.

C. Scheibler u. K. Stammer, Jahresbericht über die Untersuchungen u. Fortschritte auf dem Gesammtgebiete der Zuckerfabrikation. Breslau 1860–1875.

Scheibler, C.: Herr Dr. jur. Aug. Klein, Rechtsanwalt a. D. und die von ihm gegebene Geschichte der Zucker-Strontian-Patente. (Berlin) [um 1887].

(S.-A. a.: Neue Zeitschrift f. Rübenzucker-Industrie. Bd 18.)

— Stärkemehl (Die) Industrie und Rübenzuckerfabrikation an der Wiener Ausstellung. Braunschweig, 1876. 8vo.

Scheibler, C., s.: Zeitschrift, neue, f. Rübenzucker-Industrie.

- (Hrsg.). s. Zeitschrift des Vereins für die Rübenzuckerindustrie im Zollverein.

Scheibler, C. B. Wilh., de wolframiatibus. Dissertatio inauguralis chemica. gr. 8. (32 S.) Königsberg 861, (Akademische Buchh. von Schubert und Seidel.)

Scheibler, Carl .... s. Scheibler, Karl ...

Scheibler, Ch., geistl. Goldgrube nebst Trauer- Leichen- u. Bußpredigten. 2 Thle. Fol. Leipz. 727.

Scheibler, Eduard (geb. Jülich 15. 3. 1805) De aëre intestinali. Berolini (1829). (40 S.) 8°
Berlin, Med. Diss. v. 11. Febr. 1829

Scheibler, F., Rede zum Andenken d. Leipz. Herrmanns-schlacht. gr. 8. Leipz. Benj. Fleischer. 815.

Scheibler, F. C. M., Samml. merkwürd. Abhandl. über Thierkrankheiten. 2 Thle. 8. Hannover, Ritscher. (Hahn.) 795.

Scheibler, Gustav *(geb. Ballenstedt a. H. 10.9.1850)*: Zu den lyrischen gedichten Konrads von Würzburg. 1: der strofenbau. Breslau 1874. (30 S.) 8° *[Forts. nach Mitteil. d. Verf. bis 1904 nicht erschienen.]*

Breslau, Phil. Diss. v. 24. Juni 1874

[F.] **Scheibler,** Gustav [Dr.]: Zur Methodik des geographischen Unterrichts, besonders in den oberen Klassen höherer Lehranstalten. **Magdeburg,** Druck v. E. Baensch jun., 1891; 1 Bl., 12 S. 4°
Magdeburg, RG, OP 1891 (258)

Scheibler, Heinrich, Anleitung, die Orgel unter Beibehaltung ihrer momentanen Höhe, oder nach einem bekannten a, vermittelst des Metronoms, nach Stössen erwiesen, gleichschwebend zu stimmen. Crefeld 1835.

Scheibler, Heinr., Anleitung d. Orgel unt. Beibehalt. ihrer momentanen Höhe, od. nach e. bekannten a, vermittelst d. Metronoms, nach Stößen erwiesen, gleichschwebend zu stimmen. gr. 8. (1 1/4 B. incl. 1 Abbild.) Crefeld 836, Schüller.

Scheibler, Heinr., Anleitung die Orgel vermittelst d. Stöße (vulgo Schwebungen), u. d. Metronoms, correct gleichschwebend zu stimmen. gr. 8. (1/2 B.) Crefeld 834, Schüller.

— Mittheilung an die Versammlung der deutschen Naturforscher in Bonn, im Sept. 1835, über das Wesentliche des (bei Bädecker in Essen erschienenen) musikalischen und physikalischen Tonmessers. Crefeld 1835.

—— Mittheilung üb. d. Wesentliche d. musikal. u. physikal. Tonmessers. gr. 8. (1 B.) Crefeld 836, Schüller.

—— Schriften üb. musikal. u. physikal. Tonmessung u. deren Anwend. auf Pianoforte- u. Orgelstimmung. gr. 8. (4 B. o. P., mit 1 Bign., 1 Tab., 1 Stnt. u. 2 Musikbeil.) Crefeld 838, Schüller.

—— der physikal. u. musikal. Tonmesser, welcher durch den Pendel, dem Auge sichtbar, die absoluten Vibrationen d. Töne, der Haupt-Gattungen v. Combinations-Tönen, so wie d. schärfste Genauigkeit gleichschweb. u. mathemat. Accorde beweist. gr. 8. (5 1/2 B. u. 3 Stnt. incl. 1 qu. Fol.) Essen 834, Bädeker.

Scheibler, Helmuth: Synthese von Dipeptiden der aktiven Valine. Ein Beitr. z. Kenntnis d. Waldenschen Umkehrung. (Berlin 1909: G. Schade.) 59 S. 8°
Berlin, Phil. Diss. v. 29. Jan. 1909, Ref. Fischer
[Geb. 19. Febr. 83 Montjoie; Wohnort: Charlottenburg; Staatsangeh.: Preußen; Vorbildung: Oberrealsch. Düren Reife O. 02; Studium: Genf 1, München 2, Berlin 8 S.; Rig. 19. Nov. 08.] [U 09. 260

Scheibler, J. Fr., Fundamentorum totius scientiae medicae in usum auditorum adornatorum pars theoretica. Brl. 8°. *Haller,* Bibl. anat. II, 497.
1751

Scheibler, Jh. Geo., gründl. u. prakt. Anweis., feine wollene Tücher zu fabriciren. 8. Bresl. 806. W. G. Korn. 1 ƒ

Scheibler, Karl, zwölf Geschichten, f. die Jugend erzählt. Mit 4 (Holzschn.-)Illustr. 8. (III, 174 S.) Hamburg 881. (J. F. Richter.) cart. n. 1. 50

Scheibler, C. v., Untersuchungen üb. Gleichheit u. Freiheit. gr. 8. (7 B. u. 1 Tab. gr. Fol.) Aachen 829, Mayer.

Scheibler, Karl Fr., Geschichte der von d. Evangelischen in Frankreich unternommenen Seereisen u. Colonieanstalten in Nordamerika. 8. Dessau 783. Gelehrten-B. 9 gl

Scheibler, Karl Fr., s. Leben u. Schicksale d. Pockahuntas.

LEBEN und Schicksale der Pockahuntas, einer edelmüthigen amerikanischen Prinzessin .... (von *Carl Friedr. Scheibler*). Berlin 1781. Zahm.
Anon.-Lex. III. p. 20 (nach Kayser u. Meusel).

SCHEIBLER, Karl Friedrich
Reisen, Entdeckungen und Unternehmungen des Schifs-Capitain Johann Schmidt oder John Smith; welche den wahren Ursprung derer Englischen Colonien in Nord-Amerika bewirkt haben, und ihn deutlich vor Augen stellen: Gröstentheils aus desselben eigenen Schriften beschrieben von Carl Friedrich Scheibler ...
Berlin: Hesse. 1782. 234 S. 8°.
Universitätsbibliothek Bonn
Ausg. Berlin 1783
Ausg. Berlin 1781 (Sabin 77538 u. Palmer - dort fälschlich für die John Carter Brown Library Providence, R. I. nachgewiesen -) konnte nicht gefunden werden.
Sabin 77538. Palmer.

SCHEIBLER, Karl Friedrich
Reisen, Entdeckungen und Unternehmungen des Schifs-Capitain Johann Schmidt oder John Smith; welche den wahren Ursprung derer Englischen Colonien in Nord-Amerika bewirkt haben, und ihn deutlich vor Augen stellen: Gröstentheils aus desselben eigenen Schriften beschrieben von Carl Friedrich Scheibler ... Berlin: Hesse. 1783. 234 S. 8°.
John Carter Brown Library Providence, R. I.
Nachdr. d. Ausg. 1782,
Sabin 77538. Palmer.

— Sophron, od. d. freimüth. Christ; ein Dialog. 8. Dessau u. Leipz. 782.

— s. J. Smith, Reisen.

Scheibler, Ludw., u. Carl Aldenhoven, Geschichte d. Kölner Malerschule, s.a. Publikationen d. Gesellschaft f. rhein. Geschichtskunde, XIII.

Geschichte der Kölner Malerschule. 131 (auf d. Umschl. d. Taf.: 100) Lichtdrucktaf. mit erkl. Text. Hrsg. von Ludwig **Scheibler** u. Carl Aldenhoven. Lübeck: J. Nöhring 1894-1902. 2 Bde 8°. 1 Bd 2°
[Tafeln] (in 4 Lfgen). 1894-1902. [Text.] 1902.
= Publikationen d. Gesellschaft f. rhein. Geschichtskunde. 13.

Franz Schuberts einstimmige Lieder, Gesänge und Balladen mit Texten von Schiller. Von Ludwig **Scheibler**. Düsseldorf: [Verl. d. 'Rheinlande'] 1905. (Getr. Pag.) 4° [Umschlagt.]
Aus: Die Rheinlande April bis Sept. 1905. [06. 2615

Scheibler, L(udwig) A(dolf) ⟨geb. am 7 Juni 1848 in Montjoie⟩: Die hervorragendsten anonymen Meister und Werke der Kolner Malerschule von 1460 bis 1500 ... Bonn, Univ.-Buchdr. v. C. Georgi 1880. 61 S., 1 Bl. 8. ¶ Erschien zugleich selbständig bei Hanstein in Bonn.
Bonn, Phil. Fak., Diss. v. 25 Mai 1880

Scheibler, L. A., die hervorragendsten anonymen Meister und Werke der Kölner Malerschule von 1460 bis 1500. Inaugural-Dissertation. 8. (61 S.) Bonn 880, Hanstein. *

Scheibler, Maximilian Friedrich

— de bello inter Evangelicos et catholicos nuper exorto ejusque natura et compendi ratione. 8. Darmst. 827, (Leske.)

Scheibler, Max. Frider., de bello inter evangelicos et catholicos nuper exorto, ejusque natura et componendi ratione. Oratio. Edit. II. recogn. Praemissa est praefat. apologetica. 8maj. (3½ B.) Lipsiae 828, [Lehnhold.]

— öffentl. Betstunden während d. Kriegs; nebst einigen Gelegenheitspredigten. gr. 8. Sulzb. 816. v. Seidel. 1 ℛ

Scheibler, Ritter Max. Fr., daß ein lebhaftes Andenken an die Befreiung d. deutschen Vaterlandes das unter uns aufkeimende Böse ersticken müsse. gr. 8. Gotha 817. Perthes. 6 gr.

— daß wir Luthers Geist u. Sinn haben müßen, wenn es durch uns besser in d. Welt werden soll; eine Rede am Schluß des Jubelfestes d. Kirchenverbesserung d. 1. Nov. 1817. gehalten. gr. 8. Gotha 817. Perthes. 3 gr.

— üb. die drei nöthigen Eigenschaften eines würdigen Schullehrers. Eine Rede bei d. Einführung eines neuen Lehrers an d. hohen Stadtschule zu Montjoie gehalten. 8. Frankf. a. M. 823. Eichenberg. 5 gr.

— Ermahnungs- u. Trostschreiben an die in d. Grenzfestungen Frankreichs zurückgebliebenen deutschen Besatzungen. 8. o. O. (Frankf. a. M.) 816. Eichenberg. 6 gr.

Scheibler, Max. Friedr., Ernst u. Scherz (Gedichte), dem nachsichtsvollen Leser dargeboten. gr. 8. (4½ B.) Aachen 836, [Cöln,] Roschütz u. Comp.

Scheibler, Ritter Max. Fr., Etwas üb. Proselytenmacherei, ein Wort brüderl. Ermahnung u. Warnung an Evangelische u. Katholiken. 8. Leipz. 822. Steinacker. 12 gr.

Scheibler, Maximil. Fr., de fuga templi, seu contemto et neglecto sacrorum cultu cum collegis suis colloquitur. 8.maj. Francf. Eichenberg. (Feind, Lips.) 807.

—— Herbstblumen, od. noch spät verfert. Gedichte vermischt. Inhalts. Erste u. letzte Versuche. gr. 8. (18 B.) Aachen 832, (Roschütz u. Comp.)

—— Nachtrag zu den Herbstblumen, od. den noch spä verfert. Gedichten vermischt. Inhalts. Lex.-8. (2¾ B.) Aachen 833, (Roschütz u. Comp.)

— Josias, seu de restituendo Dei cultu, sistendaque templorum fuga ad principes oratio. 8maj. Sulzb. 814. v. Seidel. 8 gr.

Scheibler, Max. Fr., Laudes Brittaniae magnae de Germanorum libertate ac salute, et societatis, quae ibi coita est etc. 8maj. Sulzbach, Seidel. 815. Rthlr.

— Laudes Britanniae magnae de Germanorum libertate ac salute, et societatis, quae ibi coita est etc. 8maj. Sulzb. 825. v. Seidel. 6 gr.

Scheibler, (M. F.,) aus dem Leben F. V. Reinhards, s.a. Leben.

— aus d. Leben F. V. Reinhards; in einigen Briefen v. demselben an d. Herausgeber. 8. Leipz. 823. Steinacker. 10 gr.

——, Maria, die Mutter Jesu, als e. Muster ihres Geschlechts f. fromme u. gebild. Leserinnen beider Confessionen. gr. 16. (12 B.) Frankfurt a. M. 829, Wilmans.

— Memoriam Reinhardi Magni juventuti litterarum studiosae inprimisque Theologis futuris et oratoribus sacris commendat. 8maj. Sulzb. 827. v. Seidel. 6 gr.

— Predigt, am 50jahr. Amtsjubiläo gehalten u. mit einigen kurzen erläuternden Anmerkungen herausg. gr.8. Aachen 837. (Leipzig, Schreck.) n. 5 gr.

— Predigt am Kirchweihfeste u. bei seinem 25jähr. Amtsjubil. gehalten. gr. 8. Sulzb. 814. v. Seidel. 3 gr.

— Predigt am 2n Pfingsttage d. 15. Mai 1815, als Friedrich Wilhelm III. die Bewohner d. vereinigten Rheinländer die Huldigung leisteten. gr. 8. Frankf. 815. Eichenberg. 5 gr.

— vaterländ. Predigt am ersten Tage des f. Deutschlands Glück entscheidenden Jahres 1815. gr. 8. Sulzb. 815. v. Seidel. 4 gr.

— Predigten an vaterländ. Festen. 8. Frankf. a. M. 808. Eichenberg. 12 gr.

— letzte politische, aber nicht schmeichelhafte Predigten unter der Regierung Buonapartes gehalten u. nach seiner Verbannung herausg. gr. 8. Sulzb. 815. v. Seidel. 6 gr.

— Prüfung d. vornehmsten Einwürfe gegen die Vereinigung d. beiden protestant. Kirchen, u. d. Brodbrechen beim heil. Abendmahl. gr. 8. Frankf. a. M. 818. (Anonym). 2e A. (mit sein. Namen) 819. Eichenberg. 6 gr.

—— abgenöthigte Rechtfertigung wegen des in den „Herbstblumen“ enthalt. Gedichts „am Ostermorgen.“ 8. (¼ B.) Aachen 833, (Roschütz u. Comp.)

— Samml. einiger Gelegenheitspredigten, z. Erinner. an eine merkwürd. Vergangenheit u. zur Belebung eines religiösen u. patriot. Sinnes f. eine bedenkliche Gegenwart. Mit Vorrede von H. G. Tzschirner. gr. 8. Leipz. 824. Lehnhold. 1 Thlr. 16 gGr.

—— Sammlung v. Sprüchen aus d. Evangelisten Matthäus, Lucas u. Johannes 2c. gr. 12. (6 B.) Aachen 833, (Roschütz u. Comp.)

—— Sprüche aus d. ersten 13 Cap. d. Evangelii Matthäi; in Reime gebracht, kurz umschrieben u. zur Erbauung angewandt. Zum Gebr. f. erwachs. Bibelleser u. f. d. Jugend v. reiferm Alter. Nebst e. Confirmationsrede. Ein Geschenk f. Kinder armer u. frommer Eltern. 8. (3 B.) Aachen 832, (Roschütz u. Comp.)

— s. J. e. A. Striegler, Selbstmord aus Mysticismus.

— Todtenfeier z. Gedächtniß der in d. beiden Feldzügen 1813—15 gefallenen Retter d. Vaterlandes, in der evangel.-luther. Kirche zu Montjoie am 4. Juli 1816 begangen. gr. 8. Frankf. a. M. 816. Eichenberg. 4 Kr.

— die Verbreitung d. Bibel, eine Weltbegebenheit. 8. Elberfeld 819. (Schonian). 8 gGr.

— neuer abgenöthigter u. ausführl. Versuch z. Bekämpfung der Proselytenmacherei. 8. Darmst. 823. Leske. 1 Thlr. 4 gGr.

— geistl. Waffenrüstung eines christl. Soldaten, in Gebeten 2c. 8. Sulzb. 814. v. Seidel. 1 Thlr.

— was soll uns das Fest des wiederhergestellten Friedens sein, wenn wir es als d. Ende 26jähr. Erschütterungen u. Kriege betrachten. Eine Predigt an dem in d. preuß. Staaten auf d. 18. Jan. 1816 verordneten Friedensfeste gehalten. gr. 8. Frkf. a. M. 816. Eichenberg. 6 Kr.

— wie dringend uns alles z. Theilnehmung an d. gerechten u. großen Sache auffordert, f. welche nun bald wieder d. ganze Europa kämpfen wird 2c. gr. 8. Frankf. a. M. 815. Eichenberg. 5 Kr.

— wie u. warum jeder evangel. Christ d. Beste seiner Kirche befördern soll; eine Predigt. . . . 2e Aufl. nebst e. Vorrede u. e. Ode v. R. Frankf. a. M. 822. Eichenberg. 8 gGr. 3e Aufl. nebst e. Zuschrift an die erste evangel. Landessynode in Berlin. 8. Hamm 824. Wundermann. 9 gGr.

— ein Wort f. Schullehrer, bei d. Einführung eines Amtsgenossen. gr. 8. Sulzb. 814. v. Seidel. 2 gGr.

— einige Worte der Belehr. u. d. Trostes f. Aeltern, denen die Irreligiosität ihrer Kinder Kummer verursacht. gr. 8. Sulzb. 814. v. Seidel. 4 gGr.

— herzl. Wünsche f. die evangel. Kirche d. 19. Jahrhund. Eine Predigt bei d. dritten Jubelfeier d. Reformation am 31. Oct. 1817 gehalten. gr. 8. Frankf. a. M. 817. Eichenberg. 7 gGr.

— Preußens Wünsche, bei der zu Berlin am 29. Nov. 1823 gefeierten Vermählung des Kronprinzen Friedrich Wilhelm v. Preußen mit d. Prinzessin Elisabeth Ludovike v. Baiern ausgesprochen. gr. 8. Frankf. a. M. 824. Eichenberg. 4 gGr.

Scheibler, Sophie Wilhelmine

Scheibler, Sophie Wilh., geb. Koblank, allgem. deutsches Kochbuch f. bürgerl. Haushaltungen, od. gründl. Anweis., wie man ohne Vorkenntnisse alle Arten Speisen u. Backwerk auf die wohlfeilste u. schmackhafteste Art zubereiten kann. Mit Kpf. 8. Berl. 815. 7e Aufl. 829. 8e Aufl. 832. Amelang. 1 Thlr. u. 2r Thl. Mit 3 Kpf. Ebd. 828. 2e Aufl. Mit 2 Kpf. Ebd. 832. 16 gGr. Beide Bde 1 Thlr. 16 gGr.

Scheibler, S. W., allgemeines deutsches Kochbuch f. bürgerliche Haushaltungen oder gründliche Anweisung, wie man ohne Vorkenntnisse alle Arten Speisen u. Backwerk auf die wohlfeilste u. schmackhafteste Art zubereiten kann. 4te vermehrte u. verb. Aufl. 8. Berlin, Amelang. 820.

Scheibler, (Sophie, W.,) allgem. deutsch. Kochbuch f. bürgerl. Haushaltungen; oder gründl. Anweis., wie man ohne Vorkenntnisse alle Arten Speisen u. Backwerk auf d. wohlfeilste u. schmackhafteste Art zubereiten kann. 6e Aufl. Mit 1 Kupf. 8. Berl. 826, Amelang.

Scheibler, geb. Koblanck, Sophie Wilhelmine, allgem. deutsches Kochbuch für bürgerliche Haushaltungen 2c. (1r Thl.) 9e, mit 100 neuen Recepten verm. Aufl. Mit Titelkupfer. 8. Berlin 835. Amelang. 1 Thlr. — 10e Aufl. 8. Ebd. 839. 1 Thlr. — 2r Thl. 3e, mit 58 neuen Recepten verm. Aufl. Mit 2 erläut. Kpfrtaf. (u. 1 Stahlstich.) 8. Ebd. 839. ⅔ Thlr.

Scheibler, Sophie Wilhelmine, geb. Koblanck, allgemeines deutsches Kochbuch für bürgerliche Haushaltungen. (1. Thl.) 11. verb. Aufl. Mit Titelkupf. 8. Berlin 844, C. F. Amelang. 1 Thlr. — 2. Thl. 4. verb. Aufl. Mit 1 Titelkupf. u. 2 Kupfertaf. 8. Ebend. 846. ⅔ Thlr.

Scheibler, Sophie Wilhelmine, geb. Koblanck, allgemeines deutsches Kochbuch f. bürgerliche Haushaltungen; od. gründliche Anweisung, wie man ohne Vorkenntnisse alle Arten Speisen u. Backwerk auf die wohlfeilste u. schmackhafteste Art bereiten kann. Ein unentbehrl. Handbuch f. angehende Hausmütter, Haushälterinnen u. Köchinnen. 12. verb. Aufl. Mit 1 Titelkupfer. 8. (XXXII u. 445 S.) Berlin 849, (Leipzig) Amelang. 1 Thlr. — 2. Thl. 5. verb. Aufl. Mit (1 Titelkpfr. u.) 2 erläut. Kupfertaf. (in qu. 4.) 8. (XXII u. 275 S.) Leipzig 851, Amelang. ⅔ Thlr.

Scheibler, Sophie Wilhelmine, allgemeines deutsches Kochbuch für alle Stände oder gründliche Anweisung alle Arten Speisen und Backwerk auf die wohlfeilste und schmackhafteste Art zuzubereiten. Ein unentbehrliches Handbuch für angehende Hausmütter, Haushälterinnen und Köchinnen. 13. Aufl. 853. (L, 558 S.) — 14. Aufl. 855. (L, 570 S.) — 15. Aufl., verb. u. bedeutend verm. von einem prakt. Berliner Koch. Mit 1 Titelkpfr. Leipzig 858. Amelang's Verlag. 8. (LII, 599 S.) 1 Thlr.

Scheibler, Sophie Wilhelmine, allgemeines deutsches Kochbuch für alle Stände 2c. 2. Bd. A. u. d. T.: Die feine Küche oder die moderne höhere Kochkunst. Gründliche Anweisung alle Arten von Speisen auf die schmackhafteste Art zu bereiten. Ein Handbuch für Hausfrauen, Köche u. Köchinnen. 6. Aufl., durchaus umgearb., zeitgemäß verb. u. bedeutend verm. von einem prakt. Berliner Koch. Leipzig 857. Amelang's Verlag. 8. (XXVI, 482 S.) 1 Thlr.

Scheibler, Sophie Wilhelmine, allgemeines deutsches Kochbuch für alle Stände oder gründliche Anweisung alle Arten Speisen und Backwerk auf die wohlfeilste u. schmackhafteste Art zuzubereiten. Ein unentbehrliches Handbuch für angehende Hausmütter, Haushälterinnen und Köchinnen. Mit vielen erläuternden Abbildgn. (auf 9 Holzschntaf. in 8. u. Fol.) u. 1 Titelkpfr. 16. Aufl. 861. (LII, 514 S.) — 17. Aufl., verb. u. bedeutend verm. von einem praktischen Berliner Koch. Leipzig 865. Amelang. 8. (LII, 499 S.) 1 Thlr.; geb. 1 Thlr. 7½ Ngr.

Scheibler, Sophie Wilhelmine, allgemeines deutsches Kochbuch für alle Stände oder gründl. Anweisung alle Arten Speisen u. Backwerke auf die wohlfeilste u. schmackhafteste Art zuzubereiten. Ein unentbehrliches Handbuch für angehende Hausmütter, Haushälterinnen ꝛc. 17. Aufl. 1865. 1 ℛ u. 18. Aufl., verb. u. bedeutend verm. von einem prakt. Berliner Koch. Leipzig 867. Amelang's Verlag. 8. (52 u. 496 S. mit vielen erläut. Abbildungen auf 9 Holzschntaff. in 8. u. 4. u. 1 Titelkpfr.) 20 ngr.; geb. n. 1 ℛ 7½ ngr.

Scheibler, Sophie Wilhelmine, allgemeines deutsches Kochbuch für alle Stände oder gründl. Anweisung alle Arten Speisen und Backwerke auf die wohlfeilste und schmackhafteste Art zuzubereiten. Ein unentbehrl. Handbuch für angehende Hausmütter, Haushälterinnen und Köchinnen. 20. Aufl., verb. und bedeutend verm. von einem prakt. Berliner Koch. gr. 8. (LIV, 530 S. mit vielen erläut. Abbild. auf 9 Holzschntaf. und 1 Titelkpfr.) Leipzig 872, Amelang's Verlag. ℳ 3.; geb. * 3 75

—— dass. — Mit vielen erläut. Abbild. und einem Anh., enth. die Herstellung der flüss. Küchengewürze ꝛc. von A. Woldt. 21. Aufl. verb. und bedeutend verm. von einem prakt. Berliner Koch. 8. (598 S. mit 9 Stnt. in 8. und qu. 4.) Ebendas. 874. ℳ 3.; geb. 4 —

Scheibler, Sophie Wilhelmine, allgemeines deutsches Kochbuch für alle Stände. Ein unentbehrl. Handbuch für Hausmütter, Hausfrauen, Haushälterinnen und Köchinnen. Mit vielen erläut. Abbildungen und einem Anhang, enth. die Herstellung der flüss. Küchengewürze ꝛc. von A. Woldt. 22.—25. Aufl. verb. und bedeutend verm. von einem prakt. Berliner Koch. 8. (LIV, 544 S. mit 9 Holzschntaf. in 8. und qu. 4. und 1 Titelbild in Holzschn.) Leipzig 874—79, Amelang's Verlag. geb.

Scheibler, Sophie Wilhelmine, allgemeines deutsches Kochbuch für alle Stände. Ein unentbehrliches Handbuch für Hausfrauen, Haushälterinnen und Köchinnen. Mit vielen erläut. Abbild. (10 Holzschntaf.) und einem Anhang, enthaltend die Herstellung der flüssigen Küchengewürze ꝛc. von A. Woldt. 26.—28. Aufl., verb. und bedeutend verm. von einer prakt. Hausfrau. gr. 8. (LII, 528 S.) Leipzig 880—83, (Amelang's Verlag.) geb.

Scheibler, Sophie Wilhelmine, allgemeines deutsches Kochbuch für alle Stände. Ein unentbehrl. Handbuch für Hausfrauen, Haushälterinnen und Köchinnen. Mit vielen erläuternden Abbild. und einem Anhang, enth. die Herstellung und Anwendung der flüssigen Küchengewürze von A. Woldt. Die Liqueurfabrikation auf kaltem Wege von A. Woldt. 29. Aufl. 8. (LII, 528 S. mit 9 Taf.) Leipzig 883, Amelang's Verlag. ℳ 3.—; geb.

—— dass. — Mit vielen erläuternden Abbild. und einem Anhang, enth. die wichtigsten Sätze aus der Lehre von der Ernährung des Menschen von Max Frühauf. 30. Aufl. (LII, 528 S. mit 9 Taf.) 886; 31. Aufl., verb. und bedeutend verm. von einer prakt. Hausfrau. 8. (52, 528 S. mit 10 Taf.) Ebendas. 887. geb.

Scheibler, Sophie Wilhelmine. Allgemeines deutsches Kochbuch f. alle Stände. Mit 4 Farbendr.-Taf., erläut. Textabbildgn. u. e. Anh., enth. die wichtigsten Sätze aus der Lehre v. der Ernährg. d. Menschen v. Max Frühauf. 32. u. 33. Aufl. 8. (52; 528 S.) Lpz. 889, 91, Amelang. 3 —; geb. 4 —

Scheibler, Sophie Wilhelmine, allgemeines deutsches Kochbuch f. alle Stände. Ein unentbehrl. Handbuch f. Hausfrauen, Haushälterinnen u. Köchinnen. Mit 4 Farbendr.-Taf. der verschiedenen Fleischarten u. vielen Text-Abbildgn. 34. Aufl. gr. 8. (32, 594 S.) Leipzig 894. C. F. Amelang. Geb. in Leinw. 4. —

Scheibler, Sophie Wilhelmine, allgem. deutsches Kochbuch f. alle Stände. Ein unentbehrl. Handbuch f. Hausfrauen, Haushälterinnen u. Köchinnen. Neu bearb. von Luise Quaas. Mit 4 Farbendr.-Taf. der verschied. Fleischarten u. vielen Text-Abbildgn. 37. Aufl. gr. 8. (32, 574 S.) Leipzig 901. C. F. Amelang. Geb. in Leinw. 4. —

Scheibler, Sophie Wilhelmine, allgemeines deutsches Kochbuch f. alle Stände. Ein unentbehrl. Handbuch f. Hausfrauen, Haushälterinnen u. Köchinnen. Neu bearb. von Luise Quaas. Mit 4 Farbendr.-Taf. der verschiedenen Fleischarten u. vielen Text-Abb. 39. Aufl. (32 u. 574 S.) 8. Leipzig 904. C. F. Amelang. Geb. in Leinw. 4. —

—— vollständigstes Küchen-Zettel-Buch auf alle Tage d. Jahres f. Mittag u. Abend, mit Berücksichtig. d. Jahreszeiten. 16. (25 B.) Berlin 832, Amelang.

Scheibler, W. R.

— s. a. Heilsystem, das, der Zukunft.

Scheibler, W. R., das Heilsystem d. Zukunft. Lex.-8. (223 S. m. Abbildgn. u. Bildnis.) Berlin 899. W. R. Scheibler. Geb. in Leinw. n. 5. —

— dasselbe, begründet in der Oscillations-(Schwingungs-) Theorie. 2. verb. Aufl. 3. bis 6. Taus. gr. 8. (92 S. m. Abbildgn. u. Bildnis.) Ebd. (901). n. — 50

Scheibler, W. R., das Heilsystem der Zukunft, begründet in der Oszillations-(Schwingungs-)Theorie. 3. gänzlich neubearb. Aufl. (VI, 99 S. m. Abbildgn. u. Bildnis.) gr. 8. Berlin 904. H. Bermühler. n. 1. 20

Scheiblerin, Sophie Wilhelmine,
s. Scheibler, Sophie Wilhelmine

Scheiblhuber, A. Cl., Beiträge zur Reform des Geschichtsunterrichtes. Mit Materialien f. den Geschichtsunterricht. gr. 8. (VI, 308 S.) Straubing 901. C. Attenkofer. n. 3.50

(B) **Scheiblhuber**, A. Cl., Beiträge z. Reform d. Geschichtsunterrichts. 901. (KBL 32.) Jetzt: Nürnberg, F. Korn.

Scheiblhuber, A. Cl., deutsche Geschichte. Erzählungen nach Quellen. I. Das Mittelalter. (V, 226 u. VIII S.) gr. 8. Nürnberg 904. F. Korn. n. 2. 50; geb. n. 3. —

— Deutsche Geschichte. Erzählungen nach Quellen. 2 Bde. gr. 8. Nürnberg, F. Korn. 6.25; geb. n 7.25
I. Das Mittelalter. 2. Aufl. (V, 226 u. VIII S.) 908. 3.—; geb. n 3. 50
II. Die Neuzeit. (V, 290 u. XI S.) 907. 3.25; geb. n 3. 75

— kindlicher Geschichtsunterricht. Streitfragen u. Geschichten. (III, 148 S.) gr. 8. Ebd. 905. n. 1. 60; geb. n. 2. —

— Aus der Heimat. Kulturbilder aus allen Jahrh. (XVI, 362 S.) gr. 8. Ebd. 910. 3. 50

— Freche Menschen. Heitere Geschichten. (IV, 114 S.) 8. Ebd. 908. 1. 75

Scheiblhuber, Cl., Präparationen f. d. Geschichtsunterricht in d. Volksschule. M. 80 ausführl. Lehrproben. gr. 8. (VIII, 264 S.) Straubing 897. C. Attenkofer. n. 2. —

— Präparationen f. den Geschichtsunterricht in der Volksschule. Mit 80 ausführl. Lehrproben. 2. Aufl. (VIII, 264 S.) gr. 8. Ebd. 907. 2.50; geb. in Leinw. 3.—

Scheiblhuber, Cl., der Sprach-Unterricht in der Volksschule nach dem psychologischen Verlaufe der Spracheneignung. 8. (100 S.) Straubing 893. C. Attenkofer. n. — 80

Scheiblich, G., die einzige Art vernünftig zu denken, zu reden u. zu schreiben, daß daran weder Christen, Juden noch Heiden einen Anstoß od. Aergerniß nehmen können. 8. Reichenb. 818. (Meißen, Gödsche). 18 gl.

Scheibmaier, Ant., Entwurf von Grundlagen und Vorschriften zur Bildung militärisch-organisirter, freiwilliger Feuerwehren mit allen ihren Einrichtungen und Brandverfahren. Als Beitrag zur Errichtung und zu Verbesserungen von Feuerwehren in großen und kleinen Städten nebst einer Bücherkunde dieses Faches als Anhang. München 860. Franz. gr. 8. (VI, 111 S.) 15 ngr.

Scheibmaier, A.: Über Erziehung und Turnwesen. München 1853. 16 S. Sonderdr. aus: Beilagen d. Neuen Münchner Zeitung. 1853. Nr. 86—88.

Scheibmaier, Ant., die Gründung der königl. öffentlichen Turnanstalt München u. ihre Aufgabe u. Wirksamkeit in den ersten Jahren ihres Bestehens. Festschrift zum 50jähr. Jubiläum. gr. 8. (15 S. m. 1 Holzschntaf.) München 878. (Stahl.) n. — 50

Scheibmaier, A.: Maßmann in München. Seine Thätigkeit, sein Wirken u. sein Denkmal. Leipzig 1877. 7 S. 4° Sonderdr. aus: Deutsche Turn-Zeitung. 1877. Nr. 17 u. 18.

Scheibmaier, A.: Das pädagogische Turnen im Verhältniß zum Militär-Turnwesen u. der Wehrkraft des Landes überhaupt. München 1860. 10 S. Sonderdr. aus: Abendbl. z. Neuen Münchener Zeitung. 1860. Nr. 82 u. 83.

Scheibmaier, Ant., Turn-Regeln nebst Ordnungs-Eintheilung und kurze Andeutungen über den Nutzen und Einfluß der Uebungen auf die Gesundheit und körperliche Erziehung. Ein Leitfaden für Aeltern und Erzieher, und ein Merkbüchlein für Turner. 8. (47 S.) München 849, (Kaiser.) *

— — 1858. 47 S.

Scheibmaier, Anton, über Turn- u. Feuerlöschwesen n. Bücher-Kunde d. letzteren. Eßlingen 1854. 24 S. 8°.

Scheibmaier, Jos. De sententiis quas dicunt Caecilii Balbi. 32 S. 8. Progr. W. G. *München* 1879.

Scheibmühl [Schlagwort]

Scheibmühl, s.: Wiener Ausflugskarten.

Scheibner, Dr. Geo. Gtli., Prof. am k. Gymnasium zu Erfurt. Eine biograph. Skizze. gr. 8. (1 B.) Erfurt 836. (Gotha, Wenige.) *

SCHEIBNER, C., Herbstblumen oder ernste und humoristische Gedichte und Federzeichnungen. Neisse, auf Kosten des Verfassers, 1837. 8°. (In Warmbrunn.) Selten!

Scheibner, Ch. F., De physico incolendo intellectus usu et praestantia. 16 pp. Vitemb. 4°.

1765

Scheibner, Chr. Fr., Predigten üb. die Sonn- u. Festtags-Evangelien auf d. J. 1775—79. 8. Hirschberg 775—79. Hertel. 2 ℛ 12 gl.

Scheibner, Christ. (Oschatz) A. S. 269/30

De jure proedriae seu praecedentiae, variarum quaestionum decades duae. Präs. Kaspar Heinrich Horn. Ed. 2. auct.
Wittenberg (Meyer) 1705. 92 S.

4 Resp. 30128

Scheibner, Christian Friedrich [Praes.], s. Clausnitzer, Karl Christian: Disquisitio philos. contra scepticorum praetextum a dissensionibus eruditorum sectio prior.

von Scheibner, Felix [app. Arzt aus Freiberg i. S.]: Zur Kenntniss der glatten Schrumpfniere. M. e. Abbild.... München, k. Hof- u. Univ.-Buchdr. v. Dr. C. Wolf & Sohn, 1892; 19 S., 1 Taf. 8.
München, Med. Fak., Inaug.-Diss. v. [22. Dez.] 1891

Scheibner, Frz., Lehrgang der französischen Sprache f. lateinlose höh. Lehranstalten, s.: Schöpke, Otto.

Scheibner, F., u. G. Schauerhammer, französisches Lesebuch f. die ersten Unterrichtsjahre. Vornehmlich f. Realschulen u. verwandte Lehranstalten hrsg. gr. 8. (VIII, 184 S.) Leipzig 894. B. G. Teubner. Geb. in Leinw. n. 1. 80

Scheibner, G., de Adelphorum Terentii actione. 8. Erf. 810. Müller; (a. Weygand in Leipz.) 3 gl.

Scheibner, G. Th. Specimen interpret. Homeri Odysseae, lat. numer. adstrictae (Uebersetzung des 5. Buches.) 17 S. . .
Erfurt, e., Progr. 1834

Georg Christoph Scheibner

An consultum sit post venae sectionem dormire nec ne? ... disquirebat Georgius Christophorus Scheibnerus [Scheibner]. Helmstadii (1755): Schnorr. XIX S. 8
[Gratulationsschrift für Georg Gottlob Richter, 1694-1773, zu seinem 62. Geburtstag.]

Scheibner, Ge. Chr., Diss. de praecipuis causis, cur morbus vulgo Dampf dictus, Saxoniae infer. incolis sit tam familiaris. Helmst. 4°.
1756

Georg Christoph Scheibner

Gedanken über den heut zu Tage so sehr überhandnehmenden Misbrauch der Arzenei-Wissenschaft. Von Georg Christoph Scheibner. Helmstädt 1755: Schnorr. 31 S. 8
[Glückwunsch-Schreiben für Georg Gottlob Richter, 1694-1773, zu seiner 4. Wahl z. Rektor der Univ. Göttingen.]

Scheibner, K. A. Über das Rechnungswesen bei Lebensversicherungsanstalten in *Unger's* Abhandlung über die wichtigsten Gegenstände der Arithmetik. Erfurt 1829.

Scheibner, Karl Friedrich (Lehrer der Naturgeschichte) „Einige Andeutungen über den Unterricht in der Naturgeschichte an Landwirthschafts- und Gewerbsschulen". 4°. pg. 3—15. Brügel'sche Offizin.
Ansbach. Progr. 1836/37

Scheibner, Karl Friedrich „Die Lehrmittel zum Unterricht in der Naturgeschichte". pg. 11—32. 4°. Brügel.
Ansbach. Progr. 1847/48

Scheibner, K. F. „Vom Nutzen des Studiums der Naturwissenschaft". pg. 11 bis 16. 4°. Brügel.
Ansbach. Progr. 1839/40

Scheibner, Karl Friedrich „Die Zähne der Thiere, insbesondere die Stosszähne des Elephanten". Eine naturhistorisch-merkantilisch-technische Darstellung. pg. 3—12. 4°. Brügel.
Ansbach, Progr. 1843/44

Scheibner, Luise

Scheibner, L., neues praktisches Kochbuch für bürgerliche Haushaltungen, mit besond. Rücksicht auf Anfängerinnen und weniger Geübte zusammengestellt. Anhang: 1) Die Rester-Küche. 2) Nützliches für jeden Haushalt. 3) Speisetabelle für alle Monate. 1.—3. Aufl. 8. (III, 240 S.) Dresden 880—83, Kaufmann's Verlag. geb. *

Scheibner, Luise, die gute u. billige Küche. Illustrirtes prakt. Koch- u. Wirthschaftsbuch f. bürgerl., wie auch feinere Haushaltgn., m. Berücksicht. der Anfängerinnen u. im Kochen weniger Geübten zusammengestellt. 4., verb. u. verm. Aufl. gr. 8. (III, 256 S. m. Abbildgn.) Leipzig 891. G. A. Kaufmann. Kart. n. 2. 25; feine Ausg. 6., verb. u. verm. Aufl., geb. in Leinw. n. 2. 75

— dasselbe. 5., verb. u. verm. Aufl. 8. (III, 256 S. m. Abbildgn.) Ebd. 893. Kart. n. 2. 25

Scheibner, Luise, die gute u. billige Küche. Illustr. prakt. Koch- u. Wirthschaftsbuch für bürgerl., wie auch feinere Haushaltgn., m. Berücksicht. der Anfängerinnen u. im Kochen weniger Geübten. 8. verb. u. verm. Aufl. 8. (III, 256 S. m. Abbildgn.) Leipzig (899). Dresden, G. A. Kaufmann. Geb. in Leinw. n. 2. —

Scheibner, *Oskar Theodor*. *Bericht über die Einweihung des neuen Realschulgebäudes*. — Kurze Beschreibung des am 9. Januar 1888 bezogenen Realschulgebäudes. 1 (S. 50—61)
Progr. Rsch. u. Prg. *Leisnig* 1888. 537

Scheibner, (Oskar), Prof. Dr., Dir.: [**Bericht** über die Feier des 25jährigen Bestehens der Realschule.] *Leisnig (1900): H. Ulrich.* (S. 21—31.) 4°
Leisnig, R m. PG, OP 1900 (611)

(**Scheibner,** Oskar Theodor, Dir., Prof. Dr.): [**Gedächtnisrede** auf König Albert von Sachsen.] *Leisnig 1903: H. Ulrich.* (S. 26—30.) 4°
Leisnig, R m. PG, P 1903 (655)

[Oberlehrer Max Otto Gnauck † am 3. Juli 1904.] S. 23—24. 4.
Progr. Realgymn. mit Progymn. *Leisnig* 1905 (687).

Scheibner, Osk. Über die Herrschaft der französischen Sprache in England in der Zeit vom XI. bis zur XIV. Jahrhunderte. 33 S.
Progr. *Annaberg* 1880.

Scheibner, Oskar, Prof. Dr., Dir.: Die **Realschule** zu Leisnig während der ersten 25 Jahre ihres Bestehens. *Leisnig (1899): H. Ulrich.* (53 S.) 4°
Leisnig, R m. PG, Festschr. 1899 (605)

Scheibner, (Oskar Theodor), Prof. Dr., Dir.: [Oberlehrer Ernst Eduard **Weissschuh**, gest. am 13. Febr. 1901.] *Leisnig (1901): H. Ulrich.* (S. 27—28.) 4°
Leisnig, R m. PG, OP 1901 (621)

Scheibner, Otto, deutsches Lesebuch, s.: Gaudig, H.

s.: Zeitfragen, pädagogische.

— s.: Zeitschrift f. pädagogische Psychologie.

Scheibner, Richard: Duderstadt. Einbeck. Gandersheim. Ein Beitrag zur Geschichte des städtischen Bürgerhauses Niedersachsens. Dresden: Kühtmann 1909. 159 S. 4° ¶ Buchausg. 1910 u. d. T.: Das städtische Bürgerhaus Niedersachsens. Duderstadt. Einbeck. Gandersheim.
Berlin, Dr.-Ing.-Diss. v. 16. 7. 1909

Scheibner, Rudolf, appr. Arzt, Assistenzarzt b. Telegr.-Bat. No. 4: Behandlung der subkutanen Nierenverletzungen. Berlin (1909): Ebering. 26 S. 8°
Berlin, Med. Diss. v. 22. Jan. 1909, Ref. Hildebrand
[Geb. 15. Mai 83 Czarnikau; Wohnort: Karlsruhe; Staatsangeh.: Preußen; Vorbildung: Gymn. Küstrin Reife M. 01; Studium: Berlin K. W. A. 5, Univ. 1, K. W. A. 5 S.; Coll. 21. Jan. 09; Approb. 1. Okt. 08.] [U 09. 160

Scheibner, S., Mittel zur Sicherung des Betriebes, s.: Handbuch der Ingenieurwissenschaften.

— Schranken u. Warnungstafel. (S. 19—86 m. 72 Abb.) Lex. 8. Leipzig 908. W. Engelmann. 1. 20

Scheibner, S., die mechanischen Sicherheitsstellwerke im Betriebe der vereinigten preussisch-hessischen Staatseisenbahnen. 2 Bde. (VI, 270 S. m. 174 Abb. u. IX, 405 S. m. 217 Abbildgn.) gr. 8. Berlin 904. 906. Leipzig, W. Engelmann. n. 13. 75; geb. in Leinw. n. 15. 25

— Telegraph u. Fernsprecher. (S. 87—240 m. 242 Abb.) Lex. 8. Ebd. 908. 8. —
Sonderabdruck aus: „Handb. d. Ingenieurwiss."

Die ersten dreißig Jahre des Königlichen Schullehrer-Seminars zu Eckernförde-Borby (v. Theodor Eduard Carl **Scheibner**). Eckernförde, 1888. 8°.

Scheibner, Wilhelm

— Ueber die Auflösung eines gewissen Gleichungs-Systems. 1856.

Scheibner, W., Beiträge zur Theorie der linearen Transformationen. Als Einleitg. in die algebr. Invariantentheorie. (250 S.) Lex. 8. Leipzig 907. B. G. Teubner. 10. —

Scheibner, Wilh., über die Berechnung einer Gattung von Functionen, welche bei der Entwickelung der Störungsfunction erscheinen. Habilitationsprogramm. gr. 4. (31 S.) Gotha 853, Thienemann. *

Scheibner, W., über die Differentialgleichungen der Mondbewegung. s. a. Abhandlungen d. königl. sächs. Gesellschaft d. Wissensch. Math.-physik. Classe. 25 II.

Ueber die Differentialgleichungen der Mondbewegung v. W[ilhelm] **Scheibner**. Leipzig: B. G. Teubner 1899. (1 Bl., 26 S.) 4° (8°)
= Abhandlungen d. kgl. Sächs. Gesellschaft d. Wissenschaften. Math.-phys. Cl. Bd 25. No II.

Scheibner, W., zur Reduction elliptischer Integrale in reeller Form. [Aus: „Abhandlgn. d. k. sächs. Gesellsch. d. Wiss."] hoch 4. (II, 143 S.) Leipzig 879. Hirzel. n. 5. —

Scheibner, W., über unendliche Reihen und deren Convergenz. Gratulationsschrift. hoch 4. (48 S.) Leipzig 860, Hirzel. *

Scheibner, W., Supplement zur Abhandlung über die Reduction elliptischer Integrale in reeller Form. Lex.-8. (XLII S.) Leipzig 880, Hirzel. *
Aus: Abhandlungen der k. sächs. Gesellschaft der Wissenschaften, besonders abgedruckt.
Hauptwerk. Ebendas. 1879. • M 5.

— z. Theorie des Legendre-Jacobi'schen Symbols $\left(\frac{n}{m}\right)$, s. a. Abhandlungen der königl. sächs. Gesellschaft d. Wissensch. Math.-physik. Cl. 25. Bd. Nr. VI.

Zur Theorie des Legendre-Jacobi'schen Symbols $\left(\frac{n}{m}\right)$ von W[ilhelm] **Scheibner**. Leipzig: B. G. Teubner 1900 (44 S.) 4°
= Abhandlungen der K. Sächsischen Gesellschaft d. Wissenschaften. Math.-phys. Cl. Bd 25, No 6.

Scheibner, W., dioptrische Untersuchungen, insbesondere über das Hansen'sche Objectiv. [Aus: „Abhandlgn. d. k. sächs. Ges. d. Wiss."] hoch 4. (VIII, 80 S.) Leipzig 876. Hirzel. n. 3. —

Scheibner, W[ilhelm]: • Über die Variabilität der Functionen. 108 S. 8° (4°)
Halle-Wittenberg, Phil. Diss. v. 29. Okt. 1848
Geb. [Gotha 8. 1. 1826]

— Ueber die asymptotischen Werthe der Coefficienten in den nach der mittleren Anomalie vorgenommenen Entwickelungen. 1856.

Scheich, Rudolf: Über Grillparzers Dichtungen als Schullectüre. 8 (27 S.) **Progr.** K. k. Staats-G. *Mähr. Weißkirchen* 1898.

Scheich, Rudolf: Festrede zum Andenken Joh. Gabriel Seidls. Bei der Seidl-Feier am 11. Juni 1904 gehalten. S. 6–10. 8. **Progr.** K. k. Staatsgymn. im VIII. Bezirke *Wien* 1904.

Scheich, Rudolf: Festrede zur Schiller-Feier. Am 9. Mai gehalten. S. 3–6. 8. **Progr.** K. k. Staatsgymn. im VIII. Bezirke *Wien* 1905.

Scheich Rudolf Der Humor in den Predigten Bertholds von Regensburg. 8 (S. 5–26). **Progr.** K. k. Staatsg. *Mähr. Weißkirchen* 1891.

Scheich, Rudolf: Zu Grillparzers „Weh dem, der lügt". S. 64 bis 70. 8.
In: Festschrift zur Feier des zweihundertjährigen Bestandes des k. k. Staatsgymn. im VIII. Bezirke *Wien* 1901.
Progr.

Scheichelbauer, Karl

Scheichelbauer, Carl, die moderne französische Gastronomie, s.: Giblhauser, Frz.

Scheichlbauer, Carl, u. Frz. Giblhauser, Gastronomisches Lexikon. Ein Hilfs-, Lehr- u. Nachschlagebuch f. Gastrosophen, Gastgeber, Hoteliers, Restaurateure, Haushofmeister, Köche, Oberkellner, Servierkellner etc. (IV, 520 S. m. 4 Menukarten.) gr. 8. Wien 908. (F. Deuticke.) Geb. in Leinw. 12. —

Scheichelbauer, Karl, Servierkunde, s.: Heß, Adf., Fr.

Scheichenberger, Leopold. Auf die Feyer der öffentlichen Aufstellung der Büste Sr. M. Franz I. im kärntnerisch ständischen Landhaussaale 1817. Klgft., Leon, 1817. Quart. 6 S.

Scheichenberger, Leopold. Auf die Inschrift an der Kaiser-Büste. Klgft., Leon, (1817). Quart. 6 S.

Scheichenberger, Leopold. Rede, am dritten Sonntage nach Ostern 1822 zu Klgft. nach der feyerlichen Beerdigung weiland Sr. Eminenz, des Hochwürdigsten Fürstbischofs von Gurk, Franz Xavier, Altgrafen von Salm-Reifferscheid. Klgft., Leon, 1822. Quart. 14 S.

Scheichenberger, Leopold. Rede bey der Trauerfeyerlichkeit des Hochw. Herrn Bonaventura Häfele. Klgft., Leon, 1823. Quart. 11 S.

Scheicher, praktisches Handbuch d. katholischen Eherechts, s.: Binder, Matthäus Jos.

SCHEICHER, Josef: De altari. — (1875) 72 S. 4° (Handschr.) Diss. 273
Diss. Wien, Univ.

Scheicher, Jos., s.: Bericht des niederösterreich. Landesausschusses üb. seine Amtswirksamkeit.

Scheicher, J., Sebastian Brunner. Ein Lebensbild, zugleich e. Stück Zeit- u. Kirchengeschichte. Festgabe zur Secundizfeier d. S. B. 8. (349 S.) Wien 888. Agentur v. Woerl. n. 2. 40

Scheicher, Jos., compendium repetitorium theologiae moralis, s. a. Egger's, B. A., Correspondenz-Blatt-Bibliothek, 1. Bd.

— compendium repetitorium theologiae moralis. Ex probatissimis auctoribus collectum et in systema redactum. 16. (VIII, 276 S.) Wien 890. Fromme. geb. n. 4. —

Scheicher, Dr. Josef, Compendium repetitorium theologiae moralis. Editio secunda emendatior. 16. (VIII, 376 S.) In Lnwd. geb.
Wien: Fromme 1896 2. —

Scheicher, J., Compendium repetitorium theologiae moralis. 3. Aufl. 8°. (VIII, 376 S.) geb. K 4. —
Wien: Fromme 1904.

Scheicher, J., am Erkerfenster, s. Jugendleben.

Scheicher, Jos., Erlebnisse u. Erinnerungen. I.—IV. Bd. kl. 8. Wien, C. Fromme. 15.65; geb. in Leinw. 20. 65
I. Aus der Jugendzeit. (VIII, 347 S.) (907.) 2.40; geb. 3. 40
II. Aus der Studienzeit. (IV, 548 S.) (908.) 3.75; geb. 4. 75
III. 1. Aus d. Priesterleben. (IV, 406 S.) (909.) 3. —; geb. 4. —
III. 2. Aus dem Priesterleben. (IV, 390 S.) (909.) 3. —; geb. 4. —
IV. Aus dem polit. Leben. (1.) (IV, 483 S.) (910.) 3.50; geb. 4. 50

— 1848—1898. Kirchenpolitische Essays. [Aus „Correspondenz-Blatt f. d. kathol. Clerus Oesterreichs". gr. 8. (27 S.) Wien 898. C. Fromme. n. — 50

Scheicher, J., Gemeindeangelegenh., siehe Bericht, niederösterr.

— s. Handbibliothek, juristische.

SCHEICHER, Joseph
(F) Aus dem Jahre 1920. Ein Traum vom Landtags- und Reichsraths-Abgeordneten Dr. Joseph Scheicher. St. Pölten. 1900. Gregora. 8°. 89 S. K 1.—

Scheicher, Jos., Josephinismus u. Josephiner. Eine österreichisch-canonistisch-histor. Studie. [Aus: „Correspondenzbl. f. den kathol. Clerus Oesterreichs".] gr. 8. (35 S.) Wien 893. C. Fromme. — 60

—— Ein Kapitel aus Österreichs neuester Zeit- u. Kirchengeschichte. 2. (Titel-)Aufl. der Jubiläumsschrift: „Sebastian Brunner" m. e. Nachworte. 8. (355 S. m. e. Portr.) Wien 890, Woerl. * 2 40

Scheicher, Jos., der Klerus u. die soziale Frage. Moralsoziolog. Studie. gr. 8. (VI, 150 S.) Innsbruck 884. F. Rauch. n. 1. 20

— d. Klerus u. d. soziale Frage. Moral-soziolog. Studie. 2., umgearb. u. verm. Aufl. gr. 8. (VIII, 275 S.) Chur 897. (St. Pölten, J. Gregora.) n. 2. 40

— der österreichische Klerustag. Ein Stück Zeit- u. Kirchengeschichte. (III, 247 S.) 8. Wien 903. C. Fromme. n. 2. —

—— der Lichtenhofer, s. a. Volksbote, der.

Scheicher, Josef, Der Lichtenhofer. Ein Lebensbild aus den steirischen Alpen. 8. (208 S.) geh. 60 kr.
Wien: Kirsch 1882.

— s.: Monatsschrift f. christl. Sozialreform.

— allgemeine Moraltheologie. Systematisch dargestellt u. m. zeitgemäß prakt. Beispielen erläutert. gr. 8. (VIII, 588 S.) Regensburg 885. Verlags-Anstalt. n. 7. —

— Ostmark-Geschichten, s.a. Für Hütte u. Palast, 12.—15. Bd.

Scheicher, Dr. Josef, Ostmark-Geschichten. Gesammelte Erzählungen, Novellen und Humoresken. I. Bd. (Für Hütte und Palast. XII. Bd.) 8. (255 S.) 1.—
— — II. Bd. (Für Hütte u. Palast. XIII. Bd.) 8. (301 S.) 1.—
— — III. Bd. (Für Hütte u. Palast. XIV. Bd.) 8. (264 S.) 1.—
— — IV. Bd. (Für Hütte u. Palast. XV. Bd.) 8. (258 S.) 1.—
Wien: Kirsch 1898.

Scheicher, W., s. Handbibliothek, juristische.

Scheichl, Frz., Aufstand der protestantischen Salzarbeiter u. Bauern im Salzkammergut 1601 u. 1602. gr. 8. (VII, 104 S.) Linz 885. Ebenhöch. n. 1. 60

—— Beitrag zur Geschichte des gemeinen Arbeitslohnes vom J. 1500 bis auf die Gegenwart. Eine culturgeschichtl. Studie im Anschluss an die Zimmerleut- und Maurerlöhnungen in Oberösterreich. Lex.-8. (49 S.) Wien 885, Pichler's Wwe. und Sohn. *

Scheichl, Frz. Bilder aus der Zeit der Gegenreformation in Österreich (1564—1618). gr. 8. (VII, 51 S.) Gotha 890, F. A. Perthes. * 1 —

Scheichl, Frz., der Buddhismus u. die Duldung. Eine Studie. gr. 8. (32 S.) Linz 899. E. Mareis. n. — 80

— die Duldung im alten Ägypten. Eine Studie. gr. 8. (46 S.) Gotha 900. F. A. Perthes. n. — 60

— die Duldung in Babylonien-Assyrien, Persien u. China. Drei Kulturbilder. gr. 8. (IV, 108 S.) Ebd. 902. n. 1. 20

Scheichl, Geschichte d. gemeinen Arbeitslohnes vom J. 1500 bis auf die Gegenwart. Wien 885.

Scheichl, Frz., Glaubensflüchtlinge aus Deutschland seit d. J. 1500 u. d. Duldg. im 16. Jahrh. Zwei culturgeschichtl. Aufsätze. gr. 8. (34 S.) Linz 897. E. Mareis. n. 1. —

— dasselbe in England, Schottland u. Irland seit d. J. 1500. E. culturgeschichtl. Studie. Progr. gr. 8. (45 S.) Ebd. 896. n. 1. —

—— Glaubensflüchtlinge im 16. Jahrh. gr. 8. (26 S.) Linz 890, Fink. — 50

Scheichl, Frz., Glaubensflüchtlinge aus Spanien m. den Niederlanden, Italien u. Frankreich seit dem J. 1600. Eine culturgeschichtl. Abhandlg. 8. (59 S.) Linz 894. Städtebilder-Verl. n. — 75

Scheichl, Frz., das Griechentum u. die Duldung. Ein Kulturbild. (V, 88 S.) gr. 8. Gotha 903. F. A. Perthes. n. 1. 20

— Robert Hamerling. [Aus: „Deutsche Volkszeitg."] 8. (28 S.) Reichenberg 888. (Linz, Fink.) — 30

— Heldenbauern. Ein Roman aus dem Zeitalter der Gegenreformation. (VIII, 314 S.) 8. Jugenheim 906. Suevia-Verlag. n. 4. —; geb. n. 4. 80

Scheichl, Frz., ein rätselhafter Irrenhausfall in Oesterreich. In eigener Sache. (II, 45 S.) 8. Rapperswil (St. Gallen) 909. H. Gasser-Akeret. (Nur direkt.) — 40

Scheichl, Franz, Der Islam und die Duldung. Eine Studie. Linz. Mareis. 1898. 8°, 39 S., 80 Pf.

Scheichl, Franz [aus Linz a/D.]: Leopold I. und die österreichische Politik während des Devolutionskrieges 1667/68 .... Leipzig, Druck v. Walter Wigand (1887); VI S. + 1 Bl. + 112 S. 8°
Leipzig, Phil. Fak., Inaug.-Diss. v. 9. Dez. 1887

Scheichl, Frz., Leopold I. und die österreichische Politik während des Revolutionskrieges 1667/68. gr. 8. (VI, 110 S.) Leipzig 888, O. Wigand.

Scheichl, P., Ecce homo-Bilder. 7 Fastenpredigten. [Aus: „Sch., Passionspredigten".] gr. 8. (73 S.) Regensburg 895. Verlags-Anstalt vorm. G. J. Manz. 1. 20

— s.: Fastenprediger, der.

— Kalvaria-Bilder. 7 Fastenpredigten. 1. u. 2. Reihe. [Aus: „Sch., Passionspredigten".] gr. 8. (73 u. 77 S.) Ebd. 895. à 1. 20

— Ölberg-Bilder. 7 Fastenpredigten. [Aus: „Sch., Passionspredigten".] gr. 8. (86 S.) Ebd. 895. 1. 20

— Passionspredigten. E. vierfacher Cyklus v. Predigten f. d. hl. Fastenzeit. gr. 8. (IV, 80; 73, 73 u. 77 S.) Ebd. 895. 3. 75

Scheichlbauer, Carl, s. Scheichelbauer, Karl

Scheick, s. Scheik

Scheid, d. gesetzl. Bestimmgn. üb. d. Handelskammern in Elsaß-Lothringen, nebst d. Ausführungsbestimmgn., sow. e. Sachregister. Zusammengest. im amtl. Auftrage. 12. (IV, 69 S.) Straßburg 898. Straßburger Druckerei u. Verlagsanstalt. Kart. n.n. 1. 10

Scheid, die gesetzlichen Bestimmungen üb. die Handelskammern in Elsass-Lothringen, nebst den Ausführungsbestimmgn., im amtl. Auftrage. Strassburg 899.

Scheid, Die staatliche Gewerbeförderung in Elsass-Lothringen. Internat. Kongress des städt. u. gewerbl. Mittelstandes, Lüttich 1905, Aug., Allgem. Teil. 8°. Wien 1905.

Scheid, Anatole. Ueber die Einwirkung einiger Antipyretica auf die natürliche Resistenz. ⟨Experimentelle Untersuchungen über die Baktericidie und Phagocytose⟩. 8. Freiburg ⟨Schweiz⟩, Gebrüder Fragnière, 1908.

Ausg. A: Diss. Math.-Naturw. Freiburg in der Schweiz. (Sonderabdruck aus den Mitteilungen der naturforschenden Gesellschaft in Freiburg ⟨Schweiz⟩, Bakteriologie, Band 1, Heft 1, 1908.) *Kopftitel:* Aus dem Hygienisch-Bakteriologischen Institut der Universität Fr' in der Sch'... 112 S. Freib'... 1908.

Ausg. B: Aus dem Hyg'-Bakt' Inst' der Univ' Fr' in der Sch'... 111 S. Freib'... (**Umschlag:* Fribourg, Fragn' Frères), 1908. (fr. 2. —) — (Mémoires de la Société fribourgeoise des Sciences naturelles....) Bactériologie. Vol. 1. Fasc. 1....

Scheid, Balthasar (Strassburg) 4°Thl. I, 209/26

Disputationes theologicae ... Pars posterior. Disputatio VII. inauguralis de satisfactione Jesu Christi. Präs. Johann Konrad Dannhauer.
Leipzig (Reinhold) 1707. S. 666-698.

Diss. Strassburg IV. 164 3. 30132

Scheid, Bernhard. Beiträge zur Kenntniss des Benzochinons. Jena, 1882.

Scheid, Chr. Ldw., s. *Scheidt*.

Scheid, Ebhrd., Abu Becri Mohammedis ibn Hoscini, s. *Doreidi*.

— oratio de eo, quod Schultensii, post immortalia erga Literas Orientales merita, posteris agendum reliquerint. 4maj. Harderov. 794.

— s. J. D. Lennep, observatt. et ejusd. etymologicum.

Scheid, Eberh., et I. I. Groenewoud, Lexicon hebraicum et chaldaicum manuale in codicem sacr. V. Test. II Tomi. gr. 4. Traj. ad Rhenum, Lugd. Bat. (Weidmann, Lips. in Commission.) 805—10. (I. 4 Rthlr. 4 gr. II. 4 Rthlr. 12 gr.)

— selecta quaedam e sententiis Proverbiisque Arabicis. 4maj. Harderov. 775.

— Abu Nasri Ismaelis ebn Hammad Al-gieuharii, Farabiensis, purioris sermonis Arab. Thesaurus s. Lex. Arab. Part. I. 4maj. Harderov. 774.

Scheid, Friedrich (Dexheim)
Ueber Lebensfähigkeit Neugeborener, insbesondere bei angeborenen Bildungsfehlern.
Giessen: Keller 1860. 41 S. + 2 Bl. Thesen.
Diss. med. 9.5.1860. vorh. 26. 7. 11.

Scheid, G. P., observationes med.-chirurgicae. 8maj. Leyd. 793. (Weidmann in Leipz.) 8 gr.

Scheid, Geo. Adam, die Edelmetall-Industrie auf der Weltausstellung in Chicago, s.: Bericht, officieller, der k. k. österr. Central-Commission f. die Weltausstellung in Chicago 1893.

Scheid, Georg Friedrich (Pfedelbach) A. S. 590/8

Dissertatio juridica inauguralis de autocheirotonia, sive electione sui ipsius.
Strassburg (Pastor) 16. XII. 1721. 48 S.

Gew.: Friedrich Ludwig Waldner von Freundstein, Jo. Valentin Scheid, Balthasar Scheid, Jo. Friedrich Scheid (alle Onkel). 30138

Scheid, Georg Friedrich (Pfedelbach) A. S. 589/1

Dissertatio juridica exhibens observationes quasdam practicas ad legem hac edictali codice de secundis nuptiis. Präs. Johann Heinrich Feltz.
Strassburg (Pastor) 28. XII. 1719. 24 S.

Gew.: Johann Ludwig Hermann. 30137

Scheid, Heinr., S. J., die weiße Jungfrau, s.: Voß, Adph. v.

— Leben des sel. Petrus Faber, s.: Cornely, Rud.

Scheid, Jak., Glossarium Arabicum. 4. Leyd. 787. Luchtmans; (a. Weidmann in Leipz.) 2 Rthlr. 16 gr.

Scheid, Jean Matthieu: Vorlegeblätter (78) für den französischen Schreibunterricht. [Blum, Bibl. lux.]

Scheid, Jean Matthieu: Vorlegeblätter (93) für den deutschen Schreibunterricht. [Blum, Bibl. lux.]

Scheid, Johann Friedrich A. S. 321/12

Dissertatio de iure in musicos, singulari, German. Dienste und Obrigkeit der Spielleut, Rappolsteinensi comitatui annexo.
Jena (Croeker) 1738. 72 S. 30140

Scheid, Jo. Friedrich (Frankfurt/M.) A. S. 590/4

Dissertatio juridica de singulari parentum jure.
Präs. Johann Heinrich Boecler.
Strassburg (Pastorius) 11. XI. 1717. 44 S.

Gew.: Jo. Ulrich von Gülchen. 30139

Scheid, Johann Georg Ignaz (Bamberg) A. S. 177/2

Dissertatio juridica. De onere probandi subditis in religione a domino territorii dissentientibus, regulariter incumbente, si ius reformandi ob annum normalem cessans et limitatum obtineat, ad illustrand. §. XXXI. art V. instrum. pac. Westph.
Präs. Johann Heinrich Bocer.
Bamberg (Gertner) 3. IX. 1744. 96 S. 30141

Scheid, Johann Gottfried (Lützen) A. S. 269/9

Dissertatio inauguralis de actione aeris confessi vulgo Von gestandenen Schulden. Präs. Johann Bernhard Friese.
Jena (Werther) 31. V. 1713. 32 S. 30142

Scheid, Johann Gottfried (Übers.):

s.: La Motte, (Guillaume Mauquest) de: Tractat von Kranckheiten schwangerer und gebährender Weibs-Personen... (Traité complet des accouchemens naturels, non naturels et contre nature... Dt.) Strasburg: 1732

JB 6.616

Scheid, Karl [Lehramts-Praktikant aus Kippenheim]: Über einige Derivate des '(4—6)' Dichlor-m-xylols ... Freiburg i. B., Univ.-Buchdr. v. Ch. Lehmann, 1892. 43 S. 8.
Freiburg i. B., Phil. Fak., Inaug.-Diss. v. 1892

Scheid, Karl, chemisches Experimentierbuch f. Knaben. (VIII, 204 S. m. 78 Abbildgn.) gr. 8. Leipzig 904. B. G. Teubner. geb. in Leinw. n. 2. 80

Scheid, Karl, chemisches Experimentierbuch f. Knaben. 2., verb. u. verm. Aufl. (VIII, 209 S. m. 79 Abbildgn.) 8. Leipzig 908. B. G. Teubner. Geb. in Leinw. 3. 20

Scheid, Karl: Die technische Gewinnung von Blei, Silber und Kupfer durch Schulversuche erklärt. *Freiburg i. Br. 1898: G. Mehlhase.* (25 S.) 4°
Freiburg i. Br., OR (Vormalige HB), MP 1898 (050)

— Leitfaden der Chemie. (Schmeils naturwissenschaftl. Unterrichtswerk.) Unterstufe. (V, 113 S. m. Abbildgn.) gr. 8. Leipzig 908. Quelle & Meyer. Geb. 1. 40

— dasselbe. Oberstufe. (VIII, 275 u. 74 S. m. Abbild.) gr. 8. Ebd. 909. Geb. 3. 80
Hieraus einzeln:
Anorganische Chemie. (VIII, 275 S. m. Abb.) Geb. 3. —
Organische Chemie. (IV, 74 S. m. Abb.) — 80

Scheid, K., Die Metalle. Leipzig, 1901. 154 S. mit 16 Abb.

Scheid, Karl, die Metalle, s. a. Aus Natur u. Geisteswelt.

Die Metalle. Von Prof. Dr. Karl **Scheid**. 2. Aufl. Mit 16 Abb. Leipzig: B. G. Teubner 1907. (VI, 148 S.) 8° [F.]
= **Natur**, Aus, u. Geisteswelt. Bdch. 29. [08. 7412

Scheid, Karl, praktischer Unterricht in Chemie, zum Gebrauch f. das Laboratorium hrsg. (VI, 79 S.) 8. Leipzig 906. B. G. Teubner. Kart. n. 1. 40

Scheid, Karl Fr., deutsch-hebr. Index zu Gesenius kleinem hebr.-deutsch. Lexicon. Lex.-Form. Stuttg. 821. Metzler. 12 gr

Scheid, Karl Heinrich (Durlach) A. S. 595/47

Dissertatio inauguralis juridica de matrimonio conscientiae et ad thalac.
Giessen (Vulpius) X. 1706. 40 S. 30145

Scheid, Nikolaus: P. Nicolaus Avancini S. J., ein österreichischer Dichter des XVII. Jahrhunderts. 4 (S. 3 – 18).
Progr. Öffentl. Privatg. a. d. Stella Matutina *Feldkirch* 1899.

— Edmond Rostands Entwicklungsgang u. seine Beziehg. zur deutschen Literatur, s. a. Broschüren, Frankfurter zeitgemäße. XXII. 10.

Edmond Rostands Entwicklungsgang und seine Beziehung zur deutschen Literatur. Von Prof. Nik. Scheid, S.J. *Hamm: Breer & Thiemann 1903.* (31 S.) 8° [F.]
– **Broschüren**, Frankfurter zeitgemäße. Bd 22, H. 10. [03. 7976

Scheid, Nik., S. J., P. Franz Hunolt S. J., ein Prediger aus der 1. Hälfte des 18. Jahrh. (VII, 115 S. m. 1 Fksm.) gr. 8. Regensburg 906. Verlagsanstalt vorm. G. J. Manz. n. 1. 50

— Schillers Jungfrau v. Orleans, s. a. Broschüren, Frankfurter zeitgemäße. XXIV. 9.

Schillers Jungfrau von Orleans. Hat sie der Dichter in seiner 'romantischen Tragödie' als Heilige dargestellt? Von Prof. Nik. **Scheid**, S. J. Hamm: Breer & Thiemann 1905. (29 S.) 8° [F.]
= **Broschüren**, Frankfurter Zeitgemäße. Bd 24, H. 9. [05. 7[illegible]

[F.] Der Jesuit Jakob **Masen**, e. Schulmann u. Schriftsteller d. 17. Jhs. Von Prof. N. **Scheid**, S. J. *Köln: Comm.-V. v. J. P. Bachem 1898.* (4 Bl., 72 S.) 8.
= **Görres-Gesellschaft** z. Pflege d. Wissensch. im kath. Deutschland. **Vereinsschrift** f. 1898 [No] 1. [98. 2779

— Predigt auf d. 900jähr. Jubel-Fest d. hl. Gebhard, geh. auf d. St. Gebhardsberge bei Bregenz am 27. Aug. 1895. 8. (15 S.) Bregenz 895. J. N. Teutsch. n. — 20

Scheid, N., S. J., die dramat. Schüler-Aufführungen, s. a. Broschüren, Frankfurter zeitgemäße. XX. 7.

Die dramatischen Schüler-Aufführungen. Ein Wort z. Verständigung über d. Frage: Lassen sich dramat. Schüler-Aufführungen als Bildungsmittel empfehlen? Von Prof. N[ikolaus] **Scheid**, S. J. *Hamm i. W.: Breer & Thiemann 1901.* (27 S.) 8° [F.]
= **Broschüren**, Frankfurter zeitgemässe. N. F. Bd 20, H. 7. [01. [illegible]

Scheid, Peter

Scheid, P., die nothwendigsten Rechenaufgaben mit d. erforderl. Erklärn. u. Berechnn. f. d. Leben; stufenweis geord. f. d. Kopf- u. Tafel-Rechnen; enth. üb. 1000 Aufgaben ꝛc. gr. 12. (5⅓ B.) Neuwied 841, Lichtfers. *

Scheid, Peter, die nothwendigsten Rechenaufgaben mit den erforderlichen Erklärungen u. Berechnungen für das Leben; stufenweis geordnet für das Kopf- u. Tafel-Rechnen, enthaltend über 1000 Aufgaben (im Anhange theils aufgelöst) ꝛc. 2. mit 96 Aufgaben verm. Aufl. 12. (VIII u. 130 S.) Neuwied 847, Lichtfers. 6 ngr

Scheid, Rich., s: **Avalun.**

— Madonna. Gedichte. 8. (IX, 91 S.) Dresden 900. E. Pierson. n. 2. —; geb. n. 3. —

Scheid, W., Lehr- u. Lesebuch f. ländliche Fortbildungsschulen, s.: **Deißmann, K.**

Scheide, Karl Friedrich Ernst

Scheide, Carl Frdr. Ernst, die Tabakspflanze. Ihr Anbau und ihre Zubereitung für den Hausbedarf. Eine kurzgedrängte Abhandlung über das im Bezug auf die Tabakscultur Wissenswürdigste. Mit Benutzung der besten Quellen ꝛc. bearb. u. herausg. Apolda 860. Teubner in Comm. 8. (161 S.) 15 *ngr.*

v. Scheideck, Ritter, s. a. Bruno.

Scheideck, Ritter Bruno v., u. s. Schutzgeist Bragur; eine schauderhaft abenteuerliche Geister- u. Helden- u. Wundergesch. d. 11ten Jahrh. 8. Lpz. Kleefeld. (Baner.) 800.

Scheidegg [Schlagwort]

Scheidegg, kleine, s.: **Westentasche-Panorama-Collection.**

Scheidegger, Alfr., Strublipeterlis süße Freuden u. bittere Leiden. Eine einfache Geschichte. (155 S.) 8. Basel 909. Kober. 1.60; geb. in Leinw. 2. 40

Scheidegger, Edwin [prakt. Arzt aus Sumiswald, Bern]: Aus dem pathologischen Institut der Universität Zürich. Ein Fall von Carcinom und Tuberkulose der gleichen Mamma. (Mit 2 Tafeln.) Aarau 1904. 16 S. 8°. [20. VI. 04.]
Zürich. Med. Diss. 1903/1904.

Scheidegger, Edwin, ein Fall v. Carcinom u. Tuberkulose der gleichen Mamma. (16 S. m. 2 farb. Taf.) gr. 8. Aarau 904. H. R. Sauerländer & Co. n. — 70

Scheidegger, Edwin, Lehrbuch der Stenotachygraphie von Aug. Lehmann. Für den Schulgebrauch, sowie zum Selbstunterricht bearb. und hrsg. 8. (24 S. mit 29 autogr. Taf.) Bern 888, (Jenni.) *

Scheidegger, Jacob, und Spiess, August s. a. Buchhaltung. Gewerbliche B' und Preisberechnung....

(Scheidegger, J[acob], [und] Spiess, August.) Gewerbliche Buchhaltung und Preisberechung, für den Unterricht in Handwerker-Schulen, Fachschulen und Fachkursen sowie für das Selbststudium des Meisters dargestellt in unverändert für die Praxis anwendbarer Form. Hrg. vom Schweizerischen Gewerbeverein. XII + 282 S. 8. Frauenfeld, Huber & Co., (1906). [geb. fr. 4. —]
(*Verfasst* unter Verwendung der vier prämiierten Arbeiten [von] Viktor Haldimann, A'Sp', Gustav Hagmann [und] Heinrich Kübler und August Weber.)

Scheidegger, J., Postulate f. e. Bundesgesetz üb. Berufsgenossenschaften, s. a. **Zeitfragen**, gewerbliche.

Postulate für ein Bundesgesetz über Berufsgenossenschaften. Referat an d. ausserordentl. Delegiertenversammlg des Schweizer. Gewerbever. in Basel 26. 27. Oct. 1895 v. J. **Scheidegger**, Schuhfabrikant in Bern. *Zürich: Schweizer. Gewerbever. 1896.* (44 S.) 1 Bd 8.(4.)
= **Zeitfragen**, Gewerbliche. H. 13. [96. 5446

Scheidegger, J[acob]. Das Recht der Gesetzgebung über das Gewerbewesen. Referat. ⟨Separatabdruck aus der «Schweiz. Gewerbe-Zeitung» [Jahrg. 24, Nr. 9—13].⟩ 31 S. 8. Bern, Haller, 1907.

Scheidegger, J[acob]. Über die Reform im Submissionswesen. [Separatabdruck aus der «Schweizer. Gewerbezeitung», Jahrg. 21, 1904, Nr. 34–37.] 29 S. 8. [Bern, Büchler & Co.]

Scheidegger, J., siehe: *Schumacher-Kal.*

Scheidegger, J., Verhandlungen der Sektion Bern üb. die Revision des eidgen. Fabrikgesetzes, s.: Vereinigung, schweizer., z. Förderg. d. internat. Arbeiterschutzes. 8. Heft. (Lang. Otto.)

Scheide-Gruss an die besuchenden Brüder von der Loge „Zur Wahren Eintracht" im Or. Schweidnitz bei dem Stiftungsfest am 1. Oct. 1876. Schweidnitz [1876]: Boy & Pischke. 2 Bl. 8⁰ [Umschlagtit.]
Lied ohne Noten.

Scheidegruss, dem Hochw. Deputierten Logen-Meister Br. v. Hertzberg bei seiner Abreise nach Hildesheim von den Brüdern der Loge zum goldenen Schiff gewidmet. Berlin, am 25. Oct. 1828. [Berlin 1828]: Nietack. 2 Bl. 8⁰ [Umschlagtit.]
Gedicht.

Scheidegruss der aus der Schleswig-Holsteinischen Armee entlassenen deutschen Officiere an Schleswig-Holstein. Kiel, den 31. März 1851. 2 Bl. Fol. (Lithogr.)

Scheidekünstler, der wohlerfahrne. 8. Frankf. 755. ... 4 *gl.*

Sinn-Sprüche zur Beherzigung für Brr. Freimaurer. Seiner gel. Loge Germania Or. Mexico zur Feier ihrer Einsetzung als Tochterloge der Grossen Loge von Hamburg und der Lichteinbringung in ihren neuen Tempel am 23. Oktober 1910 gewidmet von Scheidel. Mexico 1910: Müller. 12 S. 8⁰.

Scheidel, Adph., Taschenbuch f. die Oberleutnants u. Leutnants aller Waffen. 12. (XII, 86 S.) Oldenburg 899. G. Stalling's Verl. Geb. in Leinw. n. 1. 50

— Taschen-Nachschlagebuch f. die Offiziere u. Offizier-Aspiranten des Beurlaubtenstandes aller Waffengattgn. des deutschen Heeres. Nach den neuesten Vorschriften bearb. 8. (XVI, 250 S.) Berlin 899. R. Schröder. Geb. in Leinw. n. 3. --

Scheidel, August. Beiträge zur Kenntniss des Azophenylen's und der Azobenzoësäure. Freiburg i. B., 1880.

Kritik der Villinger Chronik, die Anfänge des Bauernkrieges betreffend, nebst einer Quellenkunde und bibliographischen Übersicht zur Geschichte des Bauernkrieges. — Von Gustav Scheidel, Ass. — 1885, Ansbach, C. Brugel und Sohn. — S. V — VI und 1 - 98. (Herrn Geheimrat Ludwig von Urlichs in dankbarer Verehrung gewidmet.)
Progr. Ansbach, K. Gymn.

Scheidel, Gust., Franz Karl Leopold Freiherr v. Seckendorff in seinen literarischen Beziehungen, hauptsächlich zum Weimarschen Dichterkreise, nach einer ungedruckten Korrespondenz. Vortrag, geh. in der am 8. Septbr. 1885 zu Ansbach stattgefundenen Delegirtenversammlung der histor. und Altertumsvereine Deutschlands. gr. 8. (39 S.) Nürnberg 885, (Heerdegen-Barbeck.) *

Scheidel, Sebast. Alex., Geschichte der Dr. Senkenberg'schen Stiftshäuser, s. Neujahrsblatt.

SEBASTIAN ALEXANDER SCHEIDEL. Geschichte der Dr. Senckenberg'schen Stiftshäuser. Frankfurt am Main. Im Selbst-Verlag des Vereins für Geschichte und Alterthumskunde. 1867. 4°.

Den Mitgliedern der Senckenbergischen naturforschenden Gesellschaft zum fünfzigjährigen Stiftungsfeste am 22. November 1867 dargebracht von SEBASTIAN ALEXANDER SCHEIDEL. Stiftungs-Urkunde der Senkkenbergischen naturforschenden Gesellschaft. (Frankfurt a. M. 1867.) (Ohne bes. Titelbl.) 4°.

SCHEIDELA, Heimrich: Die Entstehungsgeschichte des Evangelienbuches von Otfried. — 1898. T. 1. 2. Diss. Graz, Univ.

Scheidelwitz, B., der landwirthschaftliche Real-Kredit und der landschaftliche Kredit-Verband der Prov. Sachsen. gr. 8. (38 S.) Halle 878, (Pfeffer.)

Scheidemacher, Karl Borrom.

Scheidemacher, Carl Borr., die Beschimpfung des Katholicismus durch die moderne mächtige Kalenderpresse. Ein Appell an das christl. Volk u. seine Hirten wider den „Lahrer hinkenden Boten." 2. Aufl. Emmerich 869. Romen. 16. (32 S.) 2 *ngr.*

— die Nachteule des Materialismus scheel u. scheu vor dem Lichte der Thatsachen oder Materialismus u. Psychologie. Köln 868. Rommerskirchen. gr. 8. (VIII, 156 S.) n. 15 *ngr.*

Scheidemacher, Karl, Das Seelenleben und die Gehirnthätigkeit. Gegen die Seelenleugner gerichtete Forschungen, auf Thatsachen begründet. Regensburg, Manz (jetzt Verlagsanst.), 1875, gr. 8°, VIII, 301 S., 4,30 Mk

Scheidemacher, Carl, das Seelenleben u. die Gehirnthätigkeit. Gegen die Seelenleugner gerichtete Forschgn., auf Thatsachen begründet. gr. 8. (VIII, 301 S.) Regensburg 876. Manz. n. 4. 30

—— Antimaterialistische Studien, auf Thatsachen begründet. Natur u. Offbrg. Jahrg. 1872—75.

Scheidemacher, Karl. Die Thatsache der Empfindung und ihre psychologische Bedeutung für das Wesen der Seele. Eine antimaterialistische Studie. Aachen, Jacobi, 1871, 12°, 57 S.
Recens. v. G. Hagemann, Natur u. Offbrg 1872, S. 45.

Scheidemandel, Alb. Christian Heinrich (Sommersdorf)
A. S. 167/7b

Homo natura non ferus. Dissertatio philosophica, sectio II. Präs. Johann Georg Heinrich Feder. Erlangen (Walther) IX. 1765. S. 17-40.

W. v.: Friedrich Christian Rudel von Kettenburg, Fhr. Ludwig von Woellwarth. 30146

Scheidemandel, Eduard, approb. Arzt aus Nürnberg: Ein Fall von primären [!] Sarcom der Leber. *Nürnberg 1903: R. Stich.* (33 S.) 8°
Erlangen, Med. Diss. (v. 14. Juli) 1903

Scheidemandel, Friedrich Wilhelm (Untermassfeld)
A. S. 1287/8

Disputatio inauguralis medica, sistens aegrotum syncopalem. Präs. Hieronymus Ludolff. Erfurt (Grosch) 5. V. 1722. 20 S. 30147

Scheidemandel, Heinr., über Hügelgräberfunde bei Parsberg, Oberpfalz. hoch 4. (24 S. mit 8 Taf.) Parsberg 886. (Landshut, Attenkofer.) *

Scheidemandel, Heinr., über Hügelgräberfunde bei Parsberg (Oberpfalz). 2. Tl. (31 S. m. 6 Taf.) hoch 4. Nürnberg 902. (J. L. Schrag.) n. 3. —

Scheidemandel, Julius: Ueber die Gewinnung der seltenen Erdmetalle durch Schmelzelektrolyse. (Mit 2 Taf.) 1905. 52 S., 2 Taf. 8⁰ ¶ Vgl. J. Liebig's Annalen d. Chemie. Bd 355. 1907.
München, Dr.-Ing.-Diss. v. 10. 1. 1905

Scheidemann, Georg [pr. Arzt]: Ueber das Verhalten einiger Hydroxylaminverbindungen im Thierkörper ... Königsberg i. Pr., Druck v. M. Liedtke, 1892; 2 Bl., 48 S., 2 Bl. 8.
Königsberg, Med. Fak., Inaug.-Diss. v. 21. Juli 1892

Scheidemann, Geo., üb. das Verhalten einiger Hydroxylaminverbindungen im Thierkörper. Diss. gr. 8. (48 S.) Königsberg i/Pr. 892. (W. Koch.) n. 1.—

Scheidemann, H., & H. **Bauermeister:** Turnspiele für die Volksschule. Arnsberg 1909. 79 S. m. Abb.
— — 2. Aufl. 1909. 94 S.

Scheidemann, H., u. H. **Bauermeister,** Turnspiele f. die Volksschule Auf Grund des Ministerial-Erlasses vom 30. 4. 08 im Anschluß an den „Leitfaden f. den Turnunterricht in den preuß. Volksschulen v. 1895" bearb. u. zusammengestellt. 3. Aufl. 5.—6. Taus. (94 S. m. 35 Abb.) kl. 8. Arnsberg 910. F. Stahl. 1 —

Scheidemann, J. C.

—— Aufgaben z. Zifferrechnen üb. d. 4 einfach. Rechnungsarten m. unbenannt Zahlen. 4 Hfte. 8. (..B.) Ebds. ... **
Auflösungen hierzu. 4 Hfte. 8. (.. B.) Ebds. . . . ** 1⅓ Gr.

Scheidemann, J. C., Aufgaben zum Zifferrechnen. 4 Hefte. Stettin 849, (E. Fleischer.) à Heft 1½ Ngr.
Inhalt:
Heft 1. Ueber die vier einfachen Rechnungsarten mit unbenannten Zahlen. (16 S.)
" 2. Ueber die vier einfachen Rechnungsarten mit mehrfach benannten Zahlen. (16 S.)
" 3. Ueber die vier einfachen Rechnungsarten mit Brüchen wie auch über die Regelbetri. (16 S.)
" 4. Ueber die zusammengesetzten Rechnungsarten. (16 S.)

Scheidemann, J. C., Aufgaben zum Zifferrechnen. 4 Hfte. 8. 1. Hft.: über die vier einfachen Rechnungsarten m. unbenannten Zahlen. (16 S.) 2. Hft.: üb. die vier einfachen Rechnungsarten m. mehrfach benannten Zahlen. (16 S.) 3. Hft.: üb. die einfachen Rechnungsarten m. Brüchen wie auch üb. die Regelbetri. (16 S.) 4. Hft.: üb. die zusammengesetzten Rechnungsarten. (16 S.) Stettin 849. Leipzig, Sechtling in Comm. (à 1½ ngr.) 6 ngr.

Scheidemann, J. C., Aufgaben zum Zifferrechnen. Nach den neuen Maaß- u. Gewichtsbestimmungen veränd. Aufl. 1. u. 2. Heft. Stettin 870. (Dannenberg.) 8. Jedes Heft (16 S.) n. 1 ngr.

— — 3. Heft. Nach den neuen Maß- u. Gewichtsbestimmungen veränd. Aufl. von A. Lincke. Ebend. 870. 8. (16 S.) n. 1 ngr.

Scheidemann, J. C., Aufgaben zum Zifferrechnen üb. **die zusammengesetzten Rechnungsarten.** 4. Hft. Nach **den neuen Maß- u. Gewichtsverhältnissen umgearb. v. A. Lincke.** 8. (16 S.) Stettin 870. Dannenberg. n. — 10

— Auflösungen hierzu. 1s — 4s Hft. 3e Aufl. 8. Ebd. ... baar à 2 sgl

— Auflösungen zu den Aufgaben zum Zifferrechnen. 4. Aufl. 1.—3. Hft. 8. Ebend. 843, 44. à 1/24 ℔

—— Auflösungen zu des Verf. Aufgaben. 1—3. Heft. 5. Aufl. und 4. Heft. 4. Aufl. 8. (à 16 S.) (Stettin 849. Leipzig, E. Fleischer.) à Heft 2½ Ngr.

— Auflösungen zu den Aufgaben zum Zifferrechnen. I. u. II. Ebend. 870. 8. Jedes Heft (16 S.) n. 2 ngr.
I. 8. Aufl. 868.
II. 9. Aufl. Mit Berücksichtigung der neuen Maaß- u. Gewichts-Bestimmungen. 869.

— **dasselbe. Auflösungen zu den Aufgaben zum Zifferrechnen. 9. Aufl. 3. u. 4. Hft. Nach den neuen Maß- u. Gewichtsverhältnissen umgearb. v. A. Lincke.** 8. (15 u. 12 S.) Ebend. 870. à n. — 20

—— die einfachen Rechnungsarten mit Decimalbrüchen zum Gebrauch für Schulen und zum Selbstunterricht. 8. (16 S.) (Stettin 849, E. Fleischer.)

— **die einfachen Rechnungsarten** m. Decimalbrüchen. **Gänzlich umgearb.** Aufl. v. A. Lincke. 8. (15 S.) Ebend. 870. n. — 10; Auflösungen dazu. (7 S.) n. — 20

Scheidemann, J. C., die einfachen Rechnungsarten d. gemeinen Lebens, z. Benutzung in Volksschulen unterrichtl. dargest. u. an Beispielen erläut. Mit e. Vorwort v. F. H. G. Graßmann. 8. (..B.) Stettin 838. (Nicolai'sche Buchh.) **

Scheidemann, J. C., die einfachen Rechnungsarten des gemeinen Lebens, zur Benutzung in Volksschulen unterrichtlich dargestellt u. an Beispielen erläutert. Mit einem Vorworte von F. H. G. Graßmann. Ein Hülfsbuch für Lehrer u. eine Anleitung zum Selbstunterricht für Jedermann. 2. verb. u. verm. Aufl. 8. Stettin 843. (Berlin, Wolff u. Co.) ⅚ ℔

—— die einfachen Rechnungsarten des gemeinen Lebens, zur Benutzung in Volksschulen unterrichtlich dargestellt und an Beispielen erläutert. Mit einem Vorworte von F. G. Graßmann. Ein Hülfsbuch für Lehrer und eine Anleitung zum Selbstunterricht für Jedermann. 2., verb. und durch viele Kopfrechen-Aufgaben verm. Aufl. 8. (XVI und 276 S.) (Stettin 849. Leipzig, E. Fleischer.) Thlr.

Scheidemann, J. C., Uebungsbüchlein im Kopf- und Zifferrechnen zur Selbstbeschäftigung für die ersten Anfänger. 8. (16 S.) (Stettin 849. Leipzig, E. Fleischer.)

—— Auflösungen dazu. 8. (16 S.) Stettin 849. (Leipzig, E. Fleischer.)

Scheidemann, Th., die Minenkrankheit, ihre wahre Ursache, Verhütung u. Behandlung. Ein Beitrag zur Lehre von den giftigen Gasen. Für Ingenieur-Officiere u. Aerzte. Berlin 866. A. Hirschwald. gr. 8. (79 S.) n. 12 ngr.

— Witzbinsen oder humoristische Hochschule. Eine reichhaltige Sammlung von nur neuen u. durchschlagenden Anekdoten, komischen Scenen u. humoristischen Vorträgen. Düsseldorf (Oberhausen) 865. Sparmann's Verlag. 8. (IV, 76 S. mit vielen Bildern in eingedr. Holzschn. u. 16 Steintaff.) 10 ngr.

Scheidemann, Theod. (Rob.) (geb. Stettin 1. 6. 1830): De intoxicatione uraemica. Berolini (1853). (32 S.) 8°
Berlin, Med. Diss. v. 11. Aug. 1853

Scheidemantel, E., Quaestiones Euanthianae. Diss. 1883. 73 S. 1.20

Scheidemantel, E., über das Wesen, die Technik u. klin. Bedeutg. der Serodiagnostik der Lues, s.: Abhandlungen, Würzburger, aus dem Gesamtgebiet d. prakt. Medizin. X, 1.

Scheidemantel, Ed., de quarta octava nona primi libri Tibulliani elegiis, s. Commentationes Philologae quibus Ottoni Ribbeckio congratulantur Discipuli Lipsienses.

Scheidemantel, Eduard: Zur Entstehungsgeschichte von Goethes Torquato Tasso. Weimar, Druck d. Hof-Buchdr., 1896; 20 S. 4.
Weimar, Wilhelm-Ernstisches G, OP 1896 (692)

Scheidemantel, E., das klassische Weimar, s. P. W o l t z e, Pet.

Das klassische Weimar. Nach Aquarellen von Peter Woltze. Mit erl. Text von Eduard **Scheidemantel**. Weimar: H. Böhlaus Nachf. 1907. (19 S., 12 Taf.) quer-4° 08. 339

Scheidemantel, Friedrich Christian Gottlieb

— Anleit. z. vernünft. Gebrauch aller Gesundbrunnen u. Bäder in Deutschland. 8. Gotha 792. Ettinger. 1 ℛ

Scheidemantel, Fr. Chr. Gtl., († d. 18. Juni 1796.) fränk. Beitr. z. Arzneigelahrtheit d. Krankengeschichten u. Bemerkk. 8. Dessau 783. (Barth in Leipz.) 12 gr.

— Beitr. z. Arzneikunde. 2 Abtheill. Mit Kpf. 8. Leipz. 797. (Andrä). 2 ℛ 4 gr.

— B e y t r ä g e zur Arzneykunde. 1ste 2te Abthl. m. K. gr. 8. Leipzig, Kleefeld. (Bauer.) 797. (1. 1 Rthlr. II. 1 Rthlr. 4 gr.)

— die Leidenschaften als Heilmittel betrachtet. 8. Meining. 787. (Taubert in Leipz.) 20 gr.

Scheidemantel, Fr. Chr. Gttl., Kurze Nachricht v. d. Nutzen u. Gebrauch der in d. Hochstift Fulda zu Brückenau gelegenen Mineralbrunnen. Fulda. 8°.

1775

[F. u. Ant.] **Scheidemantel**, Georg: Der Anfangsunterricht in der Planimetrie. Das Pensum d. Quarta u. Untertertia. Torgau, Druck v. E. O. Apponius, 1893; 1—20 S., 2 Taf. 4.
Torgau, G, OP 1893 (256)

Scheidemantel, Heinrich Gottfried

SCHEIDEMANTEL, H. Gf.: Das Bücherwesen n. Staatsklugheit, Recht u. Geschichte überh., als auch insbes. nach röm. deutschen Staats- u. Privatrechts-Gesetzen betr., vornehml. aber d. Ungerechtigk. d. Büchernachdr. mit ein. neuen Gründen erwiesen. *Lpz.* 781. 8. (2 Gr.)

— die güldene Bulle; eine vorläufige Nachricht an die Zuhörer. 8. Jena 782.

Scheidemantel, Henr. Godofr.: Legum quarundam Aegyptiorum cum Atticis Spartanisque secundum regulas prudentiae civilis comparatio. Acc. respublica thriumphatrix carmen hexametrum. Jenae 1766.

— legum quarundam Aegyptiarum cum Atticis Spartanisque secundum regulas prudent. civilis comparatio. 8. Jena 766. Cröcker. 5 gr.

— an d. geh. Rath Darjes, bei Gelegenheit d. academ. Jubelfeier seines Lehramts. 8. Frankf. 786.

Scheidemantel, Hnr. Gf., († d. 1. Jan. 1788.) die Garantie, nach Vernunft u. deutschen Reichsgesetzen betrachtet. gr. 8. Jena (Stuttg.) 782. Steinkopf. 3 gr.

Scheidemantel, Heinr. Godfr.: Allgemeine Gedanken von Gewisheit und Ungewisheit der Anwartschaften auf große Teutsche Reichslehen. Progr. Jena 1778.

— Gedanken e. deutschen Rechtsgelehrten üb. die Fr.: Warum wird Kaiser Joseph v. seinem Volke nicht geliebt? Zur Rettung deutscher Ehre bei der Nachwelt. 8. Frankf. u. Leipz. 783. (Anonym).

— Gedanken e. deutschen Rechtsgelehrten üb. d. jetzigen Zustand in Polen, u. die dabei vorkomm. Rechte, besond. d. Friedensschluß v. Oliva. 4. Jena 767. (Anonym).

Scheidemantel, Henr. Godofr.: De iudice in causis litigiosae successionis in regna commentatio 1. 2. Jenae 1768.

— s. J u s t i, J. H. G. v.: Natur u. Wesen d. Staaten.

Scheidemantel, Heinrich Gottfried [Praes.], s. K a u s l e r, Theophil Philipp: De prudentia legislatoria circa jusjurandum.

— Kirchengesetzbuch f. die beiden evangel. Confessionen in Polen u. Litthauen, auf ausdrückl. Verlangen d. Dissidentischen Generalsynode entworfen, neuerlich aber von Druckfehlern gereinigt u. mit Anmerkk. begleitet. 8. Nürnb. 783. Monath u. K. 20 gr.

— s. K i r c h e n r e c h t, Das allgemeine.

— leges naturales systematice pertractatae. P. I. et II. 8maj. Jena 778. Cröcker. 1 ℛ 4 gr.

— leges sociales et gentium. 8maj. Jena 778.

— Diss. de nexu feudali inter gentes. 4. Jena 768.

— die Oberaufsicht der Staatsverfassung; e. Vorlesung am 15. Febr. rc. vorgetragen. 8. Jena 780.

Scheidemantel, Heinrich Gottfried [Praes.], s. R a p p o l t, Immanuel Friedrich: De numero specierum juris in re, et praesertim: an possessio illis sit annumeranda.

— R e p e r t o r i u m d. Staats- u. Lehnrechts, s. R e p e r t o r i u m.

— Schreiben an d. Hrn. Prof. Riedel. 8. Jena 771.

SCHEIDEMANTEL, Heinr. Gfr.: Das allgemeine Staatsrecht überhaupt u. nach der Regierungsform. *Jenæ*, Croeker. 775. gr. 8. (1 Thl.)

— Staatsrecht nach d. Vernunft u. d. Sitten d. Völker betrachtet. 3 Thle. gr. 8. Jena 770—73. Cröcker 2 ℛ 12 gr.

Scheidemantel, Heinrich Gottfried (Gotha) A. S. 76/12

Dissertatio inauguralis de successione illustrium
tanquam privatorum in allodia.
Präs. Jo. August Hellfeld.
Jena (Schill) 12. X. 1765. 40 S.

W. v.: Präs., Jakob Raue, Jo. August Reichardt,
Adam Ludwig Friedrich Schmid, G.C. G. Voelker,
Friedrich Wilhelm Adam von Wilcke, 30148

— Diss. inaug. de successione illustrium tanquam privatorum in allodia. 4 Jena 765 auch 776.

— s. T e i g m a n n, L. F.: Einleitung.

Scheidemantel, Herm., die Grundprobleme d. E t h i k S p i n o z a's. („Der Begriff der actio im Gegensatze der passio in Spinoza's Ethik".) Preisschrift d. Krug-Stiftg. bei d. philosoph. Fakultät zu Leipzig. gr. 8. (36 S.) Leipzig 898. H. Haacke. n. —.80

Nicola Perscheids Photographie in natürlichen Farben. Von H e r m a n **Scheidemantel**. *Leipzig: E. Haberland (1904).* (137 S.) 8°
[Umschlagt.:] Nicola Perscheids Dreifarbenphotographie. 04. 388

Scheidemantel, Jh. Jak., († 1777.) acta conventuum et synodorum in maiori Polonia a dissident. celebratarum. 8maj. Bresl. 776 W. G. Korn. 6 gr.

Stimmbildung von Karl **Scheidemantel**. Leipzig: Breitkopf & Härtel 1907. (83 S.) 8° [08. 186

Scheidemantel, Karl, Stimmbildung. 3., unveränd. Aufl. (85 S.) 8. Leipzig 910. Breitkopf & Härtel. 1.50; geb. n 2. --

v. Scheidemantel, Karl, Versuch e. Unterrichts in d. Waffenübungen f. die leichten Infanterie-Compagnien u. Bataillons-Schützen. Mit 2 Kpft. 8. Stuttg. 800. Löflund u. S. 16 gr

— Voice-culture. 2., rev. ed. (IV, 77 S.) 8. Ebd. 910. 1.50

Scheidemantel, Volkmar Gottfried (Gispersleben/Thür. A.S. 1171/9

Disputatio inauguralis medica, de frequentia morborum in sexu sequiori prae potiori.
Präs. Johann Andreas Frischer.
Erfurt (Grosch) 8. VIII. 1727. 28 S. 30149

Scheidemauer, die, in der Heiliggeistkirche zu Heidelberg. Eine histor. Erinnerung zum Universitäts-Jubiläum 1886. gr. 8. (20 S.) Heidelberg 885, Koester.

Scheidemauer, die, in der Heiliggeistkirche zu Heidelberg. Eine histor. Erinnerg. zum Universitäts-Jubiläum 1886. gr. 8. (20 S.) Heidelberg 886. Koester. — 30

Scheider, Albrecht [aus Gaebersdorf, Kr. Striegan[!], Schles.]: Aus d. pharmakolog. Institut d. Univ. Würzburg. Einige experimentelle Beiträge zur Kenntnis der Phosphorvergiftung ... Würzburg, P. Scheiner's Buchdr., 1895; 25 S. 8.
Würzburg, Med. Fak., Inaug.-Diss. v. 1895

Scheider, Christian Ehregott, s. Schneider

Scheider, G. E., der Elementar-Zeichenunterricht in der Volksschule. Eine prakt. Anleitung zur Ertheilung desselben mit 204 Abbildungen. 8. (VI, 82 S.) Leipzig 878, Klinkhardt. *

Scheider, Heinr. (geb. Schleswig 1. 6. 1855): Ueber das gleichzeitige Vorkommen zweier acuter Infectionskrankheiten bei demselben Individuum. Berlin (1878). (31 S.) 8°
Berlin, Med. Diss. v. 18. März 1878

Scheider, J., Bad Teplitz-Schönau u. Umgebg., s.: Grieben's Reiseführer.

Scheider, Jh. Paul, († ...) Anweis. zum Schönschreiben, s. Anweisung, u. setze hinzu: (v. J. P. Scheider). (Leipz., Er. Fleischer). 6 gr

Scheider, J. P., Anweisung zum Schönschreiben. 8. Hildburgsh. Hanisch. 801. Rthlr.

— (als) Unterricht im Rechtschreiben.

Scheider, J. P., Unterricht im Rechtschreiben d. deutschen Buchstaben, Sylben, Wörter rc. z. Gebrauch f. Schulen. 8. Hildburgsh. Hanisch. 797.

Scheider, K. W. E., das Gottes-Urtheil in der Offenbarung Johannis üb. den unfehlbaren Papst u. seine Bundesgenossen. 8. (139 S.) Hildburghausen 871. Kesselring in Comm. n. 1. 20

Scheider, K. W. E., Natur u. Offenbarung, auf Grund d. allgemeinen Naturgesetzes der Gegensätze ins Licht gestellt. 8. (16 S.) Hildburghausen 889. (Gadow & Sohn.) n. — 20

Scheider, K. W. E., die Schöpfung u. d. Schöpfer mit e. Blick in d. Zukunft, gegründet auf d. allgem. Naturgesetz. 8. (29 B.) Heldburg 841. (Leipzig, Gebhardt u. Reisland.)

Scheider, K. W. E., die Schöpfung u. der Schöpfer mit einem Blick in die Zukunft, gegründet auf das allgemeine Naturgesetz. Mit 1 lith. Zeichnung. 8. Heldburg 841; Leipzig, Weygand'sche Buchh. 1 gr

— der Weg zu Gott mittelst Betrachtungen über Schöpfung u. Schöpfer, gegründet auf das allgem. Naturgesetz der Gegensätze. Mit 1 Lithogr. 2. durchaus verb. u. verm. Aufl. 8. Zwickau 844, Richter'sche Buchh. 1 gr

Sgheider [!] [vielmehr **Scheider**], (Car.) August.) Ludov. (geb. Wittstock 19. 6. 1796): De acupunctura. Berolini (1825). (32 S.) 8°
Berlin, Med. Diss. v. 25. Mai 1825

Scheider, Rud. (geb. Stolberg bei Aachen 27. 12. 1840): De arthritide novaque eam sanandi methodo. Berolini (1856). (34 (vielmehr 30) S.) 8°
Berlin, Med. Diss. v. 18. Juli 1865

Scheider, Rud., über das Augenfell (pannus) u. dessen Behandlung. Mit e. Tabelle üb. 24 Operationen. 8. (1 B.) Berlin 845, [C. H. Schultze.]

Scheider, Rud., über das Augenfell (pannus) u. dessen Behandlung. Mit einer Tabelle über 24 Operationen. 8. Berlin 845, Wolff. 1/6 gr

Scheider, Rud. (geb. Gerresheim 1816): De steatomate magno in antro Highmori observatio, cui praemissa sunt quaedam de cunctorum, qui in hoc antro occurrunt, morborum diagnosi. Berolini (1838). (26 S.) 8°
Berlin, Med. Diss. v. 16. Mai 1838

Scheidewand, die,. Ein Singsp. in 1 Aufz. nach d. Franz. frey bearb. v. Castelli. 8. Wien, Wallishauser. 804.

Scheidewand, die religiöse, oder faßliche Darstellung der Glaubens-Grundsätze zwischen der kathol. Kirche und der luther.-protestant. Confession. Schaffhausen 857. Hurter. 8. (VIII, 257 S.) 15 ngr

Scheidewasser für Alban Stolz oder dessen Büchlein. »Wohin sollen wir gehen.« Von einem katholischen Laien. Mannheim 1874. V: *Kammerer, J. B.* (Tt) (SJL)

Scheidewasser für Alban Stolz, oder dessen Büchlein: „Wohin sollen wir gehen." Von einem kathol. Laien. 1. Aufl. 1874, und 2. Aufl. gr. 8. (32 S.) Mannheim [Straßburg] 875, Schneider's Verlag. *

Am Scheidewege. Politische Betrachtungen eines Oesterreichers. 8. (40 S.) Geh. —.30
Wien: Perles 1897.

Am **Scheidewege**. Polit. Betrachtungen z. heutigen Lage d. Deutschtums in d. balt. Provinzen. Von ∤ (2. Taus.) Riga: Jonck & Poliewsky 1906. (71 S.) 8° [F.] [06. 8999

Am **Scheidewege**. Eine krit. Betrachtung d. organisator. Bestrebungen d. techn. Privatangestellten, zugl. Bericht über d. Einigungsverhandlungen zwischen d. Bund d. technisch-industriellen Beamten u. d. Deutschen Techniker-Verband. Berlin: Sohlich 1908. 83 S. 8°
(Schriften d. Bundes d. techn.-industr. Beamten. Nr 12.)

Scheideweiler, Betracht. üb. d. Ges. v. 30. Okt. 1848 u. f. w. Trier, 1849.

Scheidewort eines Veteranen aus den Befreiungskriegen. Königsberg 1866. V: *Egloffstein, Carl von.* (BMarsch 281)

Scheidewort eines Veteranen aus den Befreiungskriegen. Königsberg 866. Meyer & Co. gr. 8. (28 S.) 5 ngr

Scheibhauer, C. F., sokratisch-katechet. Entwickelungen d. nothwendigst. Grundbegriffe, als vorbereit. Denkübungen f. d. Religionsunterr. in Schulen, bestimmt f. Kinder v. 8 bis 11 Jahren. 8. (14 B.) Chemnitz 834, Kretzschmar.

Scheidig, Hch., Zeichnung über die neuerbaute Turnhalle des T. V. Lobenstein, m. Kostenanschlag, 1 Bl.

Scheidig, Konrad

Scheidig, Conrad. Zur Kenntnis der Metanitro- und Metamidosulfamide in der aromatischen Reihe. Diss. Phil. Basel. 45 S. 8. München, H. Kutzner, 1905.

Scheiding, Fr., über Beta-Naphtylamin. Inaugural-Dissertation. gr. 8. (55 S.) Göttingen 876, (Vandenhoeck und Ruprecht's Verlag.) *

Scheiding, Fr., neue Tabelle zur Berechnung der Phosphorsäure bei Anwendung v. 0,5 g Substanz. Plakat. 42×48 cm. Cöthen 892. Verlag der „Chemiker-Zeitung". n. — 70

Scheiding, G. [pract. Arzt in Hof]: Leuchtgas-Vergiftung und Fermentintoxication .... Hof, Druck d. Mintzel'schen Buchdr. (H. Hörmann), 1888; 24 S. 8°
Erlangen, Med. Fak., Inaug.-Diss. v. 6. Apr. 1887

Scheiding, G., Leuchtgas-Vergiftung u. Fermentintoxication. Inaug.-Diss. gr. 8. (24 S.) Hof 888. (Kleinschmidt.) cart. — 75

Scheiding, H. Platon's Ansichten über die Tugend. 2 Teile. 16. 16 SS. **Progr.** *Waldenburg* 1880. 1881.

Scheiding: De hyperbato Thucydideo. 16 S. - Jauer. Progr. 1867

Scheiding, *Hermann* [Dir. Dr.]: Die ersten 25 Jahre des Waldenburger Gymnasiums. Waldenburg i. Schl., P. Schmidt's Druckerei, 1896; 1 Bl., 24 S. 4.
Waldenburg i. Schl., st. Ev. G, OP 1896 (213)

Scheiding, [Hermann], Dir. Dr.: [Prof. Dr. Oswald Storch, gest. am 10. Apr. 1898.] *Waldenburg i. Schl. 1899: P. Schmidt.* (S. 8—9.) 4°
Waldenburg i. Schl., st. ev. G, OP 1899 (210)

Scheiding, O[tto]: Bossuets **Stellung** zur Reformationsbewegung. *Hamburg 1899: Lütke & Wulff.* (30 S.) 4°
Hamburg, R in St. Pauli, P 1899 (785)

Scheiding, O., Bossuets Stellung zur Reformationsbewegung. Progr. gr. 4. (30 S.) Hamburg 899. (Herold.) n. 2. 50

Wohlerfahrne (Der) Scheid-Künstler, oder praktische Anweisung wie man alle Ertz und Metalle, sonderlich Gold und Silber mit wenigen Kosten und Mühe probiren und von einander scheiden könne. Franckfurt 1755. 8vo.

Scheidl, F., Beschreibung üb. die Entstehung v. Fussleiden u. deren Behebung durch Normalbeschuhung. 12. (16 S. m. Illustr.) Wien 889. (Steckler.) n. — 40

Scheidl, Frz., Denkmale u. Erinnerungszeichen an die Türkenzeit in Wien. (103 S.) gr. 8. Wien 908. (Sallmayer'sche Buchh.) 2. —

Scheidl Josef: Kritische Prüfung der Nachrichten über die Volsker bis zum Jahre 188 im Vergleich mit den Ergebnissen Mommsens, Schweglers und Clasous. II. 1878 PN 116 **Diss.** Wien, Univ. 650

Scheidl, Josef: Persönliche Verhältnisse und Beziehung zu den antiken Quellen in Wielands Agathon. Berlin: A. Duncker 1904. (53 S.) 8° ¶(Aus: „Studien zur vergl. Lit.-Gesch." Bd IV).
München, Phil. Fak., Ref. Muncker, Diss. v. 10. Nov. 1904
[Geb. 18. Jan. 75 Schwabhausen; Wohnort: München; Staatsangeh.: Bayern; Vorbildung: Gymn. München Reife Juli 99; Studium: München 8 S.; Rig. 14. Jan. 04.]

Gedichte von C. v. Chatelain [d. i. Cäsar Scheidlein]. T. 1. Leipzig-Wien: Autos [1910]. 8°
Nr 662

Scheidlein, Ernst Edl. v, Taschenbuch der Wiener k. k. Universität für das Jahr 1853. 8. (252 S.) Wien, Frdr. Beck'sche Universitäts-Buchhandlung in Kommission. Druck der Mechitaristen, 1853.

Scheidlein, Ernst Edler von —. Taschenbuch der Wiener k. k. Universität für das Jahr 1854. Herausgegeben von dem k. k. Universitäts-Pedellen. — —. 8. (168 S.) Wien. Mechitharisten-Buchdruckerei. In Kommission der Friedrich Beck'schen Universität's Buchhandlung.

Taschenbuch der Wiener k. k. Universität für das Jahr 1855. Herausgegeben von dem k. k. Universitäts-Pedellen Ernst Edl. v. Scheidlein. Wien. 1855 Mechitharisten-Buchdruckerei. In Kommission bei Fr. Beck. (146 S. 8) geh.

Scheidlein, Ernst Edler v. — Taschenbuch der Wiener k. k. Universität für das Jahr 1856. Herausgegeben von dem k. k. Universitäts-Pedellen — Wien. Mechitharisten-Buchdruckerei. (175 S. 8.)

Taschenbuch der Wiener k. k. Universität für das Jahr 1857. Herausgegeben von dem k. k. Universitäts-Pedellen Ernst Edlen v. Scheidlein. Wien. In Kommission der Friedrich Beck'schen Universitäts-Buchhandlung. (151 S. 1 Bl. XXXIV. 8.)
Inhalt: Verzeichniß der Rectorum Magnif. der Wiener k. k. Universität von ihrer Stiftung bis auf die neueste Zeit. — Universitäts-Konsistorium. — Das k. k. Professoren-Kollegium aller 4 Fakultäten. — Universitätskirche, Bibliothek, Aemter und Stiftungen. — Anforderungen zur Erlangung der Doktors-Würden aus den verschiedenen Fächern. — Verzeichniß der im Jahre 1855—56 graduirten Doktoren, dann der Mitglieder der Doktoren-Kollegien. — Universitäts-Feierlichkeiten. — Versorgungs-Societäten für die Witwen und Waisen der verschiedenen Universitäts-Korporationen.

Scheidlein Ernst, *Edler* v., Taschenbuch der Wiener k. k. Universität für das Jahr 1858. *Wien Friedr. Beck'sche* Univ.-Buchh. in Comm. *Mechitar.* Buchdr. 180 S., 1 Bl., kl. 8°.
Enthält (p. 142). Die Rede des Rector magnificus Dr. C. D. Schroff. — (p. 154.) Die von Dr. W. Freih. v. Sacken gehaltene Begrüssungsrede an den neuen Rector Dr. J. N. Kaiser, welche eine gedrängte Lebensskizze desselben enthält, und (p. 159) die Rede des neuen Rectors, worin er das Programm seiner neuen Amtsthätigkeit darlegt.

Scheidlein, Georg E.

Scheidlein, G.: Abh. üb. d. Kaufvertr. n. dem österr. bürg. Gesetzbuche, in Vergleich. mit d. röm. Civilrecht, d. preuss. Landr. u. d. franz. C. C. *Wien*, Mösle. 817—18. 2 Thle. gr. 8. (2 Thl. 16 Gr.)

— Abhandl. üb. d. Kaufvertrag nach d. österr. bürgerl. Gesetzbuche in Vergleichung mit d. röm. Civilrechte, d. preuß. Landrechte u. d. französ. Civilcodex. 2 Thle. gr. 8. Wien 819. v. Mösle. 2 ℳ 20 ℊ

Scheidlein, G.: „Abhandlung über den Mieth- und Pachtcontract nach dem Oesterreichischen bürgerlichen Gesetzbuch, in Vergleichung mit dem Römischen Civilrecht, dem Preußischen Landrecht und dem Französischen Civilcodex", Wien 1819 (Leipzig, Kummer in Kommission).

— Abhandl. üb. d. Mieth- u. Pachtvertrag nach d. österr. bürgerl. Gesetzbuche, in Vergleichung mit d. röm. Civilrechte, d. preuß. Landrechte u. d. französ. Civilcodex. gr. 8. Wien 819. v. Mösle. 1 ℳ 8 ℊ

Scheidlein, Geo. E., Erklär. d. allgem. bürgerl. Gesetzbuchs. 2 Thle. 8. Wien 789, 90. Hörling. 16 ℊ

(SCHEIDLEIN, G.): Erläuterungen üb. d. allgem. bürgerl. Gerichtsordn. nach d. Vorlesungen d. Prof. *Scheidlein.* 2 Bde. *Wien*, v. Mösle Witwe. 2. Aufl. (805.) 825. 8. — [In's Italienische übers. v. Gaetano SENONER. *Milano*. 816. 8. 4 Bde.]

— neu bearbeitete Erläuter. der f. Oesterreich unter d. Ens am 2?. Sept. 1781 erlassenen Civil-Jurisdictionsnorm. gr. 8. Wien 817. v. Mösle. 16 ℊ

Grundsätze d. Oestr. Provinzial-Rechts nach den Vorless. d. Hrn. G. SCHEIDLEIN. *Wien*, Gassler. (785.) 796. 2 Thle. 8.

— Handbuch d. österr. Privatrechts nach d. neuen bürgerl. Gesetzbuche. 3 Thle. gr. 8. Wien 814 u. 15. (Gerold). 5 ℳ Hbg. Pr. 2 ℳ 12 ℊ

Scheidlein, Geo. E., Commentar üb. die Einleit. u. d. 1ste Hauptstück d. 1n Theils d. allgem. bürgerl. Gesetzbuches. gr. 8. Wien 823. v. Mösle. 1 ℳ 4 ℊ

v. Scheidlein, (G.,) Commentar üb. die Einleitung u. das 1te Hauptstück des 1n Theils des allgem. bürgerl. Gesetzbuches. gr. 8. Wien 824, v. Mösle.

— Commentar üb. die bürgerl. Gesetze, welche seit d. eingetret. Wirksamkeit d. österr. bürgerl. Gesetzbuches v. 1811—1818 nach u. nach erschienen sind. gr. 8. Wien 819. 2e Aufl. 823. v. Mösle. 1 ℳ

— — Miszellen aus dem Gebiete der bürgerl. und der mit derselben verwandten polit. Gesetzgebung d. Oesterreich. Kaiserstaates. 1s u. 2s Heft. gr. 8. Ebend. 820. (1s Heft 12 Gr. 2s 20 Gr.)

— Miscellen aus dem Gebiete d. bürgerl. u. d., mit derselben verwandten polit. Gesetzgebung d. österr. Kaiserstaates. 3s H. 1e u. 2e Abthlg. u. 4s u. 5s Heft. gr. 8. Wien 822, Mösle.

— — Privatrecht, nach dem neuen bürgerl. Gesetzbuche. 3 Abtheil. gr. 8. Wien, Geistinger. (Leipzig, F. C. W. Vogel in Comm.) 818.

Scheidlein-Wenrich, Karoline v.,
s. Scheidlin-Wenrich, Karoline v.

Scheidler u. Schürr, 450 Aufgaben zur Selbstbeschäftigung der Schüler u. als Vorübgn. zum regelmäß. Sprachunterrichte f. die unteren Abtheilgn. der deutschen Schulen. 6. Aufl. 8. (29 S.) Nürnberg 874. Korn. — 15

Scheidler: „Uebersicht eines Lehrplans der eigentlichen Kameralwissenschaft für öffentliche Vorlesungen auf der hohen Schule zu Bonn", Bonn 1788.

Scheidler: Über Wesen u. Werth d. allgem. Studien. Jena 1863.
Schul-/Univ.-Schrift

Scheidler, C. H.: „Die Hauptlehren der philosophischen und constitutionellen Politik. In einer Chrestomathie aus den Schriften von Dahlmann, Schmitthenner, Schön, Jordan u. a.", Jena 1847.

Scheidler, Chrn. Aug., theoretisch-practische Anleitung zum Studium der Harmonie f. Dilettanten u. Componisten. Zugleich als Suppl. zur 2. Aufl. der Klavierschule des Verf. 8. (IV u. 200 S.) Marburg 850, Elwert. $1/2$ ℳ

Scheidler, Chr. Aug., theoretisch-praktische Clavier-Schule. I—III. Hft. qu. gr. 4. Hersfeld 845, Schuster. à $1/3$ ℳ

Scheidler, C. A., Cursus für den Elementarunterricht im Pianofortespiel. Eine ausführliche und vollständige Anweisung zu e. gründlichen wissenschaftlich-prakt. Unterricht in den Anfangsgründen des Pianofortespiels. Ein theoretisch-prakt. Leitfaden f. Lehrer u. Schüler jeglichen Alters. 3. Ausg. Hersfeld (856.) Wallhaus. Fol. (150 S.) 2 ℳ 15 ngr

Scheidler, Friedrich, approb. Arzt aus Krotoschin (Prov. Posen): Aus d. med. Klinik zu Kiel. Zur Kenntnis der Perichondritis laryngea. *Kiel 1901: Schmidt & Klaunig.* (23 S.) 8° Kiel, Med. Diss. v. [9. Apr.] 1901

Weimarisch-thüringische Säcular-Erinnerungen und Denkmäler. Mit besonderer Beziehung auf ihre culturgeschichtliche, sowie national- und staatspädagogische Bedeutung. 1. Artikel. Zur Nachfeier der weimarischen Septemberfeste. v. K. H. Scheidler, und Geschichte der Septemberfeste in Weimar 1857. v. Oskar Schade. (Ausschnitt aus Minerva Jahrgang 1857.) (Jena. 1857.) 8°.

Scheidler, K. H. Über Lebensversicherungs-Anstalten und ihre volks- und staatswirtschaftliche Bedeutung. (??)

Scheidler, Karl Herm., staatswissenschaftl. Abhandlungen. I. Bd. — A. u. d. T.: Ueber d. Idee d. Universität u. ihre Stellung z. Staatsgewalt. Nebst e. einleit. Abhandl. üb. d. Bedeut. d. cölner u. göttinger Amtsentsetzungen f. d. Staatsfragen d. Gegenwart. 8. (28 B.) Jena 838. (Hochhausen.)

Scheidler, Karl Herm., über d. Abschaffung d. Duelle unt. d. Studirenden; mit besond. Rücksicht auf die hierauf bezügl. Schriften d. Hrn. Geh. Kirchenr. D. Paulus u. d. Hrn. Kirchenr. D. Stephani. 8. (11 B.) Jena 829, Bran.
Aus der „Minerva, hrsg. v. Bran" abgedruckt.

— s. Alibert, J. C.: Physiologie.

Scheidler, Karl Herm., auch ein Beitrag zur Vertheidigung der höhern landwirthschaftlichen Lehranstalten gegen die Angriffe des Herrn Frhrn. v. Liebig. Nebst einer Beleuchtung der Entgegnung des Herrn Dir. Helferich in Weihenstephan. Jena 861. Frommann. 8. (IV, 76 S.) $7\frac{1}{2}$ ngr

Scheidler, Karl Herm., publicistische Beiträge zur wissenschaftlichen Erörterung d. wichtigsten Staatsfragen der Gegenwart. 1. Hft. A. u. d. T.: Publicistische Beleuchtung u. Ergänzung der neuen Gespräche aus der Gegenwart über Staat u. Kirche, mit besonderer Beziehung auf die deutsche Verfassungsfrage, vom Standpunkte des deutschen Volks- u. Staatsrechts. 8. (VIII u. 232 S.) Weimar 852, Rauschke & Schmidt. $5/6$ ℳ

Scheidler, Carl Herm., Beiträge zu ein. Reform d. Studentenlebens, s. Beiträge.

Scheidler, Karl Herm., Jenaische Blätter zur Förderung der höhern, wissenschaftlichen, sowie politischen und landwirthschaftlichen Jugend- und Volks-Bildung. 8 Hefte. gr. 8. Jena, Fr. Frommann. *

Inhalt:
Heft 1. Ueber das Universitätsstudium der rationellen Oekonomie, insbesond. ihrer anthropologisch-pragmat. Hülfs-Disciplinen. (VIII und 116 S.) 862. * 10 Ngr.
„ 2. Ueber Wesen und Werth der allgemeinen Studien, insbesond. der anthropologisch-pragmat. Hülfs-Wissenschaften und Künste, sowie über den Zusammenhang und die Wechselwirkung zwischen der höhern, namentlich rationell-ökonom. Gewerbs- und Gelehrten-Bildung. (144 S.) 863. * 10 Ngr.
„ 3. Ueber die Hauptaufgabe und praktische Bedeutung der anthropologisch-pragmat. Vorbereitungs-Hülfs- und Neben-Disciplinen der rationellen Oekonomie. Von Karl Herm. Scheidler. Nach dessen Tode hrsg. Nebst Erinnerungen an Karl August und einem Nekrolog des Verf.) (XXXIX und 168 S.) 867. * 20 Ngr.

Scheidler, K. H. Jenaische Blätter für Geschichte und Reform des Studentenlebens. Heft 1–4. Jena 1859–60.

— methodolog. Encyklopädie der Philosophie I. Prolegomenen. Ueber d. Begriff u. d. Studium d. Philosophie im Allgemeinen. gr. 8. Jena 825. Frommann. 14 gG

— nochmalige Erörterung der Frage: Hieb oder Stoß? Eine hodegetische Vorlesung. 8. Jena 843, Frommann. 1/2 Thlr

—— üb. d. Geschichte d. Fechtkunst, so wie üb. d. wahren Werth u. die Vorzüge d. Hiebfechtens, s. Roux, W.

—— Grundlinien d. Hodegetik, od. Methodik d. akadem. Studiums u. Lebens. 2., sehr verm. u. verb. Ausg. gr. 8. (34 B.) Jena 839, Cröker'sche Buchh.

— Grundlinien der Hodegetik oder Methodik des akadem. Studiums u. Lebens. 3. sehr verm. u. verb. Ausg. gr. 8. (XX u. 600 S.) Jena 847, Cröker. 2 1/4 Thlr

—— Grundriß d. Hodegetik d. akadem. Studiums; nebst e. Abriß d. Logik. gr. 8. (13 B.) Jena 832, Cröker.

—— über d. Augsburg. Confession. Ein Beitr. zur genauern Kenntniß ihrer ursprüngl. Bestimm. u. Bedeutung, so wie zur richt. Würdigung ihrer bevorsteh. 3. Jubelfeier. gr. 8. (5 1/2 B.) Jena 830, Schmid.
Aus „Für Christenthum etc., hrsg. v. Bretschneider u. Schröder" abgedruckt.

Scheidler, Karl Herm., die Lebensfrage d. europä. Civilisation u. d. Bedeut. d. Fellenbergischen Bildungsanstalten zu Hofwyl f. ihre befriedigendste Lösung. 8. (6 1/4 B.) Jena 839, Bran'sche Buchh. Thlr.
Aus: Minerva, hrsg. v. F. Bran. Jahrg. 1839, besond. abgedruckt.

– s. Meyendorff, Geo. v.: Reise.

—— Parănesen f. Studirende. 1. u. 2. Samml. 1. u. 2. Abthl. gr. 8. Jena, Cröker'sche Buchh.
A. u. d. Tteln.:
Samml. 1. Paränesen f. Studirnde. Zur Methodik d. akadem. Studiums. (18 B.) 840. 1 Thlr. 4 Gr.
" 2. Abthl. 1. Deutscher Juristenspiegel. Feuerbach's, Thibaut's, Welcker's u. A. Ansichten üb. Wesen u. Bedeut. d. posit. Rechts, so wie d. gegenwärt. Zustand d. Gesetzgebung, Rechtswissenschaft u. Rechtspflege in Deutschland, u. die Nothwendigkeit seiner Reform im Geiste deutscher Volksthümlichkeit. (10 1/2 B.) 842. 18 Gr.
" Abthl. 2. Paränetische Propädeutik d. Rechtsphilosophie. Mit besond. Bezieh. auf d. pract. Bedeut. d. Vernunftrechts f. d. wichtigsten polit. Probleme uns. Zeit, den Constitutionalismus u. die Lebensfrage d. Civilisation uberhaupt. (14 B.) 842. 1 Thlr.

Scheidler, Karl Herm., Paränesen zum Studium der philos. u. positiven Rechtswissenschaft. 1. Heft. — A. u. d. T.: Karl von Rotteck über Wesen u. Studium des Vernunftrechts. Nebst erläut. Beilagen. Ein Beitrag zu Rottecks Charakteristik u. Denkmal. Zugleich parănet. Propädeutik zum Studium der Rechtsphilosophie u. constitution. Politik. gr. 8. Jena 841, Cröker'sche Buchh. 1/2 Thlr

— dass. 2. Sammlung. Zur Rechts- u. Staatswissenschaft. 1. Abthl. — A. u. d. T.: Deutscher Juristenspiegel. Feuerbach's, Thibaut's, Welcker's u. A. Ansichten über Wesen u. Bedeutung des positiven Rechts, so wie den gegenwärt. Zustand der Gesetzgebung, Rechtswissenschaft u. Rechtspflege in Deutschland, u. die Nothwendigkeit seiner Reform im Geiste deutscher Volksthümlichkeit. gr. 8. Ebend. 842. 3/4 Thlr

— dass. 2. Sammlung. 2. Abthl. — A. u. d. T.: Paränetische Propädeutik der Rechtsphilosophie. Mit besond. Beziehung auf die pract. Bedeutung des Vernunftrechts für die wichtigsten politischen Probleme unserer Zeit, den Constitutionalismus u. die Lebensfrage der Civilisation überhaupt. gr. 8. Ebend. 842. 1 Thlr (I u. II. 1. 2: 2 1/4 Thlr)

—— deducirter Plan zu Vorträgen üb. d. Hodegetik u. zu e. damit zu verbind. hodeget. Leseverein. gr. 8. (1 1/2 B.) Jena 835, Cröker'sche Buchh.

Scheidler, Karl Herm., Propädeutik u. Grundriß d. Psychologie. 2., sehr verm. Ausg. — A. u. d. T.: Handbuch d. Psychologie zum Gebr. bei akadem. Vorlesn. u. zum Selbststudium. 1. Thl. gr. 8. (32 B.) Darmstadt 833, Leske. Thlr.

—— staatsrechtl. u. polit. Prüfung d. Vorschlags e. totalen Reform d. deutsch. Universitätswesens; nebst e. Apologie d. kleinern Universitäten, u. Protestation geg. ihre Verlegung in d. Residenzstädte. 8. (13 1/4 B.) Jena 834, Bran.
Aus der „Minerva, hrsg. v. Bran" abgedruckt.

– Akademisches Schiller- und Fichte- Buch, s. Blätter, Jenaische, für Geschichte des Universitätswesens.

– s. Stael-Holstein: Üb. Verfassung ...

— über das deutsche Studentenleben u. die Nothwendigkeit einer innern, von den Studirenden selbst ausgehenden Reform desselben. Mit besond. Beziehung auf Jena. Akadem. Einladungsschrift. Als Manuscript für die jenaischen Studirenden gedruckt. 8. Jena 842, Frommann. 1/3 Thlr

— deutscher Studentenspiegel, s. Beiträge zu einer innern Reform des deutschen Studentenlebens.

– Deutscher Studentenspiegel, s.a. Blätter, Jenaische, für Geschichte des Universitätswesens.

—— Deutscher Studentenspiegel. Als Beitrag zu einer Reform des deutschen Studentenlebens, ans Licht gestellt. Jena 1844. 8.
Sieh: Beiträge zu einer ... R. form d. deut. Studentenlebens. I

Scheidler, Karl Herm., Deutscher Studentenspiegel. Als Beitrag zu einer innern, von den Studenten selbst ausgehenden Reform des akadem. Lebens u. Studiums. 2. völlig umgearb. etc. Aufl. Jena 1859. 8.
(Wie oben.)

— üb. d. Studium d. Psychologie. gr. 8. Jena 827. (Bran). 9 gG

– Zur Turn- und Wehr kunst, s.a. Blätter, Jenaische, für Geschichte des Universitätswesens.

Scheidler, K. H., Zur Turn- und Wehrkunst, E. Hand- u. Lehrbuch bei Vortr. üb. akadem. Militärgymnastik, u. e. Geschichte d. Fechtkunst u. d. jenaischen Wehrschaft v. J. 1814 (Jenaisch. Blätt. f. Geschichte u. Reform d. dtsch. Universitätswes., H. 3), Jena 1859, 196 S., 8°.

— über die Verdienste Karl August's u. seines Weimar-Jenaischen Musenhofs um die Einführung des neuen Staatsprincips. Zur Semisäcularfeier des Weimarischen Grundgesetzes vom 5. Mai 1816 gehalt. Vorlesungen. [Aus: Jenaische Blätter für höhere Jugend- u. Volksbildung.] Jena 866. Fr. Frommann. gr. 8. (104 S.) 7 1/2 ngr

Scheidler, K. H., „Vor vierzig Jahren!" Z. Würdigung d. kriegerischen Gedächtnisfeiern d. Deutschen, insbesond. d. d. Leipziger Schlacht u. ihrer volks- u. staatspädagogischen Bedeutung f. d. national-politischen Probleme d. Gegenwart u. Zukunft uns. Vaterlandes, Jena, 86 S., 8°.

Scheidler, Karl Joh. Reinh. (Karlsruhe) Holl. Generalchirurg
Dissertatio inauguralis medica sistens Cardalgiae brevem nosologiam, methodum curandi rationalem ac morbi ipsius curati historiam.
Giessae 6. 9. 1800. 16 S. 4°

Scheidler, Konrad, bunte Blätter aus der Mappe eines Schullehrers. Abhandlungen über Gegenstände des deutschen Schulwesens zur Beachtung für Lehrer, Schul- u. Conferenz-Vorstände. 8. Erlangen 842, Heyder. 1/2 Thlr

Scheidler, Konr., die Emigranten. Eine Erzähl. f. christl. Familien. 8. (7 B.) Erlangen 840, Heyder.

— die Kreuzfahrer. Histor. Gemälde aus dem christl. Mittelalter, für die gesammte edlere Lesewelt, besonders für die reifere christl. Jugend. Mit 1 Stahlst. 12. Augsburg 844, M. Rieger'sche Buchh. 5/12 Thlr

Die Bischöfe zu Neuburg vom Jahre 626 bis zum Jahre 742. Von Wolfgang Scheidler, P. — 1841. Neuburg, J. B. Kindsleisch. — S. 3–32.
Progr. Neuburg.

Die normal entadten regulären Polyeder. Von W. Scheidler, P. — 1849. Ebend. — S. III—XXI mit 1 Fig. Taf. [S. Nr. 733.]
Progr. Neuburg.

Die regulären Polyeder. Von Wolfgang Scheidler, P. d. Math. — 1839. Neuburg, Grießmaner S. III—XXII mit 1 Fig. Taf.
Progr. Neuburg.

Die normal überflächten regulären Polyeder. Von W. Scheidler, P. — 1856. Ebd. — S. III—XVI.
Progr. Neuburg.

Scheidler, Wolfg. Dr. „Ueber die Wichtigkeit der Naturwissenschaften im allgemeinen Unterrichte". pg. 3–8. 4°. o. O. u. Dr.
Amberg. Progr. 1835/36

Alpenwirthschaft, Die, in Kärnten. Klgft., v. Kleinmayr, 1873 bis 1891. 2 Tle. (2. Tl. in 5 Heften. — Verf.: August von Scheidlin.)

Scheidlin, C. E. v., praktische Unterweisg. in der Massenkultur der lebenden Fischnährtiere aus der Wasser- u. Landfauna, s.: **Rakus, A.**

Scheidlin, H. G., Erklär. d. allgem. bürgerl. Gesetzbuchs. 2 Thle. 8. Wien, Herling. 790.

Scheidlin, Johann (Augsburg) A. S. 764/20

Dissertatione inaugurali conventus monetales, S. R. I. trium superiorum corresp. circulorum Franconiae, Bavariae, Sueviae, Müntz=Probations=Täge der drey Correspondirenden Creyse, ex edicto monetali Ferdinandeo ... destinat ... Präs. Christian Wildvogel. Jena (Müller) 31. VIII. 1707. 71 S.

W. v.: Präs., Jo. Philipp Treuner. 30152

Scheidlin, J. de: „De conventibus monetalibus S. R. J. trium circulorum superiorum ...", Jen. 1707. 4°. — Neue Auflage Augsburg 1719.

Scheidlin, Johann (Augsburg) A. S. 195/21

Dissertatione inauguralis conventus monetales, S. R. I. trium superior. corresp. circulorum Franconiae, Bavariae, Sueviae, Müntz=Probations=Täge der drey correspondirenden Creyse, ex edicto monetali Ferdinandeo ... descriptos, ... destinat.
Präs. Christian Wildvogel. Rec.
o. O. 1735. 71 S.

Diss. Jena 31. VIII. 1707.
W. v.: Präs., Jo. Phil. Treuner. 30153

v. Scheidlin, Mark., († d. 20. Nov. 1800.) s. Schauplaz d. Natur in e. kurzen Begriff.

Scheidlin, M. v., Schauplatz d. Natur in e. kurzen Begriff. 8. Frankf. (Bürglen in Augsb.) 765.

Scheidlin-Wenrich, Karoline v.

Scheidlin-Wenrich, Caroline v., aus dem Irrenhause. Dreizehn Erzählgn. merkwürdig. Irrsinnsfälle. Mit e. Vorworte v. Frdr. Schlögl. gr. 8. (VIII, 248 S.) Wien 891. A. Bauer. n. 2. —; auch in 8 Lfgn. à n. — 25

— dasselbe. (Neue Titel-Ausg.) 8. (VIII, 248 S.) Ebd. 893. n. 1. —

Scheidt, v.: Über Acetylen und seine Anwendung. Vortrag. Charlottenburg 1897

Scheidt, s. **Adress-Buch sämmtlicher Bergwerke, Hütten- und Walzwerke, Giessereien, Maschinenfabriken, chemischen, Cement-, Glas- und Thonwaarenfabriken, Fabriken feuerfester Producte, Ziegeleien und verwandter Zweige im niederrheinisch-westfälischen Industriegebiet.**

Scheidt & Bachmann: Prospekte über Weichen- und Signalsicherungsanlagen. 1907 ff. M.-Gladbach

Scheidt, Diss. de singultu. Duisb. 4°. 1782

Scheidt, Carl, s. Scheidt, Karl

Scheidt, Christian Ludwig

— Anmerk. u. Zusätze zu Mosers Einleitung i. d. Lüneburgische Staatsrecht. 8. Hannover, Helwing. 757.

Scheid, Ch. L.: Anmerkk. u. Zusätze dazu. *Göttingen*, **Förster.** (*Hannover*, **Helwing.**) **757. 8.** (**12 Gr.**)

— abgedrungene Apologie ic. 8. Copenhagen, Proft. 740.

Scheidt, Christian Ludwig.

Commentatio de Bacellariis et Isauris ... Lipsiae 1781. II: *Jugler, Joh. Frdr.* (Ky)

— commentatio de Bacellariis et Isauris ad leg. X. Cod. Justin. ad L. Jul. de vi publica etc. (ed. J. F. Jugler). 4. Leipz. 781. Kummer. 4 gr

— Bibliotheca histor. Gott. c. fig. T. I. 4. Gottingae, Barmeyer. 758.

— Bibliotheca histor. Göttingens. Tom. I. cum fig. 4. Götting. 758. (Helwing in Hannov.) 1 Thlr 8 gr 4maj. ibid. 1 Thlr 16 gr

— codex diplomaticus, worinnen die Anmerkk. u. Zusätze zu v. Mosers Einleit. in d. Braunschweig-Lüneburg. Staatsrecht ic. ihren weitern Beweis erhalten. 8. Hannov. 759.

Scheidius, Chr. Lud.: Juris publici et privati convenientiam et differentias principes exhibet. Francofurti et Lipsiae 1749.

— convenientia juris publici et privati. 4. Franct. Esslinger. 749.

— ethica philosophica. 8. Copenhagen, Wezel. 745.

Scheid, Christian Ludwig A. S. 128/40

Excursiones in argumenta nonnulla ex utroque iure inter tumultuariam lectionem novellarum quarumdam imp. Leonis dicti philosophi institutae.
Göttingen (Schultz) 7. IX. 1737. 36 S. 30134

Scheid, Christian Ludwig [Praes.], s. Gebauer, Georg Christian: De ceremoniarum natura et jure.

Scheid, Christian Ludwig [Praes.], s. Hofmeister, Friedrich Gunther: De jure coquendi et vendendi cerevisiam tam in terris Brunsvicensibus et Luneburgicis quam in episcopatu Hildesiensi.

Chr. Ld. Scheidt, Diss. et Progr. de jure coquendi et vendendi cerevisiam tam in terris Brunsvic. Luneburg., quam. in Episcopatu Hildesiensi. Goett., 1739.

—— Mantissa documentorum wodurch die Historischen und Diplomatischen Nachrichten ... mit einigen 100. ungedruckten Urkunden [illegible] bestärket und erwiesen werden. Nebst einem vollständigen Register über das ganze Werk. [illegible] 1755. 4°k.

Scheidt, Chr. Ldw., († d. 25. Oct. 1761.) histor. u. diplomat. Nachrr. v. d. hohen u. niedern Adel in Deutschland, mit Urkunden u. Anhang. 2 Thle. 4. Hannov. 754, 55. Helwing. 1 ₰ 8 gr

Scheid, Christian Ludwig A. S. 351/20

De obligatione possessoris bonae fidei ad rem domino restituendam. Präs. Christian Gottlieb Schwarz. Altdorf (Meyer) 5. VIII. 1730. 40 S.

W. v.: Präs. 30133

— origines guelphicae, vide Origines.

Scheidius (Chr. L.). Summi polyhistoris Godefr. Guil. Leibnitii Protogaea, sive de prima facie telluris et antiquissimae historiae vestigiis in ipsis naturae monumentis dissertatio. Gottingae 1749. 4.

Scheid, Christian Ludwig A. S. 313/23

Quam ob causam in terris Brunsvico-Luneburgicis iura Saxonica abrogata fuerint.
Göttingen (Vandenhoeck) 12. XI. 1738. 16 S.

30135

— de ratione belli comment. 4. Francf, Esslinger. 749.

Scheidt, Christian Ludwig: Singularia qvaedam de eo qvod ivstvm est circa vinvm advstvm, Von Brantewein Brennen und Brantewein Schencken .... [Praes.:] Christ. Ludovicus Scheidius. [Resp.:] Ernestvs Antonivs Helmkampff. Goettingae: Hagerianus 1739. 130 S. Göttingen, Phil. Diss. v. 16.5.1739 -- 5*

Scheid, Christian Ludwig [Praes.], s. Uden, Jo. Otto: De optima inter dissentientes iurisconsultos secta.

Scheid, Christian Ludwig [Praes.], s. Wakerhagen, Ernst August: De cauponarum origine et iure et magistratus in iis ordinandis cura.

Scheid, Christian Ludwig [Praes.], s. Wendeborn, Johann Rudolph: De iure erigendi cauponas et hospitia publica tam in genere quam in specie in terris Brunsvico Luneburgicis von der Wirthschaffts= und Krug=Nahrung.

Scheidt, Felix [aus Köln]: Ein Beitrag zur Kenntniss der Terpene. . . . Bonn, Univ.-Buchdr. v. Carl Georgi, 1890; 43 S. 8°
Erlangen, Phil. Fak., Inaug.-Diss. v. 1890

Scheidt, J. W., method. geord. Schreib=Cursus f. Schulen. Deutsche Currentschrift. 1. u. 2. Hft. Lith. v. F. W. Schoeler. qu. schmal gr. 8. (53 Bl. incl. 2 verz. Ttl. u. 1 Bl. Text.) Crefeld 840, Funcke'sche Buchh. *

Scheidt, Karl

Scheidt, [illegible] 1852. [illegible] Berolini (1852). 27 S. 8.
Berlin, Med. Diss. v. 24. Dec. 1852

Scheidt, Karl, pr. Arzt: Zur Lehre von der zerebralen Muskelatrophie. Nürnberg 1910: Hilz. 44 S., 1 Tab. 8°
Erlangen, Med. Diss. v. 9. Aug. 1910, Ref. Jamin
[Geb. 29. Mai 71 Holzappel; Wohnort: Michelbach i. Nassau; Staatsangeh.: Preußen; Vorbildung: Gymn. Montabaur Reife O. 91; Studium: Marburg 1, München 1, Marburg 8 S.; Coll. 29. Juli 10; Approb. 20. Juli 96.] [U 11. 906

Scheidt, Karl August

— Abhandl. üb. die Preisfrage v. der vortheilhaftesten Bauart d. Oefen u. Pfannen bei Salzwerken. Mit 3 Kpft. Münch., (G. Franz). 7 gr

— Beschreib. eines neu erfundenen Kunst- u. Feldgestänges. Mit 2 Kpft. Münch., (G. Franz). 3 gr

— Beschreib. e. Maschine z. Steinschneiden zu großen Gebäuden. Mit 1 Kpft. Münch., (G. Franz). 4 gr

— kurze Betrachtt. üb. einige Ursachen des allgemein werdenden Holzmangels in Deutschland u. üb. die Mittel, demselben abzuhelfen. Mit 1 Kpf. Münch., (G. Franz). 6 gr

— Nachrr. v. Poch- u. Waschwerken. 2 Thle. 8. Mühlhausen 792. Müller. 8 gr

— Probirbuch. 8. Rotenburg 783. (Brockhaus in Leipz.) 7 gr

— Versuch e. kurzen Abhandl. von d. unterirdischen Baue bei Bergwerken. Mit 1 Kpf. Münch., (G. Franz). 7 gr

Scheidt, Karl Aug., († ...) Versuch e. Abhandl. v. Scheidung u. Aufbereitung geringhaltiger Erze bei Bergwerken. Mit 1 Kpf. Münch., (G. Franz). 5 gr

— Versuch einer prakt. Anleit., Steinkohlenlager rc. aufzusuchen u. zu bearbeiten. Mit 1 Kpft. Münch., (G. Franz). 8 gr

— Versuch einer bergmänn. Erdbeschreibung rc. Mit 1 Kpftaf. Münch., (G. Franz). 11 gr

Scheidt, Leopold

Scheidt, L., Vögel unserer Heimat. Für Schule u. Haus dargestellt. gr. 8. (IX, 204 S. m. Abbildgn. im Text u. 1 Farbendr.) Freiburg i/Br. 890. Herder. n. 2. 20; geb. n. 3. 20

Scheidt, Leop., Vögel unserer Heimat. Für Schule u. Haus dargestellt. Mit 8 Taf. in Farbendr. nach Orig.-Aquarellen von A. Goering u. 65 Textbildern. 2., verb. u. erweit. Aufl. gr. 8. (XVI, 252 S.) Freiburg i/B. 902. Herder. n. 4. 50; geb. in Leinw. n. 6. —

Scheidt, Max [aus Würzburg]: Beiträge zur Kenntnis des Diacetbernsteinsäureesters und Dibenzoylbernsteinsäureesters. . . . Würzburg, Becker's Univ.-Buchdr., 1889; 39 S. 8°
Würzburg, Phil. Fak., Inaug.-Diss. v. 1889

Scheidt, Paul [app. Zahnarzt in Köln]: Morphologie und Ontogenie des Gebisses der Hauskatze . . . (Aus: Morphol. Jahrb., Bd XXI Heft 3. — M. e. Taf. nebst Erklärg.) Leipzig, W. Engelmann, 1894; 40 S. 8.
Erlangen, Phil. Fak., Inaug.-Diss. v. 1894

Samuel Scheidts Tabulatura nova für Orgel und Clavier. Hrsg. von Max Seiffert. Leipzig: Breitkopf & Härtel 1892. (XV, 224 S.) 2°
= Denkmaeler deutscher Tonkunst. Bd 1.

Scheidt, Th. Lud.: Histor. u. diplomat. Nachrichten von d. hohen u. niederen Adel in Deutschland mit vielen ungedr. Urkunden u. Anh. *Hannover*, Helwing. 2 Thle. 4. (1 Thl. 8 Gr.)

Scheidtmann, Gust. (Hrsg.), s. Anzeiger, Landwirtschaftlicher.

Scheidtmann, Gust., offener Brief an den Herrn Assessor Wagner, Redacteur der Neuen preuß. Zeitung. 1—4. Aufl. (27 S.) à * 5 Ngr. und 5. und 6. Aufl. gr. 8. (17 S.) Berlin 849, Schneider und Comp. *

— Preußische Junker als Publizisten. Reactionaire Studien. Lex. 8. (25 S.) Berlin 850, Schneider & Co. n. 1/6 ₰

— der Communismus u. das Proletariat. 8. (127 S.) Leipzig 848, Jurany (jetzt: Kittler). 1/2 ₰

Scheidtmann, G.: „Der sogenannte Kornwucher und die Noth der Zeit", Düsseldorf 1846.

— der sogenannte Kornwucher u. die Noth der Zeit. gr. 8. (56 S.) Düsseldorf 847, Schaub. 1/4 ß

— vertrauliches Sendschreiben betreff. den Eid auf die Verfassung, siehe: Minus.

— retrospective Studien üb. das Junkerthum in Preußen. gr. 8. (32 S.) Berlin 850, Schneider & Co. n. 1/6 ß

— Wohin führt die sogenannte Organisation der Arbeit? Leipzig 1848. 15 S. 8.

Scheidtmann, Wilhelm, approb. Arzt aus Dahlhausen ⟨Westf.⟩: **Aus d. chirurg. Klinik zu Kiel. Beiträge zur Casuistik seltener Lipome.** *Kiel 1903: H. Fiencke.* (22 S.) 8°
Kiel, Med. Diss. v. [24. Apr.] 1903

Scheidtweiler, Peter

Scheidtweiler, P., die Rhön u. ihre wirthschaftlichen Verhältnisse. gr. 8. (30 S.) Frankfurt a/M. 887. Gebr. Knauer. n. 1. 50

J., Von der Scheidung der 4 Elementen aus dem ersten Chaos etc., zusammt wie die Quinta essentia, der Mercurius universalis als die prima materia aller geschaffenen Dinge sowohl in truckner, als in liquider Gestalt ganz rein, lauter und unverfälscht daraus zu erlangen sei. Berlin 1744. 8.

Scheidung. Die politische Sch' im Grossen Rathe [des Kantons Bern] und die neue Auslandspartei. 8. Bern 1848.

Scheidung, die, vom Tode zum Leben. [Nach e. alten Traktat.] 8. (8 S.) Basel 873. Spittler. pro 100 Ex. n. 1. 60

Scheidung, die, vom Tode zum Leben. [Nach einem alten Traktat.] 8. (8 S.) Basel 874, Spittler. 100 Exemplare *

Scheidungen und Nichtigerklärungen von Ehen in der Schweiz im Jahre 1900 u. 1901 u. 1902 u. 1903. [Zusammengestellt] Vom eidgenössischen statistischen Bureau. *je* 4 S. 4. [Bern, Haller,] 11. 6. [19]01 u. 14. 7. [19]02 u. 29. 5. [19]03 u. 30. 5. [19]04.
[Sep.-Abzug aus: Schweizerische Statistik. Liefg. 133 *etc.*]

Scheidungen und Nichtigerklärungen von Ehen in der Schweiz im Jahre 1904. [Zusammengestellt] Vom eidgenössischen statistischen Bureau. [Vorläufiger Sep.-Abzug aus: Schweizerische Statistik.] 4 S. 4. [Bern, Haller,] 25. 5. [19]05.

Scheidweiler, Betrachtungen über das Gesetz vom 30. October 1848, die Aufhebung des Jagdrechtes betreff. 8. (38 S.) Trier 849, Lintz. 4 ngr

Scheidweiler, Felix: Euphorionis fragmenta. Bonnae 1908: Georgi. 100 S. 8°
Bonn, Phil. Diss. v. 16. Dez. 1908, Ref. Elter
[Geb. 22. Jan. 80 M.-Gladbach; Wohnort: Cöln; Staatsangeh.: Preußen; Vorbildung: Marzellen-Gymn. Cöln Reife O. 04; Studium: Bonn 2, Berlin 1, Bonn 5 S.; Rig. 8. Juli 08.] [U 09. 430

Scheidweiler, Tim. a. Esch a. d. Alzette ⟨Luxemburg⟩: Ueber aromatische Selenverbindungen. Heidelberg 1904: J. Hörning. (34 S.) 8°
Heidelberg, Naturw.-math. Fak., Ref. Curtius, Diss. v. 6. Aug. 1904
[Geb. 10. Mai 81 Esch a. d. Alzette (Luxemburg); Staatsangeh.: Luxemburg; Vorbildung: Kais. Lyceum in Metz bis II b Herbst 99; Studium: Charlottenburg T.H. 1, Heidelberg 6 S.; Rig. 18. Febr. 04.]

Scheier, Max, die Bedeutung des Röntgenverfahrens f. die Physiologie der Sprache u. Stimme. (34 S. m. 6 eingedr. Skizzen u. 9 Taf.) Lex. 8. Berlin 909. A. Hirschwald. 2. 40
Sonderabdruck aus: „Archiv f. Laryngol."

Scheier, Max [pr. Arzt aus Jastrow, Westpreussen]:
Über Leontiasis ossea. ...Berlin, gedr. bei Julius Sittenfeld (1889); 40 S. 8°
Berlin, Med. Fak., Inaug.-Diss. v. 28. Mai 1889

[F.] Altes und Neues vom Niederrhein, im besonderen üb. d. ehemalige hochadelige Praemonstratenser-Abtei u. Pfarrei Hamborn, sowie üb. deren Nachbarpfarren Laar, Meiderich u. a. v. H. **Scheiermann,** Konviktspräses in Osnabrück. *Duisburg: J. Hoffmann 1897.* (281, v S., 3 Taf., 4 Portr.) 1 Bd 8. 198. 5015

Scheifele, Bernhard: **Die Einführung der Seidenindustrie in der Kurpfalz durch Karl Theodor** Diss. Heidelberg 1910

Scheifele B. die Einführung der Seidenindustrie in der Kurpfalz durch Karl Theodor. (30 S) Heidelberg 1910

Scheifele, Hieronymus, s. Scheiffele, Hieronymus

Scheifele, Joh., Sängerfahrten mit ernstem und heiterm Deklamatorium, vierstimm. Liedern u. einem komischen Potpourri. (Abdr. aus dessen Gedichten in Schwäbischer Mundart.) Ebend. 863. 16. (50 S. u. Musikbeilage 32 S. in 4.) n. 10 ngr

Scheifele, Joh. Geo. (vulgo Jörg v. Spitzispui), **Gedichte.** 2. Bdchn. Mindelheim 869. Högendörfer. 16. (VII, 119 S.) n. 5 ngr

Scheifele, Joh. Geo., (vulgo Jörg v. Spitzispui), Gedichte in schwäbischer Mundart. 4., verb. und vielfach verm. Aufl. Mit einer Musikbeilage (32 S. in 4.) und einem Anh., enth.: die Erklärung der verkomm. Provinzialismen. 16. (388 S.) Heilbronn 863, [Schmidt.]
Ohne Musikbeilage

Scheifele, Johann Georg. Gedichte in schwäbischer Mundart. New York Steiger, 1870. GSP

Scheifele, Joh. Geo. [vulgo Jörg v. Spitzispui], Gedichte in schwäbischer Mundart. 5. Aufl. 16. (XVI, 350 S. m. Lichtdr.-Portr.) Lindau 883. Stettner. n. 2. —; cart. n. 2. 50

— neue **Gedichte.** 3. Abthl. 1. Gedichte in schwäbischer Mundart. 2. Gedichte in reindeutscher Sprache. 3. Grammatikalische u. sonstige Bemerkungen. 2. Aufl. Lindau 870. Stettner. gr. 16. (VII, 119 S.) 6 ngr

Scheifele, Julius, pr. Tierarzt: **Aus d. physiol. Inst. zu Giessen. Hämolyse und Galionsekretion am abgekühlten Tiere.** Giessen 1909: Knorr & Hirth, München. 30 S. 8°
Gießen, Veterinär-Med. Diss. v. 7. Aug. 1909, Ref. Garten
[Geb. 11. Jan. 77 Bretten; Wohnort: Malsch, Amt Ettlingen; Staatsangeh.: Baden; Vorbildung: Realgymn. Karlsruhe Reife M. 97; Studium: Stuttgart Tierärztl. Hochsch. 8 S.; Rig. 12. März 09.] [U 09. 1169

Scheifele, Ph. K., 40 Rechenunterrichts-Stunden f. Kapitulanten, Civilanwärter, Fortbildungsschüler u. s. w., erteilt zu Straßburg 1891/93 an Militär-Chargierte im Vorbereitungsunterricht zum Post- u. Eisenbahndienst u. s. w. gr. 8. (78 S.) Karlsruhe 894. Zirkelstr. 5, Ph. K. Scheifele. n. — 80

Scheifelin, Georg Jakob (Memmingen) A. S. 579/37

Disputatio inauguralis de sponsalitia largitate sive Von Geschencken zwischen Braut und Bräutigam. Präs. Burckhard Bardilis. Rec. Wittenberg (Hake) 1751. 46 S.

Diss. Tübingen 30. IV. 1675. 30159

SCHEIFER Johann Mittel f. d. engl. Krankheit. Wien 1784

Scheifers, Bernhard ⟨geb. am 19 Sept. 1855 in Düsseldorf⟩: Anatomie der Laubsprosse von Potamogeton ... Bonn, Buchdr. v. P. Neusser 1877. 1 Bl., 44 S., 1 Bl. 8.
Bonn, Phil. Fak., Diss. v. 30 Mai 1877

Scheifers, B[ernhard], Prof. Dr.: On the **'Sentiment for Nature' in Milton's Poetical Works.** *Eisleben (1901): E. Schneider.* (44 S.) 4°
Eisleben, st. R, OP 1901 (283)

Scheifers, B., on the „Sentiment for nature" in Milton's poetical works. Progr. gr. 4. (III, 44 S.) Eisleben 901. (Kuhnt.) n. 1.50

Scheifers, W., der Auerhahn u. dessen Jagd. 8. (39 S.) Arnsberg 852, Ritter. 1/6 ₰

Scheifes, Joan. (geb. St. Hubert im Rheinl. 22. 8. 1832): De partu praematuro arte efficiendo. Berolini (1858). (32 S.) 8.
Berlin, Med. Diss. v. 20. Aug. 1858

Scheiff, Alfons [Landgerichts-Referendar]: Das Dynamitgesetz vom 9. Juni 1884. Eine systematische Darstellung als Beitrag zur Frage nach der Revision des Gesetzes .... Berlin, Druck v. Gebr. Unger (Th. Grimm), 1886; 4 Bl. + 70 S. 8°.
Bonn, Jur. Fak., Inaug.-Diss. v. 9. Okt. 1886.

Scheiff, Alf., das Dynamitgesetz vom 9. Juni 1884. Eine systemat. Darstellg. als Beitrag zur Frage nach der Revision d. Gesetzes. gr. 8. (VII, 70 S.) Berlin 886. Siemenroth. n. 1.40

— praktisches Handbuch des bürgerlichen Rechts. Eine systemat. Darstellg. gr. 8. (XXVI, 1113 S.) Ebd. 899—902, n. 9.60; geb. n. 11.20

Scheiff, Alfons, muß der Arbeitgeber Lohn zahlen, auch wenn der Arbeiter kurze Zeit an der Arbeit verhindert war? (§ 616 B.G.B.) Vortrag, geh. am 19. III. 1900 im Verein der Industriellen zu Köln. gr. 8. (19 S.) Köln 900. P. Neubner. n. —50

Scheiff, L.

Scheiff, die Landgemeindeordnung f. die Prov. Schleswig-Holstein. Mit Erläutergn. versehen. (XVI, 885 S.) gr. 8. Schleswig 906. J. Bergas Verl. n. 5.50; geb. in Leinw. n. 6.50

Amtliche Nachrichten für den Kreis Pinneberg [v. L. Scheiff]. Blankenese. 1903. 8°.

Scheiff, Ludwig (geb. am 18 Juli 1857 in Köln): Die Divergenz zwischen Wille und Erklärung ... Bonn, Univ.-Buchdr. v. C. Georgi 1879. 3 Bl., 76 S., 1 Bl. 8. ☛ In Komm. bei Neubner in Köln.
Bonn, Jur. Fak., Diss. v. 22 Dez. 1879

Scheiff, Ludw., die Divergenz zwischen Wille u. Erklärung. Inaugural-Dissertation. gr. 8. (V, 76 S.) Bonn 879. (Köln, Neubner.) n. 1.60

Scheiff, Osc. Ballin u. Walt. Schmidt, die für den Kaufmann wichtigsten Rechtsbestimmungen, s.: Kaufmann, der deutsche.

Scheiffele, Die Gelübde der Alten, der erste Januar im alten Rom, Strenae, Janus, Aesculap. Pr. 1851. 22 S. 4°. 2.—

Scheiffele, mythologische Parallelen. Ellwangen. (Tübingen 865. Fues.) gr. 8. (68 S.) 12 ngr.

Scheiffele, A., archäologische Abhandlung über die Gelübde der Alten, den 1. Januar im alten Rom, Strenae, Janus, Aesculap. Stuttgart 851. (Tübingen, Fues' Sortbhdlg.) gr. 4. (IV, 22 S.) n. 6 ngr.

Scheiffele, (A.,) eine mythologische Abhandlung über Danaos und die Danaiden. (Einladungsschrift zu den Prüfungen des Gymnasiums rc. zu Ellwangen.) gr. 8. (45 S.) Ellwangen 850. (Tübingen, Fues'sche Sortimentsb.)

Scheiffele, A., Carmina ex Schillero, s. Carmina.

—— Fest- u. Geschichts-Kalender d. röm. Volkes, von d. Erbauu. d. Stadt Rom bis z. Ende d. west-röm. Reiches, 753 vor Chr. bis 476 n. Chr. 1. Hft. Enth. die Monate Jan. u. Febr. gr. 8. (2⅔ B.) Ellwangen 840. (Stuttgart, Neff.)

—— Beilage 1 zum Fest- und Geschichts-Kalender des römischen Volkes von der Erbauung der Stadt Rom bis zum Ende des west-röm. Reiches, 753 vor Chr. bis 476 nach Chr. Die Gelübde der Alten, der 1. Jan. im alten Rom, Strenae, Janus, Aesculap. gr. 4. (24 S.) Stuttgart 851, Schweizerbartsche Vrlgsh.

Scheiffele, A., Jahrbücher der Römischen Geschichte, mit erläut. histor., chronolog., mytholog., archäolog. Anmerkungen. 1. Heft. Von den frühesten Sagen bis Romulus. 4. Stuttgart 841. (Nördlingen, Beck'sche Buchh.) 1/4 ₰ — 2. verb. Aufl. 4. Ebend. 844. 1/6 ₰

— dass. 2. Heft. Geschichte der Könige. 4. Nördlingen 842, Beck'sche Buchh. 1/4 ₰

— dass. 3. 4. Heft. Republik bis zum Jahre 265 v. Chr. 4. Ebend. 842. 2/3 ₰

Scheiffele, A., Jahrbücher der Römischen Geschichte, mit erläut. historischen rc. Anmerkungen. 5. Heft. Die punischen Kriege, oder von der Eroberung Italiens bis zur Zerstörung von Carthago u. Corinth, 264—146 v. Chr. 4. Nördlingen 844, Beck'sche Buchh. 1 ₰

— Jahrbücher der Römischen Geschichte, von den frühesten Sagen bis zum Untergange des weström. Reiches mit erläut. Anmerkungen. VI. Hft. Von der Zerstörung Carthago's bis zum Ende des Sertorian. u. Sklavenkrieges. 145 bis 70 v. Chr. VII. Hft. Vom J. 70 bis 30 v. Chr. VIII. Hft. Vom J. 30 v. Chr. bis 476 n. Chr. 4. (S. 331—663.) Nördlingen 847—53, Beck. 6: 1/2 ₰ 7: 1/3 ₰ 8: 1 1/3 ₰ (cplt. 4 ₰ 8 ngr)

Scheiffele, A., Jahrbücher der römischen Geschichte. 7. und 8. Heft: Vom J. 70 v. Chr. bis 476 n. Chr. 4. (S. 421—663.) Nördlingen 851—52, Beck'sche Buchh.
1—6. Heft. Ebendas. 1842—47. 2 Thlr. 17½ Ngr.

—— Materialien z. Uebersetzen a. d. Deutschen in d. Griechische, besteh. in einzelnen Sätzen nach d. Folge d. griech. Syntax, u. in größ., zusammenhäng. Stücken, mit Berücksicht. d. Etymologie u. Synonymie, gesamm. aus griech. Autoren. (2 Thle.) gr. 8. (27 B.) Stuttgart 835, J. F. Steinkopf.

Scheiffele, Elise [med. pract. aus Pfleningen]: **Aus der Universitätsfrauenklinik Zürich. Die Fälle von Lungenembolie an der Frauenklinik der Universität Zürich von 1896—1902.** Mit 7 autograph. Tabellen u. 3 im Text. Zürich 1902. 45 S. 8°.
Zürich, Med. Diss. 1902/1903.

Scheiffele, Elise. Die Fälle von Lungenembolie an der Frauenklinik der Universität Zürich von 1896—1902. Diss. Med. Univ. Zürich. *Kopftitel:* Aus der Universitätsfrauenklinik Zürich. — [Mit 10 Figuren, wovon 7 Tafeln.] 45 S. 8. Zürich, A. Markwalder, 1902.

Scheiffele, Hieronymus

— Erinnerungen an die würtemberg. Rep. 16 Heft. Stuttg. ... (Sonnewald). 1 ₰

Scheiffele, Hi., Ermunter. z. Fleiße in Lesung d. Alten. 8. Passau, Ambrosi. (Heigl in Straubing.) (auch Mayr in Salzb.) 804.

Scheifele, Hieron., Te Deum laudamus. Nun lasset uns Alle Gott danken u. preisen. Pred. zur Aernbte-Feier. 8. (1 B.) Landshut 834, Thomann.

Scheifele, Hieron., wie alt bist du? Eine Neu-Jahrs-Predigt. 8. (1¼ B.) Landshut 835, Thomann'sche Buchh.

—— Gottes Wort u. der Menschen Herz. Eine Pred. gr. 8. (1½ B.) Landshut 832, Thomann.

Scheiffele, Hier., Worte d. Liebe u. d. Andenkens. Am Grabe des Stadtschul-Inspektors Hrn. Jos. Kraus, gesprochen am 21. Oct. 1832. 4. Landsh. 832. Thomann. 3 gr.

—— Worte d. Liebe u. d. Andenkens. Am Grabe d. Hochwürd. Hrn. Jos. Kraus, Stadtschul-Inspektors zu Landshut, gespr. am 21. Oct. 1832. 4. (1 B.) Landshut 833, Thomann.

— fcCölibate, v. beständigen.

§ VOM beständigen Cölibate. Eine vollständige histor.-moral. Abhandlung eines alten Theologen, mit seinen u. neuern Anmerkgn., den Zeitumständen gemäss, durchflochten (von *Hieron. Scheiffele*). Nebst einer Adresse an Dalberg. Rom u. Paris (Heigl in Straubing) 1805. 8⁰. XII—92 S. 8⁰. (In München: J. can. p. 226.)
Weller, fing. Druckorte; Anon.-Lex. IV p. 337 (nach Kayser, Meusel, Weller).

Scheiffele, Karl [Distriktsarzt in Plieningen]: Ein **Beitrag zur Kasuistik** der chirurgischen Behandlung des Empyems ... Tübingen, Druck v. Heinrich Laupp jr., 1889 [Umschl. 1890]; 55 S. 8⁰
Tübingen, Med. Fak., Inaug.-Diss. v. 1890

Scheiffele, Karl. Ein Beitrag zur Kasuistik der chirurgischen Behandlung d. Empyems. Diss. gr. 8. (55 S.) Tüb. 889, (Moser). 1 —

Scheiffele, Max, prakt. Arzt in Pleningen b. Stuttgart: Ueber Gallertkrebs der Brustdrüse. *München 1904: C. Wolf & Sohn.* (43 S.) 8⁰
München, Med. Diss. v. 1904

SCHEIFFLER, FRIEDR. HEINR., Nachrichten von den evangelisch-reformirten Gemeinden in Hamburg und Altona. Ein Nachtrag zu J. A. Boltens Historischen Kirchennachrichten. Altona. 1823. (M. 1 Tabel). P.

Scheiffler, Fr. H., Nachrr. von d. evangel.-reformirten Gemeinden in Hamburg u. Altona. Ein Nachtr. zu J. A. Boltens histor. Kirchennachrr. 8. Altona 824. Hammerich. 6 gr.

Scheißler, F. H., Predigt b. Einführung des neuen Gesangebuchs in d. Reform. Gemeinde in Hamb. 8. Hamb. Gundermann. 803.

Scheifler, Herbertus: Quaestiones Commodianeae. Vratislaviae 1908: Favorke. 70 S. 8⁰
Breslau, Phil. Diss. v. 14. Dez. 1908, Ref. Skutsch-Appel
[Geb. 15. März 84 Ossig, Kr. Luben; Wohnort: Groß-Laswitz; Staatsangeh.: Preußen; Vorbildung: Gymn. Görlitz Reife O. 04; Studium: Innsbr. ck 1, Breslau 8 S.; Rig. 22. Juli 08.] [U 08. 624

Scheig, D., Die Arbeitslosen-Versicherung. 8⁰. Mainz s. a.

Scheiger, Joh. Ign., Gedichte. gr. 12. (17½ B.) Wien 831, Sollinger.

Scheiger, Jos., Andeutungen zu einigen Ausflügen im Viertel unter d. Wienerwalde u. sein. nächsten Umgebungen. 16. ... Wien 829, [Mayer u. Comp.]

Scheiger, Jos., Andeutungen über Erhaltung und Herstellung alter Burgen u. Schlösser. Gratz 853. (Hesse.) gr. 8. (20 S.) n. 4 ngr.

Scheiger, Joseph —. Andeutungen über Erhaltung und Herstellung alter Burgen und Schlösser. 8. (20 S.) Gratz. Druck von J. A. Kienreich. 1853.

Scheiger, J., üb. Burgen u. Schlösser im Lande Oesterreich unt. d. Enns. Versuch e. gedrängten Darstell. ihrer Schicksale, Bauart, inneren Einricht., des Lebens in dens., ihrer Angriffs- u. Vertheidigungsweise. 16. (8 B.) Wien 837, Beck's Univers.-Buchh.

Scheiger Josef — Von dem Einfluße der Pflanzen auf die Zerstörung der Ruinen. Von — —. Wien, 1857. Gedruckt bei A. Pichlers Witwe und Sohn. (8 S. 4.)

— der Fußreisende in Oesterreich. 12. Wien 827. Armbruster. 8 gr.

—— üb. Schutz u. Hilfe gegen Feuersbrünste. Den Bewohnern d. kleinen Städte, d. Märkte, Dörfer u. einzelnen Höfe in Oesterreich gewidmet. 8. (5 B.) Wien 835, [Gerold's Verlh.]

Scheiger, Josef —. Drei Persönlichkeiten des Sebensteiner Ritterbundes auf blauer Erde von — —. Wien, 1855. Gedruckt bei A. Pichler's Witwe und Sohn. (10 S. 4.)

Scheiger, Josef, k. k. Conservator der Baudenkmale in Steiermark. Quellen und Beiträge zur Geschichte der Vertheidigung des Schlossberges in Graz im Jahre 1809. Veröffentlicht, theilweise aus dem Französischen übersetzt und mit Anmerkungen versehen. (Donation Liechtenstein.) 8. Graz 1866.

Scheiger, K. Edle v., s. Prato, Katharina

Scheik

Scheick, Mahommed Fani's Dabistan, s. Fani.

Scheick, Mahommed Fani's Dobistan, od. v. d. Religion d. ältesten Parsen, aus d. Engl. mit 1 Nachtrag v. Freih. v. Dalberg. 8. Bamb. Göbhardt.

Scheik Mohammed Fani's Dabistan, oder von der Religion d. ältesten Parsen, a. d. Engl. m. Erklärungen, v. Fr. v. Dalberg. 8. Aschaffenb. Ettinger. 809.

Scheil, Frdr., Ansichten über den Verfall des Gewerbewesens in Preußen rc. u. Vorschläge zur Besserung. gr. 8. (12 S.) Schweidnitz 848, Weigmann. 1 ngr.

Scheil, Friedr., Ansichten über den Verfall des Gewerbewesens in Preußen rc. und Vorschläge zur Besserung. gr. 8. (12 S.) Schweidnitz 851, Weigmann.

Scheil, Frdr., Beitrag zur angemessenen Vermehrung der Wehrkraft Preußens als Großmacht nach dem bewährten Plan des weil. Generals v. Scharnhorst und auf Grund der gegenwärtigen Bevölkerung und der Finanzkraft des Landes nebst spezieller Berechnung sämmtlicher zeitgemäßen Kosten. Schweidnitz 862. Heege in Comm. gr. 8. (48 S.) n. 6 ngr.

Scheil, Gustav: Die Tierwelt in Luthers Bildersprache in seinen reformatorisch-historischen und polemischen deutschen Schriften. Bernburg, Druck v. O. Dornblüth, 1897; 1 Bl., 26 S. 4.
Bernburg, herz. Karls-G, OP 1897 (700)

Scheil, J., s. Scheill, Josef

Scheilds, F. W., Die leitenden Principien bei Entwürfen u. Eisenconstructionen etc. Aus dem Engl. von Behr. Berlin 1861. 8⁰.

Scheill, Josef

Scheill, J., Abschiedspredigt, gehalt. zu St. Martin in Landshut. gr. 8. Landsh. 824. Krüll. 2 gr.

SCHEILL, Joseph (Sicheln): Darstellung der hermeneutischen Momente bei der Beweisführung der dogmatischen Bibelstellen.- Landshut: Thomann 1820. 75 S.
28.7.1821 - Fe 556; F 43
Diss.Ingolst.-Landsh.-Mchn.

— s. F r e y , Frz. A.: Krit. Commentar.

— die geistl Gerichtsbarkeit ꝛc., s. Frz. Andr. Frey, Commentar ꝛc.

— Charfreitagspredigt, gehalten in der Cistercienzer-Klosterkirche zu Oliva bei Danzig, bei der Abendandacht z. heil. Grabe; im Jahr 1825. Danzig 825. Gerhard. 4 gr.

— Kirche u. Staat. 8. Münch. 818. Lentner. 10 gr.

— — Kirche und Staat. 8. München, Lentner. 819.

Scheill, Jos.: Kritischer K o m m e n t a r über das Kirchenrecht. s. F r e y , Franz Andreas

— das baier. Concordat, vertheidigt gegen die „Betrachtt. üb. das baier. Concordat" in d. Ueberlieferungen. 3 Hfte. gr. 4. Münch. 818. Lentner. 18 gr.

Scheill, J., das baiersche Concordat, vertheidigt gegen die „Betrachtungen über das baiersche Concordat" in den Ueberlieferungen. 3 Hefte. gr. 4. München, Lentner. 819.

—— über d. Meinung, Verehrung u. Festfeier v. der Empfängniß d. seligsten Jungfrau Maria, e. theol. Tractat, zugleich e. Beleucht. d. dogmat. Erörterung üb. d. Würde d. seligst. Jgfr. Maria in d. Miscellen u. Correspondenz-Nachrichten der Bonner „Zeitschr. f. Philosophie u. kathol. Theologie," VII. Hft., Jahrg. 1833. S. 213 — 218. gr. 8. (8¼ B.) Landshut 834, Thomann.
Aus der „Literaturzeitung f. d. kathol. Geistlichkeit, hrsg. v. Frz. v. Besnard" Jahrg. 1834, besond. abgedruckt.

— die Patronatsrechte der Kommunen im Königr. Baiern. 8. Münch. 819. Lenntner. 6 gr.

— Predigt, gehalten in d. Erzpriesterei-Kirche z. heil. Katharina zu Braunsberg am Festtag Mariä Geburt. gr. 8. Landshut 825. Krüll. 3 gr.

— vermischte Predigten. gr. 8. Sulzb. 827. v. Seidel. 1 Thlr.

— s. S c h e n k l , L. J. M. v.: Institutiones.

Scheimann, Ludw. [illegible] Frankfurt a. O. [illegible] De hydrope [illegible] Berolini (1837) (34 S.) 8°
Berlin, Med. Diss. v. 22. Dez. 1837

Scheimpflug, Karl. Böhmisches und Mährisches Agrarrecht. Vortrag gehalten [illegible] Jur. [illegible] Leseverein in Wien am 25. Februar 1882. [Autograph.] [illegible]

Scheimpflug. K. Ueber die socialpolitische Bedeutung des Clearing. Die Ueberwindung des wucherischen Kapitalismus durch den realen Idealismus, insbesonders mittelst der internationalen Ausgestaltung des Clearing. Wien 1892.

Scheimpflug K. uber die sozialpolitische Bedeutung des Clearing. (58 S.) Wien 1892

Scheimpflug. C. Referat betreffend den Wucher im modernen Geldwesen und Geldverkehr. Prag 1892.

Scheimpflug C. Referat betr. d. Wucher im mod. Geldwes. u Geldverkehr. (46 S) Wien 1892

Scheimpflug, Karl, zur Reform der österreichischen Börsenverkehrs-Steuer, s. Sammlung, österreichische, staatswissenschaftlicher Vorträge.

Scheimpflug, Dr. Carl. Zur Reform der österreich. Börsenverkehrs-Steuer. Sammlung (Oesterr.) staatswissenschaftl. Vorträge, Heft 1. gr. 8°. Wien 1881.

Scheimpflug, zur Reform der österr. Börsenverkehrs-Steuer. 2. Aufl. Wien 881.

Scheimpflug, Carl, d. österr. Regierungs-Vorlagen betr. d. Errichtg. v. Berufsgenossenschaften d. Landwirthe u. d. Errichtg. v. Rentengütern. [Aus: „Jahrb. d. Leo-Gesellsch. 1895".] gr. 8. (13 S.) Wien 895. (St. Norbertus.) n. — 36

Scheimpflug, Max, die Heilstätten f. scrophulöse Kinder. Mit 16 Illustr. gr. 8. (VII, 87 S.) Wien 887. Urban & Schwarzenberg. n. 1. 60

Scheimpflug, Max, s.: Tuberculose, die.

Die Herstellung von Karten und Plänen auf photographischem Wege von Theodor **Scheimpflug**. ⟨Mit 6 Textfig.⟩ Wien: A. Hölder in Komm. 1907. (32 S.) 8° [Umschlagt.]
Aus: Sitzungsberichte d. kais. Akad. d. Wiss. in Wien. Math.-nat. Kl. Bd 116, Abt. 2a.
[07. 13797

Scheimpflug, Th., u. **Max Holler**, Temperaturmessgn. im Quecksilberbergwerk v. Idria. gr. 8. (26 S. m. 1 Karte.) Wien 899. (C. Gerold's Sohn.) n. 1. 20
Sonderabdruck aus: „Sitzungsber. d. k. Akad. d. Wiss."

Schein

— der betrügliche, oder man muß nicht glauben, was man sieht; e. span. Gesch. 8. Danz. (Gleditsch in Leipz.) 787.

Schein, der betrügliche, oder man muß nicht glauben, was man sieht, eine alte spanische Geschichte, mit Kupf. 8. Berlin, 795. C. Nicolai. 1 Rthl. 5 sgl.

Schein, der betrügliche, (v. Ldw. Tieck). 8. Leipz. 795. 2e A. 796. (Nauck). 1 Thlr. 8 gr.

Schein, d. betrügliche, e. alte span. Gesch. m. K. 8. Berl. (Sommer in Lpz) 796.

Schein, der, betrügt. Lustsp. 8. Berlin, Wever. 768.

— der, betrügt; od. d. liebreiche Ehemann. Lustsp. 8. Wien, Trattner. 777.

— der, betrügt, von Jünger. 2 Thle. 8. Liebau, Friedrich. 787 — 89. (à 16 gr.)

Schein, der, betrügt; Lstspl. 8. Leipz. 791. Dyck. 8 gr.

— Lstspl., nach d. Italien. d. Gr. Strasaldo. 8. Weimar 795. Hoffmann. 8 gr.

Schein und Wesen. Ein Roman, s. Bibliothek deutscher Original-Romane.

Schein, Joh. Herm.: Zwanzig ausgewählte weltliche L i e d e r für 2 und mehr Singstimmen. Zum prakt. Gebr. hrsg. von Arthur Prüfer. Partitur. Leipzig: Breitkopf & Härtel (1900). (X, 47 S.) 4°
(Volksausg. Breitkopf & Härtel. No 1836.)

Johann Hermann **Schein**. Sämtliche Werke. Hrsg. von Arthur Prüfer. Bd 1. *Leipzig: Breitkopf & Härtel 1901.* 4° [illegible]

Schein, Johann Michael

Schein, J. M., Grundbuchsführung und damit verbundene gesetzliche Vorsichten, oder Löschung der dinglichen Rechte ꝛc. 2te Aufl. gr. 8. Grätz, Ferstl. 820.

Schein, Joh. Mich., von d. Grundbuchs-Führung u. den bey Uebertrag. od. Löschung dingl. Rechte zu beacht. gesetzl. Vorsichten, mit Bezug auf d. neue bürgerl. Gesetzbuch, d. ergang. höchsten Verordn. u. Grundbuchs-Patente; ferner v. den mit d. Grundbuche verbund. Urbarial-Rechten. Theoret. u. pract. bearb. 3., verm. Aufl. gr. 8. (13 B. u. 1 Tab.) Grätz 830. Damian u. Sorge.

— Anhang z. Grundbuchsführung, die Urbarial-Rechte entv., allein f. die Besitzer d. ersten Aufl. gr. 8. Grätz 820. (Damian u. S.) 4 gr.

SCHEIN, J. Mich.: Vom Zehenten u. Zehntrechte, mit Bezug auf die älteren Verordnungen u. d. Bürgerl. Gesetzbuch. *Grätz*, Ferstl. gr. 8. (10 Gr.)

Schein, J. M.: „Von den Zehenden und dem Zehendrechte, mit Bezug auf die ältern Zehendordnungen, dann auf das gegenwärtige bürgerliche Gesetzbuch und auf die über das Zehendwesen nachträglich erschienenen höchsten Verordnungen", Gräz 1820 (Ferstl).

Schein, Jos. Unsere Rechtsphilosophie u. Jurisprudenz. Eine krit. Studie. gr. 8. (III, 226 S.) Berl. 889, C. Heymann. * 5 —

Schein, Mor., Theorie der Milchsekretion. (45 S.) gr. 8. Wien 908. M. Perles. 1. 20
Sonderabdruck aus: „Wien. med. Wochenschrift.

Schein, Theodor: Ueber einen Fall von sekundärer Abdominal-Schwangerschaft. München 1909: Ernst. 36 S. 8°
München, Med. Diss. v. 12. Febr. 1910, Ref. Döderlein
[Geb. 2. April 85 Baku; Wohnort: Baku; Staatsangeh.: Rußland; Vorbildung: Gymn. Baku Reife Juni 04; Studium: München 10 S.; Rig. 12. Febr. 10.]
[U 10. 3574

Scheinberg, Mowscha, aus Kowno: Ueber die Einwirkung von Chlor und Brom auf Benzoësäure. *Königsberg i. Pr. 1902: H. Jaeger.* (34 S.) 8°
Königsberg, Phil. Diss. v. 18. Nov. 1902

Scheinberger, Steph., nützl. Handbüchlein f. Jedermann, der im Handel u. Wandel etc. richtig u. schnell gerechnet haben will. 8. Nördling. (807.) Beck. 12 gr. Pbg. Pr. 6 gr.

Scheinbetrug, Der. Ein ernsthaftes Familiengemälde in vier Akten . . . Breslau 1799. V: *Krebs, Carl Joseph.* (Ky) (BrMm) (MGT) (Adel)

Scheinbetrug, der. Ein ernsth. Familiengemälde in 4 A. vom Verfass. d. Brudermord aus Bundespflicht, (K. J. Krebs). 8. Bresl. 799. Gehr. 16 gr.

Scheindler August, Elementarbuch für die I. Stufe des Lateinunterrichtes. Zum Unterrichtsgebrauch an Gymnasien und Realgymnasien. Wien 1909. F. Tempsky. Geh. K 1.50. geb. K 2.—.

Scheindler, Aug., Elementarbuch f. die 1. Stufe des Lateinunterrichtes. Zum Gebrauch an Realgymnasien u. Gymnasien hrsg. (125 S.) 8. Wien 910. F. Tempsky. -- Leipzig, G. Freytag. Geb. 1. 80

— Die feierliche Eröffnung des neuen Hauses am 19. November 1894. — Der neue Name der Anstalt. Umschlagtitel: Das neue Haus und die feierliche Eröffnung am 19. November 1894 ... 8 (S. 3—21. 1 Taf.) K. k. Elisabeth-G. Wien 1895.
Progr.

— Regierungsrath P. Anton Fleischmann †. 8. S. 25—31. K. k. Staatsg. im IV. Bezirke (Elisabeth-G.) Wien 1893.
Progr.

Scheindler, August *Professor Friedrich Franz* † *6. Juni 1891.* 8. S. 16. K. k. Staatsg. im IV. Bezirke (Elisabeth-G.) Wien 1891
Progr.

— Pro gymnasio. Ein Beitrag zur Kenntnis des gegenwärt. Zustandes des österreich. Gymnasiums. Mit einigen Berichtiggn. u. Ergänzgn. (69 S.) 8. Wien 908. W. Braumüller. — 80
Sonderabdr. a.: „Festschrift zum 100jähr. Jubiläum des Schottengymnasiums in Wien".

Scheindler Dr. August: Das neue Haus und die feierliche Eröffnung am 19. November 1894 Der neue Name der Anstalt. (20). Wien V. 95.
Progr.

Scheindler, August: Lat. Lese- u. Übungsbuch, s. Steiner, Josef.

— Methodik des grammatischen Unterrichtes im Griechischen. Im Anschluß an W. v. Hartel's Neubearbeitg. der griech. Schulgrammatik v. G. Curtius. gr. 8. (VI, 121 S.) Wien u. Prag 888. Tempsky. — Leipzig, Freytag. n. 1. 40

Scheindler, August: *Nachruf auf Professor Anton Happert, gestorben am 28. Juli 1895.* 8. S. 12—14.
Progr. K. k. Elisabeth-G. Wien 1896.

Scheindler Dr. A.: Quaestionum Nonnianarum pars I. 64. Brünn II. 78.
Progr.

— lateinische Schulgrammatik. gr. 8. (XI, 212 S.) Leipzig 889. Freytag. n. 1. 70; geb. n.n. 2. —

— dasselbe. Für die österreich. Gymnasien hrsg. gr. 8. (XI, 212 S.) Wien u. Prag 889. Tempsky. — Leipzig, Freytag. geb. n.n. 2. 20

—— dass. — Für die österreich. Gymnasien hrsg. 2. Aufl. gr. 8. (IV, 240 S.) Wien u. Prag 892, Tempsky. — Lpz., Freytag. geb. * * 2 20
1. Aufl. Ebd. 1889.
Vgl.: Eymer, W. Latein. Uebungssätze zur Casuslehre. — Hauler, Joh. Aufgaben z. Einübung d. latein. Syntax. — Schmidt, Karl. Bemerkungen. — Jöchbauer, Frz. Betrachtungen.

-- lateinische Schulgrammatik. 3., verb. Aufl., hrsg. v. Jos. Steiner. gr. 8. (249 S.) Wien u. Prag 898. F. Tempsky. — Leipzig, G. Freytag. Geb. in Leinw. n. 2. 50

— lateinische Schulgrammatik. Hrsg. v. Rob. Kauer. 4. verb. Aufl. gr. 8. (249 S.) Wien 901. F. Tempsky. Geb. in Leinw. n. 2. 60

— lateinische Schulgrammatik. Hrsg. v. Rob. Kauer. 5., im wesentlichen unveränd. Aufl. (238 S.) gr. 8. Wien 903. F. Tempsky. Geb. in Leinw. n. 2. 60

Scheindler, Lateinische Schulgrammatik. Herausgegeben von Dr. Robert Kauer. 6., durchgesehene Auflage. Wien 1906. F. Tempsky. Geh. K 2.10, geb. K 2.60.

Scheindlers Lateinische Schulgrammatik, herausgegeben von Doktor Robert Kauer. 7., unveränderte, sonach gemäß Min.-Erl. vom 21. Juni 1906, Z. 22751, allgemein zulässige Auflage. Wien 1908. F. Tempsky. Geh. K 2.30, geb. K 2.80.

— Lateinische Schulgrammatik. Hrsg. v. Rob. Kauer. 8., nach dem Normallehrplan vom 20. III. 1909, Z. 11. 662, umgearb. Aufl. (256 S.) 8. Wien 910. F. Tempsky. Geb. in Leinw. 3. —

— kleine lateinische Sprachlehre f. Deutsche. Zum Selbstunterrichte u. zum Gebrauche beim Lateinunterrichte in Kursen. (III, 64 S.) gr. 8. Wien 903. F. Tempsky. — Leipzig, G. Freytag. Geb. in Leinw. n. 1. 25

Scheindlers Lateinisches Übungsbuch. II. Teil. Übungs- und Lesebuch für die II. Klasse der Realgymnasien und Gymnasien von August Scheindler. Wien 1910. Tempsky. Geb. K 2.60.

Scheindler August, Lateinisches Übungsbuch für die V. Klasse der Reform-Realgymnasien. Herausgegeben von Florian Weigel. Wien 1910 F. Tempsky. Geh. K 2.70, geb. K 3.20.

— lateinisches Übungsbuch zur Einübung der Moduslehre, s.: Steiner, Jos.

Scheindlers Lateinische Übungsbücher. III. Teil. Der einfache Satz. Lehre vom Nomen. Übungsstücke für die III. Klasse der Realgymnasien und Gymnasien und für die II. Klasse der Reform-Realgymnasien, von Heinrich Sedlmayer. Wien 1910. F. Tempsky. Geb. K 1.40.

— lateinisches Uebungsbuch f. die oberen Classen der Gymnasien, s. a. Sedlmayer, H. St.

Scheindlers Lateinische Übungsbücher. V. Teil. Lateinische Übungsstücke für die oberen Klassen der Realgymnasien von Heinrich St. Sedlmayer. Wien 1910. F. Tempsky. Geb. K 2.—.

Scheindler, Aug., Übungsbuch zum Übersetzen aus dem Deutschen in das Lateinische, s.: Steiner, Jos.

-s.a. **Verhandlungen der II. Konferenz der Direktoren der Mittelschulen im Erzherzogt. Oesterreich unter der Enns.**

Scheindler, A., Verhandlungen der II. Konferenz der Direktoren der Mittelschulen (Gymnasien und Realschulen) im Erzherzogtum Österreich unter der Enns. I. Bd. Gr.-8°. (209 S.) K 6.—
Wien: Hölder 1905.

-- s.: Verhandlungen der III. u. IV. Konferenz der Direktoren der Mittelschulen im Erzherzogt. Österreich unter der Enns.

— **Wörterverzeichnis zu Homeri Iliadis** *A—Δ*. **Nach der Reihenfolge in Verse geordnet. 8. (X, 82 S.) Ebd. 888.** n. — 90

— Wörterverzeichnis zu Homeri Iliadis *A—Δ*. Nach der Reihenfolge der Verse geordnet. 2. u. 3. unveränd. Aufl. 8. (X, 85 S.) Wien u. Prag 891. 894. F. Tempsky. — Leipzig, G. Freytag. n. — 70; geb. n.n. 1. —

— Wörterverzeichnis zu Homeri Iliadis *A—Δ*. Nach der Reihenfolge in Verse geordnet. 4., unveränd. Aufl. 8. (X, 85 S.) Wien 900. F. Tempsky. — Leipzig, G. Freytag. Geb. in Leinw. n.n. 1. —

— **Wörterverzeichnis zu Homeri Iliadis I—IV (*A—Δ*). Nach der Reihenfolge der Verse geordnet. 5., bericht. Aufl. (X, 68 S.) 8. Wien 908. F. Tempsky — Leipzig, G. Freytag.** n. — 80

— Wörterverzeichnis zu Homeri Iliadis I—IV (*A—Δ*). Nach der Reihenfolge der Verse geordnet. 6. Aufl. (X, 63 S.) 8. Wien 906. F. Tempsky. — Leipzig, G. Freytag. Kart. — 80

Scheine über den ersten Empfang des heil. Sacraments des Altars für kathol. Christen. qu. gr. 8. Hirschberg 843, Nesener. n. 1/6 ℛ

Scheine, 32, f. die erste heil. Communion bei Katholiken. qu. 8. Bresl. 823. Max n. C. 6 ℋ (Heyer in Darmst.) 8 ℋ

Scheinecker, Karl, 121 geradlinige Ornamente aus allen Stilarten, m. Anleitgn. zu ihrer Ausführg. im Freihandzeichnen u. im geometr. Zeichnen u. ihrer Darstellg. in Farben. Für den Unterricht sowohl, als auch zur selbständ. Übg. im geometr. u. Freihandzeichnen gesammelt u. hrsg. gr. 8. (VII, 64 S. m. 100 Taf.) Wien 894. A. Pichler's Wwe. & Sohn. In Mappe. n. 6. —

Scheinecker, Karl, 111 krummlinige geometrische Ornamente aus allen Stilarten, m. Anleitgn. zu deren Ausführg. f. d. Unterricht sowohl, als auch zur selbstständ. Uebg. im geometr. Zeichnen ges. u. hrsg. qu. gr. 4. (80 Taf. m. VIII, 18 S. Text in gr. 8.) Wien 896. A. Pichler's Wwe. & Sohn. In Mappe n. 10. —

Scheinecker, Karl, 111 krummlinige geometrische Ornamente aus allen Stilarten mit Anleitung zu deren Ausführung. Für den Unterricht sowohl, als auch zur selbstständigen Uebung im geometrischen Zeichnen. Wien 1895. A. Pichler's Witwe und Sohn. (Min.-Erl. v. 19. October 1895, Z. 23521.) In Mappe sammt Text 6.—

Scheinecker, Karl, 111 krummlinige geometrische Ornamente aus allen Stilarten, mit Anleitung zu deren Ausführung Für den Unterricht sowohl, als auch zur selbstständigen Uebung im geometrischen Zeichnen. Wien 1895. A. Pichler's Witwe und Sohn. (Min.-Erl vom 31. März 1896, Z. 29991 ex 1895.) In Mappe sammt Text 6.—

Scheinemann, David [Praes.], s. Kerner, Georg Andreas: Hostis supplex sive de deditione sub clausula clementiae et discretionis, vulgo: (Auff Gnad und Ungnad.)

Scheinemann, Martin (Köslin) A. S. 236/2

Collationis juris civilis Romani cum recessibus imperii Rom. Germ. maxime per differentias principes, sectio II. Präs. Michael Grass.
Tübingen (Reis) IV. 1705. 16 S. 30164

Scheiner, Andreas

Scheiner, A., Anhang, s. a. Wolff, J., deutsches Lesebuch.

Scheiner, A., Anhang zum 2. und 3. Teil des deutschen Lesebuches für Elementar-, Bürger- und höhere Volksschulen 8°. (38 S.) K —.30
Hermannstadt: Krafft 1906.

Scheiner, A. s.: Aus d. Schatzhause d. hl. Schrift.

Scheiner, A[ndreas]: Die deutsche Bühnenaussprache und unser Schuldeutsch. [Vortrag.] S. 37—49. 4.
Progr. Ev. Gymn. A. B. *Medgyes (Mediasch)* 1903.

Scheiner, A., die Schenker Herrenmundart, s. a. Forschungen zur Volkskunde der Deutschen in Siebenbürgen. 2. Heft.

Die Schenker Herrenmundart. Von Dr. A. Scheiner. Hermannstadt: Krafft 1909. 42 S. 8°
(Forschungen z. Volkskunde d. Deutschen in Siebenbürgen. H. 2.)

Scheiner, A., d. Mundart d. Siebenbürger Sachsen, s. a. Forschungen zur deutschen Landes- u. Volkskunde, IX, 2.

Scheiner, Andreas: Die Mundart der Siebenbürger Sachsen. Stuttgart 1895. 66 S. = Forschungen zur deutschen Landes- und Volkskunde. Bd 9. Heft 2. S. 73—138. 8°.

Scheiner, A[ndreas]: Sprachlehre in der Volksschule. Ein Lehrgang in Andeutungen, zusammengestellt auf Grund methodischer Besprechungen aus dem Winter 1902/1903. S. 15—31. 4.
Progr. Ev. Gymn. A. B. *Medgyes (Mediasch)* 1904.

Scheiner, Carl Josef. s. Scheiner, Karl Josef

Scheiner, Eberh., Aufsatzstoffe, s.: Winer, Joh.

Scheiner, Eberh., Geschichtsbilder, s.: Klemmert, Hugo.

Scheiner, Frz., s.: Eisenbahn-Güter-Tarif, neuester.

Scheiner, Jos., Predigten. Hersg. u. mit einer Lebensskizze des Verstorbenen versehen von Thdr. Wiedemann. Mit dem (lith.) Portr. des Domprälaten Dr. Scheiner. Wien 869. Braumüller. gr. 8. (320 S.) n. 1 ℛ 10 *ngr.*

Scheiner, Jos., die Religionsvorträge an den Gymnasien. Zur Würdigung dargestellt. [Mit d. Umschlagstitel: Zur Reform des öffentl. Unterrichtes.] gr. 8. (25 S.) Wien 848, Braumüller. n. 4 *ngr*

Scheiner, Josef, 4. Verbandstag aller Sokol-Vereine, veranstaltet in Prag v. Verband tschecho-slawischer Sokol-Ver. 28.—30. 6. u. 1. 7. 1901, m. Abb., Tschechisch, 1901, 210 S., 4°.

– (Hrsg.), s. Zeitschrift für die gesamte Katholische Theologie.

Scheiner, Julius

Scheiner, J., die Astronomie des Unsichtbaren, s.a. Sammlung populärer Schriften, hrsg. v. der Gesellschaft Urania.

Scheiner J. die Astronomie des Unsichtbaren. (S. d. Urania 19) Berlin 1893

— u. S. **Hirayama**, photographische Aufnahmen Fraunhofer'scher Beugungsfiguren. [Aus: „Abhandlgn. der k. preuss. Akad. d. Wiss. zu Berlin".] gr. 4. (9 S. m. 4 Taf.) Ebd. 894. Kart. n. 4. 50

Scheiner, Jul., populäre Astrophysik. (VI, 718 S. m. 210 Fig. u. 30 Taf.) gr. 8. Leipzig 908. B. G. Teubner. Geb. in Leinw. 12. —

Scheiner, J., Ausmessg. d. Orionnebels nach photograph. Aufnahmen, s.a. Publikationen d. astrophysikal. Observatoriums zu Potsdam, Nr. 35.

Ausmessung des Orionnebels nach photographischen Aufnahmen v. J[ulius] Scheiner. *Potsdam: In Comm. b. W. Engelmann in Leipzig 1896.* (68 S., 2 Taf.) 4.
= Publicationen d. astrophysikal. Observatoriums zu Potsdam. No 35. Bd XI, Stück 2. [98. 3641]

Scheiner, J., der Bau des Weltalls, s.a. Aus Natur u. Geisteswelt.

Scheiner J. der Bau des Weltalls. (141 S) (Aus Natur u Geisteswelt 24) Leipzig 1901

Der Bau des Weltalls. Von Prof. Dr. J[ulius] Scheiner. Mit 26 Fig. 3., verb. Aufl. Leipzig: Teubner 1909. 132 S. 8°
(Aus Natur u. Geisteswelt. Bdch. 24.)

— Vergleichende spektralphotometrische Beobachtungen am Monde u. an Gesteinen nebst Albedobestimmungen an letzteren. — Temperaturbestimmung v. 109 helleren Sternen aus spektralphotometrischen Beobachtgn., s.: Wilsing, J.

— s.: Himmelskarte, photographische.

— Katalog v. Doppelsternen der photographischen Himmelskarte aus der Zone von + 31° bis + 40° Deklination, s.a. Publikationen des astrophysikalischen Observatoriums zu Potsdam.

Katalog von Doppelsternen der photographischen Himmelskarte aus der Zone von + 39° bis + 40° Deklination. Von J[ulius] Scheiner. Potsdam, Leipzig: W. Engelmann in Komm. 1908. 43 S. 4°
(Publikationen d. Astrophysikal. Observatoriums zu Potsdam. Nr 59. Bd 20, St. 2.)

20553 scheinbare rechtwinklige Coordinaten von Sternen bis zur elften Grösse nebst genäherten Örtern für 1900. o. Nach Aufnahmen von A. Schwassmann u. H. Clemens u. Ausmessungen von A. Schwassmann u. A. Everett. Red. von J[ulius] Scheiner. Potsdam; Leipzig: W. Engelmann in Comm. 1901. (XVI, 465 S.) 4°
= Himmelskarte, Photographische. Zone + 31° bis + 40° Declination. Catalog. Bd 2.
(Publicationen d. astrophysikal. Observatoriums zu Potsdam.) [07. 15465]

— 20553 bezw. 20627 scheinbare rechtwincklige Coordinaten v. Sternen bis zur 11. Grösse, nebst genäherten Örtern f. 1900.0, s.: Publikationen des astrophysikalischen Observatoriums zu Potsdam.

20522 scheinbare rechtwinklige Koordinaten von Sternen bis zur elften Grösse nebst genäherten Örtern für 1900. o. Nach Aufnahmen von H. Clemens, G. Eberhard [u. a.] u. Ausmessungen von H. Ludendorff u. W. Schweydar. Red. von J[ulius] Scheiner. Potsdam; Leipzig: W. Engelmann in Komm. 1907. (XIV, 519 S.) 4°
= Himmelskarte, Photographische. Zone + 31° bis + 40° Declination. Katalog. Bd 4.
(Publicationen d. astrophysikal. Observatoriums zu Potsdam.) [07. 15467]

20923 scheinbare rechtwinklige Coordinaten von Sternen bis zur elften Grösse nebst genäherten Örtern für 1900. o. Nach Aufnahmen von A. Schwassmann u. H. Clemens u. Ausmessungen von A. Everett. Red. von J[ulius] Scheiner. Potsdam; Leipzig: W. Engelmann in Comm. 1903. (XII, 469, 8 S.) 4°
= Himmelskarte, Photographische. Zone + 31° bis + 40° Declination. Catalog. Bd 3.
(Publicationen d. astrophysikal. Observatoriums zu Potsdam.) [07. 15466]

20627 scheinbare rechtwinklige Coordinaten von Sternen bis zur elften Grösse nebst genäherten Örtern für 1900. o. (Nach Aufnahmen von A. Schwassmann u. H. Clemens u. Ausmessungen von A. Schwassmann u. A. Everett.) Bearb. von Julius Scheiner. Potsdam; Leipzig: W. Engelmann in Comm. 1899. (XL, 473 S.) 4°
= Himmelskarte, Photographische. Zone + 31° bis + 40° Declination. Catalog. Bd 1.
(Publicationen d. astrophysikal. Observatoriums zu Potsdam.) [07. 15464]

20458 scheinbare rechtwinklige Koordinaten von Sternen bis zur elften Größe nebst genäherten Örtern für 1900.0. Bearb. von [Julius] Scheiner. Potsdam; Leipzig: W. Engelmann in Komm. 1910. XII, 470 S. 4°
(Photograph. Himmelskarte. Zone + 31° bis + 40° Deklination. Katalog. Bd 5.)
(Publikationen d. Astrophysikal. Observatoriums zu Potsdam.) [10. 1902 2]

— die Photographie d. Gestirne. M. 1 Taf. in Heliograv. u. 52 Fig. im Text. gr. 8. (V, 382 S.) Nebst e. Atlas v. 11 Taf. in Heliograv. m. textl. Erläutergn. (in Mappe). 4. (6 S.) Leipzig 897. W. Engelmann. n. 21. —; Text geb. n.n. 23. 50

Scheiner, J., die Spectralanalyse der Gestirne. Mit e. Vorwort. v. H. C. Vogel. Mit 2 Spectraltaf. in Heliograv. u. 74 Fig. im Text. gr. 8. (VIII, 474 S.) Leipzig 890. Engelmann. n. 16. —; geb. n. 18. —

— der grosse Sternhaufen im Hercules, Messier 13, nach Aufnahmen am Potsdamer photographischen Refractor. [Aus: „Abhandlgn. d. kgl. Akad. d. Wiss. zu Berlin".] gr. 4. (55 S. m. 1 Taf.) Berlin 892. (G. Reimer.) n. 3. 50

— Strahlung u. Temperatur der Sonne. gr. 8. (IV, 99 S.) Leipzig 899. W. Engelmann. n. 2. 40

— Spektralanalytische u. photometrische Theorien, s.a. Wissen u. Können, 14.

Spektralanalytische und photometrische Theorien. Von Dr. J[ulius] Scheiner, Prof. Mit 11 Fig. Leipzig: Barth 1909. 187 S. 8°
(Wissen u. Können. 14.)

Scheiner, Julius (geb. am 25 Nov. 1858 in Köln): Untersuchungen über den Lichtwechsel Algols nach den Mannheimer Beobachtungen von Professor Schönfeld in den Jahren 1869 bis 1875 ... Bonn, Univ.-Buchdr. v. C. Georgi 1882. 2 Bl., 31 S., 1 Bl. 8. ¶ In Komm. bei Behrendt in Bonn.
Bonn, Phil. Fak., Diss. v. 16 März 1882

Scheiner, Jul., Untersuchungen üb. den Lichtwechsel Algols nach den Mannheimer Beobachtungen v. Schönfeld in den J. 1869 bis 1875. gr. 8. (31 S.) Bonn 882. (Behrendt.) n. 1. —

— Untersuchungen üb. die Solarkonstante u. die Temperatur der Sonnenphotosphäre, s.a. Publikationen des astrophysikalischen Observatoriums zu Potsdam.

Untersuchungen über die Solarkonstante und die Temperatur der Sonnenphotosphäre. Von J[ulius] Scheiner. Mit 7 Fig. u. 4 Taf. Potsdam: W. Engelmann, Leipzig, in Komm. 1908. (90 S.) 4°
= Publikationen d. astrophysikal. Observatoriums zu Potsdam. No 55. Bd 18, St. 3. [08. 11325 3]

— u. J. Wilsing, Untersuchungen an den Spektren der helleren Gasnebel, s.a. Publikationen des astrophysikalischen Observatoriums zu Potsdam. Nr. 47.

Untersuchungen an den Spektren der helleren Gasnebel, angestellt am großen Refraktor. Von J[ulius] Scheiner u. J[ohann] Wilsing. Leipzig: W. Engelmann in Komm. 1905. (59 S.) 4°
— Publikationen d. astrophysikal. Observatoriums zu Potsdam. No 47 = Bd 15, St. 3. [06. 908 3]

— Untersuchgn. üb. d. Spectra d. helleren Sterne nach photograph. Aufnahmen, s.a. Publikationen d. astrophysikal. Observatoriums zu Potsdam, Nr. 36.

Untersuchungen über die Spectra der helleren Sterne nach photographischen Aufnahmen v. J[ulius] Scheiner. *Potsdam: In Comm. b. W. Engelmann in Leipzig 1895.* (2 Bl., 169 S.) 4.
= Publicationen d. astrophysikal. Observatoriums zu Potsdam. No 26. Bd VII, Th. 2. [95 5036

Scheiner, Karl Josef

Scheiner, Carl Jos., der kleine Gratulant. Zu Geburtstags-, Namens- u. Neujahrs-Festen u. verschiedenen andern Gelegenheiten. Wien 857. Wenedikt. 32. (96 S.) n. 4 ngr.

Scheiner, Carl Jos., der kleine Gratulant. Zu Geburtstags-, Namens- und Neujahrs-Festen, und verschiedenen andern Gelegenheiten. Namentlich für ganz kleine Kinder. 2. Aufl. 859. — 3. verm. Aufl. Wien 862. Wenedikt. 16. (94 S.) n. 4 ngr.

Scheiner, Carl Jos., der kleine Gratulant. Zu Geburtstags-, Namens- u. Neujahrsfesten u. verschied. anderen Gelegenheiten. Namentlich für ganz kleine Kinder. 4. verm. Aufl. Wien 866. Wenedikt. 16. (96 S.) 4 ngr.

Scheiner, Carl Jos., der kleine Gratulant. Zu Geburts-tags-, Namens- u. Neujahrs-Festen u. verschiedenen andern Gelegenheiten. Namentlich f. ganz kleine Kinder. 5. verb. Aufl. 16. (96 S.) Wien 871. Wenedikt. n. — 40

Scheiner, Carl Jos., der kleine Gratulant. Zu Geburtstags-, Namens- und Neujahrs-Festen und verschiedenen andern Gelegenheiten. Namentlich für ganz kleine Kinder. 6. verm. Aufl. 16. (64 S.) [Wien 877, Wenedikt.] Brünn, Karafiat's Verlag. *

Scheiner, Karl Jos., der kleine Gratulant. Zu Geburtstags-, Namens- und Neujahrs-Festen und verschiedenen anderen Gelegenheiten. Namentlich für ganz kleine Kinder. 7. vielverm. Aufl. 16. (64 S.) Brünn 880, Karafiat.

Scheiner, Karl Josef —. Illustrirte Naturgeschichte der drei Reiche. Für die Jugend leitfaßlich bearbeitet von — —. 8. (240 S.) Wien. Druck von U. Klopf sen. und Alex. Eurich. Verlag von Albert A. Wenedikt.
1854

— illustrirte Naturgeschichte der drei Reiche. Für die Jugend leichtfaßlich bearb. Mit Xylogr. (im Text) u. 24 (lith. u.) color. Taf. Wien (854), Wenedikt. 8. (240 S.) 1 ₰. 15 ngr.

—— illustrirte Naturgeschichte der drei Reiche. 2., verm. Aufl. Umgearb. von Emil Müller. 4. (XII und 256 S. mit 24 ill. Stnt.) Wien 866, Wenedikt. cart.

—— **illustrirte Naturgeschichte der drei Reiche. 2. verm. Aufl. Umgearb. von Emil Müller. 4. (VIII, 256 S. mit 24 lithogr. und color. Taf.) Wien 879, Wenedikt. geb.**

Scheiner, P.: Der H a n d e l des Altertums und der Neuzeit. 17 S. 4° -- Brünn Auspitz. öff. OR., Progr. 1872.

Scheiner: Die deutsche Prosa vor Luther. Zs. 50 S. 8° –Teschen kth., Progr. 1867, 1868

Scheiner, Paul, deutsches Lesebuch f. Ober-Realschulen. gr. 8. (V, 375 S.) Brünn 872. Winiker. 3. —

Scheinera, Jos. E., Festschrift zum 2. Turnfest des Tschechischen Turnerbundes „Sokol" 28.—30. 6. 1891 in Prag, Tschechisch, 122 S., 4°.

Scheinert, J., die Erziehung des Volkes durch die Schule. 2 Bde. gr. 8. Königsberg, Gebr. Bornträger. [1. (18 B.) 845. 1 Thlr. 10 Ngr., 2. (30 B.) 46. 2 Thlr. 6 Ngr.]

Scheinert, J., die christliche Religion. 2 Bde. gr. 8. Königsberg, (Gebr. Bornträger.) [1. (IV und 479 S.) * 2 Thlr. 8 Ngr., 2. (IV und 572 S.) 853. * 2 Thlr. 20 Ngr.] *

[Umschlagt.:] **Scheinert,** *Ernst Moritz* Maximilian [Oberl. an d. Bürgersch. zu Auerbach i. V.]: Der Franziskaner Berthold von Regensburg als Lehrer und Erzieher des Volkes ... Dresden, Kgl. Hof-Buchdr. C. C. Meinhold & Söhne, 1896; 44 S. 8.
Leipzig, Phil. Fak., Inaug.-Diss. v. [28. Mai] 1896

Scheinert, Moritz: Die Adjectiva im Beowulfepos als Darstellungsmittel. Halle a. d. S. 1905: E. Karras. (86 S.) 8° ¶ (Aus: Beiträge zur Gesch. d. deutschen Sprache u. Lit. Bd 30.)
Leipzig, Phil. Fak., Ref. Sievers u. Wülker, Diss. v. 18. Mai 1905
[Geb. 7. März 80 Leipzig; Wohnort: Leipzig; Staatsangeh.: Sachsen; Vorbildung: Nikolaigymn. Leipzig Reife O. 00; Studium: Lausanne 1, Leipzig 8 S.; Rig. 20. Jan. 05.]

Scheinert, Mor., Wilhelm v. Humboldts Sprachphilosophie. (55 S.) gr. 8. Leipzig 908. W. Engelmann. 1. 20
Sonderabdruck aus: „Archiv f. d. ges. Psychol."

Scheinesson, Jeannot, Untersuchungen über den Einfluss des Chloroforms auf die Wärmeverhaltnisse des thierischen Organismus und den Blutkreislauf. Diss Dorpat. 8°. 81 pp.
1868

Scheinfeld [Schlagwort]

Scheinfeld. Vom K. St. K. 1 : 2,500. 1 Bl.

Scheinhardt, Jh. Gli., († d. 27. Oct. 1778.) Dissert. physico-medica, qua auri cum salibus mixti summam in corpus humanum vim atque virtutem, viscidum in febribus resolvendi, demonstrare conatur. 4. Karlsr. 762. Macklot. 2 gl.

Die alte Geschichte des russischen und polnischen Juden. Vortr. geh. 1899 zu Memel von Leon Scheinhaus. *Berlin: A. Scholem 1900.* (41 S.) 8° [F.] [00 1474

Zur Geschichte der russischen Juden im 19. Jahrhundert. Von Leon Scheinhaus, Memel. (Forts. d. Vortr. über 'Die alte Gesch. d. russ. Juden' in d. 'Israelit. Wochenschr.' No. 5, 7 u. 8, 1900.) *Berlin 1901: A. Scholem.* (87 S.) 8° [F.] [01 6644

Scheinhaus. Leon. „Lernen und Lehren". Eine Cultur-historische Studie. Zur Geschichte des Unterrichtswesens bei den Juden in den 'früheren' Zeiten." Herausgegeben von J. S. Fuchs. Krakau 1895.

Scheinheiligen, die, des Hopfenhandels, sowie ihre Geheimnisse und Schliche vor dem Richterstuhle der öffentl. Meinung. Enthüllungs- und Warnungsepisteln an die gesammte Brauerwelt von Dennerlein II. 1.—3. Epistel. gr. 16. (32; 29; 24 S.) Leipzig 877,79, Ehrlich.
1. und 2. Epistel à * M 1,50.; 3. Epistel * 1 —

SCHEINHEYRATH, Die vernünftige, ein moralisches Gedicht. Hamburg, Hertel, 1751. 8°. 7 Bogen.
O. M. V. 1752, S. 263; Cat. Meissner II (unter Romanen).
— Rar!

Scheinheirath, die vernünftige. 8. Hamb. 752. ... 2 gl.

Scheinigg, Joh., die Assimilation im Rosenthaler Dialect. Ein Beitrag zur kärntisch-sloven. Dialectforschg. gr. 8. (27 S.) Klagenfurt 882. (Wien, Pichler's Wwe. & Sohn.) n. — 50

Scheinnig, Prof. Joh., die Assimilation im Rosenthaler Dialekt. Ein Beitrag zu kärntisch-sloven. Dialektforschg. gr. 8°. (27 S.) Wien, Pichler's Wwe. & Sohn. fl. —.25.
1886

Scheinigg, Johann: Die Ortsnamen des Gerichtsbezirkes *Ferlach*. Klagenfurt '06. S. 3—26. Klagenfurt, Staats-Ober-G., P. 1905/06.

Scheinin, Albert: Die Hochschule zu Jamnia und ihre bedeutendsten Lehrer mit besonderer Rücksicht auf Rabbi Gamaliel II. 1. Halle a. S. 1878: (Meyer in Halberstadt). 77 S. 8°
Halle-Wittenberg, Phil. Diss. v. [14. Jan.] 1878
Geb. Sklow am Dnjepr (Russland) 1852. V.
Im Buchhandel Krotoschin: H. Meyer 1878.

Scheinmann, J., was kann u. soll e. Jeder thun, um sich u. seine Umgebung während e. Epidemie vor der Erkrankung zu schützen? Ein Versuch, den Einzelnen, besonders die Frauen, mit heranzuziehen zur Bekämpfg. e. beginn. Epidemie. 8. (IV, 40 S.) Hagen 886. Risel & Co. n. — 50

Scheinmann, Julius (geb. Oletzko in Ostpr. 7. 3. 1860): Diabetes mellitus und Syphilis. Berlin (1884). (35 S.) 8°
Berlin, Med. Diss. v. 8. März 1884

Scheinpflug, Bernard

Scheinpflug: Ausbreitung des Cisterzienser-Ordens u. dessen Einfluss auf die Kulturverhältnisse in Bö hmen. 27 S. 8° – Prag d. OR., Progr. 1864

Scheinpflug, Bernard, die Dichtungsarten und ihre Literatur. Für den Schulunterricht zusammengestellt. Prag 864. Dominicus. gr. 8. (VI, 152 S.) 22 *ngr.*

Scheinpflug, B., die Dichtungsarten u. ihre Literatur. Für Mittelschulen zusammengestellt. 2. vervollständ. Aufl. Prag 870. Dominicus. gr. 8. (VI, 150 S.) n. 20 *ngr.*

—— und Jos. Knappe, Erzählungen aus der Geschichte. Ein histor. Hilfs- und Lesebuch für den Bildungskreis der Unterrealschule. 1. Thl.: Erzählungen aus der Geschichte des Alterthums. gr. 8. (VIII und 167 S.) Prag 860, Ehrlich. *

—— Dasselbe. II. Theil: Erzählungen a. d. Geschichte Oesterreichs. gr. 8. (236 S.) Ebd. 88 kr.
1860

—— Dasselbe. III. Theil: Erzähl. a. d. Geschichte d. Mittelalters u. d. neuen Zeit (m. Ausschluß d. Gesch. Oesterreichs). gr. 8. (167 S.) Ebd. 60 kr.
1860

—— und Jos. Knappe, Erzählungen aus der Geschichte. Ein histor. Hilfs- und Lesebuch für den Bildungskreis der Unterrealschule. 3 Thle. gr. 8. Prag 863, Ehrlich's Buchh. *
Inhalt:
Thl. 1. Erzählungen aus der Geschichte des Alterthums. Von Bern. Scheinpflug. 2., verb. und verm. Aufl. (VIII und 179 S.) 863. * 16 Ngr.
Thl. 2. Erzählungen aus der Geschichte Oesterreichs. Von Bern. Scheinpflug. 4., verb. und verm. Aufl. (IX und 232 S.) 865. * $17\frac{1}{2}$ Ngr.
" 3. Erzählungen aus der Geschichte des Mittelalters und der neuen Zeit (mit Ausschluß der Geschichte Oesterreichs). Von Jos. Knappe. 2. Aufl. (VIII und 172 S.) 866. * 12 Ngr.

— u. Jos. **Knappe**, Erzählungen aus der Geschichte. Ein histor. Hilfs- u. Lesebuch für den Bildungskreis der Unterrealschule. 3 Thle. Prag, Ehrlich. gr. 8. n. 1 *ℛ* $15\frac{1}{2}$ *ngr.*
1. Thl. Erzählungen aus der Geschichte des Alterthums. Von Bern. Scheinpflug. 3. verb. u. verm. Aufl. (VIII, 187 S.) 870. n. 16 *ngr.*
2. Thl. Erzählungen aus der Geschichte Oesterreichs. Von Bern. Scheinpflug. 4., verb. u. verm. Aufl. (IX, 232 S.) 865. n. $17\frac{1}{2}$ *ngr.*
3. Thl. Erzählungen aus der Geschichte des Mittelalters u. der neuen Zeit (mit Ausschluß der Geschichte Oesterreichs). Von Jos. Knappe. 2. Aufl. (VIII, 172 S.) 866. n. 12 *ngr.*

—— Erzählungen aus der Geschichte des Alterthums, s. Knappe, J.

Scheinpflug, Bernard — Erzählungen aus der Geschichte Oesterreichs. Ein historisches Hilfs- und Lesebuch für den Bildungskreis der Unterrealschule von — — Prag, 1856. Druck von Kath. Gerzabek. Verlag von Friedrich Ehrlich's Buch- und Kunsthandlung. (240 S. 8.)

Scheinpflug, Bern., Erzählungen aus der Geschichte Oesterreichs. Ein histor. Hilfs- und Lesebuch für den Bildungskreis der Unterrealschule. gr. 8. (VIII und 240 S.) Prag 856, [Mercy.] Thlr. *

Scheinpflug, Bernard, *o. Lehrer an d. deutsch. Oberrealschule in Prag.* Erzählungen aus der Geschichte Oesterreichs. Ein historisches Hilfs- und Lehrbuch für den Bildungskreis der Unterrealschule. II. verbesserte und vermehrte Auflage. *Prag* 1858. *Friedr. Ehrlich.* 236 S., 3 Bl. 8°. 48 kr.

Scheinpflug, Bernard, Erzählungen aus der Geschichte Oesterreichs. Ein histor. Hilfs- und Lesebuch für den Bildungskreis der Unterrealschule. 3. Aufl. gr. 8. (223 S.) Prag 861, Ehrlich.

Scheinpflug, B., Erzählungen aus der Geschichte Oesterreichs. Ein historisches Hilfs- u. Lesebuch für den Bildungskreis der Unterrealschule. 4. verm. u. verb. Aufl. 8. (232 S.) Prag, Ehrlich. 88 kr.
1866

—— Geschichte Böhmens, in einer Reihe zusammenhängender Erzählungen dargestellt. gr. 8. (XIII und 290 S.) Prag 858, Dominicus. *

– Grammatik der neuhochdeutschen Sprache für Mittelschulen. 1. Thl.: Laut- u. Formenlehre. Prag 869. Ehrlich. gr. 8. (IX, 161 S.) n. 16 *ngr.*

Scheinpflug, Bern., Grammatik der neuhochdeutschen Sprache für Mittelschulen. 3. Thl. Wortbildungslehre. gr. 8. (52 S.) Prag 873. Dominicus. n. — 80 (1. u. 3. Thl. n. 2. 40)
Der 2. Thl. erscheint später.

Scheinpflug: G r ü n d u n g des Cisterzienserstiftes Ossek. Nach Quellen bearbeitet. 18 S. 8° – Prag. d. OR., Progr. 1859.

— Grundzüge der deutschen Metrik. Brünn 860. Buschak & Irrgang. gr. 8. (IV, 96 S.) 10 *ngr.*

—— kleine Landeskunde von Böhmen für den Schul- und Privatunterricht. gr. 8. (III und 140 S. mit 2 lithogr. Karten in 4., wovon 1 ill.) Prag 864, Ehrlich's Buchh. *

—— deutsches Lesebuch für die oberen Klassen der Mittelschulen. 2 Thle. gr. 8. Prag, [Mercy.] [1. (VII und 340 S.) 853. * 20 Ngr., 2. (X und 375 S.) 855. * 16 Ngr.] *

Scheinpflug, Bernhard. Deutsches Lesebuch für die oberen Klassen der Mittelschulen. I. Theil. 8. (340 S.) Prag, Fr. Rohlicek, 1853.

Scheinpflug, Bernard —. Deutsches Lesebuch für die oberen Klassen der Mittelschulen. Von — —. Zweiter Theil. 8. (4 Bl, 376 S.) Prag. Druck von C. W. Medau. Heinrich Mercy. 1855.

Scheinpflug, Bernard, deutsches Lesebuch für die oberen Klassen der Mittelschulen. 3. Thl. gr. 8. (XVI und 339 S.) Brünn 856(57), Buschak und Irrgang. Thlr. * –
1. und 2. Thl. Prag 1853,55, Mercy. * 1 Thlr. 6 Ngr.

Scheinpflug, Bernard — Deutsches Lesebuch für die obern Klassen der Mittelschulen. Von — —. Dritter Theil. Brünn, 1856. Druck von Franz Gastl. Verlag von Buschak und Irrgang. (XII. 339 S. 8.)

— deutsches Lesebuch für die oberen Klassen der Mittelschulen. 1. Thl. 2. Aufl. Brünn 859. Buschak & Irrgang. gr. 8. (VI, 304 S.) 21 *ngr.*

— deutsches Lesebuch für die unteren Klassen der Mittelschulen. 1. Thl. Prag 868. Dominicus. gr. 8. (XV, 215 S.) n. 13 ngr.

— — 2. Thl. Ebend. 870. gr. 8. (VIII, 279 S.) n. 20 ngr.

Scheinpflug, Bern., deutsches Lesebuch f. die unteren Klassen der Mittelschulen. 1. u. 3. Thl. gr. 8. Ebend. 871. n. 3. 50
1. 2. Aufl. (XVI, 210 S.) n. 1. 30 — 3. (XII, 251 S.) n. 2. 30

—— kurze Literaturgeschichte der Deutschen für den ersten Unterricht. gr. 8. (IV und 160 S.) Prag 865, Dominicus.

Scheinpflug B.: Das St. Bernards Collegium. Ein Beitrag zur Geschichte Prags und seiner Bildungsanstalten. 47. Prag I. R. 75.
Progr.

—— der deutsche Satzbau in Regeln, Beispielen und Uebungsstücken dargestellt. gr. 8. (VIII und 80 S.) Prag 860, Ehrlich. *

Scheinpflug, Bernard. Das Wichtigste aus der Mythologie der Griechen und Römer für Realschulen und Gymnasien, so wie für den Privatunterricht. Von — 8. (172 S. 4 Bl.) Prag, Druck, Fr. Rohlicek, in Kommission Friedr. Ehrlich 1853.

—— das Wichtigste aus der Mythologie der Griechen und Römer für Realschulen und Gymnasien, so wie für den Privatunterricht. gr. 8. (IV und 180 S.) Prag 853, [Mercy.] *

— das Wichtigste aus der Mythologie der Griechen und Römer. Für die Jugend dargestellt. 2., umgearb. Aufl. Brünn 860. Buschak & Irrgang. gr. 8. (XIX, 223 S.) 21 ngr.

— das Wichtigste aus der Mythologie der Griechen u. Römer. Für die Jugend dargestellt. 3. Aufl. Brünn 868. Buschak & Irrgang. 8. (XIX, 211 S.) n. 20 ngr.

Scheinpflug, G., Sozialdemokratie u. deutsches Volkswohl. Betrachtungen nach der Reichsfinanzreform. (46 S.) 8. Berlin 910. Spree-Verlag. — 50

Scheinpflug, Th., hinauf gen Jerusalem! 10 Kinderpredigten. (V, 98 S.) 8. Leipzig 905. R. G. Th. Scheffer. Geb. in Leinw. n. 1. 80

— dasselbe. 2. Bdchn. Predigten f. Kinder. (VII, 139 S.) 8. Ebd. 906. Geb. in Leinw. n. 1. 80

Ⓑ Scheinpflug, Th., hinauf gen Jerusalem! 2 Bde. 905. (MB 34.) Jetzt: Leipzig. F. Jansa. Geb. à 1. 25

Scheins, Kunstschätze der Münsterkirche zu Aachen, nebst einigen Kunstwerken aus Trierer Kirchen. (28 Lichtdr.-Taf. m. 14 S. erläut. Text.) 47×32,5 cm. Berlin 876. E. Wasmuth. Kart. 32. —

Scheins, Bruno, Referendar: Deutsches Kaisertum und Preußisches Königtum. Mit besonderer Berücksichtigung des Thronfolgerechts. Borna-Leipzig 1908: Noske. IV, 92 S. 8°
Leipzig, Jur. Diss. v. 28. Nov. 1908
[Geb. 3. Juni 85 Cöln; Wohnort: Aachen; Staatsangeh.: Preußen; Vorbildung: Kaiser-Karls-Gymn. Aachen Reife O. 04; Studium: Bonn 1, München 2, Berlin 1, Bonn 2 S.; Rig. 28. Nov. 08.] [U 09. 2661

Scheins, M., Aachen vor 100 Jahren. Nach dem Berichte eines französ. Zeitgenossen zusammengestellt. 8. (95 S.) Aachen 887, (Cremer.) *

Urkundliche Beiträge zur Geschichte der Stadt Münstereifel und ihrer Umgebung. Hrsg. von Dr. **Martin Scheins**, Kgl. Gymn.Dir. Bd 1. *Münstereifel: Selbstverl. (P. Hanstein) 1894(–95).* 8°
= Geschichte. Aus d. Rheinischen. 16 [96. 1247

Scheins, Martin, Dir. Dr.: [Bericht über seine Einführung als Direktor.] *Aachen 1899: H. Kaatzer.* (S. 16—18.) 4°
Aachen, Kaiser-Karls-G, P 1899 (447)

Scheins, Martin, geb. Aachen [illegible] 1847 [illegible]. De electro veterum metallico. Berolini 1871 [illegible]
Berlin, Phil. Diss. v. 8. Juli 1871

Scheins, M., lateinische Formenlehre f. Quinta. Im engsten Anschlusse an das Uebungsbuch v. Meiring. gr. 8. (VI, 122 S.) Düsseldorf 885. Schwann. cart. n. 1. 60

Scheins, Mart., lateinische Formenlehre für Sexta. Im engsten Anschlusse an das Übungsbuch von Meiring hrsg. gr. 8. (VI, 48 S.) Düsseldorf 884, Schwann'sche Verlagsb. . *

—— lateinische Formenlehre für Sexta. Im engsten Anschlusse an das Übungsbuch von Meiring. 2. Aufl. gr. 8. (VI, 52 S.) Düsseldorf 886, Schwann. cart. *

— Geschichte der Jesuitenkirche zum hl. Michael in Aachen. Aus authent. Quellen zusammengestellt. gr. 8. (51 S.) Aachen 884. (Barth.) n. 1. 20

Scheins, Mart., s. Monumenta Zollerana.

— lateinische Syntax f. Quarta u. Tertia. Im engsten Anschlusse an die Übungsbücher v. Meiring hrsg. gr. 8. (VI, 166 S.) Düsseldorf 887. Schwann. cart. n. 2. —

Scheins, Martin, Dir. Dr.: Die Umsiedlung der Anstalt. Aachen 1904: Heinr. Kaatzer. (S. 1—12.) 4°
Aachen, Kaiser-Karls-G OP 1904 (492)

'Scheint dir die Hilfe noch so fern, Getrost, es winkt ein Rettungsstern'. *(Cassel: J. G. Oncken Nachf. [1902].)* (6 S.) 8° [Kopft.]
= [Traktate d. Christl. Traktat-Gesellschaft.] Neue Serie. No 112. [illegible] 4

Scheint, Dan. G., das Land u. Volk der Szekler in Siebenbürgen, in phys., polit., statist. u. geschichtl. Hinsicht. 1. u. 2. Thl.: Die Landes- u. d. Volkskunde. Nebst 1 Karte d. Szeklerlandes (Roy.-Fol.) gr. 8. (14¼ B.) Pesth 833, Hartleben.

Scheintod

— der, od. Samml. der wichtigsten Thatsachen u. Bemerkk. darüber 2c. Mit e. Vorrede v. C. W. Hufeland. gr. 8. Berl. 808. Reimer. 1 ₰ 8 gr.

Scheintod, der, oder die Gefahren des frühen Begrabens nebst anziehenden Bemerkungen über die Achtung, welche die Alten den Verstorbenen zollten. A. d. Engl. (v. Haker.) 8. Leipzig, Baumgärtner. 820.

Scheintod, Der, oder die Gefahren des frühen Begrabens . . . a. d. Engl. Leipzig 1821. Ü: *Hacker, Joh. Georg Aug.* (Ky) S. a. »Taylor, Joseph«.

Scheintod, der, od. die Gefahren d. frühen Begrabens, nebst anziehenden Bemerkk. üb. die Achtung, welche die Alten den Verstorbenen zollten; aus d. Engl. (v. Haker). 8. Leipz. 821. Baumgärtner. 16 gr.

Scheintod, Der, besiegt durch den Apparat Karnice . . . Berlin 1898. V: *Valbel, Horace.* (Berl)

Scheintod, der, besiegt durch d. Apparat Karnice. E. Work d. Monschlichkoit v. Sr. Exo. d. Grafon Michaol v. Karnico-Karnicki, Kammorhorr Sr. Maj. d. Kaisers v. Russland. (Umschlag: Valbel, Horace: Der Scheintod überwunden durch d. Apparat „Karnico". Autor. Uebersetzg. aus d. Franz.) gr. 8. (84 S.) Berlin 898. (H. Steinitz.) n. 2. 80

— üb. den, u. gewaltsame Todesarten überhaupt (von Gf. St. Hofmann). 8. Coburg 790. (Riemann). 6 gr

Scheintodte, der, oder das Täubchen von Amsterdam. Historischer Roman. Leipzig 865. Häfele sen. 8. (220 S.) 20 ngr.

Scheinverbrechen. Ein Schauspiel in fünf Aufzügen. Für das k. k. National-Hoftheater. Wien 1794. V: *Collin, Heinrich Joseph von.* **(ADB) (GGr) (Collins Werke. Bd. III. Wien 1812. S. 191—316.) (Laban, Collin. Wien 1879. S. 84—89.)**

Scheinverbrechen. Ein Schauspiel in 4 A. Wien 1794. V: *Gayn, V.* (GGr)

Scheinverbrechen; Schspl. 8. Wien 794. (K. Haas). 4 gr

Scheinverbrechen. Schsp. 8. Wien, Wallishauser. 794.

— Originalschausp. v. Reinhard. 8. Hamb. Hoffmann. 795.

v. Scheinvogel, s. v. Scheunevogel.

Scheinziss, M[irlja] W[era], aus Elisabethgrad (Russland): Zur Kasuistik der akuten infektiösen Osteomyelitis speciell der Schädelknochen. ⟨Aus der chirurgischen Universitätsklinik zu Zürich. Prof. Krönlein.⟩ Tübingen 1909. IV + 13 S. 8°. S.-A. Beiträge zur klinischen Chirurgie. 65. Band. 1. Heft. [8. VI. 10.]
Zürich. Univ. Med. Diss. 1909/10.

Scheinziss, M[irla] W . Zur Kasuistik der akuten infektiösen Osteomyelitis speciell der Schädelknochen. Aus der chirurgischen Universitäts-Klinik zu Zürich.... Diss. Med. Univ. Zürich. (Sonderabzug aus Beiträge zur klinischen Chirurgie. Band 65. Heft 1.) IV + 13 S. 8. Tübingen, H. Laupp Jr, 1909.

Scheiringer, J., Entwurf einer Börse, — Entwurf zu einem Operntheater, s.: Studien aus der Special-Schule von Th. R. von Hansen.

Scheissereyen. Erstes Klumpen Kölln (Wien) 1785. V: *Rautenstrauch, Johann.* **(WR S. 128) (Hayn S. 279) (Petzek S. 164 verboten) (BiblPort)**

Scheissereien und Arschwische ausgemistet . . . Haarburg [Leipzig] 1835. V: *Butziger, Gust.* (WR) oder *Beckmann, Friedrich.* (BGE)

Scheissereien, Kleine oder poetische — sit venia verbo! — Erstes und zweytes Häufchen. O. O. 1778. V: *Schink, Joh. Fch.* **(BGE VII³, 143) (BiblPort) Vgl. GGr VII/911, Nr. 18/13).**

SCHEIT, Max: Die Tracheidensäume der Blattbündel der Coniferen mit vergleichendem Ausblicke auf die übrigen Gefäßpflanzen, besonders die Cycadeen und Gnetaceen. - Jena 1883. 29 S., 1 Taf. - Diss. - (Jenaische Z. Naturwiss. Bd. 16)

Scheit, Max, die Wasserbewegung im Holze. gr. 8. (III, 58 S.) Jena 886, Fischer. *
Aus: Jenaer Zeitschrift für Naturwissenschaft, besonders abgedruckt.

Schejtan dolaby (**Saiṭān ṭulābi**). Türkischer Text mit Anm. hrsg. u. mit e. Einl. über d. islâmische Schattenspiel vers. von Dr. Georg Jacob. *Berlin: Mayer & Müller 1899.* (XVI, 16 S.) 8°
— Karagöz-Komödien. II. 1. [oo. 3836

Schejtan-ul-Ali, s. a. Stichproben, poetische.

Schejtan-ul-Ali. Poetische Stichproben. In-8⁰. VIII, 97 S. Zürich, Verlagsmagazin (J. Schabelitz). 1897 1 25

SCHEJTAN-ul-Ali, Verboten und verpönt. Zeitgenössische Lyrik. Zürich, Schabelitz.
Verboten v. L.-G. Laibach, 26. IX. 1896. §§ 302, 303. 122a, 516.

Scheitan-ul-Ali. Verboten und verpönt. Zeitgenössische Lyrik. In-8⁰. 64 S. Zürich, Verlags-Magazin (J. Schabelitz). 1 —
1896

Scheitberger, Joh. Gabr., († d. 17. Febr. 1815.) Anweis. z. Verhütung d. Feuersgefahren u. wirksamen Löschmittel gegen Feuersbrünste. (Mit e. Vorrede v. Jh. Ph. Frank). 8. Erl. 791. 2e A. 793. Palm. 4 gr

Schelter, Gebr.: Katalog landwirthschaftlicher Maschinen. Niederwürschnitz (Sachsen) (1897?)

Schelter, F: Kataloge über Milch-Separator usw. Niederwürschnitz (Sachsen) (1897?)

Schelter Karl: Die Bedeutung Böhmens und Mährens in der Kriegsgeschichte infolge ihrer geographischen Lage u. Beschaffenheit). 45. Plan R. 01.
Progr.

Scheithauer's Zonen- u. Gepäcks-Tarif nach sämmtlichen Stationen der k. k. österreichischen Staatsbahnen. 24. (35 S.) —.15
Dux: Scheithauer 1890.

Scheithauer, Bruno. Verzeichniss sämmtlicher gedruckten Werke Dr. Carl Loewe's. Berlin 1886.

Scheithauer, Jos., Handbuch des naturgeschichtlichen Unterrichtes an Volks- u. Bürgerschulen. Für die Hand des Lehrers methodisch bearb. I. u. II. Bd. gr. 8. Wien, A. Pichler's Wwe. & Sohn. 11. 20
I. 1. Tl.: Lehrpläne. 2. Tl.: Das 3., 4. u. 5. Schulj. (XVII, 405 S. m. 139 Abbildgn.) 910. 4. 60
II. Das VI. u. VII. Schulj. (V, 556 S. m. 293 Abbildgn. u. 12 farb. Taf.) 911. 6. 60

Scheithauer, Karl, cours complet de sténographie apprise sans maître en 8 leçons. gr. 8. (11 S.) Leipzig 898. K. Scheithauer. n. — 60

Scheithauer, Karl, Estenografía comercial. El arte de escribir con la celeridad conque los comerciantes dictan sus cartas. (11 S.) 12. Leipzig 903. K. Scheithauer. n. — 60

— **stenographische Fibel.** Anweisung zur gründlichen Erlernung der Stenographie nach dem absolut einfachsten, deutlichsten u. kürzesten System durch Selbst-Unterricht. 4. Aufl. (20 S.) kl. 8. Ebd. (906). n. — 60

— das Kürzungswesen d. deutschen Volks-Stenographie (Debattenschrift). gr. 16. (32 autogr. S.) Berlin (896). Schwerte, P. Liese. n. 1. —

— Lesebuch in Scheithauer's Stenographie. E. Sammlung. method. geordn. Beispiele u. Uebgn. zu d. Aufgaben in d. Verf. Lehrbuch „System d. Stenographie". 7. Aufl. gr. 8. (16 S.) Leipzig 898. Karl Scheithauer. n. — 60

— **Lesebuch f. Scheithauers Stenographie.** 2. u. 3. Tl. kl. 8. Ebd. (906.) à n. — 60
2. Kurze Erzählgn. in stenogr. Vollschrift. 2. Aufl. (32 S.)
3. Gekürzte Schrift — Diktierbuch. (XVIII S.)

Scheithauer, Karl, der perfekte Stenograf. Anleitg. zum Selbstunterricht! gr 16. (8 S.) Naunhof-Leipzig (900). Verlag „Scheithauer" Stenographen-Zeitg. — 10

— Stenographen-Zeitung. Uebungsblatt f. Scheithauers Stenographie. Verantwortl.: Karl Scheithauer. Jahrg. 1901. 12 Nrn. gr. 8. (à ca. 16 S.) Ebd. n. 1. 80; m. 12 autogr. Beilagen (à 8 S.) n. 2. 40

Scheithauer's Stenographen-Zeitung. Ubungsblatt f. Scheithauers Stenographie. Begründet 1897 v. Karl Scheithauer. Red.: Otto Reckentin. Mit der stenograph. Beilage: Deutscher Stenographenfreund. 14. Jahrg. 1910. 12 Nrn. (à ca. 8 S. u. 8 autogr. S.) gr. 8. Berlin, Scheithauers Stenographen-Zeitg. 3. —

— Stenographie. Zum Selbstunterricht! 12. (7 S.) Leipzig 899. Naunhof, K. Scheithauer. n. — 10

— System d. Schriftkürzung. Eine Anleitg. zur Verkürzg. d. Schrift um d. Hälfte auf Grund d. grammatikal. u. log. Beziehgn. im Satze. Für das Stenographie-System d. Verf. bearb. 2. Aufl. gr. 8. (16 S.) Ebd. 898. n. 1. 20

— **System der Schriftkürzung.** Eine Anleitg. zur Verkürzung der Schrift um die Hälfte auf Grund der grammatikal. u. log. Beziehungen im Satze. Für das Stenographie-System des Verf. bearb. 3. Aufl. (23 S.) 12. Ebd. (903). n. 1.20

— System d. Stenographie. 5. Aufl. gr. 8. (16 S.) Ebd. 898. n. — 60

— s.: Uebungsblatt f. Scheithauer's Stenographie.

— brieflicher Unterricht in d. Volks-Stenographie. 4 Lehrbriefe. gr. 8. (16 S.) Berlin (895). Schwerte, P. Liese. n. 3. 50

— Volks-Stenographie, nach d. Grundsätzen v. Gabelsberger, Stolze u. Faulmann bearb. 2. Aufl. gr. 8. (III, 12 S.) Ebd. (894). — 50

Scheithauer, Wald.

Scheithauer, W., die Braunkohlenteerprodukte u. das Ölgas, s. a. **Bibliothek** der gesamten Technik.

Die Braunkohlenteerprodukte und das Ölgas. Von Dr. W[ald.] Scheithauer, Dir. Mit 43 Abb. Hannover: M. Jänecke 1907. (171 S.) 8°
— **Bibliothek** d. gesamten Technik. Bd 16. [08. 11010 7

Scheithauer, W., d. Fabrikation d. Mineralöle u. d. Paraffins aus Schwelkohle, Schiefer &c., sow. d. Herstellg. d. Kerzen u. d. Oelgases, s. a. Handbuch d. chem. Technologie.

Scheithauer, W., Die Fabrikation der Mineralöle und des Paraffins aus Schwelkohle, Schiefer usw., sowie die Herstellung der Kerzen und des Ölgases. Braunschweig. 1895. 384 S. mit 192 Abb. und 4 Taf.

Scheither, Karl Fr.

— an meine Mitstände u. die am 15. Dec. sich versammelnden Deputirten. 8. o. O. 814.

v. Scheither, Karl Fr., was hatte Europa zu erwarten, wenn Buonaparte d. Ruder in Frankreich behielt? u. wie kann dauerhafte Ruhe u. das Gleichgewicht Europas wieder hergestellt werden? gr. Hannov. 814. Helwing. 6 ℛ

Scheitlin, Eugen. Die Lewiner E. Sch. s von St. Gallen. Von M. Zürich 1861

Scheitlin, Peter s. a. Scherrer, Georg Caspar, und Scheitlin, Peter.

Scheitlin, Peter Sch', der „Professor" zu St. Gallen. (Njbl.) St. Gallen 1880 s. a. [Mayer, Carl Eduard].

Scheitlin, Peter, der Professor zu St. Gallen. St. Gallen 1880. V: *Mayer, Carl Eduard.* (Cat. der Stadtbibl. Zürich. Zürich 1864—97.)

Scheitlin, P. T., Bericht des Organisations-Committee in Washington, D. C., über die schweizerisch-amerikanische Volksversammlung in Philadelphia, Pa., abgehalten am 26. und 27. Aug. 1876. gr. 8. (58 S.) New-York 876. (Philadelphia, Schäfer und Koradi.) * 1 —

Scheitlin, J. A., populäre Buchhaltung od. Anleitung für Handelsleute, Krämer, Fabrikanten u. Handwerker, ihre Rechnungen klar, deutlich u. verständlich zu führen. 2. verb. u. verm. Aufl. Lex.-8. St. Gallen 844, Scheitlin u. Zollikofer. 3/8 ℞

Scheitlin, Peter

Scheitlin, P., das kleine Abendmahlsbuch für Konfirmirte. Mit Stahlst. kl. 8. St. Gallen 846, Scheitlin u. Z. 1/6 ℞

— Agathe oder der Führer durchs Leben für sinnige Jungfrauen. Mit 1 Stahlst. kl. 8. Ebend. 843. 1 ℞ — 2. verb. Aufl. gr. 16. Ebend. 844. geb. 1 1/4 ℞

. Pt. **Scheitlin:** Agathe, od. d. Führer durchs Leben f. sinnige Jungfrauen. *St. Gallen,* Scheitlin u. Zollikofer. (843-44.) 3e durchges. A. 847. gr 16° m. e. Stahlst. 1 ℞

Scheitlin, P(et.), Agathe oder der Führer durch's Leben. Für sinnige Jungfrauen. 3. Aufl. gr. 16. (X und 398 S. mit 1 Stahlst.) St. Gallen 854, Scheitlin und Zollikofer.

Scheitlin, Pet., Agathon, od. d. Führer durchs Leben. Für denk. Jünglinge. 16. (23¼ B. u. 1 Stahlst.) St. Gallen 841, Scheitlin u. Zollikofer.

— Agathon, oder der Führer durchs Leben. Für denkende Jünglinge. Mit 1 Stahlst. 16. Ebend. 842. 1⅛ Thlr. — 2. durchgeseh. u. verb. Aufl. Mit 1 Stahlst. 8. Ebd. 843. 1 Thlr.

Scheitlin, P., Agathon oder der Führer durchs Leben. Für denkende Jünglinge. 3. sorgfältig durchgesehene Aufl. Mit 1 Stahlst. gr. 16. (362 S.) St. Gallen 847, Scheitlin & Zollikofer. 1 Thlr.

Scheitlin, Pt., meine Apologie der Bibel. Eine Synodal-Vorlesung. 8. St. Gallen 838. Scheitlin u. Zollikofer. ⅛ Thlr.

— meine Apologie der Bibel. Eine Vorlesung. 2., umgearb. verm. Aufl. gr. 8. (9½ B.) St. Gallen 844, Scheitlin u. Zollikofer.

Scheitlin, Pt., meine Armenreisen in d. Kanton Glarus u. in d. Umgebungen d. Stadt St. Gallen in d. Jahren 1816 u. 1817. 8. St. Gallen 820. Huber u. C. 1 Thlr. 16 Gr. Hbg. Pr. 1 Thlr. 4 Gr.

Scheitlin, P[eter]. Auch ein Wort der Erinnerung an ... Kaspar Steinlin (1740–[1814]), einstigen Vorsteher unserer Bürgerbibliothek und Bibliothekgesellschaft. In der [st. gallischen] Bibliothekgesellschaft am 2. Dec. 1814 vorgelesen. 8. St. Gallen 1814

— Beobachtt. u. Fantasien auf e. Reise durch Sachsen u. Brandenburg im J. 1802. 2 Bde. 8. Giessen 808 u. 9. Müller. 2 Thlr. 16 Gr.

— Bettagspredigt, z. Andenken an die überstandene Trauerzeit. 8. St. Gallen 819. Huber u. C. 2 Gr.

Scheitlin, P[eter]. Das Brandunglück der Stadt S. Gallen am 27sten Tag des Januars 1830. In Briefform dargestellt ... 8. S. Gallen 1830.

Scheitlin, Pet., das Buch d. Konfirmation, d. Fests u. Abendmahls. Ein Gebets- u. Andachtsb. f. Konfirmanden u. festfeiernde Christen. 8. (14 B. u. Titlkpfr.) St. Gallen 828, Huber u. Comp. 8 Gr., wß. Pap

— das Buch der Konfirmation, des Fests u. Abendmahls. Ein Gebet- u. Andachtsbuch für konfirmirte u. festfeiernde Christen. 2. theilweise veränd. u. verm. Aufl. 8. (Mit 1 Stahlst.) St. Gallen 843, Huber u. Comp. ⅔ Thlr.

— Meister James Clifford, s. Volks- u. Jugendschriften, 8. Bdchn.

— Meister James Clifford oder: Der Segen der Bibel. Eine Volksschrift. 2. Aufl. gr. 16. (IV und 186 S. mit 1 Stahlst.) St. Gallen 854, Scheitlin und Zollikofer.

— Denkmal, gesetzt meinem Tochtermann J. Früh. Grundzüge seines Lebens u. Schicksals, nebst mehreren seiner Predigten. gr. 8. (8⅜ B.) St. Gallen 843, Scheitlin u. Zollikofer.

— das Elend der Tellus. Ein Versuch, das Publikum in das große Räthsel hineinzuführen. gr. 8. (12½ B.) St. Gallen 842, Scheitlin u. Zollikofer. —

— Friedrich der Thierquäler oder über die Thiere, deren Leben, Denken und Empfindungsthätigkeit. Eine Volks- und Jugendschrift. gr. 16. (167 S.) St. Gallen 848, Scheitlin und Zollikofer.

— biblische Geschichten für die Jugend. 1. Bd. Altes Testament. 1.—9. Liefg. u. 2. Bd. 1.—6. oder 10.—15. (Schluß-) Liefg. Mit 1 Stahlst. u. Lithogr. gr. 8. Mit Lithogr. St. Gallen 842, 43, 44, Tribelhorn. 1. Bd. 1⅛ Thlr. — 10.—15. Liefg. à 6¼ Ngr. compl. in 2 Bdn. geb. 3 Thlr. geh. 2½ Thlr. ohne Kupf. geb. 1¾ Thlr.

— biblische Geschichten des alten u. neuen Testaments für die Jugend. Neue Ausg. 2 Bde. gr. 8. (670 S.) Ebd. 848. 1 Thlr. — Mit (40 lith.) Kpfrn. (u. 2 lithochrom. Titeln) 1½ Thlr.

— das Heinrichs-Bad bei Herisau. 8. (5 B. u. 1 Ansicht.) Constanz 828, [Glükher.]

— das Heinrichsbad bei Herisau. 8. Constanz 828. Wallis. 12 Gr.

— Ida. Für liebende Mütter. Mit 1 Stahlst. gr. 16. St. Gallen 846, Scheitlin u. Zollikofer. ⅚ Thlr. — dass. Mit 1 Stahlst. 16. Ebend. 846. geb. 1 Thlr.

— Bartholome Kelli, siehe: Volks- u. Jugendschriften.

— Lebensgeschichte des armen Mannes in Tokenburg, s. Volks- u. Jugendschriften, 9. 10. Bdchn.

— Leitfaden d. christl. Kirchengeschichte von Christo an bis auf unsere Zeiten ꝛc. 8. St. Gallen 181.., 2e A. 818. Brentano. (Huber). 4 Gr.

Scheitlin, P., Leitfaden der christl. Kirchengeschichte von Christo an bis auf unsere Zeiten ꝛc. 2te Aufl. 8. St. Gallen, Brentano. 819. Rthlr.

MÜLLER von Friedberg, Karl. Sittengemalde aus der letzten Hälfte unsers Jahrhunderts (von *Peter Scheitlin*). Berlin, Logier, 1793. 8⁰.
— — Dasselbe. Ebd. 1800. 8⁰.
— — Dasselbe. Ebd. 1803. 8⁰. (¾ Rthl.)
— — Dasselbe. St. Gallen, o. J. (1837). 8⁰. (In Zürich. Stadtbibl.)
Anon.-Lex. III. p. 166, wo nur diese Ausgabe citirt ist. — Fehlt Kayser unter Romanen.

— Religion, Natur u. Kunst, vorzügl. in ihrer Verbindung. Eine Reihe öffentlicher Vorlesungen. gr. 12. St. Gallen 836. Wartmann u. Scheitlin. 1 Thlr.

— Religion, Natur u. Kunst, vorzügl. in ihrer Verbindung. Eine Reihe öffentl. Vorlesungen. 2., verm. u. verb. Aufl. 16. (16 B.) St. Gallen 842, Scheitlin u. Zollikofer.

[Scheitlin, Peter, und Bernet, Johann Jacob.] Die Ritterzeit des Kantons St. Gallen. Mit dem Bilde von Alt-Ramschwag [Tafel]. Njbl. Wissensch. Verein St. Gallen 1827. 4. St. Gallen.

[Scheitlin, Peter.] (Joh[ann] Heinrich) Pestalozzi's Säkularfeier. Ein Wort an die Schullehrer des evangel. Theils des Kant. St. Gallen, vom evangelischen Erziehungsrath auf den zwölften Januar 1846. [Umschlag illustriert.] 8. St. Gallen 1846.

— Jh. Jak. Scherer, Pfarrer in Hundwil u. Geo. Ksp. Scherer, Antistes in St. Gallen od. Lebensgeschichte u. Charakteristik d. Vaters u. Sohnes. Zum Andenken an d. verewigten G. K. Scherer. 8. St. Gallen 823. Huber. 1 Thlr.

— i. Benj. Schmolke, das himmlische Vergnügen in Gott.

— Pankraz Tobler, oder über Leben, Gesundheit ꝛc., s. Volks- u. Jugendschriften, 3. Bdchn.

—, Pankraz Tobler, Müller, der älteste Bürger d. Stadt u. d. Kantons St. Gallen. Mit Anmerkn. üb. Leben ꝛc. 8. (7½ B.) St. Gallen 828, (Huber u. Comp.)

— Räbis Uli, s.a. Volks- und Jugendschriften, herausg. von Steiger.

—— **Räbis Uli oder Lebensgeschichte des armen Mannes im Tokenburg. Ein Volks- und Jugendbuch. 2 Thle. 4. Aufl. (Volks- und Jugendschriften. Hrsg. von Carl Steiger. Neue Ausg. 1. und 2. Bdchn.) 16. (XVIII und 300 S. mit 2 ill. Titlkpfrn.) St. Gallen 855(56,) Scheitlin und Zollikofer.**

—— **und J. J. Bernet, geschichtl. Unterhaltungen,** s.a. **Bernet, J. J.**

— **u. J. J. Bernet, geschichtl. Unterhaltt. aus d. alten Welt. 1r u. 2r Bd. à 4 Hefte. Mit Kpf. u. Kart. 8. St. Gallen 827. (Huber u. C.) 6 ₰ 16 gr**

Scheitlin, P[eter], und Bernet, Johann Jacob. Geschichtliche Unterhaltungen. Mit vielen Abbildungen und Charten. 3 Bände. 8. S. Gallen (1826–)1834.

Band 1. ([Mit] Probebogen, [1 Vignette und 53 Tafeln].) – *A. u. d. T.:* Die Menschheit auf ihrem Schiksals- und Bildungsgange während der vier ersten Jahrtausende. Band 1. Dargestellt von P. Sch' und J J B'. (1826–)1827.
Band 2. [Mit 1 Vignette und 52 Tafeln.] – *A. u. d. T.:* Die M' auf ihrem Sch'- und Bild' während der vier erst' J'. Band 2. Darg' von Johann Jakob B'. (1828–)1829.
Band 3. [Mit 38 Tafeln.] 1834.

Scheitlin, P.: Versuch einer vollständigen Thierseelenkunde. Bd I - 2, gbd.

Stuttgart u.Tübingen: Cotta 1840

JB 5.925

Scheitlin, Pet., Vorlesungen üb. u. für die uralte Singgesellschaft St. Gallens. gr. 8. (..B.) St. Gallen 838, Scheitlin u. Zollikofer. Thlr.

—— biblische Vorträge. gr. 12. (10 B.) St. Gallen 839, [Scheitlin u. Zollikofer.]

— **meine Wanderung durch e. Theil des nördl. Deutschlands. 2 Thle. Mit Kpf. 8. Gießen 817. (Ferber). 2 ₰ 8 gr**

— — **meine Wanderungen durch einen Theil des nördlichen Deutschlands. 2 Th e. 8. Gießen, Müller. 817.**

Scheitlin, P[eter]. Drei Worte an den verewigten J[ohann] Joachim Steinmann ([1769]–1836), gewesener Gemeindevorsteher in St. Gallen. Eine Vorlesung. [Mit Porträt.] 8. St. Gallen 1837.

[Scheitlin, Carl Peter.] Christoph Zollikofer, Buchdruckereibesitzer. Geboren 1801. – Gestorben 1870. Skizzen aus seinem Leben. 8. St. Gallen 1870.

— **üb. Georg Joachim Zollikofer v. St. Gallen, hochberühmten Prediger in Leipzig. Mit seinem Bildniß in Steindruck. Am Ersten durch die erste öffentliche Kunstausstellung gefeierten Jahrzehendfest d. wissenschaftl. Vereins, am 10n Tag Wintermonats 1825, der Jugend seiner Vaterstadt gegeben. (Mit 1 Vign. in Kupferstich). gr. 4. St. Gallen 832. (Huber u. C.) 10 gr**

(Scheitlin, Philipp Erwin.) Aus dem Leben von Carl Peter Scheitlin, 1809—1901. (Für seine Kinder niedergeschrieben von Ph' E' Sch'.) [Mit Illustrationen und 10 Tafeln.] IV + 44 S. gr.-8. St. Gallen, Zollikofer, 1902.

Scheitlin, Walter, Tierarzt von St. Gallen, klinischer Assistent am Tierspital Zürich: Vergleichende Untersuchungen über die Blutviskosität bei gesunden und kranken Tieren. ⟨Veterinär-physiologisches Institut der Universität Zürich. Prof. Zangger.⟩ Zürich 1909. VIII + 88 S. und zwei Tabellen. 8°. [20. VIII. 09.]
Zürich, Vet.-med. Diss. 1908/09.

Scheitlin, Walter. Vergleichende Untersuchungen über die Blutviskosität bei gesunden und kranken Tieren. Diss. Vet.-Med. Univ. Zürich. [Mit 2 Tafeln.] *Kopftitel:* Veterinär-physiologisches Institut der Universität Z'.... VIII + 83 S. gr.-8. Zürich, Zürcher & Furrer, 1909.

Scheitz, Benno, Über die Dualität der Lebensgebiete im Menschen. Klagenfurt, (J. Leon,) 1863—64, 8°, 2 Programme d. Gymn., 31 u. 41 S.

Scheitz, Benno, Zur psychologischen Würdigung der Darwinischen Descendenztheorie. Klagenfurt, 1871, 8°, 36 S., Progr. des Gymn.

Scheitz, Benno, zur psychologischen Würdigung der Darwinischen Descendenztheorie. gr. 8. (36 S.) Wien 885. (Pichler's Wwe. & Sohn.) n. — 80

Scheits, Paul, approb. Arzt aus Weimar: ⟨Aus d. chirurg. Klinik in Jena.⟩ **Die Exarticulatio femoris, ihre Geschichte und moderne Ausführung.** *Jena 1902: A. Kämpfe.* (67 S.) 8°
Jena, Med. Diss. v. (23. Mai) 1902

Scheitz, Wilhelm, a. Meerane i. Sa.: **Ein Beitrag zur Kenntnis der im Safran vorkommenden Stoffe und eine neue Methode zur Wertbestimmung des Safrans.** Würzburg 1906: C. J. Becker. (67 S.) 8°
München, Phil. Fak., Ref. Paul, Diss. v. 13. Juli 1906
[Geb. 2. Jan. 77 Meerane; Wohnort: Meerane; Staatsangeh.: Sachsen; Vorbildung: Gymn. Eisenberg Reife O. 96, pharmazeut. Staatsexamen Dez. 02; Studium: Jena 6, München 6 S.; Rig. 13. Juli 06.]

Scheiwiler, Aloys, die Elemente der Eucharistie in den ersten drei Jahrhunderten, s.a. **Forschungen zur christl. Literatur- u. Dogmengeschichte. III, 4.**

Scheiwiler, Aloys. Die Elemente der Eucharistie in den ersten drei Jahrhunderten. Von Dr. Aloys Scheiwiler, Rektor ... in St. Gallen. VIII + 185 S. 8. Mainz, Franz Kirchheim, 1903. [M. 6. 50]

Forschungen zur Christlichen Literatur- und Dogmengeschichte. Hrg. von Dr. A[lbert] Ehrhard ... und Dr. J[ohann] P[eter] Kirsch, o. ö. Professor ... an der Universität Freiburg ⟨Schweiz⟩. Band 3, Heft 4....

Scheiwiler, Alois: Die Eucharistie in den ausserkirchlichen Kreisen im 2. und 3. Jahrhundert und die Aquarier. (Vollst. ersch. in „Forschungen z. christl. Literatur- und Dogmengeschichte", Bd. III, 4. unter dem Titel „Die Elemente der Eucharistie in den ersten drei Jahrhunderten".) Freiburg, Schweiz 1904. 60 S. 8°.
Freiburg i. Schw. Theol. Diss. 1903/1904.

Scheiwiler, Aloys. Die Eucharistie in den ausserkirchlichen Kreisen im 2. und 3. Jahrhundert und die Aquarier. Diss. Dokt. Theol. Freiburg Schweiz von Alois Sch'. 60 S. 8. Freiburg ⟨Schweiz⟩, St. Paulus-Druckerei, 1904.
(Teil 2 der «Elemente der Eucharistie...»; *s. Bulletin 1903, S. 361.*)

Scheiwiler, [Johann Alois]. Abt Ulrich Rösch, der zweite Gründer des Klosters St. Gallen 1463—1491. Mit einer farbigen Tafel [*d. i.* 2 farbigen Tafeln und mehreren Illustrationen]. IV + 72 S. 4. St. Gallen, Zollikofer, 1903. [fr. 2. 40]
(Neujahrsblatt.) Hrg. vom Historischen Verein des Kantons St. Gallen.

Schelwl, Jos., kalligraphische Denkmale, entnommen aus Handschriften böhm. Bibliotheken. Hersg. von F. Skrejšovský. Text von J. Er. Wocel. I. Prag 869. (Berlin, Behr.) qu. Fol. (5 Chromolith. u. 19 S. böhm., deutsch u. franz. Text.) n. 4 ₰

Schelandres Tyr et Sidon, Dammholz, Rudolf.

Schelb, Heinrich [app. Arzt aus Bremen]: **Über die Indicationen und Ausführung des künstlichen Abortus ...** Strassburg i. E., Buchdr. C. Goeller, 1891; 89 S. 8.
Strassburg, Med. Fak., Inaug.-Diss. v. 1892

Schelbach, Elisab., komische Käuze. Bilder. Mit lust. Geschichten v. Adf. Holst. (32 S. m. farb. Abbildgn.) Lex. 8. Leipzig (909). A. Hahn. Geb. 2.80

Schelbert, Josef, med. prakt. von Muotathal (Kt. Schwyz): Ein Beitrag zur Typhus-Statistik auf dem Lande. Zür. E. Cotti Dr. 1896. 38 S., 1 Bl. 8°.
Zürich, Med. Diss. [v. 4. April 1896].

Schelbert, Jos., Erinnerungen aus dem Leben des hochwürd. Herrn Joh. Bapt. Mayer, Pfarrer in Altusried. 16. (III, 39 S.) Kempten 869, Kösel'sche Buchh.

—— das Landvolk des Allgäus in seinem Thun und Treiben dargestellt. gr. 16. (IV, 192 S.) Kempten 874, Feuerlein. *

—— über das Lesen schlechter Zeitungen. Vortrag am 3. Sonntage nach Ostern [30. April] 1871 in der Pfarrkirche zu Fischen. gr. 8. (16 S.) Augsburg 871, Kranzfelder'sche Buchh.

—— das allgäuer Vieh, oder kurze Anleitung für die Viehbesitzer des Allgäus, das berühmte allgäuer Vieh immer mehr erkennen, schätzen und züchten zu lernen. gr. 16. (35 S.) Kempten 870, Kösel'sche Buchh.

Schelbert, Werner, med. pract. von Muotathal (Schwyz): Ueber Nephritis bei Erysipel. ⟨Aus der medizinischen Universitätsklinik. Prof. Eichhorst.⟩ Zürich 1910. 23 S. und zwei Tafeln. 8°. [25. VII. 10.]
Zürich Univ. Med. Diss. 1909/10.

Schelbert, Werner. Über Nephritis bei Erysipel. Aus der medizinischen Universitätsklinik [Zürich].... Diss. Med. Univ. Zürich. [Mit 2 Tafeln.] 23 S. 8. Zürich, Gebr. Leemann & Co., 1910.

Schelbich, C. A., die Inquisition u. ihre Gegner, s.: Moser's Sammlg. zeitgem. Broschüren, Hft. 11.

Schelble, F. J., der Wanderer aus der Baar in seiner Heimat. 1. Tl.: Herbst-Stimmung. Seinen lieben Landsleuten gewidmet. Mit 3 Federzeichngn. v. Th. Waldraff. gr. 8. (IV, 49 S.) Weinheim (902). F. Ackermann. n. —60

Schelble, F. J., der Wanderer aus der Baar in seiner Heimat. 2. Tl.: Spaß u. Ernst. Seinen lieben Landsleuten gewidmet. Mit 3 Federzeichngn. v. Th. Waldraff. (III, 52 S.) gr. 8. Weinheim (903). F. Ackermann. n. —50
1. Tl. Ebd. 902. n. —60.

Schelble, Hans, Approb. Arzt aus Weinheim a. d. B.: **Kritische Betrachtung der Operationsmethoden zur Beseitigung der Hypospadie mit besonderer Berücksichtigung des Beck'schen Verfahrens.** *Freiburg i. B. 1902: Ch. Lehmann's Nachf.* (38 S.) 8°
Freiburg i. B., Med. Diss. v. 1902

Schelble, Hans, Dr., Privatdoz. u. Assist. an d. **Univ.-Kinderklinik in Freiburg i. B.:** Bakteriologische und **pathologisch-anatomische** Studien bei Ernährungsstörungen der Säuglinge besonders der chronischen unter dem Bilde der Paedatrophie verlaufenden Formen. Mit (13 Tab.), 3 Abb. im Text u. 4 farb. Taf. Leipzig: Thieme 1910. 79 S., 4 Taf. 8° ¶(Im Buchh. ebd.)
Freiburg i. B., Med. Hab.-Schr. v. 1910 [U 11. 1188

Schelble, Hans, bakteriologische u. pathologisch-anatomische Studien bei Ernährungsstörungen der Säuglinge, besonders der chronischen unter dem Bilde der Paedatrophie verlaufenden Formen. (79 S. m. 3 Abb. u. 4 farb. Taf.) Lex. 8. Leipzig 910. G. Thieme. 4. —

Schelcher, Fr. von, s. Schelcher, Karl Fr. von

Schelcher, Herbert: **Der öffentliche Weg und seine Bedeutung für das öffentliche und das Privatrecht. Leipzig 1906: A. Rossberg.** (IV, 102 S.) **8°** ¶[**Aus: Zeitschrift für Praxis und Gesetzgebung der Verwaltung Bd 31.**]
Leipzig, Jur. Fak., Diss. v. 5. Juli 1906
[Geb. 20. Jan. 83 Dresden; Wohnort: Dresden; Staatsangeh.: Sachsen; Vorbildung: Gymn. z. hl. Kreuz Dresden Reife O. 01; Studium: Freiburg i. B. 1, Heidelberg 3, Leipzig 4 S.; Rig. 20. Jan. 05.]
(Nicht für den Austausch)

Schelcher, Herb., der öffentliche Weg u. seine Bedeutung f. das öffentliche u. das Privatrecht. (III, 102 S.) gr. 8. Leipzig 906. Roßberg'sche Verlagsbuchh. n. 1.80
Sonderabdruck aus: „Fischer's Ztschr. f. Verwaltg."

Schelcher, Karl Fr., s. Capello u. Turry.

Schelcher, Fr. v., hippologisches Taschenbuch für d. Jahr 1818. 12. Berlin, (Achenwall u. Wolf.) 818.

-- s. Versuch üb. Stutereien.

Schelcher, Walt., Einführung in das neue sächsische Wasserrecht. (III, 104 S.) gr. 8. Leipzig 909. Roßberg'sche Verlagsbuchh. 2. —

Schelcher, Walt., das Enteignungsgesetz f. das Königr. Sachsen, s.: Handbibliothek, juristische.

Schelcher, Walt., s.: Fischer's, Otto, Zeitschrift f. Praxis u. Gesetzgebung der Verwaltung.

Schelcher, Walt., die Grundlagen d. Eisenbahnrechtes. [Aus: „Zwanglose Hefte f. Lernende im Eisenbahndienste".] gr. 8. (46 S.) Dresden 895. W. Baensch. n. 1. —

Schelcher, Walt., s.: Handbibliothek, Leipziger juristische.

— die rechtliche Natur u. die Wirkungen der Eisenbahnkonzession in Sachsen, m. besond. Berücksicht. der elektrischen Straßenbahnen. gr. 8. (III, 110 S.) Freiberg 899. Craz & Gerlach. n. 2.50
Sonderabdruck aus: „Ztschr. f. Praxis u. Gesetzgebg. d. Verwaltung".

Schelcher, Walt., die Rechtswirkungen der Enteignung nach gemeinem u. sächsischem Rechte. Eine systemat. Darstellg. d. materiellen Enteignungsrechtes. gr. 8. (XIX, 520 S.) Freiberg i/S. 893. Craz & Gerlach. n. 8. —; geb. in Leinw. n. 9. —

-- d. Rechtswirkungen d. Enteignung nach gemeinem u. sächs. Rechte. gr. 8. (XIX, 520 S.) Freiberg 893 [Craz & Gerlach.] Leipzig, Roßberg'sche Verlagsbuchhdl. n. 8. —; geb. n. 9. —

Das Telegraphenwege-Gesetz vom 18. Dez. 1899. Uebersichtl. dargest. u. erl. von Dr. Walter Schelcher, Geh. Reg. R. *Leipzig: Rossberg & Berger 1900.* (VI, 94 S.) 8° [F.]
= Zeitschrift, Dr. Fischer's, f. Praxis u. Gesetzgebung d. Verwaltung. Bd 21, Erg. H.
[01. 2214

— das Verfahren bei Enteignungen f. Eisenbahnzwecke im Königr. Sachsen. [Aus: „Zeitschr. f. Praxis u. Gesetzgebg. der Verwaltg."] gr. 8. (V, 102 S.) Freiberg 896. Craz & Gerlach. n. 2. —

— Wassergesetz f. das Königr. Sachsen vom 12. III. 1909, s. a. Handbibliothek, juristische.

Schelcher, Walter. Wassergesetz für das Königreich Sachsen vom 12. März 1909. Handausg. mit d. zugehör. Bestimm. Bd 1. Leipzig 1909. 8°.
[illegible]

Scheld, A., u. O. Berg, die Notbremse. Orig.-Schwank in 3 Akten. (88 S.) 8. Colmar 907. M. Wettig. n. 1. —

Scheld, Johann A. S. 596/2

Dissertatio juris Germanici de dote filiarum illustrium. Präs. Johann Michael Dahm.
Mainz (Bayer) 22. VIII. 1752. 112 S. 30170

Scheldt, Paul, cand. med. aus Cassel: **Ueber toxische Nebenwirkungen[!] beim Gebrauch des Quecksilbers mit besonderer Berücksichtigung des Calomels.** *München 1899: Kastner & Lossen.* (42 S.) 8°
München, Med. Diss. v. 1899

Schele, A. D. v., s. Buren-Schele, A. D. v.

Schele, Alfred Freiherr v., u. Schelenburg bei Osnabrück: Über den Einfluß oberirdischer und unterirdischer Wasserzufuhr bei Pflanzenkulturversuchen. Halle a. S. 1905: C. A. Kaemmerer & Co. (57 S.) 8°
Halle, Phil. Fak., Ref. Kühn, Diss. v. 21. Juni 1905
[Geb. 30. Juni 76 Dresden; Wohnort: Schelenburg b. Osnabrück; Staatsangeh.: Kgr. Sachsen; Vorbildung: Gymn. Bückeburg Reife O. 95; Studium: Göttingen 2, Berlin 2, Halle 9 S.; Rig. 21. Nov. 04.]

v. Schele, Aug., das Aufnehmen des Terrains u. dessen Darstellung durch Projection horizontaler Flächen, zunächst für den Unterricht an Militär-Bildungsanstalten u. zur Selbstbelehrung bearbeitet. Mit 18 lith. Taf. gr. 8. Stuttgart 842, Schweizerbart'sche Verlagsh. n. 2½ ₰

v. Schele, Aug., das Aufnehmen des Terrains u. dessen Darstellung durch Projection horizontaler Flächen, zunächst f. den Unterricht an Militär-Bildungsanstalten u. zur Selbstbelehrung bearb. Mit 18 lith. Taf. (in qu. Fol.) 2. Ausg. gr. 8. (XVI u. 220 S.) Stuttgart 852, Schweizerbart. 1 ₰ 18 ngl

Schele, Christian (Celle) Phs. I, 14^{aa}/7f

Miscellaneorum physicorum dissertatio de pulchritudine hominis. Präs. Johann Andreas Schmidt, Ed. 2.
(Ehrten) o. J. S. 1- 14.

Diss. Helmstedt. 30171

Schele, Ed. Frhr. v., über die Freiheit oder Unfreiheit der Ministerialen des Mittelalters. Frankfurt a. M. 868. Sauerländer. gr. 8. (III, 135 S.) 27 ngr

Schele, G. V. F. v., Geschichte der Familie von Schele zu Schelenburg. 2 Bde. Mit Kpfrn. Hannover 1829. 4.

Schele, J. C., de justis limitibus lege Anastasiana nominis cessioni positis. 4. Helmst. 794. Fleckeisen. 4 gr

Schele, J. J.: „Ueber den Werth und das Bedürfniss eines directen Verkehrs des südlichen Deutschlands mit dem südlichen Amerika und den einzig sichern Weg seiner Ausführung", Nürnberg 1823. — Vorh.: Com. Bibl. Hamburg.

Schele, Martin Lukas (Hamburg) A. S. 82/4

Dissertatio juridica de instrumentis indiscretis h. e. Von duncklen Instrumenten. Präs. Georg Engelbrecht.
Wittenberg (Haken) 1750. 33 S.

Diss. 7. IX. 1707.
W. v.: Präs. 30177

Schele, Martin Lukas (Hamburg) Helmstedt 1707/1

Dissertatio juridica de instrumentis indiscretis occasione l. 25. in fin. ff. de probat. cap. si cautio 14. X. de fid. instrum. collato jure statut. Hamburg. p. I. tit. 20. art. 2. Präs. Georg Engelbrecht.
Helmstedt (Hamm) 7. IX. 1707. 29 S.

W. v.: Präs. 30175

Schele, Martin Lukas (Hamburg) A. S. 768/34

Dissertatio juridica inauguralis de instrumento assecurationis vulgo Polizza. Präs. Johann Werlhof.
Helmstedt (Hamm) 23. IX. 1707. 72 S. 30176

Schele, R. Frhr. von

Schele, Frhr. v.: Über die Organisation der kaiserl. Schutztruppe in Deutsch-Ostafrika u. die krieger. Operationen daselbst währ. d. J. 1893/94, s. a. Beiheft z. Militär-Wochenblatt 1896, Hft. 9.

Über die Organisation der Kaiserlichen Schutztruppe in Deutsch-Ostafrika und die kriegerischen Operationen daselbst während der Jahre 1893/94. Vortrag, geh. von Oberst Frhrn v. Schele, Flügeladjut. Berlin: E. S. Mittler & Sohn (1896). (S. 441-478.) 8°
= Beihefte z. Militär-Wochenblatt. 1896. H. 9.

Schele, S.

Schele, (Oberlieut.,) Vorlesungen üb. J. L. Macadam's System d. Chaussee-Baues, f. die Ingenieur-Abtheil. des königl. würtemberg. General-Quartiermeisterstabes bearbeitet. Mit 1 Steintaf. 8. Stuttg. 826. Löflund u. S. 5 gr

Schele, (Oberlieut.,) Vorlesungen über J. L. Macadam's System des Chaussée-Baues, für die Ingeneur-Abtheil. d. königl. Würtemberg. General-Quartiermeisterstabes bearbeitet. Mit 1 Steintaf 8. Stuttg. 827. Löfflund u. S.

Schele, Werner Frhr. v., u. Schelenburg, Referendar: **Das Pfandrecht des Unternehmers nach § 647 BGB.** Naumburg a. S. 1909: Sieling. 63 S. 8°
Halle, Jur. Diss. v. 12. Jan. 1910, Ref. v. Blume
[Geb. 7. Okt. 78 Dresden; Wohnort: Naumburg a. S.; Staatsangeh.: Preußen; Vorbildung: Gymn. Bückeburg Reife O. 97; Studium: Heidelberg 2, München 1, Göttingen 3 S.; Rig. 2. Juli 09.] [U 10. 1673

Schele, Wolder (Hamburg) A. S. 139/15

Dissertatio inauguralis, de auctoritate iudicis in variis actibus privatis adhibenda.
Utrecht (van Megen) 6. XII. 1727. 88 S.

Gew.: Martin Lukas Schele (Vetter). 30179

Schelechof, G., zwei Reisen v. Ochotsk nach Amerika; aus d. Russ. v. J. Z. Logan. 8. Petersb. 793. (Cnobloch in Lpz.) 6 gr

Schelenz, Curt, s. Schelenz, Kurt

Schelenz, H. E., pharmacognostische Karte zur Pharmacopoea germanica. Lithogr. gr. Fol. Halle 876, Buchh. des Waisenhauses. *

Schelenz, Hermann (Hrsg.), s. Abhandlungen u. Bericht . . . des Vereins f. Naturkunde zu Kassel.

Schelenz, Herm., Frauen im Reiche Aeskulaps. Ein Versuch zur Geschichte der Frau in der Medizin und Pharmazie unter Bezugnahme auf die Zukunft der modernen Aerztinnen u. Apothekerinnen. gr. 8°. Leipzig, E. Günther, 1899.

Schelenz, Herm., Frauen im Reiche Aeskulaps. Ein Versuch zur Geschichte der Frau in der Medizin u. Pharmazie unter Bezugnahme auf die Zukunft der modernen Ärztinnen u. Apothekerinnen. gr. 8. (IV, 76 S.) Leipzig 900, Charlottenburg, E. Günther. n. 1.50

Schelenz, Herm., Geschichte der Pharmazie. (XI, 935 S.) Lex.-8. Berlin 904. J. Springer. n. 20.—; geb. in Halbldr. n. 22.50

Pharmacognostische Karte für die Arzneibücher Europas und der Vereinigten Staaten von Amerika. 2. Auflage. Maßstab am Aequator 1 : 45,000.000. Bearbeitet von Hermann Schelenz. Wien. 1899. Freytag & Berndt. 63×90 cm. Gefalzt. fl. 1.50

— Pflanzensammlungen u. Kräuterbücher, m. besond. Bezugnahme auf die dem Casseler Museum gehör. älteste u. e. andere Kräutersammlg. u. seine Holzbibliothek. (27 S. m. 3 Abbildgn.) 8. Cassel 905. H. Schelenz. n. — 60

Schelenz, Herm., Friedlieb Ferdinand Runge. Beitrag zu e. Lebensbild. (22 S. m. 2 Abb.) gr. 8. Dresden 907. Kassel (Kaiserstr. 53, I), Selbstverlag. — 75
Sonderabdr. aus: „Pharmaceut. Centralhalle".

Schelenz, Kurt: Medizinalprakt. am herzogl. Krankenh. zu Braunschweig: Aus d. pathol. Inst. d. Univ. Göttingen. Ein neuer Beitrag zur Kenntnis des Situs viscerum inversus partialis. Berlin 1909: Schumacher. 23 S. 8° (Aus: Berliner klin. Wochenschr. 1909, Nr 17, 18.)
Gottingen, Med. Diss. v. 30. Juni 1909, Ref. Kaufmann
[Geb. 17. Nov. 84 Rendsburg: Wohnort: Braunschweig: Staatsangeh.: Preußen; Vorbildung: Gymn. Kassel Reife O. 03: Studium: Gottingen 5. München 2, Gottingen 3 S.: Coll. 12. Febr. 09: Approb. 30. Juni 09.] [09.1322

Schelenz-Ahlgreen, Herm., Kosmetik, s. a. Sammlung gemeinverständlicher wissenschaftlicher Vorträge.

Schelenz-Ahlgreen H. Kosmetik. (Samml. wiss. Vortr. N F 203) Hamburg 1895

Scheler, Aug., dr. phil., bibliothécaire du roi des Belges. Annuaire statistique et historique belge. 1854—1861. (8 Bde.)
8. Bruxelles et Leipzig 1854—1861

Scheler, Aug., der Apparatus Melanchthonianus des Löwener Professors van de Velde. [Aus: Das Serapeum.] Leipzig 867. T. O. Weigel. gr. 8. (62 S. mit 37 unedirten Briefen Melanchthons.) n. 20 ngr.

Scheler, Aug., commentaire sur l'Oedipe Roi de Sophocle, à l'usage des collèges. gr. in 12. Bruxelles 843, Muquardt. n. $1^{1}/_{3}$ ℛ

Scheler, August [Übers.]
s. Conscience, H.: Die Dorf-Plage. 1855.

Scheler, August [Übers.]
s. Conscience, H.: Das Glück reich zu sein. 1855.

Scheler, Aug., s. Diez, Friedr., etymologisches Wörterbuch der romanischen Sprachen.

— Histoire de la maison de Saxe-Coburg-Gotha, traduction libre, augmentée et annotée. 4. (Mit 1 Titelbild u. 5 Tab.) Bruxelles 846. (Muquardt.) n. 2 ℛ

— Lexicographie latine, s. Lexicographie.

Scheler, Aug. De Juliani Apostatae ea vitae parte, quae praecessit imperium, dissertatio. 8. Augustae Vind. 1839.

—— kurzgefasstes etymologisches Wörterbuch der französischen Sprache. (Auszug aus des Verf. „Dictionnaire d'étymologie française.") gr. 8. (IV und 196 S.) Brüssel 865, Schnée. K

Scheler, Carl Eugen von, s. Scheler, Karl Eugen von

Scheler, Eugen Karl Ludwig von

— s. 1) Annalen d. deutschen Akademien. 2) Lebensgesch. Ludwig XVI. 3) Märtyrer, die 2 königl. 4) Nachr. v. Marais Leben.

— Opfer auf d. Vaterlandsaltar bei u. nach der Huldigung Ludwig Eugens. 8. Stuttg. 794.

— Samml. interessanter Charakterzüge u. Anekdoten aus d. Leben d. vortreffl. neuern Regenten Würtembergs. 8. Heilbronn 794. Claß. 4 gr

— s. Schilderung, Charakteristische, und Anekdoten des regierenden Herzogs von Württemberg.

v. Scheler, Eug. Karl Ldw., prakt. Vorschläge z. Verbesser. d. ganzen Landwirthschaft, insbesondere der v. Würtemberg. 8. Stuttg. 794.

v. Scheler, F., ökonom.-prakt. Handbuch f. d. weibl. Geschlecht 2c. 8. Frankf. 803. Simen. 20 gr

Scheler, F. C. von

s. Scheler, Karl Eugen von: Leben und Reisen des Barons F. C. von Scheler.

Scheler, F. C. v., Schilderung d. Sitten u. d. Charakters d. poln. Nation, nebst e. ausführl. Beschreib. d. Stadt Warschau, mit e. topograph. Uebersicht aller merkwürd. Ortschaften, auch d. poln. Geldcours u. d. Postrouten. gr. 8. ($4^{1}/_{4}$ B.) Ulm 831. (Augsburg, Kranzfelder.)

Scheler, G. E. C., Predigt am ersten Tage d. 19. Jahrhund. Coburg 801. Riemann. 1 gr

Scheler, J. Theophil: De epilepsia ex tumore durae matris schirrhoso et carie cranii ortis.
s. Baldinger, Ernst Gottfried [Praes.]

Scheler, Jh. Fr. Aug., jurist. Katechismus f. d. Bürger u. Landmann, od. Anleit., sich in d. wichtigsten privatrechtl. Verhältnissen selbst zu helfen 2c. 8. Coburg 822. (Riemann). 16 gr

Scheler, Karl Er. Fr., s. Scheler, Karl Eugen von

Scheler, Karl Eugen von

v. Scheler, Karl Er. Fr., gründl. Anweis. zum Anbau aller Futterkräuter, wie auch der untrügl. Färbe-, Oel- u. nützl. Pflanzen. 8. Eßling. 814. Fudorf u. Kl. 8 gr

v. Scheler, Karl Er. F., s. 1) *le Bouquet*. 2) Magister Flachs.

Scheler, K. E. v., Hand-Haus-Hülf- u. Rettungsbuch, od. prakt. Policeykatechismus. 8. Stuttgart, Magazin für Lit.) 804.

— Hand-, Haus-, Hülfs- u. Rettungsbuch, od. prakt. Polizeikatechismus. 8. Stuttg. 804. (Sonnewald). 12 gl

— der Herbst u. Weinbau im Scherz u. Ernst, mit ökonom. Belehrr., Gedichten u. Erzähll. v. Göthe, Geßner, Stolberg u. Uz. 8. Stuttg. 803. (Sonnewald). 8 gl

Scheler, Carl Eugen v., d. Herbst- u. Weinbau im Scherz u. Ernst, z. Hülfe in fruchtbaren u. unfruchtbaren Jahren etc. 8. Stuttgart, 1804. Mag. f. Lit. — 8¼

— Kaffee- u. Zuckersurrogate, od. gründl. Anweis. verschied. Arten Getränke zu bereiten. 8. Eßling.... Fixdorf u. Kl. 3 gl

— ökonom.-prakt. Katechismus f. Stadt- u. Landschulen. 8. Heilbronn. (Rudolst.) 803. (Hildebrandt in Arnst.) 8 gl

Scheler, ökonom. prakt. Katechismus f. Stadt- und Landschulen rc. 8. Rudolst. Kluger. 803.

— Leben u. Reisen d. Barons F. E. v. Scheler, ehemal. russ.-kaiserl. Lieutenants; von ihm selbst in Briefen verfaßt. 2 Thle. 8. Leipz. 789. (Brockhaus). 20 gl

Scheller, Baron v., Leben u. Reisen. 2 Thle. 8. Lpz. Heinsius (Gleditsch) 789.

Scheler, Max F., aus München: Beiträge zur Feststellung der Beziehungen zwischen den logischen und ethischen Prinzipien. Jena 1899: B. Vopelius. (141 S.) 8°
Jena, Phil. Diss. v. (18. Dez.) 1897

Scheler, Max, s.: Kantstudien.

Scheler, Max F., Dr.: Die transszendentale und die psychologische Methode. *Leipzig: Dürr 1900.* (181 S.) 8°
Jena, Phil. Hab.-Schr. v. 1900

Die transszendentale und die psychologische Methode. Eine grundsätzl. Erörterung z. philosoph. Methodik von Dr. Max F. Scheler. *Leipzig: Dürr 1900.* (181 S.) 8° (… 9548)

Scheler, Senna

Spielmann's Frühlingsfahrt. 12. (31 S.) München 902. Th. Ackermann. n. 1. -

Scheler, Senna, Gedanken u. Bilder. 8. (27 S.) Augsburg (901). Lampart & Co. n. 1. —

— aus Wald u. Flur. Gedichte. 8. (36 S.) Augsburg (899). (Lampart & Co.) n. 1. —

Scheler, Siegmund

— Bettags-Predigt. 8. Erlang. 819. Heyder. 2 gl

— Erholungen f. Christenkinder Jahrg. 1826, 4 Hefte. 12. Basel, Spittler.

Scheler, Siegm., das reine Herz. Eine Gastpredigt am Schlusse des Kirchenjahres den 21. Novbr. 1852 zu Augsburg gehalten. gr. 8. (15 S.) Augsburg 852, v. Jenisch & Stage. 2 ngl

Scheler, Siegm., das reine Herz. Eine Gastpredigt am Schlusse des Kirchenjahres den 21. Novbr. 1852 zu Augsburg gehalten. gr. 8. (15 S.) Augsburg 853, v. Jenisch und Stage'sche Buchh.

Scheler, Siegm., Herzensergüsse. 8. Erlangen, Heyder (in Comm.) 819.

— Jugendgarten, ein Monatblättchen f. die liebe Jugend. Jahrg. 1824, 1e Hälfte. 8. Ebnat, Scheler. 8 gl

Scheler, Siegm., zwei Predigten, die eine am Tage d. Wahl eines Pfarrers, die andere beim Antritt d. Pfarre selbst. 8. St. Gallen 815. Huber u. C. 5 gl

Schéler, Sigism., Chrestomathie française, ou recueil d'anecdotes edifiantes à l'usage des commençans. 8. Aachen 833. (Roschütz et Comp.) 1/4 ß

Scheler, Theodor August (Ulm) A. S. 150/2

Dissertatio inauguralis de eo quod iustum est circa emigrationem civium religionis causa factam occas. artic. V. §. 27. 30. 31. 34. 36. 37. instr. pac. West.
Präs. Kaspar Achaz Beck.
Jena (Fickelscherr) V. 1728. 47 S.

W. v.: Präs. 30183

Scheleroff

— der Geistlichkeit der Diöcese Linz. gr. 8. (292 S.) Linz, Fr. J. Ebenhöch'sche Buchhandlung (H. Korb.) 1 fl. 30 kr., cart. 1 fl. 40 kr.
1884.

Scheleroff, üb. vierdimensionale Wesen, e. Beitrag zur Aufklärg. üb. den Spiritismus. 12. (16 S.) Wien 884. Teufen. n. — 50

Schelesny, A., Deutschl. Handelsflotte, s.: Stöwer, W.

Schelgvig, G.: De communione bonorum. Gedan. 1715.

Schelgvig, G., de confessionario, a judice de crimine alterius interrogato. Gedan. 1715. 4.

Schelgvig, G., de Theophilo. Ged. 1711. 4.

Schelgvig, S., de apparitionibus mortuorum vivis ex pacto factis. Gedan. 1700. 4.

Schelguigius, S., De apparitionibus mortuorum vivis ex pacto factis, von dem abgeredeten Erscheinen nach dem Tode. Lpz. 4°.
1709

Schelgvig, S., de patrinis matrinisque. Gedan. 1689; rec. 1722. Hal. 1749. 4.

Schelguig, Sam., Erklär. d. Augsburgischen Confession. 8. Danzig. 714.

— manuductio ad formulam concordiae. 4. ibidem. 712.

— Quakerismus confutatus. 4. ibid. 706.

— synopsis controversiarum sub pietatis praetextu motarum. 8. ibid. 720.

Schelguig, Sam., theses de tempore ex augustana confessione. 4. Greifswalde. Rthlr.

Schelhamer, Günther Christoph

s.: Schelhammer, Günther Christoph

Schelhammer, Günther Christoph

Schelhammer, G. Chr., De animi adfectibus et inde exspectandis bonis et malis. Kil. 4°. *Haller*, Bibl. anat. 1, 648.
1713

Schelhammer, G. Chr., Diss. de animi humani adfectibus et speciatim de perceptione sensuali etc. Kil. 4°.
1710

Schelhammer, Günther Christoph: Ars medendi universa, ex veris suis fundamentis eruta, et probatissimis veterum ac recentium sententiis curate expensis superstructa. Opus posthumum. Nunc demum secundum authoris autographon...edidit Ernst Friedrich Burchard. Vol.1 - 3, gbd.

Vol.1 - 2: Wismariae atque Lipsiae: Berger 1747 - 1748
Vol.3: Rostochii et Wismariae: Berger & Boedner 1752

JB 1.798

— Oratio de augmentis et decrementis scientiarum superiori præsentique seculo. Kilonii. 1708. 4. P.

SCHELHAMMER, GÜNTHER CHRISTOPH.
Disputationes tres de corporum per ignem resolutione chemica. Kiloniæ, 1701–03.

— Anatomes Xiphiæ piscis Oceani incolæ cultro anatomico A° 1704 in Acad. Kiloniensi subjecti brevis enarratio. Hamburgi. 1707. 4. P.

Schellhammer, Gth. Ch., epistolae selectiores. 8. Wismar. 740.

— Exercitationum medicarum I continens theses selectas de medicina in genere. Kilonii. 1700. P. — II. De fine medicinæ, sanitate. Sm. St. o. A. P. — III. De partibus similaribus. Sm. St. o. A. P. — IV. De temperamentis et calido innato. Sm. St. o. A. P. — V. De principio motus animali. Sm. St. o. A. P. — VI. De animali motu ejusque organis prima. Sm. St. 1701. P. — VII. De motu animali vero secunda. Sm. St. o. A. P. — VIII. De alimentorum digestione. Sm. St. o. A. P. — IX. De cordis et pulmonum officio ac usu. Sm. St. 1702. P. — X. De lienis structura et usu. Sm. St. 1703. P. — XI. De ventris infimi visceribus secretoriis. (Titelbl. mglr.). P. — XII. De partibus generationi dicatis earumque usu. Sm. St. 1703. P. — XIII. Quibus palatium mentis lustratus. (Titelbl. mglr.). P. 4. [Resp. I. III. V. VII. IX. Mart. Burchardus; II. IV. VI. VIII. X. Chr. Ulr. Schreiber. — XII. Ern. Frid. Döbelius].

Gunth. Cph. Schelhammer (resp. C. M. Burchard), de morbis magicis. Kilon. 1704. 4.

— Diss. med. de obsessis. Kilonii. 1704. 4. P. [Resp. Bonifacius Laurentii].

Schelhammer, G. Chr., resp. Mart. **Burchardus**, Diss. de obsessis et de morbis magicis. 41 pp. Kil. 4°. 1704

Schelhammer, G. Chr., Diss. de odontalgia tactu sedanda. Jen. 4°. 1702

— Disp. med. inaug. de proportionibus in corpore humano destructis morborum causis. Kiliæ. 1706. 4. [Resp. Andr. Reyher]. (M. 2 Progr.).

Schelhammer, Günther Christoph [Praes.], s. Schreiber, Christian Ulrich: Disputatio Fridericiana II. et de resolutione corporum per ignem altera.

Schelhammer, G. Chr., Diss. de temperamentis et calido innato. Jen. 4°.
1700

Schelhammer, Günther Christoph: Letzter Ehrenruhm ... [Trauergedicht zur Leichenfolge auf Christoph Franck[e], Prof. d. Theol., † 11. Febr. 1704.] — Kiel [1704]: Reuther. 2 Bl. 4°

— Via regia ad artem medendi præceptis et exemplis munita. In decem stadia distincta. Kilonii. U. A. [1705—09]. 4.

SCHELHAMMER, GUNTH. CPH., Naturæ vindicatæ vindicatio, qva ea qvæ libro de natura olim fuerunt asserta, ulterius confirmantur atque explicantur, de motus principio primo et causarum secundarum actione illustres controversiæ elucidantur, cumprimis vero Joh. Cph. Sturmii qverelis respondetur. Kilonii. 1702. 4.

Schelhammer, J. Chr., De mentis palatio. Kil. 4°. 1703

Schelhas, Christian Adolph (Jena) A. S. 798/50

Dissertatio juridica inauguralis de commodo vel incommodo ex alterius persona accidente, quod ex sua non habuisset. Präs. Johann Christ. Schroeter. Jena (Müller) VI. 1720. 38 S.

Gew.: Johann Otto Schmiedt.
W. v.: Georg Wolffgang Wedel, Präs., Achaz Becker, Jo. Adrian Slevogt, Jo. Adolph Wedel, Hermann Friedrich Teichmeyer, Johann Hartmann (Opp.), Nikolaus Pragemann, Jo. Friedrich Wildvogel, Christ. Friedrich Schelhass (Bruder).

30188

Schelhas, Christian Wilhelm (Jena) A. S. 773/2

Exercitatio academica de principum rescriptis eorumque usu moderno. Präs. Johann Christian Schröter. Jena (Müller) IV. 1709. 51 S.

W. v.: Johann Wilhelm Slevogt, Christian Wildvogel, Wilhelm Hieronymus Bruckner, Adrian Beier, Präs., Georg Wolffgang Wedel. 30189

Schelhas, Georg Ludwig (Querfurt) A. S. 1380/35

Pristina Christianae rei facies a Plinio repraesentata. Commentatio philologica et critica ad Plin. lib. X. epist. LXXXXVII. Präs. Friedrich Andreas Hallbauer. Jena (Ritter) 25. I. 1738. 66 S.

W. v.: Präs., Johann Christian Fischer, Friedrich Theodos Müller, Anton Christoph Zeidler. 30190

Schelhase, Aug., Verzeichniß von meinen sämmtl. Gewächsen. Für d. J. 1839 u. 40. gr. 8. (6½ B.) Cassel 839, (Luckhardt'sche Buchh.) *

Schelhase, Aug., Verzeichniß von (meinen) sämmtl. Gewächsen, f. d. J. 1841 u. 1842. gr. 8. Kassel 841, Luckhardt. n. ⅓ Thlr.

Schelhase, (Handelsgärtner) Aug., Verzeichniß von Pflanzen, Sträuchen, Bäumen u. Blumensaamen, welche bei demselben zu haben sind. gr. 8. Leipz. .,. Centr.=Compt. 4 gr. Erster Nachtr. zu vorstehend. Verzeichn. gr. 8. Ebd. . . . 2 gr.

— Verzeichniss v. Pflanzen, Sträuchern, Bäumen u. Blumensamen, welche bei dems. z. haben sind. gr. 8. Leipzig, (1812). (Melzer.) — 4
— — 1 Nachtrag dazu. gr. 8. Ebend. — 4½

Schelhase, Aug., Verzeichniß v. Topfgewächsen, Landpflanzen, Sträuchern u. Bäumen, welche beim Verf. zu haben sind. 8 (9½ B.) Kassel 831, (Krieger, Brlsh.)

v. Schelhaß, das Nachbarrecht nach gemeinem Rechte und heutiger Praxis bearb. Würzburg 863. Stahel. Lex.-8. (VI, 136 S.) n. 24 ngr.

Schelhass, Christian Friedrich [Praes.], s. Schmidt, Johann Andreas: Dissertatio medica exhibens valetudinarium senum.

Schelhass, Christoph Elias (Eisenach) A. S. 1126/35

Dissertatio medica curiosa de aro, experimentis antiquis et novis illustrata.
Präs. Georg Wolffgang Wedel.
Jena (Krebs) III. 1701. 36 S.

Gew.: Provinzialstände in Eisenach und Jena.

30194

Schelhass, Christoph Elias (Eisenach) A. S. 847/2

Dolorum partus spuriorum cum veris collatio.
Präs. Johann Hadrian Slevogt.
Jena (Gollner) III. 1702. 21 S.

Gew.: Johann Christoph Zerbst.
W. v.: Rudolph Wilhelm Crausius. Georg Wolffgang Wedel, Daniel Martini, Johann David Baier.

30195

v. Schelhaß, H. R., Beitrr. z. deutschen Gesetzkunde. 1s Hft. 8. Bamb. 827. Dresch. 20 gr.

Schelhaß, Heinrich von

— üb. Gerichtsbarkeit d. höchsten Reichsgerichte in Klagen zwischen d. mittelbaren Reichsunterthanen u. ihrer Landesobrigkeit. 8. Stuttg. 795. Löflund. 20 gr.

v. SCHELHASS, Heinr.: Ueber die Gerichtsbarkeit der höchsten Reichsgerichte in Klagen zwischen den unmittelbaren Reichsunterthanen u. ihrer Landes-Obrigkeit. *Stuttgart,* (Beck u. Fränkel.) 796. 8. (20 Gr.)

— üb. Gerichtsbarkeit der höchsten Reichsgerichte in Klagen zw. d. mittelb. Reichsunterth. u. ihr. Landesobr. 8. Stuttg. Löflund. 796.

— s. Geschichte d. deutschen Reichsverhandl.

(v. SCHELHASS, H.): Pragmat. Geschichte der deutschen Reichsverhandl. von dem neuesten Deputations-Hauptschlusse bis gegen d. E. d. J. 1804. *Regensb.,* Montag u. Weiss. 805. 8. (1 Thl.)

Schelhaß, H. v., Magazin d. königl. bayerschen Staats- und Privatrechts. 2 Bde. à 4 Hfte. gr. 8. Ulm, Stettin. 807–8. (à 12 gr.)

v. Schelhaß, Hnr., Magazin des königl. baier. Staats- u. Privatrechts. 2 Bde in 8 Heften. gr. 8. Ulm 807—809. Stettin. 4 Thlr.

v. SCHELLHASS, H.: Magazin d. königl. baier. Staats- u. Privatrechts. *Ulm.* Stettin. 1r Bd. in 4 Hftn. 808. 8. (2 Thl.)

Schelhass, Johann Wilhelm U. S. Erfurt 1752, 2

Dissertatio inauguralis iuridica qua enucleatur quaestio utrum conditio qua certa religio in subiecto requiritur pro turpi vel honesta sit habenda.
Erfurt (Hering) 29. V. 1752. 47 S.

W. v.: C. S. Schmalz, Heinrich Jakob Zinserling.

30197

Schelhaß, W. v., Darstellung des heutigen würzburger Landrechtes. Lex.-8. (XVI und 288 S.) Würzburg 856, Stahel'sche Buchh. *

Geschichtliche Nachrichten über Pfarre und Kloster Benninghausen. Gesammelt von Ferdinand Schelhasse, Kaplan. Mit 1 Taf. u. 1 Karte. *Paderborn: F. Schöningh 1902.* (VII. 184 S.) 8° [F.] [03-2433]

Schelhasse, Ferd., geschichtliche Nachrichten über Pfarre u. Kloster Benninghausen. gr. 8. (VII, 184 S. m. 1 Taf. u. 1 Karte.) Paderborn 902. Benninghausen (Westf.), Selbstverlag. n.n. 2. 20

v. Schelheim, Karl, s. 1) **Dramaturgie,** Wiener. 2) **Taschenbuch** f. d. Wiener Theater.

Schelhorn, Bdkt., († d. 28. Oct. 1815.) Lebensbeschreibb. e. des Andenkens würdiger Männer v. Memmingen. Mit Holzschnitt. 8. Memming. 811.

— Nachr. von d. neuern Einrichtung d. evangel. Schulen zu Erkheim. 8. Memming. 789.

— u. J. G. Küchle, Nachr. v. d. neuen Schulinstitut in Memmingen. 8. Memming. 806.

Schelhorn, E. v., die königl. bayerische Kriegsschule in den ersten 25 Jahren ihres Bestehens. Lex.-8. (V, 249 S.) München 883. Th. Ackermann's Verl. n. 5. —

Schelhorn, Emil v., Dom Pedro V., König von Portugal. Mit einleit. Capiteln geschichtl., geographisch-statist. u. culturhistor. Inhalts. Nach Quellen der portugies., französ., deutschen u. engl. Literatur bearb. Nürnberg 866. (Regensburg, Coppenrath.) gr. 8. (VIII, 265 S.) n. 1 Thlr. 18 ngr.
Ermässigter Preis 1 Thlr.

Schelhorn, Emil v., zum 25jährigen Todestage des Königs Dom Pedro V. von Portugal, Herzogs zu Sachsen. Lex.-8. (34 S.) München 886, Th. Ackermann's Verlag. *

Schelhorn, Johann Georg (Hrsg.), s.a. Acta histor.-ecclesiastica saeculi XV et XVI.

— acta historico-ecclesiastica Saec. XV. et XVI. oder Samml. z. Kirchengesch. d. 15. u. 16. Jahrh. 8. Ulm. 738. -

Schelhornii Amoenitates — Sa.oben *Amoenitates*.

Schellhornii, J. G., Amoenitates historiae ecclesiasticae et literariae. Erf. et Lips. 737. 40. 2 Tom. 4 1 rthl. 12gr.

— Anleit. für Bibliothekare u. Archivare. 2 Thle. gr. 8. Ulm 788—91. Stettin. 2 ℳ

— Apologia pro Petro Paulo Vergero. 4. Ulm 760. Stettin. 6 gl.

Schellhorn, Joh. Geo., Beyträge z. Erläut. d. Gesch., besond. d. schwäb. Kirchen u. Gelehrten. 4 Theile. 8. Memmingen (Stettin in Ulm) 772-75. (à 4 gr.) -

Schelhorn, Jh. Geo. II., († d. 21. Nov. 1802.) Beitrr. zur Erläuterung d. Geschichte besond. d. schwäb. Kirchen- u. Gelehrtengeschichte. 4 Stcke. 8. Memming. 772—77. (Stettin in Ulm). 16 gl.

Schellhorn, J. G., — Catalogus librorum J. G. Schellhornii. C. pretiis. Aug. Vind. 818. 8.

— dissert. epistolaris de Mino Celso Senensi rarissimae disquisit. etc. 4. Ulm (Korn d. ält., Bresl.) 778. -

Schelhorn, Jh. Geo. III., († d. 13. Juli 1793.) Darstell. d. vorzügl. Vortheile, die aus d. Vertheilung d. Güter entspringen. 8. Memming. 791. Seyler. 5 gl.

Schelhorn, Jh. Geo. I., († d. 30. März 1773.) de antiquissima latinorum bibliorum editione diatriba. 4. Ulm 760. Stettin. 3 gl.

— Ergötzlichkeiten aus der Kirchenhistorie und Literatur. 3 Bde. od. 12 Stck. 8. Ulm, Wohler (a. Stettin.) 762-64.

— Commentar üb. ein paar Stücke d. Kritik üb. gewisse Kritiker. 8. Memming. 790. Seyler. 6 gl.

Schelhorn, Johann Georg: Historische Nachricht vom Ursprunge, Fortgang und Schicksale der Evangelischen Religion in den Salzburgischen Landen. Darinnen die Kirchen-Geschichte seit der Reformation erläutert wird. Als ein Anhang ist beygefügt D. August Friedrich Müllers Academische Abhandlung Von dem Auszuge der Inwohner eines Landes, der Religion halber. Aus dem Lateinischen übersetzt. Leipzig, Bey Bernhard Christoph Breitkopf, Buchdr. 1732. – 16 Blatt (nicht paginiert) Titelblatt, Widmung und Vorrede des Übersetzers Friedrich Wilhelm Stübner, 512 S.

Schelhorn, Johann Georg (Hrsg.), s. Pfeil, Christoph Karl Ludwig von: Evangel. Gesangbuch ...

— f. Quirini, liber singularis.

Schelhorn, Johann Georg (Memmingen) A. S. 582/14a

De opinata donationum ob supervenientes liberos revocatione.
Göttingen (Hager) 7. 1. 1747. 38 S.

Gew.: Stadt Memmingen.
W. v.: Georg Christian Gebauer. Christoph August Heumann. 30198

— Samml. f. die Geschichte, vornehml. z. Kirchen- u. Gelehrtengeschichte. Ir Bd. 8. Nördl. 779. Beck. 16 gl.

— f. Samml. geistl. Lieder, aus d. Schriften d. besten Dichter.

— kleine histor. Schriften. 2 Thle. 8. Memming. 789, 90. Seyler. 1 ℳ 8 gl.

— selecta commercii epistolaris Uffenbachiani. V Part. 8. Ulm, Stettin. 755.

— s. J. C. Uffenbach, commercii epistolares u. dessen Reisen.

Schellhornii, J. G., de vita, fatis ac meritis Phil. Camerarii commentarius. Norimb. 740. 4. 16 gr.

Schelhorn, Johann Rudolf von, a. München, **Rechtsprakt.** am **kgl. Landgericht zu Memmingen: Die zivilrechtliche Haftung der Beamten und des Staates, der Gemeinden und anderen Kommunalverbände für den von Beamten in rechtswidriger Ausübung anvertrauter öffentlicher Gewalt einem Dritten zugefügten Schaden nach deutschem Reichs- und bayerischem Landesrecht.** München 1906: J. Schweitzer ⟨A. Sellier⟩. (108 S.) 8° [F.]
Erlangen, Jur. Fak., Ref. Oertmann, Diss. v. 4. Okt. 1906
[Geb. 6. Juni 80 München; Wohnort: Memmingen; Staatsangeh.: Bayern; Vorbildung: St. Anna-Gymn. Augsburg Reife 99; Studium: München 3, Berlin 1, Leipzig 1, Erlangen 3 S.; Rig. 20. Okt. 05.]

Schellchowskaja, W. P., H. P. Blavatsky, ihr Leben u. ihr Wirken. Aus dem Russ. übers. v. Alex v. Schäfer. (IV, 78 S. m. 8 Bildnissen.) gr. 8. Schweidnitz 905. P. Frömsdorf. n. 1. 50; geb. n. 2. 50

Schellessnigg, Jakob. Beiträge zur Geschichte der Kärntner-Eisenbahn. Klgft., Leon. 1862. 123 S.

Scheliha, Frau Doris v., f.a. Spättgen, Doris Freiin v.

Scheliha, Doris von

Fremdes Blut. Roman. Von Doris Freiin von Spaettgen [d.i. Doris von Scheliha]. 2. Aufl.
Bielefeld, Leipzig: Velhagen & Klasing 1891.
376 S. 8°

[F.] Um fünfzig Gulden. Um nichts. Von Doris Freiin v. Spaettgen [d. i. Doris v. Scheliha.] 2. Aufl. *Anklam: H. Wolter [1897].* (86 S.) 1 Bd 8. [98. 2507

[F.] Unsere Mädchen. Lustsp. in 1 Aufz. v. Doris Freiin v. Spaettgen [d. i. Doris v. Scheliha] ... *Berlin: E. Bloch (1894).* (34 S.) 1 Bd 8.
= Theater-Korrespondenz, Eduard Blochs. No 272. [96. 1130

[F.] Nautilus. E. kleiner Roman. Heimatlos. Novelle. Von Doris Freiin v. Spaettgen [d. i. Doris v. Scheliha]. M. 25 Ill. v. O. Herrfurth. *Berlin, Eisenach, Leipzig: H. Hillger [1897].* (128 S.) 1 Bd 8.
= Bücherschatz, Kürschners. No 18. [97. 6299

[F.] Ihr Regiment. Erzählgn a. d. Offiziersleben v. Doris Freiin v. Spaettgen [d. i. Doris v. Scheliha] ... *Berlin: R. Eckstein Nachf. [1896].* (118 S.) 1 Bd 8.
= Reisebibliothek, Ecksteins. No 163. [97. 4941

[F.] Die bürgerliche Tante. Erzählg v. Doris Freiin v. Spättgen [d. i. Doris v. Scheliha] ... *Berlin: R. Eckstein Nachf. [1896?].* (120 S.) 1 Bd 8.
= Reisebibliothek, Ecksteins. No 164. [97. 4942

Schelinsky, erste Blüthe e. bibl. Bluml. Vergißmeinnicht in 300 Sprüchen. 8. Danzig. 726.

Schelivsky, Carl, s. Schelivsky, Karl

Schelivsky, Fr. Carl, Lese- u. Vortragsübungen f. d. zarte Alter. Gesammelt u. mit Erklär. d. Textes u. minder verständl. Ausdrücke hrsg. 1. u. 2. Hft. 8. (9 1/4 B. u. 2 Abbild.) Wien 840, [Braumüller u. Seidel.]

Schelivsky, Gust., Anschauungsunterricht in der französischen Sprache f. Elementar-Schüler, nach einem höchst einfachen u. naturgemäßen Systeme methodisch entwickelt. gr. 8. (VI u. 142 S.) Wien 850, Seidel. 12 ngr

Schelivsky, Gust., Anschauungsunterricht in der französischen Sprache für Elementar-Schüler, nach einem höchst einfachen und naturgemäßen Systeme methodisch entwickelt. 2., verb. Aufl. gr. 8. (VI und 142 S.) Wien 855(56,) Seidel. *

Schelivsky, Gust., Anschauungs-Unterricht in der französischen Sprache für Elementar-Schüler. Nach einem höchst einfachen u. naturgemäßen Systeme methodisch entwickelt. 3. verb. Aufl. Wien 862. Braumüller. gr. 8. (VI, 142 S.) n. 16 ngr.

Schelivsky, Gust., Anschauungs-Unterricht in der französischen Sprache für Elementarschüler. Nach einem höchst einfachen und naturgemäßen Systeme methodisch entwickelt. 4. verb. Aufl. gr. 8. (VI, 142 S.) Wien 876, Braumüller. * 1 60

Schelivsky, Karl, Anleitung zum praktischen Gebrauche fisikalischer Apparate f. Volksschulen, nebst e. Anleitg. zur Imprägnirg. der Pflanzen nach e. neuen Methode. gr. 8. (116 S.) Linz 872. Fink n. 1. 60

Schelivsky, Karl, Lautir- u. Lesebuch, eine prakt. Denklehre f. die zarte Jugend. 1 u. 2. Lehrkurs. gr. 8. (54 u. 53 S.) Wien 849, Seidel. (à n. 4 ngr) n. 8 ngr

Schelivsky, Carl, Lautir- und Lesebuch, eine prakt. Denklehre für die zarte Jugend. 1. und 2. Lehrkurs. 2., verm. Aufl. gr. 8. (94 S.) Wien 854(55,) Seidel. à Lfg. * 4 Ngr. *

Schelkle, Dominikus

— s. 1) Duquesne, das apostol. Jahr. 2) B. G. Fleuriau, Lebensgeschichte Claver's.

Schelkle, Dominik, s. Lebensgeschichte des heil. Johannes Franz. Regis.

Schelkle, Dominik., Lebensgeschichten heil. Eheleute. Ein Leseb. zur Belehr. u. Erbauung christl. Hausväter u. Hausmütter. 2 Bdchn. 2., verm. Aufl. 8. (25 1/2 B.) Augsburg 828, N. Doll. (Regensburg, Manz.) Thlr.

Schelkle, Dominikus, Lebensgeschichten heiliger Eheleute. Ein Lesebuch zur Belehrung und Erbauung christl. Hausväter und Hausmütter. 2 Bdchn. 3e verm. Aufl. 8. Augsburg 837. (Kollmann.) (Regensburg, Manz.) 2/3 rf

— s. 1) A. Turchi, üb. d. Einfluß. 2) Was glaubte v. jeher die kathol. Kirche.

Schelkle, J., Lebensgeschichten heil. Eheleute, ein Leseb. f. Hausväter u. Hausmütter. 8. Augsb. Doll. 812.

Schell, Professor Herm., als Reformator d. kathol. Kirche. 1. u. 2. Aufl. 8. (à 32 S.) Leipzig 898. J. G. Findel. n. — 60

Schell, Matthias, oder Gott ist getreu. Eine Erzählung von der Verfasserin des armen Martin. gr. 16. (80 S. m. 2 color. Lith.) Stuttgart 848, Schreiber & Schill. 1/4 rf

Schell, s. a. Wittinghoff, Frhr. v.

Schell [Frhr. v. Vittinghoff], s. Handbuch, grosses, der Philatelie.

Schell, leichte Truppen, kleiner Krieg, ein prakt. Handb. f. Offiziere aller Waffengattungen. 2 Bde. in 4 Abthl. gr. 8. Wien, Schaumburg. 814.

Schell, A. v., der Detachementsführer. gr. 8. (54 S.) Berlin 886. Bath. n. — 80

Schell, A. v., Oberst und Kommandeur der Garde-Feld-Artillerie-Brigade. Der Detachementsführer. 2. Auflage. 8. Berlin 1886.

Schell, A. v., der Detachementsführer. 3., nach den neuesten Bestimmgn. verb. Aufl. gr. 8. (58 S.) Berlin 888. Bath. n. 1. —

Schell, A. v., Feldzug 1870—71. Die Operationen der I. Armee unter General v. Göben. Dargestellt nach den Operationsacten des Obercommando's der I. Armee. Mit e. (lith.) Operationskarte (in qu. Fol.) u. 3 (lith.) Gefechtsplänen (in qu. 4. u. qu. Fol) gr. 8. (V, 194 S.) Berlin 873. Mittler & Sohn. n. 4. 50

Schell, A. v., Major im Grossen Generalstabe. Feldzug 1870—1871. Die Operationen der I. Armee unter General von Steinmetz. Vom Beginne des Krieges bis zur Kapitulation von Metz. Dargestellt nach den Operations-Akten des Obercommandos der I. Armee. Mit 1 Uebersichtskarte und 2 Plänen. gr. 8. Berlin 1872.

Schell A & W, Offenburg. Mustersammlung der Mousselinglas-Fabrik und Glasmalerei. (28 T) fol (Offenburg 187?)

— die Operationen der I. Armee unter General von Steinmetz. — Vom Beginne des Krieges bis zur Capitulation v. Metz. — Dargestellt nach den Operations-Akten d. Obercommando's der I. Armee. Mit 1 (lith.) Uebersichtskarte in Fol. u. 2 (lith. u. chromolith.) Plänen in gr. Fol. gr. 8. (VI, 261 S.) Ebend. 872. n. 6. —

Schell, A. v., Studie über Taktik der Feldartillerie. 3 Hefte. gr. 8. Berlin, Bath. * 3 50

Inhalt:

Heft 1. Die Divisionsartillerie im Gefechte der Infanteriedivision. (V, 54 S.) 877. *M 1.
" 2. Die Feldartillerie im Gefechte des Armeekorps und größerer Heerestheile. (V, 58 S.) 878. *M 1.
" 3. Die reitende Artillerie im Gefechte der Kavalleriedivision, nebst Schlußbetrachtungen und Anhang. (86 S.) 879. *M 1,50.

Schell, A. v., Studie über Taktik der Feldartillerie. 2. umgearb. Aufl. gr. 8. (VI, 216 S.) Berlin 882, Bath. *

Schell, Anton

— Die stereophotogrammetrische Ballonaufnahme für topographische Zwecke (mit 12 Textfiguren). S. 115. IIa. 1906 . . . . 1.50
Separatabdruck

Schell, Ant., die stereophotogrammetrische Ballonaufnahme f. topographische Zwecke. (37 S. m. 12 Fig.) gr. 8. Wien 906. (A. Hölder.) n. 1. 50

Schell, Ant. Über die Bestimmung der mittleren Dichtigkeit der Erde. Göttingen 1869.

— Die Bestimmung der optischen Konstanten eines zentrierten sphärischen Systems mit dem Präzisionsfokometer (mit 7 Textfiguren). S. 112. IIa. 1667 . . . . —.80
Separatabdruck

— die Bestimmung der optischen Konstanten e. zentrierten sphärischen Systems m. dem Präzisionsfokometer. (34 S. m. 7 Fig.) gr. 8. Ebd. 903. n. — 80
Sonderabdruck aus: „Sitzungsber. d. k. Akad. d. Wiss."

Schell Anton, Dr.: Über die Bestimmung der Konstanten des Polarplanimeters. S. 56. II. 325 vgr.
Separatabdruck

Schell, Ant. Über die Bestimmung der Constanten des Polarplanimeters. Wien 1867.

Schell, Ant., über die Bestimmung der Constanten des Polarplanimeters. [Aus den Sitzungsber. der k. Akad. der Wiss.] Wien 868. (Gerold's Sohn.) Lex.-8. (20 S. mit eingedr. Holzschn.) n. 4 ngr.

— die stereophotogrammetrische Bestimmung der Lage e. Punktes im Raume. (37 S. m. 3 Taf.) gr. 8. Wien 904. L. W. Seidel & Sohn. n. 1.60

— Geometrischer Beweis des Lehmannschen Satzes über die Lage des Standortes in bezug auf das Fehlerdreieck (mit 1 Taf.). S. 57. II. 67 . . . . vgr.
Separatabdruck

—— geometrischer Beweis des Lehmann'schen Satzes über die Lage des Standortes in Bezug auf das Fehlerdreieck. Lex.-8. (4 S. mit 1 lithogr. Taf. in qu. 4.) (Ebendas.) 868. *

— geometrischer Beweis des Lehmann'schen Satzes über die Lage des Standortes in Bezug auf das Fehlerdreieck. [Mit 1 (lith.) Taf. (in qu. 4.)] [Aus den Sitzungsber. der k. Akad. der Wiss.] Ebend. 869. Lex.-8. (4 S.) n. 5 ngr.

Schell, Antonín, Čítanka ku potřebě žáků osmitřídních moravských zemských ústavů pro hluchoněmé pro II. až IV. třídu. (I. díl.) Wien. K. k. Schulbücher-Verlag. 1898. Broschirt —.45, in Halbleinwand gebunden —.50

— Distanzmesser mit der Basis an dem Instrumente (mit 1 Taf.). S. 75. II. 145 . . —.60
Separatabdruck

Schell, Ant., Distanzmesser mit der Basis an dem Instrumente. [Mit 1 (lith.) Taf.] [Aus: „Sitzungsber. d. k. Akad. d. Wiss.“] Lex.-8. (17 S.) Wien 877. (Gerold's Sohn.) n. — 60

Schell, Anton, Der Einschneide-Transporteur v. Victor von Reitzner. Ein Apparat z. mechan. Lösung d. Pothenoth'schen Problems. 8. (20 S.) geh. 40 kr.
Wien: Reger 1882.

Schell, Ant., der Einschneide-Transporteur von Vict. v. Reitzner. Ein Apparat zur mechan. Lösung des Pothenot'schen Problems; dessen Einrichtung und Gebrauch erläutert. gr. 8. (20 S. mit 7 in den Text gedr. Holzschn.) Wien 882, Seidel und Sohn. *

— Die Helligkeit der Mondphasen (mit 2 Textfiguren). S. 120. IIa. 889 . . . . . . 1.—
Separatabdruck

— Konstruktion und Betrachtung stereoskopischer Halbbilder (mit 12 Textfiguren). S. 112. IIa. 1595 . . . . —.80
Separatabdruck

— **Konstruktion u. Betrachtung stereoskopischer Halbbilder.** (31 S. m. 12 Fig.) gr. 8. Wien 903. (A. Hölder.) n. — 80

Schell, Ant., die Methoden der Tachymetrie bei Anwendung e. Ocular-Filar-Schrauben-Mikrometers. Mit 11 Holzschn. gr. 8. (V, 49 S. m. 4 Tab.) Wien 883. Seidel & Sohn. n. 1.60

— Das Präzisionsnivellierinstrument (mit 16 Textfiguren). S. 112. IIa. 261 . . . . . vgr.
Separatabdruck

— **das Präzisionsnivellierinstrument.** (35 S. m. 16 Fig.) gr. 8. Ebd. 903. n. 1.—
Sonderabdruck aus: „Sitzungsber. d. k. Akad. d. Wiss.“

— Über die Rotationszeit der Sonne (mit 1 Textfigur). D. 84. 35 . . . . 1.95
Separatabdruck

— Das Stand-Aneroid-Barometer (System Arzberger und Starke) (mit 2 Taf.). S. 76. II. 625 . . . . 1.50
Separatabdruck

—— das Stand-Aneroid-Barometer [System Arzberger und Starke]. Lex.-8. (35 S. mit 2 lithogr. Taf.) (Ebendas.) 877. * 1 50
Vorstehende zwei Schriften sind aus: Sitzungsberichte der k. Akademie der Wissenschaften, besonders abgedruckt.

— **der photogrammetrische Stereoskopapparat.** (20 S. m. Abbildgn.) gr. 8. Wien 904. L. W. Seidel & Sohn. n. 1.—

—— **die Tachymetrie mit besond. Berücksicht. des Tachymeters von Tichý und Starke. Für Terrain- und Trace-Studien bearb. gr. 8. (IV, 93 S. mit 2 lithogr. Taf. und 27 Fig.) Ebendas. 880.** *

—— **die Terrain-Aufnahme mit der tachymetrischen Kippregel von Tichý und Starke. Für das Selbst-Studium bearb. gr. 8. (III, 48 S. mit 20 in den Text gedr. Holzschn. und 3 Tab.) Ebendas. 881.** *

— Allgemeine Theorie des Polarplanimeters (mit 1 Taf.). S. 58. II. 189 . . . . . . vgr.
Separatabdruck

— allgemeine Theorie des Polarplanimeters. [Mit 1 (lith.) Taf. (in 4.)] [Aus den Sitzungsber. der k. Akad. der Wiss.] Ebend. 868. Lex.-8. (21 S.) n. 6 ngr.

— Das Universalstereoskop (mit 6 Textfiguren). S. 112. IIa. 949 . . . . . . —.60
Separatabdruck

— **das Universalstereoskop.** (25 S. m. 6 Fig.) gr. 8. Wien 903. (A. Hölder.) n. — 60
Sonderabdruck aus: „Sitzungsber. d. k. Akad. d. Wiss.“

Schell, Ant. Über das Wesen der Sternschnuppen. 1870. 4.

v. Schell, Ar., Briefe u. Begebenheiten. 2 Thle. 8. Lübeck 790, s. a. Fr. v. d. Trenk, Briefe 2c.

Briefe und Begebenheiten Alexanders von Schell, eines Freundes des Barons von Trenk (!). Nebst seinem Testamente und einigen von ihm hinterlassenen Werken. (Hrsg. von Alexander von Schell.) 2 Thle. Lübeck, Donatius, 1790. 8°. 128+143 S.
Anon.-Lex. IV. p. 189 (nach Kayser).

Schell, Ar. v., Briefe u. Begebenh. 2 Thle. 8. Lübeck, Donatius (Niemann u. C.) 790.

Schell, C., s. Schell, Karl

Schell, Carl, s. Schell, Karl

Schell, Crato Wilhelm Fhr. von (Schwaben) A. S. 129/21

Exercitatio politico historica de civitatis origine, civitatumque systematis exemplo reipubl. Batavorum illustratis. Präs. Joachim Erdmann Schmidt.
Jena (Schill) 4. XII. 1745. 54 S. 30199

Schell, Curt, s. Schell, Kurt

Schell, F. Der Bergbau am nordwestlichen Oberharze. Abdruck. Berlin. 1882.

Schell, F. Die Grube Bergwerks-Wohlfahrt bei Clausthal. Abdruck. Berlin. 1883.

Schell, F. J., populäre Beiträge zur Aufklärung. Ein Handbüchlein f. Wißbegierige. 8. (46 S.) Chemnitz 876. Winter. — 50

Schell, F. W., die Verhältnisse des Bergarbeiters am hannöverschen Oberharze. Ein Beitrag zur Arbeitsfrage. gr. 8. (22 S.) Leipzig 850, O. Wigand. n. 1/6 ℛ

Schell, Frz. Jak., zweite u. letzte Antwort an Hrn. Prof. Körner zu Elberfeld auf sein zweites offenes Schreiben an mich vom 15. März d. J. im 8. Hefte der Lesehalle. gr. 8. (8 S.) Leipzig 847. (Brandstetter.) 1 ngl

— das Auferstehungsfest nach deutschkathol. Grundsätzen. Predigt gehalt. am 1. Ostertage 1850. 8. (22 S.) München 850, Franz. 2 ngl

Schell, Frz. Jak., mein Austritt aus der römischen Kirche. gr. 8. Frankfurt a/M. 846, Literar. Anstalt. 1/4 ℛ

— Demokrat oder Aristokrat? Offenes Sendschreiben an Hrn. Hieronymi zu Darmstadt. 8. (29 S.) Leipzig 849, Schreck. n. 1/6 ℛ

— das deutschkatholische Glaubensbekenntniß erläutert in einer Reihe v. (13) Predigten. 2 Hfte. gr. 8. (292 S.) München 849, Franz. (Einzelne Predigten à 2 ngl 1. Hft.: n. 1/2 ℛ 2. Hft.: n. 12 ngl) n. 22 ngl

Schell, Frz. Jak., Grundzüge einer vernunftgemäßen Religionslehre. 1. Thl. A. u. d. T.: Grundzüge einer vernunftgemäßen Auffassung des Christenthums, wodurch dasselbe dereinst Weltreligion werden kann. gr. 8. (159 S.) Alzey 881, (Ackermann.) *

—— das alte u. neue Hohepriesterthum u. d. Deutsch-Katholicismus. gr. 8. (3 B.) Leipzig 846, [Brandstetter.] *

— das alte u. neue Hohepriesterthum u. der Deutsch-Katholicismus. gr. 8. Leipzig 846, Einhorn's Verl.-Exp. n. 1/6 ℛ

Schell, F. J., Katechismus d. christkathol. Religionslehre f. Gymnasien. 8. (10 1/2 B.) Leipzig 841, [Brandstetter.]

— die deutsche Kirche u. Schule. Eine faßliche Darstellung u. Erläuterung des 5. u. 6. Artikels der deutschen Grundrechte. br. 8. (83 S.) Leipzig 849, Matthes. 9 ngl

—— Lehrbuch d. christl. Religion nach deutsch-kathol. Grundsätzen. gr. 8. (18 B.) Leipzig 846, [Brandstetter.]

— die Nothwendigkeit des Deutschkatholicismus nach Ausweis der geschichtlichen Entwickelung des Christenthums. Dargestellt in einer Reihe von Predigten. 1–17. Predigt. gr. 8. (346 S.) München 850, Franz. (Einzeln à 2 ngl) In 3 Hftn. (à n. 1/3 ℛ) n. 1 ℛ

— die Principien des Deutsch-Katholicismus. 2 Anreden gehalten zu Frankfurt a/M. Frankf. a/M. 846, Körner. 2 ngl

—— offnes Sendschreiben an Johannes Czerski als Antwort auf sein öcumenisches Rundschreiben an alle deutsch-kathol. Gemeinden d. d. Schneidemühl den 19. Juni 1846. 8. (1/2 B.) Leipzig, [Brandstetter.]

Schell, Frz. Jak., offnes Sendschreiben an Johannes Czerski als Antwort auf sein öcumenisches Rundschreiben an alle deutsch-kathol. Gemeinden d. d. Schneidemühl den 19. Juni 1846. 8. Leipzig 846, Einhorn's Verl.-Exped. 1 ngl

—— der constitutionelle Staatsbürger nach deutschkathol. Grundsätzen. Predigt gehalten am Geburtsfeste Sr. Maj. des Königs Max II. von Bayern am 28. Novbr. 1849. gr. 8. (38 S.) München 850, Franz.

— das Verhältniß des Christenthums zum Leben. Predigt gehalten am 2. Sonntag n. Epiph. zu Leipzig. gr. 8. (15 S.) Leipzig 849, Schreck. n. 1/12 ℛ

— was haben wir errungen? Eine Constitution. Predigt gehalten am 4. Fastensonntage vor der christkathol. Gemeinde zu Groß-Glogau. gr. 8. (15 S.) Glogau 848, Flemming. 1 1/2 ngl

—— Zeitstimmen. Geschichte des J. 1848, zur geistigen Belehrung und polit. Hebung des deutschen Volkes. 1. Heft: Uebersicht der Verhältnisse am Schlusse des J. 1847 und Uebergang zu 1848. 8. (64 S.) Glogau 848, Flemming's Verlag.

—— dass. — In der Fortsetzung bearb. von Ed. Maurer. 2–5. Heft. 8. (S. 65–316.) Ebds. 849. à Heft 3 Ngr.

Schell, Friedr., die Unglücksfälle in den oberharzischen Bergwerken. Historische Darstellungen. Nebst einem Vorworte von G. Schulze. 8. (VIII und 192 S. mit 1 Stahlst. und 2 Lithogr. in 4.) Clausthal 864, Grosse'sche Buchh. *

Fest-Gruss an die Grosslogen-Versammlung. Text von S. Fehrenbach, Musik von G. Schell. o. O. u. J. 1 Bl. 8°. [Kopftit.]
Ohne Noten. – „Seid gegrüsst, geliebte Brüder alle" ...

Erfurt: Cantate zur Eröffnung der Festarbeit. Text von [S.] Fehrenbach. Musik von [G.] **Schell.** [Erfurt] o. J.: [Bartholomäus]. 1 Bl. 8° [Kopftit.]
Ohne Noten: „Seid uns gegrüsst, geweihte Friedenshallen, ..."

Cantate für Soli und Chor mit Piano- und Harmonium-Begleitung zur Eröffnung von Logen-Festarbeiten. Text von S. Fehrenbach. Musik von G. **Schell.** [Nebst 9 Bl. Beil.] Freiburg i. B. [1874]: Beckurts. 20 S. quer 2° [Lithogr.] [Umschlagtit.]
cf. FZ. 29 (1875) S. 52–53.
Tt. 2423. Mit Noten für Klavier, Harmonium, Soli u. Chorstimmen. „Seid uns gegrüsst, geweihte Friedenshallen, ..."

Cantate für Soli und Chor mit Piano- und Harmonium-Begleitung zur Eröffnung von Logen-Festarbeiten. Text von S. Fehrenbach, Musik von G. **Schell.** Freiburg i. B. [1874]: Beckurts. 20 S. Quer-4. [Umschlagtit.] [Lith.]
W. 40368 gibt Quer-2° als Format an.

Apologie des Christentums. Von Dr. Herman **Schell**, Prof., Würzburg. Bd 1. 2. Paderborn: F. Schöningh 1901–05. 2 Bde 8°
1 — Religion u. Offenbarung. 1901. 2 — Jahwe u. Christus. 1905. [07. 12758

Schell, Herm., Apologie des Christentums. 1. Bd. Religion u. Offenbarg. 2., verm. Aufl. gr. 8. (XXXVIII, 482 S.) Paderborn 902. F. Schöningh. n. 6. 40; geb. n.n. 7. 60
1. Aufl. (XXVIII, 464 S.) 901. n. 6. 40; geb. n.n. 7. 60.

Schell, Herm., Apologie des Christentums. 2. Bd.: Jahwe u. Christus. (XI, 577 S.) gr. 8. Paderborn 905. F. Schöningh. 7. 40; geb. n.n. 8. 60
Bd. 1. Ebd. 902. n. 6. 40; geb. n. 7. 60.

Schell, Herm., Apologie des Christentums. 1. u. 2. Bd. gr. 8. Paderborn, F. Schöningh. 15.40; geb. n 17. 80
1. Religion u. Offenbarg. 3. Aufl. (XLII, 482 S.) 907. 7. 40; geb. n 8. 60
2. Jahwe u. Christus. 2. Aufl. (XVI, 577 S.) 908. 8.—; geb. n 9. 20

— die kulturgeschichtliche Bedeutung der grossen Weltreligionen. (28 S.) gr. 8. München 905. St. Bernhards-Verlag. n. — 70

— das Christentum Christi (zu Harnacks Wesen d. Christentums), s.: Renaissance-Broschüren. Nr. 5.

Das Evangelium und seine weltgeschichtliche Bedeutung. Christus. Von Herman **Schell**. Mit Buchschmuck u. 89 Abb. 1.-10. Taus. *Mainz: F. Kirchheim 1903.* (156 S.) 4°(8°)
(Weltgeschichte in Karakterbildern. Besondere Abteilung.) [03. 445

Christus. Das Evangelium u. s. weltgeschichtl. Bedeutung. Von Herman **Schell**. 11.-13. Taus. Mainz: Kirchheim & Co. 1906. (242 S.) 8° [F.] [06. 7140

— Christus. Das Evangelium u. seine weltgeschichtl. Bedeutg. 14. u. 15. Tauf. (Volksausg.) (242 S.) gr. 8. Mainz 906. Kirchheim & Co. n. 2. —; geb. in Leinw. n. 2. 60

— dasselbe, s. a. Weltgeschichte in Karakterbildern.

Schell, Herm. Kathol. Dogmatik, s. Handbibliothek, wissenschaftl.

Gedenk-Blätter zu Ehren des hochwürdigen geistlichen Rates Dr. Joseph Grimm, weil. Prof. d. neutestamentl. Exegese an d. Univ. Würzburg. Z. ersten Jahrestag s. Todes gewidm. v. Dr. Hermann **Schell**, derz. Rekt. d. Univ. Würzburg, u. Dr. Albert Ehrhard, Prof. a. d. Univ. Würzburg ... *Würzburg: A. Göbel 1897.* (2 Bl., 132 S., 1 Portr.) 1 Bd 8. [97. 2859

Schell, Herm., der Gottesbegriff im Katholizismus und Protestantismus, s. Festschrift, philosophische, zum Jubiläum Sr. Heiligkeit Leo XIII.

— der Gottesglaube u. die naturwissenschaftliche Welterkenntnis. Eine krit. Entgegng. auf Professor Dr. Albert Ladenburg's Vortrag in der 75. Naturforscherversammlg. zu Kassel am 21. IX. 1903. 1.—3., unveränd. Aufl. (Je 32 S.) gr. 8. Bamberg 904. Schmidt. n. — 50

Jahwe und Christus von Dr. Hermann **Schell**. Paderborn: F. Schöningh 1905. (XI, 577 S.) 8°
= **Schell**: Apologie d. Christentums. Bd 2. [06. 1810 2

Jahwe u. Christus von Dr. Herman **Schell**, Prof., Würzburg. 2. Aufl. (Hrsg.: Dr. Karl Hennemann.) Paderborn: F. Schöningh 1908. (XVI, 577 S.) 8°
= **Schell**: Apologie d. Christentums. Bd 2. [08. 7871

Schell, Hermann, Der Katholicismus als Princip des Fortschritts. Würzburg, Göbel, 1897, gr. 8°, 80 S. (2.—5. Aufl., mit einem Nachwort 92, 96, 96, 96 S.), 1,20 Mk.

Schell, Herm., der Katholicismus als Princip des Fortschritts. 6. Aufl. gr. 8. (114 S.) Würzburg 897. A. Göbel. n. 1. 20

— dasselbe. Nachtrag zu den 6 ersten Auflagen. gr. 8. (46 S.) Ebd. 898. n. — 35

— der Katholicismus als Princip des Fortschritts. 7. Aufl. gr. 8. (III, 126 S.) Würzburg 899. Göbel & Scherer. n. 1. 20

Schell, Herm., Das Problem des Geistes mit besonderer Würdigung des dreieinigen Gottesbegriffs und der biblischen Schöpfungsidee. Akademische Festrede zur Feier d. 315. Stiftungstages der kgl. Julius-Maximilians-Universität Würzburg, gehalten am 11. Mai 1897.
Recens. v. Michelitsch, Jahrb. f. Phil. u. spek. Theol. Jahrg. XIII (1899), S. 363—4.

— das Problem des Geistes m. bes. Würdigung d. dreiein. Gottesbegriffs u. der bibl. Schöpfungsidee. Akadem. Festrede, zur Feier d. 315. Stiftungstages d. kgl. Julius-Maximilians-Universität Würzburg geh. am 11. V. 1897. 2. Aufl. gr. 8. (65 S.) Ebd. 897. n. 1. —

Das Problem des Geistes m. bes. Würdigg d. dreieinigen Gottesbegriffs u. d. bibl. Schöpfungsidee. Akadem. Festrede z. Feier d. dreihundert u. fünfzehnten Stiftungstages d. Kgl. Julius-Maximilians-Univ. Würzburg geh. am 11. Mai 1897 v. d. derzeitigen Rektor Dr. Herman **Schell**, Prof. d. Apologetik. 2. Aufl. [Enth. ausserdem die Chronik u. Preisaufgaben.] Würzburg, A. Göbel, 1898; 76 S. 8.

Religion und Offenbarung von Dr. Herman **Schell**. *Paderborn: F. Schöningh 1901.* (XXVIII, 404 S.) 8°
= **Schell**: Apologie d. Christentums. Bd 1. [01. 6646 5

Religion und Offenbarung, von Dr. Herman **Schell**, Prof., Würzburg. 2. verm. Aufl. *Paderborn: F. Schöningh 1902.* (XXXVIII, 482 S.) 8°
= **Schell**: Apologie d. Christentums. Bd 1. [03. 8128

Religion und Offenbarung von Dr. Herman **Schell**, Prof., Würzburg. 3. Aufl. (Hrsg.: Dr. Karl Hennemann.) Paderborn: F. Schöningh 1907. (XLII, 482 S.) 8°
= **Schell**: Apologie d. Christentums. Bd 1. [08. 7873

— Kleinere Schriften. Hrsg. v. Karl Hennemann. (X, 708 S.) gr. 8. Ebd. 908. 12. —

Theologie und Universität. Festrede b. Antritt d. Rektorates zu Würzburg von Dr. Herman **Schell**, Prof. Würzburg 1897: H. Stürtz. (8 S.) 4° [Umschlagt.]

Schell, Herm., Theologie und Universität. Festrede zum Antritte des Rektorates während der Einweihungsfeier der neuen Universität zu Würzburg. Ebendas., Göbel, 1899. Fol., 8 S., 2. Aufl., 20 Pf.

— die göttliche Wahrheit des Christentums. (In 4 Büchern.) 1. Buch: Gott u. Geist. 1. u. 2. Tl. gr. 8. Paderborn, F. Schöningh. n. 14. —
1. Grundfragen. (XXXI, 363 S.) 895. n. 5. —
2. Beweisführung. (XII, 726 S.) 896. n. 9. —

— dasselbe. 2. Aufl. gr. 8. (8 S.) Ebd. 899. n. — 20

Schell, Herm., das Wirken d. dreieinigen Gottes. gr. 8. (XV, 624 S.) Mainz 885. Kirchheim. n. 8. —

Schell, Hermann, Die neue Zeit und der alte Glaube. Eine kulturgeschichtliche Studie. Würzburg, Göbel, 1898, gr. 8°, VIII, 160 S., 1. u. 2. Aufl., 2 Mk.

Schell, J. C., Essay m. Gegenüberstellung der Auctorität, Solidarität u. d. Antisemitismus gegen das Reform- u. Pluto-Judenthum, den Individualismus, den Manchester-Liberalismus, das Anti-Christenthum, die Juden- u. Zola-Literatur, Zeitungs-Wuchergn. u. deren wurmstich. kernfaules Kind die Prostitution u. Menschenelend. gr. 8. (79 S.) Wien 888. (Administration d. Oesterr. Reichsboten.) — 80

Schell, J. Herm., Die Einheit des Seelenlebens aus den Principien der aristotelischen Philosophie entwickelt. Freiburg i. B., Scheuble, 1873. gr. 8°, XIII, 269 S., 3,60 Mk.
Recens. v. Sprinzl, (Linzer Theol.-prakt. Quartalschr. 1873, S. 230–1.

Schell, Johann Christian A.S. 74/13

Oratio inauguralis de ortu et progressu doctrinae imperii Germanici.
Leipzig (Gleditsch-Weidmann) 1709. 40 S.

15. VIII. 1708.
Gew.: Jakob Heinrich Gf. von Flemming. 30203

Schell, Josephus [Rhenanus]: De Sulpicio Severo Sallustianae, Livianae, Taciteae elocutionis imitatore ... Monasterii Guestf., ex typogr. Theissingiana, 1892; 2 Bl., 50 S., 2 Bl. 8.
Münster, Phil. Fak., Inaug.-Diss. v. [30. Jan.] 1892

Schell, Jos., de Sulpicio Severo Sallustianae, Livianae, Taciteae elocutionis imitatore. Diss. gr. 8. (50 S.) Münster 892. (Theissing.) n. 1. —

Schell, Karl, drei Kinder-Komödien. Mit Vign. 8. Augsb. 813. Doll. (Landsh., Krüll). 9 gr.

Schell, Carl. Lieder unserer Heimat! 100 Schweizer-Volks- u. Vaterlandslieder zum Singen u. Spielen (für Piano) bearb. von K' Sch' = Chants Nationaux! 100 Ch' n' suisses et Ranz des Vaches pour Chant et Piano arrangés par Charles Sch'. [Mit illustriertem Umschlag.] 208 S. quer-8. Basel = Bâle, Max Pohl-Wohnlich. (1904). [cart.] fr. 1. 25

Schell, Kurt

Schell, Curt: Photographisch-photometrische Absorptionsmessungen an Jodsilber im ultravioletten Spektrum. Leipzig 1910: Leiner. 67 S. 8°
Leipzig, Phil. Diss. v. 23. April 1910, Ref. Wiener, Des Coudres
[Geb. 30. März 84 Altchemnitz; Wohnort: Limbach i. S.; Staatsangeh.: Sachsen; Vorbildung: Realgymn. Chemnitz Reife O. 04; Studium: Leipzig 12 S.; Rig. 1. Febr. 10.] [U 10. 3229

Jahres-Bericht des k. k. vollständigen Gymnasiums in Krakau. *Krakau* 1858. Buchdr. v. *K. Budweiser*. 63 S., 31 S., 4°.
INHALT. De Troezene urbe dissertationis part. II. sive caput I. Scripsit *Nicolaus Schell* philosophiae doctor etc. (S. 3–63).

— De Troezene urbe dissertationis part. III. sive historiae caput II. Pr. 1860. 44 S. 4°.

Schell, Otto

Schell, O. Elberfelder Chronik des siebenjährigen **Krieges**. (Elberfeld 1904.) 8°. (Aus: Monatsschrift des Bergischen Geschichtsvereins.)

Die Denkmäler der Stadt Elberfeld. Von O[tto] **Schell**. Elberfeld: Baedeker 1904. (44 S.) 8° [F.] [05. 307

Schell, Otto, die Denkmäler der Stadt Elberfeld. (44 S.) gr. 8. Elberfeld 904. A. Martini & Grüttefien. n. — 50

Schell, Otto, Elberfeld v. der Mitte des 19. Jahrh. bis zur Gegenwart. Nachtrag zur Geschichte d. Stadt Elberfeld. (Zur Dreijahrhundertfeier der Stadt.) Mit 1 Titelbild in Vierfarbendr. u. 4 Vollbildern in Autotypie. (39 S.) 8. Elberfeld 910. A. Martini & Grüttefien. — 80
Hauptwerk. Ebd. 900. 3.60.

Schell, Otto, Führer durch Altenberg im Dhünthal. Mit 2 Abbildgn. nach photograph. Aufnahmen. 8. (55 S.) Elberfeld 899. Baedeker. — 60

Geschichte der Stadt Elberfeld von O[tto] **Schell**. Mit 1 Titelbild u. 1 Pl. [Nebst] Nachtrag. Elberfeld: Baedeker (Nachtr.: Martini & Grüttefien) 1900–10. 8°
Nachtr. [u. d. T.:] Schell: Elberfeld von d. Mitte d. 19. Jhs. bis z. Gegenwart.

Geschichte des Elberfelder Rathauses. Von O[tto] **Schell**. *Elberfeld: Baedeker 1900.* (32 S.) 8° [F.] [01. 5274 5

Schell, Otto, s.a. **Häuser**, **altbergische**, in Bild u. Wort.

Altbergische Häuser in Bild und Wort. Mit 20 Lichtdrucktaf. u. 90 Textabb. nach Originalaufnahmen von Wilhelm Fülle u. 1 Orig.-Holzschn. von Meinhard Jacoby. Text von Otto **Schell**. Einl. von Heinrich Wieynk. Barmen: W. Fülle 1907. (68 S.) 4° [07. 18949

O. SCHELL. Katalog der Bibliothek des Bergischen Geschichtsvereins zu Elberfeld. Elberfeld 1894. Druck von A. Martini u. Grüttefien. 8°.
Nachtrag 1. ib. 1908. Buchdruckerei A. Martini & Grüttefien.

Schell, Otto, bergische Sagen. Ges. u. m. Anmerkgn hrsg. gr. 8. (XXXIV, 608 S. m. 5 Lichtdr.-Bildern.) Elberfeld 897. Baedeker. n. 4. 50; geb. in Leinw. n. 6. —

— neue bergische Sagen. (XI, 160 S.) gr. 8. Ebd. 905. n. 2. —; geb. n. 2. 50

— **Bergischer Volkshumor**, s. a. **Volksmund**, der.

Bergischer Volkshumor. Von O[tto] **Schell**. Leipzig: Deutsche Verlagsactiengesellsch. 1907. (148 S.) 8° [F.]
= **Volksmund**, Der. Bd 12. [07. 12454

— **Das Volkslied**, s. a. **Handbücher** zur **Volkskunde**.

SCHELL, Otto, Das Volkslied. (Handbücher zur Volkskunde. Bd. III.) Leipzig 1908, Verlag von Wilhelm Heims. 8°.
VII (Vortit., Tit. u. Vorwort, dat. Elberfeld im März 1908), 1 Bl. Inh.-Verz., 204 S. (incl. Literatur-Nachweis S. 188 ff.), 2 Bll. Verlag d. Firma.

Schell, O., etymologisches Wörterbuch der Geographie Rheinlands. Für die Schule bearb. 12. (57 S.) Bielefeld 891. A. Helmich. n. — 60

Schell, P. A. L., die Nothwendigkeit e. einheitlichen Viehseuchen-Gesetzes f. das deutsche Reich. Ein Gutachten d. deutschen Veterinärraths. 8. (9 S.) Augsburg 876. Lüderitz in Comm. n.n. — 30

Schell, Wilh., üb. Abwickelung einfach krummer Flächen. Inaugural-Dissertation. 4. (43 S.) Marburg 851. (Fulda, Henkel.) n. 12 ngr

Schell, W., das gewerbliche u. ländliche Fortbildungs-Schulwesen in Preußen. gr. 8. (VIII, 70 S.) Düsseldorf 889. Schwann. cart. n. 1. 50

Schell, Wilh., die Gewerbe-Ordnung f. das Deutsche Reich in der auf Grund d. Gesetzes vom 1. Juli 1883 veröffentlichten Fassung, nebst den zugehör. preuß. Gesetzen, unter Berücksicht. der zu derselben ergangenen bundesräthl., ministeriellen u. sonst. Ausführungs-Verordngn., sowie der Motive. Mit vollständ. Sachregister. Für den prakt. Gebrauch bearb. gr. 8. (VII, 226 S.) Düsseldorf 883. Schwann. n. 2. 50

Schell, Wilh., allgemeine Theorie der Curven doppelter Krümmung in rein geometrischer Darstellung. gr. 8. (V und 106 S. mit eingedr. Holzschn.) Leipzig 859, Teubner. *

Allgemeine Theorie der Curven doppelter Krümmung in rein geometr. Darstellg. Z. Einführg in d. Studium d. Curventheorie v. Dr. Wilhelm **Schell**, ... Prof. ... zu Karlsruhe. 2., erweit. Aufl. *Leipzig: B. G. Teubner 1898.* (VIII, 163 S.) 1 Bd 8. [98. 1434

Schell, Wilh., Theorie der Bewegung der Kräfte. Ein Lehrbuch der theoret. Mechanik, mit besond. Rücksicht auf die Bedürfnisse techn. Hochschulen. Mit vielen in den Text gedr. Holzschn. 5 Liefgn. Leipzig 868—70. Teubner. gr. 8. (XIX, 970 S.) Jede Liefg. n. 28 *ngr.*

Schell, Wilh., Theorie der Bewegung u. der Kräfte. Ein Lehrbuch der theoretischen Mechanik. Mit besonderer Rücksicht auf das wissenschaftl. Bedürfniss technischer Hochschulen. 2., umgearb. Aufl. I. Bd. 1. Geometrie der Streckensysteme u. Geometrie der Massen. 2. Geometrie der Bewegung u. Theorie der Bewegungszustände [Kinematik]. Mit vielen in den Text gedr. Holzschn. gr. 8. (XVI, 580 S.) Leipzig 879, Teubner. n. 10. —

Schell, Wilh. (I.), Theorie der Bewegung und der Kräfte. Ein Lehrbuch der theoret. Mechanik. Mit besond. Rücksicht auf das wissenschaftl. Bedürfniss techn. Hochschulen bearb. 2. umgearb. Aufl. 2. (Schluss-)Bd. gr. 8. (XI, 618 S. mit vielen in den Text gedr. Holzschn.) Leipzig 880, Teubner. *
1. Bd. Ebendas. 1879. *M 10.

— über Wahrscheinlichkeit, s. Vorträge, öffentliche.

Schell, Wilhelm Gottfried Fhr. von A. S. 813/22

Doctrina de feudis ecclesiasticis, Von Krumbstäbischen Lehn. Präs. Justus Henning Böhmer.
Halle (Henckel) IV. 1717. 104 S.

W. v.: Präs., Johann Friedrich Fhr. von Schell (Bruder). 30205

Schell, Wilhelm Gottfried Fhr. von A. S. 19/5

Doctrinam de feudis ecclesiasticis, Von Krumbstäbischen Lehn, disputatione ... exponent.
Präs. Justus Henning Boehmer.
Halle (Grunert) 1733. 56 Bl.

Diss. IV. 1717.
W. v.: Johann Friedrich Fhr. von Schell. 30208

Schell, Wilhelm Gottfried Frh. von A. S. 627/38

Efficacia pactorum illustrium contra tertium. Dissertatio solennis. Präs. Justus Henning Boehmer.
Halle (Grunert) 12. X. 1718. 48 S.

W. v.: Jur. Fakultät, Präs. 30206

Schell, Wilhelm Gottfried Frh. von Halle 1718/3

Efficacia pactorum illustrium contra tertium. Dissertatio solennis. Präs. Justus Henning Böhmer. Rec.
Halle (Grunert) 1726. 48 S.

Diss. 12. X. 1718. 30207

Schell, Wilhelm Gottfried Fhr. von A. S. 61/21

Diatriba de efficacia pactorum illustrium contra tertium, Van der Gültigkeit der Verträge hoher Standes-Personen wider einen Dritten.
Halle (Hendel) 1751. 48 S.

Diss. 12. X. 1718. 30209

Schellack, Alwin, Arzt a. Berlin: Ein Beitrag zur Casuistik der Harnsteinbildung bei Rückenmarkserkrankungen. (Greifswald 1904: H. Adler. (63 S.) 8°
Greifswald, Med. Fak., Ref. Friedrich, Diss. v. 20. Aug. 1904
[Geb. 5. Mai 70 Berlin; Wohnort: Berlin; Staatsangeh.: Preußen; Vorbildung: Humboldts-Gymn. Berlin Reife O. 99; Studium: Berlin 7, Greifswald 2 S.; Coll. 4. Juli 04; Approb. 27. Juni 04.]

Schellack, Carl, s. S c h e l l a c k, Karl

Schellack, Eduard, Celle: Über die B r o m e s s i g e s t e r - r e a k t i o n am Menthon. Hildesheim 1907: A. Lax. (50 S.) 8°
Göttingen, Phil. Fak., Ref. Wallach, Diss. v. 8. Jan. 1908
[Geb. 17. Febr. 84 Hoya a. d. Weser; Wohnort: Hoya; Staatsangeh.: Preußen; Vorbildung: Gymn. Celle Reife O. 03; Studium: Kiel 2, Jena 1, Kiel 1, Göttingen 5 S.; Rig. 10. Juli 07.]

Schellack, Karl

Schellack, Carl, a. Celle ⟨Prov. Hannover⟩: Über die Entwicklung und Fortpflanzung von Echinomera hispida ⟨A. Schn.⟩. Marburg 1907 (Naumburg a/S.: Lippert & Co.). (47 S.) 8°
Marburg, Phil. Fak., Ref. Korschelt, Diss. v. 14. Sept. 1907
[Geb. 27. Aug. 82 Hoya (Prov. Hannover); Wohnort: Berlin; Staatsangeh.: Preußen; Vorbildung: Gymn. Celle Reife 02; Studium: Marburg 2, Kiel 2, Jena 1, Marburg 5 S.; Rig. 30. Jan. 07.]

Hemma, D i e S e l i g e, von Gurk. Klgft., St. Hermagoras-Druck., 1879. 223 S. (Verf.: Gregor Schellander.)

Schellander, J., s.: N o v e l l e n b u c h.

Schellander, Irene v., Rosenica. Eine Erzählg. aus dem Krainer Hochgebirge. Mit dem Bildnis der Verf. als preisgekrönte Königin der Kölner Blumenspiele 1905. (61 S.) schmal 8. Dresden-Blasewitz 906. R. v. Grumbkow. n. 1. 25

Schellander, Irene v., Tannenbruch. Gedichte. 8. (X, 156 S. m. Bildnis.) Dresden 902, E. Pierson. n. 2. —; geb. n. 3. —

Ⓑ **Schellander,** J. v., Tannenbruch. 902. (KBL 32.) Jetzt: Berlin, Verl. Berlin-Wien.

(F) **Schellauf,** F., Der Weg zum Glauben. Ein Beitrag zur Lösung des Glaubensproblems. 8°. (96 S.) K 1.40
Graz: Styria 1905.

— — s.a. S c h e l l a u f, Josef

Schellauf, Frz., Perikopenerklärung in Zehnminuten-Predigten. Nebst themat. Predigten u. religiösen Ansprachen. (VIII, 450 S.) gr. 8. Graz 908. U. Moser. 4. 50

Schellauf Dr. Fr.: Rationem afferendi locos litterarum divinarum, quam in tractatibus super psalmos sequi videtur s. Hilarius, episcopus Pictaviensis, illustravit. 45. Graz Priv. G. 98.
Progr.

Schellauf, H., Weihnachtszauber, s.: F r o d l, Carl.

Schellauf, Jos., S. J., das Glück e. Gott geweihten Braut, s.: S t ö g e r, Joh.

Schellauf, Jos., S. J., die Pilgerreise zum Himmelreich, s.: S t ö g e r, Joh. Nep.

Schellauf, Jos., S. J., der Weg zum Glauben. Ein Beitrag zur Lösg. des Glaubensproblems. (VII, 96 S.) 8. Graz 906. Styria. n. 1. 25

— — s.a. S c h e l l a u f, F.

Schellbach: Über einen neuen Jodschwefel u. neue Darstellungsweisen einiger Jodverbindungen. 12 S.– Berlin Fr., Progr. 1861.

— Ueber die Zeichen der Mathematik.

Schellbach, Anna, geb. Lehmann, der kleine Gratulant. Eine Sammlg. v. Glückwünschen zum Jahreswechsel, zu Geburts- u. Namenstagen, zum Weihnachtsfeste u. einigen Gelegenheitsgedichten zu Schulfeierlichkeiten. Nach dem Tode d. Verf. Jos. Nagl umgearb. u. der lieben Jugend gewidmet. 5., verm. Aufl. 16. (96 S.) Wien 892. Sallmayer'sche Buchh. n. — 30
Die 1.–4. Aufl. erschienen unter: Nagl, Jos.

Schellbach, Anna, geb. Lehmann, der kleine Gratulant. E. Sammlg. v. Glückwünschen z. Jahreswechsel, zu Geburts- u. Namenstagen, z. Weihnachtsfeste u. ein. Gelegenheitsgedichten zu Schulfeierlichkeiten. Nach d. Tode d. Verf. Jos. Nagl umgearb. u. d. lieben Jugend gewidmet. 6., verm. Aufl. 16. (96 S.) Wien 896. Sallmayer'sche Buchh. n. — 30

Schellbach, Anna, der kleine Gratulant. Eine Sammlg. v. Glückwünschen z. Jahreswechsel, zu Geburts- u. Namenstagen, z. Weihnachtsfeste u. einigen Gelegenheitsgedichten zu Schulfeierlichkeiten. Der lieben Jugend gewidmet. 7., verm. Aufl. (100 S.) 16. Wien 905. Sallmayer'sche Buchh. — 50

Schellbach, C., s. Schellbach, K.

Schellbach, C. H., s. Schellbach, K. H.

Schellbach, Carl Heinrich, s. Schellbach, Karl Heinrich

Schellbach, E.

Derselbe — Über Bewegung materieller Puncte. 20 S.
Berlin, R. Sch., Progr. 1849

Schellbach, E. — Mechanische und mathematische Probleme. 32 S. Kupfert.
Berlin, Fr.W., Progr. 1845

Schellbach, Emma, Veronika. Ein Roman. Neubrandenburg 853. Brünslow. 8. (2 Bl., 391 S.) 1 ℛ. 24 ngr.

Schellbach, Hans v., conventionelle Lügen in der Politik. 2. Aufl. 8. (VII, 292 S.) Berlin 892. H. Steinitz' Verl. n. 3. 50

Schellbach, Herman. Bildung einer dten Kolonie in N-A auf d Grundlage d freien Menschentumes. Von Anarkon (pseud.). Phila, 1852.

Schellbach, J. G., was der Herr heut mit uns redet vor den vollen Scheuern. Predigt am allgem. Erndtedankfeste 1849 zu Merseburg gehalten über Evangel. Lucas 12, 15—21. gr. 8. (15 S.) Merseburg 849, Garcke (jetzt: Leipzig, Hebenstreit). 3 ngr

Schellbach, Johannes: Über die Festigkeit der Kohlenstoff-Stickstoffbindung in quartären Ammoniumverbindungen mit der Gruppierung C:C·C·N. 1910. 61 S. 8⁰
¶ Vgl. Archiv d. Pharmazie. Bd 249. 1911.
Braunschweig, Dr.-Ing.-Diss. v. 23. 7. 1910

Schellbach, Johannes: Über die Festigkeit der Kohlenstoff-Stickstoffbindung in quartären Ammoniumverbindungen mit der Gruppierung C : C · C · N. Diss. Braunschweig. Würzburg 1910

Schellbach, K., Erinnerungen an den Kronprinzen Friedrich Wilhelm v. Preußen. [Aus: „Deutsche Revue".] 8. (30 S.) Breslau 890. Trewendt. n. — 60

Schellbach, K., u. F. Engel, darstellende Optik, siehe: Engel, F.

Schellbach, K. H.

Schellbach — Beiträge zur Differenzrechnung. 17 S. . . . .
Berlin, W., Progr. 1836

Schellbach, K. H., neue Elemente der Mechanik, dargestellt und bearb. von G. Arendt. Mit 12 (lith.) Fig.-Taf. (in 4.) Berlin 860. G. Reimer. gr. 8. (XII, 292 S.) 1 ℛ 25 ngr.

Schellbach, C. H., die Kegelschnitte, f. d. Gebrauch in Gymnasien u. Realschulen bearb. gr. 8. (12¼ B. u. 7 Figurentaf.) Berlin 843, Simion. *

Schellbach, K. H., die Lehre von den elliptischen Integralen und den Theta-Functionen. gr. 8. (X und 442 S. mit eingedr. Holzschn.) Berlin 864, G. Reimer.

—— mathematische Lehrstunden. Aufgaben aus der Lehre vom Größten und Kleinsten. Bearb. und hrsg. von A. Bode und E. Fischer. gr. 8. (VI und 154 S. mit 6 lithogr. Fig.-Taf. in qu. 4.) Berlin 860, G. Reimer.

—— und F. Engel, Optique descriptive. qu. Imp.-Fol. (II und 44 S. in gr. 8. mit 21 Stahlst.) Halle 858, Schmidt's Verlagsh. * 8 Thlr.; geb. *

—— Sammlung und Auflösung mathematischer Aufgaben. Unter Mitwirkung von H. Lieber bearb. und hrsg. von E. Fischer. gr. 8. (VI und 238 S. mit 8 lithogr. Fig.-Taf. in qu. gr. 4.) Berlin 863, G. Reimer.

Schellbach. Neue Theorie der Drehung der Körper von Poinsot. 26 S.
Berlin, Fr. W., Progr. 1851

Schellbach, K. H., üb. die Zukunft der Mathematik an unseren Gymnasien. gr. 8. (34 S.) Berlin 887. G. Reimer. n. — 80

Schellbach, Karl, s. Schellbach, Karl Heinrich

Schellbach, Karl Heinrich

Schellbach: Ueber den Inhalt u. die Bedeutung des mathem. u. physik. Unterrichtes auf unseren Gymnasien. 22 S. –Berlin Fr.W., Progr. 1866

Schellbach, Carl Heinr., üb. den Inhalt u. die Bedeutung d. mathematischen u. physikalischen Unterrichts auf unseren Gymnasien. 2. Aufl. gr. 4. (22 S.) Berlin 883. Mayer & Müller. n. 1. 20

Schellbach, Karl Über mechanische Quadratur. 26 S.
Progr. Fr. Wi. G. *Berlin* 1877

—— über mechanische Quadratur. 2. unveränd. Aufl. gr. 4. (26 S.) Ebendas. 884. *
1. Aufl. Gymnasial-Programm.

Schellbach, P[aul]: [Professor Dr. Friedrich Abraham † 10. November 1901.] S. 21 der Schuln. 4.
Progr. Falk-Realgymn. *Berlin* 1902 (107).

[Ant. u. F.] **Schellbach,** Paul [Prof. Dr. Dir.]: *Der Abschied des Direktors Dr. Theodor Bach.* Berlin, Druck v. C. H. Müller, 1897; 18—19 S. 4.
Berlin, Falk-RG, P 1897 (94)

Schellbach, Paul Über Explosivstoffe. 31 S. Falkrg. *Berlin* 1882
Progr.

Schellbach, Paul, über Explosivstoffe. 4. (31 S.) Berlin 882, [Weidmann'sche Buchh.] Gaertner's Verlag. *

— Über die Methoden den Stickstoffgehalt in Nitroverbindungen zu bestimmen. 26 S. Progr. Falkrg. *Berlin* 1884.

Schellbach, Paul, üb. die Methoden, den Stickstoffgehalt in Nitroverbindungen zu bestimmen. Mit Holzschn. gr. 4. (26 S.) Berlin 884. Gaertner. n. 1. —

Schellbach, Reinhold, de bilis functione ope fistulae vesicae felleae indagata. Dissertatio inauguralis. 8maj. (44 S.) Dorpati Livon. 850. (Mitaviae, Reyher.)

Schellberg, Wilhelm. aus Essen-Ruhr: Untersuchung des Märchens 'Gockel, Hinkel und Gackeleia' und des Tagebuchs der Ahnfrau' von Clemens Brentano. Münster i. W. 1903: Westfal. Vereinsdruckerei. (94 S.) 8⁰
Munster, Phil. Diss. v. [10. Febr.] 1904

Schellberg, Wilh., Untersuchung des Märchens „Gockel, Hinkel u. Gackeleia" u. des „Tagebuchs der Ahnfrau" v. Clemens Brentano. Diss. (96 S.) gr. 8. München 908. (Essen, H. Vos.) n. 2. 40

Schelle: Entwicklung des Begriffes der Prosa oder über den Unterschied der Poesie und der Prosa. 10 S. - Merseburg, Progr. 1865

Schelle: Die imaginäre Grösse in ihrer geometrischen und analytischen Bedeutung. 18 S. - Landshut, Progr. 1866

Schelle, Julie Hargrave. Lstspl. 8. Grätz 792. Ferstl. 8 kr

Schelle, A. Kaspar

Schelle, A. K.: Elementare Ableitung u. Berechnung der einfachen Krystallpolyeder. 1 Abth. Tessarales System. 30 S. - Kempten. Progr. 1872.

Elementare Ableitung und Berechnung der einfachen Krystallpolyeder. II. Abteilung. - Von A. Kaspar Schelle, G. P. — 1880, Kempten, T. Dannheimer. — S. 3—58⁰ mit einer Figurentafel.
Progr. Kempten, K. Gymn.

Schelle, A. Kasp., Lehrgang in der populären Astronomie u. mathematischen Geographie f. Gymnasien. Mit 6 (lith.) Fig.-Taf. gr. 8. (IV, 92 S.) Kempten 875. Kösel. n. 1. 20

Schelle, A. Kasp., Lehrgang der populären Astronomie und mathematischen Geographie für Gymnasien. 2. verb. Aufl. gr. 8. (IV, 114 S. mit 27 in den Text eingedr. Fig.) Kempten 882, Kösel'sche Buchh. *

Schelle, (Raphael) Albanus (geb. Ruhrort 15. 9. 1822): De morbo Brightii. Berolini (1848) (31 S.) 8⁰
Berlin, Med. Diss. v. 28. Okt. 1848

Schelle, August [aus Kempten]: Zur Casuistik des Aneurysma der Aorta descendens ... Würzburg, Becker's Univ.-Buchdr., 1893; 24 S. 8.
Würzburg, Med. Fak., Inaug.-Diss. v. 1893

Schelle, Augustin

— Abriß d. Universalhistorie, z. Gebrauch akadem. Vorlesungen. 2 Thle. 8. Salzb. 780, 81. Duyle. 1 fl 10 kr

SCHELLE, Augustin 1742 - 1805
Abriß der Universalhistorie zum Gebrauch der akademischen Vorlesungen von P. Augustin Schelle ...
Erster [- Zweyter] Theil.
Salzburg: Waisenhaus. 1780 [- 1782]. 8⁰.
Universitätsbibliothek Freiburg/Br.

— ad agenda solemnia electionis R. R. Archiepiscopi Principis Hieronymi. 4. Salzb. 793. (Duyle). 3 kr

— compendium historiae universalis, in usum praelectionum academicarum. II Tomi. 8. Posen. (Eggenberger; Pest.) 808.

— Epitome Thelematologiae, cum positionibus ex universa Philosophia practica selectis. 8. Salzb. 780.

— üb. d. Grund der Sittlichkeit. gr. 8. Salzb. 791. Duyle. 4 kr

Schelle, August, Ueber die Pflichten der Mildthätigkeit und verschiedene Arten, die Armen zu versorgen. 8⁰. Salzburg 1785.

Schelle, Augustin. Ueber die Mildthätigkeit und verschiedenen Arten, die Armen zu versorgen. *Salzburg, Waisenhaus.* 1785

— prakt. Philosophie, zum Gebr. akadem. Vorlesungen. 2 Thle. gr. 8. Salzb. 785. 2e A. 792—94. Duyle. 2 fl 8 kr

Agst. **Schelle's** prakt. Philos. 1r Th. allg. prakt. Philos. u. Moral; 2r Th. Natur- u. Völkerrecht u. Staatsklugheit. *Salzb.*, Waisenhaus-B. (785.) 792-94. 8⁰ 1 fl 20 kr

Schelle, Aug., Griechische Sprachlehre, sammt einer Chrestomathie. Salzb. 776. 8.

— griech. Sprachlehre, sammt Auszügen aus griech. Schriftstellern. 8. Salzb. 776.

— Versuch über den Einfluss der Arbeitsamkeit auf Menschenglück. gr. 8⁰. Salzburg, Duyle, 1790.

§ ÜBER den Cälibat der Geistlichen, u. die Bevölkerung der katholischen Staaten. Aus Gründen der politischen Rechenkunst. Voran gehen Geburts-, Traungs- u. Sterbelisten von der Reichsstadt Augsburg, u. Betrachtungen darüber (von P. *Augustin Schelle*, o. Bened., von Tegernsee, Prof. in Salzburg). Salzburg, Mayr's Erben, 1784. Gr. 8⁰. (10 gr.) (In München 3 Expll.)

Schelle, B., die physikalische Theorie der Brucheinklemmungen u. deren Behandlung. gr. 8. (34 S.) München 872. Beck.(?) n. 1. —

SCHELLE, Benedict (Wolfratshausen): Ueber die Gesetze electrotherapeutischer Wirkungen.- München: Weiss 1858. 36 S.
4.8.1854 - Urk (Titel: De legibus in actionibus electrotherapeuticis.); F 68
Diss.Ingolst.-Landsh.-Mchn.

Schelle, Carl Gottlob, s. S c h e l l e , Karl Gottlob

Schelle, C., Anleitung z. Gemeinheitstheilung (sic) f. Geometer u. Oekonomen, mit 1 illum. Plan. gr. 8. Berlin, Schöne. 811.

– – s.a. S c h e l l e , Fr.

Schelle, E. E., der Kindergottesdienst, s. B i b l i o t h e k, kleine, für innere Mission.

S c h e l l e , Ed., musikalische Instrumente, s. A u s s t e l l u n g s - B e r i c h t, officieller.

— die päpstliche Sängerschule in Rom genannt die Sixtinische Capelle. Ein musikhistor. Bild. gr. 8. (XVIII, 274 S. m. 2 Steintaf. in 4.) Wien 872. Gotthard. n. 6. —

S c h e l l e , Ed., die päpstliche Sängerschule in Rom genannt die Sixtinische Capelle. gr. 8. Wien 872. Heilbronn, Schmidt. (* ℳ 6.) *

Schelle, Ed., der Tannhäuser in Paris und der dritte musikalische Krieg. Eine historische Parallele. Leipzig 861. Breitkopf & Härtel. 8. (62 S.) 10 ngr.

Schelle, Ed., Richard Wagner, s. B ü c h e r e i, deutsche.

Schelle, Edwin *Theodor* [aus Berlin]: Ueber den Muskelechinococcus ... Berlin, C. Vogts Buchdr., *1896*; 18 S., 1 Bl. 8.
Berlin, Med. Fak., Inaug.-Diss. v. 6. März 1896

S c h e l l e , *Ernst* Emil: Der neueste Angriff auf die Echtheit der Briefe ad Brutum. 4 (18 S.) Annensch. Rg. *Dresden-Altstadt* 1897. Auch in: Festschrift d. 44. Versammlung d. Phil. u. Schulm. dargeboten von den öffentl. höh. Lehranst. Dresdens. 4. S. 153–186.
Progr.

Cicero. S c h e l l e , *Ernst Emil* Beiträge zur Geschichte des Todeskampfes der römischen Republik. 4 (39 S.).
Progr. Annensch. (Rg.) *Dresden-Altstadt* 1891 (548).
S. 38. 39: Cic. fam. X. 9. 3, X. 15. 2, Phil. 2. 33. 82, 13. 21. 47, 7. 1. 13. Sall. b. Jug. 68. 3.

S c h e l l e , Emil De M. Antonii triumviri quae supersunt epistulis. Part. prior. 55 S. **Progr.** *Frankenberg* 1883.

Schelle, Ernst, Handbuch der Kakteenkultur. Kurze Beschreibg. der meisten gegenwärtig im Handel befindl. Kakteen, nebst Angabe zu deren Pflege. Für Gärtner u. Kakteenliebhaber zusammengestellt. (IV, 294 S. m. 200 Abb.) 8. Stuttgart 907. E. Ulmer. n. 4. 50; geb. n. 5. —

— Handbuch der Laubholz-Benennung, s.: B e i s s n e r , L.

Schelle E.: Die winterharten Nadelhölzer Mitteleuropas. Ein Handbuch f. Gärtner u. Gartenfreunde. Stuttg. 1908. 356 S. Fig. 1 Tvl. 1 Kt.

Schelle, E., d. winterharten Nadelhölzer Mitteleuropas. Ein Handbuch f. Gärtner u. Gartenfreunde. Mit 173 Abb., darunter 155 neue, nach d. Natur aufgenommene Orig.-Bilder u. Federzeichngn., sowie 1 Taf. u. 1 geograph. Karte. (VIII, 356 S.) 8. Stuttgart 909. E. Ulmer. 7.—; geb. 8. —

— Wörterbuch der botan. Kunstsprache, s.: S a l o m o n , K.

Schelle, Ernst Emil, s. S c h e l l e , Emil

S c h e l l e , Eugen, einige Bemerkungen üb. d. Schulwesen in kleinen Städten u. d. zweckmäß. Einrichtung desselb. Dem hochehrw. Hof- u. Oberpred. Pauli zur Feier Seines 50jähr. Ordinations-Jubiläums zugeeignet. gr. 4. (2 B.) Quedlinburg 830. (Halle, Kümmel.)

S c h e l l e , Eugen, allgem. Geographie f. deutsche Bürgerschulen u. f. d. Privat-Unterricht. Bestehend 1) aus 9 geograph. Tabn. in 3 Curs. f. d. Schüler, nach e. method. Stufenfolge in Bezieh. auf d. einzelnen Schulklassen; 2) aus e. Handb. f. Lehrer, 2 Thle., welches e. Darlegung d. Planes u. method., in d. Tabn. f. d. Schüler befolgten Ganges d. geograph. Unterr. nach bewährten pädagog. Grundsätzen, so wie systemat. Umrisse d. verschied. Zweige d. allgem. u. polit. Geographie enthält. 1. Bd. 1 — 6. Hft. gr. 8. (37 B., Figtaf. 1 — 7 u. 3 Karten.) Halle 835, 36, [Knapp.]

— s. v. G e r a n d o , .., der Armenbesucher u. Dess. üb. die Vervollkommnung 2c.

Schelle, Fr., Anleit. z. Gemeinheitstheilung f. Geometristen u. Oekonomen. Mit 1 ill. Plan. gr. 8. Berl. 811. Schöne. 18 ℛ

– – s.a. S c h e l l e , E.

Schelle, Friedrich. Die Eichensäule oder Deutsche Säulenordnung. Mit einer getuschten Kupfertafel. Berlin 1810. 4°.

Friedrich Schelle

De partu praematuro Arte efficiendo. Berolini (1827:) Petsch. 28 S. 8°
Berlin, Med. Diss. v. 23. Apr. 1827

Schelle, Gustav [pr. Arzt, aus Berlin] : Ueber A n u s artificialis bei Carcinoma Coli descendentis . . . Berlin, Buchdr. v. M. Niethe (1889); 30 S. 8°
Berlin, Med. Fak., Inaug.-Diss. v. 14. Jun. 1889

Schelle, Gust., der Mittelstand. Worte zur Beherzigung u. zur Aufklärung über die jetzigen Zustände. Eine Neujahrsgabe f. den Bürger u. Landmann. gr. 8. (22 S.) Minden 849, Eßmann. 1½ ngr

Schelle, H., Grammatik der deutschen Sprache f. Ausländer. (IV, 272 S.) gr. 8. Leipzig 903. Renger. n. 3. 60; geb. in Leinw. n. 4. —

Schelle, Johann Christian A. S. 817/23

Disputatio inauguralis juridica, de principe legibus soluto.
Erfurt (Grosch) 17. IV. 1709. 20 Bl. 30212

Schelle, Karl Gottlob

— Anleitung d. franz. Sprache auf die kürz., leicht. und gründl. Art als Muttersprache zu erlernen. 8. Leipzig, Joachim.

— Anleit. z. Erlernung d. französ. Sprache als Muttersprache durch mündl. Vortrag, Lektüre, Sprechen, Schreiben u. Umgang. 8. Leipz. ... 2e A. 808. Joachim. 10 ℛ

– (Bearb.), s. B o n s t e t t e n , Karl Viktor von: Reise in die klassischen Gegenden Roms ...

— Briefe üb. Garve's Schriften u. Philosophie. 8. Leipz. 800. (Gnobloch). 1 ℛ 6 ℛ

— Charakteristik K. H. Heidenreichs. Mit bess. Bildn. 8. Leipz. 802. (Knobloch). 1 Rthlr 16 gr

K. Glo. Schelle: K. H. Heydenreichs Charakterist. als Mensch u. Schriftsteller. *Lpz.*, Martini. 802. 8° 1 Rthlr 16 gr]

Eb. üb. d. Frohsinn, seine Natur, seinen Einfluss auf Geist u. Körper u. s. w. *Lpz.*, Tauchnitz. 804. 8° 1 Rthlr

— üb. Frohsinn, seine Natur u. Einfluß auf Geist u. Körper. 8. Leipz. 805. Tauchnitz. 1 Rthlr

[Schelle, Karl Gottlob] Geschichte des männlichen Barts unter allen Völkern der Erde bis auf die neueste Zeit. Nach dem Französischen frey bearbeitet und mit einer Theorie der Haare nach ihren Naturzwecken versehen. Leipzig 1797. In der Weygandischen Buchhandlung.
XXXII + 305 S. 8°
Der Übersetzer und Bearbeiter nennt sich am Schlusse der Einleitung.

— (Hrsg.), s. H o r a t i u s Flaccus, Quintus: De arte poetica. 1806.

— das 19e Jahrhundert, als Keim in J. J. Rousseau's Geiste. 8. Leipz. 799. (Knobloch). 16 gr

— (Hrsg.), s. K a n t , Immanuel: Physische Geographie. 1903.

— (Bearb.), s. L o b r e d e auf J. J. Rousseau.

MANN, D e r , v o n W e l t , e i n g e w e i h t in d i e G e h e i m n i s s e d e r L e b e n s k l u g h e i t . . . . (von *Carl Gottlob Schelle*). Leipzig 1803. 8°.
Anon.-Lex. III. p. 111 (nach Ersch-Geissler).

— Garlieb Merkel als Schriftsteller u. Kritiker, in den Briefen an ein Frauenzimmer rc. 8. Leipz. 803. Joachim 4 gr

— Mnemosyne, s. Mnemosyne.

— die Spaziergänge, od. die Kunst spazieren zu gehen. 8. Leipz. 802. (Knobloch). 1 Rthlr Holl. Pap. 1 Rthlr 8 gr

K. Glo. Schelle: die Spaziergänge, od. d. Kunst spazieren zu gehen. *Lpz.*, Martini. 802. 8° 1 Rthlr

Schelle, Karl Glo., welche alte class. Autoren, wie, in welcher Folge u. Verbindung mit andern Studien soll man sie auf Schulen lesen? 2 Bde. 8. Lpz. 804, 5. (Knobloch). 3 Rthlr 12 gr

— welche Zeit ists in der Philosophie? gr. 8. Leipz. 800. (W. Rauck). 12 gr

— (Bearb.), s. X i m e n z , Graf von: Mein Zimmer, eine kleine Welt.

— mein Zimmer, s. Zimmer.

Schelle, Kurt, Treufried u. Carlotta. Eine Sage aus Madeira. (126 S.) kl. 8. Goslar (906). F. A. Lattmann. Geb. in Leinw. n. 3.—

Schelle, Paul [aus Niedersedlitz bei Dresden]: Aus dem chemischen Institut der Tierärztl. Hochschule zu Dresden (Prof. Dr. H. Kunz-Krause). Beiträge zur Kenntnis der chemischen Bestandteile der Eichen-Gallen. Über die Cyklogallipharsäure, eine neue, in den Galläpfeln vorkommende, cyklische Fettsäure. Leipzig-Reudnitz 1903. 86 + 1 S. 8°.
Basel, Phil. Diss. 1903/1904

Schelle, Paul. Beiträge zur Kenntnis der Chemischen Bestandteile der Eichen-Gallen: Über die Cyklogallipharsäure, eine neue, in den Galläpfeln vorkommende, cyklische Fettsäure. Diss. Phil. Basel. *Kopftitel:* Aus dem chemischen Institut der Tierärztl. Hochschule zu Dresden ⟨Prof. Dr. H[ermann] Kunz-Krause⟩. 87 S. 8. Leipzig-Reudnitz, August Hoffmann, 1903.

Schelle, Raphael Albinus, s. S c h e l l e , Albinus

„Schellen, güldene, u. Granatäpfel". 2. Mose 28, 31. (Frei nach dem Engl. v. H. D.) (23 S.) kl. 8. Wandsbek (909). Verlagsbuchh. „Bethel". nn — 10

Schellen, A., der Handwerker, s.: Gehrig, Herm.

Schellen, Antonius: Über die Gültigkeit des Bunsen-Roscoeschen Gesetzes für Bromsilbergelatine. *Münster 1898: F. Althoff.* (31 S.) 8°
Rostock, Phil. Diss. v. [21. Febr.] 1898

Schellen, Heinrich

[Thomas Josef Heinrich] **Schellens** A u f g a b e n zum Gebrauch beim Rechenunterricht. Ausg. A., in 2 Teilen f. höh. Lehranst. ... 28. Aufl. bearb. von Prof. Dr. H[erm.] Lemkes. T. 1. Münster: Coppenrath 1899. 8°

[Thomas Josef Heinrich] **Schellens** A u f g a b e n zum Gebrauche beim Rechenunterricht. Ausg. B in 1 Teile f. Realsch. Bearb. von Prof. Dr. H[erm.] Lemkes. Münster: Coppenrath 1899. (275 S.) 8°

[Heinrich] **Schellens** Aufgaben zum Gebrauche beim Rechenunterricht. Ausg. B in 1 T. f. Realschulen ... Bearb. von Prof. Dr. H[ermann] Lemkes, Oberl. 2. unveränd. Aufl. Münster (Westf.): Coppenrath 1900. (IV, 275 S.) 8° [Fr.]
[illegible] 6

[Heinrich] **Schellens** Aufgaben zum Gebrauche beim Rechenunterricht. Ausg. B in 1 T. f. Realschulen ... Bearb. von Prof. Dr. H[ermann] Lemkes, Oberl. 3. unveränd. Aufl. Münster (Westf.): Coppenrath 1901. (IV, 275 S.) 8° [Fr.]
[illegible] 6

Schellen's, H., A u f g a b e n zum Gebrauche beim Rechenunterricht. Ausg. A in 2 Tln. f. höhere Lehranstalten, Seminarien u. andere Schulen ähnl. Richtg. I. u. II. Tl. gr. 8. Münster, Coppenrath. Geb. in Leinw. n. 4.90
I. 30. Aufl., bearb. v. H. Lemkes. (IV, 261 u. 37 S. m. Fig.) 902. n. 2.50
II. 8. Aufl., bearb. v. H. Lemkes. (IV, 188 S.) 900. n. 2.40

— dasselbe. Ausg. B in 1 Tle. f. Realschulen, Mittelschulen u. andere Lehranstalten ähnl. Richtg. Bearb. v. H. Lemkes. 4. unveränd. Aufl. gr. 8. (IV, 275 S. m. Fig.) Ebd. 902. Geb. in Leinw. n. 2.50

Schellen's, H., Aufgaben zum Gebrauche beim Rechenunterricht. Ausg. B. in 1 Tle. f. Realschulen, Mittelschulen u. andere Lehranstalten ähnl. Richtg. 5. Aufl. Bearb. v. H. Lemkes. (IV, 277 S. m. Fig.) 8. Münster 904. Univers.-Buchh. F. Coppenrath.
Geb. in Leinw. n. 2.50

[Heinrich] **Schellen** Aufgaben zum Gebrauch beim Rechenunterricht. Ausg. A in 2 T. f. höh. Lehranst ... 31. Aufl. bearb. von Dr. H[ermann] Lemkes, Oberl. T. 1. Münster ⟨Westf.⟩: Coppenrath 1905. 8° [Fr.]
[illegible] 6366 6

Schellen's, H., A u f g a b e n zum Gebrauche beim Rechenunterricht. Ausg. A f. höhere Lehranstalten, Seminarien u. andere höhere Schulen ähnl. Richtg. I. Tl. 33. Aufl., bearb. v. H. Frank u. W. Passavanti. (IV, 266 u. 41 S. m. Fig.) 8. Münster 909. Universitäts-Buchh. F. Coppenrath. Geb. 2. 50

— dasselbe. Ausg. B in 1 Tle. f. Realschulen, Mittelschulen u. andere Lehranstalten ähnl. Richtg. 6. Aufl., bearb. v. Blind u. C. Musmacher. (IV, 380 S.) 8. Ebd. 908. Geb. 2. 50

— dasselbe. Ausg. C f. höh. Mädchenschulen. 1.—3. Tl. (Klasse VII, VI u. V.) Bearb. v. H. Pötter u. W. Passavanti. (III, 74; IV, 72 u. IV, 87 S.) 8. Ebd. 909. 10. Geb. in Leinw. à 1. —

— dasselbe, Vorstufe, s.: Zimmermann, Alf., Rechenbuch f. die Vorschule der höh. Lehranstalten.

Schellen, H., Aufgaben für das theoretische und praktische Rechnen, nebst einem Anhange über Flächen- und Körper-Berechnungen, in method. Stufenfolge geordnet und nach geistbildenden Grundsätzen, mit besond. Berücksicht. des Kopfrechnens, zum Gebrauche beim Rechenunterrichte, für die Schüler der Realschulen, höheren Bürgerschulen, Gymnasien rc. bearb. 1. Aufl. (IV und 130 S.) 1849. und 2., verm. Aufl. gr. 8. (IV und 253 S. mit eingedr. Holzschn.) Düsseldorf 852(53,) Scheller. Thlr. * -

Schellen, H., Aufgaben für das theoretische nnd praktische Rechnen, nebst einem Anhang über Flächen- und Körper-Berechnungen, in method. Stufenfolge geordnet rc. mit besond. Berücksichtigung des Kopfrechnens, zum Gebrauche beim Rechenunterrichte für die Schüler der Realschulen, höheren Bürgerschulen, Gymnasien rc. bearb. 2. Aufl. 853. — 3. sehr verm. Aufl. Düsseldorf 855. Scheller. gr. 8. (IV, 253 S. mit Holzschn. im Text.) n. 17½ ngr

Schellen, H., Aufgaben für das theoretische und praktische Rechnen, nebst einem Anhang über Flächen- und Körper-Berechnungen, in method. Stufenfolge geordnet und nach geistbildenden Grundsätzen, mit besond. Berücksicht. des Kopfrechnens, zum Gebrauche beim Rechenunterrichte für die Schüler der Realschulen, höheren Bürgerschulen, Gymnasien rc. bearb. 4. Aufl. 1859. und 5., nach den gesetzl. Bestimmungen über das neue Gewicht und die neuen Münzfuße umgearb. Aufl. gr. 8. (IV und 260 S. mit eingedr. Holzschn.) Münster 860, Coppenrath'sche Buchh. * —

Schellen, H., Aufgaben für das theoretische und praktische Rechnen. 2 Thle. gr. 8. Münster, Coppenrath'sche Buchh. à Thl. * 17⅓ Ngr. *

Inhalt:

Thl. 1. Zum Gebrauche beim Rechenunterrichte für die Schüler der Realschulen, höheren Bürgerschulen, Gymnasien rc. bearb. 6.–8., nach den gesetzl. Bestimmungen über das neue Gewicht und die neuen Münzfuße umgearb. Aufl. (IV und 240 S. mit eingedr. Holzschn.) 862—67.

„ 2. Für die mittleren und oberen Klassen der Realschulen, höheren Bürgerschulen und kaufmänn. Lehranstalten bearb. (164 S.) 865.

Schellen, H., Aufgaben für das theoretische u. praktische Rechnen. 2 Thle. Münster, Coppenrath'sche Buchh. gr. 8. Jeder Thl. n. 17½ ngr

1. Thl. Zum Gebrauche beim Rechenunterricht für die Schüler der Realschulen, höherer Bürgerschulen, Gymnasien rc. bearb. 7. u. 8., nach den gesetzlichen Bestimmungen über das neue Gewicht u. die neuen Münzfuße umgearb. Aufl. (IV, 240 S. mit eingedr. Holzschn.) 865—67.

2. Thl. Für die mittleren u. oberen Klassen der Realschulen, höheren Bürgerschulen u. kaufmänn. Lehranstalten bearb. (184 S.) 865.

Schellen, H., Aufgaben für das theoretische und praktische Rechnen. 1. Thl. Zum Gebrauche beim Rechenunterrichte für die Schüler der Realschulen, höheren Bürgerschulen, Gymnasien, Seminarien und anderer höherer Lehranstalten ähnl. Tendenz. 9., nach den gesetzl. Bestimmungen des norddeutschen Bundes über die neue Maß- und Gewichtsordnung gänzl. umgearb. Aufl. (IV, 236 S. mit eingedr. Holzschn.) 1870. *ℳ 1,75.; 10., nach den gesetzl. Bestimmungen über die metr. Maße und Gewichte, so wie mit Rücksicht auf die neuen deutschen Reichsmünzen umgearb. Aufl. (IV, 234 S.), und 11., nach den gesetzl. Bestimmungen des deutschen Reiches über die neue Münz-, Maß- und Gewichtsordnung gänzlich umgearb. Aufl. gr. 8. (IV, 232 S.) Münster 875, Coppenrath'sche Buchh. * 2 —

Schellen, H., Aufgaben f. das theoretische u. praktische Rechnen. 1. u. 2. Thl. gr. 8. Münster 875. Coppenrath. à n. 2. —

1. Zum Gebrauche beim Rechunterrichte f. die Schüler der Realschulen, höheren Bürgerschulen, Gymnasien, Seminarien u. anderer höherer Lehranstalten ähnl. Tendenz. 11., nach den gesetzlichen Bestimmgn. d. deutschen Reiches üb. die neue Münz-, Maß- u. Gewichtsordng. gänzlich umgearb. Aufl. (IV, 232 S.)

2. Für die mittleren u. oberen Klassen der Realschulen, höheren Bürgerschulen u. kaufmänn. Lehranstalten bearb. 2., nach den gesetzl. Bestimmgn. d. deutschen Reiches üb. die neue Münz-, Maß- u. Gewichtsordng. gänzlich umgearb. Aufl. (IV, 148 S.)

Schellen, H., Aufgaben für das theoretische und praktische Rechnen. 1. Thl.: Zum Gebrauche beim Rechenunterricht für die Schüler der Realschulen, höheren Bürgerschulen, Gymnasien rc. bearb. 12.—14., nach den gesetzl. Bestimmungen des Deutschen Reiches über die neue Münz-, Maß- und Gewichtsordnung gänzlich umgearb. Aufl. gr. 8. (224 S.) Münster 876—79, Coppenrath'sche Buchh. * 2 —

Schellen, H., Aufgaben für das theoretische u. prakt. Rechnen. 1. u. 2. Thl. gr. 8. Münster 879. Coppenrath. à n. 2. —

1. Zum Gebrauche beim Rechenunterricht für die Schüler der Realschulen, höheren Bürgerschulen, Gymnasien rc. bearb. 13., nach den gesetzlichen Bestimmungen des Deutschen Reiches über die neue Münz-, Maß- u. Gewichtsordnung gänzlich umgearb. Aufl. (224 S.)

2. Für die mittleren u. oberen Klassen der Realschulen, höheren Bürgerschulen u. kaufmännischen Lehranstalten bearb. 3., nach den gesetzl. Bestimmungen üb. die Münz-, Maß- u. Gewichtsordnung u. die Maßbezeichnungen gänzl. umgearb. Aufl. (IV, 135 S.)

Schellen H, Aufgaben für das theoretische und praktische Rechnen. I. Teil: für Realschulen, hohere Burgerschulen, Gymnasien, Seminarien etc. 14. A. Münster 1880

Schellen, H., Aufgaben für das theoretische und praktische Rechnen. 1. Tl.: Zum Gebrauche beim Rechenunterrichte für die Schüler der Gymnasien, Realgymnasien, Oberrealschulen, Realschulen, Seminarien und anderer höherer Lehranstalten ähnl. Richtung. 15.—17. Aufl., unter Berücksicht. der Cirkularverfügung des königl. preuß. Ministers der geistl., Unterrichts- und Medizinal-Angelegenheiten vom 31. März 1882, die revid. Lehrpläne für die höheren Schulen betr., bearb. von H. Lemkes. gr. 8. (VI, 246 S.) Münster 881—84, Coppenrath'sche Buchh. *

Schellen, H., Aufgaben für das theoretische und praktische Rechnen. 1. Tl. Zum Gebrauche beim Rechenunterrichte für die Schüler der Gymnasien, Realgymnasien, Oberrealschulen, Realschulen, Seminarien und anderer höherer Lehranstalten ähnlicher Richtung. 18.—21. Aufl., bearb. von H. Lemkes. gr. 8. (VI, 246 S.) Münster 888, Coppenrath'sche Buchh. *

Schellen, H., Aufgaben f. das theoretische u. praktische Rechnen. 1. Tl. Zum Gebrauche beim Rechenunterrichte f. die Schüler der Gymnasien, Realgymnasien, Oberrealschulen, Seminarien u. anderer höherer Lehranstalten ähnl. Richtg. 22. Aufl., bearb. v. H. Lemkes. gr. 8. (VI, 252 S.) Münster i/W. 890. Coppenrath. n. 2. —

Schellen, H. Aufgaben f. d. theoret. u. prakt. Rechnen. 2 Tle. gr. 8. Münster i. W., Coppenrath. à Tl. * 2 —; * 4 —

1. Zum Gebrauche beim Rechenunterrichte f. d. Schüler d. Gymnasien, Realgymnasien, Oberrealschulen, Realschulen, Seminarien u. and. höh. Lehranst. ähnl. Richtung. 23. Aufl. bearb. v. H. Lemkes. (IV, 232, 40 S.) 892.

2. Für d. mittl. u. oberen Klassen d. Realschulen, Seminarien u. kaufmänn. Lehranstalten. Bearb. v. H. Lemkes. 6. Aufl. (IV, 154 S.) 889.

Schellen, H., Aufgaben f. das theoretische u. praktische Rechnen. 1. Tl. Zum Gebrauche beim Rechenunterrichte f. die Schüler der Gymnasien, Realgymnasien, Oberrealschulen, Realschulen, Seminarien u. anderer höherer Lehranstalten ähnl. Richtg. 25. Aufl. (unveränd. Abdr. der 24. Aufl.), bearb. v. H. Lemkes. gr. 8. (IV, 232 u. 40 S.) Münster 894. Coppenrath. n. 2. —; geb. in Halbldr. n. 2. 40

Schellen, H., Aufgaben f. d. theoret. u. prakt. Rechnen. 1. Tl. Z. Gebrauch beim Rechenunterrichte f. d. Schüler der Gymnasien, Realgymnasien, Oberrealschulen, Realschulen, Seminarien u. and. höh. Lehranst. ähnl. Richtg. 27. Aufl., bearb. v. H. Lemkes. gr. 8. (IV, 232 u. 40 S.) Münster 897. Coppenrath. n. 2.—; geb. n. 2.40

— **Aufgaben für den Unterricht im Rechnen. 2. Thl. Für die mittleren und oberen Klassen der Realschulen, höheren Bürgerschulen und kaufmännischen Lehranstalten bearb. Ebend. 865. gr. 8. (184 S.) n. 17½ ngr.**

Schellen, H., Aufgaben für den Unterricht im Rechnen. 2. Thl. Für die mittleren und oberen Klassen der Realschulen, höheren Bürgerschulen und kaufmänn. Lehranstalten bearb. 2., nach den gesetzl. Bestimmungen des deutschen Reiches über die neue Münz-, Maß- und Gewichtsordnung gänzlich umgearb. Aufl. gr. 8. (IV, 148 S.) Ebendas. 875. * 2 —

—— Aufgaben für den Unterricht im Rechnen. 2. Thl.: Für die mittleren und oberen Klassen der Realschulen, höheren Bürgerschulen und kaufmänn. Lehranstalten bearb. 3. nach den gesetzl. Bestimmungen über die Münz-, Maß- und Gewichtsordnung und die Maßbezeichnungen gänzlich umgearb. Aufl. gr. 8. (IV, 135 S.) Ebendas. 879. * 2 —

—— Aufgaben für den Unterricht im Rechnen. 2. Thl.: Für die mittleren und oberen Klassen der Realschulen, höheren Bürgerschulen und kaufmänn. Lehranstalten bearb. 4. Aufl. gr. 8. (IV, 135 S.) Ebendas. 881. *

—— Aufgaben für den Unterricht im Rechnen. 2. Tl. Für die mittleren und oberen Klassen der Realschulen, Seminarien und kaufmänn. Lehranstalten bearb. 5. Aufl., bearb. von H. Lemkes. gr. 8. (IV, 154 S.) Ebendas. 885. *

— **Aufgaben f. den Unterricht im Rechnen. 2. Tl. Für die mittleren u. oberen Klassen der Realschulen, Seminarien u. kaufmänn. Lehranstalten bearb. 6. Aufl., bearb. v. H. Lemkes. 8. (IV, 164 S.) Ebd. 889. n. 2.—**

— Aufgaben f. den Unterricht im Rechnen. 2. Tl. Für die mittleren u. oberen Klassen der Realschulen, Seminarien u. kaufmänn. Lehranstalten bearb. 7. Aufl., bearb. v. H. Lemkes. gr. 8. (IV, 156 S.) Ebd. 894. n. 2.—; geb. n. 2.40

— die Berechnung der Flächen- u. Körperinhalte. Anhang zu den Aufgaben f. den Unterricht im theoret. u. prakt. Rechnen. 1. Sonderabdruck, bearb. v. H. Lemkes. 8. (III, 40 S. m. 12 Fig.) Ebd. 892. Kart. n. — 60

— dasselbe. Anhang zu den Materialien. 8. (III, 40 S. m. 12 Fig.) Ebd. 892. Kart. n. — 80

Schellen, H., die neuesten Fortschritte auf dem Gebiete der elektrischen Beleuchtung und der Kraftübertragung. Ein Anhang zu dem Werke desselben Verf.: „Die magnet- und dynamo-elektr. Maschinen etc.“ gr. 8. (S. 335—425 mit 21 dem Texte eingedr. Holzschn.) Köln 880, DuMont-Schauberg'sche Buchh. * 3 —
Hauptwerk. Ebendas. 1879 * M 10.

— das atlantische Kabel, seine Fabrikation, seine Legung u. seine Sprechweise. Gemeinfaßlich dargestellt. Braunschweig 867. Westermann. gr. 8. (VIII, 168 S. mit 69 erläut. Illustr. in Holzschn.) n. 1 ℛ

Schellen, Dr. H., Die magnet- u. dynamo-elektrischen Maschinen, ihre Entwicklung, Construction und praktische Anwendung. Mit 93 Holzschn. im Text. Köln 1879. 8°.
Hiezu Anhang: Die neuesten Fortschritte auf dem Gebiete der elektrischem Beleuchtung u. der Kraftübertragung. Mit 21 Holzschn. im Text. Köln 1880. 8°. (Zus. in 1 Bd.)

— die magnet- u. dynamo-elektrischen Maschinen, ihre Entwicklung, Construction u. praktische Anwendung. Mit 93 in den Text eingedr. (Holzschn.-)Abbildungen. gr. 8. (X, 333 S.) Ebend. 879. n. 10. —

— die magnet- u. dynamo-elektrischen Maschinen, ihre Construction u. praktische Anwendung zur elektrischen Beleuchtung u. Kraftübertragung. Mit 221 in den Text eingedr. Abbildungen. 2., nach dem gegenwärtigen auf der Pariser elektrischen Ausstellung vertretenen Zustande dargestellte u. verm. Aufl. gr. 8. (XV, 656 S.) Köln 882. Du Mont-Schauberg. n. 16. —

— die magnet- u. dynamo-elektrischen Maschinen, ihre Construction u. prakt. Anwendg. zur elektr. Beleuchtg. u. Kraftübertragg. Mit zahlreichen in den Text eingedr. Abbildgn. 3., unter Mitwirkg. d. Vict. Wietlisbach bearb. u. sehr verm. Aufl. gr. 8. (XVI, 1916 S.) Köln 883. DuMont-Schauberg n. 19. —

Schellen, H: Die magnet- und dynamo-elektrischen Maschinen, ihre Entwickelung, Construction und praktische Anwendung. 3. Aufl. Köln 1884

— Materialien. Ein Handbuch f. Lehrer z. Gebrauche beim Rechenunterricht. Ausg. A in 2 Tln. f. höhere Lehranstalten, Seminarien u. and. Schulen ähnl. Richtg. I. Tl. 14. Aufl., bearb. v. H. Lemkes. gr. 8. (X, 294 u. 38 S. m. 12 Fig.) Ebd. 899. n. 4 —; geb. in Leinw. n. 4.50

[Thomas Josef Heinrich] Schellens Materialien. Ein Handb. f. Lehrer im Anschl. an Schellens Aufgaben z. Gebr. beim Rechenunterr. Ausg. B in 1 Teile f. Realschulen ... Bearb. von Prof. Dr. H[erm.] Lemkes. Münster: Coppenrath 1899. (VI, [illegible] S.) 8° [illegible] [illegible] 8

— Materialien. Ein Handbuch f. Lehrer zum Gebrauche beim Rechenunterricht. Ausg A in 2 Tln. f. höhere Lehranstalten, Seminarien u. andere Schulen ähnl. Richtg. I. u. II. Tl. gr. 8. Münster, Coppenrath. Geb. in Leinw. n. 8.60
I. 15. Aufl., bearb. v. H. Lemkes. (XIV, 336 u. 38 S. m. Fig.) 902. n. 4.50
II. 6. Aufl., bearb. v. H. Lemkes. (IV, 268 S.) 900. n. 4.10

— **Materialien. Ein Handbuch f. Lehrer im Anschluß an Schellens Aufgaben zum Gebrauche beim Rechenunterricht. Ausg. B. in 1 Tle. f. Realschulen, Mittelschulen u. andere Lehranstalten ähnl. Richtg. 2. Aufl. Bearb. v. H. Lemkes. (VI, 302 S.) 8. Ebd. 904. Geb. in Leinw. n. 4.50**

— Materialien. **Ein Handbuch f. Lehrer in Anschluß an Schellens Aufgaben z. Gebrauche beim Rechenunterricht. Ausg. A f. höh. Lehranstalten, Seminarien u. and. Schulen ähnl. Richtg. I. Tl. 17. Aufl., bearb. v. H. Frank u. W. Passavanti. (XI, 328 u. 40 S. m. Fig.) 8. Münster 909. Universitäts-Buchh. F. Coppenrath. Geb. 6.50**
Nur direkt an Lehrer gegen amtl. Beglaubigung.

— dasselbe. Ausg. B. in 1 Tle. f. Realschulen, Mittelschulen u. andere Lehranstalten ähnl. Richtg. 3. Aufl., bearb. v. Blind u. C. Musmacher. (XI, 414 S.) 8. Ebd. 908. Geb. 6.50
Nur direkt an Lehrer gegen amtl. Beglaubigung.

— dasselbe. **Ein Handbuch f. Lehrer u. Lehrerinnen im Anschluß an Schellens Aufgaben zum Gebrauche beim Rechenunterricht. Ausg. C f. höhere Mädchenschulen. 1.—3. Tl. (Klasse VII, VI u. V.) Bearb. v. H. Pötter u. W. Passavanti. (VII, 91; VIII, 80 u. VIII, 108 S.) 8. Ebd. 909. 10. Geb. in Leinw. à 2.50**
Nur direkt an Lehrer gegen amtl. Beglaubigung.

Schellen, H., methodisch geordnete Materialien für den Unterricht im theoretischen und praktischen Rechnen, nebst einem Anhange über die Flächen- und Körper-Berechnungen. Ein Handbuch nach geistbildenden Grundsätzen und mit besond. Berücksicht. des Kopfrechnens, für Lehrer zum Gebrauche beim Rechenunterrichte an Realschulen, höheren Bürgerschulen, Gymnasien &c. bearb. 1. Aufl. (XVI und 470 S.) 1849. und 2., verm. Aufl. gr. 8. (XVI und 499 S.) Düsseldorf 852(53,) Scheller. *

—— methodisch geordnete Materialien für den Unterricht im theoretischen und praktischen Rechnen, nebst einem Anhange über die Flächen- und Körperberechnungen. Ein Handbuch nach geistbildenden Grundsätzen und mit besonderer Berücksichtigung des Kopfrechnens, für Lehrer zum Gebrauche beim Rechenunterrichte an Realschulen, höheren Bürgerschulen, Gymnasien &c. bearb. 3., verm. Aufl. gr. 8. (XVI und 499 S.) Düsseldorf 856, Scheller. *

— methodisch geordnete Materialien für den Unterricht im theoretischen und praktischen Rechnen, nebst einem Anhang über die Flächen- und Körperberechnungen. Ein Handbuch nach geistbildenden Grundsätzen und mit besonderer Berücksichtigung des Kopfrechnens für Lehrer zum Gebrauche beim Rechenunterrichte an Realschulen, höheren Bürgerschulen, Gymnasien &c. bearb. 4., nach den gesetzlichen Bestimmungen über das neue Gewicht und die neuen Münzfuße umgearb. Aufl. Ebend. 860. gr. 8. (XII, 428 S.) n. 1 ℛ 10 ngr.

— methodisch geordnete Materialien für den Unterricht im theoretischen u. praktischen Rechnen, nebst einem Anh. über die Flächen- u. Körper-Berechnung. 2 Thle. Münster 867. Coppenrath'sche Buchh. gr. 8. n. 2 ℛ 15 ngr.

1. Thl. Ein Handbuch nach geistbild. Grundsätzen u. mit besonderer Berücksichtigung des Kopfrechnens für Lehrer zum Gebrauche beim Rechenunterricht an Realschulen, höheren Bürgerschulen, Gymnasien &c. bearb. 5., nach den gesetzl. Bestimmungen über das neue Gewicht u. die neuen Münzfuße umgearb. Aufl. (X, 400 S. mit eingedr. Holzschn.) 867. n. 1 ℛ 10 ngr.

2. Thl. Ein Handbuch für Lehrer u. zur Selbstbelehrung angehender Kaufleute, sowie zum Gebrauche beim Rechenunterrichte in den mittleren u. oberen Klassen der Realschulen, höheren Bürgerschulen u. kaufmänn. Lehranstalten. (IV, 352 S.) 865. n. 1 ℛ 5 ngr.

—— methodisch geordnete Materialien für den Unterricht im theoret. und prakt. Rechnen, nebst einem Anhang über die Flächen- und Körper-Berechnungen. 1. Thl. Ein Handbuch nach geistbild. Grundsätzen und mit besond. Berücksicht. des Kopfrechnens für Lehrer zum Gebrauch bei dem Rechenunterricht in Realschulen, höheren Bürgerschulen, Gymnasien, Seminarien und anderen höheren Lehranstalten ähnl. Tendenz. 6., nach den gesetzl. Bestimmungen des norddeutschen Bundes über die neue Maß- und Gewichtsordnung gänzlich umgearb. Aufl. (XII, 388 S.) 1870, und 7., nach den gesetzl. Bestimmungen des deutschen Reiches über die neue Münz-, Maß- und Gewichtsordnung gänzlich umgearb. Aufl. gr. 8. (XII, 360 S. mit eingedr. Holzschn.) Ebendas. 875. 4 —

Schellen, H., methodisch geordnete Materialien für den Unterricht im theoretischen u. praktischen Rechnen, nebst einem Anhange über die Flächen- u. Körper-Berechnungen. 1. u. 2. Thl. gr. 8. Münster 879. Coppenrath. n. 7. 60

1. Ein Handbuch, nach geistbildenden Grundsätzen u. mit besonderer Berücksichtigung des Kopfrechnens für Lehrer zum Gebrauche beim Rechenunterrichte an Realschulen, höheren Bürgerschulen, Gymnasien &c. bearb. 8., nach den gesetzlichen Bestimmungen des Deutschen Reiches über die neue Münz-, Maß- u. Gewichtsordnung gänzlich umgearb. Aufl. (XIV, 310 S.) n. 4. —

2. Ein Handbuch für Lehrer u. zur Selbstbelehrung angehender Kaufleute, so wie zum Gebrauche beim Rechenunterrichte in den mittleren u. oberen Klassen der Realschulen, höheren Bürgerschulen u. kaufmännischen Lehranstalten bearb. 3., nach den gesetzlichen Bestimmungen über die Münz-, Maß- u. Gewichtsordnung u. die Maßbezeichnungen gänzlich umgearb. Aufl. (VI, 268 S.) n. 3. 60

—— methodisch geordnete Materialien für den Unterricht im theoretischen und praktischen Rechnen, nebst einem Anhang über die Flächen- und Körper-Berechnungen. 1. Tl.: Ein Handbuch nach geistbildenden Grundsätzen und mit besond. Berücksicht. des Kopfrechnens für Lehrer zum Gebrauche beim Rechenunterrichte an Gymnasien, Realgymnasien, Oberrealschulen, Realschulen, Seminarien und anderen höheren Lehranstalten ähnl. Richtung. 9. Aufl., unter Berücksicht. der Cirkularverfügung des königl. preuß. Ministers der geistl., Unterrichts- und Medizinal-Angelegenheiten vom 31. März 1882, die revid. Lehrpläne für die höheren Schulen betr., bearb. von H. Lemkes. gr. 8. (XIV, 300 S.) Münster 884, Coppenrath'sche Buchh. * 4 —

—— Methodisch geordnete Materialien f. den Unterricht im theoret. u. praktischen Rechnen, nebst e. Anh. üb. die Flächen- u. Körper-Berechngn. 1. Tl. Ein Handbuch nach geistbild. Grundsätzen u. m. besond. Berücksicht. d. Kopfrechnens f. Lehrer, zum Gebrauche beim Rechenunterrichte an Gymnasien, Realgymnasien, Oberrealschulen, Realschulen, Seminarien u. anderen höheren Lehranstalten ähnl. Richtg. 11. Aufl., bearb. v. H. Lemkes. gr. 8. (XIV, 312 S.) Ebd. 890. * 4 —
2. Tl. Ebd. 1885. * 3 60.

— methodisch geordnete Materialien f. den Unterricht im theoretischen u. praktischen Rechnen, nebst e. Anh. üb. die Flächen- u. Körper-Berechngn. 1. Tl. Ein Handbuch nach geistbild. Grundsätzen u. m. besond. Berücksicht. d. Kopfrechnens f. Lehrer, zum Gebrauche beim Rechenunterrichte an Gymnasien, Realgymnasien, Oberrealschulen, Realschulen, Seminarien u. anderen höheren Lehranstalten ähnl. Richtg. 12. Aufl., bearb. v. H. Lemkes. gr. 8. (XIV, 286 u. Anh. 40 S. m. Fig.) Münster 892. Coppenrath. n. 4. —; geb. n.n. 4. 30

— methodisch geordnete Materialien f. d. Unterricht im theoret. u. prakt. Rechnen, nebst e. Anh. üb. d. Flächen- u. Körper-Berechngn. 1. Tl. E. Handbuch nach geistbild. Grundsätzen u. m. bes. Berücksicht. des Kopfrechnens f. Lehrer, z. Gebr. beim Rechenunterrichte an Gymnasien, Realgymnasien, Oberrealschulen, Realschulen, Seminarien u. and. höh. Lehranstalten ähnl. Richtg. 13. Aufl., bearb. v. H. Lemkes. gr. 8. (XIV, 286 u. Anh. 40 S. m. Fig.) Ebd. 896. n. 4. —

— Materialien für den Unterricht im Rechnen. 2. Thl. Ein Handbuch für Lehrer und zur Selbstbelehrung angehender Kaufleute, so wie zum Gebrauche beim Rechenunterrichte in den mittleren u. oberen Klassen der Realschulen, höheren Bürgerschulen und kaufmännischen Lehranstalten. Ebend. 865. gr. 8. (IV, 352 S.) n. 1 ℛ 5 ngr.

—— Materialien für den Unterricht im Rechnen. 2. Thl. Ein Handbuch für Lehrer und zur Selbstbelehrung angeh. Kaufleute, so wie zum Gebrauche beim Rechenunterrichte in den mittleren und oberen Klassen der Realschulen, höheren Bürgerschulen und kaufmänn. Lehranstalten bearb. 2., nach den gesetzl. Bestimmungen des deutschen Reiches über die neue Münz-, Maß- und Gewichtsordnung gänzlich umgearb. Aufl. gr. 8. (VI, 286 S.) Ebendas. 875. * 3 60

—— Materialien für den Unterricht im Rechnen. 2. Thl.: Ein Handbuch für Lehrer und zur Selbstbelehrung angehender Kaufleute, sowie zum Gebrauche beim Rechenunterrichte in den mittleren und oberen Klassen der Realschulen, höheren Bürgerschulen und kaufmänn. Lehranstalten bearb. 3., nach den gesetzl. Bestimmungen über die Münz-, Maß- und Gewichtsordnung und die Maßbezeichnungen gänzlich umgearb. Aufl. gr. 8. (VI, 268 S.) Ebendas. 879. * 3 60

— Materialien f. den Unterricht im Rechnen. 2. Tl. Ein Handbuch f. Lehrer u. zur Selbstbelehrg. angeh. Kaufleute, sowie zum Gebrauche beim Rechenunterrichte in den mittleren u. oberen Klassen an Realschulen, Seminarien u. kaufmänn. Lehranstalten. 4. Aufl., bearb. v. H. Lemkes. gr. 8. (VI, 243 S.) Ebend. 885. n. 3. 60

—— Materialien für den Unterricht im Rechnen. 1. Tl. Ein Handbuch für Lehrer zum Gebrauche beim Rechenunterrichte an höheren Lehranstalten. 10. Aufl. bearb. von H. Lemkes. gr. 8. (XII, 304 S.) Ebendas. 887. *

Schellen, H., Materialien f. den Unterricht im Rechnen. 2. Tl. Ein Handbuch f. Lehrer u. zur Selbstbelehrg. angeh. Kaufleute, sowie zum Gebrauche beim Rechenunterrichte in den mittleren u. oberen Klassen an Realschulen, Seminarien u. kaufmänn. Lehranstalten. 5. Aufl., bearb. v. H. Lemkes. gr. 8. (VI, 240 S.) Münster 894. Coppenrath. n. 3. 60; geb. n. 4. 10

Schellen, H., Die Realschule 1. Ordnung zu Köln von ihrer Gründung bis auf die gegenwärtige Zeit. Köln 1862. 8° (4°).
Realschule I. Ordn., P. 1862.

Schellen, H., und Fr. Wolff Die Realschule I. Ordn. zu Cöln von ihrer Gründung bis auf die gegenwärtige Zeit. 58 S. Rg. *Cöln* 1878.
Progr.

Schellen, Heinrich, Referendar aus Koblenz a. Rh.: Das gesetzliche Rücktrittsrecht beim Kaufe nach Gemeinem Recht und Bürgerlichem Gesetzbuch. Borna-Leipzig 1902: R. Noske. (X, 58 S.) 8°
Leipzig, Jur. Diss. v. 1902

— die Schule der Elementar-Mechanik und Maschinenlehre für den Selbstunterricht angehender Techniker, Mechaniker Industrieller etc. sowie für Gewerbe- u. Realschulen. Zum Theil nach Delaunay's Cours élémentaire de mécanique frei bearb. 2 Thle. Mit 845 in den Text eingedr. Holzst. 862. — 2. verb. Aufl. Braunschweig 863. Vieweg & Sohn. 8. (XX, 1129 S.) n. 2 ℛ 24 ngr

— die Schule der Elementar-Mechanik u. Maschinenlehre für den Selbstunterricht angehender Techniker, Mechaniker, Industrieller etc., sowie für Gewerbe- u. Realschulen. Zum Theil nach Delaunay's Cours élémentaire de mécanique frei bearb. Mit zahlreichen in den Text eingedr. Holzst. 3., umgearb. u. verm. Aufl. 2 Thle. à 3 Liefgn. Braunschweig 868. Vieweg & Sohn. 8. (V, 541 S. u. IX, 583 S.) n. 3 ℛ

— — die Schule der Elementar-Mechanik und Maschinenlehre, für den Selbstunterricht angehender Techniker, Mechaniker, Industrieller etc., sowie für Gewerbe- und Realschulen. Zum Theil nach Delaunay's Cours élémentaire de mécanique frei bearb. 2 Thle. Mit zahlreichen in den Text eingedr. Holzst. 4. umgearb. und verm. Aufl. 8. (XV, 499; IX, 589 S.) Braunschweig 879, Vieweg und Sohn. * 9 —

— die Spectralanalyse in ihrer Anwendung auf die Stoffe der Erde u. die Natur der Himmelskörper. Gemeinfasslich dargestellt. Mit 158 Figg. in (eingedr.) Holzschn., 2 farb. (lith.) Spectraltaff. u. 4 Portr. (in Holzschn.) Braunschweig 870. Westermann. gr. 8. (XI, 452 S.) n. 3 ℛ 20 ngr

— — 2., durchaus umgearb. u. sehr verm. Aufl. Mit etwa 230 (eingedr.) Figg. in Holzschn., 2 farb. Spectraltaff., 2 farb. Protuberanztaff., 4 Taff. des Sonnenspectrums u. der Sonnenfinsternisse u. 4 Portr. (In 2 Abthlgn.) 1. Abthl. Ebend. 871. gr. 8. (XI, 272 S. mit 2 Chromolith. u. 2 Portr. in Holzschn.) n. 2 ℛ 10 ngr

Schellen, H., die Spectralanalyse in ihrer Anwendung auf die Stoffe der Erde u. die Natnr der Himmelskörper gemeinfasslich dargestellt. 2. durchaus umgearb. u. sehr verm. Aufl. Mit etwa 230 (eingedr.) Fig. in Holzschn., 2 farb. Spectraltaf., 2 farb. Protuberanztaf., 4 Taf. d. Sonnenspectrums u. der Sonnenfinsternisse u. 4 Portr. 2. u. 3. Abth. gr. 8. (XVI u. S. 273—619 m. 5 Steintaf., wovon 3 in Buntdr. u. 2 Portr. in Holzschn.) Braunschweig 871. Westermann. n. 9. — (cplt.: n. 16. —)

Schellen, H., die Spectralanalyse in ihrer Anwendung auf die Stoffe der Erde u. die Natur der Himmelskörper. Gemeinfasslich dargestellt. 3. durchaus umgearb. u. sehr verm. Aufl. 2 Bde. u. Atlas. Mit 362 Fig. in Holzschn. u. 8 farb. Taf. im Text, 2 Lith., 1 Photogr., 1 farb. u. 12 Kpfrdr.-Taf. im Atlas. gr. 8. (XV, 518 u. XI, 456 S.) Braunschweig 883. Westermann. n. 32. —

— der elektromagnetische Telegraph in den Hauptstadien seiner Entwickelung und in seiner gegenwärt. Ausbildung und Anwendung, nebst einer kurzen Einleitung über die opt. und akust. Telegraphie und einem Anhange über den gegenwärt. Betrieb der elektr. Uhren. Für das gebildete Publikum, Freunde der Physik, angehende Telegraphen-Beamten und Techniker bearb. 2. ganz umgearb. und den neuesten Zuständen des Telegraphen-Wesens angepaßte Ausg. Mit 139 in den Text eingedr. Holzschn. Braunschweig 854. Vieweg. gr. 8. (XII, 259 S.) n. 1 ℛ. 20 ngr

— der elektromagnetische Telegraph in den Hauptstadien seiner Entwickelung und in seiner gegenwärtigen Ausbildung und Anwendung, nebst einem Anhang über den Betrieb der elektrischen Uhren. Ein Handbuch der theoretischen u. praktischen Telegraphie für Telegraphenbeamten, Physiker und das gebildete Publikum bearb. 3., gänzlich umgearb., durch die Aufnahme der theoretischen Zweige der Telegraphie wesentlich erweiterte rc. Aufl. Mit 252 in den Text gedr. Holzschn. Ebend. 861. gr. 8. (XVI, 392 S.) n. 2 ℛ 8 ngr

— der electromagnetische Telegraph in den Hauptstadien seiner Entwickelung u. in seiner gegenwärtigen Ausbildung u. Anwendung nebst einem Anh. über den Betrieb der elektr. Uhren. Ein Handbuch der theoret. u. prakt. Telegraphie für Telegraphenbeamte, Physiker, Mechaniker etc. 4., gänzl. umgearb., bedeutend erweit. u. den neuesten Zuständen des Telegraphenwesens angepasste Aufl. Braunschweig 867 Vieweg & Sohn. gr. 8. (XX, 756 S. mit 487 in den Text eingedr. Holzst.) n. 3 ℛ 10 ngr

Schellen, H., der elektromagnetische Telegraph in den Hauptstadien seiner Entwickelung u. in seiner gegenwärtigen Ausbildung u. Anwendung nebst einem Anh. über den Betrieb der elektr. Uhren. Ein Handbuch der theoret. u. prakt. Telegraphie für Telegraphenbeamte, Physiker, Mechaniker etc. 5., gänzlich umgearb., bedeutend erweiterte u. den neuesten Zuständen des Telegraphenwesens angepasste Aufl. 1—3. Liefg. Ebend. 870. gr. 8. (S. 1—576.) Jede Liefg. n. 1 ℛ

— der elektromagnetische Telegraph in den Hauptstadien seiner Entwickelung u. in seiner gegenwärt. Ausbildg. u. Anwendg., nebst e. Anh. üb. den Betrieb der elektr. Uhren. Ein Handbuch der theoret. u. prakt. Telegraphie f. Telegraphenbeamte, Physiker, Mechaniker etc. Mit 573 in den Text gedr. Holzst. 5. gänzlich umgearb., bedeutend erweit. und den neuesten Zuständen des Telegraphenwesens angepasste Aufl. 4. Lfg. gr. 8. (XXIII u. S. 577—866 m. e. Holzschntaf. in qu. Fol.) Braunschweig 871. Vieweg & Sohn. n. 5. — (cplt.: n. 14. —)

— der elektromagnetische Telegraph in den Hauptstadien seiner Entwickelung u. in seiner gegenwärtigen Ausbildung u. Anwendung, nebst einem Anhange über den Betrieb der elektrischen Uhren. Ein Handbuch der theoretischen u. praktischen Telegraphie für Telegraphenbeamte, Physiker, Mechaniker u. das gebildete Publicum. Bearb. von Jos. Kareis. 6., gänzlich umgearb., bedeutend erweit. u. den neuesten Zuständen des Telegraphenwesens angepasste Aufl. Mit zahlreichen in den Text eingedr. Holzst. 1. u. 2. Lfg. gr. 8. (320 S.) Ebend. 882. n. 6. —

— der elektromagnetische Telegraph in den Hauptstadien seiner Entwickelung u. seiner in gegenwärtigen Ausbildung u. Anwendung, nebst e. Anh. üb. den Betrieb der elektr. Uhren. Ein Handbuch der theoret. u. prakt. Telegraphie f. Telegraphenbeamte, Physiker, Mechaniker u. das gebildete Publicum. Bearb. v. Jos. Kareis. 6. Aufl. Mit Holzst. 3—5. Lfg. gr. 8. (S. 321—860.) Braunschweig 883—85. Vieweg & Sohn. n. 13. 70 (1—5.: n. 17. 70)

— der elektromagnetische Telegraph in den Hauptstadien seiner Entwickelung u. in seiner gegenwärtigen Ausbildung u. Anwendung, nebst e. Anh. über den Betrieb der elektr. Uhren. Bearb. v. J. Kareis. 6., umgearb. Aufl. Mit zahlr. in den Text eingedr. Holzst. 6. u. 7. (Schluss-)Lfg. gr. 8. (XXIII u. S. 801—1238.) Braunschweig 887. 888. Vieweg & Sohn. n. 12. 30 (cplt.: n. 30. —)
6. Lfg. (S. 801—960.) n. 4. —. — 7. Lfg. (XXIII u. S. 961—1238.) n. 8. 30.

— der elektromagnetische Telegraph in den einzelnen Stadien seiner Entwicklung u. in seiner gegenwärtigen Ausbildung u. Anwendung, nebst einer Einleitung über die optische u. akustische Telegraphie u. einem Anhang über die elektr. Uhren. Für Freunde der Physik, Telegraphen-Beamten, Ingenieure, Techniker u. Mechaniker. Mit 166 in den Text eingedr. Holzschnitten. gr. 8. (XII u. 368 S.) Braunschweig 850, Vieweg & Sohn. n. 2 Thlr

Schellen, Thomas Josef Heinrich, s. Schellen, Heinrich

Schellenberg [Schlagwort]

Schellenberg, s.: Bayern. Positionskarte.

Schellenberg, s.: Chemnitz, Umgeg.

Schellenberg - Augustusburg. Spezialkarte von Schellenberg-Augustusburg u. Umgegend, 1 : 25,000, m 1 Plan der unmittelb. Umgebg. des Luftkurortes Schellenberg u. des Schlosses Augustusburg, 1 : 12,500, unter bes. Berücksicht. der Erholungsplätze f. Sommerkurgäste u. 1 Aussichtskarte v. Turme des Schlosses Augustusburg. Hrsg. vom Verein v. Naturfreunden zu Augustusburg-Schellenberg u. Umgegend. 45,5 × 45,5 cm. Farbendr. Mit Text an den Seiten u. auf 1 Blatt m. 2 Ansichten. 12. Schellenberg 895. (Frz. F. Schütze.) n.n. — 60

Schellenberg [Verfasser]

Schellenberg, ..., (Unterofficier,) Bemerkk. üb. Kopenhagen, s. a. Bemerkk., u. setze hinzu: (v. ... Schellenberg).

KOPENHAGEN. — Bemerkungen, Freie, über Kopenhagen in (18) Briefen. (Vf.: *Schellenberg*.) (Französ. Motto aus Helvetius.) O. O. (Gotha, Ettinger) 1796. 8°.
VIII—360 S. So gut wie unbekannt gebliebenes, sehr umfassendes Kulturbild. Wegen der ausführlichen Schilderung der Kopenhagener Prostitutionsverhaltnisse (Brief 13) hierher gehörig. Bringt auch Interessantes über dänisches Studentenwesen, Theater, Soldateska etc. etc. — Anon.-Lex. I. p. 182 (nach Kayser u. Meusel).

Schellenberg, ..., Erzähll. f. Kinder. Mit Kpf. 8. Lpz. 809. (Fr. Fleischer). 18 gr ill. 1 Thlr 4 gr

Schellenberg, im Golf von La Spezia u. am Comersee. Skizzen u. Studien aus dem Sommer u. Winter 1862—63. 1. Aufl. 1865. 1 Thlr 15 ngr. u. 2. (Titel-)Aufl. Leipzig 866. Haynel. br. 8. (XII, 379 S. mit 1 Holzschntaf. u. 3 lith. Karten in br. 8. u. Fol.) n. 1 Thlr 10 ngr.

Schellenberg, ein Lebensbild uns. Königs Albert, s.: Festreden f. Schulen u. patriot. Vereine zur Geburtstagsfeier Sr. Maj. des Königs Albert v. Sachsen.

Schellenberg, ..., s. Ripault, Beschreib.

Schellenberg, A., die Einführung neuer u. die Verbesserung bestehender Industrien in der Schweiz, s.: Meyer-Nägeli, E.

Schellenberg, A. Die Einführung der Kammgarnweberei in der Schweiz. Gekr. Preisschrift. Frauenfeld 1884.

Schellenberg, Ant. Otto, die Pasinmusik od. Hermannsspiel. Bekanntmachung d. v. einigen Jahren angekundigten Freudenerfindung. gr. 8. Götting. 811. Dieterich. 16 gr

Schellenberg, Aug., die Quellen der Wohlhabenheit für Materialwaaren-, Victualien- und Kleinhändler, bestehend in einer Sammlung von 220 erprobten, oft sehr theuer verkauften Fabrications-Geheimnissen und besten Verfahrungsarten beim Einmachen, Mariniren, Räuchern rc. der Aale, Heeringe, Stockfische und Früchte, in der Herstellung von trefflichen Arak, Rum rc. Nach vieljährigen Erfahrungen gesammelt. br. 12. (VII und 58 S.) Weimar 855, Voigt.

Schellenberg, Aug., die Quellen der Wohlhabenheit für Materialwaaren-, Victualien- u. Kleinhändler, bestehend in einer Sammlung von 220 erprobten, oft theuer verkauften Fabrications-Geheimnissen u. besten Verfahrungsarten beim Einmachen, Mariniren, Räuchern rc. der Aale, Heeringe, Stockfische und Früchte, in der Herstellung von trefflichem Arak, Rum, Cognac rc. Nach vieljähr. Erfahrungen gesammelt. 855. — 3. unveränd. Aufl. Weimar 858. Voigt. 12. (VII, 58 S.) 7½ ngr.

Schellenberg, Aug., die Quellen der Wohlhabenheit für Materialwaaren-, Victualien- u. Kleinhändler bestehend in einer Sammlung von 220 erprobten, oft theuer verkauften Fabrikations-Geheimnissen rc. Nach vieljähr. Erfahrungen gesammelt. 3. Aufl. (2., unveränd. Abdr.) Weimar 865. B. F. Voigt. gr. 16. (VII, 58 S.) 7½ ngr.

Schellenberg, Aug., neues Receptbuch für Delikateßwaaren-, Materialwaaren- und Viktualienhändler, enthaltend eine reiche Menge zur Zeit noch wenig bekannter, wohlbewährter und sehr einträgl. Winke- und Vorteile für die gangbarsten, in ihr Bereich einschlagenden Handelsartikel. 4. von Grund aus neubearb. Aufl. 8. (XII, 167 S.) Weimar 882, B. F. Voigt. 2 —

Schellenberg, Aug., neues Rezeptbuch f. Delikateßwaren-, Kolonialwaren-, Materialwaren-, Viktualien- u. Drogenhändler, sowie f. den Hausgebrauch. 5. neubearb. u. erweit. Aufl. gr. 8. (XII, 120 S.) Leipzig 902. B. F. Voigt. 2. —

Schellenberg, C., s. Schellenberg, Hans Konrad

Schellenberg, C. Ad.

— Gedächtnißpredigt wegen der vor 100 Jahren in Wiesbaden gestifteten öffentl. Versorgungsanstalt f. dürftige Waisen, gehalten zu Wiesbaden am 25. Nov. 1821. gr. 8. Wiesb. 821. Schellenberg. 3 gr

— s. Jahrbücher d. allgem. deutschen Volksschulen.

— Predigt am jährl. Gedächtnißtage der Reformation. gr. 8. Wiesbaden 819. Schellenberg. 3 gr

Schellenberg, C. Ad., Rede am Grabe d. Hrn. D. Fr. Aug. Lehr, Geheimenr., Hzgl. Nassau. Leibarztes, Bad- u. Brunnenarztes in Wiesbaden, gehalt. d. 8. März 1831. Nebst e. kurzen Lebensgeschichte d. Verstorbenen. 8. (1 B.) Wiesbaden, Schellenberg.

Schellenberg, Carl, s. S c h e l l e n b e r g , Karl

Schellenberg, Caspar, s. S c h e l l e n b e r g , Kaspar

Schellenberg, Dietrich Heinrich (Dresden) A. S. 174/5

Dissertatio inauguralis iuridica de mandato procuratoris secreto. Präs. Andreas Florens Rivinus. Wittenberg (Schlomach) 25. I. 1752. 28 S. 30214

Schellenberg, E.

— Erinnerungen an Ulrich Hegner. 16. Zürich u. Winterthur 843, literar. Comptoir. In Leinw. geb. 1 ₰

Schellenberg, geb. Biedermann, E., Gedichte. gr. 12. Berlin 841, Reimer. 2/3 ₰

Schellenberg, E., Hygiene d. Tabakarbeiter, s.: H a n d - b u c h d. Hygiene, Lfg. 23.

— ein Jahr aus Ursula's Leben. Mit 18 lith. Abbild. Russische Volkstrachten, Gebäude u. Naturerscheinungen. 8. Winterthur 845, Liter.-Compt. v. Hegner, älter. 1 ₰ 24 ngl color. 2½ ₰

Schellenberg, Emil Otto

Schellenberg, E. O., C h r i s t u s die Erfüllung des Gesetzes. Predigt mit Beziehung auf die gegenwärtigen Verhältnisse gehalten am 22. Juli 1866. 4. Abdr. Mannheim 866. (Bender.) gr. 8. (15 S.) n. 2 ngr.

Schellenberg, Emil Otto, über die Einführung der C i v i l - e h e. Vortrag gehalten auf dem 7. deutschen Protestantentage zu Leipzig am 13. Aug. 1873. gr. 8. (19 S.) Leipzig 873, Barth. — 50

—— der Prophet Jesaias als religiöser Volksredner, s. V o r - t r ä g e , protestantische.

— der P r o p h e t Jesaias als religiöser Volksredner, s. V o r - t r ä g e , religiöse.

— die O f f e n b a r u n g Johannis. Vortrag in den Protestanten-Vereinen zu Karlsruhe u. Mannheim am 20. Febr. u. 9. März gehalten. 1. u. 2. Aufl. Mannheim 867. Löffler. gr. 8. (32 S.) n. 4 ngr.

Schellenberg, Emil Otto, **P r e d i g t e n. Aus dem Nachlasse hrsg. von R. Schellenberg und O. Schellenberg. gr. 8. (VIII, 366 S.) Mannheim 875, Bender.** * 4 —
geb. * M. 5. und * 6 —

—— über den deutschen P r o t e s t a n t e n v e r e i n und dessen jüngste Versammlung in Berlin. Ein Vortrag mit Beziehung auf die Kirchenverfassung gehalten am 14. Novbr. 1869. 8. (28 S.) Wiesbaden 869, Kreidel's Verlag. — 30

— R e d e n bei der Beerdigungsfeier des Geh. Kirchenraths Prof. Dr. Rich. Rothe, s. Z i t t e l.

—— brüderliche S c h e i d e g r ü ß e. Predigt bei dem Schlusse der Generalsynode am 21. August 1871 zu Karlsruhe gehalten. gr. 8. (16 S.) Mannheim 871, Bender. * — 20

— S c h l e i e r m a c h e r. Ein Lebensbild zur 100jähr. Geburtsfeier vorgetragen in den Protestanten-Vereinen zu Karlsruhe u. Elberfeld u. am 21. Novbr. in Mannheim. Mannheim 868. Bender. gr. 8. (32 S.) n. 4 ngr.

— der S i e g unserer Väter bei Leipzig eine Stimme Gottes an das deutsche Volk. Predigt gehalten bei der 50jähr. Feier der Schlacht bei Leipzig, 18. Oktbr. 1863 in der Trinitatiskirche zu Mannheim. 3. Aufl. Mannheim 863. (Löffler.) gr. 8. (16 S.) n.n. 3¾ ngr.

— von N i c a e a bis Chalcedon. Ein Bild aus den altkirchl. Lehrstreitigkeiten über die Person Jesu. [Aus dem norddeutschen Protestantenblatt.] Bremen 868. (Heyse.) gr. 16. (46 S.) n. 6 ngr.

—— W a r u m wir die päpstliche Einladung zur Rückkehr in die römische Kirche ablehnen. Predigt gehalten am 25. Octbr. 1868 zu Mannheim. 1. und 2. Abdr. gr. 8. (15 S.) Mannheim 868, Löffler.

—— „Wir sollen Kinder Gottes heißen" und „Gott vor der Thüre". Zwei Predigten gehalten am 2. Weihnachtstage und Sylvester-Abende 1867 in der Concordienkirche zu Mannheim. 2. Abdr. gr. 8. (25 S.) (Ebendas.) 868. *

Schellenberg, Ernst Ludw., Erlösung. Neue Gedichte. (91 S.) kl. 8. Stuttgart (906). A. Juncker. n. 1. 50

Schellenberg, Ernst Ludw., Gustav Falke, s. a. **B e i t r ä g e** z. Literaturgeschichte. 55. Heft.

Gustav Falke. Eine Studie von Ernst Ludwig **Schellenberg**. Leipzig: Verl. f. Lit., Kunst u. Musik 1908. (30 S.) 8° [F.]
= **Beiträge** z. Literaturgeschichte. H. 55. [08. 1041]

— G e d a n k e n üb. Lyrik. Ein Brief. (36 S.) 8. Leipzig (909). Xenien-Verlag. 2. —

Gedichte von Ernst Ludwig Schellenberg. *Berlin: Concordia 1902.* (40 S.) 8° [F.] [02. 11166]

— aus Leben u. Einsamkeit. Ein Heft Gedichte. (94 S.) 8. Leipzig 905. Modernes Verlagsbureau. n. 2. —

— Rainer Maria Rilke, s. a. **B e i t r ä g e** z. Literaturgeschichte. 35. Heft.

Rainer Maria Rilke. Ein Essay von Ernst Ludwig **Schellenberg**. Leipzig: Verl. f. Lit., Kunst u. Musik 1907. (38 S.) 8° [F.]
= **Beiträge** z. Literaturgeschichte. H. 35. [07. 17040]

— Aus meiner S t i l l e. Gedichte. (Den Titel u. Rahmen zeichnete Heinr. Vogeler-Worpswede.) (64 S.) 8. Salzburg 910. Halkyone-Verlag. 1. 50

Schellenberg, Ernst Vict., s. a. P **V e i t**, Ernst.

ULK oder des Guten zu Viel. Fastnachtsspiel in drei Aufzügen .... von *Ernst Victor Schellenberg*. Jena 1858.
Anon.-Lex. V. p. 300 (nach Erman & Horn: Biogr. Jahrb. II, 252.

Schellenberg, Ferd., **die kirchlichen Bekenntnißschriften und Unterscheidungslehren tabellarisch gefaßt. 1. Aufl. (13 S.) 1852. ** 2½ Ngr. und 2., unveränd. Aufl. 1 Bog. in Fol. Leisnig 853. (Leipzig, H. Fritzsche.) ****

Schellenberg, Fd., Chronik der Stadt Leisnig u. ihrer Umgegend. Neu bearb. 1.—6. Heft. gr. 8. Leisnig 844, 45. (Leipzig, Klinkhardt.) à n. ¼ ₰

— Erinnerungen. Gedichte. Leisnig 853. (Leipzig, H. Fritzsche.) 8. (2 Bl., 124 S.) n. 7½ ngr.

Schellenberg, Ferd., Hinauf. Predigt. gr. 8. (13 S.) Leisnig 852. (Leipzig, H. Fritzsche.) n. 2 ngr.

— die Ostern der Christen, drei kirchl. Vorträge über Joh. Ev. 20, 1—18. gr. 8. (4½ B.) Leipzig 842, Friedr. Fleischer. *

- Rede eines Feldpredigers an eine Schaar Krieger vor Beginn einer Schlacht. Eine gekrönte Conferenzarbeit. gr. 8. (15 S.) Leipzig 847, Fr. Fleischer. 3 ngr

- der Tag zu Passau. Erinnerungsblätter f. Schule u. Haus. gr. 8. (43 S.) Leisnig 852. (Leipzig, H. Fritzsche.) n. ⅙ ℛ

- geometrische Zeichnungen zu unmittelbarer Hinüberleitung auf das pract. Feldmessen. qu. Fol. (11 lith. Taf.) Leipzig 851, H. Fritzsche. n. ⅓ ℛ

chellenberg, Georg Arthur, Assistenzarzt an d. Heilstätten Beelitz ⟨Mark⟩: **Thrombose** bei Lungentuberkulose. *Leipzig 1904: B. Georgi.* (27 S.) 8°
eipzig, Med. Diss. v. (16. Apr.) 1904

chellenberg, Gotthold, Prof.: Die elektrische Anlage der Freiburger Oberrealschule. *Freiburg i. B. 1902: G. Mehlhase.* (24 S.) 4°
reiburg i. B., OR ⟨vorm. HB⟩, MP 1902 (678 [viehn. 663])

Schellenberg, Gustav [aus Wiesbaden]: Ueber die Abstossung r Nabelschnur bei Neugeborenen .... Würzburg, Paul Scheiner's ochdr., 1887; 16 S. 8°.
Würzburg, Med. Fak., Inaug.-Diss. v. 1887.

chellenberg, Gustav, über die Abstossung der Nabelschnur bei Neugeborenen. Diss. Würzburg 1887, Stahelsche Univ.-Buchh. 8°. 16 S.

:hellenberg, Gustav, aus Wiesbaden: Beiträge zur vergleichenden Anatomie und zur Systematik der Connaraceen. (Mitteilungen aus dem botanischen Museum der Universität Zürich 50.) [Mit 58 Figuren im Text.] Wiesbaden: L. Schellenberg'sche Hofbuchdruckerei 1910. 160 S. 8° [31. XII. 10.]
Zürich, Univ. Phil. Diss. II. S. 1910/11.

chellenberg, Gustav. Beiträge zur vergleichenden Anatomie und zur Systematik der Connaraceen. Diss. Phil. [II.] Univ. Zürich. [Mit Figuren.] 159 S. 8. Wiesbaden, L. Schellenberg, 1910.
Mitteilungen aus dem botanischen Museum der Universität Zürich. ⟨[Heft] 50.⟩

chellenberg, Gust., wie erhält man sich gesund u. arbeitsfähig?, s.: Kalle, Fritz.

chellenberg, Gust., wie erhält man sich gesund u. erwerbsfähig, s.: Kalle, Fritz.

chellenberg, H. Der altfranzösische Roman Galien Rethoré in seinem Verhältniss zu den verschiedenen Fassungen der Rolands- und Roncevaux-Sage. Diss. Marburg 1883. 50 S. Progr

hellenberg. Hans Conrad. [von] Zürich: Beiträge zur Kenntnis der verholzten Zellmembran. Zür. Berichthaus Dr. 1895. 36 S. 8°.
Zürich. Phil. Diss. [v. 18. Oct. 1895].

:hellenberg, C. Über Bestockungsverhältnisse von Molinia coerulea Mönch. Mit 3 Abbild. Gr. in-8°. 14 S. Bern, K. J. Wyss. 1897. — 60
*** Sonder-Abdruck aus „Berichte der schweiz. botanischen Gesellschaft".

ingerlehre. Leitfaden für den Unterricht an landwirtschaftlichen Schulen und Lehrbuch für den praktischen Landwirt. Hrg. vom Verbande der Lehrer an den landwirtschaftlichen Schulen der Schweiz. Verfasst von Dr. [Hans Conrad] Schellenberg, ... Dr. [Otto] Bürki, ... [und] A[lbert] Näf.... [Illustriert.] VI + 124 S. 8. Aarau, Emil Wirz, 1904. [geb. fr. 1. 80]
(Landwirtschaftliche Lehrbücher.)

— **Bürki, A. Näf, Düngerlehre. Leitfaden f. den Unterricht an landwirtschaftl. Schulen u. Lehrbuch f. den prakt. Landwirt. Hrsg. vom Verbande der Lehrer an den landwirtschaftl. Schulen der Schweiz. 2., verm. u. verb. Aufl. (VI, 129 S.) 8. Aarau 906. E. Wirz.**
Geb. in Leinw. n. 1. 80

Schellenberg H. C.: Ueber Hemicellulosen als Reservestoffe bei unseren Waldbäumen. 1905. [Rostr. Saml.].

Schellenberg H. C.: Die Reservecellulose d. Plantagineen. 1903. [Rostr. Saml.].

Schellenberg H. C.: Ueber neue Sclerotinien. 1904. [Rostr. Saml.].

Schellenberg H. C.: Untersuchungen üb. den Einfluss d. Salze auf die Wachstumsrichtung d. Wurzeln, zunächst an der Erbsenwurzel. 1906. [Rostr. Saml.].

Schellenberg, H[ans] C[onrad]. Landwirtschaftliche Verhältnistafeln 1901. Im Auftrag der Gesellschaft schweizerischer Landwirte hrg.... Kalendarium und Tabellen.... 36 [+ 12] S. 8. Frauenfeld, J. Huber. [fr. —. 70]

Schellenberg, H[ans] C[onrad]. Landwirtschaftliche Verhältnistafeln 1902. Im Auftrag der Gesellschaft schweizerischer Landwirte hrg. (Kalendarium [und Tabellen].) II + 36 [+ 12] S. 8. Frauenfeld, J. Huber. [fr. —. 70]

Schellenberg, H[ans] C[onrad]. Landwirtschaftliche Verhältnistafeln 1903. Im Auftrag der Gesellschaft schweizerischer Landwirte hrg. (Kalendarium [und Tabellen].) 38 [+ 12] S. 8. Frauenfeld, Huber & Co. [fr. —. 70]

Schellenberg, Hen. [illegible] Wetzlar [illegible] De angina [illegible] Berolini [illegible] S. 8°
Berlin, Med. Diss. v. 11. Jan. [illegible]

Schellenberg, H[einrich]. Anleitung zur Behandlung der schweizerischen Weine. Im Auftrage des schw' Wirtevereins verfasst von H' Sch' .... [Mit Figuren.] VIII + 106 S. 8. (Zürich,) Verlag des schw' W' (Druck Huber & Co., Frauenfeld), 1910. [fr. 2. —]

Schellenberg, H[einrich]. Die Behandlung der schweizerischen Weine. Im Auftrage des schweizerischen Wirte-Vereins verfasst. [Mit Figuren und 1 Tabelle.] VIII + 159 S. 8. Frauenfeld, Huber & Co., 1905. [geb. fr. 3. —]

Schellenberg, Herm., „Auf die Mensur!" Ein Wort über den student. Zweikampf. gr. 8. (9 S.) Marburg 882, Ehrhardt's Universitäts-Buchh. * — 40

Schellenberg, J. A. P., Progr. de depontanis seu de Romanorum proverbio: Sexagenarius de ponte. Wetzlar. 800. 4. (12 Seiten).

Schellenberg, J. A. P., Über die Erziehung der Spartaner. Progr. Wetzlar 792. 4. (18 Seiten).

Schellenberg, J. A. P., Von einigen Gebräuchen verschiedener Völker, besonders der Griechen und Römer, bei ihren Gebeten. Progr. Wetzl. 814. 4. (14 S.)

Schellenberg, J. C., Johann Calvin. Zwei Vorträge, gehalten am 27. und 29. Mai 1864 in der Concordienkirche zu Mannheim. gr. 8. (55 S.) Mannheim 864, Löffler. *
Aus: Zeitstimmen für die reformirte Kirche der Schweiz, besonders abgedruckt.

Schellenberg, J. P. A., v. der nöth. Vorsicht bei d. Anwendung e. Erziehungs- u. Unterrichtsregeln, besond. auf öffentl. Schulen. 4. Weilburg 804.

Schellenberg, Jak. Der Pfäffikoner-See und seine Umgebung. (1878). 12.

Schellenberg, Johann Anton Philipp,
s. Schellenberg, Johann Philipp

Schellenberg, Johann Georg

Schellenberg, J. G., neuer Almanach f. Prediger auf 1794. (16 gr.) 95. (18 gr.) 8. Weißenf. Böse.

Schellenberg, Jh. Geo., neuer Almanach f. Prediger auf d. J. 1794 u. 95. 8. Weißenf. (Weygand in Leipz.) 1 Rthlr.

Schellenberg, J.G., s. Almanach für Prediger, die lesen, forschen und denken.

— Scholia in N. Testam. post Rosenmüllerum et Küttnerum. Spec. I. 8. Leipz. 785. Büschel. 2 gr.

— selecta historico-philosophico-theologica. Tom. I. 8maj. Leipz. 787. Büschel. 16 gr.

Schellenberg, Ioan. Godofr. (geb. Erfurt 12. 3. 1810): De curvarum algebraicarum ramis in infinitum excurrentibus. Berolini (1835). (37 S.) 8°
Berlin, Phil. Diss. v. 9. Dez. 1835

Schellenberg, Johann Philipp

— Anleit. z. Kopfrechnen f. Anfänger. 8. Leipz. 821. Gr. Fleischer. 6 gr. (A. u. d. T.: der erste Lehrmeister. 23r Thl.)

— Anleit. z. Kopfrechnen f. Anfänger. 8. Leipz. 822, G. Fleischer.

Schellenberg, Joh. Phil., kaufmänn. Arithmetik, od. allgem. Rechenbuch f. Banquiers, Kaufleute ꝛc. 1r 2r Curs od. 1r—4r Th. gr. 8. Braunschweig, Vieweg. 805. (1 2r Thl. 1r Curs. 4 Rthlr. 3r 4r Thl. 2r Curs. 2 Rthlr.) Rthlr.

Schellenberg, Jh. Ant. Phil., kaufmänn. Arithmetik, od. allgem. Rechenbuch f. Banquiers, Kaufleute ꝛc. 1r u. 2r Curs. à 2 Thle. gr. 8. Braunschw. 805 u. Rudolst. 805—7. Hofbuchhandl. 3 Rthlr. 2e Aufl. 812. 3e Aufl. 817. 4e Aufl. 825. Ebd. 3 Rthlr.

Schellenberg, J. Ph., kaufmännische Arithmetik od. allgemeines Rechenbuch. 3te Aufl. 2 Bde. mit Aufgaben als Anhang. 2 Stücke. gr. 8. Rudolstadt, Hofbuchh. 815.

— die Aufgaben besonders. (à Stck. 14 gr.)

Schellenberg, J. P., kaufmänn. Arithmetik. 1r u. 2r Cursus. 3te Aufl. gr. 8. Rudolstadt, Hofbuchh. 817.

Schellenberg, Johann Philipp: „Kaufmännische Arithmetik", Kursus 2, 4. Auflage, Rudolstadt 1825. — Vorh.: Bibl. des Kammergerichts Berlin — Od. 3025⁴ — und Bücherei der Industrie- und Handelskammer Leipzig.

— kurzgefaßte kaufmänn. Arithmetik, od. Auszug aus Obigem. 8. Rudolst. 806. (Hildebrandt in Arnst.) 20 gr.

— kurzgefaßte kaufmänn. Arithmetik od. Ausz. a. d. allgemein. Rechenbuche f. Banquiers ꝛc. 8. Rudolstadt, Klüger. 806.

— Eintausend prakt. Aufgaben f. junge Kaufleute ꝛc. als Anh. z. kaufmänn. Arithmetik. 1s u. 2s Hft. gr. 8. Rudolst. 809, 816. 1s Hft. 2e A. 815. 3e A. 817. Hofbuchhandl. (à 14 gr.) 1 Rthlr. 4 gr.

— üb. Bier-, Brod- u. Fleischtaxen f. unsere geldarmen Zeiten. gr. 8. Weimar 824. Ind.-Compt. 9 gr.

— über Bier-, Brod- u. Fleischtaxen f. unsere geldarmen Zeiten. gr. 8. Weimar 828, Ind.-Compt.

Johann Philipp Schellenberg

150 Exempeltafeln zur nöthigen Uebung im Rechnen, sowohl für Bürger-u.Landschulen,als auch zum Privatgebrauch, mit Hinweisung auf die im Rechenbuche enth.Regeln. Hrsg.von Johann Philipp Schellenberg. Leipzig: Fleischer 1812. 2 Bde 8°
(= Der erste Lehrmeister. Th.9.)

[unvollst. Taf.10.17.22. fehlen.]

— 150 Exempeltafeln z. nöthigen Uebung im Rechnen, mit Hinweisung auf die im Rechenbuche enthaltenen Regeln. 8. Leipz. 812. 6e A. 828. Gr. Fleischer. 12 gr. (A. u. d. T.: der erste Lehrmeister ꝛc. 9r Bd.)

— — 150 Exempeltafeln zur nöthigen Uebung im Rechnen ꝛc. (der Lehrmeister 9r Theil.) 3te Aufl. 8. Leipzig, Gerh. Fleischer. 818.

— 150 Exempeltafeln zur nöthigen Uebung im Rechnen, sowohl für Bürger- u. Landschulen als auch zum Privatgebrauch. 5e verb. Aufl. 8. Leipz 823, G. Fleischer.

Schellenberg, Joh. Phil., 150 Exempeltafeln zur nöthigen Uebung im Rechnen, sowohl für Bürger- u. Landschulen, als auch zum Privatgebrauch. Mit Hinweisung auf die im Rechenbuche enthalt. Regeln. 7e verb. Ausg. (Mit 19 B. in qu. 8, nur auf einer Seite bedruckt.) 8. Leipzig 834. E. Fleischer. 1/2 Rthlr.

— Fibel f. Bürger u. Landschulkinder. 8. Rudolstadt, Klüger. 798.

— Fibel f. Bürger- u. Landschulkinder. 8. Rudolst. 798. 2e Aufl. 811. (Hildebrand in Arnst.) 4 gr. Hbg. Pr. 2 gr.

— Fibel f. Bürger- u. Landschulkinder, welche bald lesen lernen wollen. 2te Aufl. 8. Rudolst. Klüger. 811.

— das Ganze der Rechenkunst, oder: gründl. u. faßl. Anweisung zum Rechnen für alle Stände. 2 Bde. gr. 8. Erfurt 825, Keyser.

—— Gewinn- u. Verlusttabellen f. alle europ. Handelsplätze, beim Waarenhandel u. bei Wechselgeschäften, so wie auch beim Ein- u. Verkauf d. Staatspapiere. gr. 8. (26½ B.) Leer 829. [Potsdam, Vogler.]

— üb. d. Gicht, d. Ursachen ihrer Entstehung u. d. Mittel der sichersten Heilung derselben ꝛc. gr. 8. Weim. Verfass. (Industr. Comt. Lpz.) 806.

Schellenberg, J. Ph.: „Hand- und Hülfsbuch für angehende Kaufleute, Manufacturisten, Fabrikanten und deren Zöglinge" Gotha 1804 (Ettlinger).

— prakt. Handbuch f. Kaufleute, od. Erklär. u. Berechnung der vorzügl. europ. Geld- u. Wechselcourse, nebst mehreren d. Kaufmann im Comtoir wie auf Reisen nöthigen Notizen. 1r Bd. gr. 8. Leipz. 811. Gr. Fleischer. 1 Rthlr. 12 gr.

Schellenberg, Johann Philipp: „Praktisches Handbuch für Kaufleute und Geschäftsmänner bei ihren Geld- und Wechselgeschäften sowohl im Comptoir, als auch auf Reisen . . . .", Leipzig 1811. — Vorh.: Bücherei der Industrie- und Handelskammer Leipzig.

Schellenberg, J. P.: „Tägliches Hand- und Taschenbuch für Hausväter und Hausmütter, wie auch bei dem Handel im Kleinen, besonders in den preußischen und sächsischen Landen", Halberstadt 1811 (Vogler).

— — tägliches Hand- u. Taschenbuch für Hausväter u. Hausmütter, wie auch bey dem Handel im Kleinen, besonders in den K. Preuß. u. K. Russischen Landen. 8. Halberstadt, Vogler. 821.

— tägl. Hand- u. Taschenbuch für Hausväter u. Hausmütter, wie auch bei dem Handel im Kleinen, besonders in den K. Preuß. u. K. Sächs. Landen. 2e, mit einer Vergleichungs-Tabelle der ehemal. u. der jetz. Preuß. Scheidemünze verm. Aufl. schmal gr. 8. Halberst 826, Brüggemann.

— — gemeinnütz. Hand-Lexicon, oder: erklär. und verdeutschendes Wörterbuch f. Beamte, Schullehrer, Künstler, Kaufleute, Fabrikanten ꝛc. 2 Bde. gr. 8. Rudolstadt, Hofbuchh. 817.

—— gemeinnütz. Hülfswörterbuch zur Verdeutsch. u. Erklärung der in uns. Sprache vorkomm. fremden Wörter u. Redensarten, ins Besond. aber der wichtigst. Kunstausdrücke, der Benennungen aus d. Maaß-, Gewichts-, Geld- u. Münzkunde ꝛc. Für alle Stände, vorzügl. aber f. Kaufleute, Geschäfts- u. Gewerbsmänner aller Art. 2 Bde. (od. 8 Lfgn.) A — Z. 2., wohlf. Ausg. gr. 8. (70 B.) Rudolstadt 833, Hofbuchh.

— gemeinnütziges Hulfswörterbuch zur Verdeutschung u. Erklärung der in unserer Sprache vorkomm. fremden Wörter u. Redensarten, ins Besondere aber der wichtigsten Kunstausdrücke, der Benennungen aus der Maaß-, Gewichts-, Geld- u. Münzkunde ꝛc. Für alle Stände. (In 2 Bdn. oder 8 Lfrag.) 2e wohlf. Ausg. gr. 8. Rudolstadt 833, 34. Hofbuchh. 1⅔ ₰

— Comtoirtafel f. Banquiers, Kaufleute ꝛc. gr. Fol. Braunschw. 804. Vieweg. 8 gr

— Lehr- u. Unterrichtsbuch für die Jugend. 2 Thle. 8. Rudolst. 801, 2. (Hildebrandt in Arnst.) 1 ₰ 12 gr

— Lehr- u. Unterrichtsbuch f. d. Jugend. 2 Thle. 8. Rudolst. Klüger. 801 - 02. (1r 1 Thlr. 2r 12 gr.)

— Leitfaden beim ersten Unterr. im Rechnen. 8. Rudolst. 802. (Hildebrandt in Arnst.) 6 gr

—— das vollständ. Lotteriebuch, od. genau berechn. Tabellen f. Lotterie-Spieler u. Lotterie-Collecteurs, in Hinsicht d. verschied. Abgaben nach Procenten ꝛc. gr. 8. ($6\frac{1}{2}$ B.) Braunschweig 829. [Potsdam, Vogler.]

Schellenberg, Jh. Ant. Ph., Meinung d. Aerzte üb. die Gicht, die Ursachen ihrer Entstehung u. die Mittel der sichersten Heilung derselben. gr. 8. Weimar 806. Autor. 9 gr 2e A. gr. 8. Rudolst. 811. 3e Aufl. gr. 8. Halberst. 822. (Vogler in Potsdam). 9 gr

Schellenberg, J. Ph., Meinungen d. Aerzte üb. d. Gicht, die Ursachen ihrer Entstehung u. die sichersten Mittel ihrer Heilung. 2te wohlf. Ausg. gr. 8. Rudolst. Hofbuchh. 811.

— Meinungen d. Aerzte üb. die Gicht, die Ursachen ihrer Entstehung u. die sichersten Mittel ihrer Heilung. Nebst e. Anweisung, die antirheumat. Gesundheitssohlen selbst zu verfertigen. 3e wohlfeile Ausg. gr. 8. Halberst. 822. (Vogler.)

— allgemein arithmet. Nothhelfer f. alle u. jede, die eines mühsamen u. beschwerlichen Rechnens gern überhoben sein wollen. 2 Bde. gr. 8. Leipz. 815 u. 16. Er. Fleischer. (à 2 ₰) 4 ₰

— üb. Podagra, Gicht u. andere rheumat. Krankheiten, aus d. Schriften v. Hufeland, Sternberg, Cadogan u. and. ausgezogen. 8. Basel 810. Holdenecker. 6 gr

— deutsche arithmet. Praktik, od. Anweis. zu Rechnungsaufgaben. 8. Leipz. 815. Er. Fleischer. 16 gr

— Rechenbuch f. Anfänger. 3 Theile. 8. Lobenstein, Illgen. 798. (1r 2r 18 gr. 3r 12 gr.)

— Rechenbuch f. Anfänger und Bürger- u. Landschulen in 3 Theilen. 8. Lpz. G. Fleischer. 810.

— kurzes u. leichtes Rechenbuch f. Anfänger, wie auch f. Bürger- u. Landschulen, in 3 Theilen. 8. Ebend. 815.

— — kurzes u. leichtes Rechenbuch f. Anfänger, wie auch für Bürger- u. Landschulen. 3 Thle. 5te Aufl. 8. Ebend. 817.

— kurzes u. leichtes Rechenbuch f. Anfänger, wie auch f. Bürger- u. Landschulen. 3 Thle. 7e Aufl. 8. Leipzig 826, G. Fleischer.

—— kurzes u. leichtes Rechenbuch f. Anfänger, wie auch f. Bürger- u. Landschulen. 3 Thle. 8., m. 150 Exempeltaf. verm. Ausg. 8. ($34\frac{1}{2}$ B.) Leipzig 833, E. Fleischer.

— kurzes u. leichtes Rechenbuch f. angehende Kaufleute u. Rechnungsbeamte, so wie auch für alle, die mit Geldgeschäften zu thun haben. 8. Leipz. 818. Er. Fleischer. 1 ₰

— neues, kurzes u. leichtes Rechenbuch f. Anfänger, wie auch f. Bürger- u. Landschulen. 3 Thle. 8. Gotha u. Gera 798, 99. 1r u. 2r Thl. 2e A. 799. N. A. 8. Leipz. 810. 7e A. 3 Thle. 8. Ebd. 827. Er. Fleischer. 1 ₰ 8 gr

— Rechenbuch f. Töchterschulen, s. Lehrmeister ꝛc. 27r Thl.

— der fleißige Rechenschüler, od. Leitfaden beim ersten Unterr. im Rechnen für Bürger- u. Landschulen. 8. Leipz. 810. Er. Fleischer. 4 gr (A. u. d. T.: der erste Lehrmeister. 2r Thl.)

— — der fleißige u gründl. Rechner, für Preußische Bürger- und Landschulen, wie auch zum Selbstunterricht. 8. Halberstadt, Vogler. 821.

— der fleißige u. gründl. Rechner. 8. Halberstadt 821, jetzt Brüggemann.

— der fleißige u. gründl. Rechner, f. preuß. Bürger- u. Landschulen, wie auch z. Selbstunterricht. 8. Halberst. 821. (Lpz., Schreck). 12 gr

—— genau berechnete u. zuverläss. Reductions-Tabellen d. bekanntest. deutsch. u. übrig. europ. Münzen, Gewichte u. Maaße. In bequem. tabellar. Uebersicht. 4. ($7\frac{1}{2}$ B.) Ilmenau 829, [Weimar,] Voigt.

— Tableau métrologique à l'usage des financiers, banquiers, négocians etc. gr. Fol. Weimar (807.) Ind.-Compt. 6 gr

Schellenberg, Ph.: „Taschenbuch für Hausväter und Hausmütter, wie sie sich beim Ein- und Verkauf vor Schaden zu hüten, besonders in den Preußischen und Sächsischen Landen", Halberstadt 1821 (Vogler); 2. „mit einer Vergleichstabelle der ehemaligen und jetzigen Preußischen Scheidemünzen vermehrte" Auflage, Halberstadt 1826 (Brüggemann).

— tägl. Taschenbuch f. Hausväter u. Hausmütter, wie auch bei d. Handel im Kleinen, besond. in d. k. preuß. u. d. k. sächs. Landen. 821. 2e, mit einer Vergleichungs-Tabelle der ehemal. u. der jetzigen preuß. Scheidemünze verm. Aufl. schmal gr. 8. Halberst. 826. (Leipz., Schreck). 1 ₰

— Unterricht im Rechnen ꝛc., s. a. der erste Lehrmeister. 27r Theil.

— kurzer u. faßl. Unterricht im Rechnen f. Töchterschulen, nebst 100 Exempeltafeln. 8. Leipz. 822. Er. Fleischer. 16 ℊ (A. u. d. T.: der erste Lehrmeister 27r Thl.)

— leichter u. kurzer Unterricht, sowohl in der gemeinen als decimal. Bruchrechnung, nebst deren Anwend. auf die Geschäfte. Ein Anh. z. Rechenbuche. 8. Leipz. 812. Er. Fleischer. 12 ℊ

— genau berechnete u. ganz zuverlässige Verlusttabellen üb. alle vorkommenden Geldsorten u. Papiere, welche gegen baares Geld, od. gegen bessere Münzsorten verlieren, zwar ½—90 auf 100, u. von 99¾ bis 10 von Hundert. gr. 8. Ebend. 815.

— Wechselcours-Tabellen, f. Banquiers u. Kaufleute entworfen. Fol. Rudolst. (806.) (Hildebrandt in Arnst.) 6 ℊ

— Wechselcours-Tabellen, f. Banquiers u. Kaufleute entw. Fol. Rudolstadt, Klüger. 806.

Schellenberg, Johann Rudolf

Schellenberg, J. R: Kurze Abhandlung über die etzkunst. Winterthur 1795

Schellenberg, J. R., Abhandlung üb. d. Aetzkunst. 8. Winterthur, Steiner. 795.

Schellenberg, Jh. Rud., († d. 6. Aug. 1806.) kurze Anleit. üb. die Aetzkunst. 8. Winterthur 795. Steiner. 4 ℊ

Schellenberg, Jh. Rud., entomologische Beitrr. 1s Hft. Mit 10 ill. Kpf. gr. 4. Winterthur 802. Steiner. 2 ß 8 ℊ Hbg. Pr. 1 ß 14 ℊ

Schellenberg, J. R., Freund Hein's Erscheinungen. Winterthur 775. 8.

Schellenberg, J. R. Gattungen der Fliegen. Zürich 1803.

— Genres des Mouches diptères en 42 Planch. color. expliquées par deux amateurs de l'entomologie. gr. 8. Zürich 803. Orell. 5 ß Velinp. 6 ß 16 ℊ (A. u. d. T.: Gattungen d. Fliegen ꝛc.)

— bibl. Geschichten, mit Lavaters Erklär. in Kupfer geätzt. Altes Testam. 8. Winterth. 774. Steiner. 3 ß in 4. 3 ß 8 ℊ Neues Testament. 779. 3 ß 8 ℊ in 4. 3 ß 12 ℊ — Dass. mit französ. Titeln. Alt. Test. 3 ß N. Test. 3 ß 8 ℊ Neue Aufl. unt. d. T.: 120 bibl. Geschichten d. A. u. N. Test. 2 Thle. mit 120 Abbildd. gr. 8. Ebd. 826. 4 ß 16 ℊ

Schellenberg, (J. R.,) Sechzig bibl. Geschichten d. Alten u. Neuen Testaments. Neue Aufl. 2 Thle., mit 120 Abbildd. gr. 8. Winterthur 827, Steiner.

— d. Geschlecht d. Land- u. Wasserwanzen, nach Familien geordn. m. ill. K. 8. Zürich, Orell. 800.
Velinpap.

Schellenberg, Joh Rud., handschriftlicher Nachlaß, s. a. Neujahrsblatt der Stadtbibliothek Winterthur. 238.

Schellenberg, Joh[ann] Rud(olf). Aus Joh. Rud. Schellenbergs handschriftlichem Nachlass. Von † C[harles] Biedermann. [Mit Porträt-Tafel.] 27 S. 4. Winterthur, Geschwister Ziegler, [1901]. [fr. 1.—]

Neujahrsblatt der Stadtbibliothek Winterthur auf das Jahr 1902. Stück 238.

Aus Joh. Rud. **Schellenbergs** handschriftlichem Nachlaß. Von † C. Biedermann. Winterthur 1902: Geschw. Ziegler. (27 S.) 4° [F.]
= **Neujahrsblatt** d. Stadtbibliothek Winterthur a. d. J. 1902. St. 238. [07. 7438

— Sittenlehre, s. Sittenlehre.

— Studien f. Liebhaber d. Zeichenkunst in 12 Blättern. Winterthur 779. N. A. 781. Steiner. 2 ß Hbg. Pr. 1 ß 16 ℊ

— helvet. Wanzengeschlecht. A. u. d. T.: das Geschlecht d. Land- u. Wasserwanzen, nach Familien geordnet. Mit ill. Kpf. 8. Zürich 800. Orell. 3 ß Velinp. 4 ß — Dass. Latein.: Cimicum in Helvetiae aquis et terris degentium Genus, in familias redactum. 8maj. ibid. 800. 3 ß Velinp. 4 ß

Schellenberg, Karl

Schellenberg, Karl Leopold [aus Themar]: Neue Behandlung der hypergeometrischen Funktion auf Grund ihrer Definition durch das bestimmte Integral ... Göttingen, Druck d. Dieterich'schen Univ.-Buchdr., 1892. 69 S. 8°
Göttingen, Phil. Fak., Inaug.-Diss. v. [24. Okt.] 1892

Schellenberg, Carl, neue Behandlung der hypergeometrischen Funktion auf Grund ihrer Definition durch das bestimmte Integral. Diss. gr. 8. (68 S.) Göttingen 892. Vandenhoeck & Ruprecht. n. 1. 60

Schellenberg, Karl Ad. Gottlieb

— zwei Predigten durch besondere Verhältnisse seiner Gemeinde veranlaßt. gr. 8. Neuwied (Frkf.) 797. Gebhardt u. K. 5 ℊ

— s. K. Spazier, Originale.

Schellenberg, Karl Ad. Gli., de Antimachi vita, s. *Antimachi* Colophon.

Schellenberg, Kaspar

Schellenberg, K., über hochdifferenzierte Missbildungen des Grosshirns bei Haustieren, s. a. Arbeiten aus dem hirnanatomischen Institut in Zürich. 3. Heft.

Schellenberg, C[aspar]. Über hochdifferenzierte Missbildungen des Grosshirns bei Haustieren. Ein Beitrag zur vergleichenden pathologischen Anatomie der Entwickelungsstörungen des Zentralnervensystems von Dr. K. Sch'.... (Mit 39 Abbildungen im Text.) gr.-8.
In: Arbeiten aus dem hirnanatomischen Institut in Zürich .... Hrg. von Prof. Dr. C[onstantin] v[on] Monakow .... Heft 3 .... Wiesbaden, J. F. Bergmann, 1909. S. 1—47.

Schellenberg, Kaspar [aus Zürich]: Untersuchungen über das Grosshirnmark der Ungulaten. Jena 1900. IV. 102 S. 4 Taf. 8°
(S.-A. aus Jena'sche Zeitschrift für Naturwissenschaft. Bd. 34.)
Zürich, Phil. Diss. II. S. 1900/1901.

Schellenberg, L., ein Blick in Döbler's u. Bosko's Zauberkabinet, besteh. in neuen Belustigungen aus d. Gebiete d. natürl. Magie, im gesellschaftl. Leben anwendbar. 8. (13 B. u. 3 Stnt. qu. gr. Fol.) Wiesbaden 832, Schellenberg.

Schellenberg, (L.,) Führer durch Wiesbaden u. seine nächsten Umgebungen. gr. 8. Wiesbaden 826, Schellenberg. 12 gr. Mit 1 Charte.

Schellenberg, Osk., drei Gebetsgottesdienste in Heidelberg. Zur Erinnerg. an d. J. 1870 u. 1871 der Gemeinde übergeben. gr. 8. (16 S.) Heidelberg 871. E. Mohr. n. — 20

Schellenberg, Osk., eine protestantische Stimme wider eine römische Einladung. Predigt über Joh. 10, 16. Gehalten zu Heidelberg am XVIII. Trin. 1868. Heidelberg 868. E. Mohr. gr. 8. (11 S.) n. 2 ngr.

Schellenberg, Osmar, a. Zedtlitz ⟨Amtshauptmannschaft Borna⟩: Studien zur Klimatologie Griechenlands. Temperatur, Niederschläge, Bewölkung. Borna-Leipzig 1908: R. Noske. (98 S., 1 Karte) 8°
Leipzig, Phil. Fak., Ref. Partsch-Bruns, Diss. v. 28. April 1908
[Geb. 31. Mai 81 Zedtlitz (Bez. Leipzig); Wohnort: Zedtlitz; Staatsangeh.: Sachsen; Vorbildung: Realgymn. Borna Reife O. 01; Studium: Leipzig 10 S.]

Schellenberg, Otto, einfache Buchführung f. Kaufleute, Gewerbtreib. u. Fabrikanten, um ihre Rechnungen deutlich, übersichtlich u. allgemein verständlich zu führen. Nebst kaufmänn. Klugheitsregeln, einem Schema, den Ertrag der Häuser u. Grundstücke leicht zu übersehen, einer Tabelle zum Einkauf u. Verkauf d. Waaren u. e. Münz-, Maaß- u. Gewichts-Verzeichniß. 4. Aufl. ($7^3/_4$ B. u. 4 Tab.) 845. u. 5., verb. Aufl. 8. ($7^1/_2$ B.) Quedlinburg 846, Ernst'sche Buchh. à

Schellenberg O, einfache Buchführung. 5. Auilage. Quedlinburg 1847

— die Geldlehre oder die Erklärung des Rechnungs-, Silber-, Gold- u. Papier-Geldes aller Länder Europas u. der bedeutendsten Handelsplätze der übrigen Welttheile u. dessen Werth in Preuß. Kurant, wie auch in Gulden u. Krtz. des $24^1/_2$-Fl.- u. 20-Fl.-Fuß nebst Tabellen üb. die in Deutschland üblichen Maße u. Gewichte. 4. Ebend. 844. $^5/_{12}$ ℔

Schellenberg, O., Iduna, oder vaterl. Blätter. 8. Dortmund, Mallinkrodt. 800. Rthlr.

Schellenberg, Otto, Iduna, od. vaterländ. Blätter. 8. Dortmund 800. (Hamm, Schulz). 3 gr

Schellenberg, Paul

Schellenberg, P., s.: Kongress, der 7., des deutschen Schachbundes.

Schellenberg, Paul, s.: Kongress, der 14., des deutschen Schachbundes.

Modernes Schach-ABC. Der 'Lusatia' in Görlitz anläßl. d. Feier ihres 50jähr. Bestehens 1907 gewidmet von Paul **Schellenberg**. (Dresden 1907: Päßler.) 2 Bl. 8° [11. 7271

Schellenberg, Paul, Dresdner Schach-Kalender 1901. Eine heitere Festschrift zur Feier des 25jähr. Bestehens des Dresdner Schachvereins, hrsg. m. Unterstützg. einiger mitleid. Seelen. Mit e. Portr., e. Musikbeilage (4 S.) u. zahlreichen Diagrammen. 12. (45 S.) Dresden 901. Leipzig, G. Schönfeld. n. 1. 50

— der moderne Schach-Knigge. Ein Lehr- u. Anstandsbuch f. große Schächer u. kleine Schäker, aber nicht v. Julius Stettenheim sondern v. Sch. (48 S.) kl. 8. Dresden 904. (Leipzig, Veit & Co.) Geb. in Leinw. n. 1. 50

— der vollkommene Schach-Korkser. Ein Handbuch f. Stümper, Pfuscher u. Patzer u. solche, die es werden wollen. Nebst e. Anleitg., in kürzester Zeit jede, auch die beste Partie zu verkorksen. Auf Grund eigner langjähr. Erfahrg. bearb. gr. 16. (87 S. m. Diagr.) Dresden 892. (G. Schönfeld's Verl.) 1. 50

Schellenberg, Philipp, s. Schellenberg, Johann Philipp

Facti Species ... in Sachen Sigism. Renats, Freyherrns von Schellenberg, modo dessen hinterlassener zweyter Frauen, einer gebohrnen von der Lipp, als anmasslicher Erbin wider des Fürsten von Hohenzollern Durchläuchtigkeit puncto executionis. fol.

Schellenberg-Biedermann, Esther

Schellenberg-Biedermann, E., Erinnerungen an Ulrich Hegner. 16. (10 B.) Winterthur 843, Literar. Comptoir v. Hegner, älter.

Schellenberg-Biedermann, [Frau] E[sther]. Erinnerungen an Ulrich Hegner [1759–1840]. 8. Zürich und Winterthur 1843.

Schellenberg-Biedermann, E. Ein Jahr aus Ursula's Leben ... Winterthur, Druck und Verlag des Literarischen Comptoirs von Heger 1845.
Vortit., Tit., 2 Bl., 208 S.; 18 Taf. in Lithogr. 4°.
Reiseberichte aus Russland mit dreizehn Trachtenbildern.

—— ein Jahr aus Ursula's Leben. Russ. Volkstrachten, Gebäude u. Naturerscheinungen. 8. ($13^1/_2$ B. u. 18 Abbild.) Winterthur 845, Liter. Comptoir v. Hegner, älter. Mit ill. Abbild.

Schellenberger, Ritter Anor. Augstn., Geschichte U. L. Frauen in Bamberg. Mit Kpf. gr. 8. Bamb. 787. (Wesché in Frkf. a. M.) 20 gr (Vergl. Geschichte d. Pfarre zu U. L. Frauen in Bamberg.)

Schellenberger, Carl Emanuel,
s. Schellenberger, Karl Emanuel

Schellenberger, E. Brieflicher Unterricht zum Erlernen der französischen Sprache nach naturgemässer Lehrweise. Erster Brief. Kl.-8°, 48 S. Basel, Johannes Meyer. 1886. 1 —

Schellenberger, E. Th., Fragen beim Einjährig-Freiwilligen-Examen. Zusammenstellung aller beim Einjährig-Freiwilligen-Examen überhaupt mögl. Fragen aus dem Gebiete der Geographie, Geschichte, Mathematik, deutschen, französ. und engl. Sprache, für den Selbstunterricht und die Selbstvorprüfung bearb. gr. 4. 100 autogr. Bog. Offenbach 877. (Leipzig, Gerhard.) à Bog. ** — 25

Schellenberger, G., allgemeine Tierkunde. Leitfaden f. den Unterricht an landwirtschaftl. Lehranstalten. gr. 8. (VIII, 93 S.) Dresden 893. G. Schönfeld's Verl. Geb. n. 1. 40

Eisenbeton-Tabellen für Platten und Unterzüge. Von Gustav **Schellenberger**, Architekt. (Berlin: Tonindustrie-Zeitung 1905.) (62 S., davon 12–52 je 2 mal.) 4° [07. 314

Schellenberger, Joh. Phil., Sonn- u. Feyertags-Predigten. Fol. Bamberg (Wolf in Augsb.) 746.

[F.] Anleitung zur Buchführung für Molkerei-Genossenschaften. Bearb. im Auftr. d. Verbandes d. rheinpreuss. landw. Genossenschaften v. Verbandsrevisor Josef **Schellenberger** u. Molkereiinstructor C. Schwarz. *Bonn: Verband d. rheinpr. landw. Genossensch. [1896].* (IV S., 1 Bl., 105 S.) 1 Bd 8. [98. 8075 Bo

Dass. 2.Aufl. 1902.

[F.] Anleitung zur Gründung sowie Geschäfts- und Buchführung von landwirthschaftlichen Bezugsgenossenschaften. Bearb. im Auftr. d. Verbandes d. rheinpreuss. landw. Genossenschaften v. Josef **Schellenberger**, Verbandsrevisor. *Bonn: Verband d. rheinpr. landw. Genossensch. [1894].* (2 Bl., 80 S.) 1 Bd 8. [98. 8076 Bo

Schellenberger, J.: Anleitung zur Gründung sowie zur Geschäfts- und Buchführung von landw. Bezugsgenossenschaften. Bonn 1895.

Schellenberger, Karl Emanuel

Schellenberger, Car. Eman., De musculorum actione. Vienn. 4°. 1753

Schellenberger, Oskar

Schellenberger, O., der Boden u. seine Bearbeitung, s.: Ebbe's, William, landwirtschaftliche Bibliothek.

[F.] Schellenberger, Oskar *Magnus*: **Über die Grösse und die Zahl der Fettkügelchen in der Milch von Kühen verschiedener Rassen ... Merseburg, Buchdr. v. F. Stollberg, 1893; 2 Bl., 47 S., 7 Taf. 8.**
Leipzig, Phil. Fak., Inaug.-Diss. v. [18. Sept.] 1893

— Milchwirtschaft, s.: Endler, K.

Schellenberger, O., des Landwirts Naturwissenschaft. Zum Gebrauch an landwirtschaftl. Schulen u. z. Selbststudium. gr. 8. (VIII, 188 S. m. Abb.) Leipzig 899. H. Voigt. 3. —; geb. n. 3. 60

Schellenberger, Osk., des Landwirtes Naturwissenschaft. Ein Lehrbuch der Chemie, Physik, Mineralogie, Botanik, Zoologie u. Witterungskunde. 2., umgearb. u. verm. Aufl. (VIII, 324 S. m. 139 Abbildgn.) gr. 8. Leipzig 906. H. Voigt. Geb. in Leinw. n. 4. —

Schellenberger, R[ichard], Architekt: Beschreibung des neuen Schulgebäudes. Varel i. O. 1910: Allmers. 6 Bl. 4°
Varel i. O., st. R P 1010 (925) [S 10. 376

Schellens, Iacobus (geb. am 19 Jan. 1843 in Neersen bei Neuss): De hiatu in Plutarchi Moralibus ... Bonnae, form. Carthausianis (1864). 2 Bl., 39 S. 8.
Bonn, Phil. Fak., Diss. v. 9 Aug. 1864

Schellens, P., s. G. B. **Depping**, die Winterabende ꝛc.

Schellens, P., s. Dr. Gregory's Vermächtniß an seine Tochter.

— the english primer, oder: Prakt. Unterricht in der Engl. Aussprache ꝛc. gr. 8. Crefeld 840. Schüller. $1^1/_3$ ℛ

Schellens, P., the **English Primer**, oder: Praktischer Unterricht in der Engl. Aussprache für Schulen u. zur Privat-Benutzung; mit einem Wörterbuch zum Nachschlagen der Anomalien, die Eigennamen inbegriffen. gr. 8. Crefeld 841, Schüller. $1^1/_3$ ℛ

Schellens, Walther, u. Zabern: Über das Verhalten von pflanzlichen und tierischen Textilstoffen zu Metallsalzlösungen. Straßburg i. E. 1905: C. Müh & Cie. (62 S.) 8°
Straßburg, Math.-naturwiss. Fak., Ref. Schaer, Diss. v. 1905
[Geb. 9. Jan. 78 Zabern, Unt.-Els.; Wohnort: Zabern; Staatsangeh.: Elsaß-Lothringen; Vorbildung: Gymn. Zabern Reife M. 96; Studium: Genf 1, München 2, Straßburg 6 S.; Rig. 20. Juli 05.]

Scheller, Baron von, s. S c h e l e r , Karl Eugen von

Scheller, Bemerkungen über den Entwurf einer Prozeßordnung in bürgerlichen Rechtsstreitigkeiten für den norddeutschen Bund. Berlin 870. Hempel. gr. 8. (30 S.) n. 6 ngr.

Scheller, (Stadtrath), die Elbzölle u. deren Einfluß auf den Elbverkehr. Eine Denkschrift des Magistrats u. des Handelsstandes der Stadt Magdeburg. gr. 4. Magdeburg 845. (Fabricius u. Sch.) n. 1 ℛ

Scheller: Ueber die rechtliche Natur der Erbenzinsgüter in der Preußischen Grafschaft Hohenstein. Berlin 1823.

Scheller, A., s. Michailow, A.

Scheller, Adolf, Referendar am Landgericht in Cöln: Die zeitweilige Unmöglichkeit der Leistung nach dem Rechte des Bürgerlichen Gesetzbuches. Straßburg i. E. 1908: C. & J. Goeller. (73 S.) 8°
Heidelberg, Jur. Fak., Ref. Bekker, Diss. v. 1908
[Geb. 18. Nov. 81 Sonneberg (Thüringen); Wohnort: Cöln; Staatsangeh.: Preußen; Vorbildung: Gymn. Arnstadt Reife M. 02; Studium: Erlangen 4, Berlin 1, Bonn 3 S.; Rig. 9. Dez. 07.]

Scheller, Alex., die Diätetik der Zähne u. der Einfluss der Nahrung auf die Erhaltung derselben. Braunschweig 870. J. H. Meyer. gr. 8. (IV, 33 S.) 5 ngr.

Scheller, Alfred: Ueber die anormale anodische Polarisation durch Halogene. [1905.] 74 S., 1 Taf. 8° ¶ Vgl. Zeitschrift f. anorgan. Chemie. Bd 48. 1906.
Braunschweig, Dr.-Ing.-Diss. v. 20. 2. 1906

Scheller, Arndt, die pädagogische Bedeutung der lutherischen Erklärung des ersten Hauptstückes. (34 S.) 8. Leipzig 905. G. Strübig. n. — 60

— die Beeinflussung der Seele in Predigt u. Unterricht. Eine Untersuchg. üb. Motive u. Quietive. (121 S.) gr. 8. Ebd. 903. n. 1. 60; geb. n. 2. —

Scheller, Arndt, Gleichnisse z. Katechismus. Hilfsbuch f. d. Religionsunterricht in d. Schule u. f. d. Konfirmandenunterricht. 8. (109 S.) Leipzig 897. G. Strübig. n. 1. 60

— Mentor. Ratschläge f. die Jugend. (VII, 160 S.) 8. Ebd. 906. n. 2. —; geb. n. 2. 80

— die Schrankenlosigkeit der formalen Stufen, s.a. Magazin, pädagogisches, 277. Heft.

Die Schrankenlosigkeit der formalen Stufen. Von Arndt **Scheller**, Pfarrer. Langensalza: H. Beyer & Söhne 1906. (24 S.) 8°
= **Magazin**, Pädagogisches. H. 277. [06. 6266 3

SCHELLER, Arthur
Definitive Bestimmung der Bahn des Kometen 1845 II (De Vico). Von Arthur Scheller. Besonders abgedruckt aus dem LXVIII. Bande der Denkschriften der mathematisch-naturwissenschaftlichen Classe der kaiserlichen Akademie der Wissenschaften. Wien. 1899. In Comm. Gerold's Sohn. 4°. 40 S. fl 1.25

Scheller, A., Catalog v. 344 Sternen, s.: Schorr, R.

Scheller, A., über die Rotationszeit d. Sonne. (18 S. m. eingedr. Kurven.) 31,5×24,5 cm. Wien 908. A. Hölder. 1. 95
Sonderabdr. a.: „Denkschr. d. k. Akad. d. Wiss."

Scheller, Arth., ein Sieg ohne Kampf, s.: Lustspiele f. Radfahrer.

— Zonenbeobachtungen der Sterne bis zur 9. Grösse, s.: Schorr, Rich.

Scheller, B. F. T., die amerikanische Brennessel eine Universal-Heilpflanze für äußere Körperleiden und Wunden jeder Art durch prakt. Erfahrung vielfältig erprobt u. zum Wohl der leidenden Menschheit herausg. Cassel 857. Württenberger. 8. (16 S.) n. 5 ngr.

Scheller, Carl, s. S c h e l l e r , Karl

Scheller, Carl Friedrich Arend,
s. S c h e l l e r , Karl Friedrich Arend

Scheller, Carl Leopold, s. S c h e l l e r , Karl Leopold

Scheller, Ch. Fr., Versuch zu einer Theorie des Lebens nach chemisch. Grundsätzen. 8. Leipz. 821. Weygand. 6 gr.

Scheller, Chr(istian) Friedr(ich): Die amtlichen Zirkulare, welche von dem Chef des Militair-Medicinal-Wesens der Königl. Preußischen Armee erlassen worden sind. Nach ihrem Inhalte alphabetisch geordnet. Bd 1 - 2, gbd.

Berlin: Hirschwald 1842 - 1846

JB 3.665

Scheller, Chrn. Friedr., die amtlichen Circulare des Chefs des Militair-Medicinal-Wesens der Königl. Preuß. Armee, nach ihrem Inhalte alphabetisch geordnet. 3. Thl. Berlin 856. A. Hirschwald in Comm. gr. 8. (VI, 593 S.) n. 3 ₰.
1. u. 2. Bd. Ebend. 842, 46. n. 3 ₰. 15 ngr.

Scheller, Christian Nikolaus (Schwarzburg)
A. S. 345/14

Disputatio iuridica de nominibus ecclesiasticis Von Activ- und Passiv-Kirchen=Schulden.
Präs. Justus Henning Böhmer.
Halle (Zahn) X. 1716. 51 S.

W. v.: Präs. 30216

Scheller, Christian Nikolaus (Schwarzburg)
U. S. Halle 1723/1

Disputatio iuridica de nominibus ecclesiasticis Von Activ- und Passiv-Kirchen=Schulden.
Präs. Justus Henning Böhmer.
Halle (Grunert) 1723. 51 S.

Diss. X. 1716.
W. v.: Präs. 30217

Scheller, Christian Nikolaus (Schwarzburg)
A. S. 843/35

Disputatio iuridica de nominibus ecclesiasticis Von Activ- und Passiv-Kirchen=Schulden.
Präs. Justus Henning Böhmer. Rec.
Halle (Grunert) 1732. 51 S.

Diss. X. 1716.
W. v.: Präs. 30218

Scheller, E.: Die erste Bearbeitung witterungskundlicher Beobachtungen. Zugleich ein Beitrag zur Feststellung der klimatischen Verhältnisse von Eisenach. Eisenach, Hofbuchdr., 1890; S. 3–15, 21 Tab., 2 Taf. 8°
Eisenach, Schullehrer-Sm, OP 1890

Scheller, E., die erste Bearbeitung witterungskundlicher Beobachtungen. Zugleich e. Beitrag zur Feststellg. der klimat. Verhältnisse v. Eisenach. gr. 8. (15 S. m. 20 Tab. u. 2 Taf.) Eisenach 891. (Kahle.) n. 2. –

Scheller, E., Eisenach u. Umgebung. M. 31 Illustr. u. 2 Karten. Hrsg. v. Phpp. Kühner. gr. 8. (IV, 164 S.) Eisenach 898. (H. Brunner.) Kart. n. 1. 50

Scheller, E., Führer durch Eisenach, Wartburg und Umgebung. 4. Aufl. Eisenach. [1907]. 116 S. mit 1 Taf. u. 1 Karte.

Scheller, E., das erste Lesebuch, s. Rein, W.

– Lesebuch für das dritte Schuljahr, s. Rein, W.

Scheller, E., s.: Lesebuch f. das 2. Schuljahr.

– Lesebuch für das zweite Schuljahr, s. Rein, W.

– Das erste Schuljahr, s. Rein, W.

—— das erste und zweite Schuljahr, s. Studien, pädagog.

— das 2. Schuljahr, s.: Studien, pädagogische.

Scheller, E., Theorie u. Praxis d. Volksschulunterrichts nach Herbartischen Grundsätzen, s.: Rein, W.

Scheller, E., warum ist der Religionsunterricht gänzlich aus der Schule zu verweisen. Lehrern u. Laien ꝛc. zum Nachdenken gewidmet. gr. 8. (24 S.) Bremen 848, Geisler. 1/6 ₰

Scheller, E. J., s. Scheller, Friedrich Gustav

Scheller, Ed., s. Celsus.

Scheller, E[duard]: Beobachtungen aus dem Pflanzenleben auf naturkundlichen Lehrausflügen (Exkursionen) mit Volksschülern. *Eisenach 1902: Hofbuchdr.* (S. 3–30.) 8° [F.]
Eisenach, Schullehrer-Sm, OP 1902

Scheller, Eduard, a. Coburg: Über die Bestimmung des Eigehaltes in Nahrungsmitteln mit Hülfe des Cholesterins und Beiträge zur Aufklärung der Konstitution des Cholesterins. München 1909: Bickel. 48 S. 8°
München, Phil. Diss. v. 23. Juli 1909, Ref. Th. Paul
[Geb. 4. Mai 80 Berlin; Wohnort: München; Staatsangeh.: Preußen; Vorbildung: Gymn. Koburg bis O. 98, pharm. Staatspr. April 06; Studium: München 10 S.; Rig. 23. Juli 09.] [U 10. 3093

Scheller, E., naturgeschichtl. Lehrausflüge (Exkursionen), s. a. Magazin, pädagogisches, 250. Heft.

Naturgeschichtliche Lehrausflüge (Exkursionen). Von E[duard] **Scheller,** Sem.Schullehrer. Langensalza: H. Beyer & Söhne 1905. (62 S.) 8°
= **Magazin,** Pädagogisches. H. 250. [06. 1110

Scheller, Emil: Ueber die Kondensation von Propylenbromid mit Natracetessigester. 1907. 47 S. 8°
München, Dr.-Ing.-Diss. v. 13. 6. 1907

Scheller, F. E.: Aeußerungen über das Gesetz, betr. das Verfahren in den bei dem Kammergericht und dem Kriminalgericht zu Berlin zu führenden Untersuchungen, vom 17. Juli 1846, u. die Verordnung . . . vom 21. Juli 1846.
Frankfurt a. O. u. Berlin 1846.

Scheller, F. E., Aeußerungen über das Gesetz, betreff. das Verfahren in den bei dem Kammergericht u. dem Kriminalgericht zu Berlin zu führenden Untersuchungen vom 17. Juli 1846, u. die Verordn. üb. d. Verfahren in Civil-Prozessen, v. 21. Juli 1846. gr. 8. Frankf. a/O. 846, Trowitzsch u. S. 1/2 ₰

Scheller, F. E., Grundzüge zur neuen Staats-Verfassung Deutschlands. gr. 12. (VI u. 109 S.) Frankfurt a. d. O. 848, Trowitzsch & Sohn. n. 1/3 ₰

Scheller F. E.: Kettenbrüche. 30. Prossnitz R. 76.
Progr.

Scheller, Friedrich Gustav

Scheller, E. J., Mythologie der nordischen und andern deutschen Völker. Mit Kupf. 8. Regensburg, Daisenberger. 816. -

Scheller, Fr. G., Mythologie der nord. u. deutsch. Völker. 8. Stadtamhof 804. Daisenberger. 14 g. N. A. Ebd. 827. 1 ₰

Scheller, Franz (Hrsg.), s. Jugendzeitung, Stenographische.

Scheller, Franz: Katalog der Lehrerbibliothek. 11 S.
Iglau, L. R., Progr. 1904

Scheller Franz: Die deutsche Landes-Oberrealschule in Proßnitz (1873–98). 64. Proßnitz R. 98.
Progr.

Scheller, Frz., Lehr- und Lesebuch der Gabelsberger'schen Stenographie. Für Schulen und zum Selbstunterrichte. 2 Thle. gr. 8. Wien 881. (Leipzig, Robolsky.) * 4 50
Inhalt:
Thl. 1. Correspondenzschrift. (IV, 131 S., wovon 80 S. autogr.) *M 2,50.
» 2. Debattenschrift. (76 S., wovon 64 S. autogr.) *M 2.

Scheller, Franz, Lehr- und Lesebuch der Gabelsberger'schen Stenographie. Wien 1831 bei Vincenz Zwierzina. Preis, 1 fl. 80 kr.

Scheller, Franz, Lehr- und Lesebuch der Gabelsberger'schen Stenographie. Für Schulen und zum Selbstunterrichte. I. Theil. Lehrbuch. 2. Aufl. gr. 8. (II, 79 und 52 S.) Wien, C. A Müller. In Comm. fl. 1.25.
1886 :

Scheller, F., Lehr- u. Lesebuch der Gabelsberger'schen Stenographie. Für Schulen u. zum Selbstunterrichte. 2 Thle. 2. Aufl. gr. 8. Prossnitz 887. (Leipzig, Robolsky.) n. 3. 90; in 1 Bd. cart. n. 3. —
1. Lehrbuch. (VI, 131 S., wovon 52 autogr., m. Bild.) n. 2. 50. — 2. Lesebuch. (III, 72 autogr. S.) n. 1. 40.

Scheller, Frz. Lehr- u. Lesebuch der Gabelsberger'schen Stenographie. Für Schulen u. zum Selbstunterrichte. 3. nach den beschlussmäss. Schreibweisen rev. Aufl. gr. 8. (V, 77; 52; 78 autogr. S.) Prossnitz 890. (Wien, Weiss.) geb. ** 3 —

Scheller, Franz, Lehr- und Lesebuch der Gabelsberger'schen Stenographie für Schulen und zum Selbstunterrichte. 4. Aufl. Proßnitz 1893. Im Selbstverlage des Verfassers, in Commission bei Leopold Weiß in Wien.

Scheller, Frz., Lehr- u. Lesebuch der Gabelsberger'schen Stenographie. Für Schulen u. zum Selbstunterrichte. Vollständige Schulausg. 4. unveränd. Aufl. gr. 8. (VII, 77; 52 u. 78 S. m. 1 Bildnis.) Prossnitz 893. (Wien, Leop. Weiss.) Kart. n.n. 3. —

Scheller, Franz, Lehr- und Lesebuch der Gabelsberger'schen Stenographie für Schulen und zum Selbstunterrichte. 5., nach den Beschlüssen des V. deutschen Stenographentages geänderte Auflage. Proßnitz 1895. Im Selbstverlage des Verfassers. In Commission bei Leopold Weiß in Wien. (Min.-Erl. v. 7. Dec. 1895, Z. 28687.) Vollständige Schul-Ausgabe, cart. (I. u. II. Theil vereinigt) 1.80, gesondert geheftet, I. Theil 1.25, II. Theil —.80

Scheller, Frz., Lehr- u. Lesebuch d. Gabelsberger'schen Stenographie. Für Schulen u. zum Selbstunterrichte. 2 Thle. 6. Aufl. Unveränd. Abdr. d. d. Beschlüssen des V. deutschen Stenographentages angepassten 5. Aufl. vom J. 1895. gr. 8. Prossnitz 897. (Wien, L. Weiss.) n. 3. 75; in 1 Bd. kart. n.n. 3. —
1. Lehrbuch. (IV, 98 u. 52 S. m. Bildn. Gabelsbergers.) 2. 40
2. Lesebuch. (III, 76 S.) n. 1. 35

Scheller, Franz, Lehr- und Lesebuch der Gabelsberger'schen Stenographie für Schulen und zum Selbstunterrichte. 7., unveränderte Auflage. Proßnitz 1899. Im Selbstverlage des Verfassers. In Commission bei Leopold Weiß in Wien. Preis der vollständigen Schulausgabe, gebunden (I. und II. Theil vereinigt) 1.80, gesondert geheftet: II. Theil —.80

SCHELLER, Franz
Lehr- und Lesebuch der Gabelsberger'schen Stenographie. Für Schulen und zum Selbstunterrichte. Verfasst von Franz Scheller. 8. Auflage. Unveränderter Abdruck der den Beschlüssen des V. deutschen Stenographentages angepassten 5. Auflage vom Jahre 1895. Approbiert mit Erlass des h. k. k. Ministeriums für Cultus und Unterricht vom 7. December 1895, Z. 28.687. Prossnitz. 1900. Selbstverlag. In Comm. Leopold Weiss. Gr.-8° IV, 98, 77 S. Cart. K 3.60

SCHELLER, Franz
Lehr- und Lesebuch der Gabelsberger'schen Stenographie. Für Schulen und zum Selbstunterrichte. Verfasst von Franz Scheller. 9. Auflage. Unveränderter Abdruck der den Beschlüssen des V. deutschen Stenographentages angepassten 5. Auflage vom Jahre 1895. Approbiert mit Erlass des h. k. k. Ministeriums für Cultus und Unterricht vom 7. December 1895, Z. 28687. Prossnitz. 1901. Selbstverlag. In Comm. Wien. Leop. Weiss. Gr.-8. IV, 98, 62, 77 S. Cart. K 3.60

Scheller, Franz, Lehr- und Lesebuch der Gabelsbergerschen Stenographie. 10. Auflage. Wien 1903. Im Selbstverlage des Verfassers. In Kommission bei Leopold Weiß in Wien. Preis, kartoniert 3 K 60 h.

Scheller, Frz., Lehr- u. Lesebuch der Gabelsbergerschen Stenographie. Für Schulen u. zum Selbstunterrichte. 11. Aufl. Unveränd. Abdr. der den Beschlüssen des V. deutschen Stenographentages angepassten 5. Aufl. vom J. 1895. (V, 98, 52 u. 78 S. m. 1 Bildnis.) gr. 8. Wien 905. (H. Kirsch.) Kart. n. 3. 60; Schlüssel (18 S.) 903. n.n. — 45

Scheller Franz, Lehr- und Lesebuch der Gabelsbergerschen Stenographie. 12., unveränderte, somit nach Min.-Erl. vom 18. April 1905, Z. 11175, allgemein zulässige Auflage. Wien 1906. Im Selbstverlage des Verfassers. In Kommission bei Heinrich Kirsch in Wien. Geb. K 3.60.

Scheller Franz, Lehr- und Lesebuch der Gabelsbergerschen Stenographie. 13., unveränderte, somit nach Min.-Erl. vom 18. Oktober 1906, Z. 38262, allgemein zulässige Auflage. Wien 1907. Im Selbstverlage des Verfassers. In Kommission bei Heinrich Kirsch in Wien. Geb. K 3.60.

Scheller Franz, Lehr- und Lesebuch der Gabelsbergerschen Stenographie. 14., unveränderte, somit nach Min.-Erl. vom 28. Oktober 1907, Z. 42445, allgemein zulässige Auflage. Wien 1909. Im Selbstverlage des Verfassers, in Kommission bei Heinrich Kirsch in Wien. Geb. K 3.60.

Scheller, Frz., Lehr- u. Lesebuch d. Gabelsbergerschen Stenographie. Für Schulen u. zum Selbstunterrichte. 15. Aufl. Unveränd. Abdr. der den Beschlüssen des V. deutschen Stenographentages angepassten 5. Aufl. v. J. 1895. (V, 98, 52 u. 77 S. m. 1 Fig. u. 1 Bildnis.) gr. 8. Wien 910. H. Kirsch. Geb. in Leinw. 3. 60

Scheller, J. C., der letzte Großkanzler auf Rhodus. Dramatische Dichtung in 5 Akten. Winterthur 864. (Steiner'sche Buchh.) 8. (264 S.) n. 20 ngr.

Scheller, J. C., der Kirche gutes Recht und ernste Pflicht in gegenwärtiger Zeit. Predigt über Apostelgesch. XVIII, 9. 10, gehalten bei der Eröffnung der Synode der zürch. Geistlichkeit den 13. Nov. 1877. 20 S. 8. Zürich, F. Schulthess. 1877. —. 50

Scheller, J. C., der Weg zum Frieden. 45 Predigten. gr. 8. (384 S.) Zürich 892. A. Müller's Verl. n. 4. —

Scheller J. G.: Reise-Beschreibung nach Lappland u. Bothnien ... Abermahls dem Druck übergeben v. G. D. F. Scheller. Jena 1748. 102 S. Fig.

Scheller, J. H., Sendschreiben an d. Hrn. Ritter v. Zimmermann in Hannover. 8. Stendal 793. Franzen u. Gr. 2 gr.

Scheller, J. L., Theorie d. schönen Redekünste im Grundrisse. 8. Wien 823. Bauer. 14 gr. Schrbp. 18 gr.

Scheller, Immanuel Johann Gerhard

— animadversiones aliquot in clavem Ernesti Ciceronianam. 4. Brieg 773.

— Anleit., die alten latein. Schriftsteller in d. obern Klassen d. Schulen philolog. u. krit. zu erklären. gr. 8. Halle 770. 2e Aufl. 783. (Laue in Berl.) 18 gr

Scheller's Anleitung die alten latein. Schriftsteller philologisch und critisch zu erklären. Ausg. 2. Leipz. 783. 8. 8 gr.

— kurzgefaſste Anleitung zur ächtlateinischen Schreibart. Aus dem Latein. von L. Chimani. Wien 810. 8. 1 rthl.

Scheller, Imm. Jh. Gerh., Anleit. zur ächten latein. Schreibart nach Cicero's Muster; aus d. Latein. übers. v. Leop. Chimani. gr. 8. Wien 810. Al. Doll. 1 ℛ

— Betracht. üb. die Absicht, in welcher die alten Römer zu lesen. Brieg 775.

— Beweis, daß die latein. Sprache von den alten Römern zum Theil anders ausgesprochen werden, als von uns zu geschehen pflegt. 2 Stcke. 4. Brieg 774.

— compendium praecept. stili bene latini. 8maj. Leipz. 780. Ed. II. 785. Ed. III. 796. (Hahn). 16 gr

— Compendium praeceptorum stili bene latini. Lips. 785. 8. 16 gr. Edit. 3. Lips. 795. 8. 18 gr.

— s. F. W. J. Dillenius, Chrestomathie.

— über die Erziehung. 1s—3s Stck. Brieg 775—777.

Scheller, Imm. Jh. Gerh., († d. 4. Juli 1803.) Gedanken üb. die Bildung des Herzens. 8. Bresl. 780. Gutsch. 2 gr

— Gedanken von den Eigenschaften der deutschen Schreibart u. Empfehlung d. deutsch. Sprache in Predigten, Reden u. Schreiben. gr. 8. Halle 772. (Laue in Berl.) 14 gr

— latein.-deutsch u. deutsch-latein. Handlexicon, vornehml. für Schulen. 2 Thle. gr. 8. Leipz. 792. 2e A. 796. 3e A. verb. v. G. H. Lünemann. 807. 4e A. 820. 5e A. 822. 6e A. 2 Thle in 3 Bden. 826. Hahn. 4 ℛ 12 gr (Latein.-deutsch. Thl. 7e Aufl. mit Vorrede v. G. F. Grotefend. 831.) N. A. unt. d. T.: D. Geo. Hnr. Lünemann's, weil. Rektor, latein.-deutsch. u. deutsch-latein. Handwörterbuch nach Imm. Jh. Gerh. Schellers Anlage neu bearb. Deutsch-latein. Thl. 1r Bd. A. u. d. T.: deutsch-latein. Handwörterbuch aus d. Quellen zusammengetragen u. mit besond. Bezugnahme auf Synonymik u. Antiquitäten u. Berücksichtigung der besten Hülfsmittel ausgearb. v. Karl Ernst Georges. Mit e. Vorworte von D. G. F. Grotefend. 1r Bd. in 2 Abtheill. A—J. gr. 8. Leipz. 831 (u. 32.) Hahn. 1 ℛ 12 gr

— lat. deutsch u. deutsch-lat. Handlexikon vornehmlich für Schulen v. G. H. Lünemann. 3 Bde. gr. 8. Leipz. Fritsch. 807.

Scheller, J. J. Gerh., lateinisch-deutsch u. deutsch-lateinisches Handlexikon, vornehmlich f. Schulen, verb. u. vermehrt durch G. H. Lünemann. 3 Bde. 2te Aufl. gr. 8. Leipz. Hahn. 812.

— — desselben Buches 3te Aufl. gr. 8. Ebend. 816.

Imm. Joh. Gerh. **Schellers** lateinisch-deutsches und deutsch-lateinisches Handlexicon, von neuem durchgesehen etc. durch G. H. Lünemann. 2. oder deutsch-lateinischer Theil. 3. Aufl. Leipzig. 1817. 8°

— — Lateinisch-deutsches und deutsch-lateinisches Hand-Lexikon. Vornehmlich für Schulen, von neuem durchgesehen, verbessert und vermehrt durch G. H. **Lünemann**, Dr. der Philologie und Lehrer der griechischen und lateinischen Sprache am Gymnasium zu Göttingen, zu einem allgemeineren Gebrauche mit beträchtlichen Vermehrungen herausgegeben von Franz Xaver **Schönberger**, Dr. der freien Künste und Philosophie, Director des k. k. Convictes etc. 1. und 2. Bd. Lateinisch-Deutsch. (2 Bde.) 8. Wien und Triest 1818.

Scheller, J. J. G., lateinisch-deutsches u. deutsch-lateinisches Handlexicon, verb. u. verm. durch G. H. Lünemann. 3 Bde. 4te Aufl. gr. 8. Leipzig, Hahn. 820.

Scheller, Im. Joh. Gerh. Lateinisch-deutsches und deutsch-lateinisches Hand-Lexikon. Vornehmlich für Schulen, von neuem durchgesehen, verbessert und vermehrt durch G. H. **Lünemann**, Dr. der Philologie etc., zu einem allgemeineren Gebrauch mit beträchtlichen Vermehrungen herausgegeben von Franz Xaver **Schönberger**, Dr. der freien Künste und Philosophie, etc. (Fortsetzung.) 3. Bd. oder deutsch-lateinischer Theil. 8. Wien u. Triest 1820.

Scheller, (J. J. G.) latein.-deutsches u. deutsch-lateinisches Handlexicon, von neuem durchgesehen, verb. u. verm. durch G. H. Lünemann. 3 Bde. 6e Aufl. gr. 8. Leipz. 827, Hahn.

— — Neuestes deutsch-lateinisches und lateinisch-deutsches Hand-Lexikon zum Schul- und Geschäftsgebrauche. Nach den besten Quellen der vorzüglichsten Werke von Scheller, Kraft, Lünemann, Kirschius u. m. a. bearbeitet durch **Schönberger**. Letzte, sorgfältigst durchgesehene und verbesserte Ausgabe. Mit einem Vorberichte von Em. Th. Hohler. 3. Bd. Deutsch-lateinisch. 8. Wien 1842.

Scheller, Im. Joh. Gerh., lat.-deutsch. u. deutsch-lat. Handwörterbuch, s. Georges, K. E.

Scheller, Imm. Joh. Gerh., latein.-deutsch. u. deutsch-lat. Handwörterbuch, s. Lünemann, G. H.

— Lateinisches Handwörterbuch. Leipz. 792. 2 Bde. 8. 3 rthlr. Sehr vermehrt von Lünemann. Eb. 807. 2 Thle. (3 Bde.) 8. 4 rthlr. Ausg. 3. Eb. 817. 3 Bde. 8. 4 rthlr. 12 gr. Eb. 820. 3 Bde. (2 Thle.) 8. 4 rthlr. 12 gr.

Scheller, I. J. G., De imitatione Ciceronis. Pr. 1765. 8 S. 4°.

— ausführl. u. möglichst vollständ. latein.-deutsch. u. deutsch-latein. Lexicon od. Wörterbuch. 3 Bde. gr. 8. Leipz. 783, 84. 2e umgearb. Aufl. in 3 Bden. 788. 3e Aufl. in 5 Bden. 804. (Hahn). 12 ℛ — (Dess. deutsch-latein. Theil. 2 Bde. gr. 8. Ebd. 805. 4 ℛ)

— vom Nutzen d. griech. Sprache. 4. Brieg 772.

— observationes in priscos scriptores quosdam. gr. 8. Lps. Fritsch. 785.

— observationes in priscos scriptores quosdam. 8maj. Leipz. 785. (Hahn). 20 gr

— praecepta stili bene latini impr. Ciceroniani seu eloquentiae Romanae etc. 8maj. Leipz. 779. Ed. II. 784. Ed. III. 797. (Hahn). 2 ℛ 8 gr

— Rede, daß es f. den Staat vortheilhaft, wenn der Schulstand ansehnl. Einkünfte u. Ehre genieße. 8. Bresl. 780. W. G. Korn. 4 gr

— Rede, daß es f. d. Staat vortheilhaft, wenn d. Schulstand ansehnl. Einkünfte u. Ehre genieße. 8. Bresl. W. G. Korn. 781.

— der Sieg e. Christen über die Hindernisse, die sich seinem Bestreben nach Frömmigkeit entgegenstellen. 4. Altenb. 765.

— s. Somnium, in quo.

— ausführl. latein. Sprachlehre, od. sogen. Grammatik. gr. 8. Leipz. 779. 2e A. 782. 3e A. 790. 4e A. 803. (Hahn). 1 ℛ 8 ℊ

Scheller's grössere lateinische Sprachlehre. Leipz. 779. 8. Ausg. 3. sehr verm. Leipz. 790. 8. 1 rthlr. 4 gr. Eb. 803. 8. 1 rthlr. 8 gr.

— kurzgefaßte latein. Sprachlehre od. Grammatik. gr. 8. Leipz. 780. 2e A. 785. 3e A. ... 4e A. umgearb. von Fr. W. Döring. 814. Hahn. 8 ℊ

— Kurzgefasste lateinische Sprachlehre. Leipz. 781. 8. 8 gr. Verbessert und umgearbeitet von Döring. Leipzig 813. 8. 8 gr.

— kurzgefaßte latein. Sprachlehre f. Schulen. 4te Aufl. verbess. u. größtentheils umgearb. von Fr. Döring. gr. 8. Ebend. 814.

— de historiae antiquae utilitate. 4. Leipz. 760.

Scheller's ausführliches lateinisch-deutsches und deutsch-lateinisches Wörterbuch. Leipz. 788. 4 Bde. 8. 7 rthlr. 12 gr. (3 Bde. enth. das lat. Lexicon). Eb. 804. 7 Bde. 8. 16 rthlr. (5 Bde. enth. das lat. Lexicon. 12 rthlr. 2 Bde. das deutsche. 4 rthlr.)

— ausführl. u. mögl. vollst. latein. deutsches Wörterbuch. 5 Bde. gr. 8. Ebend. 804.

— — desselben deutsch-latein. Theil. 2 Bände. gr. 8. Ebend. 805.

— etymolog. Wörterbuch. 7. Aufl., s. Georges, K. E.

— kleines latein. Wörterbuch. gr. 8. Leipz. 780. 2e A. 781. 3e A. 790. 4e A. verb. v. G. H. Lünemann. 812. 5e A. 816. 6e A. v. H. L. J. Billerbeck. gr. Lex.-8. Ebd. 826. Hahn. 14 ℊ

— kleines latein. Wörterbuch. Ausg. 4. verbess. von Lünemann. Leipz. 811. 8. 12 gr. Eb. 816. 8. 12 gr.
— — — — Deutsch-lateinischer Theil. Ausgearbeitet von E. Zimmermann. Darmst. 814. 8. 1 rthlr. 8 gr.

— — dasselbe, IIr Bd. od. deutsch-latein. Theil, s. a. Zimmermann, E.

— kleines latein. Wörterbuch; herausgeg. von G. H. Lünemann. Von Neuem durchgesehen u. verbessert von H. L. J. Billerbeck. 6e Aufl. Lexicon 8. Leipz. 826, Hahnsche Verlagsh.

Scheller, J[ohann] C[aspar]. Dem Andenken des verewigten Antistes Dr. (Dietinim) Georg Finsler (1819-1899). (SA.) 8. Zurich 1899

Johann Ludwig Scheller

De Apoplexia nervosa. Gottingae (1799:) Grape. 39 S. 8°

Göttingen, Med. Diss. v. 6. Dez. 1799

Scheller, Johann Sigismund (Sondershausen)
A. S. 839/39

Meditationes inaugurales de iure et reservato imperatoris mittendi commissarios ad actum electionis ecclesiasticorum S. R. G. I. principum et praesulum. Altdorf (Meyer) 15. XII. 1738. 38 S.

Gew.: Johann Jakob Scheller (Vater).
W. v.: Jo. David Baier, G. H. Glinck, Georg Friedrich Deinlin, C. G. Schwarz, Georg Friedrich Kiesling (Opp.), Konrad Deinzer (Opp.). 30220

Scheller, Josef [app. Arzt aus Rothenfels a. M.]: Ueber Hirnabszess nach chronischer eitriger Mittelohrentzündung m. Beschreibg e. einschlägigen selbstbeobachtenden [!] Falles ... Würzburg, Buchdr. d. „Neuen Bayer. Landeszeitg", 1892; 35 S. 8.
Würzburg, Med. Fak., Inaug.-Diss. v. 1892

Scheller, K. F., s. Scheller, Christian Friedrich

Scheller, Karl

Scheller, Carl, Referendar: Die Berechnung der Tantieme für Vorstand und Aufsichtsrat von Aktiengesellschaften. Ein Beitr. z. Erläut. der §§ 237 und 245 Abs. 1 d. Handelsgesetzbuches. Leipzig: Veit 1908. 90 S. 8° (Ersch. auch als Buch ebd.)
Leipzig, Jur. Diss. v. 29. Okt. 1908
[Geb. 20. Dez. 76 Leipzig; Wohnort: Leipzig; Staatsangeh.: Sachsen; Vorbildung: Realgymn. Leipzig Reife O. 97, Erg.-Prüf. Thomassch. Leipzig O. 99; Studium: Leipzig 6, Göttingen 1, Leipzig 3 S.; Rig. 17. Juli 08.] [U 09. 2664

Scheller, Carl, die Berechnung der Tantieme f. Vorstand u. Aufsichtsrat v. Aktiengesellschaften. Ein Beitrag zur Erläuterg. der §§ 237 u. 245 Abs. 1 des Handelsgesetzbuches. (V, 90 S.) gr. 8. Leipzig 908. Veit & Co. 2.50

Scheller, Karl Friedrich Arend

— Bücherkunde d. Sächs.-Niederdeutsch. Sprache, hauptsächl. nach d. Schriftdenkmälern der herzogl. Bibliothek zu Wolfenbüttel entworfen. gr. 8. Braunschw. 826. (Halberst., Vogler). 2 ℛ 12 ℊ Schrbp. 3 ℛ

— s. Doctrinal d. Laien.

WARMUND, Arend (d. i. *Karl Friedr. Arend Scheller*). Dat Sassiske Döncken-Bok Sammed for Tydkortinge. Hamborg 1829. 8°. VI u. 491 S. (10 Mk., etwas beschn., tadelloses Expl., E. Geibel, Hannover, 1908; 23 Mk. Auction Schleinitz.)

— s. Gyrinus, Herr. — Horaz, Oden u. Epoden, u. Dess. sämmtl. Werke.

— s. J. Hunter, Bemerk. üb. die thierische Oeconomie.

Jeromiade, Die, in 7 Gesängen und einer Apotheose (von *Karl Friedr. Arend Scheller*).
Dies ist ein fein' Reimchronica
Des Königthums Westphalia ....
Pathopoli apud Gelastinum Severum anno recuperatae salutis primo. (Leipzig, Cnobloch, 1815.) 8°. (Auch in Cassel, Landesbibl.) 320 SS. u. 1 Bl. Druckf. (6 Mk. Volcker; 8 Mk. Taussig, 1904: „Pamphlet très scandaleux.")
Anon.-Lex. II p. 317 (nach Goedeke u. Kayser): „(Braunschweig) 1814."

Scheller, (Carl, F. A.,) de Kronika fan Sassen in Rimen, fan Wedekind went up Albregt fan Brunswyk 1279. gr. 8. 826. Brunswyk, drükked im förstlichen Weisenhuse, (Vogler in Halberstadt.) 1 Rthl. 12 gr. Schreib-Pap.

Scheller, Karl Fr. A., de Kronika fan Sassen in Rimen, fan Wedekind went up Albregt fan Brunswyk 1279. gr. 8. 826. Brunswyk, drükked im förstlichen Weisenhuse. (Vogler in Potsd..) 1 ℛ 12 ℊ Schrbp. 2 ℛ

Scheller, K. F. A., s. Reineke de Fos.

Scheller, Karl F. A., Shigt-Bök der Stadt Brunswyk. Zur Ergänzung v. G. G. Leibnitii „Scriptores rerum Brunsvicensium." 8. (20⅓ B. u. 3 Stnt.) Braunschweig 829. [Potsdam, Vogler.]

Scheller, Karl Leopold

Scheller, Car. Leop. (geb. Magdeburg 28. 9. 1820): De mallei humidi contagio. Berolini (1842). (35 S.) 8°
Berlin, Med. Diss. v. 11. Juli 1842

Scheller, M. A. C.: „Inbegriff der Hauswirthschaft, oder alles, was ein deutsches Mädchen wissen muß, um in einer ordentlichen Haushaltung nützlich zu seyn", Neuenburg 1805 (Comm. Bureau).

Scheller, M(ax), aus Sonneberg ⟨S.-M.⟩: **Zoll und Markt im 12. und 13. Jahrhundert.** *Blankenhain 1903: M. Schlimpers Nachf.* (III, 68 S.) 8° [𝔉.]
Jena, Phil. Diss. v. (14. Febr.) 1903

Scheller, Otto, approb. Arzt aus Hohenlohehütte: **Über einen Fall von Splenectomie wegen subcutaner traumatischer Ruptur der Milz.** *Freiburg i. B. 1901: Ch. Lehmann's Nachf.* (31 S.) 8°
Freiburg i. B., Med. Diss. v. 1901

Scheller, R.: Bedeutung und Wirkung der Ratihabition Heidelberg, Univ.-Buchdr. v. J. Horning, 1887; IV + 64 S. 8°
Heidelberg, Jur. Fak., Inaug.-Diss. v. [23. Jul.] 1887

Scheller, R., Bedeutung und Wirkung der Ratihabition. Diss. Heidelberg 1887, Theodor Groos. 8°. IV, 64 S.

Mit Genehmigung der med. Fak. der Albertus-Universität wird Dienstag den 27. Juni 1905 ... Herr Dr. med. Robert Scheller, Assist. am Kgl. hygien. Inst. d. Albertus-Univ.... seine öffentliche Antrittsvorlesung über „Die Principien der allgemeinen Seuchenprophylaxe" halten. Zu diesem Akte ladet ein der Dekan der med. Fak. H[ermann] Kuhnt. Königsberg i. Pr. (1905): O. Kümmel. (1 Bl.) 4°

Scheller, Robert [aus Hildburghausen]: **Ueber unvorhergesehene unglückliche Vorkommnisse bei complicirten Fracturen .... München,** Druck d. M. Ernst'schen Buchdr., 1886; 36 S. 8°.
München, Med. Fak., Inaug.-Diss. v. 1886.

Scheller, Robert. Ueber unvorhergesehene unglückliche Vorkommnisse bei complicirten Frakturen. Inaugural-Dissertation. gr. 8. (36 S.) München 886, (Ernst.) *

Scheller, Rodericus) Fried(ericus) Theod(orus) Ed(uardus): De gastritide chronica. Halae (1830): Baentsch. 56 S. 8°
Halle-Wittenberg. Med. Diss., nachgeliefert von dem am 15. Dez 1830 auf Thesen promovierten Verf.
Geb. Braunschweig 26. 3. 1807. V.

Scheller, Rudolfus: Febris typhosa infantum. Halis Saxonum (1864): Schmidt. 30 S. 8°
Halle-Wittenberg. Med. Diss. v. 29. Dez. 1864
Geb. Querfurt 7. 2. 1839. V.

Scheller, Rudolf, Gebrauchsanweisung zu Schellers Schwimmlern- und Zimmerturnapparat, 1 S., 1 Taf., 4°.

Scheller, Rudolf Scheffler-
s. **Scheffler**-Scheller. [10. 9746]

Scheller, Theod. (geb. Graudenz 24. 2. 1852): Ueber Fleischconservirungsmethoden und deren Verwendbarkeit für Heereszwecke. Berlin (1883). (33 S.) 8°
Berlin, Med. Diss. v. 3. Aug. 1883

Scheller, W., Führer durch Bremen. 18. Aufl. Bremen, o. J. 112 S. mit Abb. u. 1 Plan.

Schellerer, Hch., Staffelsteiner Chronik, s.: Karl, Hch.

Schellerer, Jos., die Vorschriften üb. die Kassa- u. Buchführg. bei den den k. bayerischen Hauptzollämtern untergeordneten Hebestellen. Zusammengestellt u. durch Mustereinträge erläutert. (IV, 144 S.) gr. 8. Ansbach 908. C. Brügel & Sohn. 2. —

Numismata **aurea antiqua familiarum Augustorum, Augustarum et Caesarum ad Heraclium usque, quae colleg. et possed. L. B. de Schellersheim. S. l. 800. 8. 1 rthl. 4 gr.**

Schellert, Vermehrter und gewiss kurierender Vieharzt. Frankfurt 749.

Schellert, Gerhard, Referendar: **Der Abholungsanspruch des § 867 B.G.B. unter Berücksichtigung des Zurückbehaltungsrechtes des Grundstücksbesitzers.** Wolmirstedt 1910: Grenzau. 72 S. 8°
Rostock, Jur. Diss. v. 15. Juni 1910, Ref. Matthiaß
[Geb. 28. Sept. 87 Farsleben; Wohnort: Wolmirstedt; Staatsangeh.: Preußen; Vorbildung: Gymn. Dessau Reife O. 06; Studium: Lausanne 1, München 2, Berlin 1, Halle 2 S.; Rig. 6. April 10.] [U 10. 3877

Schellert, Maximilianus [Saxoborussus]: **De Apollonii Rhodii comparationibus .... Halis Sax.,** typ. Ploetzianis (R. Nietschmann), 1885; 46 + 2 S. 8°.
Halle, Phil. Fak., Inaug.-Diss. v. [26. Nov.] 1885.

Schellert, Maximilianus, de Apollonii Rhodii comparationibus. Halle 1885, Lippertsche Buchh. 8°. 46 S.

Schellert, Otto: Girard von Angoulême. Halis Saxonum 1880: Schmidt in Wolmirstedt. 41 S. 8°
Halle-Wittenberg. Phil. Diss. v. [20. Okt.] 1880
Geb. Grillenberg (Kr. Sangerhausen) 20. 2. 1855. V.

[Ant. u. 𝔉.] **Schellert,** *Otto Hugo* [Dr.]: Philipp Melanchthon. Rede, geh. z. Gedächtnisfeier am 16. Febr. 1897. Bernburg, Druck v. A. Meyer's Buchdr., *1897;* 1 Bl., 6 S. 4.
Bernburg, herz. Karls-RG u. VS d. Carolinums, OP 1897 (707)

Zur Geschichte Halvers. Festschrift z. Feier d. 60jähr. Bestehens d. Landwehr-Vereins. Von J. **Schellewald**. Halver: Köster 1902. 72 S. 8°

Aus meinen Kriegserinnerungen 1870/71. 5. Kompanie. 82. Regiment. Vorträge geh. im Landwehr-Verein Halver von Rektor **Schellewald**. Halver: Köster 1895. 117 S. 8°

Aus der Vorzeit Halvers. Von J. **Schellewald**. 1. Halver: Köster 1898. 8°

Schellhaass, H[ans] W[alther] Hugo: Die Rolle der Caro'schen Säure bei der elektrolytischen Bildung der Ueberschwefelsäure und ihrer Salze. [1906.] 92 S. 8° ¶ Ausz. in: Zeitschrift f. Elektrochemie. Jg. 13. 1907.
Braunschweig, Dr.-Ing.-Diss. v. 26. 7. 1906

Schellhaffer, Heinrich Gottlieb: Antwort auf die Eintritts-Rede von W. B. A. von Steinwehr, 1732,
s. Steinwehr, Wolf Balthasar Adolph von

Schellhaffer, Hch. Glo., Gedichte. 8. Hamb. Bohn. 749. -

– s. Lamprecht, Jakob Friedrich: Lobrede auf die alten Deutschen.

Schellhaffer, Hnr. Glt., († d. 29. Sept. 1757.) Sätze der Recensent. 4. Hamb. 760. 3 ℳ 12 ß

Schellhaffer, Heinrich Gottlob,
s. Schellhaffer, Heinrich Gottlieb

Fr. X. Schellhammer. Über äquivalente Abbildung räumlicher Gebilde. Festschrift zur 36. Versammlung deutscher Philologen und Schulmänner in Karlsruhe 27. bis 30. Sept. 1882. S. 102--121. Wertheim, P 1882

Schellhammer, Günther Christoph, s. Schelhammer

Schellhammer, H., Construction v. Gasanalysenapparaten f. die praktische Verwendung in Hüttenwerken u. Fabriken. Mit 1 lith. Taf. gr. 8. (24 S.) Leipzig 884. Felix. n. -- 80

Schellhammer, J., Congregationsbuch für die Mitglieder der marianischen Congregation, errichtet zur Ehre der seligsten Jungfrau und Mutter Gottes Maria in der hochfürstl. Stifts- und Pfarrkirche zu dem heil. Jakob in Hechingen. Neu bearb. und hrsg. 12. (376 S.) Hechingen 881, (Walther.) geb. * 1 60

Schellhammer, Joh., Erklärung d. 5 Bücher Mosis, nebst 13 Predigten üb. d. 91. Psalm. 4. Hamb. Liebezeit. 716. -

Schellhammer, Jos., der Anschauungs-Unterricht. Eine kurze prakt. Darstellung dieses bewährten Lehrgegenstandes zur Einführung in Oesterreich's Volksschulen. 8. (16 S.) Grätz 849, Hesse. n. 4 ngl

Schellhas, Johann Karl Ludwig (Eisenach) A. S. 93/30

Dissertatio iuridica de testamento priore posteriori derogante. Präs. Achaz Ludwig Karl Schmid. Jena (Marggraf) 9. IV. 1755. 40 S.

W. v.: Karl Friedrich Walch, Karl Friedrich von Neubronner. 30226

Schellhas, Paul, die gerichtliche Aktenkunde. Ein Leitfaden zur Einführg. in die Praxis, insbesondere f. Referendare. 8. (66 S.) Berlin 900. O. Liebmann. n. 1.20

Die Göttergestalten der Mayahandschriften. E. mythol. Kulturbild aus d. alten Amerika. Von Dr. Paul Schellhas ... M. 1 Figurentaf., 75 Abb. im Text u. 1 Chromo-Lichtdr. als Titelbild. *Dresden: R. Bertling 1897.* (2 Bl., 34 S., 2 Taf.) 1 Bd 8. [97. 5937]

Die Göttergestalten der Mayahandschriften. Von Dr. Paul Schellhas. 2. umgearb. Aufl. Mit 1 Figurentaf. u. 65 Abb. *Berlin: A. Asher & Co. 1904.* (42 S.) 4° [04 ...]

Schellhas, Paul, die Göttergestalten der Mayahandschriften. 2., umgearb. Aufl. Mit 1 Fig.-Taf. u. 65 Abbildgn. im Text. (42 S.) Lex.-8. Berlin 904. Behrend & Co. n. 3. —

Schellhas, Paul, an den Grenzen unseres Wissens. Dunkle Gebiete d. Menschheitsgeschichte. Allgemein verständlich dargestellt. (VII, 119 S. m. 32 Abb.) gr. 8. Wien 908. A. Hartleben. 3.—; geb. 4. --

Ideale und Idealismus im Recht. Gedanken u. Fordergn z. Hebg d. Rechtspflege u. d. Richterstandes. Von Dr. Paul Schellhas, Amtsrichter. *Leipzig: W. Friedrich 1896.* (VII, 116 S.) 1 Bd 8. [96 ...]

-- die Konkurssachen in d. gerichtlichen Praxis, s. a. Hilfsbücher f. die gerichtliche Praxis. V.

Die Konkurssachen in der gerichtlichen Praxis. Von Dr. Paul Schellhas Amtsrichter. *Berlin: O. Häring 1902.* (XIII, 423 S.) 8° [F.]
— Hülfsbücher f. d. gerichtliche Praxis. 5. [02. 7580]

— was fordert uns. Zeit vom Richterstande u. der Rechtspflege? 2. [Titel-] Aufl. (von: Sch., Ideale u. Idealismus im Recht). 8. (VIII, 116 S.) Ebd. (896) 898. n. 2. —

Schellhas, P., der Wert d. Lebens u. die Bedeutung d. Todes. Kulturgeschichtliches u. Modernes. gr. 8. (III, 87 S.) Leipzig 891. W. Friedrich. n. 1.80

[F.] Der Wert des Lebens und die Bedeutung des Todes. Kulturgeschichtl. u. Modernes v. Dr. Paul Schellhas ... *Leipzig: W. Friedrich [1898].* (2 Bl., 87 S.) 1 Bd 8. [98. 5887]

Schellhase, C. F., veterinair-literarische Excursionen. 1. Hft. Betreffend: Schriften des Prof. Dieterichs. gr. 8. Berlin 845, Logier. n. 2/3 ngl

Schellhase, Willy, Tierarzt: Aus d. Laboratorium d. Dr. Koeppeschen Kinderpoliklinik Gießen. Über die Katalase der Milch. (Hamburg) [1908] (Drexel & Adler). (35 S.) 8°
Gießen, Veterinär-Med. Koll., Ref. Frank, Diss. v. 13. Aug. 1908
[Geb. 22. Sept. 80 Stettin; Wohnort: Graudenz; Staatsangeh.: Preußen; Vorbildung: Schiller-Realgymn. Stettin Reife O. 99; Studium: Tierärztl. Hochsch. Berlin 10 S.; Rig. 13. März 08.]

Schellhass, H. von, s. Schelhaß, Heinrich von

Schellhass, Johann Anton Ernst (Querfurth) A. S. 602/41

Quaestio iuris controversi an rei legatae ademtio fiat datione illius in dotem. Präs. Christian Heinrich Breuning. Leipzig (Langenheim) 13. XII. 1775. 8 S. 30227

Schellhass, Karl, s.: Akten zur Reformtätigkeit Felician Ninguarda's.

— der Franziskaner-Observant Michael Alvarez u. seine Ordensklöster in den Provv. v. Oesterreich, Strassburg, Böhmen u. Ungarn im J. 1579. (14 S.) gr. 8. Rom 903. Loescher & Co. n.n. — 80
Sonderabdruck aus „Quellen u. Forschungen aus ital. Archiven und Bibliotheken"

Schellhass, Karl, italien. Bibliographie 1907—8. (115 S.) gr. 8. Rom (908). Loescher & Co. nn 4. —
Sonderabdruck aus „Quellen u. Forschungen aus ital. Archiven und Bibliotheken"

— Michelangelos Christus u. die Wittelsbacher (1577). (8 S.) gr. 8. Ebd. (909). nn — 40
Sonderabdruck aus: „Quellen u. Forschgn. aus ital. Archiven u. Biblioth."

— die Deutschordenscommende zu Padua u. die Jesuiten. Ein Beitrag zur Geschichte des Deutschordens in den J. 1511—1576. (32 S.) Lex.-8. Ebd. 904. n.n. 1.20
Sonderabdruck aus „Quellen u. Forschungen aus ital. Archiven und Bibliotheken"

Schellhass, Karl: Das Königslager vor Aachen und Frankfurt in seiner rechtsgeschichtlichen Bedeutung. I. ... Berlin, R. Gaertner's Verlagsbuchh. Hermann Heyfelder (1885) (Druck v. L. Simion): 30 + 2 S. 8°
Berlin, Phil. Fak., Inaug.-Diss. v. 22. Dez. 1885.

Schellhass, K., das Königslager vor Aachen u. vor Frankfurt in seiner rechtsgeschichtlichen Bedeutung, s. a. Untersuchungen, historische.

Schellhass, Karl, das Königslager von Aachen und Frankfurt in seiner rechtsgeschichtlichen Bedeutung. I. Diss. Berlin 1885. 8°. 30 S.
Sonder-Abdruck aus: Historische Untersuchungen hrsg. von J. Jastrow, Heft 4. Berlin, R. Gaertners Verlag.

— zur Lebensgeschichte des Laurentius Albertus. (24 S.) Lex.-8. Ebd. 905. n.n. 1.20
Sonderabdruck aus: „Quellen und Forschgn. aus Ital. Archiven u. Bibliotheken".

Schellhass, Karl, d. süddeutsche Nuntiatur d. Grafen Bartholomäus v. Portia, s. a. Nuntiaturberichte aus Deutschland, 3. Abtlg.

Schellhass, d. Nuntiatur d. Grafen von Portia. Berlin 896.

— s.: **Nuntiaturberichte aus Deutschland.**

— Italienische Schlendertage Herzog Ernsts v. Bayern, vornehmlich auf Grund der Korrespondenz Camillo Capilupi's m. Rom. (1575.) (42 S.) Lex. 8. Rom 907. Loescher & Co. nn 1. 65
Sonderabdr. a.: „Quellen u. Forschgn. a. ital. Archiven u. Biblioth."

Schellhaus, Richard *(geb. Langenöls bei Greiffenberg in Schles. 12. 3. 1839)*: De vulneribus sclopetariis. Vratislaviae 1866. (32 S.) 8°
Breslau, Med. Diss. v. 15. Dez. 1866

Schellhauß, M., Almkinder. Roman. (330 S.) 8. Lengerich (909). Bischof & Klein. 2,50; geb. in Leinw. 3. —

Almkinder. Roman von M. Schellhauß. 2. Aufl. Lengerich (Westf.): Bischof & Klein [1909]. 330 S. 8° [w. 707]

Schellheim, Anton, od. Elend aus Liebe. 3 Thle. 8. Eisenach 785—91. Wävecke. 2 ℛ

Schellheim, Anton, oder Elend aus Liebe, ein Pendant zu des Herrn Salzmanns Carl von Carlsberg, 3 Theile, 8. Eisenach, 785 , 91. Krumbhaar. 2 Rthl.

SCHELLHEIM, Anton, oder Elend aus Liebe. Ein Pendant zu des Herrn Salzmanns Carl von Carlsberg. 3 Thle. Eisenach, bey Joh. Geo. Ernst Wittekindt. 1785—91. 8°. Zahm.

Schellheim, Anton, od. Elend aus Liebe; e. Pendant zu Salzmanns Carlsberg. 3 Thle. 8. Eisenach, Wittekind. (Sommer in Lpz.) 799.

Schellhorn (Mitarb.), s. Anzahl u. Bedeutung d. niederen Organismen in Wald- u. Moorböden.

Schellhorn, Andreas, s.a. Schellhorn, J. V.

— Gedichte. gr. 8. Erlang. 817. Palm. 6 ℊ

— Leitfaden zur Verwaltung des Pfarramts in seinen Dienstverhältnissen gegen den Staat im Königr. Baiern; nebst e. Anh. von Formularen pfarramtl. Ausfertigungen. gr. 8. Erlang. 811. 2e verm. A. in 2 Thlen. 813. Palm. 1 ℛ 16 ℊ 2r Thl. A. u. d. T.: das Volksschulwesen in Baiern seit seiner organ. Einrichtung. 14 ℊ — 1r Nachtr. zum Pfarramt. gr. 8. Ebd. 815. 3 ℊ — 1r Nachtr. zu d. Volksschulwesen &c., welcher die vom J. 1813—15 erlass. Schulverordnn. enthält. gr. 8. Ebd. 815. Plam. 3 ℊ

Schellhorn, Andr., Progr. de disciplina Gymnasii Würzeburgensis. 8maj. Würzb. 799. Rienner. 4 ℊ

Schellhorn, Andr., Teutsche Sprichwörter, sprichwörtliche Redensarten und Denksprüche. Nürnberg 1797. 8.

Schellhorn, A., deutsche Sprichwörter, sprichw. Redensarten &c. 8. Nrnb. Stein. 797. -

— Trauerrede bei d. Todesfeier d. Königs Max. Joseph v. Baiern. gr. 8. Bamb. 825. Drausnick. 2 ℊ

— Jos. Valent. Barnberger, nach sin. Leben u. Wirken geschildert, nebst d. Verfassung seines Seminars, von e. seiner Zöglinge. gr. 8. Erlang. 816. (Palm). 6 ℊ

— das Volksschulwesen im Königreich Baiern, 1r Nachtrag, welcher die vom J. 1813—15 erlassenen Schulverordnungen enthält. gr. 8. Erlangen, Palmsche Verlagsbuchh. 815.

Schellhorn, Aug. Ludw., siehe: **Hausfreund**, unterhaltender.

Schellhorn, Bernhard *Friedrich Theodor* **[aus Anklam]: Beitrag zur Stereochemie in der Piperidinreihe ... Berlin, Druck v. E. Ebering,** *1897*; **41 S., 1 Bl. 8.**
Berlin, Phil. Fak., Inaug.-Diss. v. 30. Juni 1807

Schellhorn, E. Theoph. (geb. Sommerfeld in d. Neum. 11. 11. 1792): De colli ossis femoris fractura. Berolini (1818). (35 S.) 8°
Berlin, Med. Diss. v. 8. Sept. 1818

Schellhorn, F., auserlesene Geburtstags-, Hochzeits- u. Abschiedsgedichte, wie auch Stammbuchsverse, Räthsel u. Polterabendscherze. 3., verm. Aufl. (9½ B.) 838., u. 4., verm. A. 8. (11½ B.) Quedlinburg 841, Ernst'sche Buchh. à

Schellhorn, F., auserlesene Geburtstags-, Hochzeits-, Neujahrs- u. Abschiedsgedichte, wie auch Grabverse, Stammbuchsverse, Trinksprüche, Polterabendscherze u. Räthsel. 5. Aufl. 842. u. 6., verb. Aufl. 12. (à 8 B.) Quedlinburg 844, Ernst'sche Buchh. à

Schellhorn, F., 120 auserlesene Geburtstags-, Hochzeits-, Neujahrs-, Jubiläum- u. Abschieds-Gedichte u. Polterabendscherze, wie auch Grabverse, Stammbuchsverse, Trinksprüche u. Räthsel. 6. verb. Aufl. 12. (XII u. 204 S.) Quedlinburg 850, Ernst. — 7. verb. Aufl. 12. (XII u. 204 S.) Ebd. 851. ½ ℛ

Schellhorn, F., 120 auserlesene Geburtstags-, Jubiläums-, Namens-, Hochzeits-, Neujahrs- und Abschieds-Gedichte nebst Polterabendscherzen, wie auch Grabversen, Stammbuchsversen, Trinksprüchen und Räthseln. 8., gänzl. umgearb. Aufl. Quedlinburg 855. Ernst. 8. (XII, 212 S.) 15 ngr.

Schellhorn, F., 120 auserlesene Geburts- und Namenstags-, Hochzeits-, Jubiläums-, Neujahrs- und Abschieds-Gedichte nebst Polterabendscherzen, wie auch Grabversen, Stammbuchsversen, Trinksprüchen und Räthseln. 9., gänzlich umgearb. Aufl. 8. (XI und 216 S.) Quedlinburg 860, Ernst'sche Buchh.

—— 120 auserlesene Geburts- und Namenstags-, Hochzeits-, Jubiläums-, Neujahrs- und Abschieds-Gedichte, nebst Polterabendscherzen, wie auch Grabversen, Stammbuchsversen, Trinksprüchen und Räthseln. 10. Aufl. 1863. und 11., gänzlich umgearb. Aufl. 8. (VIII und 219 S.) Quedlinburg 866, Ernst'sche Buchh.

Schellhorn, F., 120 auserlesene Geburts- und Namenstags-, Hochzeits-, Jubiläums-, Neujahrs- und Abschieds-Gedichte, nebst Polterabendscherzen, wie auch Grabversen, Stammbuchsversen, Trinksprüchen und Räthseln. 12. Aufl. 1873, und 13. verb. Aufl. 8. (VIII, 206 S.) Quedlinburg 875, Ernst'sche Buchh. 1 50

Schellhorn, F., 120 auserlesene Geburts- und Namenstags-, Hochzeits-, Jubiläums-, Neujahrs- und Abschieds-Gedichte, nebst Polterabendscherzen, wie auch Grabversen, Stammbuchsversen, Trinksprüchen und Räthseln. 14. verb. Aufl. 8. (VIII, 208 S.) Quedlinburg 877, Ernst'sche Buchh. 1 50

Schellhorn, F., 120 auserlesene Geburts- und Namenstags-, Hochzeits-, Jubiläums-, Neujahrs- und Abschieds-Gedichte, nebst Polterabendscherzen, wie auch Grabversen, Stammbuchsversen, Trinksprüchen und Räthseln. 15. verb. Aufl. 8. (VIII, 216 S.) Quedlinburg 880, Ernst'sche Buchh. 1 50

Schellhorn, F., 120 auserlesene Geburts- und Namenstags-, Hochzeits-, Jubiläums-, Neujahrs- und Abschieds-Gedichte, nebst Polterabendscherzen, wie auch Grabversen, Stammbuchsversen, Trinksprüchen und Räthseln. 16. verb. Aufl. 8. (VIII, 216 S.) Quedlinburg 885, Ernst'sche Buchh.

Schellhorn, F., 120 auserlesene Geburts- u. Namenstags-, Hochzeits-, Jubiläums-, Neujahrs- u. Abschieds-Gedichte, nebst Polterabendscherzen, wie auch Grabversen, Stammbuchsversen, Trinksprüchen u. Räthseln. 17., verb. Aufl. 12. (VIII, 216 S.) Halberstadt 892. Ernst. 1.50

Schellhorn, F., die besten Geburts- u. Namenstagswünsche f. kleine u. größere Kinder. Gesammelt u. hrsg. 2. Aufl. (80 S.) 8. Leipzig (905). Ernst. — 50

Schellhorn, F., auserlesene Gratulationsgedichte zu Weihnachten u. Neujahr, zu Geburts-, Namens- u. Konfirmationstagen, sow. zu Verlobungs-, Polterabend-, Hochzeits- u. Jubelfeiern (f. kleine u. größere Kinder). 18., verb. Aufl. 8. (VI, 200 S.) Leipzig 898. Ernst. 1. 50
Daraus einzeln:
Die besten Geburtstags- (u. Namenstags-) Wünsche. (80 S.) n. — 50
Die besten Polterabend- u. Hochzeitswünsche. (64 S.) n. — 50
Die besten Weihnachts- u. Neujahrs-Wünsche. (72 S.) n. — 50

— auserlesene Gratulationsgedichte zu Weihnachten u. Neujahr, zu Geburts-, Namens- u. Konfirmationstagen, sowie zu Verlobungs-, Polterabend-, Hochzeits- u. Jubelfeiern. Gesammelt u. hrsg. 19. verb. Aufl. (VI, 200 S.) 8. Ebd. (905). 1. 50

— 20 Polterabendscherze, 60 Stammbuchs-Aufsätze und akrostische Liebeskränze, 42 Toaste und Trinksprüche und 30 Räthsel und Charaden. Ebend. 864. 8. (VI, 62 S.) 7½ ngr

— die besten Polterabend- u. Hochzeitswünsche f. kleine u. größere Kinder. Gesammelt u. hrsg. 2. Aufl. (64 S.) 8. Ebd. (905). — 50

Schellhorn, F., d. besten Weihnachts- u. Neujahrs-Wünsche f. kleine u. größere Kinder. 19. Aufl. 8. (72 S.) Leipzig (900). Ernst. — 50

Schellhorn, F., die besten Weihnachts- u. Neujahrs-Wünsche f. kleine u. größere Kinder. Gesammelt u. hrsg. 20. Aufl. (72 S.) 8. Leipzig (907). Ernst. - 50

Schellhorn, Georg Bruno Rudolf, s. Schellhorn, Rudolf

Schellhorn, I. G. H., Epistolae ad Card. Quirinum de consilio de emend. ecclesia etc. 4. Zürich, Orell, F. et Comp. 748.

Schellhorn, J. V., s. a. Schellhorn, Andreas

Schellhorn, J. V., Gedichte. gr. 8. Erlangen, Palm'sche V. B. 817.

Schellhorn, (J. V.) Gedichte, vermischten Inhalts, Charaden u. Logogryphen rc. 8. Blankenburg. (Quedlinburg, Ernst.)

Schellhorn, J. V., Vornberger nach seinen Leben und Wirken geschildert. Würzb. (Erlang. Palm.) 816.

Schellhorn, Johann Georg, s. Schelhorn

Schellhorn, Josef Michael

— Beitrr. zur zweckmäß. Einrichtung d. öffentl. kathol. Gottesdienstes u. d. Liturgie rc. 8. Rudolst. 804. (Hildebrandt in Arnst.) 8 gr

Schellhorn, Beytr. z. zweckm. Einricht. d. kathol. Gottesd. u. d. Liturgie rc. 8. Rudolst. Kluger. 804.

Schellhorn, Jos. Mich., prakt. Handbuch d. Methodik u. Pädagogik f. Lehrer in Bürger- u. Landschulen. gr. 8. Würzb. 802. (Wesché in Frkf. a. M.) 1 rf 8 gr

Schellhorn, J. M., praktisches Handbuch der Methodik rc. 8. Würzb. 802. Jetzt Göbhardt in B. u. d. Pr.

Schellhorn, Karl, Gedichte. 2., verm. Aufl., nebst e. Lebensabrisse d. Dichters, hrsg. v. Hildebert Schellhorn. 8. (23⅛ B.) Halle 837, [Knapp.]

Schellhorn, Karl, Gedichte. 2e verm. Aufl., nebst einem Lebensabrisse des Dichters, herausg. von Hildebert Schellhorn. 8. Halle 837. Kummel. 1 rf

Schellhorn, Lor., über das schräg-ovale Becken. gr. 8. (26 S.) Erlangen 854, Deichert.

Schellhorn O. Ueber den von der Bestrahlung durch die Erde herrührenden Theil der schliesslichen Temperatur des Mondes und die Vertheilung dieser Temperatur im Innern desselben. Jena 1883. 8
Diss.

Schellhorn, O., das Wichtigste aus der französischen Grammatik. Zum Gebrauche beim Unterricht u. zur Repetition f. Examina zusammengestellt. gr. 8. (66 S.) Jena 893. F. Mauke. n. — 80

Schellhorn, Otto

Schellhorn, O., planimetr. Beweise, m. Anh.: Algebr. Regeln. Lehrbuch f. den Schulgebrauch u. zum Selbstunterricht, hauptf. aber f. die Vorbereitg. der Schüler auf die Lehrstunden bis Untersekunda. (IV, 114 S. m. Fig.) 8. Essen 906. G. D. Baedeker. Geb. n. 1. 60

Schellhorn, Rud., Chrestomathie aus römischen Dichtern, s.: Franke, Frdr.

Schellhorn, Rudolf: Über das Verhältnis der Freiberger und der Tepler Bibelhandschrift zu einander und zum ersten vorlutherischen Bibeldrucke. I. Freiberg, Gerlachsche Buchdr., 1896; 1 Bl., 23 S. 4.
Freiberg, G Albertinum, OP 1896 (548)

Schellhorn, Rudolf: Über das Verhältnis der Freiberger und der Tepler Bibelhandschrift zu einander und zum ersten vorlutherischen Bibeldrucke. II. [Forts. d. P-Beil. 1896.] Freiberg, Gerlachsche Buchdr., 1897; 1 Bl., 40 S. 4.
Freiberg, G Albertinum, OP 1897 (558)

Schellhorn, Siegfried, appr. Arzt a. Leipzig, Unterarzt im 1. Oberrhein. Inf.-Reg. Nr. 97: Über Epilepsie im Deutschen Heere. Berlin (1904): G. Schade. (40 S.) 8°
Berlin, Med. Fak., Ref. Ziehen, Diss. v. 5. Dez. 1904
[Geb. 21. Aug. 80 Leipzig; Heimatsort: Leipzig; Staatsangeb.: Preußen; Vorbildung: Wilhelms-Gymn. Berlin Reife M. 98; Studium: Berlin, K. Wilh.-Akad. 9 S.; Coll. 29 Nov. 1904; Approb. 26. Nov. 04.]

Schelliesnigg, N. J.

— Hauptschlüssel, d. i. fundamental. Begriff der welschen Praktik. 8. Wien 788. Klemmayr. 6 gr

N. I. Schelliesnigg's Hauptschlüssel der welschen Practic und der deutschen Rechenkunst. Wien. 8.
1775.

Schelliesnigg, N. J., vollständ. Rechenkunst. 8. Wien 787. v. Mosle. 6 gr 7e Aufl. 8. Ebd. 816. 6 gr

Schellig, Karl Friedrich

— s. Carnet, Eigenschaft d. Vielecke.

SCHELLIG, Karl Friedrich u. Johann Benjamin MARKENDORF: Forstliche Entwickelungen und Beyträge zur Abtheilung der Gehölze in jährliche Gehaue, gemeinschaftlich bearbeitet. - Meissen 1797. - 3. Aufl. ebd. 1811. XVI, 162 S.

Schellig, Karl Fr., Etwas zu e. verbessert. Vortrage der verkehrten Regel Detri. gr. 8. Leipz. 800. Cr. Fleischer. 15 gr

Schellig, K. F., u. Markendorf, Forstfragen, s. a. Forstfragen.

Schellig, Karl Fr., († d. 6. Juli 1809.) u. Jh. Benj. Markendorf, Forstfragen, als Entwickelung u. Beitr. zur Abtheilung der Gehölze u. jährl. Gehaue. gr. 4. Meiß. 797. (Gordsche. 1 ℔ 12 ℊ Wohlf. Ausg. gr. 4. Ebd. 811. 1 ℔

Schellin, Emil *Christian Heinrich* [pr. Arzt aus Pommern]: Über Staaroperationen mit Berücksichtigung der in den letzten zwei Jahren in der hiesigen Augenheilanstalt operierten Fälle. . . . Greifswald, Druck v. J. Abel, 1891; 84 S. 8°
Greifswald, Med. Fak., Inaug.-Diss. v. 9. Mai 1891

Schellin, Paul, approb. Arzt aus Labes B: Aus d. pathol. Institute zu Kiel. Ein Fall von Misbildung der harnableitenden Wege. *Kiel 1900: H. Fiencke.* (26 S.) 8°
Kiel, Med. Diss. v. [2. Apr.] 1900

Schelling, s. Aus Schellings Leben. — Fischer, Kuno.

Schelling, s. Gebel, Rich. Mor. Rud.

Schelling und die Offenbarung, Kritik des neuesten Reactionsversuchs gegen die freie Philosophie. [Berlin 1841.] V: *Engels, A.* (Fischer, Gesch. d. Philosophie, Jub.-Ausg. Heidelb. 1899. VII, 261.)

Schelling und die Offenbarung . . . [Berlin 1841]. V: *Oswald, Friedrich,* nicht: *Engels, A.* (Dokumente des Socialismus. I. 1892. S. 436—443.)

Schelling und die Offenbarung. Kritik des neuesten Reactionsversuches gegen die freie Philosophie (von M. Bakunin). 8°. Leipzig 1842.

Schelling und die Offenbarung; Kritik des neuesten Reaktionsversuchs gegen die freie Philosophie. Leipzig 1842. V: *Engels, Friedrich.* (zuwzür 1913) Vgl. IV, 954.

— u. die Offenbarung. Kritik des neuesten Reaktionsversuchs gegen die freie Philosophie. Lex.-8. Leipzig 842, Binder. (Bamberg.) 1/2 ℔ Vergl. Andeutungen über Glauben u. Wissen.

Schelling als Persönlichkeit. Briefe, Reden, Aufsätze. Hrsg. v. Otto Braun. (284 S. m. Bildnis.) gr. 8. Leipzig 908. [F. Eckardt.] Fel. Meiner. Kart. 4.—; geb. in Leinw. 5.—

Schelling d. Philosoph in Christo, od. d. Verklär. d. Weltweish. z. Gottesweish.; für gläub. Christen, denen d. philos. Sprachgebr. unbekannt ist. *Berl.*, Eyssenhardt. 842. gr 16° 4 ℊ

Schelling und die Theologie. Berlin 1845. V: *Merz, Ludwig* (?). (Dokumente des Socialismus. I. 1892. S. 436—443.)

—— u. die Theologie. gr. 8. (2¾ B.) Berlin 845, [C. H. Schultze.]
Aus: Repertorium f. theolog. Literatur 2c., besond. abgedruckt.

Schelling, v., s.: Bericht der verstärkten (IV.) Kommission (des Herrenhauses) f. Justizangelegenheiten üb. den Entwurf e. Ausführungsgesetzes zum bürgerl. Gesetzbuch.

Schelling, s. a. Schacht, Heinrich, der Vogelkundige.

Heinrich Schacht der Vogelkundige. Eine biogr. Beigabe zu dessen neuer Aufl.: 'Die Vogelwelt d. Teutoburger Waldes' zugleich als Festgabe zu s. 50jähr. Amtsjubiläum als öffentl. angestellter Lehrer in Lippe, 1907. (Verf.: **Schelling**, Kantor.) Lemgo: Wagener 1907. (55 S.) 8° [F.] [08. 16086

Schelling, A[dolf]. Das Brandunglück von Kappel im Jahre 1854. Gedenkblätter, im Auftrage der «Sonntags-Gesellschaft» gesammelt und bearb. von A. Sch', Pfarrer. Mit drei Abbildungen [Tafeln]. 26 S. 8. Ebnat-Kappel, J. Sturzenegger, 1904. [cart. fr. 1. —]

Schelling, Aug. Ldw., evangel. Predigten üb. alle christl. Feste des Jahrs. 1. Bdchn. gr. 8. Stuttgart 841, Köhler. n. 5/12 ℔

Schelling, Aug. Ludw., evangel. Predigten üb. alle christl. Feste des Jahrs. 1. Bdchn. gr. 8. (6¼ B.) Stuttgart 846, Köhler. *—

Schelling, Caroline, s. Schelling, Karoline

The life and writings of George Gascoigne, with three poems heretofore not reprinted. By Felix E[manuel] **Schelling**, Prof., Univ. of Pennsylvania. Boston: Ginn & Co.; Halle a. S.: M. Niemeyer [1892]. (131 S.) 8° = **Publications** of the University of Pennsylvania. Ser. in Philol., Literat. and Archæol. Vol. 2, No 4. [06. 13298

Schelling, Ferd., der beliebte Deklamator. Sammlung der besten und wirkungsvollsten Gedichte und Vorträge ernster und heiterer Art. 8. (96 S.) Oberhausen 886, Spaarmann. *

Schelling, Ferd., der beliebte Deklamator. Sammlung der besten u. wirkungsvollsten Gedichte u. Vorträge ernster u. heiterer Art. 3. Aufl. 12. (80 S.) Styrum 894. A. Spaarmann. n. — 50

Schelling, (Friedr.,) Observat. criticae in C. Cornelii Taciti Agricolam. gr. 8 827 (Wienbrack in Leipz.)

Schelling, Friedrich Wilhelm Johann von, s. Schelling, Friedrich Wilhelm Joseph von

Schelling, Friedrich Wilhelm Joseph von

— Abhandl. üb. das Verhältniß d. Realen u. Idealen in d. Natur 2c. (Aus dessen „von d. Weltseele" abgedr.) gr. 8. Hamb. 806. Fr. Perthes. 8 ℊ — Dass. 8. Landsh. 807. Weber in Münch. 6 ℊ

(F. W. Jos.) v. **Schelling's** religionsgeschichtl. Ansicht; nach Briefen a. München; m. e. vergleich. Zugabe: Pt. Feddersen **Stuhr** üb. Urgeschichte u. Mythologie, u. e. Bericht üb. v. Schelling's jüngste literar. Fehden. *Berl.*, Rücker u. Püchler. 841. gr 8° 14 ℊ

v. Schelling, Fr. Wlh. Jos., antiquissimi de prima malorum humanorum origine philosophematis Genes. III. explic. tentamen crit. et philosoph. 4. Tübing. 792.

Schelling, F. W. J., Anti-Sextus, od. üb. d. absolute Erkenntniß. gr. 8. Heidelb. Braun. 807.

F. W. Jos. **Schelling**'s Anti-Sextus, od. üb. d. absol. Erkenntniss. *Heidelb.*, (Kaufmann. 807.) Braun. 811. 8° 12 gl

Schelling, Friedrich Wilhelm Joseph von. Ein Beitrag zur Geschichte des Tages . . . Leipzig 1843. V: *Kapp, Christian.* (ErGr)

v. Schelling, Fr. Wlh. Jos., ein Beitrag zur Geschichte des Tages von einem vieljähr. Beobachter. gr. 8. Leipzig 843, O. Wigand. n. 2 ß

Schelling, Briefwechsel, s.: Maximilian II., König v. Bayern.

— Bruno, od. über göttl. u. natürl. Principien d. Dinge, ein Gespräch. 8. Berl. 802. Unger. 1 ß Velinp. 1 ß 12 gl

Eb. Bruno, od. üb. d. göttl. u. natürl. Princip d. Dinge, e. Gespräch. (*Berl.*, Unger. 802.) 2e unveränd. Ausg. *Berl.*, Reimer. 842. 8° 1 ß 4 gl

— Darlegung des wahren Verhältnisses d. Naturphilosophie zu d. verbessert. Fichte'schen Lehre. gr. 8. Tüb. 806. v. Cotta. 18 gl

F. W. Jos. **Schelling**'s Denkmal d. Schr. v. d. göttl. Dingen u. s. w. des Herrn *F. H. Jacobi* u. der ihm in ders. gemachten Beschuldig. eines absichtlich täuschenden, Lüge redenden Atheismus. *Tüb.*, Cotta. B. 812. gr 8° 1 ß

Schelling, Friedr. Wilh. Jos. v., über Faraday's neueste Entdeckung. Zur öffentl. Sitzung d. K. Akad. d. Wissenschaften am 28. März 1832. gr. 8. (2 B.) München, Weber.

— erster Entwurf e. Systems der Naturphilosophie. gr. 8. Jena 799. (Gnobloch in Leipz.) 1 ß 16 gl Schrbp. 2 ß Velinp. 2 ß 8 gl — Einleit. zu demselb. od. über d. Entwurf d. spekulativen Physik. gr. 8. Ebd. 799. 8 gl Velinp. 10 gl

Schelling, F(riedrich) W(ilhelm) J(oseph): Erster Entwurf eines Systems der Naturphilosophie. 321 S., gbd.

Jena u.Leipzig: Gabler 1799

JB 5.605

Eb. Einleit. zu sm. Entw. u. s. w. od. üb. d. Begriff d. specul. Physik u. d. innere Organisat. e. Syst. dieser Wissenschaft. *Eb.* 799. 8° 8 gl

— Erläuterr. über die Jenaische allgem. Literaturzeitung. gr. 8. Jena 800. (Gnobloch in Leipz.) 6 gl

— Erläuter. üb. d. Jenaische allgem. Literaturzeitung. gr. 8. Jena, Gabler (a. d. Zeitschr. f. spec. Phys. besonders abgedruckt.) 800.

— philosophische Gespräche. 1r Thl. enth. 1) Bruno, od. üb. göttl. u. natürl. Prinzip d. Dinge. 2) der Traum d. Kirfos. 8. Ebend. 811.

— die Gottheiten von Samothrace. Eine Abhandl., in d. öffentl. Versamml. d. baier. Akademie d. Wissensch. vorgelesen d. 12. Oct. 1815. gr. 4. Tübing. 815. v. Cotta. 12 gl; bei Franz in Münch. gr. 4. 20 gl

— Schöpferisches Handeln, s.: Erzieher zu deutscher Bildg. 9. Bd.

Schelling, F(riedrich) W(ilhelm) J(oseph) (Hrsg.)

s. a. Jahrbücher der Medicin als Wissenschaft. Bd 1-3/1. Tübingen: 1805-08

JB 6.058

— u. Markus, Jahrbücher der Medicin. 1r bis 3r Band. à 2 Stck. gr. 8. Tübing. Cotta. 805-808. (à Bd. 1 Thlr. 12 gr.)

Schelling, Friedrich Wilhelm Joseph: Vom Ich als Princip der Philosophie oder über das Unbedingte im menschlichen Wißen. 208 S., gbd.

Tübingen: Herrbrandt 1795

JB 6.669

— vom Ich, als Princip der Philosophie, od. das Unbedingte im menschl. Wissen. 8. Tübing. 796. (Osiander). 12 gl

— Ideen zu e. Philosophie d. Natur. 1s u. 2s Buch. gr. 8. Leipz. 797. Breitkopf u. H. 1 ß 2e verb. Ausg.: Ideen zu e. Philosophie d. Natur, als Einleit. zum Studium des Systems dieser Wissenschaft. 2 Bücher. gr. 8. Landsh. 803. Krüll. 2 ß

F. W. Jos. **Schelling**'s u. G. W. F. **Hegel**'s krit. Journ. d. Philos. *Tüb.*, Cotta. 801-3. 2 Bde. gr 8° 1 ß 16 gl

— u. Hegel, kritisches Journal d. Philosophie. 2 Bde. gr. 8 Ebend. 802-3. (à 1 Thlr. 16 gr.)

Schelling, Frdr. Wilh. Jos. v. (Forts.), *Clara*, oder Zusammenhang der Natur mit d. Geisterwelt. Ein Gespräch von *Schelling*. (Hrsg. von Dr. *K. F. A. Schelling*.) Sep.-Ausg. (aus den „Werken"). 2. Aufl. Ebd. 1865. 8°. Orig.-Ppb. *). gebr.
IV — 180 S. — Vorw. d. Herausg. zur 1. Aufl. ist dat. Esslingen, im März 1862.

Schelling, (Friedr. Wilh. Joh. v.), Clara oder Zusammenhang der Natur mit der Geisterwelt. Ein Gespräch. Sep.-Ausg. 2. Aufl. Stuttgart 865. J. G. Cotta'sche Buchh. 8. (IV, 180 S.) n. 18 ngr.

— de Marcione, Paulinarum Epistolarum emendatore. 4. Tübing. 795.

— Methodologie. gr. 8. Tubing. Cotta. 803.

F. W. Jos. **Schelling** üb. d. Möglichk. e. Form d. Philosophie überhaupt. *Tüb.*, Cotta. 795. 8° 4 gl

— üb. Möglichkeit e. Form d. Philosophie uberhaupt. 8. Tubing. Heerbrand. 795.

— üb. die Möglichkeit einer Form d. Philosophie überhaupt. 8. Tübing. 795. (Osiander). 4 gl

Nachtwachen. Von Bonaventura (⟨1805⟩). (Vermutl. Verf.: Friedrich Wilhelm Josef v. **Schelling**.) Hrsg. von Dr. Hermann Michel. *Berlin: B. Behr 1904.* (LXIX, 165 S.) 8°
— Literaturdenkmale, Deutsche, d. 18. u. 19. Jahrh. No 133.

Die Nachtwachen des Bonaventura (d. i. nach d. Überlieferung Friedrich Wilhelm Josef v. **Schelling**, nach d. Hrsg., [Univ.-Prof.] Franz Schultz, Bonn: Friedrich Gottlob Wetzel). Leipzig: Insel-Verl. 1909. 161 S. 8° III. 4754

Die Nachtwachen des Bonaventura. [Verf.: Friedrich Wilhelm Josef v. **Schelling**.] Berlin: B. Cassirer 1910. XIV, 248 S. 8° II. 3116

— Philosophie und Religion. gr. 8. Tübingen, Cotta. 804.

Schelling, J. v., Akademische Rede zum 73. Jahrestage der Akademie der Wissensch. gehalten am 26. März 1834. (Nachruf an Soldner, Socher u. Schleiermacher.) München 1834. 8°.

— Rede zum siebzigsten, in öffentl. Sitzung gefeierten Jahrestag der kön. Akademie d. Wissensch. gr. 4. Münch. 829. Weber. 6 Gr; (a. G. Franz). 5 Gr

—— Rede zum 72., in öffentl. Sitzung gefeierten Jahrestag d. Kgl. Akad. d. Wissenschn., am 28. März 1831 gehalt. gr. 4. (2½ B.) München, Literar.-Artist.-Anstalt.

—— Rede zur öffentl. Sitzung d. Kgl. Akad. d. Wissenschn., am 28 März 1832. gr. 4. ... München, (Franz.)

— (Rede) zur öffentl. Sitzung der königl. Akademie d. Wissensch. am Vorabend des Ludwigs-Tages 1829. gr. 4. Münch. 829. Weber. 3 Gr (G. Franz). 2 Gr

—— Rede an die Studierenden d. Ludwig-Maximilians-Universität, in d. Aula Academica am Abend d. 29. Dec. 1830 geh. gr. 8. (1 B.) München 831, Literar.-Artist.-Anstalt.

F. W. Jos. **Schelling's** philos. Schrr. *Landsh.*, Krüll. 1r B. 809. gr8° 2 ß 12 gl

— s. Steffens, H., nachgelassene Schriften.

— System des transcendentalen Idealismus. gr. 8. Tübing. 800. b. Cotta. 1 ß 20 Gr

— über d. Verhältniß der bildenden Künste zu d. Natur, eine Rede. 4. Landshut, Krüll. 808.

—— über d. Verhältniß der bildenden Künste zu d. Natur. Eine Rede zu München am 12. Oct. 1807 gehalten in der Akad. der Wiss. Neuer unveränd. Abdruck. Lex.-8. (4 B.) Berlin 843, G. Reimer.

— Verhältniß zw. Natur- u. Fichtescher Philosophie. gr. 8. Ebend. 806.

Eb. über d. Verhältniss d. Realen u. Idealen in d. Natur, od. Entwickelung d. ersten Grundss. d. Natur-Philos. an den Principien d. Schwere u. d. Lichts. *Hamb.*, Perthes. 806. 8°

— über d. Verhältniß d. Realen u. Idealen in d. Natur. 8. Landshut, Weber. 807.

Schelling (Friedrich Wilhelm Joseph von). Erste Vorlesung in Berlin, 15. November 1841. Stuttgart und Tübingen, Cotta 1841. 22 S. 8.

Eb. erste Vorles. in Berlin, 15. Nov. 1841. *Stuttg.* u. *Tüb.*, Cotta. B. 842. gr8° 4 gl

— Vorles. üb. d. Methode d. akadem. Studiums. 8. Tüb. Cotta. 803.

— Vorlesungen üb. die Methode des akademisch. Studiums. 2te Aufl. 8. Ebend. 813.

Schelling, Friedr. Wilh. Jos. v., Vorlesungen üb. d. Methode d. academ. Studiums. 3., unveränd. Ausg. 8. (20½ B.) Stuttgart 830, Cotta. Thlr

— Vorlesungen üb. d. Methode d. akademischen Studiums, hrsg. v. Otto Braun. (XXIII, 170 S.) 8. Leipzig 907. Quelle & Meyer. 2.60; geb. in Leinw. 3. 20

Schelling's Münchener Vorlesungen „Zur Geschichte der neueren Philosophie u. Darstellung des philosoph. Empirismus", s. a. Bibliothek, philosoph. 104.

[Friedrich Wilhelm Josef v.] **Schellings** Münchener Vorlesungen: Zur Geschichte der neueren Philosophie und Darstellung des philosophischen Empirismus. Neu hrsg. u. mit erl. Anm. versehen von Dr. Arthur Drews, Prof. Leipzig: Dürr 1902. (XVI, 353 S.) 8°
= **Bibliothek**, Philosophische. [Neue Ausg.] Bd 104. I. 6449 II

— die Weltalter in 3 Büchern. 8. Ebend. 811.

Schelling, F(riedrich) W(ilhelm) J(oseph): Von der Weltseele. Eine Hypothese der höhern Physik zur Erklärung des allgemeinen Organismus. 328 S., gbd.

Hamburg: Perthes 1798

JB 5.604

Schelling, F. W. J., v. d. Weltseele, e. Hypothese d. höhern Physik z. Erklär. d. allgem. Organismus. gr. 8. Hamburg, Perthes. 806. Rthlr.

Eb. v. d. Weltseele; e. Hypothese d. höh. Physik; z. Erklär. d. allgem. Organismus, nebst e. Abhandl. üb. d. Verhältn. d. Realen u. Idealen in der Natur. *Hamb.*, Perthes. (798. 806.) 808. gr8° 1 ß 16 gl

— von der Weltseele. e. Hypothese der höhern Physik zur Erklärung des allgem. Organismus. gr. 8. Hamb. 798. 2e A. 806. 3e A. 809. Fr. Perthes. 1 ß 16 Gr

F(riedrich) W(ilhelm) J(oseph) v. **Schelling**. Werke. Auswahl in 3 Bden. Mit 3 Portr. Schellings u. e. Geleitwort von Prof. Dr. Arthur Drews hrsg. u. eingel. von Otto Weiß. Leipzig: F. Eckardt 1907. 3 Bde 8°
1. Schriften z. Naturphilosophie. 2. Schriften z. Identitatsphilosophie. 3. Schriften z. Philosophie d. Kunst u. z. Freiheitslehre. [08. 540

Schelling, Frdr. Wilh. Jos. v., Werke. Auswahl in 3 Bdn. Mit 3 Porträts Schellings u. e. Geleitwort v. Arth. Drews hrsg. u. eingeleitet v. Otto Weiss. (CLXII, 816; V, 682 u. V, 935 S.) 8. Leipzig 907. [F. Eckardt.] Fel. Meiner. 20.—; geb. 25.—

Schelling's, Friedr. Wilh. Jos. v., sämmtliche Werke. (In 2 Abthlgn. oder 12 Bdn.) 2. Abthl. 1. Bd.: Einleitung in die Philosophie der Mythologie. gr. 8. (XII und 591 S.) Stuttgart 856, Cotta'sche Buchh. *

—— dass. — 1. Abthl. 1. Bd. 1792—1797. gr. 8. (IX und 488 S.) Ebds. 856. *

Schelling's, Friedr. Wilh. Jos. v., sämmtliche Werke. 1. Abthl. 2—10. Bd. und 2. Abthl. 2—4. Bd. gr. 8. Stuttgart, Cotta'sche Buchh. *

Inhalt:

Abthl. 1. Bd. 2. 1797. 1798. (VII und 583 S.) 857. * 2 Thlr. 28 Ngr.
" 1. " 3. 1799. 1800. (IX und 669 S.) 858. * 3 Thlr.
" 1. " 4. 1800—1802. (VII und 566 S.) 859. * 2 Thlr. 28 Ngr.
" 1. " 5. 1802. 1803. (XIX und 737 S.) 859. * 3 Thlr. 24 Ngr.
" 1. " 6. 1804. (IX und 577 S.) 860. * 2 Thlr. 28 Ngr.
" 1. " 7. 1805—1810. (VIII und 568 S.) 860. * 2 Thlr. 28 Ngr.
" 1. " 8. 1811—1815. (VII und 470 S.) 861. * 2 Thlr. 12 Ngr.
" 1. " 9. 1816—1832. (VIII und 570 S.) 861. * 2 Thlr. 20 Ngr.
" 1. " 10. 1833—1850. (IX und 456 S.) 861. * 2 Thlr. 12 Ngr.
" 2. " 2. Philosophie und Mythologie. (XVI und 686 S. mit 1 Stmt.) 857. * 3 Thlr. 18 Ngr.
" 2. " 3., 4. Philosophie der Offenbarung. 2 Bde. (XXVIII und 899 S.) 858. * 5 Thlr. 10 Ngr.

1. Abthl. 1. Bd. und 2. Abthl. 1. Bd. Ebendas. 1856. * 5 Thlr. 18 Ngr.

Schelling's Worte (v. Bernh. Ihringer). (XII, 295 S. m. 2 Bildnissen.) kl. 8. **Minden (910).** J. C. C. Bruns. Geb. in Leinw. 2.50; in Ldr. auf Büttenpap. 6. —

— Zeitschrift, allgemeine, von Deutschen f. Deutsche, s.a. Zeitschrift.

— Zeitschrift von Deutschen f. Deutsche. 1r Bd. 4 Hefte. gr. 8. Nürnb. 813. Schrag. 4 ℛ 16 ℊ Hbn. Pr. 3 ℛ 12 ℊ

— neue Zeitschrift für speculative Physik. 1r Bd. à 3 Stck. gr. 8. Tübingen, Cotta. 803.

— Zeitschrift f. speculative Physik. 1r Bd. 1s 2s u. 2r Bd 1s 2s. gr. 8. Jena, Gabler. 800 u. 801.

Schelling, G[ustav] A[dolf]. Geschichte der Evangelischen Landeskirche des Kantons St. Gallen. Im Auftrage des Kirchenrates und der Synode bearbeitet. Mit zahlreichen Illustrationen. (Liefg. 1, mit 5 Ill' [Tafeln].) VI S. + S. 1–96. 8. St. Gallen, Komm. Fehr, 1905. [cpl. in 4 Liefg. *à* fr. 1. —]

Ausg. A: (Gratisexemplar).
Ausg. B: (Erscheint in 4 Lieferungen).

Schelling, Hans v., was muß man v. der griechischen Geschichte wissen? (72 S.) gr. 8. **Berlin (908).** H. Steinitz. n. 1. —

— was muß man v. der römischen Geschichte wissen? (72 S.) gr. 8. **Ebd. (903).** n. 1. —

— was muß man v. Richard Wagner u. seinen Tondramen wissen? (80 S.) gr. 8. **Ebd. (903).** n. 1. —

Schelling, Herm. v., die Odyssee, nachgebildet in achtzeil. Strophen. 8. (VIII, 512 S.) **München 897.** R. Oldenbourg. n. 6. —; geb. n.n. 7. 50

Schelling, Herm. v., die Odyssee, nachgebildet in achtzeil. jamb. Strophen. 2., verb. Aufl. (VIII, 512 S.) 8. **München 905.** R. Oldenbourg. n. 4. 50

(B) **Schelling,** Herm. v., die Odyssee. 005. (KVL 34.) Erm. Pr. 3. —

Schelling, J. von, s. Schelling, Friedrich Wilhelm Joseph von

Schelling, J. H. v., s. † Bonaventura.

Schelling, Johannes

Schelling, J., kurzes Lehrbuch der Welt- und Schweizergeschichte im Zusammenhang. Zum Zwecke der Vereinfachung des Geschichtsunterrichtes und zur Erzielung eines bessern Verständnisses der vaterländ. Geschichte für schweizer. Sekundar-, Real- und Bezirksschulen bearb. gr. 8. (XII, 303 S.) St. Gallen 882, Huber und Comp. * 2 40

—— dass. — 2. fast unveränd. Aufl. gr. 8. (XII, 352 S.) Ebendas. 883. * 2 60

Schelling, J., kurzes Lehrbuch der Welt- u. Schweizergeschichte im Zusammenhang. Zum Zwecke der Vereinfachg. d. Geschichtsunterrichts u. zur Erzielg. e. bessern Verständnisses der vaterländ. Geschichte f. schweiz. Sekundar-, Real- u. Bezirksschulen. 3., verb., m. Marginalen versehene u. m. histor. Karten ausgestattete Aufl. gr. 8. (XV, 327 S.) St. Gallen 885. Huber & Co. n. 2. 60

Schelling, J., kurzes Lehrbuch der Welt- u. Schweizergeschichte im Zusammenhang. Zum Zwecke der Vereinfachg. d. Geschichtsunterrichtes u. zur Erzielg. e. bessern Verständnisses der vaterländ. Geschichte für schweizer. Sekundar-, Real- u. Bezirksschulen. 4., m. Marginalien versch. u. m. histor. Karten ausgestattete Aufl. gr. 8. (327 S.) St. Gallen 889. Huber & Co. n. 2. 60; geb. n.n. 3. 5

Schelling, J., Lehrbuch der Welt- u. Schweizergeschichte im Zusammenhang. Für schweizer. Sekundar-, Real- u. Bezirksschulen bearb. 5. Aufl., verb. u. verm. durch Joh. Dierauer. Mit 1 Zeittaf. u. 5 histor. Karten. gr. 8. (XVII, 342 S.) St. Gallen 892. Huber & Co. Geb. in Leinw. n.n. 3. —

Schelling. J[ohannes]. Lehrbuch der Welt- und Schweizergeschichte im Zusammenhang. Für schweizerische Sekundar-, Real- und Bezirksschulen bearb. von J. Sch'..., verbessert und vermehrt durch Dr. Joh[annes] Dierauer.... Mit einer Zeittafel und fünf historischen Karten. 8. St. Gallen.

5. Aufl. .. 1892. — 6. Aufl. ... 1895.
7. Aufl. ... 1900.

Schelling, J., Lehrbuch d. Welt- u. Schweizergeschichte im Zusammenhang. Für schweizer. Secundar-, Real- u. Bezirksschulen bearb. 7. Aufl., verb. u. verm. durch Joh. Dierauer. Mit e. Zeittaf u. 5. histor. Karten. gr. 8. (XIII, 343 S.) St. Gallen 900. Fehr. n. 2. 60; Einbd. n.n.n. — 40

[Schelling, Johannes.] St. Gallen vor hundert Jahren. Mittheilungen über Stadt St. Gallische Verhältnisse und denkwürdige Männer des vorigen Jahrhunderts. Mit 1 Tafel. Njbl. Hist. Ver. St. Gallen. 4. St. Gallen 1869.

Schelling, J[ohannes]. J. Schellings Welt- und Schweizergeschichte im Zusammenhang. Lehrbuch für schweizerische Secundar-, Real- und Bezirksschulen. 8. Aufl., neu bearb. von Dr. Joh[annes] Dierauer. Mit einer Zeittafel und sieben historischen Karten. XII + 348 S. 8. St. Gallen, Fehr, 1904. [geb. fr. 3. 50]

Schelling, Joseph (Wendlingen) 4°Thl. I, 238

In: Förtsch, Michael: Dissertationum theologicarum selectarum decas. Tübingen (Cotta) 1704.

15 Resp. 30229

Schelling, Josef Fr.

— Abhandl. vom Gebrauch der arab. Sprache zu einer Einsicht in die hebräische. 8. Stuttg. 771. Metzler. 8 ℊ

v. *Schelling*, Ritter Jos. Fr., animadversiones in loca difficiliora Jesaiae. 8maj. Leipz. 799. Breitkopf u. H. 12 ℊ

Schelling, Ios. Fr., descriptio codicis mspti hebraeo-biblici, qui Stuttgardiae in bibl. illustr. cons. Wirtemb. asservatur. gr. 8. Stuttgard, Monath. 775.

v. *Schelling*, Ritter Jos. Fr., († d. 5. Oct. 1812.) descriptio codicis mscpti hebraeo-biblici, qui Stuttgardiae in bibl. illustr. Consist. Wirtemberg. asservatur. 8maj. Stuttg 776. Monath u. K. 20 ℊ

— Salomonis Regis et Sapientis, v. Salomonis.

Schelling, Joseph Friedrich (Unterweissach)
A. S. 1360/49

Dissertatio philosophica de simplicibus, et eorum diversis speciebus. Präs. Gottfried Ploucquet. Tübingen (Erhard) IX. 1758. 20 S.

W. v. : Präs. 30230

Schelling, Karl Eberhard

— Diss. inaug. de idea vitae hujusque praecipue formis. 4. Tübing. 805.

Schelling, Karl Ebhrd., üb. das Leben u. seine Erscheinungen. gr. 8. Landsh. 807. Krüll. 18 gl.

Schelling, Karl Frdr. Aug., Protestantismus u. Philosophie. gr. 8. (VI u. 176 S.) Hamburg u. Gotha 848, F. & A. Perthes. 27 ngl

Schelling, Karoline

Schelling, Caroline, Briefe, s.: Caroline.

Schelling, Paul Heinrich Josef

Schelling, P. H. Jos.: De litis consortibus dissert., pro rite adeunda profess. juris publ. extraord. in univ. Erlang. — scr. *Monachii*, (F. Enke in *Erlangen*.) 838. 4. (4 Gr.)

Schelling, Paul Heinr. Jos., Lehrbuch des deutschen Civilprozesses. gr. 8. (XX, 529 S.) Erlangen 879, Deichert. * 10 —

Schelling, Paul Heinr. Jos., Lehrbuch des deutschen Civilprozesses. gr. 8. (529 S.) Erlangen 880. Deichert. n. 10. —

SCHELLING, Paul Heinrich Joseph (München): Die Lehre von der unvordenklichen Zeit nach rein römischem Rechte, ihrer spätern Ausbildung und gegenwärtigen Gestalt im gemeinen Civilrecht.- München: Jacquet 1835. VI,146 S.
12.12.1835 - Urk (Titel: De praescriptione immemoriali.); F 48
Diss. Ingolst.-Landsh.-Mchn.

— die Lehre von d. unvordenkl. Zeit nach rein röm. Rechte, ihrer spätern Ausbild. u. gegenwärt. Gestalt im gem. Civilrecht. Gekr. Preisschr. gr. 8. (9¾ B.) München 835, [Augsburg,] Jaquet.

Schelling, Paul. Henr. Jos., de judicii civilis natura dissert. Prolegom. processus civilis. 4. (3 B.) Erlangae 841, libr. Palm.

Schelling, Paulus, die zehn Gebote in ältester Gestalt. Zur Reform der Katechismen u. Reform der Kirche durch den Staat, von Marheineke. gr. 8. Berlin 841, Vereins-Buchh. 1/12 ℛ

Schelling, Walther, Gerichtsrefer.: Die Anefangsklage der Volksrechte und die Bestimmungen der lex Baiuvariorum über die Mobilienvindikation. Münster i. W. 1909: Bredt. 73 S. 8°
Münster, Rechts- u. staatsw. Diss. v. 12. Juli 1909, Ref. Jacobi, His
[Geb. 1. Juli 86 Lünen; Wohnort: Münster i. W.; Staatsangeh.: Preußen; Vorbildung: Paulin. Gymn. Münster Reife O. 04; Studium: Freiburg i. B. 1, Münster 6 S.; Rig. 9. Juni 09.] [U 09. 3562

Schellingen, Otto, der Georgsritter. (VII, 96 S.) 8. Dresden 905. E. Pierson. n. 2. — geb. n. 3. —

Schellinger, B., aus dem Leben und Dichten in Oesterreich, s. Aus dem Leben &c.

Schellinger Benedikt — Aus dem Leben und Dichten in Oesterreich. Gedichte und Novellen von Th. L. Danis, L. Deutschinger, B. Schellinger, F. Wellen und J. P. Wiedermann. Herausgegeben von — —. Wien, 1856. Druck von Keck und Pierer. Rudolph Lechners Universitäts-Buchhandlung. (294 S 8.)

Schellingii, Herm., de Solonis Legibus apud Oratores Atticos. Dissertatio, praemio ornata. 8maj. Berolini 842, Schroeder. ¾ ℛ

Schellings

— Lehre oder d. Ganze d. Philosophie des absoluten Nichts, s. F. Köppen.

Schellmann, Eduard (Birstein)
Ueber traumatische Verletzungen der Gehirnsinus.
Giessen: Brühl 1864. 33 S. (in Δ mit ‚Thesen')
Diss. med. 27.5.1864. vorh. 26. 7. Δ.

Schellmann, Ferdinand

Schellmann, Die Invalidenversicherung nach dem Reichsgesetz vom 13. Juli 1899. 8°. Brauweiler, Arbeitsanstalt, 1905.

Trinkerfürsorgestellen. Von Landesrat Dr. [Ferdinand] Schellmann. Trier: Kath. Mäßigkeitsbund 1910. 15 S. 8° [Umschlagt.]

— Trinkerfürsorgestellen. (15 S.) 8. Trier 910. Leutesdorf, Morgen-Verlag. — 30

Die Tuberkulose in der Rheinprovinz in d. Jahren 1900–1906. Von Landesrat Dr. [Ferd.] Schellmann. Bonn: Hager 1909. 21 S. 8°

Schellmann, die Versicherung nach dem Invalidenversicherungsgesetz, s. a. Veröffentlichungen der Landwirtschaftskammer f. die Rheinprovinz. 1904. Nr. 2.

Die Versicherung nach dem Invalidenversicherungsgesetz vom 13. Juli 1899 unter besond. Berücks. d. freiwill. Versicherung. Für d. landw. Bevölkerung dargest. von Landesrat Dr. [Ferdinand] **Schellmann** zu Düsseldorf. 6. bis 10. Taus. Bonn: Landwirtschaftskammer f. d. Rheinprov. 1904. (15 S.) 8°
= **Veröffentlichungen** d. Landwirtschaftskammer f. d. Rheinprovinz. 1904, No 2. [06. 3778

Schellmann, Friedrich *Max Eduard* [aus Kassel]: Ueber die Behandlung von Frakturen der unteren Extremitäten im Umhergehen und deren Dauer ... Berlin, C. Vogts Buchdr., *1895*; 29 S., 1 Bl. 8.
Berlin, Med. Fak., Inaug.-Diss. v. 1. März 1895

Schellmann, Otto, Referendar am Landgericht zu Cassel: Der Schutz des Pseudonyms nach den Reichsgesetzen, insbesondere nach dem Bürgerlichen Gesetzbuch. Borna-Leipzig 1906: R. Noske. (XIII, 78 S.) 8°
Marburg, Jur. Fak., Ref. Leonhard, Diss. v. 1. Nov. 1906
[Geb. 19. Nov. 80 Cassel; Wohnort: Cassel; Staatsangeh.: Preußen; Vorbildung: Gymn. Rinteln Reife M. 99; Studium: Lausanne 1, München 1, Berlin 2, Marburg 2 S.; Rig. 22. Dez. 03.]

Schellmann, Wilhelm *Hugo Eduard* [aus Allenstein, Ostpr.]: Beiträge zu der Frage nach der Einwirkung der Chloroformnarkose auf die Organe des Menschen ... M.Gladbach, Druck v. E. Schellmann, 1893; 28 S. 8.
Berlin, Med. Fak., Inaug.-Diss. v. 28. Juli 1893

Schellmann, Willibald, staatl. gepr. Nahrungsmittelchemiker aus Elberfeld: Über Hippursäure-vergährende Bakterien. Ein Beitrag zur Kenntnis d. Umsetzung d. Stickstoffverbindungen im Dünger. (Brauweiler [1903]: Rhein. Prov.-Arbeits-Anst.) (77 S.) 8°
Göttingen, Phil. Diss. v. [11. Apr.] 1903

Schellmann, Willib., über Hippursäurevergährende Bakterien. Ein Beitrag zur Kenntnis der Umsetzg. der Stickstoffverbingn. im Dünger. Diss. (75 S.) gr. 8. Brauweiler (903). (Göttingen, Vandenhoeck & Ruprecht.) n. 1. 80

Schellmuffskys... Reisebeschreibung ..., s. Schelmuffskys ...

Schellnegger, C., Weihnachts-Lieder zum öffentlichen u. Privatgebrauche. 2., unveränd. Ausg. 16. (128 S.) Graz 888. Moser. n. — 60

Schellner, Karl, Faltvorlagen für Kindergärten, Volks- u. Bürgerschulen. Ein Beitrag f. den ersten Unterricht im Zeichnen u. der geometr. Formenlehre. gr. 8. (1 S. u. 8 Taf. in Holzschn.) Wien 874. Hölder. n. — 47

Schellner, Karl, Flechtvorlagen für Kindergärten, Volks- und Bürgerschulen. Entworfen und method. geordnet. 2 Abthlgn. gr. 8. (à Abthl. IV S. und 16 Taf. in Holzschn.) Wien 872, Hölder. 1. Abthl. * 40 Pf.; 2. Abthl. * 50 Pf. * — 90

Schellner, Karl, kleiner Kindergarten oder über Erziehung u. Erziehungsmittel. 2., sehr verm. Aufl. Mit 32 Text-Abbildungen. gr. 8. (28 S.) Wien 880. Hölder in Comm. n. — 80

Schellner, Karl, kleiner Kindergarten oder über Erziehung und Erziehungsmittel. 2. sehr verm. Aufl. gr. 8. (28 S. mit 32 Text-Abbild.) Wien 880, Schellner. * — 80

— Lesespiel für Kinder von 4 bis 7 Jahren. In Verbindung m. dem Rechnen u. dem Täfelchenlegen. gr. 8. (III, 17 S. m. eingedr. Fig., 180 Buchstabentäfelchen u. einem hölzernen Lesepult.) Ebend. 880. cart. In Carton. n. 2. 40; große Ausg. m. 210 lackirten Buchstabentäfelchen, 3 Farbendr.-Taf. u. einem polirten Lesepult n. 5. 20

—— deutsches Schreib-Lesebuch für Kinder von 4 bis 7 Jahren. 3. verb. und verm. Aufl. gr. 8. (24 S. mit 53 eingedr. Illustr.) Wien 884, (Sallmayer'sche Buchh.) * — 48
1. und 2. Aufl. erschienen im Selbstverlage des Verfassers.

Schellner, Karl, Spiel- und Arbeitsschule für Kinder von 3 bis 14 Jahren. 1.—4. Heft. 2. verb. und verm. Aufl. gr. 8. Wien, 879, Selbstverlag. * 2 56
Inhalt:
Heft 1. Das Bauen. (10 Stnt. mit 2 S. Text.) * 80 Pf.
» 2. Das Legespiel. (4 Chromolithogr. mit 1 S. Text.) * 48 Pf.
» 3. Das Falten. (14 Stnt. mit 2 S. Text.) * 80 Pf.
» 4. Das Verschränken. (4 Chromolithogr. mit 1 S. Text.) * 48 Pf.

—— Spiel- und Arbeitsschule für Kinder von 3 bis 14 Jahren. 5.—12. Heft. gr. 8. Wien, Hölder. * 4 20
Inhalt:
Heft 5. Das Stäbchenstecken für Kinder von 6 bis 12 Jahren. 2. sehr verm. Aufl. (2 S. mit 6 Stnt.) 880. * 40 Pf.
» 6. Das Perlenknüpfen für Kinder von 2 bis 6 Jahren. (1 S. mit 4 Stnt.) 880. * 40 Pf.
» 7. Das Flechten [1. Abtl.] für Kinder von 3 bis 8 Jahren. 2. sehr verm. Aufl. (2 S. mit 10 Stnt.) 880. * 60 Pf.
» 8. Das Flechten von Nippsachen für Kinder von 5 bis 14 Jahren. (4 S. mit 8 Stnt.) 882. * 60 Pf.
» 9. Das Ringelegen für Kinder von 3 bis 7 Jahren. (3 S. mit 8 Stnt.) 882. * 60 Pf.
» 10. Das Spiel mit Würfel, Walze, Kegel, Kugel für Kinder von 2 bis 6 Jahren. (4 S. mit 4 Stnt.) 882. * 40 Pf.
» 11. Das Stäbchenlegen für Kinder von 2 bis 7 Jahren. 3. sehr verm. Aufl. (3 S. mit 8 Stnt.) 883. * 60 Pf.
» 12. Das Ballspiel für Kinder von 1 bis 7 Jahren. 2. verb. und sehr verm. Aufl. (8 S. mit 2 Stnt.) 883. * 60 Pf.
1.—4. Heft. Ebendas. 1879. * ℳ 2,56.

Schellnegger, Karl, Weihnachtslieder. 8., mit Melodien verseh. Aufl. (106 S.) gr. 16. Graz 904. U. Moser. n. — 60

—— Zeichen-Vorlagen für Kindergarten, Schule und Haus. 1. Stufe. 1.—7. Heft: Das stigmograph. Zeichnen. gr. 8. (à Heft 8 Bl.) Wien 884, (Sallmayer'sche Buchh.) à Heft * 20 Pf. * 1 40

—— Zeichenvorlagen für Kindergärten, Volks- und Bürgerschulen. 1. Stufe: Das Netzzeichnen. 3 Hefte. gr. 8. Ebendas. 876. [1. Heft. (12 Stnt. mit 2 S. Text.); 2. Heft. (12 Stnt. mit 2 S. Text.); 3. Heft. (18 Stnt. mit 2 S. Text.)] à Heft * 40 Pf. * 1 20

—— dass. — 2. Stufe: Das stigmographische Zeichnen. 2 Hefte. gr. 8. (à Heft 12 Stnt. mit 2 S. Text.) Ebendas. 876. à Heft * 40 Pf. * — 80

Schellong, Curt: Ueber Geschwülste des weichen Gaumens. *Göttingen 1897: Dieterich.* (45 S.) 8°
Göttingen, Med. Diss. v. [31. Juli] 1897

Schellong, O., Akklimatisation u. Tropenhygiene, s.: Handbuch der Hygiene.

Schellong, O., die Jābīm-Sprache der Finschhafener Gegend, s.: Einzelbeiträge zur allgemeinen u. vergleichenden Sprachwissenschaft.

— die Klimatologie der Tropen (1. Bericht), nach den Ergebnissen d. Fragebogenmaterials im Auftrage der deutschen Kolonialgesellschaft bearb. gr. 8. (48 S.) Berlin 891. C. Heymanns Verl. n. 1. 50

Schellong, O.: Das Malaria-Fieber gemeinverständlich dargestellt. Anhang zur „Behandlung von Verletzungen und einiger äusserer und innerer Krankheiten in Abwesenheit des Arztes." Berlin 1883. 32 S. 8°

— die Malaria-Krankheiten unter specieller Berücksicht. tropenklimatischer Gesichtspunkte. Auf Grund v. in Kaiser-Wilhelms-Land [Neu-Guinea] gemachten Beobachtgn. bearb. gr. 8. (X, 166 S. m. eingedr. Abbildgn. u. 9 lith. Taf.) Berlin 890. Springer. n. 5. —

SCHELLONG, Otto (Marggrabovanus): Beiträge zu der Wirkung des deutschen Aconitin auf die Athmung.- Karlsruhe: Braun 1884. 22 S.,Taf.
6.8.1884 - Urk (Titel: De vi et effectu quem aconitinum germanicum in respirationem exerceat.); Chr 1884/85,19
Diss.Ingolst.-Landsh.-Mchn.

Schellong, Paul [Arzt in Bergquell]: Ein Fall von Atresia ilei congenita ... Greifswald, Druck v. J. Abel, 1895: 22 S. 8.
Greifswald, Med. Fak., Inaug.-Diss. v. 2. März 1895

Schellschmidt, Willy, einj.-freiw. Arzt beim 1. kgl.-sächs. Jägerbataillon No 12 in Freiberg i. S.: Die Schwellung der Supraclaviculardrüsen bei abdominellen Carcinomen. Leipzig 1905: B. Georgi. (36 S.) 8°
Leipzig, Med. Fak., Ref. Hoffmann, Diss. v. 16. Dez. 1905
[Geb. 29. Okt. 79 Muskau, Schles.; Wohnort: Freiberg; Staatsangeh.: Sachsen; Vorbildung: Gymn. Bautzen Reife O. 99; Studium: Erlangen 3, Leipzig 3, Breslau 3 S.; Coll. 16. Dez. 05; Approb. 20. Juni 04.]

Schellwaldt, Johannes Andreas (Dierdorf) A. S. 1150/44

Dissertatio medica inauguralis de apoplexia. Utrecht (vande Water) 1. VII. 1711. 13 S.

Gew.: Reinhard von Hymmen, Paul von Friedeborn. W. v.: J. D. Schellwaldt (Bruder), Wilh. Meinh. Coenen, W. F. Heusgen. 30231

Schellwien, Alfredus *Paulus Joannes* [Bielskensis]: ... De Cledonii in Donatum commentario ... Regimonti, ex offic. Hartungiana, *1894*; 2 Bl., 64 S., 1 Bl. 8.
Königsberg, Phil. Fak., Inaug.-Diss. v. 30. Juni 1894

Schellwien, Alfr., de Cledonii in Donatum commentario. Diss. gr. 8. (64 S.) Königsberg 894. (W. Koch.) n. 1. —

Schellwien, Ernst

Schellwien, E., Bericht üb. d. Ergebnisse e. Reise in die karnischen Alpen u. die Karawanken. [Aus: „Sitzungsber. d. preuss. Akad. d. Wiss."] gr. 8. (8 S.) Berlin 898. (G. Reimer.) n. — 50

Geologische Bilder von der samländischen Küste von Dr. E[rnst] Schellwien, Prof. Mit 54 Abb. Königsberg i. Pr.: W. Koch 1905. (43 S.) 4°(8°) [F.]
Aus: Schriften d. Physik.-ökon. Ges. zu Königsberg i. Pr. Jg. 46. 1905. [05. 10001 10

Schellwien, Ernst *Theodor Thomas* [aus Quedlinburg]: Die Fauna des karnischen Fusulinenkalks. I. Geolog. Einleitg . . . (Erscheint vollst. in: Palaeontographica Bd. XXXIX.) Halle a. S., Druck v. C. Hammer in Stuttgart, 1891; IV, 14 S., 4 Bl. 4.
Halle, Phil. Fak., Inaug.-Diss. v. 10. Sept. 1891

Schellwien, Ernst. Die Fauna des karnischen Fusulinenkalks. 1. Thl. gr. 4. (56 S. m. 1 Skizze, 1 Tab., 8 Taf. u. 8 Bl. Erklärgn.) Stuttg. 892, Schweizerbart. * 20 —
Aus: Palaeontographica, besonders abgedruckt.

— die Fauna des karnischen Fusulinenkalks. II. Thl. [Aus: „Palaeontographica".] gr. 4. (46 S. m. 7 Fig., 8 Taf. u. 8 Bl. Erklärgn.) Stuttgart 898. E. Schweizerbart. n. 18. — (I. u. II.: n. 38. —)

Schellwien, E., die Fauna der Trogkofelschichten in den Karnischen Alpen u. d. Karawanken, s. a. Abhandlungen der k. k. geolog. Reichsanstalt. XVI. 1.

SCHELLWIEN, E.
Die Fauna der Trogkofelschichten in den Karnischen Alpen und den Karawanken. Von E. Schellwien. I. Theil: Die Brachiopoden. Mit 15 lithographirten Tafeln und 15 Zinkotypien im Text. Abhandlungen der k. k. geologischen Reichsanstalt. Bd. XVI. Heft 1. Wien. 1900. Verlag der k. k. geologischen Reichsanstalt. In Comm. R. Lechner (Wilh. Müller). Fol. 122 S.

. . . Lectiones cursorias, quas . . . Ernestus **Schellwien** Phil. Dr. Die Meere und Continente früherer Erdperioden ad docendi facultatem rite impetrandam d. XXX. Maii . . . habebit, indicit Christianus Luerssen Phil. Dr. P. P. O. Ord. Phil. h. t. Decanus. Regimonti Bor., ex offic. Hartungiana, 1895; 1 Bl. 4.

Über Semionotus Ag. Von E[rnst] Schellwien. Mit 2 Lichtdrucktaf., 1 lith. Taf. u. 6 Textabb. *Königsberg i. Pr. 1901: R. Leupold.* (33 S.) 4°
Aus: Schriften d. Phys.-ökon. Gesellsch. zu Königsberg i. Pr. Bd 42 [02. 7760 10

— Trias, Perm u. Carbon in China. Mit 1 Lichtdr.-Taf. u. 1 Profil im Text. gr. 4. (22 S. m. 1 Bl. Erklärgn.) Ebd. 902. n. 2. —
Sonderabdruck a.: „Schriften d. phys.-ökon. Gesellsch. zu Königsberg."

Schellwien, Johannes, a. Bissau (Westpr.): Die Erlebensfallversicherung. Halle a. S. 1905: C. A. Kaemmerer & Co. (VII, 87 S.) 8°
Halle, Phil. Fak., Ref. Conrad, Diss. v. 3. Aug. 1905
[Geb. 4. Dez. 81 Bissau i. Westpr.; Wohnort: Halle; Staatsangeh.: Preußen; Vorbildung: Realgymn. Danzig Reife O. 00; Studium: Chemie Halle 3, Staatsw. Berlin 2, Kiel 1, Halle 5 S.; Rig. 25. Mai 05.]

Schellwien, Johs., die Erlebensfallversicherung. (IV, 87 S.) gr. 8. Halle 905. C. A. Kaemmerer & Co. n. 1. 50

Schellwien, Rob., die Arbeit und ihr Recht. Rechtlich volkswirthschaftl. Studien zur socialen Frage. gr. 8. (IX, 274 S.) Berlin 882, Puttkammer und Mühlbrecht. * 6 —

Schellwien, Rob., die Arbeit u. ihr Recht. Rechtl. volkswirthschaftl. Studien zur socialen Frage. Neue [Titel-] Ausg. gr. 8. (IX, 274 S.) Leipzig (882) 898. Hamburg, A. Janssen. n. 3. —

— d. Darwinismus u. s. Stellg. in d. Entwickelung d. wissenschaftlichen Erkenntniss. gr. 8. (III, 69 S.) Ebd. 896. n. 1. 50

—— Dichtungen. 8. (IV, 214 S.) Magdeburg 880, Faber'sche Buchdruckerei. *M 3,50.; geb. * 4 50

Der Geist der neueren Philosophie. Von Robert Schellwien. Th. 1. 2. *Leipzig: A. Janssen 1895. 96.* 2 Bde 8.
1. 1895. (VI S., 1 Bl., 163 S.) 2. 1896. (168 S.) [96. 6826

Schellwien, Rob., das Gesetz der Causalität in der Natur. gr. 8. (IV, 271 S.) Berlin 876. G. W. F. Müller. n. 5. —

— das Gesetz d. Causalität in d. Natur. Neue [Titel-] Ausg. gr. 8. (IV, 271 S.) Ebd. (876) 898. n. 3. —

Schellwien, Rob., optische Häresien. gr. 8. (IV, 99 S.) Halle 886. Pfeffer. n. 2. 50

Schellwien, R., optische Häresien, 1. Folge, u. das Gesetz der Polarität. gr. 8. (VII, 108 S.) Halle 888. Pfeffer. n. 2. 50

Schellwien, Rob., Kritik des Materialismus. Berlin 858. G. W. F. Müller. gr. 8. (134 S.) n. 20 ngr.

Nietzsche und seine Weltanschauung. Eine krit. Studie von Robert Schellwien. Leipzig: A. Janssen 1897. (44 S.) 8°

Philosophie und Leben. Von Robert Schellwien. *Leipzig: A. Janssen 1898.* (2 Bl., 121 S., 1 Bl.) 1 Bd 8. [98 5162

Schellwien, Rob., Rede zur Feier des 100jährigen Geburtstags Johann Gottlieb Fichte's. Berlin 862. G. W. F. Müller. gr. 8. (32 S.) 6 ngr.

Schellwien, Rob., die Religion in der Schule. Offener Brief an den Hrn. Reg.-Präs. v. Schwarzhoff und den Hrn. Schulr. Woepcke. gr. 8. (28 S.) Magdeburg 880, Faber'sche Buchdruckerei. *

— Sein und Bewußtsein. Grundgedanken der Philosophie, entwickelt im Hinblick auf die Geschichte des Geistes. gr. 8. (XII und 328 S.) Berlin 863, G. W. F. Müller.

Schellwien, Rob., Max Stirner u. Friedrich Nietzsche, Erscheinungen d. modernen Geistes, u. das Wesen d. Menschen. gr. 8. (III, 117 S.) Leipzig 892. C. E. M. Pfeffer. n. 2. 60

Schellwien, Rob., Wille u. Erkenntnis. Philosophische Essays. gr. 8. (III, 122 S.) Hamburg 899. A. Janssen. n. 2. 40

—— der Wille, die Lebensgrundmacht. 1. Thl.: Der Wille, die Quelle des Bewußtseins. gr. 8. (VIII, 339 S.) Ebendas. 879. * 7 —

— der Wille, d. Lebensgrundmacht. Neue [Titel-] Ausg. gr. 8. (VIII, 339 S.) Ebd. (879) 898. n. 3. —

Schellwig, Justus Christian Ludwig von A. S. 564/22

Origo iuris Anglicani e vetusto iure in doctrina de vero reorum nomine in processu, citra errorem indicando . . .
Jena (Heller) 1767.
Gew.: Jakob Friedrich Fhr. von Fritsch.

30232

Schellwitz, Antheil des 4. niederschlesischen Infanterie-Regiments Nr. 51. an dem Feldzuge von 1866. Als Beitrag zur Regimentsgeschichte. Mit 1 (lith.) Karte (in Fol.). Berlin 869. Mittler & Sohn. gr. 8. (44 S.) n. $7\frac{1}{2}$ ngr.

Schellwitz, C. H., Parlaments-Fragen, s.a. Parlaments-Fragen.

Schellwitz, C. H., Parlaments-Fragen. I. Entwurf einer deutschen Reichsverfassung. Der constituirenden Versammlung in Frankfurt gewidmet. Leipzig, J. J. Weber, 1848. 16 S. 8°.

Schellwitz, C. H., Parlaments-Fragen. II. Entwurf des deutschen Reichsgrundgesetzes. Bearbeitet von den dem deutschen Bundestage beigeordneten Vertrauensmännern. Die Erblichkeit der deutschen Kaiserwürde. Leipzig, J. J. Weber, 1848. 16 S. 8°.

Schellwitz, C. H., Parlaments-Fragen. III. Kritische Beleuchtung des vom Siebzehnerausschuß vorgelegten Reichsgrundgesetzentwurfs. Leipzig, J. J. Weber, 1848. 21 S. 8°.

Schellwitz, C. H., Parlaments-Fragen. IV. Die Stellung Oestreichs zu Deutschland. Leipzig, J. J. Weber, 1848. 16 S. 8°.

Schellwitz, Ernst Friedrich (Bad Tennstedt)
U. S. Erfurt 1743, 1

Dissertatio inauguralis juridica de eo quod justum est, circa venditionem rerum futurarum.
Präs. Heinrich Melchior Schütte.
Erfurt (Hering) 20. V. 1743. 39 S.

W. v.: Rudolph Christoph Henne, Johann Friedrich Gräff, Georg Ernst Schellwitz (Bruder).

30233

(Schellwitz, Hartm.,) Denkschrift f. Begründ. e. Creditvereins d. Rittergutsbesitzer im Königr. Sachsen, s.a. Denkschrift.

Schellwitz, ...: „Denkschrift für Begründung eines Credit-vereins der Rittergutsbesitzer im Königreich Sachsen. Mit dem Entwurf der Statuten und verschiedenen Beilagen", Leipzig 1837 (Hirschfeld).

Schellwitz, Hartmann, Kritik des Nachdruckgesetzes für Württemberg, sammt Gesetz-Entwurf, die Sicherstellung des literarisch-artist. Eigenthums betreff. (Aus der Preß-Zeitung besonders abgedruckt.) kl. 8. Leipzig 842, Weber. n. 2/3 ₰

Schellwitz, Hartm., das Recht des Autors an seinen Werken nach den Grundsätzen des preußischen Landrechts in einer krit. Beleuchtung eines Erkenntnisses des königl. Appellationsgerichts zu Köln, den Becker'schen Nachdruck von Theodor Körner's sämmtl. Werken betreffend. gr. 8. (V und 41 S.) Berlin 855, Nicolaische Buchh.

Schellwitz, (H.,) de cautionum publicarum inprimis peregrinarum vindicatione. Dissert. 4maj. Lips. 824, (Göthe.)

Schellwitz, Justus Christian Ludwig von A. S. 564/23

De caussis minutis secundum praxin camerae imperialis.
Jena (Heller) 1766. 20 S. 30235

Schellwitz, Just. Chr. Lud. de: Commentatio iur. de caussarum minimarum indole. Wittebergae et Servestae 1765.

v. *Schellwitz*, Just. Chr. Ldw., († d. 22. Juni 1797.) Comment. de caussarum minimarum indole. 4. Wittenb. 765. Zimmermann. 4 gl

Schellwitz, Justus Christian Ludwig von A. S. 166/3

De Caesareo iure litteras panicales concedendi.
Jena (Strauss) 1785. 16 S. 30236

Schellwiz, Georg Christian

s. Schelwitz

— Commentatio. Origo juris Anglicani ex vetusto Saxonum jure in doctrina de vero reorum nomine in processu citra errorem judicando, demonstrata, hujusque argumenti usus hodiernus in Germania expositus. 4. Leipz. 767. Langenheim. 5 gl

Schellwitz, Justus Christian Ludwig v. (Rosla/Thür.)
A. S. 44/24

Dissertatio inauguralis de remedio revisionis ex legibus imperii et praxi camerae imperialis praeprimis recentiori dilucidatio.
Göttingen (Schulz) IX. 1760. 72 S. 30234

Schellwitz, P. Übersicht über die Landesaufnahmen in Rußland bis incl. 1885. Berlin 1887. 8°. (Aus: Zeitschr. d. Gesellsch. f. Erdkunde.)

Schelm, der. Humorist. Wochenblatt. Red.: Frz. Schmidt. 1.—3. Bd. 1895—1897. à 52 Nrn. (à ca. 12 S. m. Abb.) gr. 4. Berlin, Martin Oldenbourg. à Jahrg. 4. —; einz. Nrn. — 10
Auch u. d. T.: „Humoristische Blätter". — Weiter nicht erschienen.

Schelm, ein, machts besser als er kann. Lustsp. 8. Brschw. Schröder. 805.

— ein, thut mehr als er kann. Lustsp. n. d. Franz. d. Dorvigni, v. F. J. Th. Franzky. 8. Lpz. Rein. 799.

Schelm, H., Frank u. Frey od. die Liebe im Internate. Lustspiel in 1 Aufzuge. gr. 8. (22 S.) Leipzig 891. Siegismund & Volkening. n. — 60; kart. n. — 75

Schelme, kleine, oder glückliche Kinder. Lustige Geschichten aus dem Familienleben der balt. Lande. Für Kinder und Kinderfreunde von Tante Alice. gr. 8. (120 S.) Dorpat 884, Schnakenburg's Verlag. ℳ 2,60.; cart.

Schelmenbücher, altindische. I. u. II. gr. 8. Leipzig, [Lotus-Verlag.] Berlin, K. Singer & Co. à n. 6. —; geb. à n. 7. —
I. Ksemendra's Samaya-mâtṛkâ. (Das Zauberbuch der Hetären.) Ins Deutsche übertr. v. Joh. Jac. Meyer. (LVIII, 108 S.) (903.)
II. Dâmodaragupta's Kuttanîmatam (Lehren e. Kupplerin). Ins Deutsche übertr. v. Joh. Jac. Meyer. (IV, 156 S.) (903).

(S) **Schelmenbücher**, altindische. 903. (KBL 34.) Jetzt: Wien, Verlags-Anstalt Pallas.

Schelmengeschichten. Münchhausen. Die Schildbürger. Till Eulenspiegel. Berlin: Scherl [1909]. 242 S. 8°
(Bibliothek August Scherl. Bd 545.) [10. 13932

Schelmenlieder u. andere aus d. Liedersammlung e. lustigen Malers, f. eine Singstimme mit leichter Guitarrbegleit. hrsg. v. J. A. Fuchs. 1—3. Lese. 16. (6 B.) Ulm 840, Stettin'sche Verlbuchh. à 8 Gr.

Schelmen-Lieder u. andere, aus der Liedersammlung eines lustigen Malers. 1e — 3e Lese. 16. Ulm 840. Wagner. 1/4 ₰

Schelmenlieder u. andere, aus der Liedersammlung eines lustigen Malers. Neue Aufl. 16. Ulm 841, Wagner. 1/4 ℛ — 3. Aufl. 16. Ebend. 844. 1/8 ℛ — 4. Aufl. 16. Ulm 845, Heerbrandt u. Thämel. 1/8 ℛ

Schelmen-Lieder und andere aus der Liedersammlung eines lustigen Malers. 3. Aufl. Ulm 1844. 4. Aufl. 1845. V: *Fuchs, J. A.* (EE)

Schelmenlieder, neue. Eine Sammlung der besten komischen Lieder, Couplets etc. Speyer 860. Lang. 32. (123 S.) 5 ngr.

Schelmennovellen, romanische, deutsch v. Jak. Ulrich, s.: Meistererzähler, romanische. II.

SCHELMENNOVELLEN, Romanische. Deutsch von Jakob Ullrich. Leipzig 1905. Privatdruck. (Auch tit.: Romanische Meistererzähler. Hrsg. von F. S. Krauss. Bd. 2.) G. 8°. XLIII u. 235 S. (Br. Mk. 6—; eleg. gebd. 7—; Ganzldr. 8—.) (4 Mk. 50 Pfg., br., Taussig, Prag, 1906.)
Aus d. Prospekt: In diesem Bande sind die Elemente der historischen Entwicklung einer besonderen Gattung, indische, klassische, mittelalterliche lateinische, altfranzösische, italienische Novellen mit dem ersten spanischen Schelmenroman zusammengestellt und mit Einleitung und knappen Anmerkungen versehen.
Das Buch enthält im einzelnen: a) Die erste deutsche Uebersetzung von Trubert (altfranzösisch), b) Barat und Haimet (altfranzösisch), c) Boivin von Provins (altfranzösisch), d) Der Metzger von Abeville (altfranzösisch), e) Die drei Blinden von Compiègne (altfranzösisch), f) Der Bauer von Bailleul (altfranzösisch), g) Der Schatz von Venedig (italienisch), h) Der dicke Tischler (italienisch), i) Der Dieb von Perugia (italienisch), k) Santi (italienisch), l) Wie einer Bäuerin ein Esel gestohlen wurde und wie sie ihn wieder bekam (italienisch), m) Lazarillo de Tormes (spanisch).

Schelmenroman, der, vom Lazarillo. Neue Ausg., besorgt v. Wilh. Lauser. (IV, 119 S.) kl. 4. Leipzig 902. Berlin, H. Seemann Nachf. n. 1.—; geb. n. 2.—

Schelmenstreiche, die, des Pfaffen Ameis. Frei nach dem Mittelhochdeutschen des Stricker von G. Berlit. 32. (VIII u. 128 S.) Leipzig 851, O. Wigand. 1/2 ℛ

Schelmerding, Ernst. Hygienische Episteln f. Lehrer u. Eltern. Hrsg. vom Deutschen Landeslehrerverein in Böhmen. 1. Bd. 16. (552 S.) Reichenberg 889, Fritsche. geb. 3 —

Schelmerding, E. (F. Mohaupt), hygien. Episteln für Lehrer u. Eltern. I. Bd. 16. (552 S.) Reichenberg 889. Tetschen, O. Henkel. Geb. n. 3. —

— errichtet Fortbildungsschulen!, s.: Sammlung gemeinnütziger Vorträge.

Schelmstück'. Vertellt v. Vagel Strauß, s.a. Bibliothek, plattdeutsche. Bd. 6.

Schelmstück. Vertellt v. Vagel Strauß. 2. vergrötterte Uplag'. (IV, 104 S.) 8. Schwerin (910). L. Davids. 1.—; geb. in Leinw. 1.50

Schelmstückchen, komische, u. launige Lieder, oder der närrische Kerl mit der Spaßlaterne, nebst Sammlung kom., droll. u. schnurr. Lumpereien u. Faxereien. Von den beliebtesten Komikern zum Zeitvertreib für Jung u. Alt. Mügeln 865. (Leipzig, Senf.) 32. (96 S.) 3 ngr.

Schelmstückchen, komische, und launige Lieder, oder der närrische Kerl m. der Spaßlaterne, nebst Sammlg. kom., droll. u. schnurriger Lumpereien u. Faxereien. Von den beliebtesten Komikern zum Zeitvertreib f. Jung u. Alt. br. 32. (112 S.) Mügeln 871. (Leipzig, G. Senf.) — 30

SCHELMSTOCKCHEN-BUCH, Das, oder der närrische Kerl, mit ausgezeichneten komischen Liedern und allerhand Possen und Schnurrpfeifereien. Neusalza, Hermann Oeser (c. 1860). (3 Ngr.)
Anzeige d. Verlegers.

Schelmuffsky's seltsame Abentheuer etc. s. Spath, Konr.

Schelmuffsky's wahrhaftige, curiose u. sehr gefährliche Reisebeschreibung, m. e. Einleitg. v. Hans W. Fischer, s.: Liebhaberbibliothek, kulturhistorische.

Schelmuffsky's wahrhaftige, curieuse u. sehr gefährl. Reisebeschreib. zu Wasser u. zu Lande: auf das Neue an das Licht gestellt, verm. u. verb. durch Jucundum Hilarium. Mit 1 Kpf. gr. 8. Düsseld. 818. Dänzer. 8 gr

Schelmuffsky's wahrhafftige curiöse und sehr gefährliche Reisebeschreibung zu Wasser und zu Lande, und zwar die allervollkommenste und accurateste Edition in hochteutscher Frau Mutter Sprache eigenhändig und sehr artig an den Tag gegeben von E. S. 2 Thle. (in 1 Bd.) 8. (XIV und 274 S.) Gedruckt zu Schelmerode in diesem Jahr. (Leipzig 848, Schlicke.) *

Schellmuffsky's wahrhafftige curiöse u. sehr gefährliche Reisebeschreibung zu Wasser u. zu Lande, u. zwar die allervollkommenste u. accurateste Edition in hochteutscher Frau Mutter Sprache eigenhändig u. sehr artig an den Tag gegeben von E. S. 2 Thle. (in 1 Bd.) 8. (XIV u. 274 S.) Gedruckt zu Schelmerode in diesem Jahr. (Leipzig 848, G. Wigand.) n. 2/3 ℛ

Schelmuffskys wahrhafftige curiöse und sehr gefährliche Reisebeschreibung zu Wasser und Lande, und zwar die allervollkommenste und accurateste Edition in hochteutscher Frau Mutter Sprache eigenhändig und sehr artig an den Tag gegeben von E. S. Zuerst hrsg. in Schelmenrode. gr. 8. (145 S.) Leipzig 872, Minde. 3 —
—— dass. — 2 Thle. 2. Aufl. 8. (141 S.) Leipzig 873, G. Körner. * 2 —

Schelmuffsky's wahrhafftige, curiöse u. sehr gefährliche Reisebeschreibung zu Wasser u. zu Lande, u. zwar die allervollkommenste u. accurateste Edition in hochdeutscher Frau Mutter Sprache eigenhändig u. sehr artig an den Tag gegeben v. E. S. 2 Thle. in 1 Bd. 8. (VIII, 101 u. VIII, 55 S.) München 883. Leipzig, Unflad. n. 3. -

Schelmuffskys wahrhafftigte curiöse u. sehr gefährliche Reise-Beschreibung zu Wasser u. Lande. 2 Thle., u. zwar die allervollkommenste u. accurateste Edition in hochdeutscher Frau Mutter Sprache eigenhändig u. sehr artig an den Tag gegeben v. E. S. *.*. Zuerst hrsg. zu Schelmenrode. (In 1 Bde.) 8. (VIII, 92 u. IV, 49 S.) Leipzig 891. W. Radestock. 2.—

SCHELMUFKENS (!) Ehrengedichte auf seiner Hochzeit. O. O. u. J. (c. 1710?). 8°.
4 S. m. Musiknoten. (Karajan's Bibl. I. no. 4938.)

Schelnberger, Karl, aus Wien, Assistent am chemischen Universitäts-Laboratorium Zürich: Ueber aromatische Nitrile. Zür. Orell Füssli Cie Dr. 1876. 46 S., 1 Bl. 8°.
Zürich, Phil. Diss. v. 2. Aug. 1876.

Schelnberger, Karl, üb. aromatische Nitrile. Inaugural-Dissertation. gr. 8. (46 S.) Zürich 876. (Orell, Füssli & Co. Sort.) 1. 50

Schelnkos, D., Deutsche Elemente in der ukrainischen Sprache

Schelosky, Reinh., Friedensgrüße. Eine Blumenlese religiöser Gedichte. Mit Illustr. v. W. Eißel. 1.—3. Aufl. 12. (XV, 287 S.) Stuttgart 893. 894. Christliches Verlagshaus. Geb. in Leinw. m. Goldschn. n. 3. —

Schelowsky, Georg, Pfarrer zu Gross-Garz: Der Apologet **Tertullianus** in seinem Verhältnis zu der griechisch-römischen Philosophie. *Leipzig 1901: O. Mutze.* (VII, 89 S.) 8°
Leipzig, Phil. Diss. v. [10. Apr.] 1901

Schelowsky, Robert [pr. Arzt aus Berlin]: Beiträge zur **Kenntnis der Beziehungen zwischen Epilepsie und Verbrechen** nach Beobachtgn in d. Kgl. Strafanstalt Moabit ... Berlin, Buchdr. v. G. Schade, *1895;* 30 S., 2 Bl. 8.
Leipzig, Med. Fak., Inaug.-Diss. v. 2. Aug. 1895

Zwanzig Jahr und rotes Blut. Gedichte von Clara **Schelper.** Berlin-Leipzig: Modernes Verlagsbureau 1906. (118 S.) 8° [F.] 106 3760

Schelper, Clara (Frau Clara Willrath), 20 Jahr u. rotes Blut. Gedichte. (2. Aufl.) (140 S.) 8. Leipzig 909. Modernes Verlagsbureau. 2.—

Zwanzig Jahr und rotes Blut. Gedichte von Clara Schelper. Berlin-Leipzig: C. Wigand 1909. 139 S. 8°

Schelper, Rob., Xenien. Ein Scherflein zum Schillerfestjahr. (80 S.) kl. 8. Leipzig (905). R. Maeder. n. — 50

Schelrocke, G., Reise um die Welt durch die Südsee in einer Privat-Expedition während des Krieges mit Spanien. gr. 8. Bremen ... Müller. 1 *ℛ* 4 *g*

Schels, A. E., die Inseltochter. Erzählung. 8. (64 S.) Hamburg 879, Kramer.

Schels, A. E., in Canada. Erzählung. 8. (64 S.) Hamburg 881, Kramer.

Schels, Aug., Rede, geh. in der Versammlg. kathol. Männer zu Regensburg. Samstag den 13. Januar 1872. Nach stenograph. Aufzeichngn. gr. 8. (24 S.) Regensburg 872. Pustet. — 20

Schels, Bernard, die neuern religiösen Frauen-Genossenschaften nach ihren rechtlichen Verhältnissen dargestellt. Schaffhausen 857. Hurter. gr. 8. (X, 296 S.) n. 1 *ℛ* 10 *ngr*

Schels, Bernard, die christkatholische Lehre in Frühpredigten auf alle Sonn- u. Festtage eines dreifachen Kirchenjahres. 1. Bd. A. u. d. T.: Wahrheiten, die Alle glauben müssen, od.: Die Lehre von dem Glauben, abgehandelt in Frühpredigten. 8. (XII u. 456 S.) Schaffhausen 852, Hurter. 1 *ℛ*

— die christkatholische Lehre in Frühpredigten auf alle Sonn- und Festtage 2c. 2. Bd. A. u. d. T.: Gebote, die Alle glauben müssen, oder: Die Lehre von den Geboten, abgehandelt in Frühpredigten auf alle Sonn- und Festtage eines dreifachen Kirchenjahres. Schaffhausen 854. Hurter. 8. (3 Bl., IX, 575 S.) 1 *ℛ* 6 *ngr*

Schels, Johann Baptist

Schels, J. B. Beiträge zur Kriegsgeschichte und Kriegswissenschaft. 12 Bde. 12. Wien 1828—33.

Schels, Joh. Bapt., Beiträge zur Kriegsgeschichte u. Kriegswissenschaft. 1. u. 2. Samml. à 6 Bdchn. 16. Wien, (Heubner) [1. (95½ B.) 828, 29., 2. (96 B.) 830—32 à 3 Thlr. 12 Gr.]

Schels, Johann Baptist, k. k. Major etc. Die Bestürmung von Warschau, am 6. und 7. September 1831. 8. Wien 1838.

Schels, Jh. Bapt., Biographie des Herzogs Ferdinand von Würtemberg, Kaiserl. Oestreich. Feldmarschalls. 16. Wien 841, Braumüller u. Seidel. 5/6 *ℛ*

Schels, Joh. Bapt., Biographie d. Herzogs Ferdinand v. Würtemberg, kaiserl.-österr. Feldmarschalls. 16. (12 B.) Wien 841, [Heubner's Verl.]

Kinsky. — **(Schels,** Joh. Bapt.) Biographie des k. k. österr. Feldzeugmeisters und Oberdirectors der k. k. Militar-Akademie zu Wiener-Neustadt Grafen Franz ..... (Aus der „Oesterr. milit. Zeitschrift" 11. Heft.) 8. Wien 1828.

Neipperg. — **Schels,** Joh. Bapt. Biographie des k. k. österr. Feldmarschalllieut. Adam Albert Grafen v. ..... (Aus der: „Oesterreichischen militärischen Zeitschrift" 9. Hft.) 8. Wien 1830.

Schels, Johann Baptist. Eroberung St. Jean d'Acres durch die Engländer, Oesterreicher und Türken, am 4. November 1840. Mit dem Plane des Angriffes. 8. Wien 1841.

Schels, Joh. Baptist, der Felddienst. 4 Bde. (Mit Kpfrtaf.) 16. Wien 840. Braumüller u. Seidel. 2 1/3 *ℛ*

Schels, Joh. Bapt., der Felddienst. Handbuch für Offiziere aller Waffen. 2 Bde. Neue (Titel-)Ausg. 16. (952 S. mit 2 Kpfrt. in qu. 4.) Wien (840)59, Braumüller's Verlags-Conto.

— die Feldzüge d. Oestreicher in Italien in d. J. 1733—1735. gr. 8. Wien 824. (Heubner). 2 *ℛ* 8 *g*

Schels, J. B., kaiserl. österr. Hauptmann, etc. Geschichte des südöstlichen Europa unter der Herrschaft der Römer und Türken. Von dem Beginn historischer Kunde bis 1808. (2 Bde.) Wien 1826—1827.

— Geschichte des süd-östl. Europa, unter d. Herrschaft d. Römer u. Türken. 2 Bde. gr. 8. Wien 826. Heubner. 4 *ℛ* 16 *g*

—— Geschichte d. Länder d. östreich. Kaiserstaates. 10. Bd. — A. u. d. Titln.: Neuere Geschichte 2c. 1. Bd. — Kaiser Leopold II. Geschichte Oestreichs unt. seiner Regierung 1790—92. gr. 8. (20½ B.) Wien 837, [Heubner's Verl.]
1—9. u. Register-Bd. Ebendas. 1819—26. 26 Thlr. 6 Gr.

—— dass. 10 Bde. Wohlf. Ausg. gr. 8. (..B.) Ebds. 837

Schels, J. B. Militarisch-politische Geschichte der Länder des österreichischen Kaiserstaates. 9 Bde. 8. Wien 1819—27. 81,00

— militär.-polit. Geschichte der Länder des östreich. Kaiserstaates. 9 Bde. Mit Kart. gr. 8. Wien 819—826. u. Register-Bd. 828. Heubner. 28 *ℛ*

—— militär.-polit. Geschichte d. Länder d. östreich. Kaiserstaates. Register. gr. 8. (6½ B.) Wien 828, Heubner. 1 —
Dess. „militar.-polit. Gesch. d. Länder d. östreich. Kaiserstaates." gr. 8. Ebendas. 1819—26. 27 Thlr. — Wohlf. Ausg. in 20 Lfgn. m. Register u. Charten, 15 Thlr.

Schels, J. B., k. k. Hauptm. Ideen zu einem freien Vereine k. k. Officiere für die erweiterte Versorgung ihrer Pensionisten und deren Witwen und Waisen. 8. Wien 1816.

Schels, J. B. Der Kampf Rudolphs von Habsburg, Königs der Deutschen, gegen Ottokar, König von Böhmen, in den Jahren 1276—1278 etc. 8. Wien 1822.

Schels, Joh. Bapt., († d. 8. Oct. 1847), der kleine Krieg. Zeitgemäßes Handbuch f. Offiziere aller Waffengattungen. 2 Bde. Mit 2 Kpfrtaf. (in qu. 4.) 2. (Titel-)Ausg. des Felddienstes. 16. (966 S.) Wien (840) 848, Braumüller. 1 *ℛ* 12 *ngr*

— Kriegsgeschichte der Oestreicher. 1. Bd. 1. u. 2. Thl. u. 2. Bd. 3 Thle. Von der Urzeit bis zum Regierungsantritt Albrechts von Habsburg 1283 bis Kaiser Franz I. 1835. gr. 8. Wien 844, 45, Heubner. compl. 6 ℛ

Schels, Joh. Bapt., Kriegsgeschichte der Oesterreicher. 2 Bde. (5 Thle.) gr. 8. (71¼ B.) Wien 844, 45, Heubner's Verl.
Thl. 1. Von der Urzeit bis zum Regierungsantritt Albrechts von Habsburg 1283.
» 2. Die Regierung der Habsburger von 1283 bis 1519.
» 3. Die Regierung der Habsburger von 1519 bis 1619.
» 4. Die Regierung der Habsburger von 1619 bis 1657.
» 5. Vom Kaiser Leopold I. 1657 bis Kaiser Franz I. 1835.

—— Kriegsscenen, als Beispiele des Felddienstes. 1—4. Bd. 16. (50¼ B.) Pesth 843, Hartleben's Vrlgs.-Expedition.

Schels, J. B. Leopold II. Geschichte Oesterreichs unter seiner Regierung. 1790 1792 8. Wien 1837

Zach. — (Schels, Joh. Bapt.) Nekrolog des k. k. österr. Feldzeugmeister Anton Freiherrn v. ..... (Aus dem 5. Hefte der „Oesterr. milit. Zeitschrift".) 8. Wien 1829.

— die Operazionen der verbündeten Heere gegen Paris im März 1814. Nach östreichischen Originalquellen dargestellt. 8 Liefg. Mit 9 Plänen u. Karten. Wien 841. (Braumüller u. Seidel.) n. 4⅓ ℛ

Schels, Joh. Bapt., die Operazionen d. verbündeten Heere geg. Paris im März 1814. Nach östreich. Originalquellen dargest. 2 Bde. (od. 8 Lfgn.) gr. 8. (44 B. u. 9 Karten u. Pläne.) Wien 841, [Heubner's Verl.] Thlr. *

Schels, J. B. Die Schlacht bei Paltawa am 8. Juli 1709. 8. M. Pl. Wien 1842

Amadei. — Schels, Joh. Bap., kaiserl. österr. Major etc. Biographische Skizze des Karl Freiherrn v. ....., k. k. Feldmarschall Lieutenant. Aus der „Oesterr. milit. Zeitschrift" 1836 besonders abgedruckt. 8. Wien 1837.

— leichte Truppen, kleiner Krieg; e. prakt. Handbuch für Officiere aus allen Waffengattungen. 2 Thle in 4 Abtheill. gr. 8. Wien 813 u. 14. (Schaumburg u. C.) 4 ℛ

Schels, Joh. Bapt. Des Prinzen Eugen von Württemberg Wirken während den Tagen von Dresden und Kulm (vom 22. bis 30. August 1813). Aus der österreichisch-militärischen Zeitschrift. 8. Wien 1837.

—— östreich. militär. Zeitschrift, s. Zeitschrift.

Schels, Karl: Der strafrechtliche Schutz des Automaten München, Druck v. H. Roeder, 1897; 48 S. 8.
Erlangen, Jur. Fak., Inaug.-Diss. v. 1897

Schelske, [illegible] Eduard Karl [illegible] Marienburg in Westpr. [illegible] De acido carbonico a batrachiis sibi propinquis exhalato [illegible] magnitudine. Berlin 1856 [illegible] 8°
Berlin, Med. Diss. v. 8. Apr. 1856.

Schelske, Rud., Lehrbuch der Augenheilkunde. I. Krankheiten der Conjunctiva, Cornea, Sclera, Iris, Chorioidea u. Retina. Mit (eingedr.) Holzschn. Berlin 870. A. Hirschwald. gr. 8. (VI, 202 S.) n. 1 ℛ 10 ngr.

Schelske, Rud., Lehrbuch der Augenheilkunde. II. Krankheiten d. Sehnerven, Glaskörpers, Linse. Anomalien der Refraction u. Accommodation, Motilitätsstörgn., Krankheiten der Orbita, d. Thränenapparates, der Augenlieder. Mit (eingedr.) Holzschn. gr. 8. (V, 594 S.) Berlin 874. Hirschwald. n. 9. — (1. u. 2.: n. 13. —)

Schelta, Andreas Christoph (Wetzlar) A.S.1329/44
Dissertatio inauguralis de irenarchis. Präs. Christian Gottlieb Schwarz. Altdorf (Hessel) 24.IV.1743. 36 S. 30237

Schelta, Andreas Christoph (Wetzlar) Jur.IV,132
De Irenarchis. Präs. Christian Gottlieb Schwarz. In: Schwarz: Exercitationes academicae quibus antiquitatis et iuris Romani nonnulla capita explicantur. VI. Nürnberg (Bauer, Bischoff) 1783. S. 234 - 268.
Diss. Altdorf IV.1743. 30238

Scheltema, Jac., Bericht und Beurtheilung des Werkes von C. A. Schaab, betitelt: Die Geschichte der Erfindung der Buchdruckerkunst, durch Johann Gensfleisch, genannt Gutenberg, zu Mainz. (Aus d. Holländ. übersetzt von H. P. u. mit e. Anh. verm.) gr. 8. Amsterdam 833. Sülpke. (Leipz., Barth.) n. 1½ ℛ

Scheltema, Petrus, Diatribe in Hadriani Junii vitam, ingenium, familiam, merita literaria. (Mit Hadrian's Bildniß u. ill. Titelvign.: Insignia gentilia Hadr.: Junii.) 8maj. Amstelodami 836. Schonekat. (Lipsiae, T. O. Weigel; Weidmann.) n. 1 ℛ

— s. Hadriani Junii Epistolae.

Schelten u. Roloff, Geschichte der Strandschutzbauten auf d. Insel Baltrum, nebst Bemerkgn. über d. ostfries. Inseln u. deren Befestigg. Auf Grund amtl. Quellen u. eig. Erfahrgn. bearb. [Aus: „Zeitschrift f. Bauwesen".] Fol. (8 S. m. 4 Abb. u. 2 Kpfrtaf.) Berlin 895. W. Ernst & Sohn. n. 3. —

Schelten, H., Aufgaben für das theoret. u. prakt. Rechnen. 1. Thl. Zum Gebrauche beim Rechenunterrichte für die Schüler der Realschulen, höheren Bürgerschulen, Seminarien u. anderer höherer Lehranstalten ähnl. Tendenz. 9., nach den gesetzl. Bestimmungen des norddeutschen Bundes über die neue Maß- u. Gewichtsordnung gänzl. umgearb. Aufl. Münster 870. Coppenrath. gr. 8. (IV, 236 S. mit eingebr. Holzschn.) n. 17½ ngr.

— methodisch geordnete Materialien für den Unterricht im theoret. u. prakt. Rechnen, nebst einem Anh. über die Flächen- u. Körper-Berechnungen. 1. Thl. Ein Handbuch nach geistbild. Grundsätzen u. mit besond. Berücksichtigung des Kopfrechnens für Lehrer zum Gebrauch bei dem Rechenunterricht in Realschulen, höheren Bürgerschulen, Gymnasien u. anderen höheren Lehranstalten ähnl. Tendenz. 6., nach den gesetzl. Bestimmungen des norddeutschen Bundes über die neue Maß- u. Gewichtsordnung gänzl. umgearb. Aufl. Ebend. 870. gr. 8. (XII, 388 S.) n. 1 ℛ 10 ngr.

Schelter, Anton, aus Würzburg: Ein Fall von Fibroma ossificans. Würzburg 1903: Memminger. (36 S.) 8°
Würzburg, Med. Diss. v. 1903

Schelter, J. G., & Giesecke: Fünfundsiebzig Jahre des Hauses J. G. Schelter & Giesecke in Leipzig. 1894

Schelter & Giesecke JG, Leipzig. 75 Jahre dieses Hauses. (62 S) Illustriert. 4° Leipzig 1894

Schelter, Karl [aus Nürnberg]: Die in den letzten fünf Jahren in der Erlanger Klinik vorgenommenen Herniotomien bei Brucheinklemmung ... Nürnberg, gedr. bei U. E. Sebald, 1890; 40 S. 8.
Erlangen, Med. Fak., Inaug.-Diss. v. 20. Juli 1890

Scheltinga, M. Coehoorn van, De diverso praetorum numero in variis rei publicae romanae temporibus. Diss. 1826. 91 S. 4°. 1.20

Scheltz, August

— s. Ordnung f. sämmtl. Städte d. Preuß. Monarchie.

Scheltz, Aug.: Ordnung für sämmtliche Städte der Preußischen Monarchie. Verbunden mit allen . . . Rescripten u. Verordnungen nebst e. Sachregister. Frankfurt a. d. O. 1811.

Schelz, Aug., Versuch üb. das Verhältniß d. Staatspolitik z. öff ntl. Meinung in besond. Beziehung auf d. Preuß. Staat. 8. Leipz. 812. (Berl., Dümmler). 1 ℔ 8 gℓ

Schelz, Aug., Versuch üb. d. Werth d. alten Sprachen u. d. Studiums d. classischen Literatur d. Griechen u. Römer, besond. für Juristen u. Geschäftsmänner. 8. Frankf. Akadem. Buchhandl. 810.

Scheltz, Friedrich Gottlob

— s. A. G. Baumgarten, Gedanken.

Schelz, Fr. Glo., († 1807.) ausführl. Einleit. in die Erfahrungslehren des Christenthums nach d. Schrift. 2 Thle. 8. Bresl. 772, 73. W. G. Korn. 1 ℔

Schelz, Heinr., der Darmkanal, der Sitz der größten Uebel, als der Hypochondrie, der Gicht, der Migräne, der Lungen- und Verdauungsschwäche ꝛc. und die Ausrottung sowie Verhütung derselben durch Dr. M. Strahl's Heilverfahren. Mit Bezugnahme auf dessen Schrift: „Die wahre Ursache der habituellen Leibesverstopfung" dargestellt und beleuchtet. 2. Abdr. Leipzig 854. Spamer. 8. (43 S. u. 1 Tab. in Fol.) 5 ngr.

—— die Störungen in den Verrichtungen der Verdauungsorgane, ihre Ursachen und Folgen. Einige Worte über die Hebung der daraus entspringenden Leiden und Krankheiten durch ein einfaches Heilverfahren. 4. Aufl. der Schrift: Der Darmkanal, der Sitz der größten Uebel ꝛc. br. 8. (54 S. mit eingedr. Holzschn.) Leipzig 855(56,) Spamer. Thlr. *

Scheltz, J. L'Avare de Molière et l'Aululaire de Plaute. Eisleben, R., 1872. Progr.

Scheltz, J. Die französischen Volksdichter mit besonderer Berücksichtigung Béranger's. Eisleben, R., 1875. 12 S. 4. Progr.

Scheltz, Th., Gesammtgeschichte der Ober- u. Nieder-Lausitz, nach alten Chroniken u. Urkunden bearb. 1. Bd. gr. 8. (XII u. 627 S.) Halle 847, Graeger. n. 2⅔ ℔

Scheltz, Th., Gesammt-Geschichte der Ober- u. Nieder-Lausitz nach alten Chroniken u. Urkunden. 2. Bd. [Aus: „Neues Lausitzer Magazin".] gr. 8. (421 S.) Görlitz 882. Remer in Comm. n. 6. — (1. u. 2.: n. 14. —)

Schelver, Franz Josef, s. Schelver, Friedrich Josef

Schelver, Friedrich Josef

Schelver, Fr. Jos., Elementarlehre der organ. Natur. 1r Thl. Organonomie. gr. 8. Götting. 800. Dieterich. 6 gℓ

— von den sieben Formen des Lebens. gr. 12. Frkf. a. M. 817. Varrentrapp. 18 gℓ

— von den Geheimnissen des Lebens. gr. 12. Frankf. a. M. 815. Varrentrapp. 16 gℓ

— s.: Henschel, Aug. Wilh.

— Journal f. Naturwissenschaft u. Medicin. 1r Bd. 1s u. 2s Stck. 8. Frankf. a. M. 810. Andreä. 1 ℔ 8 gℓ

Schelver, Friedr. Jos., Kritik d. Lehre v. d. Geschlechtern d. Pflanzen. gr. 8. Heidelberg, 1812. (Karlsruhe, Braun.) — 11¼
— — dass. erste u. zweite Fortsetzung. gr. 8. Ebend. 1814 u. 16. 1. 18

Schelver, (F. J.) 2e Fortsetzung seiner Kritik d. Lehre von den Geschlechtern d. Pflanze. gr. 8. Carlsr. 823, Braun. 1 3

— Lebens- u. Formgeschichte d. Pflanzenwelt. Handbuch seiner Vorlesungen üb. die physiolog. Botanik. 1r Bd. 8. Heidelb. 822. Engelmann. 1 ℔ 14 gℓ

— Philosophie d. Medicin. 1r Bd. 1s Hft. 8. Frkf. a. M. 809. Andreä. 12 gℓ

Schelver, Frz. Jos., System d. allgem. Therapie im Grundsatze d. magnet. Heilkunst. 1. Bd. gr. 4. (43 B.) Frankfurt a. M. 831. (Brönner.)

Schelver F. J.: Untersuchung üb. die Natur d. Menschen- u. Kuhblattern. Halle 1802. 102 S.

— Untersuchungen üb. die Natur der Menschen- u. Kuh-Blattern. 8. Halle 802. Renger. 8 gℓ

— Versuch e. Naturgesch. der Sinneswerkzeuge bei Insekten u. Würmern. 8. Gőtting. 798. Dieterich. 5 gℓ

Schelver, (Friedrich Josef) (Hrsg.):

s.a. Zeitschrift für organische Physik. Bd 1/1-2. Halle: 1802.

JB 6.182

— Zeitschrift für die organische Physik. 1r Bd. 2 Hfte. 8. Halle 802, 3. Renger. 1 ℔ 8 gℓ

Schelver, Heinrich F. J. L. (Frankfurt)
De successione ab intestato liberorum illegitimorum secundum reformationem Francofurtensem, tractatio juridica.
Francofurti a.M.:Andreae 1826. 36 S.
[Diss. jur. Giessen 23.6.1827.] vorh. 30.

Schelver, L. H., († d. 22. Mai 1806.) s. Hannover, das Kurfürstenthum.

Schelwich, s. Schelwig

Schelwig, Gottlieb (Danzig) A. S. 738/29

De dubiis juramentorum formulis.
Präs. Samuel Friedrich Willenberg.
Danzig (Stolle) 3. VIII. 1702. 72 S. 30239

Schelwig, Samuel

Schelwig, S., de Bethesda et miraculo ibi edito. I–II. Gedan. 1681. 1701. 4.

Schelwig, Sam. Dissertatio theologico-philosophica de [illegible] ... praeside ... Sam. Schelguigii ... A. C. 1683 Die IX Septembr ... [illegible]

Schelwich, S., de lingua beatorum in altera vita. Gedani 692. 700. 4.

Schelwig, Samuel (Guhrau) A. S. 350/27

De polygamia, ab universa Christi ecclesia, inde a primis novi testamenti initiis, usque ad nostra tempora, ex agnito monogamiae praecepto, per totum orbem constanter profligata, adversus Themistium ... commentatio.
Leipzig (Lanck) 1714. 132 S. 30245

* SCHELWIG, D. Sam. (Gymnas.-Dir. u. Pred. in Danzig, geb. 1643, † 1715). — D. *Sam. Schelguigii* de polygamia . . . . per totum orbem constanter profligata; adversus Themistium . . . . commentatio. Lipsiæ, Frid. Lanckisius (Lanckisch), 1714. 4°. 132 S. (incl. Tit. u. Vorr.). (In Breslau, Stadtbibl.)

* — — Reliqua de polygamia, adversus Themistium . . . . Ibid. s. a. 4⁰. 48 S. (incl. Tit.). (Ebend.)

Vorher erschien von *Schelwig:* Monogamiam statum esse perfectiorem quam polygamiam. Gedani 1713. 4⁰. [Maske's in Breslau Cat. 93. no. 591 (Beibd.).]

Schelwig, Samuel (Hrsg.), s. Udalricus: Epistola de coelibatu cleri.

Schelwitz, Georg Christian (Bad Tennstedt)
A. S. 815/21

Exercitatio inauguralis, qua selectae quaedam a DD. receptae sententiae examinantur et refutantur.
Präs. Gebhard Christian Bastineller.
Wittemberg (Gerdes) (19.)XI. 1717. 40 S. 30247

Schelwitz, Georg Christian (Bad Tennstedt)
A. S. 817/20

De foederibus inaequalibus.
Leipzig (Tietze) 20. II. 1715. 40 S.

Mitverf.: Georg Adolph Schuberth. 30246

Schelz, August, s. Scheltz

Schelz, Fr. Gottlob, s. Scheltz

Schelz, Thdr., Waren germanische oder slawische Völker Ureinwohner der beiden Lausitzen? Eine von der oberlausitzischen Gesellschaft der Wissenschaften gekrönte Preisschrift. (Aus d. neuen lausitzischen Magazin besonders abgedruckt.) gr. 8. Görlitz 842, Heinze u. Comp. 2/3 ₰

Schelzel, H., zweimal 40 biblische Geschichten alten u. neuen Testaments für die Schüler der Unterklassen in Landschulen in möglichst einfachen u. leichtfassl. Sätzen bearb. u. mit passenden Sprüchen u. Liederversen verseh. 8. (XVI u. 107 S.) Bautzen 848, Helfer. 1/4 ₰

Kolibri 360 GmbH
Ferdinand-Jühlke-Straße 7
99095 Erfurt, Deutschland
produktsicherheit@kolibri360.de